WERKSTOFF UND SCHWEISSUNG

WERKSTOFF UND SCHWEISSUNG

Bearbeitet und herausgegeben von

DR.-ING. HABIL.

FRIEDRICH ERDMANN-JESNITZER

o. Professor und Direktor des Instituts für Metallkunde und Materialprüfung an der Bergakademie Freiberg

Unter Mitwirkung von Dr.-Ing. W. Ahlert · Obering. W. Anders · Chemikerin L. Apelt Dipl.-Ing. W. Baer · Prof. Dr.-Ing. habil. W. Blaukloh † · Dr.-Ing. K. Bayer · Dr.-Ing. G. Becker · Ing. H. J. Bejach · Dipl.-Ing. W. Bleicher · Prof. Dr.-Ing. habil. P. Brenner · Dr.-Ing. H. Le Comte · Dr.-Ing. H. v. Conrady · Doz. Dr.-Ing. habil. W. Dawihl · Prof. Dr. Dr.-Ing. habil. F. Eisenkolb · Prof. Dr.-Ing. habil. F. Erdmann-Jesnitzer · Dr.-Ing. A. Erker · Obering. F. Gehrmann · Dipl.-Ing. W. Glage · Prof. Dr. phil. nat. Th. Haase · Dr.-Ing. H. Hagen · Obering. C. Hase · Dr.-Ing. G. Hoch · Dipl.-Ing. K. Höland · Prof. Dr.-Ing. habil. W. Hofmann · Ing. G. Hunold · Dipl.-Ing. O. Kaufmann · Dr.-Ing. H. Kemper † · Dr.-Ing. H. Kostron † · Ing. H. Kowalkowski Obering. P. Krug † · Prof. Dr.-Ing. W. Küntscher · Dipl.-Ing. H. Leins · Dipl.-Ing. W. Liebig · Dr.-Phys. habil. W. Lorenz Prof. Dr.-Ing. E. Lüder · Dr.-Ing. R. Malisius · Dr.-Ing. W. Mantel · Prof. Dr.-Ing. habil. A. Matting · Prof. Dr.-Ing. H. Neese · Dr.-Ing. habil. W. Rädeker · Prof. Dr. phil. E. Raub Dr. phil. H. Reinicke · Ing. K. Renner · Chefing. F. Richter Obering. E. Rietsch · Dr.-Ing. W. Röll · Dr. phil. L. Rostosky Prof. Dr. phil. habil. E. Schiebold · Prof. Dr. phil. G. Schikorr Prof. Dr.-Ing. P. Schimpke · Metallographin R. Slanina · Prof. Dr.-Ing. C. Stieler · Obering. E. Thiemer · Prof. Dr.-Ing. habil. A. Thum † · Dr.-Ing. F. Thümmler · Obering. P. Voigt · Dr.-Ing. L. Wolf · Dr.-Ing. K. L. Zeyen · Doz. Dr.-Ing. habil. E. Zorn

AKADEMIE-VERLAG · BERLIN 1959

WERKSTOFF UND SCHWEISSUNG

HANDBUCH FÜR DIE WERKSTOFF- UND WERKSTOFFBEDINGTE VERFAHRENSTECHNIK DER SCHWEISSUNG

III

AKADEMIE-VERLAG · BERLIN 1959

Erschienen im Akademie-Verlag GmbH, Berlin W 8, Mohrenstraße 39
Lizenz-Nr. 202 · 100/113/59
Satz und Druck: (III/9/1) Druckerei Sächsische Zeitung,
Dresden N 23, Riesaer Straße 32. 11348
Bestell- und Verlagsnummer: 5016/III
ES 20 G 4/5

VORWORT

Das steigende Interesse an der Behandlung auch spezieller Werkstofffragen der Schweißung wird laufend aus der Nachfrage für die Bände I bis III erkennbar. Bei Abschluß der relativ umfangreichen und sich über Jahre hinziehenden Arbeiten erscheint es dem Herausgeber nach reiflicher Überlegung sinnvoll, einige Worte zu der heute erkennbaren *Bedeutung von Forschungs- und Entwicklungsarbeiten innerhalb der Schweißtechnik* unter Berücksichtigung der geschichtlichen Entwicklung zum Ausdruck zu bringen.

Die schweißtechnische Weiterentwicklung regelt sich jetzt nicht mehr allein auf Grund der durch die verschiedensten Fertigungsfragen entstehenden Anforderungen, die aus Entwicklungsarbeiten den Forschungs- und Industrieinstituten seitens der Industriebetriebe gestellt werden. Sieht man von der Entwicklung spezieller Verfahren, wie etwa der für Schutzgasschweißungen im Hinblick auf die Einsparung von Flußmitteln ab, so wird auf Grund vorliegender Buchbeiträge in den Bänden I bis III zunächst deutlich ersichtlich, daß die Schweißung heute einen Stand erreicht hat, von dem man mit Stolz berichten kann, daß diese als ein fertigungstechnisch sicher beherrschbares Verbindungsverfahren rationellster Art dasteht. Während aber ehedem in den Gründerjahren sowie in den darauf folgenden die verfahrenstechnischen Entwicklungen und Verbesserungen auch sofort fertigungstechnische Vervollkommnungen nach sich zogen, stehen wir insgesamt gesehen dagegen heute an einer großen Wende, die gekennzeichnet ist durch die Tatsache, daß der rein personelle, geistige und erfinderische Aufwand zu Neuentwicklungen in der nahen Zukunft um ein Vielfaches gesteigert werden muß, um, einfach ausgedrückt, die — Schweißtechnik auf ein höheres Niveau — zu bringen. Deutlich unterscheiden sich zwei große heute aufgetretene Entwicklungsrichtungen, die für die Folgezeit zwar in sich abgeschlossen ablaufen werden, aber nur dann zu einer sinnvollen Synthese beider kommen werden, wenn es auf der einen Seite gelingt, das Großteil schweißtechnischer Fachkräfte der Betriebe mit den Grundlagen einer physikalischen (metallurgischen, metallkundlich sowie physikalisch-chemischen) Betrachtungsweise der sich abspielenden Vorgänge vertraut zu machen.

Das erfordert nunmehr sehr sorgsame Schulungsarbeit besonders für die Schweißfachingenieure, sollte aber bis herab in den Bereich der Lehrschweißer und fortschrittlichen Betriebsschweißer durchgeführt werden (Neuabfassung der Schulungsunterlagen). Aus diesem Grunde muß heute eine moderne Schulung sich innerhalb der schweißtechnischen Lehrgänge und Vorträge nicht allein auf Fertigungsfragen, sondern auch ebenso auf die Vermittlung ausreichender Werkstoffkenntnisse aufbauen.

Auf der anderen Seite gilt es, in die gesamte Forschung und Entwicklung eine *Planmäßigkeit* hineinzutragen, die in ihrer Geschlossenheit aus mancherlei äußeren Gründen z. Z. für den Bereich Deutschlands nicht zu existieren scheint, obwohl positive Ansätze in dieser Richtung vereinzelt zu verzeichnen sind. Am Beispiel der Lichtbogenphysik wird allein für die Seite der Elektroden deutlich erkennbar, daß hierfür, wenn man von besonderen Entwicklungsrichtungen wie die des Tiefbrandprinzips, der hüllenlegierten Auftrags- und Verbindungselektroden, von den Wärmeelektroden sowie speziellen Lichtbogen-Schutzgasschweißverfahren mit abschmelzender Elektrode absieht, eine epochemachende Weiterentwicklung nur mit Einsatz aller verfügbaren Hilfsmittel und Einführung aller Methoden der modernen Forschung zu erzielen ist. Wie für jede technische Entwicklung verläuft geschichtlich gesehen, von einzelnen Erfindungen und Entdeckungen ausgehend, die mit der Zeit vervollkommnet werden, alles Neue schließlich nach einiger Zeit „asymptotisch zu Grenzwerten" hin. Sieht man von den rein werkstofflichen Fragen und den werkstoffbedingten verfahrenstechnischen Entwicklungsaufgaben, die an sich von der metallkundlich-metallphysikalischen Seite her laufend befruchtet werden, ab, so bedarf es heute, um Neuerungen in der Schweißtechnik grundsätzlicher Art zu entwickeln, also eines wesentlich größeren Gesamtaufwandes als ehedem. Sehr deutlich kommt dies zum Ausdruck in den Schwierigkeiten, die Reaktionsabläufe bei Abschmelzprozessen in bezug auf die Wechselwirkungen zwischen geschmolzenen Schlacken und schmelzflüssigem Metall physikalisch und physikalisch-chemisch exakt zu beherrschen. Für einen derartigen Stand der Entwicklung ist es kennzeichnend einerseits, daß die Empirie noch vorherrscht, d. h. die theoretische wissenschaftliche Durchdringung schweißtechnischer Phänomene der praktischen Erprobung und Erfahrung zeitlich nachhinkt. Wie es von verschiedenen namhaften Fachleuten des öfteren zum Ausdruck gekommen ist, muß die Diskrepanz zwischen Entwicklungsstand sowie empirischer Beherrschung der Vorgänge gegenüber der wissenschaftlich exakten Deutung des Geschehens durch zähe Laborarbeit ausgeglichen und zum Nutzen einer technischen Weiterentwicklung in der Folgezeit tatkräftiger als bislang überbrückt werden. Daher muß dem forschenden Element in der Schweißtechnik das weite Feld der ungelösten Probleme und die erkennbaren Möglichkeiten, diese zu lösen, verpflichtend immer vor Augen stehen.

Beispiel: „Trotz der Vielzahl ehemaliger Elektroden gelang z. B. durch eine sinnvolle Elektrodennormung die Verringerung auf wenige Grundtypen, wie sie in der heutigen DIN 1913 festliegen. Das aber kann keinen Endzustand darstellen, da die *Wechselwirkung von Abschmelzcharakteristik und Anschlußkreis* mangels ausreichender Kenntnisse noch weitgehendst unbegangenes Forschungsneuland ist. Wenn auch dem Begriff ‚Einheitselektrode', um nur bei diesem Beispiel zu bleiben, der Makel z. Z. noch anhaftet, daß einer derart universell aufzubauenden Elektrode, die es heute noch nicht gibt, mit Sicherheit auch nicht die speziellen und fein herausgearbeiteten Eigenschaften zu eigen sein würden, die die einzelnen Grundtypen der heute vorhandenen Elektroden und ihre noch sinnvoll durchzuführenden Veränderungen der Hülle darstellen, so erscheint das planmäßige Studium der Wechselwirkung Abschmelzcharakteristik und Beeinflußbarkeit durch den Anschlußkreis bereits heute so aussichtsreich, daß sich hierfür die Investitionen entsprechender Forschungsmittel mit Sicherheit für die Zukunft lohnen." — Einen Ballast für die Entwicklung stellt dafür der Gebrauchswert vorhandener Geräte, Maschinen und Einrichtungen innerhalb der Schweißtechnik insgesamt gesehen dar. Unsere Maschinen und Geräte sind brauchbar und gut durchentwickelt. Wir dürfen uns aus diesen Gründen jedoch nicht scheuen, gegebenenfalls auch gänzlich veränderte Entwicklungen im Hinblick auf Geräte und Maschinen ins Auge zu fassen, wenn sich insgesamt gesehen hierfür in der Zukunft wirtschaftliche und fertigungstechnische Vorteile in größerem Maßstab ergeben, denn nur in diesem Sinne wird die Wettbewerbsfähigkeit laufend garantiert.

Somit liegt, wie es *A. Matting*/Hannover kürzlich so trefflich ausführte, die Zukunft der Schweißtechnik heute in der Hand des Forschers, d. h. sowohl des praktischen Wissenschaftlers wie ebenso des wissenschaftlichen Praktikers. Es hieße, das große Gebäude des Erarbeiteten mutwillig vernachlässigen, wenn wir die ungenutzten

Möglichkeiten, die durch *planmäßige Forschungs- und Entwicklungsarbeiten* aufgeschlossen und anwendbar gemacht werden können, ungenützt lassen. Da Forschen und Entwickeln nicht jedermanns Sache ist und beides einerseits an Wollen, zum anderen an Können und demgegenüber weniger an Wissen gebunden ist, muß sich diese Erkenntnis in einigen Teilen Deutschlands erst Bahn brechen. Dabei ist, wie es der Herausgeber des öfteren öffentlich zum Ausdruck brachte, wissenschaftliches Arbeiten in der Schweißtechnik nicht unbedingt an entsprechende wissenschaftliche Vorbildung gebunden, da wissenschaftliches Denken und Entwickeln eine Sache der Einstellung und Denkweise, jedoch nicht der Erziehung ist. Es hieße die Vielzahl wertvollster Beobachtungen der Praxis verkennen, würde man nicht gleichzeitig die Gemeinschaft aller in der Schweißtechnik Tätigen zu diesem großen und zu schaffenden Werk aufrufen. In diesem Sinne sollte der Schweißer des Betriebes, der Lehrschweißer und Schweißfachingenieur sowie der in Forschungsinstituten und Industrielaboratorien tätige Betriebs- und Entwicklungsingenieur sich dieses großen Gemeinschaftsgedankens zum Wohle der Schweißtechnik stets bewußt bleiben.

Freiberg (Sachsen), den 1. Dezember 1956 *Der Herausgeber*

INHALTSVERZEICHNIS

Die Schweißung von Leichtmetallen

(Fortsetzung von Teil II)

Anhang zu Teil I und II

EINLEITUNG

Am Anfang des Bandes III werden die neuen *Schutzgasschweißverfahren* behandelt für die Leichtmetalle sowie in Ergänzung zu Band I und II auch für Kupfer, Kohlenstoff- und V2A-Stahl. Um den Textumfang für die Leichtmetalle auf Al-Basis nicht unnötig auszudehnen, wurde die Gasschweißung der Aluwerkstoffe vom Herausgeber nur im Hinblick auf die grundsätzlichen Fragen behandelt, da es müßig erscheint, das Schweißverhalten der außerordentlich zahlreichen Al-Legierungen, einschließlich ihrer Festigkeitsdaten und Gefügebefunde, im einzelnen zu beschreiben. Trotz des Vordringens der Schutzgasschweißung wurden die Grundlagen der Hüllentechnik und -chemie für Al-Lichtbogenelektroden, wenn auch kurz, gebracht. Dagegen ausführlich behandelt werden mußte das *Korrosionsverhalten* geschweißter Al-Werkstoffe. Während diese, zumindest im Hinblick auf ihr Verhalten bei Schweißungen, entwicklungsmäßig relativ weit durchgearbeitet sind, ist die Legierungstechnik gut schweißbarer Mg-Werkstoffe offensichtlich noch im Fluß. Das gilt u. a. für den Spurenelementeinfluß (z. B. Be) zur Verhinderung der Oxydation beim Schweißen und während der anschließenden Lagerung oder Betriebsbewährung.

Für die *Titan und Titanlegierungen* in Deutschland einen Bearbeiter zu finden war schwer, da z. Z. nur ungenügende und kaum über die relativ zahlreichen Ergebnisse amerikanischer sowie relativ wenigen Mitteilungen ungarischer Entwicklungsstellen hinausgehende Unterlagen bereits vorliegen, was seine Gründe auch in der strategischen Wertigkeit dieser Legierungen hat. Daher beschränkt sich die Darstellung hierfür nur auf eine Literaturübersicht, die später einmal in einer eventuellen Neuauflage zu ergänzen wäre. Innerhalb des Anhanges wurde neben der Fe- sowie NE-Metallötung auch die für Keramik sowie ebenfalls neben den Kunststoffklebern und den Kunststoffen auch die *Grundlagen der Glasverschmelzungen* aufgenommen, was dem normalen Schweißtechniker zwar unerwartet erscheint, vom Standpunkt einer universellen Darstellung der thermoplastischen Werkstoffe aber verständlich ist.

Die recht umfassende Darstellung des Brennschneidens wird durch eine kurze Abhandlung zu *Schneidverfahren mit Einsparung an Azetylen* ergänzt, da hierfür neue, und z. T. noch unveröffentlichte Ergebnisse des Herausgebers und seiner Mitarbeiter vorlagen, die in einer kleinen geschlossenen Darstellung am leichtesten noch einfügbar waren.

Als sehr wesentlich wird die Aufnahme einer metallphysikalisch ausgerichteten *Darstellung gemeinsamer Grundlagen von Preßschweiß- und Sintervorgängen* angesehen, als erster Versuch, auch hier anregend zu wirken. Diesen Beitrag gilt es in der Zukunft stark auszubauen, einerseits durch Schaffung weiterer und meßtechnisch sinnvoll durchgeführter Untersuchungen, zum anderen durch wechselseitige Betrachtungen zu praktischen Fragen des Betriebes mit dem Ziel der Schaffung einer auf ausreichende Unterlagen (mit klaren Randbedingungen) basierenden „Theorie der Preßschweißung".

Der Anhang schließt mit der Schulung in der Schweißtechnik, wobei anstrebenswert ist, in allen Teilen Deutschlands *einheitliche* Ausbildungsgrundsätze zur Geltung zu bringen.

Auf die zu den Bänden I und II bislang vorliegenden Kritiken, die mit wenigen Ausnahmen eine günstige Aufnahme des Werkes erkennen lassen, kann im einzelnen hier nicht eingegangen werden. Konstruktive Vorschläge zu Verbesserungen, wie sie z. B. von England kamen, werden beachtet. Danach bedürfen die Beiträge zur Reparaturschweißung sowie zur Festigkeitsprüfung einer Überarbeitung. Außerdem müssen die Angaben zur Schweißung von Ni und Ni-Legierungen sowie die für Pb und Pb-Legierungen noch ergänzt werden. Betreffs Festigkeitsprüfung sei im Hinblick auf diese Kritik jedoch auf die tabellarische Angabe der hierfür sehr ausführlich (was den Gebrauchswert für die Praxis betrifft, s. Band II Seite 1324) abgefaßten DIN-Blätter hingewiesen, deren Inhalt textlich nicht wiederholt wurde, jedoch wäre ein Abdruck dieser DIN-Blätter besonders für ausländische Leser wertvoll.

Auch die Bände I und II erforderten wiederum neben einer beachtlichen Kleinarbeit die Beschaffung von Literaturauszügen, Photokopien, d. h. fachlich-organisatorische Unterstützung der Buchautoren durch den Herausgeber. Diese Arbeiten, einschließlich des Korrekturlesens, wurden durch die Metallographin *Renate Slanina* durchgeführt. Ihr sei für die sorgsame und aufopferungsfreudige Mitarbeit herzlich gedankt.

Dem Herausgeber ist es gleichzeitig im Namen der Mitarbeiter eine angenehme Pflicht, Herrn *Oberingenieur Kurt Briese* für die so sorgsame Bearbeitung des umfangreichen Sachregisters aufrichtig zu danken.

Freiberg, den 1. Dezember 1956 — Der Herausgeber

Die Schmelzschweißung der Leichtmetalle

Vorwort des Herausgebers

Während der vergangenen Jahrzehnte standen innerhalb der Schmelzschweißverfahren vor allem die normale Gas-Sauerstoffschweißung mit C_2H_2, H_2 sowie in Sonderfällen Propan neben der Arcatomschweißung im Vordergrund der Anwendung. Die Lichtbogenschweißung mit umhüllten Elektroden gewann zwar zeitweise im Zeitbereich von 1933 bis etwa 1937 gering an Bedeutung. Der Umfang ihrer Anwendung aber blieb unbedeutend und die Gasschweißung unter Anwendung von Flußmitteln sowie die Arcatomschweißung waren vorherrschend für einen großen Dickenbereich von 0,3 bis etwa 30 mm Wanddicke. Im Verlauf der letzten 5 Jahre beginnt sich ein flußmittelloses neues, als „Argonarc*)-Schweißung"**) auch in Deutschland inzwischen als geeignet angesehenes Verfahren mit speziellen Schweißaggregaten und Brennern neben einer Reihe ähnlicher Verfahren zunehmend einzuführen. (Verwiesen sei auf die CO_2-Schweißung, analog der Schweißung z. B. mit Hohlkabelgerät und gasförmiger zugeführter Kohlensäure, ein Verfahren, das geeignet erscheint, die UP-Schweißung abzulösen). Die praktischen Erfolge sprechen für die Anwendung dieser in die Reihe der Schutzgasschweißverfahren einzureihenden Entwicklungen. Es erscheint dem Herausgeber nach reiflicher Überlegung daher angebracht, dem in der Wertigkeit der Abhandlungen des Bandes III des vorliegenden Werkes durch den Textumfang Rechnung zu tragen. Der ursprünglich recht umfangreiche Beitrag zur Gasschmelzschweißung, besonders der Leichtmetalle auf Al-Basis, wurde daher zugunsten dieser neuen Verfahren gekürzt, um dadurch einer modernen Entwicklung Rechnung zu tragen. Besonders aber das Gebiet der Feinbleche auf Al und Al-Legierungsbasis wird nach wie vor deshalb weiterhin, zumindest für die Breite der Industriefertigungen betrachtet, bevorzugt der Gasschweißung vorbehalten bleiben, weil sowohl apparativ wie auch subjektiv-manuell durch die Brennerführung eine bessere und feinfühligere Dosierung der Wärmezufuhr erfolgen kann. Das gilt im übrigen besonders für die Al-Legierungen sowie die auf Mg-Basis, wie z. B. MgMn mit entsprechenden weiteren Legierungszusätzen.

Die Argonarc-Schweißung, im Prinzip den Lichtbogenschweißverfahren zuzuordnen, ist also ein weiterer und empfindlicher Einbruch der Elektroschweißung in die ehedem vorherrschende Gas- oder sog. Autogenschweißung. Jede derartige Neuerung erlebt trotz bald erkannter Vorteile die größte Hemmung durch das Beharrungsvermögen am alten festzuhalten, außerdem aber bedeutet die Einführung eines neuen, apparativ spezifizierten Verfahrens Investitionen in den Betrieben, die vor allem in Klein- und Mittelbetrieben nicht ohne weiteres zur Verfügung stehen. Der Wert der neuen Schutzgasverfahren wird daher praktisch gesehen auch davon abhängen, die Kosten der Anschaffung, d. h. die Verkaufspreise ganz wesentlich unter die z. Z. üblichen zu senken. Daher nimmt es nicht wunder, daß Geräteentwicklungen auch in dieser Richtung an den verschiedensten Stellen anlaufen, wodurch die Gesamtentwicklung nur gefördert werden kann.

---

*) arc = der Bogen.

**) sowie Sigma-Schweißverfahren, s. beide anschließend unter *A. Matting* ff.

Verfahrenstechnische und Werkstofffragen der Schutzgasschweißung

Prof. Dr.-Ing. habil. A. Matting, Hannover

A. *Grundsätzliches*

Der Schutzgasschweißung, zumeist unter Verwendung von Argon, liegt die gleiche Absicht zugrunde wie der Arcatomschweißung: ein Schutzgas soll verhindern, daß das reaktionsfreudige Schweißbad mit der Atmosphäre in Berührung kommt.*) Darüber hinaus bestehen kaum Gemeinsamkeiten. Während in einem Fall der verwendete Wasserstoff durch Dissoziation als Energieträger die Schweißwärme abgibt, erfolgt bei der Argonschweißung die Schmelzung ausschließlich durch den Lichtbogen, der entweder zwischen einer nicht abschmelzenden Wolframelektrode und dem Werkstück gebildet wird, wobei Zusatz- und Grundwerkstoff aufschmelzen, oder es wird ohne Wolframelektrode mit einer abschmelzenden Elektrode als Zusatzdraht geschweißt. So ist auch in Zwangslagen arbeitbar. Neben der Handschweißung treten die halbautomatischen und automatischen Schweißverfahren immer stärker in den Vordergrund.

Wegen der großen Erhitzungsgeschwindigkeit ist die Wärmeeinflußzone sehr schmal, weshalb die Argonschweißverfahren, besonders bei schwer schweißbaren Werkstoffen, in Reparatur und Neufertigung schnell Eingang fanden. Während des gesamten Schweißvorganges ist das Schweißbad der Beobachtung zugänglich. Hohe Gütewerte und praktisch verzugsfreie Nähte sind erreichbar. Während man zunächst als Schutzgas bevorzugt Helium verwendete, ging man später überwiegend auf Argon über.

Als Schweißstromquellen kommen für die Argonschweißung *mit nicht abschmelzender Elektrode* Umspanner entsprechender Größe in Verbindung mit Hochfrequenzzündgeräten in Betracht, die vorzugsweise für die Leichtmetalle Verwendung finden. Für die übrigen Metalle wird meist Gleichstrom benutzt.

Für die Verfahren *mit abschmelzender Elektrode* kommt bis jetzt nur Gleichstrom ohne Hochfrequenzüberlagerung in Frage. Bei mechanisch der Schweißpistole zugeführtem Draht läßt sich ein konstanter Vorschub feinfühlig einstellen.

B. *Die Werkstoffe*

Verarbeitet werden im Regelfalle die Leichtmetalle und ihre Legierungen sowie Kohlenstoff- und einige Sonderstähle, zu denen in erster Linie die rostbeständigen austenitischen Sorten gehören. Aber auch andere, besonders schwer schweißbare Stahlsorten sind hierdurch schweißtechnisch zu erfassen, ferner einige Buntmetalllegierungen. Für die Verschweißung der Kohlenstoffstähle war eine umfangreiche Entwicklungsarbeit erforderlich, die sich hauptsächlich auf die Zusatzdrähte erstreckte [Lit. *Christopher*]. Um Einheitlichkeit in der Zusammensetzung des Schweißgutes, Porenfreiheit, Lichtbogenstabilität und ausreichende mechanische Kennwerte zu erhalten, genügen die z. Z. auf dem Markt erhältlichen Zusatzdrähte vollauf.

*) s. Beitrag *Thiemer*, Bd. I, S. 176.

Hervorzuheben ist vor allem die Tatsache, *daß die Argonschweißung im Regelfalle kein Flußmittel benötigt*. Einschlüsse lassen sich also vermeiden. Die Korrosionsbeständigkeit der Naht wird dadurch heraufgesetzt. — Das Verfahren wird deshalb in erster Linie für korrosionsempfindliche Stoffe empfohlen. Aber auch hochhitzebeständige Stähle, Schnellstähle, Stellite, Nickel und seine Legierungen sowie Edelmetalle lassen sich auf diese Weise verarbeiten.

Eine Ausnahme bereitet Reinkupfer. Hier ist ein Vorwärmen der Schweißfuge, das den Schweißablauf grundsätzlich beschleunigt und verbessert, zur Vermeidung der Porosität in der Naht und ein Flußmittelzusatz empfehlenswert. Dem Zusatzwerkstoff soll wegen des schwach oxydierenden Charakters des Lichtbogens ein Desoxydator, wie Si, P oder Sn zugegeben werden. Dieser wirkt ähnlich wie die sog. „Regeneratoren" bei der Kupferraffination. Wegen der großen Leitfähigkeit des Kupfers ist die Gasschweißung der Argonschweißung gleichwertig. Dagegen ist für Kupfer- und Nickellegierungen der Schutzgaslichtbogen besser geeignet. — Die Porositätsneigung des Reinnickels kann ebenfalls durch Vorwärmung unterdrückt werden, doch ist dies auch heute noch eine schwierige Aufgabe.

Als einziges Element bereitet bei der Anwendung der Argonschweißung das Zink wegen seines niedrigen Siedepunktes ($T_s \sim 906°$ C) gewisse Schwierigkeiten. Die meisten Legierungsbestandteile, z. B. Titan, bleiben dagegen bei Stahlschweißungen unbeeinflußt. Ein leichter Abbrand von Tantal und Niob soll bei der Verarbeitung austenitischer Stahlsorten unvermeidlich sein (Lit. *Kauhausen* u. *Vogels*). Jedoch erfährt das Verhältnis C:Ta/Nb keine kritische Änderung. Vor allem hat die Argonschweißung keine Kohlenstoffaufnahme zur Folge, die in Verbindung mit der Bildung von Karbiden und z. B. Verarmung des Fe-Mischkristalles an Chrom interkristalline Korrosion begünstigen könnte.

Bei Aluminium und seinen Legierungen ist der Wegfall des Flußmittels der Hauptvorteil der Schutzgasschweißungen. Bei Magnesium und seinen Legierungen ist das Schutzgasschweißen allen anderen Schweißarten wegen des Wegfalls der sonst unvermeidbaren Flußmitteleinschlüsse weit überlegen, die nach erfolgter Verschweißung oft schwer vollkommen entfernbar sind und zu empfindlichen Spaltkorrosionen Anlaß geben können. — Reinalu-Schweißnähte zeigen die Bilder 1a und b.

Es können praktisch alle Leichtmetallegierungen als argonschweißbar bezeichnet werden. Das Bild 2 zeigt den oxydfreien Übergang vom Schweißgut zum Grundwerkstoff für Reinalu im Mikrobild; Bild 3 die gleiche Schweißung als

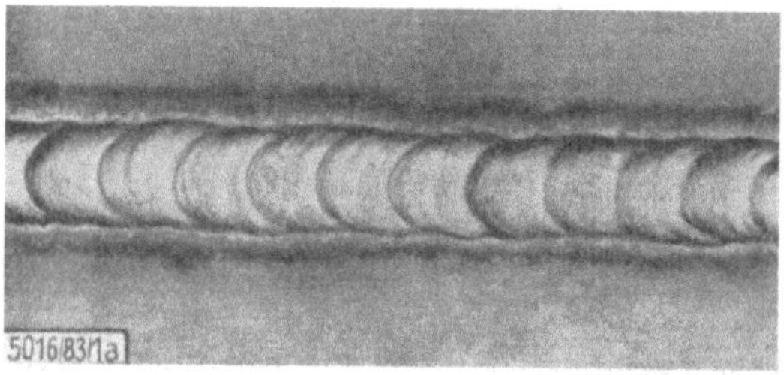

Bild 1a

Bild 1a und b. Argonarc geschweißtes dickes Reinalublech in X-Nahtform.

a) Draufsicht

b) Naht von unten

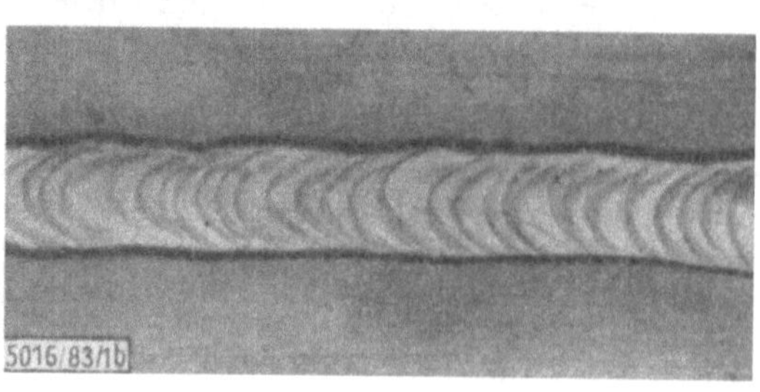

Bild 1b

Makroaufnahme. Größere Cu- und Mg-Gehalte sind darin aus schweißtechnischen Gründen oder auch wegen mangelnder Korrosionsbeständigkeit bedenklich; das sind Erscheinungen, denen zum mindesten durch geeignet zusammengesetzte Zusatzdrähte entgegen gewirkt werden kann. Trotzdem bezeichnen *Wolff* und *Mantel* diejenigen Legierungen als am rißempfindlichsten, deren Legierungsgehalt relativ niedrig liegt.

Über 12 mm Blechdicke sollte stets mit Vorwärmung geschweißt werden.

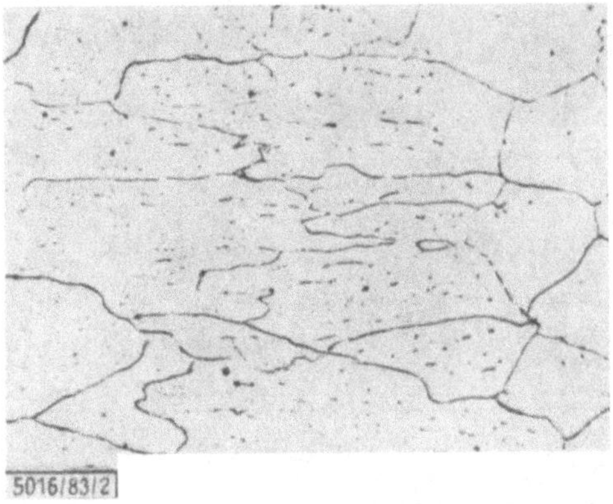

Bild 2. Übergang Schweißgut — Grundwerkstoff Argonarc geschweißt für Reinalu, mit 0,5 %iger HF geätzt (nach *Erdmann-Jesnitzer* und *Ahr*)

Bild 3. Schweißnaht nach Bild 2, Makrobild (Bemerkung: Beachte trotz X-Naht die geringe WEZ im Grundwerkstoff). Geätzt mit $K_2Cr_2O_7 + H_2SO_4 + HF$ (nach *Erdmann-Jesnitzer* und *Ahr*)

Selbstverständlich gibt es analog der Gasschweißung auch für die Schutzgasschweißung Fälle des Auftretens von Rissen. Dies zeigen die Bilder 4a bis c. Sie sind jedoch keinesfalls die Regel und treten erfahrungsgemäß seltener auf, als bei Gasschweißungen.

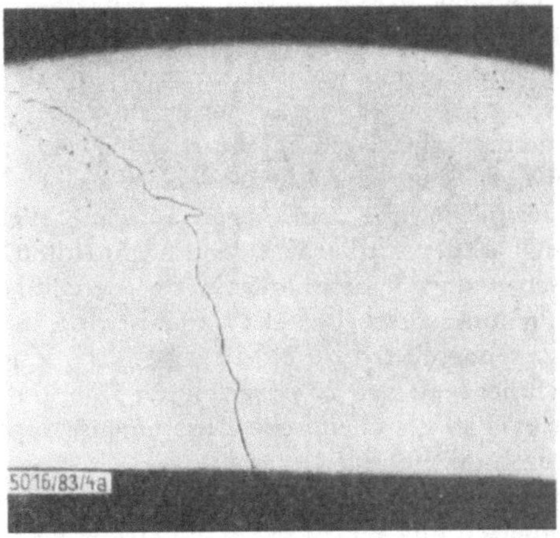

Bild 4a bis c. Rißbehaftetes Schweißgut bei Argonarc geschweißter Reinalunaht.

a) Riß in der Schweißnaht (ungeätzt)

Bild 4a

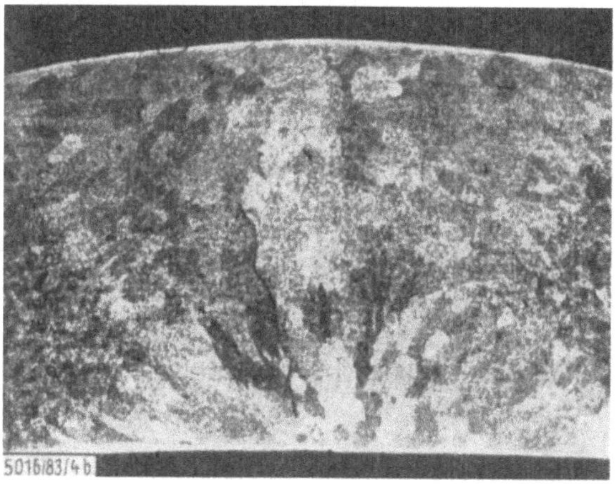

Bild 4b

b) Makroschliff des Schweißgutes (geätzt mit $HCl + HNO_3 + HF$)

c) Kornanordnung in Rißnähe (nach *Erdmann-Jesnitzer* und *Ahr*)

Bild 4c

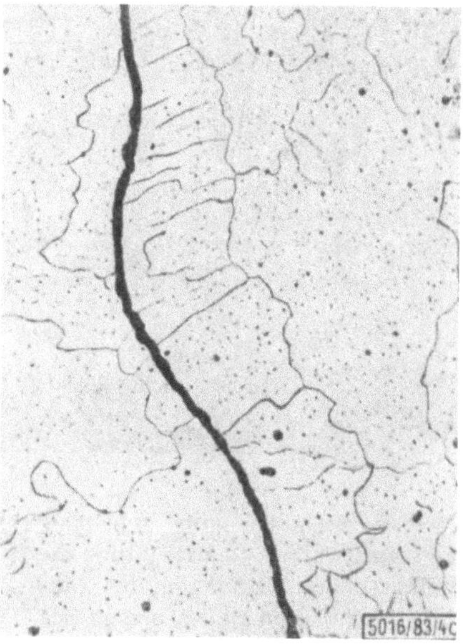

Bemerkungen zum Verfahren

Die Argonschweißung mit abschmelzender Elektrode kann als eine Metall-Lichtbogenschweißung in einem Schutzgas definiert werden. Der Lichtbogen wird zwischen der Elektrode und dem Werkstück gezogen und brennt in einer Atmosphäre aus einem inerten Gas. Der Zusatzwerkstoff geht durch den Lichtbogen zum Werkstück über [Lit. *Müller, Gibson, Roper*].

Grundsätzlich werden durch die Argonschweißung Gefügestabilität und Zusammensetzung des Werkstoffes wegen der Abwesenheit bzw. Verdrängung des Sauerstoffes nicht verändert [Lit. *Bollenrath*].

Bei der Argonschweißung *mit* abschmelzender Elektrode muß jedoch bei Kohlenstoff- und leicht legierten Stählen auf den Abbrand von Legierungskomponenten geachtet werden. Er tritt leichter bei Pluspolung der Elektrode ein als bei Minuspolung und hängt ferner von der Sauerstoffbeigabe zum Argon ab. Ein Sauerstoffgehalt $> 5\%$ fördert diese Erscheinung. Weiter wird er von der eingebrachten Energie und damit auch von der Schweißgeschwindigkeit bestimmt. Bei den derzeitigen Zusatzdrähten und bei Einhaltung der Bedienungsvorschriften ist der Abbrand in technisch zulässigen Grenzen zu halten. Insbesondere wird durch die chemische Zusammensetzung des Zusatzdrahtes bereits Rücksicht auf den zu erwartenden Abbrand genommen. Es wird auf diese Weise erreicht, daß die chemische Zusammensetzung des Schweißgutes dem des Grundwerkstoffes praktisch gleichkommt.

Der Werkstofftransport in Abwesenheit einer Schlackenschicht bewirkt beim Abschmelzen mit verzehrender Elektrode eine stärkere Erwärmung, die auf das Werkstück in wesentlich höherem Maße einwirkt als bei nicht abschmelzender Elektrode. Diese Steigerung ergibt sich u. a. aus dem Wärmeinhalt des erhitzten Zusatzwerkstoffes, der durch den Lichtbogen abgeht. Die hohe Intensität der Wärmequelle erlaubt daher außerordentlich große Schweißgeschwindigkeiten [Lit. *Matting*]. Dieser Schweißprozeß ist einer der einfachsten aller bisher bekannten Metall-Lichtbogenverfahren. Nackter Draht wird in einer chemisch völlig inaktiven Gasatmosphäre aufgeschmolzen und dorthin transportiert, wo der Lichtbogen genügend Wärme erzeugt, um den Grundwerkstoff aufzuschmelzen. Bei allen anderen Metall-Lichtbogenschweißverfahren werden die metallurgischen Vorgänge im Schweißbade und die physikalischen Vorgänge des Lichtbogens durch Reaktionen der Schlacke und der Lichtbogenatmosphäre beeinträchtigt, die sich bei höheren Temperaturen vollziehen. Der Werkstofftransport in der Schutzgasatmosphäre verläuft im Regelfalle ungestört.*)

Eine geeignete Zusammensetzung des Schutzgases und bestimmte Arbeitsbedingungen machen heute auch die Verschweißung von Kohlenstoffstählen, in jüngster Zeit auch von dünnen Blechen, möglich, worauf noch eingegangen wird. Auf die vorteilhafte Verschweißung rostfreier Stähle sei nochmals hingewiesen, wenn auch deren geringere Wärmeleitfähigkeit und höherer elektrischer Widerstand (zufolge γ-Fe) gegenüber anderen Werkstoffen hervorgehoben werden muß.

Schließlich erscheint erwähnenswert, daß sich unter Schutzgaswirkung auch verschiedenartige Werkstoffe schweißtechnisch verbinden lassen, wie z. B. Kohlenstoffstahl mit legiertem Stahl, Grauguß oder Kupfer mit nichtrostendem Stahl, Nickel sowie Kupfer oder Aluminium mit Stahl, Wolfram mit Molybdän u. a. m.

C. Die Schutzgase

Argon

Die Edelgase Argon und Helium bieten wegen ihrer chemischen Trägheit Vorteile als Schutzgase. Argon ist spezifisch schwerer als Helium. Es bleibt „besser auf dem Bad liegen" und übt deswegen eine noch bessere Schutzgaswirkung aus. Helium wird mengenmäßig weniger als Argon gebraucht und die Gaskosten verringern sich dadurch. Argon ist aber im Durchschnitt billiger als Helium. Es fällt entweder bei der Sauerstoffherstellung an oder kann aus Restgasen von Crackprozessen gewonnen werden. Die Gewinnung des reinen Argons ist schwierig, da dessen Siedepunkt verhältnismäßig nahe an dem des Sauerstoffes und zwischen dem von Sauerstoff und Stickstoff liegt. Bisher gibt es in Deutschland nur wenige Sauerstofferzeugungsanlagen, die mit der kostspieligen und umfangreichen Zusatzeinrichtung ausgerüstet wurden, die erforderlich ist, um die Reinheit und Gasausbeute genügend steigern zu können. Der Argonfluß richtet sich u. a. nach der Form der Schweißnaht und beträgt 2 bis 10 l/min.

Auf alle Fälle soll das Argon von höchster Reinheit und unbedingt wasser-(dampf)frei sein. Man unterscheidet zwischen Reinstargon (99,95%), das nur geringe Verunreinigungen an O_2, H_2 und N_2 aufweist, und Schweißargon mit 99,8% Reinheitsgrad. Gelegentlich trifft man auf einzelne Flaschen, deren Reinheit um 0,1 bis 0,2% geringer ist. Die Verunreinigung besteht im allgemeinen aus dem unerwünschten Stickstoff (besonders ungünstig für Stahlschweißungen), während sich Sauerstoff nur in ganz geringen Spuren vorfindet. Für die Argonschweißung mit *nicht abschmelzender Elektrode* wird ein Gas mit einer max. 0,35% betragenden Verunreinigung verlangt. Darüber hinaus ist mit einer Verschlechterung des Aussehens und der Qualität der Schweißung zu rechnen.

---

*) Hingewiesen sei auf einen illustrativen Zeitlupen-Film der französischen Aluminiumindustrie, „Centre Technique de l'Aluminium, Paris", 1955, vorgeführt u. a. in Budapest durch *R. Gadeau.*

Bei Schweißungen *mit abschmelzender Elektrode* ist eine Verunreinigung bis 0,45% zulässig. Bei automatischer Schweißung von Leichtmetallen scheinen Beimengen bis zu 1% O_2 unbedenklich zulässig zu sein.

Wenn Kohlenstoffstähle verschweißt werden sollen, ist dagegen eine Sauerstoffbeimengung von 1 bis zu 5% zum Argon erforderlich. Üblich sind 3% O_2. Diese C-Stähle waren lange Zeit nicht argonschweißbar, ohne daß der Grund für diese überraschende Tatsache ermittelt werden konnte. Damit schien den gaselektrischen Verfahren zunächst nur ein Teilerfolg beschieden zu sein, der diese auf die im vorliegenden Text zunächst benannten Metalle und Legierungen beschränkte. Gerade der Kohlenstoffstahl fehlte und damit ein Hauptanwendungsgebiet der Schweißtechnik, d. h. die Anwendbarkeit für technische Kohlenstoffstähle. Während z. B. im Falle der Leichtmetalle die Gefahr einer Verzunderung der Elektrode durch jede Verunreinigung des Schutzgases mit Sauerstoff bedenklich erscheinen ließ und sich für die Nähte Einbrandkerben und vor allem Poren einstellten, sind diese Erscheinungen bei Kohlenstoffstahl gerade durch eine Sauerstoffbeimengung zum Schutzgas vermeidbar. Als Begründung gibt *Skarr**) an: „Die einwandfreie Verschweißung von Kohlenstoffstahl setzt eine kleine Tropfenbildung beim Werkstoffübergang voraus. Diese ist erst zu erreichen, wenn dem Argon 1 bis 5 % O_2 beigegeben werden, dann erreicht diese Tropfenbildung den 50fachen Wert gegenüber dem bei Verwendung von Reinstargon." Damit verbunden ist eine größere Schweißgeschwindigkeit. Gute Ergebnisse und ein besseres Gefüge werden auf diese Weise vor allem an beruhigten Stahlsorten erzielt. Selbst eine Überkopfschweißung ist so zu erreichen. Offenbar muß ein bestimmtes Verhältnis derart zwischen Kohlenstoff und Silizium vorliegen, daß C: Si $\sim$ 2 : 3 betragen soll. Jede CO-Bildung ist unerwünscht. Für diese im Sinne der Argonschweißung schwer schweißbaren Stähle sind bestimmte Bedingungen einzuhalten:

1. Der Elektrodenhalter wird nicht ruhig geführt, sondern erhält eine in Schweißrichtung erfolgende „schlagende" Bewegung, wodurch die Gasausscheidung erleichtert wird.

2. Dem Zusatzdraht ist Desoxydationsmittel zuzulegieren, das zu einer Speziallegierung geführt hat.

3. Das Schutzgas erhält eine Beigabe von 3% O_2. Es wird „Sigma-Argon" genannt.

Die übrigen Argonsorten, Lampenargon mit 2 bis 12% N_2, wenig O_2 und H_2 sowie ein sauerstoffarmes Gas mit 0,5% O_2 und 1,5% N_2 sind schweißtechnisch uninteressant.

Inzwischen liegen gute Erfahrungen mit Stumpf- und Kehlnähten, vor allem an voll- und halbberuhigten Kohlenstoff- und leichtlegierten Stählen in Dicken zwischen 5 und 20 mm, vor, die mit dem Sigma-Argon unter den eben angegebenen Bedingungen verschweißt wurden. Der Kohlenstoffabbrand kann jedoch bei 0,3% C im Zusatzwerkstoff 15 bis 20% betragen.

Helium

Es wird auch heute noch beim Verschweißen dicker Bleche aus Aluminium und seinen Legierungen bzw. gelegentlich auch beim automatischen Schweißen vorgezogen. Die Kurve, die das Verhältnis von Bogenlänge zu Bogenspannung wiedergibt, verläuft bei Argon viel flacher als bei Helium und bedingt eine geringere Stabilität der Bogenlänge. Helium ermöglicht demzufolge ein leichteres automatisches Regeln der Bogen-

---

*) *Skarr*, s. Vortrag anläßlich der großen Schweißtechnischen Tagung des DVS in Essen, Juni 1954.

länge durch die Bogenspannung. Der Heliumbogen ist „heißer" als der Argonbogen, wobei die Temperatur des Heliumbogens stärker von der Bogenlänge abhängt.

Bezüglich des Reinheitsgrades gilt für Helium sinngemäß das gleiche wie für Argon. Wird dem Helium 0,3% H_2 beigemischt, so tritt sehr starke Porosität in der Naht auf, die oft schon oberflächlich zu erkennen ist. Diese Erscheinung ist bei sonst gleichen Arbeitsbedingungen mit Helium von 99,99% Reinheitsgrad nicht zu befürchten.

D. Die Argon- sowie Heliumschweißung mit nicht abschmelzender Elektrode

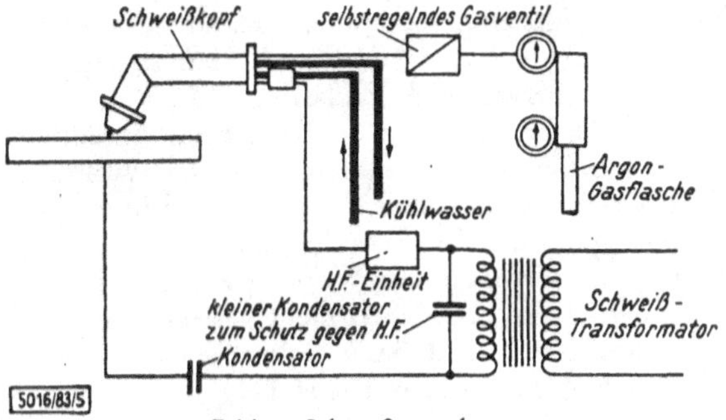

Bild 5. Schweißeinrichtung für das Argon-Lichtbogenschweißen

Bild 5 zeigt schematisch die Einrichtung für die Argonschweißung mit nicht abschmelzender Elektrode. Der Lichtbogen, der sich zwischen der Wolframelektrode und dem Arbeitsstück bildet, sowie der abschmelzende Werkstoff wird von dem Schutzgas eingehüllt, wodurch Abbrand und Zubrand auf ein Mindestmaß beschränkt werden. Neben Wechselstrom kann auch Gleichstrom verwendet werden. Zur „Ionisation" der Lichtbogenstrecke wird dem Wechselstrom ein Hochfrequenzstrom überlagert, wodurch der Lichtbogen stabilisiert wird. Vorschub, Stromstärke und Spannung werden konstant gehalten. Der Einbau einer elektronischen Spannungskonstanthaltung, die bis auf 42 V herunter eingestellt werden kann, hat sich bewährt. Ein Schaltschema für das HF-Zündgerät zeigt Bild 6. Es befinden sich auch andere Schaltungen in Anwendung. Bild 7 zeigt eine Schweißzange. Die Wolfram-

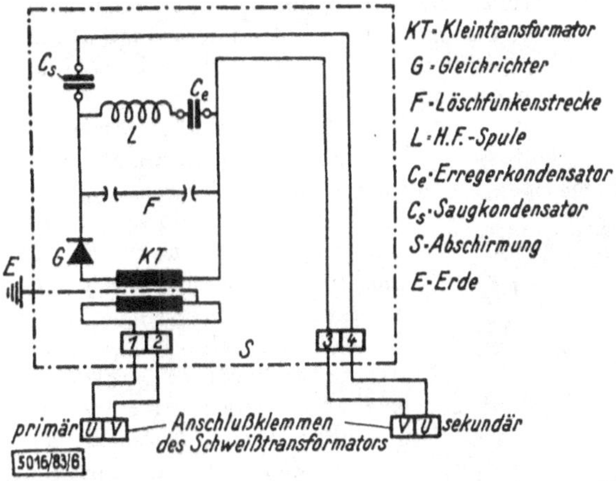

Bild 6. HF-Zündgerät

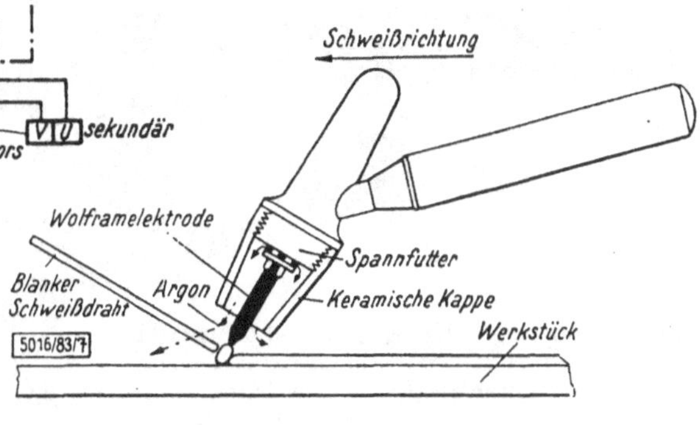

Bild 7. Schweißzange für das Argonarc-Verfahren

elektrode ist bis etwa 80 A Schweißstrom mit einer keramischen Kappe, bis 300 A mit einer nicht wassergekühlten Metallkappe und bei höheren Stromstärken mit einer wassergekühlten Metallkappe umgeben. Im allgemeinen beträgt der Abschmelzwert der Wolframelektrode 2 mm/h. Das Argon wird über Druckminderer und Mengenmesser einer Druckgasflasche entnommen. Der *Elektrodenhalter* ist mit 3 Schläuchen ausgestattet, wobei durch den einen die *Zufuhr von Argon* erfolgt, durch den anderen *Kühlwasser* zugeführt wird und der dritte neben der Kühlwasserabfuhr noch das *Stromleitungskabel* enthält, das somit ständig gekühlt wird. Durch diese Anordnung ist es möglich, hohe Stromstärken durch verhältnismäßig leichte und biegsame Kabel zuzuführen. Um ein Überhitzen des Kabels zu vermeiden, wird der Strom beim Ausbleiben der Wasserzufuhr automatisch durch eine Sicherung unterbrochen.

Interessant ist das von verschiedenen Prüfstellen beachtete Phänomen eines gelegentlich auffälligen „*Magnetismus austenitischer Arbeitsstücke*" im Verlauf der Argonschweißung, für den man bisher noch keine überzeugende Erklärung fand.

Ähnlich wie bei der Arcatomschweißung besteht auch bei der Argonschweißung mit nicht abschmelzender Elektrode die Gefahr des Einschlusses von Wolframpartikelchen in der Schweißnaht [Lit. *Koch*]. Sowohl über die Art ihres Eindringens in die Naht als auch über ihre Auswirkung auf die Korrosionsbeständigkeit gehen die Ansichten auseinander. Die Wolframspitze soll zwar das Werkstück nie berühren, und der Zusatzdraht darf den Schutzkegel beim Schweißen nicht verlassen. Es wird aber angenommen, daß Wolframpartikelchen einmal beim unbeabsichtigten Auftupfen der Elektrode in die Naht gelangen, zum anderen eine Folge des „pinch"-Effektes darstellen, dem auch die Wolframelektrode ausgesetzt sein kann. So könnte Wolfram in das Bad gelangen, wo es erstarrt und wegen seines hohen Atomgewichtes bei Röntgenaufnahmen leicht gefunden werden kann. Eine zu große Strombelastung begünstigt den Übergang von Wolfram in das Schweißbad. Diese Einsprenkelungen treten bei zu dünnen Wolframelektroden leichter auf als bei dickeren. Der Elektrodendurchmesser richtet sich nach der Werkstückdicke, der Strombelastung und Polung. Bei Korrosionsversuchen an Proben aus betriebsmäßig argongeschweißten AlMg3-Blechen von 3 mm Dicke konnte jedoch selbst unter ungünstigsten Bedingungen kein Lochfraß beobachtet werden. Deshalb kann diese Erscheinung ebenso wie bei der Arcatomschweißung vernachlässigt werden.

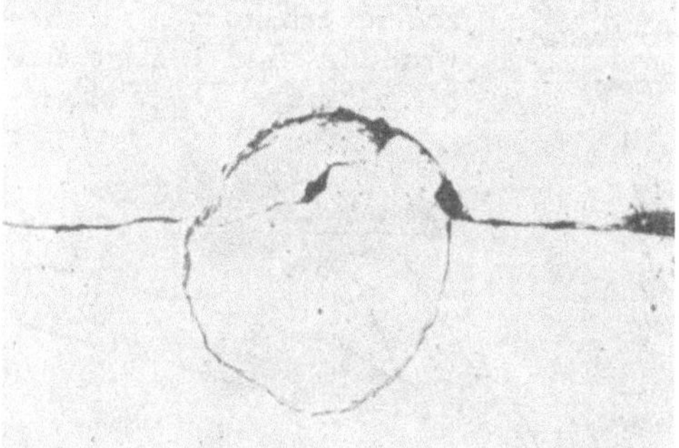

Bild 8. Eingesprengte Al-Kugel, von Al_2O_3 umgeben. Mikroschliffbild ungeätzt einer Sigma-Schweißung (nach *Erdmann-Jesnitzer* und *Ahr*)

Wolframeinschlüsse setzen sich bevorzugt an denjenigen Stellen ab, wo mit kalter Elektrode gezündet wurde. Diese Einschlüsse lassen sich daher weitgehend durch das *Vorzünden* vermeiden. Hierzu dient ein besonderes Werkstück (Blechstreifen usw.). Bei Schweißbeginn muß also mit bereits rotwarmer Elektrode gearbeitet werden. Eine Hochfrequenzüberlagerung bewirkt, daß weniger Wolfram von der Elektrode in das Schweißgut übergeht.

Schliffbildlich tritt oft und besonders bei Rißbildungen ein Kugeleinschluß nach Bild 8 auf. Hier handelt es sich jedoch um eine Al-Kugel, die von Al_2O_3 umschlossen ist.

E. Die Schutzgasschweißung mit abschmelzender Elektrode

Auf die Abbildung eines Gerätes zur Argon-Handschweißung mit abschmelzender Elektrode sei verzichtet. Die Drahthaspel, der Vorschubmotor und die elektrischen Steuereinrichtungen sind in einem Rahmengehäuse untergebracht. Strom und Schutzgas werden der Schweißpistole in flexiblen Kabeln bzw. Schläuchen zugeführt.

Die mit Gleichstrom ausgeführte automatische Schweißung kann nur für Nähte in waagerechter Lage benutzt werden, wogegen sich die Handschweißung auch in Zwangslagen durchführen läßt. Die *Überkopfschweißung an Aluminium, beruhigtem sowie rostfreiem Stahl* und an *Kupferlegierungen* bereitet keine erheblichen Schwierigkeiten. Für die Handschweißung verwendet man Drähte von 1,6 und 2,4 mm Durchmesser sowie bis zu 400 A Schweißstrom. Die Einbrandtiefe kann durch die Polung der Elektrode, die Stromdichte, die Spannung und die Schweißgeschwindigkeit willkürlich beeinflußt werden. Bei gleicher Stromstärke und Lichtbogenlänge ist die Lichtbogenspannung für Helium größer als für Argon. Die für das erstgenannte höhere Energie bewirkt einen entsprechenden tieferen Einbrand.

Im allgemeinen lassen sich nach amerikanischen Angaben Bleche $s \sim 2{,}5 - 3$ mm Dicke von Hand verschweißen, bei automatischer Schweißung beträgt die geringste Blechdicke $s \geqq 0{,}6$ mm, und die obere Grenze richtet sich dabei nach der Höhe der Maschinenleistung, d. h. für 500 A und nicht rostenden Stahl $s = 13$ mm, Aluminium $s = 20$ mm sowie Magnesiumlegierungen $s = 25$ mm. Dicke Bleche werden im allgemeinen von beiden Seiten verarbeitet [Lit. *Clauser*], so daß bei Anwendung der Mehrlagenschweißung eine obere Grenze der verschweißbaren Werkstücke nicht besteht.

Bei der *automatischen Verschweißung von Kohlenstoffstählen* mit abschmelzender Elektrode wird die Elektrode meist an den Pluspol der Gleichstromquelle angeschlossen. Der Minuspol ergäbe einen wesentlich geringeren Einbrand, der für viele Fälle nicht ausreicht, aber wegen verringerter Gefahr von Einbrandkerben für die Decklage vorteilhaft ist. Minuspolung ergibt allerdings bei hohen Stromdichten eine höhere Abschmelzleistung und durch den geringeren Einbrand eine höhere Schweißgeschwindigkeit. Kabelnähte bereiten keine Schwierigkeit. — Bei der Auftragschweißung hängen Einbrand und Abschmelzleistung von Polung und Sauerstoffbeimischung ab.

Wenn der Schweißer die Arbeit beginnen will, betätigt er den Drücker der Schweißpistole und schließt damit einen elektrischen Stromkreis. Hierdurch wird der Fluß des Schutzgases eingeleitet und die Leerlaufspannung an den Zusatzdraht gelegt. Mit dem Draht betupft man das Werkstück und zündet so den Lichtbogen. Mit dem Einstellen der Schweißspannung beginnt der Drahtvorschub. Er bleibt solange erhalten, wie die Schweißspannung besteht, es sei denn, der Schweißer betätigt den Druckkontakt erneut. Beginnt der Drahtvorschub, so bewegt der Schweißer die Pistole, um den Zusatzdraht in der Schweißfuge niederzuschmelzen.

Gut aussehende und gut eingebrannte Kehlnähte mit befriedigenden Gütewerten können mit hoher Schweißgeschwindigkeit hergestellt werden, die etwa 1,20 m/min beträgt. Diese hohe Schweißgeschwindigkeit verliert für die Handschweißung ihren Vorteil. Mit dem Automaten lassen sich in der Minute Abschmelzleistungen von etwa *50 g Al*-Schweißdraht bis 5 m/min ermöglichen. *Zu hohe Stromstärken erhöhen die Gefahr von Schweißrissigkeit und Porenbildung.* Bei Aluminium und rostfreiem Stahl muß mit dem Pluspol an der Elektrode geschweißt werden. Die Schweißgeschwindigkeit bei Automaten liegt niedriger als bei Aluminium und dürfte 2,5 m/min nicht überschreiten, wobei sich nach *Witting* der Zusatzdraht auf etwa 800° C erhitzt, so daß hierfür die zulässigen Stromstärken in engeren Grenzen genauer einzuhalten sind als für andere Werkstoffe.

Die Erfahrung lehrte, daß bei Außenarbeiten ein Windschutz vorgesehen werden muß, um ein Einhüllen des Lichtbogens durch das Schutzgas auch bei starker Luftströmung zu gewährleisten.

Je schwieriger die Schweißbarkeit des Werkstoffes und die Zugänglichkeit der Schweißfugen ist, um so mehr haben sich die Schutzgasschweißverfahren technisch und wirtschaftlich überlegen erwiesen. Wenn auch viele fertigungstechnische Gründe die Anwendung der Argonschweißung empfehlenswert erscheinen lassen, so wird doch die Wirtschaftlichkeit des Verfahrens noch häufig angezweifelt. Den Hauptkostenanteil stellt das Argon dar, obwohl es inzwischen gelungen ist, den Preis für dieses Gas mit 99,8% Reinheit auf unter 20 DM/m³*) herabzudrücken. Umfangreiche Untersuchungen von *Koch* haben darüber hinaus ergeben, daß der Gesamtaufwand bei Verwendung von Argon nicht wesentlich über dem der üblichen Schmelzschweißverfahren liegt. Gegenüber diesen ist zu berücksichtigen, daß nachträgliche Reinigungen entfallen und die Schweißgeschwindigkeit wesentlich höher liegt, so daß eine Wettbewerbsfähigkeit besteht.

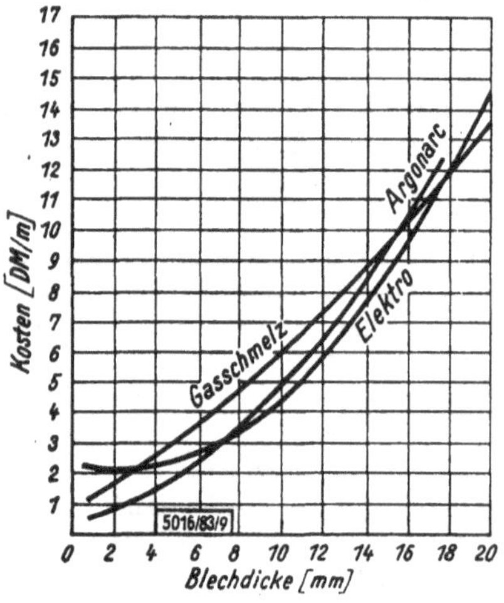

Bild 9. Vergleich der Gesamtkosten für die Argonarc-, Gasschmelz- und Lichtbogenschweißung bei Aluminium

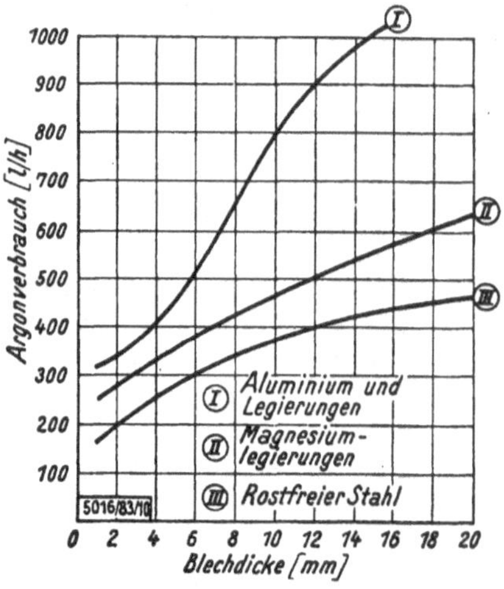

Bild 10. Argonverbrauch bei dem Argonarc-Verfahren (Mittelwerte)

Bild 9 zeigt einen Vergleich der Gesamtkosten für die Argongasschweißung und die Lichtbogenschweißung bei Aluminium.

In Bild 10 ist der Argonverbrauch bei dem Argonverfahren kurvenmäßig dargestellt.

Errechenbar ist, daß gegenüber den Arbeitslöhnen und allgemeinen Unkosten (Elektrische Energie, Zusatzdraht, Wolframelektroden, keramische Kappen für den Elektrodenhalter, Verzinsung, Abschreibung, Instandsetzung, Generalien) der Argonverbrauch stark zurücktritt, zumal der Preis für das Gas inzwischen verringert werden konnte. Hinzu kommen die Vorteile der stärkeren Wärmeraffung und damit des geringeren Verzuges, verbunden mit wenig Nacharbeit und geringem Abbrand wertvoller Legierungsanteile.

*) DM der Deutschen Bundesbank

Eine Kalkulation der Gesamtwirtschaftlichkeit zum Vergleich der verschiedenen Schweißverfahren läßt sich nur qualitativ vornehmen. Entscheidende Faktoren sind meist erst nachträglich zahlenmäßig feststellbar. Während das Verhältnis: „In der Zeiteinheit niedergeschmolzenes Schweißgut zu den Fest- und Betriebskosten" für die Schutzgasschweißverfahren kaum einen Unterschied gegenüber den üblichen Lichtbogenverfahren erkennen läßt, die letzteren sogar manchmal vorteilhafter erscheinen, wandelt sich dieses Ergebnis bei einer Gesamtbetrachtung durch die notwendige Einbeziehung von Randeinflüssen. So bedingt vor allem bei Argonschweißung mit abschmelzender Elektrode die höhere Schweißgeschwindigkeit einen schnelleren Durchsatz der Werkstücke durch die Schweißwerkstatt; die Werkflächen werden jeweils nur kürzere Zeit in Anspruch genommen, es entfallen Zwischenlager oder die Stauung an bestimmten Stellen wird geringer. Mehr als bei den weniger kapitalintensiven Schweißverfahren wirkt sich das Verhältnis von tatsächlicher Brenndauer des Lichtbogens je Schicht zu Schichtzeit, also der günstigste Einsatz, bestimmend auf die Wirtschaftlichkeit aus.

In die Auswertungen wurden deshalb gleichzeitig die zugänglichen Angaben über Schweißstromstärken und Schweißgeschwindigkeit mit einbezogen, die zu Mittelwerten zusammengefaßt wurden. Diese Werte beziehen sich auf gerade Stumpfnähte in waagerechter Lage. In Bild 11 ist die Stromstärke für Aluminium und seine Legierungen angegeben.

Bild 12 zeigt die gleiche Form von Mittelwerten für rostfreien Stahl, Aluminium- und Magnesiumlegierungen in bezug auf die Schweißgeschwindigkeit.

Bild 13 gibt die Verhältnisse für Kohlenstoffstahl wieder.

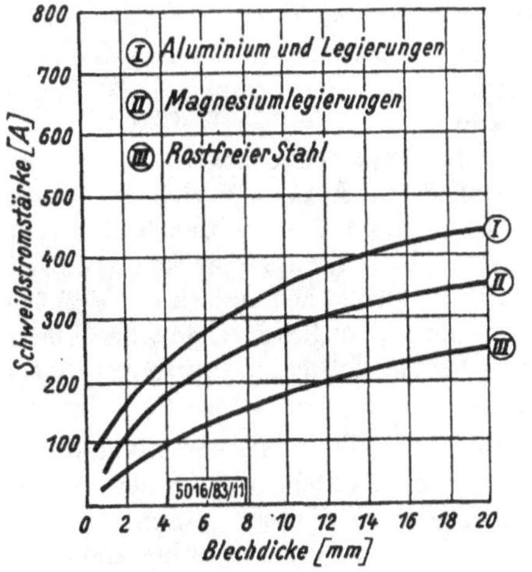

Bild 11. Schweißstromstärke bei dem Argonarc-Verfahren nach verschiedenen Angaben

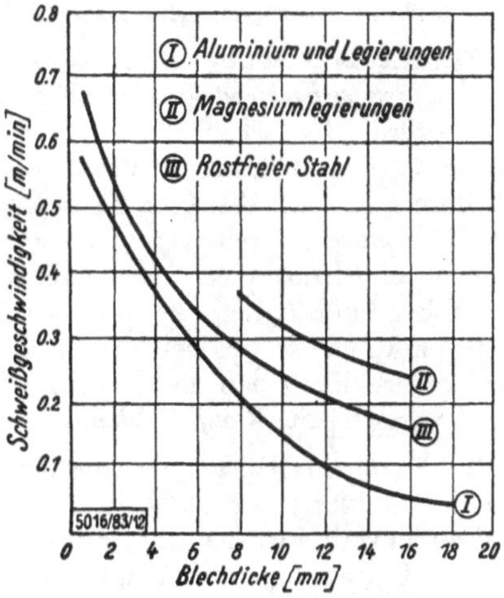

Bild 12. Schweißgeschwindigkeit bei dem Argonarc-Verfahren (Mittelwerte)

F. Vorgänge im Lichtbogen

Wird mit *abschmelzender Elektrode* und Gleichstrom geschweißt, so ist eine höhere Stromdichte in der Elektrode das Haupterfordernis für den Werkstoffübergang. Von einem bestimmten Mindestwert der Stromdichte an, der entsprechend dem Elektrodendurchmesser und dem Werkstoff schwankt, erhält man relativ große kugel-

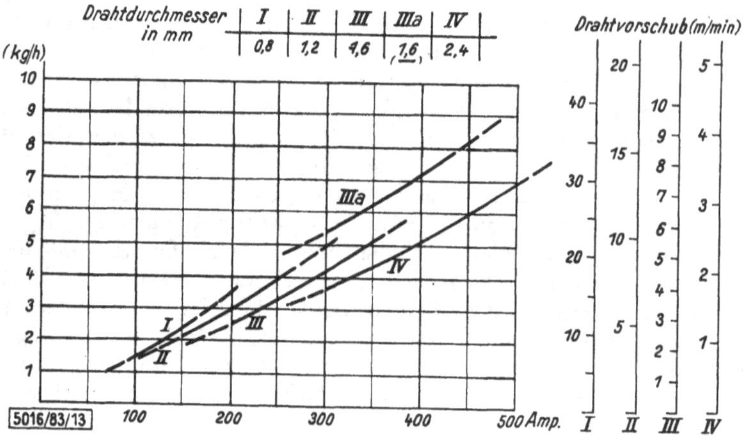

Bild 13. Schweißleistung in Abhängigkeit vom Schweißstrom für verschiedene Drahtdurchmesser (nach Angaben Werk Griesheim Autogen/Frankfurt)

förmige Tropfen, die vom Elektrodenende „abreißen", bis zu einem *Sprühregen* äußerst feiner Tröpfchen, die aus dem Elektrodenende in Elektrodenrichtung herausgeschleudert werden. Bei der Verschweißung von Kohlenstoffstählen muß diese Wirkung noch durch die Zusammensetzung des Schutzgases unterstützt werden. Der Lichtbogen hat für die Methode mit abschmelzender Elektrode einen eng begrenzten kegelförmigen Kern, innerhalb dessen das Metall flüssig übergeht.

Für die Beurteilung der Argon- und Helium-Gleichstromschweißung *mit nicht abschmelzender Elektrode* ist zusätzlich die Kenntnis der Charakteristiken des Wolframlichtbogens erforderlich. Bei Gleichstromschweißung mit negativer Elektrode ist der Bogen thermionisch, beruht also vorwiegend auf der Elektronenemission des erhitzten Wolframs. Da sich die Kathode weniger erwärmt als die Anode (Werkstück), bleibt die Wolframspitze, relativ gesehen, kälter und so geschont, d. h. verbraucht sich sehr langsam und kann spitz zugeschliffen werden. Es bildet sich ein reiner Schmelzbogen mit hoher Eindringtiefe. Bei positiver Polung der Elektrode kehren sich die Verhältnisse praktisch um, jedoch macht sich gleichzeitig ein elektromechanischer Effekt bemerkbar, durch den die Oxydhäute auf der Werkstoffoberfläche zerstört (dispergiert) werden [Lit. *Wolff* u. *Mantel*].

Bei *Wechselstromschweißung* mit nicht abschmelzender Elektrode kombinieren sich die Vorteile der negativ bzw. positiv gepolten Elektrode miteinander: Schonung des Elektrodenverbrauchs, gute Eindringtiefe und Oxydfilmdispersion. Allerdings entsteht in Gestaltung und Temperatur der beiden Lichtbogenansatzpunkte eine Unsymmetrie, die in dem Wechselstromkreis eine oszillographisch nachweisbare Gleichrichterwirkung hervorruft. Diese hat eine Änderung des Elektronenflusses zur Folge. Außerdem setzt diese bei der periodisch wiederkehrenden Minuspolung auftretende Gleichpolung den Wirkungsgrad des Schweißumspanners wesentlich herab. Durch die größeren Verluste ist eine volle Ausnutzung des Schweißumspanners (gemäß Angaben auf dem Leistungsschild) nicht mehr möglich.

Die Hochfrequenzüberlagerung soll den Wechselstromcharakter aufrechterhalten. Man muß diese elektrisch an eine andere Phase des Netzes koppeln. Der hochfrequente Strom unterliegt zwar auch der vorher beschriebenen Gleichrichtung, doch wirkt sich diese auf Grund der hohen Spannung nicht so stark aus. Die Energie ist somit stets groß genug, um den Lichtbogen durch Initialwirkung immer wieder auszulösen.

Beim *Schweißen von Aluminium* im besonderen und auch beim Schweißen einiger Stähle verursacht die höhere Elektronenemission des Wolframs gegenüber derjenigen von Aluminium und Stahl Schwierigkeiten. Hierdurch entsteht in den Halbwellen des Wechselstroms eine ungleiche Stromverteilung. Die Gleichrichtung verringert den Einbrand, die Schweißgeschwindigkeit und die Gleichmäßigkeit der Oberfläche infolge des unruhigeren Schweißbades. Durch die überlagerte Hochfrequenz läßt sich dieser Mangel elektrotechnisch beheben.

Beobachtet man das Schmelzbad z. B. aus nichtrostendem Stahl, so stellt man fest, daß der Lichtbogen, wenn er vom Werkstück ausgeht, seinen Anfang nicht im Schmelzbad, sondern am Ende des Bades nimmt. Wahrscheinlich sind dort Teilchen mit höherem Emissionsvermögen vorhanden, die das Wiederzünden des Lichtbogens erleichtern. Es ist anzunehmen, daß es sich um Wolframtröpfchen mit größerem Emissionsvermögen handelt. Derartige Einschlüsse unterdrücken die Gleichrichterwirkung des Stromes, indem sie das Wiederzünden des Lichtbogens in dem Augenblicke erleichtern, wenn das Werkstück negativer Pol wird.

Bei der Verschweißung von Aluminium kann bei fehlender Hochfrequenz eine vollkommene Gleichrichtung des Stromes derart eintreten, daß die Wolframelektrode einem Elektronenbombardement nicht ausgesetzt ist und deshalb nur eine verhältnismäßig niedrige Temperatur aufweist. Unter diesen Bedingungen entsteht aber auf dem Schmelzbad eine dieses bedeckende Oxydhaut, die jede Schweißung unmöglich macht. Dabei ist zu berücksichtigen, daß die Elektronenemission des Aluminiums geringer ist, als die des Aluminiumoxyds, des Wolframs und anderer Metalle.

Man kann die Richtung des Elektronenflusses zwar umkehren, indem man die Elektrode mit dem Pluspol einer Gleichstromquelle verbindet. In diesem Falle wird die Elektronenemission nicht unterbrochen, die jetzt vom Werkstück auf die Elektrode gerichtet ist. Das Aussehen des Bades ändert sich damit vollständig. Der Elektronenstrom bricht die Oxydhaut auf, die sich auf der Badoberfläche gebildet hat. Hierdurch wird die Schweißung möglich. Der Nachteil dieser Anordnung besteht jedoch in dem ständigen Elektronenbombardement auf die Elektrode, die sich dadurch stark erhitzt und „geradezu zerstäubt". Da also eine Schweißung unmöglich wird, wenn die Elektronen nur in Richtung von der Elektrode zum Bad übergehen und andererseits wegen der starken Elektrodenerhitzung schwierig wird, wenn Elektronen nur vom Bad zur Elektrode übergehen, bleibt der Ausweg mit Wechselstrom zu schweißen, um dadurch die Vorteile beider Polungen zu verbinden. Eine völlige Gleichrichtung des Stromüberganges ist jedoch zu verhindern, d. h. die Sinusform des Lichtbogens muß erhalten bleiben, was auch durch den Einbau in Serie geschalteter Kondensatoren geschehen kann. Das Ergebnis ist ein „klares" Bad ohne übermäßige Überhitzung der Elektrode.

Meist wird dem Wechselstrom jedoch ein hochfrequenter Strom überlagert, der Ionisation und Rückzündung erleichtert. Hierbei ergibt sich zwar, wie oben erwähnt, ebenfalls eine partielle Gleichrichtung. Die vom Schmelzbad ausgehenden Elektronen haben jedoch genügend Zeit, um die Oxydhaut mechanisch zu durchstoßen. Das tritt immer nur dann auf, wenn sich der Lichtbogen bei negativer Polung des Bades neu bildet. Da demnach nur die positiv gepolte Elektrode, bzw. die positive Halbwelle des Wechselstromes die — vorzugsweise bei den Leichtmetallen — auf der Oberfläche des Bades befindliche Oxydhaut zu zerstören vermag, ist die Polarität damit gegeben [Lit. *Witting*].

G. *Gefügebefund von Argonschweißungen*

Der Verfasser hat Schweißversuche an Blechproben verschiedener Dicke aus folgenden Werkstoffen durchgeführt:

Reinaluminium, Aluminiumlegierung AlMg 3,
Kupfer sowie Cr-Ni-Stahl,

wobei Stromart und -stärke, Schweißverfahren und -geschwindigkeit sowie die Argonmenge abgewandelt wurden.

Reinaluminium

Die Oberflächen der Schweißraupen sahen hochglänzend aus. Nur zuweilen erschienen sie ebenso mattiert wie die Wurzelnähte. In keinem Falle ließ sich eine Oxydation wahrnehmen. Die Schuppenbildung war meist fein und gleichmäßig, wobei sich Unterschiede zwischen Hand- und Automatenschweißungen ergaben. Durchfluß und Bindung waren, makroskopisch gesehen, gut. Eine Änderung der Schweißgeschwindigkeit veränderte den äußeren Befund kaum.
Die Röntgenuntersuchung ergab hier in Übereinstimmung mit dem makroskopischen und dem mikroskopischen Schliffbild, daß an Reinaluminium bei einwandfreier Schweißung gute Bindung und nur ausnahmsweise Wurzelfehler (Bild 14) zu erwarten sind.

Bild 14. Wurzelbindefehler im Röntgenbild, Schutzgasschweißung an Reinalu, Dicke: 8 mm

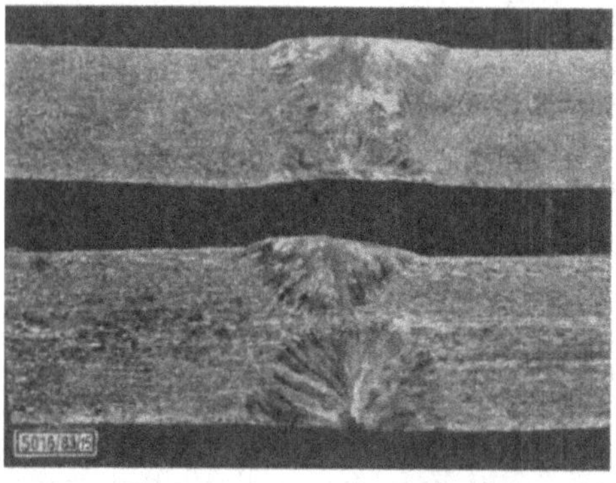

Bild 15. Grobgefüge von handgeschweißten 8 und 10 Reinalublechen, Schutzgas: Argon, V = 2,5 ×

Als Beispiele dienen die Grobgefügebilder von Handschweißungen mit nicht abschmelzender Elektrode (170 A bzw. 320 A, 160 mm/min bzw. 200 mm/min bei 5 l Ar/min bzw. 10 l Ar/min) an 8 mm bzw. 10 mm dicken Rein-Al-Blechen (Bild 15) sowie von Kehlnähten, die unter Verwendung 5 mm dicker Bleche mit unterschiedlicher Schweißgeschwindigkeit hergestellt wurden (Bild 16).

Das Feingefügebild 17 ist der Mitte einer automatisch mit sich selbst verzehrender Elektrode ge-

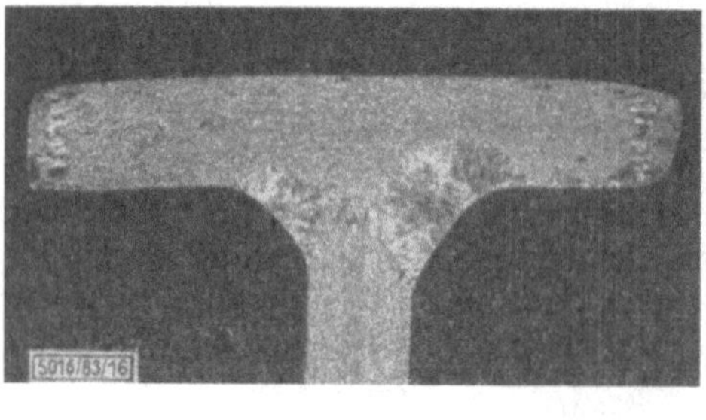

Bild 16. Grobgefüge einer Kehlnahtschweißung an Reinalu von 5 mm Dicke, V = 2 ×

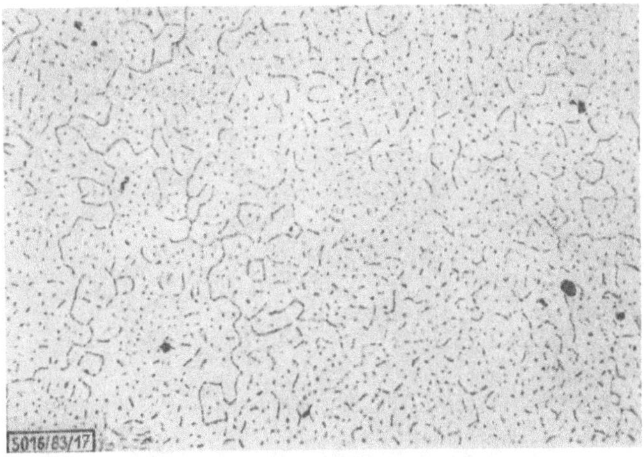

Bild 17. Feingefüge aus der Schweißnahtmitte, Schutzgas-Handschweißung an Rein-Al, V = 200 ×

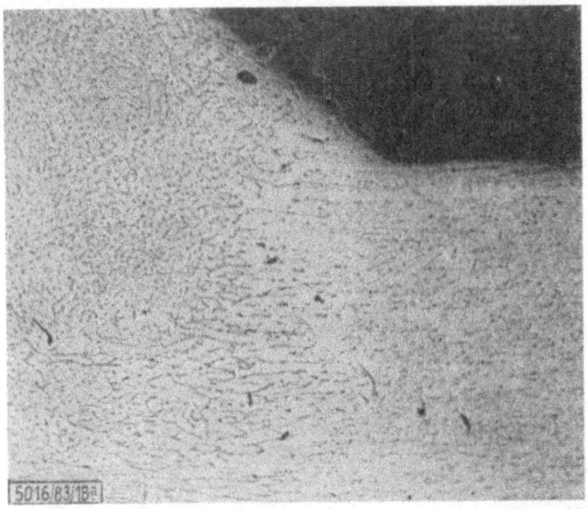

Bild 18a. Übergangsgefüge, V = 50 ×, Werkstoff: Rein-Al

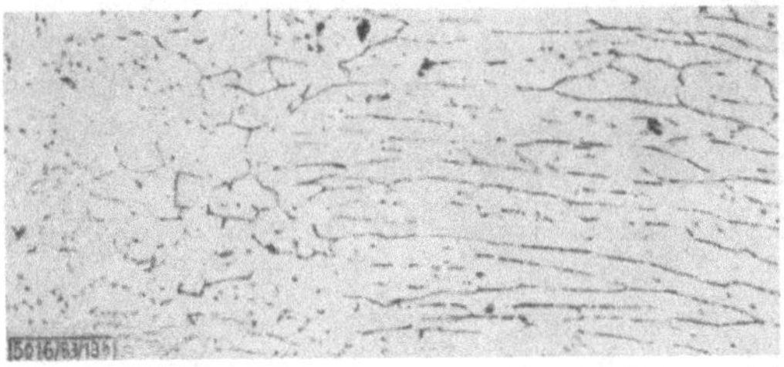

Bild 18b. Übergangsgefüge, V = 50 ×, Werkstoff: Rein-Al

schweißten Naht entnommen, wogegen Bild 18a, b den Übergängen solcher Nähte vom Schweißgut zum Grundwerkstoff entstammen. Der Aufbau (Bild 17) ist fein und gleichmäßig. An das etwas gröbere Übergangsgefüge (Bild 18a) schließt sich eine leicht überhitzte vollrekristallisierte Zone im Baustoff an. Der wärmebeeinflußte

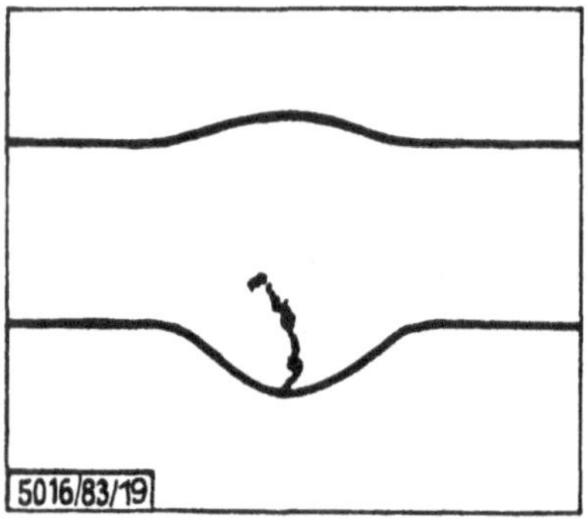

Bild 19. Wurzelbindefehler in einer Schweißnaht, schematisch

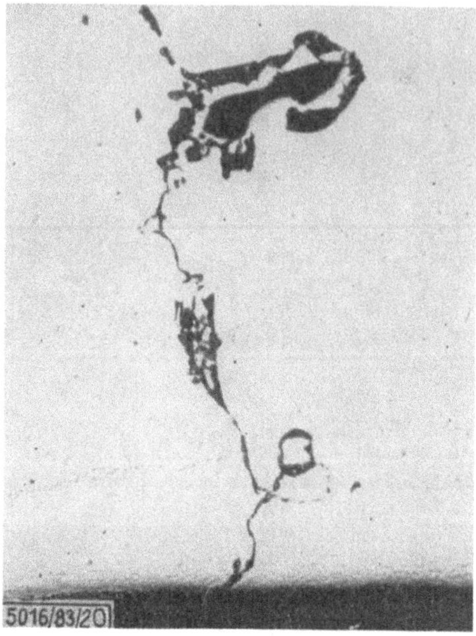

Bild 20. Wurzelbindefehler, V = 50 ×

Bild 21. Poren am Rande der Einbrandzone, V = 50 ×

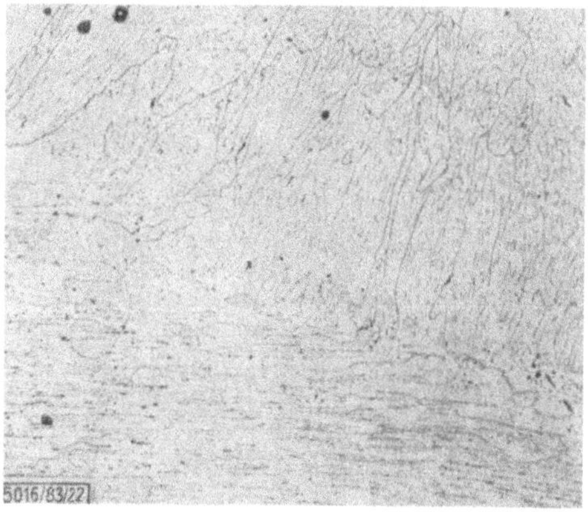

Bild 22. Einwandfreier Übergang, V = 50 ×

Bereich ist nur schmal und die Bindung einwandfrei. Vereinzelt treten im Übergang kleine Poren auf (Bild 18b). Es ist schwer zu entscheiden, ob dies dem Schweißverfahren oder dem Grundwerkstoff zuzuschreiben ist. Die Form eines der gelegentlich anzutreffenden Wurzelbindefehler ist in Bild 19 wiedergegeben. Sie können stellenweise den Nahtquerschnitt bis zu 30% schwächen und ähneln gleichartigen Fehlern bei der Gasschweißung mit Flußmitteln. Mangelnde Übung ist ihre häufigste Ursache (Bild 20). Die bevorzugt am Rande der Einbrandzonen vereinzelt beob-

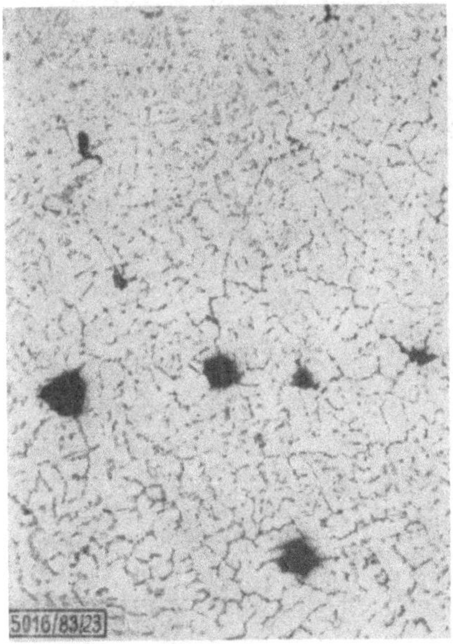

Bild 23. Wurzelporen,
Werkstoff: AlMg 3, Dicke: 8 mm,
V = 75 ×

achteten Poren läßt Bild 21 erkennen. Einen praktisch fehlerlosen Übergang dagegen zeigt Bild 22 als Beleg für eine einwandfreie Ausführung. Nahtflanken sind auf jeden Fall vor der Schweißung sorgsam zu reinigen. Hierdurch lassen sich auch kugelige Hohlräume in der Wurzelnaht (Bild 23) am wirksamsten verhindern. Sie können ebenfalls als Ausnahme gekennzeichnet werden.

Legierung Aluminium-Magnesium (AlMg 3)

Diese Schweißraupen erscheinen in der Regel mattglänzend. Das Grobgefüge waagerechter und senkrechter Schweißnähte war gröber, jedoch ergab die Röntgendurchstrahlung keine Anstände. Im Feingefüge wurde zwischen waagerechter und senkrechter Schweißung kein Unterschied gefunden. Die Nähte waren dicht

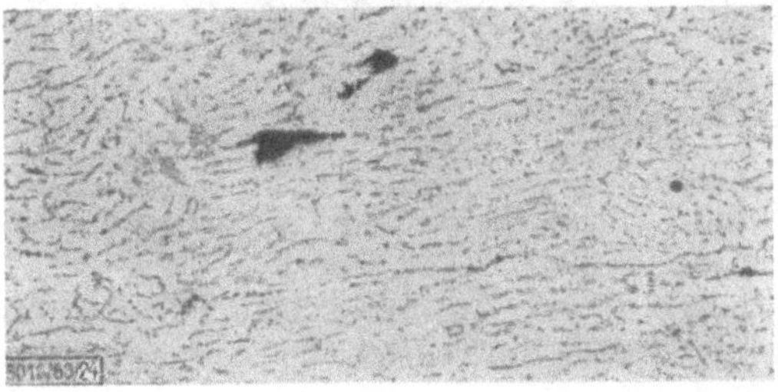

Bild 24. Poren im Übergang von der unteren zur oberen Schweißlage, Werkstoff: AlMg 3, V = 50 ×

und porenfrei und die Gefüge gleichmäßig aufgebaut. Auch hier waren die Übergänge meist einwandfrei und die Wärmeeinflußzonen schmal. Der Zusatzdraht entsprach dem Grundwerkstoff. In Übereinstimmung mit den Ausführungen von *Erdmann-Jesnitzer* im anschließenden Beitrag „Gasschweißung der Leichtmetalle" war für Zweilagenschweißungen in der unteren Lage infolge der erneuten Erwärmung mit Mikrolunkern und Porenbildung zu rechnen (Bild 24). Diese Erscheinung ist nicht verfahrensbedingt und ist dem Zusatzwerkstoff aus AlMg 3 eigentümlich. Das Aufbrechen des Schweißgutes ließ entsprechende Fehlstellen im Gefüge erkennen (Bild 25). Diese werkstoffbedingten, nicht vermeidbaren Gefügeanomalien der AlMg-Legierungen sind daher auch durch die Argonschweißung nicht auszuschließen. Bei der Her-

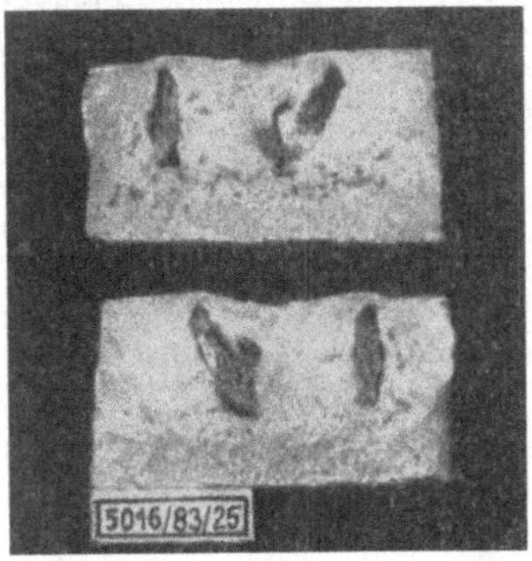

Bild 25. Bruchbild einer mit Fehlstellen durchsetzten Schweißnaht, Werkstoff: AlMg 3, V = 2 ×

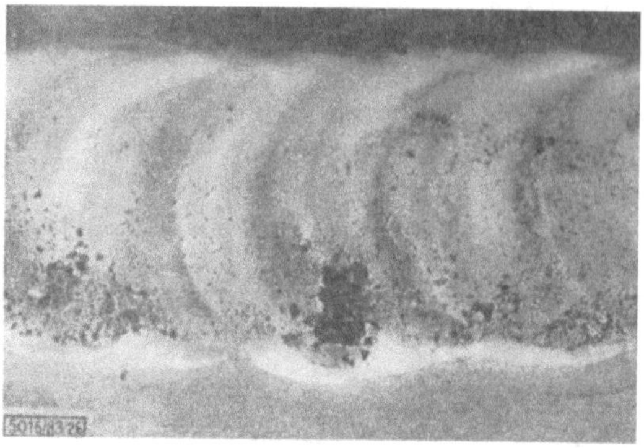

Bild 26. Stumpfnaht mit Oxydeinschlüssen, Werkstoff: AlMg 3, V = 5 ×

stellung einer rückwärts gegengeschweißten Naht traten hauptsächlich im Übergang zum Werkstoff AlMg oberflächlich die in Bild 26 wiedergegebenen Einschlüsse auf, die offenbar auf die Bildung von Magnesiumoxyd zurückzuführen sind. Diese Erscheinung trat bevorzugt einseitig auf und deutet an, daß das

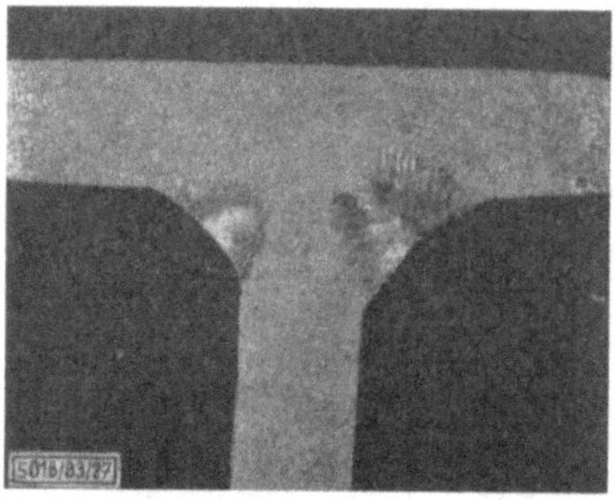

Bild 27. Grobgefüge einer einwandfreien Kehlnaht, Werkstoff: AlMg 3, V = 1,5 ×

Bild 28. Automatische Schutzgasschweißung an Kupfer von 1 mm Dicke, V = 5 ×

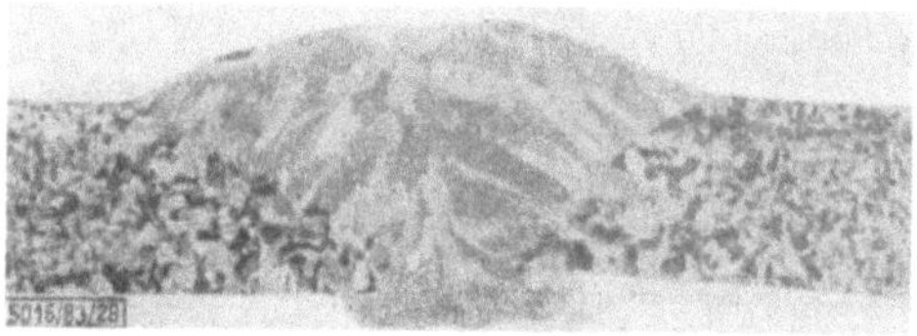

Schutzgas die Oberfläche nicht genügend bedeckte. Sie ist demnach die Folge einer unsachgemäßen Elektrodenführung, die nicht zu einer negativen Beurteilung der Schutzgasschweißung führen darf. Das Grobgefüge einer Kehlnaht gibt Bild 27 wieder. Es ist einwandfrei.

Kupfer

Verschweißt wurden Blechdicken von 1 bis 4 mm. Die Schweißraupen sahen mattglänzend aus und waren am Nahtende leicht oxydiert. Der äußere Befund ließ einen feinschuppigen Aufbau erkennen. Durchschweißung und Bindung waren gut. Röntgenaufnahmen ergaben bei einwandfreier Elektrodenführung praktisch fehlerlose Nähte. Das Nahtgefüge war dendritisch und meist stengelförmig grobkristallin. Das Grobgefügebild 28 entstammt einer automatisch schutzgasgeschweißten 1 mm dicken Probe. Porigkeit im Übergang machte sich auch hier gelegentlich bemerkbar. Im Gegensatz zu den Leichtmetallen war die Wärmeeinflußzone breiter. Das grobe Schweiß-

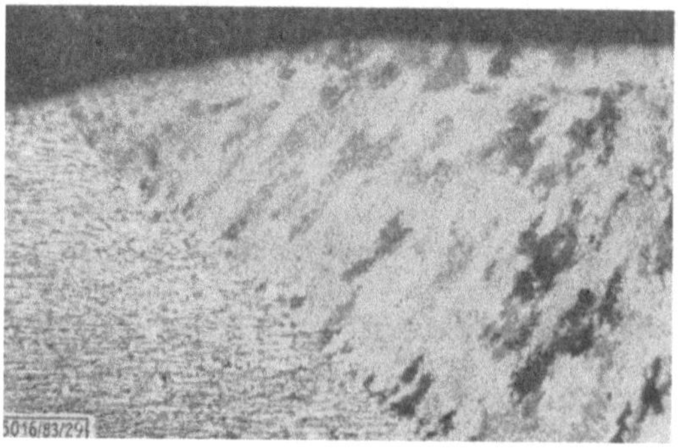

Bild 29. Übergangsgefüge einer Schutzgas-Handschweißung, Werkstoff: CrNi-Stahl von 5 mm Dicke, V = 25 ×

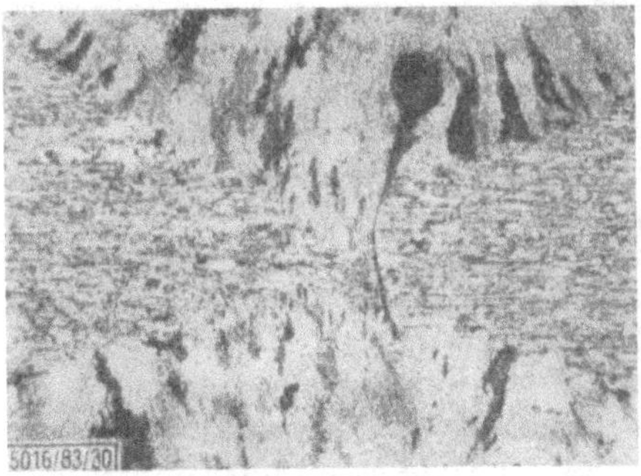

Bild 30. Nicht durchgeschweißte Naht einer Schutzgas-Handschweißung, Werkstoff: CrNi-Stahl von 5 mm Dicke, V = 25 ×

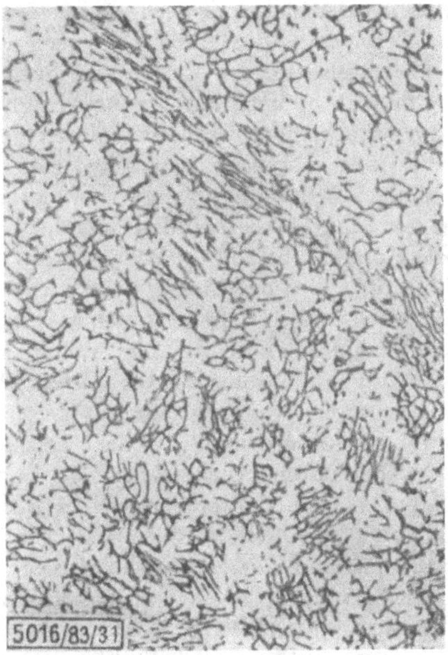

Bild 31. Automatisch hergestelltes Schweißnahtgefüge, Werkstoff: CrNi-Stahl von 4 mm Dicke, V = 200 ×

gut ging allmählich in das feinkörnige Gefüge des Grundwerkstoffes über. In einigen Fällen machten sich Oxydhäute in der Naht bemerkbar.

Austenitische Cr-Ni-Stähle

Der äußere Befund wird auch hier durch das Schweißverfahren beeinflußt. Den makroskopischen Gefügeaufbau einer solchen handgeschweißten Naht, von einigen Hohlstellen durchsetzt, zeigt Bild 29. Im allgemeinen werden einwandfreie Verbindungen erzielt, deren Übergänge befriedigen. Bei X-Nähten ist auf sorgfältige Vorbereitung und Durchschweißung zu achten (Bild 30). Im angrenzenden Grundwerkstoff waren ausgeschiedene Karbide zu erkennen, die in der Schweißnaht fehlten. Das Feingefüge einer automatisch geschweißten Naht gibt Bild 31 wieder. Es ist feinkörnig und gleichmäßig. Eine Kornvergröberung in den wärmebeeinflußten Zonen konnte nicht festgestellt werden.

Gefügeaufnahmen aus schutzgasgeschweißten Stumpfnähten an Leichtmetallen, Buntmetallen und Sonderstählen lassen somit erkennen, daß einwandfreie Verbindungen zu erzielen sind, was sich bevorzugt für Bleche bis zu 5 mm Dicke bestätigte. Gelegentlich wurden bei dickeren Blechen und Kehlnähten Bindefehler und Hohlstellen beobachtet. Die Schweißbedingungen sind deshalb sorgfältig auf Nahtart und Werkstückdicke abzustimmen, um vor allen Dingen eine ausreichende Schutzwirkung des schmelzflüssigen Werkstoffes sicherzustellen.

H. Ausblick

Die Schutzgasschweißung mit Helium und Argon befindet sich z. Z. in lebhafter Entwicklung. Ihr Vorteil besteht wegen der hohen Schweißgeschwindigkeit in der Tatsache wesentlich geringerer Schrumpfspannungen. Wirtschaftliche Bedenken werden zurücktreten. Vor allem der automatischen Argonschweißung mit sich selbst verzehrender Elektrode wird eine weitere Verbreitung zugesprochen. Sie ist bevorzugt zur Verbindung dickerer Bleche geeignet. Bei der normalen Verarbeitung der Stähle und Nichteisenmetalle dürften die bisherigen Schmelzschweißverfahren solange noch ihre Bedeutung behalten, bis für die Schutzgasschweißung ebenfalls eine universellere Anwendbarkeit erwiesen ist. Hierzu gehören ihre Ausdehnung auf weitere Werkstoffe, ihre Anpassung an schwierige Fertigungsarbeiten, verbilligte Ausführung, vereinfachte Bewältigung von Zwangslagenschweißungen u. a. m. Als weiterer Vorteil der Schutzgasschweißung fällt die Tatsache ins Gewicht, daß nunmehr auch normale Kohlenstoffstähle hierdurch erfaßt werden können, wenn auch ein endgültiges Urteil über ihre Bewährung noch nicht abgegeben werden soll.

Die bisherigen Erfolge sprechen für die Einführung des Verfahrens besonders auf dem Gebiet der Leichtmetalle, wo die Einsparung an Flußmitteln im Vordergrund steht und durch ausreichende Untersuchungen eine gewisse Sicherheit in bezug auf die Werkstofffragen gegeben ist. Weitere intensive metallkundliche Untersuchungen und Festigkeitsbefunde für die verschiedensten Werkstoffe, Werkstoffdicken sowie Werkstoffpaarungen müssen erfolgen, um dem Verfahren auch in bisher noch nicht aufgeschlossenen Anwendungsgebieten Eingang in die Fertigungstechnik zu verschaffen. Damit wird die Bedeutung der Gasschweißung für die Leichtmetalle, wie anschließend von *Erdmann-Jesnitzer* eingehend beschrieben, in keiner Weise geschmälert. Es darf wohl werkstofflich als sicher angesehen werden, daß die jahrzehntelangen wertvollen Untersuchungsarbeiten auf dem Gebiet der Gefügeausbildung für legierte Leichtmetalle im Hinblick auf Rißbildung mehr oder minder für das Verhalten bei Schutzgasschweißungen zur Beurteilung herangezogen werden dürfen. Voraussetzung hierfür ist immer, daß Brennerkonstruktionen im Hinblick auf die Schutzgaszuführung sowie Wahl der Brennergröße im Hinblick auf die Schweißbadtiefe so aufeinander abgestellt werden, daß einwandfreie Schutzgasbildung und Vermeidung der Oxydation erfolgt. Ist dies nicht gewährleistet, so ist die Oxydbildung zufolge der hohen Temperatur des Lichtbogens gegenüber der Gasschweißung eine vergrößerte. Daher sollte für die Periode der Einführung seitens der Firmen, die Schutzgas-Schweißeinrichtungen liefern, die Beratung des Verbrauchers eine bevorzugte Stellung einnehmen.

Literaturangaben

Bollenrath, F.: Edelgasschweißen, Verlag Girardet, Essen.

Clausser, R. C.: Schutzgasschweißung für schwerschweißbare Werkstoffe, Materials and Methods (1947), S. 86.

Christopher, G. G. und *R. C. Becker:* Inert-gas-shielded Metal-arc welding of low-carbon steels. Weld. Journ. 33 (1954), S. 7.

Dowd, J. D.: Weld Research Suppl. (1952), S. 448—s.

Kauhausen, E. und *H. A. Vogels:* Entwicklung von Elektroden zum Schweißen austenitischer Stähle für Hochdruckkessel, Schweißen und Schneiden 4 (1952), H. 2, S. 35.

Koch, H.: Schutzgasschweißung, Schweißen und Schneiden 3 (1951), Sonderheft, S. 11.

Matting, A.: Werkstoffe und Wirtschaftlichkeit der neuzeitlichen Schutzgasschweißung, Metall 7 (1953), H. 7/8, S. 227.

Mtg. II

Müller, Gibson, Roper: The Aircomatic Welding Process, Weld. Journ. (1949/50).

Skarr: Vortrag anläßlich der großen Schweißtechnischen Tagung des DVS, Essen, 14. 6. 1954.

Thiemer, E.: Beitrag in Werkstoff und Schweißung, Bd. I, S. 176.

Witting, E.: „Der Argomat", ein neues Hochleistungsgerät für Schutzgasschweißung mit verzehrbarer Elektrode, Z. f. Schweißtechnik (1954), Nr. 3.

Wolff, L. und *W. Mantel:* Das Lichtbogenschweißen von Leichtmetallen unter Edelgasschutz, Aluminium 30 (1954), Nr. 6, S. 233.

Weitere Literatur zur Schutzgasschweißung

Cook, H. G. und *G. R. Rothshild:* Carbon steel elektrodes for use with inert gas shields. Weld. Journ. 33 (1954), S. 361.

Geismanenka, P. L.: Anwendung von Argon und Helium zum Schweißen von Metallen. Oxygen 4, Nr. 3, Mai/Juni (1947), S. 44—51, Ref. in Chem. Zentralbl. (1948) I, Nr. 11/12, S. 613.

Groves, R.: Das „Heliarc- und Argonarc-"Schweißverfahren, Machinery Lloyd (Cont. Ed) 20, Nr. 9 A, (Mai 1948), S. 67—73, Ref. in Chem. Zentralbl. (1949) I, Nr. 7/8, S. 426.

Harkins, F.: Inert-gas metal-arc welding of mild and low-alloy steel. Weld. Journ. 32 (1953), S. 683.

Herbst, H. T.: Lichtbogen-Schutzgasschweißung mit trägen Gasen (Inert Gas Shieldet Arc Welding) Steel (Cleveland) 1 (1947), Nr. 9, S. 72—74, Ref. in Werkstatt u. Betrieb (1948), Nr. 7, S. 202.

— (2) und *T. McElrath jr.:* Sigma-welding of carbon steels. Weld. Journ. 30 (1951), S. 1084.

Huff, jr. H. A. und *A. N. Kugler:* Praktische Erfahrungen mit der Schutzgasschweißung, Weld. Journ. 28 (Febr. 1949), S. 128—140, Ref. in Chem. Zentralbl. (1950) II, Nr. 5—6, S. 339.

Marschall, W. K. B.: Lichtbogenschweißung mit Argon, Sheet Metall Ind. 26 (1949 Nov.), S. 2247; 32, S. 2434, 2436, 2438, 2440. Ref. in Chem. Zentralbl. (1950), Nr. 24, S. 2278.

McElrath, T. und *R. T. Telford:* New developments in Sigma-welding of carbon steels. Weld. Journ. 33 (1954), S. 201.

Matting, A.: Die Schutzgasschweißung im Gefügebild. Industrie-Anzeiger 77 (1955), Nr.46, S. 9.

Wassels, F. A.: Helium-Schweißung, Iron Coal Trades Rev. 150 (1945), Nr. 16 (3), S. 404, 405. Ref. in Chem. Zentralbl. (1942), Nr. 5/6, S. 269.

Wolff, L.: Das Lichtbogenschweißen mit Argon als Schutzgas, Z. Verb. Dtsch. Ing. 91 (1949), Nr. 15 (8), S. 399, Ref. in Chem. Zentralbl. (1950), Nr. 24, S. 2278.

Normale Lichtbogenschweißung von Aluminium und Aluminiumlegierungen

Prof. Dr.-Ing. habil. F. Erdmann-Jesnitzer, Berlin und Freiberg (Sa.)

A. Einleitung

Der zeitliche Höhepunkt des Einsatzes der normalen Lichtbogenschweißung mit ummantelten Elektroden ist für Aluminium und seine Legierungen überschritten. Nachdem zunächst geschichtlich gesehen die Gasschweißung im Vordergrund der Anwendung der Schmelzschweißverfahren stand, war es seinerzeit nur zu natürlich, auch der Lichtbogenschweißung mit speziellen ummantelten Elektroden für Neufertigung und Reparaturen entsprechende Entwicklungsarbeit zu widmen. Der Herausgeber hat an derartigen Untersuchungen seinerzeit gemeinsam mit *Schäfer* mitgewirkt. Heute ist der Umfang der Anwendung ein wesentlich geringerer geworden, da neuere und modernere Verfahren, wie die der Schutzgasschweißungen sich zunehmend in der Praxis durchsetzen.

Im Sinne der Vollständigkeit der Ausführungen zur Schmelzschweißung der Leichtmetalle auf Aluminiumbasis erscheint es aber trotzdem angebracht, wenn auch kurz, so doch das wesentliche beschreibend, auf die normale Lichtbogenschweißung von Aluminium einzugehen.

B. Lichtbogenschweißung mit ummantelten Elektroden

1. Schweißdrähte

Die im folgenden Beitrag von *Leins* beschriebenen Elektrodenentwicklungen führten zu Elektrodentypen, die der zu verschweißenden Legierung angepaßt wurden, d. h. es entstanden spezielle Elektroden für Reinaluminium, Silumin, Hydronalium u.a. Der Umhüllung kam die Aufgabe des Flußmittels zu, wobei die entstehende Schlacke keinesfalls zu Einschlüssen führen durfte. Keinesfalls war allein die Dickblechschweißung, sondern auch die Verschweißung von z. B. 2 mm starkem Aluminiumblech in Anwendung.

2. Praxis der Schweißung

Die Elektrode wird durchweg senkrecht gehalten, wobei leichtes Pendeln quer zur Schweißrichtung zweckmäßig ist und Einbrandkerben vermieden werden sollen. Eine Vorwärmung erfolgt erst für Werkstückdicken $s > 10$, Werkstückdicken $s < 10$ mm können ohne Vorwärmung verschweißt werden, wobei man ein erneutes Aufschweißen einer gelegten Naht, z. B. an Kreuzungspunkten, nach Möglichkeit vermeidet. Erfolgt Vorwärmung und steht ein normaler Gasschweißbrenner nicht zur Verfügung, so ist es möglich, mit dem Kohlelichtbogen vorzuwärmen. Auch Reparaturschweißungen an gebrochenen Gußstücken werden oft zur Vermeidung von Schrumpfrissen ohne Vorwärmung durchgeführt. Man verwendet Gleichstrom, Elektrode meist am Pluspol. Stromstärke, Elektrodendicke geht einschließlich des Elektrodenbedarfs pro Meter Naht aus Zahlentafel 1 hervor.

Schweißgeschwindigkeit für 3—6 mm Blechdicke etwa 1 m/min.

3. Nahtaufbau

Bis s $\leqq$ 7 mm wird der Stumpfstoß einlagig angewendet, wobei die Elektrodendicke und Stromstärke so gewählt werden, daß voll durchgeschweißt werden kann. Man legt gekehlte Kupfer- oder Eisenschienen unter und arbeitet die leicht durchgetränkte Wurzellage anschließend mittels Handfräsers ab auf Grundwerkstoffdicke. Auch Unterlagen aus Formkohle haben sich bewährt, die geringere Abkühlgeschwindigkeit ergaben, womit die Schrumpfrißgefahr sinkt.

Für größere Blechdicken wird die Mehrlagenschweißung gewählt, erste Lage 7 mm ∅ / Elektrode, die weiteren 10 mm ∅. Die Stumpfschweißung läßt sich hinsichtlich Nahtvorbereitung leicht durchführen und der Stumpfstoß bis 7 mm Dicke des Grundwerkstoffes im Senkrechtstoß ohne Nahtschräge verschweißen.

Richtwerte für die Spaltbreite der Schweißfuge sind ebenfalls in Zahlentafel 1 angegeben. Für Blechdicken über 7 mm wird die V-Naht mit 70—80° Öffnungswinkel gewählt und $^2/_3$ der Blechdicke abgeschrägt. Keinesfalls darf die Nahtschräge spitz auslaufen wegen Überhitzungs- und Verschlackungsgefahr im Nahtgrund. Über 10—20 mm Blechdicke erfolgt die Verschweißung im X-Stoß ebenfalls mit 70—80° Öffnungswinkel, wobei wiederum die Wurzellage mit einer 7 mm Elektrode gelegt und das Fertigschweißen mit größeren Elektrodendurchmessern durchgeführt wird. Für Blechdicken über 20 mm, wie sie z. B. bei Kühlmänteln aus Reinalu innerhalb von Geräten für die Salpetersäureindustrie verwendet werden, wird der U-Stoß gewählt. Oft ist dann bereits die Gießschweißung wirtschaftlicher als die Verschweißung mittels einzelner Lagen.

Blechdicke mm	Schweißfuge mm	Elektroden-durchmesser mm	Stromstärke Amp.	Elektrodenbedarf Stück/Nahtmeter
1—2	0	2,5—3	30—35	2
3	0—1	3	90—110	3
4	2	3—4	110—130	3
5	2—3	4	130—150	3
		5	140—160	
6	3	5—6	150—170	3
.		7	170—180	
7	3	6—7	160—180	4
8	4	7—8	170—200	5
8—12	—	6—7	170—200	6

Zahlentafel 1. Blechdicke, Elektrodendurchmesser, Belastung und Elektrodenbedarf

Überlapptstöße ergeben oft Einlaufen der Schlacke zwischen die Bleche und spätere Korrosionsgefahr. Kehlnähte werden so vorbereitet, daß keine Einbrandkerben entstehen. Auch hierfür gilt, das Vorlaufen der Schlacke in den Stoß zu vermeiden. Für alle Lichtbogenschweißverbindungen mit Elektroden gilt, die erste Naht so stark, d. h. die verwendete Elektrode so dick zu wählen, daß Rißgefahr auf alle Fälle unterbunden wird.

4. Nahtgüte

Erreichbare Festigkeitswerte sind in der Zahlentafel 2 und 3 für verschiedene Al-Legierungen auch unterschiedlicher Werkstoffzustände angegeben. Die Naht zeigt

Gußgefüge; neben der Naht tritt analog der Gas- sowie Arcatom-Schweißung bei ausgehärteten oder Hart- sowie halbharten Blechen entsprechende Entfestigung auf. Die Breite der WEZ ist wesentlich geringer als bei der Gasschweißung.

Werkstoff	Ausgangswerte Zugfestigkeit kg/mm²	Ausgangswerte Dehnung %	Lichtbogenschweißung Zugfestigkeit kg/mm²	Lichtbogenschweißung Dehnung %	Bruchlage
DIN 1712 Al 99,5 Kokillenguß					
10 mm	8,7	24,0	8,7	21,0	in der Naht
weich	8,8	30,0	8,9	21,0	neben der Naht
1/2 hart	11,4	9,0	9,0	9,0	neben der Naht
1/1 hart	14,6	7,0	8,8	7,0	in der Naht
DIN 1713 Al-Cu-Mg					
vergütet	40,5	13,0	24,2	3,0	in der Naht
weich	23,3	14,0	22,5	8,4	20 mm neben Nahtmitte
Al-Cu					
vergütet	44,0	11,0	24,9	4,2	in der Naht
weich	18,0	14,0	18,3	10,0	35 mm neben Naht
Al-Mg-Si					
vergütet	31,0	12,0	18,4	4,0	15 mm neben Naht
weich	15,5	15,0	15,5	9,0	20 mm neben Naht
Al-Mg (5 %)					
1/2 hart	32,0	20,0	23,0	6,0	in der Naht
weich	24,0	22,0	22,0	11,5	in der Naht
Al-Mg-Mn					
hart	22,5	4,5	18,4	5,5	neben der Naht
weich	17,5	21,0	17,5	13,0	neben der Naht
Al-Si					
hart	18,9	4,0	12,0	5,5	neben der Naht
weich	13,0	20,0	13,0	12,5	neben der Naht

Zahlentafel 2. Zugfestigkeit und Dehnung von Schweißverbindungen aus Walzaluminium, lichtbogengeschweißt mit ummantelten Elektroden (Werkangaben Siemens-Schuckert-Werke, Berlin)

Die gegenüber der Gasschweißung schnellere Erstarrung bietet einerseits den Nachteil der Gefahr von Schrumpfrissen, zum anderen ist das Gußkorn der Naht kleiner als bei dieser. Eine Nahtvergütung wird z. B. für Reinalubleche bei Behältern oft durch nachträgliches Hämmern der Naht mit anschließender Weichglühung durchgeführt. Wegen der geringen Warmfestigkeit muß man mit Gegenhaltern arbeiten. Der Durchknetungsgrad soll entsprechend groß sein, da besonders beim Nachhämmern von Legierungen, falls diese ungenügend verformt werden, die Nahtgüte im Hinblick auf Trennfestigkeit und Verringerung der Kerbschlagzähigkeit sinkt. Falls Rekristallisationsvergütung erfolgt, muß daher auf genügend starke Verformung geachtet werden, d. h. das Gußgefüge muß effektiv zerstört, bzw. dann anschließend bei der

Neukristallisation völlig in das festigkeitsmäßig günstigere Feinkorn übergeführt werden.

Von besonderer Bedeutung ist es, die Konstruktion so abzustellen, daß Korrosionsschäden zufolge des Verbleibens von Schlacke und Schlackenresten in Ecken, an unzugänglichen Kanten sowie Spalten unterbleibt. Ein gutes Nachwaschen ist zweckmäßig, darf jedoch erst nach Erkalten der Naht erfolgen, da das schroffe Abkühlen durch Abwaschen der Naht mittels kalten Wassers sonst zu Schrumpfrissen führen kann, die zufolge der guten Oxydationsneigung des Aluminiums und seiner Legierungen beim anschließenden Reparaturschweißen vorher bis zum Rißgrund ausgefräst bzw. ausgearbeitet werden müssen.

Werkstoff	Ausgangswerte: Zugfestigkeit kg/mm² Mittel aus 4 Zugproben	Ausgangswerte: Dehnung $_{10}$ Mittel aus 4 Zugproben	Lichtbogenschweißung: Zugfestigkeit kg/mm² Mittel aus 4 Zugproben	Lichtbogenschweißung: Dehnung $_{10}$ Mittel aus 4 Zugproben	Bruchlage
Kokillenguß					
GAl-Cu	19,0	4	17,2	3	neben der Naht
GAl-Zn-Cu	22,0	6	19,0	3	neben der Naht
GAl-Si	19,8	6	19,9	5	neben der Naht
GAl-Si-Cu	20,0	3	18,0	4	neben der Naht
Kokille unbehandelt					
GAl-Mg-Si	18,5	2	17,3	2	neben der Naht
Sandguß ausgehärtet					
GAl-Si-Mg	26,0	3	24,0	4	neben der Naht

Zahlentafel 3. Zugfestigkeit und Dehnung von Schweißverbindungen an Aluguß (Werkangaben Siemens-Schuckert-Werke, Berlin)

C. Schweißen mit dem Kohlelichtbogen

1. Vorwort

Noch bevor die Lichtbogenschweißung mit ummantelten Elektroden in der Praxis angewendet wurde, war besonders für die Reparaturschweißung an Gußteilen die Kohlelichtbogenschweißung in Anwendung. Als Verbindungsschweißung wird diese heute selten angewendet.

2. Praxis der Kohlelichtbogenschweißung für Aluminium und Aluminiumlegierungen

Die Blechvorbereitung, Schweißstrom und Spannung sowie der Durchmesser der meist aus Graphit bestehenden Kohle in Abhängigkeit von der zu verbindenden Wanddicke ist in Zahlentafel 4 angegeben. Meist wird der Stumpfstoß verwendet mit Unterlagen aus Eisen, Kupfer oder Formkohle, besonders für größere Wanddicken. Die Verwendung eines Flußmittels ist unumgänglich. Die Kohle liegt am Pluspol. Die Naht wird meist in Wannenlage angeordnet, wobei die Schweißgeschwindigkeit etwa 1,5- bis 2fach derjenigen der Gasschweißung ist, jedoch weder an die Schweißgeschwindigkeit der Lichtbogenschweißung mit ummantelten Elektroden noch etwa an die der Schutzgasschweißverfahren heranreicht.

Die Nahtfestigkeit ist ausreichend, der Bruch tritt meist in der durch die Kohlelichtbogenwärme entfestigten nahtnahen Wärmeeinflußzone auf. Analog zu *B. 4.* muß die Naht von Flußmittelresten gesäubert werden. Ihr Verbleiben in Spalten

Stumpfstoß	Wanddicke mm	Schweißstrom A 1)	Lichtbogen-Spannung V	Graphitkohle Ø mm
2) 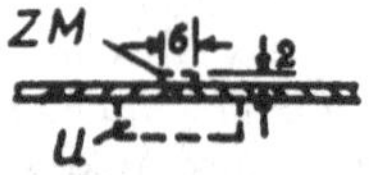	2	120	18—20	14
2) 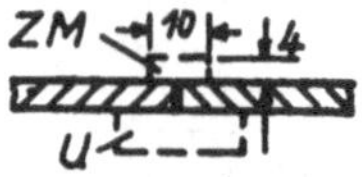	4	200 (150)	22—24	16
3) 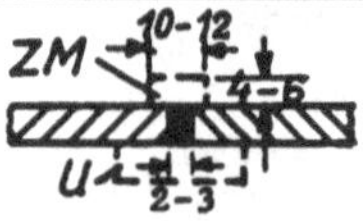	6—8	260—300 (180)	24—26	16
3) 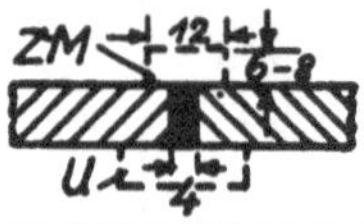	10—12	340—380 (200)	28—30	16

U = Unterlage (Eisenschiene oder Formkohle) ZM = Zusatzwerkstoff

1) Mittelwerte. Abweichungen bis ± 20% je nach Form und Abmessung der Werkstücke. — Eingeklammerte Mindeststromstärken gelten für kleinere Werkstücke, wenn hohe Stromstärken nicht verfügbar; dann aber längere Schweißzeit und geringere Wirtschaftlichkeit.

2) mit Materialzugabe; (aufgelegte Streifen (ZM) gleichen Materials). Fließt mit dem stumpf aneinandergelegten Material zusammen.

3) mit Materialzugabe; (aufgelegte Streifen (ZM) gleichen Materials). Füllt den Zwischenraum aus und verschweißt mit den Blechrändern.

Zahlentafel 4. Blechvorbereitung und Schweißdaten für die Kohlelichtbogenschweißung (Werkangaben Siemens-Schuckert-Werke, Berlin)

kann zur nachträglichen Korrosion dann führen, falls kein spezielles nicht hygroskopisches Flußmittel Verwendung findet.

Als Zusatzwerkstoff wird oft Reinalu verwandt. Man legt dies in Form von Streifen auf die mit Spalt, gemäß Spaltabstand nach Zahlentafel 4, im I-Stoß vorbereiteten Nahtkanten auf. Man schmilzt also den aufgelegten Aluminiumstreifen ab, der seinerseits als Zusatzwerkstoff wirkt, ein Teilvolumen der Blechkanten mit aufschmilzt, wobei die Nahtverbindung entsteht. Es ist verständlich, daß für Konstruktionsschweißungen die Kohlelichtbogenschweißung nicht *die* treffsicheren Festigkeitswerte ergibt, wie die anderen Schweißverfahren, wobei es jedoch durchweg bei richtiger Durchführung gelingt, spätere Korrosionsschäden zu vermeiden.

D. Ausblick

Die Bedeutung der Lichtbogenschweißung von Aluminium und seinen Legierungen mit ummantelten Metall- oder Kohleelektroden ist — wie anfangs bereits erwähnt — heute, nach Entwicklung der flußmittellosen Schutzgasschweißverfahren, nicht die wie ehedem. Besonders aber in Handwerksbetrieben, für die sich ein Schutzgasschweißgerät auf der Basis der Argonarc- oder Sigma-Schweißung zu teuer stellt, wird man für den Reparatursektor (gebrochene Motorgehäuse bzw. Kurbelwannen von Verbrennungskraftmaschinen) gern von der Kohlelichtbogenschweißung Gebrauch machen. Ein Erfolg setzt Handfertigkeit und Einarbeit voraus. Bedingungen, die im Handwerk hierfür jederzeit gegeben sein werden. Wesentlich erscheint es, Umformertypen zu wählen, die gute Zündeigenschaften bei guter dynamischer Charakteristik ergeben, wie sie in ausreichendem Maße lieferbar vorliegen. Deren Leistung muß ausreichend sein, wobei vor allen Dingen auf die gute dynamische Charakteristik Wert zu legen ist.

Im Anschluß hieran sei über die Entwicklung spezieller Elektroden für die Lichtbogenschweißung von Aluminium berichtet, einem seinerzeit mit Erschwernissen erarbeiteten Fertigungszweig hinsichtlich der verwendbaren Hüllenrezepturen, dessen Bedeutung aber ebenfalls dadurch heute herabgesetzt erscheint, als die das Flußmittel bildende Umhüllung der Elektrode heute in bequemer Art und Weise durch Schutzgase ersetzt wird, die eine Oxydation unterbindet und ihrerseits, was die verwendeten Gase anbelangt, energiemäßig günstig auf die Ausnutzung der Lichtbogenenergie wirkt. In diesem Sinne kommt dem Zusatz von CO_2 zu Argon besondere Bedeutung im Hinblick auf guten Tiefbrand zu.

(Bemerkung: Die vorstehenden Ausführungen lehnen sich an Angaben an, die von den Siemens-Schuckert-Werken AG, Berlin-Siemensstadt, erarbeitet wurden. Außerdem konnten eigene Beobachtungen und Erkenntnisse herangezogen werden, die *Schäfer* [Bamag-Meguin, Berlin] gemeinsam mit dem Autor durchführte.)

Schweißelektroden für die Lichtbogenschweißung der Leichtmetalle

Dipl.-Ing. H. Leins, Stuttgart

A. *Geschichtliche Entwicklung*)*

Die ersten Versuche und Anfänge mit *Lichtbogenelektroden für Aluminium* gehen bis ins Jahr 1919 zurück, als der Engländer *Francis J. Heyes* Aluminiumelektroden herstellte mit einer Umhüllung aus Kryolith und 10 bis 15% Natriumchlorid. Um die Umhüllung festhaftend zu machen, waren die Kerndrähte mit dünnen Drähten oder Baumwollfäden umwickelt. Diese Elektrode konnte jedoch wegen des hohen Schmelzpunktes der Umhüllung dem neuen Verfahren nicht viel Freunde erringen. Acht Jahre später, im Jahre 1927, kam *E. J. Clarke*/London mit einer neuen Umhüllung heraus, die hauptsächlich Kaliumfluorid und Kaliumchlorid enthielt mit Zusätzen von Lithiumchlorid, Natriumchlorid, Bariumchlorid, Kaliumbisulfat und Holzkohle oder Holzmehl. Vom Jahre 1929/30 ab setzte nun eine allgemeine Entwicklung ein.**)

Aus der Sowjetunion gab *Klatschkin* (1953) in der deutschen Übersetzung seines Buches „Buntmetallschweißung" ***) im Kapitel „Leichtmetallschweißung" eine zusammenfassende Darstellung von Rezepturen zur Umhüllung von Leichtmetallelektroden, die sich im wesentlichen mit den hier mitgeteilten Darstellungen deckt Interessant ist hierbei jedoch, daß *Klatschkin* zugleich auch *lithiumfreie* Umhüllungen erwähnt, die im westlichen Europa noch nicht so weitgehend bekannt geworden sind.

B. *Chemische und physikalische Betrachtungen zur Lichtbogenschweißung*

Aluminium und alle seine Legierungen sind mit nackten Elektroden und dem Lichtbogen nicht schweißbar. Nach der Zündung mit einer nackten Elektrode wird das Aluminium wohl angeschmolzen, es bildet sich ein Metalldampf, der sich um die Zündstelle herum als weißer Belag (Aluminiumoxyd) niederschlägt. Weiterhin bildet sich an der Elektrodenspitze ein kugelförmiger Tropfen, der von einer dicken Oxydschicht umgeben ist. Die Tropfen fallen ab und rollen ggf. weg ohne zu binden. Nach Abfallen der Tropfen hört die Bildung von Aluminiumdampf auf und damit auch die Ionisation des Lichtbogens. Der Bogen reißt ab. Eine Aufschmelzung des Werkstoffes und Bindung mit dem abtropfenden Elektrodenmetall ist also mit nackten (nicht umhüllten) Elektroden nicht möglich. Die Ursache für diesen Vorgang liegt in der starken Affinität des Aluminiums zum Sauerstoff und der dadurch bedingten Bildung dicker Oxydhäute. Wird Aluminium dagegen, wie oben dargelegt, ohne oxydlösende Flußmittel geschmolzen, so verdickt sich die Oxydhaut auf 0,015 bis 0,025 mm.

---

*) s. auch hierzu C. Endbetrachtung und Ausblick.

**) In Deutschland ist die Entwicklung brauchbarer Aluminiumelektroden verknüpft mit den Namen *Anastasiadis, Auchter, Fliess, Juwan, Leins* sowie *Röhrig* (ehem. Lautawerk), *Schieffelbein* (Agil/Berlin), *Schnorrenberg* und *Zack*.

***) Verlag Technik, Berlin.

Diese Oxydhäute sind sehr zäh und schwer schmelzbar. Ihr Schmelzpunkt liegt bei 2050 bis 2090° C. Die Festigkeit des Oxydfilms wurde von *Portevin* und *Bastien* mit 2 kg/mm² bestimmt. Durch ihre Zähigkeit ist auch die hohe Oberflächenspannung des flüssigen Aluminiums bedingt. Die scheinbare Oberflächenspannung des geschmolzenen Aluminiums von 420 Dyn/cm wird durch den Oxydfilm auf 840 Dyn/cm erhöht. Das spezifische Gewicht der Oxyde beträgt 3,96, d. h. also das etwa $1^1/_2$-fache von dem des Aluminiums, das im Durchschnitt bei 2,7 liegt. Das gewöhnliche auf dem Aluminium sich befindende Oxyd ist in der γ-Modifikation vorhanden. Beim Erhitzen an der Luft über 850° C verwandelt sich das γ-Oxyd in α-Al_2O_3.

Würde eine Schweißung ohne Flußmittel äußerlich einwandfrei gelingen, so wäre sie dennoch sehr mangelhaft insofern, als sie mit korundähnlichen Al-Oxyden durchsetzt wäre, die kraft ihrer größeren Dichte ins Schweißbad einsinken und bei der Erstarrung mit eingeschlossen werden. *Eine einwandfreie Verschweißung von Aluminium ist daher nur möglich mit umhüllten Elektroden.*

1. *Die Aufgaben der Umhüllung*

Die Aufgaben der Elektrodenumhüllung sind bereits in groben Zügen angedeutet. Im einzelnen sind dies:

Ionisation des Lichtbogens: Im Schmelzfluß entwickelt die Umhüllungsmasse mehr oder weniger Dämpfe, die den Lichtbogen ionisieren. Je nach Aufbau der Umhüllung ggf. auch bei zu dünnem Mantel kann die Elektrode „*tropfen*". Der Lichtbogen darf dadurch nicht zum Erlöschen kommen. Er erlischt auch nicht, weil durch die Dämpfe der ebenfalls abschmelzenden Umhüllung die Bogenstrecke dauernd und genügend ionisiert ist.

Lösen der Oxydhäute: Durch Reaktionen der schmelzflüssigen Umhüllungsmasse werden die Oxyde zum Teil gelöst, zum Teil in wesentlich niedriger schmelzende Chloride und Fluoride umgewandelt. Die Oxydlösegeschwindigkeit muß genügend groß sein. Die Löslichkeit von Al_2O_3 und sämtlicher etwaiger vorhandenen Metalloxyde muß so nahe wie möglich an und unterhalb der Schweiß- oder Schmelztemperatur liegen.

Herabsetzung der Oberflächenspannung des flüssigen Aluminiums: Durch die rasche und vollständige Lösung der Oxyde wird die Oberflächenspannung des flüssigen Aluminiums so weit herabgesetzt, daß ein leichter Metallübergang von der Elektrode zum Werkstück gewährleistet ist, und die Voraussetzungen zu einer guten gegenseitigen Benetzung gegeben sind.

Reinigen und Entgasen des Schmelzbades: Die Komponenten der Umhüllungsmasse entsprechen zum Teil denen wirksamer Gießereischmelzsalze. Die zu schweißenden Werkstücke (Guß- oder Knetwerkstoffe) können von vornherein Unreinheiten enthalten oder unsauber vorbereitet sein (Fettreste). Kohlenwasserstoffe z. B. spalten sich bei der Lichtbogentemperatur. Der Wasserstoff wird vom flüssigen Aluminium begierig aufgenommen und bei dessen Erstarrung unter Bildung von Poren wieder freigegeben. Eine gute Elektrode verhindert die Porenbildung durch Entgasung des Schmelzbades. Die Umhüllungssubstanz muß also während ihrer Einwirkung die Fähigkeit haben, die Gase zu absorbieren.

Abdecken des Schmelzbades und Fernhaltung von Sauerstoff: Durch eine dicke Schlackendecke bedingt bleibt das Schweißbad länger flüssig. Die Entgasung wird begünstigt, weiterhin wird das Schweißgut verbessert. Durch die Abdeckung wird außerdem die Bildung dicker Oxydhäute auf der Schweißnaht verhindert.

Weitere Forderungen, die die Umhüllung erfüllen soll:

Der Schmelzpunkt der Umhüllung muß etwa 10 bis 20° C unter dem Schmelzpunkt des zu schweißenden Aluminiumwerkstoffes liegen. Liegt der Schmelzpunkt der Umhüllung zu niedrig, so breitet sich diese bzw. die Schlacke zu sehr aus. Die Schlackenschicht wird zu dünn und löst sich demgemäß schlecht ab. Oberhalb des Schmelzpunktes muß die Umhüllung jedoch leichtflüssig sein und eine geringe Oberflächenspannung haben.

Das spezifische Gewicht der Umhüllung muß leichter sein als das des flüssigen Aluminiums, auch dann noch, wenn es die Aluminiumoxyde gelöst enthält. Die Differenz der spezifischen Gewichte des flüssigen Aluminiums und des Flußmittels muß so groß sein, daß die Schlacke schnell aufschwimmt. Dies ist, um Schlackeneinschlüsse zu vermeiden, insofern sehr wichtig, als das Schweißgut relativ rasch erstarrt. Für geringe Blechdicken liegt die Erstarrungsdauer im Bereich der von dünnwandigem Kokillenguß. Das spez. Gewicht der geschmolzenen Umhüllungsmasse soll bei einer guten Aluminiumelektrode nicht über 2,3 liegen.

Die Umhüllungsschicht muß beständig sein. Sie darf sich nicht mit der Zeit zersetzen, da sonst der Kerndraht angegriffen wird. Die Korrosionsprodukte verursachen beim Schweißen „knallende Geräusche" und bedingen Spritzverluste, die die Korrosion fördern. Die Umhüllung muß demgemäß eine geringe Hygroskopizität haben. Da die Chloride praktisch mehr oder weniger alle hygroskopisch sind, heißt dies, daß sie die sogenannten Chloridkomponenten so wenig als möglich enthalten und daß außerdem Salze mit hohen und höchsten Reinheitsgraden verwendet werden müssen. Umhüllungsanteile, die so stark hygroskopisch sind, daß sie zum Zerfließen neigen, setzen die Beständigkeit der Umhüllung sehr stark herab, trotz gewisser chemischer Reaktionen, die vor dem Umhüllungsprozeß bei der Herstellung der Elektroden stattfinden.

Schädliche Bestandteile soll die Umhüllung nicht enthalten. Hierunter sind insbesondere Stoffe zu verstehen, die metallisch als Verunreinigung oder in Verbindungen in der Umhüllungsmasse vorhanden sind und die ggf. im Lichtbogen „abgespalten" werden und sich dann mit dem Schweißwerkstoff legieren. Es besteht hierbei die Gefahr, daß die Korrosionsbeständigkeit der Schweißnaht herabgesetzt wird.

Die Umhüllung muß auf dem Kerndraht fest anhaften: Bei stark saurer Umhüllungsmasse kann, insbesondere bei langsamer Trocknung, der Fall eintreten, daß durch Wasserstoffbildung die Umhüllung abgehoben wird und die Elektrode teilweise „hohl" wird. Bei geringem Druck auf die Elektrode bricht die Umhüllung ein und bröckelt ab, die Elektrode muß dann verworfen werden. Dasselbe ist auch der Fall, wenn die Elektrode bei ihrer Herstellung zu heiß und zu rasch getrocknet wird. Da die Trocknung stets von außen nach innen erfolgt, bildet sich hier zuerst außen eine feste Schicht, während innen die Umhüllungsmasse noch feucht, ggf. auch noch pasteus ist. Durch den in der Trockenhitze sich bildenden Dampfdruck kann die Umhüllungsschicht ebenfalls abgehoben oder abgesprengt, zumindest aber rissig werden.

Die Schlacke muß leicht ablösbar sein. Aluminiumelektroden haben zuweilen die unangenehme Eigenschaft, daß die Schlacke der Schweißnaht sich sehr schwer entfernen läßt. Die Ursachen dafür können sein, daß die Schlacke zu dünnflüssig ist und daher die Schrumpfkräfte zu klein sind, um diese vom Werkstück abzulösen. Die Schlacke kann auch durch silikatische Bindung fest anhaften. Eine dritte Möglichkeit ist die, daß die Umhüllung zu wenig sauer und ggf. neutral, oder leicht basisch ist. Je saurer die Umhüllung und damit auch die Schlacke ist, um so leichter löst sich die Schlacke ab. Aber auch die Legierung (Zustand und Oberflächenbeschaffenheit) ist auf die Größe des Haftvermögens der Schlacke von Einfluß.

Die Elektrode soll möglichst wenig Rauchentwicklung verursachen. In dem metallurgisch zweckmäßigen Bestreben, die Schmelzpunkte der Umhüllungskomponente möglichst herabzudrücken, besteht immer die Gefahr, daß die im Lichtbogen dissoziierten Dämpfe *schädliche* (saure) *Halogenverbindungen* ergeben. Es ist also dringend zu empfehlen, Lichtbogen-Leichtmetallschweißungen unter genügender Beachtung der üblichen Schutzmaßnahmen durchzuführen (*Absaugevorrichtungen, Atemschutzgeräte* usw.).

Die Elektrode soll nicht mit starkem Geräusch abbrennen und nicht spritzen. Neben dem schon erwähnten möglichen Feuchtigkeitsgehalt kann die Ursache des geräuschvollen Abbrennens auch dadurch bedingt sein, daß die Elektrode bei der Lagerung einmal feucht wurde und Korrosionsprodukte gebildet hat. Das „Prasseln" und „Knallen" kann außerdem auch auf eine nicht günstig gewählte chemische Zusammensetzung der Umhüllung zurückzuführen sein. Das unruhige Abbrennen und Knallen hat auch das „Spritzen" zur Folge. Die Metallspritzer sind einerseits direkte Metallverluste, andererseits verursachen sie Narben auf dem zu schweißenden Werkstück.

Während des Schweißvorganges soll sich die Zusammensetzung des Flußmittels nicht nachteilig verändern infolge ungünstiger Reaktionen oder des Verlustes von Bestandteilen durch Verflüchtigung.

Die gelösten Metalloxyde sollen sich nicht ungünstig auf die Eigenschaften des Flußmittels auswirken und zu sehr die Viskosität und die Oberflächenspannung beeinflussen.

Keine Bestandteile des Flußmittels oder der Reaktionsprodukte dürfen sich in dem geschmolzenen Metall auflösen, falls dies eine Verschlechterung der Eigenschaften des flüssigen oder festen Metalls zur Folge hätte.

In der nachstehenden Zahlentafel 1 sind die für Aluminiumelektroden bekanntesten und gebräuchlichsten chemischen Stoffe für die Umhüllung aufgeführt. Weiterhin sind angegeben deren Schmelz- und Siedepunkte, deren Oxydlösefähigkeit und Hygroskopizität.

Umhüllungskomponente	Formel	Schmelzpunkt	Siedepunkt	Oxydlösefähigkeit	Hygroskopizität
Komplexe Fluoride					
Natriumalufluorid (Kryolith)	Na_3AlF_6	977		sehr gut	keine
Chiolith	$5NaF \cdot 3AlF_3$	685		sehr gut	keine
Kaliumalufluorid	K_3AlF_6	1025		sehr gut	keine
Natriumsilicofluorid	Na_2SiF_6	330/550	dissoz.	sehr gut	keine
Kaliumsilicofluorid	K_2SiF_6	430/450	dissoz.	sehr gut	keine
Kaliumtitanfluorid	K_2TiF_6	dissoz.		gering	keine
Einfache Fluoride					
Lithiumfluorid	LiF	845	1675	gut	keine
Natriumfluorid	NaF	995	1705	gut / sehr gut	keine
Kaliumfluorid	KF	846	1505	gut	schwach
Alufluorid	AlF_3	subl.	1260	gut	keine
Berylliumfluorid	BeF_2	800	—	keine	sehr stark
Strontiumfluorid	$Sr F_2$	902	2460	sehr gering	keine
Chromofluorid	$Cr F_2$	1100	1200	keine	keine
Magnesiumfluorid	$Mg F_2$	1270	2240	sehr gering	keine
Calziumfluorid	$Ca F_2$	1405	2500	sehr gering	keine

Umhüllungs-komponente	Formel	Schmelz-punkt	Siede-punkt	Oxydlöse-fähigkeit	Hygro-skopizität
Einfache Chloride					
Lithiumchlorid	LiCl	614	1382	gut	stark
Natriumchlorid	Na Cl	800	1465	gut	schwach
Kaliumchlorid	K Cl	770	1407	gut	schwach
Bariumchlorid	$Ba Cl_2$	960	1560	gering	schwach
Aluminiumchlorid ...	$Al Cl_3$	190	dissoz.	gut	stark
Magnesiumchlorid ...	$Mg Cl_2$	712	1418	gut	stark
Calziumchlorid	$Ca Cl_2$	765	ca. 1600	gut	stark
Manganchlorür	$Mn Cl_2$	690	1190	gut	schwach
Verschiedene					
Natriumbisulfat......	$NaHSO_4$	182	—	gut	schwach
Kaliumbisulfat	$KH SO_4$	210	—	gut	schwach
Aluminiumsulfat	$Al_2(SO_4) 3$	770	—	keine	keine
Holzkohle	C	—	—	keine	keine
Sägemehl	—	—	—	keine	keine

Zahlentafel 1. Gebräuchlichste Umhüllungsstoffe für Aluminiumelektroden

Die in der Zahlentafel 1 angegebenen Eigenschaften für die Oxydlösefähigkeit und Hygroskopizität sind nur visuell ermittelt und daher als „relativ bzw. subjektiv (!)" zu werten. Die Oxydlösefähigkeit ist nicht gleich mit der Oxydlösegeschwindigkeit. Es gibt Stoffe, die eine sehr rasche Oxydgeschwindigkeit haben, dafür aber ein geringes Oxydlösevermögen besitzen und umgekehrt. Das größte Oxydlösevermögen besitzt nach *Pascal* und *Jouniaux* das Natriumaluminiumfluorid (Na_3AlF_6), auch *Kryolith* genannt, mit 12% Al.

Bezüglich der Angaben in der Zahlentafel 1 über die Hygroskopizität ist zu sagen, daß „stark" bedeutet, daß diese Stoffe an der Luft zerfließen. Mit „schwach" sind die Stoffe bezeichnet, die mehr oder weniger Feuchtigkeit aus der Luft aufnehmen, ohne daß sie zerfließen. Der Feuchtigkeitsgehalt dieser Stoffe ist vielfach mit dem der Atmosphäre proportional. Bei den Chloriden, insbesondere bei Na- und K-Chlorid ist die Hygroskopizität bedingt durch Spuren von $CaCl_2$ und $MgCl_2$.

Die in der Zahlentafel 1 genannten einfachen Chloride und Fluoride können und werden zum Teil auch als komplexe Salze erschmolzen. Es sind Umhüllungen bekannt, die z. B. die Verbindung NaCl $AlCl_3$ benutzen, die die guten Eigenschaften jedes Einzelstoffes vereint und dabei die negativen Eigenschaften größtenteils eliminiert.

Eine der wichtigsten Umhüllungskomponenten ist der *Kryolith*, der wegen seiner guten Oxydlösefähigkeit und auch Oxydlösegeschwindigkeit unumgänglich ist. Der Kryolith wird tunlichst als synthetischer Kryolith verarbeitet, der reiner und gleichmäßiger ist und außerdem spezifisch viel leichter als der natürliche *Ivigtut-Kryolith*. Der synthetische Kryolith gestattet außerdem ein angenehmeres Verarbeiten beim Tauchprozeß, da er sich weniger leicht absetzt und außerdem günstigere Volumen-Verhältnisse ermöglicht, die sich vorteilhaft auf das spez. Gewicht der Umhüllungsmasse auswirken. Der synthetische Kryolith ist in verschiedenen Farbtönungen von bläulich über graustichig, weiß, gelbstichig und rötlich im Handel. Diese Farbtöne hängen ab vom Fluorgehalt des Kryoliths, der bei der Herstellung geringen Schwankungen unterliegt. Ist Fluor im Überschuß (+0,1 bis 0,2%) vorhanden, so ist der

Kryolith gräulich bis bläulich. Je nach Zusammensetzung der Umhüllung nimmt man vorzugsweise den saueren oder neutralen (bzw. leicht basischen) Kryolith. Weiterhin muß der Kryolith rein sein. Er darf höchstens 0,30% SiO_2, 0,15% Fe_2O_3, 0,50% SO_3 und 0,50% Wasser enthalten und muß frei sein von Schwefel.

Ganz allgemein ist zu sagen, daß die für die Herstellung von Aluminiumelektroden benötigten Chemikalien unbedingt rein sein müssen. Dies ist eine Forderung, die sich nicht nur, wie schon oben gesagt, auf die Hygroskopizität bezieht. Sie ist hinsichtlich der Reinheit und Korrosionsbeständigkeit des zu erzeugenden Schweißgutes nach Möglichkeit zu erfüllen. Insbesondere müssen die Stoffe frei von Schwermetallen und deren Verbindungen sein, um die Gewähr zu haben, daß das Schweißgut rein und damit auch ebenso korrosionsbeständig ist wie der Werkstoff und der Elektrodenkerndraht.

2. *Reaktionen der Elektrodenumhüllung* (Flußmittel)

Neben Kryolith enthalten die üblichen Flußmittel alle ein Alkalifluorid mit anderen Salzen, hauptsächlich Chloriden, um den Schmelzpunkt herabzusetzen. Bei Paarung von Alkalibisulfat mit Alkalifluorid, wird als erste Reaktion im Lichtbogen im allgemeinen Fluorwasserstoffsäure entstehen nach der Gleichung:

$$NaF + NaHSO_4 = Na_2SO_4 + HF$$

Die Flußsäure reagiert dann scheinbar auf Al_2O_3 und bildet Aluminiumfluorid, das sich wiederum mit noch nicht umgesetztem Natriumfluorid verbindet und das Doppelfluorid, den Kryolith bildet:

$$6\,HF + Al_2O_3 = 2\,AlF_3 + 3\,H_2O$$
$$AlF_3 + 3\,NaF = Na_3AlF_6$$

Der so gebildete Kryolith löst noch mehr Al_2O_3 als das Aluminiumfluorid.

Die vielen Möglichkeiten von Reaktionen zwischen Aluminium und Aluminiumoxyd einerseits und Alkalifluoriden und -chloriden andererseits sollen noch einige weitere Beispiele darlegen:

Alkalifluorid reagiert im Schmelzfluß auf Al_2O_3 und bildet das Doppelfluorid und ein Alkalialuminat nach der Gleichung:

$$4\,Al_2O_3 + 12\,NaF = 2\,Na_3AlF_6 + 3\,Na_2Al_2O_4$$

Fluor und/oder Chlor in statu-nascendi können auch während dazwischenliegenden Reaktionen vorkommen. Alkalifluoride können bei hohen Temperaturen mit Aluminium sich folgendermaßen umsetzen:

$$Al + 3\,NaF = AlF_x + 3\,Na$$

Eine geringe Menge des Alkalimetalls kann in die Schmelze gelangen und kann z. B. bei siliziumhaltigen Legierungen (Leg. AlSi 13) eine feine Verteilung von Si bewirken (Natriumveredlung). Das restliche Alkalimetall wird wieder mit Halogenen oder Wasserdampf reagieren, um ein Aluminat oder ein Halogensalz zu bilden.

Auch Salzsäure kann durch die vorhandenen Chloride gebildet werden und diese kann bei hohen Temperaturen auf Al_2O_3 reagieren. Dadurch entsteht das leicht sich verflüchtende Aluminiumchlorid:

$$Al_2O_3 + 6\,HCL = 2\,AlCl_3 + 3\,H_2O$$

Nach *St. Claire-Deville* wird Aluminiumchlorid und Alkalifluorid unter Bildung von Kryolith reagieren:

$$AlCl_3 + 6\,NaF = Na_3AlF_6 + 3\,NaCl$$

Aluminiumoxyd und Sulfate reagieren nach der Gleichung:

$$Al_2O_3 + Na_2SO_4 = Na_2Al_2O_4 + SO_3$$

Es ist wahrscheinlich, daß auch die Bildung von Aluminiumsulfat möglich ist:

$$2\,NaHSO_4 = Na_2S_2O_7 + H_2O$$
$$Na_2S_2O_7 = Na_2SO_4 + SO_3$$
$$Al_2O_3 + 3\,SO_3 = Al_2(SO_4)_3$$

Die Reaktionen zwischen Alkalibisulfat und vorhandenen einfachen Fluoriden gehen ständig unter Bildung von Flußsäure vor sich. Dabei können Fluorverluste auftreten. Versuche, das Bisulfat durch Pyrosulfat zu ersetzen, befriedigten nicht, da in diesem Falle kein Vorgang unter etwa 650° C zu erwarten ist.

3. Die Herstellung der Aluminiumelektroden

Aluelektroden konnten lange Zeit nur durch Tauchen hergestellt werden. Auch heute noch werden diese Elektroden überwiegend getaucht. Alu-Preßmantelelektroden wurden erstmals 1944 von *Leins* hergestellt. Die Umhüllungsmasse der Aluelektroden ist wegen der Wasserlöslichkeit eines großen Teils ihrer Aufbaustoffe nicht ohne weiteres preßbar. Das Anteigwasser wird zwischen Kolben und Zylinder der Presse und zwischen Kerndraht und Düse ausgepreßt. Die Preßmasse wird fest und blockiert die Presse.

a) Herstellung durch Tauchen

Die eingewogenen Chemikalien werden in Porzellankugelmühlen naß feinst vermahlen. Die Zugabe von Wasser muß so abgestimmt sein, daß die Viskosität bzw. das spezifische Gewicht der Tauchmasse die erforderliche Konsistenz hat. Die Viskosität der tauchfertigen Masse soll zwischen 70 und 90 cp liegen, ihr spezifisches Gewicht zwischen 1,7 und 2,0 g/cm^3. Bestandteile von Tauchmassen, die schon naß miteinander reagieren, z. B. LiCl—NaF müssen vor dem Mahlprozeß für sich naß gemischt werden. Die Porzellanmischgefäße sind dabei zu kühlen. Während des Müllerns solcher Massen sind die Mahlbüchsen öfters zu entlüften. Die Feinstmahlung muß solange erfolgen, bis das Mahlgut sämig ist. Die Teilchengröße soll 20μ nicht überschreiten. Je nach Körnung des eingesetzten Mahlgutes beträgt die Dauer des Feinmahlprozesses 3 bis 8 Stunden.

Die feingemahlene Umhüllungsmasse wird nun in keramischen Tauchbehältern für den Tauchvorgang zugerichtet. Neben dem Einstellen von Viskosität und Wichte muß auch der pH-Wert auf das richtige Maß gebracht werden. Erfahrungsgemäß ist die Umhüllung um so besser, je saurer sie ist. Aus rein fabrikatorischen Gründen soll der pH-Wert jedoch nicht unter 3,8 liegen, da sonst während der Trocknung der Kerndraht angegriffen wird und durch Wasserstoffbildung die Umhüllung teilweise abhebt. Der pH-Wert wird mit Chlor- oder Fluorwasserstoffsäure oder auch mit Natriumhydroxyd eingestellt.

Je nach Zusammensetzung der Tauchmasse und je nach Art ihrer Zubereitung sind diese peptisiert oder hydrolysiert. In Fällen, bei denen sie weder die eine noch die andere dieser Eigenschaften haben, haben die Tauchmassen eine starke Neigung sich abzusetzen. Diese Massen sind sehr thixotrop. Sie sind schwierig zu verarbeiten und geben u. U. eine hohe Ausschußziffer. Ihr Vorteil besteht darin, daß sie rascher trocknen und Elektroden ergeben, die wesentlich weniger hygroskopisch und daher besser und länger lagerfähig sind. Die Schweißeigenschaften dieser Elektroden sind als ausgezeichnet anzusprechen.

In diese Tauchmassen werden die im Rahmen gehaltenen Kerndrähte getaucht und anschließend getrocknet. Die Trocknung erfolgt in Öfen mit Temperaturregelung. Unter Umständen sind die Elektroden auch an der Luft vorzutrocknen. Die Raumatmosphäre muß dabei unbedingt trocken und warm sein. Ist die Luftfeuchtigkeit über 70%, so kann und gegebenenfalls wird die Umhüllung abtropfen. Versuche mit Infrarottrocknung ergaben keine besseren Ergebnisse, als die Konvektionstrocknung. Die Trockentemperaturen liegen zwischen 70 und 150° C. Mit fortschreitender Trocknung kann die Temperatur bis zum Höchstwert gesteigert werden. Zwischen den einzelnen Tauchfolgen muß jeweils immer gut getrocknet werden. Bei der Trocknung verdunstet zunächst das Anteigwasser und bei höherer Temperatur auch das Kristallwasser. Da das Anteigwasser die Chloride bis zur Sättigung gelöst hat, so bilden sich bei der Trocknung Salzkristalle, die die Umhüllung netzförmig durchziehen und dabei in gleichmäßiger Verteilung die unlöslichen Fluorsalze einschließen. Die Umhüllung wird durch die Trocknung sehr hart. Bindemittel sind hier keine erforderlich. Das sonst übliche Wasserglas ist hier nicht brauchbar, da es in den Gemischen koaguliert. Andere Bindemittel auf organischer Basis stören gegebenenfalls beim Schweißen oder verursachen lästiges Qualmen. Die Umhüllung der Elektroden kann homogen sein, d. h. die Elektroden werden 2 oder mehrmals in die gleiche Masse getaucht, bis sie die erforderliche Umhüllungsdicke haben. Andererseits haben die Aluelektroden auch verschiedene zusammengesetzte Hüllschichten. Es gibt Elektroden, die aus 3 verschiedenen Hüllen bestehen.

Aus der Vielzahl möglicher und bekannter Umhüllungen von Aluelektroden sind nachfolgend einige Beispiele genannt:

1-schichtige Umhüllung

1. Beispiel

Na_3AlF_6	30%
KF	3%
NaF	2%
AlF_3	6%
NaCl	24%
LiCl	10%
KCl	22%
K_2SO_4	3%

2. Beispiel

KCl	35%
LiCl	10%
NaCl	35%
$KHSO_4$	5%
KF	10%
Holzkohle	5%

2-schichtige Umhüllung

1. Beispiel:	1. Schicht:	KCL	50%
		LiF	25%
		$NaCl \cdot AlCl_3$	15%
		NaF	8%
		$K_2Cr_2O_7$	2%
	2. Schicht:	AlF_3	50%
		NaF	48%
		$K_2Cr_2O_7$	2%
2. Beispiel:	1. Schicht:	NaCl	40%
		KCl	35%
		LiCl	10%
		5 NaF. 3 AlF_3 (Chiolith)	15%
	2. Schicht:	NaCl	40%
		KCL	35%
		5 NaF. 3 AlF_3 (Chiolith)	10%
		Na_3AlF_6 (Kryolith)	15%

3-schichtige Umhüllung

1. Schicht:	NaF	25%
	LiCl	12%
	NaCl	33%
	AlF_3	30%
2. Schicht:	KF	31%
	LiCl	25%
	KCL	44%
3. Schicht:	NaCl	84%
	AlF_3	4%
	$Al_2(SO_4)_3$	8%
	Na_2SO_4	4%

b) Herstellung durch Pressen

Wie schon oben gesagt, können die angeteigten Umhüllungsmassen nicht ohne weiteres auf die Kerndrähte aufgepreßt werden. Das Anteigwasser, das gelöste Chlorsalze enthält, wird zwischen Preßkolben und Zylinder und zwischen Kerndraht und Düse ausgepreßt. Die Preßmasse wird dabei so fest, daß sie die Presse blockiert. Abgesehen von der Blockierung würde sich aber durch das Weglaufen des Anteigwassers auch die Umhüllungsmasse unerwünscht entmischen.

Durch Zugabe von Preßkolloiden gelingt es, das Anteigwasser in der Preßmasse zu halten und dadurch die Umhüllungsmasse preßfähig zu machen. Der für diese Zwecke bekannte Bentonit bewährt sich nicht, da er in einer relativ hohen Menge erforderlich ist und durch seinen hohen Kieselsäure- und Tonerdgehalt den Schmelzpunkt der Umhüllung so sehr erhöht, daß dadurch die Elektrode hoch erhitzt würde, wobei die Dünnflüssigkeit des geschmolzenen Aluminiums zu groß würde.

Mehr oder weniger brauchbare Preßergebnisse wurden erreicht mit gelösten Organosolen, Hydrosolen, Resolen, Seifensolen, Pektinen, Proteinen, Gelatinen und anorganischen Kolloiden. Als Lösungsmittel werden an Stelle von Wasser Alkohole, Aceton und dergleichen verwendet. Da durch diese Preßkolloide die Kristalle z. T. nicht gelöst werden und dadurch der Kristallverband der Umhüllung unmöglich gemacht wird, so übernimmt in solchen Fällen das Kolloid die Bindung. Am geeignetsten haben sich jedoch die wasserlöslichen Solen und Kolloide erwiesen wie z. B. Zellulosen Silicagel, carbonsaure Metallsalze einschließlich Alginaten, einfache und chlorierte Metalloxydhydrate. Neben der Beachtung von Korngrößen und deren Gemischen genügen 1—2% der Preßkolloide, um einwandfreie Elektroden zu verpressen.

Die Pressmasse wird in Kollergangsmischern peinlich genau zubereitet. Die Mischdauer ist abhängig von der Wassermenge und der Art der Zugabe und kann bis zu 20 Minuten betragen. Das fertige Mischgut darf nur krümelig sein oder höchstens kleine Agglomerate aufweisen. In diesem Zustand sind etwa 20—25 v. H. der anwesenden Chloride gelöst. Bei noch höheren Lösungsgraden wird das Mischgut großklumpig und fladig und ist dann für den Preßvorgang zu weich.

Die Alu-Preßmantelelektrode hat den getauchten Elektroden gegenüber den Vorteil, daß sie im Außendurchmesser immer genau gleich dick ist. Auf die Schweißeigenschaft hat der Preßvorgang jedoch keinen Einfluß. Wenngleich die Preßmantelelektrode nur homogen umhüllt d. h. einschichtig hergestellt werden kann, so hängen die Schweißeigenschaften einzig und allein von der Zusammensetzung der Umhüllung ab.

4. *Elektrodentypen*

Unabhängig von der Art der Herstellung und von ihrer Zusammensetzung werden die Aluelektroden in bezug auf ihre Hygroskopizität in 2 Typen eingeteilt, und zwar in der

Leins'schen Nomenklatur a) hydrophiler Typ
b) hydrophober Typ.

Der hydrophile Typ ist der ursprüngliche. Die Hygroskopizität ist groß und dadurch bedingt, daß die Umhüllung sehr starke hygroskopische Stoffe enthält. Dadurch ist die Lagerfähigkeit in der Praxis in Grenzen gehalten. In warmen, stets gleich temperierten und unbedingt trockenen Räumen sind auch diese Elektroden lange haltbar.

Beim hydrophoben Typ ging man bewußt davon aus, die stark hygroskopischen und zerfließlichen Einzelstoffe der Umhüllung trotz ihrer zum Teil guten Eigenschaften zu umgehen. Diese Elektroden weisen ein Minimum an Hygroskopizität auf. In der folgenden Zahlentafel 2 sind die beiden Typen einander gegenübergestellt:

	Feuchtigkeit in % bezogen auf die trockene Umhüllungsmasse	
	hydrophile Elektrode	hydrophobe Elektrode
Feuchtigkeitsgehalt im Anlieferungszustand	1—3 %	weniger als 0,5 %
Feuchtigkeitsaufnahme nach 36-stündiger feuchter Lagerung bei 20° C (Gewächshaus) außerhalb der Verpackung	9—11 %	3—5 %

Zahlentafel 2: Gegenüberstellung des hydrophilen und des hydrophoben Elektrodentypes.

Hinsichtlich der Feuchtigkeitsaufnahme ist zu sagen, daß bei der „Gewächshaus-Prüfung“ auch andere Stoffe, die absolut nicht hygroskopisch sind, oberflächlich feucht wurden, z. B. Holz, Eisenteile usw. Es kommt darauf an, ob die Umhüllung die Feuchtigkeit anzieht, oder ob die Umhüllung in feuchter Atmosphäre oder bei schroffem Temperaturwechsel sich beschlägt. Kraft ihrer erdigen oder netzbaren Oberfläche absorbieren beide Typen die ihnen anhaftende Flüssigkeit und Feuchtigkeit.

Eine einfache visuelle Vergleichsart für den Verbraucher besteht darin, daß er gleichtrockene Elektroden verschiedener Herkunft offen auf eine Holzplatte legt. Nach einiger Zeit liegen die hydrophilen Typen im „Wasserbad“, während die hydrophoben noch „trocken“ liegen, obwohl auch diese sich feucht anfühlen. Selbstverständlich gibt eine tägliche Wägung ein genaueres Bild über die Feuchtigkeitszunahme.

Kurze Zeit feucht gewesene Aluelektroden können langsam bei steigender Temperatur wieder getrocknet werden ohne daß eine merkliche Qualitätseinbuße beim Schweißen festgestellt wird. Dagegen schweißen schlecht unter Spritzen und Knallen diejenigen Elektroden, die, obwohl sorgfältig getrocknet, längere Zeit feucht waren. Dies ist dadurch bedingt, daß bei längerer Feuchtigkeitseinwirkung der Kerndraht korrodiert. Dabei bilden sich Aluminate und Aluminiumoxydhydrate mit verschiedenen Wassergehalten, die ungleichmäßig auf dem Kerndraht verteilt sind. Die Aluminate und Oxydhydrate lösen sich ungleich langsamer und schlechter in den Umhüllungsstoffen als die Aluminiumoxyde. Das Spritzen und Knallen beim Schweißen ist die Folge der plötzlichen Verdampfung des Hydratwassers, die einer Sprengwirkung gleichkommt.

C. Endbetrachtung und Ausblick

Lichtbogenelektroden scheinen nach Auftreten der neueren hochentwickelten Schutzgasschweißverfahren (s. *Matting*, S. 1623 ff.) einer Vergangenheit anzugehören, abgesehen davon, daß die Lichtbogenschweißung mit ummantelten Elektroden bereits während ihres Umsatzes oft nicht ohne Beschwernisse durchgeführt werden konnte (Vor-, Nachwärmen). Es ergeben sich z. B. bei Anwendung der Argonarc-Schweißung für die Leichtmetalle derart hervorstechende Vorteile, daß es fraglich ist, ob der etwa 1930 seinerzeit einsetzenden energisch vorangetriebenen Entwicklung ummantelter Elektroden heute noch die Bedeutung beizumessen ist, wie ehedem. Auf Veranlassung des Herausgebers aber sollten aus Gründen der Vollständigkeit einerseits, wie ebenfalls aus Gründen, unveröffentlichtes Erfahrungsgut zu erhalten, die Elektroden für die Leichtmetall-Lichtbogenschweißung im vorliegenden Werke nicht fehlen. Ihre Bedeutung tritt aber laufend mehr in den Hintergrund zugunsten der Schutzgasschweißverfahren.

Die Gasschweißung von Aluminium und Aluminiumlegierungen

Prof. Dr.-Ing. habil. F. Erdmann-Jesnitzer, Berlin und Freiberg i. Sa.

A. Geschichtlicher Rückblick

Das erste Schweißverfahren für Aluminium wurde dem Betrieb Heraeus (Hanau) 1900 patentiert. Es handelt sich ähnlich der Schmiedung des Eisens um die Hammerschweißung. Bei etwa 420° C lassen sich bei Aluminium trotz der von der Zerreißung der Oxydhaut her theoretisch verbleibenden kleinen Al_2O_3-Hautsplitter recht gute Festigkeitswerte erreichen. Kurz vorab des Hämmerns werden die Berührungsflächen sorgfältig abgeschabt. Der neu gebildete Oxydfilm ist daher gering. Es können Reinalublechdicken bis s = 20 mm, z. B. für Großbehälter der chemischen und Brauereiindustrie hammergeschweißt werden, obwohl dafür die Schmelzschweißung vorherrscht. —

Entwicklungsarbeiten in Richtung gut schweißbarer Werkstoffe durchliefen zeitlich gesehen, in sich gleichartige und auch für das Aluminium und seine Legierungen im wesentlichen die folgenden Zeitabschnitte:

Betriebs- oder labormäßige Ersterprobung

Betriebliche Einführung auf breiter Basis und, wie die Erfahrung es lehrt, vorwiegend in der Praxis vorangetriebene und besonders verfahrenstechnische Weiterentwicklung

Werkstoffliche Vervollkommnung.

Dementsprechend lassen auch die Literaturarbeiten eine für die gesamte Werkstoffkunde innerhalb der Schweißtechnik anscheinend charakteristische Zeitfolge von zunächst verfahrenstechnischer und dann zunehmend werkstofflicher Art erkennen. Am Ende dieses Beitrages wurde für diese beiden wesentlichen Sparten der Leichtmetalle ein Großteil der schweißtechnischen Weltliteratur zusammengestellt. Führt man gemäß den darin behandelten Themen einen nach Jahren geordneten statistischen Vergleich von verfahrenstechnischen zu werkstofflichen schweißtechnischen Abhandlungen durch, so läßt dieser erkennen, daß wir uns heute erst im Zeitraum einer noch ansteigenden Kurve, d. h. in einer keinesfalls etwa schon abgeschlossenen Werkstoffweiterentwicklung befinden. Dieses für eine große Anzahl auch anderer Metalle geltende Ergebnis berechtigt, allein nur für die Leichtmetalle gesehen, zur gestellten Thematik des vorliegenden gesamten Buches „Werkstoff und Schweißung". Für die Stähle ist in diesem Sinne das gleiche zu berichten.

Es ist in bezug auf den Umfang der Literatur (siehe Literaturverzeichnis am Beitragsende) nun fast unmöglich, die Vielzahl der schweißtechnischen Veröffentlichungen, wie es notwendig wäre, einzeln zu referieren. Die Arbeiten zeigen, was das Werkstoffverhalten bei der Schweißung anbelangt, mit vielen Wiederholungen eine ähnliche Vielzahl von Untersuchungsberichten, wie es sich etwa für die Zeit der Entwicklung und Einführung der Kunststoffe ergab. Trotzdem sind es aber nur wenige, deutlich darin herausfallende und sogenannte Pionierarbeiten, die in den vergangenen Jahrzehnten in Deutschland, d. h. etwa seit 1920, wirklich Nennenswertes zur Weiterentwicklung beitrugen.

Wie es vor allem *Rostosky* sowie *Heinemann* † bereits ausgesprochen haben, ist die ordnungsgemäße Verschweißung von Leichtmetallen eigentlich erst durch die Schaffung geeigneter Flußmittel ermöglicht worden, an denen neben Firmenlaboratorien vor allem in Deutschland auch *Heinemann* † mitwirkte.

Auf industriell breiterer Fertigungsbasis erhielt die Leichtmetallschweißung den ersten Antrieb durch den chemischen Apparatebau, speziell für die Salpetersäureindustrie. Angewendet werden hierfür meist Reinaluminiumgrobbleche in größeren Blechdicken (s > 15 bis 30 mm). Der wesentliche Impuls entstand aber durch ausgesprochene Leichtbaukonstruktionen. Erwähnt seien die Luftfahrtgeräte, Luftfahrzeuge, einschließlich Raketen, sowie die Spezialfahrzeuge mit ihren Anforderungen nach geringen Gewichten, rationellen Herstellungsmethoden, Verringerung des Luftwiderstandes durch Schweißung an Stelle von Nietung, Verwendung von Beplankungsblechen mit gutem Formgebungsvermögen über Tief- oder Streckziehformungen. Auch ausreichende Korrosions- und vor allem Ermüdungsfestigkeit werden verlangt.

Unterschiede Al- gegenüber Mg-Legierungen: Bis auf die unterschiedliche Oxydation von Al- gegenüber Mg-Leg. S. 1766 sind schweißtechnische Werkstofffragen, soweit sie den Einfluß der Gefügeausbildung wie Mischkristall und umsäumendes Eutektikum oder legierungsbedingte Gütefragen betreffen, d. h. also Erkenntnisse von Al- auf Mg-Legierungen, schweißtechnisch wenigstens qualitativ und wechselseitig sehr oft übertragbar. Daher werden im folgenden diese Grundgesetze vorwiegend für die Aluminiumlegierungen beschrieben. Bei der Behandlung der Mg-Legierungen (s. *Renner*, Bd. III) wird auf diese oder auch umgekehrt vom Magnesium herkommend verwiesen. Dies gilt nicht nur für die Schmelz-, sondern vor allem auch für die Widerstands- und Abbrennschweißung, und dient gleichzeitig auch dazu, um Wiederholungen zu vermeiden. Die für die Leichtmetalle ermittelten Gesetzmäßigkeiten gelten, was z. B. die Wechselwirkung von Gefügeform und Riß-

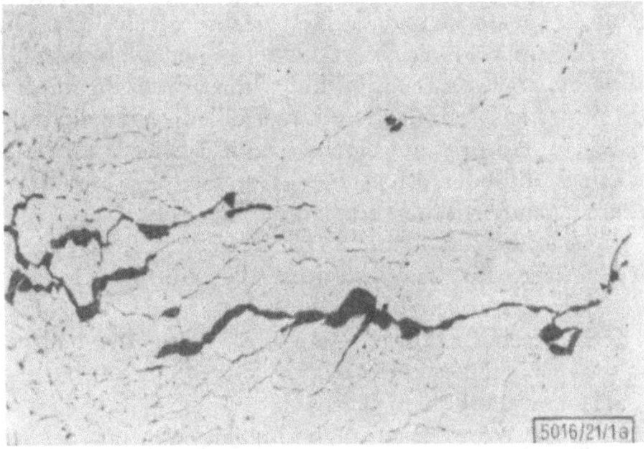

Bild 1a

Bild 1a u. b. Korngrenzenwarmrisse für Reinalu aufgetreten nach Prüfung in Kreuzschweißprobe

Bild 1b

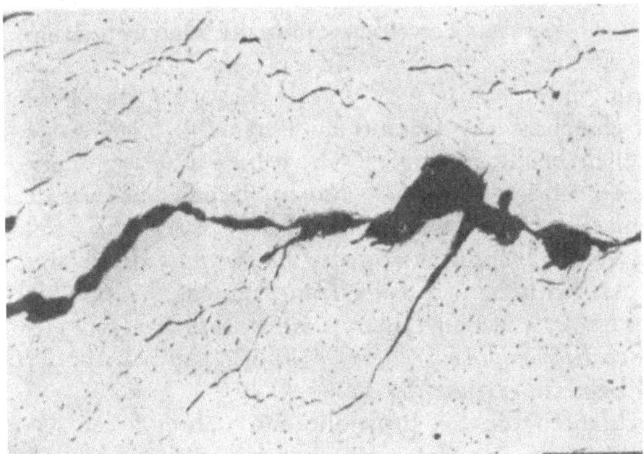

verhalten anbelangt, auch für weitere NE-Metallegierungen (Cu-, Pb-, Zn-Basis sowie weitere). Es gilt dies eben für alle diejenigen Metallegierungen, bei denen Mischkristalle mit niedrigschmelzender Korngrenzensubstanz im Naht- oder Gefüge des Grundwerkstoffes auftreten. Eine gewisse Ausnahme macht dabei sauerstoffhaltiges Kupfer (siehe hierzu bei *Stieler* u. *Matting*). Mit Ausnahme der absolut reinen Basiselemente gelten die Gesetzmäßigkeiten allgemein und selbst dann, falls Metalle mit technischem Reinheitsgrad verschweißt werden. Dies sind solche, deren Reinheitsgrad zwischen 95 und ungefähr 99,5% liegt. Auch hier wirkt, wie es noch beschrieben wird, die in der Wärme plastische Korngrenzensubstanz bereits rißvermindernd (Bild 1a u. b). *Bulian* (2) hat dies auch für Magnesium mit geringen Zusätzen an Fremdmetallen gezeigt. Titan und Titanlegierungen muß man dagegen gesondert behandeln.

B. Legierungstechnische Vorbemerkung als werkstoffliche Einführung

Das Werkstoffverhalten der Leichtmetalle beim Schweißen unterscheidet sich grundlegend von dem der Stähle. Der Übergang fest → flüssig (Schmelzen) und rückläufig flüssig → fest (Erstarren) erfolgt für Stahl und Eisen zeitlich nahezu unmittelbar. Die Leichtmetalle dagegen lassen bis auf die reinen Komponenten (Al oder Mg) einen Schmelzbereich erkennen. Dieser grundlegende Unterschied Stähle — Leichtmetalle beeinflußt im starken Maße die verfahrenstechnische Durchführung und die auf die Schweißtechnik ausgerichtete Legierungsentwicklung. Dazu kommt, daß die Stauch- und besonders die zur Rißbildung führenden Schrumpfwege erheblich größere als bei Stahl sind. Ein Maß für diese Unterschiede ermöglicht der Vergleich der temperaturabhängigen Ausdehnungskoeffizienten, soweit diese bekannt. Die außerdem zu den normalen und/oder schwachlegierten Stählen etwa fünffach auf 300° C bezogene größere Wärmeleitfähigkeit bedingt

> gegenüber Stahl im Vergleich zu den relativ niedrigliegenden Schmelztemperaturen für die Leichtmetalle eine große aufzubringende Wärmemenge, d. h. den sogenannten Wärmeaufwand, und außerdem damit verbunden
>
> ein rasches Erkalten der Nahtflanken und nahtnahen Werkstückpartien, falls man nicht besonders mit der Flamme oder im Ofen nachwärmt, bzw. abgedeckt langsam abkühlen läßt.

Die große Wärmeableitung zwingt also während des Schweißens zu einer laufenden, genügenden Wärmezufuhr. Diese erfolgt bei der Gasschweißung zufolge des relativ niedrig-temperaturgradigen Schmelzbereiches z. B., durch die gleiche Sauerstoff-Azetylenflamme des Schweißbrenners, wie für das Schweißen von Stahl. Dadurch ist die Gefahr der Werkstoffschädigung gegeben infolge Oxydbildung (Al_2O_3, SiO_2), Ausdampfen niedrigsiedender Legierungsbestandteile (z. B. Mg in AlMg-Legierungen), den Fluß des Schmelzbades verschlechternder Gasaufnahme einschließlich eingeschwemmter Oxyde, sowie schließlich bei ungünstiger Nahtvorbereitung mit scharfen, spitzauslaufenden Nahtflanken und geringem Schmelzvolumen die Gefahr völliger Verbrennung und Verschlackung an diesen Stellen. Eine wesentliche Schädigung kann sich aber auch durch die Heraufsetzung der Erwärmungsdauer und das Halten der Temperatur um den kritischen unteren Temperaturpunkt (Solidustemperatur) des Schmelzintervalles herum ergeben. *Es kann inneres Aufblähen als Folge von Gasblasenbildung im Blech- oder auch im Gußinnern auftreten* (Bild 2). Das ist besonders bei Mehrlagenschweißung von Al-Legierungen oft der Fall.

Im Gegensatz zum Stahl durchlaufen die Leichtmetalle also während der Abkühlung ein Temperaturgebiet mit zwar großer Plastizität, aber dementsprechend geringer Warmfestigkeit. Diese ist bedingt dadurch, daß im Temperaturbereich des

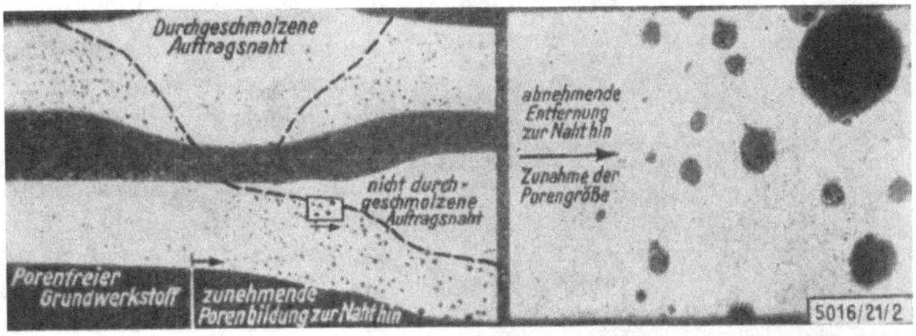

Bild 2. Auftreten innerer Hohlräume im Gebiet der Erwärmung der nicht vollkommenen Aufschmelzung an den Korndreiecken beginnend und zur Auftragsraupe hin zunehmend. Die Auftragsraupe als einmal erstarrte Schmelze ist blasenfrei. Ungeätzt, Vergrößerung 10fach, linke Bilder, Schmelzgutbegrenzungen gestrichelt eingezeichnet

Ungeätzt, Vergrößerung 200fach, rechtes Bild (innere Wandung der Blasen im Bruchbild metallisch blank, d. h. nicht oxydiert, was für die Wasserstoffhypothese spricht. Analoger Befund bei Punktschweißungen im Bruchbild nach Kopfzug

Schmelzintervalles zwar schon feste Aluminium- oder Magnesiumkristalle als Grundsubstanz vorhanden, aber noch von flüssiger Korngrenzensubstanz umhüllt sind, bevor das Schweißgut endgültig erstarrt. Selbst im eben erstarrten Zustand bleibt oft die eutektische Korngrenze noch plastischer als die Basismischkristalle Al oder Mg, da ja das Eutektikum bei Erwärmung auch als erstes wieder aufschmilzt. Dieses gefügemäßig bedingte Festigkeitsverhalten kann insgesamt gesehen Vor- sowie aber auch Nachteile haben. Gefügeeinflüsse verursachen ferner über den *Einfluß der Schweißdauer einen erkennbaren subjektiven Einfluß* auf die Festigkeits- und besonders aber auf die Dehnungswerte. In einfacher Weise belegen dies statistisch *Kreuzschweißproben* mit erkennbarer, unterschiedlich starker Rißbildung. (Siehe hierzu auch unter *Kreuzschweißprobe*, später.) Die legierungsabhängigen Gefügeeinflüsse erkennt man besonders deutlich bei Variation der Legierungen des Zusatzwerkstoffes. Diese seien kurz betrachtet. Man gibt nämlich mit Vorteil dem Schweißgut (vorwiegend also dem Zusatzdraht) ein vergrößertes und temperaturgradig tiefer liegendes Schmelzintervall $\triangle$ t als dem des zu verschweißenden Grundwerkstoff. Es wird oft verschweißt:

Legierung AlMg 7 (technische Legierung mit etwa 7% Mg, Rest im wesentlichen Al, $\triangle$ t ~ 140° C) mit einem Draht aus Legierung AlMg 9 (~ 9% Mg, $\triangle$ t ~ 160° C) Legierung AlMg 5 (~ 5% Mg, $\triangle$ t ~ 100° C) mit Draht der Legierung AlMg 7 ($\triangle$ t ~ 140° C).

Verwendet wird auch ein noch universellerer Aluminiumlegierungsdraht mit 5% Si ($\triangle$ t ~ 85° C). Zufolge des Siliziumanteiles hat dieser gleichzeitig eine beachtlich gute Flußbildung. Er kommt unter zahlreichen Phantasienamen auf den Markt (z. B. „Alusil").

Erreicht wird durch derartige, zunächst nur als Beispiel angegebene Legierungskombinationen, daß der Nahtwerkstoff vor ab vollständiger Erstarrung Schrumpfwege beim Erkalten plastisch abbaut, ohne daß

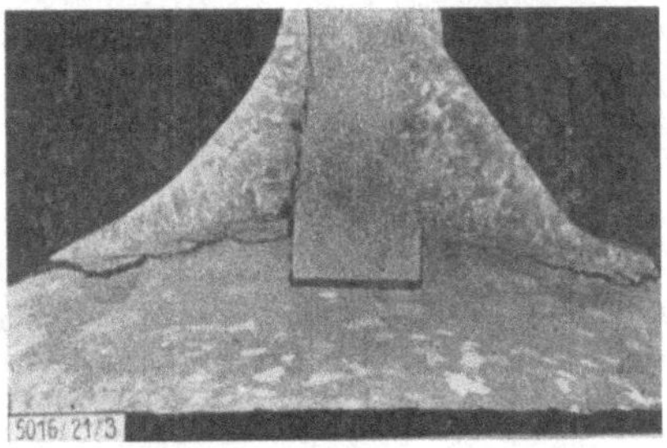

Bild 3. Rißbildungen entlang der Korngrenze eines dickwandigen Rohres der Legierung AlMgMn durch Anschweißen einergeringer dicken Längsrippe (V. L.W.-Foto) (siehe auch Bild 54a und b S. 1729)

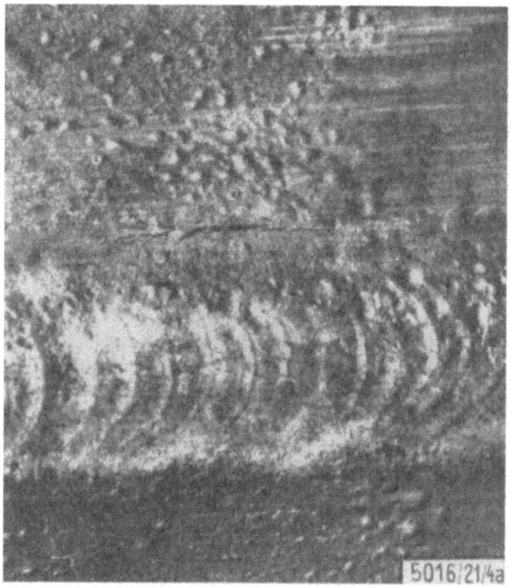

Bild 4a. Rißauftreten neben Behälternaht der normalen technischen Legierung AlMg 5, verursacht durch zu langsames Schweißen mit gleichzeitiger Blasenbildung neben der Naht. Auch die Naht zeigt nahtnahe, das oberflächennahe Auftreten von Blasen

Rißbildung wie in Bild 3 eintritt oder bis zur Rißbildung führende Schrumpfspannungen überhaupt erst auftreten. Die gleichen Überlegungen des Spannungsabbaues gelten sinngemäß dann, falls Grundwerkstoff und Schweißgut die gleiche chemische Zusammensetzung haben. Dies ist bei Bördelschweißungen *ohne* Zusatzdraht, angewandt für Feinbleche bis zu max. 3 mm Dicke (für Reinalu, Legierungen je nach Art und Härte geringer), der Fall. Dies gilt auch für eine Art „Bördel" als vorspringende Leiste der zur Schweißung vorbereiteten Gußteile aus Al-Legierungen. Das Vorhandensein eines Schmelzintervalles kann also Vorteile haben.

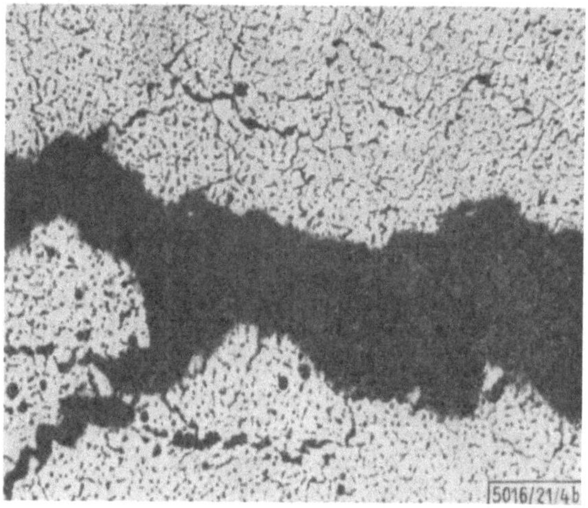

Bild 4b. Riß mit Verästelungen, den Korngrenzen folgend, im Übergang Nahtwerkstoff-Blech, noch im Gußgefüge liegend, in stärkerer Vergrößerung

Aber auch Nachteile ergeben sich, für besonders lange Schweißnähte, welche ohne Aussetzen und eine Zwischenabkühlung in einem Gang verschweißt werden. Die ebene Winkelschrumpfung kann für diese langen Nähte zur Rißbildung *im* Schweißgut, längsseits auftretend, führen. Auch längsseits nahezu neben der Schweißnaht, aber noch innerhalb der WEZ liegend, kann möglicherweise durch das Vorhandensein eines Schmelzintervalles und mit der damit verbundenen Warmrißgefahr Rißbildung auftreten (Bild 4a bis c, 5 u. 12). Innerhalb der AlMg-Sorten verschiedenster Prägung neigen besonders die AlMg 9-, die AlMg 7-, oft auch schon die AlMg 5-Legierungen hierzu, falls z. B. für letztere der Gehalt an Silizium an der oberen und der für Mg an der unteren Analysensollgrenze liegt. Es fehlte daher für die schweißtechnisch besonders günstigen AlMg-Legierungen in Deutschland nicht an Sondertypen [Lit. *Mäder* (1), (2), (7)]. Dies analog dem Ausland.

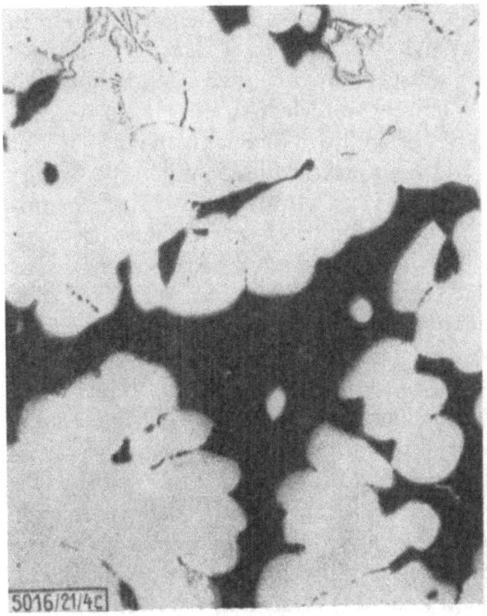

Bild 4c. Korngrenzenhohlräume in Rißnähe als Gefügeauflockerung in hoher Vergrößerung, ungeätzt

Bild 5. Äußerlich erkennbarer und neben der Bördelnaht liegender Riß für Reinalu

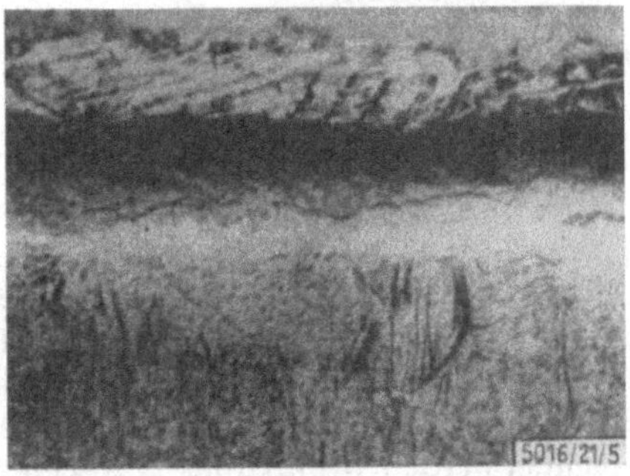

Die statischen Festigkeitswerte, vorwiegend die für den Konstrukteur wesentliche Streckgrenze im verschweißten und unverschweißten Zustand, steigen mit der Zunahme des Mg-Gehaltes an, bedingt als Festigkeitszunahme durch Mg. Mit steigendem Mg-Gehalt nimmt aber auch das Schmelzintervall Δ t zu und damit die noch rißfrei verschweißbare Nahtlänge ab (Schrumpfung in der Blechebene!). Man ersieht das bereits unmittelbar aus dem Zweistoffsystem AlMg (Bild 6). *Mäder* (1) (2) hat (ohne exakten Hinweis darauf) legierungstechnisch, durch Mn-Zusatz und dessen teilweise Lösung im Al-Mischkristall für AlMg-Legierungen eine Festigkeitszunahme erreicht, *ohne* daß etwa wie für Legierung AlMg 9 eine Vergrößerung des Schmelzintervalles auftritt. Das Mangan geht bis zur möglichen Lösungsfähigkeit mit den anderen Legierungskomponenten im Al-Mischkristall in Lösung. Es kompensiert damit zum Teil diejenige Festigkeitseinbuße, die sich durch Herabsetzung des Mg-Gehaltes von AlMg 9 auf AlMg 5 ergibt. Erfahrungsgemäß wird jedoch mit steigenden Manganzusätzen der Schmelzfluß beim Schweißen für diese AlMg-Legierungen zäher. Die relativ kurzen Erstarrungszeiten des zunächst flüssigen Schweißgutes, nach eigenen Bestimmungen ist ja die Erstarrungsdauer für Bleche geringer Dicken etwa gleich der des dünnwandigen Kokillengusses, erfordern jedoch eine genügende Viskosität und Benetzungsfähigkeit des Schmelzbades. In AlMg-Legierungen erreicht man diese durch Si-Zusätze. Neben dem Mangan muß daher auch Silizium in AlMg-Feinblechlegierungen zugesetzt werden.

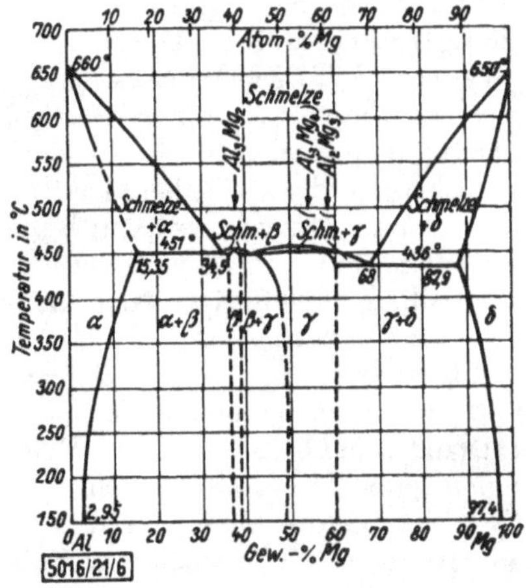

Bild 6. Zustandsschaubild Aluminium-Magnesium, nach *Hanson-Gaylor*

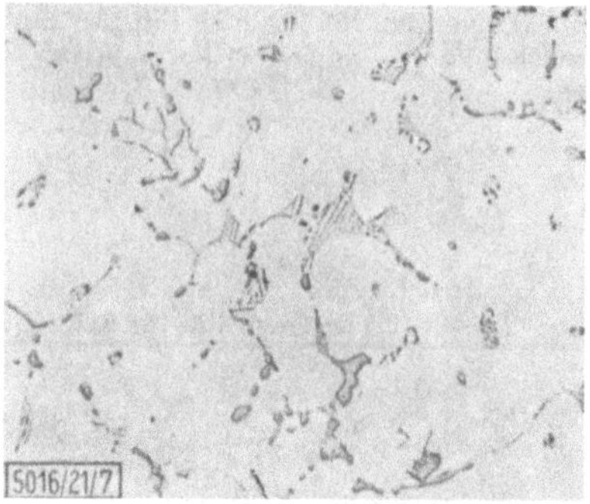

Bild 7.
Gußgefügebild der Legierung AlMg 3 Si

Ein Teil des Siliziums legiert wieder in den Al-Mischkristall. Der dadurch bedingte Festigkeitsgewinn ist aber, verglichen mit der Wirkung von Mangan u. a., kein wesentlicher. Ein Teil des überschüssigen Si bildet mit Mg Mg_2Si-Kristalle. Schliffbildlich tritt diese in der Ausbildungsform der sogenannten „Chinesenschrift" auf (Bild 7 für Leg. AlMg 3 Si). Al und Mg_2Si sowie weitere Kristallarten, die je nach Reinheit der Al- u. Mg-Ausgangswerkstoffe sowie den Mn- und Si-Zusätzen u. a. auftreten können, werden insgesamt mitaufbauende Bestandteile eines dünnflüssigen und vor allem niedrig schmelzenden Eutektikums an den Korngrenzen. Mg- und Si-Gehalte können unter Beachtung des Mg-Gehaltes z. B. für Feinbleche auf Al- oder auch Mg-Basis mengenmäßig derart dosiert werden, daß über eine eutektische Korngrenzensubstanz die Schrumpfwege noch abgebaut werden können, ohne daß bereits Längsrisse in der Naht auftreten. Die richtige Dosierung kann nicht errechnet werden. Sie wird aus entsprechenden Bewährungsversuchen ermittelt. Ebenso wie für die Lote (*Lüder*, s. Anhang) muß aber nicht nur allein der legierungsbedingte und auch vom Gasgehalt der Schmelze abhängige sogenannte „Fluß" ein ausreichend guter sein, sondern die geschmolzene Stablegierung muß den Grundwerkstoff auch benetzen. Es gibt Leichtmetallsorten AlSi 13 (Silumin), die sich ähnlich wie manche Graugußsorten schon äußerlich „fettig" anfühlen. Es findet oft keine Benetzung statt. Es kommen also Paarungen von Grundwerkstoff und Zusatzdraht vor mit zwar genügender Viskosität, jedoch mit nicht genügender Benetzungsfähigkeit. Unverhältnismäßig starke Nahtüberwölbung und Kerbwirkung durch abrupte Nahtübergänge und unverschweißte Kerbspalte an der Nahtunterkante sind nach der Erstarrung die Folge. Bild 8 zeigt dies schematisch, wobei 2 sowie 3 ungünstig, Fall 1 das Ideal darstellt. Es muß eine der Aufgaben der Werkstoffentwicklungsstellen werden, planmäßige technologisch ermittelte Viskositätsmessungen und Bestimmungen der Oberflächenspannung sowie besonders auch Benetzungsversuche für Werkstoffpaarungen (flüssig-flüssig — fest und flüssig!) durchzuführen. Dabei müssen der jeweilige (Wasserstoff-)Gasgehalt der Legierung und Spurenelemente beachtet werden. Außerdem hemmen den Fluß besonders stark Suspendierungen von Oxydhäuten, die als Schlieren auftreten. Auch die Schmelzpunktunterschiede von Naht- und Grundwerkstoff können in Verbindung mit ungeeigneter Schweißung ungünstige Nahtübergänge gemäß Bild 8 2 ergeben.

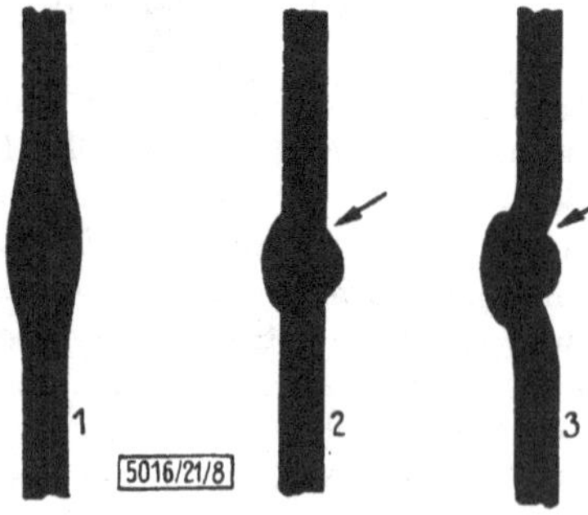

Bild 8.
Kerben bei Schmelzschweißungen

1 = Idealer allmählicher Übergang von Naht zum Grundwerkstoff
2 = Übergang mit Kerbwirkung
3 = Ungünstige Kerbwirkung an unterer Stelle (Pfeilmarkiert), meist an Bördelnähten auftretend

Nach dieser im einzelnen noch verfeinerten und genauer zu beschreibenden Legierungstechnik entstanden in Deutschland eine Reihe von Sondertypen guter Schweißbarkeit auf dem Fein- und Grobblechsektor. Diese traten auf der Al-Seite an die Stelle der normalen technischen AlMg-,

AlMgMn- und AlMgSi- („Pantal"-)Legierungen und auf der Mg-Seite in ähnlicher Weise an die der MgMn- als MgMnCe-Legierungen mit geringen Al-Zusätzen nach *H. Mäder*. So zeigt z. B. eine für die normale technische AlMg 7-Legierung auch in Querschnitten von 50×50 mm eingesetzte, gut schweißbare Sonderlegierung AlMg 75 der L. L. W.*) nicht etwa 7% Mg, sondern, wie es schon als Legierungstechnik erwähnt wurde, gemäß eigener Kontrollanalyse nur 5,3% Mg, jedoch festigkeitssteigernde Manganzusätze und einen bestimmten Siliziumgehalt zur Verbesserung der Flußbildung des Gemenges von Draht und abgeschmolzenem Nahtwerkstoff durch die Bildung des Eutektikum Al-Mg_2Si.

Bemerkenswert erscheint für die Legierung AlMg 75 die bewußt oder empirisch festgelegte Höhe des Magnesiumgehaltes von 5,3%, da parallel für reine AlMg-Legierung nach Arbeiten von *Baukloh* u. *Kaiser* die Löslichkeit für Wasserstoff ab etwa dem gleichen Prozentgehalt an Magnesium zu größeren Gehalten hin sprunghaft zunimmt. Mit großer Wahrscheinlichkeit handelt es sich betreffend der bestimmten Größe des Wasserstoffgehaltes bei den von *Baukloh* u. *Kaiser* u. a. untersuchten AlMg-Legierungen um einen Oberflächeneinfluß durch die über dem Schmelzbad entstehenden Mischoxyde. Durch diese hindurch wird ein je Legierung unterschiedlicher Grad der Wasserstoffaufnahme während der Erschmelzung, der späteren Abgabe, bei der Abkühlung und im Verlauf der Lagerung auftreten. Der Einfluß der Legierungszusammensetzung auf den Wasserstoffgehalt kann hier also ein nur mittelbarer über die Art der Oxydbildung (Struktur- und Kristallage des Oxydes zur Werkstück-Oberfläche) sein. Gemäß den

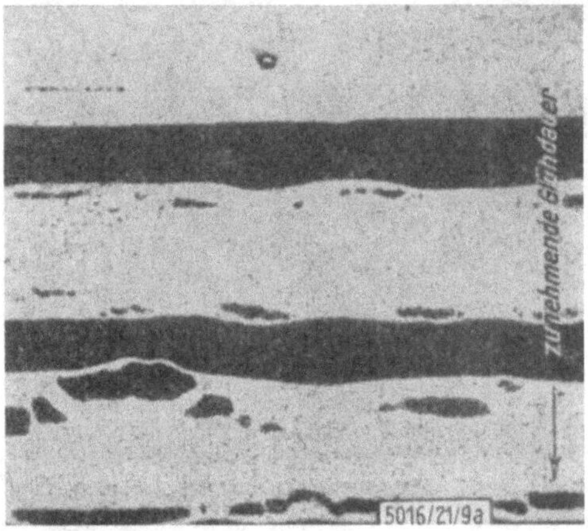

Bild 9a. Normales Blech, 4 mm, der technischen Legierung AlMg 5, nach Glühungen 3° C oberhalb des Soliduspunktes nach verschiedener Glühdauer. Bildung von inneren Hohlräumen in den Walzzeilen in der Nähe der heterogenen Gefügebestandteile, von den Mg_2Si-Kristallen aus beginnend, ungeätzt V = 5×

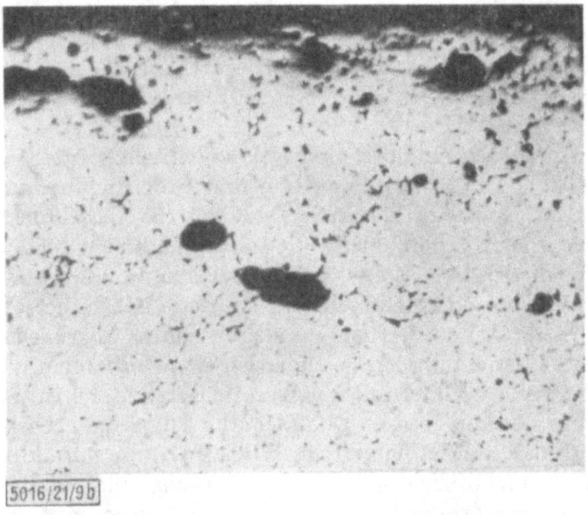

Bild 9b. Zunehmende Gasblasenbildung zur Oberfläche hin nach längerer Erwärmung durch die Gasflamme

*) ehemalige „Leipziger Leichtmetall-Werke", Rackwitz.

später beschriebenen Wechselwirkungen, z. B. Si≡H, kann aber auch ein Einfluß der Zusatzelemente im Sinne der Auffassungen von *Wagner* sowie *Himmler* vorliegen. Ein Entscheid steht noch aus. Welche werkstückschädigende Wirkung gelöster Gase für Aluminiumlegierungen wohl der Wasserstoff tatsächlich haben kann, wurde im Buch teilweise bereits von *Kostron* † behandelt, da diese Frage in die der Herstellung eingeht. Auch *Lindemann* (1) (2), *Mäder* (2) (4) sowie *Erdmann-Jesnitzer* (2) (4) (5) (7) u. a. haben Beispiele beschrieben. Man kann dies in einfacher Weise nach ungeeigneten Glühungen feststellen. Bild 9a zeigt dies für Ofenglühung, Bild 9b nach längerem Erwärmen eines AlMg 3 Si-Rohres in Oberflächennähe. Bild 9c zeigt eine gerissene

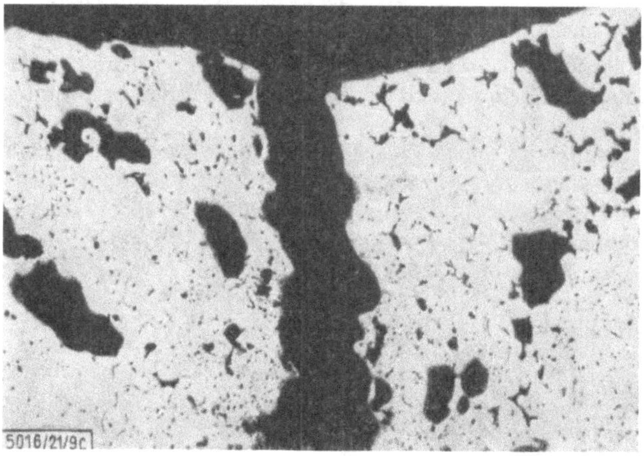

Bild 9c. Warmbruch im Schweißgut eines Rohres aus AlMg 3 Si in der zunächst erstarrten Schweißnaht auftretend mit inneren Aufblähungen zufolge langsamen Erwärmens und Aufschmelzens mittels Autogenbrenners

Naht nach nochmaliger Erhitzung. Hohe Gasgehalte begünstigen beim Schweißen auch die Doppelraupenbildung (s. anschließend). Planmäßige Untersuchungen, die den Gasgehalt und die Schweißbarkeit legierungsmäßig aufeinander abstimmen, scheinen nur von *Mäder* (7) durchgeführt worden zu sein. Andere Autoren beschreiben diese Einflußfaktoren allenfalls am Rande und recht spekulativ. Der Grund hierfür liegt wohl in erster Linie darin, daß analytische Bestimmungen zum Gasgehalt meßtechnisch noch wenig reproduzierbar ausgearbeitet vorliegen. Die Wechselwirkung Gasgehalt-Schweißschäden bedarf noch sehr eingehender Untersuchungen. Für die Stähle ist dies besonders wichtig.

Ist der Schmelzpunkt des Zusatzwerkstoffes noch niedriger, so entstehen arteigene oder artfremde Lote. Mit diesen kann die Erwärmungsdauer und Arbeitstemperatur weiter verringert werden. Der Übergang vom Zusatzwerkstoff für die Gasschmelzschweißung zum Lot ist für die an sich schon relativ niedrigschmelzenden beiden Leichtmetalle Al und Mg ein fließender. Lote werden mit Flußmitteln noch zu wenig angewandt für das Verbinden von Leichtmetallen, fabrikatorisch bisher oft nur aus Gründen der Wirtschaftlichkeit. Lote werden vor allem dann herangezogen, wenn die Nahtlage flammenmäßig einmal schwer erreichbar ist, sowie außerdem die Gefahr der Überhitzung oder die der Anschmelzung gegeben ist. Ein Beispiel ist die Verbindung von Kühlrippen der Wasser- sowie Ölkühler für Flugzeuge. Diese werden oft auch nach dem Tauchlötverfahren hergestellt. Hierauf sei nur kurz hingewiesen. Man kann derartige Lote auch durch mittelbare Erwärmung aufschmelzen (Aufsetzen erhitzter Kupferplatten). Ein geeignetes Lot für Al-Legierungen, z. B. für AlMg-Legierungen ist AlZn-Lot. (Zustandsschaubild Bild 10).

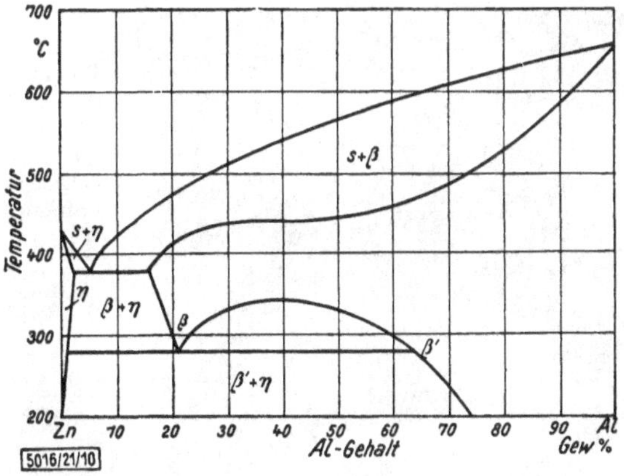

Bild 10. Zustandsschaubild Aluminium-Zink nach *Burckhardt*

Wenn die günstige Auswirkung eutektischer Substanzen betrachtet wird, so bezieht sich diese, was die Bildung von Mg_2Si an der Korngrenze anbelangt, besonders auf die Bleche geringer Dicken. Die Schweißdauer je Nahtlänge ist für diese kleiner, da ja die Schweißgeschwindigkeit mit zunehmender Dicke und Füllvolumen abnimmt. Mit zunehmender Dicke steigt daher auch die Dauer der Temperatureinwirkung. Damit verbunden kann die bereits besprochene Gasblasenaufblähung neben der Naht erfolgen. Aber auch zu langsam verschweißte Feinbleche können neben der Naht zwei Längswülste zufolge innerer Gasblasen zeigen. Man bezeichnet diese Erscheinung mit „Doppelraupenbildung". Die Schweißung ist dann Ausschuß. Doppelraupe, Wasserstoffgehalt, Legierungszusammensetzung und Gefügeaufbau hängen eng miteinander, nach *Voßkühler*, zusammen. Je niedriger, relativ zum Blech hingesehen, die Legierung des Zusatzstabes schmilzt, desto geringer ist die Doppelraupe ausgebildet. Die Dauer der Wärmeeinwirkung je Nahtzentimeter hängt vom Verhältnis der Schmelzpunkt- (Schmelzintervall-) Höhen von Blech und Zusatzstab ab.

Mit Sicherheit nehmen diese Aufblähungen (innere Blasen) ihren Ausgang von den Korngrenzen aus. Dies zeigte eine Serie von Schliffbildern, die die allmähliche Bildung derartiger Blasen erkennen ließen für Leg. AlMg 5 sowie AlMgMn. *Auch bei nahezu korngrenzensubstanzfreien Legierungen, wie bei der Legierung AlMgMn (sogenannten „K. S.-Seewasserlegierung") traten Aufblähungen immer bevorzugt in Verbindung mit Mg_2Si-Kristallen auf, was Bild 11 a und b zeigt. Dem günstigen und rissemindernden Einfluß von Silizium über eutektische Korngrenzenbestandteile überlagert sich also eine für die größeren Blech- oder Werkstückdicken ungünstige Erscheinung zufolge der erhöhten Erwärmungs-, Schweiß- und Abkühlungsdauer durch damit verbundene Gasblasenschädigung bei Temperatureinwirkungen im Bereich der Solidustemperaturen. Man ersieht hieraus, daß die Schweißbarkeit im allgemeinen Sinn, das heißt im Sinne der Schweißnahtgüte betrachtet, für die Leichtmetalle auch dickenabhängig ausfallen muß.* Dieser Einfluß wurde hierbei nur für den Si-Einfluß in den AlMg-Legierungen und für diesen als Beispiel betrachtet. Damit ist die Vielzahl der Legierungstypen jedoch noch keinesfalls in bezug auf diese Erscheinungen hin beschrieben, sondern erst einmal die wesentlichen Einflußgrößen mit Beispielen erläuternd belegt.*)

*) Auch die französische Luftfahrtindustrie verwendet Si in AlMg 3 sowie in AlMg 5 zur Verbesserung der Schweißbarkeit (Revue de l'Aluminium, Nov. 1953).

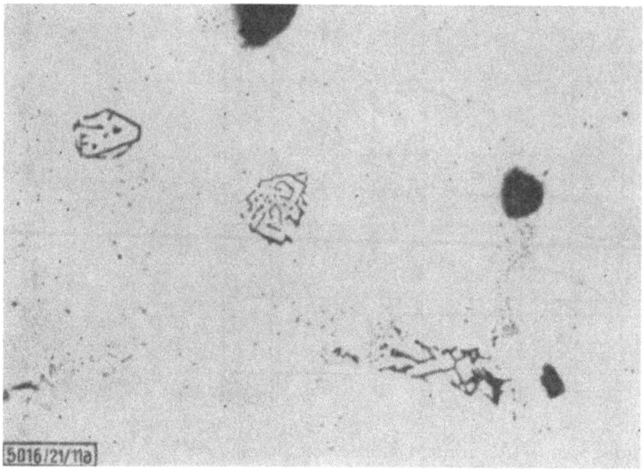

Bild 10 a

Bild 11 a u. b. Ausgangspunkt der Gasblasenbildung in AlMg-Blechen mit Si-Gehalten, Bildung von Mg_2Si-Kristallen, Schädigung von Mg_2Si-Anordnungen ausgehend

a) Legierung AlMgMn mit Mg_2Si-Kristallen und beginnender Schädigung

b) Mg_2Si-Kristallc im Gußgefüge mit beginnender Wasserstoffschädigung, hohe Vergrößerung

Bild 10 b

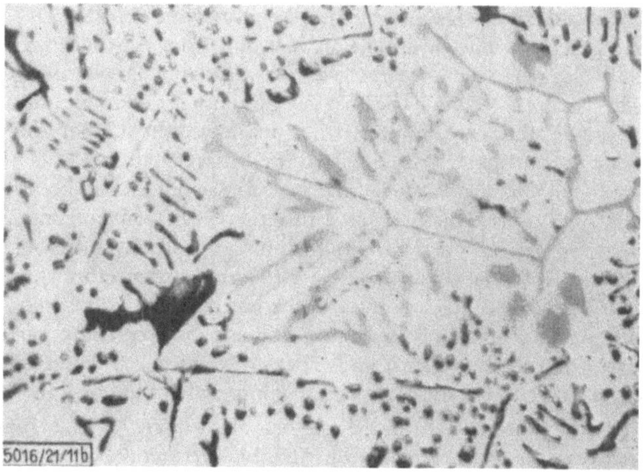

Nach *Lindemann* sind auch gute *Arcatomschweißungen* bei Leichtmetallen häufig mit feinen Porendurchsetzt. *Lindemann* fand in Arcatomschweißen eine neue, bei Gasschmelzschweißungen bislang nicht aufgetretene Fehlerart. Es handelt sich um langgezogene, gelegentlich in geringen Rissen fortlaufende Hohlstellen, die man, was das Röntgenbild anbelangt, auch als Schlacken bezeichnen könnte. Schliffbilder aber belegten, daß diese Fehlstellen Hohlräume darstellten. Diese treten, falls vorhanden, ziemlich regelmäßig auf. Es soll Schweißern mit langjähriger „Schweißpraxis" gelingen, diese Fehler zu vermeiden. Die eigentlichen Ursachen dafür sind ungeklärt. Für Feinbleche hat *Lindemann* derartige Fehlstellen nicht beobachten können. Möglicherweise, beobachtet wurden diese Fehler ja auch für AlMg-Legierungen, sind es die gleichen inneren Aufblähungen, die für nicht sachgemäß C_2H_2-O_2-gasgeschweißte Nähte eben beschrieben wurden. —

Parallel mit einer schweißtechnischen Legierungsentwicklung muß, z. Z. nur empirisch beherrscht, die feinfühlig auf jede Abwandlung der chemischen Zusammensetzung neu entwickelter Legierungen abgestimmte parallele Entwicklung oder zumindest eine Angleichung der zum Gasschweißen und Löten erforderlichen Flußmittel erfolgen. Für die verwickelt aufgebauten und kompliziert reagierenden Mischoxyde von Leichtmetallegierungen, über deren Wechselwirkungen in Abhängigkeit von den chemischen Zusammensetzungen der Grundwerkstoffe wir noch ebenso wenige und mangelhafte Kenntnisse, wie auch über ihren kristallographischen Aufbau bei Raum- und höheren Temperaturen besitzen, reichen die bisherigen Versuchsunterlagen und gewonnenen Erkenntnisse betreffs der Reduzierung der die schweißtechnische Bindung störenden Oberflächenschichten nicht aus. Die bisher gewonnenen Erfahrungen sind rein empirische. Bedingt ist dieses nicht zuletzt durch die zwei Faktoren, der firmenseitigen Reserve und des mangelnden Interesses für dieses so interessante Spezialgebiet. Der Reaktionsverlauf besonders über temperaturabhängige Zwischenprodukte ist meist noch unbekannt. Unbekannt sind ja in vielen Fällen allein schon die Zustandsschaubilder. Dies bezieht sich selbst auf die Lage der Liquiduskurven. Bekannt aber ist, jedenfalls großzahlmäßig gesehen, die fabrikatorisch mit einer Legierungsänderung für angelieferte Werkstoffe sofort parallel auftretenden Beanstandungen der Flußmittelgüte seitens der Schweißer. Die anfänglich in den Jahren 1930 bis 1932 vorhandenen Rezepturen reichten daher etwa in den 25 Folgejahren keinesfalls mehr zu einer schlackenfreien Reduzierung der Schmelzpunkte der Oxyde der später entwickelten Legierungen aus. Eine der wesentlichen Einflußgrößen ist die, der mit der jeweiligen Lieferung und je nach Fundort der Einzelmineralien gleichzeitig wechselnden Auswirkung unterschiedlicher Spurenelementanteile und -gehalte. Hier ähneln sich die Chemie der Flußmittel- und die der Elektrodenhüllen von Lichtbogenschweißdrähten trotz der verschiedenen Anwendung in bezug auf die Spurenelemente. Flußmittel für Leichtmetalle können einen exportfähigen Industrieartikel darstellen. „Universalflußmittel", immer wieder angeboten, müssen, falls sie für Leichtmetalle generell oder auch spartenweise für Al oder Mg oder bestimmte Legierungspaarungen mit unterschiedlichen Gehalten an Zusatzelementen angeboten werden, abgelehnt werden. Derartige Universalpatentrezepturen haben sich im Verlauf von vier Jahrzehnten nicht bewährt. Falls man diese Universalmittel aus Mangel an geeigneten und verfügbaren Flußmitteln trotzdem angewandt hat, haben diese jedenfalls vereinzelt schwere Schäden und Betriebsausfälle verursacht. — Es dürfte eine der wesentlichen Erleichterungen darstellen, daß Schutzgasschweißverfahren, wie die Argonarc-Schweißung sowie die Helioarc-Schweißung, keiner speziellen Flußmittel mehr bedürfen. An Stelle der Anforderungen an die Flußmittel tritt dann die der Gasreinheit für die verwendeten Gase.

Eine ganz andere und mit der eigentlichen Zusammensetzung nicht direkt zusammenhängende Frage ist die, ob Flußmittel, die vorher schmelztechnisch behandelt und dann erst gemahlen werden, tatsächlich schlechter wirken als solche, die eine Mischung einzelner vermahlener Komponenten darstellen. Eine derartige Entscheidung kann heute noch nicht getroffen werden. Auch auf der Seite der Zusatzwerkstoffe für Lichtbogenschweißungen sind schließlich Entwicklungen bereits erfolgreich, erst zu erschmelzen und dann zu vermahlen. Das gilt z. B. und zum Teil für die glasartigen Pulver für die Unterpulverschweißung, d. h. hier meist Mischpulver, obwohl dabei die Verpreßbarkeit leidet.

Die besprochene und zunächst am Beispiel der AlMg- und MgMn-Ce-Legierungen erläuterte Legierungstechnik entwickelte sich für die wesentlichen AlMg- und MgMn-Blechsorten auf dem Blechgebiet der geringen Dicken. Fehlstellen schwächen diese empfindlicher als für größere Blechdicken. Es sei hier nochmals zusammenfassend betont, daß es eine wesentliche Erkenntnis für die Schweißung der Leichtmetalle war, daß deren schweißtechnische Bewährung primär eine *Werkstofffrage* ist, wobei also auch die Vorschriften für die verfahrenstechnische, also vor allem handwerkliche Durchführung streng eingehalten und auf das Werkstoffverhalten abgestimmt sein müssen. Es ergeben sich für die verfahrensseitige Durchführung, werkstofflich gesehen, gewisse Grundsätze wie folgt:

Schnell schweißen,
Gut vorwärmen und
Langsam abkühlen, jedoch beides Mal ohne längeres Halten im Temperaturgebiet der Soliduskurve, d. h.
Kurzzeitige Wärmeeinwirkung nahe dem unteren Temperaturpunkt des Schmelzbereiches, falls man Legierungen verschweißt.

Die schweißtechnische Bewährung ist besonders in Verbindung mit der letztgenannten Arbeitsanweisung dickenbedingt. Es gibt Legierungen für gut schweißbare Grob- oder Dickbleche sowie solche für Feinbleche ($s \leqq 2$ mm). Für beide Gruppen ist die gefügetechnische Zusammensetzung für optimale Güte nicht etwa die gleiche. Deshalb gibt es wohl, falls man von der Bewährung der reinen Metalle Al und Mg absieht, heute noch ebenso keine *einzige* gut schweißbare „all round"-Leichtmetallegierung, wie es ebensowenig, jedenfalls bisher, auch kein „Universalflußmittel" dafür gab. Lediglich die Legierung des Zusatzdrahtes kann zwar für einen größeren Legierungsbereich eines Legierungstypes, jedoch auch wieder nicht für alle Legierungen auf Al- oder z. B. Mg-Basis etwa wirklich als universell gesehen werden. [Lit. *Erdmann-Jesnitzer* (4).] Für die Ti-Leg. gelten wiederum besondere Gesichtspunkte.

Da der Erfolg der Verschweißung einer Aluminium- oder Magnesiumlegierung also wesentlich stärker als für die Stähle eine *Werkstofffrage* ist, bedurfte es daher erst hinsichtlich der Legierungen langjähriger und, wie es das Studium der Literatur erkennen läßt, vorwiegend zunächst in Deutschland betriebener Entwicklung, um heute aussagen zu können, daß nunmehr *alle* Leichtmetallegierungen je nach Eignung zwar unterschiedlich, aber einschließlich des Reinaluminiums und Reinmagnesiums sowohl hinsichtlich der schweißtechnischen Fertigung als auch legierungstechnisch in bezug auf die Herstellung der Halbzeuge beherrscht werden. Es gilt dies für die Gasschmelz-, Widerstands-, Abbrennschweißung und die relativ junge Lichtbogenschweißung mit den speziell dafür entwickelten umhüllten Elektroden oder die Schutzgasschweißung.

Vorbehaltlos gelten diese Feststellungen allerdings nur für diejenigen Leichtmetalle, die zumindest unter starkem Anteil an Neumetall und nicht etwa 100% aus Leichtmetallschrott erschmolzen werden. Damit seien der Verwendung von Umschmelzlegierungen keine grundsätzlichen Schranken gesetzt. Wie es zahlreiche eigene Erfahrungen über 25 Jahre hin erkennen ließen, ist für diese selbstverständlich *Oxyd-, schlieren- und Seigerungsfreiheit* sowie *Einhaltung der Analysensollwerte, besonders die Verunreinigungen betreffend,* notwendig. Oxydhäute und Seigerungen, beide oft und erstere besonders auch die sogenannte Doppelung ursächlich fördernde Einflußfaktoren, sind heute schmelz- und gießtechnisch zu beherrschen. (Siehe bei *Kostron*†, Band II.) *Die verbindliche Angabe aber von Analysensollgrenzen für die jeweilige schweißbare Umschmelzlegierung ist eine noch unvollständig bearbeitete Aufgabe.* Dabei muß jedenfalls dem Gasgehalt ganz hervorstechende Beachtung beigemessen werden. Schärfstens zu verurteilen ist die in Zeiten der Verknappung oder Beschränkung von Neumetalleinsatz immer wieder für die Leichtmetalle, übrigens wie ebenso seinerzeit für andere, z. B. die Zinklegierungen, (betreffend Verhältnis von Fein- und Rohzinkanteilen) oft festzustellende Kritiklosigkeit mancher summarischer Bewährungsprüfungen und deren Publizierung durch ungeeignete und meist technisch-kaufmännisch orientierte Autoren. Die durch zahlreiche, wenn auch mechanisch-technologische, so doch exakt erarbeitete Unterlagen erreichte hohe Güte geschweißter Leichtmetalle (auch für Sonderzwecke) geht uns dadurch verloren. Nicht zuletzt erfolgt auch fabrikatorisch durch derartige Berichte eine ungünstige Beeinflussung der Schweißer. Derartige Unterlagen für das Schweißen der Umschmelzlegierungen können nur in einer Gemeinschaft von Herstellern und Verbrauchern, von Untersuchungs- und Entwicklungsstellen entstehen. Gütevorschriften und normenausfertigende Stellen müssen dieses unbedingt berücksichtigen. Auch sind legierungsseitig Extrapolationen, d. h. Rückschlüsse von einer Legierung auf die andere, äußerst problematisch. Sie schließen oft nicht die Notwendigkeit ein, daß das schadlose Verschweißen nach *allen* der anwendbaren Hauptschweißverfahren (z. B. Schmelz- sowie der Widerstandspunkt- oder Rollennahtschweißung) gewährleistet sein muß.

Diese *legierungstechnische Vorbemerkung* gelte für das Folgende nur als Einleitung. Sie wird jeweils durch spezielle Betrachtungen z. B. hinsichtlich der vom Schmelzbad her im Werkstoff verbliebenen Gase und deren schweißtechnische Auswirkung erweitert werden müssen.

Man sei sich bei der Behandlung der Schweißung der Leichtmetalle jedoch ebenso, wie es bereits für den Stahl (s. Bd. I) erwähnt wurde, darüber im klaren, daß Leichtmetalle in aller Welt täglich mit Erfolg und ohne Anstände verschweißt werden.

Zweck des vorliegenden Beitrages muß im Sinne einer vertieften Erkenntnis daher, wie es überhaupt für jeden der Buchbeiträge gilt, ein doppelter sein. Es sollen einmal möglichst unter Hinweis auf bereits bestehende Abhandlungen an anderer Stelle die Grundkenntnisse vermittelt werden, da es eine Reihe vorwiegend der handwerklichen Durchführung gewidmete recht gute Darstellungen innerhalb der schweißtechnischen Literatur gibt. In diesen ist aber die recht komplizierte Werkstofffrage deshalb wohl nicht behandelt worden, weil diese Erkenntnisse vorwiegend jüngeren Datums sind. Außerdem würden derartige Darstellungen dann den gesteckten Rahmen übersteigen. Es sollen im folgenden an Hand auftretbarer Fehler deren Ursachen kritisch betrachtet und damit Unterlagen für eine erfolgreiche legierungstechnische Weiterentwicklung vermittelt werden. Unter diesem letzten Gesichtspunkt betrachtet, kann man, was die Schweißbarkeit und die werkstoffbedingte rißfreie Verschweißung anbelangt, vorab aussagen, daß die im folgenden mitgeteilten Erkenntnisse solche sind, die erst im Verlauf der Entwicklungsjahre 1935 bis 1956 und später erarbeitet wurden. Wie es die Auslandsliteratur besonders für das Feinblechgebiet belegt, wurde dort nach 1945 oft auf deutschen Erkenntnissen fußend aufgebaut und weiterentwickelt. *Wir stehen daher für dieses Gebiet nicht am Ende, sondern heute noch inmitten der Entwicklung.* Dies berechtigt dazu, auf Fehler und erkannte Ursachen näher einzugehen, ohne daß damit etwa eine die Leichtmetalle diskriminierende Problematik ausgelöst wird. Es haben auch die verschiedenen Schweißverfahren, für die Leichtmetalle gesehen, einen durchaus unterschiedlichen Entwicklungsstand erreicht. Dies ist industriell bedingt. Die Entwicklung geeigneter Lichtbogenelektroden blieb trotz zahlreicher Arbeiten (z. B. von *Röhrig* und Mitarbeitern, sowie *Leins* u. a.) deshalb zunächst zurück, weil man der Rißbildungsgefahr mittels der Gasflamme durch die handwerklich bessere Möglichkeit der Wärmedosierung, der Vor- und Nachwärmung durch den Brenner glaubte besser begegnen zu können. Außerdem verwandte der Flugzeugbau Feinbleche, d. h. geringe Dicken. Für diese trat die Widerstandsschweißung und Gasschweißung in den Vordergrund. Der Entwicklungsstand der Gasschmelzschweißung und ihrer Zusatzdrähte ist deshalb neben der hochentwickelten Punkt- und Rollennahtschweißung ein wesentlich fortgeschrittener als der der Lichtbogen- und Abbrennschweißung. (Siehe Entwicklungsvorschläge *Rietsch*, in E.-J., Bd. II.) Was aber die Entwicklung geeigneter Lichtbogenelektroden anbelangt, so lassen die Jahre 1949/56 eine erfolgreiche, zur Zeit aus patentrechtlichen Gründen oft noch unveröffentlichte Wiederbelebung dieser Entwicklungen erkennen.

Wenn schließlich insgesamt gesehen der Leichtmetallschweißung in aller Welt feinfühlig auf das Werkstoffverhalten abgestimmte Legierungs-, Flußmittel- und konstruktive Entwicklungsarbeiten gewidmet wurden und selbst die vorwiegend von Praktikern vorangetriebenen Erkenntnisse über die — schweißtechnische Schulung und Umschulung auf Leichtmetalle hin — „Sondergebiete" wurden, so muß der „Nurpraktiker" sich vor Abgabe eines Werturteils dabei vor Augen halten, daß gerade durch eine Fehlschweißung im Fahrzeug-, Luftfahrt-, Transport- und Gerätebau, bei geringen verschweißten Dicken, selbst kleine Risse und auch schon geringste Anrisse die *Dauerfestigkeit* erheblich herabsetzen. Im chemischen Apparatebau bedingt außerdem der Ausfall nur eines einzigen Konstruktionsgliedes (Rohrleitung, Flansch, Kessel, Druckbehälter, Kühler u. a. m.) meist den des gesamten Fabrikationsganges und nicht zuletzt auch die damit auftretenden *Unfallgefahren.* In kaum einem der Fälle ist es zu riskieren, daß Risse überhaupt erst auftreten.

1. Die Rißbildung

Rißklassifizierung. Risse treten während des Schweißvorganges (einschließlich Abkühlung von Leichtmetallen) hauptsächlich infolge von Spannungen auf, die durch die Veränderung der Längen zufolge Erwärmung oder Abkühlung auftreten.

Der Anschauung von *Mäder* (7), wonach sogenannte Ausscheidungsspannungen Rißbildung bewirken oder diese vorherrschend fördern können, kann von *Erdmann-Jesnitzer* und *Lott**) nicht zugestimmt werden. Es wurde zur Stütze dieser Behauptung schliffbildmäßig die mit der Ausscheidung von Al_2Cu in AlCuMg-Legierungen in Zusammenhang gebrachte große Schweißrissigkeit von *Mäder* betont. Seine Schliffbilder zeigen interkristallinen Rißverlauf. Dieser Rißverlauf, über den noch ausführlich berichtet wird, deutet auf Rißbildung beim Übergang der Restschmelze (hier Al + Al_2Cu-Eutektikum) vom festen in den flüssigen Zustand hin. Bei diesen Temperaturen aber liegt noch keine Al_2Cu-Ausscheidung vor, die im übrigen meist als Stäbchenkristalle *im* gegebenenfalls übersättigten Al-Mischkristall auftreten. Im Temperaturgebiet der Al_2Cu-Ausscheidungen in AlCuMg-Legierungen würden Schweißrisse zweifellos auch transkristallin verlaufen. Es ist aber nicht einzusehen, daß derartige Ausscheidungen den Anlaß zur Gefügetrennung geben sollen. *Es muß die Auffassung, daß auch Ausscheidungsspannungen Schweißrissigkeit bewirken können, als nicht ins Gewicht fallend bezeichnet werden.* Schweißrisse treten, und das ist das Wesentliche, durch die anfangs erwähnten Längenänderungen und deren vielseitigen Wechselwirkungen auf. Da die Rißursache die gesamte Betrachtung der möglichen Rißbildung bei Leichtmetallen maßgeblich bestimmt, muß über den Anlaß zur Rißbildung völlige Klarheit herrschen.

Es gibt, falls man eine Werkstofftrennung formal schon als Riß auffaßt, noch eine rißähnliche Erscheinungsform, die man für Guß- und Knetwerkstoffe, vorwiegend jedoch bei Guß in der Schweiße oder auch im Grundwerkstoff antrifft. Man kann dabei von „Porenkanal" sprechen. Tatsächlich entsteht eine derartige Werkstofftrennung dadurch, daß flüssige Korngrenzensubstanz herausläuft und an der Nahtunterkante erstarrt. Ein schönes Beispiel dafür fand *Renner***) bei Leg. AlMg3Si für eine Kreuzschweißprobe.

Eine weitere, hier zunächst noch nicht betrachtete Rißbildung auf Grund der Schweißung ist über die Schrumpfspannungen möglich, die nach der Abkühlung verbleiben und erst durch zusätzliche Beanspruchungsspannungen rissebildend ausgelöst werden. Das spielt oft eine Rolle, wenn an spannungsbehafteten Schweißungen oder auch spannungsbehafteten unverschweißten Blechen Lötungen vorgenommen werden. Dann können *sekundär* infolge der Lötung nahezu verformungslose Risse eintreten. Diese Erscheinung tritt aber selten auf, und diese Risse verlaufen, wie es der Verfasser für Legierung AlCuMg fand, transkristallin. Hier spielt offenbar die bekannte Lötbrüchigkeit eine Rolle als Initialvorgang, der analog der Spannungsrißkorrosion aber auch interkristallin beginnt.

Es besteht die berechtigte Annahme, daß besonders die sogen. Großwinkelkorngrenzen Orte der Rißbildung werden.

Im Vordergrund stehen jedoch zufolge Spannungen auftretende Warmrisse (einschließlich der sternförmigen Endkraterrisse). Diese Risse verlaufen alle inter- und äußerst selten auch intrakristallin (s. entsprechende Meßbelege von Bulian, nächster Abschnitt, sowie

---

*) *Erdmann-Jesnitzer, F. u. W. Lott.* Stellungnahme zu einem Aufsatz *H. Mäder* „Über den Einfluß des Siliziums auf die Schweißrissigkeit von Al-Legierungen", Zeitschr. Metallkunde (1956), demnächst.

**) *K. Renner*, Bitterfeld, Mitt. an den Verfasser.

Belege des Verfassers für AlMg-Legierungen, sowie die Leg. AlCuMg). Selbst bei Reinstaluminium treten Korngrenzenwarmrisse auf (Bild 1a u. b). Als Risse kommen nun solche vor, wie

Rißart I, parallel in der Naht (Warm-Nahtbrüchigkeit — längs) oder
Rißart II, parallel neben der Naht (Schweißrissigkeit), sowie
Rißart III, senkrecht in der Naht (Schweißnahtrissigkeit — quer), oder
Rißart IV, senkrecht zur Naht und neben dieser liegend, (Grundstoffschweißriß)
Rißart V, porenkanalförmige innere Trennungen, I dis V alle interkristallin.

Die verschiedenen Rißarten können ineinander übergehen, wobei dann meist ein Riß erst einen weiteren anderer Art einleitet. Die Rißarten zeigt schematisch das Bild 12. Die Rißlagen wurden angedeutet durch gewellte Linien, die ursächlich dazu führenden Zugkräfte wurden nicht eingezeichnet. Man klassifiziert daher am einfachsten die Rißarten in Rissegruppen und bezeichnet diese mit I, II, III und IV. Die besondere Rißbildung durch abfließendes Eutektikum sei mit Rißgruppe V bezeichnet. Rißarten I bis IV können jeweils gemeinsam mit der von V auftreten. Es sollen im folgenden jedoch die Risse I bis V betrachtet werden, die durch das Schweißen *primär* auftreten. Selbstverständlich können später im Betrieb auch Schwingungsrisse möglich sein, die ja intrakristallin und selten interkristallin verlaufen. Das gleiche gilt für die Spannungsrißkorrosion. Die Rißklassifizierung nach Bild 12 gilt übrigens ganz allgemein.

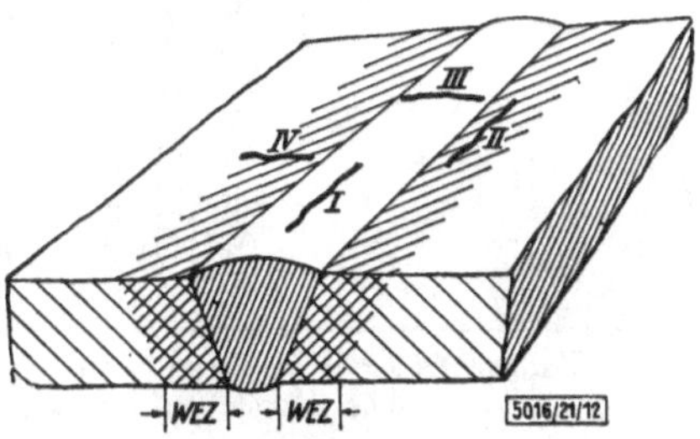

Bild 12. Mögliche Lagen des interkristallinen Warmbruches, schematisch

2. *Schweißrissigkeit von Al- und Mg-Feinblechen mit bis zu 1,5% Fremdmetallzusatz*

Über die legierungsbedingte Schweißrissigkeit berichtete auch *Bulian* (2). Das Zustandekommen der wesentlichen Rißart II, die auch als Schweißrissigkeit bezeichnet wird, setzt voraus, daß unter dem Einfluß der Schweißwärme die im wesentlichen (wenn überhaupt) vom zulegierten Fremdmetall beeinflußte Korngrenzensubstanz noch flüssig ist, wenn die Schrumpf-, d. h. die Schweißspannungen anfangen merkbar zu werden. *Bulian* (2) erweiterte die für Al-Legierung von *Mäder* (7), von *Erdmann-Jesnitzer* (1) (4) (5) für AlMg, AlCuMg, AlMgMn und AlMgSi-Legierung sowie anderen Autoren getroffenen Feststellungen dieser Art auf die Legierung MgMnCe mit Aluminiumzusatz. Es wurde diese Legierung MgMn mit geringen Zusätzen jeweils verschiedener Fremdmetalle versehen und die mit + in Zahlentafel 1 bezeichnete Schweißrissigkeit für diejenigen Legierungen bestätigt, die mit dem Grundmetall (im untersuchten Fall Mg) ein merklich unter dem Schmelzpunkt liegendes Eutektikum im Gegensatz zu dem mit — bezeichneten schweißrißfreien Legierungen der Zahlentafel 1 bildeten. Nach *Bulian* (2) steht die Steilheit der Soliduskurve des Magnesium-Fremdmetallsystems in der Nähe des Magnesiumschmelzpunktes im Zusammenhang mit der Menge an Zusatzmetall, die ohne Schweißrissigkeit zu erzeugen noch „vertragen" wird. Verwandt wurde die Einspannschweißprüfung nach „Fokke-Wulf" (Bild 5, S. 73), eine relativ „milde" Prüfmethode, die aber den Vergleich der Legierungen gut ermöglichte. Im allgemeinen aber ist diese Prüfung zu schwach, d. h. die damit ermittelten Ergebnisse sind zu günstig.

Grundmetall	Zusatz	Eutektikum bei °C	Zu erwartende Schweißrissigkeit	Gefundene Schweißrissigkeit
Mg (MgMn) . . .	Zn	340	+	+
,, ,, . . .	Al	436	+	+
,, ,, . . .	Hg	448	+	+
,, ,, . . .	Pb	468	+	+
,, ,, . . .	Ag	469	+	+
,, ,, . . .	Cu	485	+	+
,, ,, . . .	Ni	507	+	+
,, ,, . . .	Ca	516	+	+
,, ,, . . .	Bi	552	+	+
,, ,, . . .	Sr	582	+	+
,, ,, . . .	Ce	585	+	+
,, ,, . . .	Sb	636	—	—
,, ,, . . .	Mn	645	—	—
,, ,, . . .	Si	645	—	—
,, ,, . . .	Cd	bei 1% 648	—	—

Zahlentafel 1. Schweißrissigkeit von Magnesium bzw. Legierung Magnesium-Mangan bei Zusatz von bis zu 1,5% Fremdmetall, nach *Bulian* (2)

Das Ergebnis stellt nur einen aufschlußreichen Vergleich dar. Zur Erfassung schweißrißfreien Verhaltens genügte die angewandte Prüfart nicht. *Bulian* (2) hat diese planmäßige Erfassung der legierungsseitigen Einflüsse für die Schweißrissigkeit auch auf Aluminium mit bis zu 1 % Fremdmetall erweitert. Wie es das Ergebnis der Zahlentafel 2 zeigt, wurde die anfangs für Mg beschriebene Auffassung für Al bestätigt gefunden (Zahlentafel 1). Die Schweißrissigkeit ist also an ein Schmelzintervall gebunden.

Grundmetall	Zusatz	Eutektikum bei °C	Zu erwartende Schweißrissigkeit	Gefundene Schweißrissigkeit
Al	Sn	229	+	+
,, ...	Mg	451	+	+
,, ...	Cu	548	+	+
,, ...	Si	577	+	+
,, ...	Ca	616	—	—
,, ...	Ni	660	—	—
,, ...	Fe	654	—	—
,, ...	Sb	657	—	—
,, ...	Mn	658	—	—
,, ...	Zn	bei 1% 650	—	—

Zahlentafel 2. Schweißrissigkeit von Aluminium bei Zusatz von bis zu 1% Fremdmetall, nach *Bulian* (2)

3. *Rißbildung, ebene sowie Biegewinkelschrumpfung und Formsteifheit*

In das Bild 12 wurde die Auswirkung von ebener — und die sogenannte Biegewinkelschrumpfung mit den diese Schrumpfungen auslösenden Schrumpfungskräften — nicht mit eingezeichnet. Tritt z. B. Winkelschrumpfung auf, so werden die Spannungen meist dabei so weitgehend abgebaut, daß Rißbildung nicht eintritt. Umgekehrt kann diese dann eintreten, wenn eine starre Einspannung diese Winkelschrumpfung verhindert oder auch nur größtenteils behindert. Starre Einspannung kann allein schon das Bauteil bewirken. Sie ist bei Mehrlagenschweißung von mittleren und Grobblechen jedoch auch durch die Werkstückdicke selbst gegeben. Maßgebend ist die Nahtlage im Bauteil in bezug auf die Schrumpfungsmöglichkeit. Die Schrumpfungsmöglichkeit bei dünnwandigen Behältern ist erfahrungsgemäß für die Rundnaht eine bessere und ungehinderte als für die Behälterlängsnähte. Man darf also nicht allein die einspannend wirkend nahtnahe Umgebung betrachten, sondern muß ebenso, wie es für die Gestaltfestigkeit ganz allgemein gültig ist, die Beanspruchungsrichtung im Bauteil, d. h. die Nahtlage im Bauteil beachten. Diese kann für Biege- oder Knickbeanspruchung bei dem gleichen Bauteil verschieden sein. Dabei kommt es, um beim gleichen Beispiel zu verbleiben, auch für z. B. dünnwandige Behälter nicht allein nur auf die genügend zur Biegemöglichkeit und zu dem Spannungsausgleich geringen Blechdicken (z. B. 1 mm Dicke), sondern vorherrschend also auf die *Formsteifheit* an. Es steigt mit deren Zunahme die Rißbildungsmöglichkeit für die Rundnaht. Die Formsteifheit nimmt für das gewählte Beispiel mit der Abnahme des Verhältnisses von Blechdicke zu Behälterdurchmesser zu. Die rechnerische Erfassung, falls man diese mit ihren zahlreichen Einflußfaktoren überhaupt den praktischen Gegebenheiten verhältnisgleich ansetzen kann, erscheint nur für einfache Fälle möglich. Das liegt nicht zuletzt für die Leichtmetallegierungen (Al- und Mg-Legierung) darin begründet, daß der gefügetechnisch bedingte Spannungsabbau durch ein plastisches Eutektikum in Verbindung mit den gerade für die Leichtmetalle eindeutig ermittelten subjektiven Einflüssen rein rechnerisch nicht einkalkulierbar ist. Man wird mit Sicherheit Aussagen höchstens für Reinaluminium oder Reinmagnesium machen können. (Beachte jedoch auch hierfür den Einfluß von Fremdmetallzusätzen, z. B. $\sim$ 1% Fremdmetall zu Al oder Mg.)

Für die Stähle ist dies anders. Es bedingt die abrupte Erstarrung der Stähle ohne nennenswertes Schmelzintervall diesen Unterschied, wenn man bei diesem Vergleich von den absoluten Schrumpfungsbeträgen absieht. Jede Schrumpfung bei Stahl mußte ja auch bereits in enger Verbindung mit der für die jeweilige chemische Zusammensetzung des Stahles und seinen Gefügezustand unterschiedliche Warmstreckgrenze betrachtet werden, um Rißbildung oder Spannungsabbau ohne Risse voraussagen zu können. Vom Verfasser kann daher nicht empfohlen werden, für Leichtmetallschweißungen übermäßige Forschungsarbeit etwa in die Richtung der Modellgesetzmäßigkeit betreffend Spannungs- und Schrumpfungsvorgänge aufzuwenden. Modellgesetzmäßigkeit, ihr rechnerisches und vor allem experimentelles Studium, wird jedoch für die Stähle d a s Zukunftsfeld der für die Weiterentwicklung der Leichtbauweise notwendigen Bauteilstatik geschweißter Konstruktionen werden.

In interessanter Weise hat *Müller-Busse* die Temperaturfelder während der Gasschmelzschweißung von Aluminium ermittelt und Unterlagen geliefert (Bild 3d s. S. 265), die die Richtigkeit der rechnerisch ermittelten Temperaturraumflächen um die Flamme und Naht herum belegten, so wie sie von *Hagen* sowie *Rykalin* rein rechnerisch ermittelt wurden. Auf Grund der anfangs erwähnten Einflußfaktoren (Eutektikum und subjektive Einflüsse) ist eine Verwendung derartiger Messungen auf Voraussagen von Rißauftreten und Rißlagen bei Leichtmetallegierungen einschließlich derjenigen mit geringen Prozentgehalten an Legierungskomponenten bestenfalls eine rein qualitative, um den gefährdeten Rißort voraussehen zu können. Die rißgefährdete Bauteilstelle wird besser am Bauteil selbst ermittelt. Es gilt also, daß Spannungs- und Schrumpfungsvorgänge bei geschweißten Leichtmetallkonstruktionen nicht über die Rechnung, Modell oder etwa Übertragung von Erfahrungen vom Stahl her, sondern nur durch Beobachtung am zu verschweißenden Bauteil in Originalgröße festgestellt werden müssen. Die rißgefährdeten Gebiete erkennt man durch Oberflächenaufrauhung infolge Dehnung, über Reißlacke für nahtnahe Bauteilpartien oder durch Temperaturkontrollen über Thermokolorfarben (Pulver oder Stifte). Auch die Verwendung sogenannter Temperaturstifte nach *Čabelka* ist möglich.*)

Fragt man sich, ob nun tatsächlich bei den Rißgruppen I bis IV inter-, d.h. zwischenkristalline Warmrisse in Korngrenzen vorliegen, so wird dieses bejahend am besten durch Schliffbildbefunde beantwortet. Für Leichtmetallegierungen (Al- und Mg-Basis) tritt der Warmriß einschließlich Reinaluminium nahezu immer auf. Der Warmriß als Korngrenzenriß tritt auf unabhängig, ob der Werkstoff den Übergang flüssig → fest durchmacht oder ob das Blech nur, wie für nicht voll aufgeschmolzenen Nahtgrund, bei Reparaturschweißungen genügend hoch bis zum Plastischwerden der Korngrenze erwärmt wird.

Die beim Erwärmen der Nahtumgebung auftretenden Spannungen können sich bei Reparaturschweißungen in demjenigen Augenblick rißbildend auswirken, wenn das abrupte Absinken der Warmstreckgrenze nach Erreichen der Solidustemperatur mit gleichzeitigem Aufschmelzen der Korngrenzensubstanz eingesetzt hat, oder beim Erstarren noch flüssige Korngrenzensubstanz vorliegt, wenn sich die Schrumpfungen nennenswert auszuwirken beginnen.

Einen Vergleich von Stahl mit Al-Legierungen ergibt für völlige starre Einspannung hinsichtlich der auftretenden elastischen Spannungen, durch die unterschiedlichen E-Moduli bedingt, für gleiche Schrumpfungswege trotz des für Al-Leichtmetall größeren α-Wertes ein Verhältnis der auftretenden Spannungen von 17 zu 26 kg/mm² zugunsten der Leichtmetalle [Lit. *Bleicher* (2)].

Dabei ist die Übertragbarkeit, der an Flachstäben (Schweißnaht ⊥ Zug) ermittelten Bruchlagen, d. h. Bördelstoß-Bruch in Nahtkerbe sowie Stumpfstoß-Bruch neben der Naht innerhalb der WEZ, für die Praxis auch nach *Renner* unmittelbar an Probebehältern aus Leg. AlMg 3 Si ermittelt worden (genaue Analyse: 3,2% Mg, 0,69% Si, 0,41% Mn, 0,5% Fe). Dies zeigt Bild 59a und b. Die Prüfung erfolgte mittels Wasserinnendruck bis zum Bersten. Die an einfachen Zugstäben statisch ermittelten Bruchlagen und die Dehnungswerte sind im vorliegenden Falle einfacher Gestaltfestigkeit unmittelbar übertragbar. Zu Tiefsttemperaturen (z. B. bei minus 182° C) hin kann bei ungünstiger Nahtüberhöhung auch der Stumpfstoß Sprödbruch im Nahtübergang zeigen (siehe hierzu Tieftemperaturverhalten, später).

4. *Legierungsentwicklung für schweißbare Feinbleche auf Al-Basis***)

Den legierten Leichtmetallfeinblechen wandte man schweißtechnisch erst relativ spät besondere Beachtung zu, obwohl bereits die gesamte Entwicklung des Legierungstypes auf AlMg-Basis nicht nur festigkeitstechnisch, sondern teilweise auch schon unter dem Gesamtwinkel „schweißbar" erfolgt war.

Erdmann-Jesnitzer (5) beschrieb Betriebsausfälle, die etwa um das Jahr 1943 herum eine fruchtbare Legierungsentwicklung, hier auf dem Gebiet der schweißbaren AlMg-

*) Inzwischen auch vom *ZIS*/Halle nachentwickelt und seitens der Industrie lieferbar.

**) Vorliegende Ergebnisse wurden auszugsweise vor Fachkollegen in Zinnowitz im September 1943 sowie im Bezirksverband Bodensee des VDI im März 1944 sowie auf der Sondertagung „Schweißung der Leichtmetalle" der Kammer der Technik, Fachausschuß — Schweißtechnik, 1954 in erweiterter Form vom Verfasser vorgetragen. Die legierungstechnischen Vervollkommnungen des Legierungstyps AlMg 3 Si wurden 1955 wieder aufgenommen und ein mehrjähriges Entwicklungsprogramm erneut begonnen.

Legierungen geringer Dicken, d. h. also für die Feinblechschweißung auslösten. Dünnwandige Leichtmetallbehälter, die aus Gründen der Gewichtsersparnis gegenüber Reinaluminium meist aus festeren Aluminium-Magnesium-Legierungen hergestellt wurden, zeigten bei Verwendung der Legierung AlMg 5 in den Dicken zwischen 1 und 2 mm erhebliche Schwierigkeiten beim und nach dem Schweißen. Es traten oft Risse in und neben der Naht auf (Rißgruppen I, II und V). Besonders schwierig gestaltete sich dann die Reparaturschweißung infolge der geringen Blechdicken. Außerdem traten immer wieder nach dem Transport Undichtigkeiten der Schweißnähte von Behältern auf. Besonders ungünstig wirkte sich die geringe Blechdicke aus, wenn ein im Verhältnis zur Wanddicke erheblicher Durchmesser vorlag. Hierdurch ist nicht die bei kleineren Behälterdurchmessern auftretende versteifende Wirkung bei Belastung durch Innendruck vorhanden, d. h. die Nähte wurden im Betrieb voll auf Zug beansprucht. Auch an dickwandigen Teilen aus AlMg 5 wurden diese Fehler beobachtet. So traten z. B. bei Dichtungskegeln, die ihrer höheren Festigkeit wegen aus AlMg 5 (Kokillenguß) gefertigt worden waren, neben der Naht zur AlMg 5-Seite hin nach mehrmonatigen Lagerzeiten Undichtigkeiten bei Innendruck auf. Ähnliche Vorgänge wurden bereits früher an anderen Geräten aus Legierung AlMgMn beobachtet [Lit. *Lindemann* (2)].

Im folgenden seien nun einige Ergebnisse bei Verwendung der seewasserbeständigen Aluminium-Magnesium-Mangan-Legierung KS-Seewasser und neuentwickelter Legierungen beschrieben hinsichtlich ihres Schweißverhaltens. Es geschieht dies erst, nachdem sich eine auch nach Schweißrissigkeitsprüfungen, Festigkeitsversuchen und Gefügebeobachtungen geeignet befundene Legierung betrieblich bewährt hat. Diese Legierung wurde zunächst seinerzeit mit AlMg 35, später mit AlMg 3 Si bezeichnet.

Es sind alle für diese neue Legierung, die sich auch allgemein als AlMg 3 Si-Legierung z. B. 1950/56 und weiter durchsetzt bei Einführung einer neuen Legierung im Betrieb und in der Halbzeugherstellung, auftretenden Mängel durch Großversuche praktisch bereits beseitigt. Die folgende Betrachtung bezieht sich zunächst nur auf Feinbleche geringer Dicken von 1 bis 2 mm. *Eine Übertragung der Gütebeurteilung von geringeren auf größere Dicken ist entsprechend den heute erkannten Gründen für die Schweißrissigkeit für z. B. Aluminium-Magnesium-Legierungen nicht möglich.*

Auch das Verhalten der Stähle hinsichtlich Schweißrisse ist nach verschiedensten eigenen, anderen Arbeiten und Kontrollversuchen mit durch die Blechdicke bestimmt. Es kann ein Stahlblech von 0,5 und 1 mm schweißrissig sein, während die Dicke von 2 mm bereits rißfreie Nähte ergibt.*) Bei den Aluminiumlegierungen sind die Gründe für den Dickeneinfluß jedoch, wie schon angedeutet, andere. Hier geht die Legierung als solche in Verbindung mit der Menge der zugeführten Wärme (Erwärmungsdauer) und dem Temperaturgrad der erwärmten Blechkanten mit in das rißbehaftete oder rißfreie Verhalten des Werkstoffes ein. Da die Dauer der Wärmeeinwirkung bei den Grobblechen größer als bei Dünnblechen ist (Vorwärmen und auch Schweißen), kommt die folgende Betrachtung, die sich zunächst nur auf geringe Blechdicken beschränkt, zu Ergebnissen, wonach geringe Silizium (Mg_2Si)- und Manganzusätze zu einer AlMg 3-Legierung (AlMg 3Si) im Sinne eines nur in den Kornzwickeln auftretenden Eutektikums sich schweißtechnisch günstig auswirken.

Den Ausgang bildete die nicht für Feinbleche geeignete Legierung AlMgMn (KS-Seewasser) im Dickenbereich von 0,4 bis 2 mm. Für diese geringe Dicken versagt

---

*) Nach mündlichen Mitteilungen und eigenen, gemeinsam mit *Cornelius* † durchgeführten Kontrollversuchen (1943/44), die durch Einspannschweißprüfung im „Fokke-Wulf"-Gerät ermittelt wurden.

die Legierung AlMgMn, falls Werkstoff mit Werkstoff verschweißt wird. Erwähnt sei hierbei schon vorweg, daß die Legierung AlMg 3Si wiederum ungeeignet für die größeren Dicken (z. B. 5 bis 15 mm und mehr) ist, während gerade hierfür die Legierung AlMgMn verwendbar ist. Über die Gründe, die zur Schweißrissigkeit allgemein führen können, wurde bereits einleitend berichtet. Unklar ist es bei allem bis heute jedoch geblieben, warum einmal als flüssigkeitsdicht in der Wasserdruckprobe abgenommene Behälter und Schweißverbindungen an Rohrleitungen durch ruhiges Lagern und besonders nach Transporteinflüssen mit der Dauer nach dem Verschweißen, wie es in unzähligen Fällen bei den Legierungen AlMg 5 und auch AlMg 3Si vom Verfasser u. a. a. O. einwandfrei laufend bestätigt werden konnte, wieder undicht werden, obwohl die Behälter betrieblich während der Lagerung nicht belastet wurden. *Es muß sich die Naht oder WEZ also verändern können derart, daß Undichtigkeit mit der Zeit entsteht.* Wahrscheinlich kommt dem hypothetisch anzunehmenden und automatisch mit der Lagerdauer sekundär zunehmenden H_2-Wasserstoffdruck in inneren Hohlräumen, die nach Aufschmelzen der eutektischen Korngrenzenbestandteile durch primäre Wasserstoffentbindung oder in Mikrohohlräumen, die allein durch Schrumpfung an den Korngrenzen entstehen können (Bild 13), eine ausschlaggebende Bedeutung für diese Erscheinung zu.

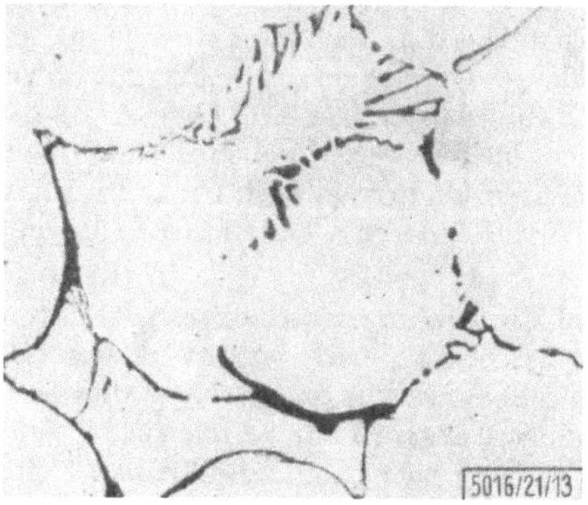

Bild 13. Korngrenzen-Mikrohohlräume nach der Erstarrung in starker Vergrößerung als Ausgang für die Rekombinationsmöglichkeit überschüssig vom Schmelzen her gelösten Wasserstoffes ($2\,H \rightarrow H_2$)

Erdmann-Jesnitzer (1) (2) untersuchte sechs verschiedene Aluminium-Magnesium-Legierungen der chemischen Zusammensetzung nach Zahlentafel 3. Die Blechdicke betrug 1,5 mm. Die Schweißdrähte von 3 mm Durchmesser waren gebeizt. Es wurde Werkstoff mit Werkstoff verschweißt. Die Stablegierung entsprach der des Bleches.

Die Verschweißung erfolgte im Stumpfstoß durch Azetylen-Sauerstoffflamme (Brennergröße 1 bis 2, Gasdruck 2,5 at, Sauerstoffdruck 3 at). Als Flußmittel wurde

Nummer der Versuchslegierung	Chemische Zusammensetzung in %				
	Mg	Si	Mn	Fe	Cu
1	3,24	0,80	0,11	0,34	0,01
2	2,98	0 65	0,62	0,35	0,05
3	5,16	0,78	0,24	0,39	Spur
4	3,55	0,72	0,73	0,32	0,04
5 (Al-Mg 5)	4,51	0,18	0,30	0,31	0,02
6 (Al-Mg-Mn)	2,51	0,34	1,19	0,45	0,05

Zahlentafel 3. Versuchslegierungen auf AlMg-Basis zur Ermittlung des Legierungseinflusses auf das Rißverhalten von AlMg-Feinblechgüten für Schweißungen, nach *Erdmann-Jesnitzer* (1) (2)

Magna*), dieses mit Brennspiritus angerührt, verwendet und auf die Naht sowie den Schweißdraht aufgetragen. Die Schweißnaht wurde unmittelbar nach dem Versuch mit 40° C warmen Wasser sowie Bürste abgewaschen und innerhalb von 48 Stunden geröntgt. Das Ergebnis der Erprobungen geht aus dem folgenden Abschnitt hervor.

5. *Methoden zur Ermittlung der Schweißrissigkeit von Feinblechen*

Der folgende Abschnitt soll als Beispiel dienen, wie die Eignung einer Legierung geprüft werden kann. Hierüber berichten auch ausführlich *Mäder* sowie *Koch* und *Nagel*.

Um zu einer Gütebeurteilung der sechs erwähnten untersuchten Legierungen in bezug auf die Schweißrißempfindlichkeit zu gelangen, verschweißte man Versuchsproben, die durch ungünstig auftretende Spannungen eine scharfe Erfassung der Schweißeigenschaften ergaben. Es macht sich dabei zunächst der Mangel noch nicht festgelegter, geeigneter und in bezug auf den Zweck aus Versuchen nach der Schärfe gestaffelten Versuchsproben bemerkbar. Die folgenden Prüfmethoden wurden vom Verfasser verwandt und haben eine allgemeine Bedeutung (Bild 14). Sie könnten

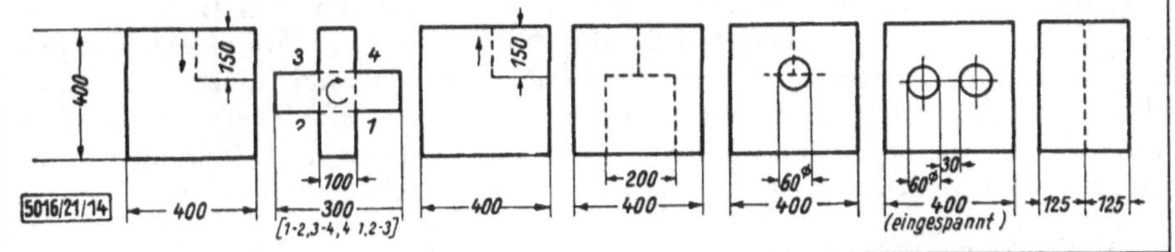

Werkstoff autogen-geschw.	Ein-schweiß-probe	Kreuz-schweiß-probe	Ein-schweiß-probe	Kreuz-naht-probe	Kreuznaht-ronden-probe	Doppel-ronden-probe	Stumpfnaht Aussehen geschweißt			
	Rißbildung, visuell und röntgenographisch bestimmt + gut, — schlecht (Stückzahl)						1 ×	2 ×	3 ×	4 ×
1	+ (4)	+ (12)	+ (2)	+ (2)	+ (2)	+ (12)	+	+	+	+
2	— (4)	+ (12)	+ (2)	+ (2)	+ (2)	+ (12)	+	+	(—)	—
3	— (4)	— (2)	+ (2)	+ (2)	+ (2)	+— (2)				
4	— (4)	— (2)	+ (2)	+ (2)	+ (2)	— (2)				
5	— (4)	— (12)	+ (2)	+ (2)	— (2)	— (12)	+	—	—	—
6	— (4)	— (12)	+ (2)	+ (2)	— (2)	— (12)	+	+	+	(—)

Nr.	Zusammensetzung in %				
	Mg	Si	Mn	Fe	Cu
1	3,24	0,80	0,11	0,34	0,01
2	2,98	0,65	0,62	0,35	0,05
3	5,16	0,78	0,24	0,39	Spur
4	3,55	0,72	0,73	0,32	0,04
5	4,51	0,18	0,30	0,31	0,02
6	2,51	0,34	1,19	0,45	0,05

Bemerkungen: Kreuznahtprobe von außen nach innen, dann von links nach rechts geschweißt, Kreuznahtrondenprobe, wie Kreuznahtprobe geschweißt, Ronde ausgestanzt und wieder eingeschweißt.

Doppelrondenprobe, zwei Ronden ausgestanzt und eingeschweißt.

Bei Stumpfnähten, die mehrfach nachgeschweißt werden (Ausbesserung aufgetretener Risse) verändert sich durch die mehrfache Wärmeeinwirkung auch die chemische Angreifbarkeit [2].

Bild 14. Probenformen zur Ermittlung der Rißanfälligkeit von Leichtmetall-Legierungsblechen nach der Schärfe gestaffelt und angewendet für 6 verschiedene Aluminium-Magnesium-Leg. 1,5 mm Blechdicke

*) Flußmittel für technische Al-Mg-Legierungen der „Firma Dr. Leopold Rostoski", Berlin-Charlottenburg sowie Goslar/Harz.

durch eine Prüfart erweitert werden, die von *D. Ridder* u. *K. Renner* erprobt und als wertvoll befunden wurde, für die das wesentliche ist, einen starren Rundkörper auf ein Blech mittels Kehlnähte aufzuschweißen oder eine Blechronde einzuschweißen. Leider tritt besonders für die Feinbleche Verzug auf, der die Reproduzierbarkeit verringert. In England hat sich für 6-mm-Blechdicke die Rondeneinschweißprobe bewährt. Für 3 $\geqq$ 6 mm ist der Verzug tragbar. Außerdem kann man den Aufwand an Blechzuschnitt für die 400×400-mm-Einschweißprobe auf die mit 100×100 mm verringern (nach *K. Renner*).

(1) *Einschweißprobe* (von außen nach innen geschweißt), schärfste der vorliegenden Prüfungen.

Blechzuschnitt 400×400×1,5 mm (oder verbessert 100×100 mm).

Von der Mitte des Randes zum Mittelpunkt des Bleches hin gelegte Naht, die auf das Blech aufgetragen wird. Es wird von außen nach innen gehend geschweißt. Die Probe ist vom Stahl her entlehnt, in den Abmessungen jedoch größer.

Eine Analogie zur Praxis besteht nicht.

Vom Verfasser erprobt ist ebenfalls die Probe mit dem Blechzuschnitt von 100×100 mm, bei der wieder eine Auftragsraupe, jedoch von einer Kantenmitte aus zur gegenüberliegenden, aufgeschweißt wird. Sorgt man durch Einspannen des Prüfbleches in eine Vorrichtung für ein Planbleiben, d. h. Unterbindung der Winkelschrumpfung, so erhält man reproduzierbare Rißlängen. Wird keine Einspannung verwendet, so streuen die Rißlängen, wie es der Verfasser für die Legierung AlCuMg fand. Die stärkere Schweißrissigkeit ergibt sich für plangebliebene Proben.

(2) *Kreuzschweißprobe*

Zwei Bleche 100×400×1,5 mm werden gekreuzt derart übereinandergelegt, daß zwei Nähte je Blechseite in der Mitte als Begrenzung eines 100×100-Quadrates entstehen. Die Schweißfolge wird im Uhrzeigersinn nach dem Schema (1—2), (3—4) — Seitenwechsel — (4—1), (2—3) durchgeführt. Es wird immer erst die eine und dann die andere Seite geschweißt. Eine Analogie zur Praxis besteht kaum, d. h. es handelt sich um eine reine Laborprobe, die aber zur Zeit in Anwendung ist. Die Kreuzschweißprobe für Stahlbleche geringer Dicken wandte erstmalig *K. L. Zeyen*, jedoch in anderen Abmessungen an.

Mäder sowie auch *Erdmann-Jesnitzer* haben die Prüfmethodik mittels Kreuzschweißproben weiter entwickelt. Es wurden der Probengrößen- und Dickeneinfluß versuchstechnisch ermittelt (Bild 16).

Da es ratsam erscheint, zunächst einmal mit den Proben 1 bis 6 einen Einblick in das verwickelte Gebiet der Rissigkeit zu geben, seien eingehende Untersuchungen betreffs der Kreuzschweißprobe erst anschließend genauer betrachtet.

(3) *Doppelrondenprobe*

Blechzuschnitt 400×400×1,5 mm, entweder eingespannt in starkem Stahlrahmen oder auch mit nur abgekanteten Blechseiten im Sinne des Entstehens eines offenen Kastendeckels geschweißt.

Blechfläche 300×300 mm. Es folgt das Einschweißen zweier vorher ausgestanzter Blechronden. Diese werden zunächst vorher an vier Stellen geheftet.

Eine Analogie zur Praxis ergibt sich für die ungünstige Wärmeschrumpfung beim Einschweißen von Stutzen und kleinen Flicken.

(4) *Einschweißprobe* (von innen nach außen geschweißt).

Wie bei Probe 1. Die Schweißung erfolgt jedoch von innen nach außen gehend (geröntgt).

Eine Analogie zur Praxis besteht nicht. Der Rißgrad ist wesentlich geringer als für Probe 1.

(5) *Kreuznahtprobe*

Zuzüglich zur Probe 4 läßt sich noch eine 10 cm lange Kreuznahtraupe auflegen. Eine Analogie zur Praxis besteht zum Stoßpunkt der Rund- und Längsnähte bei Behältern.

(6) *Ronde in Kreuznahtprobe*

Analogie zur Praxis besteht zum eingesetzten Rundflicken im T-Stoß von Rund- und Längsnähten bei Behältern. Es empfiehlt sich gleichzeitige Schliffbildbeobachtung auf innere Risse und Poren hin (Rißart V). Besonders Mehrfacherwärmungen der T-Stöße leiden gefügemäßig durch innere Aufblähungen.

(7) *Singer-Probe*

Da die Rißbildung durch das Schweißen durchweg interkristallin erfolgt, wandte man in England zur Legierungsentwicklung auch die *Singer-Probe* an (Bild 15). Sie diente ursprünglich nur zur Entwicklung warmrißfreier Gußlegierungen. Ihr Vorteil ist die Unabhängigkeit von subjektiven Einflüssen auf den Rissigkeitsgrad η. Die Gießform zur Herstellung der Ringgußproben ist leicht herstell- und der η-Wert schliffbildlich ermittelbar. Man bestimmt $\eta \cong$ als f (2 oder mehreren), z. B. 3 Legierungskomponenten oder Verunreinigungen und trägt die Werte als Iso-η-Werte kurvenförmig auf. Zwischen Zustandsschaubild und η-Werten bestehen dann im Hinblick auf Art und Menge, z. B. von Eutektika, Zusammenhänge. Systematische Befunde η-Wert = f (Gasgehalt und Zusammensetzung, z. B. Si-Gehalt) scheinen nicht zu bestehen —.

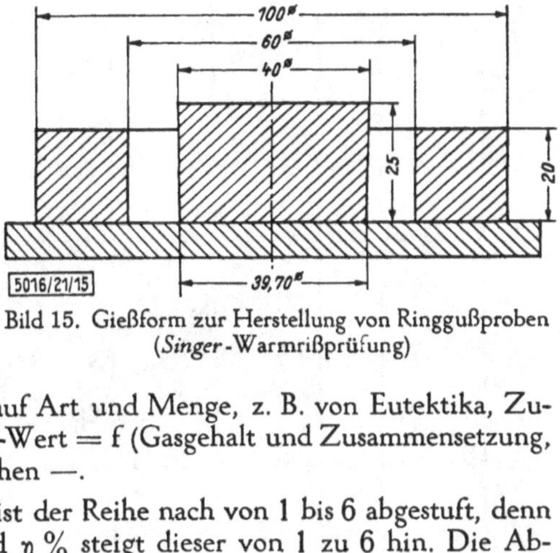

Bild 15. Gießform zur Herstellung von Ringgußproben (*Singer*-Warmrißprüfung)

Die Schärfe der Prüfungsmethoden ist der Reihe nach von 1 bis 6 abgestuft, denn gemäß dem ermittelten Rissigkeitsgrad η % steigt dieser von 1 zu 6 hin. Die Abstufung war im vorliegenden Falle deshalb eine genügende, weil eine der Legierungen, nämlich die Legierung AlMg 3 Si, durchweg allen Prüfungen rißfrei standhielt. *Die Versuchsprobenwahl war zwar in den Abmaßen vorher ermittelt, in der Methodik jedoch willkürlich, da eben eine Normprobe zur Prüfung auf Schweißrissigkeit hin nicht vorgeschrieben ist.* Zwecks Ausschaltung subjektiver Einflüsse wurden die Proben jedoch im Wechsel der Legierungen geschweißt. Über Ergebnisse zur Festlegung der an sich bequem auszuführenden Kreuzschweißprüfung (Probe 2 in Bild 14) liegen mit Einbeziehung des Dickeneinflusses Ergebnisse des Verfassers [Lit. *Erdmann-Jesnitzer* (2)] vor (Bild 16). Für die Leichtmetalle scheint nur die Kreuzschweißprobe eingehender untersucht zu sein. Deren Schweißrissigkeitsgrad η in [%] ergibt sich aus Bild 17.

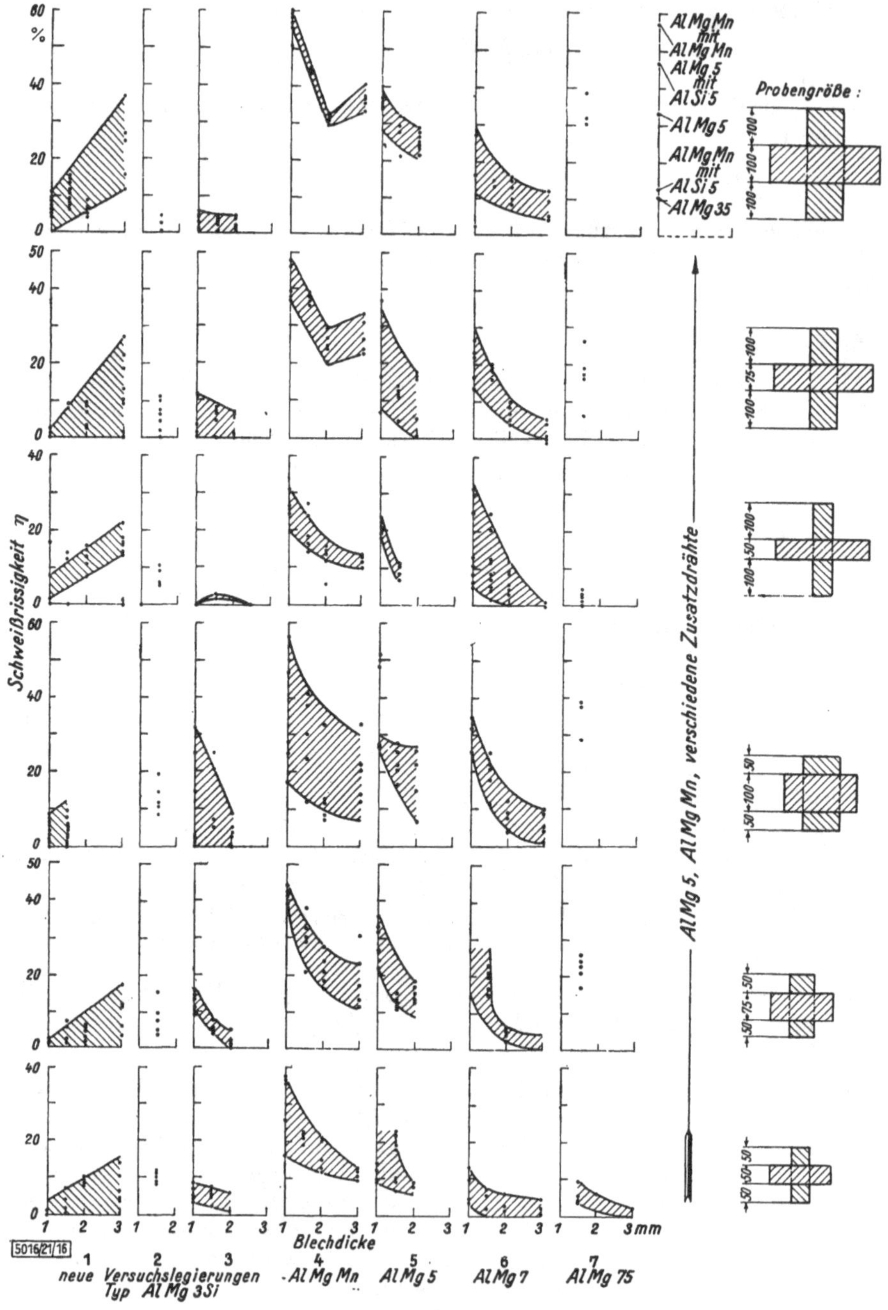

Bild 16. Schweißrissigkeit von Kreuzschweißproben verschiedener Aluminium-Magnesiumbleche unterschiedlicher Dicken und Probenabmessungen (s. rechte Seite). Einfluß der Leg. des Zusatzwerkstoffes, s. Pfeilmarkierung, geprüft für Probengröße 2 × 300 × 100 mm und Leg. AlMg 5 sowie Leg. AlMgMn (obere Reihe rechts außen) (nach *Erdmann-Jesnitzer*)

Jede der Schweißrissigkeitsproben 1 bis 6 wurde für den Gütevergleich der Legierungen (Zahlentafel in Bild 14) geröntgt. (Feinfocusröhre, d. h. übertriebene Aufnahmegüte, Abstand Röhre—Blech 800 mm. Film—blechnahe, der 0,1-mm-DIN-Steg war deutlich erkennbar und somit die Fehlererkennbarkeit gut.)

Es ergab sich aus den Prüfungen der Proben 1 bis 6 des Bildes 14, daß sich die Versuchslegierung 1 (Leg. AlMg3Si) sehr gut verschweißen ließ. Die Proben der Legierung 1 waren durchweg rißfrei bei guter Nahtbeschaffenheit. Die Legierung 2 zeigt ein ähnlich gutes Verhalten. Sie versagt jedoch für die Prüfung nach 1. Der Fluß ist für Legierung 2 nicht ganz so gut wie für Legierung 1. Die Legierung 5 (AlMg 5) und auch die Legierung 6 (AlMgMn) versagen bei den Prüfungen 1 bis 3.

Aus zwölf weiteren Rondenproben, einmal geschweißt, dann geröntgt und noch einmal ohne vorherigen Nahtabtrag wieder im Wechsel geschweißt, danach wieder geröntgt, ergab sich als Kontrollversuch zu den Prüfungen 1—6 des Bildes 14 sowie 16, daß die Legierungen 1 und auch 2 (AlMg 3 Si) rißfrei (alle Proben), Legierung 5 (AlMg 5) und 6 (AlMgMn) rissig (alle Proben) waren.

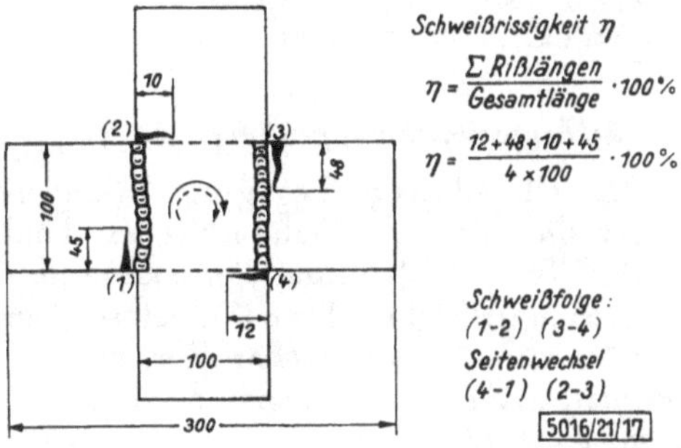

Bild 17. Bestimmung des Schweißrissigkeitsgrades bei Kreuzschweißproben mit gleichzeitiger Angabe der Schweißnahtfolge

Dieses wichtige Ergebnis überraschte im Hinblick auf die Legierung Nr. 6 (Legierung AlMgMn). Diese Legierung, Werkstoff mit Werkstoff stumpf verschweißt, verhält sich danach für diese geringen Blechdicken bemerkenswert ungünstig. Das Bild ändert sich jedoch, wenn allein der Schweißdraht die heute als für die Schweißrissigkeitsunterdrückung günstig erkannten Eigenschaften einer geeigneten Legierung zeigt (siehe legierungstechnische Vorbemerkung). Verschweißt man nämlich die Legierung AlMgMn in der empfindlichen Probe 1 mit einem siliziumhaltigen Schweißstab, z. B. den der Legierung AlSi 5 (5% Si, Rest technisches Al) oder auch mit Legierung AlMg 3Si, so erhält man wieder vollkommen rißfreie Proben. Wendet man das gleiche an für die Legierung 5 (Legierung AlMg 5), so setzt der Übergang auf einen Schweißstab der Legierung AlSi 5 dagegen die Rissigkeit nicht herab. Der Einfluß der Stablegierung auch auf das Festigkeits- und Schweißrißverhalten muß anschließend daher ausführlicher beschrieben werden.

Das rißfreie Verschweißen der Legierung 6 (Leg. AlMgMn) durch Anwendung eines AlSi 5-Schweißstabes wird jedoch für geringe Dicken von 1,2 mm und kleiner uninteressant, denn im Apparatebau wird für diese Dicken der Bördelstoß angewandt. Die chemische Zusammensetzung der Naht bleibt dann im wesentlichen dem des Blechwerkstoffes gleich, da im allgemeinen ohne oder mengenmäßig mit nur sehr geringem Zusatz der Schweißstablegierung geschweißt wird.

Der Schweißstab als solcher dient dabei wohl, wie es zu beobachten ist, weniger zur Verbindung der Naht als vielmehr zu der manuellen Möglichkeit, die Wärme der Schweißflamme in Verbindung mit der leichten Durchschmelzmöglichkeit des Bleches geringer Dicke durch den Stab richtig dosieren zu können. *Bei Bördelnähten entspricht also die Naht legierungsmäßig dem Blechwerkstoff.* Erwähnt sei, daß das vorliegende ungünstige Verhalten der Legierung AlMgMn vom Verfasser fertigungstechnisch in der serienmäßigen Herstellung von Behältern bestätigt werden konnte.

Bei der Legierung AlMg 5 fiel innerhalb dieser Versuche bei denjenigen Nähten, die mehrfach aufgeschmolzen wurden, der schlechter werdende Schweißfluß auf.

Schlechter Fluß, gekennzeichnet hier durch zähes Verhalten des aufgeschmolzenen Werkstoffes, tritt nach Beobachtung des Verfassers auch dann auf, wenn gashaltige Bleche im Bördelstoß verschweißt werden. Bei der Schweißung wird hierbei die Naht oft nur zugebackt, während die Schmelze selbst, wie der Schweißer sagt, nicht recht fließt. Besondere Schwierigkeiten ergeben sich als Parallele hierzu im praktischen Behälterbau dann, falls eine undichte Stelle der Wandung durch mehrfaches Nachschweißen ausgebessert wurde. Für die Legierung AlMg 5 waren oft bis zu 5 Nachschweißungen notwendig, um den Behälter dort dicht zu erhalten. *Der Werkstoff AlMg 5 wird in der Naht und Nahtnähe dann laufend mit steigender Anzahl Wiederaufschmelzungen anscheinend durch Gasaufnahme schlechter,* zumal Schliffbilder keine Oxydschlieren erkennen ließen. Die Blechoberflächen neben der Naht rauhen sich mit zunehmender Schweißdauer auf. Es entstehen neben der Naht die blasenähnlichen Aufblähungen (Bild 2). Der Gefügebefund läßt für die WEZ dann mehr oder minder starke Porigkeit neben der Naht erkennen.

(8) *Einspannschweißprüfung*

Die schweißrissige Legierung 4 (Legierung AlMgMn) ergab unter den üblichen Prüfbedingungen für Stahlbleche im „Fokke-Wulf"-Gerät (siehe Bild 5, S. 73, Bd. I) völlig rißfreie Proben und dies ebenso für die oft erheblich zur Rißbildung neigende Legierung AlMgSi („Pantal"). Selbst „Pantal" (AlMgSi) ist also im „Fokke-Wulf"-Gerät rißfrei verschweißbar [Lit. *Mäder* (1), *Bleicher* u. a.]. *Die „Fokke-Wulf"-Prüfung in der bisher bekannten Form ist daher für alle prüfbaren Dicken der Aluminiumlegierungen nicht anwendbar.* Ergänzende Legierungsbetrachtung durch Schliffbildbefunde lehrt, daß für Legierung AlMgSi die Primärmischkristalle vollkommen von eutektischer Substanz umhüllt sind, während Eutektikum sich für Legierung AlMg 3 Si nur in den Korndreieckszwickeln befindet.

Um einen Legierungsvergleich für mehrfach nachgeschweißte Nähte zu ermöglichen, wurden versuchsweise von *Erdmann-Jesnitzer* 100×400 mm große Blechabschnitte stumpfgeschweißt und bis zu dreimal (!) durch völliges Aufschmelzen der Naht und neue Raupenlegung nachgeschweißt. Dabei ergab sich:

Der äußere Befund der Nahtausbildung fiel am besten aus für die Legierung 1 (Zahlentafel in Bild 14), etwa gleich für die Legierung 2, jedoch beachtlich schlechter als für die Legierung AlMg 5. Es verwarfen sich alle Schweißungen durch das Nachschweißen besonders stark. Die Bleche der Legierung 1 (~ Leg. AlMg 3Si) aber blieben jedoch auch nach der vierten Schweißung einigermaßen plan. Der Grund liegt darin, daß sich die sonst zur Winkelschrumpfung und Verwerfung führenden Wärmespannungen durch Mg_2Si-haltiges Eutektikum abbauen können.

Wie bereits bei der Aufstellung der verschiedenen Prüfmethoden für Schweißrissigkeit für die Probe 5 erwähnt, ergeben sich zwangsweise mehrfache Aufschmelzungen bei Behältern immer dann, wenn Rund- und Längsnähte sich kreuzen oder T-Stoßstellen entstehen. Dieser Tatsache trug bereits die Probenform nach 5 und 6 Rechnung. Der Blechwerkstoff wird am Stoßpunkt durch die zweimalige Wärmezuführung stärker beansprucht. *Zur Naht hin zunehmend, können dann Poren im Werkstoffinneren auftreten, die sich im Zuge des mehrmaligen Nachschweißens so stark vergrößern, daß sich auch die Oberfläche aufbläht und Blasen zeigt* (Bilder 2 und 9 c). Auch die Naht selbst kann Poren zeigen, falls diese nur so aufgeschmolzen wird, daß zwar die obere Schicht schmilzt, jedoch der Grund fest bleibt oder breiig wird. Dies belegt Bild 2. Das Bild 2 zeigt einen Querschnitt der Einschweißprobe Nr. 4 durch eine nur auf das Blech aufgelegte Schweißraupe, die also das Blech n i c h t voll aufschmolz.

Derartige Poren nehmen zur Naht und zur Blechoberfläche hin an Größe zu. Sie treten jedoch auch auf der Unterseite des nicht voll aufgeschmolzenen, sondern nur anscheinend bis nahezu oder über Solidus erwärmten (Bild 2) Bleches auf. Die einmal erstarrte flüssige Schmelze ist porenfrei, auch wenn diese mehrfach aufgeschmolzen wurde und im Sinne einer Verschweißung lange genug flüssig blieb. Besonders illustrativ ist die Porenbildung zur Naht hin in den Aufnahmen des Bildes 2 zu erkennen. Bild 2 zeigte u. a. das Schliffbild zweier sich kreuzender Nähte, wie sie bei der Kreuznahtrondenprobe Nr. 6 auftreten und dem T-Stoß von Behälterlängs- und Rundnaht entspricht. *Die Poren nehmen wieder zur Naht hin an Größe zu, sind aber auch auf der Unterseite des Bleches zu erkennen, während wieder die einmal erstarrte und ordnungsgemäß aufgeschmolzene Blechseite zum Schweißbrenner hin gesehen porenfrei ist.* Die Rißbildung erfolgte immer *interkristallin* und auf der dem Brenner gegenüberliegenden Seite.

Derartige Nahtaufblähungen ergeben dann neben der eigentlichen Naht streifige Erhebungen, als *Doppelraupen* bezeichnet. *Voßkühler* hat belegt, daß wasserstoffhaltige Blechgebiete zur Doppelraupenbildung auch bereits bei einfacher, einmaliger Verschweißung, also auch bei nur einmaliger Wärmezufuhr, neigen. Falls Anfälligkeit für diese Erscheinung überhaupt besteht, so zeigen von zwei gekreuzten Auftragsraupen nur diejenigen Stellen Doppelraupenbildung, die außerhalb der Kreuzung der Nähte lagen. *Voßkühler* (2) vermutet, daß der schädliche Wasserstoff bei der mit der dem Legen der erstgeschweißten Auftragsraupe eintretenden Rekristallisation entweicht. Seine Ergebnisse decken sich mit der Betriebserfahrung, daß wasserstoffarme Bleche Doppelraupen kaum zeigen, dagegen wasserstoffreiche diese meist erkennen lassen, falls die gefügetechnischen Voraussetzungen (z. B. Korngrenzensubstanz) vorliegen. Wichtig aber ist vor allem, daß der Wasserstoff überhaupt entweichen kann. Dazu muß anscheinend die oxydierte Blechoberfläche durch Flußmittel metallisch blank vorliegen. Die Frage der Wasserstoffwanderungsmöglichkeit wird noch unterschiedlich beantwortet. Während *Smithells* aus Diffusionsversuchen durch Folien aus Reinaluminium zu schließen glaubt, daß der Wasserstoff tatsächlich wandern kann, wird dies von *Baukloh* und Mitarbeitern verneint und durch Versuche belegt. Wie bei allen derartigen Betrachtungen muß zunächst mit Sicherheit zwischen atomarem und molekularem Wasserstoff, d. h. zwischen H und H_2, unterschieden werden. Es ist für Al und Al-Leg. z. Z. noch unklar, ob auch die ionisierte H^+Form im Al-Mkr-Gitter auftreten kann. Daß die Beschaffenheit der Blechoberfläche von ganz hervorstechendem Einfluß auf die Austrittsmöglichkeit des Wasserstoffes ist, belegen zahlreiche Glühversuche auf Blasenbildung hin seitens des Verfassers. Fingerabdrücke, oder wie es auch *Voßkühler* fand, mit Kopierstift aufgeschriebene Zahlen lassen einen Einfluß auf den Grad und das Auftreten von „Wasserstoff (?)-Blasen" erkennen. Auch ist es noch unklar, ob der wesentliche, überschüssige und im Schmelzbad verbliebene Wasserstoff im Al-Mischkristall oder in der eutektischen Korngrenzensubstanz bevorzugt verbleibt. Hierzu seien einige Glühversuche zur Klärung, angewandt für das Gußgefüge der Legierung AlMg 3Si, anschließend beschrieben.

Bei Reparaturstellen müssen gemäß der Blasen im Bild 9c Fehlstellen ausgefräst oder mittels Meißel ausgehauen werden, so daß während der Schweißung jeweils die Schweißstelle gut bis zum Grund hin aufschmelzen kann. Undichte Nähte sind daher mittels geeigneter Werkzeuge (Handfräser) auf Blechdicke abzutragen, bevor die Nachschweißung beginnt.

Die Neigung zur Porenbildung ist für die verschiedenen Legierungen eine unterschiedliche. Die siliziumhaltigen Legierungen neigen stärker zur Porenbildung als die siliziumarmen oder siliziumfreien AlMg-Legierungen, einschließlich Legierung

AlMgMn. So verhält sich Legierung 3 deutlich ungünstiger hinsichtlich auftretender schädlicher Poren als die Legierung AlMg 5. Der aus dieser Zahlentafel ersichtliche geringe Unterschied im Magnesiumgehalt ist hier nicht das wesentliche, sondern es wirkte sich der hohe Siliziumgehalt für die Legierung 5 von 0,78% Si ungünstig aus. Es entsteht, wie einleitend ausgeführt, die Kristallart Mg_2Si, die in ihrer charakteristischen Form auf den Korngrenzen *und* in den Stoßpunkten der Kornzwickel auftritt. Auch die Legierung 1 zeigt noch beachtliche Porigkeit, während diese bei Legierung 2 weniger stark auftritt. Dabei wurden alle die 6 Versuchslegierungen der Zahlentafel in Bild 14 ausreichend schmelztechnisch entgast, so daß der Einfluß unterschiedlichen Gasgehaltes, soweit möglich, ausgeschaltet war.

Da eine gut schweißbare Legierung auch den Erscheinungen bei Reparaturschweißungen gerecht werden muß, ist folglich der Höhe des Siliziumgehaltes in Verbindung mit dem Mg-Gehalt Beobachtung zu schenken. Bei der Nominierung und Einführung der eingangs mit AlMg 3Si bezeichneten Legierung mußte daher der Siliziumgehalt auf einen Sollwert von 0,5 bis 0,7 nach oben hin begrenzt festgelegt und herstellungsseitig nach Möglichkeit an der unteren Si-Grenze gehalten werden. Die Festigkeitssteigerung ist im wesentlichen durch Mangan begründet neben der primären, die Festigkeit erhöhenden Wirkung des Magnesiums, daß man mit 3,2 bis 3,8% Mg möglichst an der unteren Analysensollgrenze hält. Man wählt das Mangan mit 0,3 bis 0,6% Mn an der oberen Grenze. Silizium wirkt zweifellos im Sinne verbesserten Flusses und durch Auftreten des während der Erstarrung plastischen, noch flüssigen Eutektikums im Sinne herabgesetzter Rißgefahr. Der Grundtyp dieser Legierung wurde unabhängig voneinander durch *K. Renner* sowie *H. Mäder* zu etwa der gleichen Zeit in den Legierungen 1 und 3 sowie 2 und 4 geschaffen. Daß damit tatsächlich gegenüber Legierung AlMgMn etwas Neues geschaffen wurde, belegte bereits Bild 16. Für Tieftemperaturbewährung hat *Erdmann-Jesnitzer* (7) dann noch die günstige Erhöhung des Mangangehaltes in AlMg 3 Si ermittelt und durch umfangreiche Erprobungsversuche die gültige Analysensollvorschrift vorgeschlagen, nach der verfahren wird.

Die Auswirkung kleiner Formänderungen oberhalb Solidus zeigt für Legierungen mit unterschiedlicher Menge Eutektikum schematisch Bild 29.

6. *Die Kreuzschweißprüfung*

Beim Gasschmelzschweißen von dünnen Blechen kann also bei Leichtmetall ebenso wie für Stahlbleche, je nach Legierung und deren Schweißbedingungen, Rißbildung *in* oder *neben* der Naht auftreten (Bild 12, Rißart I u. II). Während grobe Risse eine von vornherein erkennbare Schwächung des Querschnittes und somit eine Verringerung der Tragfähigkeit des Konstruktionsteiles darstellen, mißt man aber auch gerade den kleinen Anrissen im Blech (Rißart II) besondere Bedeutung im Hinblick auf die Herabsetzung der Schwingungsfestigkeit bei. Außerdem spielen ja auch kleine Risse betreffs Behälterdichtheit eine Rolle. Die Anfälligkeit zur Rißbildung wird bei Stahl nach *Müller* (s. Bild 5, S. 73, Bd. I) u. a. mit Erfolg durch die bereits erwähnte sogenannte „Fokke-Wulf"-Einspannschweißprüfung ermittelt. *Diese Prüfung erwies sich bei Stahl als geeignet zur Werkstoffauswahl und Entwicklung, versagt jedoch für Leichtmetalle.*

Die Kreuzschweißprobe wird auch bei Stahl, allerdings mit anderen Probenabmessungen, durchgeführt. Zur Ausführung der Kreuzschweißprüfung werden die zwei Blechstreifen meist gleicher Dicke und Abmessung rechtwinklig über Kreuz gelegt und gemäß Bild 17 je Prüfumfang durchgehend und in vorher festzulegender Reihenfolge derart verschweißt, daß in der Mitte das Quadrat entsteht. Bei Rißanfälligkeit reißt das Blech in oder neben der Naht in Nahtrichtung ein. Die Summe aller Rißlängen, dividiert durch die Gesamtnahtlänge mal 100, gibt den Schweißrissigkeitsgrad η in %. Dies zeigt schematisch das Bild 17. Das Wesentliche aber ist, daß vorwiegend die gefährliche Rißart II auftreten kann. Es darf jedoch keine Winkelschrumpfung auftreten. Tritt die Rißart I auf, so leitet diese Rißart eine Rißbildung unterhalb der „Auftragsraupe" im Blech ein, die identisch ist mit der Rißart II. Die Kreuzschweißprüfung ist also recht umfassend.

Erdmann-Jesnitzer hat die Probengröße nach Vorversuchen und in Anlehnung an andere Veröffentlichungen [Lit. *Mäder* (1)] genauer untersucht, während *Mäder* (1) (7) mit den konstanten Probenabmessungen 50 × 150 mm und ~ 1 mm Dicke einen Vergleich verschieden zusammengesetzter Legierungen durchführte. Aber auch *Mäder* (2) hat verschiedene Probenmaße und insbesondere verschiedene Schweißnahtfolgen auf den Rißgrad hin untersucht. Die *Schweißfolge* ist nach *Mäder* (s. auch Bild 17) nicht von entscheidendem Einfluß auf den η-Schweißrissigkeitsgrad, sondern der der Probengröße überwiegt, was beides vom Verfasser bestätigt werden konnte. *Mäder* gibt jedoch in seinen Abhandlungen keinen Streugrad der η-Werte an. Die Angabe eines bestimmten Schweißrissigkeitswertes soll nach ihm für verschiedene Beobachter reproduzierbar sein. Die nachfolgenden Ausführungen müssen diese Auffassung leider zuungunsten der Kreuzschweißprobe ganz wesentlich einschränken.

Die Kreuzschweißprobenform und deren Ausführung ist bis heute noch nicht einheitlich festgelegt. Genaue Untersuchungen unter besonderer Berücksichtigung des Blechdickeneinflusses bei Angabe des Streugrades, auch im Hinblick auf die reproduzierbare Gleichheit der an verschiedenen Stellen ermittelten Werte, erscheinen wichtig, da den Fragen der Vermeidung von Schweißrissen allgemein zunehmende Beachtung geschenkt wird. *Die Kreuzschweißprobe wird trotz unserer noch mangelnden Kenntnis von Mäder, Renner sowie Erdmann-Jesnitzer u. a. als prüftechnisch anwendbar befunden.* Sie diente bereits öfter als Maßstab zur Legierungsqualifizierung und hat sich dafür bewährt. Die durch die heute bedingte Schrottaufarbeitung nicht ausbleibenden Unter- und Überschreitungen der chemischen Analyse eines Werkstoffes können mittels der Kreuzschweißprobe in ihren schweißtechnischen Auswirkungen zumindest qualitativ erfaßt und sollten hierfür angewandt werden.

Prüfmethode mittels Kreuzschweißprobe. Die folgenden Ausführungen beschränken sich vorerst nur auf die *Prüfmethodik der Kreuzschweißprüfung.*

Angewendet wird für die Kreuzschweißprobe meist die Sauerstoff-Azetylenschweißung, wobei Werkstoff mit Werkstoff verschweißt wird. Die vorher mit Natronlauge gebeizten Bleche werden zusätzlich vorher gebürstet. Als Flußmittel kann „Firinit Magna 41"*) für AlMg-Legierungen oder diesen flußmittelmäßig entsprechenden Legierungen dienen. Da nach *Mäder* die Schweißfolge *ohne* nennenswerten Einfluß ist, wird diese zweckmäßig gemäß dem in Bild 17 angegebenen Schema eingehalten.

Erdmann-Jesnitzer (2) ermittelte im Hinblick auf den Grad der Schweißrissigkeit die folgenden Einflußfaktoren:

Blechdicke;

Größe und Abmessung der Kreuzschweißprobe (Schenkelbreite sowie überstehende Schenkellänge)*;*

Subjektiver Einfluß.

*) Flußmittel der Firma „Dr. Leopold Rostosky", Berlin-Charlottenburg und Goslar/Harz, entsprechend gleichwertige Sorte ist „Autogal, Firma Griesheim-Autogen", wobei die spezifische Sorte zu bestellen ist.

Die Schenkelbreiten betrugen jeweils 50, 75 und 100 mm, die überstehende Schenkellänge bei der einen Versuchsreihe 50 mm, bei der anderen 100 mm.

Für die Legierung 3 (siehe Zahlentafel Bild 14) wurden zur Klärung des subjektiven Einflusses noch die folgenden Abmessungen geprüft:

Blechbreiten von 50 und 75 mm für die Schenkellängen von 50, 100 und 150 mm sowie Blechbreiten von 25 und 100 mm für die Schenkellängen von 50 und 100 mm.

Die Erfahrung lehrt nämlich, daß man auch einen Vergleich des Schweißrissigkeitsgrades für Proben durchführen muß, die von *verschiedenen Schweißern* unter sonst gleichen äußeren Bedingungen am gleichen Tage verschweißt werden. Eine „meßtechnisch reproduzierbare" Prüfung auf die Anfälligkeit auf Schweißrisse hin müßte frei von subjektiven Einflüssen sein.

Interessant ist ferner der Einfluß des Gasgehaltes von Versuchsblechen auf den Rissigkeitsgrad η in % sowie weiter der Einfluß der Grobkörnigkeit der Bleche auf den Rissigkeitsgrad.

Der Einfluß der Blechdicke ergibt sich aus dem Bild 16, in dem der Schweißrissigkeitsgrad samt Streubereich für die sieben Blechsorten der Zahlentafel Bild 14 verschiedener Dicke dargestellt ist. Dem Ergebnis liegen etwa 1200 und zuzüglich noch etwa 300 Vorversuche zugrunde.

Für 0,5 mm Blechdicke weicht das Blech während der Wärmezufuhr aus. Es wölbt sich die Kante. Beide Blechstreifen klaffen dann auseinander. Uneinheitliche Brennerführung und schlechtes Verschweißen fälschen für diese geringe Blechdicke daher den Rissigkeitsgrad η, der nach Bild 14 in erheblichem Maße durch die Blechdicke bestimmt ist. Aber auch zu große Dicken (s > 3 mm) sind nicht ohne weiteres prüfbar, da die Winkelschrumpfung die bei der Prüfung auftretenden Spannungen abbaut. Die Schenkel zeigen Winkelschrumpfung. Für die Legierungen der Gattungen AlMg 3 (Legierung 3), AlMgMn, AlMg 5 und AlMg 7 nimmt der Wert η mit abnehmender Blechdicke zu. *Prüftechnisch ist damit die Erfahrung belegt, wonach sich dünne Bleche von z. B. 1 mm der normalen technischen Aluminium-Magnesium-Legierungen schwieriger rißfrei verschweißen lassen als dickere.*

Eine Ausnahme macht die Legierung 1 (!) (Legierung AlMg 3Si entsprechend der einstmaligen Legierung AlMg 35). *Die Legierung AlMg3Si ist in Dicken von 0,5, 1,5 und 2,5 mm rißfrei verschweißbar, wogegen AlMg 5 und AlMgMn (in den Blechdicken von 0,5 bis etwa 2,0 mm) versagen können.* Besonders in größeren Dicken aber ist Legierung AlMgMn der Legierung AlMg 3Si wieder überlegen. Die Bewährung in der Praxis und das aus Bild 16 statistisch zu wertende Ergebnis aus vorliegenden Kreuzschweißprüfungen decken sich folglich.

Es ist daher nicht richtig, aus Kreuzschweißproben mit festgelegter Blechdicke (z. B. 1 mm, wie von Mäder empfohlen) generell auf die Schweißeignung und Rißanfälligkeit zu schließen. Man muß bei Aluminium-Magnesiumblechen die Schweißeignung in Verbindung mit der Blechdicke angeben.

Mit großer Wahrscheinlichkeit, zwar noch nicht so eingehend wie für die AlMg-Legierungen überprüft, aber aus der Praxis heraus bekannt, gilt dieses Ergebnis ganz allgemein für Feinbleche aus AlMg-Legierungen. Ähnliches wurde ja auch für Stahlbleche gefunden. Es kann z. B. ein Chrom-Mangan-Vanadium-Stahl in der „Fokke-Wulff"-Einspannschweißprüfung mit 0,26% C, 1,16% Mn, 0,028% P, 0,68% Cr und 0,26% V je nach der Höhe des Schwefelgehaltes und je nach Dicke unterschiedlich stark rissig ausfallen (verschiedene Abwalzgrade mit anschließender normalisierender Glühung für 0,3, 0,6, 1,0 und 1,5 mm Blechdicke). Es tritt die bekannte Rißbildung neben und parallel der Naht auf (Rißart II), wie es gemeinsam mit *Eisenkolb* durchgeführte Versuche ergaben (Bild 7 u. 8, S. 75). Für die erwähnten Dicken können Risse auftreten, während sich 2-mm- und dickere Bleche bereits rißfrei verschweißen lassen. Es liegt die Rißbildung auf der Seite des 1-mm-Bleches, falls man dieses mit einem 2 mm dicken Blech, wie angenommen, autogen verschweißt. Auch diese beiden Feststellungen decken sich mit der Betriebserfahrung, wonach miteinander verschweißte ungleiche Wanddicken Schweißrissigkeit im Blech geringerer Dicke ergeben können.

Probenabmessungen. Betreffend *Probengröße* und *Streugrad* erscheint für die Leichtmetalle der Grad der Streuung von Kreuzschweißproben je Legierung unterschiedlich auszufallen. Er ist mit dieser wechselnd abhängig von der Größe der Blechdicke. Deutlich zeigt dies die Versuchslegierung 1 in Bild 16. Der große Streubereich aller Legierungen läßt einen Einfluß der Schenkellänge und Blechbreite auf den Streugrad nicht eindeutig erkennen. Die Rißbildung steigt mit der Zunahme der Blechbreiten an, während die untersuchten Schenkellängen diese nur geringfügig beeinflussen.

7. *Subjektive Einflüsse*

Das interessanteste Ergebnis ist aber zweifellos der *subjektive Einfluß auf die Rissigkeit.* Die Streuung der Rissigkeitswerte wird nämlich geringer, wenn man nur η-Werte berücksichtigt, die während nur *eines* Tages anfielen. Bei einem Großversuch ergeben sich beachtliche Unterschiede für an verschiedenen Tagen unter sonst völlig gleichartigen Bedingungen verschweißte Proben. *Man kann z. B. für die Legierung 3 schweißrissige und auch völlig rißfreie Proben erhalten. Diese Unterschiede waren mit Sicherheit nicht auf die mitgemessene Tagestemperatur zurückzuführen, obwohl die Praxis lehrt, daß winterlich kalte Hallentemperaturen beim Behälterbau die Rißbildung ungünstig beeinflussen.*

Zur Klärung der Streuung im Bild 16 wurden 1,5 mm dicke Proben der Legierung 3 unter Gleichhaltung aller äußeren Bedingungen, wie die der Legierung, des Schweißdrahtes, der Gasart, des Gasdrucks, der Brennergröße, des Flußmittels, der Abkühlungsbedingungen, der Anwärm- und Schweißdauer, der gleichen Probenentnahme im gleichen Ausgangsblech usw., an einem zweiten Ort, aber von einem anderen einwandfrei arbeitenden langjährigen Leichtmetallschweißer angefertigt. Der Probenumfang wurde dafür sowohl in bezug auf die Schenkellänge und Schenkelbreite als auch auf die Anzahl untersuchter Proben wesentlich erweitert. Dabei ergaben sich praktisch rißfreie Proben mit dem $\eta = 0{,}70$ gegenüber $\eta = 16\,\%$ bei der ersten Schweißung. Diese Feststellung steht im Gegensatz zu der Auffassung vieler Stellen, wonach Kreuzschweißproben ganz generell reproduzierbare Ergebnisse erkennen lassen, und belegt eindeutig den *subjektiven Einfluß, den man für alle Leichtmetallsorten als vorherrschend annehmen muß.*

Ein deutliches Bild des subjektiven Einflusses ermittelte auch ein Großzahlversuch. Läßt man nämlich eine größere Anzahl von Schweißproben anfertigen, so zeigen normal geschweißte Stumpfnähte Festigkeitswerte, die hinsichtlich der Streckgrenze und manchmal auch Zugfestigkeit (bei gleichbleibender Nahtausbildung ohne Kerbeinflüsse) mit relativ geringer Streuung anfallen. *Dagegen zeigt die Dehnung eine wesentlich größere Streuung.* Diese ist daher als Meßwertkontrolle für subjektive Einflüsse gut geeignet. 250 Stück hierzu stumpfgeschweißter Proben, je 2 Stück 200×300 mm große Blechstreifen, wurden in jeweils 1 bis 3 mm Dicke mittels Längsnaht autogen verschweißt. Es wurden die mechanischen Festigkeitswerte und der Schweißrissigkeitsgrad η von Kreuzschweißproben (Schenkelbreite 50 mm, Schenkellänge 75 mm, d. h. je zwei Bleche 50×200 mm) ermittelt. 30 Stück der Proben innerhalb der großen Versuchsreihe mit Nr. 1 bis 250, und zwar nur die Probenummern 100 bis 130, wurden nun unter *Auswechselung des Schweißers* verschweißt.

Der subjektive Einfluß war unverkennbar. Zwar blieb die Streckgrenze innerhalb des Streubereiches der Festigkeitswerte relativ unbeeinflußt. Ein deutlicher Einfluß des Schweißerwechsels trat aber für die Zugfestigkeit (Grund: z. B. Einbrandkerben), die Dehnung (Grund: Brennerführung, unterschiedliche Wärmeeinwirkungsdauer durch verschiedene Schweißgeschwindigkeit) sowie für die Schweißrissigkeit η auf. Die

η-Werte verschlechterten sich. Es nahmen Zugfestigkeit und Dehnung im Gebiet der Proben Nr. 100 bis 130 ab, die Schweißrissigkeit nahm zu.

Dieses Ergebnis, das von verschiedenen Stellen bestätigt worden ist, zeigt, daß die mechanischen Gütewerte von Aluminium-Magnesiumschweißungen, und da diese noch gut schweißbar sind, ganz allgemein für Leichtmetalle geltend in starkem Maße durch die Eigenart des Schweißers bestimmt werden. Sie belegen allein für die einfache Stumpfnaht, bei der Schweißrissigkeit betrieblich vermeidbar ist, daß der subjektive, bei Kreuzschweißproben erfahrungsgemäß noch deutlicher auftretende Einfluß durch den Schweißer überwiegend mit in den Rissigkeitsgrad η eingeht.

Daraus ergibt sich das Folgende:

Der Wert des Schweißrissigkeitsgrades von Kreuzschweißproben ist daher nicht mit Sicherheit reproduzierbar. Es können die Schweißergebnisse zweier verschiedener Stellen *nicht* quantitativ miteinander verglichen werden. *Ein qualitativer Vergleich läßt sich annähernd nur so führen, daß die verschiedenen Legierungen von einem Schweißer im Wechsel verschweißt werden, wobei der subjektive Einfluß für artähnliche Blechsorten herabgesetzt wird, was bislang nicht beachtet wurde.* Außerdem muß sich der Schweißer vorher durch mindestens fünf Vorproben eingeschweißt haben und darf keine Unterbrechung und Störung erfahren.

Die Ergebnisse der Kreuzschweißprüfung sind, wie die Kurven (Bild 16) zeigen, also erheblichen Streuungen unterworfen. *Auch eine Gegenüberstellung der Rissigkeitswerte verschiedener Legierungen mit dem Zweck eines quantitativen Vergleichs darf aus Kreuzschweißprüfungen, wie es vereinzelt durchgeführt wurde, nicht erfolgen.*

Schweißrissigkeit und Gasgehalt. Um den *Einfluß des Gasgehaltes* zu ermitteln, wurde vom Verfasser weiter versucht, bei gleicher Probengröße und Blechdicke sowie bei gleicher Legierungscharge (!) die Streu- und η-Werte in Verbindung mit möglicherweise unterschiedlichem Gasgehalt der Bleche zu bringen. Dies geschah in der Annahme, daß im angelieferten Blech Unterschiede im Wasserstoffgehalt vorlagen. Ein eindeutiges Ergebnis konnte jedoch nicht ermittelt werden. *Der Gasgehalt geht jedenfalls nicht vorherrschend in den Streugrad der Schweißrissigkeitswerte von Kreuzschweißproben ein.* Erwähnt sei hier nochmals der von *Voßkühler* (2) ermittelte Zusammenhang und ungünstige Einfluß des *Wasserstoffgehaltes auf die Doppelraupenbildung*. Hierfür ist erhöhter Wasserstoffgehalt schädigend. Das Ergebnis ändert sich, falls man Mehrfacherwärmungen vorzulegen hat, wie sie für Instandsetzungsschweißungen auftreten.

Vom Verfasser wurde für eine derartige Überprüfung auf Gaseinfluß hin von zwei Halbzeugwerken 1,5 mm dicke Bleche der Legierungsgattung AlMg3Si mit absichtlich hohen, mittleren und niedrigen Gasgehalten (durch verschieden starke Schmelzenentgasung hergestellt) angefordert und die Bleche schweißtechnisch überprüft. Ob der Gasgehalt im Blech tatsächlich unterschiedlich groß war, wurde nicht kontrolliert und kann anscheinend zur Zeit noch nicht genau angegeben werden, da die quantitative Wasserstoffbestimmung besonders zu geringen Blechdicken hin ($s \leqq 4$ mm) erschwert ist. Es soll dafür der Oberflächeneinfluß noch zu stark und unkontrollierbar mitwirken.

Immer wieder betreffs Schweißrissigkeit im ungünstigsten Sinn wird *Grobkörnigkeit* angesehen. Um den Einfluß der Körnigkeit zu überprüfen, wurde für stark grobkörnige, bei der Verarbeitung durch Tiefziehen zu Böden bereits durch eine narbige Oberfläche gekennzeichnete Bleche mit 1,5 mm Dicke der Legierung 3 (AlMg3Si) Kreuzschweißproben ausgeführt und gefunden, daß *die grobkörnigen Blechproben (Legierung AlMg 3Si) kaum schweißrissiger waren.* Der Riß verlief für diese immer sägeförmig und als Warmriß interkristallin den Korngrenzen folgend. Eine praktische Erprobung an fertigen Behältern zeigte hinsichtlich Schweißrissen außerdem bislang keine Anstände für eine große Anzahl verschweißter Rundnähte von grobkörnigen Böden mit ~ 200 mm ⌀.

Ergänzend sei hier erwähnt, daß es hinsichtlich der Herabsetzung der Rißneigung ratsam erscheint, die Vorteile eines feinkörnigen Schweißgutes auszunutzen. Erreicht wird dies durch Titanzusätze von 0,1 bis 0,15% z. B. für den Schweißdraht der Legierung AlMg 3 Si nach Untersuchungen des Verfassers und *Briese* sowie nach *Haase* für Aluminium mit 0,03% Ti. Die Kenntnisse kornverfeinernder Spurenelemente und deren bewußtes Zulegieren sind keinesfalls bereits für alle Elemente und ihre Auswirkungen vorhanden.

Dem legierten Blech selbst wird man keine extreme Feinkörnigkeit zulegen (!), da bei Böden sonst die bekannte Grobkornbildung weichgeglühter Bleche nach kritischer Verformung auftreten kann. Man muß bei den Leichtmetallen, d. h. beim Blech, möglichst von einem tiefziehfähigen mittelgroßen Korn ausgehen.

Einfluß der Stablegierung für Kreuzschweißprüfungen. Verschweißt man die Legierungen AlMgMn und AlMg 5 nicht mit einem artgleichen, sondern mit einem stark siliziumhaltigen Al-Zusatzdraht, so läßt sich die starke Rißbildung der großen Kreuzschweißprobe mit den Abmessungen 2 × 100 × 300 mm Blechzuschnitt für Legierung AlMgMn mit einem mittleren η-Wert von etwa 58% auf $\eta = 12\%$ (Mittelwert) bei Verwendung von AlSi 5-Draht und auf $\eta = 10\%$ (Mittelwert) für den AlMg3Si-Zusatzdraht herabsetzen. Man muß aber beachten, daß der gleiche Si-haltige Draht, angewandt für die normale Legierung AlMg 5, jedoch eine Rißzunahme (!) um etwa $\eta = 15\%$ ergibt.

Entsprechend gut verschweißbar ist, wie anzunehmen, wieder die Versuchslegierung 3 mit geringster Rißneigung durch erhöhten Si-Gehalt mit ~ 3% Mg.

Die Schweißrissigkeit verschwindet schließlich zu geringeren Blechbreiten hin (Bild 16, erste Kolonne) und läßt sich gänzlich vermeiden. Also auch bei der Kreuzschweißprobe ist der Einfluß der chemischen Zusammensetzung auf den Rißgrad η unverkennbar. Und wiederum ist es also für diese AlMg-Legierung der ersten Spalte in Bild 16 das Silizium, das rißmindernd sich auswirkt.

Die Rißbildung erfolgt oft unmittelbar im Übergang von der Naht zum Blech (Rißart II). An dieser Stelle wird das Blech von der Flamme nur angeschmolzen. Es vermischt sich der Blechgrundwerkstoff dabei mit der flüssigen Schweißstablegierung. Ist nun der Schweißstab selbst siliziumhaltig, so nimmt das Grundblech an dieser Nahtübergangsstelle Silizium aus dem Schweißgut auf. Die Rißanfälligkeit der Blechlegierung AlMgMn wird durch diese Siliziumaufnahme verringert. *Man erreicht dabei also das gleiche wie bei den Versuchslegierungen 1 bis 3, d. h. für diejenigen, die den notwendigen Siliziumgehalt schon in der Blechlegierung aufweisen.* Die Auflegierung der AlMg 5-Bleche durch Silizium über den AlSi 5-Schweißstab und die dabei auftretende ungünstige Zunahme der Rißanfälligkeit bestätigt Ergebnisse anderer Arbeiten von *Mäder* (7) sowie *Erdmann-Jesnitzer* (5 u. 2). Es kommt also auch hier zum Ausdruck, daß der Dosierung des Siliziumgehaltes in Verbindung mit dem vorhandenen Magnesiumgehalt hinsichtlich der schweißtechnischen Vervollkommnung der Aluminium-Magnesium-Legierungen d i e ausschlaggebende Bedeutung zukommt. Aber erst das gleichzeitige Abstimmen des Mangangehaltes ergibt dann das für geringe Blechdicken gesamte günstige Verhalten auch betreffend der Festigkeitswerte der Legierung 1 mit relativ guten Streckgrenzen- und Dehnungswerten.

Bei großem Rißgrad η für geringe Blechdicken (große Kreuzschweißprobenabmessungen) läßt die Legierung AlMgMn (in Parallelversuchen reproduziert) bereits erkennen, daß ab s ~ 2 mm Blechdicke zu größeren Dicken eine beachtliche Verringerung, zu geringeren Dicken jedoch eine erhebliche Vergrößerung der Rißanfälligkeit eintritt. Während gefügemäßig bei geringen Blechdicken sich das Eutektikum aus Aluminiummischkristallen günstig auswirkt (Spannungsausgleich in der Wärme), ergab die Beobachtung früherer Fehlstellen vorgewärmter und geschweißter dickwandiger AlMgMn-Gefäße (10 bis 12 mm Blechdicke und mehr) neben der Naht Rißbildungsmöglichkeit gerade durch die Anwesenheit der Mg2Si-Kristalle. Es traten innere Trennungen nach länger andauernden Wärmeeinwirkungen auf.

Auch die Rißbildungen von Kreuzschweißproben erfolgen als Warmrisse durchweg interkristallin. Dies gilt auch für Reinaluminiumbleche. Einen im Betrieb aufgetretenen Riß neben der Naht mit Blasenbildung durch Wärmeeinwirkung zeigte Bild 9c für die Legierung AlMg 3 Si. Der Vergleich des interkristallin entlang den Korngrenzen verlaufenden Risses (vgl. Bild 4 sowie die Rißlage in Bild 18a und b)

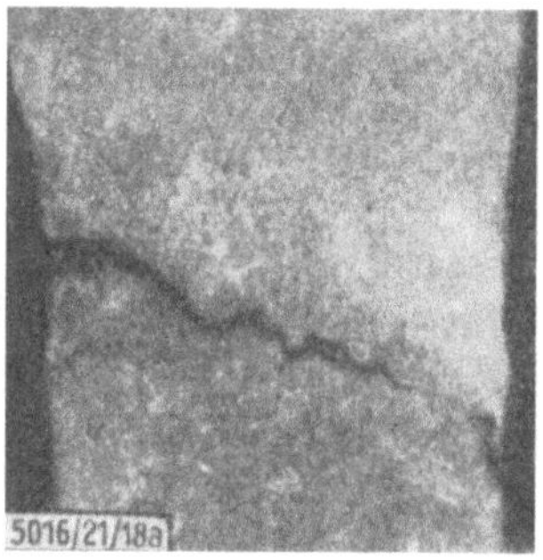

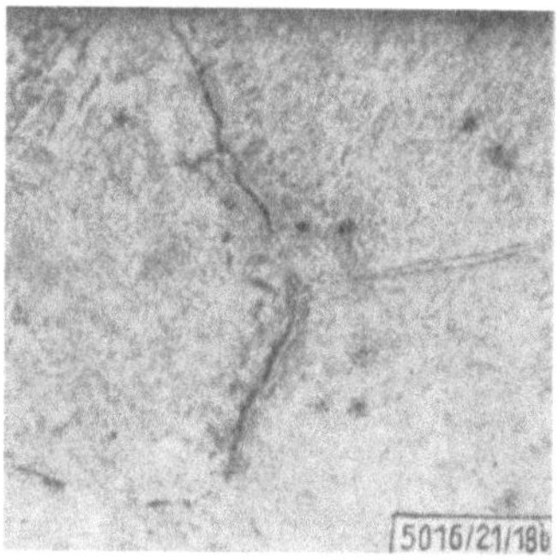

Bild 18a und b. Korngrenzenwarmriß eines niedrig gekohlten mangan-vanadinhaltigen Baustahles geringer Blechdicke nach Schweißung im „Fokke-Wulf"-Gerät, der an Stellen des Fe-Fe S-Eutektikums auftritt

a) Makroätzung V = 20 × b) mit 1%iger HNO_3 geätzt V = 100 ×

Bemerkung: 18a. Sek. Sprengdruckwirkung $2H \longrightarrow H_2$ 18b. Initialvorgang

zeigt für Stahl und die vorliegenden Leichtmetalle Ähnlichkeit. Der Stahl hat das Eutektikum aus Eisen-Eisensulfid und die siliziumhaltigen Aluminium-Magnesium-Legierungen das Eutektikum aus Aluminium, AlMg 2 Si und ternären Kristallarten. Es ist also recht aufschlußreich, daß für Feinbleche von niedriglegiertem Stahl, Al-Legierungen und, wie es *Bulian* u. *Fahrenhorst* (3) für die Mg-Legierungen ermittelte, hinsichtlich der interkristallin verlaufenden Warmrissigkeit Ähnlichkeit besteht, wenn sich auch quantitativ Unterschiede ergeben. Analoge Verhältnisse liegen bei Kupferlegierungen vor.

Vorstehend ist die Versuchsmethodik, schweißrißfreie Legierungen zu entwickeln, für Feinbleche sehr eingehend beschrieben. Analoges gilt für Grobbleche. Es scheint also aus der Erfahrung heraus erkannt nützlich, *planmäßig zu entwickeln, wozu Schweißbarkeitsprüfungen spezieller Art unumgänglich sein werden,* die gegebenenfalls noch verbessert werden müssen. Es wird vorgeschlagen eine analoge oder ähnliche Methodik auch anderen NE-Metall-Legierungen entwicklungsseitig zugrunde zu legen. —

Bevor auf die Theorie der Schweißrissigkeit eingegangen wird, sei kurz zur Wechselwirkung Gas = Schweißrissigkeit berichtet.

8. *Bemerkungen zur Wechselwirkung Silizium / Wasserstoff — Schweißrissigkeit*

Die Schweißrissigkeit, d. h. Rißbildung parallel und unmittelbar neben der Naht liegend, besonders deutlich bei Gasschweißungen von Feinblechen, zeigt in der Rißbildung bei Stahlfeinblechen bemerkenswerte Übereinstimmungen zu Leichtmetall-Feinblechschweißungen. In den letzten 10 Jahren, vorwiegend auf amerikanischen Untersuchungen fußend, wurde ein unmittelbarer *Einfluß des Wasserstoffes* derart bei Stahl vermutet, daß in der Schmelze und im Gitter atomar und überschüssig gelöster Wasserstoff in Korngrenzen-Warmbruchgebieten, d. h. in den dort entstehenden inneren Hohlräumen unter hoher innerer Gasdruckwirkung molekular rekombiniert ($2H \rightarrow H_2$). Für C-Stahl gilt, daß die γ-Modifikation des Eisens etwa 2,1fach mehr Wasserstoff lösen kann als die nach der Abkühlung schließlich bei RT vorliegende α-Fe-Phase. Dieser Löslichkeitssprung ($\gamma \rightarrow \alpha$) fördert den Austritt zu vorhandenen Oberflächen hin, d. h. äußere wie innere. Man nimmt also an, daß in und neben der Naht bei C-Stahl bereits vom Schmelz- bzw. Erwärmungsprozeß (Gas- ebenso wie Lichtbogenschweißung), gegebenenfalls auch vom Beizen her überschüssiger, atomarer Wasserstoff durch die erwähnte Rekombination zu molekularem Wasserstoff eine zusätzlich und zur Schrumpfspannung wesentliche Sprengwirkung und die damit eigentliche Ursache für den durchweg bei Feinblechen zu den äußeren Oberflächen des Grundwerkstoffes hin „durchschlagenden" Risse darstellt. Verwendet man austenitisches Schweißgut (γ-Eisen), so tritt diese Rißbildung, so nimmt man an, deshalb trotz Nahtüberhöhung nicht auf, weil dann das γ-Fe-Schweißgut genügend lösefähig ist für Wasserstoff, so daß dessen rißfördernder Einfluß neben der Naht entfällt. Danach stellt der Korngrenzenwarmriß, verursacht durch die auftretenden Schrumpfspannungen unter Voraussetzung unzulässig hoher und warmrißfördernder schädlicher Schwefelgehalte, nur die *Initialbedingung* dar. Erst die Überlagerung der Schrumpfspannung durch die innere Spreng-Druckwirkung führt dann zum eigentlichen Bruch oder Riß. So ist auch verständlich, daß die Höhe des Kohlenstoffgehaltes ebenfalls deshalb die Rißbildung mitbestimmt, weil mit diesem die Sprödbruchneigung zunimmt. Die beiden Faktoren *Trennbruchempfindlichkeit* (Schwefeleinfluß durch niedrig schmelzendes Fe-FeS Eutektikum; Einfluß der konstruktiven Gestaltung im Sinne ungünstig wirkender Schrumpfspannungen durch „starre" Konstruktion und Nahtlagen sowie mehrachsiger Spannungszustand) sowie *Sprödbruchneigung* (ansteigend mit zunehmendem C-Gehalt sowie bedingt durch ungeeignete metallurgische Herstellung) müssen daher für schweißrißanfällige Bleche erweitert werden, um den sekundären, dann aber oft ausschlaggebenden Einfluß des Wasserstoffes zu erklären. Zusammenfassend referierte hierüber *Zeyen* (2).

Ein wenig beachteter Einfluß ergibt sich durch das *Silizium*. In zahlreichen Untersuchungen an C-Stählen unterschiedlichen Siliziumgehaltes, die mittels kathodisch erzeugten Wasserstoffes und arsenhaltigen Spezialelektrolyten durchgeführt wurden und bei denen die Diffusion, Absorption sowie Desorption gemessen wurden, fanden *Erdmann-Jesnitzer (9) (10) und Mitarbeiter* eine deutliche Wechselwirkung zwischen Silizium und Wasserstoff, auf die auch *Mannchen* auf Grund von Betriebsbeobachtungen für die Mg-Leichtmetalle mehrfach mündlich hinwies. *Mannchen* sieht auch in der Wechselwirkung Si-H einen der wesentlichen Faktoren für die Siluminveredelung mit eintretender extremer Kornfeinheit. Es ist also eine unmittelbare Wechselwirkung nachgewiesen für Stahlgefüge mit vorwiegend α-Fe. Welcher Art diese chemisch ist, kann wohl noch nicht angegeben werden, jedoch lassen sich Erscheinungen der unterschiedlich stark auftretenden Schweißrissigkeit beim Verschweißen von Paarungen Elektrode – Grundwerkstoff — mit wechselnden Herstellungsbedingungen, d. h. beruhigt – unberuhigt — (wobei Si-Beruhigung und nicht etwa solche mit Al zugrunde gelegt wurde) klären, falls man gleichfalls beachtet, a u f w e l c h e m W e g d e r W a s s e r s t o f f i n d a s S c h w e i ß g u t o d e r d e n G r u n d w e r k s t o f f gelangte. Für Stahl scheint also erwiesen, daß das Element Silizium in der Lage ist, Wasserstoff „abzubinden".*) Dabei muß man wohl verschiedene Formen des Wasserstoffes im Gefüge annehmen, d. h. molekularen (H_2), atomaren (H) sowie ionisierten (H^+). So wird nur letztgenannter sich bei Si-H auswirken, wobei es heute noch nicht angegeben werden kann, wie das Mengenverhältnis $H_2/H/H^+$ in Abhängigkeit von z. B. der Temperatur und den zugesetzten Elementen anzunehmen ist. Insgesamt gesehen befindet sich das Studium der Wechselwirkung Wasserstoff – Stahlgefüge z. Z. noch im Fluß, und erste funktionelle Abhängigkeiten zum Werkstoffzustand (elastische sowie elastisch-plastische Gitterverformung, C sowie Si und auch Al-Einfluß, d. h. Elemente, die in der Lage sind, Elektronen leicht abzugeben (s. Fußnote), Einfluß des Gefüges (Ferrit – globularer Zementit, Ferrit – Perlit; Zwischenstufengefüge Martensit) sowie der Legierungskomponenten einschließlich der ungewollten Spurenelemente auf das Gefüge und damit mittelbar auf Wasserstoff konnten ermittelt werden.

Es ist festzustellen, daß z. Z. analoge Ergebnisse für den festen Zustand der Leichtmetalle noch nicht in diesem Umfang vorliegen. Zur Frage *Wasserstoff in Leichtmetallschmelzen* dagegen liegen eine Reihe von Untersuchungsergebnissen vor, über die zusammenfassend im vorliegenden Buch *Kostron* † berichtet (s. Seite 1467 ff.). Von *Erdmann-Jesnitzer* (11) ist angenommen worden, daß einige Ergebnisse vom Stahl her auf die Al-Leichtmetalle, d. h. z. B. auf AlMg-Legierungen übertragbar sind, was den Wasserstoff und die Schweißrissigkeit bei Gasschweißungen von Feinblechen anbelangt. So tritt Rissigkeit neben der Naht von AlMg-Feinblechen dann nicht auf, wenn die Legierung AlSi 5 als Zusatzdraht verwendet wird (Lit. *Erdmann-Jesnitzer* (4), *Mäder* (1) (7) sowie *Koch* und *Nagel* und viele andere). Legt man eine chemische Wechselwirkung Wasserstoff – Silizium analog dem α-Eisen auch für die Legierungen AlMg zugrunde, so würde der Wasserstoff durch das Silizium im Schweißgut „abgebunden". Das wäre hinsichtlich Vermeidung von Rißbildung neben der Naht analog der beschriebenen Wirkung der größeren Löslichkeit des γ-Fe für Wasserstoff bei austenitischem Schweißgut. Interessant ist es, daran zu erinnern, daß das Aufblähen nach Glühungen nahe und unterhalb Solidus, wie es bereits erwähnt wurde, z. B. für die Legierung AlMgMn durchweg seinen Ausgang von Gefügestellen mit Al – Mg_2Si – Eutektikum, d. h. vorwiegend von Mg_2Si ausgehend nimmt. Dort scheint Wasserstoff molekular rekombiniert sich am ehesten auszuwirken, wobei ein weiteres Hinzudiffundieren aus den angrenzenden α-Al-Mischkristallen angenommen werden könnte.

---

*) Der Begriff „abbinden" ist hier sehr weit gefaßt. Alle Fragen des Einflusses von Legierungselementen in Metallgittern auf die Größe der Gas- z. B. Wasserstofflöslichkeit sind heute nach Ansätzen von *Himmler* u. *Wagner* wohl exakt nur über elektronentheoretische Betrachtungen durchführbar. *Himmler* vertritt die Ansicht, daß Wasserstoff im Eisengitter normalerweise als H+, d. h. als Proton vorliegt und das frei werdende Elektron in das 3d-Niveau des Eisenatoms eingebaut wird. Man könnte dafür den Begriff „Chemie-Absorption" einführen. Legiert man Elemente, wie Silizium dazu, die in der Lage sind, gut Elektronen abzugeben, so füllen diese die Schale auf und Wasserstoff verbleibt atomar. Die durch atomaren Wasserstoff auftretende Dilatation ist dann die Triebkraft entgegen der normalerweise eintretenden statistischen Verteilung von Fremdatomen im Eisengitter, die zum Austritt zu Oberflächen (innere wie äußere) hin führt. Systematische und umfangreiche Untersuchungen von *Erdmann-Jesnitzer und Mitarbeitern* zur Wechselwirkung Wasserstoff—Silizium sowie Wasserstoff—Werkstoffzustand haben diese Arbeitshypothese von *Himmler* für Stähle bestätigt, wobei auch angenommen wurde, daß elastisch sowie elastisch-plastische Gitterdeformationen ebenfalls Elektronen zur Neutralisation von H+ abgeben. (Einfluß der Durchknetung auf den Wasserstoffaustritt aus wasserstoffhaltigem Schweißgut sowie Deutung der Bildung extrem großer Flecken in dauerschwellzugbeanspruchten Stahlschweißungen [Lit. *Erdmann-Jesnitzer* und *Klaas*].) Zur Vermeidung von Mißverständnissen sei dies kurz ausgeführt, obwohl es über den Rahmen des Themas hinausgeht. Immerhin aber kann derart der Einfluß der Wechselwirkung beruhigt—unberuhigte Stähle gedeutet werden.

Das Silizium ist als flußverbessernder Legierungszusatz bei AlMg-Legierungen erwünscht, ergibt jedoch, wie am Beitragsanfang ausgeführt, ebenso Vorteile wie Nachteile. Bei allen derartigen Betrachtungen ist es notwendig, die *Herkunft* des Wasserstoffes, seinen Wanderungsweg und seine Veränderungen (H^+ plus e^- wird H) genau zu betrachten. *So kann Wasserstoff bei Leichtmetallen herrühren aus dem Zusatzdraht, dem Grundwerkstoff oder auch aus den Flammengasen*, aus der Elektrodenhülle, aus wasserdampfhaltigem Schweißargon gegebenenfalls auch aus Flußmitteln, was noch unbewiesen ist, sowie, was ebenfalls noch nicht eindeutig nachgewiesen ist, möglicherweise durch das Wasserstoffangebot beim Beizen. Unter Berücksichtigung der Unsicherheit in bezug auf den Wasserstoffeinfluß auf die Neigung zu Schweißrissen sowie unter besonderer Berücksichtigung der noch z. Z. mangelhaften Analysenmethoden zur quantitativen Wasserstoffbestimmung in Leichtmetallen auf z. B. Al-Basis empfiehlt es sich also, die Ausgangswerkstoffe *a priori wasserstoffarm* herzustellen. In diesem Sinne wird verständlich, warum dieser Frage im Beitrag von *Kostron* † (s. S. 1467 ff) bewußt so große Beachtung geschenkt worden ist.*) In vorstehendem Sinne ist auch die Zunahme der Rißanfälligkeit mit steigenden Aufschmelzungen verständlich, wie sie bei Reparaturschweißungen unumgänglich, innerhalb geschweißter Leichtbaukonstruktionen aber durch versetzte Nähte (z. B. starke Nahtanhäufungen bei Knotenpunkten vermeiden) nicht unumgänglich sind.

Die günstige Auswirkung von Cerzusätzen (Hydritbildnern) bei MgMn-Legierungen auf die Vermeidung schädlicher Wasserstoffauswirkungen müssen ebenfalls in dem Sinne verstanden werden, daß Cer Wasserstoff abbindet in Form eines sich erst bei höheren Temperaturen zersetzenden Hydrides.

Das Silizium kann örtlich stark konzentriert als Mg_2Si auftreten. Es ist für Stahlbleche z. Z. ebenfalls noch ungeklärt ob nicht auch der Schwefel, wenn auch als FeS auftretend, mit dem Wasserstoff, der sowohl atomar wie besonders in ionisierter Form recht geringen Platzbedarf im Gitter hat, chemische Wechselwirkungen eingeht. Bislang wurde nur angenommen, daß der in α-Fe gut diffusible Wasserstoff in Korngrenzenhohlräumen aus den angrenzenden α-Fe Mischkristallen stammt, wandert und nach Austritt aus dem Fe-Gitter rekombiniert. Zweifellos also zeigen insgesamt betrachtet Stahl und Leichtmetalle hinsichtlich Schweißrissigkeit und Wasserstoffeinfluß gewisse Parallelen, die weiter zu verfolgen es sich verlohnt. —

Selbstverständlich kann Bruch auch zufolge großer Schrumpfwege bei Leichtmetallen auftreten, ohne daß der Wasserstoff eine direkte Begünstigung ergibt. In jedem Falle also ist es zweckmäßig, die konstruktive Gestaltung so durchzuführen, daß sich die bei den Leichtmetallen ergebenden Schrumpfwege frei und möglichst ohne das Auftreten von Schrumpfspannungen auswirken können. Auf den Abschnitt „Konstruktive Gestaltung“ sei verwiesen (s. später).

9. Theorie der Schweißrissigkeit von Al-Werkstoffen

Es waren *Matting* und Mitarbeiter (Lit. *Koch* und *Nagel*), die Planmäßigkeit in die exakte Ermittlung der Einflußgrößen (Warmfestigkeit) im Hinblick auf die Schweißrissigkeit bei Blechwerkstoff brachten. Eine spez. statische Zerreißprüfung wurde gemäß Bild 19 entwickelt. Das Ergebnis für Al (99,99 sowie 99,5%) sowie

*) Es ist daher nicht ganz verständlich, wenn, wie es Referate englischerseits zu dieser Abhandlung von *Kostron* belegen, im Sinne der Buchthematik diesen nicht die entsprechende Bedeutung beigemessen wird, die, was Gase in Metallen anbelangt, in Deutschland für die Werkstoffseite der Schweißtechnik als sehr wesentlich erkannt wurde.

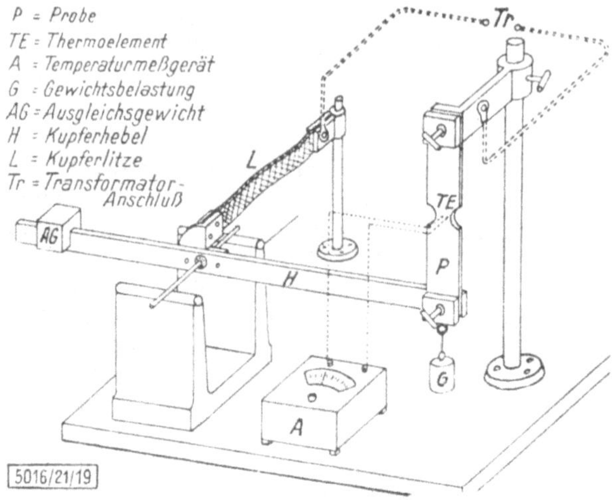

Bild 19. Warmzerreißeinrichtung, nach *Matting* und *Nagel*

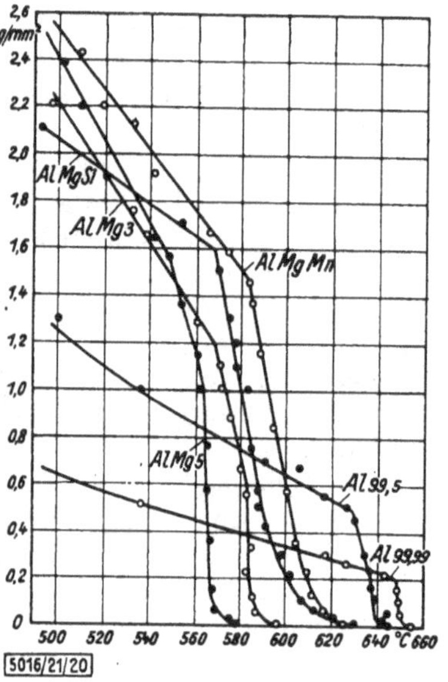

Bild 20. Warmfestigkeit von Al-Legierungen bei hohen Temperaturen

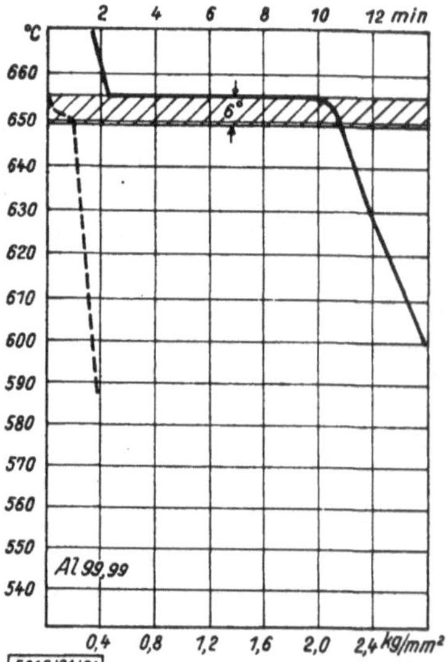

Bild 21

Bild 21—26. Erstarrungsverlauf, Warmfestigkeit und Warmbrüchigkeit der untersuchten Werkstoffe

Leg. AlMgMn, AlMg 3, AlMg 3 Si, AlMgSi, AlMg 5 gibt Bild 20 wieder. Bild 21 bis 26 zeigt den Erstarrungsverlauf, die Warmfestigkeit und das Warmbruchgebiet (schraffiert eingezeichnet) der 6 von *Koch* und *Nagel* untersuchten Al-Werkstoffe. Aus Bild 20 ist ersichtlich, daß analog anderer legierter Werkstoffe die Warmfestigkeit bereits *unterhalb* von Solidus abfällt (Beispiel: Al 99,99% bei 648° C, Schmelzpunkt ~ 658—660° C (Reinstalu) je nach Verunreinigungsart und -grad.). Die Kurven in Bild 20 zeigen zu höheren Temperaturen zunächst einen Knick, später dann schroffen

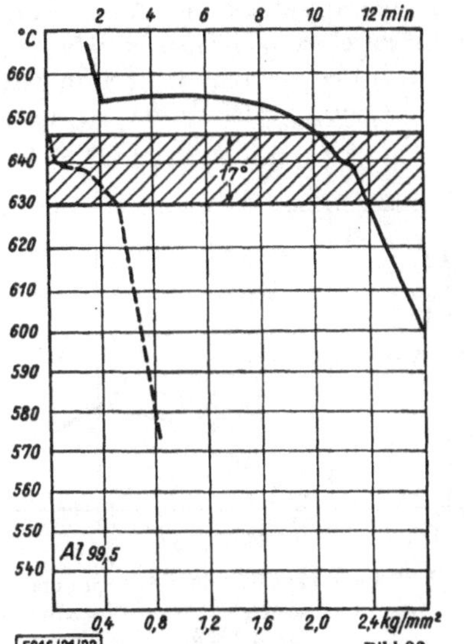

5016/21/22 Bild 22

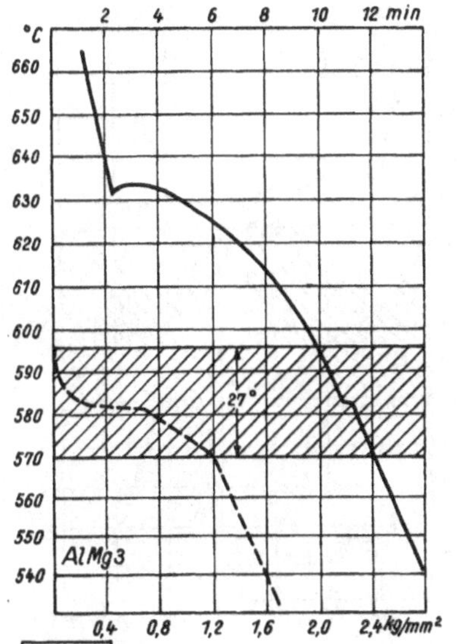

5016/21/23 Bild 23

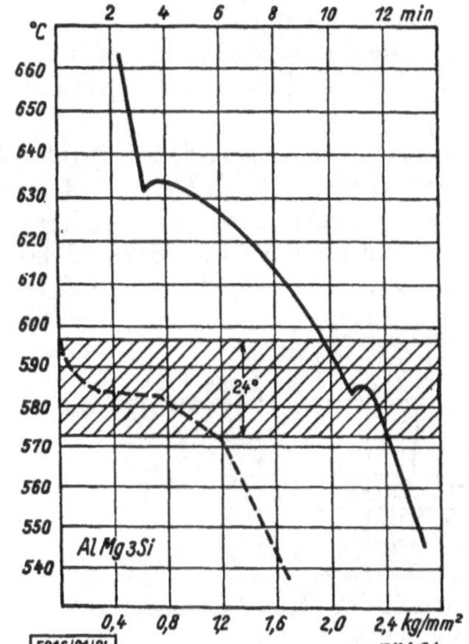

5016/21/24 Bild 24

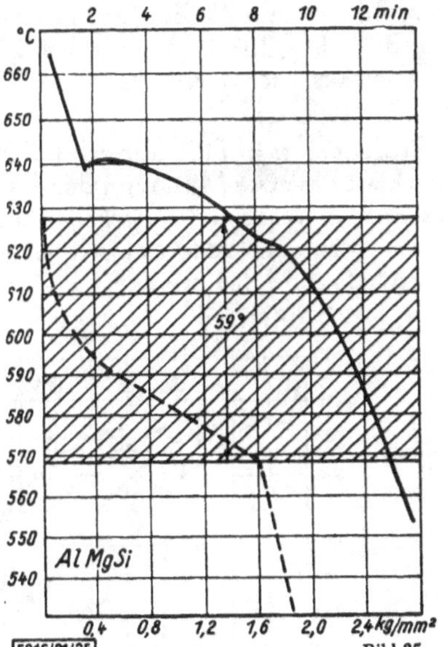

5016/21/25 Bild 25

Abfall auf geringe (Warm)-Festigkeitswerte. Ab Knick nach oben hin tritt verstärkte Einschnürung, und mit dem Steilabfall typischer Warmbruch mit scharfen unverformten Bruchkanten auf. Auch die Stähle zeigen bereits unterhalb Solidus schroffe Veränderungen der Warmfestigkeit. Nach *Koch* und *Nagel* gilt:

„Als Ergebnis der Warmfestigkeitsuntersuchungen ist festzustellen, daß die Neigung zur Schweißrissigkeit maßgeblich durch den Umfang des Warmbrüchigkeits-

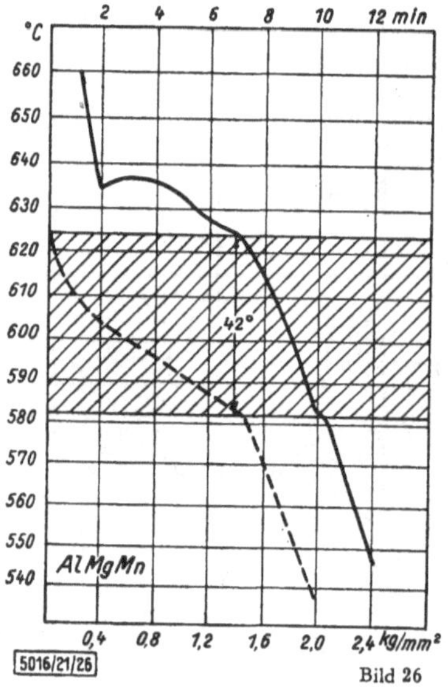

Bild 26

gebietes der Legierungen bestimmt ist. Jedoch ist dieses Brüchigkeitsgebiet nicht allein entscheidend, wie der Vergleich der bei scharfer Prüfung rißempfindlichen Legierung AlMg 3 mit der wesentlich unempfindlicheren Leg. AlMg3Si erkennen

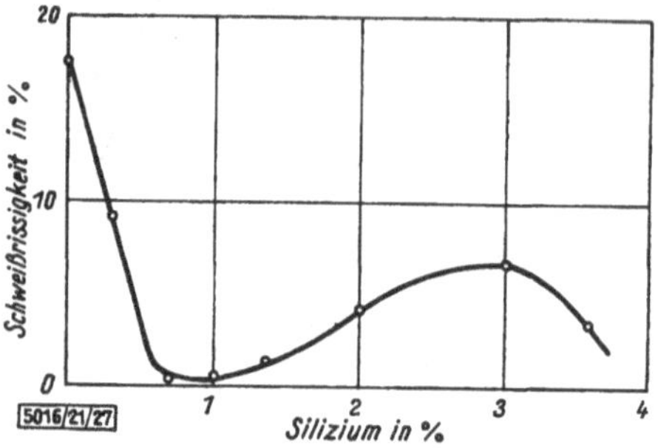

Bild 27. Schweißrissigkeit einer Al-Legierung mit 3,5 % Mg in Abhängigkeit vom Siliziumgehalt nach *Mäder*

läßt. Die Warmbrüchigkeitsbereiche sind bei beiden Legierungen annähernd gleich groß, Bild 23 und 24. Ein Unterschied ist jedoch aus den Abkühlungskurven ersichtlich. Bei AlMg3Si liegt ein erheblich größerer Anteil einer eutektisch erstarrenden Substanz vor, der durch den von 0,3 auf 0,7 bis 0,9 % erhöhten Si-Gehalt verursacht wird."

Prüft man $\eta = f\,(Si)$ für Al + 3,5% Mg, so erhält man nach *Mäder* (7) Bild 27. Er erklärt das erste Minimum durch Gas und erst das zweite durch rißverminderndes Eutektikum. *Koch* und *Nagel* aber fanden: „Aus dem Dreistoffschaubild Al – Mg – Si ist zu entnehmen, daß bei steigendem Si-Gehalt zunächst ein binäres Eutektikum $\alpha + Mg_2Si$ und bei weiterer Si-Zunahme das ternäre $\alpha + Mg_2Si + Si$ auftreten.

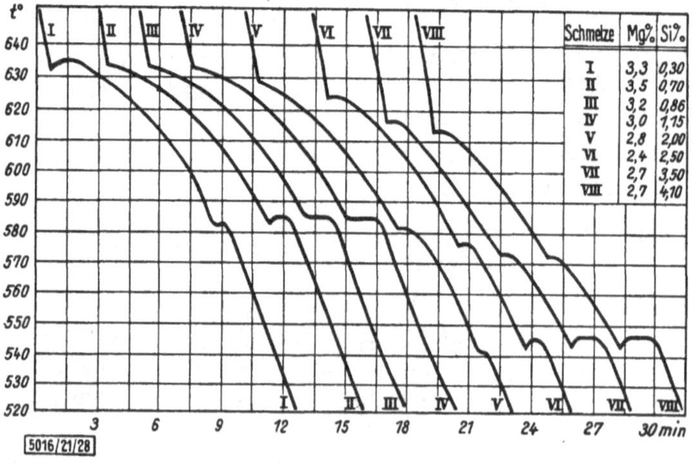

Bild 28. Abkühlungskurven von AlMg 3 mit steigendem Si-Gehalt

Auf das Maximum des binären Eutektikums, das gleichbedeutend ist mit dem Minimum an Rißempfindlichkeit, muß demnach mit der beginnenden Ausscheidung geringer Mengen des ternären Eutektikums ein Anstieg der Rißneigung erfolgen, die erst dann wieder beseitigt wird, wenn die Menge des ternären Eutektikums einen Mindestbetrag überschreitet. Dies wurde durch die Abkühlungskurven einer Reihe von Schmelzen bestätigt, Bild 28. Von 0,3 bis 1,2% Si ist das Anwachsen des binären $\alpha + Mg_2Si$ zu verfolgen, das bei höheren Si-Gehalten zugunsten des ternären Eutektikums wieder abnimmt. Der ternäre Anteil ist bereits bei 2% Si deutlich nachzuweisen und nimmt mit weiter steigendem Si-Gehalt stetig an Menge zu. Für 3,0% Mg ist theoretisch ein Si-Gehalt von 5,8% erforderlich, um die entsprechend dem Mg-Gehalt höchstmögliche Menge an ternärem Eutektikum von etwa 45% des

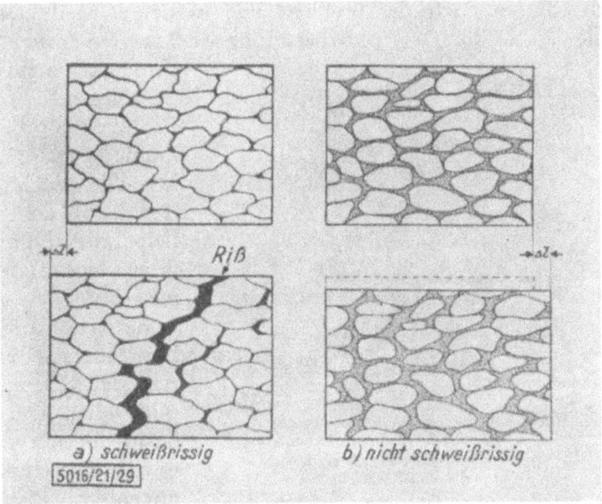

Bild 29. Auswirkung kleiner Formänderungen bei Temperaturen oberhalb des Soliduspunktes auf Werkstoffe mit unterschiedlichem Eutektikum-Anteil

Volumens zu erreichen. Eine technische Bedeutung kommt den Legierungen mit großen Mengen des ternären Eutektikums wegen ihrer Sprödigkeit und Härte jedoch nicht zu."

Schematisch zeigte den günstigen Einfluß von Eutektika bereits Bild 29. Während einerseits flüssiges und gut viskoses Eutektikum in aufgerissene Korngrenzengebiete einfließen und diese ausfüllen kann, muß man aber nach *Erdmann-Jesnitzer* für Rißbildungen *neben* der Naht noch zusätzlich analog dem Stahl (Lit. *Zeyen*), den Wasserstoffeinfluß mit heranziehen, besonders unter Berücksichtigung der an sich guten Warmdehnungswerte der Al-Werkstoffe mit ihrer relativ geringen Warmstreckgrenze im Temperaturgebiet unterhalb Solidus (siehe zweiten Kurvenknick in Bild 20). —

Ausreichende Sicherheit gegen Schweißrissigkeit soll gegeben sein, wenn das Eutektikum etwa 10% des Gefügevolumens beträgt. Für das rißfreie Verschweißen von Legierung AlCuMg mit artfremden Zusatzdraht ergab sich etwa der gleiche Wert. — Alle derartigen halbquantitativen Untersuchungen, die ja praktisch immer durch den subjektiven Einfluß überdeckt werden, zielen darauf hin, vorhandene Prüfmethoden und Probenabmessungen von Schweißrissigkeitsprüfungen auf ihre Treffsicherheit und Betriebsnähe hin zu überprüfen, andererseits aber ergeben diese die Richtschnur zur Legierungsentwicklung gut rißfrei verschweißbarer Al-Werkstoffe. Sie bleiben aber immer ein qualitativer, bestenfalls ein halbquantitativer Beurteilungsmaßstab. —

C. Richtlinien für die Praxis

1. Flammeneinstellung, Brennereinsatzgröße, Schutzbrillen

Zahlentafel 12 zeigt die Unterschiedlichkeit der Al-Werkstoffe im Vergleich zu Stahl. Hierdurch werden auch die Unterschiede in der schweißtechnischen Verarbeitungstechnik verständlich. — In Anwendung ist Azetylen sowie Wasserstoff als Brenngas, letzteres wegen der „weicheren" Flamme, vornehmlich für Feinbleche und Gußteile geringerer Wanddicken. Die Leuchtgas-Sauerstoffflamme wird nur für die Folien- und Dünnblechschweißung angewendet. Die Flammeneinstellung zeigt Bild 30, wonach der Brenner für die Leichtmetalle mit geringem Azetylen-Überschuß eingestellt wird. Der Grund liegt darin, die Oxydation des Al sowie seiner Legierungskomponenten in Legierungen möglichst gering zu halten. Der notwendige Gasüberschuß ist bei einer „leise rauschenden Flamme", wie der Praktiker sagt, gegeben. Um den äußeren weißlichen Flammenkegelrand liegt dann bei Azetylen noch eine schwach grünlich-weiß leuchtende Hülle, oder, der sich um den inneren bläulichen Kern bildende Kegel ist 4- bis 5mal so lang wie dieser. — Die Blechdicke bestimmt den Brennereinsatz und die Luftspaltbreite der Bleche. Legierung und Drahtdicke des Zusatzstabes wird der Brennereinsatzgröße angepaßt. — Die Augengläser sind bei Al gegenüber Stahl heller und dann geeignet, wenn Zeitungsdruck noch lesbar ist.

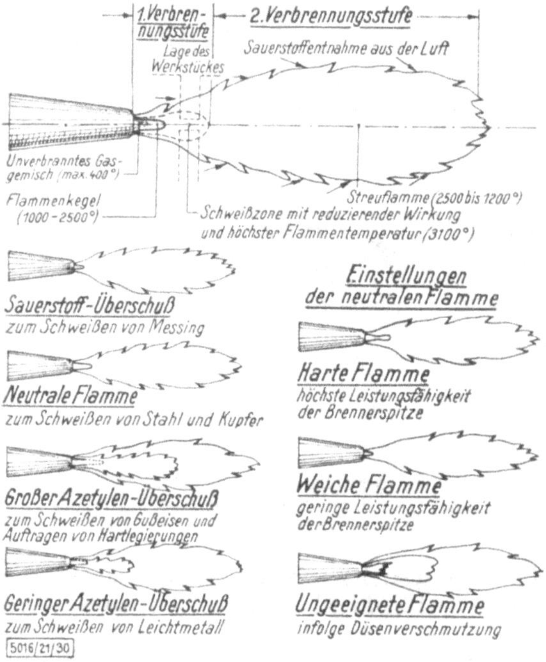

Bild 30. Flammenform und Brennereinstellung

2. Flußmittel

Das Flußmittel hat beim Schweißen von Leichtmetall folgendes zu bewirken: Je nach Legierung des Werkstoffes, liegt der Schmelzpunkt bei etwa 580—680° C.

Bei der Schweißung von Aluminium und seinen Legierungen tritt ja als unliebsame Erscheinung das Aluminiumoxyd (Al_2O_3) mehr oder weniger stark in Erscheinung. Der Schmelzpunkt liegt bei etwa 2058° C. Bei Nichtanwendung eines geeigneten Flußmittels, das die Aufgabe hat, den Schmelzpunkt des Al-Oxydes von rund 2000° C auf etwa 100° C unter den Schmelzpunkt des jeweiligen Grundwerkstoffes zu bringen, würde dieses ungelöst verbleiben und damit eine einwandfreie Schweißung erschweren. Das Al_2O_3 muß sich ablösen, so daß es beim Schweißen an der Oberfläche des Schweißgutes schwimmt.

Die wesentlichen Bestandteile der Flußmittel sind Oxyde und Chloride von Natrium, Kalium, Lithium und Kalzium. Die Legierung des Grund- und Zusatzwerkstoffes bestimmt die Zusammensetzung des Flußmittels. Es soll folgende Eigenschaften haben: Gutes Oxydlösungsvermögen, gute Benetzung des Grund- und Zusatzwerkstoffes. Es muß frei von metallschädigenden Bestandteilen sein, rauch- und gesundheitsschädliche Dämpfe dürfen von Flußmitteln bei ihrer Verwendung nicht entwickelt werden. Es gibt die stark hygroskopischen Flußmittel, d. h. solche, die durch fehlerhafte Lagerung und Verpackung aus der Luft Feuchtigkeit aufnehmen und dadurch ihre Reaktionsfähigkeit verlieren und unbrauchbar werden sowie die nichthygroskopischen Flußmittel. An die Stelle von Flußmitteln tritt neuerdings das Schutzgas (Helium, Argon u. a. m.). Zum Flußmittel ist zu sagen: Bei Entnahme aus der Büchse oder Flasche ist dafür zu sorgen, daß danach die Verschlüsse ordnungsgemäß gegenüber Luft abgedichtet werden. Man entnehme nicht mehr Flußmittel als für einen Tagesverbrauch notwendig. Bei längerem Stehen, z. B. über Nacht, zersetzt sich das Flußmittel und wird unwirksamer. In Porzellan-, Steingut- oder Glasschalen wird das Flußmittel mit kalkfreiem, am besten destilliertem Wasser zu einem sämigen Brei so angerührt, daß es am Schweißdraht und Grundwerkstoff noch gut haftet. Im feuchten Zustande, und dies ist bei den hygroskopischen Flußmitteln gegeben, greift es den Grund- und Zusatzwerkstoff stark an; aus diesem Grund sind diese nicht auf Vorrat mit Flußmitteln zu versehen. Flußmittelreste dürfen auf keinen Fall in die Vorratsgefäße zurückgeführt werden (!).

Nach dem Schweißen werden die Flußmittelreste sofort und restlos entfernt. Ist dies nicht möglich oder erschwert, so sind die neutralen, d. h. nicht hygroskopischen Flußmittel zu verwenden. (Achtung bei Behälterinnenseiten, die ebenso wie Rohrleitungen schlecht zugänglich sind.) Die Gefahr einer Korrosion der Schweißnähte bei der Verwendung der hygroskopischen Pulver wird dadurch verhindert, daß die geschweißten Teile in einer 10%igen Natronlauge von etwa 60—80° C Temperatur einige Minuten gebeizt werden. Hiernach werden die Teile in Wasser gespült und anschließend in einer 5- bis 10%igen Salpetersäure, Rest Wasser neutralisiert. Abschließend erfolgt nochmaliges Nachspülen in angewärmtem Wasser, damit die Teile, hängend oder über Kante gelagert, gut abtropfen und trocknen.

Al-Gußlegierungen können, wie es *Wurzel* schreibt und *Renner* erprobte, auch *ohne Flußmittel* brauchbare Schweißverbindungen ergeben, wenn die Oxydhaut durch *Puddeln* und Rühren in der Schmelze entfernt wird. Die Zuverlässigkeit der Schweißung ist wegen der Gefahr von Oxydeinschlüssen jedoch geringer und die Schweißgeschwindigkeit wegen des mechanischen Entfernens der Oxyde kleiner als bei Anwendung von Flußmitteln.

Die *Gußlegierung* Silumin (G Al-Si) kann ohne Flußmittel einwandfrei geschweißt werden. Man verwendet dann Sondersilumin-Gußschweißstäbe. Für Silumin als Knetlegierung ist jedoch ein dem niedrigen Schmelzpunkt (570° C) angepaßtes Flußmittel erforderlich.

Legierung und Flußmittelwahl zeigt nach *Wurzel* die folgende Aufstellung:

Legierung	Autogal	Firinit
Reinaluminium	A; L; N	Supra 21; Neutral
Al-Cu-Mg	A; D; L; N	M 26; Neutral
Al-Mg-Si	A; D; L; N	Supra 21; Neutral
Al-Mg 3, 5, 7, 9	D; L; Hydrogal	Magna 41
Al-Si	(ohne) D; L	Supra 21
Al-Mg-Mn	D; L; N	Magna 41; Neutral
Al-Mn	A; D; L; N	Supra 21; Neutral
Gußlegierungen außer G Al-Mg	D (ohne)	Supra 21
G Al-Mg	D; L; Hydrogal	Magna 41
Mg-Legierungen	Elektronfluß Elektrogal; L	Magna 41
Mg-Gußlegierungen	Elektronfluß Elektrogal; L	EG 42; Ultra 40

Flußmittel für die Schweißung von Leichtmetallen nach *Wurzel*

3. Beizung von Grundwerkstoff und Zusatzdraht

Für die Schweißtechnik der Leichtmetalle ist „Sauberkeit", d. h. Fett- und Schmutzfreiheit, Voraussetzung für einwandfreie spätere Nahtgüte. Bei Stahl ist dies ebenfalls wesentlich, die dafür höheren Schmelzbadtemperaturen aber sind günstiger, das Fett verdampft und Schmutz (SiO_2 etc.) verschlackt. Die Zusammensetzung des Beizbades wird durch die verwendete Legierung bestimmt. In Anwendung sind NaOH-Bäder. Meist sinkt deren NaOH-Gehalt für Legierungen, z. B. für AlCuMg, AlMg, AlMgSi gegenüber Reinalu ab. Legierungen AlMn sowie AlMgMn sind widerstandsfähiger. Man verwendet 10%ige NaOH; Bäder angewärmt wegen Herabsetzung der Beizzeit. Angestrebt wird dies auch aus korrosions-chemischen Gründen, d. h. allgemeine Regel: Beizbadzusammensetzung und Beizbadtemperatur groß, mit dem Ziel geringer Beizzeit, womit bei größerem Durchsatz gleichzeitig die Wirtschaftlichkeit steigt. Beiztröge sind aus Holz, Steingut oder Kunststoffen. Beizzyklus wie folgt: Beizen, Spülen (evtl. HNO_3-Bad-Neutralisation), Warmbadspülung (!), hängend lagern, d. h. so, daß Abtropfen über die Kante erfolgt. Absaugvorrichtung in der Beizerei vorsehen, ferner Holzrosten-Bodenbelag. Man beizt auch den Zusatzdraht. Für 10%ige heiße Na-Lauge muß dieser silbergrau glänzend werden. Grau- oder Schwarzfärbung ist ungünstig.

4. Das Beizen durch Schwitzwasserbildung korrodierter AlMg-Bleche

Aluminiumlegierungen können korrosiv geschädigt werden, wenn bei unsachgemäß liegend gelagerten Blechen zwischen diesen Schwitzwasser durch die Unterschiedlichkeit der Tagestemperaturen auftritt. Der übersättigte Wasserdampf der Luft schlägt sich als Tau an den kälteren Blechtafeln nieder und sammelt sich besonders zwischen den mit engem Spalt aufeinanderliegenden Blechen, deren Oberfläche stellenweise dann nach längerer Einwirkung angegriffen wird.

Die korrodierten Stellen haben ein fleckiges, grauschwarzes Aussehen. Auch nach Beizung können diese Stellen verbleiben. Dies zeigt Bild 31 für die Legierung AlMg 35 (Sollanalyse 3,5 % Mg, 0,5 % Si, 0,5 % Mn, 0,4 % Fe, 0,05 % Cu). Beobachtet werden konnte der chemische Angriff bei den technischen AlMg-Legierungen der Sorten AlMg 3, AlMg 5, AlMg 35 und AlMgMn. Die chemische Analyse ließ bei besonders auffallend starkem Oberflächenangriff stets einen über das Soll von 0,05 % Cu hinausgehenden Kupfergehalt jeweils von 0,08 bis 0,13 % Cu erkennen.

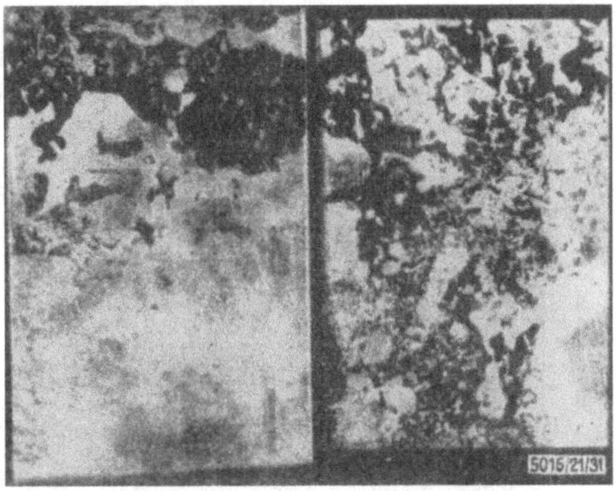

Bild 31. AlMg-Blechprobe aus größerem Blech herausgearbeitet mit Schwitzwasserkorrosion, nach *Erdmann-Jesnitzer*

Höhere sommerliche Tagestemperaturen bewirken verstärkte Anfälligkeit zur Schwitzwasserkorrosion. Durch größere Temperaturschwankungen zwischen Tag und Nacht wirken diese im Sinne erhöhter Schwitzwasserbildung, auch wird der chemische Angriff dann intensiver. Werden die so geschädigten Bleche der obigen Legierungen mit NaOH-Lauge (10%ig, 60° C) normal abgebeizt, so sind bei schwacher Schwitzwasserkorrosion die Oberflächen zunächst blank. Bei starker Korrosion verbleibt der in Bild 31 sichtbare graue Belag. Bei den zunächst völlig blanken Blechen und auch bei denjenigen mit verbliebenem grauem Belag können nach 4 bis 10 Tagen die Stellen der ehemaligen Korrosion Orte eines sich bei normaler Lagerung bildenden weißlich-mehligen Belages werden. Auch wenn dieser dann oberflächlich mechanisch gesäubert wird, treten nach weiterer Wartezeit erneut wieder weißliche Flecken auf. Die Oberfläche ist an diesen Stellen stark aufgerauht. Hierdurch leidet, wenn auch die Blechoberfläche mechanisch gebürstet wird, die Güte der Punkt- oder Rollennaht, ferner das Aussehen des Werkstückes. Es wurde versucht, durch Schwitzwasser geschädigte Bleche durch eine besondere Beizung so zu behandeln, daß diese schadlos wieder zu verwenden sind. Die Versuche und deren Ergebnisse sind in Zahlentafel 4 aufgeführt.

Bei Versuch 1 bis 4 bleibt der graue Belag unverändert. Die Beizungen sind ungeeignet.

Im Versuch 5 bis 8 wurde mit 10%iger Natronlauge, verschiedenen Temperaturen und verschiedenen Beizzeiten gearbeitet und gefunden, daß erst ein auch parallel mitgemessener Mindestbetrag der Blechdicke durch die Beizung eine mit Sicherheit auch nach längerer Zeit saubere Oberfläche ergibt.

Nach Versuch 6 kann man schwach korrodierte Bleche durch stärkeres Abbeizen (Überbeizen) der Wiederverwendung zuführen. Stärker korrodierte Bleche jedoch werden zwar bei der betrieblich für die Schädigung der Beizung zu hohen Badtemperatur von 80° C mit nur 6 % Dickenabnahme wieder einwandfrei, doch ergab bei 60° C Badtemperatur und starker vorhandener Korrosion die notwendige Beizzeit von 3 Minuten eine untragbar große Blechdickenverminderung.

In der Praxis wurden einzelne erfolgreiche Versuche durch Nachspülen der in Natronlauge normal gebeizten Bleche in einer etwa 5%igen Natriumfluoridlösung bekannt. Zahlentafel 4 zeigt, daß man auch bei sehr starkem Korrosionsangriff durch abwechselnde Anwendung einer Natronlaugenbeizung mit anschließendem Natriumfluoridbad und zwischenzeitlichem Abspülen in kaltem Wasser Erfolge erzielt. Man neutralisiert bei diesen wie auch bei den erstbeschriebenen Beizungen am Ende immer in salpetersäurehaltigem Wasser mäßiger Konzentration. Hieran anschließend wird empfohlen, die letzte Wasserspülung warm vorzunehmen, damit, unabhängig von Belüftung und Raumtemperatur, die Bleche schnell abtrocknen. Die Wasserspülung zwischen den Bädern erfolgt kalt.

Die Schwitzwasserkorrosion wird bei Aluminiumlegierungsblechen vermieden durch:

a) senkrechte Lagerung mit Abstandsstücken (Pappstreifen), um eine Belüftung der Bleche während der Lagerung zu gewährleisten,

b) Einölen der Bleche und Blechversand mit Ölpapier als Zwischenlage,

c) genügende Raumbelüftung, trotzdem Vermeiden von schroffen Temperaturschwankungen,
d) Vermeidung des Eindringens von Beizdämpfen in die Lagerräume (d. h. getrennte Beiz- und Lagerräume).

Versuch Nr.	Beizlösung	Bad Temp. °C	Beizzeit in min	Dickenabnahme in %	visuelles Ergebnis
1	10%ige Sodalösung	60	6	keine	—
2	5%ige Schwefelsäure	60	6	nicht gemessen	grauer Belag unverändert
3	3%ige Salpetersäure	60	10	—	—
4	Salpeter-Flußsäure-Beize	20	5	keine	—
5	10%ige Natronlauge anschl. neutralisieren in Salpetersäurewasser	50	2	0,8	grauer Belag, nur vermindert — nach 14 Tagen trat kein mehliger Belag auf
6	10%ige Natronlauge anschl. neutralisieren in Salpetersäurewasser	60	1	nicht gemessen	grauer Belag teilweise verschwunden, teilweise vermindert. Nach 7 Tagen: a) schwach korrodierte Stelle blank geblieben, b) stärker korrodiert, weißer Belag an den Reststellen des grauen
7	10%ige Natronlauge anschl. neutralisieren in Salpetersäurewasser	60	3	Abtrag sehr stark	Oberfläche bleibt sauber
8	10%ige Natronlauge anschl. neutralisieren in Salpetersäurewasser	80	1	0,6	grauer Belag nur vermindert — nach 14 Tagen keine Neuausscheidungen
9	20%ige Natronlauge neutralisieren in Salpetersäurewasser	50	2	6	Oberfläche bleibt sauber
10	10%ige Natronlauge 5%ige Natriumfluoridlösung 20%ige Natronlauge 5%ige Natriumfluoridlösung 20%ige Natronlauge neutralisieren in Salpetersäurewasser	60 20 60 20 60	2 1 2 1 2	14	Oberfläche bleibt sauber
11	20%ige Natronlauge 5%ige Natriumfluoridlösung 20%ige Natronlauge neutralisieren in Salpetersäurewasser	60 20 60	3 1 3	8	Oberfläche bleibt sauber

Zahlentafel 4. Ergebnisse von Versuchen, schwitzwassergeschädigte Bleche durch Behandeln mit einer besonderen Beize wieder verwendbar zu machen, nach *Erdmann-Jesnitzer*

5. *Betrieblicher Arbeitsschutz*

1. Gute Schweißraumbelüftung.
2. Absaugung der Flußmitteldämpfe, besonders bei neutralen Flußmitteln.
3. Schweißarbeiten in Behältern erfordern Frischluftzuführung, da Flußmittelstaub und -reste Darm- und Magenschleimhäute reizen.

4. Beachte: Niemals Sauerstoff in Behälter an Stelle Frischluft einblasen! Dieser adsorbiert am Kleidergewebe. Fangen diese Feuer, so können hochgradige Verbrennungen auftreten.
   Merke: *Sauerstoffbelüftung ist streng verboten!* —

Mit einer Hand- oder rotierenden Drahtbürste, Schaber oder geeigneten Feilen, die eigens nur für Leichtmetall Verwendung finden, werden die Schnittkanten und die Oberfläche in etwa 2- bis 3facher Raupenbreite metallisch blank abgearbeitet. Stehen Beizbäder zur Verfügung, genügt oft schon das Abbeizen nach dem Vorhergesagten. Die so für die Schweißung vorgerichteten Bleche einschließlich des Zusatzwerkstoffes dürfen vor dem Schweißen nicht mehr mit schmutzigen, fettigen oder verölten Händen in Berührung kommen und nicht zu lange lagern. Bei Kreuznähten erfolgt durch das Legen von Naht 1 Wiederoxydation. Man muß Nahtkante 2 dann anschließend säubern.

Bei der Bördelnaht ist je nach Legierung und Verformbarkeit (Anlieferungszustand hart, halbhart, weich) des Werkstoffes ein Abkantradius $r = 1$ bis $3 \cdot$ Blechdicke einzuhalten ($s =$ Materialdicke). Z. B. bei Reinaluminium $r = s$, hingegen bei Leg. AlMg 5 wegen der geringeren Verformbarkeit $r \sim 2{,}5$ bis $3\,s$, je nach Mg-Gehalt und Anlieferungszustand. Es ist empfehlenswert, an einem Blechabfallstück den richtigen Biegeradius durch Vorversuche zu ermitteln. Anwärmung (etwa 180 bis 250° C) führt zu guten Ergebnissen.

Innerhalb einer Serienfertigung werden Abkantbänke, Rund- und Biegemaschinen sowie Schlagscheren für Zuschnitte, Nahtvorbereitung und Verformung Verwendung finden. Diese sollen nach Möglichkeit nicht gleichzeitig für andere Metalle, etwa Kupfer, mit eingesetzt werden. Die Niederhalter der Schlagscheren sind mit einem geeigneten Kunststoff (Pertinax) zu versehen, um Kratzer, Einprägungen auf der Werkstückoberfläche auszuschalten. So dürfen also auch die Abkantschienen keine Oberflächenschäden, d. h. Vertiefungen oder Kerben aufweisen; die ebenfalls zu Eindrücken in die Oberfläche des Schweißstückes führen (Leg. AlMg sind oft kerbempfindlich). Für Richt-, Abkant- und Verformungsarbeiten schalten in jedem Fall Stahlhämmer aus. An Stelle dieser finden Leichtmetallhämmer, Holz-, Gummi- oder Kunststoffhämmer Anwendung. Auch die Bahn dieser Schlagwerkzeuge muß so beschaffen sein, daß diese keine Kerben, Eindrücke usw. auf der Metalloberfläche hinterlassen.

Bei Verformungsarbeiten, z. B. Streckziehen, Tiefziehen, Poltern, Einziehen usw., sind Zwischenglühungen vorzunehmen, bzw. je nach Beschaffenheit der Legierung ist bei der Verformung mit mehreren Arbeitsgängen zu rechnen und die Ziehwerkzeuge dementsprechend anzufertigen. Zur genauen Kontrolle und Einhaltung der Temperaturen, die teils bei der Verformung notwendig sind, werden von den Lieferfirmen Anweisungen gegeben. Zur Temperaturbestimmung sind nur einwandfrei arbeitende Instrumente oder notfalls geeignete Thermocolorfarben zugelassen, um Grobkornbildung zu vermeiden. Bleche und Profile, deren Oberfläche z. B. beim Transport durch Kratzer, Risse, Kerben, Korrosion usw. beschädigt sind, müssen jeweils, soweit diese Halbzeuge für statisch oder dynamisch beanspruchte Teile Verwendung finden, von fachkundigen Abnehmern auf Eignung für die Weiterverarbeitung hin beurteilt werden.

Bei Blechen und Profilen einschließlich Schweißdrähten, die von den Herstellerbetrieben aus Gründen der Korrosionsbeständigkeit oder zur Erhaltung einer glatten einwandfreien Oberfläche mit einem Spezialöl oder Spezialschutzmittelanstrich versehen wurden bzw. durch geeignete Papierlagen geschützt sind, verbleiben mit diesen während der Lagerung. Diese Schutzmaßnahmen sind erst kurz vor der Weiterverarbeitung, d. h. nicht etwa schon bei Abgabe aus dem Materiallager zu entfernen.

Die Lagerung von Leichtmetallhalbzeugen erfolgt immer in trockenen Räumen ohne Schwitzwassergefahr, und man lagert die einzelnen Legierungen nach Zusammensetzung und Werkstoffdicke voneinander getrennt. Die Stapelung von Blechtafeln und Folien aufeinander kann zu Schwitzwasserkorrosion führen, die die Weiterverarbeitung in Frage stellen (Lit. *Erdmann-Jesnitzer* [6]). Es ist anzustreben, daß die Bleche hochkant stehen und durch Luftspalt voneinander getrennt (Abstandshölzer) lagern.

6. *Nahtvorbereitung*

Nachdem die Blechkanten und Schweißdrähte mit Schweißpulver eingepinselt worden sind, wird der zu verschweißende Werkstoff je nach Materialdicke und Art der Konstruktion ausreichend und gleichmäßig vorgewärmt. Die Vorwärmung vom Werkstück ist so vorzunehmen, daß das günstigste Verhältnis zwischen Wärmezufuhr und Wärmeableitung gegeben ist. Die Vorwärmtemperatur beträgt je nach Art und Größe des zu schweißenden Teiles etwa 200 bis 300° C. Die Kontrolle der Vorwärmtemperatur kann in diesem Falle mit einfachen Hilfsmitteln vorgenommen werden, wie es Zahlentafel 5 zeigt.

Temperatur ° C	Tannen- oder Fichtenholz 350—550° C	Kernseife 250—500° C	Zucker 160—250° C
bei ungefähr 165	—	—	Schmelzpunkt des Zuckers
170	—	—	Zucker bleibt 1 Min. farblos
180	—	—	Zucker ist nach 30 Sekunden noch farblos 60 Sekunden gelbl.
200	—	—	Zucker ist nach 5 Sek. gelblich 20 Sek. goldgelb
225	—	—	Zucker ist nach 2 Sek. gelblich 5 Sek. goldgelb
250	—	Seife ist nach 10—20 Sekunden gelblich	Zucker ist sofort goldgelb
300	*) —	Seife ist nach 5—10 Sek. gelb	—
350	Beim langsamen Reiben unter mäßigem Druck entsteht ein hellbrauner Strich.	Seife ist nach 5 Sek. braun 30 Sek. dunkelbraun	—

*) Eichenholz erzeugt bei 300° schon einen braunen und bei höherer Temperatur einen braun-schwarzen bis schwarzen Strich. (Nach AIAG.)

Temperatur °C	Tannen- oder Fichtenholz 350—550 °C	Kernseife 250—500 °C	Zucker 160—250 °C
400	Beim langsamen Reiben unter leichtem Druck entsteht ein brauner Strich.	Seife ist nach 10 Sek. schwarz	—
450	Beim langsamen Reiben unter leichtem Druck entsteht ein dunkelbrauner, beim raschen, leichten Bestreichen ein hellbrauner Strich.	Seife ist nach 5 Sek. schwarz 10 Sek. unten eingetrocknet	—
500	Beim raschen, leichten Bestreichen entsteht ein schwarzer Strich, der nach 5 bis 10 Sekunden verschwunden ist.	Seife ist nach 1 Sek. schwarz und eingetrocknet	—
550	Der schwarze Strich ist nach $^1/_2$ bis 1 Sekunde verschwunden.	—	—
über 550	Der schwarze Strich verschwindet sofort und der Holzspan flammt auf.	—	—

Zahlentafel 5. Temperaturprüfung mit einfachen Mitteln

Die Nahtform in Abhängigkeit von der Werkstückdicke entspricht im wesentlichen der von Stahl.

Beim Verschweißen von Teilen ungleichdicker Querschnitte muß dem dickeren die größere Wärmemenge zugeführt werden. Die Brennerspitze ist in diesem Falle auf den stärkeren Querschnitt zu richten. Die Verbindung von Querschnitten verschiedener Dicken zeigt Bild 32. Die Güte einer Schweißung hängt in erster Linie von der Beschaffenheit und der einwandfreien Wurzelbindung der Schweißnaht ab (siehe Bild 33). Der eigentliche Schweißvorgang beginnt, sobald das aufgetragene Flußmittel schmilzt und sich wäßrig links und rechts neben der Naht ausbreitet. Normalerweise ist dann eine Temperatur von etwa 80 bis 100° C unter dem Schmelzpunkt des Werkstoffes erreicht.

Bei der Leichtmetallschweißung findet in erster Linie die Nachlinks-

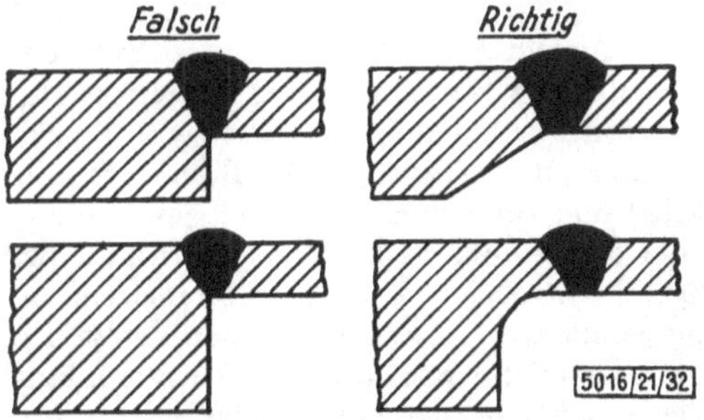

Bild 32. Schweißen von Teilen verschiedener Dicke

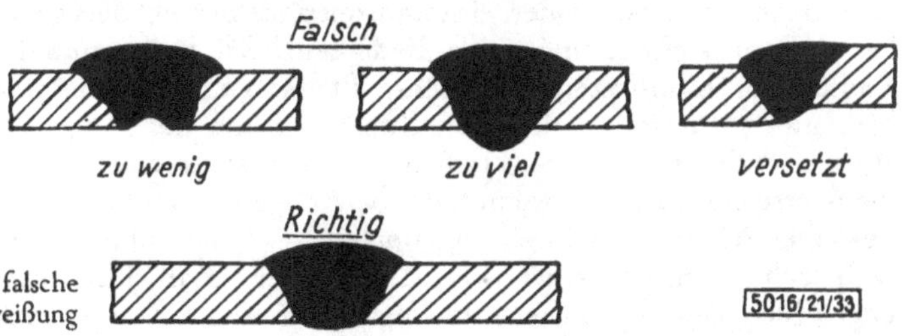

Bild 33. Richtige und falsche Schweißung

schweißung Anwendung. Nur bei besonders dicken Querschnitten kann unter Umständen, je nach Beschaffenheit des Schweißteiles die Nachrechtsschweißung angewendet werden (Bild 34).

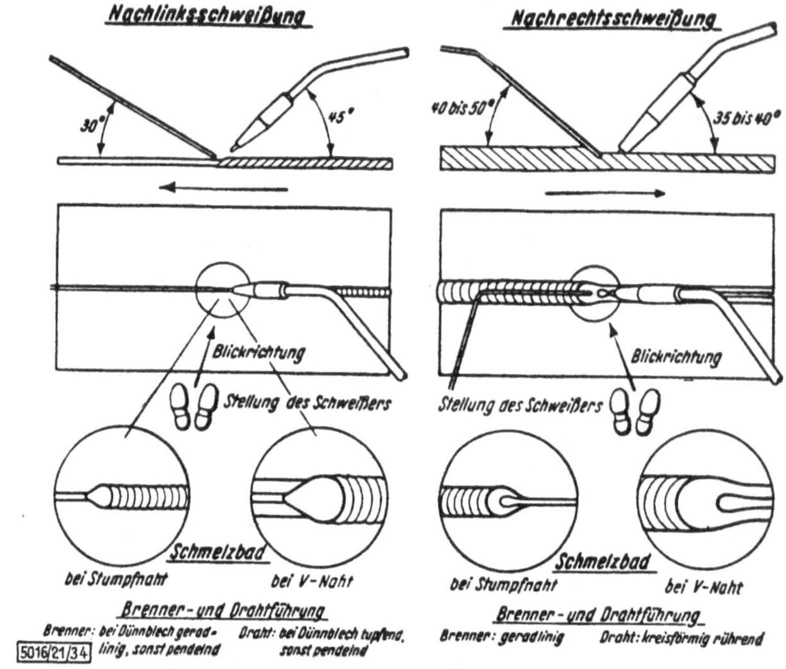

Bild 34. Brennerhaltung und Drahtführung bei der Schweißung von Aluminiumlegierungen

Am Beginn der Schweißung ist das Anschmelzen der Schweißkanten trotz der Vorwärmung infolge des großen Wärmeabflußes verhältnismäßig schwierig. Im weiteren Verlauf der Schweißung tritt jedoch ein beschleunigter Schmelzvorgang ein. Die Wärmestauung am Ende der Naht ist nur durch Änderung der Brennerhaltung (Neigung des Brenners zur Blechoberfläche) und zunehmender Schweißgeschwindigkeit zu verhindern. Bei Unterbrechung der Schweißung ist bei Wiederaufnahme der Arbeit ein kurzes Stück der bereits fertigen Naht nochmals mit aufzuschmelzen, um an dieser Stelle eine gute Wurzelbindung garantieren zu können. Treten Fehlstellen in Form von Längs- oder Querrissen auf, oder zeichnen sich in der Wurzelbindung Fehlstellen ab, so sind diese bis auf volle Materialdicke auszubohren oder auszufräsen. Nur dann kann von einer einwandfreien Erfassung der gesamten Werkstückdicke bei Reparaturschweißungen die Rede sein. Bei Rohr- und Behälternähten können Endkraterrisse auftreten. Man schweißt dann mit kurzauslaufender Naht über den Nahtanfang hinweg in den Grundwerkstoff von der Hauptnaht ausgehend. Geht die Werkstückdicke über s $\sim$ 3 mm hinaus, so daß in einer Lage der volle Querschnitt nicht erreicht wird, so kommt die Mehrlagenschweißung in Frage. Handelt es sich bei einer Mehrlagenschweißung um eine rißempfindliche Legierung, dann besteht beim Schweißen der zweiten Lage die Gefahr, daß durch örtlich auftretende Zug- oder Querspannungen die erste Lage Risse erhält. Besonders anfällig dafür sind die

AlMg-Legierungen ≧ 5% Mg. Eine allgemeine Regel für das Gelingen solcher Nähte gibt es nicht. Ausschlaggebend ist die Konstruktion des Bauteiles und die Handfertigkeit.

Handelt es sich um abnahmepflichtige Bauteile, die statischen oder dynamischen Beanspruchungen oder der Röntgenuntersuchung unterliegen, so sind nach jeder Lage der Schweißung die auf der Oberfläche haftenden verbrauchten Schweißpulverreste mit heißem Wasser und unter Zuhilfenahme einer Faserbürste restlos zu beseitigen. Es können nämlich die neutralen Flußmittelreste wegen ihres manchmal besonders in den USA vorhandenen Berylliumgehaltes Nahtschwärzungen im Röntgenbild ergeben. Die Nachbehandlung, das Abwaschen und Beizen des gesamten Schweißteiles darf nur, um der Gefahr der Rißbildung zu begegnen, im völlig kalten Zustand erfolgen (Raumtemperatur).

Die Al-Legierungen werden wie Reinaluminium geschweißt. Die Legierungen AlMg bis 5% Mg sind an sich gut und gütemäßig einwandfrei schweißbar. Die Gefahr der Haarrißbildung an der Oberfläche ist jedoch leicht gegeben, wenn durch Überhitzung infolge Wärmestauung oder bei Verwendung eines zu großen Brennereinsatzes eine verhältnismäßig geringe Schweißgeschwindigkeit gewählt wird. Es sei hier auf die Leg. AlMg 3 Si für Feinbleche hingewiesen. Leg. AlMg 7 unterliegt nach den Erfahrungen des Leichtmetallschweißers insbesondere dann, wenn es sich um längere Nähte handelt, oft der Schweißnahtrissigkeit (Rißart I, siehe vorn). Das Heften an Längsnähten ist nach Möglichkeit bei dieser Legierung durch Klemmlaschen oder Haltekeile zu ersetzen, um die Gefahr der Rißbildung, die insbesondere beim Schweißen an den Heftpunkten gegeben ist, auf ein Minimum herabzusetzen.

Die Leg. AlMg 9 ist nur sehr bedingt, und nur in Form kleinerer Profilkonstruktionen schweißbar. Sollen AlMg-Teile mit verschiedenen Mg-Gehalten miteinander verschweißt werden, so wählt man, wie bereits erwähnt, vorteilhafterweise den Zusatzwerkstoff mit dem höheren Mg-Gehalt oder einen AlSi 5-Draht.

7. *Heften*

Der Heftpunkt bzw. die Heftnahtlänge soll etwa 4- bis 5mal Werkstückdicke betragen. Der Abstand Heftung zu Heftung ist so zu wählen, daß sich die Schweißkanten nicht gegeneinander versetzen können. *Die Heftung muß Wurzelbindung haben.* Eine Ausnahme macht das Heften einer Bördelnaht. Hier sind nur die Oberkanten der Bördel leicht miteinander zu verschweißen, und zwar so, daß nicht etwa der Bördel bis auf die Blechoberfläche des Grundwerkstoffes niedergeschmolzen wird. Heft- und Schweißvorgang sind aus Bild 35a und b ersichtlich.

8. *Nachbehandlung*

Die Schweißverbindung soll nach Fertigstellung *langsam abkühlen,* insbesondere die Legierungen mit einem höheren Erstarrungsintervall, damit sich die Schrumpfwege voll auswirken können. Abschrecken mit Preßluft oder kaltem Wasser führt zu Verwerfungen, zu Spannungen und unter Umständen zu Rissen. Wie erwähnt, muß nach dem Erkalten der Schweißteile eine so-

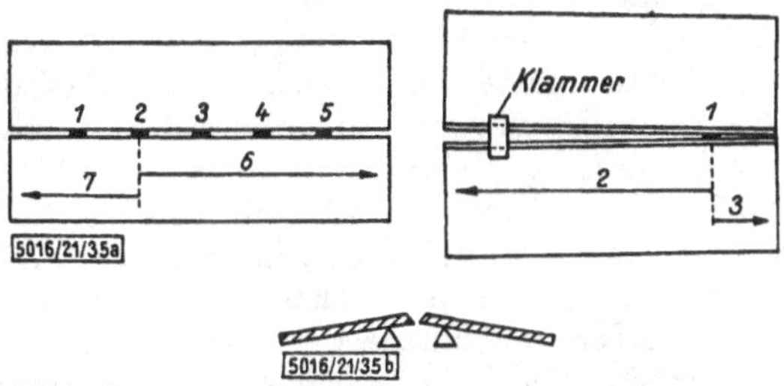

Bild 35. a) Heften dünner Bleche, 1—5 Reihenfolge beim Heften, 6 und 7 Schweißrichtung
b) Schweißen dicker Bleche

fortige restlose Beseitigung des Flußmittels erfolgen. Schon geringe verbleibende Spuren können zu Korrosionserscheinungen führen, über die *Rajakovics* (1) berichtete. Es genügt nicht, bei den hygroskopischen Pulvern die Teile mit Wasser abzuwaschen oder abzubürsten, sondern erst eine Behandlung in den schon erwähnten Bädern (Natronlauge, Salpetersäure) gibt die wirkliche Garantie der vollständigen Beseitigung und Unschädlichmachung von Schweißpulverresten.

Nachhämmern: Reinaluminium und weiche Al-Werkstoffe können zur Verfeinerung des grobkörnigen Gußgefüges in der Schweißnaht nachgehämmert werden. Um dabei Spannungen und Brüche in der Naht zu vermeiden und um die chemische Beständigkeit zu erhalten, ist es ratsam, die Schweißnähte bei einer Temperatur von 300 bis 350° C zu hämmern, wobei ein nachträgliches Ausglühen bei mindestens 400° C anzustreben ist. Ein Nachhämmern von Legierungen der Gattung AlMg, AlCuMg, AlMgSi hat wenig Erfolg, da die Nähte bei zu hohen Beanspruchungen im allgemeinen neben der Schweißnaht, d. h. in der Wärmeeinflußzone reißen. Bei AlCuMg und AlMgSi-Teilen, die anschließend an die Schweißung neu ausgehärtet werden, ergibt das Nachhämmern eine Erhöhung der Gütewerte, insbesondere der Dehnung.

Gußteile aus Aluminium und Al-Legierungen sind ebenfalls vor dem Schweißen sorgfältig mittels Bürste und Gasolin oder P 3-Lösung von Schmutz, Öl und Fett zu säubern. Nur bei Stücken mit großem Querschnitt sind die Rißkanten V-förmig abzuschrägen. Große Stücke sind vorzuwärmen (siehe auch bei *Krug* S. 1051 ff.). Lunker, eingebrochene Gasblasengebiete und auszufüllende Löcher (Einfallstellen als Gußfehler) sind auszubohren oder sauber auszufräsen, bis das blanke Metall erscheint. Als Ausfüllegierung dient für Al und AlMn-Legierungen Legierung AlSi mit etwa 5% Si-Gehalt. Allerdings ist die Nahtfarbe dann oft anders als die des Grundwerkstoffes. Verwiesen sei hier auch auf die *Modellierlote* (siehe Anhang, *Lüder* S. 146 ff.). Zum Anbau von an- oder ausgebrochenen Versteifungsgruppen, z. B. in Motorgehäusen (Bemerkung: sehr leichtflüssige Lote 150 bis 200° C Schmelzpunkt, Modellierlote 200 bis 400° C zäher schmelzend, Hartlote > 500° C Schmelzpunkt). Notwendig ist auch dabei die ordnungsgemäße Flußmittelentfernung in Kanten und Ecken. Wie bei Bronze, so müssen auch bei Aluminiumlegierungen größere Gußstücke unterbaut werden, da sie bei zu starker Vorwärmung Neigung zum Durchbrechen erkennen lassen.

9. *Gießschweißung*

Über Gießschweißungen, z. B. zum Verbinden von Al-Kabeln, berichteten *Rostosky* und *Heinemann*. Man erspart sich den Geräteaufwand auf der Baustelle, so wie er für die Schmelzschweißung benötigt wird. Man unterscheidet das *Durchgieß- und Aufgießverfahren*. Das Al-Schmelzgut wird im Graphittiegel erschmolzen (Montageofen oder Feldschmiede). Für das Durchgießverfahren hat die Form, die geringer als beim Aufgießverfahren vorgewärmt zu werden braucht, einen Abfluß. Die Gießtemperatur für Aufgüsse aus Reinalu, z. B. bei Kabelverbindungen, beträgt 850 bis 900° C. Das Flußmittel wird vorher mit Stearin oder Paraffin vermischt. Hierdurch wird das gute Haften des Flußmittels am leicht erwärmten Kabel erzielt. Außerdem entsteht durch Verdampfung eine sauerstoffarme Schutzgasatmosphäre. Auch Bepinseln der meist geteilten Forminnenfläche mit etwas Öl schafft eine sauerstoffarme Schutzgas-Gießatmosphäre. Die Kabel erhalten gegen Wärmeschädigung der Isolierungen Schutzbleche oder Kühlklötze. Auch teigig erstarrende Al-Hartlote werden angewendet. Die dadurch z. B. für elektrische Leiterschienen bedingte Widerstandsverminderung wird durch etwa 20% Querschnittserhöhung des Gießwulstes ausgeglichen.

Die Gießschweißung ist oft auch bei höher festen, z. B. AlMg 7- und AlMg 9-Legierungen größerer Querschnittsdicken angewendet worden, um ein Aufblähen der nahtnahen Partien des Grundwerkstoffes zu unterbinden. Die Gießschweißung schmilzt etwa analog der Thermitgießschweißung (siehe Bd. I, S. 1119, Bild 4) den Grundwerkstoff schnell auf, d. h., die Erwärmungsdauer nach Solidus ist für die anschließenden Werkstückgebiete neben der Naht relativ gering. Eine Nachbehandlung, z. B. mechanisches Hämmern, im Sinne einer „Rekristallisationsvergütung" erfolgt meist nicht. — Eine Abart der Gießschweißung ist die Al-Thermitschweißung, benannt „Magthermschweißung", ebenfalls angewandt für Kabelschweißungen.

10. Zusatzwerkstoffe

Mit diesen, z. B. für Feinbleche, befaßte sich ausgiebig *Erdmann-Jesnitzer* (4).

a) Das Schweißen mit verschiedenen Zusatzdrähten

Im chemischen Leichtmetallbehälter- und Rohrleitungsbau kommen vielfach Schweißverbindungen vor, die verschiedene Leichtmetallegierungen miteinander verbinden. So werden des öfteren z. B. an Reinaluminiumrohren in der Festigkeit höher liegende AlMg 5-Dichtkegel angeschweißt. Es werden auch Stutzen an kleineren und größeren Behältern angeschweißt, die aus Gründen der Billigkeit aus Sand- oder Kokillenguß hergestellt wurden. Zur Verschweißung kann ein AlSi-Draht mit 5%Si bevorzugt angewendet werden. Dieser fließt infolge des niedrigen Schmelzpunktes gut und bindet zufriedenstellend. Es ergeben sich jedoch die folgenden Nachteile:

Die erzielbaren Festigkeitswerte befriedigen nicht immer. Bei Instandsetzungsschweißungen von undichten Nahtstellen (beobachtet bei Rohrleitungen und Kanistern), die erfahrungsgemäß, z. B. bei AlMg-Blechen, nicht immer vermeidbar sind, läßt sich eine mit AlSi 5-Draht geschweißte Naht durch Nachschweißen nicht immer porenfrei ausführen (Wasserstoffeinfluß).

Die Porigkeit nimmt mit steigenden Aufschmelzungen meist in der nahen Umgebung der Reparaturstelle und auf der dem Flammenkegel gegenüberliegenden Seite zu. Es treten Schrumpfrisse in deren Nähe auf.

Die Frage nach der für verschiedene Al-Legierungen untereinander zu verschweißende, in bezug auf die Festigkeitswerte und den Gefügebefund günstigsten Schweißdrahtlegierung ist daher wesentlich.

Zu diesem Zwecke wurden von *Erdmann-Jesnitzer* fünf verschiedene in Zahlentafel 6 aufgeführte Bleche, 1,5 mm dick, aus Aluminiumknetlegierungen sowie Reinaluminium und eine Siluminlegierung mit 4 verschiedenen in der Zahlentafel 7 angegebenen Zusatzdrähten verschweißt. 400×200 m lange und 1,5 mm dicke Bleche, Stumpfstoß (Brenner 2).

Blech-Leg. Nr. (Bez.)	1	2	3 (AlMgSi)	4 (AlSi 13)	5 (AlMg 5)	6 (AlMgMn)	7 (Al 99,5)
1	—	AlSi 5 Leg. 2	AlSi 5 Leg. 2	AlSi 5 Leg. 2	AlSi 5 Leg. 2 AlMg 5	AlSi 5 Leg. 2	AlSi 5 Leg. 2
2 (AlMg 3Si)	AlSi 5 Leg. 2	—	AlSi 5 Leg. 2	AlSi 5 Leg. 2	AlSi 5 Leg. 2 AlMg 5	AlSi 5 Leg. 2 AlMg 5	AlSi 5 Leg. 2
3 (AlMgSi)	AlSi 5 Leg. 2	AlSi 5 Leg. 2	AlSi 5	—	AlSi 5 Leg. 2	AlSi 5 Leg. 2	AlSi 5 Leg. 2 AlMg 5

Blech-Leg. Nr. (Bez.)	1	2	3 (AlMgSi)	4 (AlSi 13)	5 (AlMg 5)	6 (AlMgMn)	7 (Al 99,5)
4 (AlSi 13)	AlSi 5 Leg. 2	AlSi 5 Leg. 2	—	AlSi 5	AlSi 5 Leg. 2	AlSi 5 Leg. 2	AlSi 5 Leg. 2 AlMg 5
5 (AlMg 5)	AlSi 5 Leg. 2 AlMg 5	AlSi 5 Leg. 2 AlMg 5	AlSi 5 Leg. 2	AlSi 5 Leg. 2	—	AlSi 5 Leg. 2 AlMg 5 AlMgMn	AlSi 5 Leg. 2 AlMg 5
6 (AlMgMn)	AlSi 5 Leg. 2	AlSi 5 Leg. 2 AlMg 5	AlSi 5 Leg. 2	AlSi 5 Leg. 2	AlSi 5 Leg. 2*) AlMg 5**) AlMgMn†)	—	AlSi 5 Leg. 2
7 (Al 99,5)	AlSi 5 Leg. 2	AlSi 5 Leg. 2	AlSi 5 Leg. 2 AlMg 5	AlSi 5 Leg. 2 AlMg 5	AlSi 5 Leg. 2 AlMg 5	AlSi 5 Leg. 2	AlSi 5

*) wie Blech-Leg. Nr. 2 (Leg. AlMg 3Si) **) wie Blech-Leg. Nr. 5 (Leg. AlMg 5)
†) wie Blech-Leg. Nr. 6 (Leg. AlMgMn)

Zahlentafel 6. Schweißprogramm

	Nr. der Legierung	Mg %	Si %	Mn %	Cu %	Fe %	Al
Blech	1 (~AlMg 3 Si)	3,24	0,80	0,11	0,01	0,34	Rest Al
	2 (~AlMg 3 Si)	3,50	0,65	0,62	0,05	0,35	
	3 (AlMgSi)	0,92	0,98	0,74	—	0,21	
	5 (AlMg 5)	5,25	0,18	0,24	0,02	0,31	
	6 (AlMgMn)	2,51	0,34	1,19	0,05	0,45	
Schweiß-draht	Leg. AlSi 5		4,80				
	2 (~AlMg 3 Si)	3,38	0,70	0,40	—	—	
	5 (AlMg 5)	4,51	0,18	0,50	—	—	

Zahlentafel 7. Ermittelte chemische Analysenwerte der Versuchsbleche und Schweißdrähte*)

Aus den Schweißverbindungen wurden Zerreißstäbe mit einer Breite von 15 mm senkrecht zur Naht entnommen. Die Schweißraupe wurde belassen. — Die Schweißraupenzone wurde stets in die Meßlänge einbezogen. Die erhaltenen Festigkeitswerte sind in den Bildern 36 bis 39 dargestellt. In diesen Bildern sind als Abszisse die Blechpaarungen kolonnenweise aufgeführt. Innerhalb dieser ist angegeben, mit welcher Drahtlegierung geschweißt wurde; z. B. bedeutet in Bild 36, I. Kolonne, erste Drahtsorte, daß die Blechsorten Leg. 5 mit Reinaluminium und dem AlSi 5-Zusatzdraht verbunden wurden. Angegeben wurde der jeweilige Streubereich und der arith-

*) AlSi 13 (13% Si) Siluminplatten wurden abgegossen und auf 1,5 mm Dicke abgehobelt.

metische Mittelwert. Aus sämtlichen Schweißnähten wurden je Versuchsblech 3 Schliffproben entnommen und deren Gefügebefund ermittelt.

Bild 36

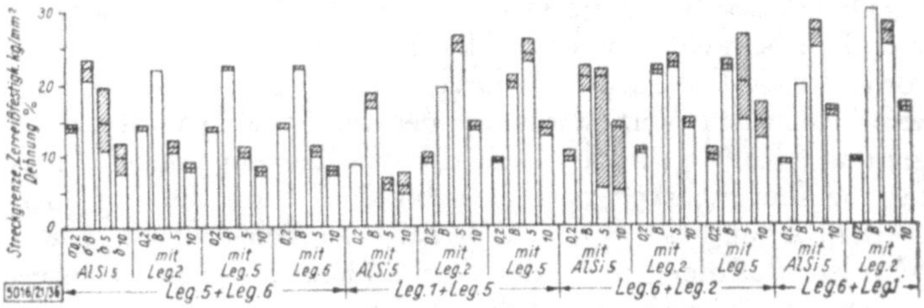

Bild 37

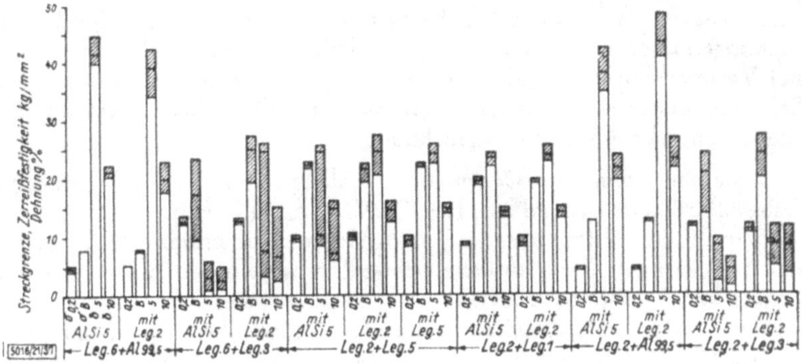

Bild 38

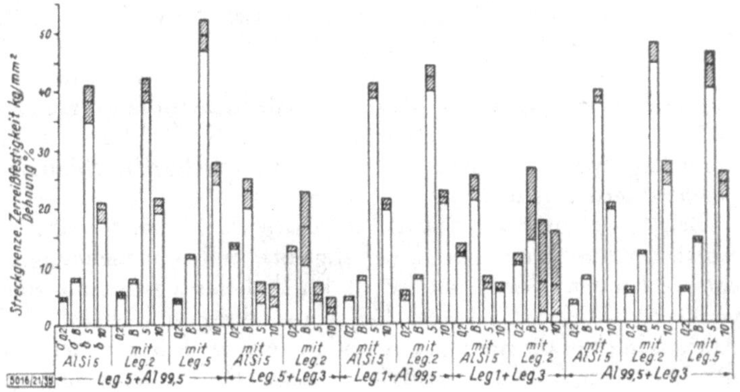

Bild 39

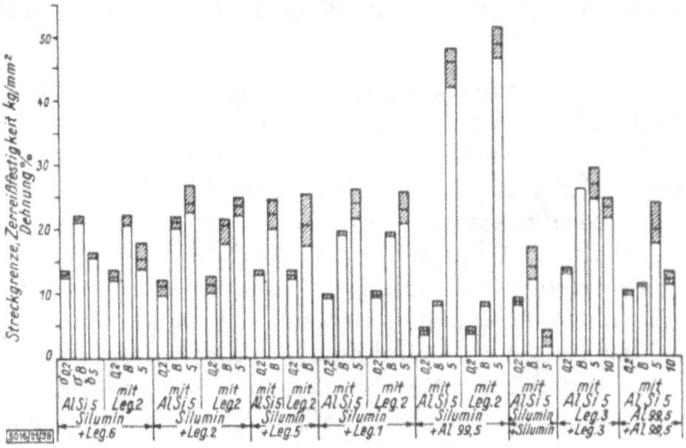

Bilder 36 bis 39.
Mechanische Festigkeitswerte von gasgeschweißten Stumpfnähten verschiedener Blechpaarungen unter Verwendung unterschiedlicher Schweißstablegierungen (unbearbeitete Schweißraupe quer in Mitte Stab, Streckgrenze aus den Diagrammen entnommen, Streubereich schraffiert)

α) Ergebnis

Bevor eine Besprechung der an den verschiedenen Legierungskombinationen erhaltenen Ergebnisse erfolgt, soll zunächst festgestellt werden, daß ein Übergang von dem Schweißdraht Leg. AlSi 5 auf den Schweißdraht Leg. 2 auf Grund der vorliegenden Ergebnisse als durchaus erwünscht angesehen werden muß, da sich verschiedentlich Verbesserungen der mechanischen Gütewerte ergeben. Die Legierung AlCuMg wird am Ende des Abschnittes gesondert behandelt. Als Kriterium für die Brauchbarkeit des Schweißdrahtes kann die Lage des Bruches angesehen werden. Erfolgt der Bruch außerhalb der Schweißnaht, z. B. in der WEZ (d. h. Wärmeeinflußzone), so ist der Schweißdraht als geeignet anzusprechen. Hierbei ist jedoch stets zu beachten, daß diese Wertung nur für das angewandte Schweißverfahren (hier Gasstumpfschweißung) Gültigkeit besitzt. Nach bereits durchgeführten Untersuchungen ist erwiesen, daß z. B. bei Bördelschweißung an Blechen aus der Legierung 2 bei Verwendung von Draht der Legierung 2 die Brüche stets im Übergang von der Schweißraupe zum Blech auftreten, während die Brüche beim autogenen Stumpfschweißen auch im Blech liegen können.

Autogene Stumpfschweißverbindung: AlMg 5 mit Leg. 6 (AlMgMn) mit den vier Schweißdrähten: Leg. AlSi 5, Leg. 2, AlMg 5, AlMgMn.

Der Bruch erfolgte stets auf AlMgMn-Seite innerhalb der WEZ und außerhalb der Schweißnaht. Für sämtliche Schweißdrähte wurden praktisch die gleichen mechanischen Gütewerte ermittelt.

Abfall der mechanischen Güteziffern gegenüber den Bezugswerten: Streckgrenze 16%, Zugfestigkeit 6,5% und Bruchdehnung 37%.

Autogene Stumpfschweißverbindung: Leg. 1 mit Leg. 5 (AlMg 5) mit den drei Schweißdrähten Leg. AlSi 5, Leg. 2 AlMg 5.

Der Bruch erfolgte stets auf Leg. 2-Seite, bei Verwendung von Schweißdraht Leg. AlSi 5 lag er stets im Übergang von der Schweißraupe zum Blech, bei den beiden anderen Schweißdrähten stets außerhalb der WEZ. Hieraus folgt, daß der Schweißdraht Leg. AlSi 5 bei dieser autogenen Stumpfschweißverbindung als ungeeignet angesehen werden muß.

Bei Verwendung von Schweißdraht Leg. AlSi 5 war bei einem nur unwesentlichen Abfall der Streckgrenze ein Zugfestigkeits- und Bruchdehnungsabfall gegenüber den entsprechenden Werten an Leg. 1 im Anlieferungszustand von rund 13,5% bzw. von rund 74% festzustellen. Bei Verwendung von Schweißdraht der Leg. 2 und AlMg 5 blieben die mechanischen Gütewerte praktisch in der gleichen Höhe wie bei der Leg. 1 im Anlieferungszustand. Bezüglich der etwas niedrigeren Bruchdehnung ist zu berücksichtigen, daß infolge der belassenen Schweißraupe eine Dehnbehinderung auftritt.

Autogene Stumpfschweißverbindung: Leg. 6 (AlMgMn) mit Leg. 2 mit Schweißdraht Leg. AlSi 5, Leg. 2, AlMg 5.

Der Bruch erfolgte bei Verwendung von Schweißdraht Leg. AlSi 5 und Leg. 2 stets auf der Leg. 2-Seite, bei Schweißdraht Leg. AlSi 5 zum Teil im Übergang von der Schweißraupe zum Grundwerkstoff, bei Verwendung von Schweißdraht AlMg 5 zur Hälfte auch auf der Leg. 6 (AlMgMn)-Seite.

Die Festigkeitswerte zeigen praktisch keinen Abfall gegenüber den Bezugswerten im Anlieferungszustand, während die Dehnungswerte den üblichen auf die Dehnbehinderung zurückzuführenden Abfall zeigen. Nur bei Verwendung von Schweißdraht Leg. AlSi 5 ist er bei den im Übergang von der Schweißraupe zum Grundwerkstoff gerissenen Zerreißstäben erheblich größer und beträgt 75%.

Autogene Stumpfschweißverbindung: Leg. 6 (AlMgMn) mit Leg. 1 mit den Schweißdrähten Leg. AlSi 5 und Leg. 2.

Der Bruch erfolgte bei Verwendung von Schweißdraht 2 stets in der freien Länge des Bleches auf der Leg. 1-Seite, bei der Verwendung von Schweißdraht Leg. AlSi 5 auch in einem Falle im Übergang von der Schweißraupe zum Blech. Bis auf diese Ausnahme sind beide Schweißdrähte als gleichwertig anzusprechen. Ein nennenswerter Abfall der mechanischen Gütewerte ist nicht zu beobachten.

Autogene Stumpfschweißverbindung: Leg. 6 (AlMgMn) mit Al 99,5 mit den Schweißdrähten Leg. AlSi 5 und Leg. 2.

Der Bruch erfolgte stets auf der Al-Seite innerhalb der freien Länge. Die mechanischen Güteziffern sind bei Verwendung der beiden Schweißdrähte praktisch gleich. Infolge der Schweißwärme findet ein beträchtlicher Abfall von Streckgrenze und Zugfestigkeit und ein entsprechender Anstieg der Bruchdehnungswerte gegenüber den Bezugswerten des gerichteten Al 99,5 im Anlieferungszustand statt, er beträgt 68%.

Abfall der mechanischen Güteziffern gegenüber den Bezugswerten: Streckgrenze 50% und Zugfestigkeit 30%.

Autogene Stumpfschweißverbindung: Leg. 6 (AlMgMn) mit Leg. 3 (AlMgSi) mit den Schweißdrähten Leg. AlSi 5 und Leg. 2.

Der Bruch trat stets auf der Leg. AlMgSi-Seite ein, bei Verwendung der Leg. AlSi 5 dagegen nur im Übergang von der Schweißraupe zum Blech und bei Verwendung von Leg. 2 auch im freien Blech. Dementsprechend liegen Zugfestigkeit und Bruchdehnung im ersten Fall wesentlich niedriger als die entsprechenden Leg. AlMgSi-Werte im Anlieferungszustand.

	Schweißdraht Leg. AlSi 5	Schweißdraht Leg. 2
Streckgrenze	7%	7%
Zugfestigkeit	35,5%	6%
Bruchdehnung	89%	37,5 bzw. 71,5%

Autogene Stumpfschweißverbindung: Leg. 2 mit Leg. 5 (AlMg 5) mit den Schweißdrähten Leg. AlSi 5 — Leg. 2 — AlMg 5.

Der Bruch trat mit einer Ausnahme (bei Schweißdrahtleg. AlSi 5) stets auf der Leg. 2-Seite auf. Bei diesem Schweißdraht waren auch zur Hälfte Brüche im Übergang von der Schweißraupe zum Blech zu beobachten, während beim Schweißdraht Leg. 2 nur ein solcher Bruch und beim Schweißdraht AlMg 5 kein derartiger Bruch zu beobachten war. Streckgrenze und Zugfestigkeit erreichen im allgemeinen die Bezugswerte, bei den Proben mit Bruch im Übergang tritt eine starke Abminderung der Bruchdehnungswerte auf.

Autogene Stumpfschweißverbindung: Leg. 2 mit Leg. 1 mit den Schweißdrähten Leg. AlSi 5 — Leg. 2.

Der Bruch ist stets auf der Leg. 1-Seite in der freien Länge. Es tritt eine unwesentliche Verminderung von Streckgrenze und Zugfestigkeit gegenüber den Bezugswerten auf, und zwar für beide Schweißdrähte etwa in gleicher Höhe. Die Bruchdehnung ist bei der Berücksichtigung der Dehnbehinderung durch die Raupe normal.

Autogene Stumpfschweißverbindung: Leg. 2 mit Al 99,5 mit den Schweißdrähten Leg. AlSi 5 — Leg. 2.

Der Bruch liegt stets auf der Al-Seite in der freien Länge. Es ist eine starke Erniedrigung der Streckgrenze der Verbindung zu verzeichnen, sie beträgt im Mittel 59% bei etwas gehobener Zugfestigkeit und der erheblichen Verbesserung der Bruchdehnung von 81%.

Autogene Stumpfschweißverbindung: Leg. 2 mit Leg. AlMgSi mit den Schweißdrähten Leg. AlSi 5 - Leg. 2

Der Bruch liegt stets auf der Leg. AlMgSi-Seite im Übergang von der Schweißraupe zum Blech, mit einer Ausnahme bei Verwendung von Schweißdraht Leg. 2. Abfall der mechanischen Gütewerte gegenüber den Bezugswerten:

	Schweißdraht Leg. AlSi 5	Schweißdraht Leg. 2
Streckgrenze	12,5%	18%
Zugfestigkeit	22,5%	9,5%
Bruchdehnung	81%	63,5%

Autogene Stumpfschweißverbindung: Leg. 5 (AlMg 5) mit Al 99,5 mit den Schweißdrähten Leg. AlSi 5 — Leg. 2 — Leg. 5 (AlMg 5).

Der Bruch liegt stets auf der Al-Seite in der freien Länge. Es ist ein starker Abfall der Streckgrenze und Zugfestigkeit bei Verwendung von Schweißdrähten Leg. AlSi 5 und Leg. 2 mit entsprechendem Bruchdehnungsanstieg zu verzeichnen, bei Verwendung von Schweißdraht AlMg 5 erfolgt nur ein Abfall der Streckgrenze, während die Zugfestigkeit in alter Höhe verbleibt. Die Bruchdehnung ist dagegen stark erhöht.

Autogene Stumpfschweißverbindung: Leg. 5 (AlMg 5) mit Leg. AlMgSi mit den Schweißdrähten Leg. AlSi 5 — Leg. 2.

Der Bruch liegt stets im Übergang auf der Leg. AlMgSi-Seite. Abfall der mechanischen Güteziffern gegenüber den Bezugswerten:

	Schweißdraht Leg. AlSi 5	Schweißdraht Leg. 2
Streckgrenze	3,5%	5%
Zugfestigkeit	14%	38%
Bruchdehnung	81%	88%

Autogene Stumpfschweißverbindung: Leg. 1 mit Al 99,5 mit den Schweißdrähten Leg. AlSi 5 — Leg. 2.

Der Bruch liegt stets auf der Al-Seite in der freien Länge. Die Streckgrenze und Zugfestigkeit erleiden praktisch keinen Abfall, die Bruchdehnung zeigt einen geringen Anstieg.

Autogene Stumpfschweißverbindung: Leg. 1 mit Leg. AlMgSi mit den Schweißdrähten Leg. AlSi 5 — Leg. 2.

Der Bruch liegt stets auf der Leg. AlMgSi-Seite im Übergang von der Schweißraupe zum Blech mit einer Ausnahme bei Verwendung von Leg. AlSi 5.

Ein Abfall der mechanischen Gütewerte gegenüber den Bezugswerten ist in beiden Fällen nicht zu verzeichnen.

Autogene Stumpfschweißverbindung: Al 99,5 mit Leg. AlMgSi mit den Schweißdrähten Leg. AlSi 5 — Leg. 2 AlMg 5.

Der Bruch liegt stets auf der Al-Seite in der freien Länge. Es tritt, vermutlich in Abhängigkeit von der Brennerführung, ein starker Abfall der Streckgrenze und Zugfestigkeit bei Schweißdraht Leg. AlSi 5 auf und ein weniger starker Abfall von Streckgrenze bei gleichbleibender Zugfestigkeit bei den Schweißdrähten Leg. 2 und AlMg 5. Die Bruchdehnungswerte sind stark erhöht.

Die Festigkeitswerte für die seltener vorkommenden Siluminverbindungen (AlSi 13) mit AlMgMn, Leg. AlMgSi, Leg. 1 und Al 99,5 sind aus dem Bild 39 ersichtlich; vermerkt sind auch die entsprechenden Bezugswerte. Die Bezugswerte aller Legierungen sind in Zahlentafel 8 übersichtlich zusammengestellt.

Leg. Nr.	Streckgrenze kg/mm²	Bruchfestigkeit kg/mm²	Dehnung		Verhältniswert δ_{10}/δ_5*)
			δ_{10}%	δ_5%	
1 ~ (AlMg 3Si)	9,3	20,6	26,2	22,1	1,18
2 ~ (AlMg 3Si)	9,7 (soll mindest 10,0)	21,7	24,3	20,5	1,19
3 (AlMgSi)	13,7	26,7	27,3	23,8	1,15
4 (Silumin)	8,8	14,2	3,0	—	—
5 (AlMg 5)	16,2	28,6	25,3	22,0	1,14
6 (AlMgMn)	17,1	23,9	17,8	13,4	1,33
7 (Al)	10,4	11,5	20,4	12,4	1,65

*) Der Quotient δ_{10}/δ_5 ergab sich nicht als fester Wert einheitlich.

Zahlentafel 8. Bezugswerte der Versuchslegierungen. Festigkeitswerte ungeschweißt

Hier sei erwähnt, daß für G AlMgSi untereinander verschweißt der Schweißstab nach Leg. 2 ungeeignet ist.

β) *Praktische Erprobung*

Auf Grund des Festigkeits- und Gefügebefundes wurde im Großbehälterbau ein Schweißstab der Leg. 2 (AlMgSi) für das Blechbördel- (mit Zusatzdraht) und autogene Stumpfnahtschweißen der Legierungen AlMg 5, AlMgMn, AlMg3Si (alle drei Bleche, sowie AlMg3 unter und miteinander verschweißt) eingeführt, der sich durch guten Fluß auszeichnete und bewährte. Die Behälter entsprachen in der Druckprobe der geforderten Festigkeit und Dichtheit.

γ) *Schweißstablegierung für Bleche der Gattung AlCuMg (plattiert)*

Vorbemerkung: Die Legierung AlCuMg plattiert verschweißt besonders gut. Besonders die Stumpfnaht ergibt eine sehr flache gut verlaufende Raupe. Bei der Bördelnaht besteht die Gefahr, daß die Naht nach unten etwas zu stark durchsackt. Es sei empfohlen, den weichen ausgeglühten Zustand der Legierung anzuwenden für den Fall von Schweißkonstruktionen. Bei harten Blechen ist sonst die Bördelung nicht ohne Bildung von Anrissen möglich.

Im Hinblick auf heute noch vorhandene größere Mengen an AlCuMg-Blechen war zu klären, welcher Stablegierung für Bleche geringer Dicke dieser Legierung beim Verschweißen von Werkstoff mit Werkstoff der Vorrang bei Azetylen-Sauerstoffschweißungen von Bördel und Stumpfstößen zu geben ist. Als Vorversuch kann man die Neigung zur Schweißrissigkeit mittels Kreuzschweißproben ermitteln: Verschweißt werden dabei zwei gekreuzte Proben mit den Abmessungen 300×100 mm, 1,5 mm

Dicke. Die Proben sind trotz des weichen Ausgangszustandes der Legierung durchweg stark schweißrissig.

Zur Ermittlung der günstigsten Schweißstablegierungen wurden 1,5 mm dicke AlCuMg-Bleche, Zustand weich, mit den Stablegierungen AlMg3Si, AlMg3, AlMg5, AlSi5 und AlMgMn in Stumpf- und Bördelschweißungen miteinander autogen verschweißt. Die Festigkeitswerte werden an 20 mm breiten, senkrecht zur Naht entnommenen Stäben ermittelt. Die häufigste Bruchlage zeigt Bild 40.

Für Stumpf- und auch Bördelnähte gleich gut erwies sich die Drahtlegierung AlSi5, da der Bruch im Blech außerhalb der Wärmeeinflußzone lag. Die niederprozentigen Legierungen AlMg3Si, AlMg3 und AlMgMn ergaben ein günstiges Verhalten bei Stumpfnähten, versagten jedoch für Bördelnähte. Der AlMg5-Draht ergab die sehr ungünstige Bruchlage unmittelbar neben der Schweiße, während bei Bördelnähten wechselnde Brüche neben der Naht und auch im Blech ermittelt wurden. Die Drahtlegierung AlMg5 ist also für das Verschweißen von Blechen aus AlCuMg-Legierungen ebenso wie der Reinaludraht nicht geeignet. Die in den Bildern 40a bis d aufgeführten Festigkeitswerte müssen immer in Verbindung mit der Lage des Bruches zur Schweißnaht beurteilt werden. Dies gilt besonders bei Bördelnähten.

Es ist ein Übergang vom 5%igen AlSi-Schweißstab auf die Leg. 2 (AlMg3Si) festigkeitstechnisch von Vorteil und gefügemäßig ohne Nachteil. Die Legierung hat die bereits erwähnte Zusammensetzung:

Magnesium	3,4 bis 3,8%,	Nennwert 3,6%
Silizium	0,5 bis 0,7%,	Nennwert 0,6%
Mangan	0,3 bis 0,6%,	Nennwert 0,45%

Einzuhaltende Verunreinigungen:

$$Fe \leqq 0{,}5\%,\ Cu \leqq 0{,}1\% \text{ und } Zn \leqq 0{,}2\%.$$

Für 1,5 mm dicke Bleche der Legierung AlCuMg, Zustand weich, ergibt sich beim Verschweißen mit verschiedenen Schweißstablegierungen stark unterschiedliches Verhalten. Der AlSi5-Draht ist günstiger für autogene Stumpf- und auch Bördelnähte. Für Stumpfnähte sind auch die Stablegierungen AlMg3Si und AlMgMn anwendbar. *Reine Al-Drähte ohne Si-Zusatz erwiesen sich als ebenso ungünstig wie Drähte der Legierung AlMg5.* Es ist denkbar, daß hierbei die Kopplung Silizium-Wasserstoff-Schweißrissigkeit wieder mitspielt.

Ist vorstehend eine Legierungsentwicklung für Feinbleche beschrieben, so treten für größere Dicken zusätzliche Gesichtspunkte auf im Hinblick auf die große Dauer der Wärmeeinwirkung (nahtnahe Blasenausbildung, Korngrenzenwarmrisse in der erstgelegten durch Schrumpfung bzw. Dehnung der zweitgelegten Raupe [Ausnahme Gießschweißung]). Mit der Zunahme der Dicke muß jedenfalls die Sorgfalt in der Vor- und Nachwärmung steigen, um die erheblichen Schrumpfspannungen auch senkrecht zur Blechlänge des Werkstückes klein zu halten. Mit der Zunahme der Werkstück-, z. B. der Blechdicke, tritt aber der die Belastbarkeit der Naht bei statischer Belastung erhöhende Nahtwulst in den Hintergrund, und der Effekt einer Rekristallisationsvergütung (Hämmern — Weichglühen, eintretende Kornverfeinerung sowie thermische Ausheilung von Warmrissen im Schweißgut) tritt in den Vordergrund. Meist wird dann die Naht abgearbeitet. Oft ist es notwendig, deren Lage erneut, gegebenenfalls auch nach Deckanstrichen, aufzufinden, wozu magnetinduktive Verfahren mit Tastspulen dienen.

Ein oft legierungstechnisch verfolgter Wunsch ist es, die Gußstruktur des mechanisch unbehandelten und meist nach der Erstarrung mit Gußgrobkorn vorliegenden Schweißgutes durch Legierungszusätze, meist Spurenelemente, zu verfeinern (Keim-

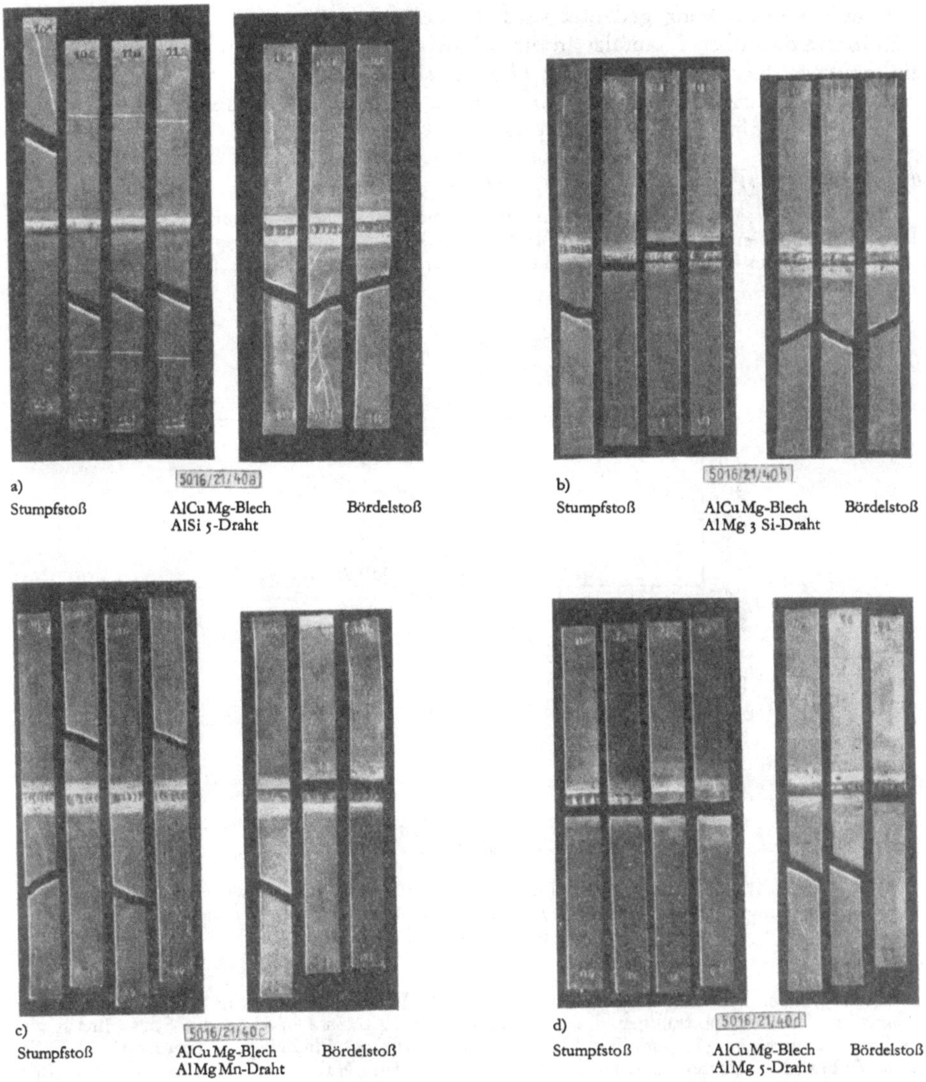

Bild 40 a bis d. Häufigkeit der Bruchlagen von Gasschmelzschweißungen von AlCuMg-Blech von 1,5 mm Dicke, plattiert in Stumpf- und Bördelschweißung mit verschiedenen Schweißstäben

wirkung). Es bewirken z. B. 0,05 bis 0,5% Mg-Zusatz zu Reinalu 99,9 bereits eine Kornverfeinerung.

Man kann nach einem französischen Patent 912 018 eine Aluminiumlegierung auch verbessern, indem man 0,05 bis 0,5% Beryllium zugibt. Man erreicht auch damit, daß eine merkbare Erniedrigung der Rekristallisationstemperatur eintritt, so daß man das Weichglühen bei niedrigen Temperaturen durchführen und alle Gefahr einer schädlichen Blasenbildung verringern kann. Bekannt ist ferner die kornverfeinernde Wirkung geringer Titanzusätze ($\sim$ 0,1 bis 0,15% Ti), die durch artfremde Keimwirkung gedeutet wird. Früher fehlte hierzu das metallische Titan, man führte dies über Titansalze in die Schmelze bei der Erstarrung der Zusatzdrähte ein, heute ist durch die vorhandene Titanmetallerzeugung Titan vorhanden. Auf die vielseitige Wechselwirkung von Spurenelementen in Al und Al-Legierungen kann im einzelnen hier nicht eingegangen werden.

b) Abbrandverlust an Legierungskomponenten

Mit dieser Frage, ob und wieviel Legierungsbestandteile beim Schweißen von Aluminiumlegierungen abbrennen, befaßte sich *Maier*. Um möglichst klare Aussagen machen zu können, untersuchte dieser zunächst Reinaluminium. Aluminium ist oft durch Eisen- und Silizium-

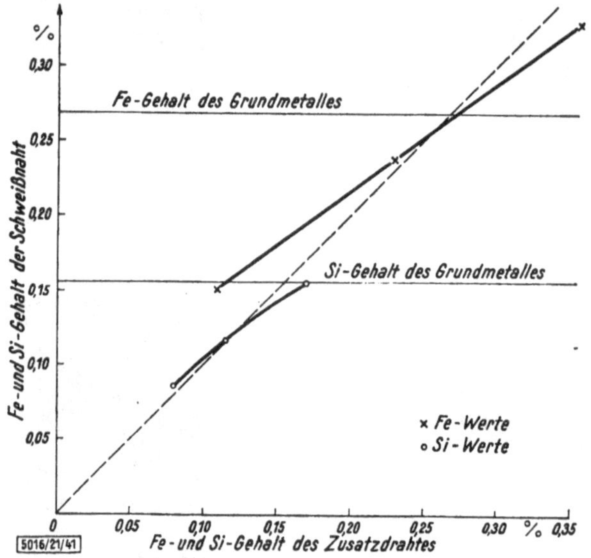

Bild 41. Abbrandverluste bei der Gasschweißung mit C_2H_2-O_2; nach *Maier* (Bemerkung: Die Verluste an Oxydation sind abhängig von der Flammeneinstellung, reduzierend — oxydierend — neutral)

gehalte verunreinigt. Das Ergebnis zeigt Bild 41. In diesem sind für Reinaluminium die chemischen Zusammensetzungen des Zusatzdrahtes als Abszisse und die der Schweißnaht als Ordinate aufgetragen (15 mm Blechdicke, C_2H_2-O_2-Flamme, Flußmittel „Autogal A").*) Falls kein Abbrand auftreten würde, lägen die Werte für Naht- und Zusatzdraht auf der 45°-Geraden. In Wirklichkeit liegen die Eisengehalte der Naht etwas oberhalb, falls der Zusatzdraht weniger Eisen enthält als der Grundwerkstoff, und etwas unterhalb der 45°-Geraden im umgekehrten Fall.

Beim Verschweißen tritt immer, je nach dem Schweißverfahren, der Nahtdicke und Vorbereitung Vermischung von Zusatzdraht mit ab- und eingeschmolzenen Blechkanten auf. Dadurch werden Ermittlungen zum Abbrand erschwert, falls man die Verluste für verschweißte Nähte und nicht, wie es exakter ist, nur für einfache Abschmelzungen des Zusatzwerkstoffes bestimmt. Die Verschmelzung wird auch deutlich, falls man höherfeste und legierte Al-Bleche mit Reinaludraht verschweißt. Dabei wird die Schweiße über den abschmelzenden Grundwerkstoff auflegiert. Verbindet man die in Bild 41 ermittelten Eisen- bzw. Siliziumgehalte, so wird für einen Zusatzdraht, der die gleichen Eisen- und Siliziumgehalte wie der Grundwerkstoff aufweist, ersichtlich, daß bei der Gasschmelzschweißung für Reinaluwerkstoff geringe Silizium- und Eisenabbrände stattfinden. Diese sind aber beachtlich gering.

*) Flußmittel für Aluminium der Firma „Griesheim-Autogen", Frankfurt/Griesheim.

Maier untersuchte ferner die Legierung AlMg 7 von 6 mm Blechdicke, die mit Draht-AlMg 7 sowie ebenfalls mit Draht-AlMg 9 verschweißt wurde. Das Ergebnis zeigt Zahlentafel 9.

	AlMg 7-Draht Abbrand in %		AlMg 9-Draht Abbrand in %	
	Mg	Mn	Mg	Mn
Blech	7,00	0,34	7,08	0,33
Draht	6,95	0,35	8,94	0,34
Naht	6,69	0,34	8,56	0,33

Zahlentafel 9. Chem. Zusammensetzung an Mg sowie Mn von Blech, Draht und Naht für gasgeschweißtes 6 mm-Blech der Legierung AlMg 7, verschweißt mit Draht-AlMg 7, sowie AlMg 9 nach *Maier*

Da der Schmelzpunkt des AlMg 9-Drahtes niedriger als der des AlMg 7-Bleches liegt (siehe Beitragsanfang), und außerdem 6 mm als relativ geringe Blechdicke anzusehen sind, tritt eine nennenswerte Vermischung nicht auf. Zu größeren Dicken würde der Vermischungsgrad jedoch ansteigen. Das Ergebnis der Zahlentafel 9 belegt, daß auch für Mg sowie Mn nennenswerte Abbrandverluste nicht auftreten.

Wichtig erschien es, diese für Reinaluminium- und AlMg-Bleche durchgeführten Untersuchungen auch für stärker siliziumhaltige Bleche, z. B. Silumin, sowie deutsche und amerikanische kupferhaltige Legierungen, die unter den gleichen Arbeitsbedingungen, d. h. Blechwerkstoff mit gleichem Drahtwerkstoff, gasgeschweißt wurden, auszudehnen. Den Abbrand dafür gibt nach *Maier* Zahlentafel 10 wieder.

Chemische Zusammensetzung in % einzelner Elemente						
Legierung*)	Si	Cu	Zn	Si	Cu	Zn
Silumin	11,22	—	—	10,82[1])	—	—
	11,22	—	—	11,82[2])	—	—
„Deutsche Legierung"	—	4,68	8,13	—	4,66	7,94
„Amerikanische Legierung"	—	7,88	—	—	7,30	—
Bemerkung: [1]) ohne, [2]) mit Flußmittel (Autogal I) verschweißt.						

Zahlentafel 10. Si-, Cu- sowie Zn-Abbrand (8 mm-dicke Gußtafeln Werkstoff mit Werkstoff gasgeschweißt) für Silumin, kupferhaltige „Deutsche" und „Amerikanische Legierung", nach *Maier*

Für das Silizium ist der Abbrand beim Schweißen ohne Flußmittel etwas größer als mit Flußmittelverwendung, jedoch absolut gesehen unwesentlich und wiederum recht gering. Das leicht oxydierbare Zink der „Deutschen Legierung" hat eine geringere Abnahme erfahren als das Kupfer der „Amerikanischen Legierung".

Die bisherigen Versuchsergebnisse lassen erkennen, daß die Abbrandverluste bei der Gasschweißung gering sind. Voraussetzung für diese insgesamt gesehen unwesentlichen Legierungsverluste durch Abbrand ist für die Al-Leichtmetallschweißung jedoch immer die richtige Flammeneinstellung des Brenners.

Die insgesamt recht geringen und vernachlässigbaren Abbrandverluste können darin begründet sein, daß die Flamme einen Schutzgasmantel bilden könnte. Da z. B. Mangan bei Gasschweißungen von Baustählen recht erheblich abbrennen kann, wird ein Schutzgasmantel nicht das Wesentliche bei geringen Abbränden bei Leichtmetall sein. Das Wesentliche ist die große Affinität des Aluminiums zum Sauerstoff, die auch bei Aluminiumlegierungen im flüssigen Zustand besteht. Der zur Verbrennung des Siliziums, Eisens oder Kupfers zur Verfügung stehende Sauerstoff wird vorher durch das Al zu Al_2O_3 abgebunden. Da andererseits der Al-Anteil meist mehr als 90 Gewichtsprozent beträgt, ist dieser Abbrand anteilmäßig für

*) Vollständige Analysenangaben siehe Al-Taschenbuch, Alu-Zentrale Düsseldorf.

die Verschiebung des Gehaltes der Legierungsbestandteile unmerkbar gering. Das gleiche Ergebnis muß man für die Argonarc- sowie für die Sigma-Schweißung erwarten.

11. *Betriebsstoffverbrauchswerte*

Für die Planung und Kostenermittlung von Leichtmetallschweißungen betrieblich wesentlich ist der spezifische Gas-Sauerstoffverbrauch. Die in Band I von *Krug* S. 163 und 164 angegebenen Verbrauchswerte scheinen nach neueren Angaben der BEFA-Knapsack überholt und durch die in Bild 42a und b ersetzbar. Bezogen auf

Bild 42 a u. b. Betriebsstoffverbrauch, Schweißzeiten, Gesamt- sowie Teilkostenbeträge bezogen auf 1 m Nahtlänge für verschiedene Blechdicken bis max. 10 mm für Reinalu, nach BEFA/Knapsack (1951)

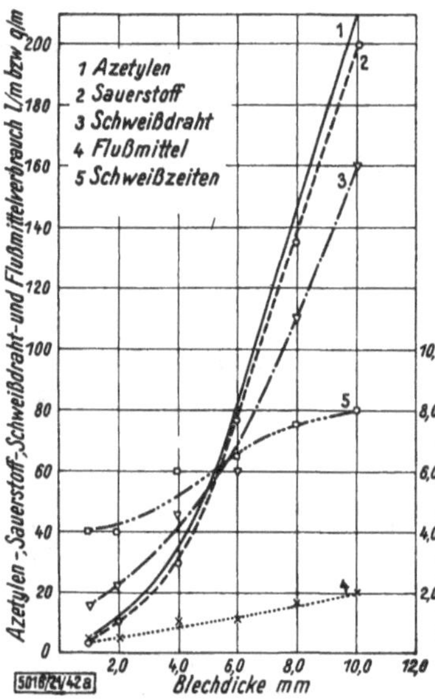

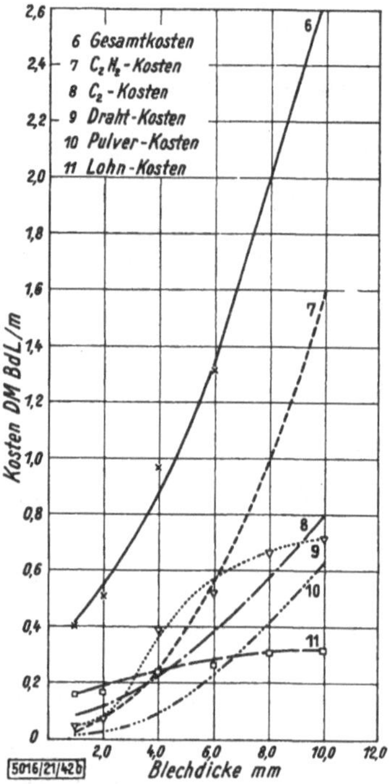

a) Kurve 1 = Azetylenverbrauch
Kurve 2 = Sauerstoffverbrauch
Kurve 3 = Schweißdrahtverbrauch
Kurve 4 = Flußmittelverbrauch
Kurve 5 = Schweißzeit (neue Schweißzeit ohne Nahtvorbereitung)

*) Autogal N, Griesheim-Autogen, Frankfurt/Main

b) Kurve 6 = Gesamtkosten
Kurve 7 = C_2H_2-Kosten (Flasche 2,50 DM/kg)
Kurve 8 = O_2-Kosten (—,80 DM/m³)
Kurve 9 = Draht-Kosten (5,— DM/kg)
Kurve 10 = Flußmittelkosten (Autogal N*) (39,— DM/kg)
Kurve 11 = Lohnkosten (2,50 DM/h)

1 m Nahtlänge geben dann diese für Al-Bleche die von der Blechdicke abhängigen Werte für den Verbrauch an Azetylen, Sauerstoff, Schweißdraht und Flußmittel. Ermittelt wurden ebenfalls die Schweißzeiten sowie die Gesamt- und Teilkosten in DM*)/Nahtmeter. Diese Werte differieren erheblich zu Angaben von *Zeerleder*, die er 1947 veröffentlichte. Die Mitteilung erfolgt daher ohne Gewähr, da der Herausgeber keine diesbezüglich eigenen Messungen durchführte. Zweifellos wird der Gas- und Sauerstoffverbrauch auch von der *Eignung des Schweißers* ebenso mitbestimmt, wie es für die Nahtgüte (z. B. Dehnung) vom Autor ermittelt wurde. Dieser Einfluß

*) Kalkulation, Preisstand 1951 in der Bundesrepublik.

wurde bei der Ermittlung der Werte gemäß Bild 42a und b aber bereits berücksichtigt. — Die Schweißzeit in min/m Nahtlänge für AlMg3Si-Bleche verschiedener Dicken für unterschiedliche Schweißverfahren, Autogen, Lichtbogenhandelektrode, Arcatom, Argonarc (von Hand) sowie Argonarc (automatisch) ermittelte neuerdings *Renner*. Dies zeigt Zahlentafel 11.

	Blechdicke in mm						
Schweißverfahren	1	2	3	4	5	6	8
Autogen	5 (20)	6 (16)	8 (12,5)	11 (9)	15 (7)	20 (5)	30 (3)
Lichtbogen	—	3 (30)	3 (30)	3—4 —	4 (25)	4—5	5 (20)
Arcatom	4 (25)	4 (25)	5 (20)	6—7 (15)	8 (12,5)	9 (11)	12 (8,5)
Argonarc (von Hand)	4 (25)	4 (25)	5 (20)	5 (20)	6 (16)	7 (14)	8 (12,5)
Argonarc (automatisch)	0,5 (200)	1 (100)	1,5 (66)	2 (50)	—	—	—

Zahlentafel 11. Schweißzeiten in Minuten für 1 m Nahtlänge, eingeklammerte Zahlen = Schweißgeschwindigkeit in cm/min., nach *Renner*

Für die Wechselwirkung Blechdicke — Schweißgeschwindigkeit gilt, wie unter B innerhalb der werkstofflichen Einführung ausgeführt und wie es auch u. a. *Zürbrügg* ermittelte, daß den „schnelleren" Schweißverfahren der Vorzug zu geben ist. Nach *Renner* ist es daher vorteilhaft bei der Gasschweißung, ≧ 3 mm dicke Bleche, falls konstruktiv möglich, mittels Doppelschweißung zu verbinden, Bild 43.

Vorteile: Schmale WEZ, geringer Verzug, Einsparung an Zusatzwerkstoff.

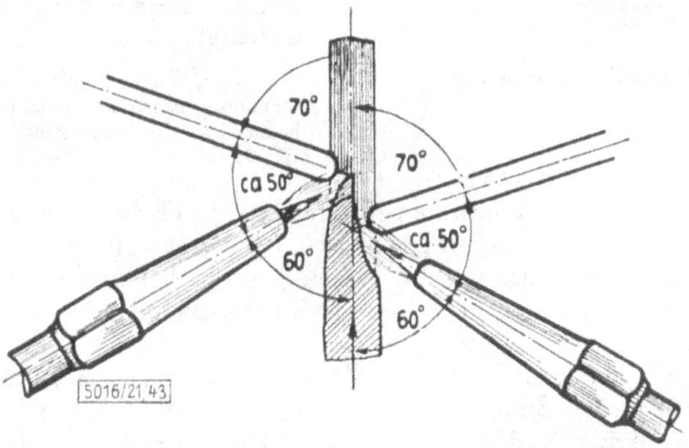

Bild 43. Doppelschweißung für Leichtmetalldickbleche zur Herabsetzung der Erwärmungsdauer, nach *Renner*

12. *Konstruktionsrichtlinien*

Der gegenüber Stahl und z. B. Kupfer wesentlich größere Ausdehnungskoeffizient der Aluminiumwerkstoffe (Zahlentafel 12) und das gegenüber Stahl vergrößerte Schwindmaß führen beim Schweißen zu starken Formänderungen, die sich jedoch zufolge des niedrigen E-Modul zwar nachteilig im Hinblick auf Spannungen und Rißgefahr auswirken, aber durch den E-Modul für Aluwerkstoffe nicht so stark auswirken können, wie anzunehmen wäre. Hinzu kommt die relativ geringe Schmelz- sowie damit Rekristallisations- und Erholungstemperatur, die, abgesehen von legierten Sonderalulegierungen, eine relativ zu Stahl gesehen geringe Warmstreckgrenze

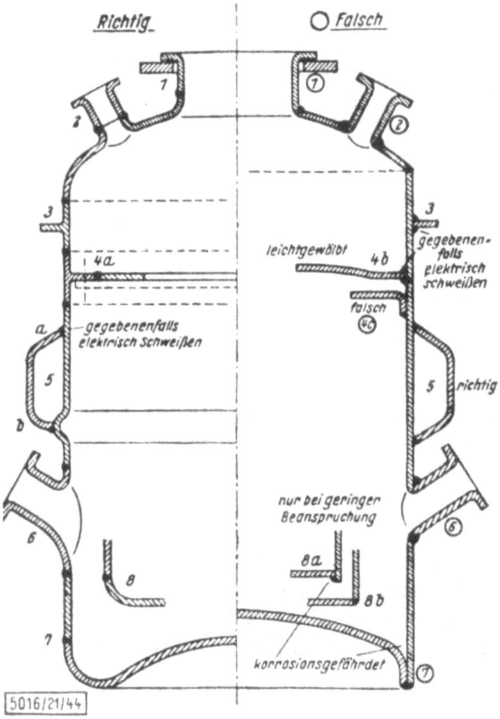

Bild 44. Schweißnahtanordnung

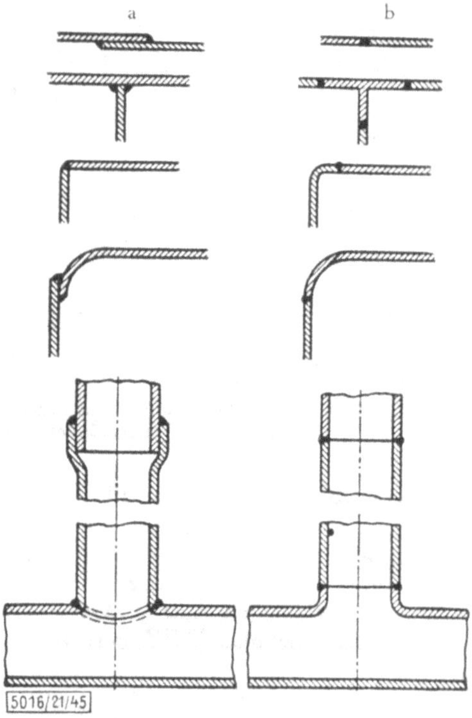

Bild 45. a) Wegen zusätzlich auftretender Beanspruchungen weniger brauchbare Ausführungen. b) Empfehlenswerte Ausführungen, nach *Brenner*

ergeben (siehe Deutsches Aluminium-Taschenbuch). Trotzdem muß dem dadurch konstruktiv begegnet werden, indem durch eckenfreie allmähliche Querschnittsübergänge freies Dehn- und Schrumpfvermögen gewährleistet ist. Beliebt sind bei Guß-Blechverbindungen auch sogenannte Dehnungssikken, z. B. ringförmige, die für Feinbleche ein Aushalsen ersetzen können. Stahl- gegenüber Al-Konstruktionen unterscheiden sich daher oft beide grundlegend voneinander, wofür in Bild 44 sowie nach *Brenner* (5) in den Bildern 45 und 46 treffende Beispiele gegeben wurden. Ein besonderer Vorteil ist für Aluwerkstoffe der Leichtformbau Bild 47 durch Einsatz von vielseitigen und den jeweiligen auch speziellen Verwendungszwecken anpaßbaren Leichtbauprofilen Bild 48, sowie der Möglichkeit leichter, spanloser Verformbarkeit

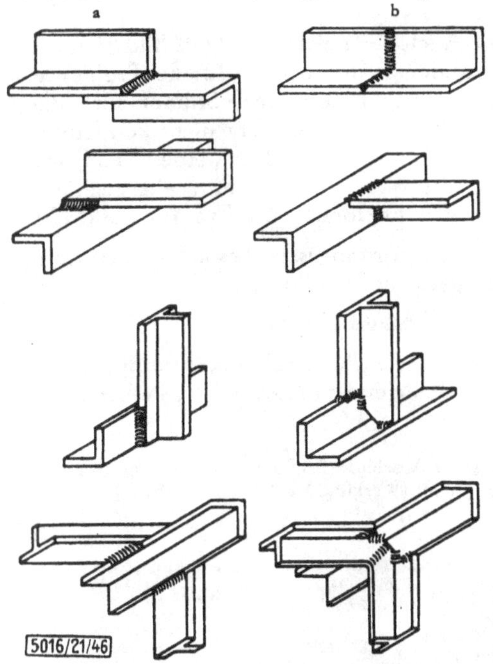

Bild 46. a) Weniger geeignete Verbindungen. b) Gute Verbindungen, nach *Brenner*

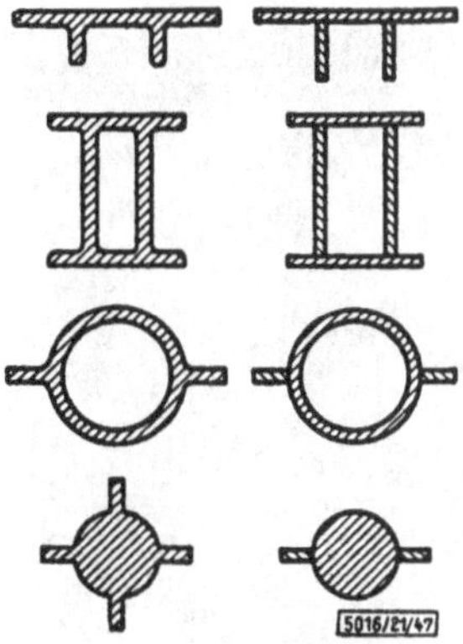

Bild 47. Gegenüberstellung von stranggepreßten Leichtmetallprofilen (links) und geschweißten Stahlprofilen, nach *Brenner*

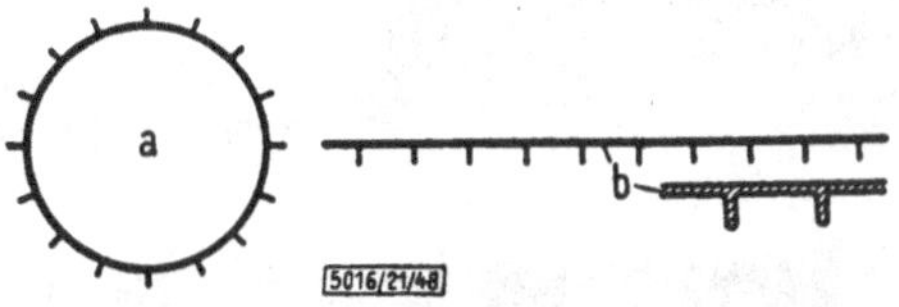

Bild 48. Punktgeschweißte und stranggepreßte Rippenbleche aus Aluminium — aus einem stranggepreßten Rohr (a) hergestellte Rippenbleche (b), nach *Brenner*

Bild 49. Gegenüberstellung von Leichtmetallbauteilen hergestellt durch spangebende Formung (links) und geschweißten Stahlbauteilen, nach *Brenner*

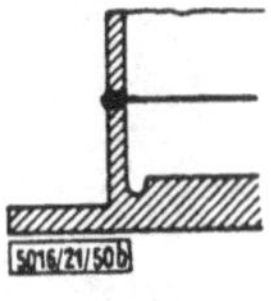

Bild 50. Verbindung von Boden und Mantel eines Kessels bei ungleichen Wanddicken (neue Ausführung), nach *Brenner*

a) = zur Schweißung vorbereiteter Kesselboden
b) = aufgebogene Lippe nach dem Verschweißen mit dem Kesselmantel

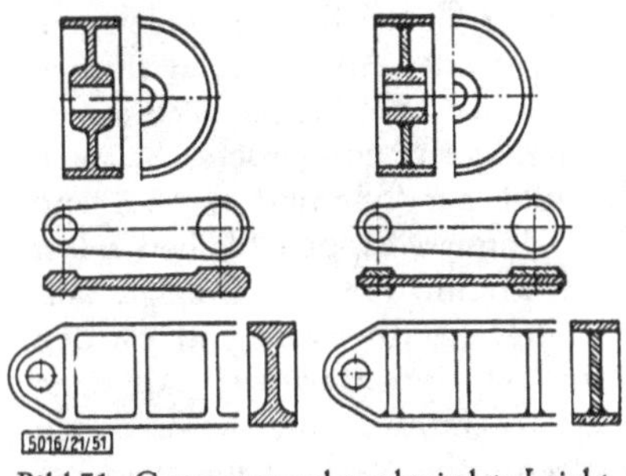

Bild 51. Gegossene und geschmiedete Leichtmetallteile (links) verglichen mit geschweißten Stahlblechteilen (rechts), nach *Brenner*

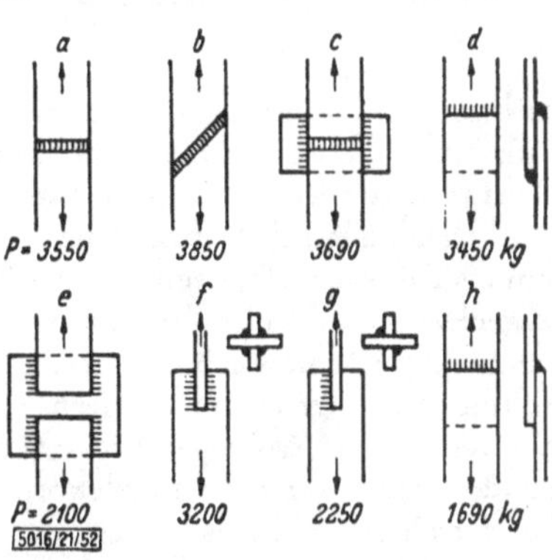

Bild 52. Festigkeit von Schweißverbindungen AlCuMg ausgehärtet; Autogenschweißung; Blechdicke 3 mm, nach *Brenner*

Bild 49 und 50. Auch der Leichtmetallguß Bild 51 sowie Verbundkonstruktionen Guß-Knetwerkstoffe (Profile) sei erwähnt. Für alle herrscht die normale Stumpfnaht senkrecht zur Zugkraft vor, falls die Naht nicht konstruktiv mit 45° Winkel zum Zug angeordnet werden kann, was gemäß Bild 52 die Sicherheit erhöht (siehe auch bei *Rädecker*, Wassergasschweißnaht, Bd. I, S. 708, Bild 25).

Ein wesentliches Grundgesetz besonders für Konstruktionen mit geringen Wanddicken ist:

Vermeide örtliche Nahtanhäufungen!

Strebenansätze in Rohrkonstruktionen werden daher versetzt oder mit genügendem Abstand der Nähte ange-

Bild 53a u. b. Versetzte Anschlüsse bei Rohrkonstruktionen Al-Legierung, autogen geschweißt (Werkfoto VLW Hannover/Bonn)

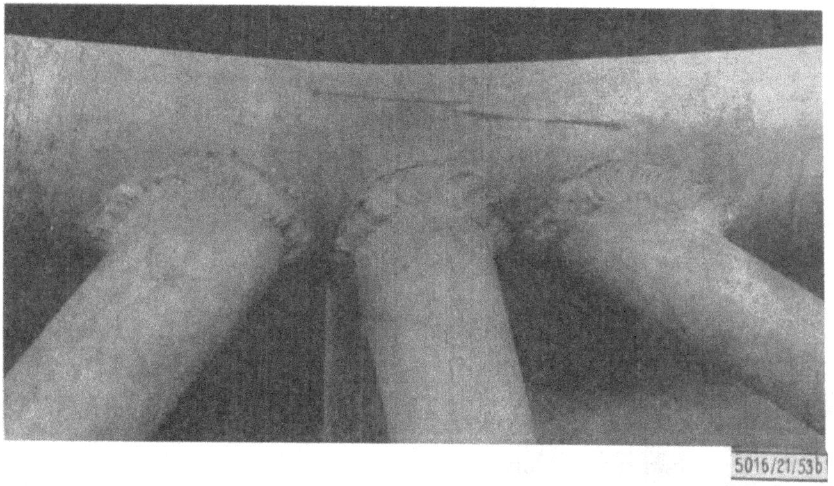

ordnet. (Bild 53a und b.) Kreuznähte sind ebenfalls zu vermeiden, besonders dann, falls außer Festigkeit noch Dichtigkeit auf Innendruck z. B. bei Rohrleitungen und Behältern für legierte Al-Werkstoffe gefordert sind. Auch das Anschweißen rippenähnlicher Teile führt oft zu einer erheblichen Rissigkeit, die nicht immer nach außen hin als Riß erkennbar sein muß. Bild 54a und b zeigten hierfür ein typisches Beispiel. Zwecks einwandfreier Bindung muß der runde Grundkörper (54a und b) genügend hoch vorgewärmt werden. Die demgegenüber relativ dünnen Rippen bleiben selbst rißfrei. Risse treten aber durch Schrumpfung interkristallin, wie Bild 3 zeigt, auf. Sie setzen die Abbiegefestigkeit der Rippen erheblich herab. Richtig ist es, den runden Preß- oder Schmiedekörper von vornherein mit rippenförmigen Ansätzen zu versehen, d. h. dafür zu sorgen, daß die zur Verschweißung kommenden Anschlußteile gleiche Wanddicke haben. Die für einfache Verbindungselemente bei Stahl-Leichtbaukonstruktionen ermittelten Gestaltfestigkeitswerte liegen mit Ausnahme von Konstruktionselementen für Sonderfertigungen des Luftfahrt- und

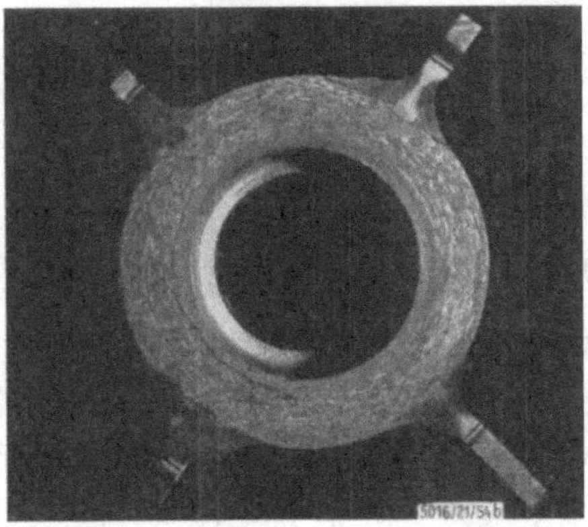

Bild 54a und b. Geschweißtes Spezialteil (Legierung AlMgMn mit AlMgMn) mit Rißbildung nach Anschweißen der Stegrippen (Werkfoto VLW Hannover/Bonn), siehe auch hierzu Bild 3
(Bemerkung: Für die 2 Schnittscheiben wurden Grobstrukturaufnahmen angefertigt, die den Rißbefund gemäß Bild 3 bestätigen)

Raketenbaues sowie empirisch ermittelt für den Waggonbau in geschlossener Darstellung noch nicht vor.

Werkstoff	Wichte	spez. Wärme	Schmelz-wärme	Schmelz-punkt	Wärme-leit-fähigkeit	linearer Ausdehn.-Koeffizient	Schwind-maß	Elastizitäts-Modul
	t/m^3	cal/g	cal/g	°C	$\frac{cal}{cm\ s\ °C}$	grd^{-1}	%	kg/cm^2
Aluminium	2,7	0,25	94,6	658	0,5	$23 \cdot 10^{-6}$	1,7	740 000
Kupfer	8,9	0,1	48,9	1084	0,92	$14 \cdot 10^{-6}$	2,0	1 200 000
Stahl	7,85	0,15	64	1540	0,13	$12 \cdot 10^{-6}$	1,2	2 100 000

Zahlentafel 12. Für das Schweißen wichtige physikalische Eigenschaften von Aluminium, Kupfer und Stahl

Oft ist es aus Gründen der Wirtschaftlichkeit ratsam, in einer Konstruktion mehrere verschiedene Schweißverfahren anzuwenden, wie Gasschweißung, Schutzgas-Elektroschweißung, Punkt- oder Rollennahtschweißung, wobei Versteifungssikken, die für den weichen Ausgangswerkstoffzustand mit einfachen Spezialmaschinen eingeformt werden können, die Gestaltfestigkeit ohne Werkstoffmehraufwand heraufsetzen und geeignet angebracht ebenfalls Beulgefahr durch Stöße abmindern helfen, Bild 55a u. b.

Wegen der zufolge der Al_2O_3-Schutzhaut gegenüber Stahl besseren Korrosionsbeständigkeit kann die aus Gründen der Gefahr des Durchrostens für Stahl angewendete Werkstoffmindestdicke von 3 mm bei Al-Werkstoffen erheblich unterschritten werden, falls keine Einbeulgefahr besteht. Erlauben höherfeste geschweißte Al-Legierungsbleche keine Sikken, so müssen Versteifungsrippen angepunktet werden. — Man strebt meist Schalenkonstruktionen freitragend ohne Halte-Grundrahmen an und ist wegen der gegenüber Stahl sowohl für Blech- als auch Strangpreß-

Bild 55a und b. Benzinkanister, zwei Halbschalen mit Sikken gepreßt, Versteifungssteg punktgeschweißt, Rohrhalbschalen und Stutzen gasgeschweißt (Werkfoto VLW Hannover/Bonn), Literaturangabe unter VLW S. 1765

ebenso wie Gußwerkstoff herabsetzbaren Wanddicke oft nahe dem „idealen" Leichtbau mit max. Leistungsgewicht. Daher ist verständlich der Einsatz aushärtbarer, d. h. hochfester z. B. AlZnMg-Legierungen und neuerdings auch in geklebter Ausführung mit Wärmebehandlungstemperaturen und Glühdauer für die Kunststoffkleber (siehe *Voigt*, Bd. III, Anhang) analog der Glühung des auszuhärtenden Grundwerkstoffes. Die Klebetechnik wird die Schweißung gerade bei den Aluwerkstoffen nach Ansicht des Verfassers in vielen Fertigungszweigen, wenn oft auch nicht immer für die Gesamt-, sondern wegen der Bauteilsperrigkeit und Größe meist für die Teil-Konstruktionen (Sektionsbauweise z. B. des englischen Flugzeugbaues) im nächsten Jahrzehnt und der Folgezeit ersetzen können (siehe anschließend „Vergleich Schweißen – Kleben – Nieten"). Dafür treten, falls die Wärmeverarbeitungstemperaturen beider, d. h. Kleber und Al-Werkstoff, aufeinander abgestimmt werden, nicht die in Bild 56a und b charakteristische Entfestigung kaltverformter, die Festigkeitszunahme (Bild 56b) sowie -abnahme (Bild 56a) ausgehärteter Al-Grundwerkstoffe auf. Legierungsentwicklungen im Sinne der automatisch eintretenden Kaltaushärtung von Naht- und Grundwerkstoff verstärkt und planmäßig auf Schweißkonstruktionen durchzuführen, erscheint notwendig. Dies deshalb, weil Glühbehandlungen (Lösungsglühen im α-Mischkristallgebiet, Abschrecken, Aushärtungsglühung oder Lagerung mit Kaltaushärtung) wegen der geringen Formsteifheit der Al-Werkstoffe in der Wärme zufolge der meist ausgesprochen dünnwandigen Leichtbaukonstruktionen erschwert sind. — Bei Verbindungsarbeiten von Leichtmetallen mit Stahl und anderen artfremden Werkstoffen einschließlich Holz sind neben dem notwendigen Korrosionsschutz (siehe auch *Brenner und Bleicher*, nachfolgend) die unterschiedlichen E-Moduli zu beachten, die bei Erwärmung oder auch Abkühlung ähnlich den Bimetallen erhebliche Spannungen ergeben können.

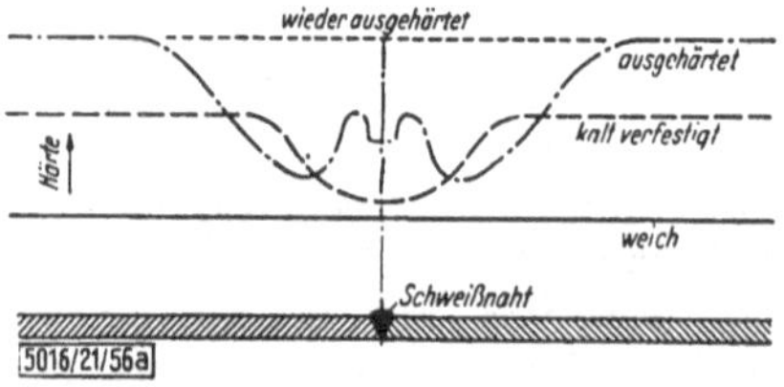

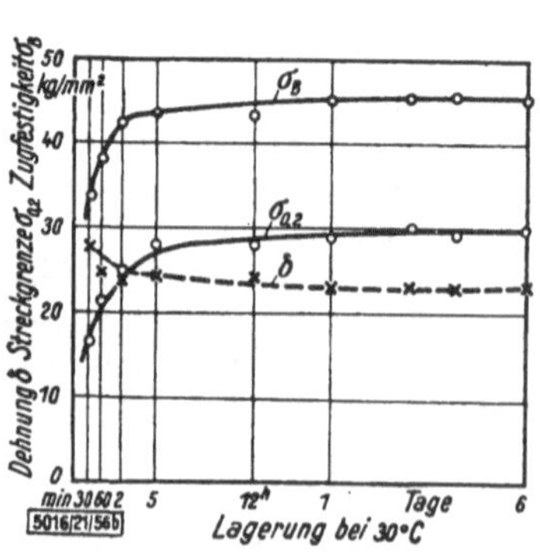

Bild 56a und b.

a) Härteverlauf quer zur Schweißnaht bei verschiedenen Ausgangszuständen des Werkstoffes (nach *Brenner*)
b) Eigenschaftsänderungen einer AlCuMg-Legierung nach dem Lösungsglühen und Abschrecken
Werkstoff: AlCuMg-Band, 1 mm Dicke, Glühtemperatur 500° C, Glühdauer 1 Std. (nach *Brenner*)

13. Festigkeitsverhalten

a) Statisch

Nach der Schweißung zeigt die Naht Gußgefüge, der Grundwerkstoff nahtnahe eine von den Arbeitsbedingungen abhängige Gefügeveränderung. Werden kaltverfestigte Bleche verschweißt, so treten neben der Naht eine von der Werkstückdicke, der Schweißgeschwindigkeit, der Geschwindigkeit der Entfestigung (Kornwachstum bei der Rekristallisation) sowie von der Flammengröße, deren Haltung und Flammeneinstellung und der Art der Schweißung (nach Rechts-, nach Linksschweißung) sowie dem Nahtaufbau (Nahtform

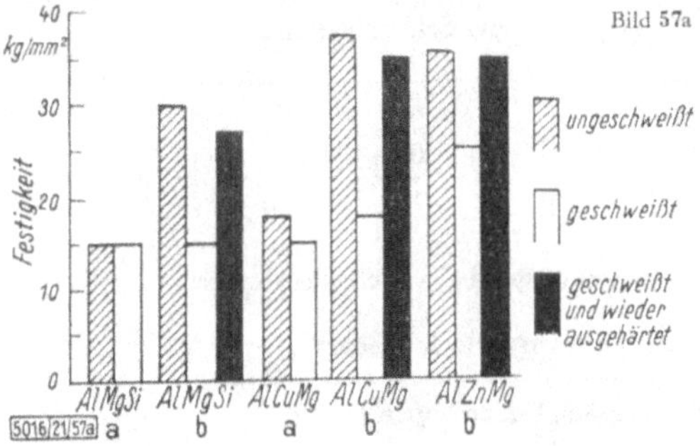

a) Festigkeitseinbuße durch Schweißen bei aushärtbaren Al-Legierungen a weich b ausgehärtet

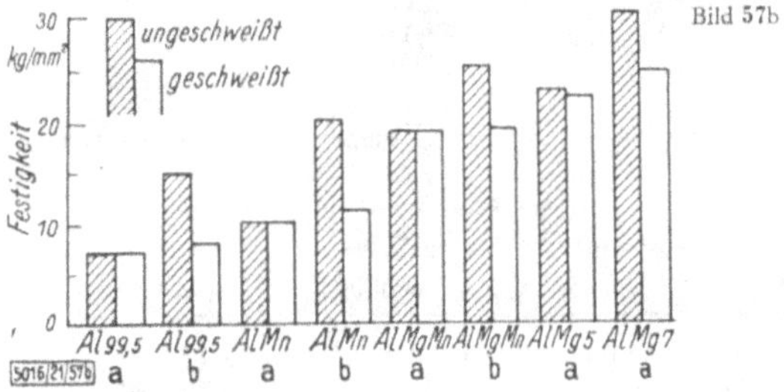

b) Festigkeitseinbuße durch Schweißen bei nicht ausgehärteten Werkstoffen
a weich b halbhart

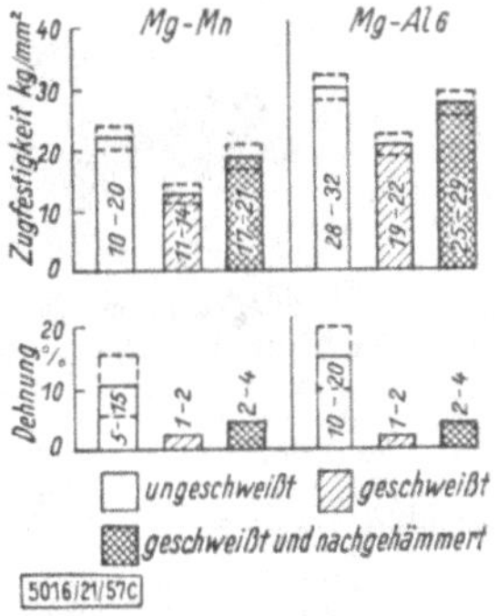

Bild 57c

c) Festigkeit (ungeschweißt, geschweißt, geschweißt und nachgehämmert) von MgMn und MgAl 6 (nach *Wurzel*)

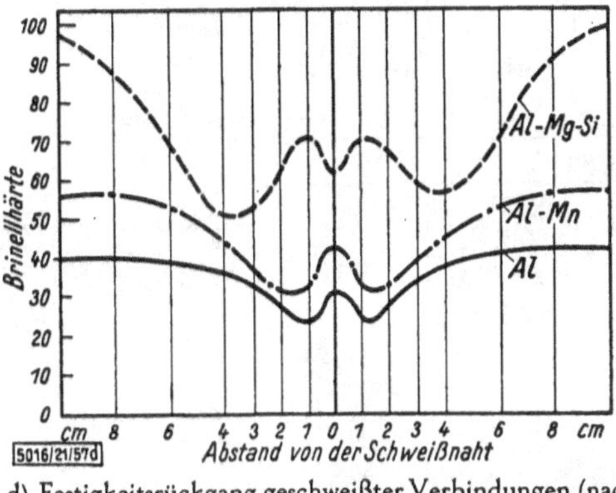

Bild 57d

d) Festigkeitsrückgang geschweißter Verbindungen (nach *Wurzel*)

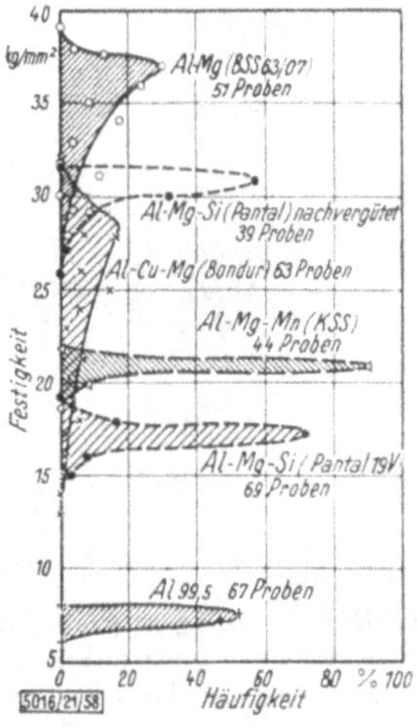

Bild 58. Streuung der Festigkeitswerte bei Schweißproben verschiedener Al-Legierungen. Blechdicke 2 mm, Autogenschweißung

a) Kerbschlagzähigkeit des ungeschweißten Baustoffes und der Schweißverbindungen.
Versuchstemperatur +20° C, Normalkerb, Kerb bei den geschweißten Proben in der Mitte der Schweißnaht.

Werkstoff	Kerbschlagzähigkeit (mkg/cm²)	
	des ungeschweißten Baustoffes	der Schweißverbindung
Al 99,5	5,49±2%	3,65±8%
Al Mg 5	2,85±3%	0,94±8%
Al Mg Mn	2,87±2%	1,15±7%

b) Kerbschlagzähigkeit der Schweißverbindungen bei verschiedenen Kerbformen.
Versuchstemperatur +20° C, Kerb in der Mitte der Schweißnaht.

Werkstoff	Kerbschlagzähigkeit (mkg/cm²)	
	bei Spitzkerb	bei Rundkerb
Al 99,5	3,38±13%	3,66±7%
Al Mg 5	0,68±10%	1,03±6%
Al Mg Mn	0,88±10%	1,17±6%

c) Kerbschlagzähigkeit der Schweißverbindungen bei verschiedenen Temperaturen. Normalkerb in der Mitte der Schweißnaht.

Werkstoff	Kerbschlagzähigkeit (mkg/cm²) bei				
	—78° C	+20° C	+150° C	+350° C	+550° C
Al 99,5	3,98± 6%	3,65±8%	2,98± 8%	3,96± 7%	2,16±12%
Al Mg 5	1,02±14%	0,94±8%	0,80±19%	1,35±20%	0,28±36%
Al Mg Mn	1,21±14%	1,15±7%	0,98±17%	1,85±13%	0,98±16%

d) Zugfestigkeit geschweißt mit und ohne Raupe

Werkstoff	σB mit Raupe	σB ohne Raupe	Abnahme von σx geschweißt gegenüber ungeschweißt
	kg/mm²		
Al 99,5	6,9	7,1	—12 kg/mm²
Al Mg 5	21,7	19,8	—20 kg/mm²
Al Mg Mn	19,6	18,1	—15 kg/mm²

e) Biegewinkel

Reinaluminium	180°
Al Mg 5	29°
Al Mg Mn	30°

Zahlentafel 14a bis e. Kerbschlagzähigkeit verschiedener ungeschweißter und verschweißter Al-Werkstoffe in Abhängigkeit von der Kerbform und Temperatur sowie Zugfestigkeit und Biegewinkel d und e, nach *Matting* und *Müller-Busse* und Lagenanzahl, einschl. Wurzellage) abhängige Abnahme der Streckgrenze und Härte (Zugfestigkeit), sowie eine mit Zunahme der Dehnung verbundene Entfestigung auf. Dies gilt ebenfalls für kalt- sowie warmausgehärtete Al-Legierungen. Nach Angaben von *Brenner* sowie solchen nach *Wurzel* zeigt dies schematisch Bild 57a bis d. Bild 58 zeigt für einige die Häufigkeit der Zugfestigkeitswerte. Wenn auch die Probenanzahl relativ gering ist, wird daraus erkennbar, daß die Treffsicherheit zu geringeren Zugfestigkeitswerten hin steigt (schmalerer schraffierter Bereich).

Beim Verschweißen ungleicher Legierungszusammensetzungen ist der Härteverlauf asymmetrisch. Asymmetrie tritt ebenfalls bei der Gasschweißung oft durch die einseitige Brennerhaltung auch für gleiche Partner (Grundwerkstoffe) auf.

Eine Ausnahme machen sogenannte kalt-selbstaushärtende Grundwerkstoffe. Diese Selbstaushärtbarkeit kann legierungstechnisch auch dem Nahtwerkstoff verliehen werden. Die Naht wird selten auf die Dicke des Grundwerkstoffes abgearbeitet, jedoch ausgearbeitet wird sehr oft bei Mehrlagenschweißen die Wurzel, da diese meist wegen der Wärmedehnung rissig anfällt. Die Gefahr des Verschmierens einmal gebildeter Risse durch mechanisches Nacharbeiten der Wurzel (Auskreuzen) ist größer als bei Stahl (siehe hierzu bei *Malisius* Bd. II, S. 1005ff.). Man verwendet für die Leichtmetalle daher keine Meißel (Hand- oder Preßlufthämmer), sondern Spezialleichtmetallfräser auf flexibler Welle (sogenannte „Hexe"). Fräser verschiedenster Formen sind in Anwendung, um auch Ecken und Kanten ausarbeiten zu können. Mit diesen Werkzeugen darf zu gleicher Zeit kein anderer Werkstoff bearbeitet werden (Cu oder Fe), sonst besteht Korrosionsgefahr (besonders für Cu-Flitter in Al, Lokalelementbildung). Von größter Bedeutung ist der Nahtübergang im Hinblick auf die Abminderung der Festigkeitswerte, besonders bei Legierungen und für Schlagbeanspruchung sowie tiefere Temperaturen. Kerbwirkungen treten meist bei Bördelnähten auf. Bild 59a zeigt die Bruchlage bei geborstenen dünnwandigen Behältern aus Al-Leg. unmittelbar am Übergang; Bild 59b zeigt die gleichen Behälter, autogen-stumpf verschweißt mit

Bild 59a und b (nach Befunden von *Renner*)

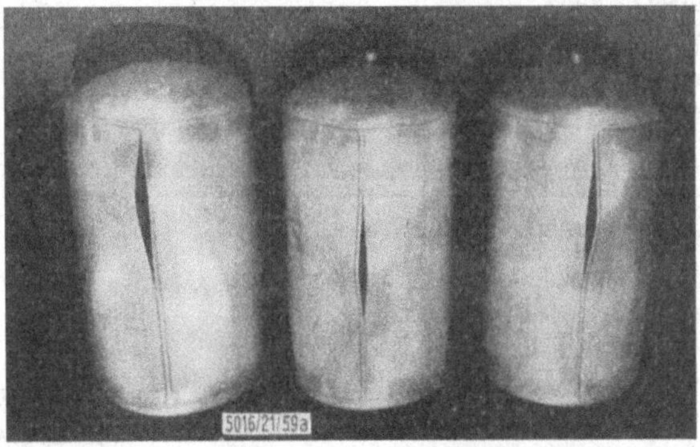

a) Bruchlage bei geborstenen dünnwandigen Behältern aus Al-Legierungen unmittelbar am Übergang Schweiße—Blech

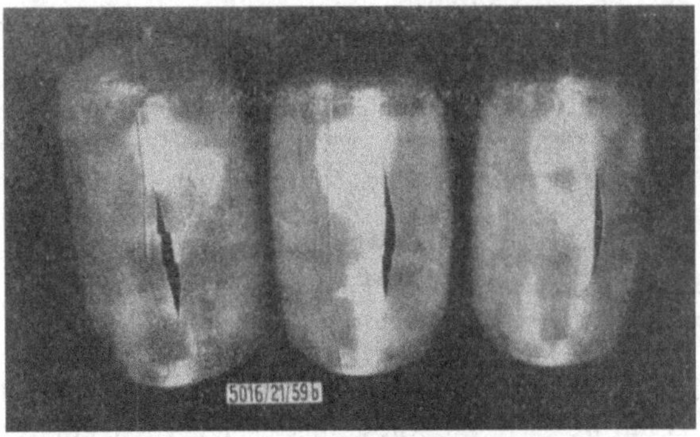

b) wie Bild 59 a, Bruch außerhalb der Stumpfnaht

Bruch außerhalb der Stumpfnaht. Diese neigen bei mangelnder Nahtvorbereitung (schlechte Richtarbeit vor dem Heften) zur Nahtversetzung. Tiefsttemperaturen (O_2-flüssig) wirken bereits deutlich versprödend auch bei statischen Zerreißprüfungen.

Neben der Naht kann innerhalb der WEZ von Legierungen eine Abminderung des Korrosionswiderstandes auftreten. Oft ist dieser örtlich sehr begrenzt. Die Lokalisierung eines schmalen Gebietes mit chem. Angriff ähnelt dem der geringen Martensitzone oder der des Zwischenstufengefügebereiches z. B. bei manganlegierten Stählen, falls Mischsäureangriff vorliegt.

Einen Vergleich Al-Werkstoffe – Stahl gibt Bild 60a wieder. Die Zugfestigkeit σ_B der normalen Konstruktions-, d. h. der Massenbaustähle wird nur von hochfesten Legierungen auf AlCuMg- sowie AlZnMg-Basis im ausgehärteten Zustand erreicht.

Werkstoff	Spez. Gewicht γ kg/dm³	Festigkeit σ_B kg/mm²	Verhältnis $\frac{\sigma_B}{\gamma}$
Holz	0,8	Zug 9 Druck 4	11,2 5,0
Stahl St. 37/11	7,7	37	4,8
Stahl St. 42/11	7,7	42	5,5
Leichtmetalle:			
AlMg 3 F 23	2,65	23	8,7
AlMg 5 F 27	2,63	27	9,8
AlMg Si F 28	2,7	28	10,4
AlCuMg (platt.)	2,8	38	13,6

Bild 60 a und b.

a) Vergleich von Werkstoffen, Richtwerte für den Leichtbau (nach *Brenner*)

b) Spannungsdehnungskurven von Stahl und Leichtmetallen (nach *Brenner*)

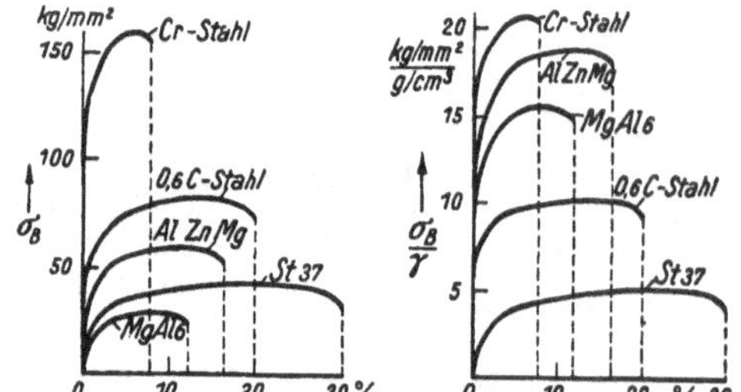

Hier sei bereits gesagt, daß ein unmittelbarer Vergleich hinkt. Wesentlich ist der Vergleich der gewichtsspezifischen Festigkeit, d. h. der Werte für σ_B / γ (σ_B = Zugfestigkeit, γ spezifisches Gewicht, siehe auch Lit. Al-Taschenbuch), Bild 60b.

Maßgebend ist jedoch in jedem Fall die Streckgrenzenabminderung neben der Naht. Auch bei Rekristallisationsvergütung (Kalthämmern mit Gegenhalter sowie anschließendes meist örtliches Weichglühen mit dem Brenner und, falls größere Wanddicken vorliegen, mit mehreren Brennern, bis „Braunfärbung" beim Anstreichen mit Fichtenholzspan eintritt) bleibt oft neben der Naht ein weiches Gebiet. Die Zugfestigkeits- und Dehnungswerte aber werden im allgemeinen verbessert.

Festigkeitswerte und Nahtverhalten plattierter Werkstoffe siehe bei *Hase*, Bd. I, S. 742ff. sowie bei *Brenner* und *Bleicher*, Bd. III, S. 1766ff., sowie Hartlötungen bei *Lüder*, Anhang, zerstörungsfreie Prüfungen siehe bei *Schiebold*, Bd. II.

Für die Durchführung der statischen Festigkeitsprüfungen gelten in Deutschland die DIN-Blätter. Verwiesen sei besonders darauf, daß Dehnungsmeßmarken kratzerfrei mit weichem Bleistift aufgetragen werden, um Kerbwirkungen senkrecht zur Naht und Zugbeanspruchung für Al-Legierungen zu unterbinden. Ebenso wie für die

Stähle gilt auch für Leichtmetallkonstruktionen die Gestaltfestigkeit. Der aus einem Konstruktionsverband herausgetrennte Probestab vermittelt daher noch keinesfalls das Verhalten der Naht in der Konstruktion. Durch Stützwirkung der Umgebung kann diese besser, zufolge der verbliebenen Spannungen aber auch schlechter sein. Das relativ gute Dehn-, d. h. Arbeitsvermögen der Al-Werkstoffe, auch der geschweißten, bietet jedoch meist eine genügende Sicherheit gegenüber Riß und Bruch.

α) *Gewichtsspezifische Festigkeit*

Zur Ergänzung seien nach *Brenner* einige Werte ungeschweißter Stähle denen für die Leichtmetallegierungen AlCuMg sowie AlMg 6 gegenübergestellt (Zahlentafel 13). Einen vergleichbaren Maßstab vermittelt also erst die Gegenüberstellung von Zugfestigkeit σ_B und Wechselfestigkeit σ_W für charakteristische Konstruktionsteile mit Kerb oder Bund, wenn man die ermittelten Festigkeitswerte durch das spezifische Gewicht γ dividiert und die Quotienten, d. h. die gewichtsspezifischen Festigkeitswerte, einander gegenüberstellt. Die Werte σ_B / γ sowie σ_W / γ lassen dann erst das sehr günstige Verhalten der Leichtmetalle gegenüber unlegiertem Kohlenstoff- sowie CrNiW-Stahl erkennen.

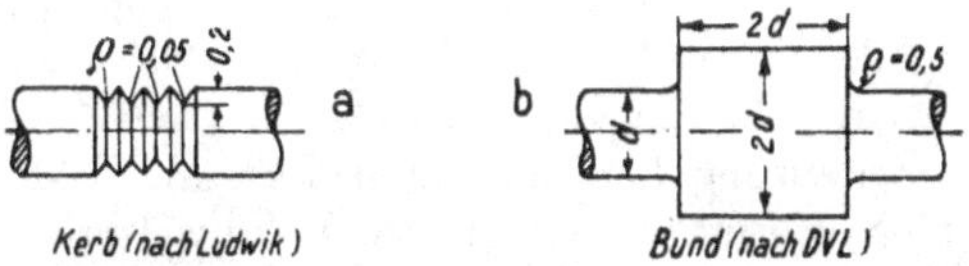

Werkstoff	σ_B kg/mm²	$\frac{\sigma_B}{\gamma}$	σ_W kg/mm²	$\frac{\sigma_W}{\gamma}$	σ_W Kerb kg/mm²	$\frac{\sigma_W \text{ Kerb}}{\gamma}$	σ_W Bund kg/mm²	$\frac{\sigma_W \text{ Bund}}{\gamma}$
CrNiW-Stahl	162,0	20,8	69	8,85	32	4,1	30	3,85
C-Stahl (St 48)	53,0	6,8	27	3,5	18	2,3	15	1,9
AlCuMg	40,8	14,6	14	5,0	13,5	4,8	11,5	4,1
MgAl 6	31,3	17,4	11	6,1	10	5,55	—	—

Zahlentafel 13. Wechselfestigkeit und Kerbempfindlichkeit einiger Leichtmetalle und Stähle auf das spez. Gewicht bezogen

β) *Dauerstandfestigkeit sowie Warmfestigkeit*

Die Dauerstand- sowie die Warmfestigkeit sind in erster Näherung vom Schmelzpunkt (Temperaturlage des Schmelzintervalles) der metallischen Werkstoffe abhängig und daher für Al-Werkstoffe (Al-Schmelzpunkt ∼ 660° C) relativ gering. Das Dauerstandverhalten ungeschweißter Al-Legierungen zeigt Bild 61. Das Kriechverhalten ist abhängig von der Belastung kg/mm², der Korngröße, dem Verfestigungs- sowie Aushärtungsgrad, d. h. mit letztgenannten Größen von der Legierung und Art der Wärmebehandlung. Das relativ günstige Verhalten der Leg. AlZnMg gilt nur bis ca. +50° C; zu höheren Temperaturen hin ist die Leg. AlCuMg vorteilhafter. Alle Werte werden stark von Spurenelementen abhängig sein. Werte für geschweißte Al-

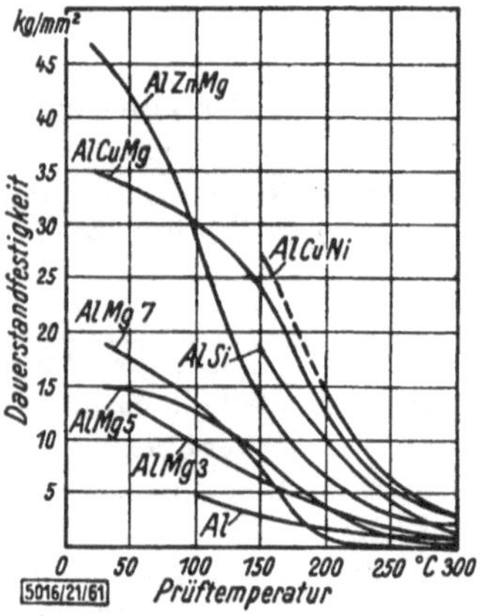

Bild 61. Dauerstandverhalten ungeschweißter Al-Legierungen (nach *Brenner*)

Werkstoffe anzugeben, erscheint unzweckmäßig, da Nahtüberhöhung, Größe der WEZ, Vor- sowie Nachwärmung, Entmischung und Entfestigung in der WEZ, kurz die Arbeitsbedingungen beim Schweißen das Dauerstandverhalten stark beeinflussen. Man prüft zweckmäßigerweise Probestäbe. Diese, aus Tafeln oder aus dem Konstruktionsteil als Prüfstäbe herausgeschnitten, haben keine Spannungen, sie sind durch das Heraustrennen örtlich abgebaut. Die rechnerische Übertragbarkeit der Ergebnisse an Prüfstäben auf die meist spannungsbehaftete Schweißkonstruktion ist nicht ohne weiteres möglich.

γ) Faltversuch [*DVM A 121*]

Hierzu liegen zum Vergleich der Eignung für Schweißungen nur wenige Unterlagen vor. Meist wurden dicke Bleche geprüft. Falls die Schweißnahtoberseite in der gedrückten Zone liegt, ergeben sich nach *Matting* und *Böhle* größere Biegewinkel als für die Zugzone (Beispiel: Leg. AlZnMg 60 bis 70° gegenüber 30 bis 45° C). Bedeutung hat der Faltversuch als Prüfung für geschweißte Teile, die nachträglich verformt werden (Beispiel: Einwalzen von Sikken in Fässer). Im übrigen stellt der Versuch mehr eine Werkstattprüfung dar. Rückschlüsse auf schadhafte Nahtstellen sind oft damit möglich für legierte Al-Bleche und Nähte, die sich kreuzen, wobei eine einmal einwandfreie Naht durch die erneute Wärmezufuhr in Kreuzpunktnähe Gefügeauflockerungen erleiden kann, die einer nachträglichen Verformung abträglich sein können (Beispiel: Behälterlängs- sowie Rundnähte am Kreuzungspunkt, falls noch anschließende Verformung stattfindet).

b) Dynamische Festigkeitsprüfungen

α) Kerbschlagzähigkeit geschweißter Leichtmetalle

In einer neuen Arbeit befaßten sich hiermit *Matting* und *Müller-Busse**). Die Kerbschlagzähigkeit a_k (mkg/cm²) ist abhängig von der Kerbtiefe, -form und -breite, der Temperatur und dem Werkstoffzustand (Korngröße, Gefügeaufbau, Kalthärtungszustand, Zustand ausgehärtet oder geglüht). Die Probenabmaße gibt DIN 50 122 an. Der Streugrad ungeschweißt gegenüber geschweißt ist kleiner, der Zähigkeitsabfall zufolge Schweißung (normaler Rundkerb 1 mm in Schweißnahtmitte längs) für Reinalu 34%, Leg. AlMg 5 67% (!) sowie Leg. AlMgMn 60%. Übergang zum Spitzkerb verschärft die Versuchsbedingungen. Dies zeigt Zahlentafel 14a bis c. Dazu aufgeführt ist ebenfalls die Temperaturabhängigkeit, s. Zahlentafel 14c, aus der sich Bild 62 ergibt. Zu tiefen Temperaturen hin steigen, wie hier bis etwa —70° C gemessen, die a_k-Werte an. Sie zeigen ebenfalls (z. B. Reinalu) einen Höchstwert für a_k bei ~ +350° C. Das ist nach *Kê* ein Temperaturwert, für den sich aus Torsionsprüfungen an polykristallinem hochreinem Aluminium im Gegensatz zu Aluein-kristallen ein Dämpfungsmaximum ergibt. Dieses wurde mittels amorphen Kriechens an Korngrenzen gedeutet. Es tritt etwa auf im Temperaturgebiet nennenswerter Kristallerholung, d. h. fällt mit diesem zusammen. Es ist daher anzunehmen, daß der

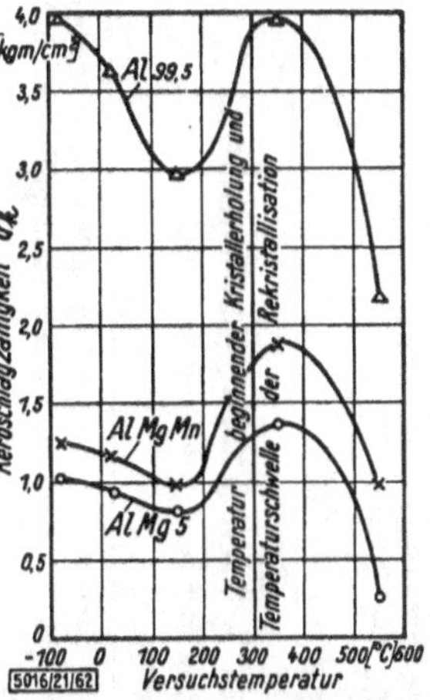

Bild 62. Zusammenhang zwischen Kerbschlagzähigkeit und Temperatur für geschweißte Al-Werkstoffe (nach *Matting* und *Müller-Busse*)

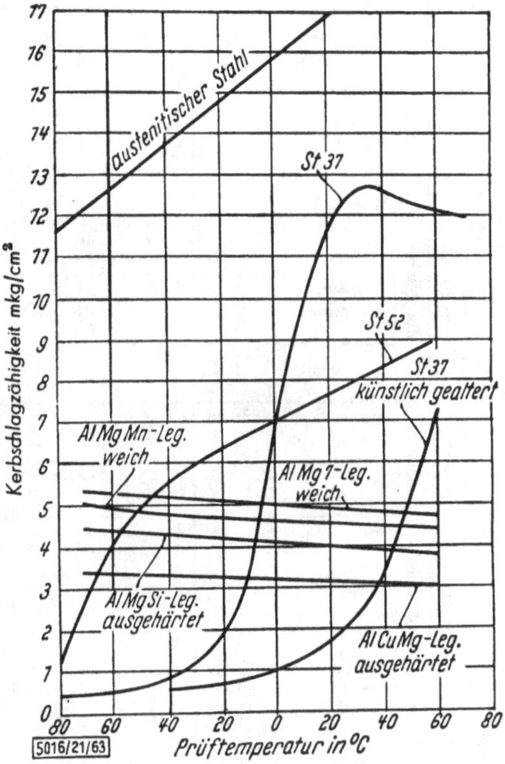

Bild 63. Kerbschlagzähigkeits-Temperaturkurven für verschiedene Stähle und Leichtmetallegierungen

Höchstwert um 350° C (siehe Bild 62) für Al 99,5 stark von der Verformungsgeschwindigkeit abhängt und mit deren Zunahme ab einem noch unbekannten Grenzwert für die Schlaggeschwindigkeit wieder etwas absinkt, keinesfalls aber unter die a_k-Werte bei $T \leqq RT$.

Die Kerbempfindlichkeit steigt, falls der Kerb neben der Naht angebracht wird. Die Gründe wurden bereits erwähnt. Das Mangan verringert dabei die Kerbempfindlichkeit, d. h., es erhöht meist den a_k-Wert in AlMg-Legierungen.

Während für heute angewendete Schweißverfahren, Autogen-, Argonarc- sowie Sigma-Schweißung die erreichbaren Festigkeits- und Dehnungswerte nahezu gleich sind, sind vom Schweißverfahren anscheinend die a_k-Werte abhängig. Beispiel: 12 mm Blech, Autogenschweißung $a_k = 4{,}7$ mkg/cm², dagegen Sigma-Schweißung $a_k = 6{,}7$ mkg/cm². Durch Warmhämmern lassen sich diese Werte bei Autogen- sowie Argonarc-Verfahren um $\sim 50\%$ auf rund 7 mkg/cm² heraufsetzen.*)

Das besonders günstige Kerbzähigkeitsverhalten mit sinkender Temperatur der Leichtmetalle gegenüber den Stählen zeigt zum Abschluß nach einer Zusammenstellung von *Brenner* das Bild 63.

Den Einfluß äußerer und innerer Kerben geben Vergleichsmessungen wieder von *Erdmann-Jesnitzer*, Zahlentafel 15a. Zahlentafel 15b gibt Analoges an.

---

*) In Bearbeitung des DVS, Arbeitsgruppe 6, laufen zur Zeit Großzahlversuche zur Ermittlung ausreichender Sicherheit für diese Angaben.

Werkstoff: (weichgeglüht)	0,2-Grenze (kg/mm²) [1]					Zugfestigkeit (kg/mm²)					Bruchdehnung ρ 10 (%)					Bruchstelle				
	+ 20° C			− 183° C		+ 20° C			− 183° C		+ 20° C			− 183° C		+ 20° C			− 183° C	
		Bördelschw		Bördelschw.			Bördelschw.		Bördelschw.			Bördelschw.		Bördelschw.			Bördelschw.		Bördelschw.	
	Blech	Raupe belassen[2]	Raupe abgearbeit.	Raupe belassen	Raupe abgearbeit.	Blech	Raupe belassen	Raupe abgearbeit.	Raupe belassen	Raupe abgearbeit.	Blech	Raupe belassen	Raupe abgearbeit.	Raupe belassen	Raupe abgearbeit.	Blech	Raupe belassen	Raupe abgearbeit.	Raupe belassen	Raupe abgearbeit.
Al 99,5	4,0 4,1 4,2	4,3 (4,4) 4,5	4,0 4,7 5,2	4,7 (4,9) 5,2	5,1 6,0 7,2	— 8,1 —	7,7 7,7 7,9	7,5 7,6 7,6	14,2 (14,9) 15,5	12,2 (14,7) 16,1	41,4 44,8 48,6	17,3 19,1 21,4	18,2 22,8 25,9	23,0 (27,3) 34,0	19,1 (23,4) 28,3	—	10 mm von Mitte Naht	Übergang	Kopf	Kopf
Al Mg Mn	11,8 11,9 12,1	12,0 (12,2) 12,5	11,8 12,6 14,1	9,7 (10,3) 10,6	12,7 14,1 15,2	21,8 22,2 22,6	21,6 22,2 22,6	20,4 21,4 22,0	22,6 24,4 25,1	31,9 32,6 33,8	19,6 21,2 22,3	12,6 15,0 15,7	9,7 11,9 13,8	7,9 10,0 11,9	16,2 18,4 21,3	—	25 mm von Mitte Naht	verschieden	Übergang	Übergang
Al Mg 3 Si [3]	12,9 13,2 13,3	13,3 (13,7) 14,2	13,1 13,3 13,6	12,1 (13,1) 13,4	12,3 13,9 14,6	25,6 25,8 26,0	18,6 21,3 24,2	21,3 22,4 23,2	14,8 18,0 21,4	26,7 28,9 30,5	18,8 19,7 20,0	3,4 5,7 10,0	5,3 7,1 8,5	1,1 3,0 4,4	7,1 8,3 10,0	—	Übergang	Übergang	Übergang	Übergang
Al Mg 5	12,2 12,4 12,5	12,9 (13,3) 14,0	12,3 13,3 13,8	10,5 (11,2) 11,5	13,4 14,0 14,4	26,8 27,1 27,4	20,7 21,1 21,5	17,8 20,5 21,8	19,5 22,6 26,5	23,4 24,6 25,7	24,0 25,2 25,7	4,0 4,2 4,3	4,7 5,3 6,3	6,0 7,4 10,0	5,0 5,7 7,1	—	Übergang	6 mm neben Schw.	Übergang	Übergang

[1]) Siehe Text

[2]) Bei belassener Schweißraupe sind die Ergebnisse von deren Ausbildung abhängig, diese waren nahezu gleichartig

[3]) Sollanalyse: 3,20—3,80% Mg 0,50—0,80% Si, 0,30—0,60% Mn 0,60% Fe 0,10% Cu Rest Al

Ergebnis:	Prüftemperatur + *20° C*	Prüftemperatur — *183° C*
Al 99,5	überwiegend *innere* Kerbwirkung schwach erkenntlich	nicht ersichtlich, da Kopfrisse auftraten
Al Mg Mn	praktisch *keine* Kerbwirkung	überwiegend *äußere* Kerbwirkung oder zusätzl. Biegung (0,2 sehr niedrig)
Al Mg 3 Si	überwiegend *innere* Kerbwirkung	überwiegend *äußere* Kerbwirkung oder zusätzl. Biegung (0,2 sehr niedrig)
Al Mg 6	überwiegend *innere* Kerbwirkung	überwiegend *äußere* Kerbwirkung

Zahlentafel 15a. Der Einfluß von äußeren und inneren Kerben auf die Festigkeitswerte und die Bruchlage bei Bördelnahtschweißungen verschiedener Leichtmetallbleche. 3 mm Blechdicke, abgearbeitet 2 mm, Gasschmelzschweißung Azetylen-Sauerstoff. Die Schweißungen erfolgten in einer Planhalte-Vorrichtung. Probenzahl 5. Nach *Erdmann-Jesnitzer* (Zeitschr. Metallkde. 1957 demnächst).

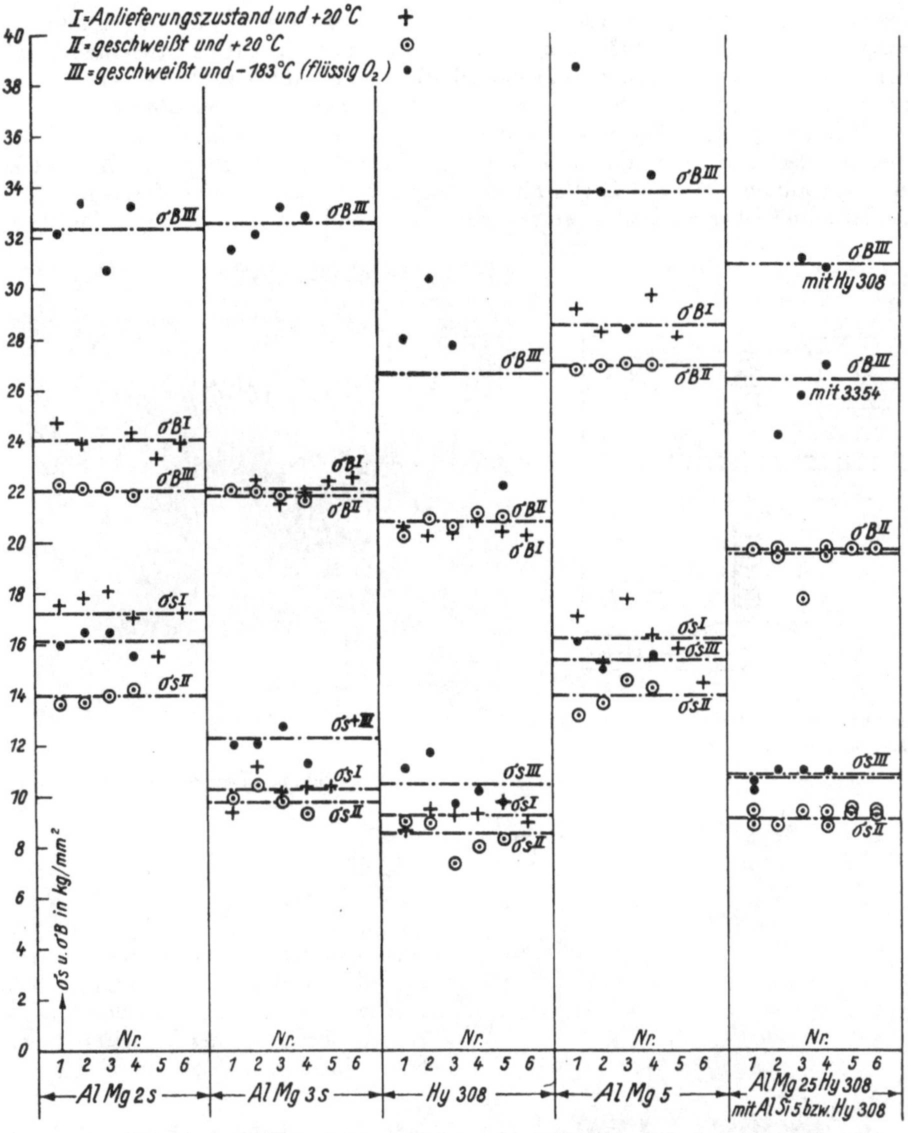

Zahlentafel 15 b. Streckengrenzen- (σ_S) und Zugfestigkeitswerte (σ_B) von Leichtmetallblechen 1,5 mm. Anlieferung und autogen geschweißt, bei normaler Temperatur und bei — 183 ° C (flüssiger Sauerstoff). Schweißart: autogen, stumpf. Schweißdraht: Grundwerkstoff, sofern nichts anderes vermerkt, geschweißte Stäbe mit unbearbeiteter Schweißraupe quer in Mitte Stab

β) *Wechselbiegefestigkeit*

Geschweißte Flachstäbe. Die Wechselbiegefestigkeit wurde an Prüf-, z. B. geschweißten Flachstäben der Formen gemäß Bild 64 bestimmt. Wegen der meist im einzelnen nicht bekannten und relativ umständlich zu ermittelnden Spannungsverteilung in ganzen geschweißten Bauteilen ist das Ergebnis des Dauerversuches von Flachstäben nicht ohne weiteres auf die Konstruktion übertragbar. Da sich oft eine definierte Dauerfestigkeit für die Leichtmetalle ähnlich Zink und Zinklegierungen nicht ergibt, beschränkt man die Lastspielzahl mit 5×10^7 Lastwechsel. Wählt man aus praktischen Gründen nun einmal 10^7, ist der Abfall zu 5×10^7 erfahrungsgemäß nicht mehr als 0,5 bis 1 kg/mm². Der Streugrad für geschweißte Stäbe ist beachtlich gering, eine Folge der relativ geringen Kerbempfindlichkeit der Leichtmetalle. Nach *Rajakovics* nimmt die Wechselbiegefestigkeit mit steigender Blechdicke ab. Er ermittelte dies aus Großzahlforschungen. Die Dauer- sowie Zeitbrüche verlaufen unmittelbar am Nahtübergang zum Blech und nur sehr vereinzelt im Blech.

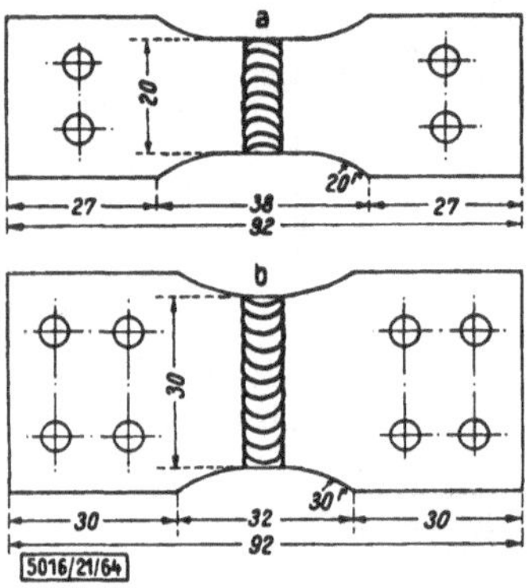

Bild 64. Geschweißte Flachstäbe zur Bestimmung der Wechselfestigkeit

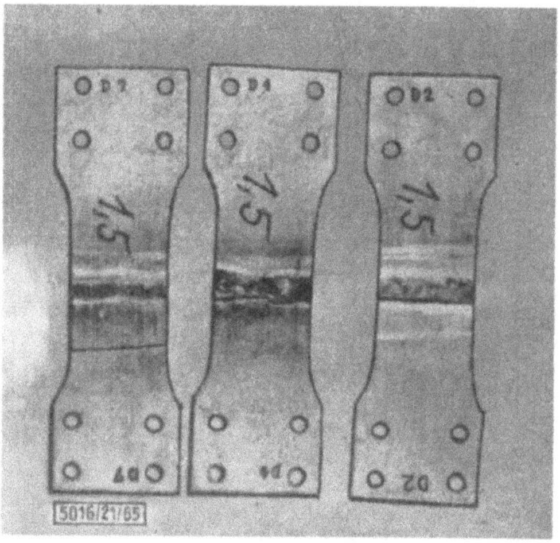

Bild 65. Dauer- und Zeitbrüche an geschweißten Leichtmetallflachstäben

Bild 65. Dann ist ein äußerer Oberflächenfehler, Riß, Kratzer etc. Ausgangsursache. Nach *Matting* und *Böhle* muß man den schroffen Gefügesprung–Guß-Knetwerkstoff dafür verantwortlich machen. Dies kann gemäß den Untersuchungsbefunden des Verfassers, siehe Seite 1738ff., z. B. Zahlentafel 15a, tat-

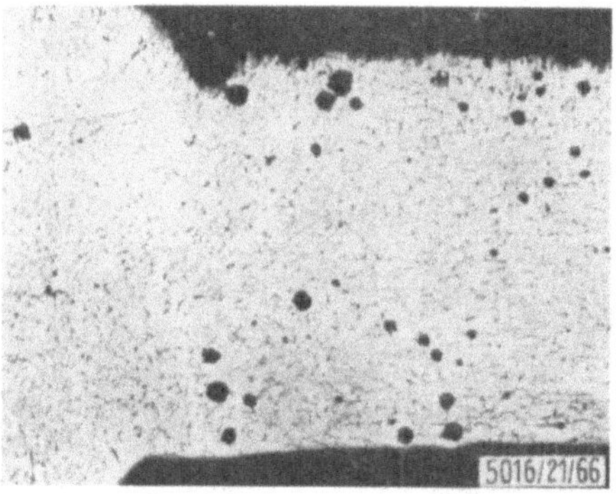

Bild 66. Einbrandkerben und Blasen in der WEZ und im Übergang Naht—Blech

Bild 67. Rißbildungen an der Unterseite eines einseitig verschweißten Stegbleches

sächlich oft zur Deutung herangezogen werden, doch spielt auch die durch die geometrische Form der Schweißnahtüberhöhung bedingte Kerbwirkung, sicherlich und besonders zu tiefen Temperaturen hin, mit eine Rolle, außerdem treten die sogenannten Gefügeauflockerungen ebenfalls innerhalb der WEZ auf und sind besonders stark im Übergang Naht–Blech (z. B. Blasen, siehe hierzu Bild 66). Außerdem können Einbrandkerben sich auswirken (Bild 66). Werden nur einseitig z. B. Rippen oder Stegbleche aufgeschweißt, so kann die Unterseite des Trägerwerkstoffes Schädigungen gemäß Bild 67 zeigen. Diese werden meist nicht und nur das Nahtaussehen einem Güteurteil unterzogen. Die Wöhlerkurven eines 1,2 sowie 1,5 mm dicken Bleches aus Leg. AlZnMg

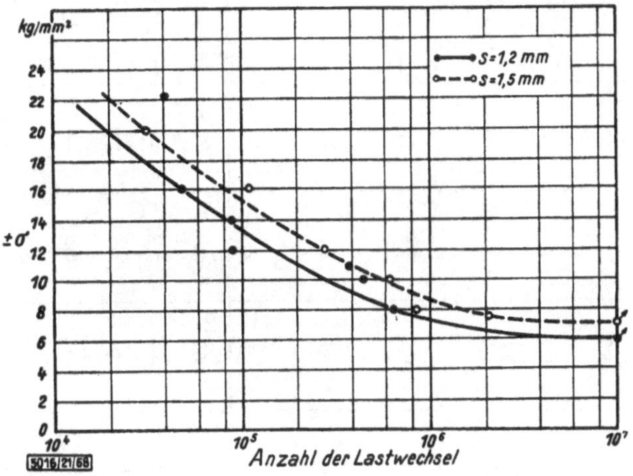

Bild 68. Wöhlerkurven eines 1,2 und 1,5 mm dicken Bleches aus Legierung AlZnMg

zeigt Bild 68. Aluminium und seine Legierungen ungeschweißt ermöglichen bei Dauerbeanspruchungen eine zu anderen Werkstoffen hin gesehene gute Ausnutzbarkeit der Werkstoffestigkeit.

$$\varepsilon = \frac{\text{Wechselbiegefestigkeit (Blechwerkstoff)}}{\text{Werkstoffestigkeit}}$$

$$\varepsilon' = \frac{\text{Wechselbiegefestigkeit (geschweißtes Blech)}}{\text{Werkstoffestigkeit des Bleches ungeschweißt}}$$

Werte für ε sowie ε' gibt nach *Matting* und *Böhle* die Zahlentafel 16 wieder, für Al, AlCuMg, AlMg, AlMgSi, MgMn sowie für die Kalthärtungslegierung AlZnMg. Untersucht wurden verschiedene Ausgangszustände. Diese zu beachten ist wesentlich, da nach Untersuchungen an Stahl die Dauerfestigkeit eine Verformungsgrenze darstellt. Dies ergibt sich dafür unmittelbar auch aus der Veränderung der Reißfestigkeit mit steigenden Lastwechseln. Zunächst erfolgt für Stahl Kohäsionsverfestigung, dann Zerrüttung. Für die Leichtmetalle wird dies nicht anders sein. Liegen nicht aushärtbare Legierungen vor, so tritt neben der Naht meist ein Härtetiefwert auf. Dort neigt also der Werkstoff am ehesten dazu, plastisch deformiert zu werden. Sehr wesentlich ist es, den *Einfluß der Korrosion*, falls vorhanden, zu erfassen. *Rajakovics* prüfte diesen, indem er die Wechselbiegeprüfung von Flachstäben so durchführte, daß diese von einem leicht deformierbaren Zellophanbehälter mit Zu- und Abfluß für die

Legierung		Blech-dicke s	Anlieferungs-zustand des Bleches	σB (ungeschweißt)	σBs (geschweißt)	±σnWB (mit Walz-haut)	±σnWbs (Blech geschweißt)	$\frac{\sigma nWb}{\sigma B} \cdot 100$	$\frac{\sigma nWbs}{\sigma Bs} \cdot 100$	$\frac{\sigma nWbs}{\sigma nWb} \cdot 100$	$\frac{\sigma nWbs}{\sigma B} \cdot 100$
		mm		kg/mm²	kg/mm²	kg/mm²	kg/mm²	%	%	%	%
Aluminium		2,5	halbhart	10,0	8,0	5,7	3,4	57	42,5	59	34
Al-Cu-Mg		3,0	ausgehärtet	38,0	—	9,1	7,8	24	—	85	20,5
Al-Mg		3,0	geglüht und nachgerichtet	31,0	28,0	11,0	6,0÷10,0	35	21÷36	54÷91	19÷32
Al-Mg-Si		3,0	ausgehärtet und nachgerichtet	30,0	16,0	10,0	7,9	33	49	79	26
Mg-Mn		3,0	geglüht, nachgerichtet und gebeizt	19,0	11,0	5,0	3,2	26	29	64	17
Al-Zn-Mg	A	1,2÷2,0	Bei Raumtemperatur ausgehärtet und nachgerichtet	42,5	27,3	10,0	6,9÷8,1	23,5	25,0÷29,6	69÷81	16,3÷19,1
	B	1,2		38,3	25,2	—	6,2	—	24,6	—	16,2
		1,5		38,7	26,1	—	7,2	—	27,5	—	18,6
	C	1,0		42,7	28,9	—	6,8	—	23,6	—	15,9
	D	1,5		45,5	27,3	—	8,8	—	32,2	—	19,3
		3,0		48,0	28,1	—	7,2	—	25,6	—	15,0

Zahlentafel 16. Ergebnis von Wechselbiegeprüfungen an verschiedenen Leichtmetallegierungen für $1 \cdot 10^7$ Grenzlastspielanzahl, nach *Matting* und *Böhle* (Erprobungswerte der Fokke-Wulf Flugzeugwerke Bremen)

korrodierende Agenz allseitig umgeben waren. Der Abfall der Kurve $\sigma = f\,(LW)$ wird mit steigender Lastwechselanzahl stärker. Man bestimmt dabei die *Zeitfestigkeit* für eine vereinbarte Grenzlastwechselzahl und spricht von *Korrosions-Ermüdungsfestigkeit*, da eine eigentliche Dauerfestigkeit nicht auftritt (Beispiel: geschweißte Schwimmer von Seewasserflugzeugen oder geschweißte Leuchtbojen, siehe auch bei *Bleicher* und *Brenner*, Seite 1766ff.). Analog anderen Werkstoffen, z. B. Stahl, ist auch für die Leichtmetalle das „Hochtrainieren" möglich.

Geschweißte Konstruktionsteile. Es gilt oft Strangpreß- oder Gußkörper im Sinne der Leichtbauweise durch eine Schweißkonstruktion zu ersetzen. Es scheint günstig, die Naht in die weniger beanspruchten Zonen zu legen und, falls konstruktiv möglich, in die neutrale. So ermittelten *Matting* und *Böhle* die Wechselzeitfestigkeit eines aus zwei abgekanteten Blechen verschweißten Rechteckprofiles gemäß Bild 69 für die Leg.

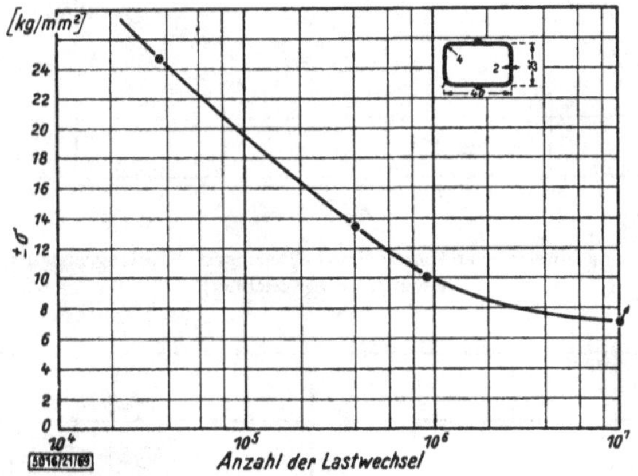

Bild 69. Wechselzeitfestigkeit eines verschweißten Rechteckprofiles der Legierung AlZnMg bei RT ausgehärtet (nach *Matting* und *Böhle*)

AlZnMg (bei RT ausgehärtet). Unter Berücksichtigung, daß hier die Naht sogar in der am stärksten beanspruchten Zone liegt, ist der ermittelte Wert von

$$\sigma_{Wbs} = \pm\ 7\ \text{kg/mm}^2$$

als gut zu bezeichnen. Schwierig gestaltet sich die Entspannung, da an dieser sogenannte Scheuerstellen entstehen können, die dann dort zum vorzeitigen Bruch führen.

c) Die Prüfung der Bauteilfestigkeit und -steife (siehe auch bei *Thum* und *Erker*, Bd. I, S. 898ff.)

Die Gestaltfestigkeit läßt sich wegen der bei äußerer Belastung auftretenden Stützwirkung in einer geschweißten Konstruktion sehr oft und eigentlich mit Ausnahme sehr einfacher Belastungsfälle in der Regel nicht aus den statisch sowie dynamisch ermittelten Festigkeitsdaten errechnen. Allenfalls gelingt eine qualitativ zu wertende Voraussage gefährdeter Querschnitte auf Grund der Erfahrung. Man ist daher auf Messungen am Bauteil selbst angewiesen. Die allgemeinen Regeln wurden von *Thum* und *Erker* (siehe S. 944ff.) behandelt. Für die jeweilige Konstruktion strebt man an, die äußerlich angreifenden Kräfte und Belastungsfälle denen der späteren Betriebsbeanspruchung, soweit versuchstechnisch möglich und wirtschaftlich tragbar, anzupassen. Eines der vielen möglichen Beispiele gibt das Bild 70a und b nach *Matting*

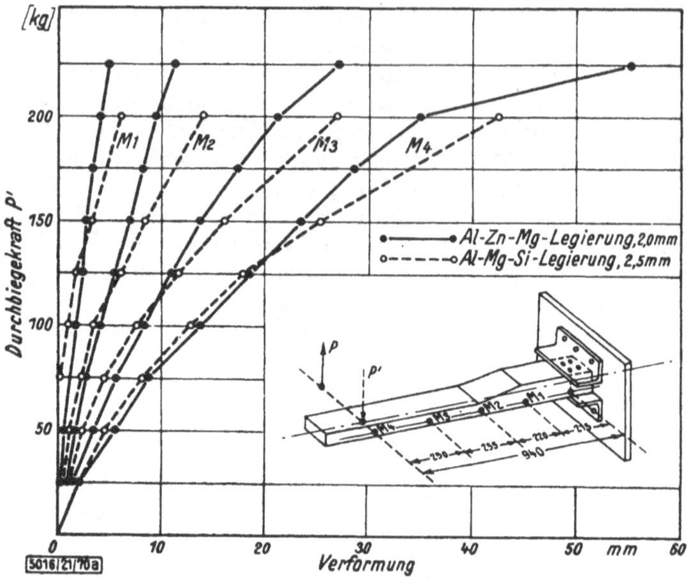

Bild 70 a. Durchbiegung einer Steuersäule aus Al-Legierungen. Kraftangriffstellen bei M_1 bis M_4 (schematisch eingezeichnet)

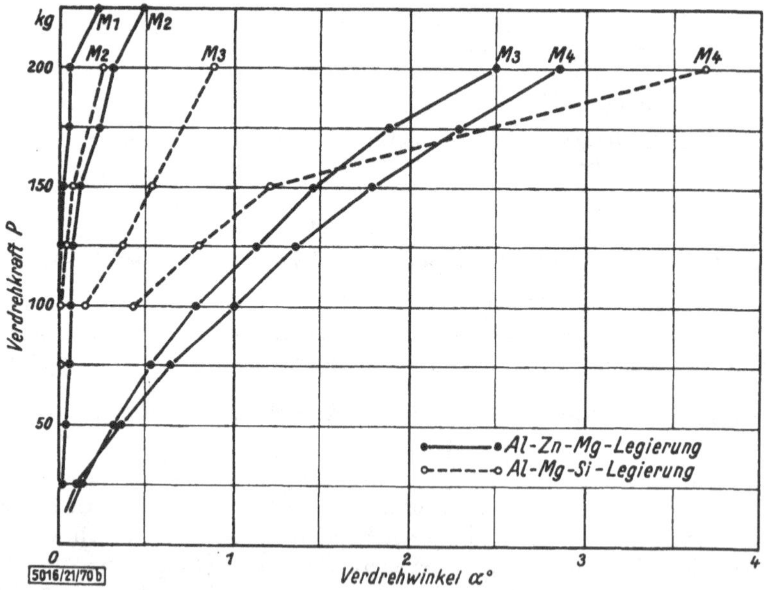

Bild 70 b. Verdrehung der Steuersäule

und *Böhle* wieder (Steuersäule aus Al-Legierung des Flugzeugbaues). In Bild 70a ist die Steuersäule schematisch mit Bemaßung eingezeichnet, Bild 70c zeigt diese nach Belastung bis zur Knickung. Bild 70a gibt die Durchbiegung in mm an für Kraftangriffsstellen bei M_1 bis M_4. Geprüft wurden die Legierungen AlZnMg 2 mm Wanddicke sowie AlMgSi mit 2,5 mm. Eingetragen wurden in Bild 70a und b nur die elastischen, nicht aber die bleibenden plastischen Verformungen. Den Verlauf der Zugfestigkeit σ_B vermittelt Bild 70c. Neben den Nähten traten etwa mit 25 bis 30 mm wie anzunehmen dafür Tiefstwerte auf. Während die Steuersäule genieteter Ausführung (AlCuMg-Blech 2 mm) 5,13 kg wog, ergab die geschweißte (AlZnMg 2,5 mm) 4,695 kg. Die Herstellungsdauer genietet, einschließlich aller Vorarbeiten, betrug 600 min. gegenüber 884 min. bei geschweißter Konstruktion. Dabei wurde 600 für Serien, 884 für Einzelfertigung ermittelt, letztgenannter Wert sinkt also noch für die Serienfertigung (Einarbeit, Vorrichtungen, Fließband). Im Hinblick auf die Erzielung hoher Leistungsgewichte bietet die Schweißkonstruktion Gewichtsvorteile. (Dies oft auch durch den bei Al-Werkstoffen möglichen Leichtformbau bei Anwendung von Strangpreßprofilen.) Bild 70d gibt die Bruchstelle der in Bild 70c bis zur Knickung belasteten Steuersäule wieder. Die Naht war an der Bruchstelle nicht einwandfrei (!). Offensichtlich erfolgte an dieser der Drahtwechsel. Die neue Ansatzstelle ist Ort doppelter Wärmezufuhr. Der Bruch liegt nach Bild 70d teilweise unmittelbar neben der Naht. Eine nicht einwandfreie Nahtausbildung begünstigt also, wie es zu erwarten war, die Herabsetzung der Bauteilfestigkeit, wobei eine Voraus-

Bild 70c. Steuersäule nach Belastung bis zur Knickung

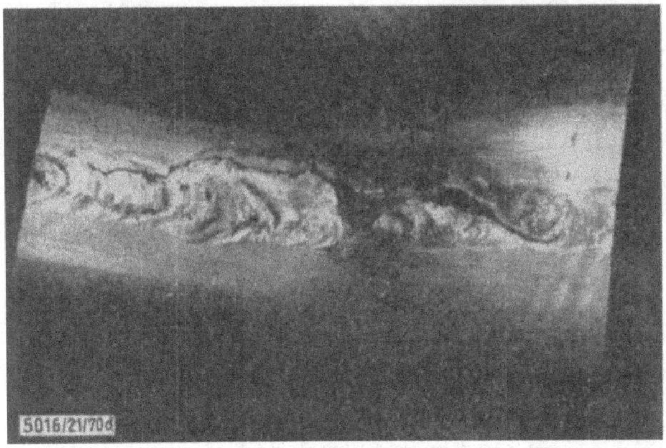

Bild 70d. Bruchstelle der bis zur Knickung beanspruchten Steuersäule (vgl. Bild 70c)

Bild 70e. Zerreißfestigkeit der Steuersäule über den abgewickelten Querschnitt betrachtet

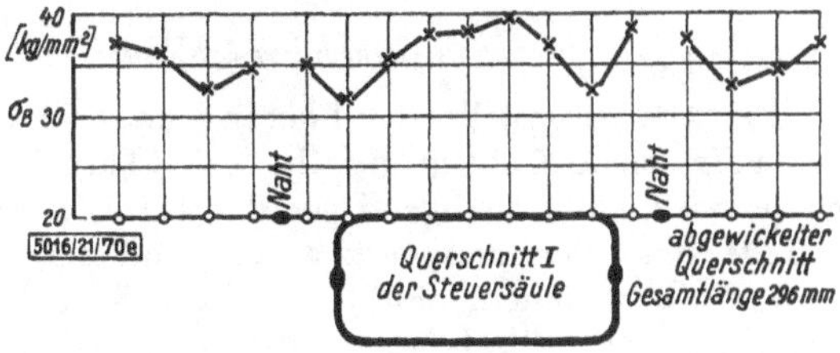

berechnung der Bruchlast aus dem Bildbefund 70e schwerlich möglich ist und nur die Bauteilprüfung sinnvolle Ergebnisse für die Betriebsbelastbarkeit vermittelte. Zweifellos wäre im vorliegenden Fall auch die Anwendung der Schutzgasschweißung angebrachter gewesen, da die Nahtausbildung sauberer ausgefallen wäre. —

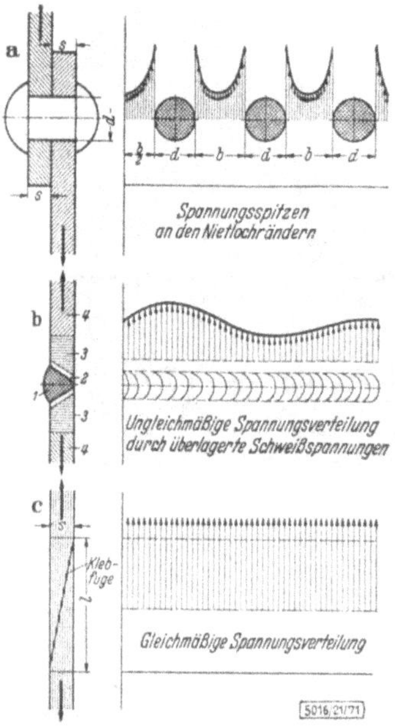

Bild 71. Spannungsverteilung bei verschiedenen Verbindungsarten
a) Nietverbindung (Überlappung)
b) Schweißverbindung (Stumpfschweißung)
1 Naht (Gußgefüge); 2 Überhitzungszone; 3 Entfestigungszone; 4 unbeeinflußtes Gefüge;
c) Klebverbindung (Schäftung) (nach *Brenner*)

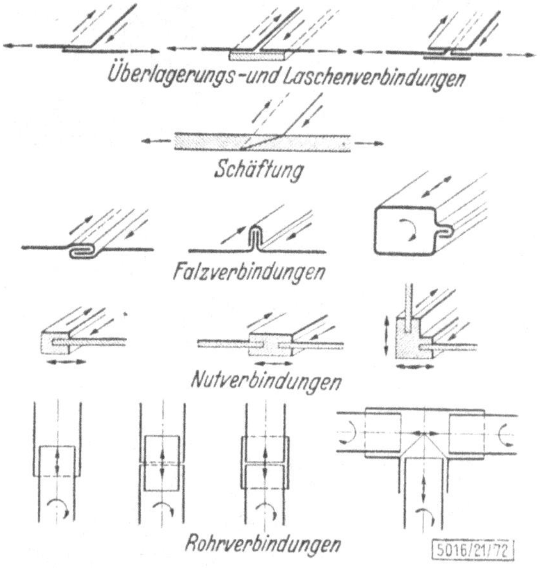

Bild 72. Beispiele typischer Klebverbindungen. Hauptbeanspruchungsrichtung durch Pfeile gekennzeichnet

d) Festigkeitsvergleich Schweißen – Kleben – Nieten

Das Kleben anstelle der Nietung und Schweißung wird ausführlich behandelt von *Voigt* (siehe Anhang, Bd. III, S. A 80 ff.). Es ergibt oft wesentliche Vorteile, die heute noch nicht genügend genützt werden. Nach *Brenner* ist der Ersatz — Kleben anstelle von Schweißen — u. a. auch auf die relativ günstige Spannungsverteilung zurückzuführen, siehe Bild 19, Anhang S. A 105. Zerreißprüfungen an Legierung AlCuMg 1 mm Blechdicke ergaben vergleichsweise: 375 / 480 / 700 kg Zerreißlast – für autogen geschweißt / zweireihig genietet / überlappt geklebt. (Ausgangswerkstoff ebenfalls 700 kg Zerreißlast.) Der Vorteil beim Kleben liegt oft darin, überlappt und mit Anschrägung (Schäftung) verbinden zu können. Dann liegt die Klebefläche annähernd in der Hauptschubspannungsrichtung. Sie liegt dann ebenso günstig wie z. B. eine wassergasgeschweißte Naht (siehe Bild 71, nach *Brenner*). Besonders bei Rohrverbindungen mit geringen Wanddicken ist oft das Kleben dem Schweißen oder Hartlöten (z. B. für Al-Werkstoffe mit AlZn-Lot) wegen der geringeren Erwärmung sowie des damit herabsetzbaren Wärmespannungen vorzuziehen. Typische Klebeverbindungen, die günstiger und oft besonders bei Serienfertigungen wirtschaftlicher als Schweißverbindungen sein können, zeigt das Bild 72 (Hauptbeanspruchungsrichtung ist pfeilmarkiert).

14. Reparaturschweißung

Die Instandsetzung gebrochener, gießtechnisch nicht einwandfreier oder bei Ausbesserung falsch bearbeiteter Leichtmetallteile ist durchaus sowohl für Guß- wie für Knetwerkstoffe möglich. Auf die Vielzahl der möglichen Fälle kann nicht eingegangen werden. Ein weiteres Gebiet stellt z. B. die Instandsetzung von gebrochenen Leichtmetallgußteilen von Kraftfahrzeugen auf Al-Legierungsbasis dar. Ein Beispiel hierzu zeigt das Bild 73a bis c (Getriebegehäuse). (Kurzdaten: C_2H_2-O_2-Flamme, Bruchstellen vorher in V-Nahtform vorbereiten, Anrisse bis zum Rißgrund auskreuzen, entfetten, an vier Stellen heften, Vorwärmtemperatur 350—400° C, Warmschweißung, langsam abkühlen, genügende Schweißnahtüberhöhung für anschließendes mechanisches Nacharbeiten belassen. Vor Beginn Klärung der Frage „welche Legierung", danach Zusatzstab wählen; falls diese unbekannt, AlSi 5-Zusatzdraht anwenden. Flußmittel möglichst „neutrales" und auf die jeweilige Legierung zugeschnitten. Nach Erkalten Klangprobe durchführen und vor der Nachbearbeitung und Nahtsäuberung auf Haarrisse untersuchen. Analog wird Elektron, d. h. Mg-Legierungen, instand gesetzt. Bei geringen Wanddicken hierbei auf Durchbrennen achten.)

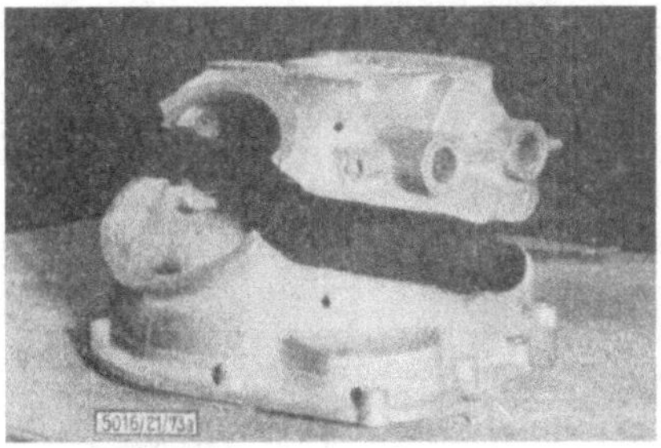

Bild 73 a bis c. Gebrochene Getriebegehäuse
a) vor dem Schweißen

b) geheftet

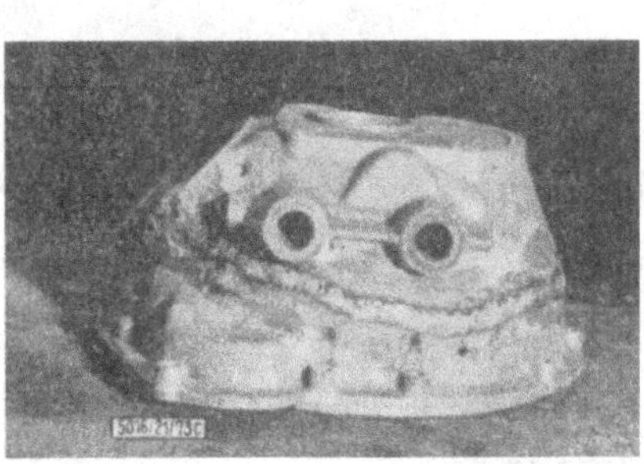

c) nach dem Schweißen

D. Ausblick

Selbst nach weitgehender Einführung neuer Schutzgasschweißverfahren wird sich für die Leichtmetalle die normale Gasschweißung mit C_2H_2 oder Wasserstoff diesen gegenüber behaupten. Insbesondere wird die Verschweißung größerer Wanddicken dieser ebenso noch vorbehalten bleiben, wie die extrem geringer Dicken. Die für die Anwendung der Gasschweißung speziell entwickelten Al- sowie Mg-Legierungen sind fast durchweg ebenfalls für die Schutzgasschweißung geeignet. Die optimalen Bedingungen, die nur bei Beachtung mehrerer Faktoren technisch sinnvoll erscheinen, sind aber legierungstechnisch heute noch keinesfalls, weder für die Grund- noch für die Zusatzwerkstoffe, erreicht. Die letzten $2^1/_2$ Jahrzehnte Forschungsarbeit haben zu einer Reihe recht brauchbarer Legierungstypen geführt, deren Anwendungsbereich jedoch auf Fein- *oder* auf (Mittel-) Grobbleche beschränkt blieb, das technische Aluminium sowie unlegiertes technisches Magnesium ausgenommen. Im Vordergrund der volkswirtschaftlichen Anforderungen steht daher die Entwicklung einer rißfrei *in allen Dicken* verschweißbaren, legierungstechnisch treffsicher beherrschbaren und hinsichtlich Legierungsaufwandes und Art tragbaren „all round"-Legierung für Schweißkonstruktionen. Dabei muß diese nach den Leichtmetall-Hauptschweißverfahren (Gasschweißung, Schutzgasschweißung, Punkt- und Rollennahtschweißung sowie Kalt-Preßschweißung) betrieblich ohne Erschwernisse schweißtechnisch *und* verformungstechnisch verarbeitbar sein. Da es bislang nicht möglich war, diese Aufgabe zu lösen, ist meist der Weg beschritten worden, die Unterschiedlichkeit durch die Wahl geeigneter Zusatzwerkstoffe zu überbrücken. Zweifellos ist dies eine der möglichen Zwischenlösungen. Eine weitere ist der verstärkte Einsatz der Klebetechnik. Es hieße aber die den legierten Leichtmetallen meist innewohnende Möglichkeit der Erzielung von Festigkeitssteigerungen durch *Aushärtung* außer acht lassen, würde man parallel zur Forderung nach ausreichender Schweißbarkeit nicht außerdem Selbstaushärtbarkeit von Naht- und Grundwerkstoff legierungstechnisch neben der Forderung nach ausreichender Korrosionsbeständigkeit gleichzeitig mit beachten. Für den Legierungstyp-AlZnMg scheint sich diese Entwicklung mit ersten praktischen Erfolgen in Deutschland anzubahnen.*) Man darf nur hoffen, daß die einschlägigen Industrielaboratorien mehr als bislang den Forderungen der Praxis entwicklungsseitig nachkommen. Das ist notwendig, um die „Wettbewerbsfähigkeit in der Zukunft" gegenüber den in der Entwicklung voranschreitenden und heute schon brauchbaren Titanlegierungen gesichert zu wissen. Es scheint, daß die einmal bereits vorhandenen und so überaus zahlreichen sowie mit erheblichen Kosten über mehr als 3 Jahrzehnte erarbeiteten legierungstechnischen und metallkundlichen Erkenntnisse zur Verarbeitungsmethode sowie zum Festigkeitsverhalten in keiner Weise bis heute voll genutzt worden sind. Im Gegensatz dazu stehen die schweißbaren Feinblechstähle. Mögen daher die Bestrebungen und neuesten Erfolge auf der Seite schweißsicherer Stähle für die Entwicklungsstellen der Leichtmetallhalbzeuge eine Mahnung darstellen, wobei auf hochfeste neue amerikanische Mehrstofflegierungen hingewiesen sei.

Nachtrag: An Stelle des Argons als Schutzgas wird für den Sektor Stahl neuerdings, z. T. mit den gleichen oder nur gering abgewandelten Geräten, *Kohlensäure* verwendet. Auch sogenannte Hohlkabelgeräte sind nach geringfügigen Abänderungen dafür anwendbar. Nach den bisherigen Erfolgen ist die „Kohlensäure-Schutzgasschweißung" tatsächlich geeignet, mit der UP-Schweißung in ernsthaften Wettbewerb zu treten. Für die Leichtmetalle liegen ausreichende Versuchsergebnisse noch nicht vor. (Das CO_2 ist für die Lichtbogenwirkung besonders günstig. Für Stahl bestimmt z. B. der CO_2-Gehalt bei den Ze-Elektroden durch Vergasung der α-Zellulose in starkem Maße die diesen Elektroden gute Tiefbrandwirkung in Verbindung mit dem Auftreten von Gasdruck und lichtbogenphysikalischen Wirkungen *[Erdmann-Jesnitzer* u. *Priemke]*.)

*) *Müller-Busse* (VLW/Bonn), 1956

*Literaturangaben**)

(gemeinsam für Gas- und Lichtbogenschweißung von Al und Al-Legierungen, Beiträge *Erdmann-Jesnitzer* sowie *Leins)*

Adams, A. u. *Claussen,* Die Metallurgie der Schweiße mit Mantelelektroden. Weld. J. *28* (Jan. 1949), S. 12—24. Ref. in Chem. Zentralbl. *1950* I, Nr. 7/8, S. 454.

Anastasiadis, L. (1), Die Aluminium-Lichtbogenschweißung und einige Eigenschaften des Schweißmetalles. Z. Metallkde *1933,* Nr. 4, S. 97.

— (2), desgl. Z. Metallkde *1933,* Nr. 6, S. 141.

— (3), desgl. Z. Metallkde *1933,* Nr. 11, S. 283.

Andrews, W., Bogenschweißelektroden. Welding *12* (April 1944), S. 186—193. Ref. in Chem. Zentralbl. *1945* I, Nr. 9/10, S. 495.

Anstruther, J. H., Die heutigen Schweißverfahren des Aluminiums. Sheet Metal Ind. *13* (1939), Nr. 142, S. 267—270.

Archer, W. E., Welded Aluminium Tanks. Weld. Eng. *1932* Nr. 17 (11), S. 30/31. Ref. in Inst. Metals *1933,* Nr. 3, S. 1937.

Auchter, C. (1), Ein Beitrag zur Frage der Schweißbarkeit von Leichtmetallknetlegierungen. Aluminium-Archiv *4* (1936), Berlin, Al-Zentrale.

— (2), Die Fortschritte der Metall-Lichtbogenschweißung des Aluminiums und seiner Legierungen. Z. Metallkde *1937,* Nr. 9, S. 310.

— (3), Lichtbogengeschweißte Behälter von Al 99,5 %. Aluminium *1938,* Nr. 12, S. 913.

— (4), Über die Anwendung der Lichtbogenschweißung des Aluminiums im Großbehälterbau. Aluminium *1941,* Nr. 5, S. 247.

— (5), Über die Lichtbogenschweißung des Aluminiums. Aluminium *1939,* Nr. 2, S. 139.

— (6), Über die Ausführung der Lichtbogenschweißung des Aluminiums. Aluminium *1939,* Nr. 2, S. 147.

— (7), Lichtbogengeschweißte Abfüllvorrichtung aus Leichtmetall. Aluminium *1938,* Nr. 7, S. 449.

— (8), Hundert lichtbogengeschweißte Aluminiumbehälter aus Al-Mg-Si-Legierung ... Aluminium *1938,* Nr. 9, S. 661.

— (9), Die Ausbesserungsschweißung von Aluminiumguß mit „Veral"-Schweißstäben. Aluminium *1938,* Nr. 10, S. 757.

— (10), Über die Ausbesserung von Aluminiumguß. Aluminium *1939,* Nr. 2, S. 137.

— (11), Beispiele aus den Anwendungsgebieten der Lichtbogenschweißung. Aluminium *1939,* Nr. 2, S. 150.

— (12), Die Ausbesserung der Ölwanne eines Dieselmotorgehäuses mit Hilfe der Lichtbogenschweißung. Aluminium *1938,* Nr. 6, S. 441.

— (13), Die Ausbesserungsschweißung von Aluminiumguß mit „Veral"-Schweißstäben. Aluminium *20* (1938), Nr. 10, S. 757/758.

— (14), Grundlegende Erfahrungen bei der Lichtbogenschweißung von Aluminium mit Metallelektroden. Werft, Reederei, Hafen *20* (1939), Nr. 13, S. 5201—5206.

— (15), Die Fortschritte der Metall-Lichtbogenschweißung des Aluminiums und seiner Legierungen (Untersuchungsergebnisse). Z. Metallkde *29* (1937), Nr. 9, S. 310—315.

---

*) Es wurden erfaßt:

Zeitschrift für Metallkunde 1911—1944; 1946—1956
Zeitschrift für Metallforschung 1946—1947 (Dez.); Zeitschrift dann übergeführt in die erstgenannte.
Zeitschrift Aluminium 1926—1956
Metallwirtschaft, Forschung usw. 1929—1950 (Juni); übergeführt in Zeitschrift Metall.
Metall 1950—1956
Journal of the Institute of Metals 1909—1938; 1950—1955
Gießerei 1928—1955
Technik 1946—1956
Archiv für Metallkunde (nach 1945 keine Arbeiten über Al-Schweißung).
Werkstatt und Betrieb 1947—1950 (Mai); Nr. 7—12 (1949) fehlen; 1951—1956
Chemisches Zentralblatt (Referate) 1945—1951
Aluminium-Kartei (Löten und Schweißen) 669, 716, 621, 79
(Bemerkung: Die Arbeiten des Auslandes sind nicht vollständig erfaßt.)

Bablik, H., Das Schweißen des Aluminiums. Aluminium *1939*, Nr. 11, S. 6.

Bally, J., Die Entstehung der autogenen Schweißung von Aluminium. Rev. de l'alum. *1931*, S. 1475, Ref. in Gießerei *1931*, Nr. 41, S. 807.

Bauermeister, A., Einführung und Auswirkung der Röntgenprüfung bei Leichtmetallschweißungen. Metallwirtsch. *1941*, Nr. 28, S. 700.

Baukloh, W. u. *Kaiser*, Z. Metallkde *1935*, S. 281.

Behrendt, H., Rationelles Schweißen. Autog. Metallbearb. *35* (1942), Nr. 17, S. 258—261.

Bertold, C., Schweißen von Leichtmetall-Gußlegierungen im Kraftfahrzeugbau. Autog. Metallbearb. *34* (1941), Nr. 15, S. 251—253.

Bleicher, W. (1), Eignung und Anwendung von Leichtmetallen für Schweißkonstruktionen. Autog. Metallbearb. *35* (1942), S. 337—344, 353—356.

— (2), Schweißen der Leichtmetalle. Heft aus der Praxis der Autogenschweißung. Carl Marhold-Verlag, Halle a. d. S.

Böhle, F., Die Gasschmelzschweißbarkeit einer Al-Zn-Mg-Legierung. Diplom-Arbeit, durchgef. an der TH Hannover.

Bohner, H. u. *H. Buchholz*, Das autogene Schweißen von Aluminium und seinen Legierungen. Z. Metallkde *1933*, Nr. 2, S. 50—52.

Bowman, J. J. (1), Welding Aluminium with the Metallic Arc. Machinery (New York) *1933*, Nr. 39, S. 403—406.

— (2), Welding of Aluminium in the Oil-Industry. Refiner and Natural Gasoline Manufacturer *1931*, Nr. 10, S. 101; Chem. Zentralbl. *1931* II, Nr. 102, S. 1915. Ref. in Inst. Metals *1932*, Nr. 3, S. 186.

— (3), desgl. Inst. Metals *1931*, Nr. 3, S. 564.

Bräuer, P. (1), Wie schweißt man Aluminiumguß? Autogenschweißer *12* (1939), Nr. 1, S. 6—9.

— (2), desgl. Gießereipraxis *59* (1938), Nr. 546, S. 48—52.

Bräuer u. *Lehmann* (1), Das Schweißen von Aluminium-Guß im Fahrzeugbau. Aluminium *1938*, Nr. 8, S. 590.

— — (2), Das Schweißen von Magnesium-Legierungen. Techn. Z. prakt. Metallbearb. *1939*, S. 317—322. Ref. in Gießerei *1939*, Nr. 14, S. 371.

Brenner, P. (1), Über das Korrosionsverhalten von Leichtmetallschweißungen. Aluminium *21* (1939), Nr. 12, S. 846—854; Autog. Metallbearb. *33* (1940), Nr. 14, S. 169.

— (2), Fortschritte und Aufgaben beim Schweißen von Aluminiumlegierungen. Techn. Z. prakt. Metallbearb. *1937*, S. 757—763. Ref. in Gießerei *1938*, Nr. 1, S. 22.

— (3), Gefüge- und Eigenschaftsänderungen von Aluminium-Legierungen beim Schweißen. Techn. Z. prakt. Metallbearb. *50* (1940), Nr. 15/16, S. 410—413; Nr. 17/18, S. 463/464.

— (4), Eigenschaften von Leichtmetallschweißungen. Metal Ind. (London) *55* (1939), Nr. 19, S. 405—408; Nr. 20, S. 429—433.

— (5), Über das Schweißen von Leichtmetallen. V D I *93* (1951), S. 729—735.

— (6), Herstellung und Verwendung von Leichtmetall-Halbzeugen in den USA. Aluminium *27* (1951), S. 12—16, 44—48.

— (7), Leichtmetall im europäischen und amerikanischen Schiffbau. Sonderdruck aus Europaverkehr, Folge 1 (1954), S. 3—15.

Brenner u. *Kleiner*, Fortschritte und Aufgaben beim Schweißen von Al-Legierungen. Organ f. d. Fortschritte d. Eisenbahnwesens, 15. Aug. 1937.

Brett, C. W., Reparaturschweißungen. Electr. Rev. *136*, Nr. 30 (März 1945), S. 459/460. Ref. in Chem. Zentralbl. *1947* I, Nr. 5/6, S. 269.

Buchholz, H. (1), Das autogene Schweißen von Aluminium und seinen Legierungen. Z. Metallkde *1932*, Nr. 1, S. 19.

— (2), Über den gegenwärtigen Stand von Schmelzschweißung von Aluminium und seinen Legierungen. Autog. Metallbearb. *28* (1935), S. 209—217. Ref. in Aluminium *1935*, Nr. 8, S. 457.

— (3), The fusion welding of aluminium and its alloys. Met. Abstracts 2 (1935), S. 120. Ref. in Aluminium *1935*, Nr. 6, S. 349.

— (4), Untersuchungen geschweißter Aluminiumbleche größerer Dicke. Z. VDI *81* (1937), Nr. 15, S. 433—437.

Bulian, W. (1), Über ein Schweißverfahren zum Verbinden von Stangen und Profilen aus Legierungen der Gattungen Mg-Al 6 und Mg-Al 7. Z. Metallkde *1947*, Nr. 7/8, S. 249—251.

— (2), Über die Schweißrissigkeit an Leichtmetallen. Z. Metallkde *40* (1949), Nr. 11, S. 427/428.

Bulian, W. u. *E. Fahrenhorst* (3), Über die Schweißrissigkeit an Blechen aus Magnesium-Mangan-Legierungen. Z. Metallkde *36* (1944), S. 170—173.

Bungardt u. *Kallenbach*, Z. Metall *4* (1950), H. 17/18, S. 365—369.

Bürgel, H. (1), Korrosionsbeständigkeit von Schweißungen. Autog. Metallbearb. *29* (1936), Nr. 16, S. 148—154.

— (2), Propan als Heizgas zum Schweißen und Schneiden. Autog. Metallbearb. *32* (1939), Nr. 4, S. 49—56.

Carneval, F., Oxy-Acetylene Autogenous Welding of Aluminium. Inst. Metals *1912*, Nr. 2, S. 301.

Clement, M., Autogene elektrische Schweißung von Aluminium und Leichtmetallen. Mécanique *1944* (Mai), S. 89—93, 131—135. Ref. in Chem. Zentralbl. *1945*, Nr. 25/26, S. 1811.

Cocks, F. C., Überwachung und Prüfung von Schweißungen. Trans. Inst. Weld. *12* (April 1949), S. 31—36, 45. Ref. in Chem. Zentralbl. *1950* I, Nr. 1/2, S. 116.

Daniel, N., Welding of Aluminium by the Oxy-Acetylene Process. Light Metal *1* (1938), Nr. 2, S. 65/66.

Darshier, F., Neuer Draht mit Flußmittelfüllung für die Gasschmelzschweißung. Weld. Res. Counc. *12* (1947), Nr. 4, S. 252/253; Arcos *23* (1946, Nr. 102, S. 2430—2433. Ref. in Werkstatt u. Betrieb *1948*, Nr. 9, S. 270.

Douchement, J. (1), Über die letzten Fortschritte beim Schweißen von Aluminium. Rev. de l'alum. *1935*, S. 3099—3107. Ref. in Gießerei *1936*, Nr. 6, S. 151.

— (2), Über die letzten Fortschritte beim Schweißen von Aluminium und seinen Legierungen. Rev. mét. *1936*, S. 189—196. Ref. in Gießerei *1936*, Nr. 8, S. 198.

— (3), Übersicht über die neueren Fortschritte in der Schweißung von Aluminium und seinen Legierungen. Rev. de l'alum. *12* (1935), Nr. 76, S. 3099—3107.

Dumas, A., Das Schweißen von Aluminium-Legierungen. Bull. Technique du „Véritas", Sonderh. S. 20—27, Beil. April 1939.

Dunlap, W. H. (1), Das Schweißen von Aluminium und seinen Legierungen. Iron. Trade Rev. *1928*, S. 1066—1068, 1116. Ref. in Gießerei *1928*, Nr. 28, S. 691.

— (2), The Welding of Tanks in Aluminium. Usine *1931*, Nr. 40 (28), S. 41. Ref. in Inst. Metals *1933*, Nr. 3, S. 218.

— (3), The Electric Arc. Welding of Aluminium. Mech. Weld. Eng. *1931*, Nr. 5, S. 64—66. Ref. in Inst. Metals *1932*, Nr. 3, S. 186.

— (4), Welded Aluminium in Tank Trucks. Proc. Internat. Acetylene Assoc. *1930*, S. 175—178. Ref. in Inst. Metals *1932*, Nr. 3, S. 500.

— (5), desgl. Weld. Eng. *1931*, Nr. 16, S. 35/36. Ref. in Inst. Metals *1932*, Nr. 3, S. 765.

— (6), Electric Arc Welding of Aluminium. J. Weld. Soc. *1930*, Nr. 9 (10), S. 8—16; Weld. Eng. *1931*, Nr. 16 (4), S. 43—46; Metal Stampings *1930*, Nr. 3, S. 922. Ref. in Inst. Metals *1932*, Nr. 3, S. 765.

— (7), Welding Aluminium Tanks. Iron Age *1930*, Nr. 126, S. 1614. Ref. in Inst. Metals *1931*, Nr. 3, S. 174.

— (8), Welded Aluminium in the Chemical and Process Industry. J. Amer. Weld. Soc. *1929*, Nr. 8 (4), S. 13—20; Amer. Machinist (Eur. Ed.). Ref. in Inst. Metals *1930*, Nr. 1, S. 651.

Eckert, G., Wie sollen Aluminiumbehälter für Transport und Lagerung geschweißt werden? Aluminium *1934*, Nr. 10, S. 84.

Eggelmann, Fr. R. (1), Über die Schweißung einer Aluminium-Legierung. Rev. mét. 1937, S. 288. Ref. in Gießerei *1937*, Nr. 15, S. 385.

— (2), Beitrag zur Schweißung magnesiumlegierter Leichtmetalle. Autog. Metallbearb. *29* (1936), Nr. 22, S. 337—341.

Elistratow, P. S., Das Schweißen von Aluminium mit atomarem Wasserstoff. Autogenoe Delo *1937*, Nr. 8, S. 7—9.

Erdmann-Jesnitzer, Fr. (1), Stand der deutschen Leichtmetallschweißung. Technik *1949*, Nr. 1, S. 26.

— (2), Beitrag zur Kreuzschweißprüfung von Leichtmetallblechen geringer Dicken. Z. Metallkde *39* (1948), S. 385—390.

— (3), Die Weibel-Fesa-Schweißung. Technik *3* (1948), Nr. 10, S. 451/452.

— (4), Das Autogen-Stumpfschweißen von Aluminiumlegierungen mit verschiedenen Zusatzdrähten. Werkstatt u. Betrieb *81* (1948), Nr. 9, S. 248—251.

— (5), Die Gasschmelzschweißung von Al-Mg-Blechen geringer Dicken. Z. Metallkde *1949* H. 10 S. 389—397.

Erdmann-Jesnitzer, Fr. (6), Das Beizen durch Schwitzwasserbildung korrodierter Al-Mg-Bleche. Werkstatt u. Betrieb *80* (1947), Nr. 9, S. 237/238.
— (7), Beitrag zum Einfluß von Tieftemperaturen und Kerbwirkungen auf die statischen Festigkeitswerte geschweißter Aluminium-Legierungsbleche. Z. Metallkde *1957* (demnächst).
— (8), Zur Ermittlung der Schweißspannungen. Technik *5* (1949), Nr. 8, S. 390—393.
— (9), Werkstoffzustand und Diffusion, a) Substitutionsmischkristalle, b) Einlagerungsmischkristalle, gemeinsam mit F. Günther und M. May, eingereicht Archiv Eisenhüttenw. *1957*.
— (10), Wechselwirkung Silizium-Wasserstoff in Stählen. Archiv Eisenhüttenw. *1957*, eingereicht.
— (11), Silizium-Wasserstoff und Schweißrissigkeit bei Leichtmetallen auf Al-Mg-Basis, Vorträge gehalten
1. Ganzstaatlicher Schweißkongreß der ČSR, Smolenice (1955)
2. Große Gesamt-Schweißtagung der Polnischen Volksrepublik, Warschau (1955) vorgesehen als Publikation in Schweißen und Schneiden *1957*
3. Große Schweißtagung Ungarns, Budapest (1956).

Erdmann-Jesnitzer, Fr. u. *K. Priemke.* Beitrag zur Wärmewirkung von Elektroden, zum Tiefbrandeffekt und zur Messung mechanischer Kräfte im Lichtbogen. Zeitschrift Schweißtechnik (Verlag Technik), Teil I u. Teil II, Heft 11 u. 12 (1956).

Eyles, A. J. T., Behandlung von Schmelzschweißungen. Sheet Metal Ind. *17* (April 1943), S. 691—692. Ref. in Chem. Zentralbl. *1945* II, Nr. 25/26, S. 1810.

Eyls, A. (1), Welding Aluminium. Amer. Machinist (Eur. Ed.) *1926*, Nr. 65, S. 236. Ref. in Inst. Metals *1927*, Nr. 2, S. 593.
— (2), Welding Fracture and Aluminium Alloys Castings. Amer. Machinist (Eur. Ed.) *1932*, Nr. 76, S. 491. Ref. in Inst. Metals *1933*, Nr. 3, S. 100.
— (3), Welding Aluminium Electrically. Electr. Rev. *1932*, Nr. 110, S. 564. Ref. in Inst. Metals *1933*, Nr. 3, S. 397.
— (4) Some Notes on Welding Aluminium and Duraluminium. Mech. World *932*, Nr. 91, S. 228. Ref. in Inst. Metals *1932*, Nr. 3, S. 696.
— (5), Cast-Welding Aluminium. Machinery (London) *1926*, Nr. 28, S. 300. Ref. in Inst. Metals *1927*, Nr. 2, S. 593.
— (6), Autogenous Welding of Aluminium and its Alloys. Amer. Machinist (New York) *1926*, Nr. 64 (7), S. 275—278, 353—356. Ref. in Inst. Metals *1927*, Nr. 2, S. 594.
— (7), Welding Aluminium Alloys Castings. Machinery (London) *1926*, Nr. 27, S. 829/830; Machinery (New York) *1926*, Nr. 32, S. 560—562. Ref. in Inst. Metals *1927*, Nr. 1, S. 681.
— (8), The Autogenous Welding of Sheet Aluminium by the Oxy-Acetylene Process. Machinery (London) *1923*, Nr. 22, S. 822—824. Ref. in Inst. Metals *1925*, Nr. 1, S. 513.
— (9), Autogenous Welding of Aluminium und Aluminium Alloys. Metal Ind. (London) *1923*, Nr. 23, S. 2—4. Ref. in Inst. Metals *1923*, Nr. 2, S. 646.

Fast, J. D. (1), Die Aufgaben der Umhüllung von Schweißelektroden. Philips techn. Rundschau *10* (Okt. 1948), S. 117—126. Ref. in Chem. Zentralbl. *1950*, Nr. 7/8, S. 454.
— (2), Die Rolle von Sauerstoff und Stickstoff bei der Lichtbogen-Schweißung. Philips techn. Rundschau *10* (Juli 1948), S. 27—36. Ref. in Chem. Zentralbl. *1950* I, Nr. 3/4, S. 226.

Feldmann, W., Die Beurteilung von Leichtmetallschweißungen auf Grund des Zugversuches. Metallwirtsch. *16* (1937), Nr. 50, S. 1299—1306.

Fesherston, T. C., Welding Pure Aluminium Sheets. J. Amer. Weld. Soc. *1927*, Nr. 6 (7), S. 29—36. Ref. in Inst. Metals *1927*, Nr. 2, S. 592.

Fließ, H., Erkenntnisse, Erfahrungen und Anwendungsmöglichkeiten der elektrischen Aluminium-Schweißung. Elektroschw. *7* (1936), Nr. 12, S. 233—237.

Froelich, W., Reparaturschweißen von Aluminium-Gußstücken. Metall-Woche *1936*, S. 449—451.

Fröhlich, W., The Welding of Aluminium. Canad. Chem. and Met. *1933*, Nr. 17, S. 56—58, 79/80. Ref. in Inst. Metals *17* (1933), Nr. 3, S. 669.

Fuß, V., Schweißen von Aluminium und Aluminium-Legierungen. Z. Metallkde *1925*, Nr. 1, S. 28.

Gabler, K. G. (1), Über den gegenwärtigen Stand der Schweißtechnik, ihre Anwendung und neuen Aufgaben. Metallwirtsch. *1943*, Nr. 18—20, S. 263—275.
— (2), Die Schweißung von Aluminium und seinen Legierungen. Maschinenbau-Betrieb *20* (1941), Nr. 7, S. 297—301.

Gelman, S. M. u. *J. O. Kazen*, Studie über die Korrosion von geschweißten und genieteten Aluminiumverbindungen in Salpetersäure. Khimicheskoe Mashinostroenie *1936*.

Gibson, I. u. *G. R. Rothschild,* Der Einfluß der Gleichstromkomponente in der Wechselstrom-Schutzgas-Elektroschweißung von Aluminium. Weld. J. *27,* Suppl. (Okt. 1948), S. 496s—501s. Ref. in Chem. Zentralbl. *1949* I, Nr. 11/12, S. 640.

Girox, F. J., Elextric Arc Welding of Aluminium. Welding *1930,* Nr. 1, S. 838—840. Ref. in Inst. Metals *1932,* Nr. 3, S. 765.

Glismanenka, P. L., Anwendung von Argon und Helium zum Schweißen von Metallen. Oxygen *4* Nr. 3 (Mai/Juni 1947), S. 44—51. Ref. in Chem. Zentralbl. *1948* I, Nr. 11/12, S. 613.

Goldmann, F. (1), Das Schweißen von Aluminium und seinen Legierungen. Aluminium *1931,* Nr. 4/5, S. 142.

— (2), desgl. Aluminium *1929/30,* Nr. 1/10, S. 265.

Goriatchev, A. P. u. *R. R. Syromiatnikow* (1), The Electrical Welding of Aluminium Sheet by the Carbon Arc. Solsnenia Vsesouznogo Instituta Metallov (Communisation of the Pan Union Institute of Metals) *1943* (5—6), S. 76—79. Ref. in Inst. Metals *1932,* Nr. 3, S. 500.

— (2), Electric Welding of Sheet Aluminium by Means of a Carbon Arc. Avtogenoe Delo Autogenous Practice) *1931,* Nr. 6, S. 6—9. Ref. in Inst. Metals *1933,* Nr. 3, S. 331.

Grahl, F., Das Gasschmelzschweißen von Elektron und Hydronalium. Werkstatt u. Betrieb *70* (1937), Nr. 21/22, S. 289—292.

Granjon, R. (1), Die autogene Schweißung des Aluminiums. Rev. de l'alum. *1931,* S. 1475. Ref. in Gießerei *1931,* Nr. 41, S. 807.

— (2), Aluminium und die Schweißtechnik. Rev. de l'alum *1935,* S. 2957. Ref. in Gießerei *1935,* Nr. 19, S. 480.

— (3), Practical Ideas and Exercises in the Autogenous Welding of Aluminium. Rev. Aluminium *1925,* Nr. 2, S. 103. Ref. in Inst. Metals *1926,* Nr. 2, S. 610.

Graßmann, K., Über die Grundlagen für das Schweißen von Magnesium-Guß-Legierungen. Gießerei *1943,* Nr. 7—9, S. 107; Nr. 10/11, S. 129.

Graßmann, K. u. *J. Brandis* (1), Schweißen von Magnesiumgußlegierungen. Z. Metallkde *1941,* Nr. 1, S. 38.

— — (2), desgl. Z. Metallkde *1941,* Nr. 4, S. 160.

Groebler, H., Die elektrische Aluminiumschweißung. Elektroschw. *8* (1937), Nr. 3, S. 49—53.

Groebler, H. u. *H. Juvan,* Automatische Lichtbogenschweißung von Leichtmetallen. Elektroschw. *12* (1941), Nr. 7.

Grove-Palmer, F., Das Schweißen von Aluminium. Metal Ind. *1928,* S. 509, 533, 546. Ref. in Gießerei *1929,* Nr. 6, S. 142.

Groves, R., Das „Heliarc"- und „Argonarc"-Schweißverfahren. Machinery Lloyd (Cont. Ed.) *20,* Nr. 9 A (Mai 1948), S. 67—73. Ref. in Chem. Zentralbl. *1949* I, Nr. 7/8, S. 426.

Guerin, R., The Welding of Aluminium. Rev. Aluminium *1926,* Nr. 3, S. 190—192. Ref. in Inst. Metals *1927,* Nr. 2, S. 593.

Haarich, St., Zur Frage der Aluminiumschweißung. Z. VDI *79* (1935), S. 495—499. Ref. in Aluminium *1935.* Nr. 5, S. 290.

Haarich, St. u. *P. Röntgen,* Ein Beitrag zur Frage der Aluminiumschweißung. Aluminium Archiv *10* (1938).

Halls, E. E., Das Waschen nach dem Schweißen von Leichtmetallen. Aluminium and the Non-Ferrous Review *3* (1937), Nr. 2, S. 98/99; *3* (1938), Nr. 3, S. 137—139.

Hänchen, R., Schweißkonstruktionen. Julius Springer, Berlin 1939. Ref. in Metallwirtsch. *1941,* Nr. 36, S. 893.

Hardecker, J. F., Welding Aluminium Tanks for Airplanes. Weld. Eng. *1929,* Nr. 14 (1), S. 31—33. Ref. in Inst. Metals *1930,* Nr. 1, S. 651.

Hartmann, F. V. u. *C. M. Craighead,* Riveting and Welding of Aluminium. Metal Stamping *1932,* Nr. 5, S. 545—548, 568. Ref. in Inst. Metals *1933,* Nr. 3, S. 100.

Hase, C. (1), Die neuesten Entwicklungslinien in der Schweiß- und Schneidtechnik. Eisen- u. Metallverarb. *1,* Nr. 6, (Jan. 1949), S. 14—16. Ref. in Chem. Zentralbl. *1950* I, Nr. 7/8, S. 454.

— (2), Aluminium als wichtigstes Leichtmetall in der Schweißtechnik. Autog. Metallbearb. *31* (1938), Nr. 9, S. 141—151.

Hauck, V., Über Eigenspannungen in Punktschweißverbindungen. Z. Metallkde *34* (1948). Nr. 9, S. 276—279.

Hauser, H., Das „Elin-Hafergut"-Verfahren für die Dünnblechschweißung. Bull. schweiz. elektr. Ver. *34*, Nr. 22 (Sept. 1943), S. 566—569. Ref. in Chem. Zentralbl. *1945* I, Nr. 7/8, S. 408.

Heinemann, K., Neuere Erfahrungen über das Schweißen und Löten von Zink, Aluminium und Magnesium. Z. Metallkde *1939*, S. 141—143. Ref. in Gießerei *1939*, Nr. 16, S. 431.

Henderson, S. W., Aluminium Welding How and Why? Weld. Eng. *1924*, Nr. 9 (12), S. 21. Ref. in Inst. Metals *1926*, Nr. 2, S. 610.

Herbst, H. T., Lichtbogen-Schutzschweißung mit trägen Gasen (Inert Gas Shielded Arc Welding). Steel (Cleveland) *1* (1947), Nr. 9, S. 72—74. Ref. in Werkstatt u. Betrieb *1948*, Nr. 7, S. 202.

Herdeus, W. C. (1), Hammerschweißung. Aluminium *1931*, Nr. 4—6, S. 139.

— (2), Das Hammerschweißverfahren. Aluminium *1929/30*, Nr. 9/10, S. 263.

— (3), The Welding (of Aluminium) by Hammering. Hausztg. VAW u. d. Erftwerk AG Aluminium *1931*, Nr. 3, S. 139. Ref. in Inst. Metals *1931*, Nr. 3, S. 564.

Herrmann, H., Preßschweißung von Aluminium-Legierungen. Machinery (London) *69* (1946), S. 692—695. Ref. in Chem. Zentralbl.

Herrmann, E., Schweißen (Patentschrift). Aluminium *1940*, Nr. 1, S. 28.

Herrmann, W. u. *E. R. Thews*, Ausbessern von Aluminiumgußteilen durch Schweißen. Weld. Ind. *4* (1936), Nr. 3, S. 90—94.

Herrmann, E. u. *Zürbrügg*, Schweißen von Aluminium. Techn. Rundschau (Bern) *34* (1942), Nr. 43, S. 1/2, 9/10; Nr. 44, S. 3/4.

Herzog, U., Das Gasschweißen von Aluminium. Aluminium *1940*, Nr. 11, S. 597.

Heyes, F. J., Electric Arc Welding applied to Aluminium. Mech. World *1921*, Nr. 19, S. 181. Ref. in Inst. Metals *1921*, Nr. 2, S. 617.

Hoffmann, H. A., Elektrische Aluminiumschweißung. Maschinenbau-Betrieb *16* (1937). Nr. 13/14, S. 355—358.

Hofmann, G., Anleitungsblätter für das Schweißen und Löten von Leichtmetallen. RKW-Nachrichten *13* (1939), Nr. 2, S. 38—41.

Hofmann, W. u. *J. Ruge:* Versuche über die Kaltpreßschweißung von Metallen. Z. Metallkde *43* (1925), S. 354—356.

Hofmann, W., H.-J. Husman u. *R. Koppe:* Die Keilschweißung von Aluminium und Kupfer als Selbstlötung. Z. Metallkde *43* (1952), S. 354—356.

Hoglund, G. O. (1), Fortschritte in der Schweißung von Aluminium. Iron Age *1936*, Nr. 10, S. 250.

— (2), Schweißen von Aluminium. Metal Process *38* (1940), Nr. 4, S. 483. Ref. in Metallwirtsch. *1941*, Nr. 43, S. 1056.

— (3), Gasschmelzschweißen von Aluminium und seinen Legierungen. Metal Ind. (London) *48* (1936), Nr. 1, S. 5—7.

— (4), The Welding of Aluminium Alloys. Trans. Amer. Soc. Mech. Engrs. *58* (1936), S. 154—157; *18* (Okt. 1936), S. 547.

— (5), Metal Progress *38* (1940), H. 4, S. 483.

Holler, H. (1), Der Leichtmetallschweißer.

— (2), Die Schweißbarkeit des Aluminiums. Aluminium *1931*, Nr. 416, S. 123; *1929/30*, Nr. 9/10, S. 247.

— (3), The Weldability of Aluminium. Hausztg. VAW u. d. Erftwerk AG Aluminium *1931*, Nr. 3, S. 131—133. Ref. in Inst. Metals *1931*, Nr. 3, S. 564.

— (4), Remarkable Observations on the Methods of Aluminium Welding and their Technical Importance. Apparatebau *1928*, Nr. 40, S. 145—154; Z. V. J. Kupferschmied *1928*, Nr. 40, S. 181—190. Ref. in Inst. Metals *1928*, Nr. 2, S. 680.

— (5), Notes on Aluminium Welding and its Technique. Autog. Metallbearb. *1928*, Nr. 21, S. 46—54. Ref. in Inst. Metals *1928*, Nr. 1, S. 637.

Holler, H. u. *H. Schnedler*, Einfluß tiefer Temperaturen auf die Festigkeitseigenschaften von autogengeschweißten Aluminium- und Messing-Verbindungen. Autog. Metallbearb. *35* (1942), S. 316—321, 335.

Horn, H. A. (1), The Welding and Soldering of Aluminium. Apparatebau *1926*, Nr. 38, S. 295—299, 310—315. Ref. in Inst. Metals *1927*, Nr. 2, S. 592.

— (2), Technical Welding (of Light Metal). Schmelzschweißung *1930*, Nr. 9, S. 75—78, 135—137; Chem. Zentralbl. *1930* II, Nr. 101, S. 796. Ref. in Inst. Metals 1930, Nr. 2, S. 666.

Horn, H. A. (3), Elektrische Aluminiumschweißung. Maschinenbau-Betrieb *16* (1937), Nr. 13/14, S. 355—358.

Houldcroft, P. T., Erkenntnisse in der Metallurgie und Technik des Schweißens von Aluminium-Legierungen. Metallurgia (Manchester) *39* (Febr. 1949), S. 206—209. Ref. in Chem. Zentralbl. *1949* II.

Huff jr. H. A. u. *A. N. Kugler*, Praktische Erfahrungen mit der Schutzgasschweißung. Weld J. *28* (Febr. 1949), S. 128—140. Ref. in Chem. Zentralbl. *1950* II, Nr. 5/6, S. 339.

Hulot, A., Vingt-cinq ans de pratique de la soudure de l'aluminium. Bull. Soc. Ing. Soud. *9* (1938), Nr. 49, S. 3003—3010.

Hummitzsch, W., Plastizität und Preßbarkeit von Mantelmassen der Schweißelektroden. Werkstatt u. Betrieb *1948*, Nr. 11, S. 337—345.

Hunsicker, Korrosionsversuche an Schweißverbindungen. Autog. Metallbearb. *31* (1938), Nr. 5, S. 67—71; Nr. 6, S. 89—97.

Huth, F. (1), Autogenous Welding of Aluminium. Z. V. J. Kupferschmied *1925*. Nr. 37, S. 134—136. Ref. in Inst. Metals *1927*, Nr. 1, S. 581.

— (2), desgl. Apparatebau *1925*, Nr. 37, S. 120. Ref. in Inst. Metals *1925*, Nr. 2, S. 596.

— (3), desgl. Aluminium *1924*, Nr. 6 (19), S. 2—5. Ref. in Inst. Metals *1925*, Nr. 1, S. 513.

Huth, G., Schweißen des Aluminiums durch Elektrolyse (DRP 413 090). Duglers Polytechn. Journal *345*, H. 7. Ref. in Metallwirtsch. *9* (1930), H. 24.

Isore, J., The Welding of Light Alloys. Aciers spéciaux *1927*, Nr. 2, S. 357—363; A. Abs. *1928*, Nr. 22, S. 4094. Ref. in Inst. Metals *1928*, Nr. 2, S. 681.

Jahns, E., Elektrische Lichtbogenschweißung für Kurzschlußläufer-Verbindung aus Al. Aluminium *1940*, Nr. 7, S. 253.

Janson, H., Aus der Praxis der Leichtmetallschweißung. Metallwirtsch. *1941*, S. 129—134. Ref. in Gießerei *1941*, Nr. 11, S. 263.

Joyce, E., Welding of Duraluminium in Aircraft. Welding *1930*, Nr. 1, S. 447—453; Ind. Gases *1930*, Nr. 11, S. 94—100. Ref. in Inst. Metals *1932*, Nr. 3, S. 186.

Kaufmann, H., Prevaring for Aluminium Welding. Canad. Found. *1930*, Nr. 21 (2), S. 18. Ref. in Inst. Metals *1930*, Nr. 1, S. 651.

Kauntny, T. (1), Autogenous Welding of Light-Metals. Autog. Metallbearb. *1925*, Nr. 18, S. 3—7, 63—65. Ref. in Inst. Metals *1925*, Nr. 1, S. 513.

— (2), Autogenous Welding of Aluminium. Aluminium *1922*, Nr. 4 (19), S. 1—6; (21) S. 1—12. Ref. in Inst. Metals *1923*, Nr. 1, S. 771.

Keating, F. H. u. *G. Haim*, Das Schweißen von Aluminium in der chemischen Industrie. Inst. Weld. Quart. Trans. *6* (Juli—Okt. 1943), S. 135—143. Ref. in Chem. Zentralbl. *1945* II, Nr. 1/2, S. 65.

Keel, C. F., Neues Verfahren zum Verschweißen von Aluminium mit Eisen, Kupfer und anderen Metallen. Schweißtechnik *28* (1938), Nr. 9, S. 201—203.

Kinzel, A. G., Alloying element in welding rods. Aluminium and the Non-Ferrous Review *2* (1936), Nr. 3, S. 32—35.

Klein, E. A. u. *C. Hoff*, Welding of Aluminium Sheet Used in the Construction of Pierce Arrow (Automobile) Bodies. J. Amer. Weld. Soc. *1927*, Nr. 6 (5), S. 34—36. Ref. in Inst. Metals *1927*, Nr. 1, S. 593.

Klosse, E. (1), Stand und Aussichten des Lichtbogenschweißens von Mg-Gußlegierungen. Elektroschw. *15* (Juli 1944), S. 73—78. Ref. in Chem. Zentralbl. 1946, Nr. 3/4, S. 250.

— (2), Schweißen von Magnesium-Gußlegierungen. Z. VDI *1940*, S. 511—516. Ref. in Gießerei *1940*, Nr. 26, S. 536.

Klought, W., Erfahrungen und Ergebnisse mit dem Elin-Hafergut-Schweißverfahren. Elektroschw. *13* (1942), S. 33.

Knerr, H. C. (1), Schweißen von Duraluminium. Automot. Ind. Ref. in Z. Metallkde *1923*, Nr. 10, S. 280.

— (2), Welding Aluminium in Automotive Parts Manufacture. Automot. Ind. *1923*, Nr. 48, S. 726—731. Ref. in Inst. Metals *1924*, Nr. 2, S. 655.

— (3), Autogenous Welding of Duraluminium. Rev. Soud. Autog. *1923*, Nr. 15, S. 560. Ref. in Metals *1924*, Nr. 2, S. 655.

— (4), Welding Aluminium Some Experimental Work and its Results. Automot. Ind. *1922*, Nr. 46, S. 964—968. Ref. in Inst. Metals *1923*, Nr. 2, S. 647.

Koch, H., Beitragstagung des Instituts für Werkstoffprüfung und Schweißtechnik der Techn. Hochschule Hannover. Aluminium *1931*, Nr. 4, S. 213.

Koch, H. u. *K. Nagel:* Zur Frage der Schweißrissigkeit von Aluminium-Legierungen. Schweißen und Schneiden *4* (1952), S. 347—356.

Köhler, E., Autogenes Schweißen und Löten der Leichtmetalle. Autog. Metallbearb. *32* (1939), Nr. 14, S. 213—224.

Koppenhöfer, A., Das Schweißen von Elektrometall. Metallwirtsch. *1939*, Nr. 18, S. 383.

Kostron u. *A. Müller-Busse*, Gefügeaufbau und Eigenschaften der Wärmeeinflußzone geschweißter Al-Cu-Mg-Preßprofile. Metall *3/4* (1950), S. 41—48.

Krainer, H., Schweißen und Löten von Aluminium. Mech. Weld. Engng. Rec. *117*, Nr. 2 (Febr. 1945), S. 117/118. Ref. in Chem. Zentralbl. *1946*, Nr. 11/12, S. 780.

Lavdorff, Autogenous Welding and Soldering of Aluminium Rich. Alloys. Schmelzschw. *1926*, Nr. 5, S. 86; Techn. Z. Schau *1926*, Nr. 11 (17), S. 9. Ref. in Inst. Metals *1927*, Nr. 2, S. 594.

Le Grix, G. (1), Contribution to the Study of (The Welding of) Aluminium. Rev. Soud. Autog. *1924*, Nr. 16, S. 756. Ref. in Inst. Metals *1929*, Nr. 1, S. 611.

— (2), Failures in Aluminium Welding. Acet Weld. J. *1923*, Nr. 20, S. 228—233. Ref. in Inst. Metals *1924*, Nr. 1, S. 531.

— (3), desgl. Rev. Soud. Autog. *1922*, S. 401—404. Ref. in Inst. Metals *1923*, Nr. 1, S. 771.

Lehmann, O. u. *Bräuer, P.*, Die Acetylen-Schweißung als Ausbesserungsmittel bei Kraftfahrzeugen. Autog. Metallbearb. *31* (1938), Nr. 5, S. 72—75.

Leins, H., Lichtbogenschweißen eines I-Trägers aus Legierung Al-Mg 5 nach DIN 1713. Aluminium *1940*, Nr. 8, S. 394.

L'Hoir, G., The Autogenous Welding of Aluminium. Soudure Coupeur *1923*, Nr. 8, S. 2—4. Ref. in Inst. Metals *1924*, Nr. 1, S. 531.

Lindemann, R. (1), Neue Verfahren auf dem Gebiete der Röntgenüberwachung von Leichtmetallschweißungen. Metallwirtsch. *1942*, Nr. 45/46, S. 691.

— (2), Röntgenprüfung Leichtmetallschweißungen. Metallwirtsch. *1941*, Nr. 28, S. 703.

Lorche, A. V., Das Schweißen von Leichtmetall-Gußstücken. Foundry *1949*, Nr. 1, S. 74/75, 134, 137, 140, 142. Ref. in Chem. Zentralbl. *1949*, Nr. 25/26, S. 1415.

Lüder, E. u. *K. Heinemann:* Eigenschaften von Metallen und Legierungen in ihrer Bedeutung für das Schweißen und Löten. Z. Metallkde *28* (1936), S. 188 ff.

Mäder, H. (1), Über die Schweißrissigkeit von Leichtmetallen. Aluminium *1943*, Nr. 2/3, S. 30.

— (2), Über eine neue bei der Leichtmetallschweißung beobachtete Fehlererscheinung und deren Vermeidung. Aluminium *1943*, Nr. 5/6, S. 83.

— (3), Über die Arcatomschweißung von Siliziumguß an Hydronalium. Elektroschw. *10* (1939), Nr. 8, S. 157.

— (4), Über Festigkeitseigenschaften von Arcatomschweißungen an Leichtmetallen. Aluminium *23* (1941), Nr. 8, S. 407—410.

— (5), Gestaltungsfrage bei der schweißtechnischen Verarbeitung der Leichtmetalle. Werkstatt u. Betrieb *75* (1942), Nr. 7, S. 159/160.

— (6), Über die Festigkeitseigenschaften von Arcatomschweißungen von Hydronalium. Elektroschw. *11* (1940), Nr. 2, S. 29—31.

— (7), Über den Einfluß des Siliziums auf die Schweißrissigkeit von Aluminiumlegierungen. Z. Metallkde *41* (1950), Nr. 5, S. 140.

Magnani, M. u. *C. Pansert*, The Welding of Aluminium and its Alloys. Metallodia Italiana *1931*, Nr. 23, S. 85—101; Metallurgist (Suppt. to Engineer) *1931*, Nr. 7, S. 60. Ref. in Inst. Metals *1932*, Nr. 3, S. 500.

Maier, M. (1), Beobachtung beim Schweißen von Leichtmetallprofilen. Aluminium *1936*, Nr. 11, S. 537.

— (2), Findet beim Leichtmetallschweißen ein Abbrand statt? Von Legierungsbestandteilen. Aluminium *1936*, Nr. 8, S. 373.

— (3), Einfluß der Blechart und Nachbehandlung der Schweißnaht auf die Eigenschaften von Schweißungen an KS-Seewasser-Blechen. Autog. Metallbearb. *30* (1937), Nr. 7, S. 97—102.

— (4), Die Autogenschweißung von Leichtmetallen. Apparatebau *47* (1935), S. 147—151, 159—162. Ref. in Aluminium *1935*, Nr. 12, S. 676.

Marks, K., Leichtbau und Schweißkonstruktionen in der Landmaschinentechnik. Technik *1949*, Nr. 2, S. 69.

Marshall, W. K. B., Lichtbogenschweißung mit Argon. Sheet Metal Ind. *26* (Nov. 1949), S. 2247; *32*, S. 2434, 2436, 2438, 2440. Ref. in Chem. Zentralbl. *1950*, Nr. 24, S. 2278.

Martin, H. (1), Festschweißen von Metallbolzen auf einer Metallplatte.
— (2), Einschweißen von Metallzapfen in eine Metallplatte. Chem. Zentralbl. *II* (1951), S. 2380.

Mason, W., Welding Aluminium C Gastings. Met. Ind. (London) *1928*, Nr. 26, S. 205. Ref. in Inst. Metals *1929*, Nr. 1, S. 612.

Matting, A. u. *H. Klein* (1), Die Prüfung von Leichtmetall-Schweißverbindungen. Wärme *62* (1939), S. 619—623.
— — (2), Probestabformen für den Zug- und Faltversuch an Leichtmetallschweißungen. Autog. Metallbearb. *31* (1938), Nr. 13, S. 205—209.

Matting, A. u. *A. Otto*, Temperatureinflüsse beim Schweißen von Al-Cu-Mg-Legierungen. Maschinenbau-Betrieb *21* (1942), Nr. 4, S. 157—159.

Mawson, R., Oxyacetylene Welding of Aluminium Ref. in Inst. Metals *1915*, Nr. 1, S. 333.

Meadoweroft, J. M., Oxyacetylene Welding of Sheet Aluminium. J. Amer. Weld. Soc. *1926*, Nr. 5/6, S. 47—49. Ref. in Inst. Metals *1926*, Nr. 2, S. 610.

Mechel, R., Gemeinsames und Ähnliches für die Beurteilung der Schweißbarkeit hochfester Leichtmetall-Legierungen. Z. Metallkde *1941*, Nr. 5, S. 205.

Meisner, K. L., Welding and Re-Ageing of Improvable Alu-Alloys. Apparatebau *1927*, Nr. 39, S. 189—191. Ref. in Z. V. J. Kupferschmiede *1927*, Nr. 39, S. 234—236. Ref. in Inst. Metals *1927*, Nr. 2, S. 594.

Meslier, R. (1), Welding Thick Aluminium. Rev. Soudure Autogene *1927*, Nr. 19, S. 1318. Ref. in Inst. Metals *1929*, Nr. 1, S. 612.
— (2), La Soudure de l'Aluminium et de ses Alliages. Rev. Aluminium *15* (1938), Nr. 99, S. 1129—1132.
— (3), Das Schweißen von Aluminium und seinen Legierungen. Rev. de l'al. *1938*, S. 1129—1132. Ref. in Gießerei *1938*, Nr. 15, S. 385.

Meyer, A. (1), Lichtbogenschweißung von Aluminium. Weld. Eng. *20* (1935), Nr. 9, S. 29—31.
— (2), Neue Untersuchungen über die Schweißung von Aluminium mit dem Metallichtbogen. Weld. Eng. *20* (1937), Nr. 9, S. 29—31. Ref. in Aluminium *1935*, Nr. 12, S. 677.

Meyer, O., Aluminium-Lichtbogenschweißung. Aluminium *18* (1936), Nr. 8, S. 363—364.

Milan, A. u. *Mc.*, Aluminium Welding in an Industrial Plant. Acet. J. *1929*, Nr. 31, S. 15—17. Eng. Ind. *1929*. Ref. in Inst. Metals *1929*, Nr 2, S. 634.

Miller, D. M. (1), Weld Aluminium by two Methods. Foundry *1926*, Nr. 54, S. 117. Ref in Inst. Metals *1926*, Nr. 2, S. 610.
— (2), Job-Welding of Aluminium. J. Amer. Weld. Soc. *1925*, Nr. 4, S. 31—34. Ref. in Inst. Metals *1925*, Nr. 2, S. 596.

Miller, S. W. (1), Gas Welding of Aluminium. Can. Mach. *1924*, Nr. 32, S. 33, 50. Ref. in Inst. Metals *1928*, Nr. 1, S. 636.
— (2), Gas-Welding Aluminium. J. Amer. Weld. Soc. *1924*, Nr. 3, S. 44—50. Ref. in Inst. Metals *1925*, Nr. 1, S. 512.

Miller, A. Mike, Warren u. *E. Hamping*, Umhüllter Aluminiumschweißstab. Aluminium Co of Amer. A. P. 2480498 vom 17. 5. 1947. Ref. in Chem. Zentralbl. *1950*, Nr. 21, S. 1907.

Mitsche, R., Zur Frage des Schweißens von Aluminium und Aluminiumlegierungen. Autogenschweißer *10* (1937), Nr. 7, S. 69/70.

Montero, J. M., Untersuchung über das Schweißen. Metalurgia y Elektr. 7 (1943), Nr. 67, S. 17—23, Nr. 69, S. 24—31, Nr. 70, S. 19—24, Nr. 71, S. 20—25, Nr. 73, S. 16—20. Ref. in Chem. Zentralbl. *1945*, Nr. 5/6, S. 288.

Moressee, G.: Das elektrische Widerstandsschweißen von Leichtmetall-Legierungen. Aluminium *30* (1954), S. 152—157; 200—207; 251—261.

Müller-Busse, A (1), Das Temperaturfeld beim Schweißen eines Leichtmetallbleches der Gattung Al-Mg-Mn. Metall *3* (1949), S. 71—75. Ref. in Chem. Zentralbl. *1950*, Nr. 7/8, S. 455.
— (2), Über die Schweißrissigkeit von Aluminiumwerkstoffen. Aluminium *30* (1954), S. 240—250.

Musgrave, J. L. u. *E. Taylor*, Oxyacetylene Welding and the Heating Trade. Metal (London) *1927*, Nr. 30, S. 415. Ref. in Inst. Metals *1927*, Nr. 2, S. 594.

Nagel, K., Leichtmetall-Schweißungen im Röntgenbild. Autog. Metallbearb. *35* (1942), S. 299—302.

Nagle, C. F. jr., The Fusion Welding of Aluminium. J. Amer Weld. Soc. *1924*, Nr. 3 (5), S. 26—30. Ref. in Inst. Metals *1925*, Nr. 1, S. 513.

Nedswetzki, G. W., Untersuchung der Kontakt-(Stumpf) Schweißung von Buntmetallen. Autogenoje Djelo (Autog. Ind., Moskau) *11* (1940), Nr. 10, S. 7—11.

Neese, H., Über das Schweißen der Metalle. Metallwirtsch. *1930*, Nr. 14, S. 297.

Nelson, W., Duraluminium Welding. Awiatation *1927*, Nr. 22, S. 130—132. Techn. Zeitschriftenschau *1927*, Nr. 12 (5), S. 10. Ref. in Inst. Metals *1927*, Nr. 1, S. 682.

Nikitin, W. P. (1), Eine Methode des Schweißens von Metallen mit getrennten Schmelzprozessen. Ber. Akad. Wiss. UdSSR *56*, Nr. 5 (1947), S. 477—480. Ref. in Chem. Zentralbl. *43* (1952), S. 133—137.

— (2), Entwicklung der elektr. Bogenschweißung. Elektrizität *47*, Nr. 12, S. 24—27. Ref. in Chem. Zentralbl. *1948*, Nr. 11/12, S. 613.

N.N. Veröffentlichungen des Inlandes (1), Das Schweißen der Leichtmetalle. Apparatebau *48* (1936), S. 140—143.

— (2), Über die Einwirkung von Schweißpulver an Schweißstellen auf Kabelpapier. Aluminium *18* (1936), Nr. 4, S. 138.

— (3), Schweißpulver zum autogenen Schweißen von Aluminium. Anz. Maschinenwesen *1937*, Nr. 56, S. 6/9.

— (4), Elektrische Leichtmetallschweißmaschinen. Industriebl. *47* (1942), S. 885—887.

— (5), Wichtige praktische Hinweise für das Schweißen und Nieten von Aluminium und Aluminiumlegierungen. Werkstatt u. Betrieb *73* (1940), Nr. 3, S. 53—56.

— (6), Schweißen und Löten von Leichtmetallen. Techn. Rundschau (Bern) *32* (1940), Nr. 29, S. 1/2, Nr. 30, S. 2/3, Nr. 31, S. 3/4.

— (7), DIN-Vornorm Entwurf E 50123: Prüfung von Leichtmetallen: Zugversuch an Schmelzschweißverbindungen. Aluminium *22* (1940), Nr. 5, S. 264/265.

— (8), Umhüllte Elektrode für die elektrische Lichtbogenschweißung von Aluminium oder Aluminiumlegierungen. DRP *643 449* vom 31. 1. 1933.

— (9), Amer. Patent: Schweißstab für Aluminium. Amer. Patent *P 2 143 855* vom 31. 1. 1935.

— (10), Schweißung von Aluminium durch Elektrolyse. „Duglers polytechnisches Journal" *345*, Nr. 7.

— (11), Elektrisches Schweißen von Aluminiumguß. Synthetic and Applied Finishes *1935*, S. 254. Ref. in Gießerei *1935*, Nr. 8, S. 186.

— (12), Schweißen von Leichtmetallen. (Fachsitzung) VDI *1939*, S. 581—584. Ref. in Gießerei *1939*, Nr. 14, S. 371.

— (13), Anleitungsblätter für das Schweißen und Löten von Leichtmetallen. VDI-Ausschuß Leitung Prof. Dr.-Ing. habil Matting. Ref. in Gießerei *1940*, Nr. 19, S. 371.

— (14), Die wichtigsten Flußmittel beim Schweißen von Aluminiumlegierungen und ihre Anwendungen. Gießerei-Praxis (Metall) *1931*, S. 122. Ref. in Gießerei *1932*, Nr. 7/8, S. 78.

— (15), Ein Aluminiumschweißverfahren. Metallurgia *12* (1935), Nr. 72, S. 182. Ref. in Metallwirtsch. *1936*, Nr. 3, S. 73.

— (16), Gasschmelzschweißverfahren für Aluminium. (Blatt 1 u. 2). Aluminium *1931*, Nr. 4/6, S. 140.

— (17), Mechanische Prüfung von Schweißverbindungen. Mitt. dtsch. Normenaussch. Aluminium *1935*, Nr. 11, S. 599.

— (18), Untersuchungen beim Punkt- und Lichtbogenschweißen. Iron Age *30. 10. 1941*. Ref. in Werkstatt u. Betrieb *1947*, Nr. 5, S. 130/131.

— (19), Verbesserte elektrische Aluminiumschweißung. Aluminium *1932*, Nr. 9, S. 5.

— (20), Das Schweißen von Aluminium und seinen Legierungen. Aluminium *1932*, Nr. 11, S. 3.

— (21), Arcogen. Ein neues kombiniertes elektrisches Schweißverfahren. Aluminium *1931*, Nr. 12, S. 5.

— (22), Schweißen von Leichtmetallen. Aluminium *1931*, Nr. 15, S. 3.

— (23), Schweißen von Aluminium. Aluminium *1927*, Nr. 3, S. 4.

— (24), Zwanzig Jahre autogene Aluminiumschweißung. Aluminium *1927*, Nr. 9, S. 3.

— (25), Das Schweißen von Aluminium. Aluminium *1927*, Nr. 11, S. 6.

— (26), Das Schweißen von Aluminium. Aluminium *1926*, Nr. 9, S. 9.

— (27), Lichtbogenschweißen von Aluminium. Aluminium *1932*, Nr. 24, S. 5.

— (28), Schweißtechnik. VDI Din A/4 IV/64 *1926* (Sonderheft). Ref. in Aluminium *1926*, Nr. 23, S. 10.

N.N. (Veröffentlichungen des Inlandes) (29), Das autogene Schweißen von Aluminium und seinen Legierungen. Z. Metallkde *1933*, Nr. 2, S. 50.
— (30), Das Schweißen von Aluminium und seinen Legierungen. „Metall“ *1928*, S. 62. Ref. in Gießerei *1928*, Nr. 23, S. 556.
N.N. (Veröffentlichungen des Auslandes) (31), Autogenous Welding of Aluminium. Automobilia *1920*, *1931* (August); Techn. Rev. *1921*, VIII. Nr. 10. Ref. in Inst. Metals *1921*, Nr. 2, S. 617.
— (32), The Electric Arc. Welding of Aluminium. Machinery (London) *1930*, Nr. 37, S. 231. Ref. in Inst. Metals *1932*, Nr. 3, S. 696.
— (33), Autogenous Soldering or Welding of Aluminium. Inst. Metals *1915*, Nr. 1, S. 331.
— (34), Welded Aluminium Vessels. Weld. J. *1925*, Nr. 22, S. 79. Ref. in Inst. Metals *1925*, Nr. 2, S. 596.
— (35), Electrical Welding of Aluminium and other Good Conductors of Heat. Autog. Metallbearb. *1925*, Nr. 18, S. 8. Ref. in Inst. Metals *1925*, Nr. 1, S. 512.
— (36), Welding Aluminium by the Spraying Process. Aluminium *1924*, Nr. 17, S. 7, Nr. 23, S. 6/7. Ref. in Inst. Metals *1925*, Nr. 1, S. 514.
— (37), Aluminium Welding. Brit. Mach. Tool Eng. *1930*, Nr. 6 (64), S. 123. Ref. in Inst. Metals *1931*, Nr. 3, S. 174.
— (38), How to Weld Duraluminium. Aero Digest *1929*, Nr. 15, S. 164 (Eng. Index 1930). Ref. in Inst. Metals *1932*, Nr. 3, S. 697.
— (39), Welded Aluminium Articels. Fiamma Ossiacetilenica *1933*, Nr. 8 (4), S. 55—57. Ref. in Inst. Metals *1933*, Nr. 3, S. 586.
— (40), Welding Aluminium. Soud. Coupeur *1933*, Nr. 12 (4), S. 4. Ref. in Inst. Metals *1933*, Nr. 3, S. 670.
— (41), The Gas-Fusion Welding of Aluminium. Hausz. V. A. W. u. d. Erft-Werk AG. Aluminium *1931*, Nr. 3, S. 140. Ref. in Inst. Metals *1932*, Nr. 3, S. 111.
— (42), Aluminium Welding. Power-Heuse *1931*, Nr. 25 (2), S. 57. Inst. Metals *1932*, Nr. 3, S. 111.
— (43), Oxy-Acetylene Welded Aluminium Products. Ind. Gase *1931*, Nr. 12, S. 24—30. Ref. in Inst. Metals *1932*, Nr. 3, S. 111.
— (44), Aluminium Welding Elektrode. Aviation *1932*, Nr. 6, S. 286. Ref. in Inst. Metals *1933*, Nr. 3, S. 100.
— (45), Arc-Welding Aluminium and its Alloys. Aluminium (Broadcast) *1932*, Nr. 3 (38), S. 11—13. Ref. in Inst. Metals *1933*, Nr. 3, S. 100.
— (46), Oxy-Welding of Aluminium in the Interests of Science. Mech. and Weld. Eng. ... *1931*, Nr. 5, S. 314—316; Weld. J. *1931*, Nr. 28, S. 315. Ref. in Inst. Metals *1933*, Nr. 2, S. 218.
— (47), Aluminium Welding by the Metal Spreying Process. Apparatebau *1925*, Nr. 37, S. 30. Ref. in Inst. Metals *1925*, Nr. 1, S. 514.
— (48), The Properties of Aluminium: Strength of Welded Aluminium. Soud.-Couper *1924*, Nr. 7, S. 6/7. Ref. in Inst. Metals *1925*, Nr. 1, S. 514.
— (49), Welding Thin Sheets of Aluminium. Rev. Soud. autog. *1922*, S. 507—509. Ref. in Inst. Metals *1924*, Nr. 2, S. 654.
— (50), Welding and Soldering of Aluminium. Aluminium *1921*, Nr. 44, S. 3: from Bulletin of the Clevland. Techn. Inst. *1921*, Nr. 1 (2), S. 53. Ref. in Metals *1922*, Nr. 2, S. 797.
— (51), Oxy-Acethylene Welding Cast und Sheet Aluminium. Canadian Machinery *1921* (XXVI), Nr. 31, S. 35. Ref. in Inst. Metals *1922*, Nr. 1, S. 488.
— (52), The Biggest Difficalt in the Electric Arc Welding of Aluminium. Aluminium *1921*, Nr. 35; Bulletin of the Cleveland Techn. Inst. *1920*, Nr. 55. Ref. in Inst. Metals *1922*, Nr. 1, S. 1488.
— (53), Improvements in Welding. Weld. J. *1926*, Nr. 23, S. 330. Ref. in Inst. Metals *1927*, Nr. 1, S. 681.
— (54), Welding Cast Aluminium. Oxy-Acet. Tips *1926*, January; Weld. J. *1926*, Nr. 23, S. 90. Ref. in Inst. Metals *1927*, Nr. 1, S. 681.
— (55), A Fine Piece of Welded Aluminium. Soud. Coupeur *1926*, Nr. 7, S. 9. Ref. in Inst. Metals *1927*, Nr. 1, S. 682.
— (56), Problems of Welding an Aluminium Crankcase. Weld. J. *1926*, Nr. 23, S. 149. Ref. in Inst. Metals *1927*, Nr. 1, S. 682.
— (57), The Welding of Aluminium. Mech. World *1926*, Nr. 79, S. 137. Ref. in Inst. Metals *1926*, Nr. 2, S. 610.
— (58), Aluminium Welding. Machinery (London) *1926*, Nr. 27, S. 674. Ref. in Inst. Metals *1926*, Nr. 2, S. 610.
— (59), Welding of Aluminium. Soud. Coupeur *1925*, Nr. 12, S. 6. Ref. in Inst. Metals *1925*, Nr. 1, S. 775.

N.N. (Veröffentlichungen des Auslandes) (60), Welded Aluminium. Soud. Coupeur *1925*, Nr. 6/7, S. 2. Ref. in Inst. Metals *1926*, Nr. 1, S. 775.
— (61), Welding of Aluminium by Electrolysis. Z. Gießerei-Praxis *1925*, Nr. 46, S. 186. Ref. in Inst. Metals *1926*, Nr. 1, S. 775.
— (62), Welding of Aluminium. Soud. Coupeur *1925*, Nr. 3, S. 3. Ref. in Inst. Metals *1925*, Nr. 2, S. 596.
— (63), Oxyacethylene of Welding of Aluminium Sheet. Machinery (London) *1927*, Nr. 31, S. 7. Ref. in Inst. Metals *1928*, Nr. 2, S. 681.
— (64), New Results in the Autogenous Welding of Aluminium. Autotechn. *1928*, Nr. 17 (9), S. 16. Ref. in Inst. Metals *328*, Nr. 2, S. 681.
— (65), Welding Aluminium Sheet. Mech. World *1927*, Nr. 82, S. 449. Ref. in Inst. Metals *1928*, Nr. 1, S. 636.
— (66), Welding Pure Aluminium Sheet. Automot. Manuf. *1927*, Nr. 69 (6), S. 19. Ref. in Inst. Metals *1928*, Nr. 1, S. 636.
— (67), Autogeous Welding (of Aluminium) in the Milk Industry. Soud. Coupeur *1927*, Nr. 5, S. 10. Ref. in Inst. Metals *1928*, Nr. 1, S. 636.
— (68), How to Weld Cast Aluminium. Press World *1927*, Nr. 33, S. 47. Ref. in Inst. Metals *1927*, Nr. 2, S. 593.
— (69), Welding Cast Aluminium. Mech. World *1927*, Nr. 81, S. 357. Ref. in Inst. Metals *1927*, Nr. 2, S. 593.
— (70), Welding and Brazing Aluminium. Schmelzschw. *1926* (Mai); Weld. J. *1926*, Nr. 23, S. 218. Ref. an Inst. Metals *1927*, Nr. 1, S. 680.
— (71), Welding of Aluminium. Elektrotechn. Anz. *1926*, Nr. 43, S. 865. Ref. in Inst. Metals *1927*, Nr. 1, S. 680.
— (72), Forged Aluminium Welds. Weld. J. *1929*, Nr. 26, S. 12; See J. *1929*, Nr. 41, S. 612. Ref. in Inst. Metals *1929*, Nr. 2, S. 634.
— (73), Welding Sheet Aluminium. Werkzeugmaschine *1925*, Nr. 17, S. 512. Ref. in Inst. Metals *1929*, Nr. 2, S. 634.
— (74), Fusion Welding in Duraluminium. Iron Age *1929*, Nr. 124, S. 158. Oxy. Acet. Tips *1929* (Juni). Ref. in Inst. Metals *1929*, Nr. 2, S. 634.
— (75), The Welding of Aluminium and its Alloys. Autogenschweißer *1928* (Juli); Weld. J. *1928*, Nr. 25, S. 280. Ref. in Inst. Metals *1929*, Nr. 1, S. 611.
— (76), Welding Aluminium by Hammering. Rev. Soud. Autog. *1928*, Nr. 20, . 1615. Ref. in Inst. Metals *1929*, Nr. 1, S. 612.
— (77), The Welding of Aluminium and Aluminium Alloys. Z. Gießereipraxis („Das Metall") *1928*, Nr. 49, S. 62. Ref. in Inst. Metals *1928*, Nr. 2, S. 682.
— (78), Welding Pure Aluminium Sheet. Press World *1927*, Nr. 23, S. 327—329. Ref. in Inst. Metals *1928*, Nr. 2, S. 681.
— (79), Oxy-Acethylene Welding of Aluminium Sheet. Machinery (London) *1928*, Nr. 31, S. 521. Ref. in Inst. Metals *1928*, Nr. 2, S. 681.
— (80), Fabrication of Aluminium by Gas Welding. Acet. J. *1930*, Nr. 31, S. 421. Ref. in Inst. Metals *1930*, Nr. 1, S. 650.
— (81), Fundamentals of Aluminium Welding. Acet. J. *1929*, Nr. 31, S. 207—209, 216. Ref. in Inst. Metals *1930*, Nr. 1, S. 650.
— (82), Local Preheating on Aluminium Castings. Weld. Eng. *1929*, Nr. 14 (7), S. 62. Ref. in Inst. Metals *1930*, Nr. 1, S. 651.
— (83), Strength of Aluminium Welding. J. Soudure *1929* (Dez.); Weld. J. *1930*, Nr. 27, S. 62. Ref. in Inst. Metals *1930*, Nr. 1, S. 651.
— (84), How to Weld Duraluminium. Oxy-Acet. Tips *1929*, Nr. 7, S. 219. Ref. in Inst. Metals *1930*, Nr. 1, S. 652.
— (85), Oxwelding Aluminium and its Alloys. Oxy-Acet. Tips *1929*, Nr. 7, S. 193—200 (Eng. Index 1929). Ref. in Inst. Metals *1929*, Nr. 2, S. 633.
— (86), Welding Aluminium. Soud. Coupeur *1929*, Nr. 8, S. 13. Ref. in Inst. Metals *1929*, Nr. 2, S. 633.
— (87), The Welding of Stamped Aluminium Parts. Metal Stamping *1929*. Nr. 2, S. 615—618. Ref. in Inst. Metals *1929*, Nr. 2, S. 634.
— (88), The Welding of Magnesium Alloys. Engineering *1931*, Nr. 131, S. 681. Ref. in Inst. Metals *1931*, Nr. 3, S. 597.
— (89), Welding Aluminium Castings. Canad. Mach. *1929*, Nr. 40 (16), S. 68. Ref. in Inst. Metals *1931*, Nr. 3, S. 674.
— (90), The Welding of Aluminium Furniture. Schmelzschw. *1930*, Nr. 9, S. 21. Ref. in Inst. Metals *1930*, Nr. 2, S. 666.

N.N. (Veröffentlichungen des Auslandes) (91), Weld Aluminium Castings. Foundry *1930*, Nr. 58, S. 55. Ref. in Inst. Metals *1930*, Nr. 2, S. 666.
— (92), Fusion Welding of Aluminium, Apparatus, Flames and Flame Conditions. Amer. Maschinist (Eur. Edn.) *1930*, Nr. 79, S. 885. Ref. in Inst. Metals *1930*, Nr. 2, S. 666.
— (93), Fusion Welding of Aluminium — Fluxes Rods, Procedure. Amer. Maschinist (Eur. Edn.) *1930*, Nr. 72, S. 927. Ref. in Inst. Metals *1930*, Nr. 2, S. 666.
— (94), For Sheet Aluminium. Oxy-Acet. Tips *1930*, Nr. 9, S. 43. Ref. in Inst. Metals *1930*, Nr. 2, S. 666.
— (95), Oxwelding Aluminium and its Alloys. Oxy-Acet. Tips *1929*, Nr. 7, S. 193—200. Ref. in Inst. Metals *1930*, Nr. 1, S. 650.
— (96), Welding of Aluminium Furniture. Anz. Berg-, Hütten- u. Masch.-Wesen *1932*, Nr. 54 (53), S. 3—5. Ref. in Inst. Metals *1932*, Nr. 3, S. 697.
— (97), Autogenous Welding of Non-Ferrous-Metals. Saldatura autog. *1932*, Nr. 13, S. 81—90. Ref. in Inst. Metals *1932*, Nr. 3, S. 766.
— (98), Tank-Waggons in Welded Aluminium. Soud. Coupèur *1932*, Nr. 11 (8), S. 3. Ref. in Inst. Metals *1933*, Nr. 3, S. 397.
— (99), Welding Castings in Light Alloys of Aluminium. Soud. Coupeur *1933*, Nr. 12 (4), S. 8. Ref. in Inst. Metals *1933*, Nr. 3, S. 670.
— (100), Welded Aluminium Sheet-Metal Work. Soud. Coupeur *1933*, Nr. 12 (4), S. 5—7. Ref. in Inst. Metals *1933*, Nr. 3, S. 670.
— (101), For Better-Welds of Aluminium. Marine Eng. and Shipping Age *1930*, Nr. 91, S. 543. Ref. in Inst. Metals *1931*, Nr. 3, S. 113.
— (102), Welding Sheet Aluminium. Ind. Gase *1930*, Nr. 11, S. 226. Ref. in Inst. Metals *1932*, Nr. 3, S. 111.
— (103), The Welding of Duraluminium. Ind. Gase *1930*, Nr. 11, S. 40. Ref. in Inst. Metals *1932*, Nr. 3, S. 112.
— (104), Best Aluminium Airplane Tanks-Ox-Welded. Canad. Mach. *1928*, Nr. 39 (24), S. 51. Ref. in Inst. Metals *1932*, Nr. 3, S. 112.
— (105), The Welding of Aluminium. Aluminium-Proadecast *1930*, Nr. 2 (12). Ref in Inst. Metals *1932*, Nr. 3, S. 257.
— (106), The Welding of Aluminium. Zentral-Europ. Z. Gießerei *1931*, Nr. 4 (9), S. 4—6. Ref. in Inst. Metals *1932*, Nr. 3, S. 696.
— (107), Concerning the Welding of Aluminium. Rev. Soud. autog. *1932*, Nr. 24, S. 2558. Ref. in Inst. Metals *1933*, Nr. 3, S. 397.
— (108), Autogenoeus Welding in the Fabrication of Aluminium. Soud. at Ox-Coupage (Suppt. to Rev.), Soud. autog. *1932*, Nr. 9, S. 150. Ref. in Inst. Metals *1933*, Nr. 3, S. 397.
— (109), The uses and methods of application, of rods for welding aluminium and aluminium alloys (Der Gebrauch und die Anwendungsmethoden der Stäbe zum Schweißen von Aluminium und Aluminiumlegierungen). Aluminium and the Non-Ferrous Review. *2* (1937), Nr. 9, S. 327—333.
— (110), Grand reservoir soude en aluminium (Geschweißte große Behälter aus Aluminium). Oxy-Acet. Tips *17* (1938), Nr. 2.
— (111), Aluminium Welding A survey of the position by the Fundamental Research Division of the Welding Research Committee of Engineering Foundation (Das Schweißen von Aluminium. Ein Bericht über die heutige Lage). Beilage zum J. Amer. Weld. Soc. *1938* (Febr.).
— (112), La soudure montante a double cordon des totel d'aluminium (Das Schweißen von Aluminium-Blechen von unten nach oben in doppelter Naht). Rev. Soud. Autog. *1937* (Nov.), S. 250/251.
— (113), The welding of aluminium and its alloys (Das Schweißen von Aluminium und seinen Legierungen). Metallurgia (Manchester) *21* (1939), Nr. 121, S. 25/26.

Odam, Kupferschmied schweißte erstmalig Aluminium.
Oette, R., Festigkeitsminderung von aushärtbaren Aluminiumlegierungen durch Schweißen und Löten. Autog. Metallbearb. *32* (1939, Nr. 17, S. 267/268.
Otten, F., Hartlöten und Schweißen an Stelle von Weichlöten in der Starkstromtechnik. Metallwirtsch. *19* (1940), Nr. 43, S. 735—738.

Painter, E. T., Some Notes on the Welding of Aluminium. Mech. World *1926*, Nr. 79, S. 290. Ref. in Inst. Metals *1926*, Nr. 2, S. 610.
Pawlecke, V. H. u. *Jahn, K. Northrop*, Das Bogenschweißen von Flugzeugbauteilen aus Magnesium. Welding *12* (Juli 1944), S. 327—332. Ref. in Chem. Zentralbl. *1945*, Nr. 11/12, S. 715.

Pendleton, J. u. *E. A. G. Liddiard,* Aluminium-Legierungen für die Gasschmelzschweißung unter besonderer Berücksichtigung der Al-Si-Cu-Legierungen. Sheet Metal Ind. *24* (Okt. 1947), S. 2062—2066, S. 2068; (Nov.) S. 2273—2278, S. 2280. Ref. in Chem. Zentralbl. *1948,* Nr. 13/14, S. 767.

Pendleton, S., Autogene Schweißungen an hochfesten Aluminium-Zink-Kupfer-Magnesium-Legierungen. Trans. Inst. Weld. *11* (1948), Res. 2, S. 87—93. Ref. in Chem. Zentralbl. *1949,* Nr. 7/8, S. 458.

Pentleton, J., Untersuchungen der Zugfestigkeit von autogenen Schweißungen von Mg-Mn-Legierungen. Sheet Metal Ind. *75* (Okt. 1948), S. 2049—2050. Ref. in Chem. Zentralbl. *1949,* Nr. 11/12, S. 640.

Pétrequin, P. u. *M. Coteraste,* Les profilés spéciaux en alliages d'Aluminium obtenus par filage a la presse et leurs applications. Revue de l'Aluminium, Nov. *1953,* S. 411—420.

Pocock, P. L., Das Gasschweißen von Aluminium und Aluminiumlegierungen und Elektron. Welding *12* (Juni 1944), S. 277—281. Ref. in Chem. Zentralbl. *1945,* Nr. 13/14, S. 840.

Pothmann, P., Über den heutigen Stand der autogenen Metallbearbeitung von Aluminium. Aluminium *1927,* Nr. 9, S. 2.

Precival, L. G., Acetylen-Sauerstoff-Schweißung I. Teil (Oxy-Acetylene Welding I Part). Aluminium and the Non-Ferrous Review *1* (1936), Nr. 4, S. 161—167.

Raabe, W. K., Welding of the Pure Aluminium. Masch.-Bau *1929,* Nr. 8, S. 155—158. Ref. in Inst. Metals *1930,* Nr. 1, S. 650.

Rajakovics, E. v. (1), Der Einfluß von hygroskopischen Flußmittelrückständen auf die Korrosionsbeständigkeit geschweißter Leichtmetallrohre. Autog. Metallbearb. *34* (1941), Nr. 7, S. 113—116.

— (2), Über die Verwendbarkeit verschiedener Elektroden für die Lichtbogenschweißung von Aluminium-Legierungen. Elektroschw. *14* (1943), S. 45—49.

— (3), Untersuchung an geschweißten Aluminium-Legierungen. Z. Metallkde *1937,* Nr. 9, S. 315—318.

— (4), Der heutige Stand der Schmelzschweißung von Aluminiumlegierungen. Autog. Metallbearb. *32* (1939), Nr. 7, S. 101—106.

— (5), Schweißen von Leichtmetallen und ihrer Legierungen. Techn. Mittlg. (Essen) *32* (1939), Nr. 6, S. 158—163.

— (6), Untersuchungen über den Einfluß des Schweißverfahrens, der Blechdicke und der Nachbehandlung auf die Korrosionsbeständigkeit von geschweißten Al.-Blechen. Metallwirtsch. *1940,* Nr. 33, S. 705.

— (7), Vergleichende Untersuchungen über Autogen- und Lichtbogenschweißung einiger Aluminiumlegierungen. Metallwirtsch. *1938,* Nr. 24, S. 662.

— (8), Neuere Entwicklungseinrichtungen beim Nieten und Schweißen von Leichtmetallen. Z. Metallkde *1939,* S. 137—140. Ref. in Gießerei *1939,* Nr. 16, S. 431.

Rasdui, F. J., Bogenschweißen von Aluminium und seinen Legierungen. Autog. Ind. *1947,* Nr. 9 (Sept.), S. 25/26. Ref. in Chem. Zentralbl. *1948,* Nr. 11/12, S. 613.

Reiniger, H. (1), Das Gasschmelzschweißen von Siluminguß (Alpax). Leichtmetall *1937,* Nr. 2, S. 6—16.

— (2), Der gegenwärtige Stand der Aluminium-Löt- und Schweißtechnik. Aluminium *1927,* Nr. 13, S. 1, Nr. 14, S. 1, Nr. 15, S. 1.

— (3), Hammer-Welding of Pure Aluminium and its Forgeable Alloys. Metallbörse *1929,* Nr. 19, S. 1378—1380, 1433. Ref. in Inst. Metals *1930,* Nr. 1, S. 650.

— (4), Hammer-Welding of Pure Aluminium. Masch.-Bau *1929,* Nr. 8, S. 155—158. Ref. in Inst. Metals *1930,* Nr. 1, S. 650.

— (5), The Fusion Welding of Aluminium Castings. Metallbörse *1930,* Nr. 20, S. 145—147, 201/202, 258, 315. Ref. in Inst. Metals *1930,* Nr. 1, S. 651.

Reutebasch, H., Betrachtungen über das Elin-Hafergut-Schweißverfahren. Feinmechanik u. Präz. *51* (1943), S. 213—218.

Richter, H., Das Schweißen von Aluminium und seinen Legierungen. Anz. Masch.-Wesen *1936* (Dez.), S. 21—25. Ref. in Gießerei *1937,* Nr. 4, S. 94.

Ricken, Th. (1), Blasenbildung beim Gasschweißen der Legierung Al-Mg 7. Z. VDI *87* (1943), S. 509.

— (2), Das Schweißen von Leichtmetallen. Werkstattbücher *1941,* H. 85 (Verlag Springer).

Ridder, E. J. D., Ein Beitrag zur Prüfung der autogenen Schweißbarkeit von Leichtmetall. Aluminium *1939,* Nr. 3, S. 225.

Ritter, P., Schweißung an unzugänglichen Stellen mit dem Elin-Hafergut-Schweißverfahren. Elektroschw. *13* (1942), S. 120—122.

Roberts, D. E. (1), Some Ecconomie Aspects of Welding Aluminium. Met. Ind. (New York) *1933*, Nr. 31, S. 61; Met. Ind. (London) *1933*, Nr. 42, S. 380. Ref. in Inst. Metals *1933*, Nr. 3, S. 586.

— (2), Some Ecconomie Aspects of Welding Aluminium. J. Amer. Weld. Soc. *1933*, Nr. 12 (2), S. 18—20; Inst. Gase *1932*, Nr. 13, S. 218—220; *1933*, Nr. 14, S. 20; Weld. Ind. *1933*, Nr. 1, S. 61. Ref. in Inst. Metals *1933*, Nr. 3, S. 720.

Röhrig, H. u. *L. Leins*, Ein Vergleich zwischen der autogenen und der Lichtbogenschweißung von Gußteilen aus Silumin-Gamma (G-Al-St-Mg).

Röhrig, V. A. M., Elektrode zum Lichtbogenschweißen von Aluminium. Ref. in Z. Metallkde *1936*, Nr. 11, S. 358.

Romanowski, W. J., Elektrische Lichtbogenschweißung von Aluminium und Legierungen. Autog. Ind. *1948* (Mai), Nr. 5, S. 18—20. Ref. in Chem. Zentralbl. *1949*, Nr. 25/26, S. 1415.

Rosenberg, F., Die Arcatomschweißung von Leichtmetall. Aluminium Nr. 4 (1937), S. 255—260.

Rosenthal, P., Konstruktive Grundsätze und metallurgische Aufgaben bei der autogen Schweißung. Lusine *1937*, S. 25—27. Ref. in Gießerei *1937*, Nr. 20, S. 506.

Rostosky, L. (1), Methods of Welding Aluminium to Aluminium. Autog. Metallbearb. *1923*, Nr. 16, S. 289—294. Ref. in Inst. Metals *1925*, Nr. 2, S. 595.

— (2), Das Löten und Schweißen der Leichtmetalle. Metallwirtsch. *1930*, Nr. 24, S. 499.

— (3), Aluminiumschweißen und -löten in England und Deutschland. Aluminium *1936*, Nr. 4, S. 143.

— (4), Thermische Verbindungsarten, Löten und Schweißen der Leichtmetalle. Aluminium *17* (1935), Nr. 6, S. 316—319.

— (5), Über die Begriffe der Schweiß- und Lötstoffe des Aluminiums. Autog. Metallbearb. *28* (1935), Nr. 24, S. 377—378.

Rostosky, L. u. *K. Heinemann*, Löt- und Schweißverbindungen von Aluminiumkabeln. Metallwirtsch. *1936*, Nr. 49, S. 1152.

Rykalin, N. N., Theorie der Wärmeausbreitung bei der Lichtbogenschweißung. Rull. Acad. Sci. UdSSR *1947* (Jan.), S. 61—82. Ref. in Chem. Zentralbl. *1947*, Nr. 15/16, S. 758.

Salis, G. v., Die Alutherm-Schweißung. Techn. Rundschau *36* (1944), Nr. 9, S. 9/10.

Sandelowski, S., Weiterentwicklung des Arcatom-Schweißverfahrens. Aluminium *1932*, Nr. 5, S. 4.

Scheuer, E., Die Schweißbarkeit der Aluminium-Legierungen in Abhängigkeit vom Legierungstypus. Aluminium *1931*, Nr. 4/6, S. 134.

Schimpke, P. u. *A. Horn*, Elektrische Schweißtechnik, Bd. 2. Ref. in Z. Metallkde *1935*, Nr. 11, S. 269.

Schmidgall, J. R., Welding Aluminium und Alloys. J. Amer. Weld. Soc. *1933*, Nr. 12 (4), S. 22—24. Ref. in Inst. Metals *1933*, Nr. 3, S. 730.

Schnedler, H., Schweißtechnische Gestaltung handwerklicher Arbeiten aus Leichtmetall. Z. prakt. Metallbearb. *52* (1942), Nr. 1/2, S. 13—16.

Schoop, M. U. (1), Note on the Theory of the Process for the Autogenous Aluminium. Autog. Metallbearb. *1924*, Nr. 17, S. 269. Ref. in Inst. Metals *1925*, Nr. 1, S. 513.

— (2), Contribution to a Knowledge of the Theory, Regarding the Processes of Autogenous Aluminium Welding. Apparatebau *1925*, Nr. 37, S. 16. Ref. in Inst. Metals 1925, Nr. 1, S. 513.

Schulze, R., Schweißverbindungen. Verfahren zur Verbindung von Aluminiumkabeln. Aluminium *1939*, Nr. 10, S. 703.

Searles, E., Pructical Poits an Welding Aluminium. Machinery (London) *1932*, Nr. 38, S. 536. Ref. in Inst. Metals *1933*, Nr. 3, S. 397.

Seligmann, R., The Welding of Aluminium. Inst. Metals *1909*, Nr. 2, S. 281—287.

Silifant, R. R., Argonarc-Schweißverfahren. Trans. Inst. Weld. *11* (Juni 1948), S. 114—118. Ref. in Chem. Zentralbl. *1948*, Nr. 13/14, S. 767.

Sixt, B., Zur Frage des Schweißens von Aluminium und Aluminiumlegierungen. Autogenschweißer *10* (1937), Nr. 9, S. 100—101.

Spraragen, W. u. *G. E. Claussen*, Schweißen von Aluminium und seinen Legierungen nach dem Lichtbogen-Flammen- und Preß-Schweißverfahren. Weld. J. (New York) *20* (1941), S. 1s—79s.

Stewart, J., Schweißen von Nichteisenlegierungen. Metal Ind. *1936*, S. 625—627. Ref. in Gießerei *1937*, Nr. 7, S. 174.

Stieler, C. (1), Schweißen von Gußstücken aus Silumin. Elektroschw. *1937*, Nr. 6, S. 63—65. (Beilage zu Elektroschw.) *8* (1937), Nr. 12.

— (2), Die schweißtechnische Ausbesserung von Leichtmetallgußstücken. Gießerei *1944*, Nr. 12/13, S. 85.

Styrie, O. G., Welding of Aluminium Castings. Metallbörse *1928*, Nr. 18, S. 1380. Ref. in Inst. Metals *1928*, Nr. 2, S. 681.

Thews, Ed. R., Repair Welding, Bracing and Soldering of Light Metal Castings. Metal Ind. (New York) *38* (1940), Nr. 3, S. 149—153.

Thiemer, E. (1), Hinweise für das Schweißen von Aluminium-Magnesium und Al-Mg-Mn nach dem Arcatomverfahren. Aluminium *1941*, Nr. 8, S. 410.

— (2), Das Arcatomverfahren und seine Anwendung zum Schweißen von Aluminium und Aluminiumlegierungen. Metallwirtsch. *1937*, Nr. 33, S. 814.

— (3), Schweißen von Leichtmetall nach dem Arcatomverfahren. Elektroschw. *11* (1940), S. 125—129.

— (4), Das Arcatom-Schweißgerät, seine Wirkungsweise, Handhabung und Anwendung. Z. prakt. Metallbearb. *52* (1942), Nr. 3/4, S. 36—39, Nr. 5/6, S. 58—61, Nr. 7/8, S. 83—85, Nr. 9/10, S. 103—104.

Thomsen, J., Oxy Acetylene Welding Aluminium Crankcase. Mech. and Weld. Eng. *1932*, Nr. 6, S. 306. Ref. in Inst. Metals *1933*, Nr. 3, S. 397.

Thum, E. E. (1), Welding Aluminium Castings Demands Great Care. Foundry *1925*, Nr. 53, S. 231; J. Amer. Weld. Soc. *1925*, Nr. 33, S. 513. Ref. in Inst. Metals *1925*, Nr. 2, S. 596.

— (2), Hintz for Welding on Aluminium Castings. J. Amer. Weld. Soc. *1924*, Nr. 3 (5), S. 26—30. Ref. in Inst. Metals *1925*, Nr. 1, S. 513.

Thürnau, V., Schweißen von Nichteisenmetallen mit Butan-Sauerstoff. Autog. Metallbearb. *31* (1938), Nr. 22, S. 364—367.

Trunschitz, V., Schweißung von Motorradbestandteilen aus Aluminium. Autogenschweißer *9* (1936), Nr. 6, S. 70—72.

Tupholme, C. H. S. (1), Welding an Aluminium Castings. Foundry Trade J. *1929*, Nr. 41, S. 441. Ref. in Inst. Metals *1930*, Nr. 1, S. 651.

— (2), Welding Aluminium. Amer. Machinist (Eur. Edn.) *1926*, Nr. 65, S. 191. Ref. in Inst. Metals *1927*, Nr. 2, S. 593.

— (3), Welding Aluminium Sheet. Light Metals *1* (1938), Nr. 5, S. 183—185.

Tylecote, R. F. (1), Neuere Einzelheiten über das Elin-Hafergut-Schweißverfahren. Sheet Metal Ind. *17* (Mai 1943), S. 878/879. Ref. in Chem. Zentralbl. *1945*, Nr. 5/6, S. 3.

— (2), Das Schweißen von Leichtmetallen. Welding *12* (Jan. 1944), S. 59—65. Ref. in Chem. Zentralbl. *1949*, Nr. 7/8, S. 480.

— (3), Weitere Forschungen über die Druck- (Kalt-) Schweißung von Leichtmetallen. Trans. Inst. Weld. *11* (Weld. Res. 2), S. 94r—108r. Ref. in Chem. Zentralbl. 1949.

Vacher, P., Das Schweißen von Aluminium und Leichtlegierungen. Gießerei *1942*, Nr. 12, S. 214.

VDI, Anleitungsblätter für das Schweißen und Löten von Leichtmetallen.

Veronin, A., Aluminium and its Welding. Avtogenoe Delo (Autog. Ind.) *1930*, Nr. 14—16 (3), S. 1232. Ref. in Inst. Metals *1932*, Nr. 3, S. 324.

Vickery, R. C., Untersuchungen von Schweißstab-Ummantelungen. Iron Age *1944*, Nr. 5, S. 62—66. Ref. in Werkstatt u. Betrieb *1947*, Nr. 12, S. 308.

Voßkühler, H., Beitrag zur Frage der umgekehrten Blockseigerung. Z. Metallkde *40* (1949), S. 306—311.

Walby. W. H., Cast. Iron und Aluminium Welding. Acet. J. *1928*, Nr. 29, S. 506—508. Ref. in Inst. Metals *1929*, Nr. 2, S. 634.

Warning, A., Autogenschweißung mit besonderem Hinblick auf die AGA Union-melt-Methode. Darsk tehn. Tidsshr. *68* (Nov. 1944), S. 171—178. Ref. in Chem. Zentralbl. *1945*, Nr. 3/4, S. 174.

Wassels, F. A., Helium-Schweißung. Iron Coal Trades Rev. *150* (1945), Nr. 16 (3), S. 404/405, Ref. in Chem. Zentralbl. *1949*, Nr. 5/6, S. 269.

Weber, E., Das Löten und Schweißen von Aluminium und seinen Legierungen. Gießereizeitung *1930*, S. 72—76. Ref. in Gießerei *1930*, Nr. 15, S. 351.

Weha, Lichtbogenschweißung von Leichtmetallen. Werkstatt u. Betrieb *74* (1941), Nr. 9, S. 236—239.

Wellinger, K. u. *E. Siebel*, Ermittlung der Dauerfestigkeit von Schweißverbindungen. Elektroschweißung *13* (1942), S. 97—104.

Wells, R. K. u. *A. G. Bissel*, An investigation of arc und gas welded joints in aluminium und aluminium alloys. J. Amer. Weld. Soc. *17* (1938), Nr. 11, S. 55.

West, E. G., Schweißen von Mg-Legierungen. Sheet Metal Ind. *23* (Aug. 1946), S. 1584—1587.

Wich, E., Neue Aluminium-Kupferschweißverbindungen. Aluminium *1942*, Nr. 1, S. 31.

Wolff, L., Das Lichtbogenschweißen mit Argon als Schutzgas. Z. Ver. dtsch. Ing. *91* (1949), Nr. 15 (8), S. 399. Ref. in Chem. Zentralbl. *1950*, Nr. 24, S. 2278.

Wolff, L. u. *W. Mantel:* Das Lichtbogenschweißen von Leichtmetallen unter Edelgasschutz. Aluminium *30* (1954), S. 233—239.

Womarczka, F., Sonderaufgaben der Lichtbogenschweißtechnik mit besonderer Berücksichtigung der Schweißung hochlegierter Stähle und Nichteisenmetalle. Elektrotechn. u. Masch.-Bau *57* (1939), Nr. 13/14, S. 178—189, Nr. 15/16, S. 213.

Wörtmann, F., Forschungs- und Entwicklungsarbeiten für Lichtbogenschweißung. Schweiz. Arch. ang. Wiss. Techn. *10* (März 1944), Nr. 3, Ref. in Chem. Zentralbl. *1945*, Nr. 15/16, S. 940.

Wuttke, F., Das Schweißen der Leichtmetalle.

Zack, M., Über das bogenelektrische Schweißen von Aluminium. Aluminium *1923*, Nr. 3, S. 75.

Zeerleder, A. (1), Technologie des Aluminiums.

— (2), Gasschmelzschweißen von Leichtmetallen. Werkstatt u. Betrieb *70* (1937), Nr. 21, S. 287—289.

Zeerleder, A. u. *M. Bosshard*, Das Schweißen von Aluminium und seinen Legierungen. Schweiz. Arch. ang. Wiss. Techn. *3* (1937), Nr. 12, S. 315—324.

Zeyen, K. L., Schweißforschungen in England und U. S. A. Werkstatt u. Betrieb *83* (Jan. 1950), S. 33—35. Ref. in Chem. Zentralbl. *1950*, Nr. 2, S. 220.

— (2), Fortschritte auf dem Gebiet des Schweißens und Schneidens. (Neuere Erkenntnisse über den Einfluß des Wasserstoffs bei Schweißungen.) Z. Schweißen und Schneiden 7 (1955), Heft 5, S. 200—220, Heft 7, S. 305—313.

Zimmermann, K. F., Beobachtungen beim Reparaturschweißen von gegossenen Leichtmetallen. Metallwirtsch. *1941*, Nr. 15, S. 361.

Zuberbühler, F., Gedanken vor dem Leichtmetallschweißen. Autogenschweißer *11* (1938), Nr. 12, S. 138/139.

Zurbrügg, E., Einfluß des Flammen- und Lichtbogenschweißens auf die Eigenschaften von Aluminium und Al-Legierungen. Aluminium Suisse *1952*, S. 156—163.

Zwehl, W. v. (1), Das elektrische Schweißen von Aluminium. Aluminium *1940*, Nr. 5, S. 266.

— (2), Verbindungsverfahren für Aluminiumkabel. Aluminium *1941*, Nr. 1, S. 31—44.

Weitere Literatur:

Renner, K., Leichtmetall im Schiffbau. VEB Verlag Technik, Berlin, 1953.

Wurzel, G., Das Schweißen von Leichtmetallen, Verlag Max Jänecke, Leipzig, 1949.

Zusätzliche Literaturangaben:

Brenner, P., Verbindungen von Leichtmetallen durch Kleben. Z. Konstruktion *2* (1950), 2, S. 326—332.

Matting, A. u. *Müller-Busse, A.*, Kerbschlagzähigkeit von Leichtmetallschweißverbindungen. Metall *6* (1952), *1920*, S. 586—589.

Renner, K., Unveröffentlichter Diskussionsbeitrag als Ergänzung zum Buchbeitrag des Herausgebers. April *1955*.

VLW — Hannover: Forschungsbericht *Z 18* „Umstellung von Fliegwerkstoff *3355* auf *3116* für geschweißte Behälter“ vom 13. 11. 1944.

Korrosion geschweißter Leichtmetallverbindungen

Prof. Dr.-Ing. habil. P. Brenner und Dipl.-Ing. W. Bleicher, Bonn

A. Einleitung

Das günstige Verhalten von Reinaluminium gegenüber korrosiven Einflüssen gehört zu den wesentlichen Eigenschaften, die seine bevorzugte und sich ständig steigernde Anwendung, besonders im Apparatebau und ähnlichen Gebieten, bewirkt haben. Eine uneingeschränkte und wirtschaftliche Nutzung der Aluminiumlegierungen mit höherer Festigkeit für den Leichtbau auf allen Gebieten setzt voraus, daß auch diese Werkstoffe bei den zu erwartenden Korrosionseinwirkungen keine Einbuße ihrer Überlegenheit an mechanischen Eigenschaften erleiden. Das gilt in besonderem Maße für die Schweißverbindungen, bei denen ohnehin eine Reihe von Faktoren wirksam sind, die die Vollwertigkeit gegenüber dem Ausgangsmaterial beeinträchtigen können.

Über die Korrosion von Aluminium und Aluminiumlegierungen sind trotz der verhältnismäßig kurzzeitigen Entwicklungsperiode eine Fülle von Ergebnissen aus Forschung und Praxis bekannt geworden; grundsätzliches Tatsachenmaterial ist bereits von *Bauer, Kröhnke, Masing* unter Mitwirkung namhafter Fachleute (1), (2), (3), (4), (5) herausgegeben worden.

Die Entwicklung der Leichtmetallschweißung ist zur Zeit noch in vollem Fluß. Im folgenden sollen die bisherigen Erfahrungen und Forschungsergebnisse über die Korrosion von Leichtmetallschweißverbindungen systematisch zusammengefaßt und kritisch betrachtet werden. Dabei kann auf eine eingehendere Betrachtung über das Verhalten des Ausgangswerkstoffes nicht verzichtet werden.

Die elektrolytische Korrosionstheorie zur Deutung der Korrosionsursachen ist ebenfalls im Schrifttum ausführlich behandelt, wie z. B. von *Bauer, Masing* und *Kröhnke* (5) sowie *Evans* (1) (2), *Machu* (1) und a.*) Der Einfluß der Veränderlichen der Werkstoffstruktur, die z. B. in Abhängigkeit von Reinheitsgrad, Legierungszusätzen, Herstellungsart, Wärmebehandlung, Spannungszustand und Oberflächenzustand die elektrochemischen Vorgänge der Korrosion bedingen, ist maßgebend für die Art bzw. den Grad der Korrosionsschäden und somit für das Verhalten von Schweißnaht und Nahtzone.

B. Grundsätzliches zum Korrosionsverhalten von Aluminium und Aluminiumlegierungen

1. Bedeutung der Oxydschicht

Aluminium ist wie alle zur Gruppe der leichten bzw. ultraleichten Metalle gehörenden Arten im metallischen Zustand an sich instabil und hat seiner Stellung in der Spannungsreihe nach bereits ein sehr unedles Normalpotential. Es besitzt eine große chemische Reaktionsfähigkeit mit Nichtmetallen, wie Sauerstoff, Chlor, Fluor und Alkalien, und geht dabei in einem zur Gewinnung rückläufigen Prozeß in Aluminiumoxyd bzw. in Hydrate, Chloride und Aluminate über. Wenn trotzdem das Aluminium zu den in der Praxis viel verwendeten und beständigsten Gebrauchsmetallen gehört, so liegt die wesentliche Ursache in der hohen Schutzwirkung seiner Oxydschicht, die sich als Folge seiner großen Affinität zum Sauerstoff nicht nur in der Luft, sondern auch in Wasser, verschiedenen Lösungen, einigen Säuren und organischen Flüssigkeiten bildet und dann in der Folge der weiteren Einwirkung — sofern sie in diesen Angriffsmitteln unlöslich ist — ein vollkommen passives Verhalten bewirken kann.

Die am Grundmaterial festhaftende Oxydschicht ist bei reinem Aluminium normalerweise verhältnismäßig lückenlos, da, wie es bereits schon von *Erdmann-Jesnitzer* zum Oberflächeneinfluß beim Punktschweißen beschrieben wurde, nach Untersuchungen von *Pilling* und *Bedworth* das Volumen des entstehenden Aluminiumoxydes größer als das zerstörte Metallvolumen ist. Nach *Machu* (2) gibt es porenfreie Deckschichten bis zu Schichtdicken von 0,001 cm überhaupt nicht. Ein verläßlicher Korrosionsschutz kann jedoch erreicht werden, wenn die freie Porenfläche nicht größer als 10^{-5} cm^2/cm^2 Metalloberfläche ist. (Desgl. *Machu* (3) und *Müller.*) Die Porosität der Deckschicht des Aluminiums wird mit 10^{-4} cm^2/cm^2 Oberfläche angegeben. Zum mindesten genügt diese Dichte, um die Oxydbildung durch Sauerstoffeinwirkung nach Erreichen einer bestimmten maximalen Schichtdicke zu beenden.

---

*) Siehe auch bei *Schikorr*, Bd. II betr. elektrol. Korrosionstheorie.

Das bei mittleren Temperaturen an der Luft entstehende Oxyd in der $\varepsilon(Al_2O_3)$-Phase erreicht eine Schichtdicke bis $4 \cdot 10^{-6}$ cm, bei Temperaturen um den Schmelzpunkt bildet sich $\lambda(Al_2O_3)$, das bei 2 bis $4 \cdot 10^{-5}$ cm Schichtdicke sehr dicht ist. Eine weitere Verstärkung der Schicht auf 2 bis $30 \cdot 10^{-4}$ cm kann nur noch künstlich durch elektrolytische Behandlung des als Anode geschalteten Aluminiums erreicht werden (Eloxalverfahren). Nach Untersuchungen von *J. Odier* steigt die Porosität mit der Dauer der anodischen Oxydation und mit der Temperatur während der Behandlung. Die Beschaffenheit der Oxydschicht übersättigter Aluminiumlegierungen wird ferner in hohem Maße vom Gefügezustand, insbesondere von ausgeschiedenen Gefügebestandteilen beeinflußt, worauf z. B. *Brenner* u. *Vogel*, *Fischer*, *Budiloff* u. *Koch* hingewiesen haben.

Gegen das Eindringen des sehr kleinen Chlorions bietet auch die relativ hohe Dichte der Al_2O_3-Deckschicht keinen Schutz; in Alkalien ist sie löslich. Da die sich bildenden Chloride, Hydrate und Aluminate wasserlöslich sind, muß in wässerigen, chlorhaltigen und alkalischen Agenzien eine bis zur vollständigen Auflösung des Metalles fortschreitende Reaktion ablaufen.

Außer der Porosität der Deckschicht ist ihre Kontinuität von ausschlaggebender Bedeutung. Metallische und nichtmetallische Verunreinigungen unterbrechen als störende Substanzen die Kontinuität des schützenden Films und wirken nach *Masing*, wenn der Korrosionsangriff erst einmal begonnen hat, als Kathoden in den elektrochemischen Elementen. *Centnerzwer* wies nach, daß diese Stellen mit geringen Spuren von Verunreinigungen außerdem die Wasserstoffüberspannung erheblich verringern und dadurch die Lösungsgeschwindigkeit des Aluminiums vergrößern.

Oxydschichten von poröser Struktur bilden eine ausgezeichnete Grundlage für zusätzliche Oberflächenschutzmittel, wie Fette, Chromatverbindungen, Lacke u. dgl., die beim Auftragen in die zahlreichen feinen Poren eindringen und sich fest in der Oxydschicht verankern.

2. *Einflußfaktoren für Korrosionsart und -grad*

a) Einfluß der Zusätze bzw. der Verunreinigungen

Eine Reihe von Metallen sind im Aluminium als ungewollte Verunreinigungen oder aber in den Aluminiumlegierungen als beabsichtigte Zusätze enthalten. Bei den noch aus dem mineralischen Rohstoff herrührenden unerwünschten Bestandteilen handelt es sich hauptsächlich um Fe und Si; als Legierungsbildner werden vor allem Cu, Mg, Mn, Si und Zn einzeln oder auch mehrere gleichzeitig angewendet. Die Entwicklung der hochfesten Al-Legierungen ist dabei vielfach auf Kosten der Korrosionsbeständigkeit gegangen. In jedem Falle wird das Korrosionsverhalten abhängig vom strukturellen Aufbau sein, je nachdem, ob die Komponenten als Mischkristalle, intermetallische Verbindungen (Aluminide, Silizide) ein- oder mehrphasig oder als freies Metall (z. B. Silizium) wirksam sind. Ni, Sb, Pb, Ti, Cr und V, die in Al nicht oder nur in ganz geringen Mengen löslich sind, werden mitunter zur Verbesserung der Warmfestigkeit bzw. Zerspanbarkeit, zur Kornverfeinerung oder als Stabilisatoren zugegeben.

In Reinaluminium oder kupferfreien Aluminiumlegierungen wirken bereits kleine Mengen von Cu äußerst korrosionsschädigend durch Lokalelementbildung, obwohl theoretisch Cu bis zu Gehalten von 0,5 % bei Temperaturen von 300° C und darunter in Aluminium löslich ist und daher durch freies $CuAl_2$ keine Störung der Kontinuität der Oxydschicht zu erwarten ist. Zur Erzielung einer hinreichenden Beständigkeit für Reinaluminium und kupferfreie Legierungen sollte die Verunreinigung durch Cu auf 0,05 % begrenzt bleiben. (Untersuchungsergebnisse über den Einfluß von Verunreinigungen sollen in Abschnitt D unter den verschiedenen Legierungen besprochen werden.)

Im Falle der Mischkristallbildung ist nur eine Kristallart vorhanden; der vollkommen homogene Zustand einer binären Legierung kann daher korrosionsbeständiger als andere Gefügezustände angesehen

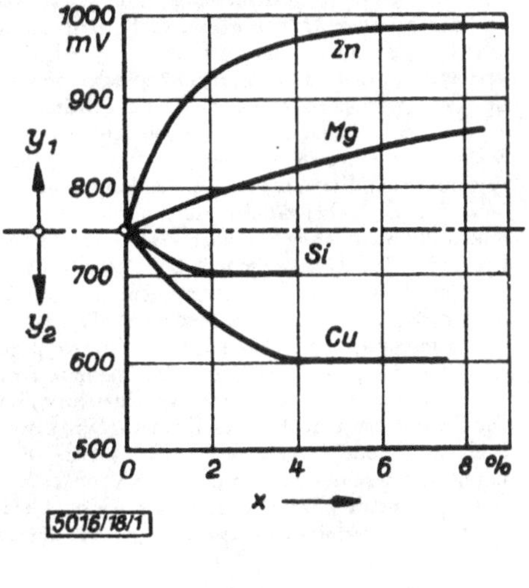

Bild 1. Potentiale von Al-Mischkristallen in 2prozentiger NaCl-Lösung gegen Kalomel-Elektrode (nach *Boßhard*)

x = Gewichtsprozente
y_1 = unedler als Al
y_2 = edler als Al

Gefügebestandteil	EMK in 3% NaCl-Lösung bei 18° C		Wirkung gegenüber Aluminium
	Anfangswert	Endwert	
Aluminium	−0,525	−0,553	—
Eisenaluminid $FeAl_3$	−0,140	0,200	starke Kathode
Kupferaluminid $CuAl_2$	−0,370	−0,371	Kathode
Silizium	−0,421	−0,508	schwache Kathode
Manganaluminid $MnAl_3$	−0,260	−0,607	schwache Kathode
Nickelaluminid $NiAl_3$	−0,490	−0,471	schwache Kathode
Magnesiumsilizid Mg_2Si	−1,275	−0,427	starke Anode

Zahlentafel 1. Potentiale von Gefügebestandteilen in Aluminiumlegierungen gegen Wasserstoffelektrode (nach *Akimow* und *Oleschko*)

werden. Die Potentiale von Aluminiummischkristallen nach Untersuchungen von *Boßhard* sind in Bild 1 dargestellt. Danach veredeln Cu und Si das Potential von Aluminium, während Mg und Zn es entedeln.

Im heterogenen Gefügeaufbau führen die intermetallischen Verbindungen durch Zusammenwirken von zwei oder mehreren Phasen je nach Konzentration oder chemischer Zusammensetzung eindeutig zur Elementbildung. *Akimow* u. *Oleschko* (1) haben die Elektrodenpotentiale der Strukturbestandteile von Aluminiumlegierungen bestimmt, die in Zahlentafel 1 im Vergleich zu Aluminium wiedergegeben sind.

Während also die meisten intermetallischen Verbindungen sich mehr oder weniger kathodisch gegenüber Aluminium oder dem teilweise entmischten Mischkristall verhalten, wirkt Mg_2Si als starke Anode. Ähnlich dürften auch Al_3Mg_2 und $MgZn_2$ wirken. Weiterhin haben *Akimow* u. *Oleschko* (2) durch methodische Beobachtungen der Mikrokorrosion in dem Aluminindikator (Alizarin) bestätigt, daß die Legierungsbestandteile der Aluminiumlegierungen trotz Anwesenheit der Oxydhaut entsprechend ihrer Elektrodenpotentiale elektrochemisch wirksam werden.

Mears, Brown u. *Dix* haben die Potentialdifferenz zwischen Körner- und Korngrenzen einer Aluminiumlegierung mit 4% Cu gemessen und gefunden, daß nach dem Abschrecken von 500° C und Aushärten bei 90° C ein Maximalwert zwischen 8 und 16 Stunden Aushärtungszeit durchlaufen wird, was als Ursache für die starke Neigung der Legierung zu interkristalliner Korrosion in diesem Gebiet angesehen werden kann.

Für den tatsächlichen Korrosionsverlauf in heterogenen Kristallsystemen ist jedoch nicht die ursprünglich vorhandene Spannungsdifferenz der Lokalelektroden allein ausschlaggebend, sondern — worauf *Müller* hinweist — der während des Korrosionsablaufes sich einstellende Potentialunterschied, der durch eine Reihe wesentlicher Faktoren, wie Polarisation, Belüftung und die Größe, Gestalt und Oberfläche der Elektroden, beeinflußt wird. Eine entscheidende Rolle spielt hierbei die Form der Ausscheidungen. Auch heterogene Gefügezustände, bei denen die zweite Phase als Zusammenballungen innerhalb der Kristallkörner oder als grob koagulierte, nicht zusammenhängende Ausscheidungen an den Korngrenzen auftritt, können hohe Korrosionsbeständigkeit aufweisen.

In besonderem Maße ist der Gefügeaufbau ausschlaggebend bei den Al-Mg-Legierungen (vgl. Abschnitt D, 2), bei welchen die unedleren Al_3Mg_2-Segregate angegriffen und herausgelöst werden. Es ist verständlich, daß bei zusammenhängenden anodisch wirkenden Korngrenzenausscheidungen der Zerfall des Gefügeaufbaues interkristallin unaufhaltsam fortläuft.

Bei Legierungen der Gattungen Al-Cu oder Al-Cu-Mg werden die $CuAl_2$-Aluminide als Kathode selbst nicht angegriffen. Sofern im System Al/Cu-$CuAl_2$ die gesamte Kornfläche eindeutig als Anode gegenüber den Korngrenzenausscheidungen wirkt, erfolgt der Angriff flächenmäßig oder als Lochfraß am Mischkristall, wobei die Angriffsintensität von dem vom Konzentrationsgrad bedingten Potentialunterschied und von der sich je nach Größenverhältnis von Anode zu Kathode einstellenden Stromdichte abhängig ist. Anders liegen jedoch die Verhältnisse, wenn der Gefügeaufbau, wie von *Evans* (1) beschrieben, zur Ausbildung eines Dreizonenpotentials Anlaß gibt. Wie in Bild 2 zu erkennen ist, kann zwischen dem an den Korngrenzen ausgeschiedenen edlen Anteil $CuAl_2$ und dem zentralen Teil des Kornes eine an Legierungsanteilen verarmte Zone auftreten, gegen die die Korngrenze zweifellos stark, das Korninnere schwächer kathodisch sein wird. Der gesamte Angriff wird sich daher mit großer Stromdichte auf diese unedelste Zone konzentrieren und interkristallin fortschreiten. Nach *Krönig* und *Akimow* soll durch Mg-Zusatz das Potential des Korninneren so weit erniedrigt werden, daß dieses im ganzen zur großflächigen Anode gegenüber der Korngrenze wird. Hierdurch soll der interkristalline Angriff gänzlich unterbunden sein. Zahlreiche neuere Beobachtungen haben jedoch auch bei Al-Cu-Mg-Legierungen in weichgeglühtem Zustande und in gewissen Gebieten der Warmaushärtung eindeutig interkristallinen Zerfall bei Korrosionsbeanspruchungen verschiedener Art ergeben.

Das im allgemeinen bei artgleichen Legierungen beobachtete bessere Korrosionsverhalten im Gußzustand gegenüber Knetmaterial dürfte außer dem Einfluß der dichteren Oxydhaut wesentlich auf die Unterschiede in Größe und Gestalt der elementbildenden Gefügebestandteile zurückzuführen sein. Grundsätzliche Unterschiede bestehen zwischen den Grenzen der Zellen oder des Gußkornes und denen des Rekristallisationskornes. Während letztere bei Entmischungsvorgängen mit großer Wahrscheinlichkeit von einem völlig zusammenhängenden Netzwerk der ausscheidenden Phase bedeckt werden, liegen an den Gußkorn- und Zellengrenzen die intermetallischen Verbindungen immer mehr oder weniger getrennt. Weiterhin werden freie Si-Kristalle sowie $FeAl_3$-, $Al_6Fe_2Si_3$- und $MnAl_6$-Kristallite, die sehr spröde sind und große Nadeln oder Platten beim Erstarren bilden, beim Walzen unter Bildung von Hohlräumen zertrümmert; diese Stellen bilden dann bei Korrosionseinflüssen bevorzugte Angriffsmöglichkeit. Auf diese Gründe ist es wohl zurückzuführen, daß auch an sich wenig korrosionsbeständige Legierungen im Gußzustand sich oft sehr gut verhalten, während sie als Knetmaterial sicher versagen würden. Als Beispiel sei die in Bild 3 wiedergegebene Korrosionsstelle eines gegossenen Schwimmkörpers aus einer Al-Cu-Si-Legierung (Analyse: 2,45% Cu, 0,30% Mn, 5,79% Si, 0,92% Fe, 0,00% Mg) angeführt. Der Korrosionsbefund zeigte eine Reihe Grübchen, die vermutlich auch unter Mitwirkung von Erosion entstanden sind.

Bild 4 zeigt den Mechanismus dieser Korrosionsangriffe; durch die Auswirkung der Lokalelemente intermetallischer Verbindungen ist der Mischkristall um die edleren Einschlüsse herum herausgelöst. Interkristalline Korrosion konnte nicht fortschreiten, da die Einschlüsse zum größten Teil völlig getrennt im Mischkristall eingebettet liegen, so daß trotz des in mikroskopischen Bereichen verhältnismäßig starken Angriffes nach Art des unterhöhlenden Lochfraßes die Gesamtangriffstiefe nur sehr gering geblieben ist.

b) Wärmebehandlung

Der Gefügezustand und damit auch das Korrosionsverhalten sind unmittelbar abhängig von der Wärmebehandlung. Je nach den technologischen Anforderungen z. B. an Verformbarkeit oder hohen Verformungswiderstand werden Weichglühungen bzw. Vergütungs- (Homogenisierungs-) glühungen angewendet.

Bei Weichglühungen (insbesondere mit langsamer Abkühlung) wird ein heterogenes Gefüge bei den Legierungen entstehen, bei denen die Höhe der Zusätze die Löslichkeitsgrenze bei Raumtemperatur übersteigt. Der durch die Homogenisierungsglühung entstehende und durch das Abschrecken bei Raumtemperatur übersättigt bleibende Mischkristall ist bei den vergütbaren Al-

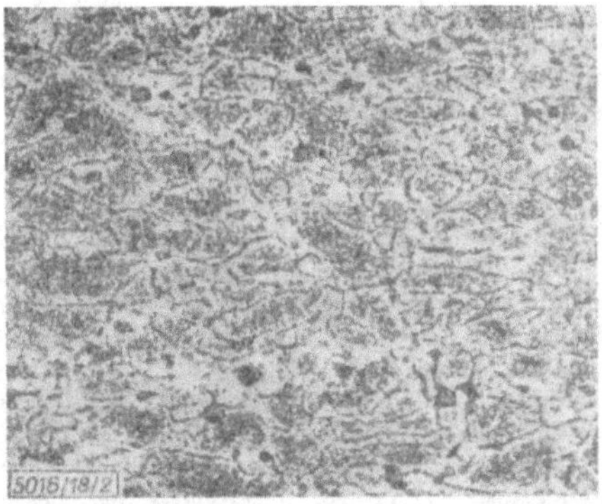

Bild 2. Gefügeaufbau einer Al-Cu-Mg-Legierung, für den bei Korrosion die Auswirkung eines Dreizonenpotentials zu erwarten ist

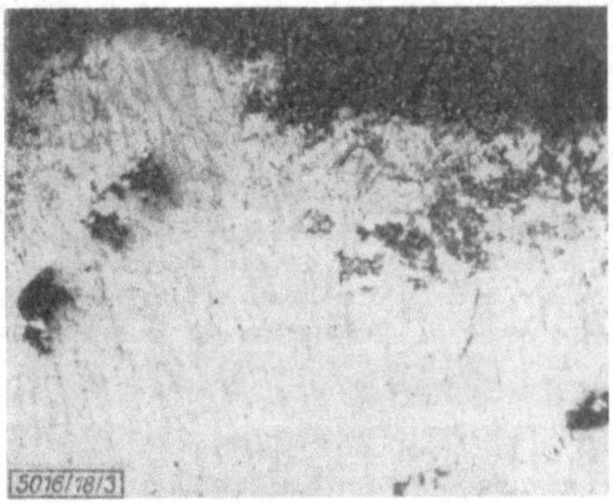

Bild 3. Korrosion durch kochendes Wasser und nassen Dampf an einer Al-Si-Cu-Gußlegierung. V 20 ×

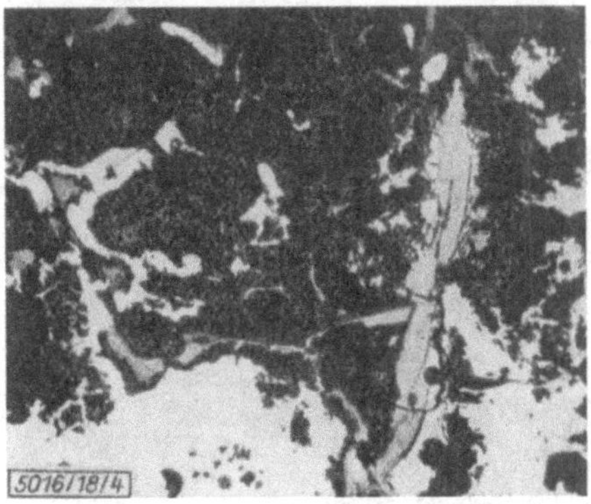

Bild 4. Ausschnitt aus Bild 3. V 200 ×

Legierungen, z. B. der Gattungen Al-Cu, Al-Cu-Mg, Al-Mg-Si, Al-Zn-Mg, zur Kalt- oder Warmaushärtung befähigt. Nach *Wassermann* (1) (2) liegen die für die Härtung bedeutungsvollen Zwischenzustände zwischen der homogenen, übersättigten festen Lösung und dem heterogenen Zustand und stellen Sammlungsvorgänge mit gleichzeitiger Verspannung und Verfestigung des Gitters dar. Ob bei der Kaltaushärtung bereits Ausscheidungen in hochdisperser Form auftreten, ist umstritten; man kann vielmehr annehmen, daß sie ohne Phasenbildung erfolgt und nur einen Übergang zu einem stabileren System darstellt. *Söhnchen* faßt die Ergebnisse seiner Untersuchungen über die Beziehungen zwischen Wärmebehandlung und Korrosion dahingehend zusammen, daß im Aushärtungsbereich die Korrosion geringer oder gleich, aber stärker als im abgeschreckten, homogenisierten Zustande sein kann. Bei Warmaushärtung dagegen zur Entwicklung höchstmöglicher Festigkeit treten Ausscheidungen von Phasen auf. Die gleichen Veränderungen infolge Entmischung treten bei Anlaßbehandlung homogenisierter Al-Mg-Legierungen auf, jedoch ohne wesentlichen Einfluß auf die Festigkeitseigenschaften. Der Zerfall des übersättigten Mischkristalles kann sich an den Korngrenzen unter Ausbildung eines ausgeprägten Korngrenzennetzes abspielen. Dabei tritt ein zunehmender Potentialunterschied zwischen dem an Legierungsbestandteilen ärmer werdenden Mischkristall und der intermetallischen Ausscheidung ein. Bild 5 zeigt das bei Ausscheidungshärtung einer Al-Cu-Legierung von der Anlaßtemperatur (d. h. von dem Ausscheidungsgrad) abhängige Potential und die damit gleichsinnig verlaufende Korrosionswirkung. Es muß jedenfalls eindeutig darauf hingewiesen werden, daß eine Wärmebehandlung, die zwar höchste Festigkeitswerte ergibt, dem Korrosionsverhalten sehr abträglich sein kann. Ähnliche Vorgänge wurden für austenitische Cr/Ni-Stähle ja auch bereits im Teil I des Buches von *Hoch*, von *Schikorr* sowie von *Erdmann-Jesnitzer* u. *Küntscher* beschrieben betr. Chromverarmung des *Fe*-Mischkristalles.

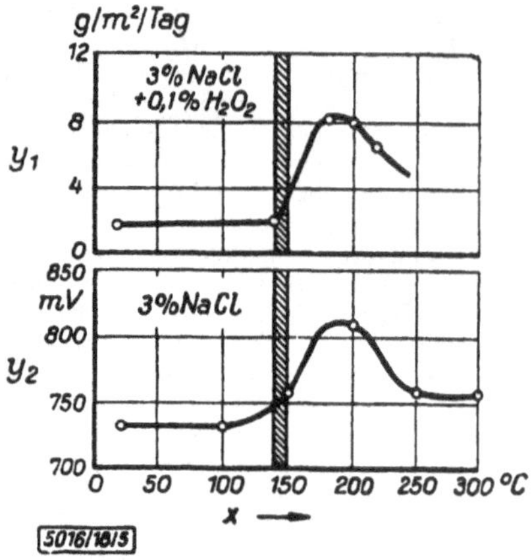

Bild 5. Abhängigkeit des Potentials und der Korrosionseinwirkung von der Aushärtungstemperatur (Anlaßzeit 1 Std.) bei einer Al-Legierung der Gattung Al-Cu (nach *Söhnchen*)

x = Aushärtungstemperatur in °C
y_1 = Gewichtsverlust in g/m²/Tag
y_2 = Potential in mV

c) Konzentrationsschwankungen

Eine besondere Art interkristalliner Korrosion, die aber nur in einer Richtung erfolgt, geht auf die Primärausscheidungen zurück. Über die Ursachen dieser Schichtkorrosion (Bild 6), d. h. die bei der Erstarrung der Gußblöcke auftretenden Konzentrationsunterschiede, haben *Bollenrath* u. *Bungardt* sowie *Bollenrath* u. *Gröber* berichtet. Umgekehrte Blockseigerung (siehe hierzu *Brenner* u. *Roth*) und Ausschwitzungen mit hohen Konzentrationen an Legierungselementen an der Blockoberfläche sind für die Bildung zahlreicher Schichten nicht verantwortlich, wenn diese vor der Weiterverarbeitung abgearbeitet werden. Vielmehr sind es rhythmische Konzentrationsseigerungen in der Restschmelze parallel zur Erstarrungsfront (neuerdings von *Voßkühler* genauer untersucht) und Zonenkristallbildung durch Kornseigerung, die bei der Erstarrung keinen Ausgleich durch Diffusion mehr erfahren. Die Neigung zu deren Bildung nimmt mit der Höhe der Legierungszusätze, dem Erstarrungsintervall und abnehmendem Diffusionskoeffizient zu und wird von der Erstarrungsgeschwindigkeit beeinflußt. Wesentlich ist, daß die vorhandene Schichtung bei der Knetverarbeitung erhalten bleibt und durch anschließende Glühungen nicht mehr vollständig in Lösung gebracht werden kann.

Bild 6. Schichtkorrosion infolge von Primärausscheidungen

Ferner führen Ausscheidungen aus übersättigten Mischkristallen auf den Primärkorngrenzen bei ungünstiger Wärmebehandlung und insbesondere nach Kaltverformung zur bevorzugten Korrosion in den Seigerungszonen und zum Aufblättern.

d) Plattierung

Die mit dem Zulegieren verschiedener Zusätze, insbesondere durch Cu, eingetretene erhebliche Herabminderung der Korrosionsbeständigkeit hochfester Al-Legierungen kann durch Plattieren mit artgleichem Werkstoff wieder ausgeglichen werden. Die Bedeutung ist so groß, daß man die Plattierung nicht nur als reine Oberflächenschutzmaßnahme abhandeln kann, sondern die plattierte Aluminiumlegierung (vgl. hierzu *Hase* sowie *Rädecker*, I. Teil des Buches) vor allem in diesem Rahmen als arteigenen, hochwertigen Werkstoff betrachten muß. (Siehe Abschnitt D.)

Voraussetzung für die Erzielung eines korrosionsfesten Verbundwerkstoffes ist die Verwendung von Plattierwerkstoffen, die selbst möglichst alle Bedingungen für gutes Korrosionsverhalten (dichte, porenfreie Deckschicht, gute Eigenbeständigkeit) erfüllen: Das sind für Al-Legierungen Reinstaluminium, Reinaluminium und kupferfreie Al-Legierungen.

Weiterhin soll die Plattierschicht den korrosionsanfälligen Kernwerkstoff auch dann noch schützen, wenn durch Beschädigungen der Oberfläche oder an Kanten die Plattierschicht unterbrochen ist. Diese sogenannte Fernschutzwirkung, über die *Brenner* u. *Roth* (2) berichtet haben, bzw. das elektrochemische Zusammenwirken zwischen Plattierschicht und Kernwerkstoff kann sich nur dann in dem gewünschten Maße erfüllen, wenn der Plattierwerkstoff unedler gegenüber der Kernlegierung ist; die Schutzwirkung ist um so stärker, je größer der Potentialunterschied ist.

Althof teilt Versuchsergebnisse über Fernschutzwirkung bei Korrosion plattierter Al-Cu-Mg-Legierungen mit, im besonderen einen auffälligen Fall ihres Ausbleibens. Während der Fernschutz bei Wechseltauchprüfung in künstlichem Seewässer auftrat, blieb er dagegen in Kochsalzlösung (30 g NaCl in 1000 cm^3 destilliertem Wasser) aus. Vorhandene Unterschiede des Werkstoffzustandes — charakterisiert durch einen homogenen spannungskorrosionssicheren, durch einen spannungskorrosionsempfindlichen und durch einen heterogenen spannungskorrosionssicheren Zustand — ließen kein wesentlich abweichendes Verhalten bei der Fernschutzwirkung erkennen. — Aus den Ergebnissen wird geschlossen, daß es nicht zulässig ist, eine einmal festgestellte Fernschutzwirkung bei einem bestimmten Werkstoff für alle Korrosionsmittel als feststehende Tatsache anzusehen, sondern daß es notwendig ist, in nicht erprobten Mitteln ihr Vorhandensein zu bestimmen. Korrosionstechnische Extrapolationen sind also sehr oft nicht stichhaltig.

Daß auch bei der Bewertung der Schutzwirkung von Plattierschichten andere, bereits weiter oben angeführte Einflüsse außer dem zu erwartenden Verhalten entsprechend der Stellung in der Spannungsreihe zu berücksichtigen sind, sei an dem folgenden Beispiel nochmals eindringlich hervorgehoben. Mit Silumin (Al-Si-Legierung) plattiertes Reinaluminium (Anm.: *Zarges*-Plattierlötung, DRP) zeigt mitunter als Folge der unterschiedlichen Verformbarkeit beider Werkstoffarten in der Plattierschicht Querrisse. Rißfreies Verbundmaterial zeigte bei Korrosionsangriff im Rührgerät mit 3 prozentiger NaCl-Lösung und 0,1% H_2O_2 Lochfraßerscheinungen entsprechend dem elektrolytischen Potential der beiden Verbundmetalle. Dagegen zeigten Proben mit größeren Fehlstellen in der Plattierung eine bessere Korrosionsbeständigkeit als die unverletzten, aber wahrscheinlich nicht porenfreien Proben. Dies erklärt sich aus dem günstigeren Oberflächenverhältnis der sichtbaren Plattierlücken zur gesamten Oberfläche, in denen sich eine je Korrosionsangriffsstelle kleine effektive Stromdichte einstellt und außerdem eine passivierende Deckschicht aufzieht.

e) Mechanische Beanspruchungen

Die der Korrosion ausgesetzten Bauteile können mit Eigenspannungen, herrührend von der Warm- oder Kaltverformung (plastische Verformung) sowie von ungleichmäßiger Abkühlung bei der Wärmebehandlung behaftet sein oder unter der durch die äußeren Kräfte hervorgerufenen mechanischen Beanspruchung (statisch oder dynamisch) stehen. Das System ist dann durch die Störung des Kristallgitters relativ instabil und wird bei Korrosionsangriffen schneller als die stabile, ungestörte Form angegriffen. *Krönig* u. *Boulitschewa* haben an Aluminium und Aluminiumlegierungen, allerdings unter Verwendung scharfer Angriffsmittel, folgende Erscheinungen gefunden: Das Elektrodenpotential des Werkstoffes (z. B. Aluminium und Duralumin) wird mit zunehmender mechanischer Spannung zu unedleren Werten verschoben. Außerdem wird die Korrosionsbeständigkeit mit zunehmender Spannung geringer. Auch *Heyn* u. *Bauer* (1) (2) haben nachgewiesen, daß bei Aluminium mit dem Grad der Kaltverformung die Korrosionsgefahr vermehrt wird und durch Kaltbearbeitung, wie auch durch Ziehriefen und ähnliche mit Spannungen behaftete Beschädigungen, häufig örtliche Korrosion verursacht wird.

Die interkristalline Spannungskorrosion, eine der *gefährlichsten* Korrosionsarten, bedarf jedenfalls besonderer Beachtung und sorgfältiger Prüfungsmethoden, über die *Brenner* (1) einen zusammenfassenden Überblick gegeben hat. Es muß aber eindeutig unterschieden werden — worauf auch *Brenner* (2) hinweist — zwischen wirklicher Spannungskorrosion und solchen Fällen, bei denen Aluminiumlegierungen ohnehin im unbeanspruchten Zustand infolge Warmaushärtung durch interkristalline Rißbildung zu Bruch gehen.

Aus Bild 7 kann nach *Brenner* (3) der Einfluß von Biegespannungen im Bereich von 5—25 kg/mm² auf die Korrosionsbeständigkeit einer nach dem Abschrecken warm ausgehärteten Al-Cu-Legierung entnommen werden. Der durch interkristalline Korrosion bewirkte Bruch der Proben tritt um so früher ein, je größer die angewendete Spannung ist. Eine zusätzliche Kaltverformung, die durch plastisches Biegen der 1 mm dicken Proben über Radien von 60 und 105 mm erzeugt wurde, bewirkt eine weitere Beeinträchtigung des Korrosionswiderstandes. Eine Al-Cu-Mg-Legierung, die nach dem Abschrecken von

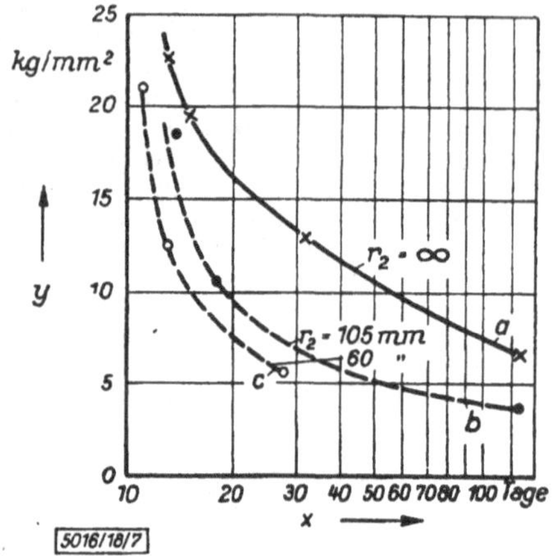

Bild 7. Eintritt des Bruches in Abhängigkeit von der Biegebeanspruchung bei einer Al-Cu-Legierung nach Korrosionsangriff durch 20prozentigen Salzwassersprühnebel

x = Eintritt des Bruches in Tagen
y = Biegespannung in kg/mm²
a = elastisch verformte Proben
b = plastisch und elastisch verformte Proben
c = verformte Proben
r_2 = Krümmungsradius der bleibend gebogenen Probe

500° C bei Raumtemperatur ausgehärtet wurde und keine Neigung zu interkristalliner Korrosion aufwies, zeigte unter gleichen Bedingungen hohe Korrosionsbeständigkeit und keinerlei Brucherscheinungen. Hieraus kann gefolgert werden, daß der Einfluß elastischer und plastischer Verformungen auf die Korrosionsbeständigkeit von Aluminiumlegierungen je nach ihrer chemischen Zusammensetzung und ihrem Gefügezustand verschieden ist. Im allgemeinen kann damit gerechnet werden, daß Werkstoffe, die im unbeanspruchten Zustand hohe Widerstandsfähigkeit gegen interkristalline Korrosion besitzen, durch elastische und plastische Verformungen weniger in ihrer Korrosionsbeständigkeit beeinträchtigt werden als solche, die bereits in unbeanspruchtem Zustand zu interkristalliner Korrosion neigen.

Beiträge zur Klärung der Ursache der Spannungskorrosionsempfindlichkeit homogener Legierungen bzw. der Spannungskorrosion heterogener Legierungen hat *Graf* (1) (2) gebracht. Hiernach wird die Spannungskorrosionsempfindlichkeit homogener Legierungen unmittelbar durch die elektrochemische Potentialdifferenz zwischen den Komponenten des homogenen Mischkristalles einerseits und durch die Natur des einwirkenden Agens andererseits hervorgerufen. Höchste Spannungskorrosionsgefahr besteht allgemein für alle diejenigen Mischkristalle, deren Basismetall unedler als die zulegierte Komponente ist; sie wird durch jedes angreifende Agens ausgelöst. Eine regelwidrige Ausnahme scheinen die homogenen Aluminiumlegierungen zu machen. Ihr Spannungskorrosionsverhalten ist weit günstiger, als es dem unedlen Basismetall nach sein müßte, was auf die Deckschichtenbildung zurückgeführt wird. Für die Spannungskorrosion von Aluminiumlegierungen bei Korngrenzenheterogenität ist es nach *Graf* (1) (2) entscheidend, ob die ausgeschiedene Phase entweder nur geringe chemische Beständigkeit und keine Spannungskorrosionsempfindlichkeit oder umgekehrt besitzt. Im ersteren Falle tritt auch ohne Vorhandensein einer Spannung interkristalline Korrosion auf, im zweiten Falle ist sie ausschließlich von deren Vorhandensein abhängig. An Beispielen der Al-Mg- und Al-Zn-Mg-Legierungen wird dies eingehend näher erörtert: Bei den Al-Mg-Legierungen wird die chemisch sehr unbeständige, nach der oben gefundenen Regel für homogene Mischkristalle aber spannungskorrosionsunempfindliche Verbindung Al_3Mg_3, bei den Al-Zn-Mg-Legierungen dagegen werden die zwar chemisch beständigen, aber sehr spannungskorrosionsempfindlichen Phasen $Al_2Mg\ Zn$ bzw. $MgZn_2$ interkristallin ausgeschieden. Beim Al-Mg-Typ haben Zugspannungen nur eine vorwiegend beschleunigende Wirkung auf Rißbildung, bei der Gattung Al-Zn-Mg jedoch auslösende Wirkung, da ohne Spannungen keine Rißbildung erfolgt.

Bestimmte heterogene Gefügezustände mit stärker koagulierten, im Korninnern oder auf den Korngrenzen auftretenden Ausscheidungen können als spannungskorrosionsfest angesehen werden. Sie können durch besonders geführte Warmbehandlungen oder auch durch als Stabilisatoren wirkende Zusätze auch bei Warmaushärtung erzielt werden. (Spezielle Einzelheiten siehe später.)

3. *Verhalten gegenüber den wesentlichsten Angriffsmitteln*

Es liegt nicht im Rahmen dieser Arbeit, ausführliche Korrosionstabellen zu bringen. Ergebnisse umfangreicher Untersuchungen über das Verhalten des Aluminiums und seiner Legierungen gegenüber Stoffen der chemischen und der Nahrungsmittelindustrie sind von *Bohner* u. *Buschlinger*, eine Ergänzung hierzu von *Bohner*, ferner vom „Bureau International des Applications d'Aluminium (BIA)" in der Schriftenreihe „Aluminium" herausgegeben worden. Weiterhin können das Aluminium-Taschenbuch*) mit den Tafeln über das chemische Verhalten und die Korrosionstabellen von *Ritter* empfohlen werden.

Für die Beurteilung der Leichtmetalle auf Aluminiumbasis bezüglich ihres Korrosionsverhaltens muß klar hervorgehoben werden, daß es eine bestimmte und universell gültige Reihung der Legierungsgattungen nach größerer oder geringerer Korrosionsbeständigkeit schlechthin nicht gibt. Selbst für eine Gattung kann für ein bestimmtes Angriffsmittel der Korrosionswiderstand nur dann eindeutig definiert werden, wenn alle Bedingungen, wie Konzentration, Temperatur, Bewegungszustand, Belüftungswirkung, konstruktive Einflüsse sowie technologische Werkstoffbedingungen, genügend bekannt sind und ihr Einfluß berücksichtigt ist. Schon geringste Zusätze von Silikaten, Stärke und Kolloiden zu den Agenzien oder geringe Spuren von Fett können einen Angriff verzögern oder verhindern; ähnliche Verzögerungsvorgänge treten bei den Sparbeizen für Eisenwerkstoffe auf. Ihre beabsichtigte, mögliche oder nur zufällige Anwesenheit muß klar unterschieden und entsprechend gewertet werden. Es muß eindringlich davor gewarnt werden, von der Wirkung eines Angriffsmittels auf das Verhalten gegenüber einem anderen zu schließen oder die unter bestimmten Versuchsbedingungen erhaltenen Ergebnisse zu verallgemeinern.

Viele Forscher haben sich bei ihren Untersuchungen über die Einsatzfähigkeit von Leichtmetall im chemischen Apparatebau auf die kupferfreien Aluminiumlegierungen beschränkt, da die kupferhaltigen Aluminiumlegierungen wegen ihrer in vielen oder wohl gar in den meisten Fällen größeren Korrosionsanfälligkeit von vornherein nicht in Betracht gezogen wurden. Die Rohstofflage auf dem Leichtmetallsektor in Deutschland nach dem zweiten Weltkrieg zwang ab 1945 dazu, in größerem Maße auch für apparative Geräte auf die Gattung Al-Cu-Mg zurückzugreifen; neuere Untersuchungen haben unsere Kenntnisse über das Korrosionsverhalten dieser Gattung im Vergleich zu den anderen früher gebräuchlichen kupferfreien Arten wesentlich vertieft.

Aus den Untersuchungen von *v. Vogel*, die an über 2000 Proben aus Aluminium und kupferfreien Aluminiumlegierungen in wässerigen Lösungen der wichtigsten Chemikalien durchgeführt wurden, sind die Ergebnisse in den Tafeln 2—4 wiedergegeben.

Die folgenden Gesetzmäßigkeiten und gewisse grundsätzliche Beziehungen können aus den bisherigen Erfahrungen der Forschung und Praxis erkannt werden:

4. *Beständigkeit gegen wäßrige Lösungen*

a) Anorganische Säuren

Aluminium und alle Aluminiumlegierungen werden mit steigender Temperatur in zunehmendem Maße erheblich bis sehr stark angegriffen.

Durch oxydierenden und passivierenden Einfluß des Nitrations kann bei der Salpetersäure niedriger und hoher Konzentration die Verwendung von Reinaluminium als Baustoff verantwortet werden.

Besonders empfindlich gegen Wasserstoffionen sind die magnesiumreicheren Legierungen.

b) Anorganische Laugen (alkalische Lösungen)

Gegen stärker alkalische Lösungen mit den p_H-Werten > 10, wie z. B. NaOH, KOH, $Ca(OH)_2$, sind Leichtmetalle auf Aluminiumbasis nicht beständig und werden sehr stark angegriffen. Durch Inhibitoren wie Wasserglas kann der Angriff abgeschwächt werden. Schwach alkalische Lösungen, wie NH_4OH, erzeugen durch Deckschichtenbildung nur schwachen oder keinen Angriff.

Al-Mg-Legierungen mit höheren Mg-Gehalten werden von hydroxylionenhaltigen Lösungen mit p_H-Bereichen von <7 bis ~ 9 in der Regel nicht angegriffen. Sie sind allgemein beständiger als Mg-freie Legierungen.

c) Salzlösungen

Chloride, wie NaCl, KCl, NH_4Cl, greifen stark, $CaCl_2$ und $MgCl_2$ schwächer an.

Sulfate und Nitrate wirken schwächer als Chloride und verhalten sich ähnlich wie ihre Säuren.

Die Salze schwacher Säuren, wie Karbonate (z. B. Na_2CO_3), wirken wie NaOH infolge hydrolytischer Spaltung.

*) „Aluminium-Taschenbuch", herausgegeben von der Aluminium-Zentrale, Düsseldorf.

Phosphate nehmen eine Sonderstellung ein je nach pH-Wert; zuerst Schutzwirkung, später Pittingbildung.

Chromate greifen infolge guter Schutzschichtbildung nicht an. Wasserunlösliche Salze, wie $CaCO_3$, sind ohne Einfluß.

d) Organische Säuren

Reinaluminium und Cu-freie Aluminiumlegierungen sind praktisch gegen fast alle organischen Säuren bei Raumtemperatur beständig. Bei höheren Temperaturen erfolgt besonders bei Säuren mit höherem Siedepunkt in Siedepunktsnähe starker Angriff.

Bei Cu-haltigen Al-Legierungen findet im allgemeinen starker bis stärkster interkristalliner Angriff statt, der zwar besonders ausgeprägt bei heterogenem Gefügezustand ist, aber auch bei homogenem Zustande beobachtet wurde. Cu und organische Säuren reagieren chemisch intensiv.

5. *Witterungsbeständigkeit*

Das klassische Beispiel für gute Witterungsbeständigkeit von Reinaluminium ist die seit 1885 bestehende Dacheindeckung der Kuppeln der St.-Joachims-Kirche in Rom.

Systematische Untersuchungen in längeren Zeiträumen sind wenig bekanntgeworden. Die Ergebnisse von *Brenner* (4) über das Korrosionsverhalten von Leichtmetallen bei sechsjähriger Bewitterung in Industrieluft sind daher von besonderem Interesse und ermöglichen zusammen mit anderen neueren Erfahrungen eine Klassifizierung der gebräuchlichsten Aluminiumlegierungen.

Gute Witterungsbeständigkeit weisen auf: Reinaluminium und die kupferfreien Aluminiumlegierungen Al-Mn, Al-Mg-Mn, Al-Mg-Si homogenisiert und kaltausgehärtet, Al-Mg mit bis 5% Mg-Gehalten; bei Al-Mg-Legierungen mit 7 und 9% Mg-Gehalten nur im homogenen oder in einem bestimmten heterogenen (stabilisierten) Zustand, außerdem die mit Reinaluminium oder kupferfreien Aluminiumlegierungen plattierten Al-Cu-Mg-Legierungen im homogenisierten und kaltausgehärteten Zustand. Auch unplattiertes Al-Cu-Mg im homogenisierten und kaltausgehärteten Zustand kann unter bestimmten Umständen (z. B. dickwandigere Bauteile) noch praktisch ausreichende Witterungsbeständigkeit aufweisen.

Vorsicht ist geboten bei warmausgehärtetem Al-Mg-Si und plattiertem Al-Cu-Mg in weichgeglühtem Zustande. Ungeeignet sind die Gattungen Al-Si, Al-Mg mit hohen Mg-Gehalten in bestimmten korrosionsanfälligen heterogenen Gefügezuständen, Al-Cu-Mg weichgeglüht oder warmausgehärtet, es sei denn, daß im letzteren Falle bei Warmaushärtung geeignete Maßnahmen durch Spezialplattierung, die *Kostron* mitgeteilt hat, ergriffen werden.

Nach langzeitiger Bewitterung muß stets mit einer mehr oder weniger starken Aufrauhung der Oberfläche oder einer Einbuße des natürlichen Glanzes durch Schmutz und Staub gerechnet werden. Ein eindeutiger Zusammenhang zwischen Oberflächenzustand und Festigkeitsverhalten besteht nicht. Durch geringe Pflege kann jedoch der metallblanke Charakter leicht erhalten werden. — Seeluft wirkt korrosionsbeschleunigend.

Korrosionsmittel	%	8pH*)	Temperatur			Abhängigkeit von		
			20 °C	50 °C	98 °C	Werkstoff	Temperatur	Konzentration
NH_4Cl	1	5,0	I–II Pl, Ml	I–III Pl	I–III Pl	ja	ja	ja
	10		I–II u	II–III A	I–IV Pl, OS	ja	ja	
NaCl...........	3		I–II OS	I–II Pl	I–III u		ja	
	10	6,5	I–II Pl	I–II Pl, Ml	I–III Pl	wenig	ja	wenig
	25		I A, Ae	I–II Ml	I–II A		ja	
$MgCl_2$	1	5,1	I A, Ae	I A, Al	I–II	wenig	ja	ja
	10		I Ml, Pl	I Ml	I–III Pl, Ml	wenig	ja	
$CaCl_2$	1	6,0	I–III Ae	I–III Ae	I–II u	wenig	wenig	ja
	10		I–Ae	I–II Ae	I–III Ae	wenig	wenig	

* Gemessen mit Lyphanpapier

Zahlentafel 2. Korrosionsverhalten gegen Salzlösungen u. a. (nach *v. Vogel*) (Fortsetzung Seite 1775)

Korrosionsmittel	%	$8p_H$ *)	Temperatur 20 °C	50 °C	98 °C	Abhängigkeit von Werkstoff	Temperatur	Konzentration
$BaCl_2$	1		I Ae	I Ml, Pl	I–II Ae	wenig	wenig	wenig
	5	5,1	I–II Ae	I–II u	I–III Pl	ja	wenig	
	10		I Ae	I–II Pl	I–III Pl	ja	ja	
$ZnCl_2$..........	1	5,0	I A	I Pl, Ml	II–III Pl, Ml	wenig	ja	ja
	10		I Ae	I–II Pl	III–IV Ml	ja	ja	
Na_2SO_4	10	7,0	I A	I Pl	I–II Ml	wenig	nein	—
$Al_2(SO_4)_3$	1	3,6	I–II A	III Ml, Pl	III–IV Ml	wenig	ja	ja
	10		I–III A	III–IV Pl, Ml	IV–V A	ja	ja	
K-Alaun	1	3,6	I–II Ae	III Ml	III Ml	wenig	ja	ja
	10		I–II Ae	III Pl, Ml	IV–V A	ja	ja	
Na_2SO_3	1	9,2	I–II Ae	I–II Ae	I–III Ae	wenig	wenig	wenig
	10		I–II Ae	II Ae	I–III Ae	wenig	wenig	
$Na_2S_2O_3$........	10	5,0	I Pl	I u	I Ae	wenig	wenig	—
$NaNO_3$	10	4,5	I–II Pl	I–III Ml	I Ml	ja	ja	—
KNO_3..........	10	4,4	I–III A	I–III Ml, Pl	I–III Ml, Pl	ja	ja	—
$Al(NO_3)_3$	10	3,9	III A	III Pl	V	ja	ja	—
Na_2CO_3	1		I–III D	III–V D	III–V Ml	ja	ja	ja
	10	11,0	III Pl	III–V Ml	IV–V	ja	ja	
	25		III Pl	IV Ml	III–V Ml	ja	ja	
$NaHCO_3$.......	5	8,2	I u	I u	I u	nein	nein	—
$(NH_4)_2CO_3$.....	10	8,4	I u	I u	I u	nein	nein	—
Na_2HPO_4.......	1	8,2	I–II u	I DMl	I–II D, Pl	nein	nein	nein
	10		I u	I A	I–II D	nein	nein	
Na_3PO_4	1	12,0	III–IV DPl	III Ml	I–V A	nein	ja	ja
	10		IV-DPl	IV–V A	V	nein	ja	
$Na_2B_4O_7$	3	9,3	I A	I–III A	I–IV D	ja	ja	
Na_2CrO_4	10	9,0	I u	I u	I u	nein	nein	—
$K_2Cr_2O_7$	10	4,2	I u	I u	I u	nein	nein	—
KF............	10	7,8	I u	I u	I u	nein	nein	—
Na_2SiF_6	0,75	3,5	III Pl, Ml	II–IV Pl, Ml	III D_2	nein	ja	—
HN_3...........	1		IV–V D	—	—	ja	—	
	10		IV–V D	—	—	ja	—	ja
	25		III–IV D	—	—	ja	—	
Siliron WL......	5	9,8	I A	I–II Ae	I u	nein	nein	—
P_3	5	10,1	I u	I Ae	I Ae	nein	nein	—
gebrauchter Metol-Hydrochinon-Entwickler		4,5	III Ae					
gebrauchtes saures Fixierbad		6,0	III Ml					

*) Gemessen mit Lyphanpapier

Korrosionsmittel	%	Temperatur			Abhängigkeit von		
		20° C	50° C	98° C	Werkstoff	Temperatur	Konzentration
Salzsäure	1	II—IV	IV—V	V	ja	ja	ja
	5	III—V	IV—V	V	ja	ja	.
	10	IV—V	IV—V	V	ja	ja	.
	15	IV—V	V	V	ja	ja	.
Schwefelsäure . .	1	II—IV	IV—V	IV—V	ja	ja	ja
	10	II—IV	IV—V	IV—V	ja	ja	.
	25	III—IV	IV—V	V	ja	ja	.
	62,5	III—IV	IV—V	V	ja	ja	.
	78	IV	V	V	ja	ja	.
	96	IV	III	IV	ja	ja	.
Salpetersäure . .	1	II—III	IV	IV—V	ja	ja	ja
	10	III—IV	IV—V	V	ja	ja	.
	25	III—IV	IV—V	V	ja	ja	.
	45	III—IV	IV—V	V	ja	ja	.
	65	III—V	IV—V	V	ja	ja	.
	85	II—III	III	IV—V	ja	ja	.
Phosphorsäure .	1	III—IV	IV	III	ja	ja	ja
	10	III—IV	IV—V	V	ja	ja	.
Chromsäure . .	10	I—III	III—IV	IV—V	nein	ja	ja
	25	III	IV	V	nein	ja	.
Ameisensäure . .	1	I—II	III—IV	IV—V	wenig	ja	ja
	10	II—III	III—V	IV—V	wenig	ja	.
Essigsäure . . .	1	I	III	IV	wenig	ja	nein
	10	I	III	IV—V	wenig	ja	.
Oxalsäure . . .	10	I—III	III—V	IV—V	etwas	ja	nein
	ges.	—	III—V	IV—V	etwas	ja	.
Weinsäure . . .	1	I	II—III	IV—V	wenig	etwas	nein
	10	I	II—III	IV—V	wenig	etwas	.
Zitronensäure . .	1	I	I—III	III—V	wenig	wenig	nein
	10	I	I—III	III—V	wenig	wenig	.

Zahlentafel 3. Korrosionsverhalten gegen Säuren (nach *v. Vogel*)

6. *Wasser- und Seewasserbeständigkeit*

a) Natürliches Süßwasser

Gegen reines Leitungs- oder Flußwasser sind Reinaluminium und kupferfreie Aluminiumlegierungen durchaus beständig; desgleichen können homogenisierte Al-Cu-Mg-Legierungen verhältnismäßig günstiges Verhalten aufweisen. Erschwerend für eine einheitliche Beurteilung jedoch sind die chemischen Zusammensetzungen und Verunreinigungen der verschiedenen Wässer, mit denen auf alle Fälle gerechnet werden muß. Besonders nachteilig wirken Schwermetallgehalte oder Schwermetallsalze, hier besonders Cu und Pb. Nach Versuchen mit aggressiven Wässern von *Mialki* u. *Popper* wirken kohlensäurehaltige Wässer stärker als sauerstoffhaltige; sie stehen hiermit jedoch im Gegensatz zu älteren Ergebnissen von *Bohner* u. *Buschlinger* sowie *Heyn* u. *Bauer* (2). Grubenwässer sind stark chloridhaltig. Gehalte an Kalziumbikarbonaten, Magnesiumsulfat, Nitrat und Chromat wirken korrosionshemmend, so daß unter Umständen bei destilliertem und weichem Wasser eher ein Angriff zu erwarten ist. Durch warmes bzw. kochendes Wasser wird nicht nur die Erstbildung von Korrosionsstellen, sondern auch der Korrosionsablauf gefördert. Gegen Schwitzwasser und stagnierende Feuchtigkeit sind alle Aluminiumleichtmetalle empfindlich.

Kurzzeichen der Oberflächenveränderungen

u = Probe unverändert
Ae = gleichmäßige Ätzung
A = gleichmäßiger Angriff
D = Deckschichtenbildung
PL = punktförmiger Lochfraß
ML = muschelartiger Lochfraß
GS = gleichmäßig verteilte Schnittkantenkorrosion
OS = örtliche Schnittkantenkorrosion
GJ = gleichmäßig verteilte interkristalline Korrosion
OJ = örtliche interkristalline Korrosion

Die den Kurzzeichen beigefügten Zahlen geben die Stärke des Angriffes an. Es wird zwischen einer schwachen = 1, mittleren = 2 und einer starken Stufe = 3 unterschieden.

Klasseneinteilung für Leichtmetallkorrosionen

Klasse	$g/m^2 \cdot$ Tag Gewichtsverlust	mm/Jahr Dickenabnahme	Erforderliche Tage zur Auflösung von 1 mm Schicht	Beurteilung
I	0—0,5	0—0,07	über 5400	sehr beständig
II	0,5—1,0	0,07—0,135	5400—2700	beständig
III	1—10	0,135—13,5	2700—270	genügend beständig
IV	10—100	1,35—13,5	270—27	wenig beständig
V	über 100	über 13,5	unter 27	unbeständig

Zahlentafel 4. Erläuterungen zu den Zahlentafeln 2 und 3 (nach *v. Vogel*)

b) Natürliches und künstliches Seewasser

Hierüber liegen als wesentliches Tatsachenmaterial neuere Untersuchungen von *Brenner* u. *Plattner* und ein zusammenfassender Vergleich der Versuchsergebnisse verschiedener Forscher von *Voßkühler* vor. Im wesentlichen ergibt sich eine ähnliche Reihung der Legierungsarten wie die unter 3 bis 6 bei Witterungseinflüssen ermittelte, jedoch ist im Seewasser der Angriff ausgeprägter, im Wechseltauchversuch am stärksten.

Bei allen Aluminiumlegierungen, die wie die Gattungen Al-Mg-Si und Al-Mg mit höheren Mg-Gehalten unter ungünstigen Verhältnissen interkristallin korrodieren können, ist besonders sorgfältig der von der Glühbehandlung abhängige Gefügezustand zu beachten. Al-Cu-Mg plattiert im homogenisierten und kaltausgehärteten Zustand ist hochseewasserkorrosionsbeständig. Andere Zustände des plattierten Werkstoffes und unplattierte Arten dieser Gattung in allen Zustandsformen haben unzureichende Korrosionsbeständigkeit in Seewasser.

Nach diesem mehr dem Grundsätzlichen gewidmeten Teil der vorliegenden Bearbeitung soll das Spezielle der Schweißung eingehend betrachtet werden. *Dabei wird es dem Leser bald klarwerden, daß diese kurze Einführung für das Verständnis des nun Folgenden notwendig ist.*

C. *Strukturelle Einflußfaktoren der Schweißverbindung*

1. Allgemeines

Das Korrosionsverhalten eines Bauteiles hängt, wie auch *Evans* (1) betont hat, wesentlich von dem „schwächsten Punkt" der Oberfläche ab. Eine Schweißverbindung stellt in weitgehenderem Sinne offensichtlich einen solchen „Punkt" dar, bei dem topochemische Faktoren in mehrfacher Beziehung auftreten können. Einmal ist die örtliche Kontur der Schweißraupe schon äußerlich eine Störung der Kontinuität der Oberfläche. Wesentlicher aber müssen zonale Strukturunterschiede gewertet werden, die durch die reine Schmelzzone, die Übergangszone und die Wärmeeinflußzone bedingt sind.

Eingehendere Untersuchungen über das Korrosionsverhalten von Leichtmetallschweißungen zeigen sehr unterschiedliche Formen des Korrosionsangriffes. Die Naht selbst wird von den weitaus meisten Angriffsmitteln nur unbedeutend oder gar nicht angegriffen; Ausnahmen bevorzugten Nahtangriffes treten z. B. bei Schwefelsäure und Salpetersäure, jedoch unterschiedlich in Abhängigkeit von der Konzentration auf. Neben der Naht erfolgt bei Reinaluminium und nicht übersättigten Aluminiumlegierungen, bei denen keine Phasenänderungen auftreten, der äußerst schwache Korrosionsangriff ziemlich gleichmäßig und unterscheidet sich nicht nennenswert von dem des ungeschweißten Werkstoffes. Ganz anders werden jedoch Schweißverbindungen übersättigter Legierungen, z. B. der Gattung Al-Cu-Mg, Al-Mg-Si und Al-Mg, angegriffen. Dieser grundsätzliche Unterschied muß besonders hervorgehoben werden.

2. *Übergangs- und Wärmeeinflußzone*

Die im vorhergehenden Abschnitt B behandelten Gefügeänderungen spielen sich in ähnlicher Weise unter dem Einfluß der Schweißwärme in übersättigten Al-Legierungen ab. Im Bereich der Schweißverbindung bilden sich entsprechend den beim Schweißen herrschenden Temperaturen Zonen verschiedener Gefüge aus. (Siehe hierzu Einzelheiten im Abschnitt D.) Da aber die Gefügeänderungen nicht nur tempera-

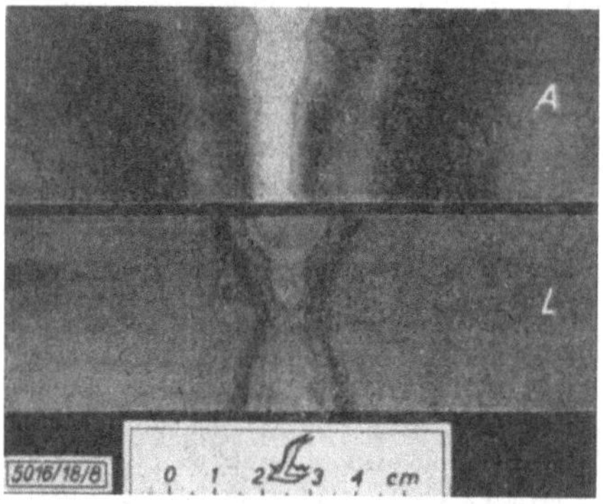

Bild 8. Gefügezonen an Autogen- und Lichtbogenschweißstellen eines Al-Cu-Mg-Profils, durch Beizen in 5prozentiger Natronlauge sichtbar gemacht
A = Gasschmelzschweißung
L = Lichtbogenschweißung

tur-, sondern auch zeitabhängig sind und die Erwärmungs- und Abkühlungsdauer beim Schweißen im allgemeinen kurz ist, so kann die Korrosionsbeständigkeit einer Schweißverbindung nicht ohne weiteres gleichgesetzt werden mit der Korrosionsbeständigkeit des ungeschweißten Werkstoffes in seinem hinsichtlich des Korrosionsverhaltens ungünstigstem Gefügezustand, der sich mitunter erst bei sehr langen Erwärmungszeiten einstellt.

Ein Beispiel für die Zonenbildung verschiedener Gefügetypen in der Nähe der Schweißnaht eines im Ausgangszustand vergüteten, d. h. homogenen Al-Cu-Mg-Profils zeigt Bild 8. Die nach der Beizung im Temperaturgebiet sichtbar gewordene Aufeinanderfolge einer Reihe von Gefügezonen, die bei der Lichtbogenschweißung wesentlich enger beieinanderliegen als bei der Gasschmelzschweißung, ist auf den Zerfall des Mischkristalles zurückzuführen. Es ist einleuchtend, daß hier verstärkter Korrosionsangriff zu erwarten ist.

Werden derartige Schweißverbindungen nach dem Schweißen wieder vergütet (Homogenisierungsglühen bei 500° C und Abschreckung), so verschwinden diese Gefahrenzonen örtlicher Korrosion, weil die durch die Schweißwärme ausgeschiedenen

Legierungsbestandteile ($CuAl_2$, Mg_2Si u. dgl.) wieder in Lösung gebracht werden. Nach den Versuchsergebnissen von *Brenner* (5) war es in allen Fällen möglich, Schweißverbindungen durch nachträgliche Wärmebehandlung so zu verbessern, daß sie in ihrer Korrosionsbeständigkeit praktisch der des ungeschweißten Werkstoffes entsprachen. In der Praxis ist eine derartige nachträgliche Wärmebehandlung, besonders bei sperrigen Bauteilen, meist nicht durchführbar; wo dies nicht möglich ist und hohe Korrosionsbeständigkeit verlangt wird, erscheint es daher in diesem Falle vorteilhafter, an Stelle übersättigter Al-Legierungen Reinaluminium oder nicht übersättigte Al-Legierungen zu verwenden. Bei kleineren Teilen dürfte es jedoch empfehlenswert sein, eine Wärmebehandlung nach dem Schweißen in größerem Umfange anzuwenden, als dies heute der Fall ist. Dabei müssen die Arbeitswerte die gleichen bleiben.

Eine andere Möglichkeit, die Korrosionsbeständigkeit von geschweißten Teilen aus übersättigten Al-Legierungen zu verbessern, besteht in der Verwendung geeigneter Plattierschichten. Es ist anzunehmen, daß für Schweißkonstruktionen, von denen hohe Festigkeit und hohe Korrosionsbeständigkeit verlangt wird, in Zukunft plattierte Werkstoffe (Kernwerkstoff Gattung Al-Cu-Mg, Plattierung z. B. Reinaluminium) erhöhte Bedeutung erlangen werden. Bei geeigneter Abstimmung der Plattierschicht zum Kernwerkstoff dürfte sich eine nachträgliche Wärmebehandlung in diesem Falle erübrigen. Derartige Stumpfstoßnähte fallen sehr gut aus.

Es muß in diesem Zusammenhang auf eine Erscheinung (Bild 9) hingewiesen werden, die bei der Verwendung plattierten Werkstoffes in der Temperatureinflußzone neben der Naht auftreten kann. Es handelt sich dabei nicht um Risse, sondern um ein Einlaufen oder Durchbrechen von flüssigem Grundwerkstoff bzw. Restschmelze unter oder durch die Plattierschicht, die infolge ihres höheren Schmelzpunktes noch nicht den gleichen Schmelzzustand erreicht hat wie das Grundmaterial. Bei Durchbruch, wie auf Bild 10 ersichtlich, kann eine solche Stelle der Ausgang für Korrosionsangriff werden.

Bild 9

Bild 9. Einlauf von flüssigem Grundwerkstoff bzw. Restschmelze in die Plattierschicht neben der Schweißraupe. V 20 ×

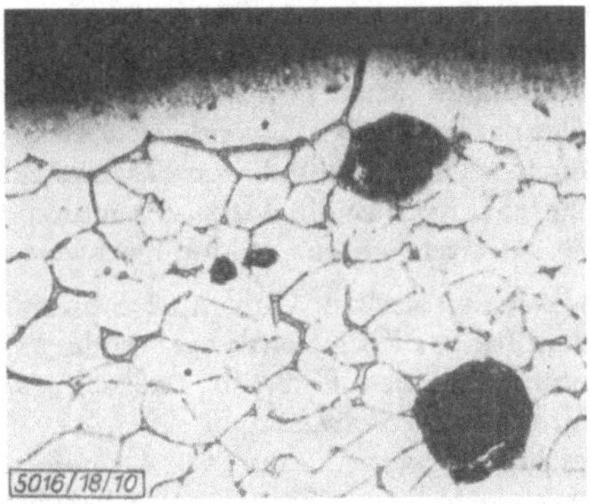

Bild 10

Bild 10. Schliffbild durch eine Einbruchstelle nach Bild 9. V 200 ×

3. *Eigenheit der Naht*

a) Gußcharakter und Oberfläche

Die Naht selbst, d. h. die eigentliche Schmelzzone, hat reinen Gußcharakter sowohl bezüglich der Struktur als auch der Oberfläche bei nicht abgearbeiteter Raupe. Man sollte an und für sich annehmen, daß gegenüber glatter Blechoberfläche die Oberfläche der Raupe mit der stark zerklüfteten Erstarrungskontur und den vielen schroff aus der Oberfläche herausragenden Punkten bevorzugt empfindlich gegenüber Korrosionseinwirkungen ist. Praktisch überwiegen jedoch erfahrungsgemäß in den meisten Fällen die korrosionshemmenden Einflüsse, so daß die Korrosionsbeständigkeit des Schweißnahtgefüges der des Gußgefüges der gleichartigen Al-Legierung entspricht.

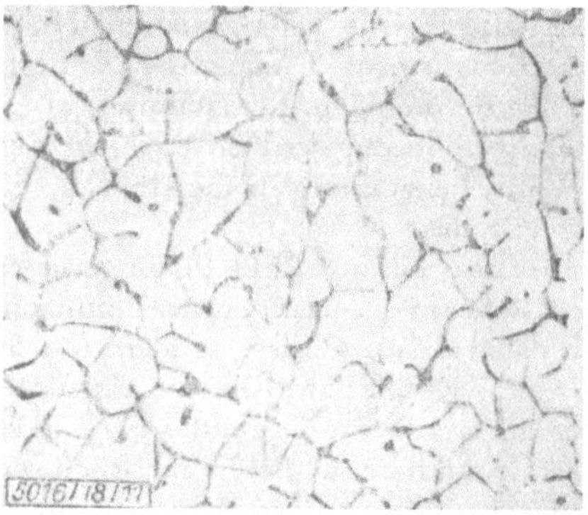

Bild 11. Schweißnahtgefüge einer Al-Cu-Mg-Legierung, autogen mit artgleichem Zusatz geschweißt

Ein interessantes Beispiel in diesem Zusammenhang ist ein von *Brenner* (6) mitgeteiltes Versuchsergebnis: 1,5-mm-Blech aus Aluminium-Magnesium-Legierung, Gattung Al-Mg 7 (mit 7% Mg-Gehalt), das mit Al-Mn plattiert war, wurde mit Zusatzdraht mit etwa 6% Magnesium autogen geschweißt. Nach 9monatiger Korrosion im DVL-Rührgerät sind weder an der Schweißraupe noch an der Blechoberfläche merkliche Anfressungen aufgetreten. Dieses Ergebnis ist sehr überraschend, da man eigentlich auf Grund der Potentialunterschiede hätte annehmen müssen, daß die Schweißraupe wegen ihres stark elektronegativen Verhaltens besonders stark in Lösung gehen würde. Daß die Schweißraupe unangegriffen blieb, ist wahrscheinlich auf ein edleres Verhalten der Struktur der Schweißraupe gegenüber derjenigen des Bleches oder auf die besondere Beschaffenheit ihrer Oxydschicht zurückzuführen. Die Schweißnaht ist durch eine dichtere und dickere Oxydschicht infolge ihrer Bildung in der Schweißhitze gegenüber der vom natürlichen Herstellungsprozeß herrührenden Schicht geschützt. Auch *Hunsicker* hat auf den Einfluß des Oberflächenzunders bzw. -oxydes bei verschiedenen Werkstoffen (u. a. Eisen sowie Aluminium) hingewiesen. Die Messungen an bis in die Nähe der Schmelztemperatur von Aluminium bei 600° C 20 Minuten lang geglühten Proben ergaben ein um etwa 50—60 MV edleres Potential gegenüber ungeglühten Proben. Wenn auch derartige Potentialmessungen kein absoluter Maßstab für das tatsächliche Verhalten sind, so kann die Potentialdifferenz doch als ein Maß für die Bereitschaft zur Korrosion oder zur Abwehrfähigkeit gewertet werden. Bei den Eisenwerkstoffen ist dies wohl anders (s. *Schikorr* Bd. II).

Die Eigenart der Gußhaut bzw. der Schweißnahtdeckschicht ist jedoch keinesfalls allein für das Korrosionsverhalten der Naht ausschlaggebend. Wesentliche Bedeutung kommt auch dem Gußgefüge selbst zu, wie aus dem vielfach beobachteten günstigeren Verhalten der Schweißnaht gegenüber dem Grundmaterial bei abgearbeiteter Raupe geschlossen werden kann. Die Gründe hierfür wurden bereits dargelegt. Als Beispiel hierzu zeigt Bild 11 das Schweißnahtgefüge einer Al-Cu-Mg-Schweißung, mit gleichem Zusatzwerkstoff geschweißt.

b) Schweißzusatzwerkstoff

Werden Aluminiumlegierungen mit einem Zusatzwerkstoff derselben chemischen Zusammensetzung geschweißt, so bleibt die Schweißnaht meist unangegriffen. Das mag darauf zurückzuführen sein, daß, wie schon oben erwähnt, die Gußstruktur von Al-Legierungen im allgemeinen korrosionsbeständiger ist als das Rekristallisationsgefüge. Bei magnesiumhaltigen Al-Legierungen kann eine Veränderung des Magnesiumgehaltes und des Schweißwerkstoffes durch Oxydation bei Temperaturen oberhalb des Schmelzpunktes eintreten, wodurch die Schweißnaht gegenüber den zu verschweißenden Teilen ein edleres Potential erhält.

Auffallend günstiges Korrosionsverhalten zeigten plattierte Al-Cu-Mg-Bleche, die mit Al-Cu-Mg als Zusatzwerkstoff geschweißt waren. Die Schweißnaht ist in diesem Falle wesentlich edler als die Al- oder Al-Mg-Si-Plattierung, und erwartungsgemäß wurde auch beim Korrosionsversuch kein Angriff an der Schweißraupe beobachtet. (Vgl. Abschnitt D.) Derartige Schweißverbindungen scheinen sich ähnlich zu verhalten wie Nietverbindungen, bei denen plattierte Al-Cu-Mg-Bleche mit normalen, unplattierten Al-Cu-Mg-Nieten verbunden werden, und die sowohl bei Korrosionsversuchen im Laboratorium als auch unter praktischen Bedingungen, besonders bei Seewasserangriff, hohe Korrosionsbeständigkeit aufweisen. Die hohe Beständigkeit der unplattierten Nietköpfe und der unplattierten Schweißnaht ist auf die elektrochemische Schutzwirkung der unedleren Plattierschicht zurückzuführen.

Umgekehrt sollte vermieden werden, Zusatzwerkstoffe für das Schweißen zu verwenden, die sich gegenüber den zu verschweißenden Teilen unedler verhalten, da sich dann der Korrosionsangriff auf die Schweißnaht konzentrieren kann. Da die Oberfläche der Schweißnaht gegenüber der übrigen Oberfläche im allgemeinen klein ist, würde sich dies in Anbetracht der auf die Oberfläche der Schweißnaht wirksamen hohen Stromdichte sehr ungünstig auswirken.

Zur Erreichung guter Korrosionsbeständigkeit von Schweißverbindungen scheint es vorteilhaft zu sein, einen Zusatzwerkstoff zu wählen, der eine den zu verschweißenden Teilen gegenüber eher etwas edlere als unedlere Schweißnaht liefert.

c) Nachbehandlung

Das Hämmern von Schweißnähten wird in der Schweißpraxis als eine zur Veredlung der Nahtzone oft angewendete Maßnahme angesehen, über deren Wert man insbesondere bei Aluminiumlegierungen geteilter Meinung sein kann. In einigen Vorschriften für Apparate aus Reinaluminium ist das Hämmern der Schweißnähte verlangt. Eine Verbesserung des Korrosionsverhaltens ist aber nur dann zu erwarten, wenn die Nähte nach dem Hämmern geglüht oder in der Wärme gehämmert werden, damit ein neues, entspanntes Rekristallisationskorn entsteht. Nicht geglühtes bzw. nicht rekristallisiertes Gefüge ist infolge der Kaltverformung unedler im elektrochemischen Verhalten und dadurch korrosionsanfälliger geworden. Da ein Glühen der Bauteile im ganzen oft nicht durchführbar ist, kann die nachträgliche Nahtglühung meistens nur mit dem Schweißbrenner ausgeführt werden. Bei im Lichtbogen geschweißten übersättigten Aluminiumlegierungen, deren Wärmeeinflußzone sehr schmal ist, wird diese durch das nachträgliche Glühen mittels Schweißbrenners nach dem Hämmern derart verbreitert und auch bei gasgeschweißten Nähten vor allem wegen der länger als bei normalem Schweißvorgang dauernden Wärmeeinwirkung so weit intensiviert, daß sie verstärkt korrosionsanfällig wird. Außerdem entstehen beim Hämmern von Aluminiumlegierungen sehr leicht Risse, die Ansatzpunkte für Korrosionsangriffe sind. Wie es auch von *Kostron* sowie *Erdmann-Jesnitzer* beschrieben wurde, kann besonders geringes Hämmern bei Al-Legierung zu inneren Rissen, zu einer Verringerung der Trennfestigkeit und ihren Folgeerscheinungen führen, da intermetallische Phasen dabei zunächst zerbrechen.*)

Auf die Bedeutung bzw. Möglichkeit der Nachvergütung der aus dem vergüteten Ausgangszustand hergestellten Schweißverbindungen wurde schon hingewiesen.

D. Einfluß der Veränderlichen des Werkstoffes auf das Korrosionsverhalten der verschiedenen Legierungsgattungen und ihrer Schweißverbindungen

1. Reinaluminium

Die Korrosionsbeständigkeit des Aluminiums nimmt mit steigendem Reinheitsgrad zu. Die hauptsächlichen Verunreinigungen sind Cu, Fe und Si, die jedoch nicht in gleichem Maße das chemische Verhalten beeinträchtigen.

Den Einfluß dieser metallischen Beimengungen auf die Lösungsgeschwindigkeit des Aluminiums hat *Straumanis* in Salzsäure, also einem äußerst scharf wirkenden Agens, untersucht. Die Auflösung von reinstem Ausgangsmaterial mit einem Reinheitsgrad von 99,998% Al erfolgt in 2-n-HCl sehr langsam, wird aber durch Zusatz von Cu und Fe außerordentlich, weniger stark durch Ni beschleunigt. Si und Cd wirken nicht. Cu- und Fe-Gehalte von 0,01% wirkten noch nicht meßbar. Die Auflösungsgeschwindigkeit steigt dann bei 0,1% Cu bereits auf das 1000fache und mit zunehmenden Gehalten weiter, jedoch nicht in gleichem Maße. Auch 0,1% Fe zeigt bereits merklichen Einfluß, in größeren Mengen wirkt Eisen etwa dreimal stärker als Kupfer. Bei Gehalten über 4% Cu bzw. 3% Fe, die aber bereits über den zulässigen Grenzen der gebräuchlichen Handelsqualitäten von Reinaluminium liegen, nimmt die Korrosionsgeschwindigkeit wieder etwas ab.

Die Untersuchungen von *Quartaroli* und *Belfiori* bestätigen, daß Verunreinigungen von 0,01% Cu in Reinstalu, geprüft in HCl noch keine Korrosionsbeschleunigung bringen.

Diese bei Salzsäureeinwirkung gefundene Reihung der Wirksamkeit der verschiedenen Verunreinigungen kann jedoch nicht verallgemeinert werden, sondern hängt vom Korrosionsmittel selbst ab. Die Zahlentafel 5 ist den Versuchsergebnissen von *Zurbrügg* über den Einfluß der Verunreinigungen im Aluminium auf dessen Verhalten gegen einige Korrosionsmittel entnommen. *Zurbrügg* weist auch darauf hin, daß der Korrosionswiderstand von Reinaluminium größter Reinheit (99,99prozentig) bereits beeinträchtigt wird und nicht besser als der von Reinaluminium normalen Reinheitsgrades (99,2—99,4prozentig) ist, wenn dieses mit Walzen gewalzt wird, auf denen unmittelbar vorher gewöhnliches Reinaluminium oder Al-Legierungen gewalzt wurden (Oberflächenverunreinigungen).

Durch Einwirkung von heißem Leitungswasser tritt eine Schwarzfärbung von Reinaluminium auf. Hierüber haben *Fischer* und *Geller* berichtet. Die Schwarzfärbung ist eine optische Erscheinung, die durch Lichtabsorption an der submikroskopisch fein angeätzten Metalloberfläche entsteht. Auch eine Anreicherung der Beimengungen an der Oberfläche kann Einfluß haben. Die Verfärbung ist bedingt durch bestimmte kritische Alkalität des Wassers und wird begünstigt durch die Heterogenität des Werkstoffes oder durch Zusatz von Wasserstoffsuperoxyd. Gedunkeltes Aluminium ist korrosionsbeständiger als blankes Al (!) und hat außer der Beeinträchtigung des Aussehens *keine* sonstigen Nachteile.

*) Man kann dies durch Mikroradiogramme gut verfolgen. (Mündl. Mitteilung des Herausgebers auf Grund unveröffentl. Untersuchungen gemeinsam mit *F. Günther*/Freiberg/Sa).

Verunreinigung bis max. 1%	Verteilung im Aluminium	Korrosionsmittel					
		verdünnte Salzsäure (10prozentig)	verdünnte Schwefelsäure (20prozentig)	verdünnte Salpetersäure (25prozentig)	konzentrierte Salpetersäure ($d = 1,40$)	verdünnte Natronlauge (Alkalien)	oxydische NaCl-Lösung (Seewasser)
Eisen	heterogen	≡	—	—	—	=	—
Silizium	heterogen	≡	—	—	≡	—	—
Silizium	homogen	—	○	○	—	○	—
Kupfer	homogen	≡	=	=	—	=	≡
Zink	homogen	=	○	+	—	—	—
Magnesium	homogen	○	○	○	—	+	○
Mangan	heterogen	=	—	—	—	—	—
Mangan	homogen	—	—	○	—	○	—

Zeichenerklärung:

Die Korrosionsbeständigkeit wird durch die Verunreinigung

≡ sehr stark verschlechtert
= beachtlich verschlechtert
○ leicht herabgesetzt
— nicht beeinflußt
+ verbessert

Zahlentafel 5. Einfluß der Verunreinigungen im Aluminium auf dessen Verhalten gegen einige Korrosionsmittel (nach *Zurbrügg)*

Schweißverbindungen an Reinaluminiumbauteilen, mit gleichem Zusatzwerkstoff geschweißt, weisen im allgemeinen die gleiche gute Korrosionsbeständigkeit wie der Grundwerkstoff selbst auf. Das Korrosionsverhalten geschweißter und ungeschweißter 1,5 mm dicker Blechproben (Gasschmelzschweißung, Raupe nicht abgearbeitet) im

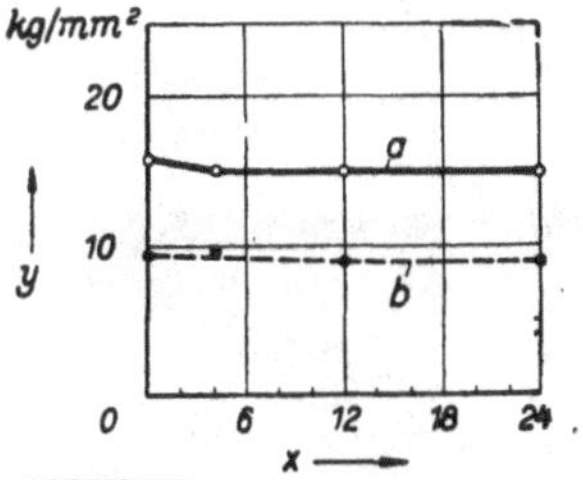

5016/18/12

Bild 12. Korrosionsverhalten geschweißter und ungeschweißter Blechproben aus Reinaluminium 99,8 (1,5 mm dick, Ausgangszustand hart, Autogenschweißung, Rührversuch in 3prozentiger NaCl-Lösung mit 0,1% H_2O_2)

x = Korrosionsdauer in Monaten
y = Zugfestigkeit in kg/mm²
a = ungeschweißt
b = geschweißt

Rührversuch nach DIN E 4853*) bis zu 2jähriger Korrosionsdauer ist in Bild 12 nach Ergebnissen von *Brenner* (5) wiedergegeben. Das Ausgangsmaterial wurde in kaltgewalztem Zustande verwendet, um bei diesem an sich sehr korrosionsbeständigen Werkstoff ungünstige Bedingungen, insbesondere im geschweißten Zustand, zu schaffen.

*) Korrosionsprüfverfahren in einer 3prozentigen NaCl-Lösung mit 0,1 H_2O_2 zur Prüfung der Seewasserbeständigkeit von Leichtmetallen. Der Korrosionsangriff durch den Rührversuch nach DIN E 4853 verstärkt den Angriff gegenüber Nordseewasser nach den bisher vorliegenden Erfahrungen um etwa das 18fache.

Bei Einwirkung von Schwefelsäure und Salpetersäure verschiedener Konzentration wurden nach neueren Untersuchungen von *Bleicher* u. *Müller-Busse* unterschiedliche Angriffe festgestellt. (Versuchsergebnisse siehe Abschnitt D., 4c u. d.) *Hall* u. *West* teilen folgende Ergebnisse über die Korrosion von Al-Schweißungen in Salpetersäure mit: Mit Sauerstoff-Azetylen und dem Lichtbogen geschweißte Proben aus handelsüblichem und hochreinem Aluminium wurden eingetaucht in 35prozentige und 70prozentige HNO_3 bei Raumtemperatur bis zu 6 Monaten und in 37prozentige Säure bei 60 bis 70° C bis zu 120 Stunden. Verglichen wurden ungeschweißte, geschweißte, gehämmerte und durch Glühen mit oder ohne vorheriges Hämmern der Schweißnaht behandelte Proben. Schweißverbindungen von hochreinem Al, mit Al 99,85 als Zusatzdraht geschweißt, zeigten nur wenig mehr Korrosion als das ungeschweißte Al, und zwar sowohl gehämmert als auch ungehämmert. Al-Schweißungen aus handelsüblicher Qualität und mit dem gleichen Zusatz verschweißt waren vorzugsweise im Blech angegriffen. Der Angriff war stärker nach Kalthämmern besonders für Lichtbogenschweißungen. Glühen bei 500° C nach dem Kalthämmern reduzierte den Angriff auf den des ungeschweißten Werkstoffes. Hämmern bei 300—350° C oder darauffolgendes Glühen bei dieser Temperatur nach Kalthämmern ergab ebenfalls Verbesserung der Korrosionsbeständigkeit, desgleichen Schweißen von handelsüblichem Al mit hochreinem Al-Schweißdraht. Da die Wirkung auf den Fe- und Si-Gehalt zurückgeführt wurde, wurden kleine Zusätze von Mg und Mn zugegeben, die jedoch keine Wirkung auf die Verteilung der Fe- und Si-Bestandteile hatten.

2. *Kupferfreie Aluminiumlegierungen*

a) Gattung Al-Mn

Die Gattung Al-Mn verhält sich korrosionsmäßig gleichwertig wie handelsübliches Reinaluminium. Die Vergleichswerte von walzharten, ungeschweißten und geschweißten 1,5 mm dicken Blechproben in 3prozentiger NaCl-Lösung mit 0,1% H_2O_2 zeigt Bild 13 nach Versuchen von *Brenner* (5). Die Festigkeit der geschweißten Proben entspricht etwa der des ungeschweißten Materials im weichgeglühten Zustand.

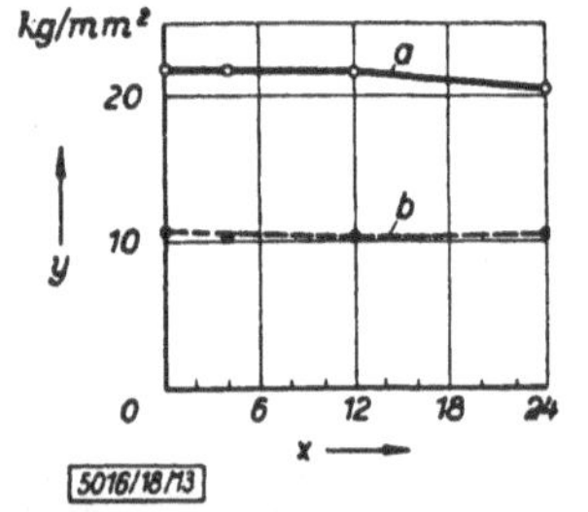

Bild 13. Korrosionsverhalten geschweißter und ungeschweißter Blechproben aus Al-Legierung Gattung Al-Mn (1,5 mm dick, Ausgangszustand hart, Autogenschweißung, Rührversuch in 3prozentiger NaCl-Lösung mit 0,1% H_2O_2)

x = Korrosionsdauer in Monaten
y = Zugfestigkeit in kg/mm²
a = ungeschweißt
b = geschweißt

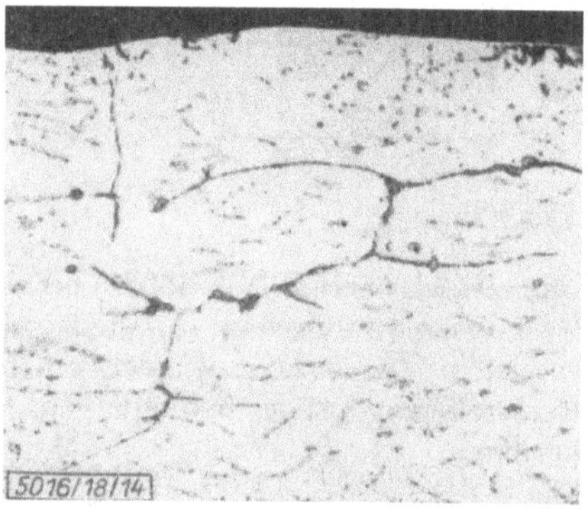

Bild 14. Interkristalline Korrosion nach 9jähriger Bewitterung an einem Cu-haltigen Al-Mn-Blech V 200 ×

Den Einfluß einer Cu-Verunreinigung zeigt das Schliffbild 14 eines Dachbleches von 0,65 mm Dicke, das 9 Jahre der Witterung ausgesetzt war und bis maximal 0,30 mm tief interkristallin korrodiert ist. Die Analyse ergab bei 1,60% Mn und den wie bei Reinaluminium üblichen Verunreinigungen von 0,33% Si und 0,28% Fe etwa 0,32% Cu. Das Ergebnis zeigt, wie wichtig die Forderung nach völliger Cu-Freiheit bei Werkstoffen, die hochkorrosionsbeständig sein sollen, ist.

b) Gattung Al-Mg-Mn

Die Al-Legierungen der Gattung Al-Mg-Mn werden besonders bevorzugt im Apparatebau und für Schweißkonstruktionen verwendet. Infolge der Legierungsgehalte von 2,0—2,5% Mg und 0,8—1,3% Mn weist dieser Werkstoff bei mittlerer Festigkeit gutes Korrosionsverhalten besonders gegen Seewasser auf.

Ein Maß für die Schädigung der Korrosionsbeständigkeit in Abhängigkeit von dem Cu-Gehalt ist der in Bild 15 wiedergegebene Abfall der Festigkeitseigenschaften nach $10^3/_4$monatigem Angriff von 3prozentiger NaCl-Lösung mit 0,1% H_2O_2 im Rührgerät. Schon der genormte, zugelassene Höchstgehalt an Cu von 0,05% setzt die Bruchfestigkeit und Dehnung um etwa 25% gegenüber Cu-freiem Material herab; Cu-Beimengungen über 0,1% machen jegliche Überlegenheit der kupferfreien gegenüber den kupferhaltigen Al-Legierungen bezüglich ihres Korrosionsverhaltens hinfällig.

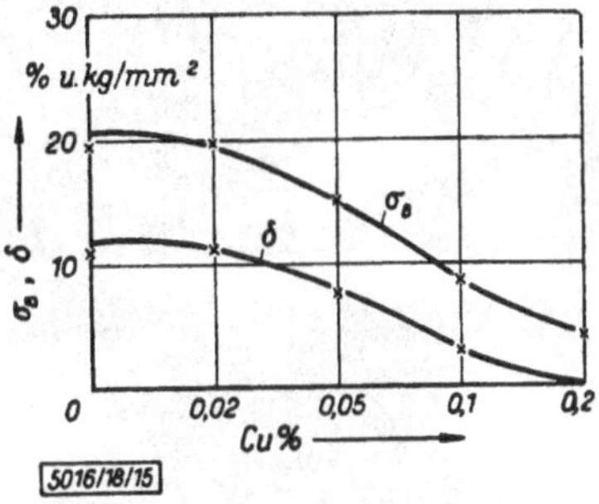

Bild 15. Einfluß des Kupfergehaltes auf das Korrosionsverhalten von Al-Mg-Mn

σ_B = Zugfestigkeit in kg/mm²
δ = Dehnung in %

Sterner-Rainer hat die Wirkung der Spurenelemente Cu und Fe in der Gußlegierung KS-Seewasser der gleichen Gattung*) im Spannungskorrosionsversuch (Hebelprobe) in 3prozentiger, mit 1% HCl angesäuerter Kochsalzlösung untersucht. Die Schädlichkeit geringer Gehalte von mehr als 0,03% Cu wurde hierdurch bestätigt und die Grenze der höchstzulässigen Verunreinigung dementsprechend vorgeschlagen. In manganfreien Chargen schwächen ganz geringfügige Verunreinigungen an Eisen den hohen Korrosionswiderstand der eisenfreien Legierung erheblich; bis 0,1% Fe sinkt die Widerstandszeit schnell ab, von 0,2% Fe ab aufwärts verläuft dann das Absinken wesentlich langsamer. Ein Mangangehalt bewirkt Erhöhung des Korrosionswiderstandes; die günstige Wirkung des Mangans wird durch Kompensation des schädlichen Eisens zufolge Mischkristallbildung aus den Mn- und Fe-Aluminiden erklärt.

Bild 16. Korrosionsverhalten geschweißter und ungeschweißter Blechproben aus Al-Legierung Gattung Al-Mg-Mn (1,5 mm dick, Ausgangszustand hart, Autogenschweißung, Rührversuch in 3prozentiger NaCl-Lösung mit 0,1% H_2O_2)

x = Korrosionsdauer in Monaten a = ungeschweißt
y = Zugfestigkeit in kg/mm² b = geschweißt

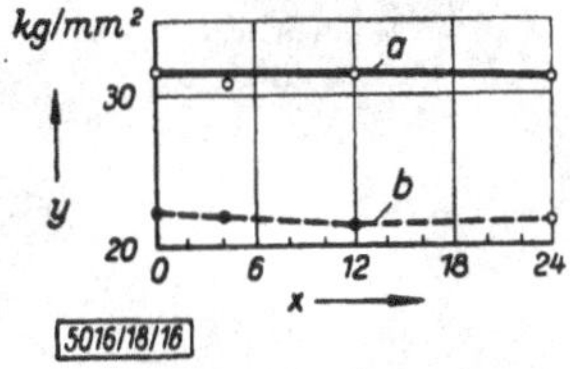

*) In den neueren Normblättern ist die Gußlegierung KS-Seewasser (Mn-Gehalt — 1,3%) unter der Gattung G Al-Mg 3 einbegriffen.

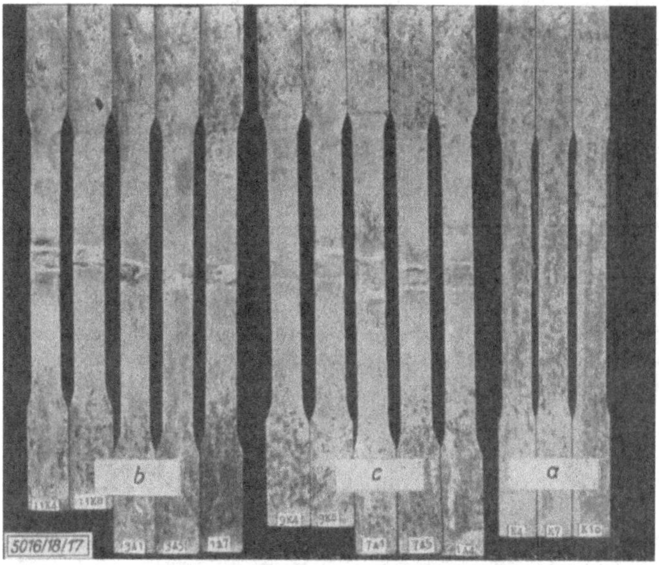

Bild 17. Probestäbe einer Al-Mg-Mn-Legierung, geschweißt und ungeschweißt, nach zweijährigem Korrosionsangriff

a = ungeschweißt
b u. c = geschweißt und gehämmert

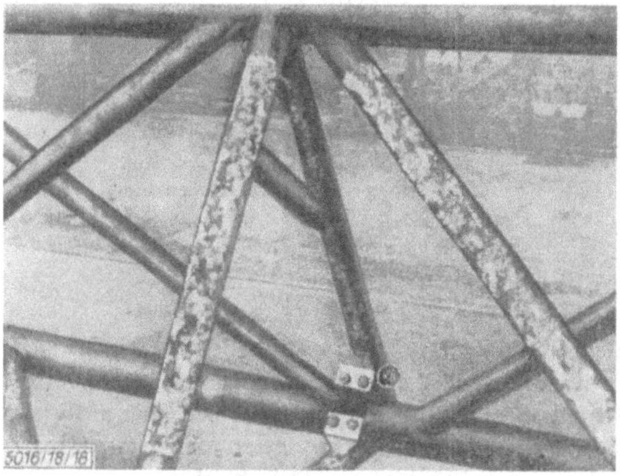

Bild 18. Korrosionsbefall einer geschweißten Al-Mg-Mn-Rohrkonstruktion durch Seewasser

Bild 19. Teilaufnahme einer geschweißten Rohrkonstruktion aus Leg. Al-Mg-Mn

Bei Cu-freiem Material tritt nach den Versuchen von *Brenner* (5) auch nach 2jährigem Rührversuch nach DIN E 4853 kein Festigkeitsverlust ein, wie es Bild 16 zeigt; die Festigkeit des kaltgewalzten Bleches wird lediglich durch das Schweißen auf diejenige des weichgeglühten Werkstoffes erniedrigt; korrosionsfördernde Ausscheidungen sind bei der nicht übersättigten Legierung nicht vorhanden. Auch äußerlich konnten an den in Bild 17 wiedergegebenen Proben nach Versuchsende keine nennenswerten Veränderungen festgestellt werden. Die geschweißten Proben unterscheiden sich nicht von den ungeschweißten, auch das Hämmern ergab in diesem Falle keinen nachteiligen Einfluß auf das Korrosionsverhalten. Bei keiner dieser Proben konnten Zonen verstärkter Korrosion festgestellt werden, obwohl man hätte annehmen müssen, daß ein elektrochemisches Zusammenwirken der ausgeglühten und kaltverfestigten Zonen zustande kommt, da letztere durch die Kaltverformung unedler werden.

Ein besonders eigenartiger und interessanter Korrosionsfall trat an einer etwa 5 Monate lang im Brackwasser des Kieler Hafens ausgelegten geschweißten Al-Mg-Mn-Rohrkonstruktion auf, von der die Bilder 18 und 19 Ausschnitte wiedergeben. Es wurden dabei sehr verschiedene Stärken des Angriffes festgestellt: Die Längsrohre waren immer frei von Angriff, die Querrohre wiesen alle Zwischenstufen von völliger Korrosionsfreiheit bis zu sehr starkem Angriff mit unter der Oberfläche gebildeten und schuppenförmig aufgesprengten Korrosionsstellen auf. Immer aber war auch an den stark korrodierten Rohren an der Schweißstelle eine Zone in der Breite von etwas mehr als dem Rohrdurchmesser (etwa 60 mm), anscheinend infolge Beeinflussung durch die Schweißflamme, korrosionsfrei. Die Schweißnähte selbst waren ebenfalls einwandfrei. Die Korrosionsart war reiner Lochfraß; Gefügeuntersuchungen lieferten keine Anhaltspunkte für das Auftreten der Korrosion. Neben der üblichen Legierungszusammensetzung betrug der Cu-Gehalt in dem korrodierten Rohr sowie der nicht korrodierten Schweißzone des korrodierten Rohres 0,04%; ein nicht korrodiertes Rohr hatte 0,02% Cu. Wenn auch die oben angeführte Untersuchung von *Sterner-Rainer* bereits bei 0,03% Cu-Gehalt ein sprunghaftes Absinken der Standzeit im Spannungskorrosionsversuch brachte, so kann im vorliegenden Fall im Cu-Gehalt allein kein eindeutiger Grund für das Korrosionsverhalten gefunden werden. Rückstrahlaufnahmen ergaben, daß die korrosionsfreie Wärmeeinflußzone des sonst korrodierten Rohres weitgehend rekristallisiert war und die Rekristallisationsgrenze mit der Korrosionsgrenze zusammenfiel. Bei 500° C geglühte Abschnitte der korrodierten Rohre wurden sowohl im Laboratoriums- als auch im Naturversuch nicht weiter angegriffen, ebenso wie die an der Konstruktion von Korrosionsprodukten gesäuberten und mit dem Schweißbrenner ausgeglühten Stellen. Eine nachträgliche Ofenglühung des gesamten Rohrträgers, die allerdings mit Rücksicht auf die während der Glühung durch die Eigenlast zu erwartende Deformation nur bei 350—400° C durchgeführt werden konnte, hatte nur teilweisen Erfolg. Es ist wahrscheinlich die Annahme berechtigt, daß der beobachtete Effekt durch eine Homogenisierungswirkung der Schweißwärme auf das nicht ganz homogene Gefüge der ungeschweißten Rohre beruht. Eine Homogenisierung vor der Verarbeitung „könnte" dann günstig sein.

c) Gattung Al-Mg

In den gebräuchlichen technischen Al-Guß- und -Knetlegierungen der Gattung Al-Mg ist das wesentliche Legierungselement Mg, das ihre Eigenschaften, wie Festigkeit, Verformbarkeit, Schweißbarkeit und Korrosionsbeständigkeit bestimmt, in verschiedenen Gehalten bis zu 10% Mg enthalten. Im Vergleich zu Reinaluminium wird durch den Mg-Gehalt die Beständigkeit gegen alkalische Agenzien, vor allem gegen Seewassereinwirkung, erhöht.

Über den Einfluß von Kupfergehalten von 0,00—0,5% in einer Al-Mg 7-Legierung, die im homogenisierten bzw. luftgekühlten, schwach heterogenisierten und vollkommen heterogenisierten Zustand im Rührgerät (3% NaCl+0,1% H_2O_2) untersucht wurde, haben *Seemann* u. *Wesch* berichtet. Die Legierung erwies sich, besonders im luftgekühlten und heterogenisierten Zustand, bereits gegen kleinste Cu-Zusätze von 0,05% korrosionsempfindlich.

Korrosionsbeständigkeit und Schweißbarkeit sind besonders bei Al-Mg vom Gefügezustand beeinflußt. Diese ursächlichen und im wesentlichen vom Mg-Gehalt abhängigen Zusammenhänge sind aus dem Zustandsschaubild für das System Al-Mg nach *Hanson-Gayler* (Bild 20) zu erkennen. Demnach liegt für Raumtemperatur die Löslichkeitsgrenze von Mg im Al-Mischkristall (α-Phase) bei 2,95% Mg.*) Bei höheren Mg-Gehalten kommt es zur Bildung einer zweiten Phase (β-Phase), die aus der intermetallischen Verbindung Mg_2Al_3 besteht und an den Korngrenzen (im Gußgefüge auch als Zellennetzwerk) in verschiedener Menge und Art ausgeschieden werden kann.

Es ist bekannt, daß das nur aus einer Kristallart bestehende Gefüge mit völlig in Lösung gegangenem Mg gute chemische Beständigkeit aufweist. Dieser Gefügezustand liegt praktisch bei Legierungen mit niedrigen Mg-Gehalten bis zu 3% vor. Über das Korrosionsverhalten von geschweißten und ungeschweißten 1-mm-Blechen aus Al-Legierungen der Gattung Al-Mg 3 (d. h. mit 3% Mg-Gehalt) im Natur- und Laboratoriumsversuch hat *Rajakovics* berichtet. Die Legierung hat sich sowohl im weichen als auch im halbharten Ausgangszustand bei dem 2 Jahre dauernden Naturversuch in See- und Industrieluft, im Seewasser (Norderney und Hamburger Brackwasser), Binnenwasser (Berlin) und Gebirgswasser (München) sehr gut verhalten; die Zugfestigkeit fiel höchstens um 5%, die Bruchdehnung um 1—2% ab.

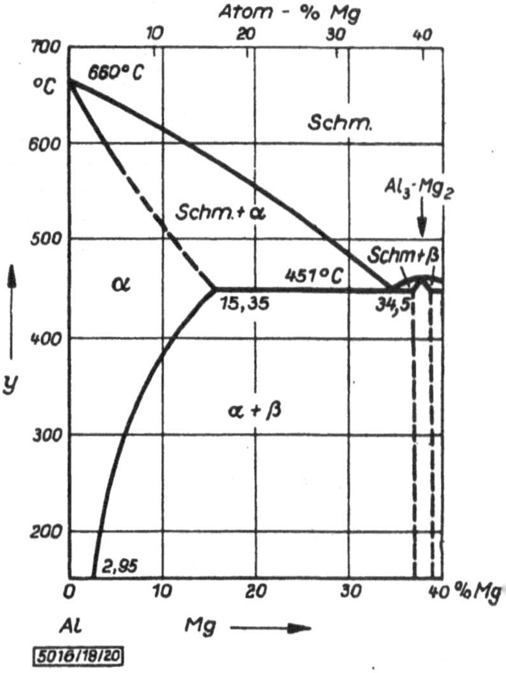

Bild 20. Zustandsschaubild Al-Mg (nach *Hanson-Gayler*)
Mg = Gewichtsprozente
y = Temperatur in °C

*) Von *Siebel* u. *Voßkühler* (1) wurden nach neueren Untersuchungen als Grenzkonzentration für 100° C 1,9% Mg und für 449° C 17,4% Mg gefunden. Die versuchsmäßig erreichbare vollkommene Gleichgewichtsbildung wurde durch Verwendung von Feilspänen bei der röntgenographischen Methode und von 1-mm-Stäbchen bei der Bestimmung der elektrischen Leitfähigkeit unter Anwendung besonderer Homogenisierungs- und Heterogenisierungsverhältnisse angestrebt. Bei der betriebsmäßigen Behandlung der Legierungen kann sich jedoch z. B. bei den niedrigen Temperaturen dieser erzielte Gleichgewichtszustand infolge zu geringer Diffusionsgeschwindigkeit nicht einstellen. Die Angaben des Zustandsschaubildes (Bild 20) für die untere Löslichkeitsgrenze decken sich daher mit den praktischen Betriebserfahrungen.

Bild 21 zeigt das Aussehen der Proben. Auch die von Algenbewuchs oder Verfilzung befallenen Proben waren nach Abwaschen in heißem Wasser in gutem Zustande. Wo eine geringe Änderung der Festigkeit stattfand, trat nur ganz leichter Lochfraß auf. Auch im Sprühkammerversuch nach DIN 4853 war nach 12 Monaten das Ergebnis ähnlich. Im Rührgerät wiesen nur die ungeschweißten bzw. die aus dem weichen Zustande geschweißten Proben das gleiche Verhalten auf. Dagegen zeigten hier die halbharten geschweißten Proben sehr starken Abfall der Zugfestigkeit um 50% und der Dehnung von 15 auf 2% auf, der durch stärkeren örtlichen Lochfraß am Übergang zwischen Schweißraupe und Blech verursacht wurde.

Höhere über der Sättigungsgrenze liegende Mg-Gehalte können zwar durch Glühen bei etwa 400—450° C und Abschrecken in Lösung gehalten werden; dieser übersättigte, homogene Zustand (Bild 22), der an sich gutes chemisches Verhalten, vor allem einwandfreie Spannungskorrosionsbeständigkeit aufweist, ist jedoch in-

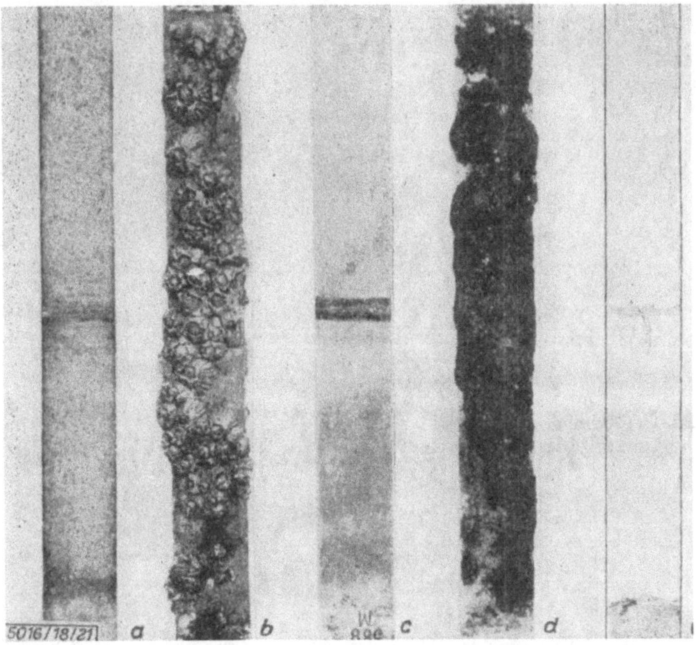

Bild 21. Probestäbe Al-Mg geschweißt, nach 2jährigem Naturversuch (nach *Rajakovics*)

Geprüft: a = Norderney in Luft b = Norderney in Wasser c = Berlin in Wasser d = Hamburg in Wasser e = München in Wasser

stabil und anlaßempfindlich. Wärmeeinwirkungen bei der Weiterverarbeitung, vor allem bei der Schweißung, führen zu Entmischungen. Die hierdurch mögliche Beeinträchtigung der Korrosionsbeständigkeit ist nicht allein von der Menge des ausgeschiedenen Magnesiums, sondern vielmehr von der Anordnung der Ausscheidungen an den Korngrenzen bestimmt. Nach 3tägigem Anlassen bei 100° C z. B. treten an den Korngrenzen feine, zusammenhängende β-Ausscheidungen (Bild 23) auf, an denen entlang, wie Bild 24 zeigt, der interkristalline Korrosionsangriff auftritt. Nach der Homogenisierung bei etwa 300° C angelassenes Material zeigt nach Bild 25 gröbere Koagulation der Mg_2Al_3-Ausscheidungen an den Korngrenzen und im Korninnern. Dieser Gefügezustand verhält sich korrosionsmäßig zwar wesentlich günstiger als derjenige mit Feinausscheidungen, verhindert aber noch nicht sicher interkristallinen Angriff; unter Umständen kann er noch bei Wärmeeinwirkung in den ungünstigeren, fadenförmigen Zustand übergehen.

Bild 22

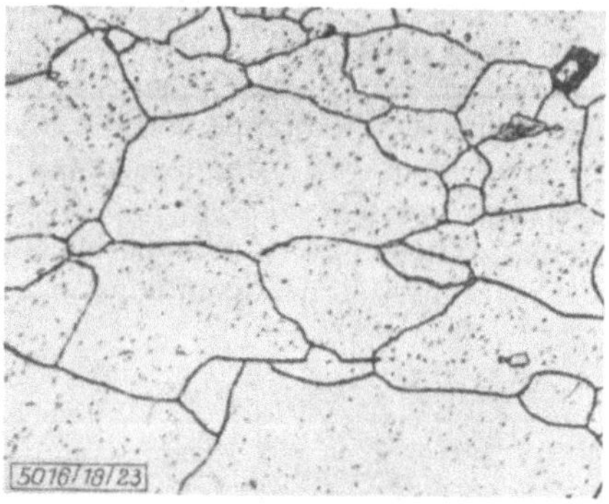

Bild 23

Bilder 22 bis 25. Gefüge einer Al-Mg-Legierung mit 9% Mg

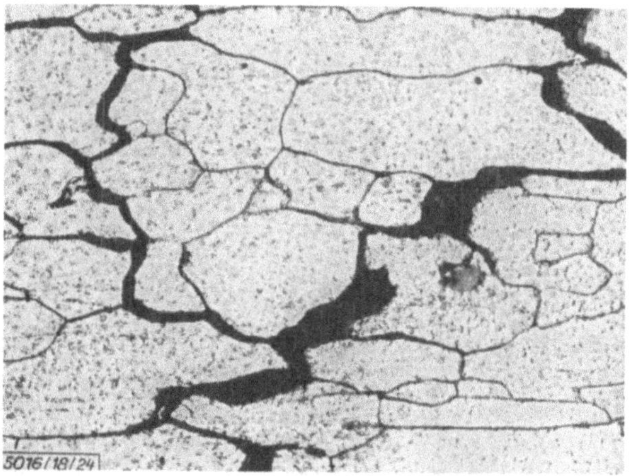

Bild 24

Bild 22. Homogener Gefügezustand: Bei 450° C geglüht und abgeschreckt. V 500 ×

Bild 23. Fadenförmige Ausscheidungen an den Korngrenzen nach 3—4tägigem Anlassen bei 100° C. V 500 ×

Bild 24. Interkristalline Korrosion entlang den fadenförmigen Ausscheidungen. V 500 ×

Bild 25. Gröbere perlschnurartige Ausscheidungen an den Korngrenzen: Bei 450° C geglüht und bei etwa 300° C behandelt. V 500 ×

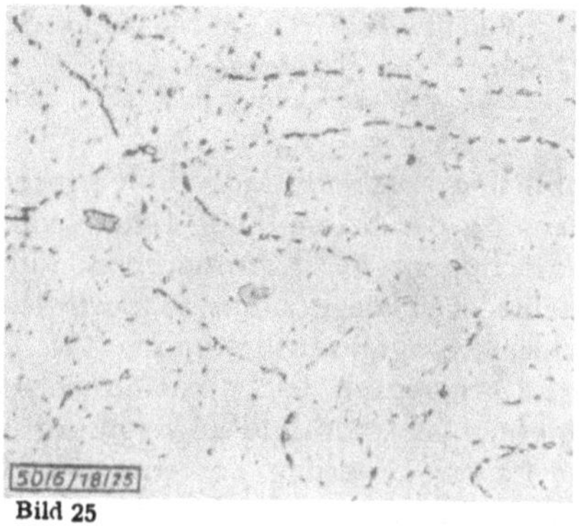

Bild 25

Neuere Arbeiten verschiedener Forscher befassen sich mit der Entwicklung eines anlaßstabilen und spannungskorrosionssicheren Gefügezustandes. *Siebel* u. *Voßkühler* (2) berichten über die bei höherprozentigen Al-Mg-Legierungen durch ein besonderes Heterogenisierungsverfahren selbst nach starker Kaltverfestigung erzielte praktische Anlaß- und Spannungskorrosionsbeständigkeit. *Brenner* u. *Roth* (3) haben die günstigsten Ergebnisse mit einer neu entwickelten Stabilisierungsglühung erhalten, bei welcher die Legierung sehr langsam von der Homogenisierungstemperatur in Stufen von 50° C in der Stunde abgekühlt wird. Das bis etwa 150° C weitgehend anlaßbeständige Gefüge, bei dem praktisch alles die Sättigungsgrenze bei Raumtemperatur übersteigende Mg aus dem Mischkristall ausgeschieden ist und sowohl

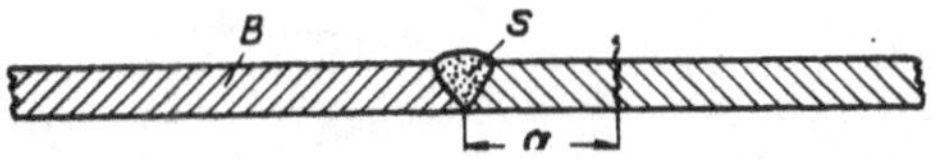

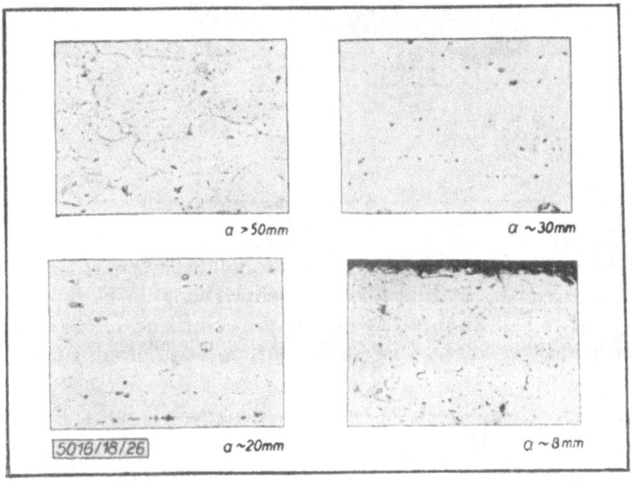

Bild 26. Gefügeausbildung in den Schweißzonen einer Al-Mg 7-Schweißung (Blechdicke 1,5 mm)
a = Entfernung des Querschliffes von der Mitte der Schweißnaht in mm
S = Schweißraupe
B = Blech

feine Ausscheidungen im Korninnern als auch gröbere, zusammengeballte Ausscheidungen an den Korngrenzen vorhanden sind, hat auch in vergleichenden Natur- und Laboratoriumsversuchen gute Anlaßkorrosionsbeständigkeit ergeben. Die Stabilisierungsglühung zur Verbesserung der Anlaßkorrosionsbeständigkeit hat größere Bedeutung als die dem gleichen Zweck dienenden Zusätze, wie z. B. Chrom. *Graf* (2) vertritt die Ansicht, daß die ausgeschiedene Al_3Mg_2-Phase an sich spannungskorrosionsunempfindlich ist, zum mindesten aber die Spannungskorrosionsempfindlichkeit, sofern diese tatsächlich vorhanden sein sollte, bei Al-Mg-Legierungen in Größenordnungen kleiner als z. B. bei Al-Zn-Mg-Legierungen ist.

Zur Überprüfung dieser Vorgänge bei Schweißverbindungen hat *Brenner* (5) (7) Korrosionsversuche und Gefügeuntersuchungen an Schweißverbindungen der Gattung Al-Mg 7 aus dem homogenen und heterogenen (weichgeglühten) Ausgangszustand durchgeführt. Die Gefügeänderungen des heterogenen Ausgangszustandes sind durch die Mikroaufnahmen (Bild 26) wiedergegeben. In einer Entfernung von über 50 mm von der Naht ist das von der Schweißwärme nicht mehr beeinflußte Ausgangsgefüge, das aus α-Mischkristallen und feinen, insbesondere an den Korngrenzen angelagerten β-Kristallen besteht*), erhalten. In den der Schweißnaht näher gelegenen Zonen tritt bei Temperaturen, die über der Löslichkeitslinie liegen, eine zunehmende Homogenisierung ein. Bei homogenem Ausgangsmaterial wird zwischen der unbeeinflußten und der Homogenisierungszone ein Bereich mit Entmischung auftreten. In nächster

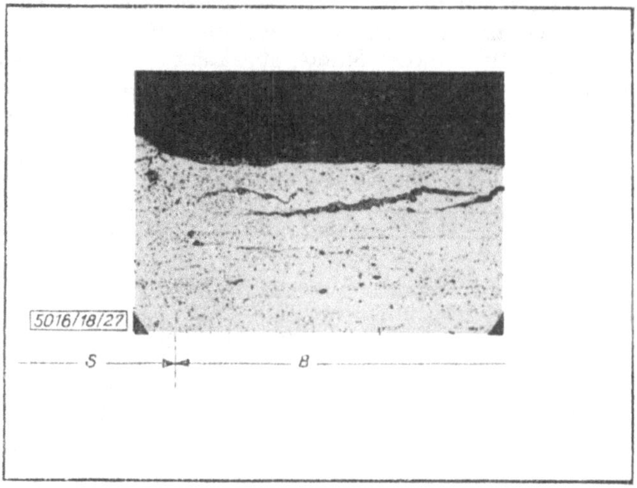

Bild 27. Aufblätterungen unter der Blechoberfläche in der Nähe der Naht einer Al-Mg 7-Schweißung
S = Schweißraupe,
B = Blech (siehe Bild 26)

Entfernung der Naht tritt dann das durch Überschreiten der Soliduslinie entstandene Überhitzungsgefüge auf, das bereits auch ohne Korrosionseinwirkung zu Festigkeitseinbußen führt. Im vorliegenden Fall konnte das korrosionsgefährliche Gefüge mit zusammenhängenden Ausscheidungen nicht festgestellt werden, was darauf zurück-

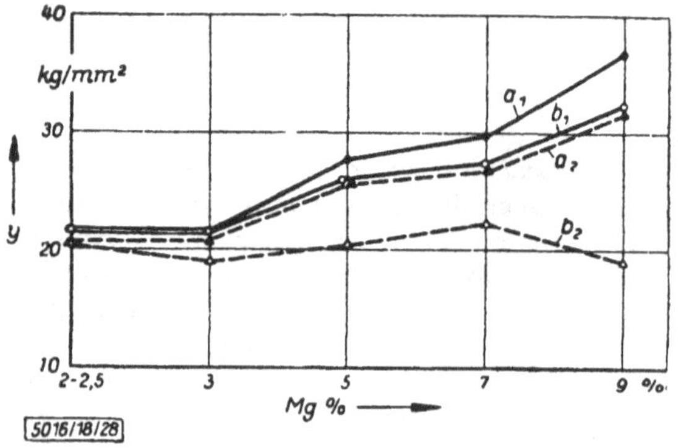

Bild 28. Festigkeit von Al-Mg-Mn und Al-Mg mit 3—9 % Mg-Gehalt, ungeschweißt und geschweißt, ohne und nach 6monatiger Rührkorrosion
Mg % = Mg-Gehalt in %
y = Zugfestigkeit in kg/mm²
a_1 = Ausgangszustand, ungeschweißt
a_2 = ungeschweißt, 6 Monate Rührkorrosion
b_1 = geschweißt
b_2 = geschweißt, 6 Monate Rührkorrosion

geführt wird, daß die beim Schweißen infolge günstiger Schweißführung wirkende Erwärmungsdauer nicht zur Ausbildung dieses Gefügezustandes ausreichte. Der Korrosionsangriff erfolgte daher nicht interkristallin, bewirkte aber Aufblätterungen unter der Blechoberfläche in der Nähe der Schweißnaht, wie sie das Bild 27 zeigt. Da außerdem das sich mit steigendem Mg-Gehalt erweiternde Erstarrungsintervall

*) siehe Bild 20, S. 1788, Zweistoffschaubild-Al-Mg.

eine Verschlechterung der Schweißbarkeit bringt (siehe auch bei *Erdmann-Jesnitzer*, später), sind die Al-Mg-Legierungen mit höheren Mg-Gehalten nur bedingt schweißbar und korrosionsbeständig.

Diese Einflüsse sind aus den in Bild 28 dargestellten Festigkeitswerten der Gattung Al-Mg-Mn und Al-Mg mit 3, 5, 7 und 9% Mg in Abhängigkeit vom Mg-Gehalt klar zu erkennen. Die aus dem weichgeglühten Zustande geschweißten Legierungen zeigen bei höheren Mg-Gehalten bereits zunehmende Schädigung durch Überhitzungserscheinungen, die in der Wärmeeinflußzone bei über der Soliduslinie liegenden Temperaturen auftreten. Nach 6monatiger Rührkorrosion zeigen die Legierungen mit höheren Mg-Gehalten bereits im Normalzustand eine gewisse Einbuße, im geschweißten Zustand ist nach Korrosionsbeanspruchung der Festigkeitsabfall mit zunehmendem Mg-Gehalt infolge der Gefügeänderung so erheblich, daß keine Vorteile gegenüber den Gattungen Al-Mg-Mn oder Al-Mg 3 mehr bestehen.

d) Gattung Al-Mg-Si

Die kupferfreien Aluminiumlegierungen der Gattung Al-Mg-Si weisen allgemein, auch in ungeschütztem Zustande, eine gute Korrosionsbeständigkeit sowohl gegen Witterungseinflüsse als auch gegen verschiedene chemische Angriffsmittel auf. Diese haben für fast alle Anwendungsgebiete der Leichtmetalle große Bedeutung, da infolge der Aushärtbarkeit ihre technologischen Eigenschaften einen weiten Spielraum geben. Durch eine Homogenisierungsglühung bei 540° C wird die die Aushärtung bewirkende Verbindung Mg_2Si bis zu 1,5% in feste Lösung übergeführt. Der durch Abschrecken fixierte übersättigte, homogene Zustand bleibt bei dem sogenannten „ungetemperten" Verwendungszustand, bei dem bei Raumtemperaturlagerung eine geringe Kaltaushärtung eintritt, erhalten. Festigkeitsmäßig bedeutender ist die Warmaushärtung, die durch Lagerung bei 125—175° C einen mit einem Ausscheidungsvorgang verbundenen beträchtlichen Anstieg von Härte und Zugfestigkeit zur Folge hat.

Den Einfluß des von den Aushärtungsbedingungen abhängigen Gefügezustandes auf das Korrosionsverhalten haben *Brenner* und *Feldmann* (1) im Rührversuch nach DIN E 4853 untersucht. Der Korrosionswiderstand ist am größten im weichgeglühten und im ungetemperten, d. h. bei Raumtemperatur kaltausgehärteten Zustand. Der Angriff erfolgt als Lochfraß. Bei Warmaushärtung nimmt der Korrosionswiderstand mit steigender Anlaßdauer ab, wobei die Aushärtungstemperatur ohne Einfluß ist; es tritt interkristalliner Zerfall auf. Aber auch im warmausgehärteten Zustand ist in Anbetracht der Schärfe des angewendeten Prüfverfahrens das Korrosionsverhalten noch als gut zu bezeichnen, was besonders aus den von *Brenner* und *Plattner* durchgeführten Vergleichsversuchen in Seewasser und Witterung hervorgeht.

Zum Einfluß geringer Kupferzusätze bei Al-Mg-Si-Legierungen geben *Seemann* und *Wesch* an, daß im Rührversuch Cu-Gehalte bis etwa 0,2% sowohl im kalt- als auch im warmausgehärteten Zustand innerhalb einer Korrosionsdauer von 150 Tagen keine nennenswerte Beeinträchtigung der Korrosionsbeständigkeit ergaben.*) Dieser Befund deckt sich nicht mit den Untersuchungsergebnissen von *Hug*. Die in Abhängigkeit vom Cu-Gehalt und der Korrosionsdauer im Salzsprühnebel eingetretene Korrosionsschädigung (Dehnungsverlust) ist in Bild 29 wiedergegeben. Bei warmausgehärtetem Werkstoff wird außerdem die Neigung zu interkristalliner Korrosion

*) Auf Grund dieser Ergebnisse wurde seinerzeit in den Deutschen Fliegnormen der höchstzulässige Cu-Gehalt für die Gattung Al-Mg-Si von 0,05% auf 0,1% erhöht.

durch geringe Cu-Gehalte sichtlich erhöht. Den verstärkten Korngrenzenangriff in einer sehr aggressiven salzsauren NaCl-Lösung zeigen die Bilder 30 und 31. Aber auch bei Korrosion im Salzsprühnebel tritt der Unterschied zwischen dem unbeschädigt gebliebenen Cu-freien und interkristallin angefressenen 0,1%Cu-haltigen Al-Mg-Si-

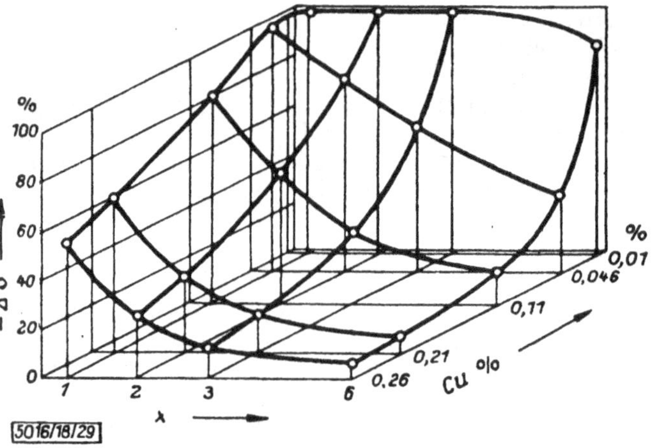

x = Korrosionsdauer in Monaten
$\Delta\delta$ = Dehnungsverlust in %
Cu % = Kupfergehalt in %

Bild 29. Prozentuale Dehnungsverluste von Al-Mg-Si-Legierungen in Abhängigkeit vom Kupfergehalt und von der Korrosionsdauer im Salzsprühbad (nach *Hug*)

Material, wie die Bilder 32 und 33 zeigen, deutlich hervor. Auf Grund dieser Ergebnisse und der allgemein bekannten schädlichen Wirkung von geringen Cu-Gehalten bei den anderen Al-Legierungsgattungen muß auch für die Al-Mg-Si-Legierungen bei der Kupfertolerierung zu Vorsicht gemahnt werden.

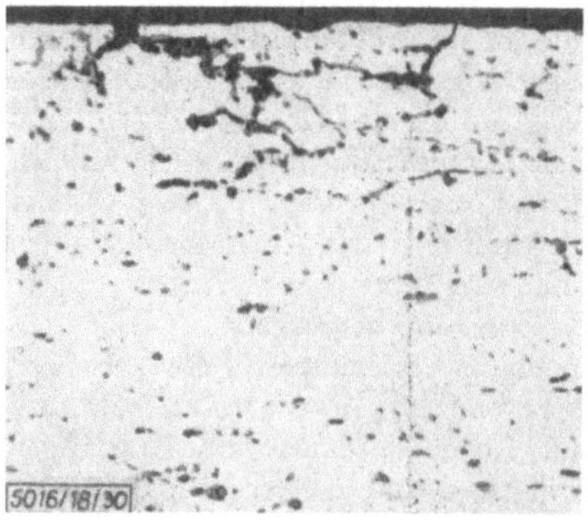

Bild 30

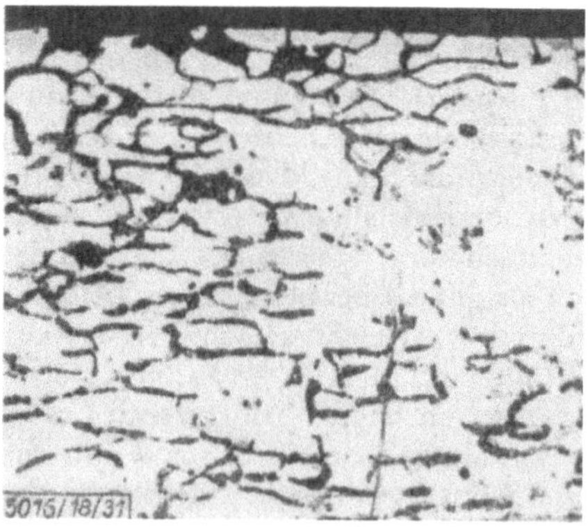

Bild 31

Bild 30. Warmausgehärtetes 1-mm-Al-Mg-Si-Blech, Cu-frei, nach 3tägiger Korrosion in 3prozentiger NaCl-Lösung mit 0,1% H_2O_2 (nach *Hug*). V 150 ×

Bild 31. Warmausgehärtetes 1-mm-Al-Mg-Si-Blech mit 0,11% Cu-Gehalt nach 3tägiger Korrosion in salzsaurer Lösung (nach *Hug*). V 150 ×

Das Korrosionsverhalten von Schweißungen an weichgeglühtem Al-Mg-Si-Werkstoff läßt keine Änderung gegenüber dem ungeschweißten Zustand erwarten. Die Auswirkung der beim Schweißen von vergüteten Al-Mg-Si-Legierungen eintretenden mehr oder weniger starken Gefügeänderungen auf das Korrosionsverhalten der Schweißverbindung hat *Brenner* (5) grundlegend geklärt. Die Ergebnisse seiner Korrosionsprüfung nach DIN E 4853 sind in Bild 34 dargestellt. Durch das Schweißen geht die Festigkeit bei dem vergüteten (warmausgehärteten) Werkstoff auf beinahe 50% herunter. Durch Korrosion wird die Festigkeit sowohl der ungeschweißten als auch der geschweißten Proben in etwa gleichem Maße beeinträchtigt. Der Festigkeitsverlust beträgt nach 2jährigem Korrosionsversuch beim ungeschweißten, warmausgehärteten Zustand ungefähr 20%, in geschweißtem Zustand etwa 30%. Nach dem Schweißen wieder vergütete Proben verhalten sich praktisch ebenso wie der ungeschweißte ursprüngliche Werkstoff.

Das Aussehen der verschiedenen Proben nach dem Korrosionsversuch zeigt das Bild 35. Bei den geschweißten, nicht nachvergüteten Proben trat in einer Zone, die 30—50 mm von der Schweißnaht entfernt war, starker örtlicher Lochfraß auf, während sonst keinerlei nennenswerter Angriff an den Proben festzustellen war.

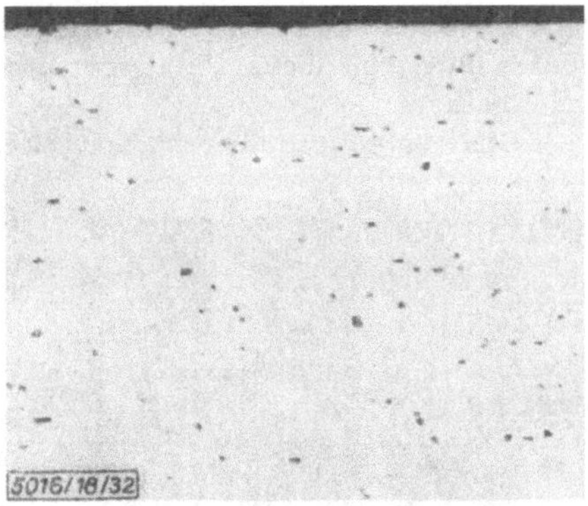

Bild 32. Warmausgehärtetes 1-mm-Al-Mg-Si-Blech, Cu-frei, nach 6monatigem Angriff im Salzsprühbad (nach *Hug*). V 150 ×

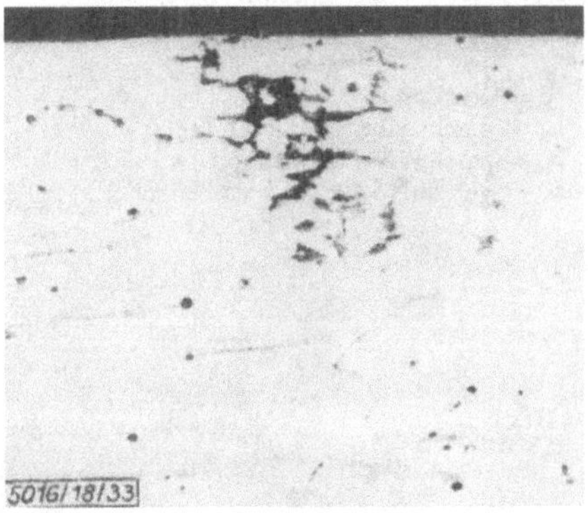

Bild 33. Warmausgehärtetes 1-mm-Al-Mg-Si-Blech mit 0,11% Cu-Gehalt nach 6monatiger Korrosion im Salzsprühbad (nach *Hug*). V 150 ×

Bild 34. Korrosionsverhalten geschweißter und ungeschweißter Blechproben aus Al-Legierungen Gattung Al-Mg-Si (1,5 mm dick, Ausgangszustand vergütet, Autogenschweißung, Rührversuch in 3prozentiger NaCl-Lösung mit 0,1% H_2O_2)

x = Korrosionsdauer in Monaten a = ungeschweißt
y = Zugfestigkeit in kg/mm² b_1 = geschweißt
b_2 = geschweißt und wieder vergütet

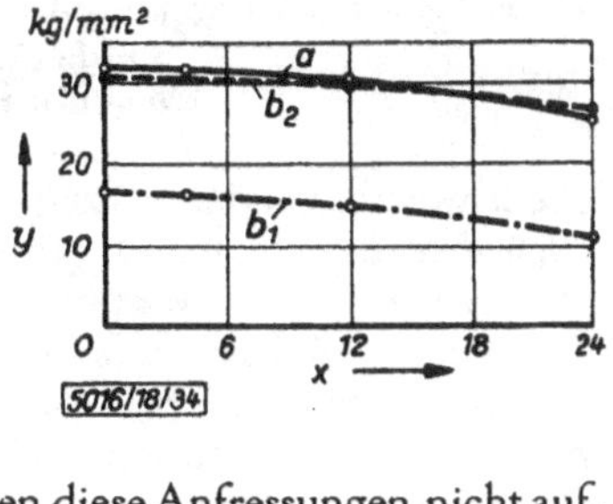

Bei den wiedervergüteten Schweißproben dagegen traten diese Anfressungen nicht auf. Durch Messung des Härteverlaufs quer zur Schweißnaht wurde ein Zusammenhang zwischen Härteverlauf und Korrosionsanfall (Bild 36) gefunden. Die angefressene Zone liegt noch innerhalb der Wärmeeinflußzone und fällt mit dem Bereich des beginnenden Härteabfalls zusammen. Einerseits ist vermutlich das hier entstandene Anlaßgefüge noch korrosionsempfindlicher als das des warmausgehärteten Zustandes, andererseits werden unterschiedliche Lösungspotentiale zur Konzentration des Angriffes an dieser Stelle beitragen.

Weitere Ergebnisse über das Korrosionsverhalten von Schweißverbindungen an den Werkstoffen der Gattung Al-Mg-Si hat *Rajakovics* (1) mitgeteilt. Die Versuche wurden mit weichgeglühten, kalt- und warmausgehärteten 1 mm dicken Blechproben, ungeschweißt und autogen geschweißt, in 2jährigen Naturversuchen (Norderneyer Luft und Seewasser, Berliner Industrieluft und Wasser, Hamburger Brackwasser, Münchner Gebirgswasser) und 12monatigen Laboratoriumsversuchen (Rührgerät sowie Sprühkammer) durchgeführt. Die Ergebnisse sind in Zahlentafel 6 zusammengestellt. Der kaltausgehärtete (ungetemperte) Ausgangszustand wies durchweg ein ausgezeichnetes Verhalten ohne Beeinträchtigung der Bruchfestigkeit und -dehnung auf. Besonders stark schädigend wirkt auf alle anderen Zustandsvarianten das Hamburger Brackwasser. Der ungeschweißte, warmausgehärtete Zustand zeigt sich am anfälligsten.

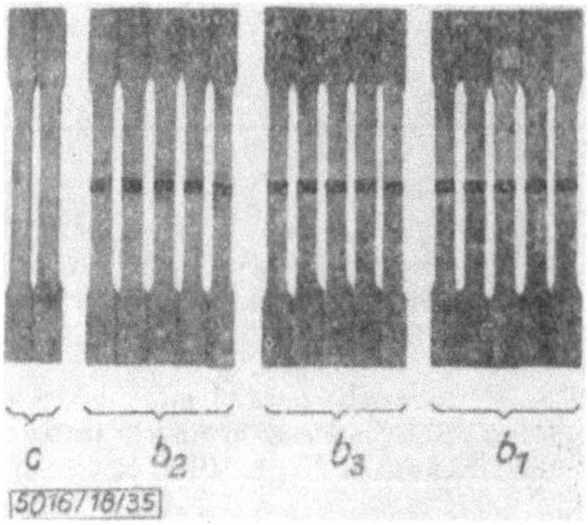

Bild 35. Probestäbe einer Al-Mg-Si-Legierung, geschweißt und ungeschweißt, nach 2jährigem Korrosionsversuch

c = vergütet
b_2 = geschweißt, wiedervergütet
b_3 = geschweißt, gehämmert
b_1 = geschweißt, nicht nachbehandelt

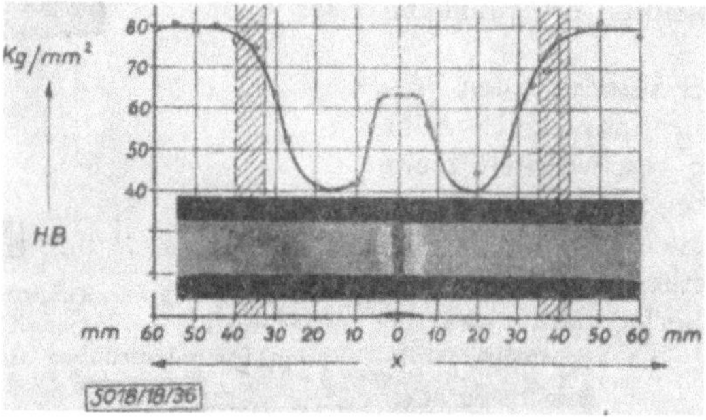

Bild 36. Zusammenhang von Härteverlauf und Korrosionsangriff bei einer Al-Mg-Si-Schweißprobe
x = Entfernung von Schweißnahtmitte in mm,
HB = Härte in kg/mm²

Die Schweißverbindungen zeigen praktisch gleiche Werte für den ursprünglich kaltausgehärteten und den ursprünglich warmausgehärteten Zustand. Ihr Korrosionswiderstand ist durchaus gut und wird nur im Brackwasser stärker beeinträchtigt. Beim Angriff im Rührgerät muß die Schärfe des Mittels und die Beschleunigung gegenüber dem Naturversuch entsprechend berücksichtigt werden. Der weichgeglühte Zustand ist als Ausgangsmaterial nur teilweise befriedigend, die geschweißten Proben verhalten sich im Durchschnitt ungünstiger als die aus den ausgehärteten Zuständen geschweißten.

Faßt man das bisher Beschriebene zusammen, so ergibt sich daraus, wie sorgsam jede einzelne Al-Legierung korrosionschemisch zu betrachten ist, d. h., wie leicht Fehlschlüsse entstehen können, falls man aus ermittelten Ergebnissen für eine Al-Leg.-Gattung auf das Verhalten einer anderen schließen würde.

	Ausgangszustand	Festigkeit (kg/mm^2) und Dehnung (%) vor der Korrosion		Festigkeits- und Dehnungsabfall in % vom Ausgangswert: nach 2jährigem Naturversuch						nach 12monatigem Laboratoriumsversuch	
				Hamburger Brackwasser	Norderney Wasser	Norderney Luft	Berlin Wasser	Berlin Luft	München Wasser	Rührgerät	Sprühkammer
Ungeschweißt	kalt-ausgehärtet	σ_B	27	—	—	—	—	—	—	—	—
		δ	19	—	—	—	—	—	—	—	—
	warm-ausgehärtet	σ_B	19	45	3	3	3	3	—	10	5
		δ	15,5	90	25	50	60	15	—	60	35
	weich-geglüht	σ_B	12,5	50	—	—	—	—	—	5	10
		δ	27,5	90	10	10	—	—	—	25	55
Geschweißt	kalt-ausgehärtet	σ_B	19	10	—	—	—	—	—	10	—
		δ	5,5	50	—	—	—	—	—	20	—
	warm-ausgehärtet	σ_B	18,5	10	—	—	—	—	—	10	—
		δ	5,5	50	—	—	—	—	—	20	—
	weich-geglüht	σ_B	12,5	70	—	—	15	—	—	25	—
		δ	20	90	—	—	20	—	—	50	10

Zahlentafel 6. Versuchsergebnisse über das Korrosionsverhalten von geschweißtem und ungeschweißtem Al-Mg-Si im Natur- und Laboratoriumsversuch (nach Ergebnissen von *Rajakovics* zusammengestellt)

e) Gattung Al-Zn-Mg

Die Legierungen der Gattung Al-Zn-Mg traten als legierungstechnische Neuheit und als beachtenswerte Weiterentwicklung der hochfesten Aluminiumlegierungen nach jahrelanger laboratoriumsmäßiger Erforschung bereits in den Jahren 1940—1945 in Deutschland und im Ausland mehr und mehr in das Stadium der praktischen Erprobung.*) Die vergütbaren Al-Zn-Mg-Legierungen mit Zink an Stelle von Kupfer als hauptsächlichem Legierungsbegleiter liefern je nach Legierungsgrad in den Bereichen von 3—7% Zn, 1—4% Mg, bis zu 1% Mn und Si sowie je nach Vergütungsbehandlung (Homogenisierungsglühung mit folgender Kalt- oder Warmaushärtung) einen den gebräuchlichen Al-Cu-Mg-Legierungen hinsichtlich Festigkeit gleichwertigen oder diesen überlegenen Konstruktionswerkstoff.

Die chemische Oberflächenbeständigkeit kann allgemein als gut bezeichnet werden und entspricht etwa den kupferfreien Legierungen der Gattung Al-Mg-Si. Die praktische Einführung scheiterte aber an ihrer hohen Empfindlichkeit gegen Spannungskorrosion. Wie *Graf* (2) feststellte, sind die bei kritischer Wärmebehandlung an den Korngrenzen ausgeschiedenen Phasen $MgZn_2$ und $Al_2Mg_3Zn_3$ ausgesprochen spannungskorrosionsempfindlich. Die Spannungskorrosionsempfindlichkeit nimmt mit steigenden Zn- und Mg-Gehalten zu. Untersuchungen von *Igarashi* und *Kitahara* haben ergeben, daß diese bei steigendem Zn-Gehalt in stärkerem Maße als bei steigendem Mg-Gehalt zunimmt.

Durch umfangreiche Forschungsarbeiten wurden Verfahren und Methoden zur Beseitigung der Spannungskorrosionsempfindlichkeit entwickelt, die erst die praktische Bedeutung dieses Legierungstyps sichert. Hierüber berichtet haben u. a. *Brenner* (8) (9), *Brenner* und *Feldmann* (2) (3) und *Wassermann* (3). Verbesserung der Spannungskorrosionsbeständigkeit wird durch folgende Maßnahmen erzielt:

*) Entwicklungsarbeiten von *Müller-Busse* belegten (1956), daß die Gattung AlZnMg eine vorzügliche Möglichkeit ergibt, der sogenannten „Selbstaushärtung" von Naht und Grundwerkstoff.

Verminderung der Abschreckspanne, Verminderung der Abkühlgeschwindigkeit (verzögerte Abkühlung), Stufenabschreckung und Warmaushärtung (besonders bei höher legiertem Typ). Es ist vorteilhaft, die Warmaushärtung erst nach erfolgter Kaltaushärtung vorzunehmen. Weiterhin wirken Mn-Gehalte und kleine Zusätze von Chrom und Vanadin verbessernd. Als weitere die Spannungskorrosion verringernde Zusätze werden im Schrifttum Cu, Fe, Mo, Ti, W u. a. genannt. Untersuchungen dieser Art liegen u. a. vor von *Geller*, *Rosenberg* und *Röhrig*, *Bungardt* und *Schaitberger* (1) (2) sowie *Petri*, *Siebel* und *Voßkühler*.

Über das Korrosionsverhalten von Schweißverbindungen bei Al-Zn-Mg-Legierungen sind bis jetzt keine umfangreichen Versuche oder Veröffentlichungen bekannt. Die Al-Zn-Mg-Legierungen könnten unter Umständen die Möglichkeit zur Ausführung hochfester Schweißverbindungen bringen, da z. B., wie *Bleicher* angibt, durch Anlassen ein bedeutender Festigkeitsanstieg der Schweißverbindung bis auf 96% des vergüteten Ausgangswerkstoffes erreicht werden kann. Wieweit das Schweißen überhaupt sowie die erwähnte Anlaßbehandlung die oben kurz angedeuteten Maßnahmen zur Verbesserung der Spannungskorrosionsbeständigkeit beeinträchtigen oder gar aufheben, muß noch durch eingehende Versuche geklärt werden.

3. *Kupferhaltige Aluminiumlegierungen*

a) Gattung Al-Cu-Mg, unplattiert

Von den kupferhaltigen Aluminiumlegierungen sind diejenigen der Gattung Al-Cu-Mg als hochfeste Konstruktionswerkstoffe wohl überall am bekanntesten und bedeutendsten. Durch ihre von *Wilm* entdeckte Aushärtbarkeit — Homogenisierungsglühung bei etwa 500° C, Wasserabschreckung mit folgender Kaltaushärtung, mehrtägiger RT-Lagerung — kann eine beträchtliche Steigerung der Festigkeitseigenschaften erzielt werden. Eine weitere Erhöhung insbesondere der Streckgrenze, jedoch bei verminderter Dehnung, wird durch Warmaushärtung erreicht*).

Den Einfluß der Aushärtungsbehandlung auf die Korrosionseigenschaften hat *Mann* untersucht. Die Homogenisierungs- (Vergütungs-) glühung wurde an einer Al-Cu-Mg-Legierung 20 Minuten im Salzbad bei Temperaturen von 460—540° C durchgeführt. Die Korrosionsprüfung nach dem DVL-Schnellprüfverfahren bei bis 10tägiger Angriffsdauer der abgeschreckten und bei RT mindestens 150 Stunden kalt ausgehärteten Proben ergab hinsichtlich der Korrosionsbeständigkeit als geeignetsten Glühtemperaturbereich 480—510° C, enger gefaßt 500—510° C. Zu geringe Homogenisierungstemperatur, z. B. 460° C, verursacht das bereits auch schon von *Brenner* (10) erwähnte Auftreten von interkristalliner Korrosion. Bei Glühbehandlung im Bereich von 480—510° C wurde nur oberflächiger Lochfraß festgestellt. Bei Glühtemperaturen über 510° C nimmt die Beständigkeit dann merklich ab mit besonders ausgeprägtem Dehnungsabfall; der Oberflächenangriff nimmt bei stärkerer Kraterbildung zu, jedoch ohne Spuren interkristallinen Zerfalls. Bei Warmaushärtung zeigt sich eine eindeutige Abhängigkeit von der Aushärtungstemperatur. In Bild 37 sind Festigkeit und Dehnung in Abhängigkeit von der Aushärttemperatur bei 32stündiger Anlaßdauer und bis 10tägiger Korrosionsdauer aufgetragen, die deutlich zwischen 100 und 145° C ein Maximum des Korrosionseinflusses erkennen lassen. In diesem Bereich

*) Die ebenfalls aushärtbaren Legierungen der Gattung Al-Cu sind in den letzten Jahren vollständig durch die Gattung Al-Cu-Mg ersetzt worden. Bei der Entwicklung und Erforschung der Leichtmetallschweißung sind sie daher nicht sonderlich in Erscheinung getreten. Es wurde deshalb auch in diesem Rahmen auf eine besondere Besprechung dieses Legierungstyps verzichtet. Über ihr allgemeines Korrosionsverhalten haben *Bauer*, *Krönke* und *Masing* (3) berichtet.

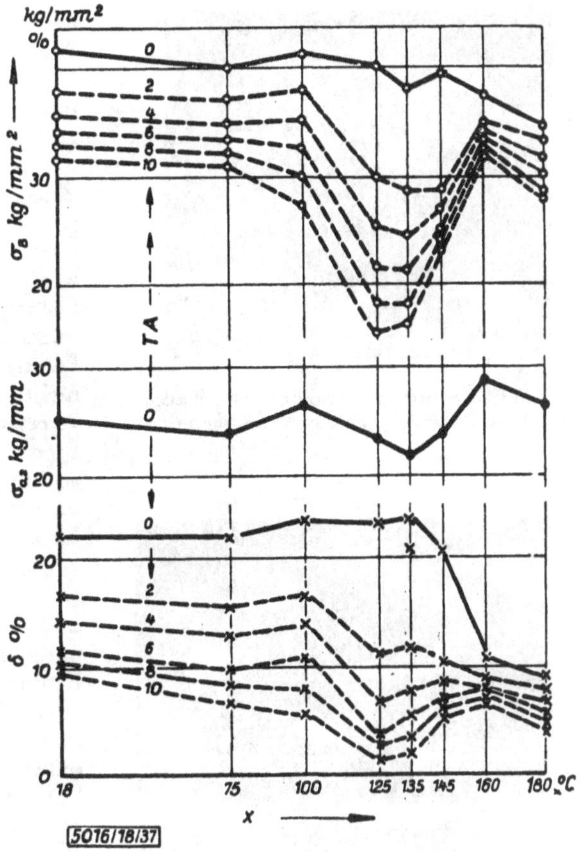

Bild 37. Festigkeitseigenschaften einer Al-Cu-Mg-Legierung in Abhängigkeit von der Aushärtungstemperatur nach 0- bis 10 tägigem Korrosionsangriff (nach *Mann*)

x = Aushärttemperatur in °C für 32 Stunden Aushärtezeit,

σ_B = Zugfestigkeit in kg/mm²,

$\sigma_{0,2}$ = Streckgrenze in kg/mm²,

δ = Dehnung in %,

TA = Tage Angriff

tritt die mit starkem Festigkeits- und Dehnungsverlust verbundene interkristalline Korrosion auf, die durch elektrochemische Vorgänge an den mit feinen Ausscheidungen besetzten Korngrenzen verursacht wird. Bei höheren Aushärttemperaturen setzt eine Vergröberung der Ausscheidungen ein, die die Neigung zu interkristallinem Angriff mindert und den Angriff lokalisiert. Bei 160° C Anlaßtemperatur wird wieder deutlich ein Höchstwert von Festigkeit und Dehnung unter Korrosionseinfluß erreicht, der mit einem Maximum der Streckgrenze nach Warmaushärtung zusammenfällt.

Der weichgeglühte, heterogene Zustand ist im Gegensatz zum homogenen korrosionsanfälliger. Es kann interkristalliner Zerfall eintreten. Bei der Einwirkung von heißem Leitungswasser von 96° C während einer Zeit von etwa 1000 Stunden auf Versuchsnäpfchen von 1 mm Dicke aus weichgeglühtem und vergütetem, kaltausgehärtetem Al-Cu-Mg-Material*) ergab sich folgender Befund: Das Versuchsgefäß aus Al-Cu-Mg weich (Bild 38) zeigte nach kurzer Versuchsdauer Dunkelfärbung mit früh einsetzendem Korrosionsangriff. Zahlreiche kleine punktförmige Lochfraßstellen be-

*) Analyse der Leg. Al-Cu-Mg in %:

	Cu	Mn	Mg	Si	Fe	Al
Al-Cu-Mg weich	3,71	0,79	1,51	0,66	0,45	~ Rest
Al-Cu-Mg vergütet	3,52	0,78	1,42	0,79	0,67	~ Rest

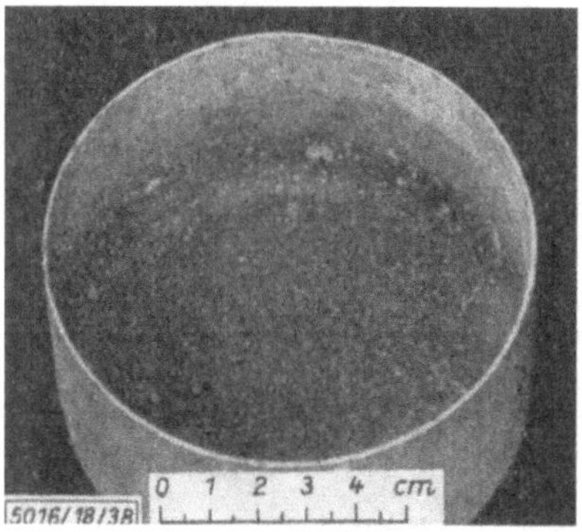

Bild 38. Korrosionsangriff durch heißes Wasser auf ein Probenäpfchen aus Al-Cu-Mg weich

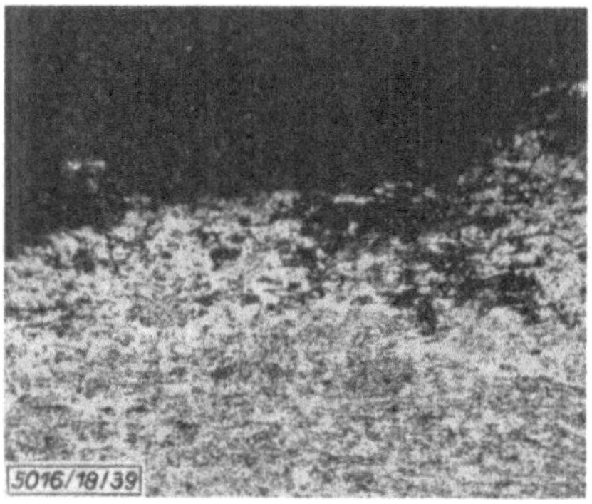

Bild 39. Gefügebild einer Korrosionsstelle von Bild 38. V 50 ×

deckten das Innere, auch oberhalb der Wasserlinie setzte sich der Lochfraß fort. Metallographisch wurde neben Lochfraß interkristalline Korrosion und Schichtkorrosion (Bild 39) bis zu einer Tiefe von 0,54 mm festgestellt. Im vergüteten Zustand (Bild 40) waren die Verfärbungen geringer. Der sichtbare Korrosionsangriff setzte erst nach einigen Tagen an nur wenigen Stellen der Bodenoberfläche ein. Die im Laufe der Zeit eintretenden zahlreichen Angriffsstellen in Form dunkler Punkte vergrößerten und vertieften sich nicht wesentlich, während die zuerst aufgetretenen Angriffsstellen sichtbar in die Breite und Tiefe gingen. Die Schliffuntersuchung (Bild 41) wies offenen und verdeckten Lochfraß sowie Schichtkorrosion bis zu 0,23 mm Tiefe auf.

Nach 3monatigen Kontaktkorrosionsversuchen im Rührgerät mit 3% NaCl und 0,1% H_2O_2 zwischen Leichtmetall untereinander ergab sich der bedeutende Befund, daß vergütetes Duralumin (Leg. Al-Cu-Mg) auf Kosten von weichgeglühtem Duralumin völlig geschützt wird, selbst wenn das Versuchslängenverhältnis 9:1 beträgt. Während das weiche Material sehr stark korrodiert, zeigt der vergütete Werkstoff außer Dunkelfärbung keinen Angriff (!!).

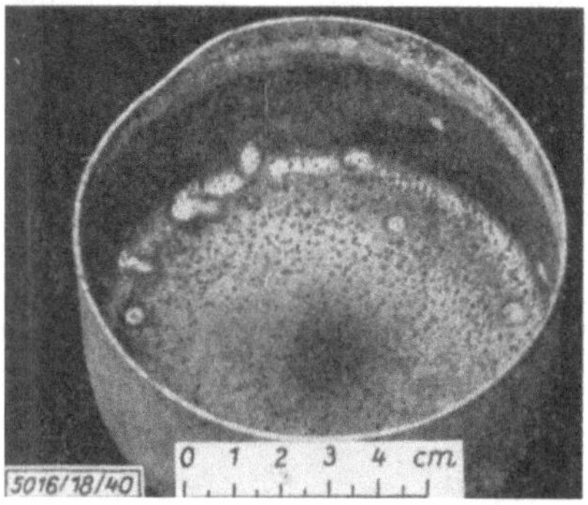

Bild 40. Befund nach Heißwasserangriff an einem Probenäpfchen aus Al-Cu-Mg vergütet

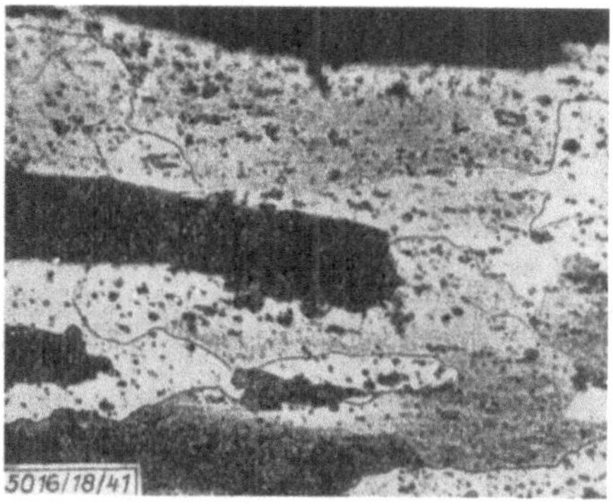

Bild 41. Mikrobild aus Bild 40. V 200 ×

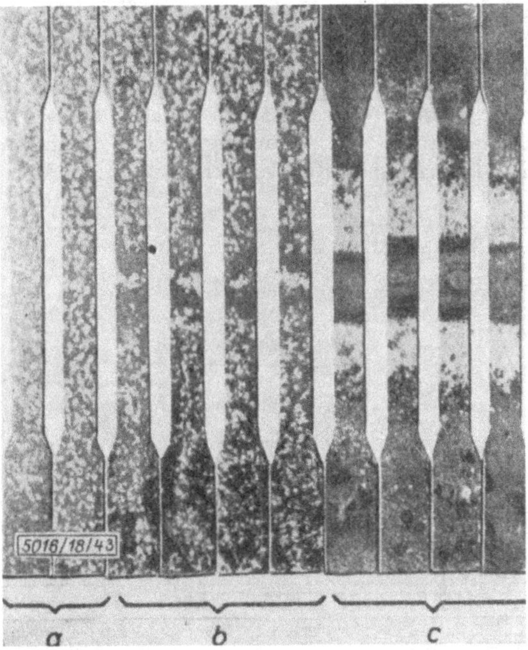

Bild 43. Probestäbe einer Al-Cu-Mg-Legierung unplattiert, geschweißt und ungeschweißt, nach 9tägigem Korrosionsversuch

Ausgangszustand vergütet

a) ungeschweißt
b) geschweißt und wieder vergütet
c) geschweißt, nicht nachbehandelt

Bild 44. Zusammenhang zwischen Härteverlauf und Korrosionsangriff bei einer Al-Cu-Mg-Schweißprobe

x = Entfernung von Schweißnahtmitte in mm,
HB = Härte in kg/mm²

Bild 45. Interkristalliner Angriff bei einer Al-Cu-Mg-Schweißprobe (Entfernung ~ 25 mm von der Schweißnaht). V 200 ×

Bild 46. Oberflächlicher Lochfraß bei einer Al-Cu-Mg-Schweißprobe (Entfernung von der Schweißnaht > 50 mm). V 200 ×

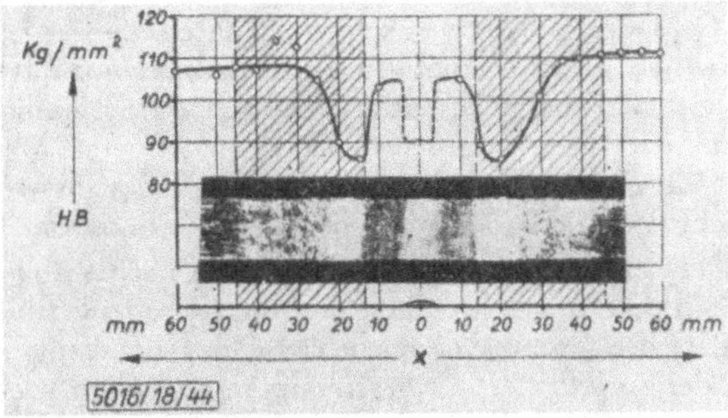

Bild 44

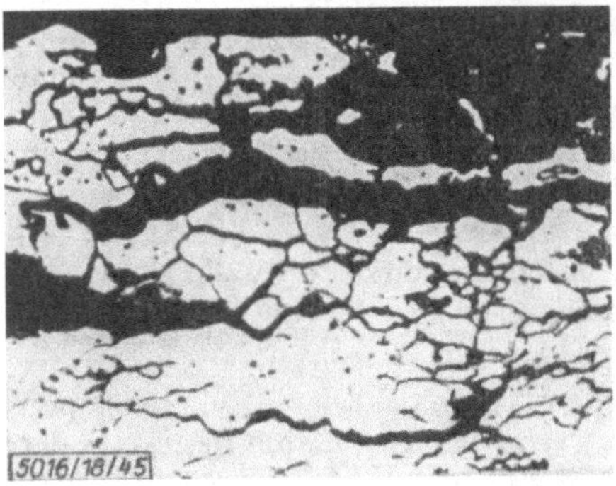

Bild 45

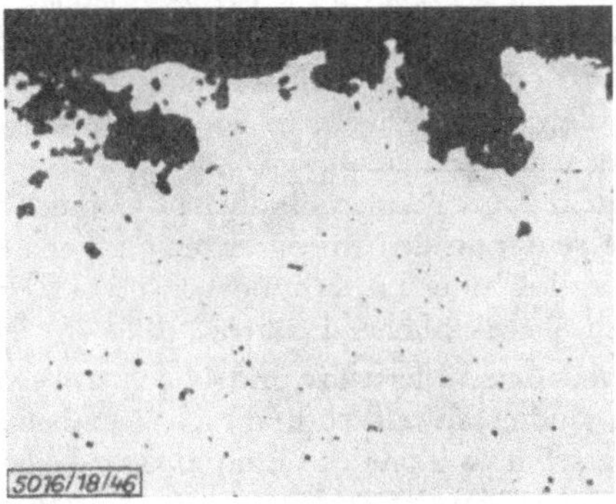

Bild 46

Der aus den obigen Ergebnissen erkannte Einfluß des Gefügezustandes auf die Korrosionsbeständigkeit von Al-Cu-Mg-Legierungen läßt eine dementsprechende und starke Beeinträchtigung ihres Korrosionsverhaltens im geschweißten Zustande erwarten. Die Versuche von *Brenner* (5) liefern zu dieser Frage die folgenden Erkenntnisse:

Die in dem Bild 42 zusammengestellten Ergebnisse, die mit einer unplattierten Al-Cu-Mg-Legierung im Rührversuch nach DIN E 4853 erhalten wurden, lassen deutlich

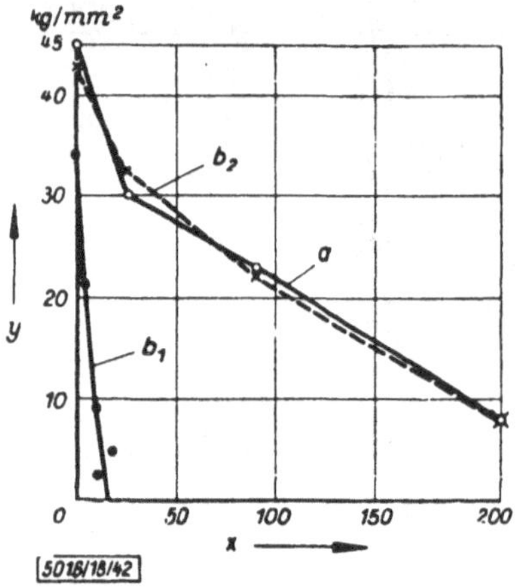

Bild 42. Korrosionsverhalten geschweißter und ungeschweißter Blechproben aus Al-Legierung Gattung Al-Cu-Mg, unplattiert (1,5 mm dick, Ausgangszustand vergütet. Autogenschweißung, Rührversuch in 3prozentiger NaCl-Lösung mit 0,1% H_2O_2)

x = Korrosionsdauer in Tagen
y = Festigkeit in kg/mm²
a = ungeschweißt
b_1 = geschweißt, nicht nachvergütet
b_2 = geschweißt, nachvergütet

den Einfluß der durch die Schweißhitze an dem vergüteten Ausgangsmaterial bewirkten Gefügeveränderung erkennen. Während die ungeschweißte, vergütete Al-Cu-Mg-Probe nach etwa 7monatiger Versuchsdauer noch etwa 20% ihrer Anfangsfestigkeit aufweist, war die geschweißte Probe schon nach wenigen Tagen vollkommen zerstört. Durch eine nach dem Schweißen vorgenommene Wiedervergütung wird die Schädigung durch den Schweißvorgang vollends beseitigt, die Korrosionsbeständigkeit entspricht derjenigen des ungeschweißten Werkstoffes.

Den äußerlichen Befund der Proben nach 9tägigem Korrosionsversuch zeigt das Bild 43. Die ungeschweißten und die nach dem Schweißen wiedervergüteten Proben sind auf der ganzen Oberfläche ziemlich gleichmäßig korrodiert, dagegen konzentriert sich der Angriff der nur geschweißten und nicht nachbehandelten Proben auf scharf begrenzte Zonen in einiger Entfernung von der Schweißnaht, wie sie in ähnlicher Weise bei der Gattung Al-Mg-Si beobachtet wurden. Der Zusammenhang zwischen Härteverlauf und Korrosionsangriff ist in Bild 44 dargestellt: Die korrosionsempfindliche Zone reicht vom Härteminimum bis in den von der Schweißwärme unbeeinflußten Bereich der Härte, in dem aber wahrscheinlich sich noch Anlaßeffekte mit Feinausscheidungen auswirken. Die mikroskopische Untersuchung ergab, daß der Angriff in dem korrosionsempfindlichen Gebiet (Bild 45) vorzugsweise interkristallin erfolgt infolge der an den Korngrenzen ausgeschiedenen Al_2Cu-Phase. Außerhalb dieses Gebietes bei einer Entfernung von etwa 50 mm und mehr von der Schweißnaht ist nur noch oberflächlicher Lochfraß (Bild 46) festzustellen.

Aus den Bildern 43c und 44 geht außerdem hervor, daß bei den aus dem vergüteten Zustand geschweißten und nicht nachbehandelten Proben die Schweißnaht selbst und eine schmale Zone in unmittelbarer Nähe der Naht (bis etwa 10 mm Breite), in der Homogenisierung eintritt, im Gegensatz zu dem ausgeprägten Befallsgebiet nur unbedeutend angegriffen bzw. gut erhalten ist. Bei unvollkommenen Abschreckbedingungen in dieser Zone muß unter Umständen jedoch mit geringen Feinausscheidungen gerechnet werden.

Wird weichgeglühter, heterogener Al-Cu-Mg-Werkstoff geschweißt, so kann ein ähnlicher Effekt in unmittelbarer Nähe der Naht festgestellt werden; die Schweißnaht selbst ist bei diesen oder ähnlichen Korrosionsangriffen nicht mehr der gefährdete Teil der Konstruktion, da die Naht und der edlere Mischkristall der schmalen homogenisierten Zone von dem anschließenden unedleren heterogenen Teil vollständig geschützt werden. Das Bild 47 gibt Proben aus weichgeglühtem und dann geschweißtem

Bild 47. Probestäbe von im weichgeglühten Ausgangszustand geschweißtem Al-Cu-Mg (unplattiert) nach verschiedener Korrosionsdauer im Rührgerät
a = 6 Wochen b = 12 Wochen c = 24 Wochen V 500 ×

Al-Cu-Mg-Blech von 1 mm nach 6, 12 bzw. 24 Wochen Korrosionsdauer im Rührversuch (3% NaCl + 0,1% H_2O_2) wieder. Die Vergleichsproben aus ungeschweißtem weichem Al-Cu-Mg zeigten nach 24 Wochen sehr starken Angriff mit Kupferchloridablagerungen und waren an mehreren Stellen durchgefressen. Bei den geschweißten Proben war eine etwa 20 mm breite Zone neben der Naht sowie die Raupe selbst frei von merklichen Korrosionsstellen. Die Zonenbildung hat sich bereits vom Versuchsbeginn an eingestellt.

b) Gattung Al-Cu-Mg, plattiert

Der zur Zeit am meisten verwendete und wichtigste Leichtmetallverbundwerkstoff besteht im Kern aus einer Al-Cu-Mg-Legierung und in der Deckschicht aus Reinaluminium oder einer kupferfreien Aluminiumlegierung. Die Mikroaufnahmen (Bild 48) zeigen im Schnitt den grundsätzlichen Aufbau derartiger Verbundwerkstoffe, bei dem Kernwerkstoff und Deckschicht zu einer untrennbaren Einheit im normalen Herstellungsgang verschweißt sind (siehe auch bei *Rädecker*, Teil I des Buches).

Seine wesentlichen Eigenschaften hat *Brenner* (11) durch die folgenden Versuchsergebnisse gekennzeichnet: Das in dem Bild 49 zusammengestellte Korrosionsverhalten von Einfach- und Verbundwerkstoff zeigt deutlich die mit letzterem erzielte Gütesteigerung und die überragende technische Bedeutung, in e i n e m Werkstoff gleichzeitig höchste Festigkeit mit guter Korrosionsbeständigkeit zu vereinigen. Die Al-Cu-Mg-Legierung erfährt schon nach wenigen Monaten Meerwassereinwirkung eine starke Einbuße an Festigkeit und Dehnung. Reinaluminium ist bedeutend korrosionsbestän-

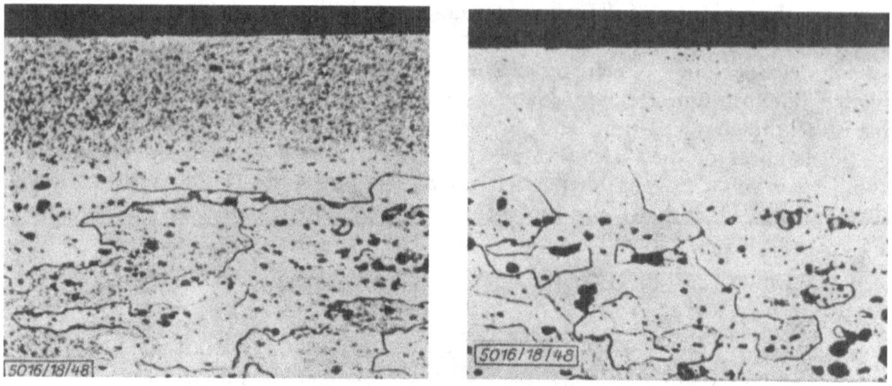

Bild 48. Leichtmetallverbundwerkstoffe
a = mit Reinaluminium plattiert, b = mit Al-Mg-Si-Legierung plattiert

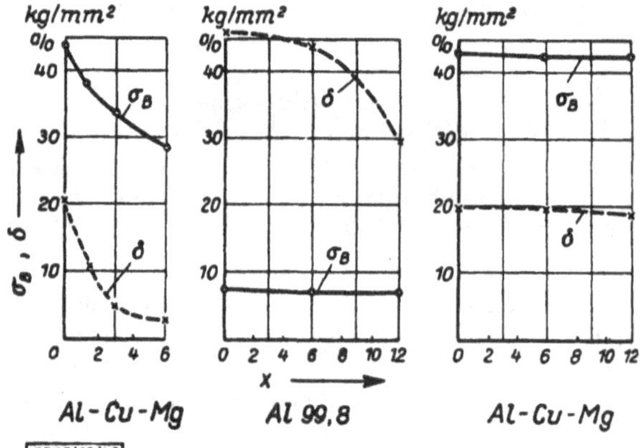

Bild 49. Korrosionsverhalten von Einfach- (Al und Al-Cu-Mg) und Verbundwerkstoffen (Al-Cu-Mg + Al) (12monatiger Meerwasser-Korrosionsversuch in List auf Sylt; 1 mm Blechdicke, je 0,05 mm Al-Plattierschichtdicke)

x = Korrosionsdauer in Monaten, σ_B = Zugfestigkeit in kg/mm², δ = Dehnung in %

diger; seine Festigkeit bleibt während 12monatigen Korrosionsangriffs praktisch erhalten, bei der Dehnung jedoch macht sich ebenfalls ein beträchtlicher Rückgang bemerkbar. Der Verbundwerkstoff aus der Kombination beider Werkstoffe weist nach 12monatiger Korrosionseinwirkung praktisch unveränderte Festigkeit und Dehnung auf.

In der weiteren Entwicklung der plattierten Leichtmetalle verdient die Erforschung des geeigneten Plattierwerkstoffes bzw. seine Beeinflussung durch das Kernmaterial bei der Wärmebehandlung besondere Beachtung. Bei der Vergütungsglühung diffundieren je nach Dauer oder Anzahl der Wiederholungen Legierungsbestandteile, insbesondere Kupfer, in die Deckschicht ein. Dieses Auflegieren der Deckschicht bewirkt hinsichtlich der mechanischen Eigenschaften eine nicht unerwünschte Festigkeitsangleichung an den Grundwerkstoff. Bei Korrosionsangriff könnte man annehmen, daß die Deckschicht bei bis zur Oberfläche fortgeschrittener Cu-Diffusion keine Schutzwirkung mehr ausüben kann. Daß dies aber nicht der Fall ist, zeigt das Bild 50, in dem Ergebnisse von Korrosionsversuchen mit unplattierten sowie verschieden dick plattierten Blechen mit unterschiedlichem Diffusionsgrad wiedergegeben sind. Unter Berücksichtigung der Angriffsschärfe des DVL-Schnellprüfverfahrens bringt bereits eine 1prozentige Plattierung, die sich wegen vollständiger Diffusion metallographisch nicht mehr als selbständige Schicht nachweisen läßt, gegenüber dem unplattierten Werkstoff eine beträchtliche Steigerung der Korrosionsbeständigkeit; bei einer 5prozentigen Plattierung ist bei Diffusion die Schutzwirkung noch weitgehender. Das günstige Korrosionsverhalten durchdiffundierter Deckschichten beruht nach *Kostron* auf dem in der Schicht nach der Oberfläche hin vorhandenen Cu-Konzentrationsgefälle und auf der im Gegensatz zu dem Grundmaterial besseren Homogenität der in der Schicht durch Diffusion gebildeten Legierung.

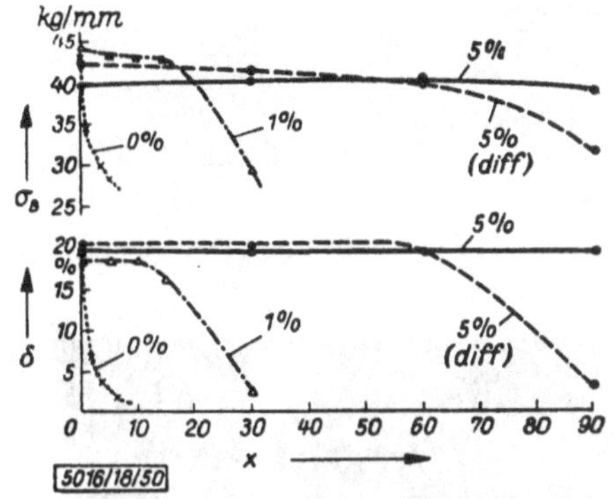

Bild 50. Korrosionsverhalten aluminiumplattierter Al-Cu-Mg-Bleche: Einfluß der Plattierdicke und des Grades der Kupferdiffusion
x = Korrosionsdauer in Tagen,
σ_B = Zugfestigkeit in kg/mm²,
δ = Dehnung in %

Besondere Bedeutung hat die Plattierung mit Reinaluminium für die Verwendung dieses Legierungstyps im warmausgehärteten Zustand gewonnen, dessen Ausnutzung früher an der ungenügenden Korrosionsbeständigkeit, vor allem aber an der Empfindlichkeit gegen Spannungskorrosion wegen starker Neigung zu interkristalliner Korrosion scheiterte. Bei der Verwendung von Al-Mg-Si-Plattierung auf warmausgehärtetem Al-Cu-Mg-Material ist jedoch Vorsicht geboten, wenn auch nach den Angaben von *Seemann* und *Dudek* gegen die Verwendung in diesem Zustand keinerlei Bedenken bestehen sollen. Die in dem Bild 51 wiedergegebene Mikroaufnahme eines warmausgehärteten Al-Cu-Mg-Bleches mit Al-Mg-Si-Plattierung weist nach 128tägigem Rührkorrosionsangriff in der Plattierschicht starke interkristalline Korrosion auf, die bereits in den Kernwerkstoff übergegriffen hat. Auch *Dix* hat die Überlegenheit der Reinaluminiumplattierung gegenüber der Al-Mg-Si-Plattierung festgestellt.

Das an Laboratoriumsversuchen und vielen praktischen Bewährungsbeispielen festgestellte gute Korrosionsverhalten plattierten Duraluminwerkstoffes, insbesondere bei Witterungs- und Seewasserbeanspruchung, ist ganz wesentlich von dem homogenen Zustand des Kernmaterials abhängig. Im weichgeglühten, heterogenen Zustand versagt die Fernschutzwirkung. An der vom Korrosionsmittel beeinflußten Plattierschichtlücke überwiegt die Intensität der elektrochemischen Wirkung der freigelegten Partikel der Kernlegierung untereinander; es ist in die Tiefe gehender und unter der Plattierung fortschreitender Lochfraß oder auch interkristalline Korrosion zu erwarten.

Auch hierfür ist der vorstehend bereits erwähnte Heißwasserversuch sehr aufschlußreich. An Versuchsnäpfchen aus weichgeglühter, mit Reinaluminium plattierter Al-Cu-Mg-Legierung zeichneten sich bereits nach 3 Stunden Kochdauer punktförmige, von einem dunklen Hof von etwa 3 mm Durchmesser umgebene

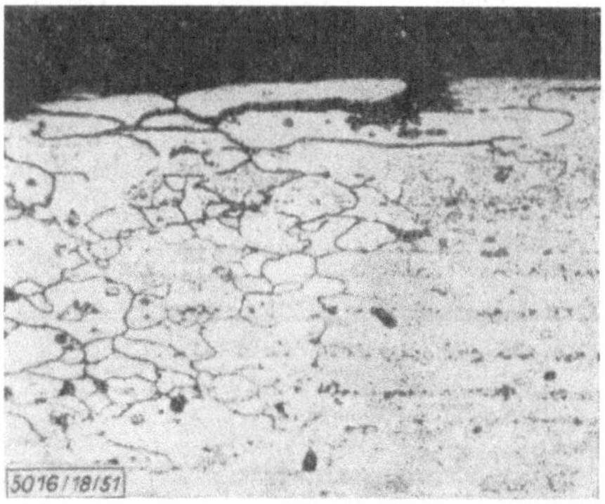

Bild 51. Mikroaufnahme eines Al-Mg-Si-plattierten, warmausgehärteten Bleches aus Al-Cu-Mg nach 128tägigem Rührkorrosionsangriff (DVL-Schnellprüfverfahren). Glühdauer für die diffundierten Proben 40 Min., Werkstoff mit Reinaluminium plattiert, Blechdicke 0,5 mm, Plattierschichten 0,1 und 5%

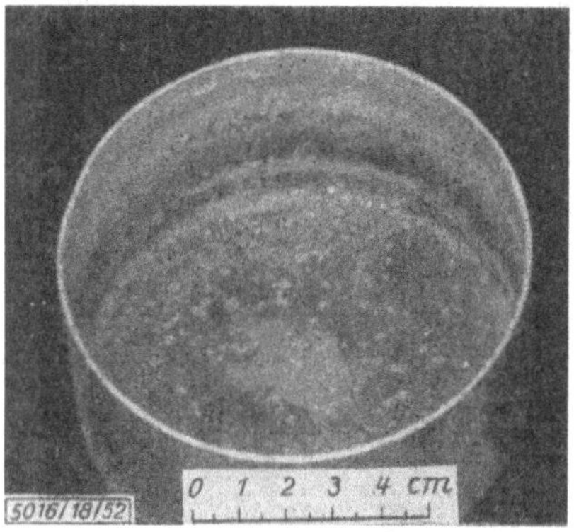

Bild 52. Heißwassereinwirkung an einem Probenäpfchen aus aluminiumplattiertem Al-Cu-Mg-Werkstoff weich

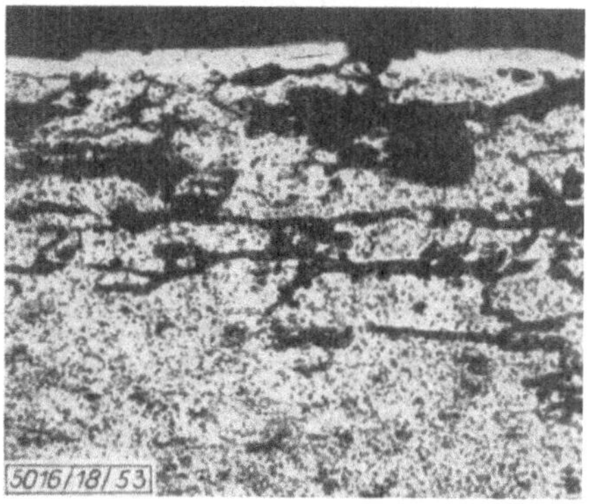

Bild 53. Mikrobild zu Bild 52. V 200 ×

Korrosionsstellen ab. Mit steigender Versuchsdauer verstärkten sich diese Punkte zu Lochfraßstellen (Bild 52), ohne an Zahl noch wesentlich zuzunehmen. Oberhalb der Wasserlinie war nur Oberflächenangriff an der Plattierung durch Dampf und Kondenswasser festzustellen. Das Gefügebild (Bild 53) weist Lochfraß und Schichtkorrosion bis zu 0,18 mm Tiefe nach. Am besten hat sich neben Reinaluminium plattiertes Duraluminium im vergüteten Zustand verhalten. Die Verfärbungserscheinungen waren hierbei am geringsten. Unter der Wasserlinie fand nur geringfügiger Oberflächenangriff statt (Bild 54), der an einer Stelle am Boden das Grundmaterial freilegte. Der Mikroschliff durch diese Angriffsstelle (Bild 55) zeigte nur oberflächigen, 0,059 mm tiefen Lochfraß.

Bei einem als Falzdach verlegten 0,6 mm dicken, weichgeglühten, plattierten Al-Cu-Mg-Blech trat nach 6monatiger Witterungskorrosion die in dem Bild 56 wiedergegebene interkristalline Korrosion auf.

Die korrosionsschützende Wirkung der Plattierung beim Schweißen kupferhaltiger Legierungen durch Abdecken des wärmebeeinflußten Übergangsgefüges ist schematisch in dem Bild 57 dargestellt. Den weitaus besten Korrosionsschutz bietet nach den Ergebnissen von *Brenner* (5) die Reinaluminiumplattierung. Die aus dem Rührversuch erhaltenen Werte sind in dem Bild 58 wiedergegeben. Im Vergleich zu dem geschweißten, unplattierten Al-Cu-Mg-Werkstoff (siehe Bild 42), der bereits nach etwa

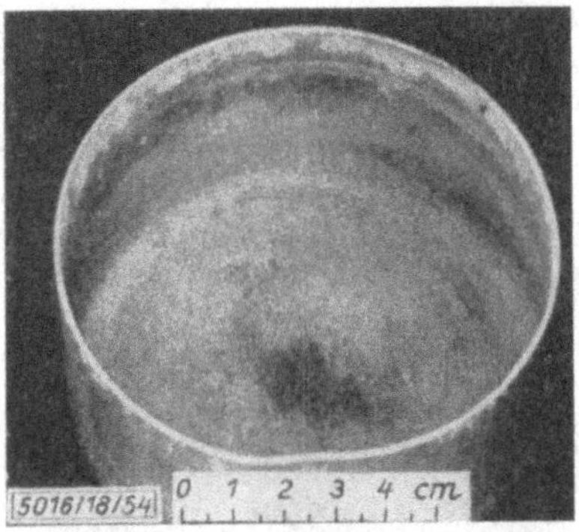

Bild 54. Heißwassereinwirkung an einem Probenäpfchen aus aluminiumplattiertem Al-Cu-Mg vergütet

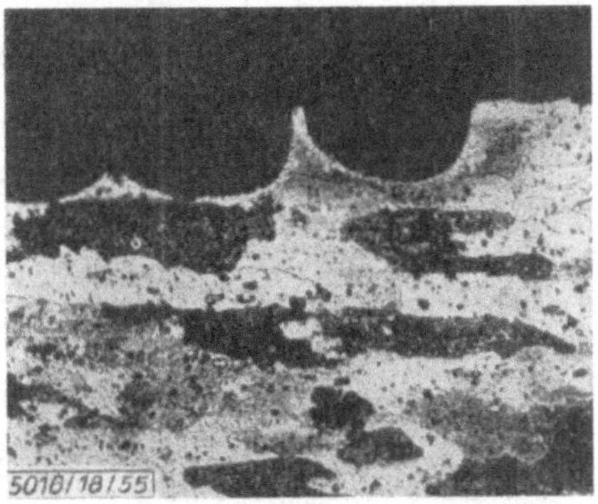

Bild 55. Schliffbild zu Bild 54. V 200 ×

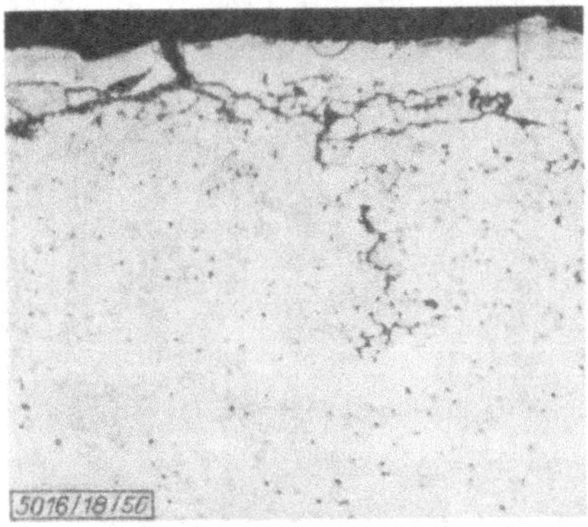

Bild 56. Interkristalline Korrosion an einem plattierten Al-Cu-Mg-Blech in weichgeglühtem Zustande nach 6monatiger Bewitterung V 200 ×

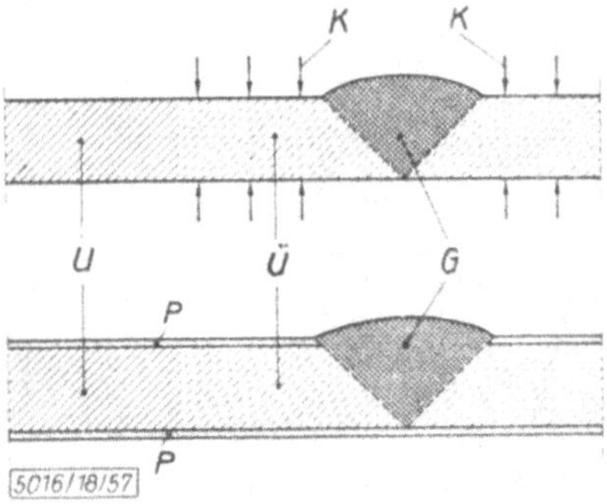

Bild 57

Bild 57. Schematische Darstellung der korrosionsschützenden Wirkung der Plattierung bei der Schweißverbindung einer korrosionsanfälligen Al-Legierung

K = Korrosionsangriff
P = Plattierschicht
G = Gußgefüge der Schweiße
Ü = Übergangsgefüge
U = unbeeinflußtes Gefüge

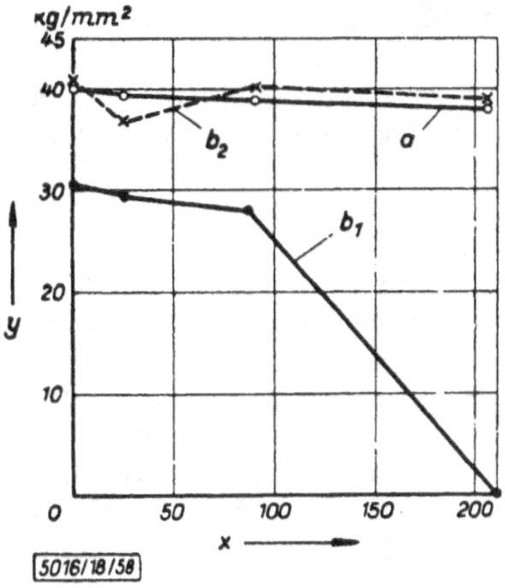

Bild 58

Bild 58. Korrosionsverhalten geschweißter und ungeschweißter Blechproben aus Al-Legierung Gattung Al-Cu-Mg, mit Reinaluminium plattiert (1,5 mm dick, Ausgangszustand vergütet, Gasschmelzschweißung, Rührversuch in 3prozentiger NaCl-Lösung mit 0,1% H_2O_2)

a = ungeschweißt
b_1 = geschweißt und nicht nachvergütet
b_2 = geschweißt und nachvergütet

14tägiger Versuchsdauer vollkommen zerstört war, tritt an den aus dem vergüteten Ausgangszustand geschweißten und nicht nachbehandelten Proben ein stärkerer Abfall der Festigkeitswerte hier erst nach einer Versuchsdauer von mehr als 100 Tagen ein. Nach dem Schweißen wiedervergütete Proben bleiben wie die ungeschweißten Proben auch bei einer Korrosionseinwirkung von 7 Monaten unverändert und reichen damit in ihrer Korrosionsbeständigkeit an die kupferfreien Aluminiumlegierungen heran. Auch der äußere Befund der Proben (Bild 59) zeigt die Überlegenheit gegenüber dem unplattierten Werkstoff (siehe Bild 43).

Bild 59. Probestäbe einer mit Reinaluminium plattierten Al-Cu-Mg-Legierung, geschweißt und ungeschweißt, nach 4 wöchigem Korrosionsangriff, Ausgangszustand vergütet

a = ungeschweißt
b_1 = geschweißt, nicht nachbehandelt
b_2 = geschweißt und wieder vergütet

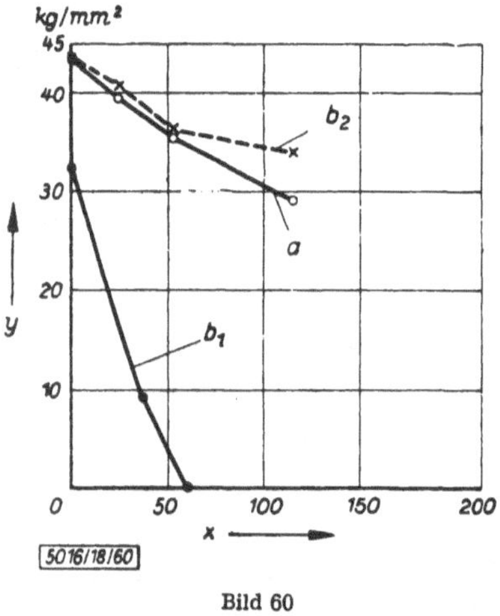

Bild 60

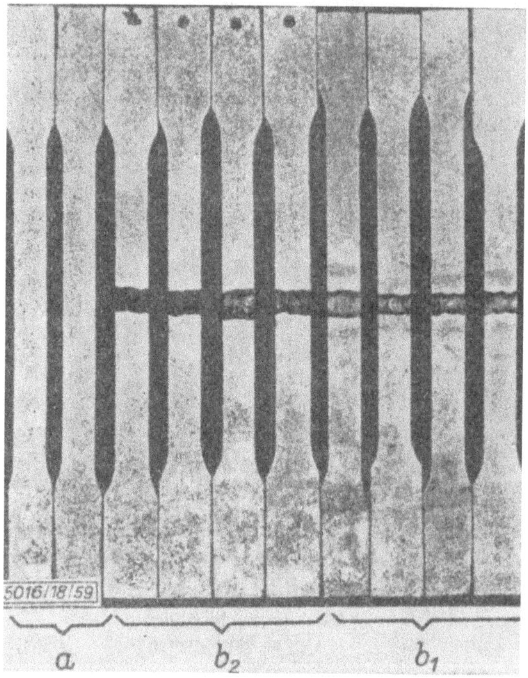

Bild 59

Bild 60. Korrosionsverhalten geschweißter und ungeschweißter Blechproben aus Al-Legierung Gattung Al-Cu-Mg, mit Al-Mg-Si plattiert (1,5 mm dick, Ausgangszustand vergütet, Autogenschweißung, Rührversuch in 3prozentiger NaCl-Lösung mit 0,1% H_2O_2)

a = ungeschweißt b_1 = geschweißt und nicht nachvergütet b_2 = geschweißt und nachvergütet

Wenn auch die mit Al-Mg-Si-Legierung plattierten Al-Cu-Mg-Proben sich besser als die unplattierten verhalten, so ist der Festigkeitsabfall, wie die in dem Bild 60 dargestellten Werte zeigen, noch so ausgeprägt, daß die Korrosionsbeständigkeit dieses geschweißten Werkstoffes, besonders im nicht nachvergüteten Zustand, für die meisten Verwendungszwecke nicht ausreichen dürfte. Den Unterschied im Verhalten der beiden Plattierwerkstoffe bei Korrosionsangriff an geschweißten Proben legte auch die mikroskopische Untersuchung dar. In einer Entfernung von 35 mm von der Schweißnaht, wo auch bei der Al-Mg-Si-Schweißung (siehe Bild 36) der intensivste Angriff festgestellt wurde, trat auch, wie das Bild 61 zeigt, in der Al-Mg-Si-Plattierung der Al-Cu-Mg-Proben starker interkristalliner Angriff auf, der sich in den an dieser

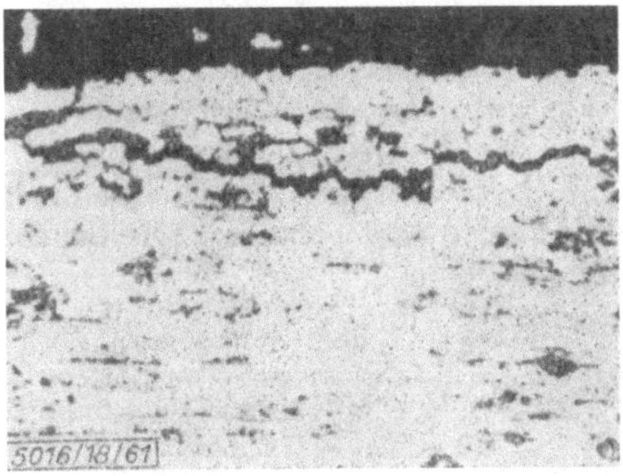

Bild 61. Korrosionsangriff an einer mit Al-Mg-Si plattierten Al-Cu-Mg-Schweißprobe. V 200×

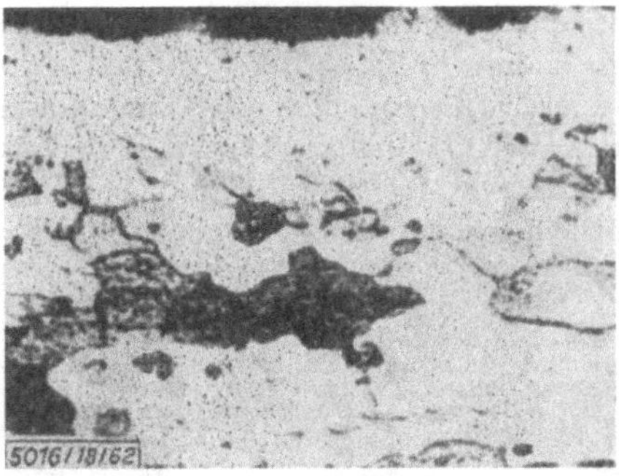

Bild 62. Korrosionsangriff an einer mit Al 99,8 plattierten Al-Cu-Mg-Schweißprobe. V 200×

Stelle der Wärmeeinflußzone ebenfalls korrosionsanfälligen Kernwerkstoff hinein fortsetzt. Bei Reinaluminiumplattierung wird, wie man aus der Mikroaufnahme (Bild 62) ersieht, nur die Plattierschicht oberflächlich angegriffen, da Reinaluminium wegen Fehlens einer ausgeschiedenen Phase in jedem Wärmebehandlungszustand widerstandsfähig bleibt. Nach diesen Ergebnissen dürfte die Reinaluminiumplattierung eindeutig der Al-Mg-Si-Plattierung überlegen sein.

4. Vergleich des Korrosionsverhaltens verschiedener geschweißter Aluminiumlegierungen

a) Vergleichsversuche in NaCl-Lösung

Eine Zusammenfassung der in den Kapiteln D, 1—3 angeführten Einzelergebnisse, insbesondere der Untersuchungen von *Brenner* (5), sei zum Vergleich des Korrosionsverhaltens der einzelnen Legierungstypen im geschweißten Zustand im folgenden kurz wiederholt:

Die höchste Korrosionsbeständigkeit weisen Reinaluminium und die Gattungen Al-Mn, Al-Mg-Mn und Al-Mg 3 auf, bei denen selbst nach scharfer Korrosionsbeanspruchung im Rührgerät (3% NaCl + 0,1% H_2O_2) keine nennenswerte Änderung der Festigkeitseigenschaften und des Verhaltens gegenüber dem ungeschweißten Werkstoff auftritt. — Die Gattung Al-Mg 7, die im ungeschweißten Zustand etwa ebenso korrosionsbeständig wie die vorgenannten Werkstoffe ist, erfährt im geschweißten Zustand nach der gleichen Korrosionsbeanspruchung eine Festigkeitseinbuße von etwa 30%. — Die gleiche Einbuße erleidet die aus dem warmausgehärteten Zustand geschweißte Legierung der Gattung Al-Mg-Si. Nach dem Wiedervergüten erreichen die geschweißten Proben die Festigkeit und die Korrosionsbeständigkeit des ungeschweißten, vergüteten Werkstoffes. — Die gegenüber den kupferfreien Werkstoffen geringere Korrosionsbeständigkeit der vergüteten Al-Cu-Mg-Legierung wird durch das Schweißen noch weiter beeinträchtigt. Durch Verwendung dieser Gattung im plattierten Zustand kann ihr Korrosionsverhalten besonders auch im geschweißten Zustand beträchtlich verbessert werden. Die Reinaluminiumplattierung erweist sich hierbei der Al-Mg-Si-Plattierung überlegen.

Im Schaubild 63 sind die von *Bleicher* zusammengestellten Festigkeiten nach Korrosionsbeanspruchung von 6 bzw. 24 Monaten im Rührversuch (3% NaCl + 0,1% H_2O_2) wiedergegeben; über den nach Korrosionsbeanspruchungen festgestellten Werten sind zum Vergleich auch die Festigkeitswerte von Schweißverbindungen ohne

Korrosionseinfluß aufgetragen. Es muß hervorgehoben werden, daß für die praktische Verwendung in Schweißkonstruktionen die Al-Legierungen der Gattungen Al-Mg-Mn und Al-Mg 3, verglichen mit Reinaluminium bei gleicher Korrosionsbeständigkeit, um mehr als 100% höhere Festigkeit aufweisen. Von den Al-Mg-Legierungen erleiden besonders die Legierungen mit über 5% Mg-Gehalt, obwohl sie im ungeschweißten Zustand etwa ebenso korrosionsbeständig wie die beiden vorgenannten Legierungen

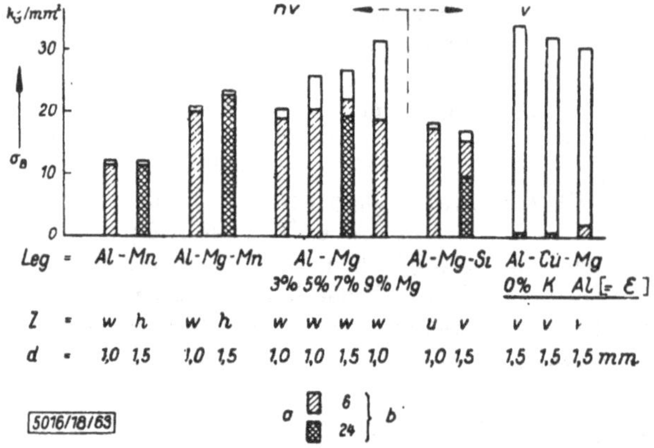

Bild 63. Festigkeit geschweißter Aluminiumlegierungen nach Korrosionsbeanspruchung

a = Gasschmelzschweißung
b = Korrosionsdauer im Rührgerät in Monaten
σ_B = Zugfestigkeit in kg/mm²
Leg. = Legierungstyp
Z = Werkstoffausgangszustand w = weich
h = hart
d = Blechdicke in mm
0 % = unplattiert
K = mit Cu plattiert
Al = mit Al plattiert
n. v. = nicht vergütbare Legierungen
v. = vergütbare Legierungen

und Reinaluminium sein können, eine stärkere Einbuße an Festigkeit; mit zunehmendem Mg-Gehalt wird die Korrosionsbeständigkeit im geschweißten Zustand erheblich verringert.

Dieser Unterschied im Verhalten von Mg-haltigen Al-Legierungen geht auch aus Versuchsergebnissen an einer Schweißverbindung aus Al-Mg-Mn- und Al-Mg 5-Blech hervor. Die Mischkonstruktion war einmal mit Al-Mg-Mn, das andere Mal mit Al-Mg 5-Zusatzschweißdraht geschweißt. Die Bruchcharakteristiken der Zerreißstäbe nach Korrosionsbeanspruchungen bis zu 24 Wochen im Rührgerät sind in den Bildern 64 und 65 wiedergegeben. Im Anlieferungszustand lag der Bruch, wie zu erwarten, in 20—30 mm Entfernung von der Naht im Al-Mg-Mn-Blech; die Verbindung hatte somit die höchstmöglich erreichbaren Werte. Nach Korrosionseinfluß trat der Bruch bei den mit Al-Mg-Mn-Zusatz geschweißten Proben am Nahtübergang auf der Al-Mg 5-Seite auf; bei den mit Al-Mg 5-Zusatz geschweißten Proben verschiebt sich die Bruchlage mit zunehmender Korrosionsdauer in die Schweißnaht selbst. Die Festigkeit fiel dabei von 23 kg/mm² auf etwa 15 kg/mm², die Dehnung bereits nach 4 Wochen von etwa 10% auf 3—1%. Die Brüche in der Naht konnten bereits makroskopisch als interkristalline Brüche erkannt werden. Von den mit Al-Mg-Mn-Zusatz geschweißten Proben auf der Al-Mg 5-Blechseite entnommenen Schliffen zeigt das Bild 66 noch das normale Blechgefüge etwa 10 mm neben der Naht; unmittelbar neben der Naht erkennt man aus dem Bild 67, wie sich infolge der Schweißwärme die Ausscheidungen der Al_3Mg_2-Phase zu einzelnen Fadenstücken vereinigt haben, an denen entlang dann die am Nahtübergang beginnende Korrosion interkristallin weiterverläuft.

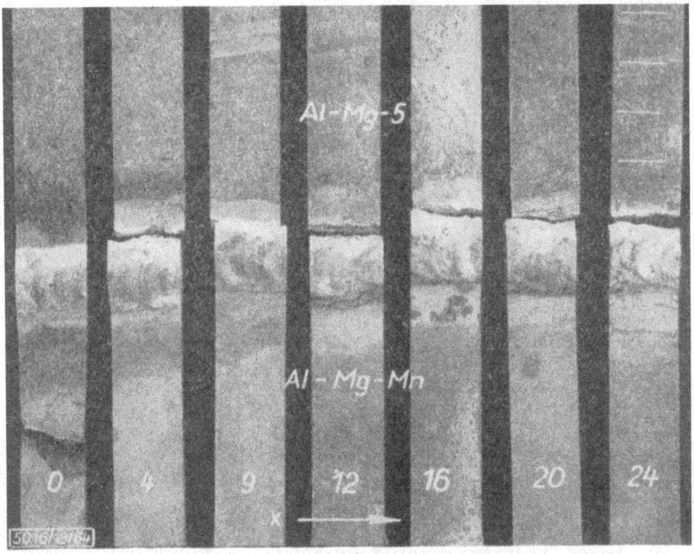

Bild 64.

Korrosionsverhalten einer Schweißverbindung von Al-Mg-Mn und Al-Mg 5; *Schweißzusatz Al-Mg-Mn*
x = Korrosionsdauer in Wochen

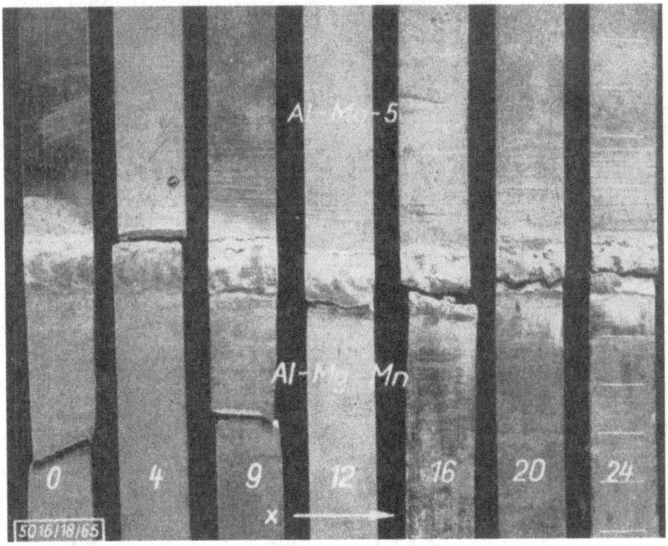

Bild 65.

Korrosionsverhalten einer Schweißverbindung von Al-Mg-Mn und Al-Mg 5; *Schweißzusatz Al-Mg 5*
x = Korrosionsdauer in Wochen

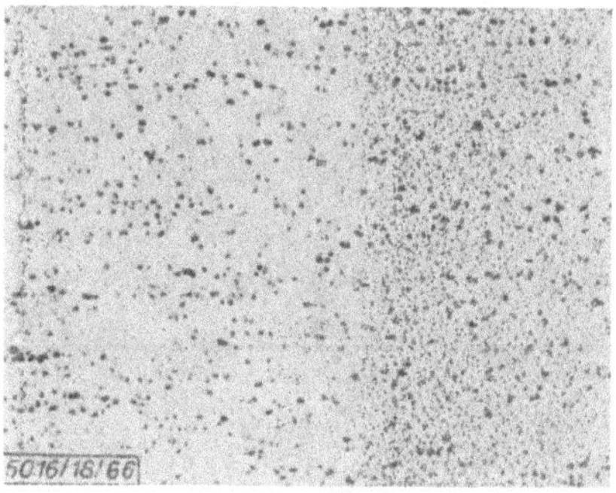

Bild 66. Schweißverbindung Al-Mg-Mn und Al-Mg 5; Zusatzmaterial Al-Mg-Mn: Gefüge 10 mm neben der Naht auf der Al-Mg 5-Seite. V 200 ×

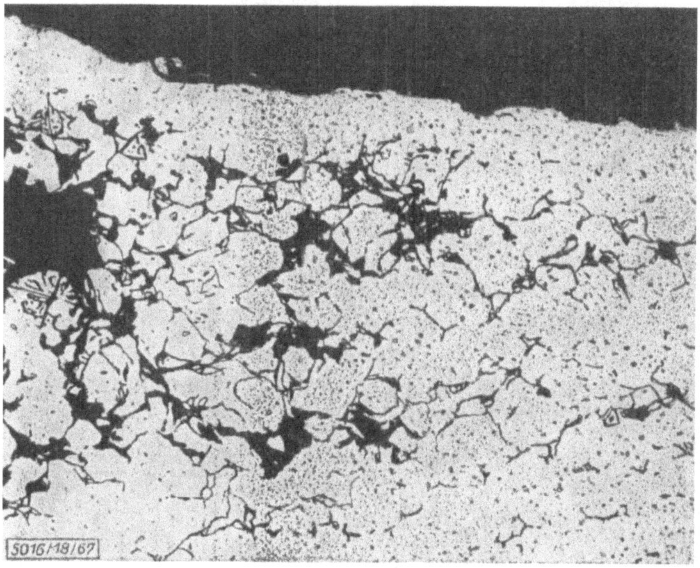

Bild 67. Wie Bild 66: Bruchzone unmittelbar im Nahtübergang. V 200 ×

b) Mischbau von G Al-Si mit Al, Al-Mg-Si und Al-Cu-Mg*)

Im Apparatebau ergibt sich häufig die Notwendigkeit geschweißter Mischkonstruktionen aus verschiedenen Al-Legierungen, wenn z. B. in Geräte aus Knetlegierungen Gußbauteile, die häufig aus Siluminguß, Gattung Al-Si, bestehen, eingefügt werden müssen. Als Beispiel sei erwähnt, Flansche, die an Rohre angeschweißt werden. Zur Prüfung des elektrolytischen Verhaltens derartiger Verbindungen wurden 4 mm dicke Proben aus Al-Si-Guß mit gleich dicken, walzharten Blechen aus Reinaluminium Al 99,5, Al-Mg-Si- und mit Reinaluminium plattierter Al-Cu-Mg-Legierung autogen verschweißt und 1 Jahr der Rührkorrosion mit 3% NaCl + 0,1% H_2O_2 ausgesetzt. Bei den ungeschweißten Vergleichsproben (Bild 68) ergab sich hinsichtlich Korrosionsbeständigkeit folgende Reihenfolge: Reinaluminium und Gattung

*) Der Zusatz G zu GAl-Si kennzeichnet, wie es bekannt ist, den Gußzustand.

Bild 68. Korrosionsbefund an ungeschweißten Vergleichsproben (Rührversuch)
a = Al 99,5 c = Al-Mg-Si
b = G Al-Si d = Al-Cu-Mg

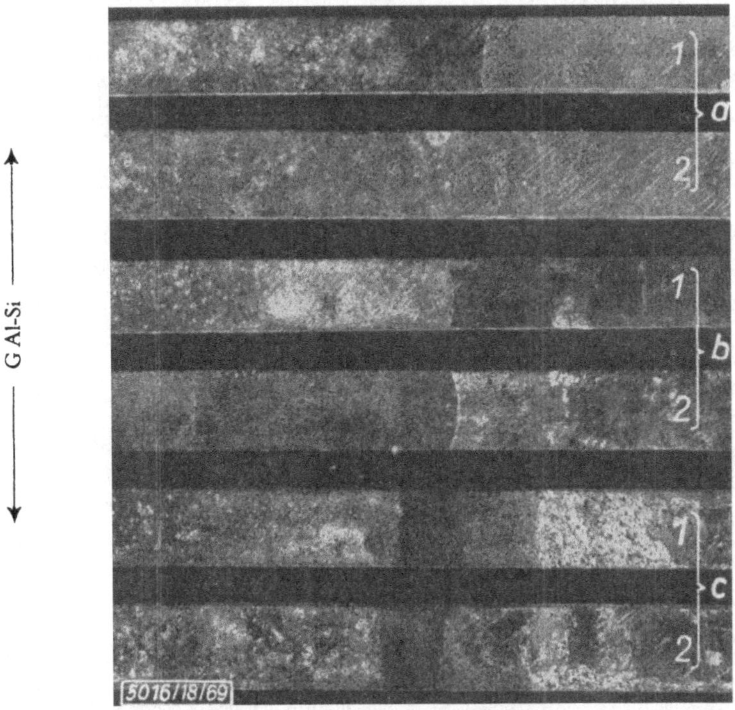

Bild 69. Korrosionsverhalten der Schweißkombination
G Al-Si links zusammengeschweißt mit:
a = Al 99,5 b = Al-Mg-Si c = Al-Cu-Mg Schweißzusatz 1 = Al-Si 5, 2 = Al 99,5
V = 0,65 ×

Al-Mg-Si mit keinen oder nur unwesentlichen Korrosionsstellen, ferner Gattung Al-Cu-Mg plattiert (unvergütet) mit stärkerer Schnittkantenkorrosion und Gattung G Al-Si (Guß) mit deutlichen Angriffsstellen und Kantenkorrosion.

Bei den in Bild 69 wiedergegebenen geschweißten Werkstoffkombinationen tritt eine galvanische Elementbildung auf, die bei den gut dissoziierten Halogenelektrolyten ziemlich genau die Verhältnisse der elektrolytischen Spannungsreihe wiedergibt. Bei sämtlichen Proben zeigte sich übereinstimmend, daß die abgearbeiteten Schweißnähte auch ohne Gußhaut die bekannte Korrosionspassivität in NaCl-Lösungen aufweisen. Die Art des Schweißzustandes, der aus Reinaluminium, Al-Si 5, Al-Si 10 und bei den Durproben auch aus Al-Cu 4 und Al-Cu-Mg variiert war, blieb ohne Einfluß auf den Korrosionsangriff und die Empfindlichkeit der verschiedenen Legierungen, was zum Teil auch daran liegen wird, daß das Lösungspotential der Schweißnaht dem Potential einer der beiden Probenhälften entspricht oder aber zwischen beiden liegt und somit der Einfluß der Naht selbst von der größeren Spannungsdifferenz innerhalb des Probestabes überdeckt wird.

Bei den Verbindungen Reinaluminium und Al-Mg-Si mit G Al-Si werden Al und Al-Mg-Si infolge der Potentialdifferenz von $\sim$40 mV bzw. $\sim$50 mV anodisch angegriffen, während G Al-Si im Gegensatz zur Blindprobe nur mäßigen Korrosionsangriff zeigt. Etwas undurchsichtiger sind die Spannungsverhältnisse bei der Verbindung von Al-Cu-Mg plattiert (unvergütet) mit G Al-Si. Literaturangaben über Potentialmessungen beziehen sich auf vergütetes Al-Cu-Mg, das meßbar um etwa 50 mV edler als Al-Si ist. Bei unvergütetem Al-Cu-Mg, bei dem nur ein geringer Teil des Cu gelöst ist, ist das Potential nach der unedlen Seite verschoben. Im vorliegenden Falle dürfte die plattierte Al-Cu-Mg-Seite, solange die Plattierschicht erhalten war, als Anode gewirkt haben. Nach Auflösen der Plattierschicht wird sich das Potential der beiden Probenseiten nicht mehr wesentlich unterschieden haben. — Aus elektro-

Art der Proben	Werkstoff	Korrosionsart	Größte Tiefe des Angriffes in mm
Blindproben (ungeschweißt)	Al 99,5 (hart)	offener Lochfraß	0,04
	Al-Mg-Si (hart)	offener Lochfraß	0,08
	Al-Cu-Mg (hart)	an Schnittkanten Schichtkorrosion	1,8
		(sonst offener Lochfraß)	(0,3)
	G Al-Si (Guß)	Angriff auf das Eutektikum Schnittkanten	2,16
		sonst	1,77
Geschweißte Kombinationen	Al 99,5	offener Lochfraß Schnittkanten	1,17
	+	sonst	0,3
	G Al-Si	Angriff auf das Eutektikum	1,71
	Al-Mg-Si	an den Schnittkanten Schichtkorrosion	4,5
	+	sonst Lochfraß und lösender Angriff	0,04
	G Al-Si	Angriff auf das Eutektikum	0,45
	Al-Cu-Mg	Schnittkantenkorrosion	0,86
	+	sonst Schichtkorrosion und Lochfraß	0,4
	G Al-Si	Angriff auf das Eutektikum	0,9

Zahlentafel 7. Mikroskopische Beurteilung des Korrosionsbefundes an Schweißkombinationen aus G Al-Si mit Al 99,5, Al-Mg-Si und Al-Cu-Mg

chemischen Gründen eignet sich also für eine derartige Mischkonstruktion am ehesten die Gattung Al-Cu-Mg, sofern die Vorbedingung erfüllt ist, daß das Korrosionsmittel diesen Werkstoff überhaupt zuläßt. Das Ergebnis der mikroskopischen Beurteilung des Versuchsmaterials enthält die Zahlentafel 7 (siehe S. 1814).

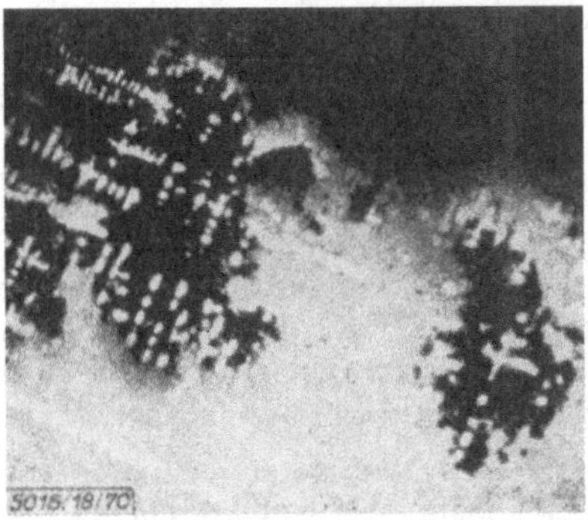

Bild 70. Korrosionsmechanismus an G Al-Si V 50×

Bei G Al-Si trat eine interessante selektive Korrosion auf. An Korrosionsstellen sind, wie das Schliffbild 70 zeigt, die primär ausgeschiedenen und meist dendritisch angeordneten Al-Mischkristalle völlig erhalten geblieben. Aufgelöst ist lediglich die Al-Komponente des Al-Si-Eutektikums; die stehengebliebenen Si-Kristalle der eutektischen Grundmasse sind aus dem Bild 71 deutlich zu erkennen.

Bild 71. Wie Bild 70. V 200×

c) Der Korrosionsangriff von Schwefelsäure verschiedener Konzentration auf geschweißtes Al, Al-Mg-Mn und Al-Cu-Mg

Die Korrosionsbeständigkeit geschweißter Leichtmetalle in H_2SO_4, die für den Apparatebau von großer Bedeutung ist, wurde durch neuere Versuche von *Bleicher* und *Müller-Busse* eingehender untersucht. Diese Untersuchungen haben überdies ein theoretisches Interesse, da nach Angaben von *Haarich* und *Röntgen* bekannt ist, daß

Schwefelsäure im Gegensatz zu den meisten anderen Agenzien einen bevorzugten Angriff der Schweißnähte verursacht.

Weiche Bleche, 2 mm dick, aus Al 99,5, Al-Mg-Mn und Al-Cu-Mg, plattiert, wurden sowohl mit artgleichem als auch mit Al-Si-Zusatzdraht geschweißt und im Rührgerät in 1-, 10-, 20-, 50-, 70- und 95prozentiger H_2SO_4 bis zu 20 Tagen geprüft. Die Al-Cu-Mg-Proben wurden nach dem Schweißen zum Teil weichgeglüht oder vergütet. — Aus dem aufgetretenen Gewichtsverlust, dem Oberflächenbefund und der metallographischen Untersuchung ergab sich, daß zwischen der 1-, 10- und 20prozentigen Säure einerseits und der 50-, 70- und 95prozentigen andererseits prinzipielle Unterschiede sowohl hinsichtlich der Angriffsart als auch der Angriffsstärke bestehen.

Bei den geringeren Säurekonzentrationen erfolgt ein bevorzugter Angriff der Schweißnähte durch elektrochemische Elementbildung. An den Nähten tritt Lochfraß, Konturenätzung bzw. — insbesondere bei Al-Cu-Mg — völlige interkristalline Auflösung ein. Bei Al und Al-Mg-Mn werden neben der Naht tiefe Gräben herausgefressen, Al-Cu-Mg plattiert ist in der Homogenisierungszone an den Schnittkanten korrodiert. Die Größe des Lösungsbestrebens an der Anode wird dabei in erster Linie vom Leitvermögen des Elektrolyts bestimmt; dieses ist bei 30prozentiger Säurekonzentration am stärksten. Die Stellung verschiedener Potentiale entspricht dabei häufig nicht mehr der normalen Spannungsreihe. Als Beispiel hierfür der Schliff Bild 72, einer mit Al-Si 5-Zusatz elektrisch geschweißten Al 99,5-Probe nach 6tägigem Angriff in 1prozentiger Säure. Während im Grundmaterial nur vereinzelter Oberflächenangriff zu beobachten ist, tritt in der Raupe interkristalline Korrosion auf, bei der das Silizium bevorzugt herausgelöst wird.

In stark verdünnter Säure verhalten sich die mit artgleichem Zusatz geschweißten Proben aus Cu-freiem Material, bei Al-Cu-Mg die mit Al-Si 5 geschweißten Proben etwas besser. Die Gewichtsverluste sind bei allen Proben gering; der Grundwerkstoff selbst ist verhältnismäßig wenig angegriffen.

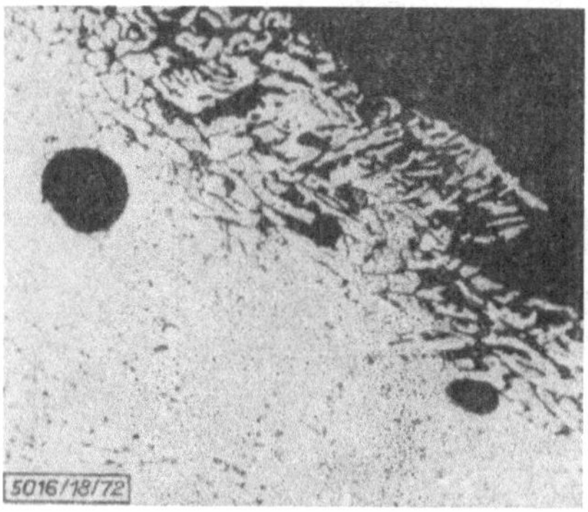

Bild 72. Gefügebild einer mit Al-Si 5-Zusatz elektrisch geschweißten Reinaluminiumprobe nach 6tägiger Korrosion in 1prozentiger H_2SO_4 V 100 ×

Bei den größeren Säurekonzentrationen tritt ein starker, gleichmäßiger Oberflächenangriff auf, der rein chemischer Natur ist. Eine bevorzugte Korrosion der Schweißnähte oder selektiver bzw. interkristalliner Angriff einzelner Gefügebestandteile ist nicht mehr festzustellen. Der Gewichtsverlust ist relativ groß und für 70prozentige Säure am stärksten.

Der Unterschied der beiden verschiedenen Angriffsarten in dem unteren und oberen Konzentrationsbereich geht aus den Bildern 73 und 74 eindeutig hervor. Der Vergleich der beiden angewendeten Schweißverfahren ergibt das folgende Bild: Die Autogennähte zeigen meist sehr dichten, aber nicht besonders tiefen Lochfraß; bei den Elektronähten dagegen tritt vorwiegend sehr tief gehender Lochfraß auf, die Gräben sind hier viel schmäler, aber tiefer, da sich hier bei diesen Lokalelementen eine größere Stromdichte einstellt. In dem Bild 75 sind zwei für die auftretenden Korrosionserscheinungen typische Schweißraupen in Al-Cu-Mg plattiert, die 20 Tage lang in 20prozentiger Säure geprüft sind, dargestellt.

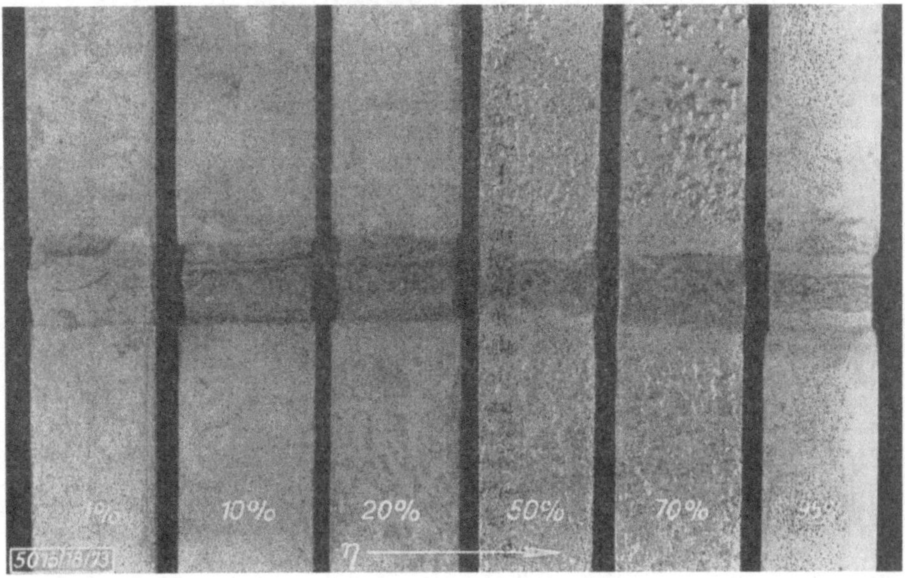

Bild 73. Al-Mg-Mn, mit artgleichem Zusatz autogen geschweißt, nach 20tägiger Einwirkung von H_2SO_4 verschiedener Konzentration

η = Säurekonzentration in %

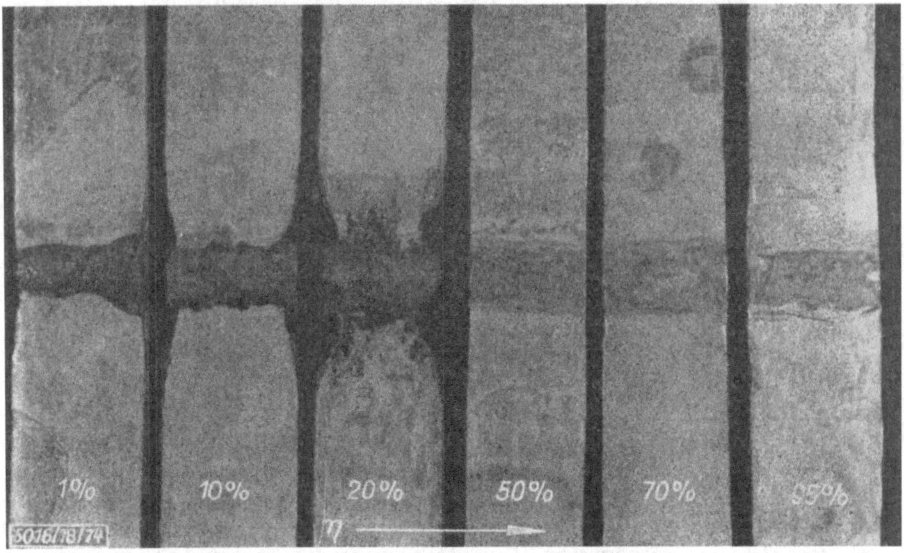

Bild 74. Mit Reinaluminium plattiertes Al-Cu-Mg, weich, mit Al-Si 5-Zusatz autogen geschweißt, nach 20tägiger Korrosion in H_2SO_4 verschiedener Konzentration

η = Säurekonzentration in %

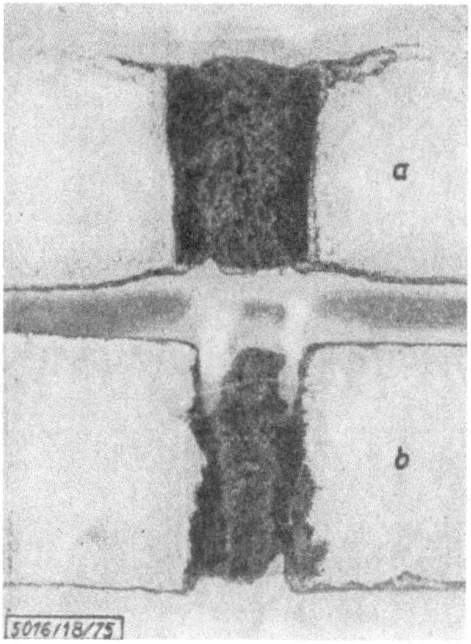

Ein Vergleich der verschiedenen geprüften Werkstoffe ergibt: Am günstigsten verhält sich Al 99,5; Al-Mg-Mn weist bereits beträchtliche Schäden auf, am schlechtesten verhält sich Al-Cu-Mg plattiert. Unterschiede zwischen Al-Cu-Mg-Proben, die nach dem Schweißen unbehandelt, weichgeglüht oder vergütet waren, wurden nur bei den geringeren Säurekonzentrationen beobachtet. — Die geprüften Werkstoffe sind für den Bau geschweißter Behälter und Geräte, die ständig mit Schwefelsäure in Berührung kommen, nicht geeignet.

Bild 75. Al-Cu-Mg, plattiert mit artgleichem Zusatz, a = autogen bzw. b = elektrisch geschweißt, nachvergütet, nach 20tägiger Korrosion in 20prozentiger H_2SO_4. V etwa 2×

d) Der Korrosionsangriff von Salpetersäure verschiedener Konzentration auf geschweißtes Al, Al-Mg-Mn, Al-Mg-Si und Al-Cu-Mg

Beobachtungen an geschweißten Leichtmetallausführungen zeigten, daß Salpetersäure ähnlich wie Schwefelsäure im Gegensatz zu den meisten anderen Agenzien bevorzugt die Schweißnähte angreift. Untersuchungen, an geschweißtem Reinaluminium durchgeführt, sind bisher nur von *Hall* u. *West* bekannt (siehe Abschnitt D, 1). Über das Verhalten von ungeschweißtem Aluminium und Al-Legierungen in Salpetersäure sind ausführliche Forschungsergebnisse von *v. Vogel* veröffentlicht.

Neue systematische Untersuchungen über das Verhalten von Schweißverbindungen gegenüber Salpetersäure liegen von *Bleicher* und *Müller-Busse* vor, die wesentliche theoretische Ergebnisse und für den Apparatebau praktische Hinweise ergaben. Autogen und elektrisch geschweißte 2 mm dicke Blechproben aus Al 99,5 weich, Al-Mg-Mn weich, Al-Mg-Si weich und vergütet (kaltausgehärtet) sowie Al-Cu-Mg, mit Reinaluminium plattiert, weich und vergütet (kaltausgehärtet) wurden im Rührgerät 16 Tage lang Salpetersäure von 1-, 10-, 20-, 50- und 65prozentiger Konzentration ausgesetzt. Geschweißt wurde bei Al und Al-Mg-Mn mit artgleichem Zusatz, bei Al-Mg-Si mit Al-Si 5-Zusatz und bei Al-Cu-Mg mit Al-Si 5- und artgleichem Zusatz; die Schweißnähte wurden zum Teil geglüht, gehämmert sowie gehämmert und anschließend geglüht.

Es zeigte sich, daß bevorzugt die Schweißraupen, und zwar am stärksten am Übergang von der Naht zum Blech, angegriffen werden. Es treten hierbei für die autogen und elektrisch geschweißten Proben bei etwa gleicher Korrosionsbeständigkeit charakteristische, unterschiedliche Angriffsbilder auf. — Bei weitem die beste Korrosionsbeständigkeit weisen die Reinaluminiumproben auf. Bei den Legierungsproben trat eine ausgeprägte elektrochemische Elementbildung an der Naht und den wärmebeeinflußten Zonen auf, die durch unterschiedliche Lösungspotentiale der einzelnen strukturell verschiedenen Zonen hervorgerufen werden. Der Angriff ist am stärksten bei den mittleren Säurekonzentrationen von 20 und 50%, bei denen die Salpetersäure ihre höchste spezifische Leitfähigkeit hat; in diesem Bereich sind sämtliche Al-Mg-Mn- und Al-Cu-Mg- sowie vereinzelt auch Al-Mg-Si-Proben am Nahtübergang völlig durchgefressen. Bei den plattierten Al-Cu-Mg-Proben tritt hier außerdem ein starker Angriff auf die Schnittkanten in der Nähe der Naht ein (Bild 76). Die Lösungspotentiale entsprechen ähnlich wie bei Schwefelsäure keineswegs der für NaCl-Lösung geltenden Spannungsreihe. Die Art des Korrosionsangriffes bei den verschiedenen Werkstoffgruppen zeigt einen ähnlichen Oberflächenbefund wie auch bei dem beobachteten Angriff durch Schwefelsäure. Das Bild 77 gibt das Aussehen einer autogen geschweißten Werkstoffgruppe nach 16 tägiger Korrosionsdauer in 10 prozentiger Salpetersäure wieder. Die Reinaluminiumnaht ist praktisch kaum angegriffen. Bei der Al-Cu-Mg-Probe ist die Raupe stark in der Dicke vermindert und der Übergang von der Naht zum Blech weitgehend von den Schnittkanten ausgehend aufgelöst. Die Legierung Al-Mg-Mn zeigt ausgeprägte Korrosionsgräben, die auch bei Al-Mg-Si in schwächerem Maße vorhanden sind. Zum Vergleich zeigt Bild 78 die Oberseite der Nähte der Legierung Al-Mg-Mn, autogen und elektrisch geschweißt, nach 4 tägigem Angriff in 50 prozentiger Salpetersäure. Die Korrosionsgräben sind bei der Autogennaht erheblich breiter als bei den Elektronähten; die Tiefe ist etwa gleich, so daß die Korrosionsbeständigkeit von den nach den beiden Schweißmethoden hergestellten Proben praktisch gleich ist. Kennzeichnend sind für die Elektronähte tiefe Lochfraßstellen, während bei den autogen geschweißten mehr gleichmäßiger Oberflächenangriff auftritt.

Abweichend hiervon weisen die im vergüteten, kaltausgehärteten Ausgangszustand geschweißten Al-Mg-Si-Proben die Ausbildung besonderer Korrosionszonen im Blech auf jeder Seite der Naht auf; Bild 79 gibt je eine autogen und elektrisch geschweißte Probe nach

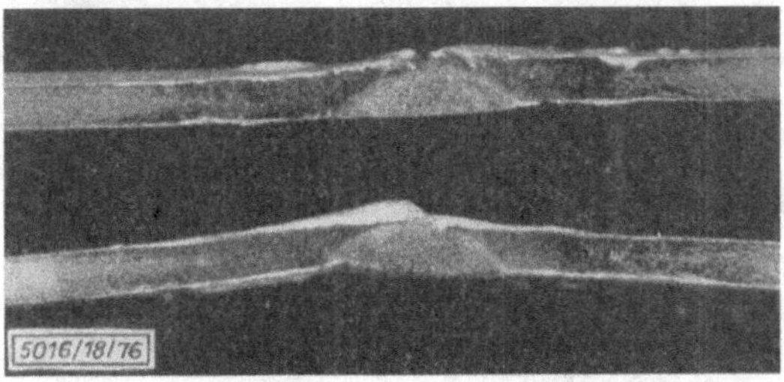

Bild 76. Schnittkantenkorrosion an Al-Cu-Mg plattiert, autogen mit Al-Si 5- und Al-Cu-Mg-Zusatz geschweißt, nach 4tägiger Korrosionsdauer in 20prozentiger Salpetersäure

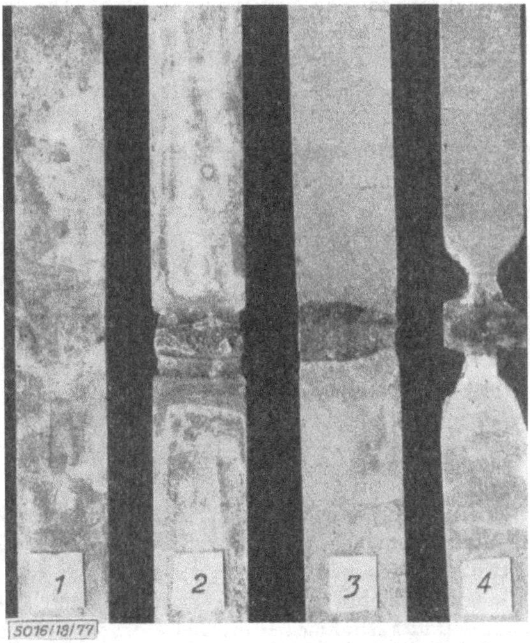

Bild 77. Korrosionsbefund nach 16 Tagen in 10 prozentiger Salpetersäure an autogen geschweißten Proben aus:

1. Al 99,5;
2. Al-Mg-Mn (weich);
3. Al-Mg-Si (weich);
4. Al-Cu-Mg plattiert (weich)

16 Tagen Korrosionsdauer in 50prozentiger Salpetersäure wieder. Beide Korrosionszonen stehen in direktem Zusammenhang mit der Härte und dem Heterogenitätsgrad des Grundmaterials. Die metallographische Untersuchung ergab unmittelbar neben der Raupe im Blech noch homogenes Gefüge, wie allgemein bei vergüteten Proben bekannt. Die darauf folgende schmale Angriffszone entspricht genau einem Härtemaximum; die Temperaturkonstellation in diesem Bereich bewirkte wahrscheinlich Warmaushärtung mit feinverteilten Mg_2Si-Ausscheidungen, die die besondere Korrosionsanfälligkeit ergaben. Die dann anschließende breite Hauptkorrosionszone fällt mit dem Härteminimum zusammen, dem im Gefügeaufbau ein Heterogenitätsmaximum entspricht. Infolge der „Wärmeraffung" bei der Lichtbogenschweißung liegen hier die beiden Zonen enger zusammen und sind weniger ausgeprägt.

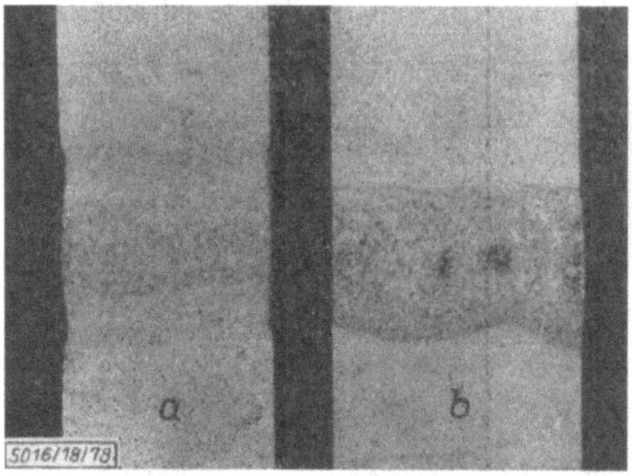

Bild 78. Al-Mg-Mn, mit artgleichem Zusatz geschweißt, nach 4tägiger Korrosionsdauer in 50prozentiger Salpetersäure
a = autogen geschweißt b = elektrisch geschweißt

Der bei Reinaluminium und den nicht wärmebeeinflußten Blechpartien an den Legierungsproben beobachtete mehr gleichmäßige chemische Angriff ist nur schwach und im untersuchten Bereich von der Säurekonzentration praktisch unabhängig; dieser Befund deckt sich mit den von *v. Vogel* veröffentlichten Ergebnissen, wonach die untersuchten Legierungen in $\leqq$ 70prozentiger Salpetersäure

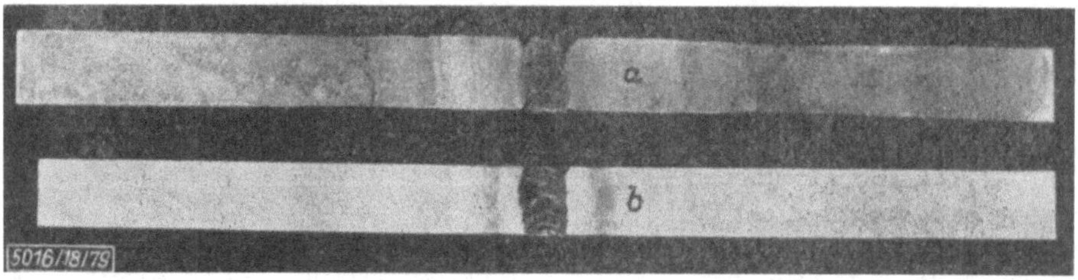

Bild 79. Schweißproben aus Al-Mg-Si, vergütet (kaltausgehärtet), nach 16 Tagen Korrosion in 50prozentiger Salpetersäure
a = autogen, b = im Lichtbogen } mit Al-Si 5-Zusatz geschweißt

einen etwa konstanten Gewichtsverlust von rund 10 g/m² · Tag erleiden. — Ein Hämmern oder Nachglühen der Schweißraupe hat keinen Einfluß auf die Korrosionsbeständigkeit ergeben, so daß es sich aus den an anderer Stelle erwähnten verschiedenen Gründen empfiehlt, dies in der Praxis zu unterlassen (siehe vor allem Kalthämmern, Gefüge- und Festigkeitsbefund bei *Kostron*, dies gilt jedoch nicht für Reinalunähte, z. B. für die Salpetersäureindustrie, wo Mehrlagenschweißungen auftraten).

Für den Bau von geschweißten Leichtmetallapparaturen, die ständig mit Salpetersäure in Berührung sind, kann nur Reinaluminium verwendet werden, da bei sämtlichen Aluminiumlegierungen die Schweißnähte in relativ kurzer Zeit zerstört werden.

E. Weitere Einflüsse auf das Korrosionsverhalten der Leichtmetallschweißverbindungen

1. Schweißverfahren

a) Gasschmelzschweißung

Über den Einfluß der Verfahrensart bei Gasschmelzschweißung, und zwar mit Azetylen-Sauerstoffgemisch, mit Wasserstoff-Sauerstoffgemisch und mit dem gaselektrischen Arcatomverfahren, auf das Korrosionsverhalten verschiedener Leichtmetallschweißverbindungen hat *Rajakovics* (2) berichtet. Die Versuche wurden an 1 mm dicken Blechen durch Niederschmelzen von Bördeln durchgeführt, um den Einfluß von unter Umständen ungleichem Zusatzwerkstoff auszuschalten. Aus diesem Grunde wurde auch auf die Lichtbogenschweißung verzichtet. Die Korrosionsprüfung erfolgte im Rührversuch nach DIN E 4853 mit 3% NaCl und 0,1% H_2O_2. Die Gattungen Al-Mn und Al-Mg-Mn verhielten sich dem Schweißverfahren gegenüber sehr unempfindlich. Bei den Al-Mg-Si-Gattungen (kaltausgehärtet), Al-Mg 3, Al-Mg 5 und Al-Cu-Mg (vergütet) zeigten sich dagegen Unterschiede, und zwar waren die Schweißungen mit Azetylen in bezug auf Korrosionsbeständigkeit gegenüber den mit Wasserstoff und besonders gegenüber den nach dem Arcatomverfahren geschweißten Proben überlegen. Die nach 24 Wochen eingetretene Korrosionsschädigung ist aus der Zahlentafel 8 ersichtlich. Bei den Al-Cu-Mg-Proben ergibt sich eine ähnliche Reihung, allerdings bereits nach wesentlich kürzerer Zeit. Zu erwähnen ist, daß sich bei den

Werkstoff	Ausgangswerte vor der Korrosion		Nach 24 Wochen Korrosion					
			Festigkeitsverlust in %			Bruchdehnung in %		
	Festigkeit kg/mm²	Dehnung %	Azetylen	Wasserstoff	Arcatom	Azetylen	Wasserstoff	Arcatom
Al-Mn halbhart..	12	10—25	—	—	—	nicht beeinflußt		
Al-Mg-Mn weich	21	12—14	—	—	—	nicht beeinflußt		
Al-Mg-Si (kaltausgehärtet)......	18—20	7	—	30	30	7	3	3
Al-Mg 3 weich ..	21	18	10	24	43	11	6	4
Al-Mg 5	25	15	20	38	46	5	3	2

Zahlentafel 8. Einfluß des Schweißverfahrens auf das Korrosionsverhalten von Al-Mn, Al-Mg-Mn, Al-Mg-Si, Al-Mg 3 und Al-Mg 5 (nach Ergebnissen von *Rajakovics* zusammengestellt)

Gattungen Al-Mg-Mn, Al-Mg 3 und Al-Mg 5 auf den mit Wasserstoff, besonders aber auf den nach dem Arcatomverfahren geschweißten Proben, nach 16 Wochen eine dunkelgraue Färbung der gesamten Oberfläche bemerkbar machte. Die Schweißraupen selbst wurden bei allen Legierungen praktisch nicht angegriffen. Vergleichsproben, die elektrisch nach dem „*Weibel*-Verfahren" (s. *Hunold*, S. 1604 ff.) also auch ohne Zusatz geschweißt waren, verhielten sich korrosionsmäßig den azetylengeschweißten gleichwertig. Die Ursache dieser Befunde wird auf die Verwendung von Wasserstoff zurückgeführt, der bei den beim Schweißen auftretenden Temperaturen und vielleicht auch noch begünstigt durch die stellenweise Lösung der Oxydhaut zum Teil in die feste Aluminiumgrundmasse diffundiert.

b) Vergleich: Gasschmelzschweißung und Lichtbogenschweißung

Elektrisch geschweißte Nähte werden sich hinsichtlich des Gasgehaltes gegenüber autogen geschweißten wesentlich günstiger verhalten. Bei der Bestimmung des Gasgehaltes an im Lichtbogen und mit der Azetylenflamme niedergeschmolzenem Schweißzusatzmaterial ergaben sich gemittelt die in Zahlentafel 9 zusammengestellten Werte:

Werkstoff	Gasgehalt $cm^3/100$ g		
	elektrisch abgeschmolzen	azetylengeschweißt	Verhältnis Gas/elektrisch
Al	0,044	0,055	1,25
Al-Cu-Mg	0,045	0,056	1,25
Al-Si 5	0,037	0,051	1,36
Al-Mg 5	0,045	0,061	1,36

Zahlentafel 9. Gasgehalte in verschiedenen Schweißungen

Der Gasgehalt des elektrisch niedergeschmolzenen Werkstoffes liegt etwa in derselben Größenordnung wie in Gußblöcken für die Halbzeugherstellung.

Die bei der Gasschmelzschweißung breite und bei der Lichtbogenschweißung weit schmalere Wärmeeinflußzone und die dadurch bedingten strukturellen Unterschiede müssen auch korrosionsmäßig verschiedene Auswirkungen zeigen. Für die bereits beschriebenen Ergebnisse über den Korrosionseinfluß von Schwefelsäure auf Schweißverbindungen war bei den geringen Säurekonzentrationen z. B. bei der Gattung Al-Mg-Mn neben den Autogennähten eine breite Grabenbildung aufgefallen, während diese bei den Elektronähten schmaler, aber ebenso wie der Lochfraß in der Naht tiefer war. Daher scheint in diesem Falle die Lebensdauer der gasgeschweißten Proben etwas größer als die der elektrisch geschweißten zu sein.

Die Korrosionsbeständigkeit der durch Autogen- und Elektroschweißung an vergüteten Al-Cu-Mg-Profilen neben der Naht entstandenen verschiedenen Gefügetypen (Bild 8) wurde von *Kostron* u. *Müller-Busse* in 1prozentiger Zitronensäure überprüft. Nach 30tägiger Prüfdauer in diesem für Cu-haltige Aluminiumlegierungen scharfen organischen Agens wurde an den Proben starker Lochfraß sowie interkristalline Korrosion festgestellt. An dem autogen geschweißten Material trat eine merkliche Anhäufung der Angriffsstellen in gewissem Abstande von der Naht in Zonen auf, die weitgehend heterogenisiert sind. Die unmittelbar an die Raupe angrenzende homogenisierte Zone war nur wenig korrodiert. An dem lichtbogengeschweißten Profil erfolgte der Korrosionsangriff gleichmäßig auf der ganzen Probenlänge. Infolge der hohen Schweißgeschwindigkeit bilden sich hier nicht so ausgeprägte Entmischungszonen aus, so daß ein bevorzugter Angriff neben der Naht nicht eintrat.

c) Punkt- und Nahtschweißung (elektrische Widerstandsschweißung)

Über das Korrosionsverhalten von Punkt- und Nahtschweißungen liegen bis jetzt wenig Versuchsergebnisse vor. Im allgemeinen wird keine Veränderung gegenüber dem ungeschweißten Werkstoff zu erwarten sein, sofern nicht bei übersättigten Legierungen die Schweißlinse bis an die Oberfläche heranreicht. (Siehe *Erdmann-*

Jesnitzer, später.) Die durch Korrosion gefährdete Stelle einer Punkt- oder Nahtschweißverbindung wird immer der Spalt sein, der durch die Überlappung der Bleche entsteht, wenn auch anfangs hierdurch noch keine Beeinträchtigung der Scherfestigkeit der eigentlichen Schweißstelle zu erwarten ist. (Siehe hierzu „Punktschweißlacke“ bei *Erdmann-Jesnitzer*, S. 1530.) *Geller* teilt hierzu mit, daß bei Nahtschweißungen durch elektrische Widerstandsschweißung an 1-mm-Blechen aus Al 99,5, Al-Mg-Si (vergütet) und Al-Cu-Mg (vergütet), die 500 Tage der wasserdampfgesättigten Atmosphäre eines Kaminkühlers ausgesetzt waren, die freiliegende Oberfläche der Blechproben unversehrt geblieben ist, dagegen im Spalt eine merkliche Korrosion eingetreten ist. Bei den Al-Mg-Si-Blechen betrug am äußersten Rand des Spaltes die Dickenabnahme bis zu 15 %.

Rajakovics u. *Blohm* berichten über Korrosionsuntersuchung an punktgeschweißten Blechverbindungen aus Legierungen Al-Mn (weich und halbhart), Al-Mg-Mn (hart), Al-Mg-Si (weich und kaltausgehärtet) und Al-Cu-Mg plattiert (vergütet) im Rührgerät

Bild 80. Korrosionswirkung an punktgeschweißten, plattierten Al-Cu-Mg-Blechen nach 150tägiger Rührkorrosion (nach *Rajakovics*)

mit 3% NaCl + 0,1% H_2O_2. Nach 100 Tagen Prüfdauer konnte für sämtliche Legierungen und Zustände noch kein Festigkeitsabfall gegenüber dem unkorrodierten Ausgangszustand gefunden werden. Lediglich an den Blechüberlappungen wurde auch hier eine verstärkte Salzablagerung festgestellt, wobei die Schweißlinsen jedoch nicht angegriffen waren.

Es muß noch auf die Möglichkeit hingewiesen werden, daß sich von der Schweißelektrode, begünstigt durch die starke Erwärmung der Blechoberfläche (großer Übergangswiderstand, hohe Stromstärke, lange Schweißzeit), Kupferflitter lösen, im Leichtmetallblech verbleiben und zur Elementbildung führen, oder auch Cu diffundiert.

In dem Bild 80 ist der Schliff durch eine Schweißlinse in Al-Cu-Mg plattiert nach 150 Tagen Rührkorrosion gezeigt. Es tritt verstärkter Korrosionsangriff an der Stelle auf, an der die Schweißlinse bis an die Oberfläche reicht und die Plattierschicht zerstört hat. Der bereits am Schweißlinsenumfang zu erkennende Korrosionsangriff wird zu einer Bruchlastverminderung führen; der nach 10 Tagen beginnende Lochfraß an der Blechoberfläche hatte auch nach 100 Tagen Korrosionsdauer noch keinen Abfall der Scherfestigkeit bewirkt.

2. *Werkstoffdicke*

Es ist bekannt, u. a. aus der Veröffentlichung von *Dix*, daß die Korrosionsbeständigkeit mit zunehmender Werkstückdicke sowohl bei Profilen als auch bei Blechen besser wird. Dieser Umstand beruht nicht nur auf der Tatsache, daß eine Korrosionsnarbe oder -kerbe sich bei dickerem Werkstoff verhältnismäßig weniger als Querschnittsschwächung als bei dünneren Bauteilen auswirkt, sondern auf den Beobachtungen, daß bei dicken Querschnitten die gemessene Eindringtiefe absolut geringer ist als bei dünnen. Die Ansichten über die Ursachen sind hierzu geteilt.

Zum Einfluß der Blechdicke auf den Festigkeitsabfall in Abhängigkeit von der Korrosionsdauer hat *Rajakovics* (2) an geschweißten Blechen aus Al-Cu-Mg (vergütet) von 1, 2, 3 und 6 mm Dicke Versuche im Rührgerät ausgeführt. Das Bild 81 stellt die Ergebnisse dar. Hieraus ergeben sich die in dem Bild 82 dargestellten prozentualen

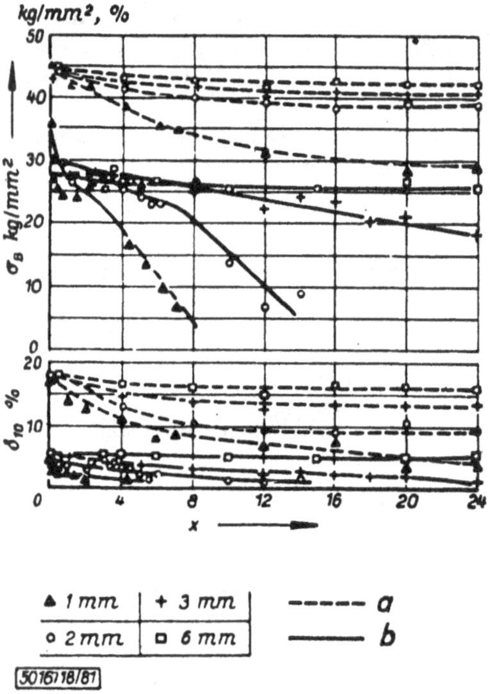

Bild 81

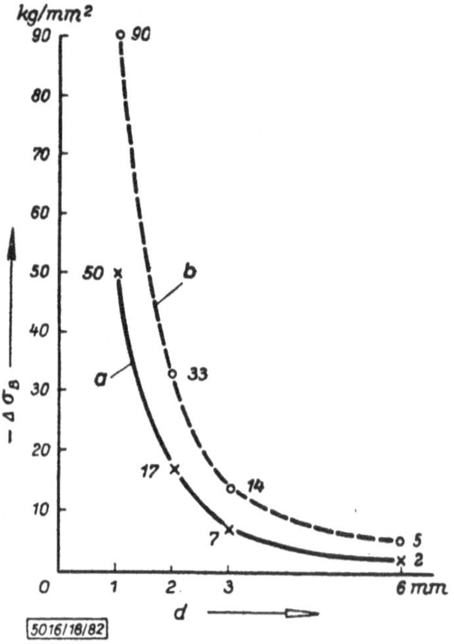

Bild 82

Bild 81. Einfluß der Blechdicke auf den Festigkeitsabfall in Abhängigkeit von der Korrosionsdauer bei autogen geschweißtem Al-Cu-Mg (nach *Rajakovics*)

a = geschweißt σ_B = Zugfestigkeit in kg/mm²
b = ungeschweißt δ = Dehnung in %
x = Korrosionsdauer in Wochen

Bild 82. Prozentualer Festigkeitsabfall in Abhängigkeit von der Blechdicke geschweißter Al-Cu-Mg-Proben (nach *Rajakovics*)

$\Delta\sigma_B$ = Festigkeitsabfall in kg/mm² a = nach 4 Wochen Korrosionsdauer
d = Blechdicke in mm b = nach 8 Wochen Korrosionsdauer

Abfälle der Zugfestigkeiten im geschweißten Zustand. Das Verhältnis des Festigkeitsabfalles ist nicht reziprok zur Blechdicke $1 : {}^1/_2 : {}^1/_3 : {}^1/_6$, sondern zeigt mit etwa $1 : {}^1/_3 : {}^1/_2 : {}^1/_{20}$ bedeutend günstigere Ergebnisse bei Verwendung von dickerem an Stelle von 1-mm-Blech. *Es ist daher auch beim Vergleich von für verschieden dicke Bleche erhaltenen Versuchsergebnissen Vorsicht geboten.*

Bilder 83 bis 85. Einfluß der Flußmittelrückstände*) (nach *Rajakovics*)

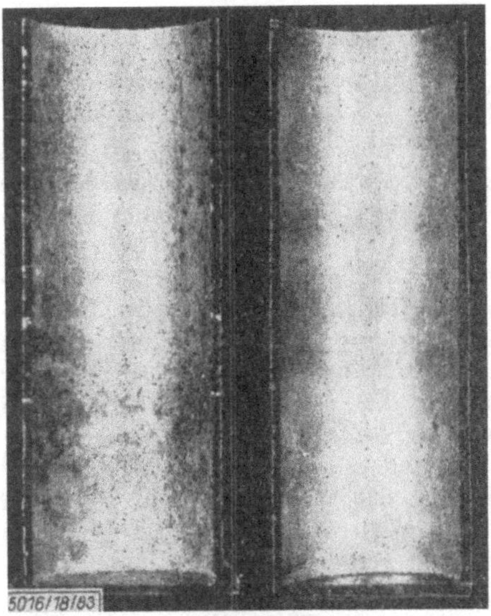

Bild 83. Al-Mg-Si-Topfproben, Flußmittel links nicht entfernt, rechts ordnungsmäßig entfernt

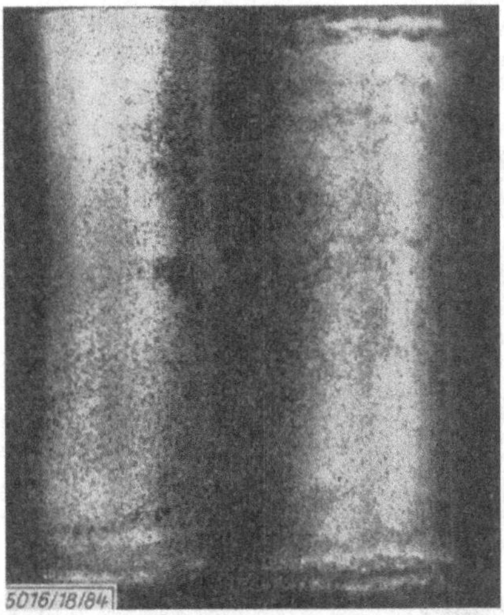

Bild 84. Korrosionsbefall der Al-Cu-Mg-Proben von außen bei nur abgewaschenen Flußmittelresten

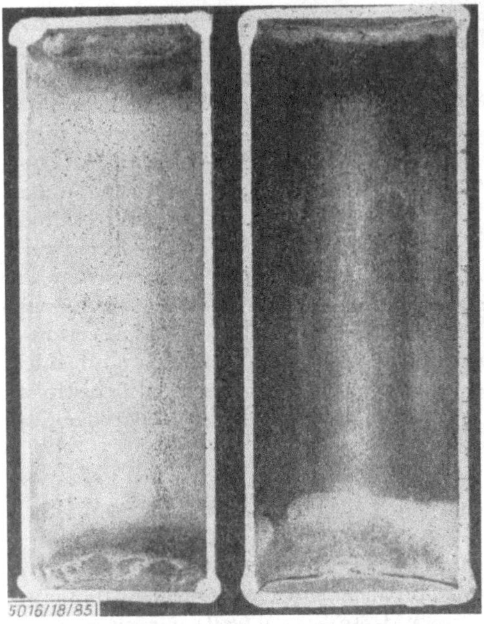

Bild 85. Geschlossene Proben mit Flußmittelresten
links = Al-Mg-Si rechts = Al-Cu-Mg

J = Interkristalline Korrosion
L = Lochfraß der Wärmeeinflußzone
G = Gußgefüge
B = Bodendeckel

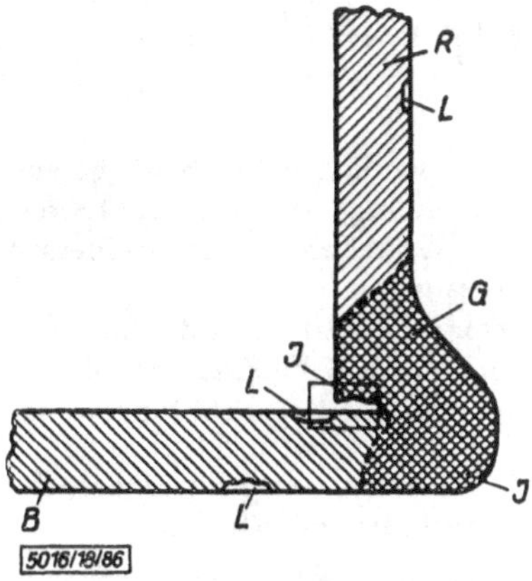

Bild 86. Übersichtsskizze über den Befund an einer Ecke eines offenen Al-Mg-Si-Rohres; Flußmittel nicht entfernt (nach *Rajakovics*)

*) In dem Maße, wie sich die neueren Schutzgasschweißverfahren einführen, werden auch die Korrosionszerstörungen zufolge Flußmittelrückstände aufhören Bedeutung zu haben.

3. *Flußmittel*

Durch den Chloridgehalt und die hygroskopischen Eigenschaften der meisten zur Anwendung kommenden Flußmittel sind nicht beseitigte Flußmittelreste an Schweißnähten ein sehr aggressives Agens, das die Haltbarkeit der geschweißten Leichtmetallkonstruktion stark gefährdet. Nicht hygroskopische Flußmittel sind nicht in allen Fällen verwendbar. Andererseits kann auch bei Hohlkonstruktionen die vorgeschriebene Beseitigung bzw. Neutralisierung der Flußmittelreste nicht immer vollkommen oder überhaupt nicht durchgeführt werden.

Versuchsergebnisse über den Einfluß von hygroskopischen Flußmittelrückständen auf die Korrosionsbeständigkeit geschweißter Leichtmetallrohre aus Al-Mg-Si (kaltausgehärtet) und Al-Cu-Mg (vergütet) bei Einwirkung von Industrieluft sind von *Rajakovics* (3) mitgeteilt. An den 125 mm langen Rohrabschnitten, die an einem oder an beiden Enden mit Deckel verschweißt worden waren, zeigte sich, daß nicht nur bei Belassung der Flußmittelrückstände von Autogal A*), sondern auch in den Fällen, in denen die Reste nur abgewaschen worden waren, eindeutiger Angriff als Lochfraß und interkristalline Korrosion in der Wärmeeinflußzone oder der Naht erfolgte. Hingegen konnte bei ordnungsmäßiger Nachbehandlung keinerlei Korrosionsangriff festgestellt werden. Auch bei den geschlossenen Rohren war das Rohrinnere einwandfrei, sofern die Schweißung vollkommen flüssigkeitsdicht war. Die Bilder 83 bis 85 geben zum Vergleich einige Oberflächenbefunde. Es wäre noch zu klären, wieweit die bei großen Konstruktionen im Hohlraum eingeschlossene Luft zu Schwitzwasserbildung und dadurch zu Korrosionsschäden führen kann, wie sie als Schwitzwasserkorrosion-Bildbefunde nach *Erdmann-Jesnitzer*, Beitrag: Widerstandsschweißung der Leichtmetalle (s. S. 1497 ff) — hervorgeht.

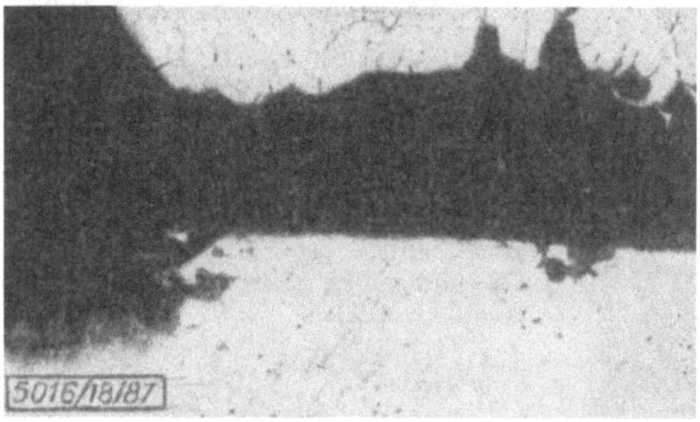

Bild 87. Interkristalliner Angriff und Lochfraß im Spalt an der inneren Ecke nach Bild 86 (nach *Rajakovics*)

Wesentlich ist auch in diesem Zusammenhang eine sorgfältige Ausführung der Schweißung; bei schlechter Durchschweißung entstehen Spalte (Bild 86), die die restlose Flußmittelbeseitigung einerseits erschweren, andererseits ohnehin durch Feuchtigkeitsansammlung günstige Angriffsbedingungen schaffen. Den Mikrobefund in einem derartigen Spalt zeigt das Bild 87. — Weiterhin muß auch auf die Gefährlichkeit von Spritzern von Flußmitteln, die auf von der Schweißnaht entfernten Teilen der Konstruktion niedergehen, hingewiesen werden.

4. *Schweißspannungen und deren Einfluß auf die Korrosionsbeständigkeit geschweißter Teile*

Die beim Abkühlen der Schweißstelle und ihrer Umgebung entstehenden Längenänderungen erzeugen in geschweißten Teilen im allgemeinen erhebliche Spannungen, deren Art und Größe sowohl von dem angewendeten Schweißverfahren als auch von der Form und den Abmessungen des betreffenden Teiles abhängt. Diese Spannungen können sogar die Festigkeit des geschweißten Werkstoffes überschreiten und zu der

*) Autogal der Firma „Griesheim", Frankfurt-Griesheim.

auch bei Leichtmetallen vielfach beobachteten „Schweißrissigkeit“ führen.*) Die hierbei an der Schweißstelle auftretenden Risse bilden sich entweder während des Abkühlens von der Schweißtemperatur oder unmittelbar nach erfolgtem Abkühlen. Teile mit derartigen Fehlern müssen in der Regel von der Verwendung ausgeschlossen werden.

Schweißspannungen, die die Festigkeit des geschweißten Werkstoffes nicht überschreiten und daher nicht zu Bruch- oder Rißerscheinungen führen, können aber die Korrosionsbeständigkeit mancher Werkstoffe stark beeinträchtigen. Besonders Aluminiumlegierungen, die zu interkristalliner Korrosion neigen, sind im allgemeinen nur begrenzt widerstandsfähig gegen gleichzeitige mechanische und chemische Beanspruchungen. Nähere Einzelheiten hierzu wurden u. a. von *Brenner* (3) (12) u. *Mears, Brown* u. *Dix* mitgeteilt. In diesem Zusammenhang muß nochmals auf das Bild 7 hingewiesen werden. Es ist ersichtlich, daß die Lebensdauer des warmausgehärteten Al-Cu-Mg-Werkstoffes mit zunehmender Spannung stark herabgesetzt wird. Auf der anderen Seite scheint aber eine Grenze zu bestehen, die unterhalb der Spannungen ohne jeden oder ohne nennenswerten Einfluß auf die Lebensdauer des Werkstoffes und der Schweißverbindung ist.

Bei fast allen übersättigten Aluminiumlegierungen besteht ein kritischer Bereich der Wärmebehandlung mit Neigung zu interkristalliner Korrosion und Spannungskorrosion. Beim Schweißen dieser Werkstoffe ist daher große Vorsicht am Platze, da die Schweißspannungen, besonders wenn es sich um Zug- oder Biegespannungen handelt, zu einem Versagen des betreffenden Teiles im Betriebe durch *Spannungskorrosion* führen können. Zahlenmäßige Angaben über den Einfluß von Spannungen auf die Korrosionsbeständigkeit verschiedener Aluminiumlegierungen in geschweißtem Zustande können leider nicht gemacht werden, da, soweit bekannt, derartige Versuche bisher nicht durchgeführt worden sind. Einen gewissen Anhalt geben jedoch die Arbeiten über die Spannungskorrosion ungeschweißter Aluminiumlegierungen.

Zur Vermeidung von Spannungskorrosion bei geschweißten Teilen aus übersättigten Aluminiumlegierungen erscheinen die folgenden Maßnahmen geeignet:

Wahl einer Legierung und eines Wärmebehandlungszustandes mit möglichst hoher Spannungskorrosionsbeständigkeit, auch in geschweißtem Zustand.

Wahl eines geeigneten Zusatzwerkstoffes, wie z. B. von Al-Si 5 bei Al-Mg-Si und auch Al-Cu-Mg-Legierungen.

Vermeidung großer Schweißspannungen, besonders Zug- und Biegespannungen, durch

- geeignete Konstruktion des geschweißten Teiles — z. B. Vermeidung kurzer Dehnlängen, starker Querschnittsübergänge u. dgl. —, wie auf dem Bild 88 schematisch dargestellt;
- Anwendung des jeweils geeigneten Schweißverfahrens;
- sorgfältige werkstattmäßige Ausführung, z. B. Vermeidung von Versetzungen und Abwinklungen an der Schweißstelle, von Einbrandkerben sowie Überhitzungen u. dgl. (Bild 89).

Beseitigung oder Verminderung von Schweißspannungen in geschweißten Teilen durch

- nachträgliche Warmbehandlung in einem Temperaturbereich, in dem nicht nur Schweißspannungen beseitigt oder vermindert werden, sondern auch gute Korrosionsbeständigkeit gewährleistet ist;
- nachträgliche plastische Verformung. Durch Hämmern der Schweißnaht

*) s. ausführlich bei *Erdmann-Jesnitzer*, Schmelzschweißung der Leichtmetalle, S. 1660 ff.

können theoretisch, wie auf Bild 90 gezeigt ist, hohe Zugspannungen abgebaut und ein günstigerer Spannungsverlauf erzielt werden. Praktisch ist aber vor allem bei an sich rißempfindlichen Legierungen dringend davor zu warnen, da schon beim Hämmern die Schweißnaht aufreißen kann.

Wirksamer Oberflächenschutz, insbesondere durch Verwendung plattierter Werkstoffe, wie z. B. Al-Cu-Mg plattiert mit Al, Al-Mn oder einer nicht übersättigten Al-Legierung.

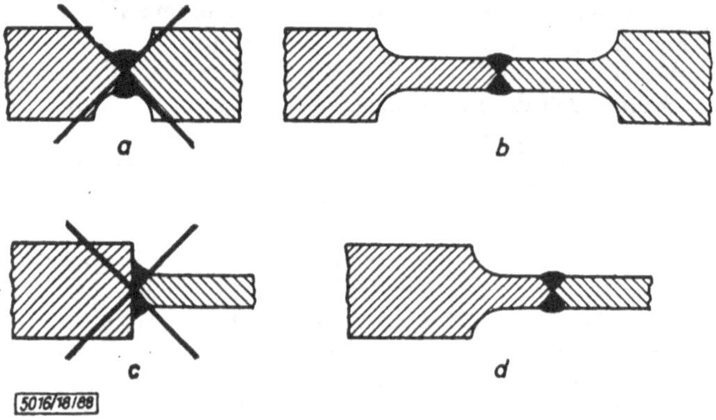

a = „falsch", kurze Dehnlänge
b = „richtig", lange Dehnlänge
c = „falsch", schroffer Querschnittsübergang
d = „richtig", allmählicher Querschnittsübergang

Bild 88. Konstruktive Maßnahmen zur Vermeidung von Spannungskorrosion

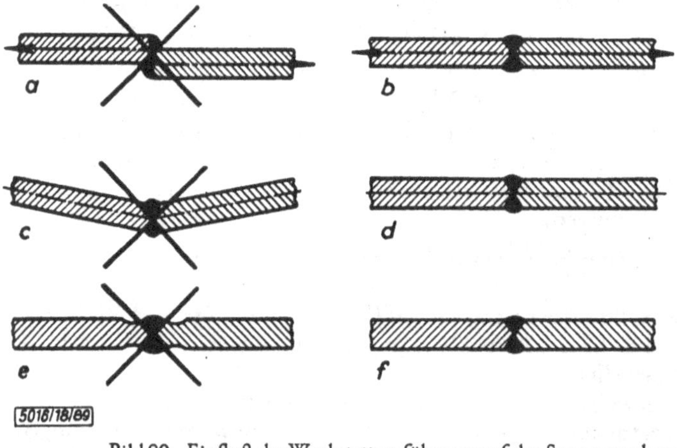

a = „falsch", versetzt zusätzliche Biegespannungen bei Zug
b = „richtig", nicht versetzt, keine zusätzliche Biegung bei Zug
c = „falsch", winklig nach der Erstarrung
d = „richtig", plan
e = „falsch", Einbrennungen
f = „richtig", glatte, kerbfreie Übergänge

Bild 89. Einfluß der Werkstattausführung auf das Spannungskorrosionsverhalten*)

Welche dieser Maßnahmen im einzelnen anzuwenden sind, hängt vom Werkstoff, der Form und den Abmessungen des zu verschweißenden Teiles sowie von seinem Verwendungszweck ab und muß von Fall zu Fall entschieden werden. Können Schweißkonstruktionen aus Al, Al-Mn oder einer nicht übersättigten Al-Legierung hergestellt werden, so erübrigen sich derartige Maßnahmen im allgemeinen oder sind nicht von so entscheidender Bedeutung wie bei der Anwendung übersättigter Legierungen.

*) Siehe auch schweißgerechte Konstruktionsbeispiele Al-Taschenbuch, Verlag Al-Zentrale, Düsseldorf.

5. Konstruktive und werkstattmäßige Ausführung

Konstruktion und Werkstattausführung müssen sorgfältig überlegt und durchgeführt sein, um jede Korrosionsbegünstigung weitgehendst auszuschalten; eine Forderung, die an sich für jede Konstruktion, für die Schweißkonstruktion aber wegen Überlagerung mit den bekannten Einflüssen der Werkstoffveränderlichen ganz besonders beachtet werden muß.

Vermieden werden müssen z. B. Spalte — Überlappungen — enge, für die Reinigung unzugängliche Stellen — Hohlräume, in denen Korrosionsmittel sich anhäufen und stagnieren können und die außerdem schlechte Belüftung zur Folge haben — zerklüftete Oberflächen, Vergitterungen und Versteifungen, die eine Ansammlung von Flüssigkeiten ermöglichen — zu hohe Bördel, die nicht vollkommen herunter- oder durchgeschweißt werden können — unterbrochene Nähte bei Überlapptschweißung, Schwallblechen u. dgl. In dem Bild 91 sind auszugsweise einige Beispiele hierfür gegeben.

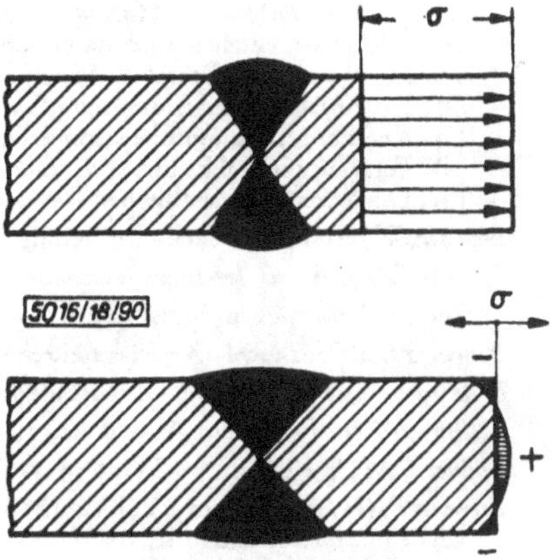

Bild 90. Abbau von Zugspannungen zur Vermeidung von Spannungskorrosion durch Hämmern der Naht

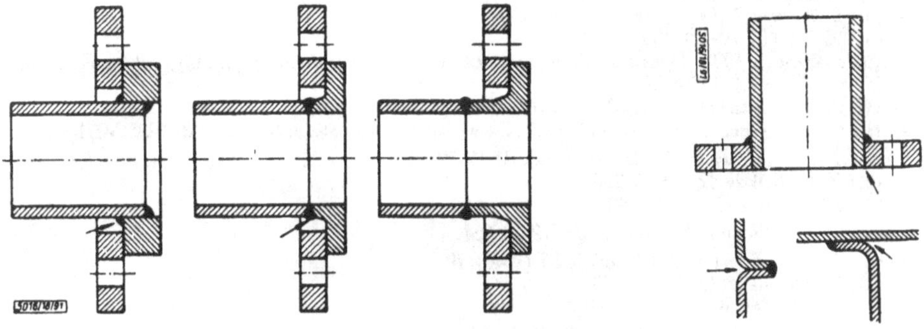

Bild 91. Konstruktion und schweißtechnische Ausführungen, die die Korrosion an Schweißstellen begünstigen (siehe die pfeilmarkierten korrosionsgefährdeten Stellen)

Günstig sind: glatte Oberflächen — Gestaltung von Gefäßen, Tanks u. dgl. derart, daß stets eine vollständige Entleerung möglich ist. Auf die im vorigen Abschnitt erwähnten Beispiele des Bildes 88, die übrigens ganz allgemein gelten, sei ebenfalls hingewiesen.

Bei sorgfältiger Schweißausführung muß vor allem auf gute Durchschweißung geachtet werden (Vermeidung von Spalten). Bei etwaiger mechanischer Bearbeitung der Schweißnähte (Hämmern, Abmeißeln, Schleifen u. dgl.) muß das Hineindrücken von Schwermetallflittern und anderen Verunreinigungen verhütet werden. Dies seien einige konstruktive und fertigungstechnische Kurzhinweise, die zu beachten sind.

Literaturangaben

Akimow, G., Korrosion u. Metallschutz 8 (1932), 197.

Akimow, G. W. u. *A. S. Oleschko* (1): Korrosion u. Metallschutz 10 (1934), 133.
— (2): Korrosion u. Metallschutz 11 (1935), 125.

Althof, F. C., Korrosion u. Metallschutz 16 (1940), 217.

Aluminiumtaschenbuch, 9. Aufl. 1942, Verlag Aluminium-Zentrale G.m.b.H., Berlin W 9.

Bauer, O., O. Krönke u. *G. Masing* (1): Die Korrosion metallischer Werkstoffe, Bd. 2. Die Korrosion von Nichteisenmetallen und deren Legierungen (Verlag S. Hirzel, Leipzig 1938). Die Korrosion von Reinaluminium (Bearb. *R. Sterner-Rainer*).
— (2): Die Korrosion der Aluminium-Gußlegierungen (Bearb. *R. Sterner-Rainer*).
— (3): Knetbare Aluminiumlegierungen (Bearb. *P. Brenner*).
— (4): Forschungs- und Prüfmethoden der Korrosion (Bearb. *P. Brenner*).
— (5): Die Korrosion metallischer Werkstoffe, Bd. 1 (Verlag S. Hirzel, Leipzig 1936).

Bleicher, W., Autogene Metallbearbeitung 35 (1942), 337.

Bleicher, W. u. *A. Müller-Busse* (erscheint demnächst).

Bohner, H., Korrosion u. Metallschutz 9 (1933), 86 u. 113.

Bohner, H. u. *H. Buschlinger*, Hauszeitschr. d. VAW u. d. Erftwerk AG. 3 (1931), 301.

Bollenrath, F. u. *W. Bungardt*, Z. Metallkde 34 (1942), 160.

Bollenrath, F. u. *H. Gröber*, Aluminium 19 (1937), 349.

Boßhard, M., 1. Mitt. d. Neuen Intern. Verbandes f. Materialprüfung, Verlag NIWV, Zürich (1930), 293.

Brenner, P. (1): Aluminium 25 (1943), 346.
— (2): Luftfahrtforschung 12 (1935), 107.
— (3): Z. Metallkde 24 (1932), 145.
— (4): Aluminium 26 (1944), 13.
— (5): Aluminium 21 (1939), 846.
— (6): Metallwirtschaft 17 (1938), 1272.
— (7): T.Z. prakt. Metallbearbeitung 50 (1940), H. 15-18.
— (8): Luftwissen 7 (1940), 306.
— (9): Z. VDI 87 (1943), 105.
— (10): Jahrbuch 1931, Deutsche Versuchsanstalt für Luftfahrtforschung, S. 505; gekürzte Fassung Z. Metallkde 22 (1930), 348.
— (11): Metallwirtschaft 19 (1940), H. 14/15.
— (12): Vorträge der Hauptversammlung der Deutschen Gesellschaft für Metallkunde 1938, VDI-Verlag.

Brenner, P. u. *W. Feldmann* (1), Z. Metallkde 31 (1939), 97.
— (2): Z. Metallkde 32 (1940), 290.
— (3): Aluminium 25 (1943), 380.

Brenner, P. u. *F. Plattner*, Aluminium 22 (1940), 231.

Brenner, P. u. *W. Roth* (1), Z. Metallkde 32 (1940), 10.
— (2): Z. Metallkde 29 (1937), 325.
— (3): J. Inst. Met. Bd. 74, Teil 4 (1947).

Brenner, P. u. *U. v. Vogel*, Aluminium 19 (1937), 696.

Bungardt, W. u. *G. Schaitberger* (1): Metallwirtschaft 20 (1941), 719.
— (2): Z. Metallkde 35 (1943), 47.

Bureau International des Applications de l'Aluminium, Paris 1935. Verlag der deutschen Ausgabe: Aluminium-Zentrale G.m.b.H., Berlin W 9.

Centnerzwer, M., Z. Phys. Chem. 131 (1938), 214.

Dix, F. H., J. Inst. Met. 49 (1932), 147.

Dix, E. H., Proc. Amer. Soc. Tert. Mater. 33, II (1933), 405.

Evans, U. R. (1): Korrosion, Passivität und Oberflächenschutz von Metallen (Verlag Julius Springer, Berlin 1939).
— (2): Recent Work on Corrosion and Oxydation. Inst. Chem. Soc. (1946), 207.

Fischer, H., U. Budiloff u. *J. Koch*, Korrosion u. Metallschutz 16 (1940), 236.

Fischer u. *Geller*, Z. Metallkde 30 (1938), 192.

Geller, W., Korrosion u. Metallschutz 15 (1939), 30.
Geller, Rosenberg u. *Röhrig*: Unveröff. Bericht d. Lilienthal-Gesellschaft f. Luftfahrtforschung.
Graf, L. (1): Metallforschung 2 (1947), 193.
— (2): Metallforschung 2 (1947), 207.

Haarich, S. u. *P. Röntgen*, Aluminium-Archiv 1938, Bd. 10.
Hall, W. L. u. *E. G. West*, Trans. Inst. Weld. (1944), 30.
Heine, H. G., Aluminium 17 (1935), 467.
Heyn, E. u. *O. Bauer* (1), Mitt. Dtsch. Mat.-Prüf.-Anst. 33 (1915), 395.
— (2), Mitt. Dtsch. Mat.-Prüf.-Anst. 29 (1911), 2.
Hug, H., Aluminium 23 (1941), 33.
Hunsicker, L. Autogene Metallbearbeitung 34 (1941), 273.

Igarashi, J. u. *G. Kitahara*, Res. Rep. Sumitomo Met. Ind. Ldt. 3 (1938), 232.

Kostron, H., Aluminium 20 (1938).
Kostron, H., Aluminium 23 (1941), 195.
Kostron, H. u. *A. Müller-Busse* (erscheint demnächst).
Kroenig, W., Korrosion u. Metallschutz 6 (1930), 25.
Kroenig, O. u. *A. J. Boulitschewa*, Korrosion u. Metallschutz 12 (1936), 73.

Machu, W., (1): Metallische Überzüge (Akad. Verlagsgesellschaft, Leipzig 1941).
— (2): Metallische Überzüge S. 16 u. 320.
— (3): Österr. Chem.-Ztg. 37 (1934), 46 u. 64.
Mann, H., Korrosion u. Metallschutz 9 (1933), 141 u. 169.
Masing, G., Z. Metallkde 22 (1930), 325.
Mears, R. B., *R. H. Brown* u. *E. H. Dix*, ASTM u. Amer. Inst. Min. Met. Engng. (Dez. 1944), 323.
Mialki, W. u. *K. Popper*, Aluminium 23 (1941), 583.
Müller, F., Korrosion u. Metallschutz 13 (1927), 109.
Müller, W. J., Korrosion u. Metallschutz 12 (1937), 144.

Odier, J., Métaux, Corrosion-Usure 20 (1945), 113.

Petri, H. G., *G. Siebel* u. *F. Voßkühler*, Aluminium 26 (1944), 2.
Pilling, N. B. u. *R. E. Bedworth*, J. Inst. Met. 29 (1923), 529 u. 535.

Quartaroli, A. u. *O. Belfiori*, Korrosion u. Metallschutz 14 (1938), 7.

Rajakovics, E. v. (1): Autogene Metallbearbeitung 36 (1943), 169.
— (2): Metallwirtschaft 19 (1940), 705 u. Autogene Metallbearbeitung 34 (1941), 353.
— (3): Autogene Metallbearbeitung 14 (1941), 113.
Rajakovics, E. v. u. *E. Blohm*, Z. VDI 84 (1940), 555.
Ritter, F.: Korrosionstabellen metallischer Werkstoffe. Springer Verlag, Wien 1944.

Seemann, H. I. u. M. *Dudek*, Korrosion u. Metallschutz 19 (1943), 165.
Seemann, H. J. u. *K. Wesch*, Korrosion u. Metallschutz 16 (1940), 256.
Siebel, G. u. *H. Voßkühler* (1): Z. Metallkde 31 (1939), 359.
— (2): Aluminium 24 (1942), 129.
Söhnchen, E., Korrosion u. Metallschutz 12 (1936), 41.
Sterner-Rainer, R., Korrosion u. Metallschutz 16 (1940), 278.
Straumanis, M., Korrosion u. Metallschutz 14 (1938), 1.

Vogel, H. N. v., Korrosion u. Metallschutz 16 (1940), 259.
Voßkühler, H., Aluminium 23 (1941), 339.

Wassermann, G., (1): Z. Metallkde (1938).
— (2): Arch. Eisenhüttenwes. 9 (1935/36), 241.
— (3): Z. Metallkde 32 (1940), 295.
Wilm, A., Metallurgie 8 (1911), 225.

Zurbrügg, E., Korrosion u. Metallschutz 15 (1939), 13.

Die Schweißung von Magnesium und Magnesiumlegierungen

Ing. K. Renner, Bitterfeld

A. Einleitung

Magnesium und Magnesiumlegierungen lassen sich in geeigneter Weise nach den meisten der bekannten Verfahren schweißen. Je nach der chemischen Zusammensetzung ist die Schweißbarkeit unterschiedlich. Reinmagnesium und die Legierung MgMn sind am besten schweißbar. Dies gilt auch für komplizierte Schweißkonstruktionen im Behälterbau. Mit den anderen Magnesiumlegierungen lassen sich diese Schweißungen nicht durchführen, da diese nur beschränkt schweißbar sind. Für längere Nähte, bzw. ungünstige Nahtanordnungen entstehen Undichtheiten und Schweißrissigkeit. Reinmagnesium findet aus Festigkeits- und Korrosionsgründen als Baustoff praktisch keine Verwendung. Durch geeignete Legierungszusätze werden Festigkeit und chemische Beständigkeit wesentlich verbessert. Die Vorteile der Magnesiumlegierungen sind das niedrige spezifische Gewicht von $\sim$ 1,8 g/cm^3, die günstigen Festigkeitseigenschaften und leichte spanabhebende Bearbeitung. Magnesiumhalbzeuge als Knetmaterial sind: Stangen, Rohre, Profile, Bleche und Gesenkpreßteile. Sand-, Kokillen- und Druckguß gilt für die Gußseite.

Der Schweißvorgang wird im wesentlichen von folgenden Werkstoffeigenschaften beeinflußt:

Magnesium und seine Legierungen überziehen sich, wie auch Aluminium bereits bei Raumtemperatur unter Einwirkung des Sauerstoffes der Luft mit einer Deckschicht, die zunächst aus Oxyd besteht und sich später in Sulfate bzw. Karbonate umwandelt. Diese Deckschichtenbildung bewirkt einen außerordentlichen Schutz gegen Korrosionseinwirkungen. Beim Schweißen dagegen verhindert diese Deckschicht das Zusammenfließen der Kanten, so daß erst nach deren Auflösen mit geeigneten Mitteln (z. B. Flußmitteln) eine Verschweißung möglich wird.

Die Wärmeleitfähigkeit und die Wärmedehnung sind wesentlich größer als die von Eisen.

Wärmeleitzahl λ in cal · cm^{-1} · s^{-1} · grad^{-1}

	20° C	100° C	200° C
Fe (Armco 99,92 Fe)	0,17	0,16	0,15
Al (99%)	0,50	0,52	0,54
AlMg (8 Mg)	0,147	0,167	0,189
AlSi (20 Si)	0,383	0,402	0,417
Mg	—	0,40	0,39
MgAl (2,5 Al)	0,212	—	—
MgCu (6,3 Cu)	0,314	—	—
MgAlSi (6 Al, 2 Si)	—	0,188	—

Wärmeleitzahl λ verschiedener Metalle und Metallegierungen

Bei der Vorbereitung und Durchführung der Schweißung ist dies zu berücksichtigen.

Die Warmfestigkeit nimmt für T > 150° C beachtlich ab. Beim Überschreiten dieser Temperatur können daher von den Bauteilen keine größeren Beanspruchungen aufgenommen werden. Hierauf ist beim Schweißen zu achten. Komplizierte Gußteile, die innere Spannungen aufweisen können, müssen langsam und gleichmäßig angewärmt und abgekühlt werden.

B. Eigenschaften und Schweißbarkeit der Mg-Legierungen

Durch Manganzusatz werden die Korrosionseigenschaften wesentlich verbessert. Die korrosionsbeständigste Magnesiumlegierung ist daher die MgMn-Legierung mit 1,4 bis 2,3% Mn. Andere Mg-Legierungen enthalten aus Gründen genügender Festigkeit Al und Zn-Zusätze und zur Erhöhung der Korrosionsbeständigkeit bis ~ 0,5% Mn. Die wesentlichsten Mg-Legierungen sind in Zahlentafel 1 zusammengestellt.

Legierung MgMn mit unbeschränkter Schweißbarkeit wird im wesentlichen als Blech und Profilhalbzeug verwendet. Für Ausnahmefälle gibt es auch Guß aus MgMn (Beispiel: Armaturen zum Einschweißen in Behälter, soweit es aus Gründen der Formgebung nicht möglich ist, Knetmaterial vorzusehen). Aus MgMn-Guß können aber infolge mäßiger Gießeigenschaften nur einfache Teile gegossen werden.

Auch die Schweißbarkeit von Mg und Mg-Legierungen wird entscheidend durch die chemische Zusammensetzung und die damit in Zusammenhang stehenden Schmelz- und Erstarrungsvorgänge bestimmt. Meist lassen sich die reinen Metalle oder eutektische Legierungen ohne Schmelzintervalle, falls die Wärmedehnungen nicht zu groß sind und über die Wirkung des Schmelzintervalles abgebaut werden müssen, am besten schweißen. Im Gegensatz hierzu ist die Schweißbarkeit von Legierungen mit Schmelzintervall oft ungünstiger, sie können zu Undichtigkeiten oder Schweißrißbildung neigen, wenn Nahtlänge, Schmelzintervall und Abkühlungsdauer ungünstige Werte erreichen.

Legierung MgMn mit maximal 2,3% Mn hat ein Schmelzintervall ~ 7°. Dieses ist bedeutungslos und dieser Werkstoff läßt sich daher unbeschränkt dicht verschweißen. Eingehende Untersuchungen über den Einfluß von Legierungszusätzen zu Legierung MgMn auf die Schweißrissigkeit liegen u. a. vor von *Bulian* und *Fahrenhorst*. Es genügen schon Bruchteile von Prozenten von Legierungszusätzen, um für Legierung MgMn Schweißrissigkeit zu bewirken. Beispiel: Zusatz zu Legierung MgMn von 0,3% Al oder 0,1 % Zn oder 0,03% Ce rufen bereits Schweißrissigkeit hervor. Über die Ursache der ungünstigen Schweißeigenschaften von Cer legiertem MgMn-Knetmaterial haben *Mäder* und *Laves* berichtet. Hiernach ist es möglich, die Schweißrissigkeit von Legierung MgMnCe durch Al-Zusatz zu beseitigen. Der durch diesen Aluminiumanteil hervorgerufene Festigkeitsabfall kann aber, wie *Mäder* u. *Laves* feststellten, wieder durch Erhöhung des Cergehaltes rückgängig gemacht werden.

Legierung MgAl 6 hat im Gegensatz zu Legierung MgMn ein Schmelzintervall von etwa 150° C. Beim Schweißen, wo dann „fest" und „flüssig" unmittelbar nebeneinander liegen, tritt, entsprechend dem Schmelzintervall, zwischen beiden Zuständen angeschmolzenes Gefüge auf, das beim Schweißen infolge nicht immer genügender Werkstoffspeisung leicht zu Mikrolunkern (Randzonenauflockerung) neigt. Die Schweißverbindung wird bevorzugt an diesen Stellen undicht. Bei der Erkaltung tritt

Halbzeug	Kurzzeichen	Zusammensetzung
Knetmaterial	MgMn	1,4 bis 2,3% Mn, Rest Mg
	MgAl 6	5,5 bis 6,5% Al 0,5 bis 1,5% Zn 0,05 bis 0,4% Mn, Rest Mg
	MgAl 7	6,5 bis 8,0% Al 0,5 bis 2,0% Zn 0,05 bis 0,4% Mn, Rest Mg
Sandguß....................	G MgAl 4 Zn	3,3 bis 4,1% Al 2,3 bis 3,1% Zn 0,1 bis 0,5% Mn, Rest Mg
	G MgAl 6 Zn	5,3 bis 6,1% Al 2,3 bis 3,1% Zn 0,1 bis 0,5% Mn, Rest Mg
Sand-, Kokillen- und Druckguß.	G MgAl 9 K MgAl 9 D MgAl 9	7,8 bis 8,8% Al 0,1 bis 0,8% Zn 0,1 bis 0,5% Mn, Rest Mg

Zahlentafel 1. Magnesiumlegierungen nach DIN 1729

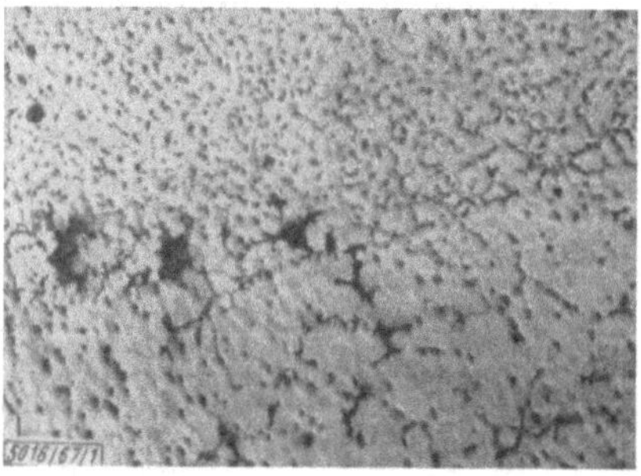

Bild 1. Randzonenauflockerung einer Gasschmelzschweißung (Legierung G MgAl 6 Zn)

infolge der Wärmeschrumpfung Schweißrissigkeit auf. In diese Feinlunker kann während des Schweißvorganges Flußmittel eindringen. Es treten dann an diesen Stellen Korrosionserscheinungen, sogenannte Salzausblühungen auf, wenn hygroskopische Flußmittel zur Anwendung kommen und die eingeschlossenen Flußmittel durch Feinlunker mit der Außenatmosphäre in Verbindung stehen. Das Bild 1 zeigt die erwähnte Randzonenauflockerung; das Bild 2 Korrosionserscheinungen in der Übergangszone der Schweißnaht. Bei Verwendung hygroskopischer Flußmittel ist daher bei diesen Legierungen auf besonders sorgfältige Nachbehandlung zu achten (siehe anschließend unter C).

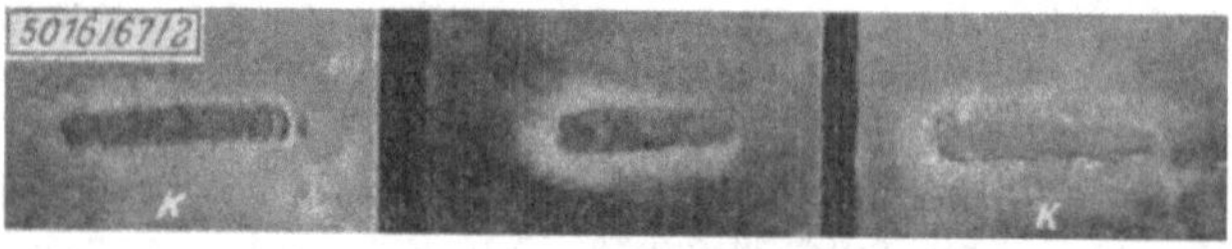

Bild 2. Korrodierte Randzonen („Salzausblühungen") an Schweißnähten (Legierung G MgAl 6 Zn)

C. *Flußmittel*

Wie bereits erwähnt, behindert die Deckschicht der Mg-Werkstoffe das Zusammenfließen der Kanten beim Schweißvorgang. Es müssen daher entsprechende Mittel angewendet werden, die das Oxyd lösen und das Metall im flüssigen Zustand vor erneuter Oxydation schützen. Diesen Zweck erfüllen geeignete Flußmittel oder die in den letzten Jahren in zunehmendem Maße ohne Flußmittel zur Anwendung kommende Schutzgasschweißverfahren. Unter anderen haben diese Schweißverfahren *Bühler* und *Günther* für Magnesium und Aluminium eingehend geprüft. Auch *Matting* berichtet zusammenfassend. Die Flußmittel unterscheiden sich auf Grund ihrer chemischen Zusammensetzung. Verwendung finden folgende Flußmittel:

Hygroskopische (chloridhaltige)
Nichthygroskopische (nur aus Fluoriden bestehend).

Die hygroskopischen Flußmittel greifen die Mg-Werkstoffe stark an. Diese dürfen daher nur während des Schweißvorganges angewendet werden. Unmittelbar nach dem Erkalten der Naht muß das Flußmittel durch wiederholtes Abwaschen mit sauberem, fließendem Wasser restlos entfernt werden. In ungünstigen Fällen, z. B. bei schwer zugänglichen Nahtanordnungen, ist ein mehrstündiges Kochen in einer wäßrigen 3 bis 5%igen Kaliumbichromatlösung durchzuführen.

Die chloridfreien Flußmittel, hauptsächlich bei Gußmaterial verwendet, verhalten sich gegenüber den Mg-Werkstoffen neutral, so daß die bei chloridhaltigen Flußmitteln erforderliche Nachbehandlung in Fortfall kommt. Nicht anwendbar sind die Fluoridflußmittel bei der Legierung MgMn sowie bei Knetmaterial der anderen Legierungen (Zahlentafel 1) mit Wanddicken $s < 4$ mm.

D. *Zusatzwerkstoffe*

Die Mg-Werkstoffe werden meist mit Zusatzdrähten gleicher Zusammensetzung gasgeschweißt. Die Verwendung von Zusatzdrähten mit höheren Legierungsanteilen erleichtert dem Schweißer oftmals die Arbeitsweise. Hierbei besteht jedoch nicht die Gewähr, daß eine ausreichende Verschmelzung der Schweißnaht mit dem Grundwerkstoff erfolgt. Außerdem ist das höher legierte Zusatzmaterial härter, so daß die Kerbzähigkeit der Naht, besonders des Überganges, ungünstiger wird.

E. *Die Gasschmelzschweißung von Knetmaterial*

Aus wirtschaftlichen Gründen wird zur Verbindung von Blechen, Profilen und Rohren die Gasschmelzschweißung bevorzugt angewendet. Es kann sowohl mit der Acetylen-Sauerstoff- als auch mit der Wasserstoff-Sauerstoffflamme geschweißt werden. Die Anwendung von Propan als Brenngas ist möglich.

Die Gasschmelzschweißung erfolgt im wesentlichen nach den für Aluminium und Aluminiumlegierungen geltenden Regeln. Zu beachten sind: Sauberkeit und Oxydfreiheit der Schweißkanten und deren maßgerechte Vorbereitung, Anwendung geeigneter Flußmittel. Die Schweißnahtgüte wird maßgeblich beeinflußt von der richtigen Flammeneinstellung. Bei der Gasschweißung mit Acetylen-Sauerstoff wird mit geringem Gasüberschuß geschweißt. Nach Möglichkeit soll nur gereinigtes Acetylengas verwendet werden.

Grundsätzlich ist nur der Stumpfstoß vorzusehen. Überlappungsschweißungen müssen aus Festigkeits- und Korrosionsgründen abgelehnt werden. Es ist darauf zu achten, daß die Stumpfnähte beiderseits glatt, d. h. frei von Kerben, äußeren und inneren Poren sind. Kerben vermindern die Festigkeitseigenschaften der Naht. Außerdem lassen sich Flußmittelreste aus Kerben und Poren schwierig entfernen, so daß hier leicht Korrosionsschäden in Form von Salzausblühungen auftreten.

Aus Gründen der Wärmeleitung sollen nur gleiche Abmessungen miteinander verschweißt werden. Verbindungen nicht gleicher Wanddicken bereiten beim Schweißen infolge der ungleichmäßigen Wärmeableitung Schwierigkeiten und ergeben keine sauberen Nähte. Bei der Schweißung von Armaturen an Behältern ist daher auf richtige Ausbildung der Schweißkanten besonders zu achten. Infolge der relativ großen Wärmeausdehnung tritt, insbesondere bei der Dünnblechschweißung, eine Formänderung auf, in der durch die Wärme beeinflußten Zone. Es ist daher zweckmäßig, die zu schweißenden Teile zunächst durch Heftpunkte in einem Abstand von 10 bis 30 mm miteinander zu verbinden. Im Anschluß hieran wird die Heftnaht mit einem Holzhammer ausgerichtet und die Nahtschweißung durchgeführt. Ein Beispiel

Bild 3. Heft- und Nahtschweißung an einem dünnwandigen Behälter aus der Legierung MgMn

dieser Arbeitsweise zeigt Bild 3 für einen dünnwandigen Behälter. Nach Erkalten der Naht ist das Flußmittel restlos zu entfernen. Längeres Liegenlassen der unbehandelten Naht (z. B. über Nacht) führt zu Korrosionsschäden. Zur Verbesserung der Korrosionsbeständigkeit werden die geschweißten Bauteile nach erfolgter Nahtreinigung in der bekannten Alkalibichromatbeize behandelt und anschließend getrocknet.

Für das Schweißen von Werkstoffdicken $s > 4$ mm mit chloridfreien Flußmitteln gelten die Richtlinien in Abschnitt G.

Statische Untersuchungen von Schweißverbindungen liegen u. a. von *Buchmann* vor (Zahlentafel 2). Die Gütezahl X entspricht dem Wert σ_B geschweißt/σ_B ungeschweißt. *Thum* und *Zoege von Manteuffel* geben für dicken Werkstoff (8×35 mm^2) statische und dynamische Gütewerte an (Zahlentafel 3). Die von *Buchmann* ermittelten Werte der Biegewechselfestigkeit im ungeschweißten und geschweißten Zustand in

Abhängigkeit von der Blechdicke zeigt Zahlentafel 4. In Sonderfällen können die Festigkeitseigenschaften von Schweißnähten dünner Bleche der Legierung MgMn durch sachgemäßes Hämmern bei etwa 300° C verbessert werden Das Hämmern bzw. Verfestigen von Schweißnähten der Legierung MgAl 6 ist nicht zu empfehlen. Hierbei entstehen leicht Haarrisse.

Werkstoff	Blechdicke s	Ungeschweißt		Schweißverbindung			Bearbeitete Schweißverbindung*)		
		Zugfestigkeit σ_B	Dehnung δ_{10}	Zugfestigkeit σ_B	Dehnung δ_{10}	Gütezahl x	Zugfestigkeit σ_B	Dehnung δ_{10}	Gütezahl x
	mm	kg/mm²	%	kg/mm²	%		kg/mm²	%	
MgMn ..	1	22	11	15,5	2,5	0,7	11,1	1,9	0,5
	2	22	8	15	1,5	0,7	13,5	1,6	0,6
	4	22	4	15	1,8	0,7	15,5	1,3	0,7
MgAl 6..	1	31	15	24	4	0,8	24,5	3,3	0,8
	2	31	12	27,5	8	0,9	21,5	2,0	0,7
	3	31	15	24	5,6	0,8	21,2	1,6	0,7

Zahlentafel 2. Statische Festigkeitswerte für Leg. MgMn sowie Leg. MgAl 6, ungeschweißt, verschweißt, verschweißt und Naht abgearbeitet, nach *Buchmann*

*) Schweißraupe durch spanabhebende Bearbeitung der Blechdicke angeglichen.

Werkstoff	Elastizitätsgrenze	Streckgrenze	Zugfestigkeit	Dehnung	Zug- Druck-Wechselfestigkeit
MgMn	0,50	0,56	0,59	0,36	0,56
MgAl 6	0,45	0,65	0,86	0,28	0,55

Zahlentafel 3. Statische Festigkeitswerte für 8×35 mm² Abmessung. Leg. MgMn sowie Leg. MgAl 6 geschweißt, nach *Thum* und *Zoege von Manteuffel*

F. Elektroschweißung von Knetmaterial

1. Punktschweißung

Unter Berücksichtigung der gegenüber den Al-Werkstoffen abweichenden physikalischen Eigenschaften erfolgt die Punktschweißung der Mg-Werkstoffe in gleicher Weise wie bei Aluminium.

Die Werkstofffragen sind in bezug auf die geeigneten Maschinenwerte ausführlich und gemeinsam mit denen der Al-Legierung später behandelt (siehe *Erdmann-Jesnitzer*, Widerstandsschweißung der Leichtmetalle). Bei gleicher Blechdicke sind einschlägige Verbindungen von etwa 0,5 bis über 3 mm, je nach Maschinenleistung,

Werkstoff	Blechdicke s mm	Ungeschweißt: Biegewechselfestigkeit $\sigma_{bW'}$ kg/mm²	Ungeschweißt: Wechselfestigkeitsverhältnis $\sigma_{b\,w'}/\sigma_B$	Verschweißt: Biegewechselfestigkeit $\sigma_{bW'}$ kg/mm²	Verschweißt: Gütezahl x_w	Verschweißt: Gütezahl der Zugfestigkeit x	Verschweißt und bearbeitet: Biegewechselfestigkeit $\sigma_{bW'}$ kg/mm²	Verschweißt und bearbeitet: Gütezahl x_w	Verschweißt und bearbeitet: Gütezahl der Zugfestigkeit x
MgMn	1	± 7,1..7,3	0,35	±5,6..5,8	0,8	0,7	± 8,2	1,1	0,5
	2	± 4,4	0,2	±3,1	0,7	0,7	± 3,8..3,9	0,8	0,6
	4	±4,9..5,0	0,2	±2,8..3,1	0,6	0,6	± 3,2	0,6	0,7
MgAl 6	1	±13,0..13,3	0,45	±6,9(..7,5)	0,5	0,8	±11,2	0,9	0,8
	2	±10,4(..13,0)	0,35	±9,3(..1)	0,9	0,8	~± 9,0	0,9	0,7
	3	±10,6..10,7	0,35	±8,5..8,7	0,8	0,8	± 8,5(..10)	0,8	0,7

Zahlentafel 4. Biegewechselfestigkeit für Leg. MgMn sowie Leg. MgAl 6, unverschweißt, verschweißt, verschweißt und bearbeitet, nach *Buchmann*

möglich. Unterschiedliche Blechdicken können dann verschweißt werden, wenn diese nicht mehr als etwa 4 mm voneinander abweichen. Es besteht darüber hinaus die Möglichkeit 4 bis 6 Bleche zu verschweißen, wenn die Einzeldicke 3 mm nicht überschreitet.

Nach Untersuchungen von *Haase* steigen bei der Legierung MgMn mit zunehmender Stromstärke die Festigkeit und der Punktdurchmesser an; dagegen erfolgt bei der Legierung MgAl 6 mit zunehmender Stromstärke bei praktisch gleichbleibendem Punktdurchmesser ein deutlicher Festigkeitsabfall. Die Ursache ist eine mit der Schweißstromstärke zunehmende Porosität und Rissigkeit des Punktes infolge des Schmelzintervalles der Legierung MgAl 6. Nähere Einzelheiten über die verschiedenen Faktoren, die beim Punktschweißen und der Einstellung der Maschine zu beachten sind, hat u. a. *Bungardt* zusammengestellt und gibt gleichzeitig statische und dynamische Festigkeitswerte aus den verschiedenen Veröffentlichungen bekannt (siehe auch später bei *Erdmann-Jesnitzer*, Widerstandsschweissung der Leichtmetalle).

Buchmann (unveröffentlicht) hat eingehende Untersuchungen an punktgeschweißten Blechen der Legierung MgMn mit einem geringen Cergehalt (Cerzusatz bis etwa 0,5%) durchgeführt. Legierung MgMnCe ist mit höheren Festigkeitseigenschaften bei Raumtemperatur besser verformbar als Legierung MgMn und daher für eine Reihe Anwendungsgebiete vorteilhaft, soweit an diesen Bauteilen nicht gleichzeitig Gasschmelzschweißungen vorgenommen werden. Auch bei dieser Legierung hat sich ergeben, daß die Punktfestigkeit mit der Schweißstromstärke ansteigt, wobei der Anstieg der Dauerfestigkeit und der Anstieg der Scherzugfestigkeit nahezu im gleichen Verhältnis bleiben ($P_{Ur} : P_B = 0{,}12$ bis $0{,}19$). *Haase* gibt diesen

Wert für Legierung MgAl 6 mit 0,2 bis 0,33 an. Der Bruchverlauf beim Scherzugversuch läßt sich deutlich von dem des Dauerbruches unterscheiden. Der erste zeigt Scherzerreißbrüche, d. h. der Schweißpunkt wird längs der Schweißebene abgeschert. Der Dauerbruch beginnt entlang der Begrenzung des Schweißpunktes, vergrößert sich dann quer zur Kraftwirkungsrichtung bis zur Vereinigung mit dem benachbarten Bruchansatz und der völligen Trennung eines der beiden Bleche (siehe später bei *Erdmann-Jesnitzer*, Widerstandsschweißung der Leichtmetalle).

Bei Blechdicken von 1 mm wurden im günstigsten Fall bei zügiger Beanspruchung Werte erzielt, die der Nietung mit 3 mm ∅ wenig unterlegen sind. Die Dauerfestigkeit der Punktschweißung ist jedoch nur halb so hoch. Der Niet beansprucht die Blechdicke längs der Lochleibung gleichmäßiger als der Schweißpunkt, der die innere Blechseite stark überbeansprucht.

Die Korrosionsbeständigkeit des Schweißpunktes entspricht bei sauberen Arbeitsflächen der Elektroden etwa der des unbehandelten Bleches. Tritt jedoch beim Schweißen ein stärkeres Anlegieren des Elektrodenwerkstoffes ein, so ist die Korrosionsbeständigkeit des Schweißgutes geringer.

2. *Rollennahtschweißung*

Für die Nahtschweißung gelten die gleichen Richtlinien wie für die Punktschweißung. Nach *Bungardt* soll die Nahtbreite etwa das 2- bis 3fache der Blechdicke betragen. Bei s = 0,5 mm und einer Nahtlänge von 25,4 mm sind zur Erzielung dichter Nähte 20 und bei 3,2 mm Blechdicke 8 Punkte erforderlich. *Reichel* beobachtete bei der Nahtschweißung von 1,0 bis 1,2 mm dicken MgMn-Blechen ein stärkeres Anlegieren der Elektrodenrollen, das aber durch eine Glühung von 5 bis 10 Minuten bei 300° C nach dem Abschmirgeln und kurz vor der Schweißung wesentlich verringert werden konnte. Diese Glühung bewirkte außerdem bei einem 1 mm dicken Blech eine Steigerung der Punktfestigkeit von 56,5 auf 77 kg/Punkt. — Wie *Reichel* ferner feststellte, lassen sich 1 bis 1,2 mm dicke Bleche im ungeglühten Zustand erst dann besser nahtschweißen, wenn ein kleiner Vorschub der Schweißrollen gewählt wird, so daß es günstiger wird, weichgeglühte Bleche zu verwenden. — Zur Vermeidung des Verziehens der Bleche hat *Hougen* Nahtschweißungen unter Wasser ausgeführt

Zahlentafel 5 enthält Festigkeitswerte von rollennahtgeschweißten Blechen aus Mg-Legierungen. Es sind hiernach relativ hohe Nahtfestigkeiten erreichbar. Nach Angaben von *Hase* und *Plaß* liegt die Nahtfestigkeit ungeglühter Bleche aus Magnesiumlegierungen bei etwa 50 bis 60% der Blechfestigkeit.

	Festigkeit in kg/cm Nahtlänge		
Blechdicke mm	Leg. MgMn 1,2 weich geglüht oder kaltgewalzt	Leg. MgAl 4 weich geglüht	kaltgewalzt
1,0	136	218	230
1,3	145	254	269
2,1	178	318	318
3,2	265	378	378

Zahlentafel 5. Rollennahtschweißungen für Leg. MgMn sowie MgAl 4, weichgeglühter und kaltgewalzter Ausgangswerkstoff, verschiedene Blechdicken, nach *Aluminium Company of America*

3. *Abschmelzschweißung*

Nach *Stieler* ist die Abschmelzschweißung bei Mg-Legierungen anwendbar, wobei die Stromdichte geringer ist als bei Aluminiumlegierungen. Es wurden 97 bis 645 mm^2 Querschnitte und Dicken zwischen 2 und 25,4 mm verbunden. Die Zugfestigkeit lag zwischen 18,2 und 30,1 kg/mm^2. Im Gegensatz hierzu bemerkt *Siemers*, daß die Abschmelz- oder Abbrennschweißung bei den Magnesiumlegierungen nicht anwendbar sei, dagegen die einfache Stumpfschweißung.

4. *Lichtbogen- und Arcatomschweißung*

Mit der Lichtbogenschweißung hat sich *Kloße* sehr eingehend beschäftigt. Die bei Stahl übliche Metall-Lichtbogenschweißung läßt sich wohl noch nicht durchführen, da es an geeigneten Elektroden bzw. an Umhüllungsmassen fehlt. Es können dagegen mit dem Verfahren nach *Bernardos* (Kohlelichtbogen) befriedigende Ergebnisse erzielt werden. Diese Versuche wurden im wesentlichen an Gußteilen innerhalb von Reparaturschweißungen durchgeführt (siehe Gußschweißung später).

Die Arcatomschweißung für $s \geqq 1{,}5$ mm kann bei den Mg-Legierungen an Stelle der Gasschmelzschweißung angewendet werden und hat den Vorteil der größeren Schweißgeschwindigkeit. Geeignete Flußmittel sind jedoch auch hierfür erforderlich.

5. *Die Lichtbogenschweißung mit Argon als Schutzgas (Argonarc-Verfahren)*

Die Schutzgasschweißung hat für die Mg-Legierungen insofern eine besondere Bedeutung, als die Anwendung von Flußmitteln entfällt. Die Schweißung mit dem Lichtbogen erfolgt in einer Schutzgasatmosphäre, die den Luftzutritt und damit die Oxydation des Werkstoffes während des Schweißvorganges verhindert. Als Schutzgas wurde, was die geschichtliche Entwicklung anbelangt, zunächst Helium (Helioarc-Verfahren) verwendet und erst später aus wirtschaftlichen Gründen Argon (Argonarc-Verfahren). Der Verbrauch von Argon beträgt die Hälfte von Helium. Im Gegensatz zur Arcatomschweißung wird beim Argonarc-Verfahren der Lichtbogen nicht zwischen 2 Wolframelektroden gebildet, sondern zwischen dem Werkstück und nur einer Wolframelektrode. Stromquellen sind die üblichen und für die Lichtbogenschweißung in Anwendung befindlichen Umformer bzw. Umspanner. Für die Wechselstromschweißung wird durch Hochfrequenz überlagerter, stabilisierter Wechselstrom bevorzugt. Dieser mit 300 bis 500 kHz stabilisierte Wechselstrom gestattet infolge der ionisierenden Wirkung des hochfrequenten Feldes das Zünden ohne Tupfen, also ohne vorherige Berührung mit dem Werkstück. Um diesen Lichtbogen streicht das Schutzgas, das durch eine im Elektrodenhalter angebrachte keramische Düse in Mengen von 3 bis 13 Liter/min bei 1 bis 1,5 atü zugeführt wird.

Nach *Clauser* beträgt die Schweißgeschwindigkeit v für Mg-Legierungen für $s = 1$ mm Blechdicke und 40 A Schweißstrom sowie 2 mm und 60 A, $v = 30{,}5$ cm/min. Die mechanischen Gütewerte entsprechen denen guter Gasnähte. Wesentlich ist, daß eine Vorwärmung auch bei dicken Blechen entfällt. Praktisch tritt kein Verzug der zu schweißenden Teile auf.

In neuerer Zeit hat die Schutzgas-Lichtbogenschweißung mit Schweißdraht als Elektrode an Stelle der Wolframelektrode eine zunehmende Anwendung gefunden. Sie ergibt — ohne Verwendung von Flußmitteln — saubere, dichte Schweißverbindungen bei großer Schweißleistung. Durch Anwendung von Schweißautomaten kann die Leistung noch weiter gesteigert werden.

G. Schweißung von Mg-Gußwerkstoffen

Beim Schweißen von Guß kommt es im Gegensatz zum Knetwerkstoff weniger darauf an, lange Nähte herzustellen, sondern es sind im wesentlichen örtliche Nachschweißungen (z. B. Ausbesserung von Fehlern an Gußstücken) vorzunehmen oder abgebrochene Teile wieder zu verschweißen. Schweißbar ist sowohl Sand- als auch Kokillenguß. Vom Schweißen von Druckgußteilen ist abzuraten. Die im Druckguß unter hohem Druck (etwa 100 atü) eingeschlossenen Luftbläschen entweichen beim Schweißvorgang explosionsartig und haben zum Teil schon zu Unfällen Veranlassung gegeben. Zum Schweißen von Guß können je nach den vorliegenden betrieblichen Verhältnissen die folgenden Schweißverfahren angewendet werden:

Aufgießschweißen
Gasschmelzschweißen
Arcatomschweißen
Lichtbogenschweißen
Schutzgasschweißen (Argonarc-Verfahren).

1. (Auf)-Gießschweißung

Dieses Verfahren wird in Gießereien zur Beseitigung von Gußfehlern, in Ausnahmefällen zum Anschweißen von geeigneten Partien sowie Augen und Flanschen an Gußstücken angewendet. Die Anwendungsmöglichkeit ist beschränkt.

An der zu schweißenden Stelle ist die Gußhaut zu entfernen und die Schweißkanten sind durch Kerben aufzurauhen. Das Gußteil wird dann mit der Schweißstelle nach oben in Formsand eingebettet und vorgewärmt. Zur Vermeidung einer Feuchtigkeitseinwirkung des Formsandes auf das erhitzte Metall ist die zu schweißende Partie mit einem Stahlblech oder einer Gußeisenplatte zu unterbauen. Diese Maßnahme verhindert das Eindringen von Gas aus dem Formsand in die Schweißstelle. Die Unterlegstücke sind mit einer geeigneten Schlichte zu überziehen (Bemerkung: Gasschutzüberzug als Lösung von Grafit in Wasser. Die Verwendung der angestrichenen Unterlegstücke ist erst nach vollkommener Trocknung der Schlichte möglich.) Bei dem Schweißvorgang wird das Metall so lange auf die Verbindungsstelle gegossen, bis eine innige Verbindung mit den Schweißkanten erfolgt. Der hierfür erforderliche Arbeitsaufwand ist beträchtlich. Während dieses Arbeitsvorganges läßt sich durch Abtasten der ehemaligen Bruchfläche mit einem Stahldraht leicht feststellen, wann ein genügendes Anschmelzen der späteren Bindefläche eintritt. *Bulian* stellte fest, daß es bei sinngemäßer Arbeitsweise auch möglich ist, Stangen und Profile der Knetlegierungen MgAl 6 und MgAl 7 zu verschweißen. *Achenbach* (unveröffentlicht) hat sich mit diesem Verfahren eingehend beschäftigt und kam zu dem Ergebnis, daß die Schweißrandzone infolge der guten Nachfließ- und Nachsaugemöglichkeit kaum über das notwendige Maß aufgeheizt wird. Es werden daher Anschmelzungen in der Nachbarzone entweder völlig vermieden oder durch die Zuflußverhältnisse sofort ausgeglichen. Flußmittel werden hierbei nicht angewendet. Wie *Achenbach* feststellte, ist die Rißneigung im nicht vorgewärmten Zustand erheblich. Falls sich die Teile nicht frei ausdehnen und schrumpfen können, ist auf richtige Vorwärmung besonders zu achten.

2. Gasschmelz- und Lichtbogenschweißung

Infolge der Eigenart von Guß, der im Gegensatz zum Knetwerkstoff sehr verschiedenartig vorliegen kann, wird die Güte der durchzuführenden Schweißung maßgeblich von dem Gefügezustand beeinflußt. Im wesentlichen sind hierbei die folgenden Erscheinungen zu beachten: *Aufgelockertes und oxydiertes Gußgefüge, grobkristallines Gußgefüge, Spannungen im Gußstück.*

Aufgelockertes Gefüge verunreinigt das Schweißbad infolge der zusätzlichen Oxydmengen, die die Verschweißung erschweren und in der kurzen zur Verfügung stehenden Zeit nicht entfernt werden können. Geschweißte Teile mit solchem Gefüge sollten daher nicht geschweißt werden.

Grobkristallines Gefüge, das durch nicht sachgemäße Schmelzbehandlung entsteht, führt in der Schweißverbindung auch bei sorgfältig kontrollierter Vorwärmung leicht zu Rißbildung.

Zur Beseitigung der Spannungen in komplizierten Gußteilen wird eine Entspannungsglühung bei etwa 280° C vor der Schweißung durchgeführt.

Vor Beginn der Schweißung sind die entsprechenden Schweißstellen mit geeigneten Werkzeugen metallisch blank zu bearbeiten. Auch in der angrenzenden Umgebung der Schweißstelle ist die Gußhaut zu säubern. Gußporen müssen mit spanabhebenden Werkzeugen aus der Schweißzone entfernt werden. Zur Aufhebung der Spannungen erfolgt die thermische Behandlung bei Gußteilen aus vergütbaren Legierungen *vor* der Schweißung. Voraussetzung für das Gelingen einer spannungsfreien Schweißverbindung ist eine *gleichmäßige Vorwärmung* des Gußstückes. Die Vorwärmtemperaturen in Abhängigkeit von der Legierung zeigt Zahlentafel 6.

Zur gleichmäßigen Vorwärmung des zu schweißenden Gußstückes wird die Verwendung eines elektrisch betriebenen und auf wenige Temperaturgrade genau zu regulierenden Luftumwälzofens empfohlen. Die notwendige Vorwärmtemperatur läßt sich aus dem Zustandsdiagramm ermitteln. Bei Überschreitung der kritischen Temperatur, die unmittelbar unter der Soliduslinie liegt, schmilzt eutektische Korngrenzensubstanz, die allein den Spannungseinwirkungen ohne Schädigung nachzugeben vermag. Die nicht flüssigen Magnesium-Mischkristalle dagegen, die noch einen verhältnismäßig starren Verband darstellen, sind sehr spannungsempfindlich. Niedriger liegende Vorwärmtemperaturen führen bei langandauernder Vorwärmung ebenfalls zu Nachteilen in der nahtnahen Randzone. Nach vollendeter Schweißung sollen die Teile wind- und zugfrei sowie möglichst langsam abkühlen. Vergütbare Legierungen werden nachvergütet. Ein Spannungsfreiglühen nach der Schweißung für nicht vergütbare Legierungen ist zu empfehlen.

Für den Zusatzdraht gelten die gleichen Richtlinien wie für Knetmaterial, d. h. Werkstoff mit Werkstoff verschweißt. Ob der Draht im gekneteten Zustand (gepreßt) oder gegossen verwendet wird, ist von untergeordneter Bedeutung. Die Drähte dürfen nur im metallisch blanken Zustand (Beizen in 10%iger Salpetersäure oder mechanische Oberflächensäuberung) zur Anwendung kommen.

Beim Gußschweißen muß infolge der Neigung zur Randzonenauflockerung dann mit Korrosionsschwierigkeiten gerechnet werden, wenn chloridhaltige Flußmittel in Anwendung kommen. Die Fluoridflußmittel werden beim Gußschweißen bevorzugt angewendet und sind in der bekannten Weise auf die Schweißstelle und den Zusatzdraht aufzutragen.

Die Güte der Schweißung wird im wesentlichen von der Vermeidung der Gefügeauflockerung der nahtnahen Werkstückzone bestimmt. Die hierzu erforderliche Arbeitsweise weicht daher von der normalen Schweißung insofern ab, als die direkte Flammeneinwirkung auf den Grundwerkstoff so kurzzeitig wie möglich gehalten wird. Die zu schweißende Stelle wird hierzu nur so lange mit der Gasflamme erwärmt, bis sich ein Schmelzbad bildet. Anschließend wird der Brenner vom Grundwerkstoff abgeschwenkt und dessen Flamme dann im wesentlichen gegen den Schweißstab selbst gerichtet. Der hierdurch reichlich abschmelzende Werkstoff bewirkt eine

Vergrößerung des Schmelzbades und auflockerungsfreie Randzonen, da der Grundwerkstoff von dem aufgegossenen Metall gerade bis zum Schmelzen erhitzt wird. Die Schweißstelle wird, wie beim Aufgießschweißen durch eine in diesem Fall mit Flußmittel angestrichene Eisenblechunterlage abgestützt.

Grundsätzlich soll der beim Schweißen verflüssigte Bereich des Grundwerkstoffes so groß gehalten werden, daß dessen feste Randzonen nicht mehr unter der unmittelbaren Einwirkung der Schweißflamme stehen, sondern, wie es bereits erwähnt wurde, durch das flüssige Schmelzbad zum Abschmelzen gebracht werden. Eine Heftschweißung kommt nur beim Einschweißen größerer, z. B. ausgebrochener Stücke in Frage. Nach erfolgter Schweißung muß das Gußstück im Ofen langsam abkühlen.

Als Lichtbogenschweißung hat sich bisher nur das Schweißen mit Kohlelichtbogen bewährt. Im wesentlichen werden hiermit kleine Fehlstellen ausgebessert. *Kloße* unterscheidet 2 Verfahren, das *Warmschweißen* — das dem Gasschmelzschweißen gegenüber nicht immer Vorteile bietet, wird in der Praxis wenig angewendet — und das *Kaltschweißen*, das dann Vorteile bietet, wenn es sich um große sperrige Stücke handelt, deren gleichmäßige Erwärmung gewisse Schwierigkeiten bereitet.

Werkstoff	°C
G MgAl 3 Zn	410
G MgAl 4 Zn	350
G MgAl 6 Zn	350
G MgAl 9.................	380
G MgAl 8.................	390

Zahlentafel 6. Obere Grenze der Vorwärmtemperaturen in °C für verschiedene schweißbare Mg-Legierungen

Das *Warmschweißen* erfolgt in ähnlicher Weise wie das Gasschmelzschweißen. Beim Schweißvorgang wird der Zusatzdraht oder das zu schweißende Teil an den Pluspol und der Kohlestab an den Minuspol angeschlossen. In dem Zusammenhang Kohlestabdurchmesser und Stromstärke gibt *Kloße* folgende Werte bekannt:

Bei 3 mm Kohlestabdurchmesser beträgt die Stromstärke etwa 20 A, bei 8 mm 60 A und bei 20 mm 200 A. Der Zusatzdraht wird im Lichtbogen aufgeschmolzen. Vorteilhaft ist die große und örtliche Wärmekonzentration sowie die leichte Regulierbarkeit der Wärmemenge durch Veränderbarkeit der Lichtbogenlänge.

Beim Kaltschweißen*) wird das Werkstück nicht angewärmt. Gegebenenfalls wird die Schweißstelle sogar durch geeignete Mittel gekühlt. Für diese Kühlung wird u. a. die Anwendung von Kohlensäureschnee empfohlen mit dem Vorteil, daß der Lichtbogen in der Kohlensäureatmosphäre besonders ruhig brennt. Das Verfahren hat aber den Nachteil, daß Fluoridflußmittel nicht angewendet werden können.

Achenbach (unveröffentlicht) empfiehlt ein Verfahren, bei dem zunächst nur der Zusatzstab an den Pluspol gelegt wird, während die Kohleelektrode den Minuspol bildet. Bei Verwendung chloridfreier Flußmittel erfolgt die Erwärmung des Werkstückes analog der Gasschmelzschweißung. Durch Stromübergang wird der Zusatz-

*) Kaltschweißung ohne Warmschweißung mit Vorwärmung, unterscheide davon Kalt-Preßschweißung ("cold welding"), diese siehe unter „Widerstandsschweißung der Leichtmetalle" bei *Erdmann-Jesnitzer*.

draht unmittelbar über der Schweißstelle abgeschmolzen und so ein Schmelzbad erzeugt. Erst dann wird der Zusatzdraht in das Bad getaucht und durch „Puddeln" das Aufschwemmen etwaiger nichtmetallischer Verunreinigungen (z. B. Oxyde) bewirkt. Der Strom fließt hierbei durch das Werkstück und erhitzt dieses. Es ist möglich, die Randzonenauflockerung auf ein Mindestmaß zu beschränken.

Zur Klärung der metallurgischen und Festigkeitseigenschaften haben *Buchmann* und *Achenbach* (unveröffentlicht) an einer Anzahl sandgegossener Hebel der Legierung G MgAl 6 Zn geeignete Untersuchungen durchgeführt (Bild 4). An den im Bild 4 gekennzeichneten Stellen des Hebels wurden zu diesem Zweck entsprechende Gasschmelzschweißungen vorgenommen. Diese Schweißarbeiten erfolgten zum Teil mit Fluoridschweißpulver und teilweise ohne Flußmittel. Bei sachgemäßer Ausführung der Schweißung mit Flußmittel treten keine Randzonenauflockerungen auf (Bild 5). Im Gegensatz hierzu sind an den ohne Flußmittel durchgeführten Schweißungen Randzonenauflockerungen vorhanden (Bild 6). Das ist eine auch von Al-Legierungen her bekannte Erscheinung. Sie wird erklärt durch die für oxydierte Oberflächen zufolge schlechter Wärmeleitung erhöhte notwendige Erwärmungsdauer. Bild 6 zeigt außerdem eine gefügemäßig scharfe Abgrenzung der Schweißzone innerhalb der eine innige Bindung nicht erfolgte. In beiden Fällen ist das Schweißgut am feinen Korn

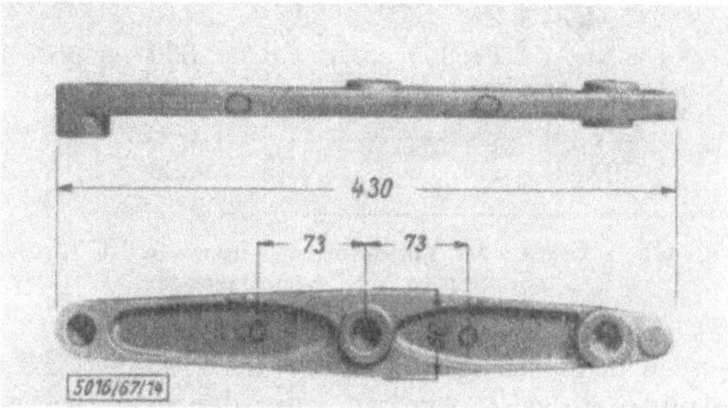

Bild 4. Anordnung von Gasschmelzschweißungen an einem Sandgußhebel der Legierung G MgAl 6 Zn

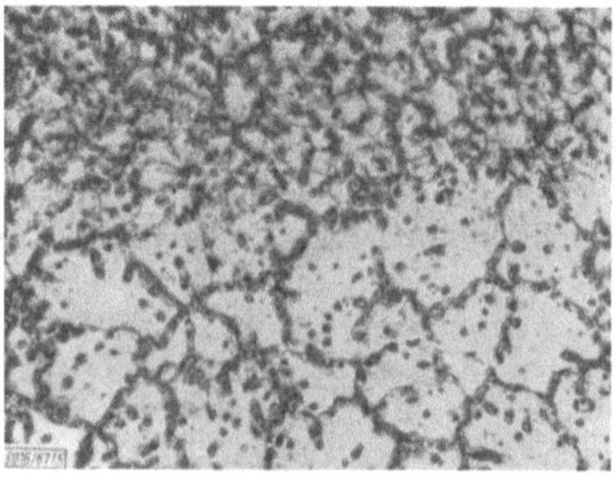

Bild 5. Mit Flußmittel geschweißte Verbindung. Keine Auflockerungen

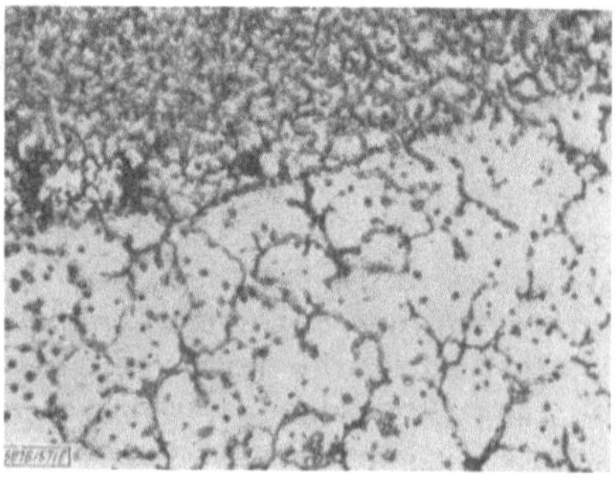

Bild 6. Ohne Flußmittel geschweißte Verbindung. „Randzonenauflockerung"

erkennbar. Schliffbilder von Schweißungen, die mit Flußmittel durchgeführt wurden, geben die Bilder 7 und 8 wieder sowie solche ohne Verwendung von Flußmitteln die Bilder 9 und 10. In der rechten Hälfte von Bild 10 ist außer einer größeren Gasblase aufgelockertes Gefüge zu erkennen. Vermutlich wurde diese Stelle längere Zeit erwärmt. Daraus geht hervor, daß beim Gasschmelzschweißen auf die Anwendung von Flußmitteln nicht verzichtet werden darf. Festigkeitswerte geschweißt und ungeschweißt, Prüfstäbe aus einem Hebel entnommen zeigt Zahlentafel 7.

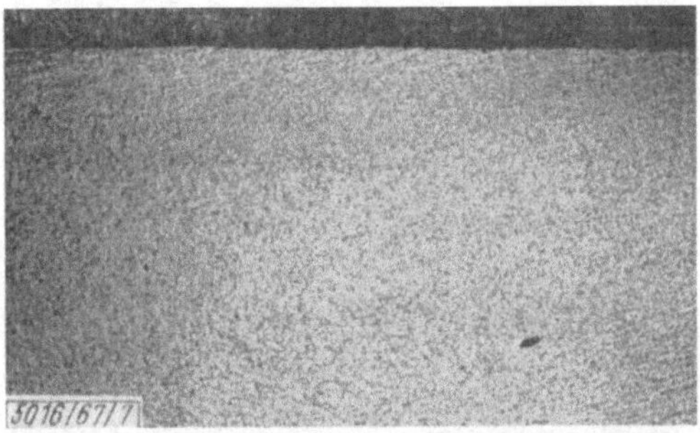

Bild 7. Mit Flußmittel geschweißt. Schweißstelle nur an feinem Korn erkennbar

Bild 8. Mit Flußmittel geschweißt

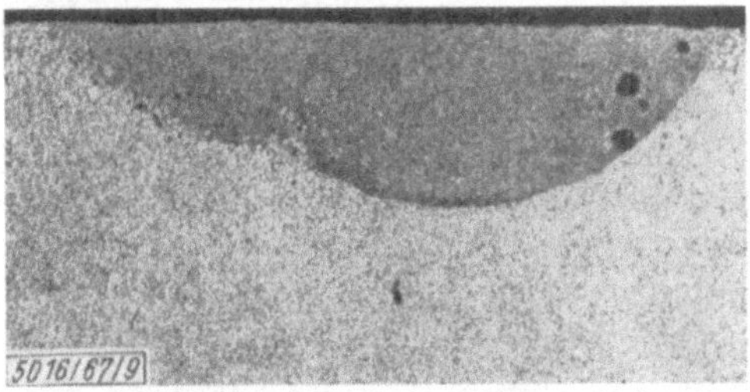

Bild 9. Ohne Flußmittel geschweißt. Scharfe Abgrenzung der Schweißzone. Gasporen

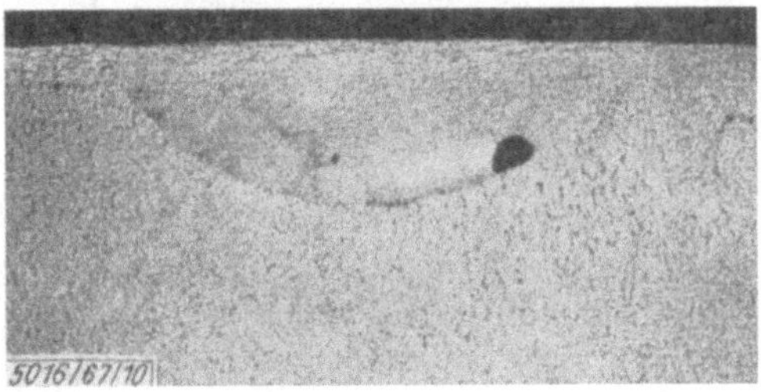

Bild 10. Ohne Flußmittel geschweißt. Scharfe Abgrenzung der Schweißzone. Gaspore und Auflockerungen

	Zugstäbe aus den Gurten			Ganzer Hebel
	Zugfestigkeit σ_B kg/mm²	Streckgrenze $\sigma_{2,5}$ kg/mm²	Dehnung δ_5 %	Biegeursprungs-festigkeit σ_{Ur}, kg/mm²
Ungeschweißt	18,2 18,8 20,4 20,6	10,4 10,3 10,5 10,7	4,9 5,7 6,9 7,7	6,0 bis 7,5
Geschweißt mit Flußmittel ..	11,5 12,1 11,9 14,6	9,0 9,4 9,9 10,3	2,6 2,3 1,7 2,3	5,0 bis 6,0
Geschweißt ohne Flußmittel..	11,3 11,9 12,1	10,2 10,0 10,0	1,1 1,1 1,4	3,8 bis 4,8

Zahlentafel 7. Festigkeitswerte für Schweißungen mit und ohne Flußmittel an einem Hebel, aus dem Zugstäbe entnommen wurden

3. Arcatomschweißung

Die von *Thiemer* eingehend beschriebene Arcatomschweißung läßt sich auch für Magnesiumlegierungen anwenden. Vorteilhaft sind die größere Schweißgeschwindigkeit gegenüber der Gasschmelzschweißung und die höhere Wärmekonzentration. Auf die Anwendung geeigneter Flußmittel kann aber auch hier nicht verzichtet werden. Ergebnisse über Untersuchungen mit nichthygroskopischen Flußmitteln sind bisher noch nicht bekannt geworden. Noch nicht eindeutig geklärt ist die Wasserstoffaufnahme beim Arcatomschweißen. Es ist anzunehmen, daß eine Wasserstoffaufnahme im allgemeinen nicht erfolgt.

4. Schutzgasschweißung („Argonarc"-Verfahren)

Dieses Verfahren wird bereits seit etwa 10 Jahren mit Erfolg zum Schweißen von Gußstücken aus Magnesiumlegierungen angewendet und hat den besonderen Vorteil, daß die Schweißung *ohne* Flußmittel durchgeführt wird.

H. Prüfung der Schweißnähte

Die Überwachung der Schweißnahtqualität erfolgt durch eine sorgfältige Prüfung der Teile. Diese Untersuchung wird unterteilt:

Zerstörungsfreie Prüfung

α) Beschaffenheit (äußere) der Nähte
β) Korrosionsprüfung
γ) Röntgenprüfung
δ) Untersuchung von gesondert hergestellten Proben, die unter den gleichen Bedingungen sowie aus demselben Werkstoff hergestellt sind und nach Zerstörung nicht mehr verwendet werden können.

Zu *α*) Die Schweißnähte sollen glatt sowie frei von Kerben und Poren sein.

Zu *β*) Die Korrosionsprüfung erfolgt am zweckmäßigsten in einem feuchten Raum mit ~ 40° C, Luftfeuchtigkeit ~ 70 bis 80%. Nach relativ kurzer Lagerzeit (~ 24^h) sind die eventuell vorhandenen Salzeinschlüsse durch Ausblühungen bereits erkennbar. Für Bauteile, die ungünstigen Betriebsbedingungen ausgesetzt werden, wird diese Prüfung auf längere Zeit (~ 1 bis 2 Wochen) ausgedehnt. Ungünstige Betriebsbedingungen liegen beispielsweise vor, wenn die Bauteile der normalen Bewitterung ausgesetzt werden. Dagegen treten bei Motorenteilen, die mit einem ständigen Ölfilm bedeckt sind, keine Korrosionsbeanspruchungen auf.

Die Prüfung auf Korrosionserscheinungen durch Salzeinschlüsse entfällt bei der Verwendung der fluoridhaltigen Flußmittel.

Salzreste von chloridhaltigen Flußmitteln lassen sich am besten durch mehrstündiges Kochen in einer 5%igen wäßrigen Alkalibichromatlösung beseitigen. Gefügeauflockerungen können durch den Ölkochversuch festgestellt werden, soweit sie mit der Außenhaut in Verbindung stehen. Die Stücke werden bei der Ölkochprüfung eine halbe Stunde bei 160° C in Öl gekocht. Nach dem Herausnehmen der Teile aus dem Ölbad sind die Oberflächen in trockenen Sägespänen zu säubern und anschließend in einem Gemisch, bestehend aus Schlämmkreide und Spiritus, einzutauchen. Nach der Entnahme aus dem Bad verdunstet der Spiritus und der Kreideüberzug wird trocken und weiß. Im Bereich der Fehlstellen (Mikrolunker und -risse) tritt das Öl aus und färbt diese Stellen dunkel. Auch der Beizversuch mit der Chromat-Acetat-Lösung (nach DRP 745 698) ist zur Feststellung solcher Fehlstellen geeignet.

Zu *γ*) Aus den geschweißten Mustern werden entsprechende Prüfstäbe mit Schweißnaht entnommen und die Festigkeit ermittelt. Aus dem Bruchgefüge sind die Nahtgüte sowie Verunreinigungen und Korngröße erkennbar.

Bei örtlichen Auftragschweißungen z. B. Ausbessern von Fehlstellen an Gußstücken, empfehlen als technologische Kurzprüfung *Graßmann* und *Brandis*, die Schweißstelle ähnlich wie beim Lochstanzen durch einen Ring aus dem Metall herauszudrücken. Bei geringer Randzonenfestigkeit fällt die Schweißstelle als runde Scheibe heraus, im anderen Fall zeigen sich nur radial verlaufende Einrisse.

J. Zusammenfassung

Bei der Entwicklung der Magnesiumlegierungen in den letzten Jahrzehnten wurde in erster Linie angestrebt, Werkstoffe mit günstigen Festigkeits- und Korrosionseigenschaften herzustellen. Schweißtechnisch hat sich bewährt Legierung MgMn, soweit die Verarbeitung werkstoffgerecht erfolgte und die Bauteile den Eigenschaften dieses Werkstoffes entsprechend zum Einsatz kamen. Aus dieser Knetlegierung wurden mit Erfolg u. a. Brennstoffbehälter, Verkleidungsteile u. ä. in größten Mengen für Luft- und Landfahrzeuge hergestellt. Das Schweißen der anderen Legierungen mit günstigen Schweißeigenschaften hat, besonders bei Reparaturarbeiten an Gußteilen, oftmals zu Schwierigkeiten Veranlassung gegeben. Bei legierungstechnischen Neuentwicklungen ist es daher notwendig, den Schweißeigenschaften des Werkstoffes mehr Bedeutung beizumessen als bisher.

Graßmann und *Brandis* haben auf Grund umfangreicher Arbeiten, Entwicklung neuer Schweißmethoden und Flußmittel, Fortschritte erzielt. Darüber hinaus steht mit der Schutzgasschweißung ein Verfahren zur Verfügung, dem speziell für die Magnesiumlegierungen besondere Bedeutung für die Zukunft beizumessen ist.

Literaturangaben

Anleitungsblätter für das Schweißen und Löten von Leichtmetallen. VDI-Verlag 1940, Berlin NW 7, herausgegeben von Prof. Dr. A. Mating, Hannover.

Auchter, C., „Ein Beitrag zur Frage der Schweißbarkeit von Leichtmetall-Knetlegierungen": Über die Eigenschaften der Schweißverbindungen von Silumin, K. S.-Seewasserlegierung und Elektron. Techn. Hochschule Aachen 1936, Buchdruckerei R. Kühn, Berlin SW 68.

Autogen-Schweißer *14* (1941), H. 6, S. 47.

Beck, A., „Magnesium und seine Legierungen", J. Springer, Berlin (1939), S. 166, 342, 442—444, 449—452.

Brailovski, I. M., Awiopromyschlennost *6* (1937), Nr. 1, S. 34—38.

Brauer, P. (1), Autogen-Schweißer *13* (1940), H. 7, S. 57.

— (2), Maschinenbau / Der Betrieb *20* (1941), H. 8, S. 347.

Buchmann, W., Dauerfestigkeitseigenschaften der Magnesiumlegierungen. Z. VDI *85* (1941), H. 1, S. 15.

Bühler, H. u. *W. Günther*, Zeitschrift Schweißen u. Schneiden, Jahrgang *3*, (1951), Heft 4. Schweißen mit Argon als Schutzgas.

Bulian, W. (1), Über die Schweißrissigkeit an Leichtmetallblechen, Vortrag auf der Jahres-Herbsttagung der Deutschen Gesellschaft für Metallkunde 1948, Z. Metallkde 1949.

— (2), Über ein Schweißverfahren zum Verbinden von Stangen und Profilen aus Legierungen der Gattungen MgAl 6 und MgAl 7. Metallforschung *2* (1947), H. 7/8, S. 249—251.

Bulian, W. u. *E. Fahrenhorst*, Über die Schweißrissigkeit an Blechen aus MgMn-Legierungen. Z. Metallkde *36* (1944), H. 7, S. 170.

Bungardt, W., Elektroschweißung von Magnesiumlegierungen. Elektroschweißung *12* (1941), H. 2, S. 75.

Clauser, H. R., Inert-Gas-Shielded Arc Welding for difficult to-weld Materials. Materials und Methods (1947), S. 86/90.

Dowmetal Data Bock, Dow. Chemical Co., Midland, Mich. (1935), S. 35—38.

Dowmetal Magnesium Alloys, Dow. Chemical Co., Midland, Mich. (1939), S. 47—52.

Ferguson, L., Wld. Engr. *18* (1933), Nr. 7, S. 14—16 und Nr. 8, S. 20—23, Bell Laboratories Record *13* (1934), S. 109—112.

Fox, F. A., Some Notes on an Investigation of the Hand Methode of Argonarc Welding as apllied to Magnesium Bas Alloys.
Symposium on the Welding of Light Alloys, 1946.

Gann, I. A., SAE Journ. *28* (1931), S. 653—668.

Gerritsen, W., Le soudage à l'arc à l'argon. Revue de la soudure *4* (1948), Nr. 1.

Graßmann, K., Über die Grundlagen für das Schweißen von Magnesium-Gußlegierungen. Gießerei *30* (1943), H. 7/9, S. 107; H. 10/11, S. 129.

Graßmann, K. u. *J. Brandis*, Schweißen von Magnesiumguß. Z. Metallkde *33* (1941), H. 1, S. 38, H. 4, S. 160.

Grimwood, E. J., Argonarc Welding of Magnesium Alloys at High Duty Alloys, Ltd. Symposium on the Welding of Light Alloys, 1946.

Haase, C., Punkt- und Nahtschweißung von Leichtmetallen. Z. VDI *84* (1940), H. 6, S. 89.

Hase, C. u. *O. Plass*, Weld. Ind. *4* (1936), S. 4, 140—144, 258, 278.

Heinemann, K., Neuere Erfahrungen über das Schweißen und Löten. Z. Metallkde *31* (1939), H. 5, S. 141.

Hougen, H. E., Ind. und Weld. *12* (1939), Nr. 12, S. 41—45 u. *13* (1940), Nr. 1, S. 50—52.

Hunt, L. B., Met. Ind. (London) *54* (1939), S. 69—73.

Kachanow, J. u. *A. Daidurow*, Awiopromyschlennost *6* (1937), Nr. 1, S. 27—33.

Kloße, E. (1), Schweißen von Magnesium-Gußlegierungen. Z. VDI *84* (1940), H. 29, S. 511.

— (2), Schweißen von Magnesium-Gußlegierungen. Autog. Metallbearb. *37* (1944), H. 19/20, S. 188.

— (3), Stand und Aussichten des Lichtbogenschweißens von Magnesium-Gußlegierungen, Elektroschweißung *15* (1944), H. 6, S. 73.

Koppenhöfer, A., Autog. Metallbearbeitg. *32* (1939), S. 246—249; Metallwirtsch. *18* (1939), S. 383—387; Z. Wirtsch. Fertig. *43* (1939), S. 32—34; Anleitungsblätter für das Schweißen und Löten von Leichtmetall, VDI-Verlag, Berlin 1940, S. 79—90; W. Walbersdorf, Metallwirtsch. *17* (1938), S. 1282—1287.

Kraetsch, G. u. *A. Scheck*, Aluminium *23* (1941), H. 5, S. 239.

Kreul, W., Rdsch. techn. Arbeit *17* (1937), Nr. 47.

Loose, W. S. u. *A. R. Orban*, Arc Welding of Magnesium Alloys. Welding Journal *21* (1942), Nr. 12.

Lüder, E. u. *K. Heinemann*, Eigenschaften von Metallen und Legierungen in ihrer Bedeutung für das Schweißen und Löten. Z. Metallkde *28* (1936), H. 7, S. 188.

Machinery (N. Y.) *40* (1934), S. 672.

Mäder, H. u. *F. Laves*, Über die Schweißrissigkeit der Cer-legierten MgMn-Legierungen und deren Vermeidbarkeit durch Al-Zusatz. Aluminium *25* (1943), H. 4, S. 157.

Magnesium Welding, Aluminium Company of America, Pittsburgh, Dez. 1939, 8 Seiten; Amer. Machinist *84* (1940), S. 301—302.

Mechel, R., Gemeinsames und Ähnliches für die Beurteilung der Schweißbarkeit hochfester Leichtmetall-Legierungen. Z. Metallkde *33* (1941), H. 5, S. 205.

Metals Handbook (1939), Edn 246—249.

Modern Metals *7* (Juli 1951) Nr. 6, S. 26/28. „Schutzgaslichtbogenschweißung von Aluminium mit Schweißdraht als Elektrode" (Sigma precess).

Nagel, K., Autog. Metallbearb. *35* (1942), H. 20, S. 297.

Philips, M., Metal Ind. (London) *54* (1939), S. 561—565; Sheet Metal Inds. *13* (1939), S. 1375/1379.

Portier, H., Technique Moderne *28* (1936), S. 313—320.

Reichel, K., Jahrb. 1938 Deutsch. Luftfahrtforschung I, S. 538—548.

Siemers, K., Die elektrische Widerstandsschweißung von Leichtmetallen. Elektrowärme *9* (1939), H. 4 S. 75/83.

Stieler, C. (1), Z. VDI *80* (1936), S. 657/660.

— (2), Die Schweißtechnische Ausbesserung von Leichtmetall-Gußstücken. Gießerei *31* (1944), H. 12/13, S. 85; H. 14/15, S. 106.

Thiemer, E., Das Arcatom-Schweißgerät, seine Wirkungsweise, Handhabung und Anwendung, T. Z. für praktische Metallbearbeitung *52* (1942), S. 36/39, 58/61, 83/85 u. 103/104.

Thomson, E., Trans. A. J. M. E. *19* (1890), S. 877—892.

Thum, A. u. *Zoege von Manteuffel, R.* Geschweißte Magnesium-Legierungen und ihre Zug-Druck-Wechselfestigkeit, Metallwirtschaft *XXIII* (1944), Nr. 22—26, S. 215/220.

Wassell, F. A., Helium Shielded Arc Welding of Magnesium Alloys. Welding Journal *23* (1944), Nr. 2.

Werkstoffhandbuch Nichteisenmetall. Deutsche Gesellschaft für Metallkunde, VDI-Verlag 1936, Berlin NW 7.

Werkstoff Magnesium, VDI-Verlag 1938, Berlin NW 7.

Wolff, L., Die Lichtbogenschweißung mit Argon als Schutzgas (Argonarc-Verfahren), Z. VDI *91* (1949) Nr. 16, S. 399.

Das Schweißen von Titan und Titanlegierungen*)

Metallographin R. Slanina, Freiberg (Sachs.)

A. Allgemeines

Titan ist eines der weitest verbreiteten Elemente in der Erdrinde (Bild 1). Der Titangehalt beträgt rd. 0,60 bis 0,61 Gewichtsprozent. Somit nimmt Titan unter den praktisch wichtigen Metallen den vierten Platz ein. Es besitzt eine Reihe von Eigenschaften, die es zu einem Konkurrenten von Stahl, Aluminium und anderen Metallen werden lassen. Es gehört zu den Elementen der vierten Gruppe des periodischen Systems. Sein Schmelzpunkt liegt nach *West* bei 1725° C.

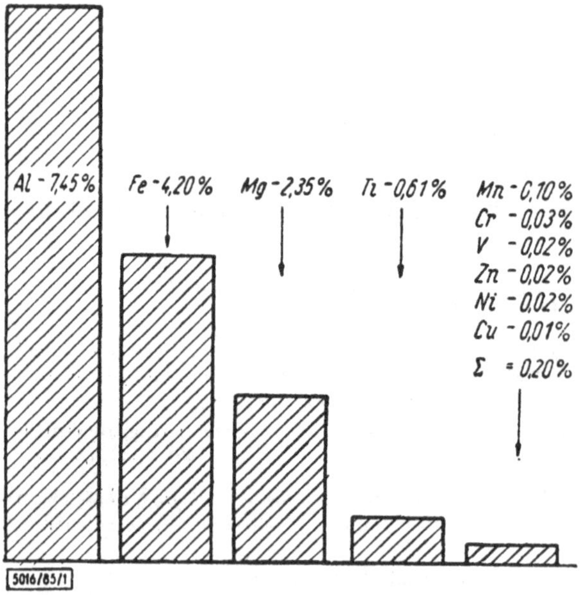

Bild 1. Verbreitung der wichtigsten Metalle in der Erdrinde (nach *Kornilow*)

Reines Titan tritt in zwei Modifikationen auf. Bei Temperaturen über 882° C liegt die kubisch raumzentrierte β-Phase vor. Diese wandelt sich unterhalb 882° C in die hexagonale α-Phase um. Die Ausbildung des Gefüges ist von der Abkühlungsgeschwindigkeit abhängig. Durch schnelle Abkühlung aus dem β-Gebiet bildet sich nicht, wie bei langsamer Abkühlung, globulares α-Korn (s. Bild 2a), sondern das Gefüge zeigt, je nach der Abkühlungsgeschwindigkeit, eine lamellare bis nadlige Ausbildung (Bild 2b und c) (Lit. *Bungardt* und *Rüdinger*). Bedingt durch seine Ausbildungsform besitzt dieses Gefüge ungünstige Zähigkeitseigenschaften (Bild 3).

*) Eine Zusammenstellung der Ergebnisse auf Grund bisheriger Veröffentlichungen

Sauerstoff, Stickstoff und Kohlenstoff bilden mit Titan Einlagerungsmischkristalle, wirken versprödend und setzen die Kerbschlagzähigkeitswerte herab. Sie sind deshalb nur bis zu einigen Zehntel % zulässig.

Elemente, die Substitutionsmischkristalle mit Titan bilden wie Aluminium, Eisen, Mangan, Chrom, Molybdän und Vanadin rufen eine Verfestigung hervor ohne wesentlichen Verlust der Duktilität, so daß Legierungsmengen bis zu einem Gesamtgehalt von 10 bis 20% zulässig sind.

Stickstoffgehalte müssen unter 0,10% und vorzugsweise unter 0,05% liegen, weil ein höherer Stickstoffgehalt die Rißbildung stark fördert und die Dehnung ungünstig beeinflußt. Der Wasserstoff übt schon bei Gehalten von 0,005 % einen Einfluß auf die Kerbzähigkeit von Titan aus, hat aber auf die Zugfestigkeit noch keinen ungünstigen Einfluß. Es ist daher zweckmäßig, Verunreinigungen von Wasserdampf oder Kohlenwasserstoff im Schutzgas möglichst zu vermeiden.

Neben anderen Elementen stabilisieren Kohlenstoff, Sauerstoff, Stickstoff und Aluminium die α-Phase.

Selbst bei einer schnellen Abkühlung gehen solche Legierungen vollständig zur α-Phase über und es tritt keine Versprödung ein, wie bei einigen α-β-Titanlegierungen beobachtet werden kann.

Die einphasigen α-Legierungen besitzen gute Festigkeits- und Dehnungswerte. Sie härten nicht, wenn sie im Umwandlungsbereich abgekühlt werden, und demzufolge werden die Schweißverbin-

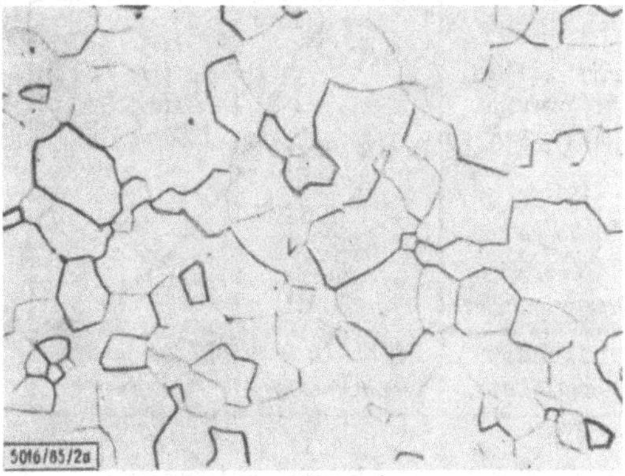

2a) 1 Std. 600°/Luft, globulares α, V = 250

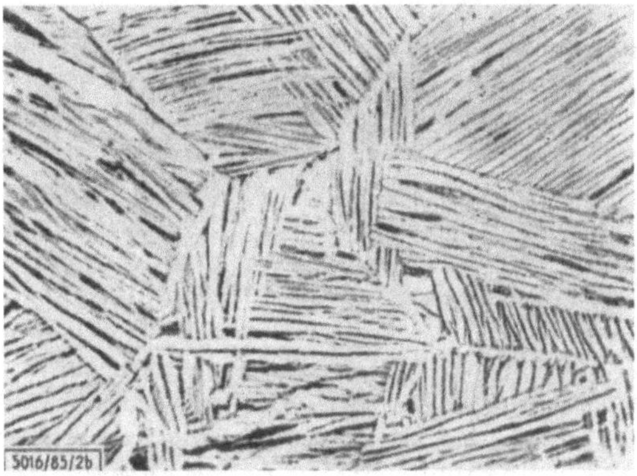

2b) 1 Std. 1000°/Luft, lamellares α, V = 250

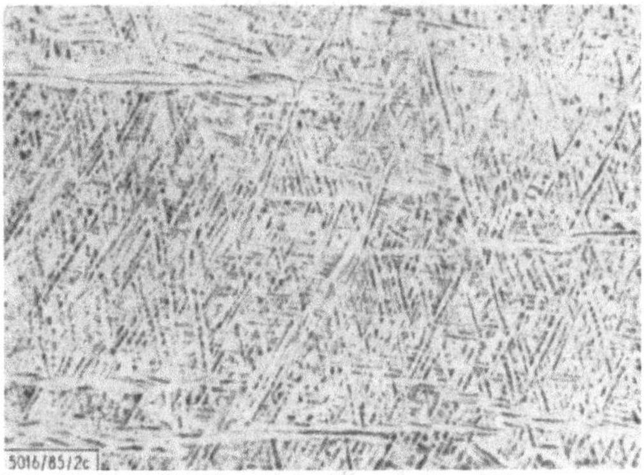

2c) 1 Std. 1000°/Wasser, nadliges α, V = 250

Bild 2a bis c. Gefüge von Titan nach verschiedenen Wärmebehandlungen (Werkstoff B. siehe Zahlentafel 1) (nach *Bungardt* und *Rüdinger*)

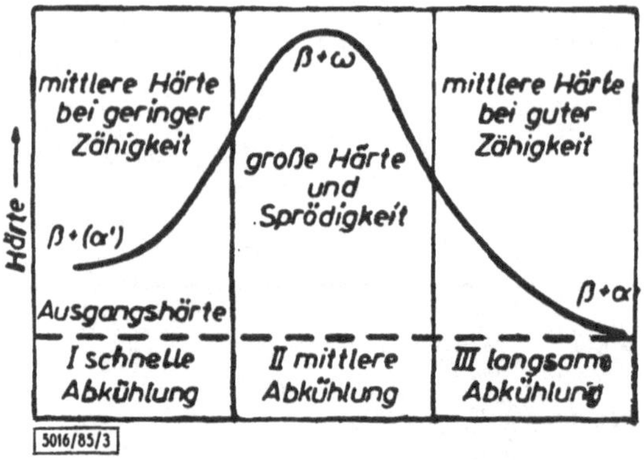

Bild 3. Einfluß der Abkühlung auf die Härte und Zähigkeit von $\alpha + \beta$-Titanlegierungen (schematisch) nach L. D. Jaffe (entnommen aus *Bungardt* und *Rüdinger*)

dungen unter dem Einfluß der Schweißwärme nicht spröde (Lit. *Voldrich*). α-β-Legierungen dagegen sind zum größten Teil empfindlich gegen Versprödung. Der Wechsel von Erwärmung und Abkühlung beim Schweißen fördert diese.

Stabilisatoren der β-Phase sind u. a. Eisen, Mangan, Molybdän, Chrom und Vanadin. Wenn diese Elemente in *geringen* Mengen dem Titan zugesetzt werden, bilden sie α- und β-Mischkristalle. Dieses Gefüge ist gegenüber einer Wärmebehandlung empfindlich und versprödet leicht. Werden diese Legierungselemente jedoch in größeren Mengen zugesetzt, dann bilden sie β-Mischkristalle, die sich einer Wärmebehandlung gegenüber weniger empfindlich verhalten.

Versuchsschweißen wurden durchgeführt an Proben mit einem Mangangehalt von 6%. Diese Proben waren nach dem Schweißen vollständig versprödet, als Folge der Umwandlungshärtung, die während der Abkühlung nach dem Schweißen eintritt. Eine anschließende Erwärmung auf 732° C und langsames Abkühlen auf 621° C, dann Abschrecken in Wasser, stellte nur im geringen Grade die Dehnungswerte wieder her. Weitere Versuche wurden an Titan-Chrom-Legierungen vorgenommen. 1 bis 15%ige Titan-Chrom-Legierungen zeigen vor und nach dem Schweißen sehr gute Dehnungswerte. Diese 15%ige Chromlegierung zeigt von den hochfesten Titanlegierungen die duktilsten Schweißverbindungen (Lit. *Voldrich*). Diese β-Legierung ist so stabil, daß sie die Erwärmung und Abkühlung einer Schweißung ohne Umwandlungshärtung und damit ohne Versprödung durchläuft. Die niedriger legierten Titan-Chrom-Legierungen werden nach dem Schweißen einer Wärmebehandlung unterzogen, wodurch die Duktilität verbessert wird.

In der Auswahl der Wärmebehandlungsverfahren muß man jedoch berücksichtigen, daß die hochlegierten Legierungen beim Schweißen stark seigern können und dadurch bedingt Konzentrationsunterschiede auftreten.

Titan-Aluminium-Legierungen (α-Mischkristalle) lassen sich gut verschweißen. Sie sind Wärmeeinflüssen gegenüber nicht empfindlich und zeigen keine Umwandlungshärtung. Aluminium steigert die Festigkeit, die Dehnung nimmt dabei nur gering ab.

Die *Korrosionsbeständigkeit* des metallischen Titans ist groß. Es ist beständig gegen die Einwirkung von Natrium-, Calzium-, Eisenchlorid, feuchtem Chlor, Chromanhydrit, Zitronensäure, Milch- und Stearinsäure, Tetrachlorkohlenstoff, Formaldehyd und geschmolzenem Schwefel.

Titan wird dagegen angegriffen von:

Salpetersäure, 65%ig siedend
Phosphorsäure, 10%ig bei 80° C oder 85%ig bei 25° C
Salzsäure, 5%ig bei 25° C
wässriger Lösung von Flußsäure
Ameisensäure (50%ig) (Lit. *Kornilow*).

Die Beständigkeit von Titan gegenüber Seewasser und Seeluft bieten für den Bau von Wasserfahrzeugen große Verwendungsmöglichkeiten.

Wegen der vorgenannten Eigenschaften kann Titan auch im chem. Apparatebau eingesetzt werden. *Titan und seine Legierungen besitzen die gleiche Festigkeit wie viele unserer legierten Stähle und sind 30 bis 40% leichter als Stahl.* Das relativ geringe spez. Gewicht des Titans (4,7 g/cm^3, Eisen 7,8 g/cm^3) bei hohen mechanischen Eigenschaftswerten macht Titan zu einem hervorragenden neuen Werkstoff für Konstruktionen in der Luftfahrttechnik, im Raketen-, Gasturbinen- und Panzerplattenbau. Weitere Einsatzmöglichkeiten bieten sich in der Automobil- und Eisenbahnindustrie, vor allem für solche Geräte und Fahrzeuge, für die eine Heraufsetzung des sogen. Leistungs- oder Konstruktionsgewichtes anstrebenswert ist.

Titan kann als kriechfest angesehen werden. Reines Titan kann bei Raumtemperatur bearbeitet werden (gezogen, gestanzt, gepreßt usw.). Sauerstoff, Stickstoff und Kohlenstoff setzen die plastischen Eigenschaftswerte herab und verschlechtern somit die Bearbeitbarkeit im kalten Zustand.

Von großer Bedeutung ist das Schweißen von Titan und Titanlegierungen. Die Verwendung von Titanlegierungen höherer Festigkeit für Schweißkonstruktionen wird z. Zt. noch untersucht. Die Veröffentlichungen derjenigen Staaten, die Titan und seine Legierungen bereits einsetzen, z. B. USA, sowie Ungarn sind z. Z. noch sehr spärlich.

B. Bemerkungen zu den Schweißverfahren

Die meisten Schweißungen im Produktionsmaßstab wurden bis jetzt an handelsüblich reinem Titan ausgeführt.

Die Zugfestigkeitswerte von handelsüblich reinem Titan liegen zwischen 42 und 63 kg/mm^2, die Dehnung zwischen 15 und 30 %. Die Schweißeigenschaften sind sehr gut. Bei richtiger Schweißung haben die Verbindungen etwa die gleiche Festigkeit und Dehnung wie das ungeschweißte Grundmetall. Von den Schmelzschweißverfahren ist nach den in den *Battelle*-Instituten durchgeführten Versuchen die Lichtbogenschweißung mit Schutzgas am geeignetsten. Da Titan mit den meisten Elementen und Verbindungen sehr schnell und auch noch mit diesen im festen Zustand reagiert, sind die Gas- und die Lichtbogenschweißung mit umhüllten Elektroden gar nicht oder nur sehr schwer durchführbar.

Barrett und *Lane* befassen sich mit Untersuchungen über den Einfluß gasförmiger Verunreinigungen auf die Eigenschaften von Titanschweißen, welche im Lichtbogen verschweißt wurden. Es handelt sich dabei um Sauerstoff, Stickstoff, Wasserstoff und Wasserdampf, wie sie in einer Heliumatmosphäre mitgeführt werden. Diese Arbeiten wurden und werden von dem *Federal Bureau of Mines*, College Park, Md. in Zusammenarbeit mit dem *Army Ordnance Corps*, Watertown Arsenal durchgeführt. Aus den Versuchen, die an 3,18 mm dickem Titanblech durchgeführt wurden, konnte abgeleitet werden:

Eine in reiner Heliumatmosphäre ausgeführte Schweiße besitzt Zerreiß- und Biegeeigenschaften, die etwa denen des Grundmaterials entsprechen. Starke Versprödung tritt ein, wenn Sauerstoff und Stickstoff $=$ bzw. $>$ als 10 Vol. % des Gasgemisches ausmachen. Bei einem Stickstoff- und Sauerstoffgehalt von weniger als 1 Vol. % entspricht die Güte der Schweißung einer solchen, die in reiner Heliumatmosphäre durchgeführt wurde. Wasserstoff, selbst bei einem Volumengehalt von

10 % im Gasgemisch, hat auf die Zerreiß- und Biegeeigenschaften von Titanschweißen geringen Einfluß.

Um die Schweiße vor der Aufnahme von Sauerstoff, Stickstoff und Wasserstoff zu schützen, ist die *Lichtbogenschweißung mit Schutzgas* am geeignetsten. Für die Handschweißung bevorzugt man Argongas, es ist spez. schwerer als Helium und bleibt deshalb „besser auf dem Bad liegen". Für die automatische Schweißung verwendet man Helium. Die Gashülle muß das Schmelzbad, das angrenzende Metall *und* die Schweißunterlage (!) vollständig einhüllen, um eine Versprödung der Schweiße zu vermeiden. Am geeignetsten ist eine mit Argon oder Helium gefüllte Kammer. Argon und Helium müssen hochrein, das zu verschweißende Material sauber (fettfrei) und zunderfrei sein.

1. Die Lichtbogenschweißung unter Schutzgas

Sehr gute Schweißeigenschaften erzielt man (Lit. *Voldrich*) bei der Lichtbogenschweißung unter Schutzgas mit nicht abschmelzender Wolframelektrode unter Verwendung von Gleichstrom mit negativer Polung der Elektrode. (Bild 4). Dazu sind jedoch verschiedene Bedingungen erforderlich, die nachfolgend aufgeführt werden:

Die zu verschweißende Titanlegierung muß duktil sein. Die Schweißflächen und der Schweißstab müssen von Schmutz und Zunder befreit werden. Die Entzunderung kann durch Abschleifen, Schmirgeln oder auch chem. durch Beizen geschehen, doch muß dabei unbedingt darauf geachtet werden, daß eine Wasserstoffaufnahme, die versprödend wirkt, verhindert wird. Das Schutzgas muß das Schmelzbad und die Metallunterlage vollständig einhüllen. Das dazu verwendete Argon, Helium oder ein Gemisch aus beiden muß hochrein, d. h. frei von Sauerstoff, Stickstoff, Wasserdampf und Kohlenwasserstoffen sein. Schweißunterlagen verwendet man, um die Wärmeableitung und gleichzeitig den Schutz der Unterseite zu verbessern (Bild 5). Kupferunterlagen haben sich gut bewährt.

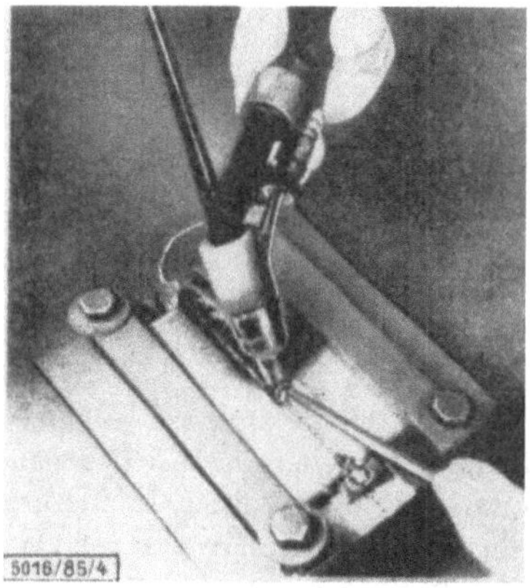

Bild 4. Schutzgas-Wolframlichtbogen-Schweißung einer Stumpfnaht von Titanblech (nach *Voldrich*)

Auch *Bungardt* und *Rüdinger* bestätigten dies. Sie untersuchten weiterhin den Einfluß der Stromstärke und damit der Schweißgeschwindigkeit auf die Festigkeitseigenschaften (Zahlentafel 1).

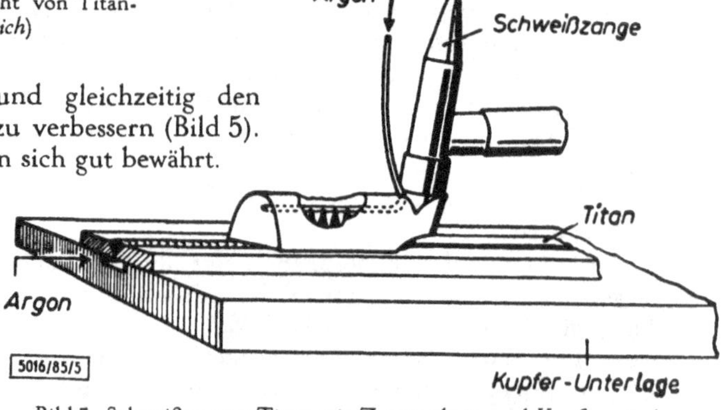

Bild 5. Schweißen von Titan mit Zusatzschutz und Kupferunterlage (schematisch) (nach *Bungardt* und *Rüdinger*)

Werkstoff	Fe	Cr	Al	Sn	C	N	H	O	Brinellhärte in kg/mm²
A	0,12	—	0,11	—	0,04/5	0,013	0,0056	0,094	123
B	0,27	—	Sp.	—	0,02	0,019	0,0125	0,304	176
D	0,26	—	0,08	—	0,01/2	0,027	0,007	—	130
F	0,23	—	4,3	2,4	0,03/4	0,010	0,006	nb.	290
G	1,68	2,98	0,06	—	0,01/2	0,015	0,003	nb.	321

Chemische Zusammensetzung, der von *Bungardt* und *Rüdinger* untersuchten Titanschmelzen und Titanlegierungen.

Grundwerkstoff	Blechd. in mm	Zusatzdraht Dmr. in mm	Stromstärke in A	Argonströmgeschwindigkeit in l/Min.			Streckgrenze in kg/mm²	Zugfestigkeit in kg/mm²	Dehnung in %	Einschnürung in %	Kerbschlagzähigkeit[1]) in mkg/cm²	Biegewinkel[2]) in Grad	
				Brennerdüse	Nut	Zusatzdraht						unbehandelt	geglüht 1/2 Std. 700°/L.
A[3])	—	—	—	—	—	—	30,0	44,8	36,8	59,4	...	...	...
B[4])	10	—	—	—	—	—	43,5	48,3	37,0	62,0	7,1	...	...
B[4])	1	—	—	—	—	—	48,5	56,2	30,0	...	...	180	...
B	10	3	140	8	2	5	42,5	47,4	13,2	57,8[5])	2,1	...	...
	10	3	160	8	2	5	42,9	48,6	20,0	57,8[5])	3,0	...	...
	10	3	180	8	2	5	44,0	48,6	23,8	62,2[5])	3,3	...	...
B	1	1	40	10	0	—	39,5	48,5	29,0[5])	...	...	75	90
	1	1	60	10	2	—	49,0	57,6	29,8[5])	...	...	85	110
	1	1	80	10	0	—	49,5	56,7	25,0[5])	...	...	180	180

Einfluß der Stromstärke auf die Festigkeitseigenschaften von geschweißtem Titan, nach *Bungardt* und *Rüdinger*.

[1]) DVM-Probe, Kerb im Schweißgut auf der Wurzelseite. [2]) Über die Wurzel gebogen, Naht nicht abgearbeitet, r = 1,5 d. [3]) Schweißzusatz. [4]) Grundwerkstoff, ungeschweißt. [5]) Bruch im Grundwerkstoff.

Zahlentafel 1

Neben der Schweißstromstärke ist auch die in der Zeiteinheit ausströmende Schutzgasmenge von Einfluß auf den Schweißprozeß. Eine zu geringe Schutzgaszufuhr hat ein Verdampfen der Elektrodc und einen unsteten Lichtbogen zur Folge. Auch das Schweißbad wird ungenügend geschützt. Zu hoher Schutzgaszufluß verursacht eine blasige Naht und bewirkt außerdem durch zu schnelle Abkühlung ungünstige Gefügeausbildung. Die geeignete Strömungsgeschwindigkeit bei 10 mm dicken Blechen liegt nach *Bungardt* und *Rüdinger* zwischen 6 und 8 l/min. Für die Festigkeit der Schweißverbindung ist die Güte des Zusatzwerkstoffes von erheblicher Bedeutung. Beim Verschweißen von α + β-Legierungen erhält man bessere Festigkeitseigenschaften, wenn *Titan* als Schweißzusatz verwendet wird.

Die durch das Schweißen verursachten Gefügespannungen können durch geeignete Wärmebehandlungsverfahren abgebaut und es kann teilweise Umkristallisation erreicht werden (Bild 6a und b).

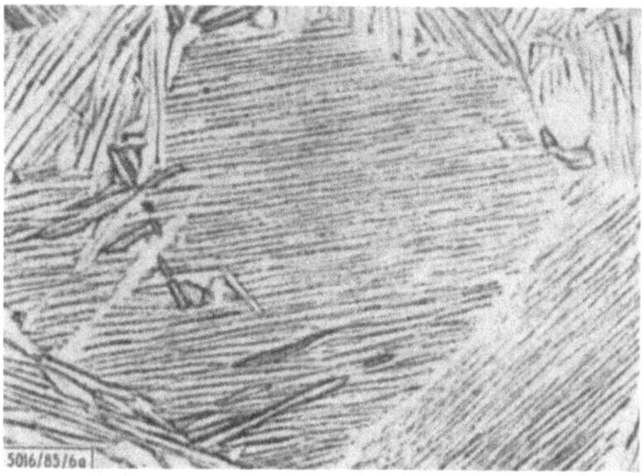

6a) lamellare Gußstruktur, unbehandelt, V = 250

Bild 6a und b. Gefüge in der Schweißnaht (nach *Bungardt* und *Rüdinger*)

6b) Durch Wärmebehandlung 1 Stunde 700° C/Luft größtenteils umkristallisiertes α-Gefüge, V = 250

Auch das Schutzgasschweißverfahren mit selbstverzehrender Elektrode, das unter dem Namen „Aircomatic" — oder Sigma-Schweißung bekannt ist, kann für die Schweißung von Titan angewendet werden (Bild 7). Das Schweißen wird hierbei unter Verwendung von Gleichstrom mit positiver Polung der Elektrode durchgeführt. Man wählt eine hohe Schweißgeschwindigkeit und erhält gute Einbrandtiefen.

2. *Punkt- und Rollennahtschweißen* (*Lit. A. J. Rosenberg*)

Das reine Handelstitan und die mittelfesten Legierungen (Sauerstoff, Stickstoff- und Kohlenstofflegierungen) können leicht punktgeschweißt werden. Die Verwendung eines Schutzgases erübrigt sich dabei. Es zeigte sich, daß sich die mittelfesten Legierungen ebenso leicht schweißen ließen, wie die Werkstoffe geringerer Festigkeit.

Bild 7. Sigma-Schweißung einer Stumpfnaht von Titanblech (nach *Voldrich*)

Man stellte Schweißen bei 3, 8, 12 und 20 Perioden Schweißstromdauer her. Die Wärmeeinflußzone bei den mit 12 Perioden hergestellten Schweißen zeigte eine normale Ellipsenform, während die mit 8 Perioden ausgeführten Schweißen eine Zahnung aufwies, die bei 3 Perioden noch ausgeprägter war. Am Übergang Schweiße — Wärmeeinflußzone traten oft Brüche auf. Die besten Schweißergebnisse erzielte man bei Schweißen, die mit 8 Perioden durchgeführt worden waren (s. hierzu auch Grundsätzliches bei *Erdmann-Jesnitzer*, Bd. II, S 1497 ff).

Die Scherfestigkeitswerte von punktgeschweißten Nähten sind gleich oder größer als die von austenitischen rostfreien Stählen. Die Kopfzugfestigkeitswerte liegen etwas tiefer. Die hochfesten Titanlegierungen zeigen nach dem Schweißen eine sehr geringe Duktilität, die deren Verwendungsmöglichkeiten beschränkt. Man versucht durch Wärmebehandlungen einen großen Teil dieser Eigenschaften wiederherzustellen, doch sind die Untersuchungen darüber noch nicht soweit umfassend, um zur Zeit tabellarische Arbeitsregeln angeben zu können.

3. *Abbrennschweißung*

Oehler schreibt dazu: Erste Arbeiten wurden Anfang 1949 an Proben von reinen Handelsstäben von 12,7 mm ∅ durchgeführt. Es wurde beim Schweißen *keine* Schutzgasatmosphäre verwendet. Die Proben zeigten nach der Zerreißprüfung Verformungsbrüche am Übergang Schweiße — Grundwerkstoff. Die Schweißzone wies eine nadlige Struktur auf, die durch Glühungen bei 1650° C verfeinert wurde. Alle Schweißen zeigten keine Lunker oder Einschlüsse. Die Schweißzeit betrug 5 sec. bei einer Spannung von 2,9 V. Von besonderer Wichtigkeit war die Stauchgeschwindigkeit, die sehr groß gewählt wurde.

Nach diesen Vorversuchen wurden RC-70*) Stäbe zu Ringen verarbeitet und die Verbindungsstelle abbrenngeschweißt. Der Schweißgrat wird entfernt, solange er noch warm ist. Man verschweißte Querschnitte bis zu 12,9 cm². Es konnten befriedigende Ergebnisse bei allen Proben erzielt werden, wobei sich die Eigenschaften der Schweißen von denen des Grundmetalls kaum unterschieden. Schwierigkeiten bereitete das Verschweißen von hochfesten Legierungen. Der Werkstoff neigte dann zu Rißbildungen in der Oberfläche. Proben, an denen die Härte gemessen wurde, brachen zufolge der Brinelleindrücke. Man vermutete, daß die durch das Schweißen verursachten Spannungen genügten, um die Brüche zu verursachen. Durch nachträgliche Glühbehandlung bei 700°C konnte diese Erscheinung verhindert werden. *Oehler* beobachtete sogar, daß Schleifkratzer, die von der Entfernung des Grates herrührten, schon die Ursache zur Rißbildung sein können. Es ist möglich, daß bei diesen Versprödungserscheinungen gelöste Gase mitspielen, außerdem sei auf die

*) Bem.: RC-70, nach amer. Bez.

dem Stahl ähnliche und für einige Titanlegierungen mögliche Martensitstruktur des Gefüges hingewiesen.

Verschweißte man bei 6,2 V, Abbrennlänge 19 mm, Stauchlänge 9,53 mm, so konnte man Schweißen mit einer Zerreißfestigkeit von 68,8 kg/mm², Fließgrenze 66,3 kg/mm², 15% Dehnung auf 51 mm bei einer Querschnittsabnahme von 46% erzielen. Manche Schweißen mit hoher Festigkeit hatten sehr geringe Dehnung (1 bis 7%). Untersuchungen hierüber ergaben, daß das Gefüge der verschweißten Stäbe Zeilenstruktur aufwies. Man verschweißte diese Proben noch einmal und fand noch niedrigere Werte. Durch das Stauchen beim Schweißen wird der natürliche Faserverlauf gestört. Er liegt dann quer zur Stabachse und bietet dadurch eine erhöhte Gefahr zur Sprödbruchneigung (s. auch Bild 13, Bd I, S. 429). Abschließend kann gesagt werden, daß die Abbrennschweißung für Titanlegierungen anwendbar ist, falls berücksichtigt wird, daß der vorliegende Werkstoff guter Qualität und gleichmäßiger Struktur ist, und die geschweißten Teile nach dem Schweißen einer geeigneten Wärmebehandlung zugeführt werden.

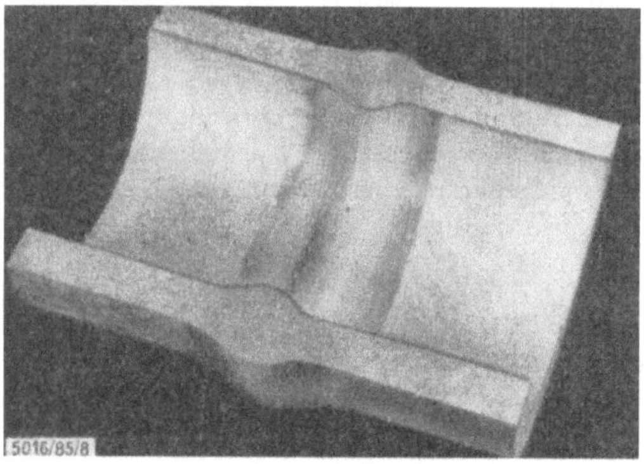

Bild 8. Querschnitt einer Preßschweißung an einem Rohr aus Titanlegierung (nach *Voldrich*)

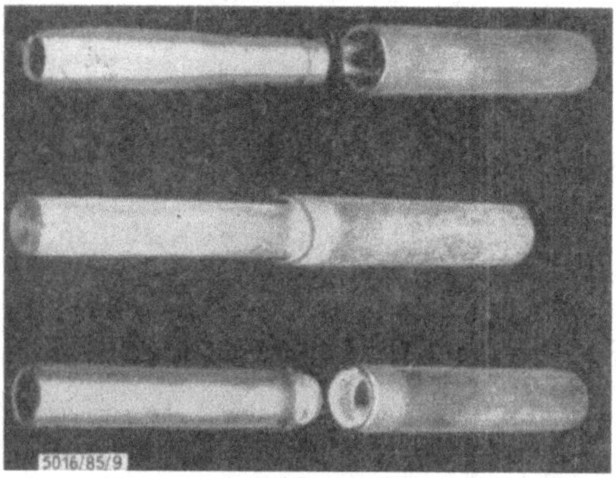

Bild 9. Hartgelötete Verbindung von Versuchsmuffen zwischen Rundstäben von 9,5 und 12,7 mm aus handelsüblich reinem Titan (nach *Voldrich*)

4. *Autogene Preßschweißung*

Während die autogene Schmelzschweißung von Hand für Titan nicht möglich ist, kann man die autogene Preßschweißung (s. S. 1595) anwenden. Preßschweißungen an Rohren von 7,6 cm ∅ aus Titanlegierungen wurden etwa in einer Minute bei einer maximalen Schweißtemperatur von 1200° C hergestellt. Bild 8 zeigt einen Querschnitt einer dieser Schweißen. Die Verformbarkeit der Schweißverbindung hängt auch hier von der Zusammensetzung der verwendeten Legierung ab.

C. Löten

Titan kann mit Titan und anderen Metallen Lötverbindungen eingehen.

Man wendet die Hochfrequenz-, die Widerstands- und Ofenlötung an. Das zur Zeit am meisten angewandte Lötverfahren besteht darin, durch Induktionsheizung, mit Helium oder Argonschutzgas ohne Lötmittel feste Nähte herzustellen. Das *Battelle-Institut* erhielt duktile und feste Lötstellen von Titan mit reinem Silber oder mit einer Silber-Mangan-Legierung. Löttemperaturen bis 1010° C sind erforderlich. Bild 9 zeigt z. B. eine Versuchsmuffenverbindung zwischen Rundstäben von 9,5 und 12,7 mm aus handelsüblich reinem Titan, die unter Argonschutzgas mit reinem Silber mit Induktionsheizung gelötet wurde. Das Bild 10 zeigt den Querschnitt einer Kehlnaht der erwähnten Muffenverbindung.

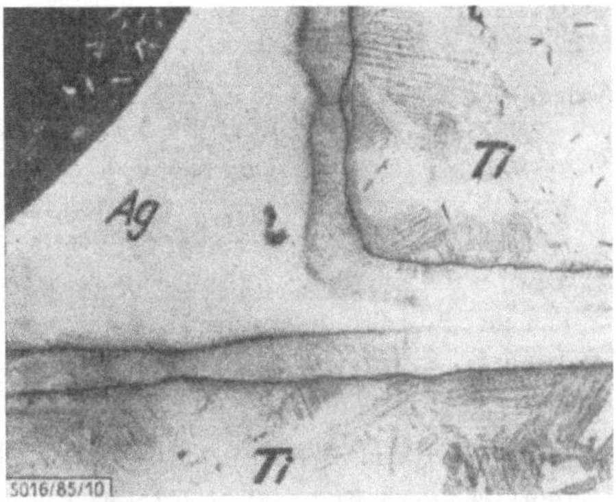

Bild 10.
Querschnitt der mit Induktionserwärmung gelöteten Verbindung nach Bild 9, V = 75, (nach *Voldrich*)

D. Zusammenfassung

Das handelsüblich reine Titan kann ohne besondere Schwierigkeiten in einer Schutzgasatmosphäre geschweißt werden. Mittelfeste und hochfeste Titanlegierungen zeigen noch Nachteile in bezug auf die Dehnung, Kerbschlagzähigkeit, Kerbempfindlichkeit und Ermüdungsfestigkeit. Eine Wärmebehandlung nach dem Schweißen ist dafür meist erforderlich. Auf dem Gebiet der Wärmebehandlungsverfahren für Schweißnähte und über Alterungseigenschaften bei höheren Betriebstemperaturen liegen noch keine genauen Daten vor. Untersuchungen darüber und über die Festigkeitseigenschaften und Dehnung von Mehrlagenschweißungen müssen noch durchgeführt werden.

Die Erforschung der Schweißbarkeit von Titan und Titanlegierungen ist in den letzten Jahren soweit fortgeschritten, daß zu erwarten ist, daß die mittelfesten und hochfesten Titanlegierungen in Kürze im Produktionsmaßstab verschweißt werden können.

Literaturangaben

Barrett, J. C. and *I. R. Lane jr.*, Effect of Atmospheric Contaminants on Arc Welds in Titanium, The Welding Journal, März 1954, S. 121s bis 128s.

Barksdale, I., Titanium, Ronald Press 1949.

Bungardt, K., und *K. Rüdinger*, Beitrag zur] Frage des Schweißens von Titan und Titanlegierungen, Z. Metallkde (1956) H. 8 S. 585—593.

Faulkner, G. E. and *G. B. Grable* and *C. B. Voldrich*, Der Einfluß von Eisen, Mangan, Chrom und Molybdän auf Schweißen in Titanmetall, Welding Journal (1954).

Finlay, W. L., *R. I. Jaffee*, *R. W. Parcel* und *R. C. Durstein*, Trans. AIME 200 (1954) 25.

Funk, E. R., The Spot Welding of Titanium, Welding Journal (1954) Nr. 8 V. 33.

Gilde, W., Titan und seine Schweißbarkeit, Schweißtechnik, H. 2 (1955), S. 41.

Gmelins, Handbuch der anorganischen Chemie „Titan", 8. Auflage (1952).

Hansen, M. und *Keßler*, Entwicklung von Titanlegierungen, Z. Metall 8 (1954), Nr. 9/10 S. 352

Hartbower, C.E. and *D.M. Delay jr.*, Alloy Welds Deposited in „Unalloyed" Titaniumbased Metal, Welding Research Supplement July (1954), S. 311—326.

Hedderich, J., Die Gewinnung des Titans und seine Anwendung, Metallurgie und Gießereitechnik 4. Jahrgang, H. 9, Sept. (1954) S. 389.

Higgins, C. C., Machinery London (1954) Nr. 2187, S. 816 und 817. Siehe auch „Die Technik" 10. Jahrgang (1955) H. 2, S. 73—80.

Holt, E. F., *F. H. Vandenburgh* and *N. L. McClymonds*, Spot Welding of Titanium-Carbon Alloys, Welding Journal 32, November (1953) N. 11, S. 1057—1066.

Hutchinson, G. E., *D. W. Kaufmann* and *R. C. Durstein*, New Weldable Titanium Alloy, Materials and Methods 9 (1954), S. 91

Kornilow, Titan seine Eigenschaften, Anwendung und Gewinnung. Technik, H. 2 (1955), S. 73—80.

Martin, D. C., Einfluß von Kohlenstoff, Sauerstoff und Stickstoff auf Schweißen in Titan, The Welding Journal 32 (1953) Nr. 3 Untersuchungsbeilage 139s—154s.

McPherson, D. J., und *M. Hansen*, Z. Metallkde 45 (1954) 76.

Nicolaus, H. O., Fortschritte der Titanmetallurgie in den Vereinigten Staaten von Amerika, Metall (1952) S. 1—5 und 250—256.

Oehler, I. A., Flash-Welding of Titanium Alloys, Welding and Metal Fabrication, Dezember (1952) S. 445

Ogden, H. R., *D. J. Maykuth*, *W. L. Finlay* and *R. I. Jaffee*, Die mechanischen Eigenschaften von hochreinen Titan-Aluminium-Legierungen, Journal Inst. of Metals *5* (1953) 2, S. 267—272

Rosenberg, A. J., *E. F. Hutchinson* and *S. Weiss*, Restoration of Duktility in Alloy Titanium Welds, The Welding Journal, August (1953), S. 708—714

Rosenberg, A. J., Resistance Spot Welding of Titanium and Its Alloys, The Welding Journal, April (1954) S. 324—328.

Schmidt, L., Titan als Werkstoff, Stahl und Eisen *70* (1950), S. 111—115

Stevenson, F. A., Fusion Welding of Commercially Pure Titanium The Welding Journal, März (1954), S. 147s—153s.

— (2): Forming and welding of titanium, Welding Journal (1952), Nr. 11, v. 31

Voldrich, C. B., On the Welding of Titanium Alloys, The Welding Journal, June (1953) S. 497—515

West, E. G., The welding of high melting point metals. The welding of titanium. Shet metal industry (1948), Nr. 256 v. 25

Zeerleder, V. A., Titan, Z. Metall *8* (1954), Nr. 9/10, S. 347

AUTORENVERZEICHNIS

LITERATURVERZEICHNIS

In Kursiv gesetzte Zahl bedeutet: Literatur zusammengefaßt in der Literaturangabe

INSTITUTIONEN

BÜCHER UND ZEITSCHRIFTEN

SACHREGISTER

ANHANG

zu Teil I u. II

Das Löten der Eisenwerkstoffe

Dr.-Ing. E. Lüder und Dr. phil. H. Reinicke, Berlin

Es ist üblich geworden, die Lötverfahren als einen Teil der Schweißtechnik anzusehen und sie daher im Zusammenhang mit Schweißverfahren zu betrachten. Deshalb sollen auch in diesem Buch zwei Kapitel dem Thema „Löten" gewidmet sein. Die technische Gleichberechtigung, die dem Lötverfahren im Vergleich zum Schweißen damit eingeräumt wird, wurde nicht zu allen Zeiten anerkannt. Gerade auf dem Gebiete des Stahles, des klassischen Werkstoffs für die Entwicklung fast aller Schweißverfahren, glaubte man noch vor verhältnismäßig wenigen Jahren, die Hartlötmethoden entbehren zu können, nachdem man gewisse Arbeitstechniken abgelehnt hatte. Die fortschreitende Entwicklung hat jedoch gezeigt, daß es trotz der mannigfaltigen neuen Schweißverfahren in vielen Fällen zweckmäßig ist, auf alte Erfahrungen zurückzugreifen und sie in neuer Gestalt in der Fertigung zu verwerten, wofür das *Hartlöten im Schutzgas* als gutes Beispiel dienen kann (s. z. B. spätere Bilder 31 bis 33).

A. *Begriffsbestimmungen*

Der Lötausschuß der Deutschen Gesellschaft für Metallkunde stellte im Jahre 1927 folgende Definition auf:

> „*Unter Löten versteht man das unlösbare Verbinden oder Ergänzen fester metallischer Werkstücke durch geschmolzene metallische Bindemittel*".

Diese Definition hat den Vorteil, kurz und prägnant zu sein und ist nach unserer Ansicht auch heute noch völlig stichhaltig; sie bedarf jedoch einiger ergänzender Bemerkungen:

Der Ausdruck „unlösbar" wird durch die mechanischen Eigenschaften der Lötverbindung abgegrenzt. Allerdings wird von manchen Lötstellen verlangt, daß sie leicht „ablöten", wie in Schalteinrichtungen von Fernmeldeleitungen, oder sich bei bestimmten Temperaturen von selbst lösen, wie bei Schmelzsicherungen. Das Wort „fest" bedeutet, daß das Werkstück an der Lötstelle während des ganzen Lötprozesses nicht aufgeschmolzen wird. Diese Forderung setzt aber voraus, daß die Erwärmung der Lötstelle die Grenze des Schmelz- bzw. Soliduspunktes des Werkstückes nicht erreicht. Das Wort „fest" beinhaltet damit die allgemeine Auffassung, daß ein Lötprozeß sich immer unterhalb des Schmelzpunktes des beteiligten Werkstoffes vollzieht. Diese Forderung ist aber nur erfüllbar, wenn das Lot eine wesentlich andere chemische Zusammensetzung hat als das Werkstück. Da diese Umstände zwingend sind, war es nicht notwendig, in die Definition die Begriffe der „niedrigeren Arbeitstemperatur" und des „Lotes aus Fremdmetall" besonders zu erwähnen.

Damit ist aber auch die Abgrenzung gegen das Schmelzschweißen eindeutig gezogen, bei dem der Grundwerkstoff aufgeschmolzen und die Verbindung durch einen ihm gleichen oder eng verwandten Zulegewerkstoff hergestellt wird. Übergänge, bei denen die Arbeitstemperatur sich dem Schmelz- oder Soliduspunkt des Grundwerkstoffes so weit nähert, daß ein Aufschmelzen erfolgt, werden als Schweißlöten bezeichnet. In jedem Falle ist es wichtig, den Definitionen die metallurgischen Verhältnisse zugrunde zu legen, weil sie immer verhältnismäßig leicht zu übersehen sind. Abzulehnen ist dagegen die Bezeichnung des Verfahrens nach dem gerade benutzten Werkzeug, wie es leider oft geschieht. Man kann sowohl mit dem Schweißbrenner löten, als auch mit dem Lötbrenner schweißen.

Für die Lötung braucht man *Lötstoffe* oder *Lötmittel*. Dies sind nach den Richtlinien des „RAL": Lote, Flußmittel und Vereinigungen von Loten und Flußmitteln.

Dabei sind: *Lote* = Metalle oder Legierungen, die sich in der Hitze mit den zu lötenden Werkstoffen *unterhalb* deren Schmelztemperatur verbinden (legieren) und in verschiedenen, für die Lötarbeit geeigneten Formen (Körner, Schnitzel, Bänder, Bleche, Drähte, Stäbe u. dgl.) angewendet werden. „*Flußmittel*" sind Stoffe, die den Bindungsvorgang (Legierungsvorgang) zwischen Lot und Werkstück fördern. Sie werden in fester, teigiger oder flüssiger Form (Pulver, Pasten, Salben, Lösungen usw.) zugeführt. Häufig kommen beide bereits fertig vereinigt vor, in Röhrenform mit Flußmittelfüllung, als Pasten und Gemenge, in teigiger Beschaffenheit u. ä.

Die Begriffe „*Weichlöten*" und „*Hartlöten*" sind, soweit es sich um Schwermetalle handelt, leicht durch die Arbeitstemperatur voneinander abzugrenzen. Weichlötungen werden mit Loten ausgeführt, die zur Gruppe der niedrig schmelzenden Metalle und Legierungen gehören. Als höchster Schmelzpunkt kommt derjenige des Zinks mit 420°C in Frage. Also wird man alle Verfahren, die sich unterhalb von 450°C abspielen, als Weichlötungen bezeichnen. Bei Hartloten liegen die tiefsten Schmelzpunkte bei etwa 600°C. Diese Temperatur ist als untere Grenze für Hartlötungen zu bezeichnen.

B. Grundsätzliches über das Löten

Ehe die verschiedenen Lötstoffe und Lötverfahren besprochen werden, sollen einige grundsätzliche Gedanken erläutert werden, die für alle Lötungen mehr oder weniger Bedeutung haben.

1. Der Lötspalt. Jedem Löter ist die Tatsache bekannt, daß die zu lötenden Werkstücke gut passen sollen. Dies basiert nicht allein auf arbeitstechnischen Vorteilen bzw. Erleichterungen, sondern findet auch eine plausible Erklärung in der Abhängigkeit mancher Eigenschaften von der *Lötspaltdicke*. Während ein zu großer Lötspalt sich, abgesehen von dem *Lotverbrauch*, aus Gründen abnehmender Festigkeit verbietet, läuft der umgekehrte Weg ebenfalls einem Festigkeitsminimum zu, das sich aus folgendem ergibt:

Das Einfließen des geschmolzenen Lotes in den Lötspalt folgt den Kapillaritätsgesetzen, wird aber gehemmt durch die Ausdehnung des erwärmten Grundwerkstoffes. Es kommt hierbei zu ungleichmäßigen Verengungen des Lötspaltes und zu Unterbrechungen der benetzten Oberfläche. Diese sind als Ursache der Festigkeitsabnahme anzusehen. Hier sei auf die Zahlentafel 1 hingewiesen, die die von *Leach* ermittelten

Lötspaltbreite in mm	0,0127	0,024	0,038	0,076	0,102	0,152	0,483	0,635
Zugfestigkeit der Stumpfnaht in kg/mm²	70,3	79,4	94,2	82,3	80,2	61,1	44,8	32,0

Zahlentafel 1. Abhängigkeit der Zugfestigkeit der Stumpfnähte von der Lötspaltbreite. Nach *Leach*.

Zugfestigkeitswerte von Stumpfnähten in Abhängigkeit von der Lötspaltbreite zeigt. Am günstigsten ist hier die Lötspaltbreite 0,038 mm mit einer Lötnahtfestigkeit von 94,2 kg/mm². Während das zur Verwendung gelangte Silberlot in ausgeglühtem Zustand eine Festigkeit von 45,6 kg/mm² hatte und die des rostfreien Stahles 112,5 kg/mm² betrug, erreicht hier die Lötnaht über das Doppelte der Lotfestigkeit. Die Versuche von *Leach* erstreckten sich auf Hartlötungen. Entsprechende Versuche an Weichlötungen wurden von *Nightingale* durchgeführt. Auch diese ergaben eine eindeutige Abhängigkeit der Festigkeit von der Dicke des Lötspaltes, wobei die maximale Festigkeit einer Spaltdicke von 0,1 mm entsprach. Es zeigt sich also, daß die günstigste Spaltdicke von den übrigen Bedingungen des Lötverfahrens abhängig ist [Lit. *Thomasson*].

2. Die Reinigung der Lötstelle durch Flußmittel. Bei allen Lötprozessen gilt es, *vor* Einsetzen des Lötvorganges die vorhandenen oder aus der Erwärmung mit Hilfe des Luftsauerstoffes oder aus Flammengasen herrührenden Trennschichten *rechtzeitig* zu entfernen, d. h. vor oder bei derjenigen Temperatur, bei der das Lot fließt und bindet; das ist die sogenannte „Arbeitstemperatur". Hierbei muß das *Flußmittel bereits gewirkt* haben, und die Oxyde müssen verschlackt sein, mit anderen Worten: die „Wirktemperatur" muß etwas unterhalb der Arbeitstemperatur des Lotes liegen. Diese rein physikalische Forderung an das Flußmittel setzt voraus, daß eine geeignete Auswahl der verschiedenen Flußmittel vom chemischen Gesichtspunkt vorangegangen ist. Hierfür gilt grundsätzlich: *Saure* Flußmittel, wie Bortrioxyd, Siliziumdioxyd u. ä., die oft angewandten, dienen vor allem zur Bindung *basischer* Oxyde, wie Zinkoxyd, Eisenoxydul, Kupferoxyd, Nickeloxyd u. a. *Alkalische* Flußmittel dagegen (Natriumkarbonat, Kaliumkarbonat usw.) binden *saure* Oxyde, wie z. B. Siliziumdioxyd. Außer dieser Reinigung der Metalloberfläche auf Grund ausgesprochen *chemischer* Umsetzungen zwischen einem *geschmolzenen* Flußmittel und dem die Metallfläche abdeckenden Oxyd gibt es auch Beispiele für *gasförmige* Flußmittel, nämlich die neutrale Azetylen-Sauerstoff-Flamme vor allem bei der Schweißung von Stahl, oder die Chlor-Wasserstoff-Knallgasflamme bei der Leichtmetallschweißung, deren Anwendung sich aus praktischen Gründen verbietet. Anders liegen die Verhältnisse bei der Verwendung von Stoffen, welche ausgeprägte *physikalische Lösungseigenschaften* zeigen. Hierher gehört eine Reihe von Salzen, insbesondere Fluoride, Chloride und Phosphate. Ihre Anwesenheit ermöglicht es, daß bestimmte Oxyde, die von Borax, Natriumkarbonat, Kaliumkarbonat u. dgl. nicht umgesetzt werden, sich in obengenannten Salzen lösen und so die erforderliche Oberflächenreinheit gewährleisten. Sie sind ständige Begleiter der hauptsächlichsten Flußmittel, und aus alledem ersieht man auch die Begründung für eine chemisch vielgestaltige Zusammensetzung der Flußmittel, um nämlich der Mannigfaltigkeit der Praxis nahezukommen, ohne damit die Verwendung sogenannter „Universal-Flußmittel" zu befürworten.

3. Das Erwärmen der Lötstelle auf Arbeitstemperatur. Man verwendet grundsätzlich *geschmolzenes* Lot an der bis auf den Schmelzpunkt des Lotes erhitzten Lötstelle. Die Übertragung der Wärme kann auf verschiedene Weise erfolgen, d. h. entweder mit Hilfe von Gasen, wie

Lötbrenner, Lötlampe, Lötofen,

oder durch die Wärmeleitfähigkeit von Metall zu Metall, wie

Lötkolben, Tauchlötung, elektrische Widerstandslötung.

Neuerdings setzt sich bei Massenfertigung auch die induktive elektrische Erwärmung durch.

Die Anwendung der verschiedenen Methoden findet ihre Erklärung in dem notwendigen Zusammenhang zwischen jeweils drei Komponenten: *Wärmespendung*, *Wärmebedarf* und *Wärmeverlust*. Die letzteren können auch als *Wärmeverzehrer* zusammengefaßt werden. Der Wärmeverzehr hängt ab von dem Schmelzpunkt, der spezifischen Wärme und der Schmelzwärme des zu behandelnden Werkstückes einerseits sowie dessen Strahlungs- und Wärmeleitverlust andererseits, wobei die Wärmeleitfähigkeit diejenige Komponente ist, welche den Wärmebedarf am stärksten beeinflußt [Lit. *Lüder* u. *Heinemann*]. Sie begründet die Verwendung von Lötkolben passender Größe als hinreichendes Wärmereservoir für große Lötgeschwindigkeiten ebenso wie die Notwendigkeit einer „heißen" Flamme mit entsprechendem Temperaturgefälle und größerer Lötzeit infolge der schlechten Wärmeleitfähigkeit von Gasen. Auch die nur praktisch mangelhafte Möglichkeit der Wärmekonzentration auf kleinstem Raum, wie sie durch Verwendung des Lötkolbens oder des elektrischen Stromes geboten ist, im Gegensatz zu Lötbrennern, führt zu den verschiedenen Fertigungsmethoden.

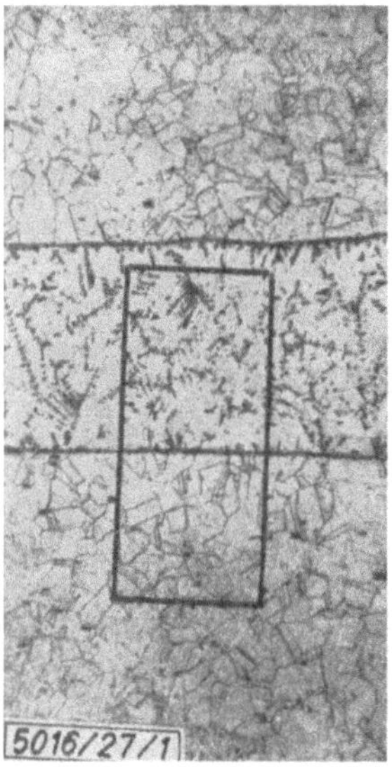

Bild 1

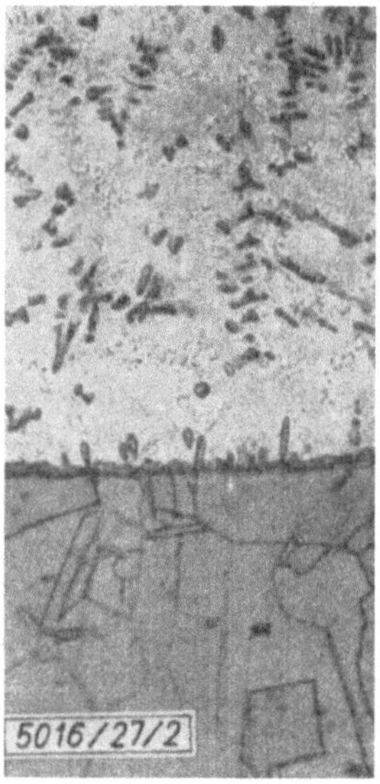

Bild 2

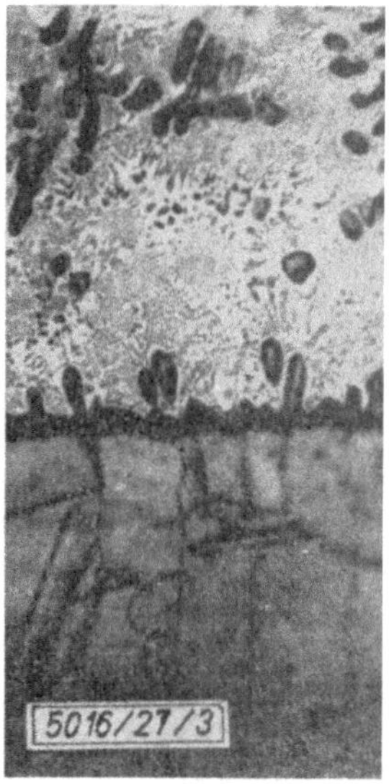

Bild 3

Bild 1. Kupfer gelötet mit Feinsilber. Die Lötnaht besteht aus einer Kupfer–Silber–Legierung. V 65*, nach *Lüder*.

Bild 2. Dieselbe Lötung. V 240*, nach *Lüder*.

Bild 3. Dieselbe Lötung. V 480*, nach *Lüder*.

4. Der Lötprozeß als Legierungsvorgang. Mit dem Bindungsvorgang zwischen Lot und Grundwerkstoff haben sich eine Reihe Forscher beschäftigt. Die Mehrzahl ist der Ansicht, daß es sich um einen Legierungsvorgang handelt. Die Stoffverbindung kommt dadurch zustande, daß das flüssige Lot die Oberflächenschichten des Grundwerkstoffes auflöst. Die gelösten Teilchen diffundieren bis zu einer gewissen Tiefe in das flüssige Lot, so daß die nach dem Erstarren gebildete Lotbrücke meist nicht einheitlich zusammengesetzt ist. Dieser Vorgang wird in den Bildern 1 bis 3 verdeutlicht. Die Bilder zeigen in verschiedener Vergrößerung eine angeschliffene Lötstelle von Kupfer mit Feinsilberlot. Die Lotbrücke besteht nicht mehr aus Feinsilber, sondern aus einer Kupfer-Silber-Legierung. Primäre Kupferkristallite sind im Kupfer-Silber-Eutektikum eingelagert, und an der Grenze zwischen Lot und Grundwerkstoff hat sich eine Zeile primärer Kupferkristallite ausgeschieden. Neben diesem Vorgang der Auflösung des

Grundwerkstoffes im Lot kann in manchen Fällen das flüssige Lot auch im festen Grundwerkstoff aufgelöst werden und durch Diffusion in diesen eindringen. Wegen der geringeren Beweglichkeit der Atome im festen Zustand verläuft dieser Prozeß jedoch wesentlich langsamer und hat gewöhnlich erst dann eine praktische Bedeutung, wenn die Lötung einer Wärmeeinwirkung (Wärmebehandlung) ausgesetzt wird. Die berüchtigte *Lötbrüchigkeit* findet in dieser Art der Diffusion ihre Erklärung. Im übrigen kann man sich über die Art der Reaktionsprodukte zwischen Lot und Grundwerkstoff aus den Zustandsschaubildern unterrichten. Diese geben darüber Auskunft, welche Gefügebestandteile neu auftreten können, und ob feste Lösungen, Metallide, Eutektika usw. zu erwarten sind. So steht das angeführte Beispiel (Bild 1 u. 2) der Kupferlötstelle mit dem Zustandsschaubild Kupfer-Silber völlig in Einklang, das ein Eutektikum bei 28% Kupfer aufweist (Bild 4). Durch Gefügevergleiche kann man an Hand dieses Diagramms den Kupfergehalt der Naht auf etwa 40% schätzen. Aus der gegenseitigen Löslichkeit von Lot und Grundwerkstoff im flüssigen und festen Zustande kann man also in bezug auf den Gefügebau der Lötung unter Berücksichtigung einer thermischen Nachbehandlung mancherlei Schlüsse ziehen, und eine Reihe einschlägiger Arbeiten hat sich mit der Klärung dieser Zusammenhänge beschäftigt. Dabei ist auch die Frage aufgeworfen worden, wie Systeme, die im flüssigen Zustande Mischungslücken besitzen, in diesem Zusammenhange zu bewerten sind. Es sind z. B. Versuche durchgeführt worden, Stahl mit Feinsilber zu löten [Lit. *Fischer*]. Trotzdem Eisen und Silber im flüssigen Zustande eine sehr weite Mischungslücke aufweisen, gelang es ohne Schwierigkeiten Lötungen mit guten Festigkeitswerten zu erzeugen. Hieraus wurde gefolgert, daß für das Zustandekommen einer Lötung ein Legierungsvorgang nicht unbedingt erforderlich sei. Vielmehr sei das Haften des Lotes in manchen Fällen lediglich eine Adhäsionserscheinung. Die Vertreter dieser Meinung stützen sich dabei auf Schliffbilder, bei denen auch bei stärkster Vergrößerung ein Diffundieren des Lotes und des Grundwerkstoffes nicht zu erkennen ist. Dieser Schluß ist jedoch nicht stichhaltig, denn das Vorhandensein einer großen Mischungslücke im Diagramm bedeutet noch keine absolute gegenseitige Unlöslichkeit. Bei den kurzen Zeiten, die dem Lötprozeß zur Verfügung stehen, werden oft nur die außen liegenden Atomschichten des Grundwerkstoffes aufgelöst. Um jedoch in das mikroskopisch sichtbare Gebiet der Diffusion zu gelangen, müssen die Legierungsvorgänge mindestens einige tausend Atomschichten erfassen. Dies sind erhebliche Werte, wenn es sich um reaktionsträge Metalle handelt. Korrekterweise lassen solche Beobachtungen den Schluß zu, daß an dem Bindevorgang nur recht kleine Stoffmengen beteiligt zu sein brauchen, eine Tatsache, die mit den Feststellungen anderer Forscher übereinstimmt, wonach man den Ablauf der Lötvorgänge durch recht kleine Legierungszusätze zu den Loten oder durch Oberflächenbehandlung derselben wesentlich beeinflussen kann [Lit. *Lüder* (2)]. Hierauf kommen wir später noch zurück.

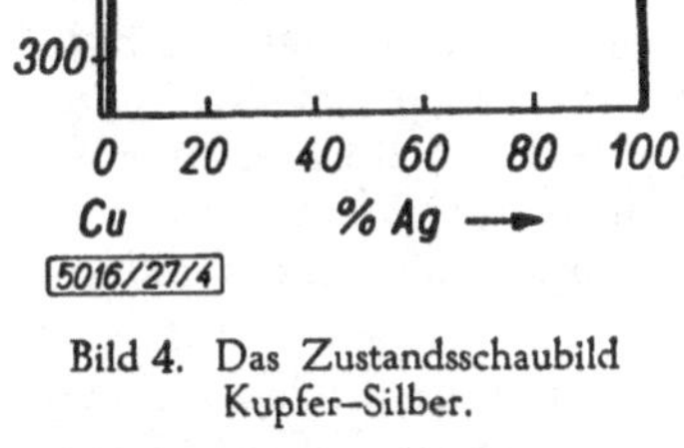

Bild 4. Das Zustandsschaubild Kupfer–Silber.

Was nun die Kinetik des Lötvorganges betrifft, so hat man es bei der Neubildung der Legierung mit einer heterogenen Reaktion zu tun, deren Geschwindigkeit nach dem „Prinzip des langsamsten Vorganges" verläuft. Von den beiden Vorgängen, der

Auflösung des Grundwerkstoffes im flüssigen Lot und der Diffusion des gelösten Stoffes in der Flüssigkeit, ist offenbar der letzte der langsamere, denn nach *Nernst* stellt sich das Gleichgewicht an der Trennungsschicht zwischen zwei Phasen mit praktisch unendlicher Geschwindigkeit ein. Mithin ist die Diffusionsgeschwindigkeit die für den Ablauf eines solchen Prozesses maßgebende Größe. Der Lötvorgang ordnet sich damit in die Gruppe von Prozessen ein, bei denen ein festes Metall von einer Schmelze aufgelöst wird (umgekehrte Blockseigerung, Feuerverzinken, -verzinnen u. a. m.). Mathematisch betrachtet, gelten für den Lötvorgang die Differentialgleichungen der Diffusion, auf die hier hingewiesen wird [Lit. *Merz* u. *Brennecke*, *Merz* u. *Imbusch*]. Es ist auch der Versuch durchgeführt worden, durch Messung von Diffusionskonstanten grundlegende Zahlenwerte für den Lötvorgang zu gewinnen, jedoch ist das Zahlenmaterial noch zu spärlich, um daraus Schlüsse für die Praxis zu ziehen.

5. Die Lötbrüchigkeit. Wie der vorige Abschnitt 4 zeigt, ist es für einen Einblick in die Wechselwirkungen von Lot und Grundwerkstoff zweckmäßig, Vorgänge zwischen wässrigen Lösungen und festen Stoffen zum Vergleich heranzuziehen. Die Auflösung eines Salzes in Wasser gibt uns den Schlüssel für den Ablauf des Legierungsvorganges zwischen Lot und Grundwerkstoff. Die Korrosion eines Metalls in einer wässrigen Flüssigkeit stellt die Parallelerscheinung zu der berüchtigten Lötbrüchigkeit dar. Hierunter versteht man die Tatsache, daß der Einfluß von geschmolzenen Loten auf gewisse Werkstoffe zu einer erheblichen Verminderung der mechanischen Eigenschaften im Sinne einer Verschlechterung der Festigkeit und zu einer Versprödung führt. Das geschmolzene Lot übernimmt dabei die Rolle eines korrodierenden Mittels [Lit. *O'Malley*], das auf ein metallisches Werkstück einwirkt. Der Grad des Angriffes einer wässerigen Flüssigkeit auf ein solches Stück ist in hohem Grade von dessen Zustand abhängig. Der Angriff ist bekanntlich dann besonders groß, wenn das Metall innere Spannungen aufweist (Spannungskorrosion), sei es, daß das Stück vorher einer Kaltverformung unterzogen worden war, sei es, daß es während des chemischen Angriffes mechanisch beansprucht wird. Die Korrosion kann in diesen Fällen vorwiegend an den Korngrenzen in das Werkstück vordringen. Das gleiche beobachtet man, wenn Werkstücke mit inneren Spannungen dem Einfluß von geschmolzenem Lot ausgesetzt werden. *Genders* gibt folgendes Beispiel:

Stahlstäbe mit 0,15% Kohlenstoff zeigen, schon mit einer dünnen flüssigen Messingschicht bedeckt, bei 850 bis 900°C oder auch im Messingbad das Eindringen von Messing längs der Korngrenzen. Dabei gilt eine Voraussetzung: Der Stahlstab muß unter Belastung stehen. Ohne diese ist erst ein Eindringen zu beobachten, wenn der Stahl längere Zeit auf 1000° C erwärmt bleibt. Das Bild 5 zeigt den Bruch eines Stahlstabes in flüssigem Messing nach dem Erhitzen auf 900° C, und zwar längs der Korngrenzen. Der unbelastete Stahl behält seine Biegefähigkeit. Das Kupfer wirkt auf Stahl ähnlich wie das Messing, während das Zinn und Zink, die Blei- und Zinnlegierungen weniger ausgeprägt einwirken.

Über die Lötbrüchigkeit ist eine umfangreiche Literatur vorhanden (*Hartley, Miller, Genders, Riede, Albert, van Ewigk, Austin, Galibourg, Klosse, Kelley*). Aus den teilweise widersprechenden Resultaten ergibt sich etwa folgendes Bild:

Beim Weichlöten von Stählen tritt — wenn auch selten — Lötbrüchigkeit auf. Versuche von *Schmitz*, der eine größere Zahl von Stählen in geschmolzenem Lötzinn und in Zink bei Temperaturen zwischen 300 und 500° C bzw. 500 und 800° C prüfte, wobei die Prüfstäbe mechanisch beansprucht wurden, ergaben folgendes: Um die Lötbrüchigkeit auszulösen, ist eine plastische Verformung des Stahles erforderlich. Unter dieser Voraussetzung sind niedriggekohlte Stähle und hitze- und rostbeständige Stähle beständiger als höher gekohlte. Besonders empfindlich sind unberuhigter Thomasstahl mit dem üblichen Gehalt an Phosphor und Schwefel, ferner martensitische Stähle mit Gehalten von Chrom, Molybdän, Nickel und Wolfram, sowie ein Stahl mit 4% Si. Durch Wärmebehandlung lassen sich die legierten martensitischen Stähle lötbruchfest machen. Als beständig gegen Lötzinn und Zink erwiesen sich dagegen Automatenstähle mit erhöhtem Phosphor- und Schwefelgehalt, und zwar im unberuhigten wie im beruhigten Zustand. Auch die mit Aluminium desoxydierten Stähle und solche mit 17% Chrom wurden von den Weichlotbädern nicht angegriffen.

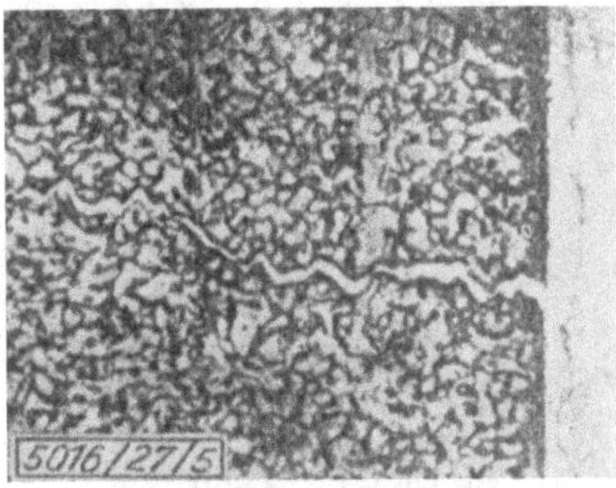

Bild 5. Stahlstab im Messingbad gebogen, nach *Genders*.

Von größerer praktischer Bedeutung ist die Lötbrüchigkeit beim Hartlöten von Stählen. Sie wird hervorgerufen durch Lote aus Kupfer, aus Messing und sogar durch Silberlote. Das Eindringen der geschmolzenen Metalle in die Korngrenzen der Stähle erfolgt schon ohne Anwendung äußerer mechanischer Beanspruchung, jedoch so langsam, daß eine Gefährdung der Werkstoffe beim normalen Lötprozeß nicht zu befürchten ist. Eine Ausnahme machen nickelhaltige Stähle und zwar sowohl die üblichen Baustähle mit niedrigen Nickelgehalten als auch die austenitischen Stähle und die Sonderlegierungen mit 30% Ni und mehr, die ohne Anwendung äußerer Spannungen Lotbrüchigkeit zeigen. *Schmitz* wies nach, daß die Ursache dieser Erscheinung in der erhöhten Löslichkeit des Nickels im angreifenden Lot zu suchen ist. Das Nickel diffundiert aus dem Stahl in das Lot und leistet dabei dessen Vordringen in die Korngrenzen Vorschub.

Frei von Lötbrüchigkeit waren dagegen Chromstähle mit 12% Chrom, was *Schmitz* auf die geringe Löslichkeit des Chroms im Kupfer und Messing zurückführt. Auch die erwähnten Automatenstähle erwiesen sich als recht beständig. Dagegen zeigten die gewöhnlichen Kohlenstoffstähle durchweg Lötbrüchigkeit, die durch Anwendung erhöhter Temperatur (1100° C) beträchtlich gesteigert wird.

Der Lötbrüchigkeit ist also beim Hartlöten von Stahl stets besondere Aufmerksamkeit zuzuwenden. Der erfahrene Schweißer weiß auch, daß er Werkstücke, die hartgelötet worden waren, nachträglich im Bereich der Lötstellen nicht schmelzschweißen darf, weil er damit die Lötbrüchigkeit hervorruft.

6. Die Korrosion von Lötstellen. Wenn gelötete Eisenwerkstoffe mit einem Elektrolyt in Berührung kommen, liegt ein galvanisches Element vor. Die Differenzen der Normalpotentiale von Eisen und den in den Loten befindlichen Metallen betragen stets einige zehntel Volt. Damit ist die elektrochemische Voraussetzung für Korrosion an der Lötstelle erfüllt. Praktisch tritt diese jedoch in den meisten Fällen nicht in Erscheinung. Von Bedeutung ist die Frage der Korrosion bei den rostfreien Stählen, bei denen immer dann auf eine Lötung verzichtet werden muß, wenn an die Korrosionsbeständigkeit hohe Anforderungen gestellt werden. Durch die Entwicklung geeigneter Lote hat man diesen chemischen Beanspruchungen in Sonderfällen Rechnung getragen. Andererseits können auch Korrosionserscheinungen dadurch gefördert werden, daß normale Lote unzulässige Verunreinigungen enthalten. Zum Beispiel werden die üblichen Zinnlote weniger korrosionsbeständig, wenn sie Antimon enthalten, oder in noch stärkerem Maße, wenn sie mit Zink oder Aluminium verunreinigt sind [Lit. *Barber*].

Eine weitere Quelle für die Korrosion von Lötstellen kann in den benutzten Flußmitteln liegen. Einmal kann ein ungeeignetes Flußmittel eine porige Lötung erzeugen, die der Korrosion Vorschub leistet; zum anderen gibt es Flußmittel, deren Rückstände die Lötstelle chemisch angreifen und unter Umständen zur Zerstörung der Naht führen, falls diese nicht nach dem Löten sorgfältig entfernt werden (z.B. *Zinkchlorid*).

C: Das Weichlöten der Eisenwerkstoffe

1. Die Lote

Als Weichlote für Eisenwerkstoffe spielt die Gruppe der Zinnlote (*Lötzinn*) die Hauptrolle. Daneben haben sich — meist veranlaßt durch die Verknappung des Zinns — auch Lote auf Blei- und Zinkbasis mit Erfolg eingeführt. Die gebräuchlichen Lote sind genormt.

Die Zinnlote (*Lötzinn*). Diese Lote bestehen im wesentlichen aus Zinn und Blei. Das System Blei-Zinn (Bild 6) zeigt ein Eutektikum von 62% Zinn (Rest Blei), das bei 183° C schmilzt. Das Zinn löst nur wenig Blei im festen Zustand, während Blei bei der eutektischen Temperatur 19% Zinn als feste Lösung aufzunehmen vermag. Mit sinkender Temperatur vermindert sich diese Menge erheblich, was auch in diesem System Aushärtungserscheinungen zur Folge hat.

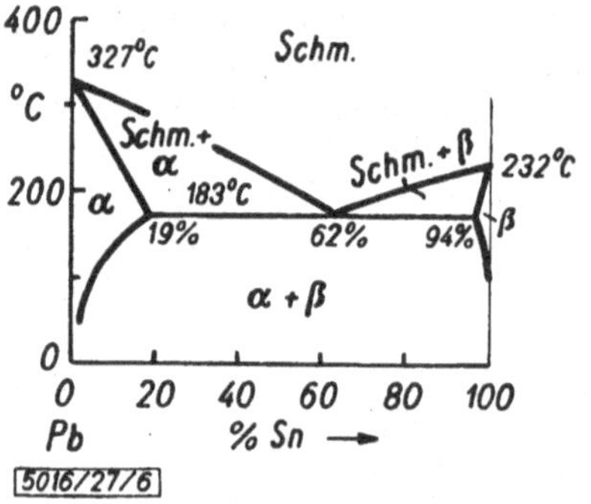

Bild 6. Das Zustandsschaubild Blei-Zinn.

Zinnlote werden im allgemeinen nicht durch Zusammenschmelzen der Komponenten hergestellt, sondern unter Verwendung des sogenannten „Mischzinns" erschmolzen. Dies ist ein Hüttenprodukt, das bei der Aufarbeitung von Altzinn, Weißmetallabfällen, Aschen und Krätzen gewonnen wird und dem Dreistoff-Eutektikum Zinn-Blei-Antimon entspricht mit einer Zusammensetzung von 54,5% Zinn, 3,6% Antimon, Rest Blei. Sein Schmelzpunkt liegt bei 184° C.

Der wichtigste Nebenbestandteil des Zinnlotes, das aus Mischzinn hergestellt wurde, ist also das Antimon. Im Gefüge tritt es nicht als besondere Kristallart auf, sondern geht mit dem Zinn eine feste Lösung ein, so daß der binär-eutektische Charakter der Legierung erhalten bleibt. Die Sättigungsgrenze des Antimons im festen Zinn liegt bei 7% Sb. Das Schmelzverhalten der Lote wird durch diesen Antimongehalt nicht wesentlich beeinflußt. Die mechanischen Eigenschaften ändern sich im Sinne einer geringen Versprödung, die jedoch nicht bei allen Lötungen in Erscheinung tritt. Die Zusammensetzung des Lötzinns, insbesondere der zulässige Gehalt an Nebenbestandteilen, ist im DIN-Blatt 1707 (Ausgabe 1952) festgelegt worden. Die Zahlentafel 2 gibt die Zusammensetzung und die Eigenschaften der wichtigsten Zinnlote an. Als Lieferform sind Blöcke, Platten, Bänder, Folien, Stangen, Volldraht, Hohldraht mit Flußmittelseele, Staub sowie Pillen aus Staub mit Flußmittel zugelassen. Für die Zusammensetzung gelten die folgenden Bestimmungen:

Zulässige Abweichung vom Zinngehalt: 0,5% vom Ganzen, z.B. darf der Zinngehalt von LSn 30 schwanken zwischen 29,5 und 30,5%.

Zinnlot muß frei sein von Aluminium und Zink. Eine Herabsetzung des

Höchstgehaltes an Antimon muß besonders ausbedungen werden. Es empfiehlt sich z. B., für Lötungen an Zink vorzuschreiben, daß der Antimongehalt höchstens 1% des Zinngehaltes betragen soll.

Benennung	Kurzzeichen nach DIN 1707	Zusammensetzung in % (Der Rest ist Blei)				Schmelzbereich		Wichte
						unterer	oberer	
		Sn	Sb	Fe	Cu + As + Ni	Haltepunkt		kg/dm³
Zinnlot 8	L Sn 8	8	0.5	0.05	0.10	270	305	10.8
Zinnlot 25	L Sn 25	25	1.70	0.05	0.10	183	257	9.8
Zinnlot 30	L Sn 30	30	2.00	0.06	0.12	183	249	9.6
Zinnlot 33	L Sn 33	33	2.20	0 07	0.14	183	242	9.5
Zinnlot 35	L Sn 35	35	2.30	0.07	0.15	183	237	9.4
Zinnlot 40	L Sn 40	40	2.70	0.08	0.16	183	223	9.3
Zinnlot 50	L Sn 50	50	3.30	0.09	0.18	183	200	8.8
Zinnlot 60	L Sn 60	60	3.20	0.10	0.20	183	185	8.5
Zinnlot 90	L Sn 90	90	1.30	0.10	0.20	183	219	7.5

Zahlentafel 2. Zusammensetzung und Eigenschaften der wichtigsten Zinnlote.

Für Sonderzwecke sind auch Lote mit anderen als in der Zahlentafel 2 aufgeführten Zinngehalten üblich. Für diese sollen die vorgenannten Bestimmungen sinngemäß gelten. Bei Zinnlot mit weniger als 25% Zinn dürfen die für LSn 25 angegebenen Höchstwerte von Eisen und Kupfer + Arsen + Nickel nicht überschritten werden, während der Antimongehalt höchstens 6,5% des Zinngehaltes betragen darf. Bei den Legierungen mit mehr als 25% Zinn, soweit sie in der Zahlentafel 2 nicht aufgeführt worden sind, sind die zulässigen Höchstwerte dieser Verunreinigungen durch Einsetzen der Zwischenwerte aus der Zahlentafel 2 zu ermitteln. Eine solche Sonderlegierung mit beispielsweise 37% Zinn ist zu bezeichnen mit LSn 37 DIN.

Als maßgebende Größe für die Bewertung wird mit Recht der Zinngehalt eines Lotes angesehen. Bei der Auswahl der Zinnlotsorte spielt neben technisch-sachlichen Gesichtspunkten auch die Gewöhnung des Löters eine große Rolle. Mit dem Zinngehalt steigt die Lötgeschwindigkeit und in vielen Fällen die Bequemlichkeit der Lötarbeit. Dies gilt bis zur eutektischen Zusammensetzung des Lotes. So konnte man in den letzten Jahrzehnten wechselnde Tendenzen bezüglich der Zinngehalte der Lote feststellen, je nachdem, ob das Zinn knapp oder weniger knapp war. Verknappungserscheinungen führten während des zweiten Weltkrieges zur Entwicklung des Lotes LSn 8 und zur Benutzung von Reinblei als Lot, das auch in der letzten Ausgabe des DIN 1707 aufgeführt wird als LPb 98.5, wobei noch auf reinere Bleilote, z. B. LPb 98,985 hingewiesen wird, deren Gütewerte dem DIN-Blatt 1719 entsprechen sollen.

In der Zahlentafel 3 sind die wichtigsten Anwendungsgebiete der Weichlote nach DIN 1707 zusammengestellt, soweit sie Eisenwerkstoffe betreffen.

Obwohl die Zusammensetzung der Lötzinnsorten weitgehend abgestuft ist, genügte diese Legierungsreihe schon in normalen Zeiten keineswegs allen Ansprüchen an ein Weichlot. Dies ist im wesentlichen eine Frage des Schmelzverhaltens. Wie das Bild 6 zeigt, besitzen die üblichen Lötzinnsorten zwar eine verschiedene Temperatur der völligen Verflüssigung, die Temperatur völliger Erstarrung liegt jedoch bei 183° C. So

Lot	Anwendungsbeispiele
LPb 98,5	Tauchlötung von Kühlern
LPbAg	Sonderzwecke der Elektrotechnik
LSn 8	Tauchlötung, Klempnerarbeiten
LSn 25	Klempnerarbeiten an Weißblech
LSn 30	Spachtellötungen
LSn 33	Schmierlötungen, Vorverzinnung
LSn 35	Weißblech (Konservendosen)
LSn 40	Feinlötungen, Vorverzinnung
LSn 50	Milchdosen, Verzinnungen
LSn 60	Hochbeanspruchte Lötungen
LSn 90 und 98	Durch gesundheitliche Rücksichten bedingt

Zahlentafel 3. Wichtige Anwendungsgebiete der Lote nach DIN 1707

kommt es, daß die einzelnen Lote verschiedene Löttemperaturen benötigen, ihre Wärmebeständigkeit ist bei allen Zusammensetzungen aber bei 183° C beendet (Bild 7a u. b). Man hat deshalb auch andere Weichlote im Gebrauch, wie das Reinzinn LSn 98, das im DIN 1707 ebenfalls erwähnt wird. Es wurde in der Elektrotechnik häufig verwendet. Da es einen Schmelzpunkt von 232° C hat, entspricht die Art seiner Verarbeitung etwa derjenigen von LSn 40. Die Temperaturbeständigkeit wird um etwa 50° C gegenüber dem Lötzinn erhöht. Heute wird Reinzinn LSn 98 nur in Ausnahmefällen für Lötzwecke verwendet. An seine Stelle treten bleireiche Lote, z. B. LPbAg, die eutektische Legierung mit dem Schmelzpunkt 304° C (Bild 8), die in dem sonst veralteten DIN-Blatt 1730 aufgeführt wird. Der Schmelzpunkt von LPb 98,5 (Reinbleilot) liegt bei 325° C. Das Zink dient als Lot für verzinktes Stahlblech und hat hier stark das Lötzinn verdrängt (siehe S. A 23). Der Zinkschmelzpunkt von 419° C bedingt jedoch die Anwendung der Flamme (siehe Zahlentafel 4).

Auf Sondergebieten des Stahles verwendet man die eutektische Zink-Kadmium-Legierung (83 % Cd, Rest Zink), die bei 263° C schmilzt (Bild 9). [Lit. *Deeley, Schäfer*], während Lote aus 6—8 % Cd, Rest Blei als Ersatz für das Zinnlot LSn 40 verwendet werden [Lit. *Schulze*] (Bild 10).

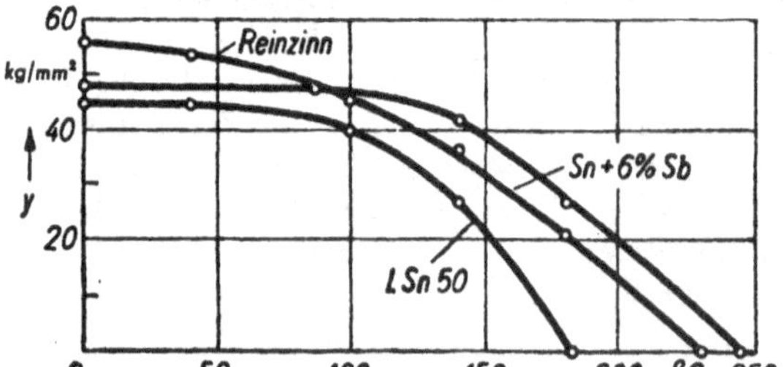

Bild 7a

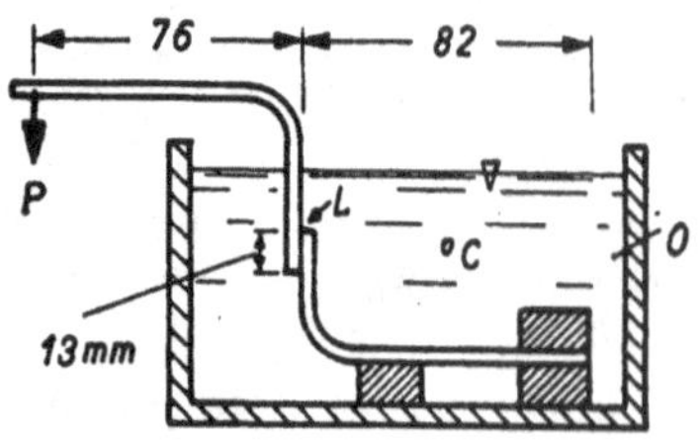

Bild 7b

Bild 7a. Vergleichende Festigkeit von Weichlötungen bei erhöhten Temperaturen, nach *Nightingale*. Oberhalb 100° C erfolgt bei LSn 50 ein rasches Absinken der Festigkeit.

Bild 7b. Versuchsanordnung: Die Lötung wurde in einem Ölbad erwärmt und bis zum Bruch belastet.
y = Zugfestigkeit in kg/mm² x = Prüftemperatur in ° C

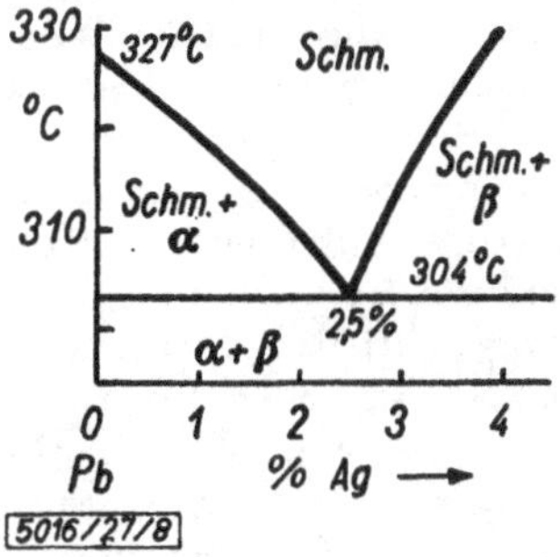

Bild 8

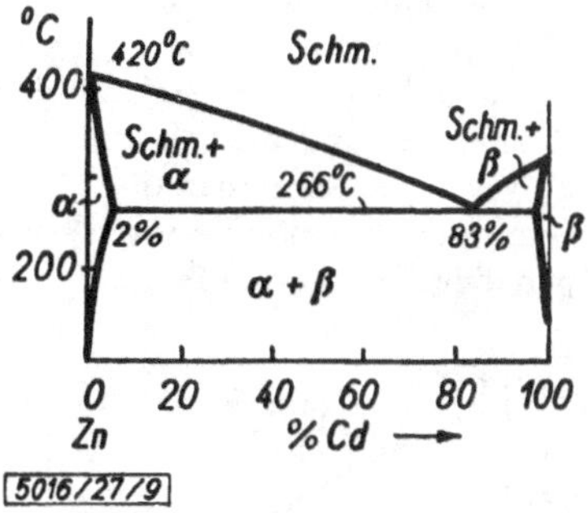

Bild 9

Bild 8. Das Zustandsschaubild Blei–Silber.

Bild 9. Das Zustandsschaubild Zink–Kadmium.

Bild 10. Das Zustandsschaubild Blei–Kadmium.

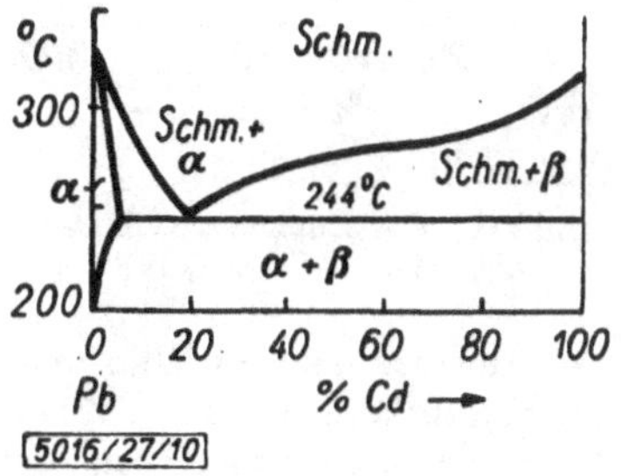

Bild 10

Benennung	Kennzeichen	Zusammensetzung in %						Oberer Schmelzpunkt (mindestens) °C	Wichte kg/dm³
		Zn	Cu	Pb	Ag + Cu + Cd	Sn	sonstige		
Zinklot 98	LZn 98	>98	Rest					410	7,2
Bleilot 98,5	LPb 98,5			>98,5				320	11,2
Silberbleilot	LPbAg			>97	< 3			305	11,3
Zinnlot 8	LSn 8			Rest		8	wie DIN 1707	305	10,8
Zinnlot 98	LSn 98					98	desgl.	230	7,4

Zahlentafel 4. Lote nach DIN 1730 (soweit nicht in DIN 1707 enthalten).

2. *Die Flußmittel*

Das am häufigsten benutzte Flußmittel ist das *Zinkchlorid*, dessen wässerige Lösung unter dem Namen „Lötwasser" allgemein bekannt ist. Dieses stellt man durch Auflösen von Zink in roher Salzsäure her. Beim Löten verdampft das Wasser, und bei 283° C schmilzt das Zinkchlorid, meistens jedoch schon früher, weil es verunreinigt ist. Zum Beispiel ruft ein Gehalt von 10% Ferrichlorid eine Senkung des Schmelzpunktes auf 246° C hervor (Bild 11). Geschmolzenes Zinkchlorid hat die Eigenschaft, viele der Metalloxyde zu lösen und dabei die Lötstelle zu reinigen. Es wird nicht nur in wässeriger Lösung, sondern auch mit anderen Flüssigkeiten (Ölen, Glyzerin usw.) zusammen als sogenanntes Lötöl, Lötpaste u. dgl. angewendet.

Das Zinkchlorid ist das wirksamste aller Weichlötflußmittel. Jedoch wird seine Verwendung durch die Eigenschaft, Wasser anzuziehen, stark eingeschränkt. Wenn nämlich Flußmittelreste auf der fertigen Lötstelle verbleiben, so ziehen diese das Wasser an, und die gebildete Salzlösung führt in vielen Fällen zu Korrosion. Um dies zu verhüten, kann man die Lötungen kurze Zeit in Sodalösung abkochen, ein Verfahren, das nur bedingt anwendbar ist. Deshalb hat man derartige Flußmittel für Lötungen der Feinmechanik und Elektrotechnik verboten und die Verwendung „säurefreier Flußmittel" vorgeschrieben. Der unsachgemäße Begriff „säurefrei" ist wohl auf den Umstand zurückzuführen, daß eine Zinkchloridlösung (auch ohne Zusatz von Säure) sauer reagiert. Diese Tatsache ist als Korrosionsursache keineswegs entscheidend, denn wenn man die Zinkchloridlösung etwa mit Natronlauge versetzt, um ihr den sauren Charakter zu nehmen, so ist ein derartiges Flußmittel zwar „garantiert säurefrei", seine Anwendung führt aber ebenso zu Korrosionen wie ohne den Zusatz von Natronlauge. Entscheidend für die Voraussetzung zur Korrosion ist nämlich nicht allein der saure oder basische Charakter des Flußmittels, sondern die Anwesenheit von Chlorionen und Feuchtigkeit in den Flußmittelresten. Wegen der Hygroskopizität des Zinkchlorids genügt schon die Luftfeuchtigkeit, um die Korrosion einzuleiten. Das Anrühren des Zinkchlorids mit Ölen oder Fetten zu Pasten vermag die Korrosion nicht auszuschalten. Am empfindlichsten sind neben den Stählen die Kupferwerkstoffe.

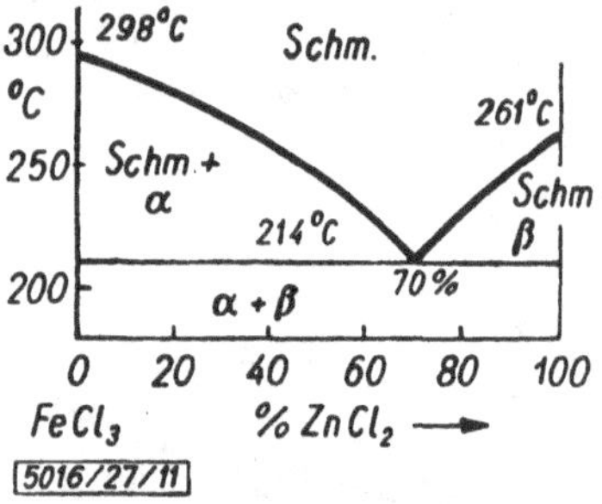

Bild 11. Das Zustandsschaubild Zinkchlorid–Eisenchlorid.

Die Wirktemperatur des Zinkchlorids muß oft den Schmelztemperaturen der Lote angepaßt werden. Ein weitverbreiteter Zusatz ist das Ammonchlorid (Salmiak). Dieses Salz hat die Eigenschaft, beim Erhitzen in den dampfförmigen Zustand überzugehen, ohne vorher zu schmelzen (Bild 12). Setzt man das Ammonchlorid dem

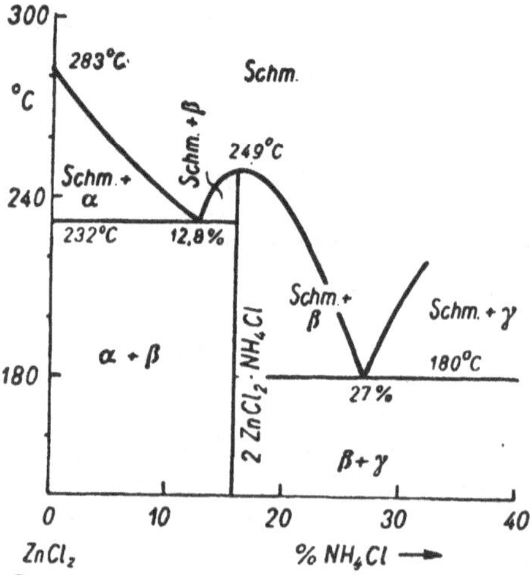

Bild 12

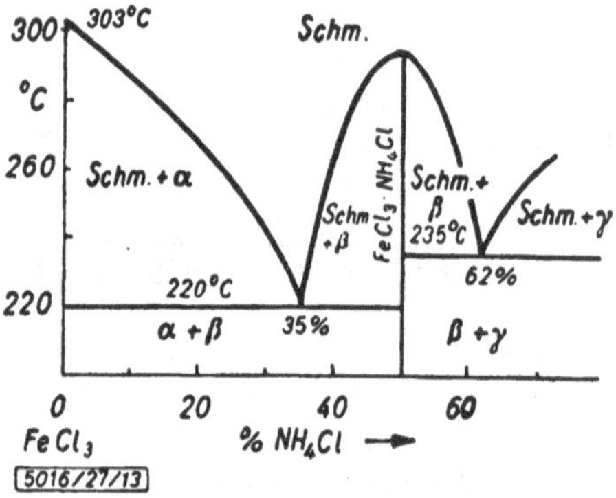

Bild 13. Das Zustandsschaubild Ammoniumchlorid–Eisenchlorid.

Bild 12. Das Zustandsschaubild Zinkchlorid–Ammoniumchlorid.

Zinkchlorid zu, so sinkt dessen Schmelzpunkt, bis bei 28 % Ammonchlorid der Tiefstpunkt (Eutektikum) mit 179° C [Lit. *Hachmeister*] erreicht ist. Kleine Zusätze erniedrigen die Wirktemperatur des Zinkchlorids, größere (>25 %) erhöhen sie. Dies ist ein Beispiel dafür, daß die Wirktemperatur eines Flußmittelgemenges mit dessen Schmelzpunkt nicht parallel läuft. Die Steigerung der Wirktemperatur hat in den letzten Jahren an Bedeutung gewonnen durch die Anwendung der Lote mit höherem Schmelzpunkt, wie LZn 98, LPb 98,5 und LSn 8. Die hierfür entwickelten Flußmittelgemenge, die außer dem Ammonchlorid noch andere Zusätze zum Zinkchlorid aufweisen, z. B. Natriumchlorid, Schwermetallchloride, Fluoride, eignen sich meistens auch zum Gasschmelzschweißen von Zink.

Reines *Ammonchlorid* besitzt ebenfalls Flußmitteleigenschaften. Der Salmiakstein ist ja als Reinigungsmittel für den Lötkolben allgemein bekannt. Auch wird das Ammonchlorid mit Fetten, Ölen usw. zu Lötölen und Lötpasten angerührt. Das Ammonchlorid ist zwar flüchtig, ohne zu schmelzen, es reagiert jedoch mit Oxyden der Metalle unter Verflüchtigung des Ammoniaks und bildet Gemische, die bei niedriger Temperatur flüssig werden (Bild 13). Durch Zusatz von 38 Mol. % Eisenchlorid entsteht ein Eutektikum mit dem Schmelzpunkt 235° C. Obwohl der Salmiak selbst weder hygroskopisch ist noch in Lösung sauer reagiert, können sich durch die beim Löten ablaufenden chemischen Vorgänge Flußmittelreste bilden, die Anlaß zu Korrosion geben. Salmiak gilt also mit Recht ebenfalls nicht als „säurefreies" Flußmittel.

Für Stähle eignet sich auch die Orthophosphorsäure als Flußmittel. Ihre Rückstände rufen nur geringe Korrosion hervor. (Phosphorsäure ist ein bekanntes Entrostungsmittel und das „Phosphatieren" eine wichtige Oberflächenbehandlung des Eisens.) Die Korrosion läßt sich völlig unterdrücken, wenn man die Phosphorsäure an organische Basen, z. B. Anilin, bindet und in alkoholischer Lösung verwendet.

„Säurefrei" im strengen Sinne ist das Kolophonium, obwohl es im wesentlichen aus Harnsäuren besteht. Diese sind jedoch in Wasser unlöslich und rufen deshalb keine Korrosion hervor. Die Flußmittelwirkung des Kolophoniums ist gering. Die Lötstellen sollen keinerlei Oxydhäute aufweisen, denn Kolophonium löst nur die während des Lötens entstehenden geringen Oxydmengen des Grundwerkstoffes und Lotes auf.

Das auf der Lötstelle zurückbleibende Harz übt noch weiterhin eine Schutzwirkung aus. Ein Nachteil ist die durch die mangelhaften Flußmitteleigenschaften bedingte geringe Lötgeschwindigkeit. Um sie zu verbessern, hat man dem Kolophonium eine Reihe von Wirkstoffen beigegeben, die so dosiert sind, daß sie sich während des Lötvorganges erschöpfen und keine schädlichen Nachwirkungen hervorbringen. In der Patentliteratur werden hierfür die folgenden genannt: Ammonlaktat, Orthotoluidinchlorhydrat und Tetrazenverbindungen. Besondere Wirksamkeit kommt wohl gewissen organischen Derivaten des Ammoniumchlorids zu. Tatsächlich hat man durch diese Zusätze Harzflußmittel entwickelt, die dem Zinkchlorid in bezug auf die Wirksamkeit nur wenig nachstehen, andererseits aber völlig „säurefrei" sind.

Normalerweise werden Lot und Flußmittel getrennt angewendet. Besonders für kleine Lötungen aber sind Vereinigungen dieser Stoffgruppen im Gebrauch, wie z. B. das Kolophonium-Lötzinn, d. h. ein Lötzinndraht mit Kolophoniumseele. Eine andere Form besteht aus staubförmigem Lötzinn, das mit Flußmittel und Versteifungsmittel zu einer Paste angerührt worden ist. Solche Kombinationen haben den Vorteil der bequemeren Verarbeitung, jedoch den Nachteil, daß man das Mengenverhältnis von Lot zu Flußmittel den gerade vorliegenden Bedingungen nicht anpassen kann, was allerdings nur selten notwendig ist.

3. *Die Verfahren beim Weichlöten*

Eine Vielzahl von Arbeitsweisen, angefangen mit der primitiven Handarbeit bis zur fortschrittlichsten maschinellen Fertigung, kommt in der Verfahrenstechnik vor. Des näheren seien beschrieben:

a) Das Löten mit dem Kolben. Zur Verwendung gelangen Lötkolben aus Kupfer verschiedener Größe und Form (DIN E 8501). Am bekanntesten ist die sogenannte *Hammerform*, dann die *Spitzkolbenform* (Bild 14 a u. b). Die genormten Maße und Gewichte sind in der Zahlentafel 5 zusammengestellt. Die Größe des Kolbens hängt von der Größe des Werkstückes, vor allem von der Wanddicke, und von dem Grundwerkstoff ab, dessen Wärmeleitfähigkeit gleichzeitig von großer Bedeutung ist. Im allgemeinen werden kleine Stücke von zumeist geringer Dicke mit dem Kolben gelötet. Bei Blechen beträgt die maximal lötbare Dicke etwa 2 mm. Aber gerade bei Blechen geringer Dicke ist die Verwendung des Lötkolbens als Wärmequelle von Vorteil. Die Wärmeübertragung erfolgt vom Lot, d. h. einem metallischen Medium, auf das Werkstück und geht dadurch mit großer Geschwindigkeit vor sich, so daß die weitere

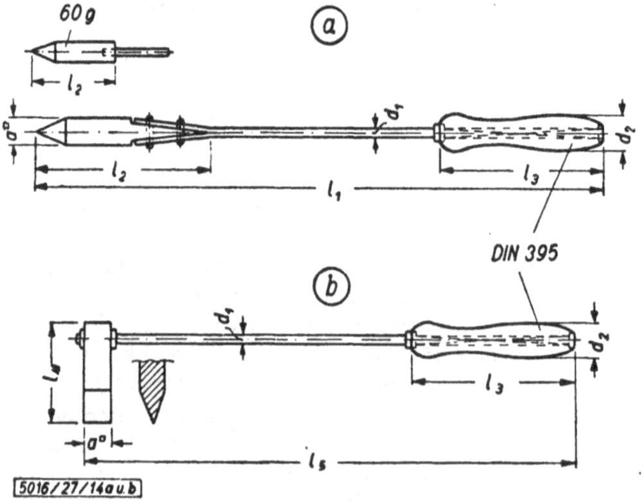

Bild 14 a. Spitzlötkolben nach DIN E 8501 (Maße siehe Zahlentafel 5).

Bild 14 b. Hammerlötkolben.

Kupfergewicht*) g ≈	a ≈	d_1 ≈	d_2 ≈	l_1 ≈	l_2 ≈	l_3 ≈	l_4 ≈	l_5 ≈
60	12	4	20	300	60	100	55	250
125	16	6	20	350	110	100	68	300
250	20	7	25	400	140	110	85	350
500	25	9	32	400	165	120	110	400
750	30	10	36	430	180	130	120	400
1000	35	11	36	—	—	130	120	400

*) Gewicht ohne Griff und Stiel.

Zahlentafel 5. Maße und Gewichte der Lötkolben nach DIN E 8501.

Umgebung des Werkstückes nur wenig erwärmt wird. Dünnwandige und sperrige Stücke verziehen sich deshalb beim Löten mit dem Kolben weit weniger als bei Benutzung anderer (gasförmiger) Wärmequellen. Das Erwärmen des Lötkolbens im Holzkohlenfeuer ist am meisten gebräuchlich; man benutze kein Steinkohlenfeuer, da das Kupfer von dem frei werdenden *Schwefel* angegriffen wird, so daß der Kolben kein Zinn mehr aufzunehmen vermag. Die Klempner benutzen aber auch sehr häufig die Gasfeuerung, soweit es sich um Arbeiten in der Werkstatt handelt. Besonders zweckmäßig sind solche Wärmequellen, die eine ununterbrochene Arbeit und eine Dosierung bzw. Regulierung der notwendigen Wärmemenge gestatten [Lit. *Voigt* u. *Wertheim*]. Hierher gehören beispielsweise der *Benzin-Lötkolben* (Bild 15) ferner Kolben, die mit einem Heizgas, etwa *Azetylen* (Bild 16) oder *Wasserstoff*, erwärmt werden. Diese Arbeitsweise erlaubt einen mehrstündigen ununterbrochenen Gebrauch und ist der einfachen Erwärmung des Lötkolbens mit Feuer überlegen. Weit verbreitet sind auch Lötkolben, die durch einen eingebauten elektrischen Widerstand erhitzt werden und hinsichtlich der jeweils erforderlichen Wärmezufuhr gut regulierbar sind (Bild 17). Mit Rücksicht auf die Verzunderung soll der Lötkolben nicht über 550° C erwärmt werden. Für Kolben ohne eigene Wärmequelle ist zu beachten, daß ihre Temperatur während des Arbeitens mehr oder weniger schnell absinkt. Um die Gewähr einwandfreien Lötens zu haben, überprüft man die Kolben von Zeit zu Zeit. Überhitzte Kolben nehmen das Lot nicht an, während zu kalte Lötkolben das Zinn nicht zum Fließen bringen. Wichtig ist ferner, daß die Schneide stets metallisch blank ist, was man mit einem Salmiakstein oder mechanisch durch Feilen oder Reiben erzielen kann. Anschließend verzinnt man die Schneide, worauf der Lötkolben arbeitsbereit ist.

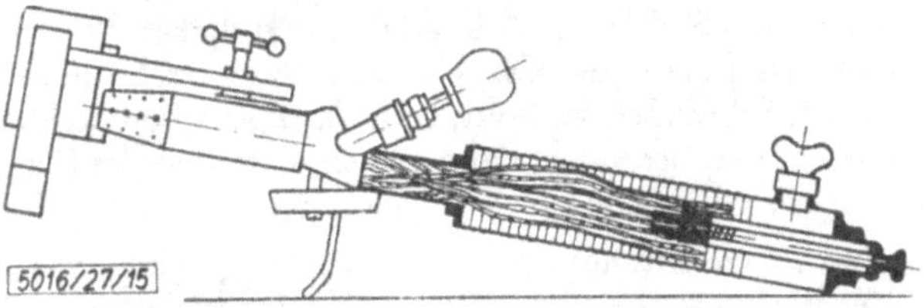

Bild 15. Benzinlötkolben, nach *Barthel*.

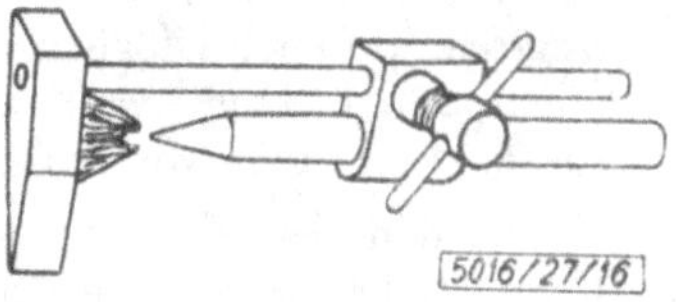

Bild 16. Lötkolben, mit Azetylen beheizt.

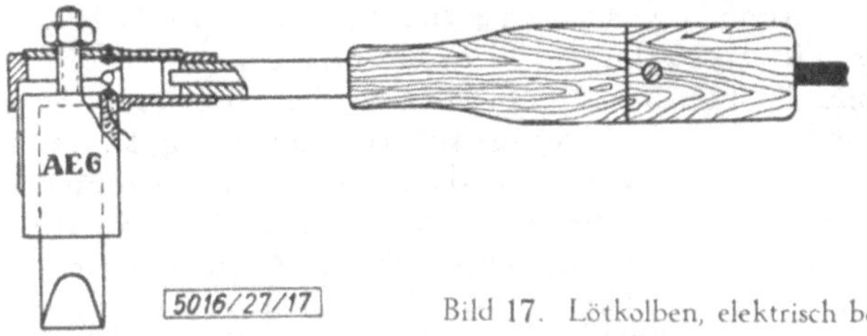

Bild 17. Lötkolben, elektrisch beheizt.

Das Löten wird so vorgenommen, daß die Lötstelle, die metallisch sauber sein muß, zuerst mit dem Flußmittel bestrichen oder bestreut wird. Dann entnimmt man mit Hilfe der Schneide des Kolbens etwas Lot von der Lötstange und führt es der Lötfuge zu. Bei richtiger Bemessung der Kolbengröße und -temperatur sowie des Lötspaltes füllt das Lot in kurzer Zeit die Fuge aus.

b) Das Löten mit der Flamme. Wenn es darauf ankommt, größere Flächen mit Lötzinn zu verbinden oder dickere Werkstücke zu löten, so benutzt man als Wärmequelle die Flamme. Da die Temperaturen verhältnismäßig niedrig sind, scheiden die heißen Stichflammen aus. Grundsätzlich eignet sich schon der Bunsenbrenner als Wärmequelle. Das übliche Gerät ist jedoch die Lötlampe, und hiervon wieder vorzugsweise diejenige mit Benzinheizung, seltener solche mit Spiritusheizung. Das Löten wird meist so ausgeführt, daß man die vorbereitete Lötstelle mit Flußmittel bestreicht und mit der Flamme so lange erhitzt, bis das stangenförmige Lot beim Überstreichen der Lötstelle von selbst abschmilzt und in die Fuge fließt. Durch nochmaliges Auftragen von Flußmittel und weiteres Erwärmen sorgt man für die richtige Verteilung des Lotes. Falsch ist es, das Lot von der Stange abzuschmelzen und auf die noch nicht genügend warme Lötstelle auftropfen zu lassen. Hierbei wird meistens keine einwandfreie Bindung erreicht. Ebenso falsch ist es aber auch, die Lötstelle zu überhitzen, weil dies die mechanischen Eigenschaften der Lötung verschlechtert und eventuell der Lötbrüchigkeit Vorschub leistet.

c) Das Tauchlöten. Wie beim Löten mit dem Kolben findet der Wärmeübergang zur Lötstelle durch ein flüssiges Medium statt. Als Wärmequelle dient ein Bad von geschmolzenem Lötzinn, das gewöhnlich mit einer Flußmitteldecke versehen ist. Die Temperatur des Bades hängt von seiner Größe und derjenigen der zu lötenden Teile ab, die bei diesem Verfahren besonders sorgfältig vorbereitet und festgelegt werden müssen. Das Tauchlöten eignet sich für die Massen- und Serienfertigung. Beim Löten kleiner Teile kann die Flußmittelschicht des Bades weggelassen werden, wenn man die Lötstelle selber vor dem Tauchen mit Flußmittel versieht.

d) Weitere Weichlötverfahren. In der Massenfertigung wendet man zum Weichlöten auch *Öfen* an, und zwar Topf- und Muffelöfen, die auf einer bestimmten Temperatur gehalten werden. Die Werkstücke werden mit Lot- und Flußmittel beschickt, in den Ofen gelegt und nach vollzogener Lötung herausgenommen. Auch Durchlauföfen mit Förderband werden zwecks weiterer Automatisierung des Verfahrens angewendet.

Das *Durchgießlöten* oder *Aufgießlöten* besteht darin, überhitztes Lot solange auf die Lötstelle zu gießen, bis die Bindung erfolgt ist.

Auch die *elektrische Widerstandserhitzung* und die *Induktionserhitzung* werden für die Zwecke des Weichlötens ebenso angewendet wie der *Ultraschall*.

4. Das Weichlöten der Stähle

a) Weiche Kohlenstoffstähle. Stahl, insbesondere weicher Stahl, ist derjenige Werkstoff, an dem alle Schweißverfahren zuerst ausprobiert und entwickelt wurden und auch jetzt noch entwickelt werden. Schon aus diesem Grunde bleibt für das Weichlöten nur ein beschränktes Anwendungsgebiet übrig. Alle großen und dicken Werkstücke scheiden von vornherein für das Löten aus. Obwohl man heute auch kleine Querschnitte nach Möglichkeit durch Schweißen verbindet, ist das Löten von Stahlteilen geringer Dicke weit verbreitet. Es ist besonders dann angebracht, wenn es sich um das Verbinden von Stahl mit anderen Metallen oder Legierungen handelt.

Von den gewählten Nahtformen ist die Stumpfnaht verhältnismäßig selten, weil ihre Festigkeit z. B. gegenüber der Blechfestigkeit besonders stark abfällt. Lötstellen an Stahl haben eine Zugfestigkeit von etwa 3 kg/mm². Die verschiedenen Zinnlotsorten weisen keine Unterschiede auf, die gegenüber der Festigkeit des Stahles nennenswert ins Gewicht fallen. Aus diesen Gründen wählt man meist die überlappte Naht. Je geringer dick das Blech ist, desto leichter gelingt es, das Lot durch eine breite Überlappung zu treiben und damit die für die Lötung zulässige Beanspruchung derjenigen des Grundwerkstoffes anzunähern. Stahl legiert sich verhältnismäßig langsam mit Zinnlot. Um die Lötgeschwindigkeit zu steigern und ein einwandfreies Ausfüllen des Lötspaltes zu gewährleisten, ist es zweckmäßig, die Lötstellen vorher zu verzinnen. Das kann mit Reinzinn oder Zinnlot und dem Lötkolben erfolgen. Auch die Flamme oder das Tauchbad wird angewendet. Dieser Umstand hat u. a. schon vor langer Zeit dazu geführt, daß man vom Löten der Stahlteile geringer Dicke in steigendem Maße abging und sich der Schweißung zuwandte (*Punkt- und Nahtschweißung*). Durch die Forderung der Einsparung von Zinn ist diese Entwicklung in den letzten Jahren stark beschleunigt worden. Wegen der bei der Schweißung im allgemeinen erreichten größeren Festigkeit ist eine Umkehr in dieser Entwicklung auch bei verbesserter Rohstofflage nicht zu erwarten.

Eine Steigerung der Zugfestigkeit auf etwa 10 kg/mm² kann durch Anwendung von Lot aus Zink (LZn 98) erreicht werden, wobei allerdings die Nachteile der Flammenlötung in Kauf genommen werden müssen. Die Löttemperatur liegt dann bei 420° C und ist nicht überall tragbar.

(In bezug auf die Flußmittel sei an dieser Stelle nochmals auf die Hygroskopizität des Zinkchlorids hingewiesen. Seine Rückstände müssen also nach Fertigstellung der Lötung sorgfältig entfernt werden, anderenfalls sie zum Rosten des Stahles Veranlassung geben.)

Ein wichtiges Beispiel für das Löten von niedrig gekohltem Stahl ist die Automobilkarosserie. Dabei werden die einzelnen Teile durch Schweißen verbunden und die Unebenheiten der Nähte, Poren und sonstige Fehler durch Auftragen von Zinnlot beseitigt. Hierzu muß das Lot streichbar sein, d. h. ein ausreichend großes Schmelzintervall besitzen, weshalb die Lote LSn 30 und LSn 33 bevorzugt werden. Aber auch Lote mit geringerem Zinngehalt sind geeignet, sofern das Erstarrungsintervall den praktischen Anforderungen genügt. Als Flußmittel dient am besten alkoholische Phosphorsäure, die sich mit Wasser leicht abspülen läßt. Denn alle Flußmittelreste müssen sorgfältig entfernt werden, damit Farbe und Lack auf der Karosserie einwandfrei haften.

b) Gehärtete und vergütete Stähle. An kleinen Stücken solcher Stähle lassen sich Lötungen mit Zinnlot ohne Schwierigkeit ausführen. Eine Beeinträchtigung des Vergütungszustandes tritt dabei nicht ein. Allerdings sind die Festigkeitswerte, verglichen mit denen des Grundwerkstoffes, recht gering. Die Verwendung von Lot LZn 98 führt wegen der erhöhten Temperatur bereits zur Güteminderung des Grundwerkstoffes. Aus diesen Gründen hat sich für manche derartige Chrom-Molybdän-Stähle das eutektische Zink-Kadmium-Lot eingeführt und bewährt. Die Scherfestigkeit solcher Lötungen beträgt etwa 12 kg/mm^2. Durch genügend breite Überlappung kann an dünnwandigen Werkstücken erreicht werden, daß der gefährliche Querschnitt nicht mehr im Lötgebiet liegt. Dies ist ein Beispiel dafür, daß mit Hilfe des Weichlötverfahrens oft Gütewerte erreicht werden können, die größer sind als diejenigen von Hartlötungen und Schweißungen, weil durch letztere auch die Werkstoffeigenschaften in der Umgebung der Lötstelle ungünstig verändert werden.

c) Bei *Sonderstählen,* die mit schwer lötbaren Stoffen legiert sind, muß gelegentlich eine Vorbehandlung stattfinden. Zum Beispiel lassen sich aluminiumhaltige Magnetstähle nicht ohne weiteres löten. Die Lötstellen werden deshalb mit Natronlauge vorgebeizt, um das vorhandene Aluminiumoxyd von der Oberfläche zu entfernen. Daraufhin kann die Lötung ohne Schwierigkeiten durchgeführt werden.

Die rostfreien austenitischen Chrom-Nickel-Stähle müssen vor dem Weichlöten ebenfalls gebeizt werden, und zwar mit Schwefelsäure, die etwas Kochsalz und Natriumnitrat enthält, oder mit Königswasser. Die Beiztemperatur soll 70—80° C betragen. Als Flußmittel wird alkoholische Phosphorsäure mit einem Zusatz von Kolophonium empfohlen.

d) Weißblech — verzinntes Stahlblech — ist ein Werkstoff, an dem die Verbindungsarbeiten vorwiegend durch Löten mit Zinnlot ausgeführt werden. Es wird mit Hilfe der Feuerverzinnung hergestellt. Man verzinnt entweder Bleche der handelsüblichen Größe oder die bereits halbfertigen Werkstücke. Vor dem Verzinnen werden die Stücke zur Entfernung von Rost und Hammerschlag gebeizt, indem man sie entweder mit verdünnter Salzsäure oder verdünnter Schwefelsäure so lange behandelt, bis die Oberfläche metallisch sauber ist. Nötigenfalls muß dem Beizen ein Entfetten vorausgehen. Dann werden die Stücke in ein Flußmittel getaucht, das aus einer wässerigen Lösung von Zinkchlorid mit 10—20 % Ammoniumchlorid besteht. Das Bad von flüssigem Zinn, in das die Stücke dann gelangen, ist ebenfalls mit einem Flußmittel bedeckt, das aus einem geschmolzenen Gemenge der genannten Salze besteht. Die Temperatur liegt bei 250—300° C. Zuweilen werden zwei Zinnbäder benutzt, wobei die Stücke nach dem Herausziehen aus dem ersten Bad sofort in das zweite gelangen. In diesem Fall wird das erste Bad mit einer dicken Flußmittelschicht bedeckt, denn es schadet nichts, wenn die Stücke beim Herausziehen mit etwas Flußmittel überzogen sind. Das zweite Bad enthält naturgemäß eine geringere Menge von gelöstem Eisen und erzeugt daher einen weicheren und glänzenderen Überzug. Es ist mit einer dünnen Schicht von Talg bedeckt und wird auf möglichst niedrigen Temperaturen gehalten, damit die Zinnschicht beim Herausziehen nicht oxydiert, wobei sie beim Erstarren eine leicht gelbliche Farbe annehmen würde. Wenn nur ein Zinnbad benutzt wird, verwendet man wenig Flußmittel, das beim Herausnehmen des Stückes beiseite geschoben wird, damit der Überzug recht blank bleibt. Das Stück soll gleichmäßig mit flüssigem Zinn bedeckt sein, dessen Überschuß zusammen mit den anhaftenden Flußmittelresten vor dem Erstarren entfernt werden muß. Dies kann durch Schütteln oder Stauchen geschehen, besser aber durch Eintauchen in geschmolzenen Talg von etwa 240—250° C. Die Art der Erstarrung des Überzuges ist maßgebend für das Aussehen der fertigen Stücke. Die besten Ergebnisse erzielt man durch kurzes Ablöschen in Wasser und Abkühlen an der Luft. Auch die Reinheit des Zinns ist für das Aussehen des Überzuges von Bedeutung.

Der Rostschutz, den das Zinn dem Stahl vermittelt, ist geringer als derjenige von Zink- und Kadmiumüberzügen. Weißblech pflegt an den Schnittkanten und an Poren sogar recht lebhaft zu rosten. Der Zinnüberzug ist aber unentbehrlich bei Stahl- und Eisengefäßen, die für die Aufbewahrung, den Transport und die Verarbeitung von Lebensmitteln dienen. Zinn ist gegenüber fast allen Lebensmitteln und den daraus hergestellten Konserven indifferent und gibt niemals Veranlassung zu gesundheitlichen Schäden.

Wie bereits angedeutet, wird Weißblech vorwiegend mit Zinnlot gelötet. Die hauptsächlichen Nahtformen sind in dem Bild 18 wiedergegeben. Bei den überlappten Nähten (Bild 18a bis c) hat die Lötung den mechanischen Beanspruchungen standzuhalten. Bei den Falznähten (Bild 18d u. e) dient das Lot zum gas- und flüssigkeitsdichten Abschluß.

Einen großen Teil des in der Welt erzeugten Weißbleches verarbeitet man zu Konservendosen und Kanistern. Die Herstellung erfolgt auf Automaten, die das Schneiden der Bleche, das Biegen, Falzen und Löten besorgen. Die Prinzipskizzen, Bild 19 und 20, zeigen, wie das Lot mit Hilfe einer Rolle oder Walze der Lötstelle zugeführt wird, die vorher mit Hilfe eines Schwammes mit Flußmittel versehen wurde. Als Lot dient normalerweise LSn 40. Infolge der Zinnknappheit ist man jedoch auf etwas geringere Gehalte zurückgegangen. Den Zinngehalt weiter herabzusetzen, hat hier wenig Zweck, da die Maschinen für eine bestimmte Lötgeschwindigkeit eingerichtet sind, die für einen geänderten Zinngehalt nicht mehr stimmt, so daß Ausschuß entsteht. Ferner wird der Lotverbrauch bei geringerem Zinngehalt meistens größer, weil sich die Lotwulst wegen der verringerten Ausbreitfähigkeit verdickt. So kommt es, daß die Möglichkeiten, durch Herabsetzen des Zinngehaltes im Lot eine Zinnersparnis zu erreichen, schnell an eine Grenze gelangen, bei deren Unterschreitung neben die in Kauf genommenen Arbeitsnachteile noch ein Mehrverbrauch an Zinn tritt.

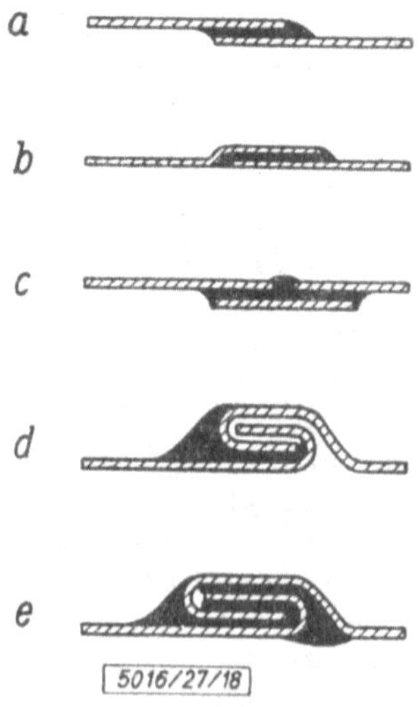

Bild 18

Bild 18. Formen von Lötnähten an Weißblech: a bis c überlappte Nähte, d u. e Falznähte, mit Lot nachgedichtet.

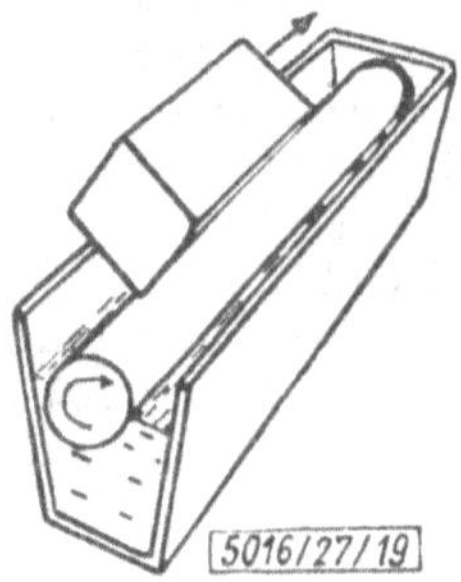

Bild 19

Bild 19. Prinzip einer Lötmaschine für Kanister. Das flüssige Lot wird mit Hilfe einer Walze, die sich dreht, an die Lötnaht herangebracht.

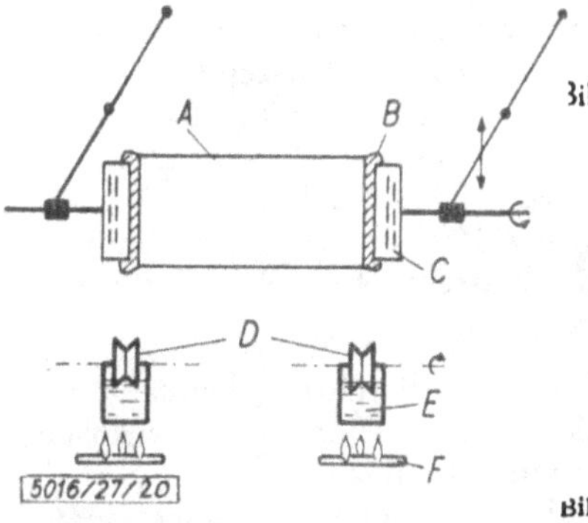

Bild 20. Schema der Arbeitsweise einer Lötmaschine für runde und eckige Büchsen. Die Zuführung des Lotes zur Lötstelle erfolgt durch Rollen.

A = Büchse D = Rollen
B = Deckel E = Lot
C = Haltevorrichtung F = Brenner

Bild 20

Vom Standpunkte der Hygiene aus wird die Anwendung des Lotes LSn 40 dort zugelassen, wo es mit Nahrungs- und Genußmitteln nicht unmittelbar in Berührung kommt. Dies gilt z. B. für Außenlötungen an Konservendosen, deren Nähte stets gefalzt und meistens schon ohne Lötung genügend dicht sind. Für Innenlötungen an Konservendosen schreibt das Gesetz die Verwendung von mindestens 90 % Zinn (LSn 90) vor. Auch die Flußmittel müssen ungiftig sein, so daß besonders Zinkchlorid und Phosphorsäure hier nicht angewendet werden dürfen.

Neben der Feuerverzinnung wird auch die galvanische Verzinnung angewendet. Solche Stücke lassen sich nicht so leicht löten wie Weißblech, besonders dann, wenn die Zinnschicht zu dünn ist.

e) Verzinkte Stahlbleche. Neben dem Weißblech wird das verzinkte Stahlblech in großem Umfange angewendet. Die Herstellung erfolgt nach den gleichen Gesichtspunkten, wie beim Weißblech beschrieben. Die Vorbereitung der Bleche durch Entfetten und Beizen ist derjenigen des Weißbleches gleich. Auch das Flußmittel, welches das flüssige Zink bedeckt, besteht aus Zinkchlorid und Ammoniumchlorid. Lediglich die Arbeitstemperatur liegt oberhalb des Zinkschmelzpunktes, nämlich bei etwa 450° C. Um das verzinkte Blech auf den ersten Blick vom Weißblech zu unterscheiden, läßt man den Überzug meistens grobkörnig erstarren, wodurch das bekannte „Blumenmuster" entsteht. Die Erzeugung eines glatten, gut gebundenen Überzuges aus Zink geht leichter vonstatten als bei Zinn, weil das Zink und das Eisen sich schneller miteinander legieren. Aus diesem Grunde darf die Arbeitstemperatur nicht stark gesteigert werden. Der Vorgang ist ein Legierungsprozeß wie beim Löten: Das

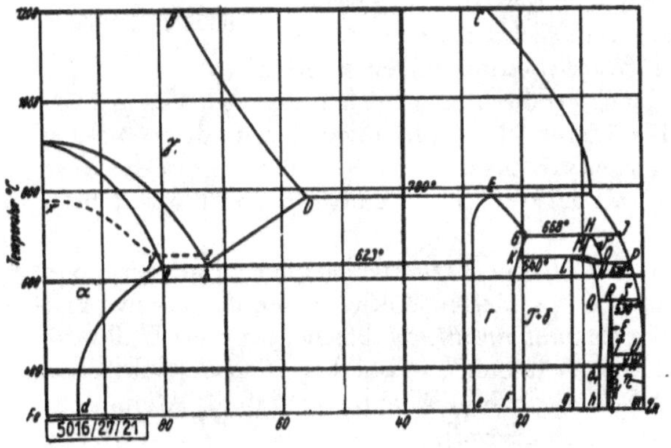

Bild 21. Das Zustandsschaubild Eisen-Zink

Eisen wird zunächst nach den Gesetzen der Diffusion vom Zink gelöst. Es diffundiert in merklicher Menge in das Zinkbad und bildet das schwerer schmelzende Hartzink, das sich im Bade anreichert. Wie das Zustandsdiagramm Eisen-Zink (Bild 21) zeigt, bilden die zinkreichen Legierungen eine Reihe von inkongruent schmelzenden intermediären Kristallarten, von denen im Zinküberzug die Kristallarten Γ, δ_1 und ζ auftreten, und zwar können sie bis etwa 50 % des Zinküberzuges in Anspruch nehmen. Wegen ihrer Sprödigkeit ist man jedoch bestrebt, ihren Anteil möglichst gering zu halten.

Verzinkte Stücke dürfen mit Lebensmitteln nicht in Berührung kommen, weil sich Zink z. B. in schwachen Säuren löst, den Geschmack der Speisen verdirbt und Vergiftungen hervorruft. In bezug auf den Rostschutz ist der Zinküberzug dem des Zinns jedoch weit überlegen, schon weil das Zink ein geringeres Lösungspotential besitzt als Eisen. So pflegt das verzinkte Blech an den Schnittkanten und Poren nicht zu rosten, weil sich die schützende Wirkung des Zinks über eine gewisse Entfernung erstreckt.

Verzinktes Stahlblech wird vielfach mit Zinnlot gelötet. Dies war früher die einzige übliche Methode. Hartlöten und Schweißen sind nur statthaft, wenn das Zink an und neben der Verbindungsstelle entfernt und die Bildung spröder Kristallarten, wie sie aus dem Zustandsschaubild Eisen — Zink ersichtlich sind, vermieden wird. [Lit. *Gailbraith*]. Als Lote dienen LPb 98.5, LSn 8, LSn 25, LSn 30 und LSn 33, sowie das Reinzinklot LZn 98 des DIN-Blattes 1730.

Als Flußmittel kommen für die Zinnlote das Zinkchlorid oder die üblichen Gemische in Betracht. Für das Lot LZn 98 und gegebenenfalls für LPb 98.5 ist deren Wirktemperatur zu niedrig. Deshalb sind Gemische vorzuziehen, die neben dem Zinkchlorid größere Mengen von Ammoniumchlorid und weitere Salze, wie Kalium- und Natriumchlorid, Natriumfluorid und ähnliche, enthalten.

Bild 22. Lötpistole.

Als Wärmequelle eignet sich für die Zinnlote LSn 30 und LSn 33 grundsätzlich der Lötkolben. Für LSn 25 ist häufig die Flammenlötung mit Lötlampe oder Lötbrenner (Bild 22) zu bevorzugen, eine Arbeitsweise, die bei den noch höher schmelzenden der genannten Lote stets angewendet wird. Für LZn 98 werden sogar besonders gebaute kleine Schweißbrenner empfohlen, und man hat in diesem Zusammenhange von einem „Hartlötverfahren" gesprochen. Dies ist unseres Erachtens nicht zu vertreten. Es ist im Interesse klarer Begriffsbestimmungen erforderlich, ein thermisches Verbindungsverfahren nicht nach der Art der Wärmequelle, sondern nach seinen charakteristischen physikalischen und chemischen Konstanten, insbesondere seiner Arbeitstemperatur, zu benennen. Danach ist das Löten von verzinktem Stahlblech mit LZn 98,5 eindeutig ein Weichlötverfahren.

f) Verbleites Stahlblech lötet man ähnlich wie verzinktes Stahlblech mit den Loten LPb 98.5, LSn 8 bis LSn 33, die übrigen plattierten Bleche so wie das massive Plattierungsmetall. Dies gilt auch für die *aluminiumplattierten* Bleche, die ohne Flußmittel mit einem Aluminium-Weichlot durch „Reiblöten" verbunden werden. (Siehe unter *Lüder:* Beitrag „Das Löten der NE-Werkstoffe".) Wichtig ist, daß die Aluminiumschicht beim Löten nicht verletzt wird [Lit. *Arend*].

5. *Das Weichlöten von Gußeisen.*

Weichlote binden auf dem Gußeisen nur schlecht, was auf den in der Lötfläche vorhandenen Graphit zurückzuführen ist. Man kann ihn am besten durch Sandstrahlen entfernen und die Lötfläche gleichzeitig aufrauhen. Dann ist es zweckmäßig, die Lötstellen mit Reinzinn zu verzinnen, um schließlich die Lötung mit einem niedrigerprozentigen Zinnlot auszuführen. Die Ergebnisse sind nicht immer befriedigend.

D. Das Hartlöten der Eisenwerkstoffe

1. Die Lote

Die wichtigsten Lote sind die *Messinglote,* also Legierungen aus Kupfer und Zink. Beide Metalle legieren sich im geschmolzenen Zustande sehr leicht mit vielen anderen Werkstoffen, jedoch beruht die Bindefähigkeit der Messinglote mehr auf dem Gehalt des Zinks. Eine Übersicht über die Kupfer-Zink-Legierungen zeigt das Zustandsschaubild (Bild 23). Die Zahl der Messinglote ist in der älteren Literatur sehr beträchtlich. Teilweise waren die Unterschiede in der Zusammensetzung nur gering. Eine erhebliche Vereinfachung und Vereinheitlichung brachte das DIN-Blatt 1711 (vgl. die Zahlentafel 6). Die darin aufgeführten Lote, die auch in das DIN-Blatt 1733 übernommen wurden, sind für die Bedürfnisse der Technik ausreichend. Die Lote mit höherem Kupfergehalt werden vorwiegend in Form von Drähten und Streifen gebraucht. Die Herstellung von Drähten durch Warmpressen findet ihre technische Grenze bei dem Lot LMs 48, jedoch kommt dieses Lot ebenso wie das Lot LMs 42 vorwiegend in Form von Körnern vor. Die Herstellung der Messinglote in Drahtform erfolgt auf dem üblichen Wege durch Legieren, Gießen und Pressen in der Strangpresse. Es ist nicht zweckmäßig, beim Erschmelzen der Lote den üblichen Anteil Altmessing hinzuzufügen, weil dabei Verunreinigungen in die Schmelze gelangen können. Diese wirken für die Verarbeitung der Lote in ganz anderem Umfange störend als etwa für die Warm- und Kaltverformung und -bearbeitung der gewöhnlichen Halbzeuge. Der Schaden an Ausschuß, mit dem bei der Verwendung minderwertiger (d. h. verunreinigter) Lote gerechnet werden muß, steht dann in gar keinem Verhältnis zu dem Mehrpreis, der für ein Lot auf Grund einer sorgfältigeren Herstellung aus reineren Ausgangsmaterialien angelegt werden muß. Bei Messingloten sollte man grundsätzlich von Raffinade- oder Elektrolytkupfer und von Raffinadezink ausgehen, da z. B. kleine Mengen Blei vermehrte Porigkeit der Lötnähte hervorrufen. Die Lote LMs 42 bis LMs 54 sind — von alters her –

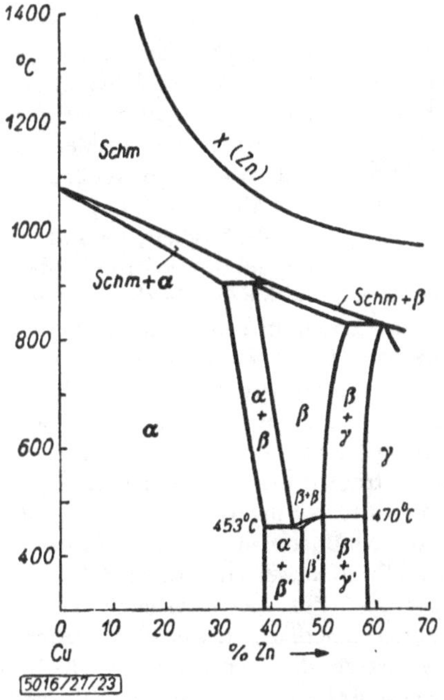

Bild 23. Das Zustandsschaubild Kupfer–Zink, einschließlich der Siedekurve X (Zn) für Zink.

auch in Kornform üblich (*Schlaglot*). Ihre Herstellung erfolgt derart, daß erhitzte Lotstücke in der Schlagkreuzmühle zerkleinert und durch Sieben in gleichmäßige Körnungen zerlegt werden.

Nr.	Benennung	Zusammensetzung in %		Arbeitstemperatur	Wichte
		Cu	Zn	° C	kg/dm³
1.	LMs 85	85	15	1020	8,7
2	LMs 63	63	37	910	8,4
3	LMs 60	60	40	900	8,4
4	LMs 54	54	46	890	8,3
5	LMs 48	48	52	870	8,2
6	LMs 42	42	58	845	8,1

Zahlentafel 6. Messinglote nach DIN 1711.

Von Wichtigkeit und nicht allgemein bekannt ist die Abhängigkeit der Farbe der Messinglegierungen von ihrer chemischen Zusammensetzung. Das Lot LMs 63 ist hellgelb und unter den handelsüblichen, als Werkstoff gebrauchten Messingsorten das hellste Lot. Mit sinkendem Kupfergehalt wird die Farbe zunächst wieder dunkler, so daß die Legierung Ms 60 dunkler ist als Ms 63. Die Farbe nähert sich mit weiter sinkendem Kupfergehalt dem Goldgelb (Ms 54), um später allmählich in Grau überzugehen. Diese Farbunterschiede zu kennen, ist von großer Wichtigkeit, besonders weil sich die Zusammensetzung des Lotes bei der Verarbeitung durch Verdampfen des Zinks ändert. Dem Verdampfen des Zinks kommt namentlich bei leichter Überhitzung eine besondere Bedeutung zu, d. h. z. B. beim Löten im Feuer oder mit dem Schweißbrenner. Das Bild 23 zeigt den Siedepunkt des Zinks bei den verschiedenen Messinglegierungen. Aber schon bei tieferen Temperaturen wird das Zink flüchtig. Dieses Ausdampfen des Zinks, das sich an der Luft sofort oxydiert und einen weißen Rauch von Zinkoxyd bildet, der die Löter belästigt, kann beim Löten mit dem Schweißbrenner bis zu 40% des gesamten Zinks betragen. Das nicht beherrschbare Ausdampfen muß man als Nachteil ansehen. Um dieses zu verringern — vermeiden ist nicht möglich —, hat man im wesentlichen die zwei Maßnahmen getroffen: Anwendung einer oxydierenden Flamme, d. h. z. B. eines Überschusses an Sauerstoff in der Azetylen-Sauerstoff-Flamme, wodurch das „Rauchen" des geschmolzenen Lotes wesentlich verringert wird. Offenbar bildet sich an der Oberfläche des geschmolzenen Messings eine Haut von Zinkoxyd. Das Zinkoxyd ist bei den Temperaturen, die in der Nähe des Messingerweichungspunktes, also bei ~ 900° C, liegen, noch fest, da das Zinkoxyd erst bei 1975° C (unter Druck) schmilzt. Die Haut ist zäh und fest und der Zinkverdampfung hinderlich. Es liegen hier also ähnliche Verhältnisse vor wie bei den Zwischenglühungen von Messingblech beim Walzen. Wird dabei das Glühen in reduzierender Atmosphäre vorgenommen, so bildet sich an der Oberfläche eine zinkärmere Schicht, die im Schliffbild deutlich sichtbar gemacht werden kann. In oxydierender Atmosphäre dagegen tritt lediglich eine Oxydhaut auf, ohne daß das darunterliegende Metall eine Entzinkung erfährt. — Da man durch oxydierende Flammen nur eine Beschränkung des Ausdampfens erreicht, ist man außerdem noch dazu übergegangen, durch Legierungszusätze im Lot eine weitere Verbesserung zu erreichen. So enthalten die Messinglote zweckmäßigerweise z. B. kleine Mengen von Silizium. Es genügen 0,12 bis 0,50% Silizium, das durch Oxydation zu Kieselsäure die

Bildung einer Schutzhaut begünstigt. Selbstverständlich darf diese Haut nur kurzzeitig auftreten und muß vom Flußmittel baldigst verschlackt werden, anderenfalls würde der normale Ablauf des Lötvorganges gestört werden.

Mit dem Ausdampfen des Zinks läuft ein anderer Vorgang parallel, nämlich das Auftreten von Poren in der Lötnaht. Die Poren sind darauf zurückzuführen, daß sich Gase, vornehmlich Wasserstoff, im geschmolzenen Lot lösen, im Augenblick des Erstarrens aber wieder als „Bläschen" frei werden, jedoch nicht bis zur Oberfläche aufsteigen. Benutzt man oxydierende Flammen, so bedingt dies an sich eine Verminderung des Wasserstoffgehaltes der Flamme, und die sich kurzfristig bildende Oxydhaut verhindert das Auflösen der Gase in der Lotschmelze. Durch die Maßnahmen, die das „Rauchen" verhindern, wird also gleichzeitig die Dichtigkeit der Lötnaht gefördert.

Als flußverbessernde Legierungsbestandteile findet man in den Messingloten neben dem Silizium noch kleine Mengen (0,1—1,0%) von Mangan, Silber u. a. Neben diesen kleinen Zusätzen sind in den letzten Jahrzehnten auch größere Beimengungen vorgeschlagen worden, auf die, soweit sie für das Löten von Eisenwerkstoffen in Frage kamen und kommen, hier kurz eingegangen werden soll [Lit. *Kinzel* u. *Lytle*]. Zinnzusätze hat man in Mengen von 1 bis 10% verwendet. Das Zinn führt zu einer erheblichen Versprödung der Lote, so daß sie nur in Form von Körnern, also als Schlaglote benutzt werden konnten. Durch Verknappung des Zinns sind diese Lote nicht in Gebrauch, weil sich herausgestellt hat, daß der Zinnzusatz keine Vorteile bei der Verarbeitung und in der fertigen Lötung bringt. Sogar kleine Mengen von Zinn hindern die beschriebene Wirkung des Siliziums. An die Stelle dieser Lote ist dort, wo die reinen Messinglote in bezug auf die mechanischen Eigenschaften der Lötungen nicht genügten, ein nickelhaltiger Lötdraht getreten (vgl. die Zahlentafel 7). Diese Legierung,

Nr.	Benennung	Kurzzeichen	Ungefähre Zusammensetzung in %	Arbeitstemperatur mindestens °C	Wichte kg/dm³
1	Kupferschweißdraht .... (Kupferlot)	SCu	Cu mindestens 98 Ag + Mn + Ni + P Rest	1070	8,9
2	Neusilberschweißdraht ...... (Neusilberlot)	SNs	Cu mindestens 45 Ni 6—11 Zn mindestens 40 Si 0,2—0,4	950	8,8
3	Zinn-Bronze-Schweißdraht ..	SSnBz 6	Cu mindestens 92 Sn 5—7 P bis 0,5	1030	8,7
4	Phosphorlot 8	LCuP 8	P 8 Cu Rest	710	8,0
5	Silber-Messing-Lot	LMsAg	Cu mindestens 50 Zn mindestens 40 Ag 4—6 P + Si bis 0,5	810	8,4

Zahlentafel 7. Lote nach DIN 1733 (soweit nicht in DIN 1711 enthalten).

ein $\alpha + \beta$-Neusilber, stellt das Ende einer Legierungsentwicklung dar. Früher wurden die üblichen α-Neusilber (mit 8—18% Nickel) wegen ihrer besseren mechanischen Eigenschaften und ihrer weißen Farbe vielfach zum Löten von Stahl benutzt. Mit dem

Aufkommen der gepreßten Profile aus $\alpha + \beta$-Neusilber wurde auch ein dazugehöriger Schweißdraht entwickelt, der im Mittel 48% Kupfer, 10% Nickel, Rest Zink enthält und dem zur Vermeidung von Zinkverlusten bei der Verarbeitung ein entsprechender Siliziumgehalt zugefügt wurde. Dieser Schweißdraht wird als Hartlot für Stahl und Gußeisen sehr geschätzt.

Die Zahlentafel 7 enthält neben dem vorgenannten Lot noch diejenigen Hartlötstoffe des DIN-Blattes 1733, die außer den Messingloten für das Löten von Eisenwerkstoffen in Betracht kommen, d. h. zunächst den Kupferschweißdraht SCu. Als Hartlot wird er vorwiegend beim Löten im Schutzgas und zum Löten von Werkzeugen, die gehärtet werden müssen, verwendet. Die angeführten Nebenbestandteile, die hauptsächlich auf die Bedürfnisse der Kupferschweißung eingestellt sind, wirken sich auch beim Hartlöten im Sinne einer Verbesserung des Flusses günstig aus. Falls die Arbeitstemperaturen etwas geringer, die Festigkeitswerte höher sein sollen, tritt an die Stelle des reinen Kupfers der Bronzeschweißdraht SSnBz 6.

Für das Löten legierter Werkzeugstähle sind wieder höhere Löttemperaturen erforderlich. Diesem Zwecke dienen Lote aus Kupfer-Eisen-Legierungen (etwa 6% Fe) und Kupfer-Nickel-Lote (etwa 30% Ni) mit kleinen Zusätzen, die den Fluß verbessern. Zum Auflöten von Hartmetallplättchen auf Stahlschäfte haben sich Lote in Folienform bewährt, die aus Kupfer mit Stahleinlagen, nach Art eines Bimetalls, bestehen. Die letztgenannten Lote sind nicht genormt. Dagegen enthält das DIN-Blatt 1733 noch das Lot LMsAg, ein Messinglot mit rund 5% Silber. Es findet vorwiegend zum Löten von Stahlteilen geringer Wanddicke ($\leqq$ 1 mm) Anwendung, die nicht auf 900° C erwärmt werden. Letztgenanntes Lot stellt den Übergang zu den Silberloten dar, die anschließend betrachtet werden.

Unter „*Silberloten*" versteht man Lote, die mindestens 8% Silber enthalten. Sie sind aus den Messingloten durch einen mehr oder weniger großen Zusatz von Silber entstanden. Für technische Zwecke, d. h. auch zum Löten von Stahl, liegt die obere Grenze des Silbergehaltes bei 50% Ag. Neben der Senkung des Schmelzpunktes gegenüber den Messingloten wirkt das Silber auf die Verbesserung des Flusses. Die Lötgeschwindigkeit steigt. Die Sauberkeit der Lötstelle ist hierbei größer als bei den Messingloten, so daß die auf diese Weise erreichte Ersparnis an Lotgewicht, Zeit und Nacharbeit die erhöhten Kosten für das Silberlot rechtfertigt. Schließlich kann auch mit Hilfe der Silberlote eine höhere Anpassungsfähigkeit an die jeweiligen Forderungen erreicht werden. Die hauptsächlichsten Richtungen, nach denen die Silberlote entwickelt wurden, sind die folgenden:

1. Erhöhte Festigkeit.
2. Geschmeidigkeit, d. h. die Lötstelle läßt sich gut verformen, wie hämmern, biegen, falzen usw.
3. Gleichbleibende Färbung, d. h. durch Änderung der Zusammensetzung kann man die Farbe des Lotes derjenigen des Werkstückes weitgehend anpassen, was dann Bedeutung hat, wenn die Lötstelle am fertigen Stück nicht auffallen soll.
4. Verbesserung der Korrosionsbeständigkeit, was für Lötungen wichtig ist, die dem Einfluß korrodierender Chemikalien ausgesetzt sind.

Diese Forderungen haben zu einer großen Zahl von Silberloten geführt. Das Fabrikationsprogramm umfaßte zeitweise mehr als 100 derartige Lote. Inzwischen hat die Entwicklung zu einer starken Beschränkung dieser Anzahl geführt. Das DIN-Blatt 1710 vom Jahre 1925, das nur sechs Lote aufführt, genügte den Bedürfnissen nicht. An seine Stelle ist — soweit es sich um Lote für unedle Metalle handelt — das DIN-Blatt 1734 aus dem Jahre 1944 getreten. Diejenigen Lote, die für Eisenwerkstoffe in Betracht kommen, sind in Zahlentafel 8 zusammengestellt.

Nr.	Benennung	Kurz-zeichen	Zusammensetzung in %							Arbeits-temperatur mindestens °C
			Ag	Cu	Cd	Zn	Mn	Ni	Sn	
1	Silberlot 8	LAg 8	7—9	< 55		Rest				860
2	Silberlot 12	LAg 12	11—13	< 52		Rest				830
3	Silberlot 12 Cd	LAg 12 Cd	11—13	< 52	5—9	Rest				800
4	Silberlot 15	LAg 15	14—16	< 49	8—12	Rest				770
5	Silberlot 20	LAg 20	19—21	< 43	13—17	Rest				750
6	Silberlot 25	LAg 25	24—26	< 43		Rest				780
7	Silberlot 27	LAg 27	26—28	< 40		Rest	< 10	< 6		840
8	Silberlot 38	LAg 38	37—39	< 42		Rest			< 4	800
9	Silberlot 44	LAg 44	43—45	< 32		Rest				730
10	Silberlot 45	LAg 45	44—46	< 19	18—22	Rest				620
11	Silberlot 49	LAg 49	48—50	< 18		Rest	< 8	< 5		690

Zahlentafel 8. Silberlote für Eisenwerkstoffe nach DIN 1734.

Die Grundlage der Silberlote ist das System Kupfer-Silber-Zink [Lit. *Keinert*], dessen Zustandsschaubild in dem Bild 24 wiedergegeben ist. Die Lote mit niedrigen Silbergehalten liegen im Gebiet der β-Phase. Mit höheren Silbergehalten bedient man sich in steigendem Maße der α-Kristallarten. Um den erwähnten Anforderungen zu genügen, fügt man diesen Loten weitere Metalle zu. Das Kadmium setzt den Schmelzpunkt der niedrig legierten Lote herab (z. B. LAg 15). Bei mittleren Silbergehalten kann bei Anwesenheit von Kadmium der Gehalt an niedrig schmelzenden Metallen gegenüber den kadmiumfreien Legierungen gesteigert werden, ohne daß die Verformbarkeit wesentlich leidet (LAg 45). Das Zinn ruft eine beachtliche Erniedrigung des Schmelzpunktes hervor, verschlechtert jedoch bei Zusätzen in wirksamer Höhe die Bearbeitbarkeit der Lote. Das Zinn im Lot LAg 38 erhöht die Seewasserbeständigkeit der Lötstellen. Nickel- und Mangangehalte werden den Loten LAg 27 und LAg 49 hinzulegiert. Diese Lote werden für rostfreie Stähle und solche Stähle benutzt, die durch Diffusion von Chrom in die Oberflächenschichten chemisch beständig wurden. Durch den Nickelgehalt wird die Farbe der Lote derjenigen der Grundwerkstoffe angenähert. Blei- und Eisenzusätze sollen in Silberloten vermieden werden, da sie die Bearbeitung erschweren. Ebenso ist ein Aluminiumgehalt schädlich, weil er den Fluß der Lote stark verschlechtert, obwohl dadurch der Schmelzpunkt sinkt. Es bildet sich an dem abschmelzenden Tropfen eine Oxydhaut, die von den üblichen Flußmitteln nicht gelöst wird [Lit. *Andrews, Kreidl* u. *Nowack, Leach, Smith, Snelling, Stein*].

Zum Schluß sei noch auf die Lote aus Kupfer und Phosphor (6—8% Phosphor, Rest Kupfer) hingewiesen, die in der Hauptsache beim Löten von Kupfer und seinen Legierungen die Silberlote teilweise ersetzen können, weil sie bei niedrigem Schmelzpunkt (707° C) einen guten Fluß besitzen (Bild 25). Für Stahl sind sie normalerweise nicht zu verwenden, weil sie nicht binden, ausgenommen beim Löten im Schutzgas. Offenbar schafft die Schutzgasatmosphäre Bedingungen, die ein Legieren zwischen dem Lot und dem Stahl ermöglichen, wie es das Schliffbild des Bildes 26 a u. b be-

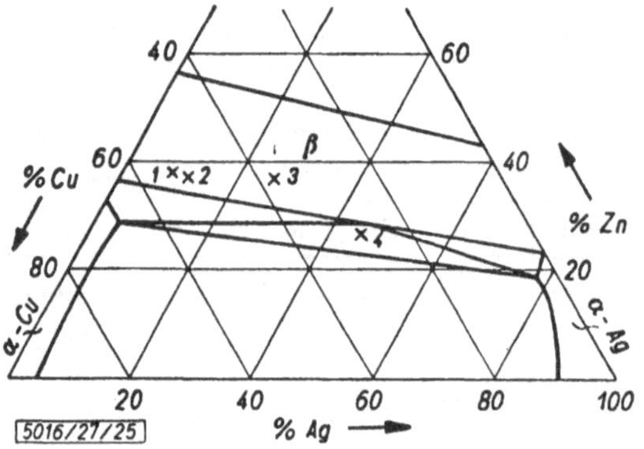

Bild 24

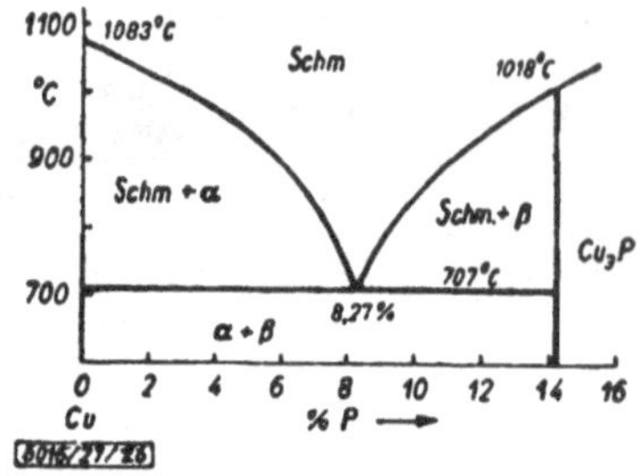

Bild 25

Bild 24. Das Zustandsschaubild Silber–Kupfer–Zink. Das Gleichgewicht im festen Zustand. Nach *Keinert*.

1 = LAg 8
2 = LAg 12
3 = LAg 25
4 = LAg 44

Bild 25. Das Zustandsschaubild Kupfer–Phosphor (kupferreiche Legierungen).

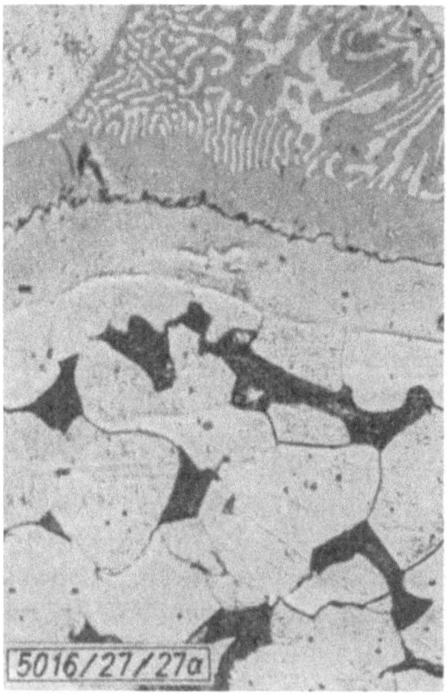

Bild 26a

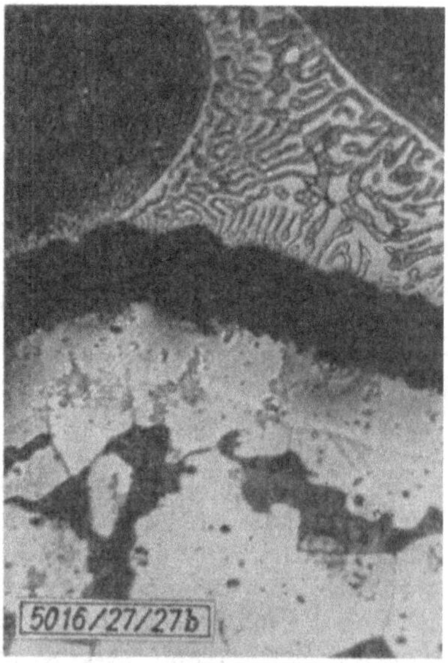

Bild 26b

Bild 26 a u. b. Stahl, gelötet mit dem Lot LCuP 8.

a) An dem Übergang befindet sich eine Schicht von α-Fe und eine solche von Fe_3P (V 150 ×, geätzt mit 1% HNO_3). Nach *Erdmann–Jesnitzer*.

b) Die gleiche Lötung (V 500 ×, geätzt mit Kaliumferrizyanid). Die Fe_3P-Schicht ist schwarz gefärbt. Nach *Erdmann-Jesnitzer*.

weist. Der Übergang zwischen Lot und Grundwerkstoff besteht in einer Schicht der Verbindung Fe_3P und einer solchen von α-Eisen, das erhebliche Mengen von Phosphor gelöst hat. Dies läßt sich bequem durch eine Reihe von Mikrohärteeindrücke nachweisen. Das DIN-Blatt 1733, das das Lot LCuP 8 enthält, muß in diesem Sinne vervollständigt werden.

2. *Die Flußmittel*

Die hauptsächlichsten Flußmittel zum Hartlöten von Schwermetallen sind die Borsäure und der Borax. Diese Stoffe werden allein oder miteinander gemischt angewendet. In den Flußmitteln bilden diese meist die Grundlage. Die Borsäure liegt in der Kälte als Orthoborsäure H_3BO_3 vor und ist in wässeriger Lösung nur schwach dissoziiert. Beim Erhitzen verliert sie ihren gesamten Wassergehalt, hat im geschmolzenen Zustand, d. h. oberhalb 580° C, die Zusammensetzung B_2O_3 und besitzt stark saure Eigenschaften. Sie bildet mit den Oxyden, die in der Lötstelle auftreten, Borate, z. B. die Metaborate $ZnO \cdot B_2O_3$ und $CuO \cdot B_2O_3$, das Biborat $MnO \cdot 2\,B_2O_3$, mit Eisenoxyden die kompliziertere Verbindung $4\,FeO \cdot Fe_2O_3 \cdot B_2O_3$. Diese Verbindungen lösen sich in der vorhandenen überschüssigen Borsäure nur in geringem Maße [Lit. *Guertler*]. Die Reinigung der Lötstelle von Oxyden vollzieht sich also verhältnismäßig langsam. Es muß die Temperatur erhöht werden, wenn das Borsäureflußmittel entsprechend schnell wirken soll. Trotz ihres Schmelzpunktes von 580° C kommt die Borsäure erst bei etwa 900° C zur Entfaltung ihrer Reaktionsfähigkeit. Sie ist deshalb als Flußmittel für Silberlote nicht geeignet. Alle höher schmelzenden Lote (Messing-, Kupfer-, Neusilberlote) sollen dagegen nur mit Flußmitteln auf Borsäurebasis verarbeitet werden.

Ganz anders verhält sich der Borax, das Natriumbiborat $Na_2B_4O_7 \cdot 10\,H_2O$. In wässeriger Lösung reagiert er wegen der erwähnten geringen Dissoziation der Borsäure deutlich basisch. Beim Erhitzen verliert der Kristall unter Aufblähen stufenweise sein Kristallwasser und schmilzt bei 741 ° C. Im flüssigen Zustande wirkt Borax sauer und ist gemäß seinem Verhalten aufzufassen als eine Mischung von Bortrioxyd und Natriummetaborat:

$$Na_2B_4O_7 = 2\,NaBO_2 + B_2O_3$$

Chemisch wirksam ist dabei hauptsächlich das Bortrioxyd, das mit den Oxyden der Lötstelle die genannten Verbindungen bildet. Dem Natriummetaborat kommt die wichtige Aufgabe zu, die entstandenen Borate zu lösen und zu entfernen, damit immer genügend Bortrioxyd an der Lötoberfläche zur Aufnahme der Oxyde zur Verfügung steht. Durch diese Eigenschaft wird die Wirktemperatur erheblich gesenkt, und tatsächlich finden Flußmittel auf Natriumbiboratbasis dort ausschließlich Verwendung, wo die Arbeitstemperatur niedrig ist und wo es auf große Lötgeschwindigkeit ankommt, nämlich beim Löten mit Silberloten [Lit. *Lüder*]. An sich ist jedoch die Lösefähigkeit des Borax für Oxyde nicht bedeutend, deshalb braucht man verhältnismäßig große Mengen für eine Lötung, deren Rückstände als harte Krusten auf der Lötstelle verbleiben. Sie können durch Abschlagen oder durch Beizen mit 10 prozentiger Schwefelsäure entfernt werden, was man mit Recht als lästig empfindet. Eine Verbesserung wird durch Verwendung von Gemischen aus Borax und Borsäure erreicht, wodurch gleichzeitig Schmelzpunkt und Wirktemperatur den gerade vorliegenden Bedürfnissen angepaßt werden können. Das Zustandsschaubild in dem Bild 27 gibt die erforderliche Grundlage. Eine weitere Steigerung der Leistungsfähigkeit der Flußmittel, besonders in bezug auf Ausgiebigkeit und Lösegeschwindigkeit, kann durch andersgeartete Zusätze erreicht werden, wobei neben Phosphaten besonders die Halogenide eine Rolle spielen, so daß die Flußmittelgemische zuweilen recht kompliziert werden, wenn Spitzenleistungen erreicht werden sollen. Oft sind geringe Zusätze recht wirkungsvoll. Die Anwesenheit von Chlorionen führt z. B. die zu lösenden Oxyde schnell in Chloride über, die sich wiederum mit der Borsäure umsetzen. Durch solche Kettenreaktionen werden die Hemmungen, die in der schlechten Lösefähigkeit der Borsäure für ihre Schwermetallsalze ihren Ursprung haben, überwunden. Die Steigerung der Wirkung erhöht auch die Lötgeschwindigkeit, und der Löter kommt mit geringeren Flußmittelmengen aus, so daß sich nicht nur der höhere Anschaffungspreis dieser Gemische rechtfertigt, sondern auch nach der Lötarbeit keine harten Krusten auf der Lötstelle verbleiben.

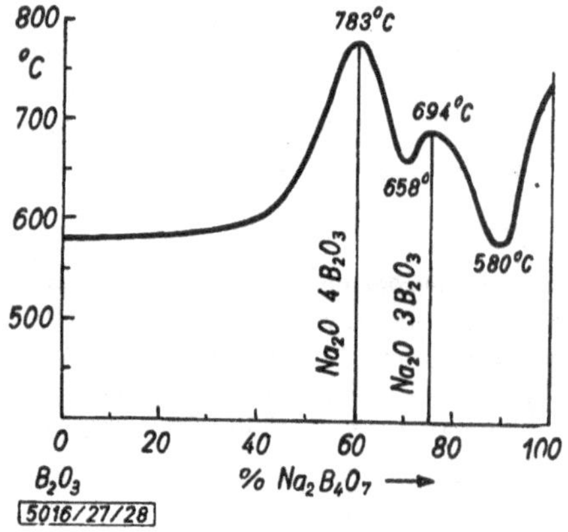

Bild 27. Das Zustandsschaubild Borsäure–Natriumbiborat.

Wie bei den Weichlötstoffen hat man auch Hartlötflußmittel mit Hartloten vereinigt. Der Versuch, den Lotdraht mit einer Flußmittelhülle zu versehen, also das Prinzip der umhüllten Schweißelektrode beim Hartlöten zu verwenden, hat keinen durchschlagenden Erfolg gehabt. Die Verbraucher lehnten solche Lötstoffe meist ab. Dagegen sind Hartlotdrähte mit Flußmittelseele seit Jahren im Gebrauch. Bei ihrer Herstellung geht man von kurzen, dickwandigen Rohren aus, in die das Flußmittel in geschmolzenem Zustande eingegossen oder als Pulver eingestopft wird. Die gefüllten Rohre werden durch Walzen und Ziehen auf die gewünschte Dicke heruntergearbeitet, meist zu runden oder kantigen Drähten von 2 bis 6 mm Durchmesser oder für Sonderzwecke, wie das Löten von Bandsägen, zu dünnen Bändern von etwa 10 mm Breite.

3. *Die Lötverfahren*

Als Wärmequelle kommt beim Hartlöten in viel stärkerem Umfange als beim Weichlöten die Flamme in Anwendung. Die an sich weniger günstige Wärmeübertragung durch Gase ist eine der Hauptursachen für die erhöhte Geschicklichkeit, die der Löter dabei aufwenden muß. Die Wärmeübertragung durch feste und flüssige Körper beschränkt sich auf die Verfahren der Massenfertigung.

a) Das Löten mit dem Brenner. Die Lötlampe, die beim Weichlöten üblich ist, kann auch zum Hartlöten benutzt werden. Für sogenannte kleine Lötungen genügt der gewöhnliche Bunsenbrenner (Blaubrenner). Diese Flammen sind „milde", weil sie ohne Druckluft erzeugt werden. Die Umgebung der Lötstelle wird dabei immer in größerem Umfange miterwärmt. Hohe Arbeitstemperaturen lassen sich mit diesen Geräten nicht erzeugen. Dazu bedarf es der Druckluft. Diese kommt in einfachster Form im Lötrohr zur Anwendung, mit dem man durch Einblasen in eine Kerzen-, Öl-, Gas- oder Spiritusflamme eine Stichflamme erzeugen kann (Bild 28). Wird mit dem Lötrohr in die Flamme eines Bunsenbrenners geblasen, so sind die Luftlöcher des Brenners zu schließen, um eine leuchtende Flamme zu erhalten. Lötrohre werden mit dem Munde bedient, was bei längerem Arbeiten recht anstrengend ist. Die Verwendung eines Gummiblasebalges, wie er auch medizinischen Zwecken dient, ist dafür zu empfehlen. Das Lötrohr ist nur für kleinste Lötungen brauchbar. Die Entwicklung des Lötrohres ins Größere führt zur Lötpistole, bei der das an eine Druckluftleitung angeschlossene Luftzuführungsrohr von einem Gasführungsrohr umschlossen wird. Gas- und Luftzufuhr lassen sich regulieren, so daß der Löter die Flamme während der Arbeit je nach Bedarf einstellen kann. Als Brenngas dient meistens Stadtgas, jedoch auch Wasserstoff, Propan und Azetylen. Während die Flammengemische Stadtgas-Luft und Wasserstoff-Luft Flammen von etwa gleich hoher Temperatur bilden, erzeugt die Azetylen-Luft-Flamme eine größere Hitze.

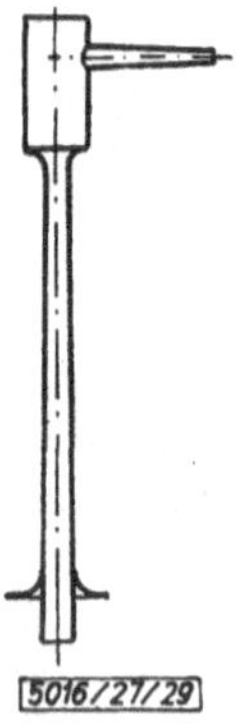

Bild 28. Lötrohr.

Eine derartige Steigerung der Flammentemperatur ermöglicht sowohl eine Erhöhung der Lötgeschwindigkeit als auch eine Vergrößerung des Lötquerschnittes, d. h., man kann dickere Stücke löten, ohne sie vorwärmen zu müssen. Diese Gesichtspunkte führen dazu, daß die intensiven Flammengemische Azetylen-Sauerstoff, Benzol-Sauerstoff usw., die für die Gasschweißung benutzt werden, in steigendem Maße für das Hartlöten Anwendung finden. Das Löten mit dem Schweißbrenner ist ein beliebtes Arbeitsverfahren geworden. Mit der Steigerung der Flammentemperaturen sind noch weitere Veränderungen im Lötverfahren einhergegangen. So wurde früher das Hartlot meistens in Form von Körnern benutzt. Die Körner (Schlaglot) wurden mit Flußmittel, meist Borax, zu einem klebrigen Brei angerührt und auf die Lötstelle aufgetragen. Dann wurde bis zum Fließen des Lotes erhitzt. Dieses Verfahren nimmt verhältnismäßig viel Zeit in Anspruch, besonders wenn es sich um größere und dickere Stücke handelt, und deshalb hat in den letzten beiden Jahrzehnten die Verwendung des gekörnten Lotes zugunsten von Lotstäben und -drähten stark abgenommen. Hiermit lötet man in der gleichen Weise, wie dies bei der Gasschweißung üblich ist. Die Lötstelle und der Lotdraht werden mit Flußmittelbrei bestrichen, dann wird der Beginn der Naht auf Löttemperatur erwärmt und der Lotdraht fortlaufend abgeschmolzen, so daß das flüssige Lot in die Lötfuge eindringt. An Stelle von Flußmittelbrei bevorzugen manche Löter das Flußmittel in Pulverform. Der erwärmte Lotdraht wird in das Pulver getaucht. Dieses bleibt daran hängen und kann so in jeder beliebigen Menge der Lötstelle zugeführt werden. Zwar muß dabei die Lötarbeit kurzzeitig unterbrochen werden, jedoch kann das Flußmittel besser dosiert werden, wodurch sich Fehler in der Lötnaht leichter vermeiden lassen.

Bei dieser Arbeitsweise sei auf einen Umstand bei der Wärmeübertragung von der Flamme auf das Werkstück hingewiesen: Die Lötstelle und das Lot werden während des Bindungsvorganges vom Flußmittel umhüllt. Die Lötwärme muß das Flußmittel durchdringen. Da die Flußmittelsubstanzen die Wärme wesentlich schlechter leiten als die Metalle, stellt sich mitunter innerhalb der Flußmittelschicht ein erhebliches Temperaturgefälle ein. Die Wärmeleitfähigkeit des Eisens beträgt rund 0,1 $cal \cdot cm^{-1} \cdot s^{-1} \cdot {}^0C^{-1}$. Die Wärmeleitfähigkeit der Borverbindungen ist nicht bekannt, sie wird der Größenordnung nach $^1/_{100}$ bis $^1/_{1000}$ des Eisens betragen. Die praktische Folge ist, daß bei der Flammenlötung — wie auch bei der Gasschweißung — die Temperatur des Flußmittels größere Werte erreicht als die des Lotes und des Grundwerkstoffes. Es liegen hier im kleinen und für kurze Zeiten ähnliche Verhältnisse vor wie im elektrischen Lichtbogenofen bei der Stahlerzeugung. Auch dort nimmt die Schlacke eine höhere Temperatur als das Metallbad an. Beidemal wird die Reaktionsfähigkeit der Schlacke dabei gesteigert, und so kommt es, daß Lötflußmittel mit verhältnismäßig hoher Wirktemperatur bei der Flammenlötung noch befriedigen (besonders bei intensiven Flammen), während sie nicht mehr wirken, wenn der Wärmefluß in umgekehrtem Sinne, also vom flüssigen Lot zum Flußmittel, läuft, wie es z.B. bei der *Tauchlötung* oder der elektrisch-induktiven Erwärmung geschieht.

b) Das Löten im Feuer. Das Löten im Feuer (Holz- oder Steinkohlenfeuer) wird hauptsächlich für größere Werkstücke angewendet. Das Werkstück wird mit Lot und Flußmittel versehen und so in das Feuer gebracht, daß man die Lötstelle beobachten kann. Sobald das Lot geflossen ist, läßt man das Feuer verlöschen und das Stück langsam abkühlen. Das Lot wird hier meist in gekörnter Form verwendet. Um das Verbrennen und Verzundern der Stücke zu verhindern, bestreicht man sie außerhalb der Lötstelle mit Lehm oder einer für solche Zwecke im Handel befindlichen keramischen Masse. Auch das Verlaufen des Lotes an unerwünschte Stellen wird durch solches Bestreichen verhindert. Oft wird das Löten im Feuer durch zusätzliche Verwendung der Lötflamme beschleunigt. Besonders bei Reparaturen größerer Stücke besteht die Gefahr des Verziehens und Reißens. Solche Stücke werden im Feuer langsam angewärmt, bis sie dunkelrot glühen. Dann erfolgt die Lötung mit der Flamme, und hierauf läßt man das Stück langsam abkühlen. Richtiges Vorwärmen ist für das Gelingen solcher Arbeiten von großer Bedeutung und erfordert größere Erfahrungen.

Das Löten im Feuer gehört zu den älteren Lötverfahren und eignet sich hauptsächlich für Einzelarbeiten, z. B. Reparaturen, weniger für die Serienfertigung.

c) Das Löten im Ofen. Für Serien- und Massenfertigung macht das Löten im Feuer zuviel Umstände. An Stelle des Feuers, das von Fall zu Fall mit Steinen umbaut werden muß, deren Fugen wieder mit Lehm verschmiert werden, tritt der Ofen, der ähnlich wie der Härteofen auf die verschiedenste Art beheizt wird. Dies geschieht durch Koks, flüssige Brennstoffe, Gas, Elektrizität. Die Stücke werden entweder im Ofen selbst gelötet oder nach Erreichen einer Vorwärmtemperatur herausgenommen und mit der Flamme gelötet. Das erste Verfahren ist das weiter verbreitete und wird besonders im Werkzeugbau angewendet, wenn es sich z. B. um das Auflöten von Hartmetallplättchen handelt. Verbreitung hat das Löten im Ofen dadurch erlangt, daß man die Erfahrungen, die beim Blankglühen von Stahl gemacht wurden, in den Dienst der Löttechnik stellte, indem man in „Schutzgasatmosphäre" lötet. Wegen der Gleichgewichte zwischen den verschiedenen Gasen und dem Grundwerkstoff Stahl sei auf das Kapitel „Grundlagen und Ausführung von Schutzgasglühungen" verwiesen, so daß hier lediglich die für den Lötprozeß maßgebenden Umstände behandelt werden. (Siehe hierzu unter *Baukloh*, S. 765 ff.)

Auch beim Löten benutzt man Haubenöfen [Lit. *Sass*] und Durchlauföfen. Das Bild 29 zeigt das Schema eines solchen Durchlaufofens [Lit. *Ziebe*]. Er besitzt eine Glüh- und eine Kühlzone. Die Teile werden mittels eines engmaschigen Förderbandes durch den Ofen transportiert. Das Schutzgas wird ununterbrochen an mehreren Stellen zugeführt. Nachdem es den Ofen durchströmt hat, entweicht es an der Ein- und Auslaßklappe. Das sind die Stellen, an denen das Förderband in den Ofen ein- bzw. aus ihm austritt. Über diesen Klappen sind Abzugshauben angebracht, so daß der Austritt des Gases in den Raum vermieden wird. Hier erfolgt auch die vollständige Verbrennung des Gases. (s. auch Bild 19 auf S. 789.

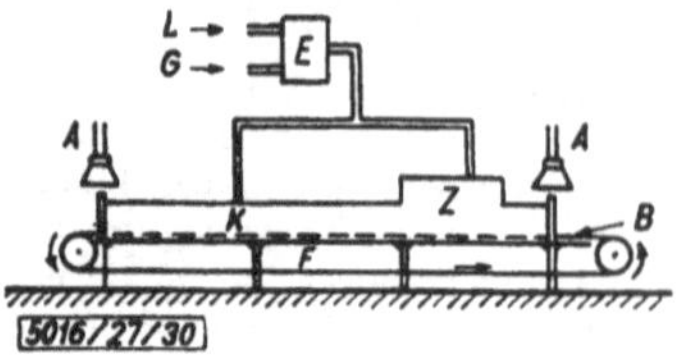

Bild 29. Schema eines Schutzgas-Durchlaufofens, nach *Ziebe*.

Die Ofentemperatur, meist durch elektrische Heizung erzeugt, ist vom Werkstoff und vom Lot abhängig. Die häufigste Anwendung hat dieses Verfahren beim Löten von Stahl, wofür sich Lot aus Kupfer am besten eignet. Der Schmelzpunkt des Kupfers liegt bei 1083° C, so daß die Teile während des Lötvorganges eine Temperatur von etwa 1100° C annehmen müssen. Demzufolge betragen die Temperaturen in der Glühzone des Ofens im ersten Drittel etwa 900° C, im zweiten Drittel etwa 1080° C, im letzten Drittel etwa 1120° C. Die Temperatur der Werkstücke eilt diesen Temperaturen etwas nach. In der Kühlzone sinkt die Temperatur und liegt an der Austrittsstelle unter 100° C, so daß ein Anlaufen an der Luft ausgeschlossen ist. Wegen der Erzeugung des Schutzgases im Schutzgaserzeuger und seiner Zusammensetzung sei auf den Beitrag von *Baukloh* (S. 787 ff.) verwiesen. Da der Lötvorgang, der sich im heißesten Ofenteil abspielt, in den entscheidenden Augenblicken nicht beobachtet und beeinflußt wird, muß die Vorbereitung der Werkstücke mit besonderer Sorgfalt vorgenommen werden. Der Lötspalt soll etwa 0,03 mm breit sein [Lit. *Pawlek*]. Die Fugen werden am besten mit Draht aus Kupfer belegt, das beim Schmelzen infolge der Kapillarität in den Lötspalt eindringt und an den äußeren Stoßstellen Hohlkehlen bildet. Die Steighöhe des Kupfers kann — der Schwerkraft entgegen — 100 mm und mehr betragen. Überdies ist es wichtig, daß der Lötspalt gleichmäßig gehalten ist und keine Querschnittserweiterungen aufweist, welche die Kapillarität unterbrechen würden. So verhindert z. B. das Senken eines Teiles, wie es aus dem Bild 30 (N) ersichtlich ist, das Weiterwandern des Kupfers (L). Besonders begierig läuft das Kupfer in Zieh- und Bearbeitungsriefen.

Die Oberfläche der zu verbindenden Teile soll möglichst metallisch rein sein. Dünne Oxydschichten können jedoch reduziert werden, ebenso sind dünne Schichten leichterer Öle unschädlich. Für das Fließen des Kupfers ist eine *rauhe Oberfläche geeigneter* als eine polierte.

Von besonderer Bedeutung ist das Festlegen der zu verbindenden Teile zueinander, damit sie im Ofen während der Erwärmung ihre gegenseitige Lage nicht verändern können. Dies kann durch Verstemmen, Punktschweißen, Pressen, Stauchen, Verstiften u. a. m. geschehen (Bild 31). Das Anbringen des Lotes erfolgt, wie erwähnt, am besten durch Verwendung von Drahtringen. Man kann es auch als Folie, Pille, als Paste oder durch Aufspritzen zuführen. Flußmittel werden grundsätzlich nicht benutzt, da das Schutzgas deren Aufgabe übernimmt.

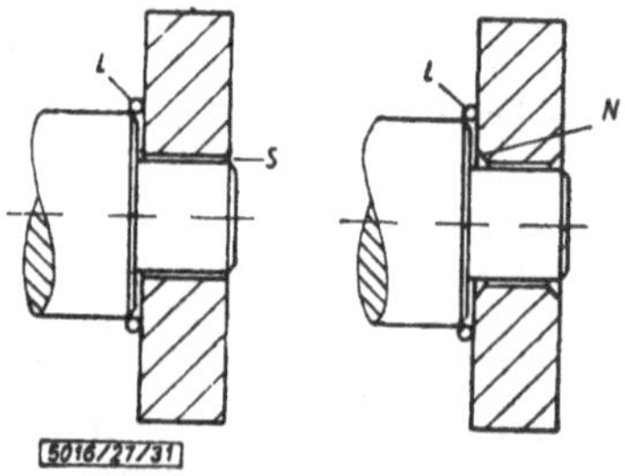

Bild 30. Einfluß der Kapillarwirkung beim Hartlöten, nach *Ziebe*.

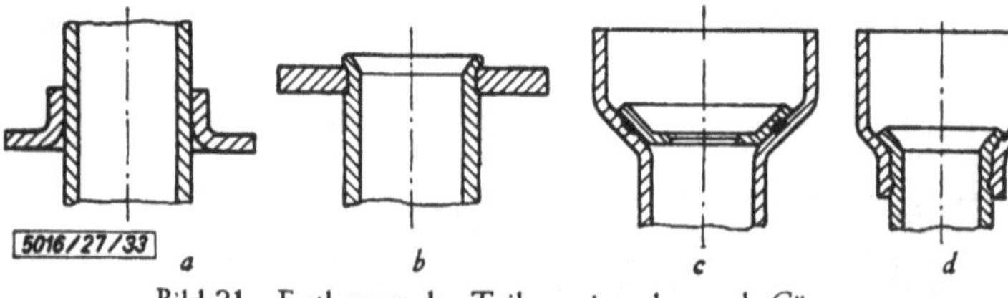

Bild 31. Festlegung der Teile zueinander nach *Gönner*.
a=Preßsitz, *b*=Verstemmen, *c*=Punktschweißen, *d*=Einstauchen

Bei Verwendung von Kupfer als Lot ist die Betriebssicherheit des Verfahrens am größten. *Pawlek* berichtet von einem Kühler, an dem mehr als 700 Lötstellen in einem einzigen Arbeitsgang gefertigt wurden. Will man jedoch Stahl mit einem niedriger schmelzenden Werkstoff, wie Kupfer oder Messing, verlöten, so verbietet sich die Verwendung des Kupferlotes. An seine Stelle tritt Silberlot, und damit tauchen die Probleme des Ausdampfens von Zink auf, wie sie bereits besprochen wurden. Um diese Störungen zu verhindern, ist es notwendig, das Lot der Einwirkung der reduzierenden Ofenatmosphäre zu entziehen, indem man es in die Lötfuge einbettet (Bild 32). Dabei ist zu beachten, daß der Lötspalt etwas weiter gewählt werden muß, d. h. 0,05 bis 0,10 mm. Vorteilhafter ist die Verwendung von Loten, die keine Metalldämpfe bilden, wie die erwähnten Kupfer-Phosphor-Legierungen, oder Lote aus Kupfer und Mangan, wie sie ebenfalls für diese Zwecke empfohlen wurden.

Das Lötverfahren im Schutzgasofen hat den Vorteil, daß es automatisch arbeitet und daß für die Lötstellen kaum eine Nacharbeit notwendig ist. Meist können diese ohne Verputzen, Entfetten und Beizen sofort einen Farbanstrich erhalten oder auch galvanisiert werden [Lit. *Hansen, Kuhlmann, Mezger, Simon, West*].

d) Das Tauchlöten. Beim Tauchlöten erfolgt die Erwärmung der Lötstelle durch das geschmolzene Lot, das in einem Tauchlötofen auf einer entsprechenden Temperatur gehalten wird. Der Wärmeübergang von einer Flüssigkeit auf den festen Grundwerkstoff bedingt eine schnelle Erhitzung und ein rasches Arbeiten. Meistens werden für solche Tauchbäder Messinglote benutzt. Ihre Temperatur muß je nach Größe der Werkstücke zwischen 1000 und 1100° C liegen. Das Flußmittel, das aus Borax oder Borsäure besteht, deckt das Lotbad ab und schaltet die Einflüsse der Atmosphäre aus. Im Gegensatz zum Löten mit der Flamme hat das Flußmittel beim Tauchlöten eine geringere Temperatur als das Lot. Ein Tauchlötofen kann z. B. mit Ölfeuerung beheizt werden. Die Abhitze wird dann zur Erhitzung von Kammern verwendet, in denen die Werkstücke vorgewärmt werden, damit sie beim Eintauchen in das Lotbad nicht mehr viel Wärme aufzunehmen brauchen. Hierdurch wird das Lotbad nicht so stark abgekühlt.

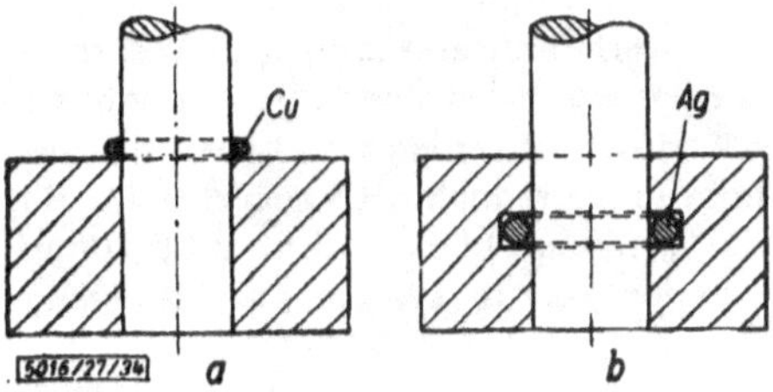

Bild 32 a u. b

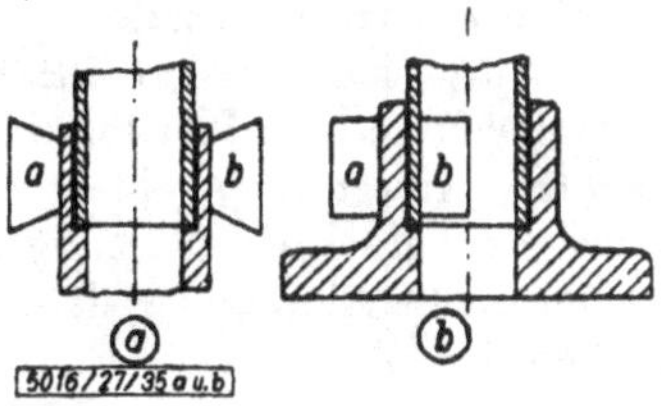

Bild 33 a u. b

Bild 32 a u. b. Anbringung des Silberlotes beim Hartlöten im Schutzgasofen. Die Einwirkung des Schutzgases auf das Lot wird vermieden. Nach *Pawlek*.

Bild 33 a. Ansetzen der Elektroden (a und b) beim elektrischen Widerstandslöten. Sie werden an dem äußeren, dickwandigeren Rohr einander gegenüber angeordnet.

Bild 33 b. Desgleichen. Bei größeren Durchmessern ordnet man eine Elektrode (a) außen, die andere (b) innen an.

Die Vorbereitung der Werkstücke muß recht sorgfältig geschehen. Die Dicke des Lötspaltes wird in den bekannten Grenzen gehalten. Nach entsprechender mechanischer Festlegung der zu verbindenden Teile, die gegebenenfalls noch mit Flußmittellösung bestrichen werden, erfolgt das Vorwärmen und das Tauchen. Die Teile sollen im Interesse der Lotersparnis nicht tiefer als nötig in das Bad eingetaucht werden.

Ein Nachteil der Tauchlötung besteht im Bereithalten großer Mengen von Lot. Dieser wird vermieden, wenn das Löten im elektrisch beheizten Salzbadofen vorgenommen wird [Lit. *Bellis*]. Die Werkstücke werden in der üblichen Weise mit Lot versehen, Bild 32 a u. b, die Lötstelle gut festgelegt und das Stück in das Salzbad getaucht, das gleichzeitig als Flußmittel wirkt.

e) Das Löten mittels elektrischer Widerstandserhitzung. Das Verfahren arbeitet nach dem Prinzip des elektrischen Punktschweißens. Die Lötstellen werden zwischen Backen geeigneter Form gebracht und durch einen elektrischen Strom entsprechender Stärke erhitzt. Die Anschlußwerte betragen 25 bis 150 kVA [Lit. *Wensley*]. Die Stromdichte liegt bei 1,2 bis 23 Amp./mm² [Lit. *Reed* u. *Edelson*] (Bild 33 a u. b). Das Lot wird meistens in Form einer Folie beigegeben. Vorwiegend wird Silberlot verwendet. An seine Stelle kann bei dickeren Stücken auch dünnes Messinglotblech treten, das gegebenenfalls verzinnt wird. Wesentlich ist, daß die größte Wärmemenge an denjenigen Stellen entsteht, die am stärksten erhitzt werden müssen, also an den Fugen zwischen Lot und Grundwerkstoff. Dies ist durch geeignete Gestaltung der Lötvorrichtungen meistens ohne Schwierigkeit zu erreichen. Auch die Wahl des Elektrodenwerkstoffes nach seiner verschiedenen elektrischen Leitfähigkeit (z. B. Kupfer, Wolfram, Kohle) wird für die zweckmäßigste Verteilung der Wärme ausgenutzt. Dieses Verfahren gestattet also eine genaue Bemessung der zugeführten Wärmemenge, liefert daher unabhängig von der manuellen Geschicklichkeit des Löters gleichmäßige Ergebnisse und ist für die Massenfertigung — insbesondere bei kleinen Lötstellen — besonders geeignet [Lit. *Reed, Unger* u. *Gifford*].

Für geringe Lötquerschnitte eignen sich die sogenannten Schweißzangen, wie sie an anderer Stelle dieses Buches beschrieben werden. (s. S. 577 ff.)

f) Das Induktionslötverfahren. Hierbei werden die Lötstellen in das magnetische Wechselfeld eines Hochfrequenz-Induktors gebracht, der so geformt ist, daß er nur die Lötstelle erfaßt und sie in ganz kurzer Zeit auf die Löttemperatur bringt. Das hat neben der hohen Lötgeschwindigkeit den Vorteil, daß die Umgebung der Lötstelle nur wenig erhitzt wird. Für die erforderliche Spannung von etwa 1000 Volt und die Frequenz von 5000 Hertz und mehr ist ein besonderer Hochfrequenzerzeuger erforderlich, ferner für jede Lötkonstruktion ein besonderer Induktor von bestimmter Form und Leistung. Das Verfahren eignet sich also nur für die Massenfertigung. Der Induktor, meist noch wassergekühlt, kann für den jeweilig speziellen Zweck selbst hergestellt werden. Dieser ähnelt entsprechenden Teilen bei der Induktionshärtung. Erwärmungsdauer und damit die Temperaturhöhe sind automatisch steuerbar.

4. *Das Hartlöten von Stahl*

Wie bereits erwähnt, sind die modernen Schweißverfahren fast sämtlich am Werkstoff Stahl entwickelt worden. Ihre Anzahl und Verbesserung hat laufend zugenommen. Trotzdem sind die Hartlötverfahren nicht entbehrlich geworden und haben sich bestimmte Anwendungsgebiete nicht nur erhalten, sondern auch neu erobert. Dies gilt sowohl für die Instandsetzungen als auch für die Fertigung. Die Gesichtspunkte, unter denen die Hartlötung vor dem Schweißverfahren den Vorzug verdient, sind im wesentlichen die folgenden:

1. *Arbeitstemperaturen:* Sobald die Arbeitstemperaturen erheblich unter dem Schmelzpunkt liegen müssen, ist das Hartlöten zu wählen, das je nach der Zusammensetzung des Lotes meist zwischen 700° C (Silberlot) und 1100° C (Kupferlot) ausgeführt wird.
2. *Überlappte Verbindungen:* Einwandfreie Überlapptverbindungen sind — abgesehen vom Preßschweißen — nur durch Lötung zu erzeugen. Es ist dabei von großer Bedeutung, daß die Prüfung einer Überlapptlötung durch Augenschein fast immer ein stichhaltiges Urteil gestattet: Wenn das Lot den Lötspalt, von der einen Seite kommend, bis zur Gegenseite durchflossen hat, ist anzunehmen, daß auch die Bindung über den ganzen Querschnitt hinweg erfolgt ist.
3. *Größe des Werkstückes:* Das Hartlöten eignet sich nur für kleine oder Werkstücke geringer Dicke. Allerdings wird man lange Nähte auch an sehr dünnen Blechen nicht durch Hartlöten erzeugen, sondern der Gasschweißung oder elektrischen Punkt- oder Nahtschweißung den Vorzug geben. Auch würde in solchen Fällen nur selten eine überlappte Lötnaht angewendet werden, denn die exakte Einhaltung des günstigsten Lötspaltes macht bei langen, geraden Nähten wegen der Wärmeausdehnung und des Verwerfens der Bleche Schwierigkeiten. Andererseits ist aber die Einhaltung bestimmter Lötspalte wegen der mechanischen Eigenschaften der Lötung von großer Bedeutung.
4. *Gestalt des Werkstückes:* Die Forderung nach geringer Wanddicke und diejenige einer genauen Einhaltung des günstigsten Lötspaltes sind an dünnwandigen Rohren vereinigt, und so kommt es, daß die Hartlötung besonders häufig an Bauteilen aus solchen Rohren ausgeübt wird.

5. Schließlich sei auf alle diejenigen Fälle hingewiesen, bei denen Stahl mit anderen metallischen Werkstoffen verbunden werden soll. Hier ist das Hartlöten meistens das beste Verfahren.

Das *Löten von Rohren* (Stähle bis 0,35 % C) wird vor allem im Fahrrad- und Motorradbau angewendet [Lit. *Bücken*]. Hier herrscht die Überlappt- oder Einsteckverbindung vor. Bei der Vorbereitung der Lötstelle soll, abgesehen von der genauen Einhaltung des Lötspaltes, das Außenteil des Rohres mit einem Schrägschnitt (Bild 34 b und c) versehen sein [Lit. *Gönner*]. Hierdurch wird eine hohe Dauerfestigkeit gewährleistet. Für normale Beanspruchungen genügt der gerade Schnitt, der bedeutend weniger

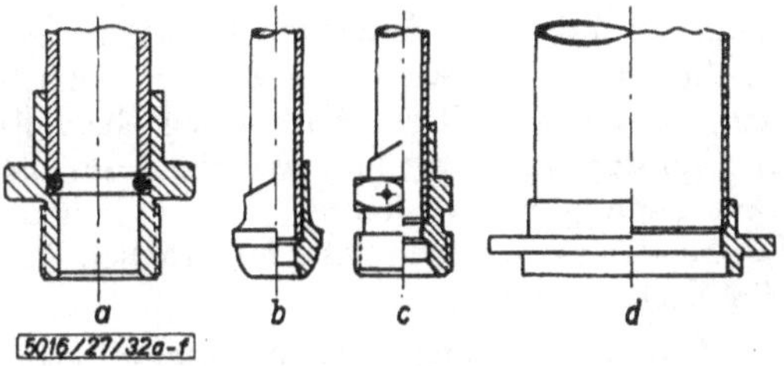

Bild 34. Gestaltung von Lötstellen beim Verbinden von Stahlrohren mit Rohranschlußteilen, nach *Gönner*.

Bild 36. Hartgelötete Massenteile nach der Lötung, nach AEG.

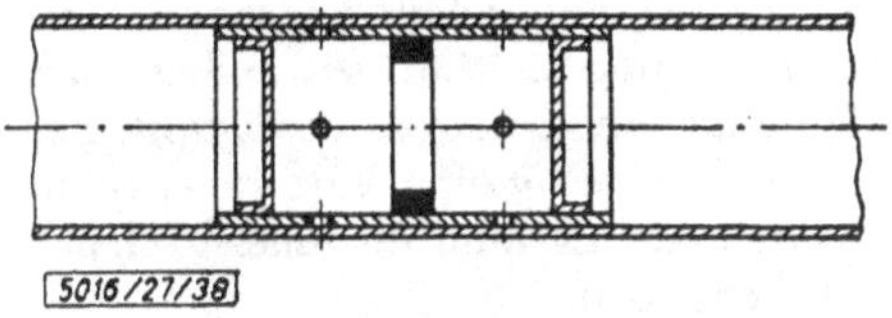

Bild 35. Kapseldrucklötung

Bild 37 Hartgelötete Teile von Fahrkartendruckern, nach AEG.

Arbeit erfordert und Werkstoff erspart. Er genügt besonders dann, wenn die Lötung im Ofen vorgenommen wird, denn das Löten mit dem Brenner unter Anwendung von Lotstäben, das sich manchmal nicht vermeiden läßt, erfordert eine erhebliche manuelle Geschicklichkeit und viel Sorgfalt. Um Verbesserungen und Einsparungen, insbesondere an Lot, zu erzielen, hat man eine Reihe von Vereinfachungen vorgeschlagen, die sich bewährt haben. Zunächst sei die sogenannte Ringhartlötung oder „verdeckte Hartlötung" genannt [Lit. *Raabe*]. Hierbei wird ein vorher gebogener Ring aus Kupferlot in die Bohrung des Rohranschlußteiles gelegt, dann das Rohr, das vorher in ein Flußmittel eingetaucht wurde, so tief in diese Bohrung eingeschoben, daß das Rohrende, der Hartlotring und das Rohranschlußteil sich innig berühren (Bild 34 a). Durch die Wärmewirkung der Flamme kommt das Lot zum Fließen, so daß es am oberen Rand außen sichtbar wird.

Beim Kapseldruckverfahren wird das Lot ebenfalls als Ring (Bild 35) an die Verbindungsstelle gebracht und durch zwei Lötkapseln festgehalten. Durch Anbringen von Löchern am inneren Rohr hat man dafür gesorgt, daß das schmelzende Lot gleichmäßig in die Lötfuge eindringen kann. Dies wird durch den Druck des sich bildenden Zinkdampfes unterstützt.

Die Anwendung eines Ofens an Stelle der Flamme sorgt dafür, daß die Erwärmung immer gleichmäßig erfolgt. Das ist u. a. ein Grund, weshalb derartige Rohre vielfach im Tauchlötverfahren behandelt werden, das bei sorgfältiger Ausführung ebenfalls einwandfreie Ergebnisse zeitigt. Allerdings müssen die Rohre meistens verhältnismäßig tief eingetaucht werden, wobei weite Teile unnötig hoch erhitzt und mit Lot benetzt werden, was eine Verschwendung an Lot bedeutet und wegen des erforderlichen Abschleifens des Lotes auch Kosten für die Nacharbeit verursacht.

Eine besondere Aufmerksamkeit ist der Zusammensetzung des Lotbades zu widmen, das durch Zinkverluste leicht strengflüssig wird. Der Arbeiter neigt daher dazu, die Badtemperatur möglichst hoch zu halten. Es werden Temperaturen von 1100° C erreicht, und es besteht dann die Gefahr der „Lötbrüchigkeit". Auch bei der Flammenlötung soll man sich der Gefahren, die eine Überhitzung der Lötung mit sich bringt, immer bewußt sein. Soweit die Lötung der unmittelbaren Beobachtung zugänglich ist, hat der Löter eine gute Kontrolle und wird die Erhitzung nicht so weit treiben, daß das Zink unter Bildung eines dicken weißen Rauches von Zinkoxyd ausdampft. Bei Innenlötung geschlossener Rohre findet aber durch Überhitzung eine regelrechte Destillation des Zinks statt, über die *Claus* berichtete. Er fand im Innern solcher Rohre Metallkörner, die überwiegend aus Zink bestanden.

Die größte Sicherheit gegen diese Fehler bietet das schon beschriebene Löten im Schutzgasofen. Die feinmechanische Fertigung hat mit Hilfe dieses Verfahrens Vereinfachung und Einsparungen erzielt, indem sie Stücke, die früher aus dem vollen bearbeitet werden mußten, durch Zusammenlöten einfacher Stanz- und Automatenteile herstellt [Lit. *Ziebe*]. Beispiele zeigen die Bilder 36 und 37.

Über das Verbinden von kupferplattierten Stahlrohren vgl. den Beitrag *Hase:* „Das Schweißen plattierter Werkstoffe". S. 742.

Das *Löten von Werkzeugen*, Drehmeißeln usw. hat eine immer größere Bedeutung gewonnen, je knapper die Werkstoffe mit hohen Schnittleistungen wurden. An solchen Werkzeugen besteht heute nur noch die Umgebung der Schneide aus dem Hochleistungswerkstoff. Soweit sich dieser verflüssigen läßt, wäre ein Aufschweißen möglich, und dies geschieht auch in vielen Fällen. Bei den gesinterten Werkstoffen, z. B. denjenigen auf Wolframkarbidbasis, verbietet sich jedoch das Schweißen zugunsten des Hartlötens. Diese Stoffe brauchen zwecks Härtung keiner besonderen Wärmebehandlung unterzogen zu werden. Man lötet sie daher mit Kupfer- oder Messinglot (LMs 60) auf den Schaft des Werkzeuges (Bilder 38 bis 40) [Lit. *Agte* u. *Schröter*, *Dawihl* und *Pawlek*]. Diese Verfahren wendet man besonders im Bergbau an.

Die Lote werden gern in Form von Folien zwischen Schaft und Hartmetall eingelegt. Hier sei nochmals auf die Lötfolie hingewiesen, die aus Kupfer mit eingelegten Stahlstreifen besteht. Sie hat den Zweck, in der Lötstelle einen Spannungsausgleich zwischen Schaft und Plättchen hervorzurufen. Zug- und Druckspannungen entstehen durch das Erwärmen und Abkühlen und führen unter Umständen zu Haarrissen und zum Abreißen der Plättchen.

Aber auch Schnellstähle werden vielfach auf die Werkzeugschäfte aufgelötet und besonders dann, wenn das Löten und das Härten zu einem Arbeitsgang vereinigt werden sollen. Die Zusammensetzung des Lotes und sein davon abhängiger Schmelzpunkt sind durch die Glüh- und Härtetemperatur des Stahles bedingt. Das Lot SCu [Lit. *Berger*] eignet sich nur dann, wenn die Härtetemperatur unterhalb 1100° C liegt. Andernfalls braucht man höher schmelzende Lote, und zwar ein solches aus Kupfer und Eisen, das sich für Stähle mit dem Härtungsbereich um etwa 1200° C eignet. Ein weiteres Lot, eine Kupfer-Nickel-Legierung, wird für Stähle mit Härtetemperaturen von 1250° C gebraucht. Als Flußmittel benutzt man am besten solche auf Borsäuregrundlage. Der Lötspalt soll recht dünn sein, d. h. das Plättchen soll auf den Schaft gut aufgepaßt werden.

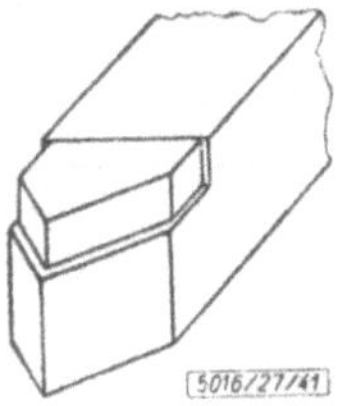

Bild 38

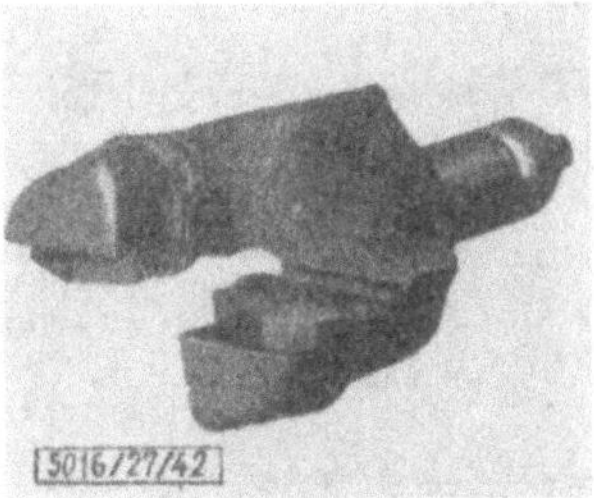

Bild 39

Bild 40

Bild 38. Anbringen eines Hartmetallplättchens auf dem Schaft des Werkzeuges.

Bild 39. Hartgelöteter Hartmetallbohrer, nach AEG.

Bild 40. Hartgelötetes Hartmetallwerkzeug, nach AEG.

Gegenüber diesen Hauptanwendungen des Hartlötens von Stählen treten die übrigen Gebiete – allein anzahlmäßig – zurück. Es hat nicht an Versuchen gefehlt, auch an dickeren Stahlteilen durch Löten Einsparungen an Arbeit und Werkstoff zu erzielen, und in Sonderfällen auch mit Erfolg, wie die Veröffentlichung von *Sass* zeigt, der an Zylinderdeckeln für Dieselmotoren Lötungen mit Kupferlot im Schutzgasofen ausführte. Diese Veröffentlichung ist deshalb besonders zu erwähnen, weil *Sass* bereits mit sehr engem Lötspalt arbeitet und die gelöteten Stücke einer kornverfeinernden Glühung unterzieht.

Besonders vielseitig werden die *Silberlote* benutzt, deren Hauptanwendungsgebiete in der Zahlentafel 9 genannt sind. Dabei werden alle hier erwähnten Lötverfahren verwendet. Bei der Massenfertigung bedient man sich gern der elektrischen Erwärmung, dünne Drähte werden durch Tauchlöten verbunden. Für Reparaturen sei besonders auf die Lote LAg 40 und LAg 50 hingewiesen, die für Zweit- und Drittlötungen an bereits gelöteten Stücken benutzt werden. Auch für das Verbinden kleiner Stahlteile mit Kupfer und anderen Metallen greift man auf die Silberlote zurück. Auf die Gefahren, die bei manchen legierten Stählen durch die Neigung zur Lötbrüchigkeit auftreten, wurde bereits hingewiesen.

Beim Löten der rostfreien Chrom-Nickel-Stähle sind zwei wesentliche Schwierigkeiten zu beachten: Die Korrosionsbeständigkeit leidet, wenn sich im Gefüge des Stahles Karbide bilden, was bei Temperaturen zwischen 800 und 1000° C eintreten kann. Man soll daher alle Lötarbeiten bei diesen Temperaturen möglichst schnell durchführen. Die zweite Schwierigkeit für das Löten ist die zähe, schwer lösliche

Lot	Anwendungsbeispiele
LAg 8	Große Lötungen an dicken Teilen, z. B. starken Heizwendeln
LAg 12	Große Lötungen an mitteldicken Blechen, Drähten, Rohren
LAg 12 Cd	Verbinden von Stahl mit Kupfer und Kupferlegierungen
LAg 15	Kleine Lötungen an plattiertem Stahlblech
LAg 20	Kleine Lötungen von dünnen plattierten Blechen miteinander oder mit Stahl, z. B. Messerhefte
LAg 25	Dünne Bleche, Drähte und Rohre, z. B. für Optik und Feinmechanik, wenn LAg 12 zu streng fließt und LAg 15 und LAg 20 nicht genügend warmfest sind
LAg 27	Chemisch beständige Stähle, Hartmetall
LAg 38	Kleine Lötungen an Turbinen, Pumpen und ähnlichen Maschinen, besonders wenn Seewasserbeständigkeit verlangt wird und wenn die Lote LAg 12 bis LAg 25 nicht ausreichen
LAg 44	Bandsägenlötungen
LAg 45	Chemisch beständige Stähle, wenn das Werkstück besonders erhitzungs- oder spannungsempfindlich ist
LAg 49	Chromdiffundierte Stähle

Zahlentafel 9. Anwendungsbeispiele für Silberlote beim Löten von Eisenwerkstoffen, nach DIN 1734.

Oxydhaut. Zu ihrer Beseitigung wird elektrolytisches Beizen in 5% Salpetersäure empfohlen, wobei das Stück als Anode geschaltet wird. Als Flußmittel sind fluoridhaltige Gemische von Vorteil. Als Lote dienen hauptsächlich das Silberlot LAg 27, aber auch solche mit geringerem Silbergehalt, wie LAg 10 und LAg 15.

Die Einführung des 18/8-CrNi-Stahles in die Zahnheilkunde war ebenfalls von der Lösung des Lotproblems abhängig. Als Lote werden Goldlote und Palladium-Gold-Silber-Lote verwendet [Lit. *Lindner*]. Auch Verbindungen zwischen Stahl und den üblichen Zahngoldlegierungen haben sich bewährt.

Zum Schluß sei auf ein Lötverfahren hingewiesen, das sich des Eisens als Übergangsmetall bedient: das vakuumdichte Hartlöten keramischer Teile mit Metallen (Lit. *Vatter*]. Keramische Körper aus Magnesiumsilikat oder Metalloxyden werden in steigendem Maße in der Vakuumtechnik verwendet und müssen hierzu mit metallischen Gehäusen und Stromzuführungen vakuumdicht verbunden werden. Soweit dies durch Hartlöten geschieht, wird der Keramikkörper zunächst mit einer aufgebrannten Eisenschicht versehen (Bild 41). Diese wird dann mit einer Kappe aus Eisen, Nickel oder einer Eisen-Nickel-Legierung hart verlötet. Als Lot dient Silberlot. Da ein Flußmittel nicht benutzt werden

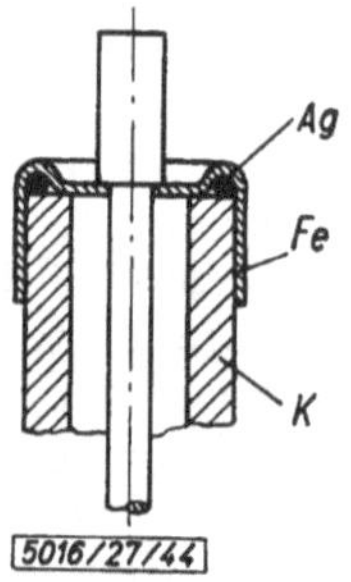

Bild 41. Vakuumdichtes Verbinden eines Keramikkörpers mit einer Kappe durch Hartlöten, wobei eine Eisenschicht als Übergang benutzt wird, nach *Vatter*.

darf, muß die Lötung im Schutzgasofen vorgenommen werden. Auch hier ist die Wahl eines engen Lötspaltes entscheidend für die Vakuumdichtheit der Lötung. *Keramik-Metallötungen* werden eingehend behandelt von *Haase*, siehe hierzu S. A 72.

5. *Das Hartlöten von Grauguß* (siehe hierzu auch bei *Stieler*, Band II)

Dieses Verfahren führt auch den Namen „Bronzeschweißen", eine Bezeichnung, die in zweifacher Hinsicht unrichtig ist, denn es handelt sich beim Verbinden von Gußeisen mit „Bronze" nicht um eine Schweißung, sondern um ein echtes Hartlöten. Alle Bedingungen dieser allgemeinen Festlegung werden dabei erfüllt, obwohl die Arbeit mit der Azetylen-Sauerstoff-Flamme durchgeführt wird und das Lot in einer vom Gasschmelzschweißen übernommenen Weise auf den Grundwerkstoff aufgetragen wird. Auch das Wort „Bronze" widerspricht den in den DIN-Blättern festgelegten Begriffen. Das vorliegende Verfahren wird durchweg mit den Loten LMs 60 oder LMs 63 ausgeübt, wobei allerdings besonderer Wert darauf gelegt wird, daß kein gewöhnlicher Messingdraht zur Anwendung gelangt, sondern ein Lot aus reinen Rohstoffen, das mit Silizium legiert wurde (siehe die Zahlentafel 6). Ein Messinglot, das mit besonderer Sorgfalt hergestellt und mit Zusätzen versehen wurde, ist aber keine „Bronze", man bezeichnet es korrekterweise mit „Sondermessinglot" (vgl. auch DIN 1709).

Beim Hartlöten von Gußeisen treten einige Besonderheiten auf, die je nach dessen Zusammensetzung und Gefüge die Bindung des Lotes beeinträchtigen. Im allgemeinen wird der Graphit für diese Erscheinung verantwortlich gemacht. Er muß daher aus der Oberfläche des Werkstückes entfernt werden.

Nach den Angaben der Literatur kann dies auf mechanischem Wege, z. B. durch Sandstrahlen, oder durch Oxydation mit Hilfe eines Flußmittels geschehen. Bis in die jüngste Zeit werden Flußmittel mit oxydierenden Bestandteilen vorgeschlagen. Den Anforderungen der Praxis genügen diese Maßnahmen jedoch nur recht bedingt und sie geben keine Gewähr für den Erfolg.

Deshalb beschreitet die Praxis meist einen anderen Weg. Im Gegensatz zur Literatur enthalten nämlich die im Gebrauch üblichen und bewährten Gußeisenflußmittel niemals irgendwelche Oxydationsmittel, sondern benutzen als wirksamen Stoff lediglich reines, fein gepulvertes Eisen, zuweilen auch kohlenstoffarme Ferrolegierungen. An Hand dieser Tatsache wurde nachgewiesen [Lit. *Lüder*], daß die Entkohlung der Gußeisenoberfläche nicht durch Oxydation erfolgt, sondern daß die Wirksamkeit der Gußeisenflußmittel auf einer Diffusion des Kohlenstoffs beruht. Bei den Temparaturen der Hartlötung, etwa 900° C, ist der atomare Kohlenstoff im Eisen hinsichtlich der Diffusion beweglich. Er geht also, den Gesetzen der Diffusion entsprechend aus der Oberfläche des Werkstoffes in das Eisenpulver des Flußmittels über. Die transportierten Substanzmengen sind, absolut genommen wie bei allen derartigen Vorgängen, recht gering. Sie genügen aber — ebenso wie bei anderen Lötprozessen —, um eine dünne Schicht entkohlten Eisens zu schaffen, auf der das Lot einwandfrei binden kann. Das Eisenpulver des Flußmittels wird von dessen schlackenbildenden Substanzen (Boraten) beim Auftreffen des Lotes entweder weggeschwemmt oder vom Messinglot aufgelöst.

Technische Einzelheiten bei der Ausübung der Grauguß-Lötverfahren werden an anderer Stelle dieses Buches behandelt, worauf obenstehend hingewiesen wurde. [Lit. *Anders, Christie, Greene, Jürgens, v. Othegraven, Weckwerth*].

6. *Das Hartlöten von Temperguß*

Während Schweiß- und Lötverfahren bei den Stählen in überwiegendem Maße in den Dienst der Fertigung gestellt und weniger oft für Instandsetzungen herangezogen werden, spielt bei Grauguß die Reparaturschweißung und -lötung gegenüber der Fertigung die wichtigere Rolle. In noch gesteigertem Umfange gilt dies für den Temperguß, der auf dem Gebiet der Fertigung wohl nur selten einem thermischen Verbindungsverfahren bei hohen Temperaturen ausgesetzt wird. Dies ist durch seine Herstellung begründet. Abgesehen von weitgehend entkohltem weißem Guß entstehen beim Schmelzschweißen des Tempergusses glasharte Verbindungsstellen, weil die Temperkohle beim Erwärmen wieder Karbid bildet. Bei der Aufgabe, ein gebrochenes Tempergußstück zu reparieren, ist dieser Tatsache Rechnung zu tragen. Eine Schweißung wird in den meisten Fällen nur eine behelfsmäßige Lösung darstellen. Die Wärmeempfindlichkeit des Tempergusses führt bereits weit unter dem Schmelzpunkt zur Versprödung, und zwar geht die Auflösung der Temperkohle [Lit. *v. Rößler*], im schwarzen Guß bei 950° C vor sich. Unter Berücksichtigung dieser Verhältnisse kann man nur ein solches Hartlötverfahren als vollwertig ansehen, dessen Arbeitstemperatur diese Temperaturwerte nicht erreicht. Als Lote eignen sich LMs 60 und LMs 54 sowie LMsAg; als Flußmittel ist, besonders bei Schwarzguß, die Verwendung eines der üblichen Grauguß-Lötflußmittel zu empfehlen, sonst jedoch ein Boratgemisch. Die Lötarbeit bietet gegenüber Stahl keine Sonderheiten.

7. *Die mechanischen Eigenschaften von Hartlötungen*

Während man an die mechanischen Eigenschaften von Weichlötungen in den meisten Fällen nur geringe Ansprüche stellt, wird das Hartlöten häufig deswegen ausgeübt, weil die Hartlötstellen Festigkeitswerte aufweisen, die in der Größenordnung hinter denjenigen der Grundwerkstoffe nicht sehr weit zurückbleiben. Dies gilt zum mindesten für das Gußeisen und die weichen Stähle. Durch Wahl überlappter Verbindungen hat man obendrein oft die Möglichkeit, den gefährlichen Querschnitt aus der Lötnaht in den Grundwerkstoff zu verlegen. Von den verschiedenen mechanischen Eigenschaften interessieren hauptsächlich die Zug- und die Scherfestigkeit. Bei Durchsicht des einschlägigen Schrifttums findet man die Zugfestigkeit der verschiedenen Hartlote innerhalb der Grenzen von etwa 20 bis 40 kg/mm² angegeben.

Die Zugfestigkeit gut gebundener, einwandfreier Lötungen bewegt sich innerhalb der Grenzen von 20 bis 50 kg/mm² [Lit. *Kinzel* u. *Lytle*, *Page*, *Sterner-Rainer*, *Klougt*]. Die exakte Auswertung dieses Zahlenmaterials ist wohl noch recht schwierig und führt zu recht bedingten Werten, weil nämlich *der entscheidende Faktor nicht in den objektiven technischen Bedingungen, sondern in der Geschicklichkeit des ausführenden Löters liegt*, wie es *Klougt* zeigte, wobei ein Löter beim Löten eines Stahles St 70.11 anfangs Festigkeitswerte von etwa 20 kg/mm² erzeugte, die sich im Laufe eines Jahres auf etwa das Doppelte steigerten und dann nur noch wenig schwankten. Hierin liegt auch die Ursache für die mangelhafte Reproduzierbarkeit der in der Literatur genannten Zahlen.

Neben diesen landläufigen Werten für die Festigkeit der Lötstellen, die sich an die Festigkeit der betreffenden Lote anlehnen und meistens etwas niedriger liegen als diese, findet man aber auch Angaben über Lötstellen, deren Festigkeit die des Lotes weit übersteigt, wie etwa die eingangs erwähnten Werte von *Leach*. Besonders wird dann immer wieder auf die Tatsache verwiesen, daß mit Hilfe von Kupferlot, das eine Eigenfestigkeit von weniger als 20 kg/mm² besitzt, Lötstellen an Stahl erzeugt werden können, die erst bei einer Zugbelastung von mehr als 40 kg/mm² zu Bruch gehen.

Die Festigkeit der Lötstelle ist also, genügende Geschicklichkeit des Löters vorausgesetzt, offenbar abhängig von folgenden Hauptfaktoren:

1. Festigkeit des Lotes,
2. Festigkeitseigenschaften des Grundwerkstoffes,
3. Breite und Dicke des Lötspaltes.

Nach *Fischer* ist die Erhöhung der Festigkeit der Lötung auf das Doppelte derjenigen des Lotes einmal darauf zurückzuführen, daß der Grundwerkstoff mit seiner höheren Festigkeit das Lot an der Verformung (Fließen bzw. Einschnürung) behindert. Deshalb ist die Steigerung der Festigkeit bei sehr dehnbaren Loten an hochfesten Grundwerkstoffen mit geringer Dehnung am größten. Der zweite Grund besteht darin, daß bei sehr dünnen Lötspalten die Möglichkeit des Zusammenwachsens des Grundwerkstoffes besteht, wie es auch *Sass* schon beobachtete und *Fischer* bestätigte, indem er Stahl mit Feinsilber lötete. Bei der Verengung des Lötspaltes und der durch die Erwärmung erfolgten Ausdehnung kommen sich die von jeder verunreinigenden Haut befreiten γ-Eisenkristallite so nahe, daß das flüssige Lot völlig herausgequetscht wird und sie auf Gitterabstand aneinander heranrücken. Bei der folgenden Abkühlung wirkt das Lot wie eine Schlackenzeile innerhalb eines Schmiedestückes, d. h. als Keim für die beginnende Ferritbildung. Diese geht also von der Lötnaht aus. Die Ferritkristallite wachsen von hier aus nach beiden Seiten (Bild 42 u. 43a—c).

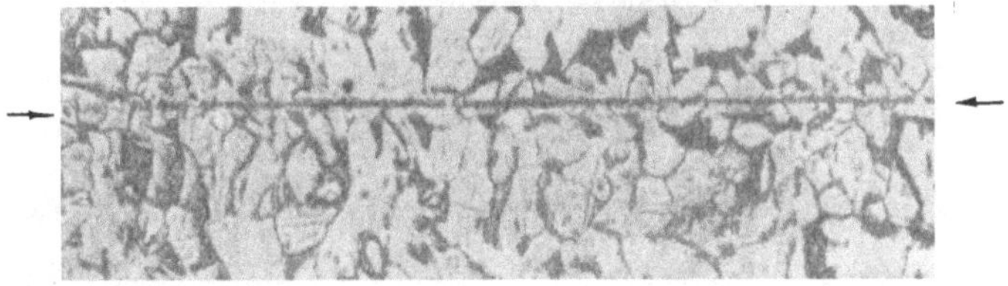

Bild 42. Ferritzeile um Lötnaht (V 175 ×, auf $^9/_{10}$ verkleinert), nach *Fischer*.

Wenn andererseits bei zu starker Verengung des Lötspaltes wieder ein Absinken der Festigkeit beobachtet wird, so ist dies auf die Tatsache zurückzuführen, daß das Lot an einzelnen Stellen nicht mehr in die Fuge eindringen kann, weil die Flächen wegen der Unebenheiten der Oberflächen zu fest aneinanderliegen. Auch kann das Lot an solchen Stellen das Flußmittel nicht mehr verdrängen. Die Lunker und Schlackeneinschlüsse sind die Ursachen für das Absinken der Festigkeit. Je glatter die Flächen des Grundwerkstoffes sind, desto höher wird die Festigkeit der Lötstelle. Bemerkenswert ist, daß *Fischer* eine Steigerung der Festigkeit über den Eigenwert des Lotes an Lötungen mit Kupfer und Silber beobachten konnte, nicht aber an Lötungen, die mit Messingloten erzeugt worden waren. Weiterhin ist bemerkenswert, daß diese Erscheinungen vorwiegend bei dem weitgehend mechanisierten Löten im Schutzgasofen beobachtet wurden. Der bei Lötungen von Hand so bedeutende subjektive Einfluß bedingt keine ausreichende Beherrschung der Lötspaltbreite. Zusammenfassend kann über die zu erreichende Festigkeit von Lötungen also gesagt werden: *Wenn der Grundwerkstoff fester ist als das Lot, kann immer erreicht werden, daß die Festigkeit der Lötstelle gleich der Festigkeit des Lotes ist. Unter bestimmten Bedingungen kann dieser Wert sogar überschritten werden* [Lit. *Webber*].

Neben der Zugfestigkeit der Lötungen interessiert noch deren Dauerfestigkeit. Hierüber liegen Vergleichsversuche zwischen geschweißten und gelöteten Fahrrad-

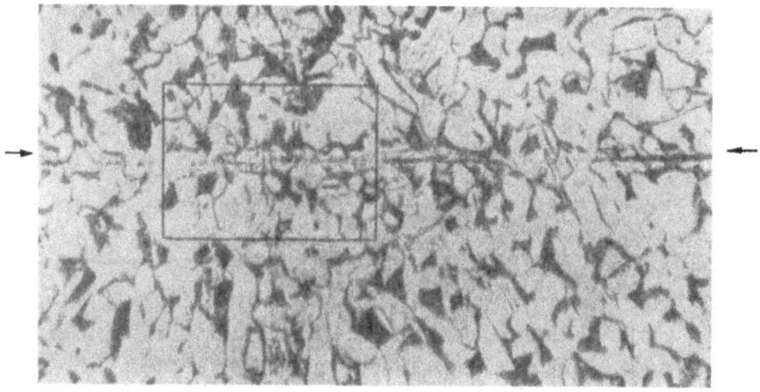

Bild 43 a. Verwachsungen in der Lötnaht (V 175 ×, auf $^4/_5$ verkleinert), nach *Fischer*.

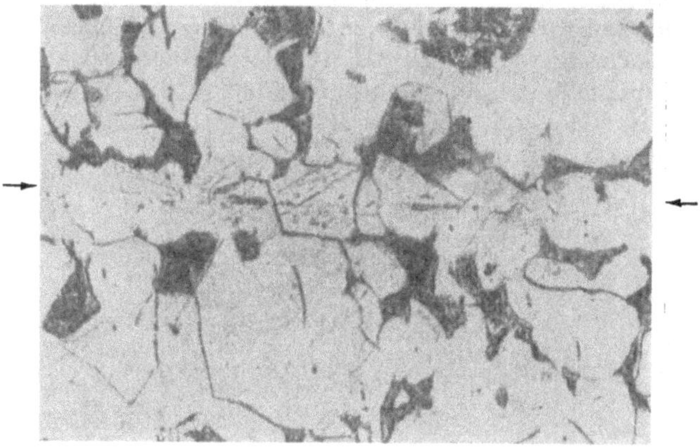

Bild 43 b. Teilbild von 46 a (V 650 ×, auf $^4/_5$ verkleinert), nach *Fischer*.

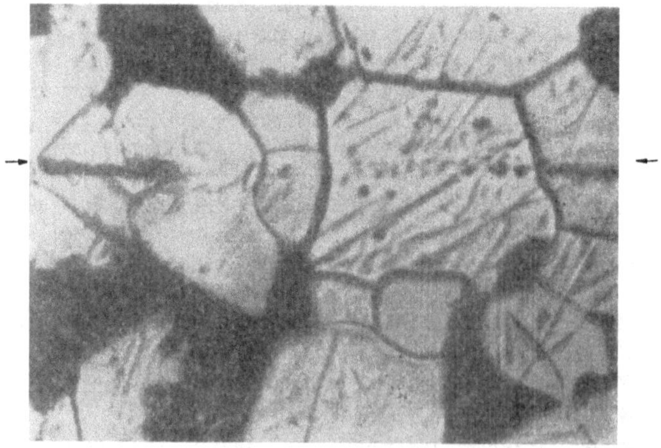

Bild43 c. Teilbild von 46 b (V 2000 ×, auf $^3/_4$ verkleinert), nach *Fischer*.

rahmen vor [Lit. *Baumgärtel* u. *Brüser*], bei denen sich die Lotverbindung der Schweißverbindung praktisch gleichwertig zeigte.

Lötstellen aus Silberloten zeigten nach *Brooker* bei 10^7 Lastwechseln eine Dauerfestigkeit von 17,5 kg/mm², der nicht gelötete Stahl eine solche von 20 kg/mm². *Mezger* prüfte die Dauerverdrehfestigkeit von besonders gestalteten Proben, die mit Kupfer gelötet worden waren. Die günstigsten Werte, nämlich 7 kg/mm², wurden bei einem Spalt von 0,02 mm erreicht, während die Gestaltfestigkeit der aus dem Vollen gearbeiteten Probe den Wert 8,5 kg/mm² ergab.

Bei der Beurteilung der Dehnbarkeit von Lötstellen halte man sich vor Augen, daß eine Lötung stets Gußgefüge besitzt, also schon aus diesem Grunde im allgemeinen weniger dehnbar ist als der gleiche Werkstoff im verformten und geglühten Zustande. Dehnungen von Lötstellen zu messen, hat meistens wenig Sinn, weil die beim Zugversuch erhaltenen Werte über die Eigenschaften der eigentlichen Lötnaht wenig auszusagen vermögen. Ändert man aber die Versuchsanordnung, so verzichtet man von vornherein auf die Möglichkeit, die Meßwerte mit den auf dem üblichen Wege gewonnenen Werkstoffkonstanten zu vergleichen.

Weidle empfiehlt, auch die Kerbschlagprobe für die Beurteilung von Lötstellen heranzuziehen. Stahl, mit Messing gelötet, zeigte Werte von 2 bis 7 mkg/cm².

Abschließend erwähnt seien neuere Bestrebungen, Lötungen durch Verklebungen zu ersetzen (siehe *Voigt*, Buchanhang).

Literaturangabe

Agte, C. u. *K. Schröter:* Über das Löten von Hartmetallen (Widia). Werkstattechnik *25*, S. 373/74 Berlin 1931.

Anders, W.: Das Gußeisenhartlöten. Schmelzschweißg. *10*, S. 30—32. Febr. 1931, Duisburg.

Andrews, E.: Brazing metals with silver solders. Amer. Machinist (London) *74* (1931), Nr. 16, S. 217.

Arend, A. G.: Das Löten von aluminiumplattiertem Eisen. Al-Non-ferrous Rev. *4* (1939), S. 190/91.

Austin, G. W.: Einfluß von geschmolzenem Lot auf einige beanspruchte Werkstoffe. J. Inst. Met. *58* (1936), S. 173—185.

Ballay, M. u. *R. Chavy* (1): Schutz von Oberflächen durch Beschweißen mit weißem Gußeisen und zinnhaltigen Kupfer-Nickel-Legierungen. Weld. Ind. *17* (1938), Nr. 10, Anh. S. 71/72.

— (2): Aufschweißen harter Überzüge aus weißem Sondergußeisen und zinnhaltigen Kupfer-Nickel-Legierungen. Autog. Metallbearb. *1938*, H. 13, S. 214—217.

Barber, C. L., Einfluß von Verunreinigungen auf den Korrosionswiderstand von Loten. Ind. and Eng. Chemistry *28* (1936), S. 530—533.

Baumgärtel, K. u. *K. Brüser:* Dauerfestigkeit von geschweißten und gelöteten Fahrrad- und Kraftradrahmenrohren. Schmelzschweißg. 10, S. 204—208 u. 216—220. Aug./Sept. 1931, Braunschweig.

Bellis, A. E.: Hartlöten im Salzbadofen. Metal Ind. (London) *58* (1941), S. 52/53.

Berger, M.: Verbinden von Schnelldrehstahl und Eisen. Apparatebau *42*, S. 6/7. Berlin.

Brooker, H. R.: Eine kurze Übersicht der Hartlötmethoden. Sheet Metal Ind. Bd. 24 (1947), S. 2041 bis 2045, 2253—56, 2457—62.

Bücken, C.: Anwendung der autogenen Schweißung in der Herstellung von Fahrrädern. Autog. Metallbearb. *1942*, H. 11, S. 157—163.

Christie, E.: Überblick über das Schweißen mit Bronze-Zusatzwerkstoff. Welding *11* (1943), S. 267—273.

Claus, W.: Destillationserscheinungen beim Hartlöten mit Zink-Kupfer-Legierungen. Z. Metallkde. *23* (1931), S. 243/44.

Cornelius, H. u. *F. Bollenrath:* Die Überhitzungsempfindlichkeit und Neigung zur Lötbrüchigkeit verschieden legierter Einsatzstähle. Luftfahrtforschung *19* (1942).

Dawihl, W. und *F. Pawlek:* Lötofen mit elektrischer Heizung für Hartmetallwerkzeuge. Werkstatt u. Betrieb 84 (1951), S. 41—45.

Deeley, R. B.: Zink-Kadmium-Lote. J. Inst. Met. *34* (1925), S. 193—206.

Ewigk, L. I. G. van: Eindringen von geschmolzenen Metallen in Stahl. Heat & nat. Forg. *21* (1935), S. 121—124.

Fischer, O.: Vorgänge und Festigkeiten beim Hartlöten. Berlin *1939*, VDI-Verlag.

Gailbraith, J. F.: Schweißen verzinkter Bleche. Steel *104* (1939), Nr. 24, S. 50/51.

Galibourg: Lötsprödigkeit. Journée de la Lutte, Paris *1939*, S. 168—178.

Genders, R.: The penetration of mild steel by brazing solder and other metals. J. Inst. Met. *37* (1927) I, S. 215—221.

Gönner, O.: Hartlötungen von Rohrleitungsteilen im Fahrzeug- und Motorenbau. Werkstatt u. Betrieb *1946*, S. 45—49.

Greene, T. W.: Ausbesserung und Instandhaltung von Kolben und Ventilen durch Bronze-Auftragsschweißung. J. Amer. Weld. Soc. *12* (1933), Nr. 11, S. 417.

Guertler, W.: Über Borate. Z. anorg. Chem. *40* (1909), S. 225.

Hachmeister, K.: Über Schmelz-, Erstarrungs- und Siedeerscheinungen von Gemischen aus Salmiak mit anderen Chloriden. Z. anorg. Chem. *109* (1919), S. 145.

Hansen, W. H.: Neuzeitliches Hartlöten. Werkstatt u. Betrieb *74* (1941), Nr. 8, S. 209—212.

Hartley, H. J.: The attack of molten metals and alloys. J. Inst. Met. *37* (1927) I, S. 193—214.

Hase, C.: Schweißen und Löten von plattierten Rohren. Autog. Metallbearb. Jg. *36* (1943), H. 17/18, S. 217—227.

Homer, C. E. u. *H. C. Watkins*: Elektrolytisches Verzinnen an Teilen, die gelötet werden sollen. Metal Ind. (London) *58* (1942), S. 2—4 u. 491.

Jürgens, H.: Das Löten gußeiserner Rohre. Schmelzschweißg. *1929*, S. 57.

Keinert, M.: Das System Silber-Kupfer-Zink. Z. physik. Chem. Abt. A *160* (1932), Nr. 1/2, S. 15—33.

Kelley, F. C.: Der Einfluß des physikalischen Zustandes von Stahl auf die Zugfestigkeit von hartgelöteten Verbindungen. Weld. J. *20* (1942), Nr. 2, Suppl. S. 96—102.

Kinzel, A. B. u. *A. R. Lytle*: Bronze welding with the oxy-acetylene flame. Metal. Ind. (London) *45* (1934), Nr. 2, S. 31—35.

Klougt, W.: Löten von Stählen mit höherer Festigkeit. Autog. Metallbearb. J. *36* (1943), H. 19/20, S. 237—248.

Klosse, E.: Beiträge über die Lötrissigkeit des Eisens. TZ. prakt. Metallbearb. *51* (1941), Nr. 17/18, S. 522—524.

Kreidl, K., u. *L. Nowack*: Silberlote. Metallwirtschaft *1929*, S. 991 u. 1035.

Kuhlmann, E.: Hartlöten mit Schutzgas im Durchlaufofen. Maschinenbau/Betrieb *16*, Nr. 17/18 (Sept. 1937), S. 457—460.

Leach, R. H. (1): Silver solders and their use. Met. & Alloys *2* (1931), Nr. 5, S. 278—283.

— (2): Löten mit Silberloten. J. Amer. Weld. Soc. *13* (1934), Nr. 12, S. 23—27.

— (3): When and how silver solders are used. Metal. Ind. (London) *49* (1936), Nr. 21, S. 511—514.

Lindner: Der säurebeständige Stahl in der Zahnheilkunde. Dtsche. Zahnärztl. Wschr. Jg. *41* (1938), H. 39, S. 916—918.

Lozmanow, S. N. und *A. S. Medwedew*: Löten von nichtrostenden Stählen mit Weichlot. Schweißtechnik 1 (1951), S. 178—189.

Lüder, E. (1): Flußmittel zum Schweißen und Hartlöten. Schmelzschweißg. *10* (1931), S. 197 u. 220.

— (2): Über Schweißdrähte, Hartlote und Flußmittel für Nichteisenmetalle. Autog. Metallbearb. *25* (1935), H. 20, S. 305—312.

Lüder, E. u. *K. Heinemann*: Eigenschaften von Metallen und Legierungen in ihrer Bedeutung für das Schweißen und Löten. Z. Metallkde. *28*, Nr. 7 (Juli 1936), S. 188—192.

Lüder, E.: Handbuch der Löttechnik. Berlin 1952.

Merz, A. u. *E. Brennecke*: Über die Diffusion von Zink in Zinn und Blei in Zinn im flüssigen Zustand. Z. Metallkde *1930*, S. 185.

Merz, A. u. *E. Imbusch*: Über die Diffusion von Schwermetallen ineinander und von Aluminium in Zink, Zinn und deren Legierungen. Metallwirtschaft *12* (1933), S. 295—297.

Mezger, W.: Zusammenbau von Stahlteilen zum Hartlöten im Schutzgasofen. Werkstattechn./Maschinenbau 40 (1950), S. 309—312, 347—349.

Mezger, W.: Kostensenkung und Stoffersparnis durch Hartlöten im Schutzgas-Wanderofen. Maschinenbau/Betrieb *18* (1939), S. 483/84.

Miller, J.: Das Eindringen von Zinn und Lot in Messing. J, Inst. Met. *37* (1927) I, S. 183—192.

Morrison, G. B.: Intergranular Penetration of mild Steel by brazing Solder. Machinery (London) *33*, (1928), S. 387/88.

O'Malley, G. B.: Interkristalline Brüchigkeit an Metallen. Commonwealth Engineer *19*, S. 375—378.

Nernst, W.: Z. physik. Chem. *47* (1904), S. 56.

Nightingale, S. J.: Tin Solders. British Non-Ferrous-Metals Research Association, London *1932*.

Othegraven, H. v.: Gußeisenhartlötung bei Reparaturen. Schmelzschweißg. *9* (1930), S. 5—7.

Page, A. R.: The jointing of Ferrous Metals by Means of Non-Ferrous-Alloys. Metal Ind. (London) *25* (1924), S. 522.

Pawlek, F.: Das Hartlöten unter Schutzgas. Metall u. Erz *1941*, H. 14, S. 326—329.

Raabe, W.: Ringhartlötung. Autog. Metallbearb. *37* (1944), H. 15/16, S. 153/54.

Reed, J. P.: Weich- und Hartlöten von legierten Stählen. J. sci. Instrum. *12* (1935), Nr. 11, S. 364.

Reed, W. u. *L. Edelson:* Silberlötung mit Kohleelektroden. Weld. J. *17* (1938), S. 26.

Reed, W. C., M. Unger u. *G. E. Gifford:* Brazing by resistance method. Brass. World (New York) *26* (1930), Nr. 10, S. 267—269.

Richards, E. J.: Hartlöten von säurefesten Stahlrohren. Röhren- u. Armat.-Ztg. *1936*, Nr. 11, S. 18/19.

Riede, W.: Das Auftreten von Brüchen beim Hartlöten von Stahl. Stahl u. Eisen *1929*, S. 1161/62.

Rößler, L. v.: Schweißen und Löten von Temperguß. Autog. Metallbearb. *26*, S. 97—99. April 1933, Darmstadt.

Sass, Fr.: Ein Lötverfahren zur Herstellung von Zylinderdeckeln aus Stahl für Dieselmotoren. Z. VDI *73* (1929), Nr. 51, S. 1811.

Schäfer, A.: Sind die Lötzinn-Legierungen durch andere Weichlote ersetzbar? Metallwirtschaft *16* (1937), Nr. 3, S. 61—63.

Schafmeister, P. u. *H. Schottky:* Löten legierter Stähle. Metallwirtschaft *18* (1939), Nr. 2, S. 43—47.

Schmidt, M.: Die Schnellstahl-Bestückung der Dreh- und Hobelstähle. „Schweißlöten" von Schnellstahlplättchen. Maschinenbau/Betrieb *20* (1941), Nr. 2, S. 63/64.

Schmitz, F.: Ein Beitrag zur Frage der Lötbrüchigkeit von Stahl. Dr.-Ing.-Diss. Aachen *1942*.

Schulze, R.: Weichlote auf Kadmium-Blei-Basis. Metall u. Erz *37* (1940), H. 23, S. 477/78.

Seulen, G. W.: Induktionslöten von Fahrradrahmen. 2. VDI. Bd. 92 (1950), S. 337—340.

Simon, G. (1): Das Hartlöten im elektrischen Widerstandsofen. Elektrowärme Jg. *11* (1941), Nr. 3, S. 47—52.

— (2): Das Hartlöten im elektrischen Ofen. AEG-Mitt. *1941*, Nr. 1/2, S. 20—24.

Smith, E. A.: Silver solders in engineering construction. Metal Ind. (London) *39* (1931), Nr. 23, S. 531 bis 534 u. Nr. 24, S. 567/68.

Snelling, R. I.: Die Zusammensetzung von Silberloten. Dtsche. Goldschmiedeztg. *1930*, Nr. 47.

Stein, W.: Silberlote. Mitt. Forsch.-Inst. Probieramt Edelmet. Schwäb.-Gmünd *7* (1933), S. 80—87 u. 97—103.

Sterner-Rainer, L.: Zur Kenntnis der Metall-Lote. Z. Metallkde *1921*, S. 368.

Thomasson, H.: Je dünner der Lötfilm, um so besser die Verbindung. Canad. Mach. Manuf. News *50* (1939).

Vatter, H.: Vakuumdichte Keramik-Metallverbindungen. Feinmech. u. Präz. *1942*, H. 11/12, S. 165—169.

Voigt, H. u. *H. Wertheim:* Wärmebedarf beim Weichlöten von Blechen. Arch. Wärmewirtsch. Dampfkesselwes. *13*, S. 294. Nov. 1932, Darmstadt.

Webber, H. M.: Die Festigkeit von Kupfer-Hartlötstellen. Iron Age *142* (1939).

Weckwerth, Felix: Kann die Hartlötung als einwandfreies Konstruktions- oder Verbindungselement betrachtet werden? Schmelzschweißg. *10*, S. 191—195 u. 228—232. Aug./Sept. 1931, Duisburg.

Weidle, R.: Zur Hartlötung von Gußeisen und Stahl. Autog. Metallbearb. 36 (1943), Seite 149 u. folg.

Wensley, R. J.: Electro-brazing methods. Weld. J. (New York *19* (Okt. 1940), S. 754—758.

West, C. L.: Das Hartlöten mit Kupfer, leicht im Ofen auszuführen. Metal Progr. *24*, Nr. 1, S. 44—48. Juli 1933, Salem (Ohio).

Ziebe, W.: Vorrichtungen für Verbindungsarbeiten und automatische Einrichtungen im Zusammenbau. Feinmech. u. Präz. *50* (1942), S. 345—355.

Das Löten der Nichteisenmetalle

Dr.-Ing. E. Lüder, Berlin

Im Kapitel „Das Löten von Eisenwerkstoffen" sind die Bestimmungen der Begriffe „Löten, Lötstoffe, Hart- und Weichlöten" behandelt worden. Sie gelten in gleicher Weise für die anderen Schwermetalle und deren Legierungen. Bei den Leichtmetallen liegen die Dinge bezüglich der Lötverfahren etwas anders, wovon noch gesprochen wird. Auch wegen der grundsätzlichen Fragen, wie der Breite des Lötspaltes, der Wirkung der Flußmittel, des Erwärmens der Lötstelle auf die Arbeitstemperatur, sei auf die Ausführungen zu den Eisenwerkstoffen verwiesen. Mannigfaltiger sind jedoch die Erscheinungen bei den Legierungsvorgängen zwischen den Loten und den Grundwerkstoffen, die deshalb hier nochmals beleuchtet werden sollen. Im übrigen sei auf die grundsätzlichen Verschiedenheiten beim Löten der Schwermetalle gegenüber den Leichtmetallen hingewiesen, so daß es zweckmäßig erscheint, beide Werkstoffgruppen getrennt zu besprechen. Zunächst sollen jedoch die

A. Legierungsvorgänge beim Löten

nochmals betrachtet werden. Wie bereits auseinandergesetzt wurde, besteht der entscheidende Teil des Legierungsvorganges zwischen Grundwerkstoff und Lot darin, daß das flüssige Lot den Grundwerkstoff nicht nur benetzt, sondern auch auflöst, wobei die gelösten Teile des Grundwerkstoffes sich nach den Gesetzen der Diffusion im flüssigen Lot verteilen. Bei den Eisenwerkstoffen erstreckt sich die Auflösung des Grundwerkstoffes fast ausnahmslos auf wenige Atomschichten, so daß sie im Schliffbild mittels Lichtmikroskops noch nicht sichtbar gemacht werden kann. Wenn beim Löten der Stähle ein Diffusionsvorgang noch nicht exakt nachgewiesen wurde (es wäre vielleicht durch Verwendung radioaktiver Isotope möglich), so ist dieser doch wahrscheinlich, nachdem bekannt ist, daß die Metalle bei höherer Temperatur erhebliche Selbstdiffusion besitzen. Es ist nicht einzusehen, weshalb derartige Platzwechselreaktionen nicht erst recht an der Grenze einer festen und einer flüssigen Phase (Grundwerkstoff und Lot), also beim Löten, eine entscheidende Rolle innerhalb des Bindungsvorganges spielen sollten.

Bei den Nichteisenmetallen liegen die Dinge klarer zutage als beim Stahl. Hier kann man in den meisten Fällen an der Kristallausrichtung der Lötung erkennen, daß sich ein Legierungsvorgang abgespielt hat, wie das bereits besprochene Beispiel einer Lötung von Kupfer mit Feinsilberlot zeigt. Ganz ähnliche Verhältnisse beobachtet man beim Löten von Zink mit Reinzinn (Bild 1), was jedoch in der Praxis kaum vorkommt, da Zink meistens mit den Zinnloten LSn 25 bis LSn 40 gelötet wird. Das flüssige Zinn hat im vorliegenden Fall von dem Grundwerkstoff Zink so viel gelöst, daß die Lötstelle aus dem Zink-Zinn-Eutektikum besteht. Das Zustandsdiagramm in dem Bild 2 belehrt uns dahin, daß das Lot einen Gehalt von 9% Zink enthält und bei 199° C flüssig wird.

Bild 1

Bild 3

Bild 1. Zink, gelötet mit Reinzinn
V = 150.

Bild 2. Das Zustandsschaubild
Zinn-Zink.

Bild 3. Kupfer, gelötet mit Messinglot
V = 150.

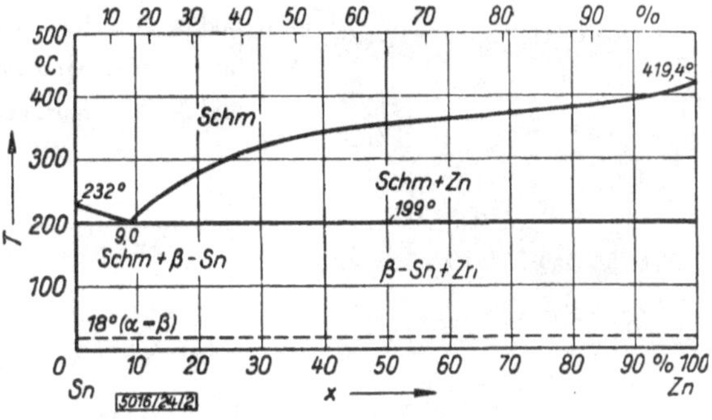

Bild 2

Da die Legierungsprozesse bei den üblichen Lötverfahren immer unterbrochen werden, bevor das chemische Gleichgewicht erreicht ist, sind die Gefügebilder der erstarrten Lötung entsprechend mannigfaltig. Die Erscheinung, daß das Wachstum der Kristallite entgegengesetzt der Richtung des Wärmeabflusses fortschreitet, läßt sich beobachten, wenn Grundwerkstoff und Lot die gleiche Kristallphase bilden, wie das bei der Lötung von Kupfer mit Messinglot LMs 63 oder anderen α-Messingloten nach *Rostosky* u. *Lüder* auftritt. Bild 3 gibt das Schliffbild einer solchen Lötung wieder. Die Kristallite des rekristallisierten Kupferbleches setzen ihr Wachstum in das flüssige Lot hinein fort. Sie bestehen also zu dem einen Teil aus reinem Kupfer, zum anderen aus Messing. Die Grenze ist scharf, eine mikroskopisch nachweisbare Diffusion im festen Zustande hat nicht mehr stattgefunden. Konzentrationsunterschiede innerhalb des Lotes sind nicht wahrnehmbar. Die Kristalle des Grundwerkstoffes wirken auf das Lot keimbildend, d. h. die Keimbildungsarbeit wird herabgesetzt und die Ankristallisation gefördert. Ähnliches gilt für galvanisch aufgetragene Schichten.

Bei anderen Lötungen hat man es mit deutlich sichtbaren Übergängen von Lot zu Grundwerkstoff zu tun, die zu Gefügeunterschieden innerhalb der Naht führen.

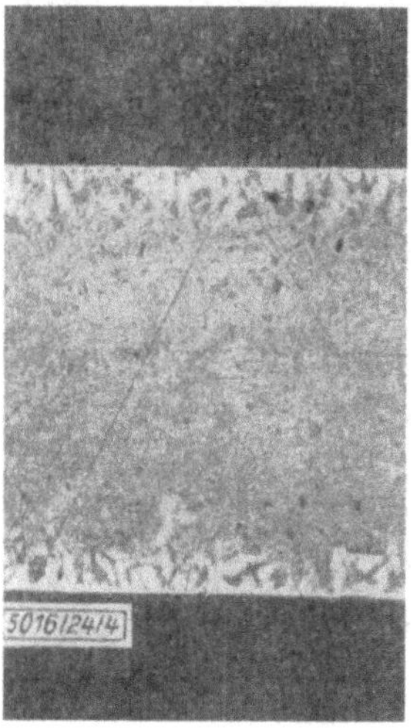

Bild 4

Bild 5

Bild 6

Bild 4. Kupfer, gelötet mit Silberlot LAg 25.

Bild 5. Messing, gelötet mit Silberlot LAg 25.

Bild 6. Ausschnitt aus Bild 5.

Bild 7. Messing, gelötet mit Reinzinn.

Bild 8. Ausschnitt aus Bild 7.

Bild7

Bild 8

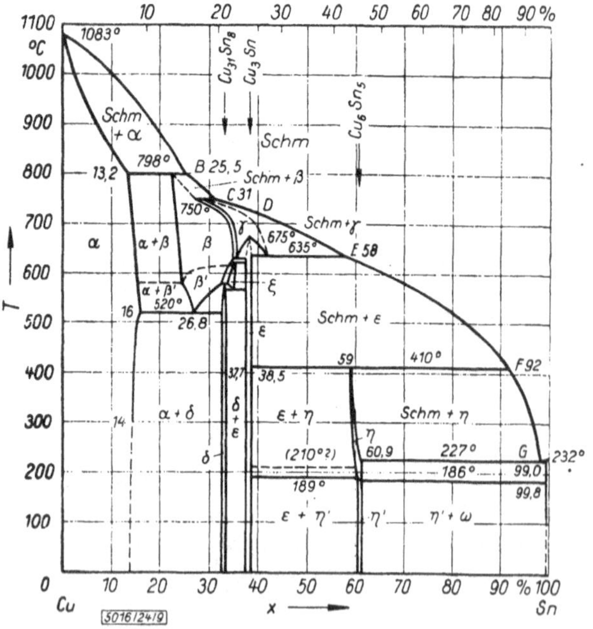

Bild 9. Das Zustandsschaubild Kupfer-Zinn.

× = Gew. % Sn obere Abszisse Atom %

Bild 4 zeigt eine Lötung von Kupfer mit Silberlot LAg 25. Das Lot ist aus zwei Kristallarten aufgebaut, einer kupfer- und silberreichen Kristallart α und einer zinkreicheren Kristallart β. Es ist also den Preßmessingen ähnlich. Im Innern der Naht entspricht das Gefüge der ursprünglichen Zusammensetzung des Lotes. Zum Kupfer hin macht sich ein erhöhter Gehalt an α-Bestandteil bemerkbar, der in gröberen Körnern

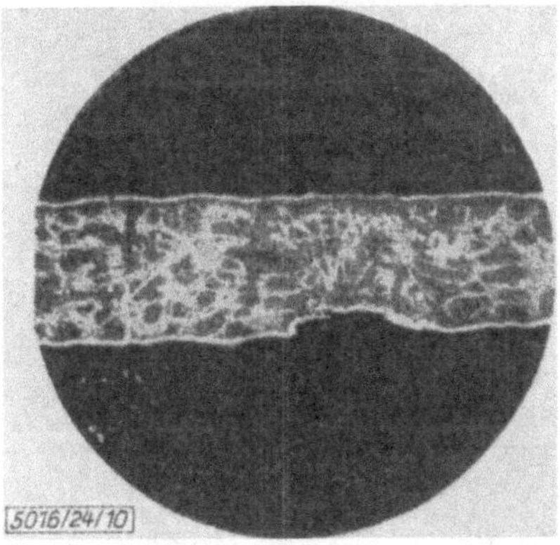

Bild 10. Kupfer, gelötet mit Lötzinn LSn 50 V = 95. (geringe Lötgeschwindigkeit)

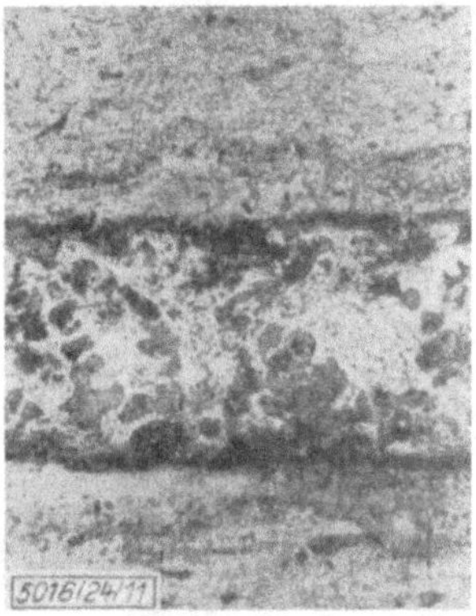

Bild 11. Kupfer, gelötet mit Lötzinn LSn 50 (hohe Lötgeschwindigkeit).

auftritt, weil er im Gegensatz zu dem $\alpha + \beta$-Kristallgemisch beim Abkühlen keine Umwandlung erfährt. In der Lötnaht nimmt also der Kupfergehalt nach innen ab. Die Diffusion ist deutlich wahrzunehmen, hat aber nicht die ganze Naht erfaßt. In gleicher Weise erfolgt die Gefügebildung beim Löten von Messing Ms 63 mit dem gleichen Silberlot LAg 25. Auch in den Bildern 5 u. 6 ist die Schicht von kupferreicheren α-Kristallen am Rande der Lötnaht zu erkennen, während das Innere das gleichmäßige Gefüge von $\alpha + \beta$-Kristallen aufweist.

Verwickelter sind die Vorgänge, wenn durch den Legierungsprozeß neue Kristallarten entstehen, wie beim Löten von Kupfer oder Kupferlegierungen mit Reinzinn oder Zinnloten. Bilder 7 u. 8 zeigen eine Lötung von Messingblech Ms 63 mit Reinzinn (LSn 98). An der Grenze von Lot und Grundwerkstoff beobachtet man die Schicht einer neuen Kristallart, die als η (Cu_6Sn_5) nachgewiesen worden ist. (Vgl. auch das Schaubild Cu-Sn, Bild 9.) Körner dieser Kristallart durchsetzen die ganze Naht, ein Zeichen dafür, daß das Kupfer ziemlich rasch in das geschmolzene Zinn diffundiert ist. Das gleiche Bild ergibt sich beim Löten von Kupfer mit Reinzinn. (Siehe Lit. *Bauer* u. *Piwowarsky*, *Bauer* u. *Vollenbruck*, *Crow*.) Benutzt man an Stelle von Lot LSn 98 ein zinnärmeres Lot, z. B. Lot LSn 50, so tritt die Kristallart nur am Rande der Naht auf (Bild 10), und wenn man in sehr kurzer Zeit lötet, wird sie überhaupt nicht mehr sichtbar (Bild 11). Die Nähte zeigen dunkle Bleikristalle im Blei-Zinn-Eutektikum. Der Unterschied im Gefüge ist auf den geringeren Zinngehalt des Lotes und die niedrigere Arbeitstemperatur beim Löten mit Lot LSn 50 zurückzuführen. Steigert man die Arbeitstemperatur, so bildet sich zwischen der Kristallart η und dem Kupfer noch die Kristallart ε (Cu_3Sn) (*Crow*). Von dem Einfluß, den diese Kristallarten auf die Festigkeit der Lötung ausüben, wird später die Rede sein.

B. Das Weichlöten der Schwermetalle

1. Lote, Flußmittel und Lötverfahren.

Die im Eisenteil des Buches behandelten Zinnlote spielen auch beim Weichlöten der meisten Nichteisenschwermetalle die Hauptrolle. Die Zahlentafel 1 gibt Beispiele für die Anwendung dieser Lote. Auch die bereits beschriebenen Lote LSn 98, LPbAg,

Lot	Werkstoff	Anwendungsgebiet
LSn 8	Kupfer- und Zinkwerkstoffe	Klempnerarbeiten, Flammenlötung
LSn 25 . . .	desgl.	Lötungen allgemeiner Art, Verzinnungen
LSn 30 . . .	desgl.	Spachtellötungen
LSn 33 . . .	desgl.	Schmierlötungen, Verzinnungen
LSn 35 . . .	desgl.	Lötungen hoher Ansprüche
LSn 40 . . .		
LSn 50 . . .	Kupferwerkstoffe	Feinlötungen
LSn 60 . . .		

Zahlentafel 1. Anwendungsgebiete der Zinnlote nach DIN 1707

LPb 98.5, LZn 98 sind in ihrem Anwendungsgebiet keineswegs nur auf Eisen und Stahl beschränkt. Darüber hinaus sind in den letzten Jahren Lote auf der Grundlage Blei-Kadmium in den verschiedensten Zusammensetzungen mit Erfolg angewendet worden. Das Zustandsschaubild Blei-Kadmium ist in dem Bild 12 wiedergegeben. Es ist wie das von Blei-Zinn ein eutektisches System. Das Eutektikum enthält 20% Kadmium und schmilzt bei 249° C. Aus der Fülle der Lote, die geprüft wurden, haben sich vornehmlich zwei bewährt, nämlich

1. 6—8% Kadmium, < 2% Zusätze von Zink, Kupfer, Zinn, Phosphor oder Arsen, Rest Blei [Lit. *Schulze*];
2. 17% Kadmium, 1% Zink, Rest Blei.

Bemerkenswert ist dabei, daß ein kleiner Gehalt an Zink bei diesen Loten verbessernd auf den Fluß wirkt, während er bei Zinnloten streng vermieden werden muß. Das Lot 1 kann in vielen Fällen an Stelle der Lote LSn 30 bis LSn 40 mit Erfolg angewendet werden, während Lot 2 hauptsächlich zum Löten von aluminiumhaltigen Zinklegierungen (siehe unten) verwendet wird.

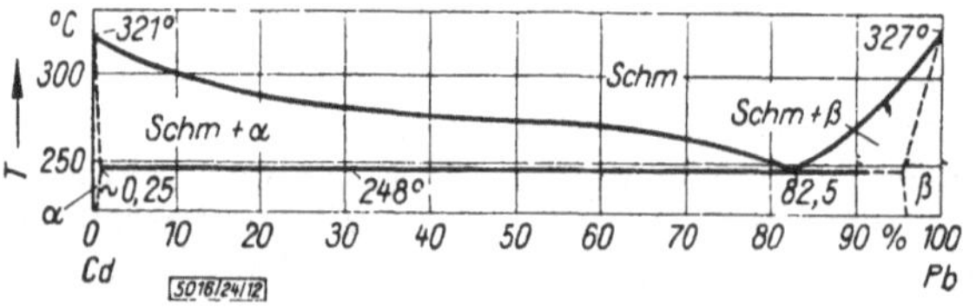

Bild 12. Das Zustandsschaubild Kadmium Blei

Abszisse Gew. % Pb

Für Sonderzwecke, d. h. dann, wenn die Lötung bei bestimmten Temperaturen ihren Zusammenhalt verlieren soll, sind Lote auf der Grundlage Blei-Zinn-Kadmium (das Eutektikum schmilzt bei 145° C) und solche aus Blei, Zinn, Kadmium und Wismut („Woodmetall") üblich. Hierbei sei jedoch darauf hingewiesen, daß das Löten mit solchen Loten nicht schon bei Temperaturen in der Nähe des Schmelzpunktes vorgenommen werden kann, sondern daß die Löttemperatur wesentlich größer ist, und dies nicht zuletzt deshalb, weil die üblichen Flußmittel erst zwischen 150 und 200° C wirksam werden.

Genaueres über die Flußmittel wurde bereits ausgeführt. Da die gleichen Flußmittel auch beim Weichlöten der Nichteisenschwermetalle benutzt werden, kann darauf verwiesen werden. Das gleiche gilt für die Lötverfahren. Auch hier ist das Löten mit dem Kolben am wichtigsten, in zweiter Linie wird die Lötflamme benutzt, während die übrigen Verfahren Sonderzwecken vorbehalten sind.

2. *Das Weichlöten von Kupfer* (siehe hierzu auch bei *Matting* u. *Stieler*, S. 1370)

Das Kupfer legiert sich leicht mit Lötzinn. Auf die hierbei auftretenden Kristallarten ist hingewiesen worden. Das Fortschreiten des Legierungsvorganges ist von großem Einfluß auf die mechanischen Eigenschaften der Lötstelle. Bei derartigen Untersuchungen hat man mit der Erscheinung zu kämpfen, daß das Löten — in noch höherem Grade als das Schweißen — eine handwerkliche „Kunst" darstellt, für deren Erfolg die persönliche Geschicklichkeit des Löters eine ausschlaggebende Rolle spielt. Dies hat zur Folge, daß die an Lötstellen gleicher Art gemessenen Festigkeitswerte stark streuen, auch wenn sie von derselben Person hergestellt werden. Sobald verschiedene Löter an derartigen Lötversuchen beteiligt sind, ist eine Auswertung der Meßwerte oft unmöglich. Die Schwierigkeiten sind hier weit größer als etwa bei der Gasschmelzschweißung, weil Lötungen meist an dünnen oder kleinen Teilen ausgeführt werden und der entscheidende Teil des Arbeitsganges in sehr kurzer Zeit abläuft. Will man Gesetzmäßigkeiten allgemeiner Art genau erfassen, so bleibt nichts übrig, als auf die Bedingungen des praktischen Lötversuches teilweise zu verzichten und Anordnungen zu wählen, die die Reproduzierbarkeit der Ergebnisse gewährleisten. Um die Zusammenhänge zwischen dem Fortschreiten des Legierungsvorganges und der Festigkeit der Weichlötungen an Kupfer zu prüfen, stellte *Chadwick* Lötungen in einer Handpresse her, die durch Benutzung eines erwärmten Aluminiumblockes als Heizquelle eine genaue Einhaltung der Löttemperatur und die Einstellung des Lötspaltes auf 0,07 mm erlaubte. Auch die Zeit, während der sich die Lötstelle auf Löttemperatur befand, konnte genau festgehalten werden. Gelötet wurde zunächst mit Reinzinn (0,015% Verunreinigungen). Die Festigkeit ist von der Zeit abhängig, der die Lötstelle der Löttemperatur ausgesetzt wird. Der Festigkeitsabfall ist während der ersten 10 bis 20 Sekunden erheblich, dann bleibt die Festigkeit fast unverändert. Diese Erscheinung steht im Zusammenhang mit der Bildung der Kristallart η, innerhalb deren stets der Bruch verläuft. Bei längerer Lötdauer beobachtet man zwischen der Kristallart η und dem Kupfer noch die Kristallart ε. Auch dann geht der mechanische Bruch durch η. Die Schichtdicke von $\eta + \varepsilon$-Kristallgefüge erreicht bei einer Temperatur von 500° C und einer Lötzeit von 30 Sekunden den Wert von 0,013 mm. Ähnliche Verhältnisse beobachtet man auch bei der Benutzung der üblichen Zinnlote. Bei Reinblei als Lot ist ein solcher Festigkeitsabfall nicht zu bemerken, weil im System Kupfer-Blei keine intermediären Kristallarten auftreten. Der Legierungsvorgang zwischen dem Kupfer und dem Zinn kommt bei gewöhnlicher Temperatur zum Stillstand. Bei 100° C und mehr schreitet er jedoch fort. Für die damit verknüpften Veränderungen der Festigkeit sind auch die Nebenbestandteile des Grundwerkstoffes von Bedeutung. Lötungen an Elektrolytkupfer streben beim Altern auf 150° C einen konstanten Festigkeitswert an. Kupfersorten mit Arsen und Sauerstoff verhalten sich wesentlich ungünstiger. Ein Antimongehalt im Rahmen der Normen übt auf diese Erscheinungen keine grundsätzlichen Änderungen aus. Der Einfluß von Arsen wird auch von *Matting* u. *Stieler* besprochen (siehe Bd. II, S. 1370).

So wertvoll solche Untersuchungen für die Aufklärung grundsätzlicher Zusammenhänge beim Löten sind, so ist das Abweichen von den Bedingungen der praktischen Arbeit ein Nachteil, der der Verwertung dieser Ergebnisse für die Praxis hinderlich ist. Wenn es sich z. B. um die Beurteilung der praktischen Brauchbarkeit eines Lotes handelt, wird man die Arbeitsbedingungen der Werkstatt einhalten müssen. Um dabei den subjektiven Einfluß weitgehend auszuschalten, ist auf Grund umfangreicher Versuche vorgeschlagen worden [Lit. *Lüder*], folgende Bedingungen einzuhalten:

„Zwei Bleche von 500×100 mm Kantenlänge und 1 mm Dicke werden nach dem Entfetten an den Längskanten mit 3 mm Überlappung mit einem elektrisch beheizten Lötkolben von 500 Watt bei 400° C gelötet.

Die Lötnaht soll beim Löten mit einem Vierkantstahl von 40×40 mm Querschnitt und 600 mm Länge in 10 mm Entfernung von der oberen Kante der Lötstelle belastet werden, um den Lötspalt konstant zu halten. Die untere Fläche des bis zum Erkalten der Probe liegenbleibenden Stahlstückes ist mit Asbestpappe zu belegen. Die Unterlage soll ebenfalls aus Asbestpappe bestehen. —

Aus den gelöteten Blechen werden zur Bestimmung der Scherfestigkeit der Lötnaht je zehn unprofilierte Probestreifen von 20 mm Breite senkrecht zur Lötnaht, über das 500 mm lange gelötete Blech gleichmäßig verteilt, entnommen und zerrissen.

Die Lötstelle soll in der Mitte der Probe liegen. Das überschüssige Lot ist aus den Ecken zu entfernen.“

Die Scherfestigkeiten der Lötungen an Kupfer sind in dem Bild 13 wiedergegeben. Zur Beurteilung eines Lotes und einer Lötung sollte nicht nur die Festigkeit der Lötung berücksichtigt werden, da dabei auch einige andere Faktoren eine maßgebende Rolle spielen, so vor allem der *Lotverbrauch* und die *Lötzeit*. Der Lotverbrauch hat je nach Gestalt der Lötung mit steigendem Zinngehalt des Lotes im allgemeinen eine abnehmende Tendenz. Aus dem Lotverbrauch errechnet sich der Verbrauch an Reinzinn, der sich mit steigendem Zinngehalt des Lotes keineswegs immer mit erhöht, sondern häufig einen Mindestwert durchläuft. Die Lötzeit wird mit steigendem Zinngehalt des Lotes im allgemeinen geringer.

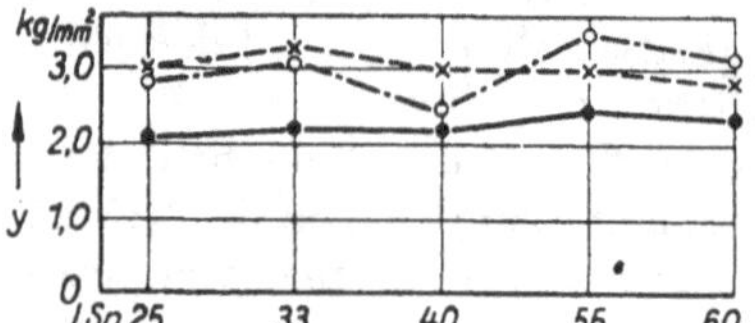

Bild 13. Scherfestigkeit von Kupferlötungen.
— Blechdicke 0,5 mm - - - Blechdicke 1 mm
-·- Blechdicke 1,5 mm

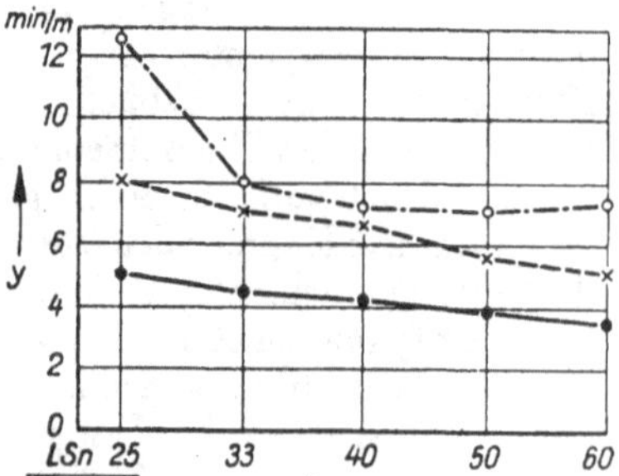

Bild 14

y = Lötzeit in min/m
x = Lotsorten

Bild 14. Lötzeit von Kupferlötungen
— Blechdicke 0,5 mm - - - Blechdicke 1 mm
-·- Blechdicke 1,5 mm

Bild 14 zeigt die Abhängigkeit der Lötzeit von der Zusammensetzung des Lotes. Die Lötungen wurden nach den obigen Bedingungen ausgeführt. Da die Lötzeit wiederum auf die Festigkeit von Einfluß ist, bedarf es gerade beim Löten von kupfernen Teilen in all den Fällen einer besonders gründlichen Prüfung, wo aus irgendwelchen

Ursachen die Umstellung auf andere Lote erforderlich wird. Je geringer die Dicke des Werkstückes und je kleiner die Lötstellen sind, desto stärker treten diese Zusammenhänge in Erscheinung. Dies ist der Grund, daß die sogenannten kleinen Lötungen in der Fernmeldetechnik und Feinmechanik trotz aller Bemühungen zu allen Zeiten mit den bewährten Loten LSn 50 und LSn 60 ausgeführt werden mußten. Bei größeren Lötstellen steigt die Lötzeit, so daß der Zustand erreicht wird, wo man ein weiteres Absinken der Festigkeit nicht mehr bemerkte. In solchen Fällen ist es möglich und sinnvoll, auch mit zinnärmeren Loten zu arbeiten. Hierfür werden die Blei-Kadmium-Lote und das Lot LPb 98.5 mit Erfolg eingesetzt.

Von den Lötverfahren ist das Löten mit dem Kolben am weitesten verbreitet. Wegen der hohen Wärmeleitfähigkeit des Kupfers findet der Kolben bei dickeren Teilen sehr bald seine Anwendungsgrenzen. Bleche von mehr als 1 mm Dicke benötigen Lötkolben, die größer und heißer sind als bei den anderen Metallen. Solche Stücke lötet man mit der Flamme, wenn man nicht das Hartlöten oder Schweißen vorzieht. Kleine Stücke geringer Dicke, wie sie in der Fernmeldetechnik üblich sind, lötet man vorzugsweise durch Tauchen.

Zur Flußmittelfrage ist zu sagen, daß Zinkchlorid und Ammoniumchlorid zu Korrosion führen können, wenn die Flußmittelreste nicht sorgfältig abgewaschen werden. Kupfer wird bei Anwesenheit von Feuchtigkeit von Chlorionen angegriffen, wobei sich grüne Anfressungen bilden. Deshalb besteht in der Elektrotechnik die Vorschrift, Lötungen an Kupfer nur mit Kolophonium oder einem anderen Harzflußmittel auszuführen. (Vgl. Beitrag „Löten der Eisenwerkstoffe", S. A 13)

Das Weichlöten findet auch bei dem Verbinden kupferner Rohre bevorzugte Anwendung [Lit. *Stauffer*]. Man wählt überlappte Verbindungen, wobei das Rohr an dem einen Ende entsprechend aufgeweitet wird. Auch hat man sogenannte „Lötfittings" aus Gußmessing entwickelt, die über den Stoß gezogen und dann verlötet werden.

3. *Das Weichlöten von Kupferlegierungen, Nickel, Nickellegierungen und Edelmetallen*

Hinsichtlich der Ausführung von Lötungen, der Auswahl der Lote und der Flußmittel gelten für die Kupferlegierungen, für Reinnickel, Neusilber, Chromnickel und andere Nickellegierungen sowie für die Edelmetalle grundsätzlich die gleichen Gesichtspunkte wie für Kupfer. Bei Messing hat man mit der Erscheinung der Lötbrüchigkeit zu rechnen [Lit. *Hartley, Miller*], die besonders bei Tauchlötungen eine Rolle spielen kann, wenn es sich um kaltverformten Werkstoff handelt. Mit steigendem Zinkgehalt des Messings wird der Angriff durch das geschmolzene Lot gefährlicher. Neusilber läßt sich wie Messing löten. Für Telefonteile empfiehlt *Falk* das Lot LSn 33 und als Flußmittel Naphthalintetrachlorid. Reinnickel, Monelmetall und Chromnickel werden nur selten weichgelötet, weil die Beanspruchungen auf Korrosion oder höhere Temperatur dieses Verfahren ausschließen. Das gleiche gilt für die Edelmetalle, die vorwiegend hartgelötet werden. (Siehe hierzu auch Schweißen von Nickel und Nickellegierungen, bei *Matting*, S. 1397 ff.)

4. *Das Weichlöten von Zink* (siehe auch Beitrag *Bayer*, S. 1400 ff.)

Technisch reines Zink wird hauptsächlich in Form von Blech in der Bauklempnerei zu Dachrinnen, Dachdeckungen, Badewannen usw. verarbeitet. Wenn Zinkblech neuerdings auch viel gasgeschweißt wird, so gibt es trotzdem eine Reihe wichtiger Lötarbeiten dafür. Bei Dacharbeiten ist die Gasschmelzschweißung immer nur begrenzt anwendbar. Als Lote kommen LSn 33, LSn 30 und LSn 25 in Betracht. Großer

Wert wird hier auf die „Modellierfähigkeit" des Lotes gelegt, d. h. das Lot soll beim Erstarren längere Zeit im teigigen Zustande verweilen, weil dies die Voraussetzung für die Ausführung von vertikalen und Überkopfnähten bildet. Ein Lot, das ein geringes Schmelzintervall besitzt, würde bei solchen Nähten fortlaufen und abtropfen. In dem Bild 15 sind die Schmelzintervalle der verschiedenen Zinnlote wiedergegeben.

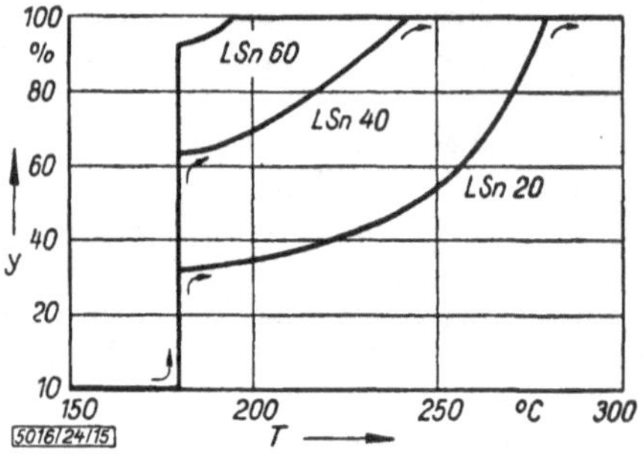

Bild 15. Die Schmelzbereiche der Zinnlote.
y = Anteil der Schmelze

Andererseits bietet ein größeres Schmelzintervall des Lotes auch gewisse Schwierigkeiten. Es ist klar, daß die Lötstellen so lange keiner mechanischen Beanspruchung ausgesetzt werden dürfen, als das Lot nicht völlig erstarrt ist. Während eines langen Erstarrungsintervalls findet eine derartige Beanspruchung jedoch durch die Wärmeschrumpfung statt. Die Lötstellen müssen deshalb miteinander so lange in der gleichen Lage bleiben, bis der letzte Rest des Lotes erstarrt ist. Anderenfalls bilden sich Haarrisse im Lot. Dieser Umstand war das Haupthindernis für die Einführung der vor Jahren stark empfohlenen Lote auf der Grundlage von 15% Zinnanteil. Um den Schmelzpunkt dieser Lote zu senken, wurden ihnen einige Prozent Kadmium oder Wismut hinzulegiert. Dadurch wurde auch der Soliduspunkt gesenkt, so daß kleine Reste des Lotes noch lange flüssig blieben, obwohl der Löter den Eindruck gewann, daß das Lot nunmehr völlig erstarrt sei. Man legte die Haltevorrichtung beiseite und begünstigte so die Bildung von Haarrissen in der Naht. Nach einiger Zeit erfolgte dann der Bruch. Diese Übelstände wurden dadurch beseitigt, daß der Zinngehalt der Lote weiter gesenkt und das Lot LSn 8 entwickelt wurde, das in vielen Fällen den Ansprüchen genügt. Sein Erstarrungsintervall ist wesentlich kleiner als das der Lote mit 15% Zinn. Sogar das Lot LPb 98.5 ist mit Erfolg zum Löten von Zink benutzt worden, obwohl das Zustandsbild Blei-Zink im flüssigen Bereich eine breite Mischungslücke zeigt. Die technische Brauchbarkeit dieses Lotes ist wieder ein Beweis dafür, daß bei der Lötung nur eine geringe Löslichkeit des Grundwerkstoffes im Lot erforderlich ist und daß an den entscheidenden Vorgängen nur kleinste Stoffmengen beteiligt zu sein brauchen.

Für das Löten von Zink sollen die normalen Zinnlote einen möglichst geringen Gehalt an Antimon haben (vgl. DIN 1707); Antimon und Zink bilden die intermediäre Kristallart Sb_2Zn_3, die sich beim Löten ausscheidet und in Form von festen Partikeln das Fließen des Lotes behindert.

Als Flußmittel für Reinzink dient bekanntlich Salzsäure, die sich mit dem Zink bzw. seiner Oxydhaut zu Zinkchlorid umsetzt, das dann als Flußmittel wirkt. Nachträgliche Korrosion ist beim Verbleiben der Flußmittelreste auf der Lötstelle nicht zu erwarten, weil sich basisches Zinkchlorid bildet, das nicht mehr hygroskopisch ist. Bei Verwendung der zinnarmen Lote LSn 8 und LPb 98 dienen als Flußmittel Gemische von Zinkchlorid und Ammoniumchlorid, und zwar mit höheren Ammoniumchloridgehalten, weil diese eine höhere Wirktemperatur als reines Zinkchlorid besitzen. Als wichtiges Anwendungsbeispiel für das Löten von Zink sei noch die Herstellung von Zinkbechern galvanischer Elemente erwähnt. Die kleinen Becher für die Taschenlampenbatterien werden vielfach maschinell gelötet, die größeren von Hand. Hierfür hat sich das Lot LSn 35 am besten bewährt. Diese Becher werden heute rationeller durch Tiefziehen oder Fließpressen hergestellt.

Da das Zink im Gegensatz zum Kupfer beim Löten mit Zinnlot einfache Legierungsverhältnisse zeigt, sind die Untersuchungen über die Festigkeit von Lötstellen, über Lotverbrauch usw. vielfach an diesem Werkstoff ausgeführt worden. Unter Zu-

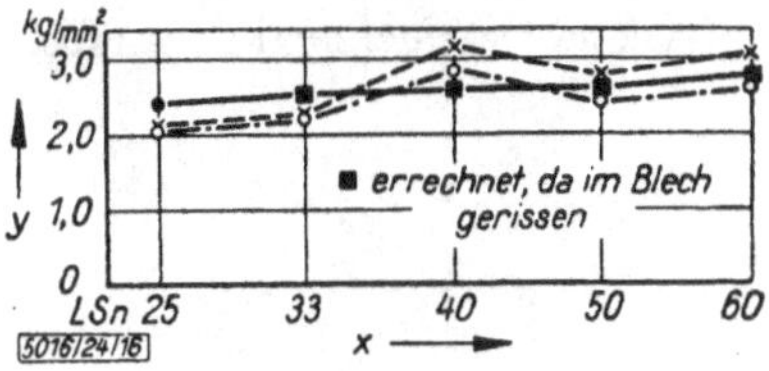

Bild 16. Scherfestigkeit von Zinklötungen.
— Blechdicke 0,5 mm
--- Blechdicke 1 mm
-.- Blechdicke 1,5 mm
y = Scherzugfestigkeit

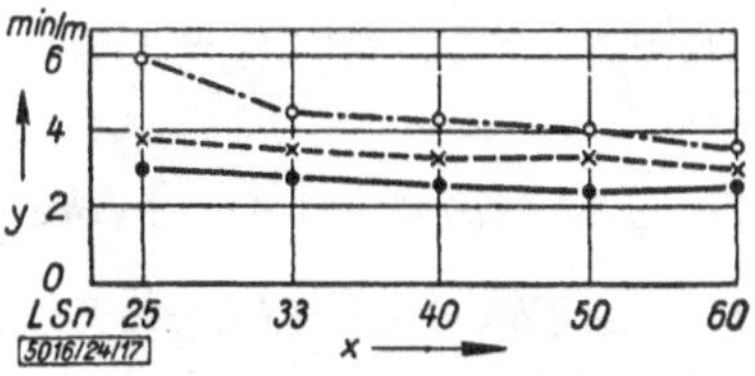

Bild 17. Lötzeit von Zinklötungen.
— Blechdicke 0,5 mm
--- Blechdicke 1 mm
-.- Blechdicke 1,5 mm

grundelegung der beim Kupfer erwähnten Lötbedingungen [Lit. *Lüder*] wurden an Zinklötungen die in den Bildern 16 u. 17 wiedergegebenen Werte für die Scherfestigkeit und die Lötzeit gefunden.

5. *Das Weichlöten von Zinklegierungen* (siehe auch Beitrag *Bayer* S. 1400 ff.)

Zinklegierungen (vgl. DIN 1724) kommen im gegossenen (z. B. als Druckguß) und im verformten Zustand vor. Für die Lötbarkeit ist die Höhe des etwaigen Aluminiumgehaltes maßgebend, während die übrigen Nebenbestandteile (Kupfer, Magnesium, Mangan und Eisen) keinen Einfluß ausüben. Solche Legierungen werden wie Reinzink behandelt. Das gleiche gilt, wenn der Aluminiumgehalt den Betrag von 1% nicht übersteigt.

Legierungen wie ZnAl 15 und ZnAl 4 Cu 1 bedürfen jedoch einer Vorbehandlung mit 30% Natronlauge, die auch als Flußmittel für einen Überzug aus kadmiumhaltigem Lot (17% Cd, 1% Zn, Rest Pb) dient. Das Auftragen der Lotschicht kann mit dem Lötkolben erfolgen, wobei auf eine sorgfältige Bindung zu achten ist. Dann erfolgt die Fertigstellung der Lötung, und zwar entweder mit dem gleichen Lot, oder in der üblichen Weise mit Lötzinn und Lötwasser, jedoch ist die erstgenannte Arbeitsweise vorzuziehen. Die Behandlung mit Natronlauge bezweckt die Entfernung des Aluminiums und seines Oxydes aus der Lötfläche.

6. *Das Weichlöten von Blei* (siehe auch Beitrag *Hofmann* (S. 1431 ff.)

Mit dem Worte „Bleilöten" bezeichnet man vielfach das Verfahren, bei dem die Kanten des Walzbleis aufgebördelt und zusammengeschmolzen werden. Dieses Verfahren ist kein Löten, sondern trägt alle Kennzeichen der Gasschmelzschweißung. Richtiges Bleilöten kommt in der Bauklempnerei häufig vor. Als Lote dienen LSn 25 bis LSn 33, die wegen ihrer guten Modellierfähigkeit bevorzugt werden. Meistens handelt es sich um Bleirohre und Trapse, die in den verschiedensten Lagen gelötet werden müssen. Zum Erhitzen dient die Lötlampe, als Flußmittel verwendet man Kolophonium. Das Lot wird mit einem in flüssigem Talg getränkten Lappen auf der Lötstelle verstrichen. Das Verfahren erfordert ausreichende Handfertigkeit.

7. *Das Weichlöten von Zinn*

Das Zeitalter der Geräte aus Zinn oder zinnreichen Legierungen („Britanniametall") dürfte endgültig vorüber sein. Damit entfällt auch das Bedürfnis nach entsprechenden Lötverfahren. Jedoch gibt es noch Kirchenorgeln, die mit Zinnpfeifen ausgerüstet sind und an denen gelegentlich Reparaturen notwendig werden. Man löte tmit Lot LSn 60. Die Arbeit setzt ein erhebliches Maß an Geschicklichkeit voraus.

C. Das Hartlöten der Schwermetalle

1. Lote, Flußmittel und Lötverfahren

Das Hartlöten erfordert bekanntlich eine Temperatur von mindestens 600° C. Von den Schwermetallen scheiden deshalb alle diejenigen aus, deren Schmelzpunkt diese Temperatur unterschreitet, vor allem Zink und Blei. Von Bedeutung ist das

Nr.	Benennung	Kurzzeichen	Zusammensetzung in % (der Rest ist Zink)			Arbeitstemperatur mindestens °C
			Silber	Kupfer höchstens	Kadmium	
1	Silberlot 8	LAg 8	7 bis 9	55	—	860
2	desgl. 12	LAg 12	11 bis 13	52	—	830
3	desgl. 12 Cd . . .	LAg 12 Cd	11 bis 13	52	5 bis 9	800
4	desgl. 15	LAg 15	14 bis 16	49	8 bis 12	770
5	desgl. 15 P	LAg 15 P	14 bis 16	82	—	710
			Dieses Lot enthält kein Zink, der Rest ist Phosphor			
6	desgl. 25	LAg 25	24 bis 26	43	—	780
7	desgl. 25 Cd . . .	LAg 25 Cd	24 bis 26	42	12 bis 16	730
8	desgl. 30 Cd 5 . . .	LAg 30 Cd 5	29 bis 31	44	3 bis 7	770
9	desgl. 30 Cd 12 . .	LAg 30 Cd 12	29 bis 31	36	10 bis 14	700
10	desgl. 38	LAg 38	37 bis 39	42	—	800
11	desgl. 44	LAg 44	43 bis 45	32	—	730
12	desgl. 45	LAg 45	44 bis 46	19	18 bis 22	620
13	desgl. 50	LAg 50	49 bis 51	32	3 bis 7	700
14	desgl. 50 Cd . . .	LAg 50 Cd	49 bis 51	22	16 bis 20	650
15	desgl. 60	LAg 60	59 bis 61	28	—	710
16	desgl. 60 Cd . . .	LAg 60 Cd	59 bis 61	25	—	680
			Das Lot enthält bis 3 % Zinn			
17	desgl. 67	LAg 67	66 bis 68	26	—	730
18	desgl. 67 Cd . . .	LAg 67 Cd	66 bis 68	13	bis 11	710
19	desgl. 75	LAg 75	74 bis 76	25	—	770
20	desgl. 83	LAg 83	82 bis 84	17	—	830

Zahlentafel 2. Silberlote für Nichteisenmetalle nach DIN 1734 und 1735.

Hartlöten vor allem auch bei den Kupfer- und Nickelwerkstoffen sowie bei den Edelmetallen. Für die Auswahl des Lotes ist der Schmelzpunkt von Wichtigkeit. Oft liegen die Schmelzpunkte von Grundwerkstoff und Lot so nahe beieinander, daß man es praktisch mit einer Schmelzschweißung zu tun hat. Abgesehen von Sonderfällen, wie die Anwendung von Hartloten LAg 27 und LAg 49, werden alle im Eisenteil beschriebenen Hartlote, insbesondere die Messinglote, auch für Nichteisenmetalle benutzt, und die Ausführungen zu ersteren haben auch für das Löten dieser Nichteisenwerkstoffe sinngemäß Geltung.

Bei den Silberloten ist das Bild [Lit. *Loebich*] mannigfaltiger. Hier sind zwei Gruppen zu unterscheiden: solche mit Gehalten bis zu 50% Silber, die vorwiegend für unedle Metalle benutzt werden, und diejenigen mit größeren Legierungsanteilen, die man zum Löten von Edelmetallen verwendet. Bei mittleren Gehalten finden Überschneidungen statt. Die Zahlentafel 2 gibt eine Übersicht über die genormten Silberlote nach DIN 1734 und 1735, soweit sie für die Nichteisenmetalle verwendet werden.

Über die Eigenschaften der Silberlote ist bereits beim Eisenlöten eingehender berichtet worden. Die erhöhte Festigkeit und Geschmeidigkeit gegenüber den Messingloten kommen auch hier als wichtige Faktoren zur Geltung.

Die Forderung nach Angleichung der Lotfarbe an die des Grundwerkstoffes hat besonders bei den Buntmetallen Bedeutung, ebenso kann die Korrosionsbeständigkeit für die Auswahl eines Lotes entscheidend sein. Bei den Edelmetallen kommt es darüber hinaus noch darauf an, daß der Gesamtfeingehalt des Werkstückes durch das benutzte Lot nicht nennenswert beeinflußt, zum mindesten nicht verringert wird. Hieraus ergibt sich eine Mannigfaltigkeit der Verwendungsweise der Lote, die durch die Gewöhnung und Überlieferung in den verschiedenen Gewerbezweigen noch unübersichtlicher wird. Die vor einigen Jahren stattgefundene Normung hat die Zahl der Silberlote auf eine bescheidenere Größe herabgesetzt. Die Legierungen wurden so ausgewählt, daß sie für alle vorkommenden wichtigen Zwecke genügen. Die Zahlentafel 3 vermittelt die Anwendungsgebiete der genormten Lote.

Bei den Goldloten, d. h. den Loten für Gold und Goldlegierungen, sind neben den üblichen Anforderungen der Goldgehalt, die Farbe und zuweilen die Korrosionsbeständigkeit zu beachten. Goldgehalt und Farbe sollen von gleicher Größe und Art sein wie die des Grundwerkstoffes. In manchen Fällen gelingt es, unter den ternären Gold-Silber-Kupfer-Legierungen genügend niedrigschmelzende Zusammensetzungen gleichen Goldgehaltes zu finden, die als Lote verwendbar sind. Trotzdem werden solche ternären Lote nur selten verwendet. Abgesehen von den Fällen, bei denen der Grundwerkstoff gerade diejenige Zusammensetzung der niedrigst schmelzenden Legierung des bestimmten Feingehaltes hat, weicht dann die Farbe des Lotes von der des Grundwerkstoffes zu stark ab. Eine Angleichung der Farbe bei gleichzeitiger Senkung des Schmelzpunktes läßt sich bei konstantem Goldgehalt fast immer durch Zusätze von Zink und Kadmium erreichen [Lit. *Sterner-Rainer*, *Bihlmaier*]. Der Einfluß von Zink und Kadmium ist nicht eindeutig unterschiedlich. Durch gleichzeitigen Zusatz beider Metalle wird der Schmelzpunkt stärker gesenkt als durch eins der Metalle allein. Ein Gehalt an Zinn ist in den Goldloten selten, er macht die Lote härter und spröder. Die Zahlentafel 4 gibt an, in welchen Grenzen sich die Mengen der Nebenbestandteile in den Goldloten bestimmten Feingehaltes bewegen. Außer diesen sind für zahnärztliche Arbeiten Lote mit Feingehalten von 667, 750, 833 und 917‰ Au (Bezeichnungen: 16, 18, 20 und 22 Karat) üblich, die so aufgebaut sind, daß die Nebenbestandteile sämtlich vom Gold unter Mischkristallbildung aufgenommen werden, weil auf diese Weise die Korrosionsbeständigkeit am besten gewahrt bleibt. Mit der steigenden Anwendung des Palladiums in den Zahngoldlegierungen wird dieses Metall auch für Goldlote benutzt, und zwar empfiehlt die ausländische Patentliteratur Gehalte bis zu 20%.

Nr.	Lot	Grundwerkstoff	Richtlinien für die Verwendung
1	LAg 8	Kupfer und Kupferlegierungen mit mindestens 63% Cu	Große Lötungen an dicken Teilen, z. B. starken Heizwendeln
2	LAg 12	Kupfer und Kupferlegierungen mit mindestens 56% Cu	Dicke Teile
3	LAg 12 Cd	Kupfer und Kupferlegierungen	Kleine Lötungen an dicken Teilen; Verbinden von Kupfer und seinen Legierungen mit Stahl
4	LAg 15		Mitteldicke Teile
5	LAg 15 P		Kleine Lötungen an mitteldicken und dünnen Teilen, wenn die Sprödigkeit der Lötung nicht stört
6	LAg 25		Große Lötungen an dicken und mitteldicken Teilen, wenn hohe Warmfestigkeit erforderlich ist und wenn LAg 12 zu streng fließt
7	LAg 25 Cd		Kleine Lötungen an mitteldicken und dünnen Teilen
8	LAg 30 Cd 5		Große und kleine Lötungen, die nachträglich verformt werden (Drücklot), wenn LAg 15 und LAg 25 versagen
9	LAg 30 Cd 12		Kleine Lötungen an mitteldicken und dünnen Blechen, Drähten und Rohren. Zu verwenden, wenn LAg 20 und LAg 25 Cd zu hoch schmelzen Zweitlot nach LAg 15
10	LAg 38	Bronzen	Kleine Lötungen an Turbinen, Pumpen usw., wenn Seewasserbeständigkeit verlangt wird und die Lote LAg 12, LAg 12 Cd, LAg 15 und LAg 25 sich als nicht ausreichend erweisen
11	LAg 44	Kupfer und Kupferlegierungen	Große Lötungen an dünnen Teilen, wenn hohe Warmfestigkeit gefordert wird und wenn LAg 25 zu streng fließt oder LAg 25 Cd nicht genügend warmfest ist Zweitlot nach LAg 25
12	LAg 45	Kupfer und Kupferlegierungen Silber, Gold, Platinmetalle	Kleine Lötungen an erhitzungs- und spannungsempfindlichen Werkstücken, wenn LAg 30 Cd 12 zu streng fließt Drittlot nach LAg 30 Cd 12 Auflöten von Edelmetallkontakten Lötungen an Gold und Dublee
13	LAg 50	Kupfer und Kupferlegierungen	Kleine Lötungen, wenn LAg 30 Cd 5 und LAg 44 zu streng fließen, ferner bei besonderen Anforderungen an die Korrosionsbeständigkeit Zweitlot nach LAg 30 Cd 5 (Drücklot)

Zahlentafel 3. Anwendungsbeispiele für Silberlote beim Löten von Nichteisenmetallen nach DIN 1734 und 1735.

Nr.	Lot	Grundwerkstoff	Richtlinien für die Verwendung
14	LAg 50 Cd	Silber	Dünne und dünnste Bleche und Drähte aus Feinsilber und Silberlegierungen (Kontaktnetze, Messerhefte). Dieses Lot ist zu verwenden, soweit die Punzierungsvorschriften und die Anforderungen an die Korrosionsbeständigkeit keine höherhaltigen Lote erfordern
15	LAg 60		Erstlot für Stücke aus Silber-Kupfer-Legierungen
16	LAg 60 Cd		Zweitlot nach LAg 60
17	LAg 67		Erstlot an Stelle von LAg 60, wenn dieses den Silbergehalt des Stückes zu stark senkt
18	LAg 67 Cd		Zweitlot an Stelle von LAg 60 Cd, wenn dieses den Silbergehalt des Stückes zu stark senkt
19	LAg 75		Für Stücke aus Silber-Kupfer-Legierungen, wenn LAg 60 zu leicht fließt, z. B. wenn nachträglich emailliert wird
20	LAg 83		Lötungen an Feinsilberapparaturen und an der Silberschicht von silberplattierten Stücken, wenn LAg 50 und LAg 60 nicht genügend korrosionsbeständig sind

Zahlentafel 3. Anwendungsbeispiele für Silberlote beim Löten von Nichteisenmetallen nach DIN 1734 und 1735.

Feingehalt ‰ Au	Die Nebenbestandteile bewegen sich in Grenzen von ‰ Ag	‰ Cu	‰ Zn	‰ Cd	‰ Sn
750	0 bis 120	60 bis 150	0 bis 100	0 bis 100	—
585	0 bis 250	88 bis 295	0 bis 90	0 bis 100	—
333	18 bis 405	167 bis 494	0 bis 200	0 bis 200	<30

Zahlentafel 4. Zusammensetzung von Goldloten.

Wegen der Flußmittel und der Lötverfahren sei auf das Kapitel „Löten von Eisenwerkstoffen" verwiesen.

2. *Das Hartlöten von Kupfer*

In der Kupferschmiede spielte in früheren Zeiten das Hartlöten eine besondere Rolle. Bevor das Walzen und Pressen nahtloser Rohre bekannt war, wurden Rohre ausschließlich durch das Hartlöten gebogener Bleche erzeugt. Aus jüngerer Zeit berichtet *Fetherston* über die Verwendung solcher durch Löten erzeugter Rohre von 250 mm Durchmesser, die sich in einer Papier- und Zellstoffabrik gut bewährten. Bemerkenswert ist, daß die Lötstellen nicht korrodierten.

Die modernen Arbeitsverfahren, besonders die Gasschmelzschweißung, haben die Bedeutung des Hartlötens erheblich eingeschränkt. Die meisten Stumpfverbindungen werden heute geschweißt. Überlapptverbindungen, wie sie hauptsächlich an kleinen und Stücken geringer Dicke vorkommen, werden auch jetzt noch hartgelötet. Für gröbere Arbeiten bedient man sich der Messinglote LMs 54 bis LMs 85. Wenn es bei feinen Arbeiten z. B. auf Sauberkeit der Lötstelle ankommt, verwendet man Silberlote, in Sonderfällen phosphorhaltige Lote. Als Norm kann das Silberlot LAg 12 angesehen werden. An seine Stelle treten auch Lote mit höherem Silbergehalt, falls erhöhte Anforderungen gestellt werden. (Siehe auch die Zahlentafel 3.)

Dicke Drähte, wie Fahrdrähte elektrischer Bahnen, lötet man mit Hilfe von Feinsilber, weil (vgl. die Reaktion zwischen Silber und Kupfer) auf diese Weise eine fehlerlose Verbindung von guter elektrischer Leitfähigkeit gewährleistet ist. Für besonders dicke Stromschienen, z. B. in großen Galvanisieranstalten, werden Lötungen mit Lot LAg 15 P empfohlen [Lit. *Goeller*].

3. *Das Hartlöten von Kupferlegierungen* (siehe auch Beitrag *Matting/Stieler* S. 1370 ff.)

Mit der Einführung der Schweißung ist auch bei den Kupferlegierungen die Bedeutung des Hartlötens geringer geworden. Die kupferreichen Legierungen lassen sich mit Messingloten noch löten, hauptsächlich sind die Schlaglote LMs 42 und LMs 48 in Anwendung. Bei Verwendung von Lot LMs 54 beginnt der Übergang zur Schmelzschweißung, weil hierbei die Kanten des Grundwerkstoffes oft bereits aufgeschmolzen werden. Größere Bedeutung kommt den Silberloten zu. Messing wird sehr häufig für dünnwandige Stücke verwendet. Man lötet dabei mit Silberlot (meist Lot LAg 12). — Das Lot LAg 30 Cd 5, als Drücklot bekannt, dient für Lötungen, die später verformt werden. Im übrigen sei auf die Zahlentafel 3 verwiesen.

Die ähnlichen Gesichtspunkte gelten auch für Bronzen. Wird auf Korrosionsbeständigkeit besonderes Gewicht gelegt, so benutzt man das Lot LAg 38. Die Aluminiumbronzen bereiten beim Hartlöten öfter Schwierigkeiten, weil eine zähe Oxydschicht den Fluß des Lotes behindert. In solchem Falle genügen die Boraxflußmittel nicht. Durch Zusätze von Fluorverbindungen zum Flußmittel lassen sich die Schwierigkeiten beheben. Zuweilen kann man auch die üblichen Aluminiumflußmittel mit Vorteil zum Hartlöten solcher schwieriger Werkstoffe mit Silberlot benutzen.

4. *Das Hartlöten von Nickel und Nickellegierungen* (s. auch Beitrag *Matting*, S. 1397 ff.)

Wenn die Anwendung des Nickels und seiner Legierungen aus Korrosions- (Monelmetall) oder Gründen erhöhter Betriebstemperaturen (Chromnickel) diktiert wird, so ist der Schweißung der Vorzug zu geben. Das Hartlöten solcher Werkstoffe beschränkt sich deshalb auf Sondergebiete. Als Lote kommen die Messinge in Frage. Wird eine möglichst große Angleichung an die Nickelfarbe verlangt, so benutzt man Neusilberlot SNs (siehe Zahlentafel 7, Eisenlötung), oder besser hellfarbige Silberlote, wie die Lote LAg 30 bis LAg 50. Das löttechnische Verhalten des Nickels ist dem des Stahles ähnlich. Die hochhaltigen Nickellegierungen, wie „Monelmetall" und „Konstantan", werden wie Reinnickel gelötet, die sogenannten „Münznickel" (20 bis 30% Nickel, Rest Kupfer) etwa wie Kupfer, während die Neusilberlegierungen sich wie Messinge verhalten, wobei zu beachten ist, daß das Lot LAg 50 dem Neusilber praktisch farbgleich ist. — Monelmetall und Chromnickel besitzen zwischen 800 und 900° C eine geringe Festigkeit und Dehnung, müssen also beim Hartlöten, genau wie beim Schweißen, besonders sorgfältig vorrichtungsmäßig festgelegt werden, um das Reißen zu verhindern.

5. *Das Hartlöten der Edelmetalle* (siehe auch Beitrag *Raub*, S. 1461 ff.)

a) Silber und Silberlegierungen. Mit der stärkeren technischen Verwendung des Feinsilbers, besonders in der feinmechanischen Technik und im elektrischen Gerätebau, ergab sich die Notwendigkeit, dieses zu löten. Älteren Datums ist das Löten der Silberlegierungen mit Feingehalten von 800, 835 und 900 ‰, die in der Schmuckwarenindustrie von großer Wichtigkeit sind. Für die Beurteilung der Verwendbarkeit der Lote ist zunächst das Verhältnis der Schmelzpunkte der Grundwerkstoffe zu denen der Lote von Bedeutung. Feinsilber schmilzt bei 961 ° C. Diese Temperatur liegt so weit über den Schmelzpunkten der Lote (siehe die Zahlentafel 3), daß Schwierigkeiten auch bei Anwendung von Lot LAg 83 nicht zu befürchten sind. Die genannten Silberlegierungen enthalten jedoch sämtlich den eutektischen Gefügebestandteil, bestehend aus 28,5% Silber, Rest Kupfer, der bei 779° C flüssig wird (Vgl. das Zustandsbild Silber-Kupfer, „Löten der Eisenw."). Die Lote LAg 75 und LAg 83 kommen deshalb hierfür nicht mehr in Betracht. Aus Gründen der Bequemlichkeit wird man zunächst prüfen, ob das Lot LAg 50 Cd, das den tiefsten Schmelzpunkt besitzt, den Anforderungen genügt. Die Punzierungsvorschriften, die den Feingehalt der Silberwaren regeln, machen allerdings häufig die Benutzung der Lote LAg 60 und LAg 67 notwendig. Auch die Gesichtspunkte der Korrosion erfordern zuweilen einen höheren Silbergehalt des Lotes.

b) Gold. Feingold wird weder in der Technik noch in der Schmuckwarenindustrie als Werkstoff verarbeitet, so daß ein Löten von Feingold praktisch nur bei dem Werkstoff „Dublee" in Erscheinung tritt. Hierfür wird das Silberlot LAg 45 empfohlen. Dieses Lot kommt auch für Goldlegierungen in Betracht, soweit nicht andere Gesichtspunkte, insbesondere die Punzierungsvorschriften, dies verbieten. Die Schmuckwarenindustrie verfügt, von Sonderheiten abgesehen, im wesentlichen über drei Gruppen von Goldlegierungen, die nach dem Feingehalt unterschieden werden:

8karätiges Gold = 333 ‰ Feingehalt
14karätiges Gold = 585 ‰ Feingehalt
18karätiges Gold = 750 ‰ Feingehalt.

Die übrigen Bestandteile sind Silber und Kupfer, mit deren Dosierung der Goldschmied die Farbe der Legierung regelt, deren Gehalte aber auch den Schmelzpunkt und damit die Löttechnik beeinflussen. So schwanken die Soliduspunkte der 8karätigen Legierungen zwischen 780 und 990° C [Lit. *Sterner-Rainer*], diejenigen der 14karätigen Legierungen zwischen 827 und 1000° C, diejenigen des 18karätigen Goldes zwischen 880 und 1030° C. Aus den Beziehungen zwischen Schmelzpunkt und Farbe ergibt sich die Notwendigkeit, eine Vielzahl von Loten zur Verfügung zu halten, die noch größer wird, wenn Zweit- oder Drittlötungen an Schmuckstücken erforderlich werden.

Neben diesen Goldsorten sind noch Legierungen mit 16, 20 und 22 Karat (667, 833 und 917 ‰ Au) üblich, die letzteren vorwiegend in der Zahntechnik. Hier ist die etwaige Korrosion der Lötstellen im Munde ein maßgebender Umstand. Die Zusammensetzung des Speichels ist sehr verschieden, der p_H-Wert schwankt zwischen 7,3 und 8,4, und auch der Gehalt an Kationen und Anionen ist recht unterschiedlich, so daß es langjähriger Erfahrungen bedurfte, um einwandfreie Lote zur Verfügung zu stellen [Lit. *Lippert*, *Wannenmacher*].

c) Platinmetalle. Platin und in geringerem Umfange die übrigen Platinmetalle dienen als Schmuckwaren und als Werkstoff für technische Zwecke, wobei Geräte der chemischen Industrie eine besondere Rolle spielen. Hierbei stehen die Gesichtspunkte der Korrosion im Vordergrunde, so daß Lötungen, die meistens eine Einbuße an Korrosionsbeständigkeit bedingen, nur beschränkt vorkommen. Platin wird fast immer geschweißt. Wenn man aber lötet, so benutzt man Silberlote, wie das Lot LAg 45.

D. Das Löten der Leichtmetalle

Ebenso wie bei den Schwermetallen unterscheidet man bei den Leichtmetallen zwei Lötarten, das Hartlöten und das Weichlöten. Die Eigenschaften der Oxydschicht und ihre Beseitigung beim Weichlöten, ferner die Korrosionsgefahr bei Aluminiumweichlötungen sowie die Einhaltung der richtigen Arbeitstemperatur beim Hartlöten ergeben für beide Verfahren andere Anwendungsbereiche und Arbeitsweisen. Von den verschiedenen Leichtmetallen werden nur das Aluminium und seine Legierungen in großem Umfange gelötet. Für Magnesiumlegierungen kommt gelegentlich das Weichlöten in Frage, ein Hartlötverfahren ist für diese Werkstoffgruppe erst in jüngster Zeit entwickelt worden.

1. Das Weichlöten der Leichtmetalle

Im Mittelpunkt dieses Verfahrens steht das Problem der Korrosion. Als sehr reaktionsfähiges chemisches Element ist das Aluminium in seinem korrosiven Verhalten von den Eigenschaften seiner Oxydhaut abhängig und an denjenigen Stellen, wo die Oxydhaut ihre Begrenzung findet, besonders empfindlich. Das tritt ein, wenn Aluminium mit anderen Metallen in innige Berührung kommt, was bei Lötungen der Fall ist, besonders bei Weichlötungen, die mit Loten aus artfremden Schwermetallen erzeugt wurden. Weichlötungen an Aluminium sind daher nur zulässig, wenn

1. die gelöteten Gegenstände nur trockener Zimmerluft ausgesetzt werden. Ein Schutzüberzug kann in diesem Falle entbehrt werden;
2. die gelöteten Gegenstände nur der Witterung ausgesetzt werden. In diesem Falle muß die Lötstelle durch einen guten Farb-, Lack- oder Kunststoffüberzug geschützt werden;
3. die Gegenstände nur mit nichtkorrodierenden, wasserfreien Flüssigkeiten, wie Benzin, Petroleum, Mineralöl, in Berührung kommen.

Diese Forderungen werden oft nicht beachtet. Deshalb seien mit Nachdruck einige Beispiele angeführt, bei denen das Weichlöten von Leichtmetall unzulässig ist:

bei Kochgeschirren und Gefäßen zur Aufbewahrung von Nahrungs- und Genußmitteln;

bei Teilen, die mit Salzen, Salzlösungen, Laugen oder Säuren in Berührung kommen;

bei Stücken, die längere Zeit auf Temperaturen von mehr als 80 °C erwärmt werden.

a) Die Aluminium-Weichlote und die Flußmittelfrage

Lötzinn ist für Leichtmetalle nicht brauchbar, weil es nur sehr schwer und unvollständig bindet. Im Lauf der Jahrzehnte sind daher sehr viele verschiedene Lote vorgeschlagen worden. Innerhalb der Patentliteratur gibt es kaum ein technisch verwendetes Metall, das nicht auch für die Zwecke des Aluminiumlötens genannt worden ist. Aus der Fülle dieser Legierungen haben sich einige Typen herauskristallisiert, die DIN 1732 aufführt und die in der Zahlentafel 5 wiedergegeben sind. Wie man erkennt, enthalten sie sämtlich Zink. Die übrigen Metalle sind Zinn, Kadmium und Alumi-

Benennung	Kurz-zeichen	Zusammensetzung in %				Arbeits-tempe-ratur	Wichte
		Zn	Al	Sn	Cd	>° C	kg/dm^3
Aluminium-Zink-Lot 85 . .	LZnAl 15	mind. 84	mind. 14	—	—	430	5,9
Aluminium-Zink-Lot 60 . .	LZnSn	mind. 60	—	Rest	—	320	7,4
Aluminium-Zink-Lot 56 . .	LZnCd	mind. 56	bis 4	—	Rest	320	7,4
Aluminium-Zinn-Lot	LSn 60 Zn	mind. 59	—	mind. 39	—	260	7,2

Zahlentafel 5. Die genormten Aluminium-Weichlote.

nium. Gelegentlich haben sich noch kleinere Bleigehalte bewährt. Der eigentliche Legierungsvorgang beim Weichlöten wird durch das Zink bewerkstelligt. Die Schmelztemperatur dieser Lote liegt zwischen 180 und 450° C. Es ist zwecklos, den Schmelzpunkt wesentlich unter 250° C herabzusetzen, um die Lötarbeit zu erleichtern, da das Aluminium von dieser Temperatur an abwärts keine Bindung mit flüssigem Lot mehr eingeht. Ein Lot mit niedrigerem Schmelzpunkt als etwa 250° C muß erst zur sicheren Bindung auf mindestens 250—300° C überhitzt werden. Dadurch wird es dünnflüssiger und erschwert die Verarbeitung. Flußmittel, die bei dieser geringen Temperatur die Oxydhaut so gründlich zerstören, daß das Einfließen in Fugen, wie es beim Überlapptlöten der Schwermetalle üblich ist, erfolgt, gibt es nicht. Aus diesem Grunde muß das umständliche mechanische Einreiben der Lötstelle („Reiblöten") durchgeführt werden.

Eine gewisse Beeinflussung der Leichtmetalloberfläche findet bei Verwendung der sogenannten „Reaktionslote" statt. Dies sind Salzgemische, deren wirksamer Bestandteil im allgemeinen Zinkchlorid ist, das bei Temperaturen von 260 bis 300° C [Lit. *Nicolini*] mit dem Aluminium unter Ausscheidung von Zink reagiert:

$$3\,ZnCl_2 + 2\,Al = 3\,Zn + 2\,AlCl_3$$

Die Reaktion kommt dadurch zustande, daß das Salzgemisch die Oxydhaut zunächst an einzelnen Stellen durchdringt. Das gebildete Aluminiumchlorid verdampft lebhaft (Siedepunkt 183° C) und zerreißt die Oxydhaut. Das ausgeschiedene Schwermetall legiert sich mit dem freigelegten Aluminium und schiebt die Reste der Oxydhaut beiseite. Da diese von einem flüssigen Medium nicht aufgelöst wird, besteht immer die Gefahr, daß Oxydhäute in der Lötnaht bleiben und Fehlstellen bilden. Um den Metallinhalt zu vergrößern, gibt man dem Salzgemisch häufig Zinnstaub bei und rührt dies Gemisch mit Öl oder Petroleum zu einer Paste an. Letzteres hat den Zweck, die Feuchtigkeit auszuschalten und ein Verderben des Reaktionslotes zu verhindern.

Neben Zinkchlorid enthalten die meisten Reaktionslote noch Zinnchlorür, das sich ebenfalls an der Lötreaktion unter Ausscheidung von Zinn beteiligt. Zur Verbesserung des Fließvermögens werden die Metallsalze vielfach in Verbindung mit organischen Stoffen gebracht. Die in- und ausländische Patentliteratur nennt vor allem Amine, Hydrazine und ähnliche Stickstoffverbindungen. Auch Fluoride werden für diesen Zweck vorgeschlagen.

b) Die Lötverfahren

Den beiden Lotarten entsprechend gibt es beim Weichlöten zwei Arbeitsweisen, das „Reiblöten" und das „Reaktionslöten". Beim Reiblöten wird die Bindung zwischen Lot und Grundwerkstoff durch Zerreiben der Oxydhaut durchgeführt, weil es, wie erwähnt, keine wirksamen Weichlötflußmittel gibt. Das flüssige Lot schützt beim Einreiben die Lötstelle vor Zutritt der Luft und somit vor erneuter Oxydbildung. Das Verfahren ist vorwiegend für die Auftraglötung geeignet. Das Einfließen in die Lötfugen, wie es beim normalen Lötvorgang gefordert wird, ist hier nicht möglich. Vielmehr muß man beide Kanten getrennt mit dem Aluminiumlot überziehen und dann unter weiterer Lotzugabe und erneuter Erwärmung zusammenfügen, ein Verfahren, das zwar keine besondere Geschicklichkeit und Übung, jedoch viel Zeit erfordert und daher wenig beliebt ist. Außerdem bedingt es große Sorgfalt in der Ausführung, denn die mechanischen Eigenschaften der Lötung sind von der Temperatur und der gründlichen Herstellung des ersten Metallspiegels abhängig.

Hieraus ist zu erkennen, daß der *Lötkolben* für das Reiblöten von Aluminium nur beschränkt angewendet werden kann. Wegen der hohen Wärmeleitfähigkeit dieses Werkstoffes und der verhältnismäßig hohen Temperatur, die zur Bindung des flüssigen Lotes erforderlich ist, kommt der Lötkolben nur bei kleinen Stücken geringer Dicke in Betracht, d. h. bei Blechen mit $s \leqq 0{,}2$ mm Dicke und bei Drähten geringen Durchmessers.

Wichtige Anwendungen sind in der Elektrotechnik die Herstellung von Drehspulrahmen, in der Rundfunktechnik das Löten von Wickelkondensatoren. Der Kupferlötkolben wird zur längeren Haltbarkeit zweckmäßig mit einer eingelegten Nickelschneide versehen. Für die Arbeitsweise gelten die folgenden Regeln:

Lötstelle metallisch säubern (mit der Drahtbürste, nicht mit Salmiakstein oder Lötwasser).
Lötkolbenschneide mit Lot versehen.
Die Lötung wird so ausgeführt, daß die betreffende Stelle mehrfach mit dem Kolben leicht eingerieben wird, wobei nach Bedarf Lot zuzuführen ist.

Beim Löten von Drähten geringer Dicke versieht man die Schneide des Kolbens vorteilhaft mit einer entsprechenden Rille, um die Drähte damit besser umfassen zu können.

In den letzten Jahren ist das Weichlöten mit Hilfe von Ultraschall entwickelt worden. Das Ultraschallgerät stellt eine Art Lötkolben dar, der in Schwingungen mit einer Frequenz von 4000 Hertz versetzt wird und die Oxydschicht auf diese Weise mechanisch zerstört. Als Lot wird reines Zinn empfohlen.

Bei größeren und dickeren Werkstücken erfolgt das Reiblöten mit der Flamme. Als Wärmequellen dienen die Benzinlötlampe oder der Propan- und Azetylen-Lötbrenner. Auch die Azetylen-Sauerstoff-Flamme wird verwandt. Das Hauptanwendungsgebiet ist die Ausbesserung von Gieß- und Schönheitsfehlern an Aluminiumgußstücken sowie das Verbinden von Aluminiumkabeln, insbesondere mit Kabeln aus Kupfer. Die Arbeitsweise ist die folgende:

Reinigen der Lötstellen und des Lötstabes durch Schaben, Feilen, Schmirgeln oder Bürsten.
Erhitzen der Werkstücke bis über den Schmelzpunkt des Lotes.
Aufreiben des Lotes auf die Lötstellen. Das Lot soll möglichst nicht von der Flamme berührt werden.
Gründliches Einbürsten des geschmolzenen Lotes.
Vereinigung der vorverzinnten warmen Stücke unter Zugabe weiteren Lotes.
Abstreichen des Lotüberschusses.
Langsames Erkaltenlassen der Lötung ohne jede Erschütterung.

Das Reaktionslöten wird meistens als Löten mit der Flamme durchgeführt, wobei ebenfalls ein direktes Bestreichen der Lötpaste mit der Flamme zu vermeiden ist, weil das Reaktionslot leicht überhitzt wird und dadurch unwirksam wird. Bei kleinen Teilen kann das Erwärmen mit einer gas- oder elektrisch beheizten Platte erfolgen. Die Arbeitsweise ist dann die folgende:

Entfetten der Lötstelle.
Bestreichen der Lötstelle mit Lötpaste.

Erwärmen, bis das schmelzende Lötmittel raucht.
Erstarrenlassen des Lotes unter Vermeiden jeglicher Erschütterung.
Sorgfältiges Abwaschen der Salzreste unmittelbar nach dem Erkalten mit warmem Wasser.

Der Metallinhalt des Reaktionslotes reicht für manche Lötstellen nicht aus. In solchen Fällen verstärkt man die Lötung durch Hinzubringen von Aluminiumlot LZnSn oder LSnZn. Das Auftragen des Lotes kann mit dem Kolben erfolgen. Derart verfährt man auch beim Verbinden von Aluminiumkabeln. Die mit Reaktionslot versehenen Kabelenden werden dabei in eine Löthülse gesteckt. Das Erwärmen erfolgt, indem in die Lötschlitze flüssiges metallisches Lot, erhitzt auf 500° C, gegossen wird [Lit. *Kramer*, *Rostosky* u. *Heinemann*, *Winkel*]; siehe das Bild 18.

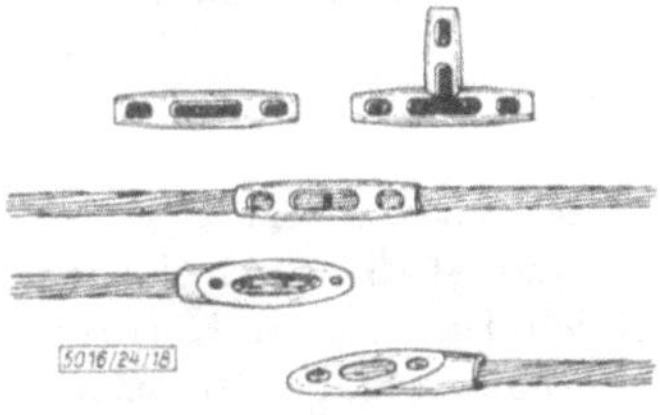

Bild 18. Löten von Aluminiumkabeln.

Kurz erwähnt sei eine erfolgreiche Entwicklung, Al-Kabel aluminothermisch durch das „Magtherm-Verfahren durchzuführen.*)

c) *Das Weichlöten der verschiedenen Leichtmetalle*

α) *Reinaluminium* kann nach den eben beschriebenen Verfahren gelötet werden. Zu beachten ist, daß das hartgewalzte oder gezogene Aluminium auch beim Weichlöten so hoch erwärmt wird, daß es ausglüht und weich wird.

β) *Aluminium-Knetlegierungen* (DIN 1725). Für diese Gruppe gilt das gleiche wie für Reinaluminium. Besondere Beachtung erfordert die Behandlung der ausgehärteten Legierungen. Auch sie verlieren beim Weichlöten einen Teil ihrer erhöhten Härte [Lit. *Oettel*]. Das Bild 19 zeigt den Härteverlauf in einem gelöteten Blech der Legierung Al-Mg-Si. Das Blech wurde bei 260° C weichgelötet. — Die Korrosionsbeständigkeit mancher Legierungen leidet beim Weichlöten.

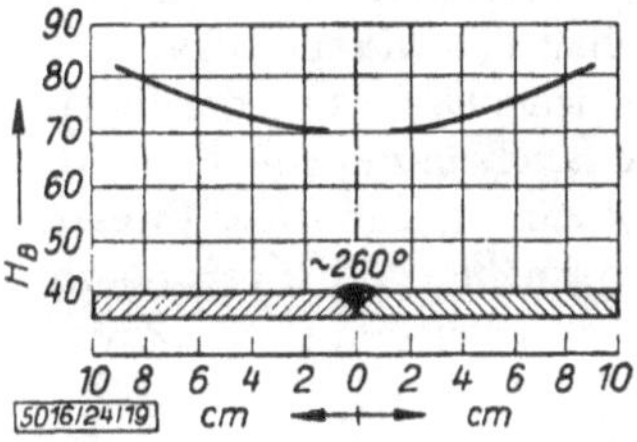

Bild 19. Härteverlauf an einer Weichlötung.

γ) *Aluminium-Gußlegierungen* (DIN 1713). Sie werden häufig weichgelötet, wenn es sich um die Ausbesserung kleiner Fehler handelt. Größere Reparaturen auf diese Weise auszuführen, ist wegen der geringen Festigkeit der Weichlötstellen und der Korrosionsgefahr nicht ratsam.

δ) *Magnesium und seine Legierungen* lassen sich ebenfalls weichlöten, jedoch ist dazu nur das Lot LZnCd zu empfehlen, das nicht nur einwandfrei bindet, sondern sich auch durch die übliche Magnesiumbeizung gelb färbt. Größere Bedeutung kommt dem Verfahren nicht zu.

d) *Das Verbinden von Aluminium und Schwermetallen durch Weichlöten*

Da Lötzinn auf Aluminium nicht bindet, muß das Aluminiumwerkstück beim Zusammenlöten mit Schwermetallen zunächst dadurch vorbereitet werden, daß man es mit einer Schicht von Aluminium-Weichlot versieht. Dies kann durch Reib- oder Reaktionslöten geschehen. Dann kann anschließend das eigentliche Löten mit gewöhnlichem Lötzinn unter Zuhilfenahme des Kolbens oder durch Löten mit der

*) Ausführlichere Angaben erteilt das „Zentralinstitut für Schweißtechnik" in Halle/Saale.

Flamme ausgeführt werden. Falls man mit Lötwasser arbeitet, soll dieses sehr sparsam benutzt werden. Seine Reste müssen sorgfältig entfernt werden, um Korrosion zu vermeiden. Besser ist es, mit Harzflußmitteln zu löten. Ein Beispiel ist das Zusammenlöten von Aluminiumkabeln mit kupfernen Leitern oder Kabelschuhen.

Beim Verbinden von Eisen mit Aluminium verzinnt man das Eisen vorher mit Lötzinn, das Aluminium mit Aluminiumlot und führt dann die Lötung mit Aluminiumlot zu Ende [Lit. *Holler* u. *Maier*]. Ebenso kann man beim Verbinden des Aluminiums mit Zink oder Blei verfahren.

e) Die Korrosion der Weichlötungen

Die Korrosionsbeständigkeit der Aluminium-Weichlötungen ist relativ gering. Zwischen einem Lot aus Schwermetall und dem Aluminium ist die elektrolytische Potentialdifferenz stets so groß, daß schon die Anwesenheit von Feuchtigkeit Korrosion hervorruft. Sie ist nicht nur von den üblichen äußeren Umständen (angreifendes Medium, Temperatur u. a.), sondern auch von der Zusammensetzung des Lotes und der Arbeitsweise beim Löten abhängig. Die systematische Erforschung dieser Einflüsse ist bisher nicht erfolgt, weil die Aussichten auf eine wirkliche Korrosionsbeständigkeit der Lötstellen gering sind. Immerhin konnte der Verfasser folgendes feststellen:

Fast alle Weichlote enthalten Zink. Die Korrosionsbeständigkeit steigt, je reiner dieses Zink ist. Mit Feinzink höchster Reinheit erreicht man die besten Werte hinsichtlich Korrosion, besonders beim Lot LZnAl 15 und ähnlichen Legierungen. Zinnhaltige Lote liefern weniger korrosionsbeständige Lötungen. Bei ihnen hängt die Korrosionsbeständigkeit von dem gleichzeitigen Aluminiumgehalt ab sowie auch davon, wieviel Aluminium aus dem Grundwerkstoff aufgenommen wurde. Dies ist wiederum eine Funktion der Arbeitstemperatur. Vielleicht spielt hier die Erscheinung eine Rolle, daß ein Aluminiumgehalt im Zinn dessen Umwandlung in β-Zinn („Zinnpest") wesentlich beschleunigt [Lit. *Cohen* u. *Liesbout*]. Eine verhältnismäßig gute Korrosionsbeständigkeit läßt sich mit Loten von hohem Kadmiumgehalt erreichen (Lot LZnCd).

2. Das Hartlöten der Leichtmetalle

a) Die Lote

Aluminium-Hartlote sind aluminiumreiche Legierungen. Die technisch vertretbare untere Grenze des Aluminiumgehaltes ist mit 70% anzusetzen. Aus der Fülle der vorgeschlagenen Legierungen haben sich die im DIN-Blatt 1732 genannten Typen herauskristallisiert, die in der Zahlentafel 6 wiedergegeben sind. Die Lote

Benennung	Kurzzeichen	Zusammensetzung in %	Arbeits-temperatur >° C	Wichte kg/dm³
Aluminiumlot 87 ...	LAl Si 13	Al mindestens 87 Si mindestens 12	570	2,7
Aluminiumlot 80 ...	LAl 80	Al+Si mindestens 80 Cu+Ni bis 4 Sn+Cd bis 12	540	3,0

Zahlentafel 6. Die genormten Aluminium-Hartlote.

werden in Form von Stäben, Drähten und Körnern angewendet. Auch die von den Silberloten her bekannte Form von Blechen ist üblich, von denen sich der Löter jeweils passende breite Streifen abschneidet. Bei der Herstellung der Lote muß die Zusammensetzung genau eingehalten werden, weil die einzelnen Legierungsbestandteile aus Gründen der Korrosionsbeständigkeit gegenseitig abgeglichen sein müssen. Dies gilt besonders für die Lotgruppe LAl 80. Neuerdings hat man Lote, die sich verformen lassen, als Plattierungen auf dem Grundwerkstoff Reinaluminium oder der Legierung Al-Mn aufgebracht. Derartige Bleche eignen sich für Werkstücke mit vielen Lötstellen, z. B. Kühler. Als Wärmequelle dienen dafür oft spezielle Kupferplatten, oft mit konischem Anlauf.

Zum Hartlöten von Magnesiumlegierungen verwendet man sinngemäß magnesiumreiche Lote. Aluminiumhartlote sind ungeeignet.

b) Die Flußmittel

Die Flußmittel zum Hartlöten von Aluminium sind denen zum Gasschmelzschweißen sehr ähnlich. Manche Flußmittel kann man für beide Zwecke gleichmäßig gut verwenden. Sieht man von Gemischen ab, die wegen ihrer geringen Wirksamkeit nur bedingt brauchbar sind, so lassen sich drei Gruppen unterscheiden. Grundsätzlich bestehen sie sämtlich aus Halogeniden, also Chloriden, Fluoriden und Bromiden (Jodide scheiden aus mehreren Gründen aus). Andere Bestandteile haben untergeordnete Bedeutung. Die drei Gruppen sind die folgenden:

1. Grundlage ist ein Gemisch von Alkalichloriden, wobei das Lithiumchlorid von besonderer Bedeutung ist. Die Alkalichloride sorgen für eine genügende Ausbreitfähigkeit des Flußmittels. Eine oxydlösende Kraft kommt ihnen nicht zu. Die Auflösung des Oxyds wird durch einen Zusatz von Fluoriden erreicht, der in bestimmten Verhältnissen zur Ausbreitfähigkeit des Chloridgemisches steht *und in seiner Zusammensetzung dem Grundwerkstoff angepaßt sein muß. — Geringe Schwankungen in der Zusammensetzung des Flußmittels können außergewöhnliche Folgen bei der Wirkung des Flußmittels nach sich ziehen.* Aluminiumflußmittel gehören in dieser Beziehung zu den empfindlichsten chemischen Produkten, die in der Technik gebraucht werden. Die Flußmittel dieser ersten Gruppe stehen in bezug auf die Wirksamkeit und das betriebssichere Arbeiten an der Spitze der drei Sorten. Ihr großer Nachteil ist die Hygroskopizität (Neigung zur selbständigen Wasseraufnahme). Flußmittelreste müssen deshalb sorgfältig von der Lötstelle entfernt werden, wenn sie nicht zu Korrosionsherden werden sollen. (Siehe Beitrag *Brenner* u. *Bleicher*, Bd. II.) Das Entfernen geschieht durch Abwaschen mit Salpetersäure und gründliches Spülen mittels warmen Wassers. Zuweilen sind diese Maßnahmen nicht ausreichend. Vorbeugend ist dann ein Behandlungsverfahren zu empfehlen, das die Chlorionen in unlösliche anorganische Verbindungen überführt, so daß sie unschädlich werden.

2. Der Nachteil der Gruppe unter 1 hat schon frühzeitig dazu angeregt, die Lithiumsalze zu vermeiden und sie durch Erdalkalichloride zu ersetzen. Als wirksamster Ersatz haben sich dabei die Bariumhalogenide erwiesen. Flußmittel auf dieser Grundlage sind zwar selbst nicht hygroskopisch. Aber auch ihre Reste müssen nach dem Löten entfernt werden. Sie setzen sich offenbar zu Aluminiumchlorid um, das ebenfalls Korrosion, wenn auch wesentlich geringer, hervorruft. Die Patentliteratur ist reich an Vorschlägen für Flußmittel dieser Art, die jedoch praktisch kaum gebraucht werden. Hingegen findet man auch in den Flußmitteln der Gruppe 1 gelegentlich Gehalte von Erdalkalihalogeniden.

3. Die Gruppe 3 verwendet Berylliumsalze. Auf diesem Wege läßt sich die Flußmittelkorrosion ebenso vollständig unterbinden wie beim Weichlöten mit Zinn und Kolophonium für die Schwermetalle [Lit. *Rostosky* u. *Lüder*]. Die Flußmittelreste

brauchen nach der Lötarbeit *nicht* entfernt zu werden, sie sind *unlöslich* in Wasser. Diese Eigenschaft hat diesen Flußmitteln ein festes Anwendungsgebiet gesichert, obwohl sie nicht ganz so wirksam, dabei jedoch teurer sind als diejenigen der Gruppe 1. Auch auf die besondere Giftigkeit der Berylliumsalze sei hier hingewiesen.

Wie für das Löten der Schwermetalle hat man auch beim Aluminium Zusammensetzungen von Hartlot und Flußmittel entwickelt, und zwar in Form von Lotröhren, die mit Flußmittel gefüllt sind. Solches „Röhrenhartlot" hat den Vorzug vereinfachter Arbeitsweise, jedoch den Nachteil, daß das Gewichtsverhältnis von Lot zu Flußmittel nicht verändert werden kann, so daß das Lot nur für einfachere Arbeiten verwendbar ist.

c) Die Lötverfahren

Leichtmetalle werden meist mit der Flamme hartgelötet. Wegen der hohen Wärmeleitfähigkeit des Reinaluminiums sowie infolge der mit der Entwicklung des Aluminiums gleichzeitig ablaufenden Einführung der Schweißung hat sich hier der Schweißbrenner stark eingebürgert. Die Lötlampe ist nur selten anzuwenden, da deren Flamme nicht genügend Hitze entwickelt. Dagegen wird die Lötpistole für kleine Stücke geringer Dicke häufig benutzt. Das Feuerlöten kommt in der alten Form für die Leichtmetalle nicht in Betracht. Manche Stücke, besonders Gußwerkstoff, werden vor dem Löten im Ofen oder über Holzkohlenfeuer angewärmt. Dann erst wird mit der Flamme gelötet. Das Löten im Ofen wird gelegentlich bei kleinen Massenartikeln ausgeführt [Lit. *Maier*], ebenso das Tauchlöten.

Die Ausführung der Hartlötarbeit erfolgt bei den Leichtmetallen grundsätzlich in der gleichen Weise, wie bei den Schwermetallen beschrieben wurde (siehe im Beitrag „Eisenlöten"). Im einzelnen ist sie vom Charakter des Lotes abhängig. Für alle Blecharbeiten, bei denen z. B. lange Nähte auftreten oder falls auf die Dünnflüssigkeit des Lotes besonderer Wert gelegt wird, wählt man das Lot LAlSi 13, das einen Schmelz*punkt* besitzt. Es muß so verarbeitet werden, daß es nicht in der Flamme, sondern auf dem Werkstück schmilzt und sich nicht zu einem Tropfen zusammenzieht. Bei ausreichender Werkstücktemperatur fließt es rasch und gut durch und eignet sich daher besonders für Überlapptlötungen. Die Überlappung soll die dreifache Wanddicke nicht überschreiten, was bei der Konstruktion von Leichtmetallteilen zu beachten ist. Aluminium-Hartlote pflegen breite Überlappungen nicht so leicht und schnell durch Kapillarwirkung zu durchschießen, wie dies von Messing- und Silberloten her bekannt ist.

In anderen Fällen, z. B. zum Ausbessern von Rissen und kleinen Löchern in Gefäßen, zum Auftragen, Verstärken und zu Instandsetzungsarbeiten an Gußteilen, braucht man Lote vom Typ LAl 80 mit einem größeren Schmelzbereich und einer gewissen Modellierfähigkeit. Diese Lote kann man auf das erwärmte Stück mit Hilfe der Flamme auftropfen lassen und erst auf dem Stück durch weiteres Erwärmen langsam zur Verflüssigung bringen. Sie schmiegen sich dem Stück an und folgen dem durch die Flamme vorgeschriebenen Wege.

Beim Löten mit LAl 80 in Schlaglotform wird folgendermaßen verfahren:

Nach dem Säubern und Entfetten der Lötstelle wird das Werkstück festgelegt.
Das Lot-Flußmittel-Gemisch wird auf die Lötstelle aufgetragen.
Anwärmen mit milder Flamme, bis das Flußmittel geschmolzen ist.
Flamme schärfer einstellen, wobei sich die Lötung vollzieht.
(Falls das Lot nicht von allein an die gewünschte Stelle fließt, unterstützt man die Lötung, indem man mit einem erhitzten Metallspitz darüberstreicht.)

Einige typische Anwendungen der Hartlötung sind die folgenden [Lit. *Schulz*]:

Verbinden von Blechen und Rohren mit Wanddicken von 0,1 bis 1 mm (Bilder 20 bis 22).

Aufsetzen von Rohren und Rohrhülsen mit Wanddicken von 0,1 bis 1 mm auf dünne oder dickere Bleche (Bild 23).

Aufsetzen von Drähten, Ösen usw. auf Bleche (Bilder 24 u. 25).

Anbringen von Henkeln, Griffen, Riegeln usw. an Blech (Bilder 26 u. 27).

Aufsetzen von Blöcken verschiedener Form und Größe auf Bleche (Bilder 28 u. 29.)

Herstellen von Rohrabzweigen usw. bei Wanddicken von 0,1 bis 1 mm (Bilder 30 u. 31).

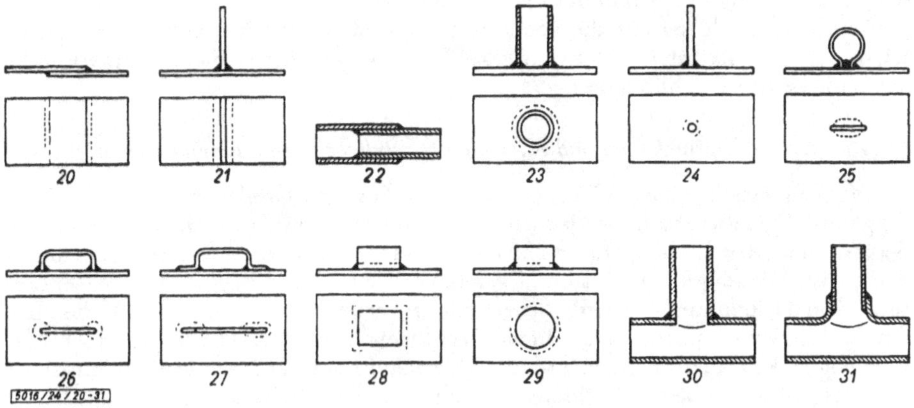

Bilder 20 bis 31. Typische Formen von Hartlötungen an Aluminium und seinen Legierungen.

d) *Die Lötbarkeit der verschiedenen Aluminiumwerkstoffe*

α) *Reinaluminium* läßt sich ohne Schwierigkeit hartlöten, wenn es sich um Stücke geringer Dicke handelt. In der Praxis liegt die obere Grenze der zu lötenden Blechdicke bei etwa s = 2 mm, der größte Lötquerschnitt bei 150 bis 200 mm².

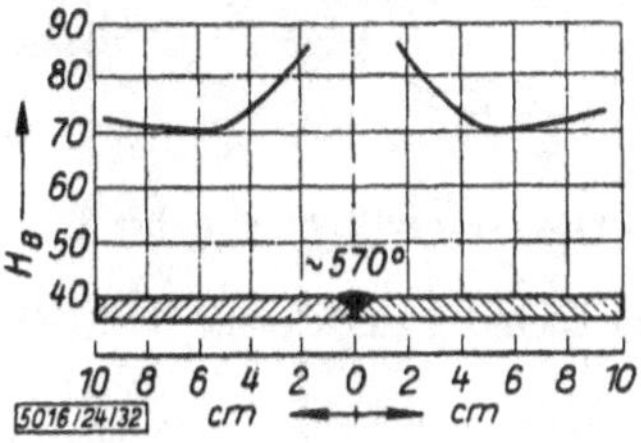

Bild 32. Härteverlauf an einer Hartlötung.

β) *Knetlegierungen* werden grundsätzlich wie Reinaluminium behandelt. Gut lötbar sind alle niedrig legierten Werkstoffe, wie die Gattungen Al-Mn, Al-Mg-Mn und Al-Mg-Si. Auch die aushärtbaren Legierungen sind gut hartzulöten, jedoch gehen die Aushärtungserscheinungen verloren wie beim Weichlöten. Das Bild 32 zeigt den Härteverlauf in einem hartgelöteten Blech der Legierung Al-Mg-Si [Lit. *Oettel*]. Für die Gruppe Al-Mg mit höherem Magnesiumgehalt wurde bisher kein Hartlötverfahren entwickelt.

Nach mündlicher Mitteilung des Herausgebers besteht manchmal für kaltgewalztes AlMg-Blech die Gefahr der Lötbrüchigkeit (glasartiger scharfkantiger Bruch).

γ) *Gußlegierungen* der Gattungen GAl-Cu, GAl-Cu-Zn und GAl-Si werden vielfach hartgelötet, wobei Lote des Typs LAl 80 benutzt werden. Es handelt sich meistens um die Reparatur von gebrochenen Gußstücken.

e) Das Verbinden von Aluminium und Schwermetallen durch Hartlöten

Diese Arbeit geht bei der Temperatur der normalen Aluminium-Hartlötung vor sich. Das Schwermetallteil wird an der Lötstelle durch Verzinnen vorbereitet. Die Zinnschicht soll möglichst gering dick sein und aus reinem Zinn (nicht Lötzinn) bestehen. Die Lötung selbst erfolgt in der üblichen Weise. Besonderes Augenmerk ist darauf zu verwenden, daß die zu verbindenden Teile immer auf gleiche Temperaturhöhe gebracht werden. Das erfordert wegen der verschiedenen spezifischen Wärmen der Werkstoffe einige handwerkliche Übung. Zum Verbinden von Drähten geringer Dicke aus Reinaluminium und Kupfer wird auch Silberlot empfohlen [Lit. *Holler* u. *Maier*], das mit Aluminiumflußmittel gelötet wird. In der gleichen Weise läßt sich auch Messing mit Aluminium verbinden.

An dieser Stelle sei auf die von *Hofmann* und Mitarbeiter entwickelte „Keilschweißung" (Al mit Cu-Stangenwerkstoff) verwiesen (siehe hierzu Widerstandsschweißung der Leichtmetalle).

f) Mechanische Eigenschaften und Korrosionsbeständigkeit von Aluminiumlötungen

Die Zugfestigkeit von Weichlötungen liegt in der Größenordnung von 6 bis 8 kg/mm². Diese Werte streuen jedoch stark, weil sie wesentlich von der aufgewendeten Sorgfalt und der Löttemperatur abhängig sind, die starken Schwankungen unterworfen ist. Die Zugfestigkeit stumpf gelöteter Hartlötungen liegt in der Größenordnung von 11 kg/mm². Auch die Scherfestigkeit zeigt etwa die gleichen Werte. Die Anwendung überlappter Verbindungen an Blechen geringer Dicke gibt auch hier die Möglichkeit, den bruchgefährdeten Querschnitt aus der Naht in die Umgebung zu verlegen, wie es beim Weichlöten von Zink und Weißblech üblich ist.

Die Korrosion steht oft im Vordergrund. Bei hohen Anforderungen an die Korrosionsbeständigkeit ist die Hartlötung der Schweißung unterlegen. Handelt es sich aber um die üblichen Beanspruchungen, z. B. die Beständigkeit gegen Luft und Feuchtigkeit oder die Beständigkeit von Haushaltgegenständen, so liefert das Hartlötverfahren einwandfreie Verbindungen. Voraussetzung sind dafür eine gewissenhafte Lötarbeit und die völlige Entfernung der Flußmittelreste von der Lötstelle, was entfällt, falls die Beryllium-Flußmittel verwendet werden.

Literaturangabe

Bauer, O. u. *E. Piwowarsky:* „Versuche über Diffusions- und Auflösungsvorgänge", Metall u. Erz *1923*, S. 416.

Bihlmaier, K.: „Goldlote", Mitt. Forsch.-Inst. Probieramt f. Edelmetalle Schwäb.-Gmünd *9* (1935), S. 85—90 u. 99—101.

Blohm, E.: Die Hartlötung von Leichtmetallen unter besonderer Berücksichtigung der Plattierlötung, Metall 2 (1948), S. 365—370.

Chadwick, R.: „The influence of surface alloying on the strength of soft soldered joints", J. Inst. Met. *Nov. 1937*, S. 581—599.

Cohen, E. u. *A. K. W. A. van Liesbout:* „Der Einfluß mechanischer Deformation auf die Umwandlungsgeschwindigkeit polymorpher Metalle, II. Der Einfluß metallischer Beimengungen", Proc. Akad. Amsterdam *39* (1936), S. 352—358.

Crow, T. B.: „Das Weichlöten von Kupfer", J. Inst. Met. *35* (1926), S. 55.

Falk, A. H.: „Weichlöten von Neusilber", Boll. Lab. Record. *14* (1935), S. 89.

Fetherston, H. L.: „Hartlötverbindungen an Kupfer", J. Amer. Weld. Soc. *14* (1935), Nr. 4, S. 24.

Goeller, R. A.: „Hartlöten von kupfernen Stromschienen", Weld. Eng. *22* (1937), Nr. 12, S. 34/35; *23* (1938), Nr. 1, S. 32—34.

Hartley, H. J.: „The attack of molten metals on certain non-ferrous metals and alloys", J. Inst. Met. *37* (1927), S. 193—214.

Holler u. *Maier*: „Beitrag zu den Untersuchungen der Autogenverbindungen von Aluminium mit anderen Metallen", Autog. Metallbearb. *28* (1935), S. 177—187.

Klain, P.: Neues wirtschaftliches Löten von Magnesium. Materials u. Methods. *27* (1948), S. 83—87.

Kramer, G.: „Lötverbindungen in Aluminiumkabeln", Aluminium *18* (1936), S. 299—302.

Lippert, F.: „Das Löten von orthodontischen Apparaturen und die mechanischen Eigenschaften der gelöteten Teile", Dr.-med.-dent.-Diss., Univ. Frankfurt a. M. 1929.

Loebich, O.: „Die Silberlote, ihre Eigenschaften und Anwendung", hrsg. von der Degussa, Frankfurt a. M. 1942.

Lüder, E.: „Die Prüfung von Weichloten", Metall u. Erz *39* (1942), S. 106—110.

Maier, M.: „Beobachtungen bei der Leichtmetall-Hartlötung im elektrischen Ofen", Aluminium *18* (1936), S. 618—621.

Miller, J.: „Das Eindringen von Zinn und Lot in Messing", J. Inst. Met. *37* (1927), S. 183—192.

Nicolini, W.: „Über das Löten von Aluminiumseilen und -kabeln mit einer Weichlotpaste", Aluminium *17* (1935), S. 648—650.

Oettel, R.: „Festigkeitsminderung von aushärtbaren Aluminiumlegierungen durch Schweißen und Löten", Autog. Metallbearb. *1939*, S. 267/68.

Rostosky, L.: „Löten und Schweißen von Aluminium", Z. Metallkde *1923*, S. 196.

Rostosky, L. u. *K. Heinemann*: „Löt- und Schweißverbindungen von Aluminiumkabeln", Metallwirtschaft *15* (1936), S. 1152/53.

Rostosky, L. u. *E. Lüder* (1): „Physikalisch-chemische Grundlagen des Lötens." Z. Metallkde. *1929*, S. 24/25.

— (2): „Das Löten von Aluminium", Aluminium *1929*, S. 272.

Schulz, H.: „Praktische Anwendung der Hartlötung von Aluminium und Aluminiumlegierungen". Autog. Metallbearb. *34* (1941), S. 10—12.

Schulze, R.: „Weichlote auf Kadmium-Blei-Basis", Metall u. Erz *37* (1940), S. 477/78.

Stauffer, W.: „Über Verbindungsarten von kupfernen Kühlsolerohren", Escher-Wyss-Mitt. Zürich *13* (1940), S. 78—82.

Sterner-Rainer, L.: „Die Edelmetall-Legierungen in Industrie und Gewerbe", Leipzig 1930.

Wannenmacher: „Korrosionsvorgänge an Lötstellen von Dental-Goldlegierungen", Vortrag Berlin 1930.

Wenk, P.: Aluminiumlöten mit Ultraschall. Metall 5 (1951), S. 215—219, 244—245.

Winkel, A.: „Leichtmetallschweißung und -lötung in der Elektrotechnik", Autog. Metallbearb. *1940*, S. 139.

Keramik-Lötungen

Prof. Dr. phil. nat. Th. Haase, Freiberg (Sa.)

A. Einleitung

In diesem Beitrag sollen die Verfahren behandelt werden, nach denen keramische Werkstücke mit Hilfe von schmelzflüssigen metallischen Zwischenmitteln unter sich oder mit Metallteilen verbunden werden. Da es hierfür keinen speziellen Fachausdruck gibt, andererseits die verwandten metallischen Bindemittel weitgehend den beim Löten von metallischen Werkstoffen gebräuchlichen Loten entsprechen, wird auch hier von Lötung gesprochen, obwohl eines der Hauptmerkmale der Lötverbindung, die Legierungsbildung zwischen Lotmetall und dem betreffenden Werkstoff, fehlt.

Damit ist eine wesentliche Aufgabe berührt, die der *Haftung* des Lotes am keramischen Werkstoff. Wegen der verschiedenen chemischen und physikalischen Natur der zu verbindenden oxydischen und metallischen Werkstoffe benetzt das flüssige Metall die keramische Oberfläche nicht und koaguliert, ähnlich wie Quecksilber bei Zimmertemperatur, zu Kügelchen zusammen.

Die wesentlichste Voraussetzung für den Lötvorgang ist die *Vorbereitung* des keramischen Körpers, d. h. der zu verbindenden Stellen derart, daß er von dem Lotmetall benetzt wird. Die industriell ausgenutzten und anschließend beschriebenen Verfahren machen von der Möglichkeit der Metall-Glasverschmelzung Gebrauch. Mit Hilfe eines Glases, das als Pulver einem entsprechenden Metallpulver beigemischt wird, wird auf die keramische Oberfläche eine Metallschicht aufgesintert. Das verwandte Metallpulver muß den folgenden Anforderungen genügen:

Höherer Schmelzpunkt als das Lot.
Im flüssigen Lot keine Auflösung.
Benetzung durch das flüssige Lot ohne nennenswerte Legierungsbildung.

Zur Erfüllung der letztgenannten Anforderung gehört auch, daß das gläserne Bindemittel nur in einer solchen Menge vorhanden ist, daß es die Metallpulverteilchen nicht vollkommen einhüllt, da dann die Benetzbarkeit verloren ginge, andererseits muß die Menge des Glases ausreichen, um eine feste Verbindung mit der keramischen Unterlage herzustellen.

In Abwandlung dieses Verfahrens kann auch der Glaszusatz fortfallen, wenn bei der Vorbereitung der Keramikoberfläche die Temperatur so hoch gesteigert wird, daß die Oberfläche erweicht und zwischen Metallpulver und oxydischer Unterlage physikalische oder chemische Reaktionen derart stattfinden, daß das Metallpulver im sinterfähigen Zustand an der Oberfläche fest haftet.

In Patentschriften (zusammengestellt von *Reinhart*) sind Verfahren vorgeschlagen worden, bei denen das sich in oxydischer Atmosphäre auf dem Lot bildende Oxyd mit der keramischen Oberfläche derart reagiert, daß das flüssige Lot an der keramischen Oberfläche unmittelbar haftet. Jedoch ist über den Erfolg dieser Verfahren bisher nichts bekannt geworden.

Das zweite Hauptproblem bei Keramik-Lötungen ist das der Beherrschung der *Wärmespannungen*. Es war bisher nicht möglich, keramische und Lotwerkstoffe mit gleichem Ausdehnungskoeffizienten zu schaffen. Beim Abkühlen der Verbindung aus der Löttemperatur auf Zimmertemperatur schrumpft das Lot stärker als der keramische Grundwerkstoff. Die dabei auftretenden mechanischen Spannungen müssen geringer als die Festigkeit des keramischen Werkstoffes sein. Sie müssen außerdem kleiner als die Haftfestigkeit in der Grenzschicht bleiben. Praktisch gibt es dafür zwei Wege:

Es werden solche Lote verwandt, deren Festigkeit unter der Haftfestigkeit der Grenzschicht liegt und die die Wärmeschrumpfung durch plastische Verformung ausgleichen. Das sind *Weichlote*.

Die Lotschicht wird so dünn gewählt, daß die insgesamt auftretenden Kräfte nicht ausreichen, die Haftfestigkeit der Grenzschicht zu überwinden. Das sind *Hartlote*.

Werden metallische mit keramischen Werkstücken durch Löten verbunden, so wird den durch den meist höheren Ausdehnungskoeffizienten der Metallseite hervorgerufenen Spannungen durch konstruktive Maßnahmen Rechnung getragen, wie folgt:

Weichlötungen: Das Metallteil muß das Keramikteil konstruktiv umfassen, Keramik und Grenzschicht stehen so unter Druckspannung.

Hartlötungen: Das Metallteil, das auch meist so ausgebildet ist, daß es, wie erwähnt, das Keramikteil umfaßt, wird so dünnwandig ausgeführt, daß der Schrumpfdruck des ersteren nicht in der Lage ist, das Keramikteil zu zerdrücken und daß ferner beim Wiedererwärmen die Haftung ausreicht, um dem Metallteil die geringere Wärmedehnung des Keramikteils aufzuzwingen. Beim Wiedererwärmen der fertigen Verbindung darf das Metallteil also nicht stärker wachsen und sich etwa von dem Keramikteil abheben.

B. Keramik-Weichlötungen

1. Vorbereitung der Keramikoberfläche

Um die Keramikoberfläche lötbar zu machen, werden weitgehend Silberbeläge verwandt. Silber eignet sich hierfür besonders, weil es sich in oxydierender Atmosphäre an Luft auf hohe Temperaturen erhitzen läßt, wodurch das Einbrennverfahren des Belages so einfach wird, daß bisher Beläge aus Kupfer und Eisen, die im Schutzgasofen eingebrannt werden müssen, sich nicht durchsetzen konnten. Beläge aus Gold und Platin sind zwar auch unter gewissen Voraussetzungen lötbar, haben sich jedoch für technische Zwecke nicht in größerem Maße einführen können.

Die zu verlötenden Stellen werden mit einem Präparat bedeckt, das ähnlich wie eine Malerfarbe durch Pinseln, Spritzen, Drucken oder Tauchen aufgebracht werden kann. Dieses Präparat wird nach folgendem Schema aufgebaut:

Silber
Flußmittel } anorganische Bestandteile — unverbrennbar —

Harz
Lösungsmittel für das Harz
Verdünnungsmittel für die Harzlösung
Weichmacher für das Harz } organische Bestandteile — verbrennbar —

Als organisches Bindemittel können handelsübliche Harze wie Dammarharz, Kopal, Verwendung finden. In neuerer Zeit gibt man der Nitrozellulose wegen ihrer leichten

Verbrennbarkeit den Vorzug. Das Silber wird in Form von schwarzem Silberoxyd eingeführt, das durch chemische Fällung erzeugt wurde. Verwendet man metallisches Silber, so läßt sich ein metallreicheres Präparat erzielen, was für die Deckfähigkeit besonders günstig ist. Wesentlich ist die Feinkörnigkeit des Metallpulvers, es kann nach besonderen chemischen Fällungsverfahren oder durch Feinmahlen erzeugt werden*).

Als Flußmittel hat Wismutoxyd (Bi_2O_3) verbreitete Verwendung gefunden. Spezielle Präparate mit besonderer chemischer Festigkeit gegen den Angriff des Lötmittels bzw. galvanischer Bäder bei galvanischer Nachbehandlung des Belages werden mit besonderen leichtschmelzenden Gläsern versetzt, wie Natriumtitansilikat, Bleisilikat, Bleiborsilikat u. a. Die aufgetragenen Beläge werden im elektrischen Ofen so schnell wie es die Temperaturwechselfestigkeit der Körper erlaubt, bis nahe an den Schmelzpunkt des Silbers (800 bis 900° C) erhitzt, um maximale Haftfestigkeit des Belages zu erreichen. Beim Einbrennen muß darauf geachtet werden, daß genügend Luftüberschuß im Ofen vorhanden ist, damit die organischen Bestandteile oxydieren.

Eine gut lötfähige Silberschicht soll etwa 3 bis 5 μ stark sein. Im allgemeinen lassen sich derartige Belagdicken mit den zur Verfügung stehenden Präparaten nicht in einem Arbeitsgang erzeugen. Der Belag wird daher mindestens zweimal aufgebracht und eingebrannt. (Die aus der keramischen Dekortechnik her bekannten Glanzsilber- und Glanzplatinbeläge werden nur einmal eingebrannt und haben eine wesentlich unter 1 μ liegende Schichtdicke.)

2. *Ausführung der Lötung*

Die nach 1. so hergestellten Beläge können unmittelbar verlötet werden. Enthält das Präparat über etwa 4 Gew.-% Flußmittel, so befindet sich reichlich Glas in der Oberfläche, das die Silberteilchen einhüllt, so daß der Belag nur schwer vom Lot benetzt wird. In diesem Falle ist es erforderlich, den Belag zu kratzen, am besten mit einem Glashaarpinsel. Das gewöhnliche, im Handel befindliche und nach DIN 1707 genormte Blei-Zinn-Lot hat eine starke Lösungstension für Silber und ist daher ungeeignet, weil bereits kurz nach Berühren der Silberschicht mit dem flüssigen Lot die Schicht aufgelöst ist. Eutektisches Cadmium-Blei-Lot (18 Gew.-% Cd, 47 Gew.-% Sn, 35 Gew.-% Pb, Schmelzpunkt 142° C) hat dagegen eine so geringe Löslichkeit für Silber, daß mit diesem Lot Lötungen nach 1. in industriellem Ausmaß ausgeführt werden. Ein weiterer Vorteil des Cd-Pb-Sn-Lotes ist dessen niedriger Schmelzpunkt, so daß die Keramikteile nur geringe thermische Spannungen erleiden.

Nach Untersuchungen des Verfassers ist es möglich, auch mit Blei-Zinn-Loten zu löten, falls bei diesen die Löslichkeit des Silbers herabgesetzt wird. Das kann durch Zusatz von etwa 4 Gew.-% Silber oder 2 Gew.-% Zink geschehen. Die dadurch erhaltenen Lote haben jedoch einen um 180° C oder darüber liegenden Schmelzpunkt und eine mattgraue Oberfläche, weil sie von der eutektischen Zusammensetzung abweichen. Diese Lote haben sich aus diesen Gründen bisher nicht eingeführt. Als Flußmittel beim Löten können alle üblichen verwendet werden. Speziell bei keramischen Gegenständen wurde ein vom Verfasser vorgeschlagenes Lötmittel eingeführt, dessen Lötrückstände verdampfen bzw. sich anschließend leicht durch Wasser oder Alkohol entfernen lassen. Dieses Lötmittel besteht aus einem Glyzerin-Alkohol-Gemisch, das außerdem 10% Essigsäure und 0,5% 25%ige HCl enthält.

In den Fällen, für die es nicht möglich ist, mit den erwähnten Loten zu verbinden,

*) Gute Präparate enthalten 50 bis 60% Ag in einer so feinen Verteilung, daß die Suspension nach dem Aufschütteln einige Stunden gebrauchsfähig bleibt.

muß der Silberbelag galvanisch verstärkt werden. Hierzu eignet sich am besten das saure Kupferbad (gesättigte Kupfersulfatlösung mit 3% Schwefelsäure), weil bei diesem Bad kathodisch kein Wasserstoff entsteht. Bei allen anderen Bädern mit nicht 100%iger Metallausbeute ergeben sich meist Erschwernisse für eine Verstärkung der Schichtdicke, weil der an der Kathode entstehende Wasserstoff das anorganische Bindemittel des Belages zerstört. Hocheingebrannte Beläge sind meist beständig gegen die Schwefelsäure des Kupferbades. Es gelingt jedoch in der Regel nicht, bei galvanisch verstärkten Belägen dieselbe Haftfestigkeit zu erreichen wie für nur eingebrannte Beläge. Im ersteren Falle kann man bei fachgemäß elektroplattierten Belägen mit einer Haftfestigkeit von etwa 100 kg/cm² rechnen, während es bei Lötungen auf eingebranntem Silberbelag unschwer gelingt, Haftfestigkeiten von 300 kg/cm² und mehr zu erreichen. (Bemerkung: Die Haftfestigkeit ist bezogen auf einen von einer Lötfläche von 3 mm ⌀ senkrecht abgezogenen, angelöteten Messingdraht von 1 mm ⌀.) Bei letzteren Werten für die Haftfestigkeit verläuft der Bruch beim Abreißen im keramischen Untergrund.

Bei besonders komplizierten keramischen Körpern ist es erforderlich, die Werkstücke vor dem Löten auf etwa 100° C vorzuwärmen, damit diese beim Löten nicht „springen". Eine ebene Platte springt nicht, wenn auf dieser schnell und punktweise gelötet wird. Sie springt jedoch immer, wenn der erwärmte Bereich einen wesentlichen Teil (von etwa 10 bis 50%) der Gesamtfläche ausmacht. Die Lötung kann in üblicher Weise mit dem Lötkolben oder durch Tauchen in einem Bad aus flüssigem Lot ausgeführt werden. Flammenlötung oder Lötung im elektrischen Ofen kann nicht empfohlen werden. Bei ersterem werden die keramischen Teile meist zu stark durch die Temperaturwechsel beansprucht, im elektrischen Ofen dagegen verdunstet das Lötmittel, bevor die Lötung durchgeführt ist.

3. *Konstruktive Gestaltung*

Wie der Verfasser mit Hilfe einer speziellen Apparatur nachweisen konnte, gehen bei ebenen Lötflächen die beim Abkühlen auftretenden Spannungen durch Wärmedehnung infolge der Plastizität und der Nachgiebigkeit des Weichlotes sehr schnell auf Null zurück. Für ebene Lötflächen zwischen Metall und Keramik brauchen daher die Spannungsverhältnisse nicht berücksichtigt zu werden. Es ist beim Anlöten von Folien lediglich erforderlich, durch konstruktive Maßnahmen dafür zu sorgen, daß keine Abrollbewegung, ähnlich wie beim Öffnen einer Ölsardinendose, entstehen kann.

Wird dagegen ein Metallteil in eine keramische Bohrung eingelötet, so tritt innerhalb der Bohrung beim Abkühlen des Metallteiles ein Volumenschwund auf. Dieser wird nicht durch gleitende Verformung des Lotes ausgeglichen. Infolgedessen tritt hierfür in jedem Falle ein Bruch parallel zur Grenzfläche auf. Reicht die Haftfestigkeit der Verbindung aus, so verläuft dieser in der Keramik.

Beim durchgehenden Einlöten eines Drahtes in eine keramische Wand verfährt man nach dem Verfasser gemäß Bild 1, indem das Lot einen Teil der äußeren Oberfläche des Keramikteils um die Bohrung herum bedeckt.

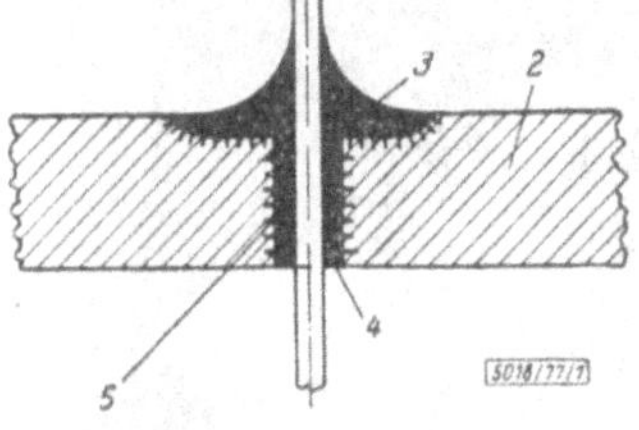

Bild 1. Vakuumdicht in eine keramische Wand eingelöteter Stromdurchführungsdraht. (Lötung zwischen 3 und 4)

1 = Cu-Draht
2 = Keramik
3 = Dichtung
4 = mechanische Befestigung
5 = Metallisierung

Eine werkstoffgerechte Verbindung ist dadurch gegeben, daß das Metallteil das keramische Werkstück rohr- oder kappenförmig umfaßt. Bild 2 zeigt das Schema einer luftdichten keramischen Durchführung. In Bild 3 sind 2 Gefäße mit kappenförmig aufgelöteten Metallteilen dargestellt, die die Vakuumdichtigkeit derartiger Lötungen demonstrieren.

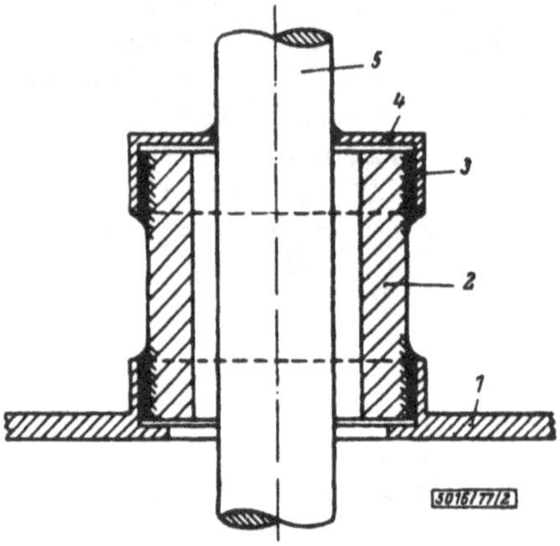

Bild 2. Luftdichte, weichgelötete Stromeinführung in ein metallisches Gehäuse

1 = Metallgehäuse
2 = Keramikkörper
3 = Weichlot
4 = Metallkappe
5 = Durchführungsstab

Bild 3. Vakuumgefäße zur Demonstration der Dichtigkeit von Keramik-Weichlötungen.

4. *Anwendungen*

Ohne die Möglichkeit, keramische Werkstoffe weich zu löten, wäre die ausgedehnte Verwendung, die diese in der Hochfrequenztechnik gefunden haben, nicht denkbar. Durch Weichlötung wird der Anschluß der Leiter an die Metallbeläge der keramischen Kondensatoren und Isolier- und Aufbauteile hergestellt, die in jedem Sender und Rundfunkgerät vorhanden sind. Schraubverbindungen würden in diesen Fällen nicht betriebssicher genug sein. Erwähnt sei auch das Löten an versilberten Schwingquarzkristallen für Ultraschallgeber und -empfänger. Die Quarze werden im Schwingungsknoten an die Halte- und Stromführungsdrähte angelötet. Auf diese Weise wird das schwierige Problem der Montage und Kontaktierung schwingender Kristalle in mechanisch und elektrisch einwandfreier Weise gelöst.

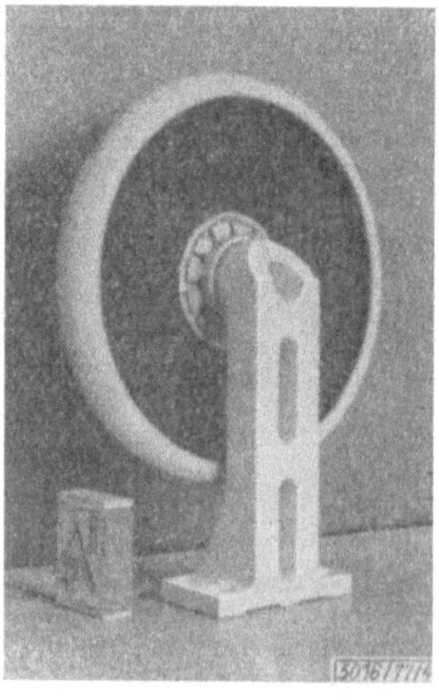

Bild 4. Hochfrequenzkondensator mit angelötetem Haltefuß (5000 pF, 6000 Volt HF-Betriebsspannung).

Bei den erwähnten Beispielen handelt es sich in erster Linie darum, elektrisch stabile Anschlüsse herzustellen. Die Voraussetzung hierfür ist eine mechanisch einwandfreie Verbindung. Ein Beispiel, bei dem es lediglich auf die Güte der mechanischen Verbindung ankommt, zeigt Bild 4. Nach einem Vorschlag des Verfassers ist das schwierige Problem der Halterung einer Hochspannungskondensatorplatte für Hochfrequenzgeneratoren in der Weise gelöst, daß der Haltefuß zentral im Schwerpunkt an den einen Metallbelag der Platte angelötet worden ist. Die bisherige Befestigung des keramischen Fußes durch Anschmelzen mit einem Glaslot an den Umfang des wulstartigen Plattenrandes ist mechanisch unbefriedigend.

Bild 5. Elektronenschleuder („Betatron") für $6 \cdot 10^6$ Volt. Die keramische Hochvakuumbeschleunigungskammer zwischen den Polschuhen hat auf ihrem Umfang eine weich aufgelötete Kupferfolie zum Austritt der Strahlung in den Außenraum

Weichlötungen erlauben es auch, in konstruktiv einfacher Weise luft- und druckdichte Einführungen für elektrische Ströme in abgeschlossene Gefäße herzustellen.

Beispiele:

Feuchtigkeitssichere und alterungsbeständige Kondensatoren für Hoch- und Niederfrequenz, luftdichte Schaltgeräte, Druck- und Vakuumgefäße. Eine interessante Anwendung zeigt Bild 5. Das dosenförmige keramische Beschleunigungsgefäß zwischen den Polschuhen eines Elektromagneten hat nach *Gund* auf dem Umfang eine dünne hochvakuumdicht weich aufgelötete Kupferfolie. Das Gerät stellt eine Elektronenschleuder („Betatron") dar. Es liefert Elektronenstrahlung von $6 \cdot 10^6$ Elektronenvolt.

C. Keramik-Hartlötungen

1. Vorbereitung der Keramikoberfläche

Geeignete Metallpulver zum Belegen der zu lötenden Flächen sind Eisen, Nickel, Molybdän und Wolfram. Ihr Schmelzpunkt liegt über dem des Hartlots und ihre Löslichkeit in letzterem ist ausreichend niedrig. Die Temperaturen, bei denen diese Beläge aufgesintert werden, liegen dicht unter oder bei der Garbrandtemperatur des keramischen Werkstoffes. Für die Bindung zwischen Pulver und Scherben werden meist Reaktionen des erweichenden Scherbens oder der erweichenden Glasur mit dem Metallpulver ausgenutzt. Damit das Metallpulver nicht vollkommen oxydiert, muß der Vorgang in sauerstoffarmer Atmosphäre stattfinden. Es ist jedoch mindestens die Anwesenheit von geringen Mengen Wasserdampf erforderlich, um oberflächliche Reaktionen zwischen Metallpulver und Keramik katalytisch einzuleiten.

Als keramischer Werkstoff hat sich „Steatit" (Magnesiumsilikat) wegen dessen hoher mechanischer Festigkeit, des relativ großen, zur Paarung mit Metallen besser passenden Ausdehnungskoeffizienten und der geringen dielektrischen Verluste bei Hochfrequenzströmen bewährt. Auf diesen Werkstoff läßt sich am besten Molybdänpulver aufsintern (etwa 1300° C). Die Molybdänschicht wird danach in einem zweiten Brand bei etwa 1100° C mit einer Nickelpulverschicht überzogen, damit das Lot besser benetzt.

Neuerdings ist von *Bondley* ein Verfahren angegeben worden, nach dem Titanhydrid als Paste aufgetragen wird. Beim Erhitzen im Hochvakuum zerfällt das Titanhydrid unter 1000° C und das entstehende Titanpulver verbindet sich in hochreaktionsfähiger Form gut mit der Scherbenoberfläche. Vorteil dieses Verfahrens ist, daß die Vorbereitung der Oberfläche und die Ausführung der Lötung in einem Arbeitsgang und im Hochvakuum stattfinden kann.

2. *Ausführung der Lötung*

Naturgemäß kann die Hartlötung nur in sauerstoffreier reduzierender Atmosphäre oder im Hochvakuum ausgeführt werden. Flußmittel dafür sind unnötig. Für Wasserstoffatmosphäre brauchen die Metallteile vorher nicht besonders vom Oxyd befreit zu werden, weil der Wasserstoff an die Stelle des Lötmittels tritt und reduzierend wirkt. Der Wasserstoff kann dagegen keine organischen Verunreinigungen beseitigen. Lötungen im Hochvakuum sind besonders an Bauteilen für Elektronenröhren zweckmäßig, da sich dadurch ein besonderes Entgasen dieser Teile vor dem Abschmelzen der Hochvakuumröhren erübrigt.

Bei diesem Lötverfahren können während der Lötung keine Manipulationen vorgenommen werden. Das Lot wird daher vorher in Form von Blech oder Draht der Lötfuge angepaßt und in ihre unmittelbare Nähe gebracht. Beim Schmelzen steigt das Lot durch Kapillarkraft in die Lötfuge. Um Spannungen zu vermeiden, hat die Lötfuge eine lichte Weite von maximal einigen Hundert Mikron. Als Hartlote kommen nur weiche duktile Metalle in Frage, wie reines Kupfer oder wie in der Mehrzahl der Fälle reines Silber.

3. *Anwendungen*

Keramik-Hartlötungen stellen sehr hohe Anforderungen an die fabrikatorische Geschicklichkeit. Die Roh- und Hilfswerkstoffe müssen sehr sorgfältig vor der Verwendung geprüft werden. Die zu verbindenden Werkstücke werden mit großer Maßhaltigkeit spanabhebend bearbeitet.

Keramik-Hartlötungen fanden deshalb nur dort Eingang, wo sie technisch gerechtfertigt sind, wie in der Herstellung von Sende- und Verstärkerröhren für die Dezimeterwellentechnik. (Bekanntlich ähneln Geräte für dieses Frequenzgebiet eher einer Dampfmaschine als einem Hochfrequenzgerät. In die Bauweise der Dezimeterwellentechnik lassen sich mit Hilfe von Keramik-Hartlötungen hergestellte Röhren am besten einfügen.) Abb. 6 zeigt eine derartige Senderöhre.

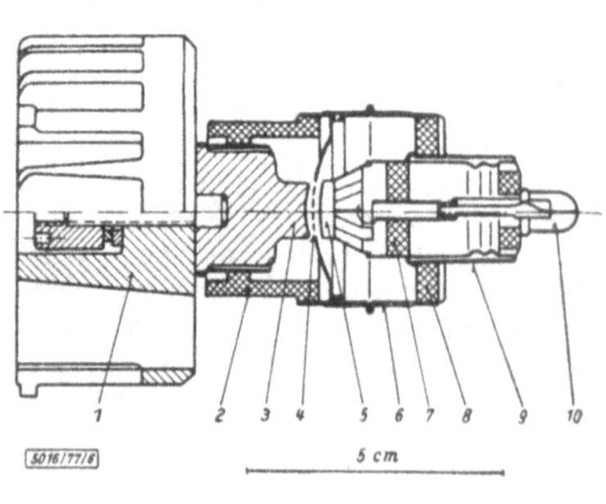

Bild 6. Metall-Keramik-Triode (Telefunken LD 9). 2, 7 und 8: Keramikteile, verlötet mit versilberten Metallzylindern aus einer Legierung mit angepaßtem Ausdehnungskoeffizienten

1 u. 3: Anode mit Kühler
4: Gitter
5: Kathode
6: Gitteranschluß
9 u. 10: Kathodenanschlüsse

D. Ausblick

Bei der sich dauernd steigernden Verknappung der metallischen Werkstoffe sind oxydische keramische Werkstoffe in vielen Fällen wegen ihrer vorzüglichen chemischen Resistenz und ihrer Wärmefestigkeit geeignet, Metalle zu ersetzen. Wegen des spröden Charakters der keramischen Werkstoffe wird man jedoch bei denjenigen Konstruktionselementen, die biegsam sein müssen oder denjenigen, die mit größeren Zugspannungen belastet sind, niemals auf die Metalle und ihre Legierungen verzichten können. Daß man bisher diese metallischen Konstruktionsteile nicht durch Lötungen mit den keramischen Teilen verbunden hat, liegt daran, daß die bestehenden Verfahren bei Weichlötungen im allgemeinen zu teuer sind. Derartige Weichlötungen blieben auf elektrotechnische Anwendungen beschränkt.

Sollen Hartlötungen in größerem Umfange technisch angewendet werden, so muß vor allem dafür ein geeigneter keramischer Werkstoff geschaffen werden, dessen Ausdehnungskoeffizient so groß ist, daß sich dieser mit normalem Eisen und Stählen verbinden läßt. Die Herstellung derartiger Verbindungen erfordert aber wahrscheinlich wegen der Kompliziertheit eine dauernde und genaue Kontrolle. Derartige Arbeitsstätten haben daher Fabrikmaßstab. Für eine nur gelegentlich durchgeführte werkstattmäßige Ausführung von Keramik-Hartlötungen sind diese ungeeignet.

Über spezielle Erfahrungen mit thermischen Verbindungsverfahren für oxydische, hoch- und hitzebeständige gesinterte Formkörper etwa für die Abgasturbinentechnik wurde bislang äußerst spärlich berichtet. Es werden sich jedoch erwartungsgemäß einige der behandelten Grundgedanken zwanglos übertragen lassen, wenn auch die Bindemittel andere sein werden.

Literaturangabe

Bondley, R. J. Electronics, Jahrgang 1947, S. 97—99.
Gund, K., Das Elektron in Wissenschaft und Technik. 1 (1947), S. 389—398.
Haase, Th., Gas- und Elektrowärme, Jahrgang 1944, S. 67—69.
Reinhart, F., Sprechsaal, 84 (1951), S. 5—7.

Kunststoffkleber als Verbindungselement

Obering. P. Voigt, Halle-Trotha und Köln/Rhein

A. Einleitung

Die Industrie ist interessiert, für Neufertigung und Reparatur eine Verbindungsmöglichkeit zu erhalten, die es gestattet, Werkstoffe und Teile untereinander zu verbinden, für die ein Nieten, Schrauben, Schweißen oder Löten nicht oder nur mit so erheblichen Einschränkungen möglich ist, daß die technische Verwendung nicht gegeben ist. Unter diese Einschränkungen fallen:

Metallische Werkstoffe, deren Formgebung, schwierige Bearbeitung oder Beanspruchung keine Niet- oder Schraubverbindung zulassen oder deren Aufbau als Mehrstofflegierung mit eutektischem Charakter die Schmelzschweißung nicht zuläßt (Beispiel: Zinkspritzguß).

Verbindung metallischer Werkstoffe mit großer Schmelzpunktedifferenz.

Verbindung metallischer Werkstoffe mit erheblichen Unterschieden im Querschnitt oder Verbindungsstellen, die unzugänglich sind.

Schweißverbindungen, die im Werkstoff durch Wärmeeinfluß in oder neben einer Schweißnaht einen Festigkeitsabfall erfahren würden, z. B. bei kaltverfestigten bzw. ausgehärteten, d. h. vergüteten Aluminiumlegierungen, deren Vergütungsfestigkeit nur zum Teil ausgenutzt würde.

Nicht schweißbare anorganische Werkstoffe, wie Keramik, Glas, Zemente, falls keine Lötung möglich oder ratsam ist (s. Beitrag *Haase*, Keramiklötung). Diese Werkstoffe zeigen nur beschränkte Verbindungs- und Abdichtungsmöglichkeiten untereinander und mit Metallen. Ein gesteigerter Einsatz dieser Werkstoffe an Stelle von Buntmetallen würde eintreten, falls der Fertigung geeignete und unlösbare Verbindungsverfahren zur Verfügung ständen.

Nicht schweißbare Werkstoffe organischen Aufbaues als Preßmassen auf Phenolharz-Harnstoffharz- oder auf Dicyan-Diamid-Basis (plastisch verformbar und bei Anwendung höherer Temperaturen härtbar), in Form von Halbfabrikaten als Formpreßstoffe (Platte, Rohr, Formteil) oder als Schichtpreßstoffe (Hartpapier und -gewebe).

Für die vorstehend benannten Fälle werden sogenannte Kleber benötigt. Diese sind anwendungsmäßig ähnlich einer Lötung und verbinden mit Zwischenschichten geringer Dicke Werkstoffe gleicher oder unterschiedlicher Zusammensetzung mit einer meist nicht bekannten und ausreichenden Festigkeit. Die Vorbereitung der Klebefläche muß dabei eine einfache sein und die Härtung*) des Klebers der Form der Klebefläche und Größe der Werkstücke entsprechend mit vorhandenen Einrichtungen ermöglicht werden. Für Reparaturzwecke kann der Kleber auch als Füllwerkstoff dienen. Dieser wird auch notwendig für die Reparatur gerissener oder gebrochener dickwandiger Werkstoffe, deren Rißbereich ausgearbeitet werden muß, um einen Anschluß in die volle Werkstoffdicke zu erzielen. Die Kleb- oder Kittstelle muß zwanglos eine nach-

*) Siehe später.

trägliche mechanische Bearbeitung gestatten. Diese wird verlangt, wenn Dicht- und Laufflächen aus Kunststoffkitten aufgebracht werden, in die gegebenenfalls Gewinde geschnitten wird, an Stelle der mechanisch sonst schwer bearbeitbaren Werkstoffe, wie Glas, keramische Sondermassen u. a. m. Werden diesen Kleb- oder Kittschichten Füll- oder Leitmittel *vor* ihrer Härtung zugeführt, so lassen sich die technologischen und elektrischen Eigenschaften weitgehend beeinflussen, und dieser Weg führte über geeignete Werkstoffkombinationen zu neuen Erkenntnissen in der Hochfrequenztechnik.

Da insbesondere den schwer oder nichtschweißbaren Werkstoffen eine gute Wärmebeständigkeit verbunden mit hoher chemischer Beständigkeit eigen ist, müssen die gleichen Anforderungen auch vom *Kleber* erfüllt werden können. Es werden somit an die Verbindung, die durch einen Kleber oder Kitt als Zwischenträger geschaffen wird, gefordert:

Die mechanische Festigkeit der Verbindung soll den Eigenschaften des Grundwerkstoffes entsprechen. Die Vorbereitung der Klebeflächen und das Aufbringen des Klebers muß auch bei größeren Schichtdicken in einfachster und handwerklicher Form geschehen können.

Das Härten des Kittes hat bei Temperaturen und unter Bedingungen zu erfolgen, die ohne Einfluß auf den Grundwerkstoff sind und die außerdem keine Zustandsänderung des Kittes bewirken.

Der Kleber soll die chemische Beständigkeit des Grundwerkstoffes aufweisen.

Beständigkeit der Verbindung für höhere Temperaturen ist anzustreben.

Eine nachträgliche Oberflächenbehandlung der Verbindungsstellen durch mechanische Bearbeitung und farbliche Wirkung muß mit üblichen Mitteln zu ermöglichen sein.

Die Verbindung muß wirtschaftlich günstig sein und im Einklang zu den Kosten bekannter anderer Verbindungsverfahren stehen.

Es erschien als geeignet ein Kleber-„Plastikator" 32*). Für die durchzuführenden Erprobungsversuche dieses Beitrages wurden besondere versuchstechnisch geschaffene Verbindungen untersucht. Dieser Kleber ermöglicht einen Vergleich mit entsprechenden Untersuchungen des Auslandes.

„Plastikator 32" (Bez. auch als „Buna 32") ist ein *Polymerisat des monomeren Butadiens*, dessen Polymerisation unter katalytischer Einwirkung von Natrium geschieht. Dieser Kleber ist eine außerordentlich zähe, fadenziehende Masse von ungenügender Klebkraft. (Viskosität nach *Höppler* 700 bis 1400 Poise bei 80° C, Molekulargewicht 32000).

Zur Herstellung einer vulkanisationsfähigen Masse werden auf Walzwerken mit einem Walzenspalt von 2 bis 3 mm und unter Kühlung verschiedene zu 100 Teilen *Plastikator 32* Stoffe zugemengt, wie folgt:

75 Teile	Zinkweiß RS
40 Teile	Schwefel
15 Teile	Kalk
5 Teile	Thiuram
1 Teil	Vulkazit P extra N
1 Teil	Dibutylamin

Die letzten drei Bestandteile wirken als „Beschleuniger". Dadurch entsteht der Nachteil, daß die Mischung des „*Plastikators 32*" zeitlich nur beschränkt aufbewahrt

*) Kleber-Plastikator 32, Hersteller: „Chemische Werke", Buna/Schkopau.

werden kann. Ein „Verstrammen" der Mischung kann jedoch durch verschlossene und kühle Lagerung um einige Monate verzögert werden.

Die kurzfristige Erhärtung der Masse (Härtung des Klebers), wie es eine Klebung erfordert, bewirkt die Vulkanisation, wobei ein Umschlag des weißlichen Farbtones in Braun eintritt. Dabei bewirkt eine Vernetzung der Molekülketten bei Erwärmung über 100° eine Umbildung zu Hartgummi mit hoher Festigkeit und niedriger Dehnung. *Die Vulkanisation wird durch Erhitzung der Klebestelle, im allgemeinen des gesamten Bauteiles auf über 100° max. 175° eingeleitet und führt neben der Erhärtung des Klebers zu einer Verbindung der Klebestellen.* Der Kleber übernimmt als Zwischenträger von ausreichender Festigkeit die Verbindung der Klebeflächen des Werkstoffes, vorausgesetzt günstige Verankerung in den Haftflächen.

Optimale Eigenschaften der Klebeverbindung werden mit Kleberschichten geringer Dicke (!), geeigneter Vorbereitung der Klebeflächen sowie gleichmäßiger Temperatureinwirkung mit festgelegter Temperatur und Behandlungsdauer erreicht. Je nach Art des Werkstoffes, der Verbindungsform und der Wärmequelle wird die Abhängigkeit der Temperatur von der Behandlungsdauer der Einwirkung bestimmt. Dies wird nachstehend durch Versuche belegt. Die Vulkanisationszeit nimmt mit zunehmender Temperatur ab. Bei einigen Verbindungen ist die Temperatur durch den verwandten Grundwerkstoff bestimmt. Aus wirtschaftlichen Gründen erstrebt man max. 175° C an.

Die Verwendbarkeit des *Plastikators 32* reicht bis zu einer Betriebstemperatur (für die Innenseite der Wandung gemessen) von 110° C mit Sicherheit aus. In diesem Bereich ist der Kitt auch gegen chemische Einflüsse sehr widerstandsfähig. Die Temperaturbeständigkeit kann noch durch Zusatz von Füllmitteln erhöht werden. Diese verschlechtern jedoch die mechanischen Eigenschaften.

Die Herstellung eines vulkanisierfähigen Kittes kann aus „Buna 32" erfolgen. Naturkautschuk erreicht nicht infolge geringerer Plastizität und niedrigerer chemischer Beständigkeit die Eigenschaften des *„Buna-Plastikators 32"*.

B. Mechanische Eigenschaften

Zur Ermittlung der mechanischen Eigenschaften des *Plastikator 32*-Kittes oder -Klebers in Abhängigkeit von der Temperatur und Vulkanisationsdauer wurden in zerlegbaren Formen Prüfstäbe aus *Plastikator 32* nach Bild 1, 3 und 4 hergestellt. Die Prüfstabform zeigt das Bild 2.

Ungeteilte Füllformen für die Herstellung von Kitt-Zerreißstäben sind ungeeignet. Der erhärtete Kitt ist aus solchen Formen nur durch Zerstören entfernbar. Als Vulkanisationstemperatur wurde versuchstechnisch 130° bis 175° C mit entsprechend unterschiedlicher Härtedauer gewählt. Das Ergebnis zeigt Zahlentafel 1.

Probenreihe	Kittart	Bruchlast kg	Stabquerschnitt mm²	Bruchfestigkeit kg/cm²
1	Plastikator 32	93,3	45,0	295
2	Plastikator 32	131,0	44,0	296
3	Plastikator 32	133,0	46,5	287
4	Plastikator 32	136,0	44,5	306
5	Plastikator 32	115,0	45,0	268

Zahlentafel 1. Bruchfestigkeiten von reinem *„Plastikator"-Kitt,* Vulkanisationstemperatur 150° C, Dauer 20 Minuten

(Prüfmaschine max. 2 t, Meßbereich 200 kg, Zerreißgeschwindigkeit v = 40 mm/min., Prüftemperatur 18° C)

Bild 1. Zerlegbare Form zur Herstellung von Prüfstäben für den Zerreißversuch

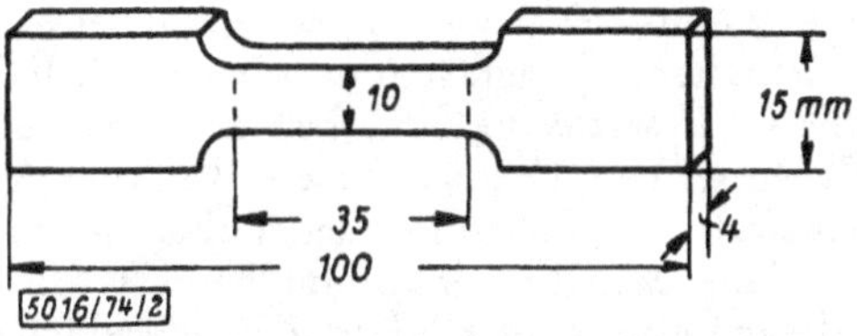

Bild 2. Abmessungen der Prüfstäbe für die Bestimmung der Zerreißfestigkeit (von Kitt)

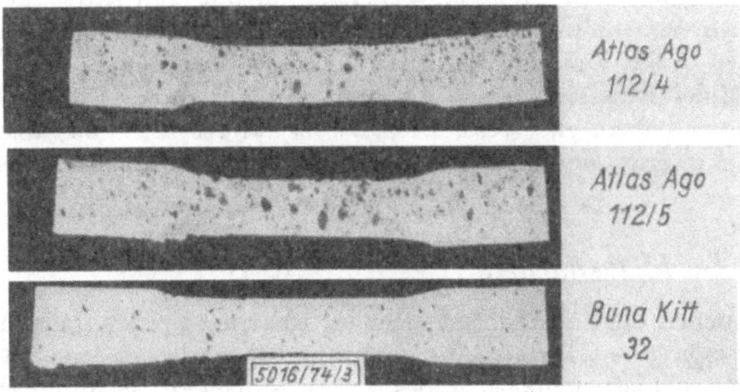

Bild 3. Prüfstäbe verschiedener „Buna“-Kitte für den Zerreißversuch

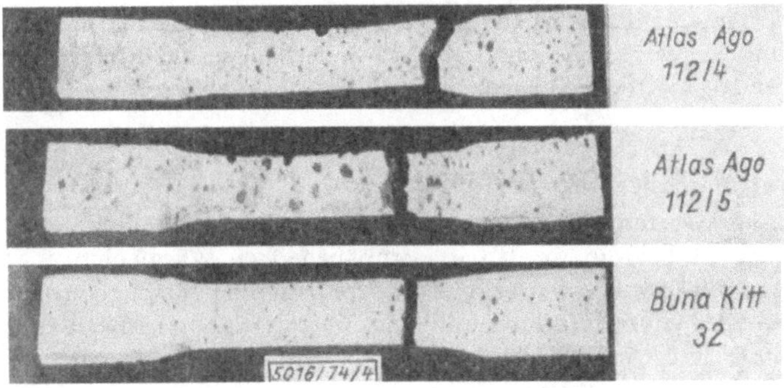

Bild 4. Lage der Bruchstellen nach dem Zerreißversuch für verschiedene „Buna“-Kitte

Die Dehnung konnte nicht einwandfrei erfaßt werden. Diese ist gering mit größerer Streuung.

Im Rahmen dieses Beitrages werden die Werte der Bruchfestigkeiten in Abhängigkeit der Vulkanisationstemperatur und -dauer weggelassen. Es gilt, daß die Bruchfestigkeit max. 18% abfällt, falls sowohl die Vulkanisierungstemperatur als auch -dauer zur Erzielung optimaler Werte nicht ausreichen. Die Werte der Bruchfestigkeit können günstigstenfalls um $\sim$ 7% erhöht werden, Zahlentafel 1.

Die Zerreißfestigkeit des Kittes reicht an die optimalen Werte der ungefüllten Mischungen heran, bei denen die Herstellung in üblichen, geschlossenen Formen großtechnisch unter günstigeren Bedingungen erfolgt.

Kittarten gleicher Zusammensetzung, jedoch von anderen Stellen angefertigt, zeigen unterschiedliches Verhalten in bezug auf Blasenbildung, Oberflächengüte, Schrumpfung und Volumenvergrößerung. Blasen schwächen den Bruchquerschnitt. Diese setzen die Festigkeit anteilmäßig herab. Kleine Blasen in gleichmäßig verteilter Form können nicht immer vermieden werden. Ob mit dieser Bläschenbildung ein Festigkeits- und Dehnungsverlust verbunden ist, konnte bisher nicht ermittelt werden. Dieser ist bei den erzielten guten Festigkeiten unwahrscheinlich. Die größere Blasenbildung des Kittes-Fabrikat II setzte die Festigkeit auf zwei Fünftel derjenigen des Fabrikates I herab. Es wurde versucht, die Blasen, die beim Aufheizen des Werkstückes oder der Probenform zur Einleitung der Vulkanisation im Kitt entstehen, durch allmähliche Zunahme der Temperatur im Bereich von 30° bis 90° C auszutreiben. Da jedoch die mit einem zusätzlichen Zeitaufwand von 2 Stunden durchgeführten Versuche auch beim Kitt II keine günstigeren Resultate in bezug auf die Anzahl und Größe der Poren erreichten und die geringe Porigkeit beim Kitt I sich nicht störend auswirkte, wurden alle weiteren Versuche nur mit dem Kitt I durchgeführt. Der Grund der Blasenbildung ist noch unbekannt. Entweder entweichen Gase, oder sie entstehen durch Verdampfung oder chemische Reaktionen. Die Entwicklung nicht blasenbildender Kitte oder die Änderung der Verfahrenstechnik beim Härten sind Forschungsaufgaben. *Als grober Maßstab für die beendete Vulkanisation und die Festigkeit der Kittverbindung kann die Verfärbung des Plastikators angesehen werden.*

C. Vorbehandlung der Klebeflächen

Im allgemeinen brauchen die Klebeflächen nicht *vor*behandelt werden, falls diese als saubere sowie nicht oxydierte Oberflächen *vorliegen* und ebenfalls ein genügender Rauhigkeitsgrad zur guten Haftverankerung des Kittes vorhanden ist. Ein Extraaufrauhen durch groben Schmirgel (Schmirgelpapier, Schmirgelleinen, Schmirgelscheibe) ist bei Werkstoffen mit Walz- oder preßglatter Oberfläche erforderlich. Auch das Sandstrahlen mit Quarzkies erscheint für große Teile oder größere Haftflächen geeignet. Glas oder ähnliche Werkstoffe sind vor dem Aufstreichen des Klebers zur Erzielung einer genügenden Haftfestigkeit anzuätzen.

D. Erwärmung der zu verklebenden Werkstücke

Klebeverbindungen an Geräten, Apparaten, Instrumenten und Maschinenteilen mit Abmessungen bis zu $1 \times 1 \times 1$ m werden in dampfbeheizten Wärmeöfen oder elektrisch beheizten Luftumwälzöfen erwärmt. Für größere Bauteile können elektrisch beheizte Platten mit Öl- oder Glyzerinfüllung und einstellbarer, automatischer Regulierung, die eine *gleichmäßige* örtliche Erhitzung ermöglichen, angewandt werden.

Günstige Ergebnisse für die Vulkanisation wurden bei Verwendung von Infrarot-Dunkelstrahlern mit einem Maximum im Spektrum von etwa 4 μ Wellenlänge gefunden. Eine Anwendbarkeit wird in Einzelfällen und für Arbeiten auf der Baustelle sowie besonders bei großen oder sehr schwer transportablen Geräten größeren Gewichtes gegeben sein.

Die niedrige Wärmeleitfähigkeit des „Buna-Kittes", verbunden mit seiner hohen Zersetzungstemperatur verhindert mit Sicherheit bei der für die Vulkanisation festgelegten Höchsttemperatur von 175° C ein „Verkracken des Kittes" oder der Kittoberfläche. Dies gilt auch dann, falls die Härtungsdauer überschritten wird. Eine Versuchsreihe mit bis auf 7 Stunden verlängerter Vulkanisierungsdauer bei 175° C zeigte so unbedeutend schlechtere Festigkeitswerte gegenüber nur 16 Minuten, daß daraus der geringe Einfluß einer unfreiwillig verlängerten Wärmeeinwirkung, wie sie in der Praxis bei örtlicher Aufheizung eintreten würde, eindeutig als unbedeutend erkannt wird. Die geeignete Dauer wurde für Wanddicken von 3 bis 8 mm mit 16 Minuten und für größere Werkstoffdicken mit 25 Minuten ermittelt.

E. *Druckeinfluß während des Zusammenpressens*

Das Zusammendrücken von Klebflächen mit unterschiedlicher Belastung von Versuchsstäben wurde mittels Gewichtsbelastung, durch Federdruck sowie mittels Schraubzwingen durchgeführt. Da der Kitt vor dem Härten dünnflüssig wird, findet die Druckbelastung bereits bei $\sigma \sim 0{,}14$ kg/mm² eine Grenze, falls der Kitt im Klebespalt noch die zur Erzielung einer ausreichenden Festigkeit erforderliche Dicke von $\sim 0{,}5$ mm beibehalten soll. Der günstigste Anpreßdruck von $\sigma \sim 1$ kg/mm² ergab geringe Streuung der Meßwerte. Bei zusammensetzbaren Teilen mit Führung oder Halterung, sowie bei gebrochenen Teilen genügt ein Einsetzen oder ein Zusammenpassen der Teile mit einer Sicherung gegen Verschieben.

F. *Klebe- und Kittversuche an verschiedenen Werkstoffen*

Für Kittversuche des Verfassers fanden bisher die folgenden Werkstoffe versuchstechnisch Verwendung:

Kupfer
Messing
Gußeisen, als Platte von 4 mm Dicke
Al — 99,5, 4 mm dick
Al — Mg 2,5 Knetlegierung, 4 mm dick
Al — Mg 2,5 Gußlegierung, auf 4 mm einseitig abgearbeitet
Phenoplast — Formpreßstoff Typ 30
Schichtpreßstoffe — Hartpapier
Schichtpreßstoffe — Hartgewebe
Schichtpreßstoffe — Glasfaser
Hartgummi
Flachglas

Eine gleichmäßige Scherbeanspruchung der Kittfläche wurde unter Verwendung der Probenform nach Bild 5 erreicht.

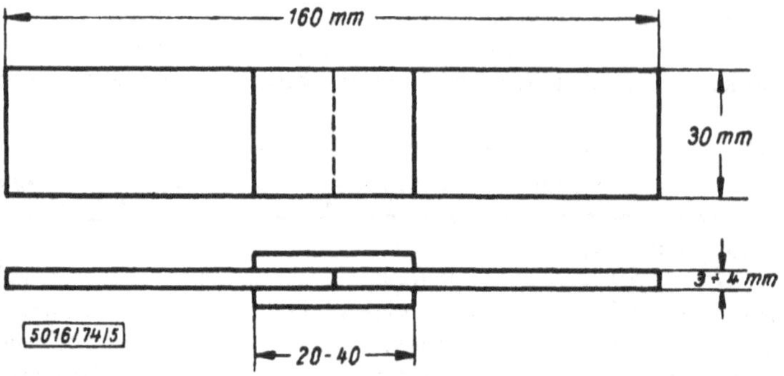

Bild 5. Abmessung der Prüfstäbe für die Festigkeitsprüfung der Klebeverbindung. Bemerkung: Die Prüfung kann auf einer Universal-Prüfmaschine 2 t mit v = 40 mm/min. durchgeführt werden.

Zahlentafel 2 zeigt das Ergebnis der Scherfestigkeitswerte. Traten innerhalb einer Versuchsreihe größere Streuwerte auf, so wurde die Probenanzahl verdoppelt. Dabei zeigte sich, daß der Streubereich normal ist, falls eine gleichmäßig dünne Kittschicht eingehalten wird. Die dem Klebstoff innewohnenden Kohäsionskräfte sind darum auf die Adhäsionskräfte abgestimmt.

Versuchsreihe	Werkstoff	σ_B kg/mm²	Klebefestigkeit kg/cm²	Vulkanisationszeit Min.	Temperatur °C
1	Kupfer	20,00	Klebeverbindung nicht möglich	—	—
2	Messing	40,00	95,0	14	150
3	Gußeisen (4 mm Dicke)	26,00	125,0 teilweise Brüche im Werkstoff	18	175
4	Al - 99,5	10,00	70,0	16	175
5	Al-Mg-Knetlegierung.	22,00	170,0	16	175
6	Al-Mg	18,00	115,0	16	175
7	Formpreßwerkstoff ...	5,8	65,0	16	175
8	Schichtwerkstoff-Hartpapier	10,00	78,0	20	150
9	Schichtwerkstoff-Hartgewebe	5,00	62,0	22	140
10	Schichtwerkstoff-Glasfaser	3,10	Bruch im Werkstoff	16	140
11	Hartgummi	4,0	Bruch im Werkstoff	15	140
12	Flachglas	—	Klebeverbindung nicht gut	Prüfwerte feststellbar	—

Zahlentafel 2. Festigkeitswerte von Klebeverbindungen mit *Plastikator 32* für verschiedene Werkstoffe, Mittelwert aus 3 bis 6 Proben

Klebversuche von Kupfer untereinander oder mit anderen Werkstoffen unter Verwendung von *Plastikator 32* mißlangen. Es bildete sich eine chemische Verbindung der Beimengen von *Plastikator 32* mit dem Kupfer. Der Plastikator nahm dabei eine dunkelgrüne Farbe an. Er verlor jede Klebfähigkeit. Damit ist gleichzeitig gezeigt, wie notwendig die forschungsmäßige Erfassung der Grenzflächenvorgänge ist.

Die Ermittlung der Klebefestigkeit bei Verkittung von Flachglas mißglückte. Die recht gute Haftfestigkeit von *Plastikator 32* auf angeätzten Flachglasstreifen konnte noch nicht belegt werden, da die Versuchsproben des Verfassers schon nach geringer Belastung neben der Klebestelle im Grundwerkstoff brachen. Dies war eine Folge der für Glas ungenauen Einspannmöglichkeit von Flachstäben in übliche Zerreißmaschinen. Die Ermittlung bei Erwärmung steht noch aus. Eine geeignete Einspannart muß noch geschaffen werden.

Da die stärkere Blasenbildung beim Kitt des Fabrikats II auf den Gehalt an Dibutylamin zurückgeführt wurde, sind Parallelversuche an Schichtpreßstoffen-Hartpapier *ohne* Dibutylaminzugabe durchgeführt worden. Es wurde Hartpapier für die Parallelversuche wegen der gleichmäßigen Ergebnisse des Versuches 1 gewählt. Ferner besteht eine bevorzugte Anwendung der Verklebung für Hartpapier. In Zahlentafel 3 wurden die Ergebnisse der Parallelversuche aufgeführt. Man erkennt, daß die Klebefestigkeitswerte der Proben ohne Dibutylamin höher liegen.

Versuchsreihe	Kittfabrikat	Dibutylamin	Bruchlast in kg/cm² Oberfläche unbehandelt	Bruchlast in kg/cm² Oberfläche aufgerauht	Klebefestigkeit in kg/cm² Oberfläche unbehandelt	Klebefestigkeit in kg/cm² Oberfläche aufgerauht
1	I	mit	400	835	63	58
2	II	mit	530	610	64	78
3	III	ohne	600	895	68	88

Zahlentafel 3. Mittelwerte der Klebefestigkeit von Klebeverbindung an Phenolschichtstoffen-Hartpapier mit *Plastikator 32 ohne* und *mit* Dibutylamin-Zusatz als sogenannten Beschleuniger

Es bieten sich eine ganze Reihe von Verbesserungsmöglichkeiten, die beschriebene Adhäsionswirkung noch durch chemische Bindungskräfte zu unterstützen. *Die chemischen Wechselwirkungen zwischen Klebstoff und Werkstückoberfläche so eingehend, auch strukturmäßig im Hinblick auf die atomaren Grenzflächenvorgänge hin, zu untersuchen, daß damit weitere praktische Anwendungen von Klebstoffen innerhalb der Industrie gewährleistet werden, ist eine weitere Aufgabe.* Entsprechende Auswertung von ausländischen Arbeiten wird deshalb noch anschließend gegeben, die eine Stellungnahme des Verfassers beinhalten.

G. Praktische Anwendung

Die Anwendung des *Plastikators 32* wurde für Reparaturen und Neufertigungen der Industrie erprobt. Instruktive Beispiele werden anschließend gebracht. Diese sollen zeigen, in welcher Art und Weise das bisher neuartige Arbeitsverfahren des Klebens mit gutem Erfolg angewendet wird. Die folgenden Beispiele erheben keinen Anspruch auf Vollständigkeit aller möglichen Anwendungen. Sie befinden sich darüber hinaus in der Erprobung, die naturgemäß langfristig sein muß.

Reparatur zweier Kreiselpumpen für Salzsäure aus Formpreßstoff mit Textilschnitzel als Füllmittel. Typ 74

Art des Schadens: Abgebrochene Ein- und Ausgangsstutzen, Risse im Pumpenkörper, gebrochene Stopfbüchsenbrille, gebrochene Dichtringe und abgenutzte Flächen der Laufräder.

Leistung der Pumpe = 10/40 m^3/h, Förderhöhe = 20 m

Laufraddurchmesser 250 mm ∅

Werkstückdicke ... 50 mm

Anschaffungswert der Pumpe: DM 600,—

Reparaturkosten für die Verkittung einschl. der Arbeitsvorbereitung: DM 50,—
= $^1/_{12}$ des Anschaffungspreises.

Nach Ausarbeiten der Risse und des Vorbereitens der abgebrochenen Teile (Bruchflächen als V- oder X-Form, ähnlich wie beim Schmelzschweißen, dargestellt auf den Bildern 6 bis 8) wurden nach Säubern der Klebeflächen mittels Lösungsmittels die ausgearbeiteten Fugen mit *Plastikator 32* ausgefüllt und das Vulkanisieren im Luftwälzofen bei 175° C während 30 Minuten Dauer vorgenommen. Die abgenutzten Stellen des Pumpenläufers wurden nach dem Aufrauhen durch Aufstreichen mit Plastikator 32 ergänzt. Dickere Aufstriche wurden durch angesetzte entsprechend verformte Bleche an dem Ablaufen gehindert.

Bild 6 und 7. Ausgearbeitete Riß- und Bruchstellen für eine Preßstoff-Kreiselpumpe
6. Außenseite
7. Innenseite

Bild 8. Vorbereitete Riß- und Bruchstellen zum Verkleben mittels *Plastikator 32* für eine Kreisel-Preßstoffpumpe

Die geklebten Kreiselpumpen sind bisher bereits im Verlauf rauher Betriebsverhältnisse über 1 Jahr ununterbrochen ohne Anstände in Betrieb.

Aufbringen von Kunststoffschichten auf keramische Körper mit anschließender spangebender Verarbeitung (Drehen und Aufschneiden von Gewinden).

Anbringen nicht leitender Schichten auf keramische Körper.

Keramische Körper und Rohre aus Glas unterschiedlicher Größe können an ihrer Oberfläche außen und innen *Gewinde zur Aufnahme von Anschlußteilen* erhalten. Ein Auftragen mit *Plastikator 32* nach vorherigem Aufrauhen durch Schleifen oder Ätzen ergab dichte Schichten bis zu 10 mm Dicke. Auf der Drehbank ließ sich in die aufgebrachten porenfreien Schichten von 2 bis 8 mm Dicke Gewinde einschneiden. Bemerkung: Spinntrichter aus Glas können hierdurch schnell ausgewechselt werden und verhindern Produktionsausfall bei Beschädigung.

Zur *Veränderung der elektrischen Leitfähigkeit* und des Dielektrikums, sowie zur Verbindung von metallischen Leitern mit keramischen Körpern wurden *Buna-Kitte 32* verwendet. Die Zugabe von Beimengen in metallischer oder nichtmetallischer Art zum *Buna 32* ermöglichte durch Veränderung der physikalischen Eigenschaften die Anwendung hochfrequenter (Wirbelströme) Erhitzung.

Reparatur von gebrochenen, nicht ersetzbaren Geräten aus *Formpreßstoffen, Metallen, Glas* usw.

Bemerkung: Aus der Vielzahl der aufgeführten Reparaturen an gebrochenen oder beschädigten Apparaten oder Geräten aus Metallen oder Kunststoffen, bei denen ein Ersatz der Teile nicht möglich war, wird die Anwendbarkeit der Klebetechnik erkennbar. Bei vielen Reparaturen konnte das Klebeverfahren mit Erfolg erprobt werden. Dieses fand ebenfalls Eingang in die Neufertigung.

Reparaturen an Maschinenteilen aus Grauguß, korrosionsfesten Lagern und Stopfbüchsen.

Bemerkung: Neben einer guten Verankerung der Klebeflächen traten für diese Werkstoffe einige besondere Vorteile, insbesondere durch die niedrige Temperatur, welche zur Erhärtung des Kittes erforderlich ist, auf. (Keine Veränderung der Maßhaltigkeit der Teile, kein Verzundern bearbeiteter Flächen, sowie keine Auswirkung der eingefrorenen Gußspannungen.) In einigen Fällen wurde es als Vorteil angesehen, daß ein Lösen eingeschrumpfter Büchsen nicht erfolgte.

Einkitten von Schliffproben für metallographische Untersuchungen.

Einkitten von Zerreißproben zum Einspannen für technologische Untersuchungen. (Hierbei Anschliffe von Oberflächenschichten sowie von dünnen Drähten.)

Verschließen von Gußlunkern.

Bemerkung: Zur öldichten Abdichtung von Gußteilen oder Gefäßen aus korrosionsfestem Werkstoff konnte *Buna-Kitt 32* in gleicher Weise eingesetzt werden wie bei der Reparatur von gummierten Apparaten, Geräten, Zentrifugen, Exhaustoren usw.

*Herstellung von Scheibenrosten für das Absieben von Braunkohle**).

Bisher mußten Scheibenrostpakete spanabhebend aus dem Vollen herausgearbeitet werden, um die notwendige Maßhaltigkeit zu gewährleisten. Nach der neueren Herstellung werden die Scheiben aus Blechen gestanzt und mit Plastikator 32 zusammengekittet. Die hierbei zu erzielenden Ersparnisse sind beträchtlich, was sowohl für den Werkstoff als auch für die spanabhebende Verarbeitung gilt.

H. Zusammenstellung von Kunststoffklebern**)

In der Industrie gibt es kaum noch einen Zweig, in dem nicht an irgendeiner Stelle Klebeprobleme auftreten. Vor der Lösung dieser Aufgaben können die fertigungstechnischen und zeitlichen Vorteile des Klebens gegenüber der mechanischen Vereinigung von Werkstoffen noch nicht wahrgenommen werden. Am Beispiel eines Kunststoffklebers auf der Basis von *Buna 32*, dem *Plastikator 32*, wurde vorstehend dargelegt, welche Einsatzmöglichkeit von Klebeverbindern allein mit diesem

*) Anwendung des *Plastikators 32* für die Herstellung von Scheibenrosten nach *Schnabel*, unveröffentlicht.

**) In den vorangegangenen Ausführungen wurde über eine Versuchsarbeit berichtet, die aus den Forderungen der Praxis und in Erkenntnis der Möglichkeiten für den Einsatz von Kunststoffen entstand. Die Arbeit wurde ohne Kenntnis der ausländischen Arbeiten durchgeführt. Es erscheint deshalb notwendig, nachdem diese Literatur zugänglich wurde, im Zusammenhang hierüber zu berichten und einen Überblick über den Stand der Klebetechnik mit weiteren Bindemitteln zu geben.

Der inzwischen von einer Gruppe von Fachleuten ausgearbeitete Entwurf *DIN 16920* (April 1952) dient zur Klärung der Begriffe auf dem Gebiet der Klebetechnik und ergänzt in diesem Rahmen als Auszug die deutschen Arbeiten.

e i n e n Kleber bestehen, und unter welchen Voraussetzungen die Klebungen erfolgen sowie welche Zerreißfestigkeit die Klebeverbindung verschiedener Werkstoffe erreicht. Unter dem Gesichtswinkel der praktischen Anwendung wurde ferner mit einigen Beispielen die Anwendungsmöglichkeit des Klebens gezeigt und auf die Temperaturbeständigkeit von 110° C mit gleichzeitig beachtlicher chemikalischer Beständigkeit hingewiesen.

Die Untersuchungen ließen erkennen, daß trotz geringen Kohäsionskräften des Plastikators 32 diesem Kleber erhebliche Adhäsionskräfte eigen sein können. Es ist deshalb eine geringe Kleberschichtdicke anzustreben. Demgegenüber haben sich auch Klebungen mit *Plastikator 32* als Reparatur von dickwandigen Kunststoffkörpern und Maschinenteilen aus Grauguß mit größerem Klebstoffvolumen bewährt.

Mit dem DIN 16920 (Entwurf, April 1952) über „Klebstoffe, Richtlinien für die Einteilung" des Fachnormenausschusses Kunststoffe im Deutschen Normenausschuß liegt eine zweckmäßig gegliederte Übersicht über den jetzigen rohstoffmäßigen Umfang des Klebstoffgebietes vor.

Von einer, dem Anwender übersichtlichsten und angenehmsten Einteilungsform, d. h. abhängig von der Beschaffenheit der Klebefläche, ob z. B. glatt oder rauh, hydrophil oder hydrophob, undurchlässig oder porös, starr oder biegsam und ob die zu verklebenden Körper vom Klebstoff angelöst (angequollen) werden oder nicht, wurde bisher auch von der „American Society for Testing Materials (ASTM)" wegen Fehlens ausreichender Erfahrungen abgesehen.

Damit ergaben sich aus der Praxis zwanglos 3 Einteilungsprinzipien:

ein stoffliches, nämlich nach der Art des chemischen Aufbaues des Klebers, eines etwa vorhandenen Lösungsmittels und

nach der physikalischen Form des Verarbeitungszustandes

nach der Verarbeitungstemperatur

nach dem Verwendungszweck.

Aus der Vielzahl der verwendeten Klebstoffe allgemeiner Anwendung interessieren in erster Linie die Klebstoffgruppe der neuen flüssigen Klebstoffarten mit einem Lösungsmittel, das sich beim Abbinden nicht verflüchtigt, sondern in den Klebstoff einpolymerisiert oder auch ohne Lösungsmittelanteil an die Klebefuge eingebracht wird, und weiter ein Klebstoff, der in fester Form aufgebracht (Pulver oder Kristalle) und in der Wärme zum Schmelzen kommt.

Letztere Gruppe soll beim Abbinden keine flüchtigen Reaktionsprodukte frei werden lassen, die sich bei Körpern, die nicht durchlässig sind, erst einen Weg durch die Klebfuge ins Freie bahnen müssen.

Gruppe	Einteilung	Beispiele		Gruppe nach Einteilung B
		Klebstoff	Erklärung	
A 1.3	Klebelacke (= Kl.)			
A 1.31	—, mit organischen Lösungsmitteln, die sich beim Abbinden verflüchtigen			
A 1.3101	—, Grundstoff: Kohlenwasserstoffe, härtend	Selbstabbindende Kautschuklösung	Kautschuklösung mit Zusatz von Schwefel (vgl. „Selbstvulkanisierende Kautschuklösung") oder anderen, die Molekülketten vernetzenden Zusätzen, wie mehrwertigen Isocyanaten	B 1.1 + B 1.2
		Selbstvulkanisierende Kautschuklösung	Sonderfall einer selbstabbindenden Kautschuklösung: Gemisch zweier Kautschuklösungen, von denen die eine außer Kautschuk unter anderem Schwefel und die andere Ultrabeschleuniger enthält	B 1.1 + B 1.2
A 1.3103	—, Grundstoff: Ester, überwiegend härtend	Polyesterharz-Kl.	Lösung von Alkydharzen oder anderen Polyestern als Hauptbestandteil in organischen Lösungsmitteln	B 3.3 + B 3.3 B 1.1 + B 1.2 B 2
A 1.3108	—, Grundstoff: Aminoplaste, überwiegend härtend	Aminoplast-Kl.	Lösung von Aminoplasten, d. h. Harnstoff-Formaldehydharz, Melaminharz und anderen Kunstharzen aus Aminoverbindungen in flüchtigen organischen Lösungsmitteln	B 1.1 + B 1.2 B 1.1 + B 2
	härtend	Polyurethan-Kl.	Lösung von Stoffen mit freien oder in der Wärme frei werdenden Isocyanatgruppen, die entweder unter sich oder mit Stoffen, die aktive Wasserstoff-Atome besitzen, reagieren und abbinden. Bewegliche Wasserstoffatome enthalten z. B. Hydroxyl- oder Aminreste	B 1.1 + B 1.2 B 1.1 + B 2
A 1.3109	—, Grundstoff: Phenoplaste, überwiegend härtend	Phenoplast-Kl.	Lösung von Kunstharzen auf Basis von Aldehyd-Kondensationsprodukten des Phenols oder seiner Homologen oder seiner Derivate in flüchtigen organischen Lösungsmitteln	B 1.1 + B 1.2 B 2
		Polyaryläthylenoxyd-Kl. (Äthoxylinharz)	Lösung von Äthoxylinharz (Polyaryläthylenoxyd) als Hauptbestandteil in organischen Lösungsmitteln	B 1.2 B 2 B 4

Zahlentafel 4. Klebstoffe, die sich zum Verbinden verschiedenartiger Metalle, keramischer Werkstoffe, Holz usw. eignen. (Auszug aus dem Entwurf DIN 16920 vom April 1952).

Gruppe	Einteilung	Beispiele: Klebstoff	Beispiele: Erklärung	Gruppe nach Einteilung B
A 1.3110	—, Grundstoff: Silikone, überwiegend härtend	Silikon-Kl.	Lösung von Silikonen (Polyalkylarylsiloxanen) in flüchtigen organischen Lösungsmitteln	B 2
A 1.32	—, mit chemisch abbindenden organischen Lösungsmitteln			
A 1.321	—, Grundstoff: Ester, härtend	Polyesterharz-Kl.	Lösung von Polyestern mit einem Gehalt von niedrigmolekularen, polymerisierbaren Stoffen, die zugleich als Lösungsmittel dienen. Härtung vorzugsweise durch Polymerisation	B 1.2 B 2
A 1.322	—, Grundstoff: Äthylenimin, härtend	Polyäthylenimin-Kl.	Lösung von Polyäthylenimin oder seinen Derivaten, die durch Zusatz von Härter abbinden	B 1.2 B 2
A 2	Plastische Klebstoffe (Klebekitte)			
A 2.1	—, aus organischen Grundstoffen mit Füllstoffen, überwiegend härtend	Phenoplastkitt, füllstoffhaltig	Konzentrierte zähflüssige Lösung von Aldehyd-Kondensationsprodukten des Phenols und seiner Homologen und Derivate mit Füllstoff, evtl. mit Härter als 2. Komponente	(B 1.1+) B 1.2 B 2
A 3	Feste Klebstoffe (Schmelzklebstoffe) (Schmelzkleber)			
A 3.3	härtend			
	—, ohne flüchtige Reaktionsprodukte	Polyaryläthylenoxyd	Schmelzklebstoff aus Äthoxylinharz (Polyaryläthylenoxyd)	B 4
	—, mit flüchtigen Reaktionsprodukten	Phenoplast-Schmelzklebstoff	Schmelzklebstoff aus Aldehyd-Kondensationsprodukten von Phenol oder seinen Homologen und Derivaten, evtl. füllstoffhaltig	B 3.1 B 3.3 B 4

Zahlentafel 4 (Fortsetzung)

Die Einteilung nach Zahlentafel 5 geschah gemäß der Verarbeitungsweise über die Wärmeanwendung als Einteilungsprinzip. Hiernach können Klebstoffe nach B 1 ohne Anwendung von Wärme (bei Montage sehr großer Körper oder für wärmeempfindliche Werkstoffe) abgebunden werden, während die Gruppen B 2 und B 4 wärmehärtende Klebstoffe vereinigen, die allgemein auch die besten Klebeeigenschaften aufweisen.

Gruppe	Einteilung	Auftragen des Klebstoffes	Erläuterung der Einteilung	Abbinden des Klebstoffes	Beispiele
B 1 B 1.1	Kaltkleber kalt abbindend	kalt	kalt	Physikalisch, durch Lösungsmittelverdunstung oder -abwanderung	Nichthärtende Leime (z. B. Glutinleim) Klebedispersionen Klebelacke Klebekitte (selten)
B 1.2				Durch chemische Reaktion	Kaseinkaltleim Wasserglaskitt Bleiglätte-Glyzerinkitt Zinkoxydkitt Magnesiakitt Nach Härtezusatz kalthärtende Phenoplast-, Aminoplast-, Äthoxylin- und Polyesterharze Selbstvulkanisierende Kautschuklösung Polyurethan-Klebelacke und -Klebekitte
B 2	Kaltkleber warm abbindend		warm	Durch Wärmebehandlung (Lösungsmittelverdunstung und/oder chemische Reaktion)	Wärmehärtende Phenoplast- und Aminoplastharze Schellacklösung Polyurethan-Klebelacke und -Klebekitte Polyester Silikonharze Kautschukkitt Bitumenkitt
B 3	Warmkleber	warm			Schmelzkleber, wie Schwefel-Schmelzkleber
B 3.1	kalt abbindend		kalt	Physikalisch, durch einfaches Abkühlen	Klebewachse Bitumen-Schmelzkleber
B 3.2				Physikalisch, durch Lösungsmittelverdunstung oder -abwanderung	Eiweiß-Leimlösungen (Gallerten)
B 3.3				Durch chemische Reaktion	Polyesterharze
B 4	Warmkleber warm abbindend		warm	Durch chemische Reaktion	Zugleich thermoplastische und wärmehärtende Klebeharze: Phenoplast-Schmelzharze Äthoxylinharze Polyesterharze

Zahlentafel 5. Einteilung der Klebstoffe nach ihrer Verarbeitungstemperatur
Die Verarbeitung umfaßt das Auftragen und das Abbinden des Klebstoffes

Von einer weiteren Unterteilung der Grundstoffe nach ihrer chemischen Konstitution, die weitgehend die Klebstoffeigenschaften bestimmt (z. B. Wasserlöslichkeit, Öl- und Lösungsmittelbeständigkeit, Wärme- und Wetterfestigkeit, Polarität von Klebstoff und zu verklebenden Körpern, Molekülform und Elastizität oder Sprödigkeit der Klebstoffschicht usw.), wurde in diesem ingenieurmäßig (Zahlentafel 5) erfaßten Rahmen abgesehen.

In den letzten Jahren ist die Verwendung von Klebern besonders als neues Verbindungsverfahren für unlösbare und kräfteübertragende Verbindungen von Holz-Metall-Bauteilen, aushärtbaren Al-Legierungen untereinander und zur Verbindung mit Stahl für höchstbeanspruchte Bauelemente besonders der Schalenbauweise im Ausland bekannt. Die Weiterentwicklung der Bindemittel, Verfahren und technischen Anwendungsgebiete wurde für die zwei folgenden Hauptgruppen betrieben:

Die e r s t e Gruppe umfaßt Bindemittel auf der Basis von Phenoplasten meistens in Kombination mit synthetischem Kautschuk oder Thermoplasten, die als Ein-, Zwei- oder Mehr-Komponenten-Systeme in Form von Flüssigkeiten, Pasten, Pulvern oder dünnen Folien vorliegen und zwischen 110° bis 220° C bei Preßdrücken bis 20 kg/cm² härten*).

Eine z w e i t e Gruppe bilden Kleber gleicher Lieferform als Lösung von Äthoxylinharz (Polyaryläthylenoxyd)**).

Beide Gruppen fallen nach DIN 16920 in die Gruppe A 1.3109 und A 3.2.

Zur Herstellung hochwertiger Verbindungen von Metallen unter sich oder in Verbindung mit anderen Werkstoffen eignen sich beide Gruppen annähernd gleich gut.

7. Grundlagen der Klebeverbindung

Die Wahl des Bindemitteltyps, seiner Anwendungsform, Lagerfähigkeit, der Druck- und Härtebedingungen hängt im wesentlichen von der Konstruktion des Bauteiles ab.

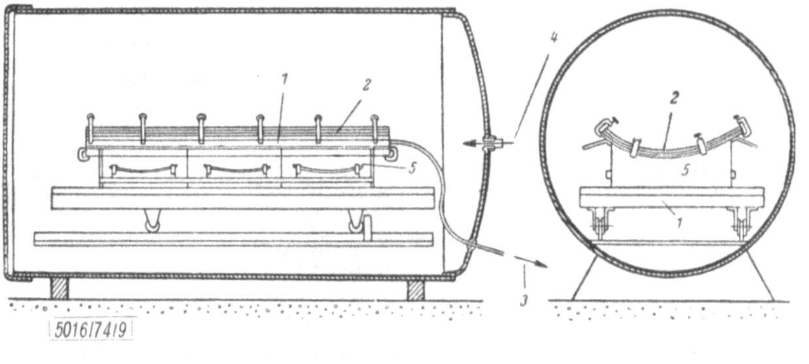

Bild 9. Schema eines Autoklaven als Härtungskammer für „REDUX", geklebte Fügeteile (nach „The Bristol Aeroplane Co., Ltd.")
1. Verfahrwagen mit Aufnahme- und Haltevorrichtung
2. Bauteile zum Härten des Klebers zusammengefügt
3. Leitung zur Vakuum-Pumpe
4. Leitung zum Kompressor (Luft)
5. Heizeinrichtung

*) „METLBOND" der Consolidated Vultee Aircraft Corp., „CYCLEWELD", „CYCLEBOND" und „PLIOBOND" von Chrysler Corp./Goodyear, „PLASTILOCK" 500 von Goodrich und „REDUX" der Aero Research Ltd. Duxford (England).

**) „Araldit" der Ciba AG Basel (Schweiz) sowie Wehr (Deutschland).

Für Massenfabrikation werden beheizte hydraulische Pressen oder heizbare Härtekammern regulierbar (z. B. nach Bild 9) verwendet, während für kleine Kittflächen sich Zwingenklammern und ähnliche Werkzeuge eignen. Ein Arbeitsbeispiel hierzu zeigt Bild 10.

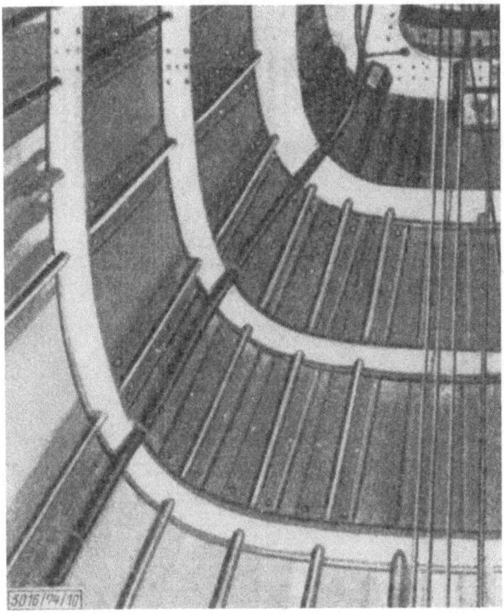

Bild 10.
Ansicht von „REDUX"-Verbindungen von Längsversteifungsprofilen mit der Außenhaut des Rumpfhecks, Kurzstreckenflugzeug Baumuster „de Havillang-Dove"

Konstruktive Maßnahmen können in gleichem Maße wie unter *E.* angegeben zur Fixierung der Werkstücke beitragen, um ein Verschieben in der dünnflüssigen Phase im Anfangsstadium der Härtung zu verhindern. Die Fugendicke ist bei den einzelnen Klebern verschieden. Sie ist abhängig von der Kapillarwirkung des Klebers (siehe Bild 11) und der Überlappungslänge einer Verbindung, die als Beispiel für wirtschaftliche Überlappungslänge zur Erzielung optimaler Festigkeitswerte der Verbindung von Alu-Legierungen („Araldit") verklebt Zahlentafel 6 wiedergibt.

Geringe Fugendicke und lückenloser Bindemittelfilm führt zu besten Festigkeitswerten, der bei größerem Fugenspiel auf die Eigenfestigkeit des Harzes absinkt oder ein Ausfließen des Klebers bewirkt. Es wird auch von anderen Stellen die Ansicht vertreten, daß auch bei porösen, durchlässigen Werkstoffen nicht die Verzahnung des Klebers die Haftfestigkeit bewirkt, sondern hauptsächlich die Haftfähigkeit des Klebers an den Kapillarrändern und die Bindekraft der Klebteilchen untereinander sowie der molekulare Aufbau in chemischer Hinsicht für die mechanische Festigkeit maßgebend seien.

Die notwendige, gleichmäßige und vollständige Benetzung (nicht wirksam benetzte Stellen führen infolge ungleichmäßiger Spannungsverteilung zu eigenartigen, verformungslosen Brüchen) schließen auf das Vorhandensein molekularer

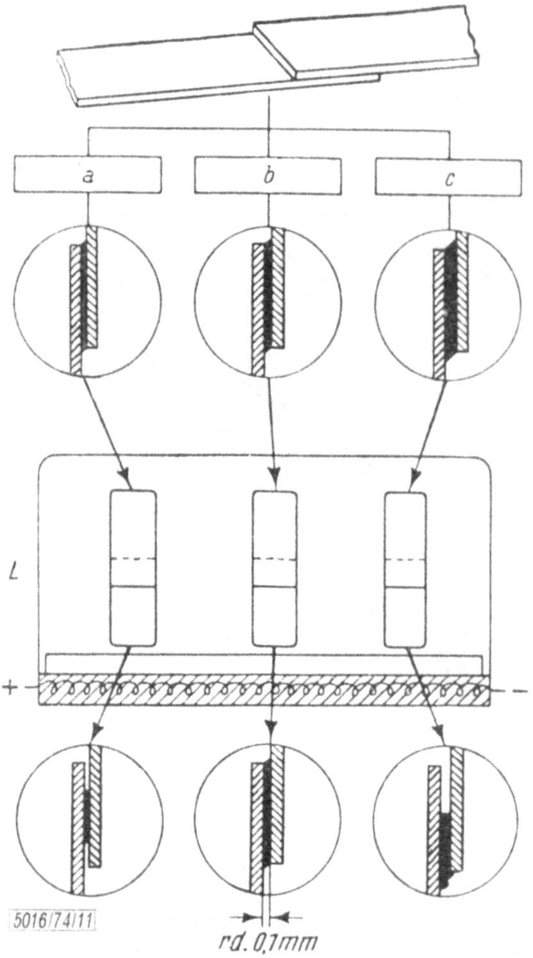

Bild 11. Verhalten unterschiedlich dicker Bindemittel beim Warmaushärten

a) zu wenig
b) richtig
c) zu viel
L. Luftumwälzofen mit Temperaturregelung

Kräfte*). Der vorzeitige Bruch von Klebeverbindungen mit ungleicher Benetzung wird überdeckt, wenn durch Kleber, die zur Schwindung neigen, beim Übergang vom flüssigen in den festen Zustand hohe Spannungskonzentrationen innerhalb des Klebers und an den Grenzzonen Kleber—Werkstoff entstehen.

Es werden Grenzflächenkräfte zwischen dem flüssigen Kleber und dem Werkstoff angestrebt, die die Kohäsionskräfte des Klebers übertreffen. Solche Molekularkräfte können chemischer Art sein oder als Sekundärkräfte (van der Waal'schen-Kräfte) vorliegen. Aus den gemessenen Festigkeiten und aus der Erkenntnis, daß keine chemischen Veränderungen in der Bindungszone auftreten, schließt man auf hohe Sekundärkräfte, die als Wechselwirkung permanenter Dipole, induzierter elektrischer Dipole

*) Dadurch entsteht bei Beanspruchung ein inhomogener, meist auch dreiachsiger Spannungszustand, der sich dehnbehindernd auswirkt (vgl. Kerbschlagprobe u. a.). Umgekehrt stellt dies ein Mittel dar, den Einfluß regulierbarer Spannungsverteilung auf das Dehnverhalten zu ermitteln (nach Erdmann-Jesnitzer).

Werkstoff	Blechdicke mm	Überlappung mm	Haftfestigkeit kg/cm²	Zugfestigkeit im Blech außerhalb der Verbindung kg/mm²
AlMg3 (weich)	0,5	8	1,3	21
	1	15	1,3	20
	2	40	1,0	19
	3	50	1,0	17
	4	60	1,0	15
AlMgSi (Zustand B)	0,5	5	3,3	33
	1	15	2,2	33
	2	35	1,9	33
	3	60	1,6	33
	4	85	1,6	33
AlCuMg (hochfest, plattiert)	0,5	10	2,2	43
	1,0	20	2,1	43
	2,0	40	2,1	43

Zahlentafel 6. Wirtschaftliche Überlappungslängen zur Erreichung optimaler Festigkeit von Klebeverbindungen („Araldit"-Kleber)

und Dispersionskräfte vorliegen. Der Einfluß des Polarisationseffektes erscheint hiergegen gering. Aus dem bekannten Zustand der Flüssigkeiten (polar, hydrophil, nichtpolar, hydrophob) kann geschlossen werden, daß Werkstoffe mit hydrophiler Oberfläche polare Klebemittel verlangen und umgekehrt. In der weiteren Forschung wird man dieser „spezifischen Adhäsion" als einem dem Klebstoff eigenen Vermögen zur Haftung insbesondere bei der Klebung von Leichtmetallen besondere Bedeutung beimessen.

K. Härtung der Kunststoffkleber

Eine innige Verbindung von hoher Festigkeit und chemischer Beständigkeit entsteht zwischen dem Kleber und der Werkstoffoberfläche durch Härtung*), was ohne oder mit Anwendung von Druck, ohne oder mit Anwendung von Wärme und möglichst ohne Abscheidung flüchtiger Bestandteile erfolgt.

Die kaltabbindenden Kleber sind in ihren Festigkeitswerten grundsätzlich den Warmklebern unterlegen. Kaltabbindende Kleber können oft auch bei erhöhter Temperatur abbinden, wodurch die Abbindezeit gegenüber Warmklebern verkürzt werden kann.

Kaltabbindende Kleber sollten nur verwendet werden, wenn eine Wärmebehandlung der Werkstoffe nicht in Betracht kommt oder wenn diese sehr verschiedene Ausdehnungskoeffizienten besitzen.

Fertigungstechnisch als günstig sind Kleber, z. B. „Araldit I" und „Araldit XV" anzusehen, die zur Härtung in dem Vorzugsbereich von 160° bis 190° C nur Kontaktdruck, also keinen Preßdruck benötigen. Die Abhängigkeit der Härtungsdauer

*) Als „härtend" ist hier chemisch (und nicht physikalisch) härtend gemeint, also Härtung durch Polykondensation, Polymerisation oder Polyaddition.

von der Härtungstemperatur bei „Araldit"-Verbindungen zeigt die Zahlentafel 7. Die Härtung und die dabei erzielten Festigkeiten der Klebeverbindungen sind in weitem Spielraum der Härtungstemperatur unempfindlich. Es treten praktisch, wie aus den Bildern 12 und 13 ersichtlich, keine „Über härtungen" und bei Einhaltung der minimalen Härtungszeit kein Festigkeitsabfall ein.

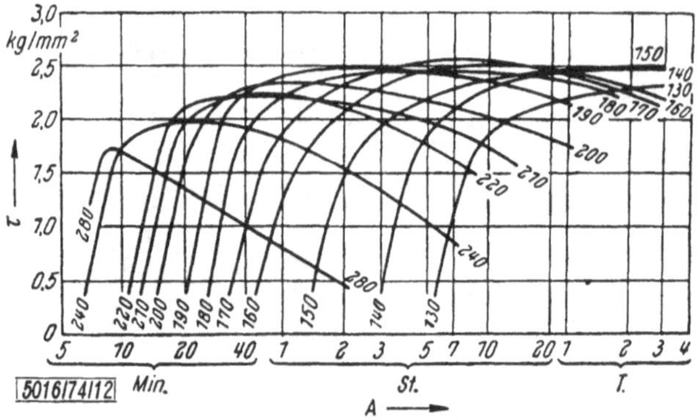

Bild 12. Schubfestigkeit von „Araldit"-Verbindungen in Abhängigkeit von Aushärtungstemperatur und -dauer (bestimmt an 2,5 mm dicken AlMgSi-Blechen mit 16 mm breiter Überlappung
τ = Haftfestigkeit in kg/mm²
A = Aushärtungsdauer (logarithmischer Maßstab); (Min = Minuten, St = Stunden, T = Tage)
Kurven-Zahlenwerte bedeuten Temperaturen in ° C

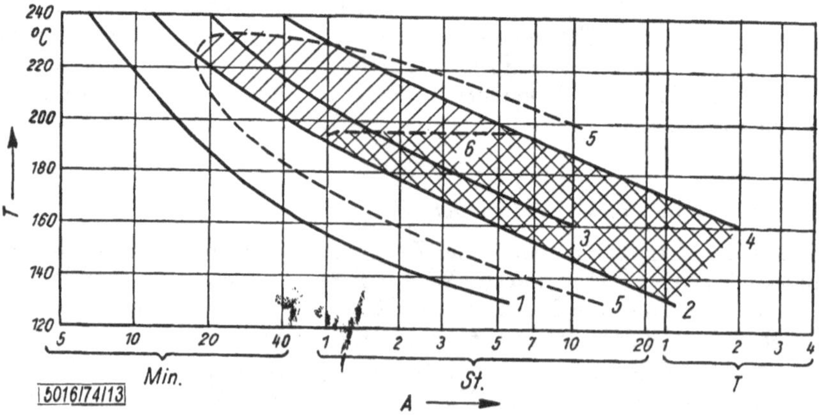

Bild 13. Härtungsdauer von „Araldit" in Abhängigkeit von der Härtungstemperatur
T = Aushärtungstemperatur in ° C
A = Aushärtungsdauer (logarithmischer Maßstab); (Min = Minuten, St = Stunden, T = Tage)

Im Bild 13 sind die aus Bild 12 zu entnehmenden Werte nochmals gesondert als Funktion der Aushärtungstemperatur zur Erreichung der optimalen Festigkeit von 80% und 95% der maximalen Festigkeit dargestellt. Es wird hierbei deutlich gezeigt, daß längere Härtezeiten für die Verarbeitung günstigere Bedingungen ergeben, z. B. für das mehrmalige Härten eines Bauteiles, für die Ausbreitung des Klebers,

Ausfüllen von Hohlräumen, Entweichen eingeschlossener Luft oder gegebenenfalls Lösungsmitteln.

Grundsätzlich ist zur Härtungsdauer, die dem Volumen und der Wärmeleitfähigkeit des Werkstoffes entsprechende Vorwärmedauer hinzuzurechnen.

L. Kontrolle der ausgeführten Klebeverbindungen

Der Prüfung von fertigen Verbindungen ist besondere Bedeutung beizumessen. Einschaltung einer genügenden Zahl von Prüfern ist beim Anlaufen einer Fertigung neben der Nachprüfung der Klebeeigenschaften unerläßlich. Eine Prüfung auf Ab-

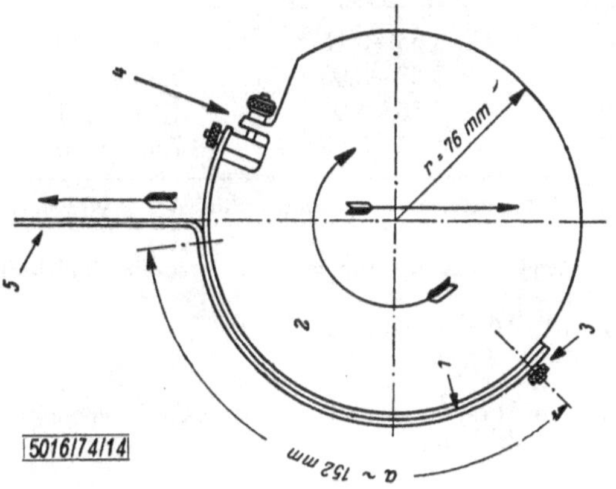

Bild 14. Abschälprüfverfahren schematisch a = Überlappungsbindelänge der Probe (siehe auch Text)

schäleigenschaften wird in der Fertigung nach Bild 14 vorgenommen. Zur Untersuchung der Güte des Abbindens von Klebeverbindungen wird die Probe (1) auf ein Schälrad (2) mit Druck- (3) und Spannklemme (4) befestigt. Der außenliegende Streifen (5) der Probe wird um 90° abgewickelt und mit einer Federwaage verbunden.

Aushärtungstemperatur °C	Aushärtungsdauer min.	Aushärtungsdauer max.
130	10 Stunden	
140	5 Stunden	unbegrenzt
150	3 Stunden	
Vorzugsbereich { 160	2 Stunden	2 Tage
Vorzugsbereich { 170	80 Minuten	1 Tag
180	55 Minuten	15 Stunden
190	45 Minuten	6 Stunden
200	30 Minuten	5 Stunden
200	20 Minuten	3 Stunden
220	10 Minuten	60 Minuten
250	7 Minuten	10 Minuten
280	3 Minuten	5 Minuten

Zahlentafel 7. Aushärtungsdauer in Abhängigkeit von der Aushärtungstemperatur

Hydraulisch wird das Schälrad nach unten bewegt und durch Lösen der Klebverbindung zugleich eine Drehung im Zeigersinn bewirkt. Die graphisch aufgetragene Zug-Scherfestigkeit wird zum Vergleich der Mindestkraft gesetzt.

Beanspruchungsart	Prüftemperatur °C	„ARALDIT"[1] kg/mm²	„REDUX"[2] kg/mm²
statisch................	−180	39 —42	7 —13
	− 30	39,5—40	29,2—36,0
	+ 20	41,7—44	39 —45,8
	+ 70	40 —40,8	33 —40,5
Schlag	−180	2,65—3,15	1,87—2,33
	− 30	3,23—3,93	3,76—4,11
	+ 20	4,56—4,92	4,11—4,47
	+ 70	5,10—5,55	7,65—9,65

[1]) „ARALDIT Typ I" Silber, Metalloberflächen geschliffen und entfettet, Aushärtung 90 Minuten bei 170° C, 0,5 kg/cm² Preßdruck.

[2]) „REDUX-flüssig"/„REDUX-Pulver", Metalloberflächen entfettet und gepickelt, Aushärtung 20 Minuten bei 145° C, 18 kg/cm² Preßdruck.

Masse der verbundenen Prüfkörper: 50×10×10 mm und
20×10× 2 mm.

Zahlentafel 8. Biege-Schälfestigkeiten von „ARALDIT Typ I" und „REDUX"-Verbindungen („Anticorodal B") *)

Neben der Bestimmung der reinen Schubfestigkeit gilt als subjektiver Wert zur Kontrolle der Klebeverbindungen auch hier die Beobachtung des Farbumschlages des Klebers (z. B. von gelb auf rot bei Phenolharzklebern).

M. Mechanische Festigkeitswerte

Die höchsten an der Klebestelle übertragenen Schubspannungen (τ max.) sind abhängig von der Größe der Überlappungslänge, für die es in Abhängigkeit von den Werkstoffeigenschaften eine max. günstigere Länge gibt. Darüber hinaus bewirken bei größeren Werkstoffdicken die auftretenden Biegebeanspruchungen eine Reduktion der spezifischen Haftfestigkeitswerte. Liegt die Beanspruchung der Verbindung über der Streckgrenze des Werkstoffes, so wird die Festigkeit der Verbindung allein von der plastischen Dehnung des Klebers, die immer kleiner ist als diejenige von Metallen, bestimmt. So tritt z. B. bei Leichtmetall-Legierungen mit hoher Streckgrenze und geringerer Dehnung (AlCuMg, AlMgSi, federhart) als sie der Kleber aufweist, grundsätzlich der Bruch im Werkstoff ein (ausreichende Überlappungslänge vorausgesetzt). Bei weichen Alu-Legierungen mit niedriger Streckgrenze und gutem Dehnungsverhalten (AlMg 3 weich), wenn die zulässigen Dehnungen des Kittes überschritten werden, tritt der Bruch in der Klebeverbindung ein.

Bei der Klebung von ausgehärteten Alu-Legierungen und kaltverfestigtem Reinaluminium oder Legierungen AlMn sowie AlMg ist der Aushärtungsgrad der Legierungen bzw. die Härtetemperatur des Klebers zu berücksichtigen, um Festigkeitsminderung im Werkstoff durch Überhärten der Legierung oder Erweichen zu verhindern.

*) Siehe hierzu Aluminium-Taschenbuch, Düsseldorf, Verlag der Aluminium-Zentrale.

Um einerseits eine Wirtschaftlichkeit der Klebungen (Klebetemperatur, Klebedauer) zu erzielen, und andererseits den Festigkeitsverlust zu vermeiden, *verbindet man das Aushärten der Leichtmetall-Legierung mit dem Härten des Klebers* bei den Legierungen (AlMgSi) in kombinierter Warmbehandlung, z. B. Lösungsglühen bei 530—550°, 1 Stunde mit Abschrecken in Wasser und Unterbrechen des anschließenden Warmaushärtens (140°, 4 Stunden). In diesem Zustand (halbhart) kann die Legierung AlMgSi beliebig lange verharren und erreicht bei weiterem Warmhärten (bis 190° C) in Verbindung mit dem Härten des Klebers die gleiche maximale Aushärtung wie bei der in einem Zuge vorgenommenen Aushärtung.

Auch die Empfindlichkeit ausgehärteter Leichtmetall-Legierungen für spannungs- und interkristalline Korrosion ist bei der Anwendung der Klebetemperaturen zu berücksichtigen. Gegebenenfalls ist auf plattierte Werkstoffe überzugehen.

Untersuchungen über vorhandene Spannungskonzentrationen an den Ausläufern oder Enden der Verbindungsflächen und das Verhalten des in Form einer Kehle angehäuften Klebers sind bisher nicht erfolgt. Es ist notwendig, Erkenntnisse zu erhalten über den Begriff Überlappungsverhältnis $K = \frac{\text{Überlappungslänge}}{\text{Blechdicke}}$ in Abhängigkeit der Auslaufkanten (Verjüngen, Abrunden, gezackte Schnittkanten)

Verbleiben von Kleberresten am Auslauf,

Wahl einschnittiger oder zweischnittiger Verbindungsarten

unterschiedliche Werkstoffarten und Vorbereitung der Kittflächen.

Diese sind notwendig, um bei Überdeckung und Summierung der Spannungsverhältnisse in der Klebefuge, durch die vorerwähnten Spannungskonzentrationen, die an den Ausläufern der Klebeverbindung erhaltenen ungenügenden Festigkeitswerte erklären zu können.

Als Folge dieser überlagerten Spannungsverhältnisse treten die (Bild 15) verminderten Festigkeitswerte auf, falls ≧ 13 mm gewählt wird.

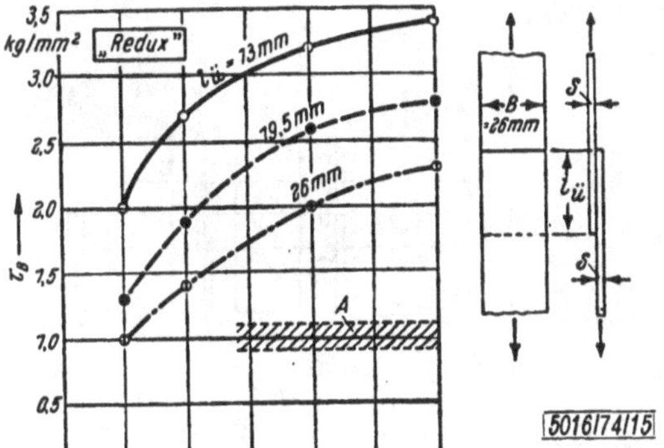

Bild 15. Bindefestigkeit in Abhängigkeit von der Blechdicke für verschiedene Überlappungslängen

($l_ü$) für mit „REDUX" geklebte Leichtmetallstreifen (Duraluminium, Härtung bei 150° C, 20 Minuten)

Bereich A sind Bestwerte für Buchenschichtholz 7 mm überlappt, mit deutschen Kunstharzbindemitteln heiß verleimt (nach DVL-Versuchen 1942)

τ_B = Bindefestigkeit (Bruch) in kg/mm²

Die Bindefestigkeit sinkt ferner mit zunehmender Beanspruchungstemperatur (Bild 16). Ausgedrückt in Prozent Abfall der Zug-Scherfestigkeit, bezogen auf 20° C gegenüber Betriebstemperaturen von „Redux-Metallklebeverbindungen", ergeben sich die folgenden Werte:

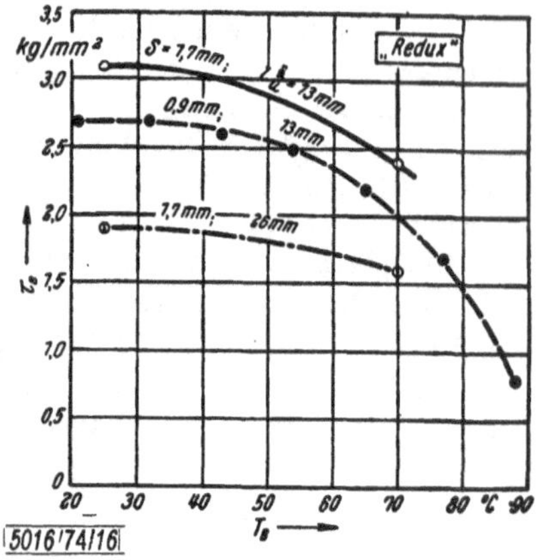

Bild 16. Bindefestigkeit abhängig von der Betriebstemperatur für verschiedene Blechdicken und Überlappungslängen ($l_ü$) Leichtmetallstreifen mit „REDUX" verbunden
T_B = Betriebstemperatur in ° C, sonst wie Bild 15

Temperatur der Beanspruchung in ° C	Festigkeitsminderung in %
−180	50
+ 20	0
+ 40	1
+ 60	8
+ 80	40
+100	70
+120	100

Die Wärmebeständigkeit kann durch längere Härtungsdauer und Wahl der speziellen Kleber noch gesteigert werden. Die Abminderung kann dadurch z. B. bei 100° C Prüftemperatur von 70 % auf 30 % der Zug-Scherfestigkeit absinken.

Eindrucksvoll werden die vergleichenden Untersuchungen der Zug-Scherfestigkeit an genieteten und geklebten Verbindungen in Bild 17 wiedergegeben, die stets höhere Festigkeiten geklebter Verbindungen ergeben.

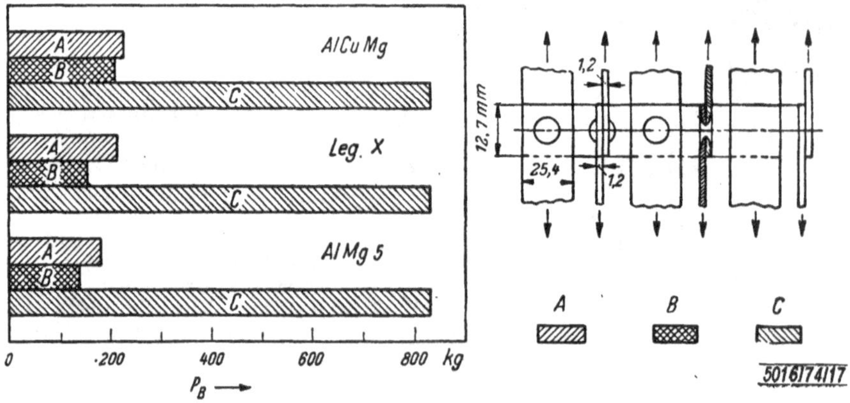

Bild 17. Zug-Scherfestigkeit in kg von einnietig überlappten Metallstreifen, verglichen mit „REDUX" verklebten (nach *G. Bowen*, Aircraft Engineering 1945, 17, S. 83). A = Flachkopfniet B = Senkniet, C = mit Kleber „REDUX" geklebt
Lg. x = Leichtmetallegierung (DTD — 327)

Eine Festigkeitseinbuße geschweißter Verbindungen von ~ 50 % (stumpfgeschweißt und elektrischer Punktschweißung) an ausgehärteter Legierung AlCuMg gegenüber Klebungen ergänzt die vorgenannten Werte. Die gebräuchlichen Kleber erreichen mit Sicherheit eine Schubfestigkeit von $\tau = 200$ kg/cm².

Dynamische Vergleichsversuche ergeben 1,2 bis 4,0 kg/mm² bei 10^6 Lastwechsel, d. h. Werte über den Werten genieteter Verbindungen, deren Bruch von Nietlochanrissen (hohe Spannungsspitzen) ausgingen. Die Klebeverbindung vermeidet für das Bauwerk ungünstige Spannungsspitzen. Der Bruch wird daher durch Ausknicken der Versteifungen oder durch Blechrisse ausgelöst, während die Klebestellen meistens nicht zerstört werden. Ein Einfluß der Temperatur innerhalb der Grenzen —40° und + 60° C auf die dynamische Festigkeit wurde nicht festgestellt.

Das Ergebnis der umfangreichen Versuche über das Verhalten der Kleber (Araldit I) in Abhängigkeit von Zeit und Temperatur, Bewitterung, Lagerung in Wasser und verschiedenen Flüssigkeiten zeigt Zahlentafel 9.

Lagerdauer	Abfall der Zug-Scherfestigkeit in %			
	Lagertemperatur			Bewitterung
	(20° C)	(100° C)	(150° C)	
10 Tage	—	2	1	—
1 Monat	—	5	0	—
3 Monate	—	7	8	—
6 Monate	18	7	13	15
1 Jahr	27	17	18	22
2 Jahre	29	—	—	49
3 Jahre	28	—	—	—

Zahlentafel 9. Alterungsbeständigkeit von Klebeverbindungen (Araldit I), Abfall der Zug-Scherfestigkeit in %

Der Abfall der Festigkeit wird mit Ausgleich der Spannungen innerhalb der Klebeverbindungen im Laufe der Lagerung angenommen. Ob diese Spannungen aus den unterschiedlichen Wärmeausdehnungskoeffizienten der Klebeverbindungen (Kunstharzkleber ~ 60×10^{-6}/° C, Leichtmetall ~ 23×10^{-6}/° C) und mit unterschiedlichen Abkühlungsbedingungen resultieren oder ob diese Spannungen allein aus dem Verhalten des Klebers beim Aushärten entstehen, kann nicht gesagt werden.

Untersuchungen im polarisierten Licht an Feinschliffen in der Klebeverbindung, nach teilweisem Lösen der Verbindung und nach völliger Trennung der Klebeschicht, werden vom Verfasser zur Klärung dieser Fragen aufbauend auf ähnlichen Versuchen an Schweißverbindungen (s. bei *Voigt*, „Schweißen von Kunststoffen") mit Kunststoff „PVC-hart" angeregt. Entsprechend dem Verhalten von Kunststoffen bei Dauerbeanspruchung und der dabei ermittelten Dauerstandsfestigkeit (ein Drittel der Kurzzeitfestigkeit) ist auch der Abbau der der Klebefuge innewohnenden Spannungen zu klären. Eine Untersuchung der Zeitstandsfestigkeit für 100, 1000 und 10 000 Stunden ist für hochbeanspruchte Bauteile notwendig, um festzustellen, in welchem Umfang das bei allen Kunststoffgruppen vorhandene Kriechen auch für die Klebefuge zutrifft.

Im allgemeinen sind Kleber in Klebeverbindungen gegen Einwirkung von Wasser,

Lösungsmitteln, schwachen Säuren und Laugen beständig. Genaue Angaben hierfür geben Literaturangaben über Phenoplaste*).

Ein deutlich ausgeprägter Abfall der Zug-Scherfestigkeit ist mit unterschiedlichem Verhalten für Zeitabschnitte bis zu 1 Jahr für die Einwirkung von Wasser 20°, Wasser 90°, Benzol 20° und Azeton 20° festgestellt worden.

N. *Konstruktive Gestaltung*

Das Verbinden verschiedenartiger Metalle ist mit ausreichender Festigkeit durchführbar, wenn den vorausgegangenen Erörterungen entsprechend das Überlappungsverhältnis K = 5 (Überlappungslänge, lü = Blechdicke) gewählt wird. Man bleibt dann mit der Beanspruchung unterhalb der Streckgrenze. Die Klebeflächen dürfen nicht größer gewählt werden als es die zu erwartenden Spannungen unter Berücksichtigung der erzielbaren Haftfestigkeiten verlangen.

Die Aushärtungstemperatur soll so niedrig liegen, als zur Erzielung einer wirtschaftlichen Klebezeit erforderlich ist, um die inneren Spannungen der Klebeschicht möglichst klein zu halten.

Die Fugendicke soll klein gehalten und auf das Fließverhalten sowie die Benetzungsfähigkeit des Klebers abgestimmt sein. Bei zentrischen Belastungen, z. B. Rohrverbindungen oder Doppellaschen symmetrischen Aufbaues, wird der Werkstoff mit dem größeren Wärmeausdehnungskoeffizienten nach außen liegend angeordnet, um die aus der Abkühlung entstehenden Spannungen als Druckspannungen zu erhalten. Als

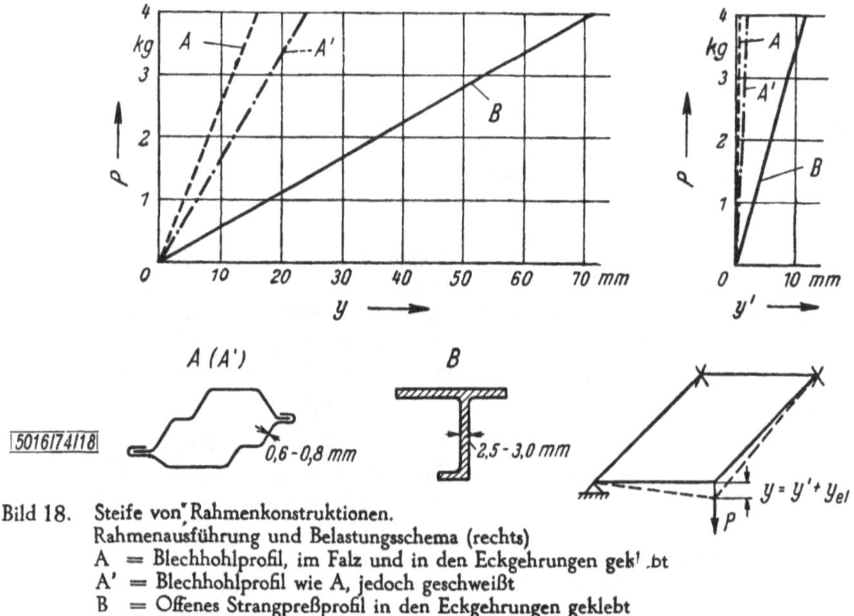

Bild 18. Steife von Rahmenkonstruktionen.
Rahmenausführung und Belastungsschema (rechts)
A = Blechhohlprofil, im Falz und in den Eckgehrungen gek' .bt
A' = Blechhohlprofil wie A, jedoch geschweißt
B = Offenes Strangpreßprofil in den Eckgehrungen geklebt
P = Belastung in kg
y = Gesamtdurchbiegung
y' = bleibende Durchbiegung
y_{el} = elastische Durchbiegung

*) Kunststoffe, Taschenbuch Verlag Carl Hanser, München.

Überlappungslänge für Rohrverbindungen (z. B. von Stahl und Leichtmetall) genügt 10fache Rohrwanddicke.

Holz und Metallverbindungen werden in der Regel an Stelle wenig befriedigender genieteter oder geschraubter Konstruktionen verwendet. Durch das ungünstige Verhältnis von Scherfestigkeit zur Zugfestigkeit für Holz wird eine Niet- oder Schraubenverbindung nur gering ausgenützt. Auf verzugsfreie Ausführung ist zu achten. Gegebenenfalls sind doppelseitig belegte Furniere vorzusehen.

Verbindungen von Metallen mit Kunststoffen, Keramik oder Glas erreichen Festigkeiten, bei denen der Bruch in der Regel nicht in der Klebefuge, sondern im Kunststoff oder anderen verwendeten Werkstoffen liegt.

Die Hohlbauweise oder weitgehende Anwendung von Hohlprofilen wird angestrebt. Die gute Verwindungssteifigkeit einer geklebten Rahmenkonstruktion erläutert Bild 18. Die Verbindungsarten für Klebungen sind den Nietungen angepaßt. Einige weitere Beispiele zeigt Bild 19.

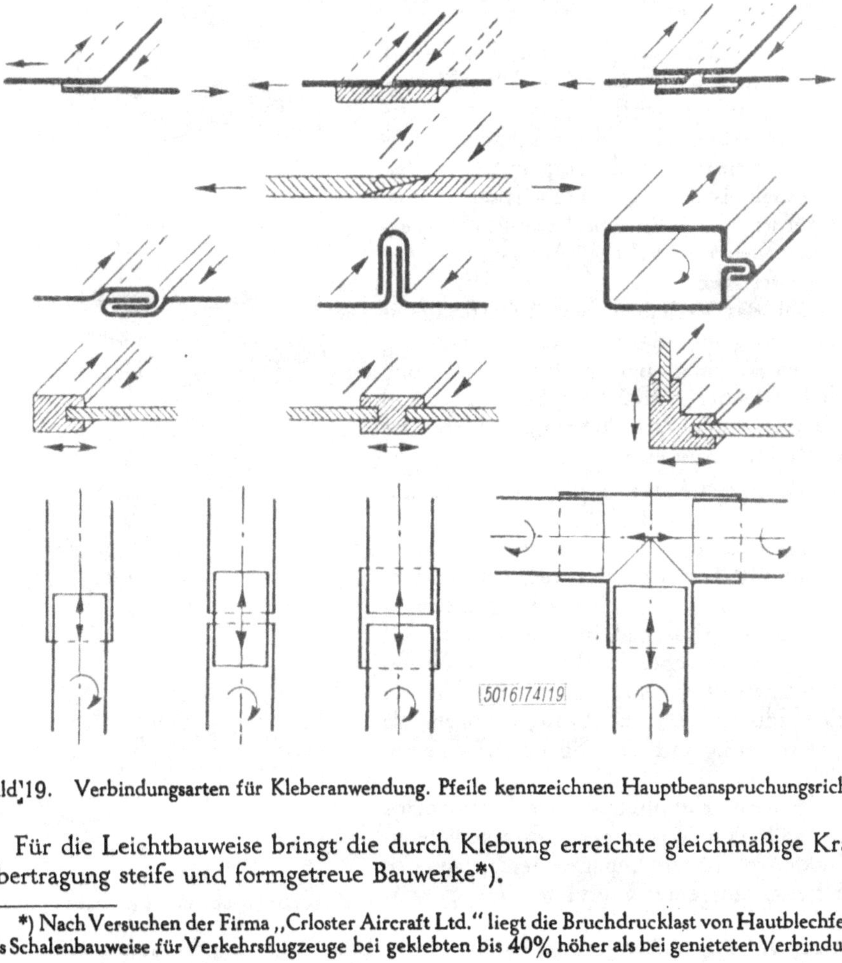

Bild 19. Verbindungsarten für Kleberanwendung. Pfeile kennzeichnen Hauptbeanspruchungsrichtung

Für die Leichtbauweise bringt die durch Klebung erreichte gleichmäßige Kräfteübertragung steife und formgetreue Bauwerke*).

*) Nach Versuchen der Firma „Crloster Aircraft Ltd." liegt die Bruchdrucklast von Hautblechfeldern als Schalenbauweise für Verkehrsflugzeuge bei geklebten bis 40% höher als bei genieteten Verbindungen.

O. *Konstruktive Gesichtspunkte für Klebeverbindungen*

Einige bemerkenswerte Beispiele für die Verbindung von Metallen untereinander oder mit anderen Werkstoffen sollen im folgenden den neuesten Stand der Klebetechnik ergänzen und damit Anregung für den weiteren Einsatz geben.

1. *Verbindung Metall mit Werkstoffen*

Fahrzeug- und Flugzeugbau haben die Klebetechnik vorwiegend im Ausland, anfänglich für Leichtmetallfenster, -türrahmen und -möbel, später für das Kleben ausgehärteter Leichtmetall-Legierungen und neuerdings für höchstbeanspruchte Bauelemente in Schalenbauweise mit Erfolg angewendet.

Festigkeitstechnisch besonders erwähnenswert erscheint das Kleben von Metall-Holz-Verbindungen.

Die geringe Scherfestigkeit von Holz zwingt für genietete oder geschraubte Metall-Holz-Verbindungen dazu, daß auch die Festigkeitseigenschaften der mit Holz verklebten Werkstoffe nur ungenügend ausgenützt werden können. Geklebte Bauelemente schaffen wesentlich günstigere Kräfteüberleitung. Sie ermöglichen damit höhere Ausnutzung der Werkstoffestigkeit.

Sowohl das Verhältnis von Scherfestigkeit zur Zugfestigkeit, als auch die Ausnutzung des vollen Ausgangsquerschnittes (Schwächung durch Nietlöcher entfällt) ergeben höhere und zugleich gleichmäßigere Übertragung der Kräfte in der Verbundbauweise.

Bild 20 zeigt an Kastenrippen diese Verbundrippenbauweise, bei der die Sperrholzstege 1 mit Duralblechstegen 2 und Stangenpreßprofile aus „Dural 4"*) mit Holzfurnieren 4 verklebt wurden (Flugzeugbau). Ein niedriges Baugewicht, freie Begehbarkeit und hohe Festigkeit vereinigt die geklebte Fußbodenkonstruktion eines Verkehrsflugzeuges, Bild 21. Hierbei wurden Hutprofile aus Al-Legierungen als Längsversteifung mit dem Sperrholzfußboden verklebt.

Aufgeklebte Kupplungs- oder Bremsbeläge auf Metallteilen weisen gegenüber genieteten Verbindungen höhere Lebensdauer (Belagdicke wird besser ausgenutzt) und größere Brems-

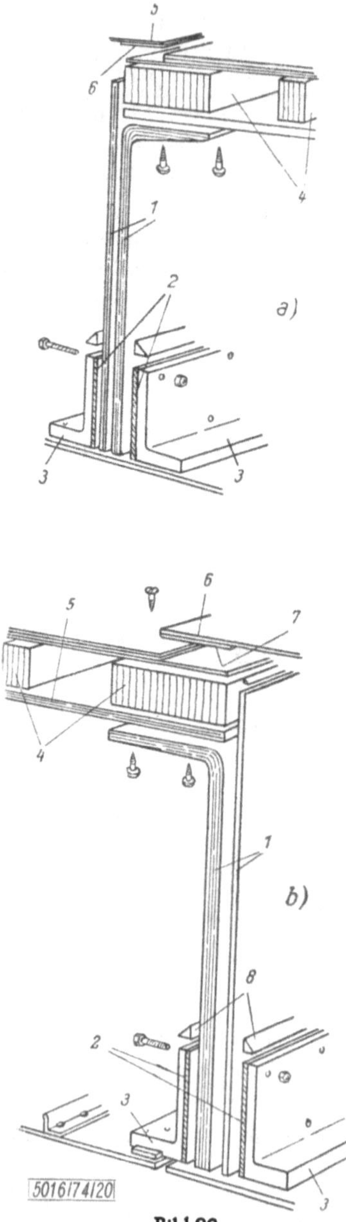

Bild 20.
Verbundrippenbauweise (Kastenrippen)

*) Leg. AlCuMg (aushärtbar) siehe Al-Taschenbuch, Düsseldorf, Verlag der Aluminium-Zentrale.

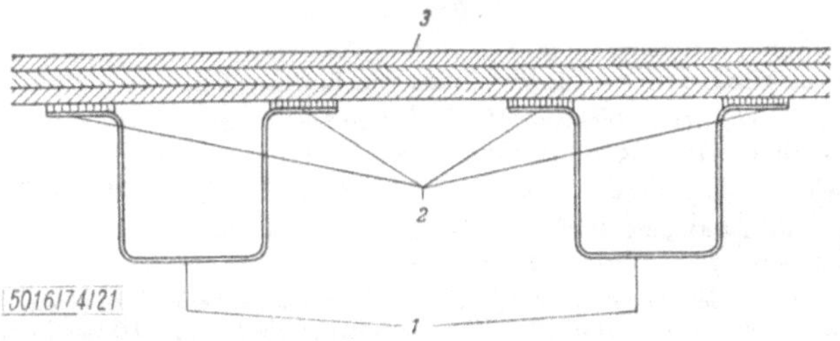

Bild 21.
Fußboden in Holz-Metall-Verbundbauweise.
1 Leichtmetallprofile
2 Kleber
3 Holzfußbodenplatten

flächen auf. Bohrungen im Bremsbelag und Nietköpfe zur Befestigung der Bremsbeläge entfallen.

Mit Erfolg wurde auch Metall mit Gummi, Glas, Papier und Stoff verklebt*).

2. *Verbindung Metall—Metall*

Im wesentlichen handelt es sich hier um Tragwerke des Flugzeug- und Fahrzeugbaues in Schalenbauweise (Blechprofilbauweise) aus Leichtmetall-Legierungen, bei der Bleche durch Längs- und Querprofile druck- und schubsteif ausgebildet werden. Eine volle Ausnutzung des Blechquerschnittes (im Gegensatz zur Punkt- und Rollennaht) ist auch hier wieder gegeben. Mit der Klebung werden gleichzeitig druckdichte Verbindungen erreicht und diese können mit genügendem fertigungstechnischen Aufwand auch flüssigkeitsdicht gestaltet werden. (Hohlräume in Flugzeugtragflügeln als gleichzeitiger Kraftstoffbehälter.)

Die erreichten gleichmäßigen Kräfteüberleitungen in allen Klebefugen führen zu wesentlich steiferen, formgetreuen und ausbeulsicheren Konstruktionen. Häufig benötigte Wanddickenverstärkungen und Randversteifungen an Knotenpunkten finden in der Klebetechnik eine konstruktiv einfache Lösung. Die Zuverlässigkeit von Leichtmetallverbindungen durch Kleber wurde in großem Umfange auch unter Tropenbedingungen erprobt. An einem serienmäßig hergestellten Verkehrsflugzeug („Muster Bristol 175") sind allein bis 50% des Flugzeugzellengewichtes (∼ 14 000 kg) mit „REDUX" geklebt und hierfür rund 1800 kg Kleber verwendet.

P. Ausblick

Diese Ausführungen sollten Anregung sein, dem bisher oft noch unbekannten Klebeverfahren größere Beachtung als bisher zu schenken. Man geht heute nicht fehl in der Feststellung, daß in der nahen Zukunft das Kleben als Verbindungsverfahren erfolgreich neben das Schweißen und Löten treten wird. Dazu muß man sich frei machen von einem kurzsichtigen, in diesem Fall skeptischen Vorurteil. Auch aus diesem Grunde wurde auf ausdrücklichen Wunsch des Herausgebers hin der vorliegende Buchbeitrag ausführlich in die Bearbeitungen aufgenommen, mit dem Ziel einer Sammlung gesicherter Unterlagen zwecks Anregung zur Erschließung weiterer Anwendungsgebiete, jedoch mit dem Zweck einer verstärkten Erforschung des Klebevorganges.

*) Inwieweit innerhalb der Textilindustrie Klebung an Stelle von Stichnaht treten wird, ist weniger eine fertigungs- oder festigkeitstechnische Frage, sondern eine solche der Mode.

Literaturangaben

Aluminium-Heft 2, Januar/Februar 1952. Das Araldit-Verbinden von Leichtmetall.

Bleicher, W., Bonn, Aluminium-Heft 1/2, Januar/Februar 1952. Einige Merkmale und Besonderheiten des Entwicklungsstandes von Aluminium und Aluminium-Legierungen.

Brenner, P., Verbindung von Leichtmetallen durch Kleben. Konstruktion *2* (1950), S. 326—332.

De Bruyne, N. A., Journal of Scientific Instruments Vol. *24*, Nr. 2, Februar 1947.

—, Metall Bonding, Aircraft Engineering *16*, (1944), S. 115—140.

Burg, E. von, Experimentelle Ermittlung der statischen Zugkraftverteilung der Niete in Knotenpunkten bei einreihiger Nietung. Schweizer Archiv f. angewandte Wissenschaft und Technik *15* (1949), Heft 5.

Meakin, K. S., New Metall Bonding Process. Metall Treatment, Winter 1949/50.

—, Synthetik Resin Glues for Bonding Building. Motor Body, Jan., Febr., März 1950.

Metal Adhesives for Bonding Aircraft Assemblies. Automotive Industries, 1. Aug. 1950.

Merkblätter VA 6 und VA 61 der AWS, Aluminiumwerke Singen GmbH, Singen (Hohentwiel).

Meyerhans, Z. K., Basel. Das Verbinden von Metallen unter sich oder mit anderen Werkstoffen. Metall 6. Jahrg., Mai 1952, Heft 9/10.

—, Kunststoffe *41* (1951), Heft 11—22.

Moss, C. J., Redux Bonding a French Fighter Aircraft. Aircraft Engineering, Juli 1949.

—, Facia Panel Manufacture, Automobile Engineer, April 1949.

—, The Aeroplane, London, Sept. 1948.

—, Redux Bonding of Aircraft Structures, Journ. of The Roy Aer. Society, Okt. 1950.

—, Plasic Bonding for Composite, Wood and Metal Structures. Plastics, Juni 1948.

Parker, F. H., Metal Adhesives Processes. Journal of The Roy. Aer. Society, März 1951.

Pleines, W., Verbinden hochfester Leichtmetalle durch Kleben. Aluminium *29* (1951), S. 40—44 und 74—79.

Preiswerk, E., Plastics, London Jan./Feb. 1952.

— und *J. Charlton*, Modern Plastics *28* (Nov. 1950), S. 85/88.

— und *K. Meyerhans*, Electr. Manufacturing *44* (1949), S. 78.

— und *A. v. Zeerleder*, Schweiz. Arch. angew. Techn. *12* (1946), S. 113.

Ros, M., Sheet Metal Industries, London, *26* (Sept. 1949), S. 1967—1988.

Voigt, P., Halle. Chemische Technik Berlin, Beilage Kunststoffe-Heft, Jahrgang 1952.

Ferner eine Reihe von Aero Research Technical Notes for Privat Circulation von 1945 bis 1950.

Glasverschmelzungen

Prof. Dr. phil. nat. Th. Haase, Freiberg/Sa.

A. Einleitung

Verschmelzungen von und mit Glas bilden einen wesentlichen Bestandteil der Tätigkeit des Glasbläsers. Der Ursprung dieser Technik geht auf den Anfang der Herstellung und Formung des Glases überhaupt zurück. Der Fortschritt der Neuzeit besteht darin, daß man die Gesetzmäßigkeiten, die der Verbindung verschiedenartiger Gläser zugrunde liegen, erkannt hat und daß die Anzahl der mit Glas verschmelzbaren Werkstoffe sich vermehrt hat. Zur Herstellung moderner technischer Geräte, z. B. der Hochfrequenz- und Lichttechnik, sind außer Verschmelzungen von *Glas mit Glas* auch solche von *Glas mit Metallen und keramischen Werkstoffen* erforderlich und im Gebrauch.

Infolge der Eigenart des Werkstoffes Glas haben diese Verbindungsverfahren eine Reihe kennzeichnender Merkmale, die sie von den metallischen Verbindungsverfahren grundsätzlich unterscheiden. Die folgenden Eigenschaften des Glases begünstigen die Ausführung von Verbindungen und sind die Ursache für deren frühzeitige und allgemeine Anwendung:

Gläser sind bis auf wenige Sondergläser, wie z. B. stark bleioxydhaltige, beständig in oxydierender und reduzierender heißer Atmosphäre.

Gläser haben als amorphe Substanz keinen Schmelzpunkt wie z. B. die aus Kristallen bestehenden Metalle. Mit zunehmender Temperatur erweicht der glasige Werkstoff immer mehr.

Gläser sind schlechte Wärmeleiter.

Gläser sind im allgemeinen durchsichtig.

Gläser haben bei höheren Temperaturen eine zähviskose, honigartige Beschaffenheit und kleben in diesem Zustande gut an allen oxydischen Oberflächen fester Körper an.

Die für die Ausführung von Verbindungen erforderlichen Temperaturen liegen bei den gewöhnlichen Gläsern relativ niedrig, d. h. zwischen 600 bis 1000° C.

Die Anwendbarkeit der Glasverschmelzungstechnik wird dagegen empfindlich erschwert bzw. eingeschränkt durch den spröden Charakter des Glases. Gläser sind in der Kälte grundsätzlich nur elastisch deformierbar. Die Grenze der mechanischen Beanspruchung liegt innerhalb der Elastizitätsgrenze. In Anbetracht des hohen Elastizitätsmoduls von etwa 0,55 bis $0{,}80 \cdot 10^6$ kg/cm^2 und der geringen Zugfestigkeit von 400 bis 850 kg/cm^2 sind damit nur Deformationen in der Größenordnung von max. 1 ‰ möglich. Derartige relative Längenänderungen können bei der Ausführung von Verbindungen jedoch auftreten, z. B. beim

Erhitzen und Abkühlen infolge ungleichmäßiger Verteilung der Temperatur am Werkstück sowie bei den

Verbindungen von Werkstoffen mit verschiedenem Ausdehnungskoeffizienten.

Diese Schwierigkeiten sind durch das Auftreten von inneren Spannungen gekennzeichnet und das Studium und die Beherrschung der inneren Spannungszustände bilden das Kernproblem bei allen Glasverschmelzungen.

B. Verschmelzungen von Glas mit Glas

Die Ausführung derartiger Verbindungen gehört zur normalen Tätigkeit des Glasbläsers. Der über einen großen Temperaturbereich viskose Zustand der Gläser (Bild 1) erlaubt bekanntlich die für den Glasbläser typische Verformung des Werkstückes vor der Flamme durch Ziehen, Drücken, Tordieren und „Blasen". Das Glas besitzt hierbei eine Viskosität von etwa 10^3 bis 10^6 [Poise]. Zusammen mit diesen Arbeitsgängen findet die Verschmelzung der Werkstücke statt. Die beiden zu verbindenden Flächen werden dabei so lange erwärmt, bis diese genügend erweicht sind. Es ist wesentlich, daß die Flächen *gleichmäßig erhitzt* werden, was durch dauernde Bewegung der Werkstücke vermittels des Drehens oder Hin- und Herbewegens erreicht wird. Die Fähigkeit, gleichmäßige Bewegungen auszuführen, insbesondere das handwerkliche Geschick, jeden noch so komplizierten Körper gleichmäßig um jede im Raum mögliche Achse innerhalb und außerhalb des Körpers freihändig rotieren lassen zu können, gehört dabei zu den grundsätzlichen Voraussetzungen des glasbläserischen Talents. Infolge der geringen Wärmeleitfähigkeit von etwa 1 kcal/m° C h gelingt es, die zu verbindenden Stücke an dem einen Ende in dünner Schicht bis zu genügender Weichheit zu erhitzen, wobei Temperaturen von 600 bis 1600° (je nach Glassorte, letzteres gilt für Quarzglas) erforderlich sind. Das andere Ende erwärmt sich kaum und es kann bis zu einem minimalen Abstand von einigen Zentimetern mit der Hand angefaßt werden. Das Temperaturgefälle im Glas in Richtung von der erhitzten Fläche weg richtet sich dabei nach der geometrischen Form und muß derart ausgebildet sein, daß keine Risse im Glas auftreten.

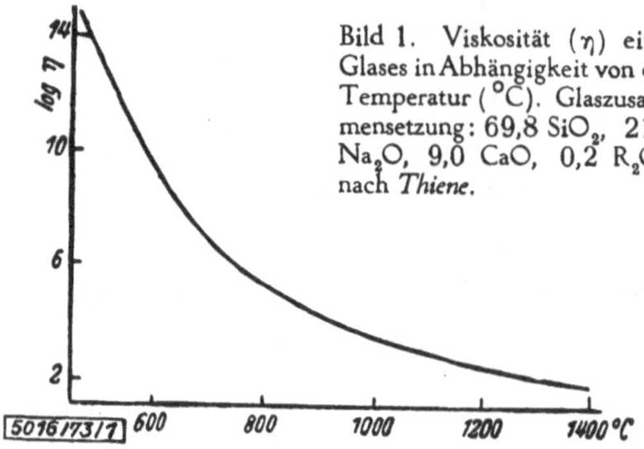

Bild 1. Viskosität (η) eines Glases in Abhängigkeit von der Temperatur (°C). Glaszusammensetzung: 69,8 SiO_2, 21,0 Na_2O, 9,0 CaO, 0,2 R_2O_3, nach *Thiene*.

Ist ausreichende Erhitzung der zu verbindenden Flächen erreicht, was an dem Grad der Verrundung der scharfen Kanten zu erkennen ist, so werden die beiden Flächen in der Regel außerhalb der Flamme schnell aufeinandergedrückt, wobei die erweichte Substanz sich innig verbindet und an den Seiten etwas herausquillt. Infolge der Bildung konvexer Oberflächen beim Erweichen durch die Wirkung der Oberflächenspannung ist es unschwer möglich, das Einschließen von Luftblasen in der Verbindungsebene zu vermeiden, überdies können dank der Durchsichtigkeit des Werkstoffes *Lufteinschlüsse* und andere *Inhomogenitäten*, wie *Verschmutzung und Fremdkörper*, die die Güte der Verbindung beeinträchtigen würden, sofort mit dem bloßen Auge erkannt werden.

Die beim Zusammendrücken wulstartig herausgequollene Substanzmenge bietet im allgemeinen eine nicht erwünschte oder unschöne Veränderung der Form. Ein geübter Glasbläser vermeidet von vornherein diesen Wulst durch „scharfes Erhitzen" nach Möglichkeit und beseitigt den Rest anschließend dann durch Ziehen, Drücken und Blasen unter gelegentlichem Nachwärmen fast vollständig. Durch Betrachtung der Verbindungsstellen an Thermometern, Büretten, T-Stücken, Thermosflaschen und ähnlichen gläsernen Geräten kann man sich von der Vollkommenheit derartiger Verbindungen überzeugen.

In Ausnahmefällen, wenn die Glasgegenstände zu groß werden oder insbesondere, wenn diese sich überhaupt nicht mehr bewegen lassen, wie bei dem Zusammenbau von Rohrleitungen in Hochvakuumapparaturen aus Glas (Bild 2), ruht das Werkstück und das Gebläse wird bewegt. Lassen die zu verbindenden Werkstücke auch die geringe Bewegung, die zum Zusammendrücken der Flächen erforderlich sind, nicht mehr zu, so wird die Verbindungsstelle mit Hilfe eines Glasstabes von etwa 4 mm ⌀ aus demselben Werkstoff „verschmiert", ähnlich dem Verschweißen von V-Fugen bei Kunststoffen (s. auch bei *Voigt*, Anhang). Größere Spalte können dabei durch eine Zickzackbewegung des erweichten Stabendes „vernäht" werden. Diese Arbeit erfordert Erfahrung hinsichtlich des Erweichungszustandes des Glasstabes und der Werkstückflächen sowie der dazu erforderlichen Flammenführung. Die beim sogenannten Verschmieren entstandenen Ungleichmäßigkeiten in der Verbindungsstelle werden durch mehrmaliges Erhitzen und *Bearbeitung durch Aufblasen und Einfallenlassen bei rohrförmigen Verbindungsstellen* ausgeglichen.

Bei der Anfertigung von großen Serien kann die Geschicklichkeit des Glasbläsers durch Hilfsmittel ersetzt werden. Eine derartige Arbeitsvorrichtung von universaler Verwendbarkeit kann man sich z. B. aus einer Drehbank entstanden denken, wenn man auf dem Support an Stelle des Drehstahles einen oder mehrere Brenner anordnet und zwei gleichlaufende Drehspindeln links und rechts von den Brennern auf der Bank zur Aufnahme der zu verbindenden Stücke vorsieht. Die Verbindungsstellen können im erweichten Zustand mit Hilfe von Spachteln und Auftreibern, bestehend aus entsprechend gestalteten, in flüssiges Wachs getauchten Metallteilen, ähnlich dem Drücken von blechförmigen Hohlkörpern, verformt werden. Bei der Herstellung von Massenartikeln, wie Glühlampen und Radioröhren, erreichen diese Arbeitsvorrichtungen das Ausmaß von recht komplizierten und teuren Automaten, deren hohe Leistung den niedrigen Preis dieser Artikel mit zu erreichen gestattet.

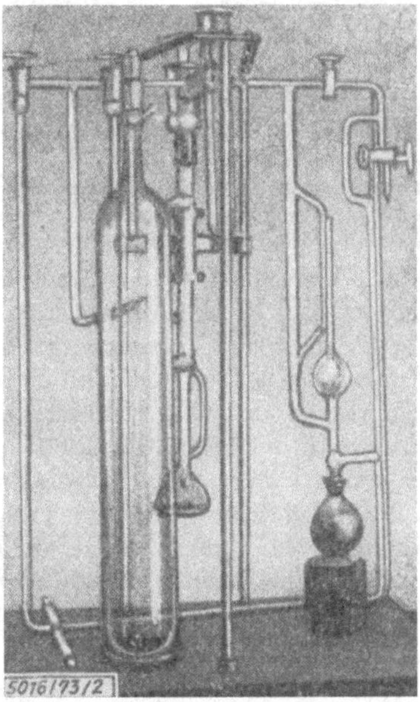

Bild 2. Hochvakuumapparatur (n. *Mönch*)

Es ist nun eine hervorstechende Eigenart des glasigen Werkstoffes, daß, falls der Übergang von dem plastisch-viskosen in den spröd-elastischen Zustand (gekennzeichnet durch die Transformationstemperatur mit einer Viskosität von 10^{13} Poise) nicht in allen Bereichen des Körpers zu gleicher Zeit erfolgt, im Werkstück Spannungen entstehen, die bei Zimmertemperatur verbleiben.

Man kann sich das Auftreten dieser Spannungen leicht in der Weise vorstellen, daß die schon erhärteten Bereiche bei der Abkühlung infolge ihrer thermischen Schrumpfung plastische Deformationen in den heißeren Teilen verursachen. Haben sich die ursprünglich heißeren Bereiche dann auch abgekühlt, so fehlt hier gewissermaßen der durch plastische Verformung verlorengegangene Betrag, und dieser Bereich wird dann elastisch auf die ihm zukommende Länge gedehnt. Die früher höher temperierten Bereiche stehen daher bei Zimmertemperatur unter Zugspannung, die kälteren unter Druckspannung. Von diesem Effekt wird z. B. beim „gehärteten" Glas Gebrauch gemacht. Dabei handelt es sich um Glasplatten, die infolge Sturzkühlung außen Druck- und innen Zugspannungen besitzen und dadurch erhöhte Biegefestigkeit aufweisen.

Werden auch unterhalb des eben erwähnten *Transformationspunktes* beim Abkühlen starke Temperaturunterschiede am selben Werkstück hervorgerufen, so sind diese mit bei Temperaturausgleich wieder verschwindenden elastischen Spannungen verbunden (*Kühlspannungen*). Haben z. B. gleiche, formstarr miteinander verbundene Bereiche die Temperaturdifferenz Δt und ist α der Ausdehnungskoeffizient, E der Elastizitätsmodul und F ein Formfaktor, so beträgt die auftretende Spannung

$$\sigma = {}^1/_2 F \cdot \alpha \cdot \Delta t$$

Es treten beim Abkühlen Sprünge auf, wenn der Wert σ die Zugfestigkeit des Glases überschreitet.

Nach Herstellung der Verbindung müssen die Werkstücke *langsam abgekühlt* werden. Dieses „Tempern" geschieht weniger zur Vermeidung der vorübergehenden Kühlspannungen als vielmehr, um die zuerst besprochenen bleibenden Spannungen zu vermeiden. Bei einfachen kleinen Körpern genügt es meist, die Verbindungsstelle langsam in der Flamme erkalten zu lassen, indem die Luftzufuhr zur Flamme langsam gedrosselt wird, bis der Körper in der leuchtenden Flamme schließlich so erkaltet ist, daß er mit Ruß beschlägt. Komplizierte Stücke werden meist im Temperofen noch einmal bis einige Grad über den Transformationspunkt erwärmt, d. h. so hoch, daß die Spannungen verschwinden, aber doch so niedrig, daß noch keine Deformation infolge der Schwerkraft stattfindet. Daraufhin wird wieder langsam abgekühlt (Tunnelofen oder periodischer Ofen, genannt „Kühlofen").

Für die Behandlung des Glases vor der Flamme gilt die alte Regel, daß das Glas dann nicht mehr springt, wenn es die Flamme färbt (Auftreten von Natrium-D-Licht im nichtleuchtenden Teil der Flamme). In diesem Zustande kann das Glas schnell in die heiße Flamme gebracht werden, mit kalten Werkzeugen berührt werden, ohne daß eine Rißgefahr besteht.

Zur Erreichung der zum Verschmelzen erforderlichen Temperatur genügt bei gewöhnlichen Apparategläsern im allgemeinen ein Brenner, der mit einem Gas von hohem Heizwert, wie z. B. Leuchtgas, und Luft betrieben wird. Die aus einer feinen Düse mit etwa 1 atü ausströmende Preßluft erfaßt das in eine vorgelagerte Mischkammer einströmende Gas und der Gas-Luft-Strom bildet außerhalb der Mischkammer eine lange milde und möglichst spitze Flamme. Die Größe der Flamme richtet sich nach dem zu bearbeitenden Gegenstand bzw. nach der augenblicklichen Bearbeitungsphase. Durch Betätigen des Gas- und Lufthahnes muß während des Verschmelzungsprozesses die Flamme dauernd verändert werden.

Bei komplizierten Arbeiten sind mehrere Flammen in einer Ebene linear und parallel oder kreisförmig so angeordnet, daß diese auf den Mittelpunkt des Kreises hin gerichtet sind. Schwerer schmelzende „härtere" Gläser, wie Einschmelzgläser für Wolfram und Molybdän oder temperaturwechselbeständige Gläser mit niedrigem Ausdehnungskoeffizienten erfordern einen Zusatz von Sauerstoff zur Preßluft. Quarzglas kann nicht mit Preßluft sondern nur mit Sauerstoff sowie den Brenngasen Wasserstoff oder Acetylen verschmolzen werden. Bei mittleren Temperaturen eignen sich Acetylen und Propan trotz ihres hohen Heizwertes nicht gut für derartige Verschmelzungsarbeiten, weil diese Gase ohne Sauerstoffzusatz zur Luft eine zu niedrige Zündgeschwindigkeit haben. Die Gebläseflamme erlischt beim Regeln dauernd.

Sollen Gläser aus verschiedenen Herstellungszeiten oder verschiedener Zusammensetzung miteinander verschmolzen werden, so muß ihr Wärmedehnverhalten beachtet werden. Das eventuell verschiedene Erweichungsverhalten ist dagegen kaum von praktischer Bedeutung. Unterscheiden sich die beiden Gläser z. B. um den Betrag $\Delta\alpha$ im Ausdehnungskoeffizienten und ist E der Elastizitätsmodul, F ein Formfaktor und T_T die Transformations-, T_0 die Zimmertemperatur, so herrscht im Glas die Spannung

$$\sigma = {}^1/_2 \cdot F \cdot E \cdot \Delta\alpha \, (T_T - T_0).$$

Im Falle gleicher Werkstoffdicken und gleicher Elastizitätsmoduln bei beiden Gläsern hat F den Wert 1. Das zulässige $\Delta\alpha$ hängt von der Form der Verbindung ab. Es kann am größten sein bei der Verschmelzung dünnwandiger Rohre, stumpf gestoßen und darf hier im allgemeinen bis etwa $10 \cdot 10^{-7}/°C$ betragen. Will man Gläser miteinander verbinden, deren Wärmedehnung stärker differiert, so muß man entsprechende Zwischengläser verwenden (Bild 3). Dafür geeignete Gläser im Handel zu finden, gelingt jedoch nicht immer leicht, da die handelsüblichen Gläser, die in Form von Rohren und Stäben für Verschmelzungszwecke hergestellt werden, vorwiegend in die folgenden Gruppen der Zahlentafel 1 zusammenfallen:

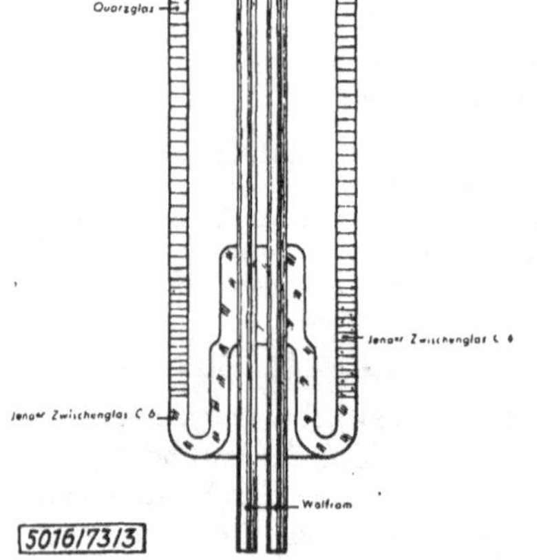

Bild 3. Wolframeinschmelzung in Quarzglas (nach *Schott*)

Wärmedehnungszahl $\alpha \cdot 10^7$	Glasart	Beispiele
5	Quarzglas	keine besondere
30 bis 40	warmfeste und kochfeste Gläser	„Supremax", Schott, Jena „Duran", Schott, Jena „Pyrex", Corning Glassworks, U.S.A.
40 bis 50	Wolfram-Einschmelzgläser	„1646 III", Schott „362a", Osram „V 712 b", Osram
50 bis 60	Molybdän-Einschmelzgläser	verschiedene Hersteller
80 bis 90	Platin-Einschmelzgläser gewöhnliche Gerätegläser Thermometergläser Glühlampengläser Bleigläser	„Thüringer Gläser" „16 III", Schott „Ge-Ge-Eff", Fischer, Ilmenau (Thür.) „Fischer-Prima"
120 bis 130	Eiseneinschmelzgläser	Fischer, Ilmenau (Thür.)

Zahlentafel 1. Ausdehnungskoeffizienten technischer Gläser.

Um die bestehenden Lücken insbesondere zwischen Gläsern und Quarzglas sowie zwischen den Molybdän- und Gerätegläsern zu schließen, werden „Zwischengläser" hergestellt*), die in 16 Stufen den ganzen Bereich vom Quarzglas bis zu den Apparategläsern ($\alpha = 8$ bis $80 \cdot 10^{-7}$) gleichmäßig überdecken.
Es werden auch fertige Rohrstücke mit entsprechenden Endgliedern geliefert.

C. *Prüfung des Spannungszustandes*

An fertigen Glasverschmelzungen kann der *Spannungszustand zerstörungsfrei* und schnell mit Hilfe eines Glasspannungsprüfers (Bild 4) *kontrolliert* werden. Die Untersuchung beruht darauf, daß das isotrope Medium Glas unter dem Einfluß von Spannungen lichtoptisch *doppelbrechend* wird. Ein linear polarisierter Lichtstrahl wird, wenn er senkrecht zur Richtung der Spannung durch Glas geht, in elliptisch polarisiertes Licht verwandelt. Der Betrag der Doppelbrechung wird in

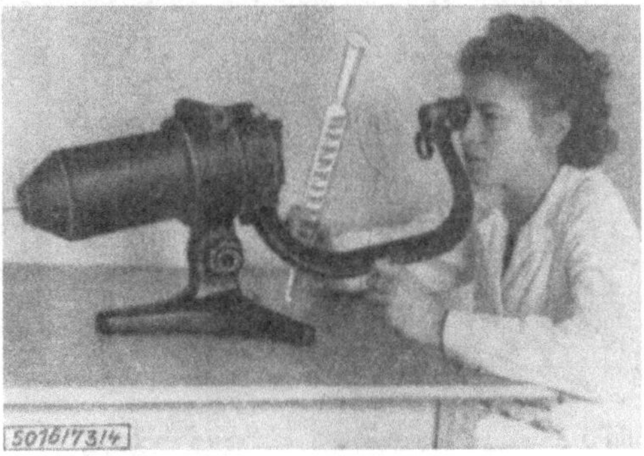

Bild 4. Glasspannungsprüfer (Askania, Teltow, Berlin)

*) Zwischengläserlieferant in Deutschland u. a. Fa. „Schott u. Gen.", Jena (Thüringen).

m μ/cm angegeben, was den Gangunterschied zwischen dem ordentlich und dem außerordentlich gebrochenen Lichtstrahl in m μ bedeutet, bezogen auf die Glasdicke in cm. *Zwischen der Stärke der auftretenden Doppelbrechung und der Größe der mechanischen Spannung im Glas besteht ein linearer Zusammenhang.* Beim Glasspannungsprüfer ist zwischen Polarisator und Analysator ein Gipsplättchen geschaltet, das das Gesichtsfeld im Rot 1. Ordnung erscheinen läßt. Geringe Verspannungen des Glases machen sich bei der Betrachtung durch starke Farbunterschiede nach Grün, Blau oder Gelb bemerkbar. Aus der Farbe ist dann der Spannungszustand leicht abschätzbar. Durch Vergleich mit meßbar verspannten Eichstücken gelangt man zu quantitativen Angaben für die Spannungen. Zugspannungen sollen unter $\sigma = 25$ bis 50 kg/cm² bleiben.

Ein einfaches Verfahren, um die Eignung zu gegenseitiger Verbindung zweier verschiedener Gläser zu prüfen, besteht darin, daß zwei Stäbe daraus aneinanderliegend in der Flamme zusammengeschmolzen und ohne Verdrehung zu einem Faden ausgezogen werden. Krümmt sich der Faden beim Erkalten, ähnlich wie ein Bimetallstreifen, so passen die beiden Gläser nicht zusammen. Unter Berücksichtigung der Dicke des Fadens kann dieses Verfahren auch zu schnellen quantitativen Angaben führen. In der Glashütte besteht ein Schnellverfahren zum Kontrollieren der Wärmedehnung des Hafeninhalts darin, daß ein Glastropfen an einen solchen aus dem Standardglas angeschmolzen wird und durch Pressen im erweichten Zustand die Breite der Verschmelzungsfläche auf ein festgelegtes Maß, z. B. 10 mm, gebracht wird. Nach dem Kühlen der Probe wird der Gangunterschied im polarisierten Licht zwischen Nickols nach einer Kompensatormethode gemessen. Nach *Padmos* entspricht in der Regel ein Gangunterschied von 70 [m μ/cm] einem Unterschied der Ausdehnungskoeffizienten von $1 \cdot 10^{7}$/° C (zwischen 0 und 300° C).

D. Keramik-Glasverschmelzungen

1. Verschmelzungen von Keramik- mit Glasteilen

Die Durchführung dieser Verschmelzungen bietet gegenüber der vorhergehenden (Glas—Glas) folgende, an sich geringfügige Sonderheiten:

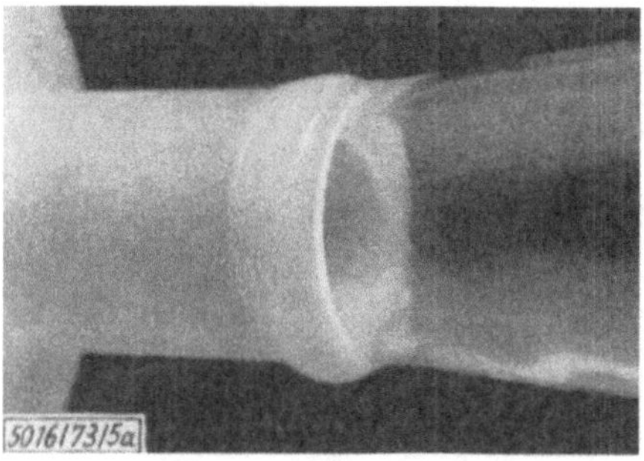

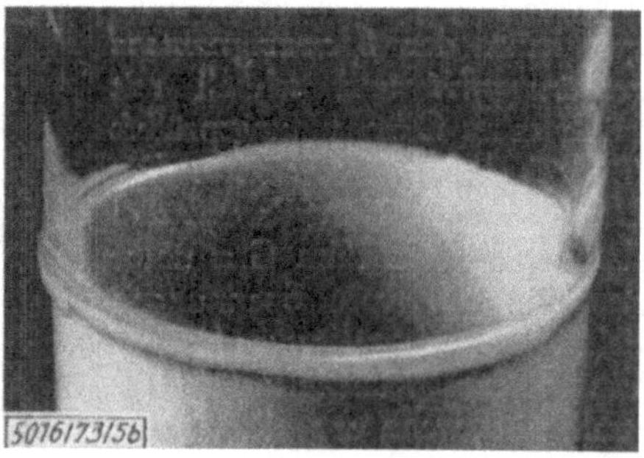

Bild 5 a und b. Keramik-Glasrohrverschmelzungen a) 12 mm ∅ b) 50 mm ∅

Es erweicht nur der eine der zu verbindenden Teile. Infolgedessen muß die Temperatur etwas höher sein, so daß man ohne Zusatz von Sauerstoff zur Gebläseluft grundsätzlich nicht auskommt. Die Haltbarkeit ist nur dann gegeben, wenn das Glas sich gut an die Keramik anschmiegt. Bei Anwendung hoher Temperatur wird die Oberfläche der Keramik daher meist noch glasiert und mit Hilfe eines „Schmierstabes" mit Glas „bewickelt", d. h. es wird auf die zu verbindende keramische Fläche eine etwa 1 mm dicke Glasschicht in der Flamme aufgeschmolzen, an die dann unmittelbar das Glasteil nach dem vorstehend bei den Glasverschmelzungen beschriebenen Vorgang angesetzt wird (Bild 5 a und b). Derartige Verbindungen sind nur dann haltbar, wenn sich die Glasoberfläche der Keramikoberfläche in einem flachen Winkel nähert, d. h. gut „breit geflossen" ist.

Die dem Transformationspunkt der Gläser entsprechende Temperatur liegt bei Keramik meist über oder mit der Verarbeitungstemperatur in gleicher Höhe. Daher ist das Keramikteil während des ganzen Schmelzvorganges durch Temperaturgefälle rissgefährdet. Gleichmäßige und vorsichtige Temperaturbehandlung der Keramik ist daher in allen Bearbeitungsstadien erforderlich.

Da aus herstellungstechnischen Gründen die Wanddicke der keramischen Teile fast immer größer ist als die des Glases, wählt man den Ausdehnungskoeffizienten des Glases niedriger als den des keramischen Werkstoffes. Dadurch wird das Glas bei Zimmertemperatur auf Druck beansprucht, und die Verbindung hält besser, als wenn diese spannungsfrei wäre. Zuerst zeigte dies *Handrek*. Das Keramikteil hält dabei die auftretenden Zugspannungen infolge seiner größeren Werkstoffdicke normalerweise aus. Da der Ausdehnungskoeffizient des Glases bei höherer Temperatur stark ansteigt (Bild 6), insbesondere jedoch in der Nähe der Transformationstemperatur T_r, besteht in derartigen Verbindungen bei hohen Temperaturen stets Zugspannung im Glas, und bei im erkalteten Zustand spannungsfreien Kombinationen würde die Verbindung wegen der Zugspannung in der Hitze schon beim Kühlen Sprünge im Glas bekommen.

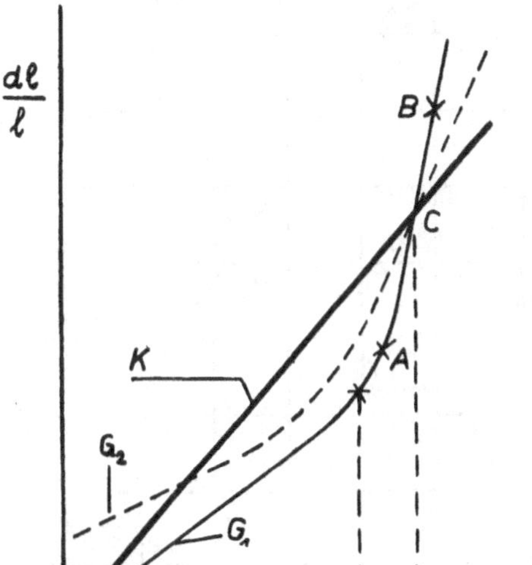

Bild 6. Ausdehnungskurven von Keramik (K) und Gläsern (G_1;G_2).

Tr = Transformationstemperatur
Tc = Temperatur der beginnenden starren Verbindung
(Bem.: Diese hängt etwas von der Kühlgeschwindigkeit ab.)

Kurve ——— eines geeigneten, bei Zimmertemperatur T unter Druckspannung stehenden Glases. $\frac{dl}{l}$ = rel. Verlängerung.

Wählt man also für Keramik-Glasverschmelzungen ein Glas mit kleinerem Ausdehnungskoeffizienten, so gelingt es einmal leichter, die Verbindungen rissefrei aus dem Kühlofen heraus zu bekommen, außerdem können derartige Verbindungen eine sogar die Komponenten übertreffende *Temperaturwechselbeständigkeit* haben. Da die hohe Wärmedehnung des Glases sich oberhalb des Transformationspunktes plastisch ausgleichen kann, führt langsames Tempern zur Verstärkung der Druckspannnungen im Glas und umgekehrt.

Eine Übersicht über die häufigsten Verbindungen gibt die Zahlentafel 2. (Nähere Einzelheiten können bei den verschiedenen Herstellerfirmen für Gläser und keramische Werkstoffe erfragt werden).

Glas	Keramik
Wolframgläser und ähnliche mit $\alpha = 35$ bis $45 \cdot 10^{-7}$	Hartporzellan
Molybdängläser und ähnliche mit $\alpha = 50$ bis $65 \cdot 10^{-7}$	Steatitmassen, insbesondere bariumhaltige für Molybdängläser
Platineinschmelzgläser, Apparategläser, Bleigläser	Titandioxydmassen Magnesiumtitanatmassen Forsteritmassen

Zahlentafel 2. Kombinationen von Glas und Keramik für gegenseitige Verschmelzungen
α = Ausdehnungskoeffizient

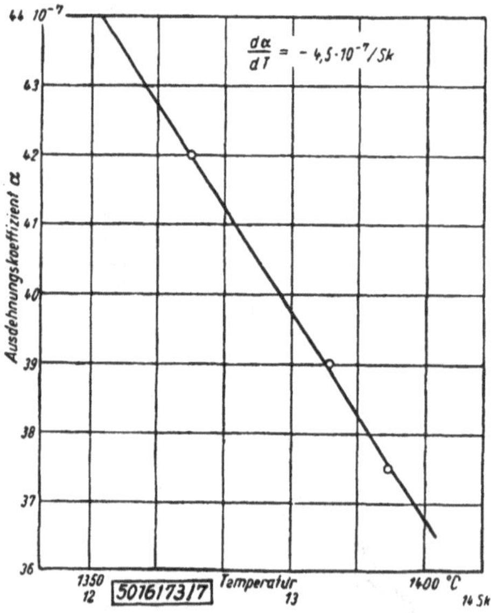

Bild 7. Abhängigkeit des Ausdehnungskoeffizienten α bei Hartporzellen von der Brenntemperatur in °C bzw. in Segerkegeln (SK), nach *Haase*

Bei handelsüblichen Gläsern, die für Verschmelzungszwecke hergestellt werden, ist das Wärmedehnungsverhalten einer Glassorte ziemlich konstant. Bei Hartporzellan jedoch besteht eine erhebliche Abhängigkeit des Ausdehnungskoeffizienten von der Brenntemperatur (Bild 7). Bei Steatitmassen konnte der Verfasser wohl in der Hauptsache wegen des geringen Brennintervalls dieser Massen nur eine geringe Schwankung der Wärmedehnung beobachten ($\sim 2 \cdot 10^{-7}/°C$). Der Ausdehnungskoeffizient nimmt im allgemeinen mit höherer Brenntemperatur ab infolge der dabei zunehmenden Bildung glasiger Substanz aus kristalliner.

2. *Verschmelzung von Keramik mit Keramik mittels Glas oder Glasur*

Von diesem Verfahren wird in der Praxis dann Gebrauch gemacht, wenn es wegen Brennschwierigkeiten oder wegen geforderter genauer Abmessungen nicht möglich ist, einen keramischen Körper in einem Stück zu fertigen. *Zwischen die zu verbindenden Flächen wird Glas- oder Glasurpulver gebracht, die Einzelteile werden auf Lehren aus notfalls geschliffener Schamotte fixiert und im Ofen auf die Schmelztemperatur des Glases erhitzt* (Bild 8). Der Vorgang hat große Ähnlichkeit mit der Anwendung von körnigem Lötpulver für Lotverbindungen (s. hierzu bei *Lüder*, S. A 3 ff.). Für die Wahl der Werkstoffe fand der Verfasser die folgenden Regeln:

Die Ausdehnungskoeffizienten der zu verschmelzenden Teile sollen möglichst gleich sein ($\Delta\alpha < 2 \cdot 10^{7}/°\,C$). Das bedeutet für die Fertigung, daß die Teile im allgemeinen aus dem gleichen Massevorrat hergestellt und im gleichen Ofen gebrannt werden. Der Unterschied in der Wärmedehnung der zu zerschmelzenden Teile kann nach *Haase* (2) bei fast beliebig geformten Stücken dadurch bestimmt werden, daß zunächst geeignete Glasstäbchen mit Hilfe eines leicht schmelzenden Glases angeschmolzen werden, deren Spannungszustand im polarisierten Licht bestimmt wird. Ist die an beiden Keramikteilen bestimmte Glasspannung gleich, so sind diese Partner zum Verschmelzen geeignet. Die Größe des Ausdehnungskoeffizienten des Verbindungsglases ist weniger kritisch zu bewerten. Soll die Verbindung hochvakuumdicht sein, so muß die Wärmedehnung des Glases kleiner sein als die der Keramik. Soll höchste mechanische Festigkeit erreicht werden, so ist ein Glas mit einem etwas größeren Ausdehnungskoeffizienten vorteilhafter.

Bild 8. Aus drei Teilen zusammengeschmolzener Träger für eine Hochfrequenzspule
Links = **Einzelteile**
Rechts = **Auf der Schmelzlehre zusammengebaut**
(nach *Balke*)

Die Begründung liegt darin, daß im Fall α Glas $>$ α Keramik Risse kaum auftreten. Es besteht jedoch die Tendenz zur Bildung von Rissen parallel zur Keramikoberfläche im Glas, die bewirken können, daß die Verbindung somit auseinanderfällt. Im Falle α Glas $<$ α Keramik entstehen Risse senkrecht zur Keramikoberfläche im Glas. Sie sind für die Festigkeit der Verbindung ohne Belang (*Haase* (1)).

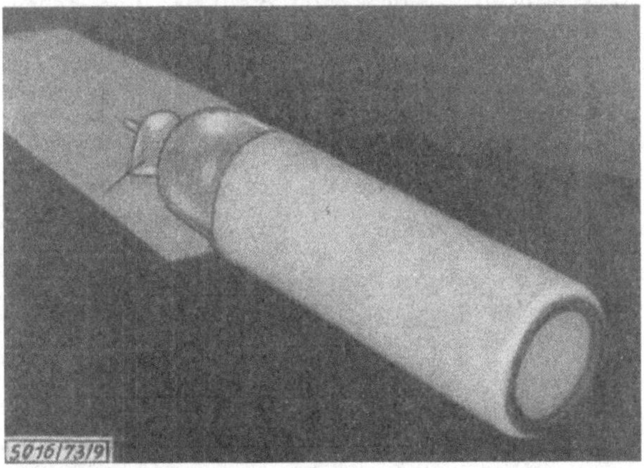

Bild 9. Hochvakuumdicht mit Glasur eingeschmolzenes Glasfenster an einer Versuchsröhre aus Keramik

Es können nach dem hier geschilderten Verfahren auch Glasteile miteinander im Ofen verschmolzen werden. Man kann dadurch die Notwendigkeit eines geübten Glasbläsers umgehen oder Konstruktionen anwenden, die sich nach Glasbläserart nicht herstellen lassen. Für die zur Verbindung gebräuchlichen Glaspulver ist die Bezeichnung „Glaslot"*) eingeführt worden. Diese Glaslote müssen außer den oben genannten Bedingungen noch derjenigen genügen, nämlich so leicht zu schmelzen, daß dabei die zu verbindenden Glasteile infolge Erweichung im Ofen nicht zusammenfallen.

Schließlich kann man auch Glas- und Keramikteile mittels Glaspulver verschmelzen. Ein auf diese Weise vom Verfasser hochvakuumdicht eingeschmolzenes Glasfenster zeigt das Bild 9.

E. *Glas-Metallverschmelzungen*

Das hervorstechendste Merkmal der Metalle gegenüber den bisher behandelten oxydischen Werkstoffen ist neben ihrer guten elektrischen Leitfähigkeit ihre plastische Verformbarkeit. Sie sind daher nicht rissegefährdet. Wenn der Spannungszustand wieder für die Paarung Glas—Metall genau beachtet werden muß, so geschieht dieses nur im Hinblick auf die Glasseite. Aus der guten elektrischen Leitfähigkeit leitet sich die außerordentlich häufige Verwendung von Glas-Metallverschmelzungen her, nämlich zur Einführung von elektrischen Strömen in Vakuumgefäße z. B. bei Glühlampen, Radioröhren, Röntgenröhren. Schließlich ist auch jeder mit *Email* überzogene metallische Gegenstand eine Glas-Metallverbindung, deren technische Begründung in der chemischen Korrosionsfestigkeit des als Email bezeichneten Glases liegt.

Zum Problem der *Beherrschung der inneren Spannungen* dieser Verbindungen kommt noch das Problem der *Haftung in der Berührungsfläche* der beiden Werkstoffe Glas und Metall hinzu. Wegen des grundsätzlich verschiedenen chemischen und physikalischen Charakters der beiden zu verbindenden Werkstoffe besteht keine Möglichkeit der Legierungs- oder Verbindungsbildung zwischen Glas und Metall. Dies äußert sich schon in der schlechten Benetzbarkeit, wenn eine der beiden Phasen Glas oder Metall sich im geschmolzenen Zustand befindet.

Man erzielt die Haftung in der Berührungsfläche, indem man bei der Herstellung der Verbindung dafür sorgt, daß das Metall sich vorher mit einer Oxydhaut bedeckt. Die Metalloxyde haben die Eigenschaft, sich mehr oder weniger im Glas aufzulösen und damit eine Verbindung herzustellen. Da dickere Oxydschichten jedoch im allgemeinen schlecht auf der Metalloberfläche haften oder keine kompakten zusammenhängenden festen Schichten bilden, muß die Oxydation genau dosiert werden. Die Ver-

Metall	Farbe
Kupfer	gelb-bräunlich oder purpurfarben (von Cu_2O, nicht etwa schwarz von CuO).
Eisen	schwarz-grünlich (von FeO, nicht etwa rot von Fe_2O_3 wie „Kupferköpfe" beim Email)
Eisen-Nickel-Kobalt	schwarz
Molybdän.........	schokoladenbraun
Wolfram	orangerot

Zahlentafel 3. Farben bei richtiger Oxydschichtdicke zum Verschmelzen von Glas mit verschiedenen Metallen.

*) z. B. „Glaslot" der Fa. G. Fischer, Ilmenau (Thüringen)

schmelzungen werden daher stets in oxydierender Atmosphäre erzeugt, wobei die Erhitzungsgeschwindigkeit in dem Stadium, in dem die heiße Metalloberfläche noch nicht mit Glas bedeckt ist, innerhalb bestimmter Grenzen, die sich als am günstigsten erwiesen haben, genau eingehalten werden muß. Bei Drahteinschmelzungen und unter gewissen Umständen auch beim Email wird der Oxydationszustand der Metalloberfläche aus der Farbe beurteilt, unter der das Metall durch das Glas hindurchgesehen erscheint. Es gelten hierfür die im folgenden aufgeführten Regeln (Zahlentafel 3).

Das Problem der Haftung spielt besonders bei der Herstellung des Emails eine wichtige Rolle. Man kann die Haftung verbessern durch gewisse Zusätze zum Email. Dies sind die sogenannten *Haftoxyde*, die der zuerst aufzubringenden Schicht, dem Grundemail, beigegeben werden. Das bekannteste und wirksamste ist das Kobaltoxyd. Eine zusammenfassende Übersicht über den neuesten Stand der Anschauungen über die Haftwirkung des Co O geben *Healy u. Andrews*. Die Haftung wird ferner verbessert durch Nickel- und Manganoxyde, jedoch ist deren Wirkung schwächer und deren Gehalt im Email muß entsprechend höher sein. Beim Kobaltoxyd genügen meist Mengen unter oder um 1 Gew.-%. Neuerdings hat man auch bei Schwefelgehalt im Glas, der in Form von sulfidischen Rohstoffen eingeschmolzen wird, Haftwirkung festgestellt. Bei den modernen Titanemails ist es üblich, die Haftung durch Überziehen der Eisenbleche mit einer dünnen Nickelschicht, z. B. durch Eintauchen in eine Nickelsalzlösung, zu erzeugen. Das Studium dieser Haftfestigkeit stellt ein interessantes Forschungsgebiet der Grenzflächenreaktionen dar und muß hierfür ebenso wie für Haftgrundbeobachtungen beim Kleben (s. hierzu bei *Voigt*) weiterverfolgt werden.

Für Kombinationen Glas—Metall, die sich miteinander verschmelzen lassen, gelten die folgenden Gesichtspunkte:

1. Die Ausdehnungskurven der Partner müssen so verlaufen, daß die thermischen Dehnungen gleich oder beim Glas etwas geringer sind als beim Metall.
   Hat das Metall einen Knick*) in der Ausdehnungskurve, so muß ein Glas gewählt werden, dessen Erweichungspunkt unterhalb dieser jeweiligen Knickpunktstemperatur liegt.
2. Der Schmelzpunkt des Metalles muß oberhalb der Verarbeitungstemperatur des Glases liegen. Mit gewissen Abweichungen ist bei Metallen und Gläsern der Ausdehnungskoeffizient im allgemeinen höher, wenn der Schmelzpunkt niedriger ist und umgekehrt. Es ist nicht möglich, ein extrem niedrig schmelzendes Glas mit einem kleinen Ausdehnungskoeffizienten herzustellen und umgekehrt ebenfalls nicht ein hochschmelzendes mit einem hohen Ausdehnungskoeffizienten.
3. Das Metall darf während und nach dem Verbinden mit dem Glas kein Gas abgeben.

Aus diesen und weiteren praktischen Gründen wie Herstellungskosten, Verwendungszweck u. a. m. kommen technisch gesehen nur die folgenden Metalle für Verschmelzungen mit Glas in Frage:

Vakuumtechnik

Wolfram, Molybdän, Platin, Eisen und entsprechende Legierungen aus Eisen, Chrom, Nickel, Kobalt, Kupfer.

*) Knickpunkte in der Ausdehnungskurve des Metalles oder der Metallegierung entstehen oft bei Phasenumwandlungen, Beispiel $\alpha \rightarrow \gamma$ Eisen, s. auch b. allotropen Modifikationen.

Emailliertechnik

Eisen in Form von Blech und Guß, für Schmuckemails Messing, Kupfer, Silber, Aluminium (leicht schmelzende Emails), Wolfram (feuerfestes Email).

Zu 1. Da die reinen Metalle Platin, Molybdän, Wolfram lineare Ausdehnungskurven haben und ihr Ausdehnungskoeffizient hinreichend klein ist, bereitet es keine besonderen Schwierigkeiten, hierzu passende Gläser herzustellen (Bild 10). Als Ersatz für Platin und Molybdän sind auch Legierungen im Gebrauch, die von der Ausdehnungsanomalie im System Eisen-Nickel Gebrauch machen und in den unteren Temperaturbereichen die Ausdehnungskurven dieser Metalle nachzuahmen gestatten. Der Transformationspunkt geeigneter Gläser muß nun so niedrig liegen, daß die hohe Ausdehnung des Metalles oberhalb seines Umwandlungspunktes nicht mit erfaßt wird. Begünstigend kommt hinzu, daß Gläser oberhalb des Transformationspunktes auch eine höhere Wärmedehnung haben, die wie im Beispiel des Bildes 11 mit der des Metalles weitgehend übereinstimmen kann.

Um das teure Platin einzusparen, hatte man zunächst Drähte in Form der Platinmanteldrähte mit einer Seele aus Fe-Ni-Legierung eingeschmolzen. Neuerdings verwendet man im Röhrenbau, besonders bei Glühlampen, fast ausschließlich Kupfermanteldrähte, die Platin vollkommen vermeiden und außerdem eine hohe elektrische Leitfähigkeit haben. Man kommt so mit dünnen Drähten aus, die sich leichter vakuumdicht einschmelzen lassen. Die folgende Zahlentafel 4 gibt nach *Mönch* eine Zusammenstellung der Eigenschaften von Manteldrähten.

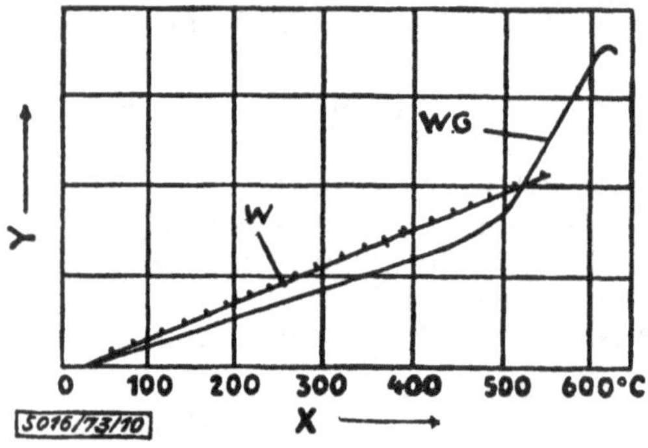

Bild 10. Ausdehnungskurven von Wolfram (W) und einem dazu passenden Glas (WG), nach *Bartels*

x = Temperatur in °C
y = Ausdehnung / Längeneinheit · 10^{-3}

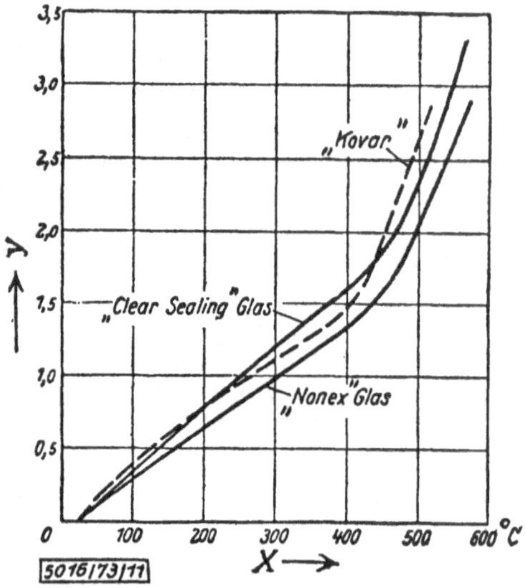

Bild 11. Ausdehnungskurven von „Kovar" (Legierung 27,3% Ni, 19,0% Co, 0,6% Mn, Rest Fe) und zwei Gläsern, nach *Hessenbruch*

x = Temperatur in °C
y = Ausdehnung

Metalle	Zusammensetzung	Verwendbar bis Ø in mm	Ausdehnungskoeffizient: 10^7	Spez.-elektr. Widerstand bei 20° C $Ohm \frac{mm^2}{m}$	Wärmeleitfähigkeit $\frac{cal}{cm\ sec.\ Grad}$	Lieferfirma bzw. Hersteller[1])
Kupfermanteldraht (Fink-, Eldred- und Dumet-Draht)	Kern: 45% Ni, 55% Fe Mantel: 24–40% des Gesamtgewichtes	1	radial 70–100 axial 61–65	0,04–0,06	0,4	La, Di, Osram
Platinmanteldraht (30–40%)	Kern: 48% Ni, 51% Fe Mantel: 30–40% des Gesamtgewichtes	2–3	89–93	0,5	0,03	Di, La, Heraeus
Platinmanteldraht (13%)	Kern: Nickeleisen Mantel: 13% des Gesamtgewichtes	2–3	89–93	0,5	0,03	Di, La, Heraeus

[1]) Di: Fa. „Bruno Dietze", Coburg, Karchestr. 1
Dt. E.: „Deutsche Edelstahlwerke AG.", Kulmbach, Bay., Festungsberg 22
La.: Fa. „Heinrich Lahr", Mainz-Kastel
Osram: Glaswerk „Osram", Weißwasser (Oberlausitz)

Zahlentafel 4. Zusammenstellung der Eigenschaften von Manteldrähten, nach *Mönch*.

Zu den Metallen Wolfram, Molybdän, Platin und Eisen werden passende Einschmelzgläser hergestellt und unter dieser Bezeichnung in den Handel gebracht. Oft eignen sich auch Gläser zum Einschmelzen, die diesen Gläsern verwandte Eigenschaften haben, letztere sind z. T. in der Zahlentafel 5 über die Einschmelzlegierungen enthalten, die nach *Mönch* eine umfassende Übersicht über die Vielzahl der im Handel befindlichen Einschmelzlegierungen mit ihren Eigenschaften und den dazu passenden Gläsern wiedergibt.

Legierung	Frühere Bezeichnung	Zusammensetzung	Ausdehnungskoeffizient:[1]) $\alpha \cdot 10^7$ 20 bis 200° C	20 bis 500° C	Spez. elektr. Widerstand bei 20° C Ohm $\frac{mm^2}{m}$	Knickpunkttemperatur ° C	Lieferfirma[2])	Gläser	Lieferfirma[3])
Kovar	Kovar I	27% Ni, 19% Co, Rest Fe	51—58	63	0,50	425	Heraeus	V 756 1447 III 1467 III „Molybdängläser"	Osram Schott Schott verschiedene Hütten
Ni–Fe 460	46%ig Ni-Fe	46% Ni, Rest Fe	71—77	88	0,60	400	Heraeus	Glas 357	Fischer
Einschmelz 426	42%ig Ni-Fe +6% Cr	42% Ni, 6% Cr Rest Fe	70—75	113	0,95	(300)	Heraeus	Primaglas Apparateglas Apparateglas LR-Glas „Platingläser" „Bleigläser"	Fischer Gundelach Moosbr. Ruhr } verschiedene Hütten
Einschmelz 501	Ni-Fe-Einschmelz 50	49% Ni, 1% Cr, Rest Fe	89—94	97	0,58	445	Heraeus	„Gege-Eff"-Glas AR-Glas 16 III	Fischer Ruhr Schott
Einschmelz 511	51%ig Ni-Fe	51% Ni, 1% Cr, Rest Fe	98—104	102	0,51	480	Heraeus	Primaglas Apparateglas Apparateglas LR-Glas „Platingläser" „Bleigläser"	Fischer Gundelach Moosbr. Ruhr } verschiedene Hütten

Chrom-Eisen 25	25%ig Cr-Fe	25% Cr, Rest Fe	100—110	111	0,70	kein Knickpunkt	Heraeus	[illegible] Apparateglas Apparateglas LR-Glas „Platingläser" „Bleigläser"	[illegible] Gundelach Moosbr. Ruhr verschiedene Hütten
Einschmelz 540	54%ig Ni-Fe	54% Ni, Rest Fe	103—109	108	0,35	550	Heraeus	X-Glas Röntgenglas V 312 Röntgenglas V 130 J	Fischer S. O. G. S. O. G.
CN 42	—	42% Ni, 5,5% Cr, Rest Fe	90—95 (20–100° C)	115	0,90	280	Ergste	B. M. R.	Ruhr

Zahlentafel 5. Einschmelzlegierungen für Gläser, nach *Mönch*. (Fortsetzung nächste Seite)

1) (Kr) u. (Ku) bedeuten: Nach Angaben d. Fa. Krupp bzw. Kuhbier
2) u. 3) s. S. A 131

Nur in wenigen Fällen ist es nicht möglich, die Bedingung der gleichen Wärmedehnung einzuhalten, z. B. wenn es sich darum handelt, Metalle in Gefäße aus Quarzglas mit einem Ausdehnungskoeffizienten von $5 \cdot 10^{-7}/°C$ einzuschmelzen. Man kann dann Wolfram in Wolframeinschmelzglas einschmelzen und Zwischengläser verwenden (siehe Bild 3). Da dieses Verfahren jedoch viel Platz für die Übergangsgläser erfordert und letztere auch nicht immer zulässig sind, wie z. B. bei Gasentladungsröhren mit hohem Druck und hohen Temperaturen, macht man von einem anderen Prinzip Gebrauch:

Bild 12. Quarzbrenner einer „Quecksilberdampflampe Hg Q 50 von Osram" mit drei eingeschmolzenen Metallfolien ($^1/_2$ nat. Größe)

Man macht das Metall so dünn, daß die Festigkeit des Glases und die Haftung ausreicht, um dem Metall die Wärmedehnung des Glases aufzuzwingen. Hierzu sind Wanddicken der Metallfolie unter 15 μ erforderlich. Bild 12

(Fortsetzung der Zahlentafel 5)

Legierung	Zusammen-setzung	Verwendbar bis: (Ø in mm)	Ausdehnungskoeffizient [1]): α · 10^7 20 bis 500 °C	20 bis 100 °C	Spez. elektr. Widerstand bei 20° Ohm mm²/m	Wärme-leitfähigkeit cal/cm sec Grad	Knickpunkt-temperatur °C	Lieferfirma [2])	Gläser	Lieferfirma [3])
Chromeisen (30%)	20–30% Cr, 80–70% Fe	etwa 12	95–105	115–120	0,7–0,8	0,05	—	Ergste Heraeus St. Hark.	U.V.-Glas 827 Primaglas GG 29	Fischer Fischer Gundelach
50% Fe-Ni	50% Ni, 50% Fe	bis größte Stärken	90		0,5–0,6	0,038	490	Heraeus	„Gege-Eff"-Glas Ampullaxglas	Fischer Fischer
46% Ni-Fe	46% Ni, 54% Fe	5	74		0,60	0,038	400	Heraeus	Glas 357	Fischer
Kovar, Ferniko	28–29% Ni, 17–18% Co, 47% Fe, 0,2% Mn	15	50–65		0,45–0,55	0,09	425	Heraeus Dt. E.	Molybdän-Einschmelz-Glas 357 Gläser mit zwischen 40 und 65 · 10^7	Fischer verschied. Hütten
WT 10	36% Ni, 9% Cr, 55% Fe		85	155	0,95	0,03		Ergste C. Kuhbier	Glas 1238 V 130 J	Fischer S.O.G.
BR 44 (P 184)	44% Ni, 6% Fe		74	87	0,50	0,03	410	C. Kuhbier	Glas 16 III	Schott
BR 42 (P 182)	42% Ni, 58% Fe		51	80	0,50–0,60	0,03	340–	C. Kuhbier	Glas 357	Fischer

BR 36	36% Ni, 64% Fe		20	105	0,82–0,85	0,03	230	C.Kuhbier		
FF 30.........	30% Cr, 70% Fe	0,5	92 (Kr) 100 (Ku) (0–100°)	109 (Kr) 113 (Ku) (0–500°)	0,70 (Kr) 0,83 (Ku)	0,055 (Kr) 0,045 (Ku)	kein Knick-punkt	Ergste F. Krupp C.Kuhbier	X-Glas Glas V 130 J Glas V 312	Fischer S.O.G. S.O.G.
WT 10	36% Ni, 9% Cr, 55%	0,5	80 (Kr) 82 (Ku) (0–100°)	154 (Kr) 145 (Ku) (0–500°)	0,95 (Kr) 0,95 (Ku)	0,029 (Kr) 0,03 (Ku)	kein Knick-punkt	F. Krupp C.Kuhbier	Glas 1238	Fischer
P 184 (BR 44)	44% Ni, 56% Fe	0,5	74 (Kr) 70 (Ku) (0–100°)	87 (Kr) 84 (Ku) (0–500°)	etwa 0,7 (Kr) 0,55 (Ku)	— 0,02 (Ku)	350	F. Krupp C.Kuhbier	Glas 16 III	Schott
P 377	29% Ni, 18% Co	0,5	63 (Kr) (Ku) (0–100°)	65 (Kr) (Ku) (0–500°)	0,6	0,03	450	F. Krupp C.Kuhbier	Glas 257	Fischer
Thermax 8 F..	Fe + 0,1% C, 2,5% Si, 3,5% Cr	8		128 (20–800 °C)	0,58	0,045	kein Knick-punkt	Dt. E.	X-Glas	Fischer

zeigt den Quarzbrenner einer Quecksilberdampflampe Hg Q 500 von Osram mit drei eingeschmolzenen Folien. An die Folien sind Drähte angeschweißt und letztere ragen in die durch Zusammenquetschen des erhitzten Quarzrohres erzeugte Verschmelzungsstelle hinein und geben so eine stabile Befestigungsmöglichkeit für die Anschlußdrähte. Damit die Folie nicht verbrennt, muß bei der Verschmelzung das Quarzrohr natürlich evakuiert oder mit einem *inerten* Gas gefüllt sein.

Eine weitere Anwendung des obigen Verfahrens mit Metall geringer Dicke ist dann gegeben, wenn Glasrohre mit Metallrohren verbunden werden sollen. Man verjüngt in diesem Falle das Metall, meist Kupfer oder eine Einschmelzlegierung (s. Zahlentafel 5), an dem zu verschmelzenden Rand bis auf etwa 0,1 mm. Legt man an diesen „angeschärften" Rand einseitig außen einen Glaswickel an, so kann mit diesem das Glasrohr verbunden werden. In Form sogenannter Kappenanschmelzungen dienen derartige Verbindungen dazu, hohe Ströme über etwa 100 Amp., wie sie z. B. bei Senderöhren vorkommen, ins Hochvakuum einzuführen. Bild 13 zeigt Glasdurchführungen, bestehend aus Rohrstücken und Ringen aus Chromeisen, die miteinander durch Glas verschmolzen sind und bei denen die Anpassung infolge der geringen Wanddicke des Metalles gegenüber

(Schluß der Zahlentafel 5

Legierung	Zusammensetzung	Ausdehnungskoeffizient:[1]) $\alpha \cdot 10^7$ 20 bis 100 °C	Ausdehnungskoeffizient:[1]) $\alpha \cdot 10^7$ 20 bis 500 °C	Spez. elektr. Widerstand bei 20° Ohm $\frac{mm^2}{m}$	Wärmeleitfähigkeit $\frac{cal}{cm\ sec\ Grad}$	Knickpunkttemperatur °C	Lieferfirma[2])	Gläser	Lieferfirma[3])
Ommet-Sivar 48	18% Cr, 28–29% Ni, Rest Fe	48	49	0,5	0,09	425–450	Dt. E.	V 756 Für Gläser mit Ausdehnungskoeffizienten von 45–55 10^7 und einem Transformationspunkt 425–450° C	Osram
EMK-Draht ...	10% Mo, 20% Co, 0,8% Si, Rest Fe	95–100	112	0,33–0,37	0,05	bis 600 kein Knickpunkt	Siemens	Primaglas Pt-Glas G G 29 M-Glas	Fischer Gundelach Osram
Wonico........	80% W, 16% Ni, 4% Co	62	82	0,12–0,15		bis 600 kein Knickpunkt	Osram NW	Molybdänglas V 637 h V 619 i V 612 i 195 c	Fischer Osram Osram Osram Osram
Gl I	18–20% Cr, 1–1,3% Mo, Rest Fe	79–89	108,5–114	0,6	0,055	700	Stahlwerke Harkort-Eicken Hagen, Westf.	Prima-A-Glas X-Glas Röntgenglas Glas 28	} Fischer
Gl II..........	18–20% Cr, 1–1,3% Mo, 1–1,3%Nb-Ta, Rest Fe	79–89	108,5–114	0,6	0,055	700		M-Glas Geräteglas Nr. 16 III	Osram Gundelach Schott

kompakten Stücken erleichtert ist. (Die Metallteile sind nachträglich außen verzinnt und werden in Blechgehäuse für Papierwickelkondensatoren weich eingelötet, um den Strom luftdicht einführen zu können.)

Erwähnt sei noch, daß die mit *anorganischen technischen Gläsern* erreichbaren niedrigsten Schmelztemperaturen bei etwa 500° C liegen. Infolgedessen lassen sich alle Metalle mit niedrigerem Schmelzpunkt nicht mit diesen verschmelzen.

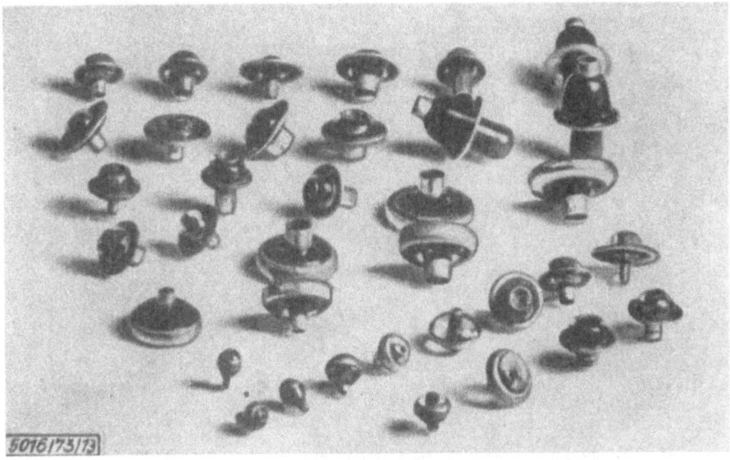

Bild 13. Glasdurchführungen (nach *Schott u. Gen.*, Jena)

Als niedrigst schmelzendes Metall wird neuerdings Aluminium emailliert. Diese Emails erfüllen jedoch noch nicht alle üblicherweise an derartige Überzüge hinsichtlich der chemischen Beständigkeit gestellten Ansprüche. Je höher der Schmelzpunkt der Metalle ist, um so niedriger ist in der Regel ihre Wärmedehnung. Bei den am höchsten schmelzenden Metallen Wolfram und Molybdän kommen Hartgläser zur Anwendung. Bei den speziellen Molybdän- und Wolframeinschmelzgläsern wird durch Verwendung von Borsäure der Ausdehnungskoeffizient und die Schmelztemperatur herabgesetzt.

Bei der Herstellung von hochvakuumdichten Stromdurchführungen durch Glaswände bilden *Blasen im Glas* eine Gefahr für Undichtigkeiten und müssen daher vermieden werden. Die Blasen entstehen *durch Gasabgabe des Metalles nach dem Bedecken mit dem flüssigen Glas*. Viele Metalle können Gase, insbesondere Wasserstoff enthalten. Daher werden Einschmelzmetalle durch eine Hochtemperatur-Vakuumbehandlung bzw. Vakuumschmelzung gasfrei gemacht. Auch der Kohlenstoffgehalt des Eisens kann Blasen verursachen, indem er gewisse Oxyde des Glases reduziert und dabei Kohlenoxyd bzw. Kohlendioxyd bildet.

Die Gasabgabe des Emaillierblechs, die z.T. erst nach dem Erstarren des Emails stattfindet und unter anderem zu recht unangenehmen Fehlern führen kann, die als „Fischschuppen" und „Absprengungen" bekannt sind, ist der Gegenstand vieler Untersuchungen der letzten Zeit gewesen. Nach ausführlichen Forschungen in *Bureau of Standards* beruht die *Blasenbildung auf der Abgabe von Wasserstoff*, der sich aus dem in der Emailfritte eingeschmolzenen Wasser im Eisen bildet. Das Anmachewasser, das Konstitutionswasser des Tons und das Hydratwasser im Email sollen von wesentlich geringerem Einfluß auf die Blasenbildung sein.

1. Ausführung von Glas-Metallverschmelzungen

Das klassische Verfahren des Einschmelzens von Drähten im Handbetrieb besteht darin, daß der Draht zunächst in der Flamme an der Einschmelzstelle erhitzt und hier mit einem Glasstab von 1 bis 4 mm ⌀ bewickelt wird. Dabei wird der Draht gedreht und der Glasstab langsam in die Flamme geschoben und aufgewickelt. Die so um den Draht entstandene Perle wird in ein entsprechendes Loch im Glasgefäß eingeschmolzen (Bild 14).

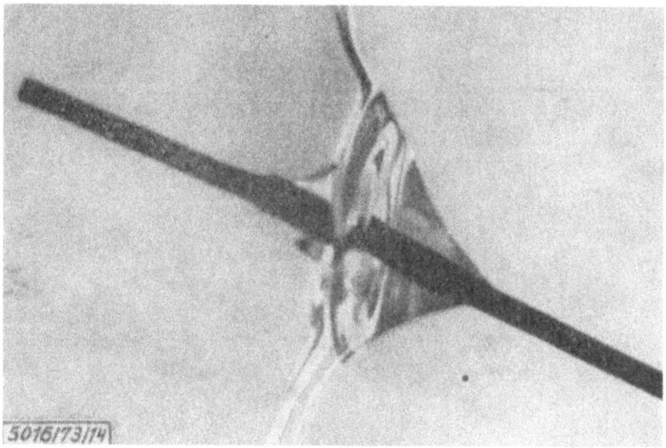

Bild 14. In Molybdänglasrohr eingeschmolzener Draht 1 mm ⌀ aus Werkstoff „Kovar“

Bei der serienmäßigen Herstellung von Drahtdurchführungen in Form von „Quetschfüßen“ für Glühlampen und Radioröhren (Bild 15) oder Preßtellern für Stift(radio)röhren werden die entsprechend angeordneten Drähte mechanisch durch Druck in das erweichte Glas, meist Bleiglas, eingebettet. Durch entsprechende

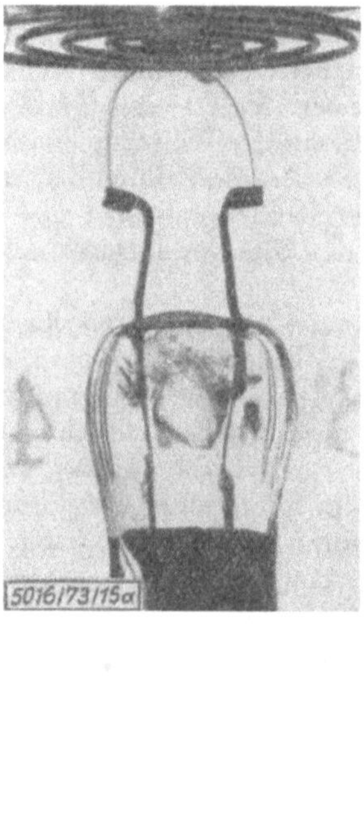

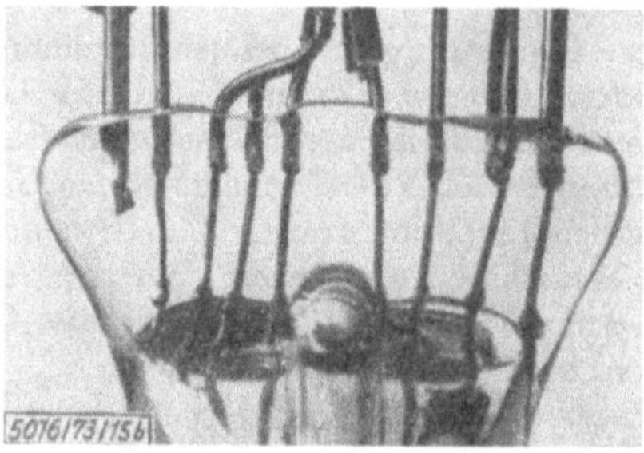

Bild 15 a u. b. Quetschfüße von Radioröhren
a) Platin-
b) Kupfermanteldrahteinschmelzungen.
An das mittlere Stück aus Einschmelzmetall sind die Zuleitungs- und Halterungsdrähte angeschweißt. Letztere sind ebenso wie die Schweißstellen von Rissen und Blasen umgeben. (Vergr. 2×)

Regelung der Erhitzungsgeschwindigkeit und der den Draht umgebenden Atmosphäre wird die für die Haftung erforderlichen Oxydationsstufe des Metalls eingestellt.

Beim Emaillieren wird das Glas auf die Metalloberfläche als Pulver aufgebracht. Beim Naßemaillieren wird eine wässrige Aufschlämmung der gemahlenen Fritte und der sogenannten Mühlenzusätze aus Ton und Farbkörpern durch Pinseln, Tauchen oder Spritzen aufgebracht. Beim Pudern wird das trockene Pulver auf die kalten oder erhitzten Metallteile aufgestäubt. Die Ausführung der Verschmelzung findet in einem elektrisch oder durch Gas beheizten Ofen mit reiner Luft-Atmosphäre statt, in den die mit Pulver bedeckten Metallteile schnell eingeführt werden und nur so lange verbleiben, bis das Metall die Ofentemperatur von 700 bis 950° C erreicht hat und das Email ausgeflossen ist. Besondere Temperung der Verschmelzung findet nicht statt, die Teile erkalten schnell in der Raumluft. Auf das die Haftung bewirkende Grundemail werden noch mehrere *Deck*emails aufgebracht, die Träger der Farbe und der chem. Korrosionsfestigkeit sind.

2. *Metall-Keramik-Glasverschmelzungen*

Verursacht schon die Wahl passender Kombinationen Glas-Keramik und Glas-Metall besondere Mühe, so müssen die hier erforderlichen Dreierkombinationen noch sorgfältiger zusammengestellt werden. Besonderes Augenmerk ist dabei auf die konstruktive Gestaltung zu legen. Falls es möglich ist, so zu verfahren, daß das Glas als schwächste Phase nur auf Druck beansprucht wird, so gelingt die Herstellung der Verbindung am leichtesten.

Hartporzellan	Wolframglas	Wolfram
Bariumhaltiges Steatit, wie z. B. Calit*)	Molybdänglas	Molybdän oder Molybdänersatzlegierung
Cristobalithaltige Magnesiumsilikat-, Titandioxyd-, Cristobalitmassen	Bleiglas Platinglas	Platin und Platinersatzmetalle

Zahlentafel 6. Mögliche Kombinationen von Metall-Keramik-Glasverschmelzungen.

Bild 16 zeigt einen Vorschlag von *Schott u. Gen.* Die Zwischenschaltung des keramischen Rohres setzt die Isolationsströme und damit die Spannungsfestigkeit bei höheren Temperaturen herauf.

In Bild 17 ist die grundsätzliche Ausbildung einer Drahteinschmelzung in Keramik dargestellt. Der Draht aus „Kovar“

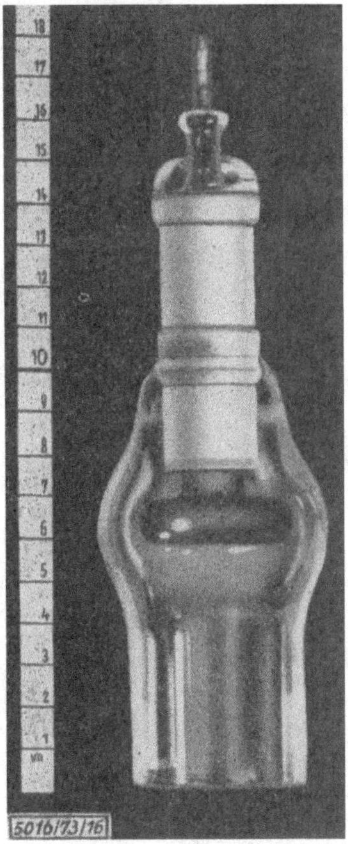

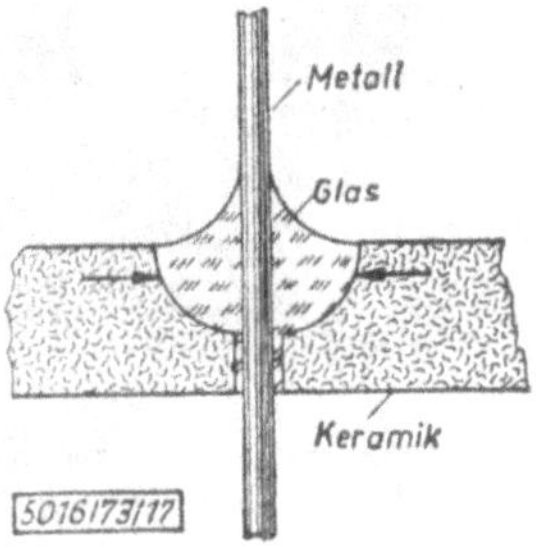

Bild 16. Metall-Keramik-Glasverschmelzung (nach *Schott u. Gen.*, Jena)

Bild 17. Drahteinschmelzung in Keramik, nach *Haase*

*) Hersteller: Keramisches Werk Hescho, Hermsdorf (Thür.).

wird mit einer Glasperle aus Molybdänglas bewickelt und in eine halbkugelig versenkte Bohrung in „Calit" eingeschmolzen. Die Verschmelzung wird im Ofen bei 900° C ausgeführt, wobei die Glasperle die Bohrung ausfüllt. Es ist zweckmäßig, die Bohrung vorher zu glasieren und durch entsprechende Lagerung und Aufbau im Ofen dafür zu sorgen, daß der Draht infolge seines Gewichts etwas nachrutschen kann. Die verschmolzene Glasperle wird radial von außen und innen gedrückt wenn die Wärmedehnung des Glases

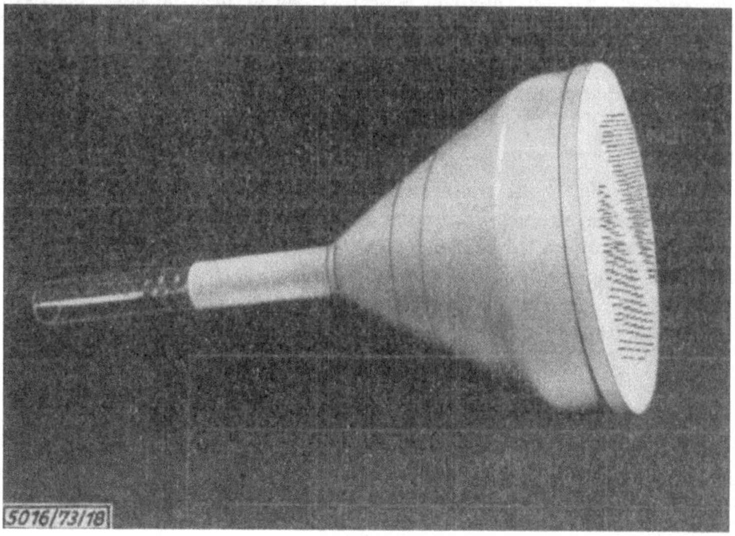

Bild 18. Vakuumgefäß aus „Calit" mit 204 vakuumdicht eingeschmolzenen Drähten. Fa. „Hescho", Hermsdorf (Th.)

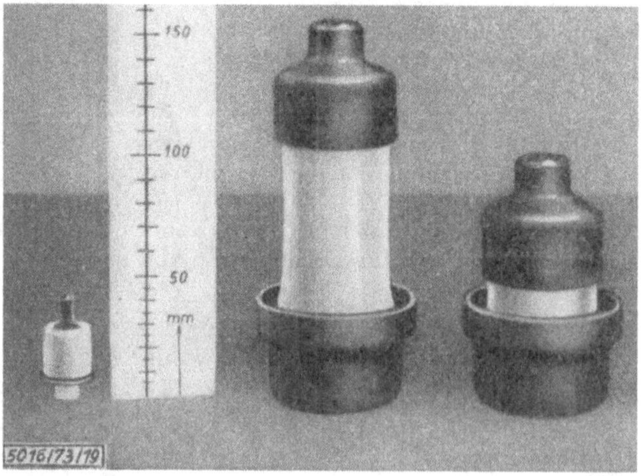

Bild 19. Verschmelzungen von metallenen Kappen und Ringen mit Keramik für Quecksilberdampfgleichrichter. (Fa. „Pintsch", Berlin)*)

*) Bild freundlicherweise von Dr. W. Schultze zur Verfügung gestellt.

etwas geringer ist als die von Einschmelzdraht und Keramikplatte. Die Glasperle kann aus diesem Grunde und auch wegen der günstigen Form der Oberfläche bei keiner Temperatur Risse bekommen. Derartige Verbindungen lassen sich in großen Stückzahlen leicht und sicher herstellen. Das Bild 18 zeigt ein Vakuumgefäß für einen Elektronenstrahlschalter mit 204 eingeschmolzenen Drähten in der Grundplatte von 300 mm ⌀. Daß dieses Elektronenrohr überhaupt hergestellt werden kann, beweist, daß der Fehler bei der einzelnen Durchführung wesentlich geringer als 0,5 % ist.

In dem Bild 19 sind Durchführungen für abgeschmolzene Quecksilberdampf-Großgleichrichter dargestellt; die Entwicklung und Anwendung dieses Bauelements wird von *Dällenbach* u. *Gerecke* beschrieben. Kappen und Ringe aus Nickeleisen-Legierung sind auf starkwandige Rohre aus cristobalithaltigem Calit (Calit Fr. 610)*) mit Glas als Zwischenschicht aufgeschmolzen. Die Metallteile werden dann mit dem eisernen Gehäuse des Gleichrichters und den Elektroden verschweißt. Auf diese Weise ergibt sich eine den robusten Anforderungen des Betriebes entsprechende dichte Durchführung für abgeschmolzene Großgleichrichter ohne besonderes Pumpaggregat.

Literaturangabe

Balke, H.: Feinmechanik und Präzision 51 (1943) S. 15—17.
Bartels, H.: Feinmechanik und Präzision 47 (1939) S. 219.
Bureau of Standards (mehrere Verfasser): Journ. Amer. Cer. Soc. 35 (1952) S. 33—41.
Dällenbach, W. u. *E. Gerecke:* Elektrotechn. Zeitschr. 61 (1940) Heft 31 u. 32.
Haase, Th.: (1): Ker. Rundschau 50 (1942) S. 182.
Haase, Th. (2): Silikattechnik 2 (1951) S. 324.
Handreck, H. (1): Zeitschr. f. techn. Phys. 15 (1934) S. 494.
Handreck, H. (2): Ber. d. dtsch. keram. Ges. 18 (1937) S. 543.
Healy, J. H. u. *A. T. Andrews.:* Journ. Amer. Cer. Soc. 34 (1951) S. 207—214.
Hessenbruch, W.: Zeitschr. f. Metallk. 29 (1937) S. 193.
Mönch, G. Chr.: Hochvakuumtechnik, Pößnek i. Th. 1950.
Padmos, A. A. : Silic. industr. 16 (1951) S. 138—143, ref. Glastechn. Ber. 25 (1952) S. 115.
Thiene, H.: Glas, Bd. I Jena 1931.

Weitere, nicht benutzte Literatur:
Espe, W. u. *M. Knoll.:* Werkstoffkunde der Hochvakuumtechnik Berlin 1936.
Partridge, J. H.: Glass-To-Metal Seals, Sheffield 1949.
Stuckert, L.: Die Emailfabrikation, 2. Aufl. Berlin 1941.

Bemerkungen 2) und 3) zu Zahlentafel 5 (Seiten A 122—126):

2) Dt. E.: Deutsche Edelstahlwerke, Stuttgart-Feuerbach, Siemensstraße 17.
Ergste: Stahlwerk Ergste A. G., Schwerte (Ruhr).
Osram: Osram G. m. b. H., Berlin NW 87, Helmholtzstraße 4—8.
St. Hark: Stahlwerke Harkot-Eicken, Hagen (Westf.), Schließfach 552/3.

3) Gundelach: Thüringer Glas-Union vorm. Emil Gundelach, Gehlberg (Thür. Wald).
Moosbr.: Moosbrunner Glasfabriks-AG., Wien IV, 50.
Osram: VEB Glaswerk Einheit, Weißwasser (O.L.).
Ruhr: Glaswerke Ruhr AG., Essen-Karnap.
Schott: Jenaer Glaswerk, Schott & Gen., Jena.
S. O. G.: Sendlinger Optische Glaswerke, Berlin-Zehlendorf.

---

*) Lieferant keramisches Werk „Hescho", Hermsdorf (Thür.)

Das Werkstoffverhalten thermoplastischer Kunststoffe beim Schweißen

Obering. P. Voigt, Halle (Saale) u. Köln/Rhein

A. Einleitung

Die Ausführung einwandfreier Schweißungen von Kunststoffen setzt genaue Kenntnisse des Werkstoffes voraus, um Konstruktionen schaffen zu können, die dem heutigen Stande der Technik entsprechen und um eine volle Ausnutzung der mechanischen, technologischen, physikalischen und chemischen Eigenschaften der Kunststoffe zu erreichen. Für den Ingenieur stellen die Kunststoffe eine Besonderheit in der Bewertung von Werkstoffen dar, da diese, wenn sie auch nur einen Bruchteil des ganzen Stoffvolumens bilden, für bestimmte Einsatzgebiete jedoch eine bedeutsame Rolle spielen. Obgleich die Chemie, augenscheinlich ihrer Formelsprache wegen, für den Ingenieur eine wenig beliebte Fachsparte darstellt, so ist es für den verantwortungsbewußten Kunststoffverarbeiter erforderlich, sich in diejenigen Sondergruppen der Chemie einzuarbeiten, die für sein Spezialfach von maßgebender Bedeutung sind. So wie der Stahlfachmann zum Beispiel die Einflüsse der Legierungsbestandteile, die Glüh- oder Vergütungsbehandlungen usw. genau kennt, muß sich heute der Schweißfachmann mit dem Teilgebiet Kunststoffe der organischen Chemie, das sich insbesondere auf Azetylenderivate bezieht, vertraut machen.

Das weitverzweigte System der Azetylenchemie liefert eine Reihe von Stoffen, die entsprechend ihrem Polymerisationsgrad in Form von Pulver, erstarrten Schmelzen, Lösungen oder Emulsionen als Grundstoffe vorliegen und als Halb- oder Fertigfabrikate (Lacke, Kleber, Filme, Folien, Felle, Platten, Schläuche, Profile, Vollstangen, Rohre und Preßteile) der Industrie zur Verfügung stehen.

Die Eigenschaften dieser Kunststoffe als auch ihre Verarbeitungsmethoden ähneln in manchen Beziehungen Stoffen allgemeiner Verwendung. Die Eigenart von Kunststoffen beruht besonders auf der Möglichkeit, durch chemische Synthese die Eigenschaften einzelner Kunststoffgruppen den Bedürfnissen weitgehender anzupassen, als bisher von anderen Stoffarten bekannt. Darüber hinaus erscheinen das geringe Gewicht, die gute Korrosionsbeständigkeit, leichte Verformbarkeit und zum Teil das primitive Verschweißen der Kunststoffe von Vorteil.

Die Begriffsbestimmungen, die Einteilung nach Gruppen und der chemische Aufbau von Kunststoffen sind in der Fachliteratur übersichtlich zusammengestellt.

Ganz grob soll deshalb nur vermerkt werden, daß die folgenden Ausführungen über das Schweißen von Kunststoffen sich auf *Kunststoffe der Gruppe der Polymerisate mit thermoplastischem Charakter* zum Unterschied von der Gruppe der warm härtbaren Kunststoffe (die sich nicht schweißen lassen und deren behelfsmäßige Reparatur mit einem Buna-Spezialkitt erfolgt) beziehen. Die bisher größte Anwendung aus dieser Gruppe von Kunststoffen hat hiervon das *Polyvinylchlorid* gefunden. Polyvinylchlorid — Kurzbezeichnung „PCU" — wird großtechnisch aus Vinylchlorid durch Anlagern von Chlor (theoretisch 56,7 Gewichtsprozente) an Azetylen meistens durch die Emulsionspolymerisation als trockenes, weißes Pulver gewonnen. Entsprechend dem Polymerisationsgrad findet das PCU in verschiedenen Typen als Rohstoff Anwendung. Bei allen Halbfabrikaten auf der PCU-Basis, die harte Erzeugnisse darstellen, wie Blöcke, Platten, Folien, Rohre, Stangen und Formteile, fließt durch Einwirkung von Hitze und Druck das PCU-Pulver zu einem homogenen Stoff zusammen.

Die wichtigsten Daten sind in den Zahlentafeln 1 u. 2 mit Angaben des Aufbaues, der Lieferarten, Handelsnamen und Eigenschaften zusammengestellt. Die Art der Herstellung der Halbfabrikate auf Mischwalzwerken, Kalandern, Strangpressen, Platten-, Block- oder Formteil-Pressen sowie die durch das Schlagpreßverfahren ist für die Verschweißung dieser dabei entstehenden Halbfabrikate *ohne* besonderen Einfluß. Die Vielseitigkeit und die zur Verfügung stehenden Mengen haben einen bedeutenden Umfang angenommen. Dieser Bedeutung entsprechend wird das Verschweißen vorwiegend von Polyvinylchlorid in der nachfolgend beschriebenen Art vorgenommen.

Eine Reihe der gewonnenen Erkenntnisse über die Schweißung von „Vinidur" hat sich als allgemeingültig für die Kunststoffe mit thermoplastischem Charakter erwiesen. Aus der Art der vorliegenden Kunststoffgruppen ergeben sich grundsätzliche Unterscheidungen für das Schweißen von hartem Poly-

Chemische Grundlage	Chemische Bezeichnung	Handelsname	Halbzeugform	Handelsname	Eigenschaften
Kalk CaO ╲ ╱ Kohle C					Zugfestigkeit DIN 7701 $\sigma_B = 560$ kg/cm²
Kalziumkarbid CaC_2		Igelit	Folien, 0,1 bis 0,9 mm — hart, rotbraun	Vinidur	Zugdauerstandfestigkeit $\sigma_{Dsf} = 190$ kg/cm²
		PCU	Tafeln, 1 bis 20 mm — ,, ,,	Mipolam	Biegewechselfestigkeit für 10×10^{-6} Lastwechsel $\varepsilon = 170$ kg/cm²
Wasser $2\,H_2O$	Polyvinylchlorid, unbehandelt, PCU	(Pulver)	Platten, 30 bis 50 mm — ,, ,,	Decelith	Dehnung $\delta/10 = 16$ bis 48%
Azetylen C_2H_2			Rohre, bis 150 NW, bis 6 atü — ,, ,,		Wärmedehnzahl $a_t^{-1} = 80 \cdot 10^{-6}$
Salzsäure HCl			Profile, nach Listen — ,, ,, Preßteile, — ,, ,,		Wichte $\delta = 1,38$ g/cm³
Vinylchlorid $CH_2 = CHCl$			Borsten, gereckt — naturfarben		Durchschlagfestigkeit $E_d = 40$ kV/mm
Polymerisieren			Draht, gereckt — naturfarben		Brinellhärte (HB 2,5/5/30) HB = 15,5 kg/mm²
Polyvinylchlorid PCU			Feinfolien, 0,02 bis 0,1 mm	Luvitherm	Kerbzähigkeit $a_k = 6$ bis 10 mkg/cm²
			Schweißdraht, rotbraun, 2 bis 4 mm ⌀	Vinidur	Wärmebeständigkeit bis 60° C

Zahlentafel 1. Polyvinylchlorid, unbehandelt, PCU, ohne Zusätze; Zusammenstellung einiger Merkmale.

Chemische Grundlage	Chemische Bezeichnung	Handelsname	Halbzeugform	Handelsname	Gebrauchsangaben
Kalk CaO + Kohle C			Fasern		Wärmebeständigkeit bis 70° C
Kalziumkarbid CaC_2		Igelit	Gewebe		korrosionsfest wie PCU
Wasser $2\,H_2O$		PeCe	Schnuren	Pe-Ce	unempfindlich gegen Wasser
Azetylen C_2H_2			Stricke		fäulnisfest
Salzsäure HCl			Tauchkörper		gutes elektrisches Isoliervermögen
Vinylchlorid $CH_2 = CHCl$	Polyvinylchlorid, nachbehandelt, PC		Folien	Vinifol	
Polymerisieren			Borsten		
Polyvinylchlorid PCU			Draht	Pe-Ce	gute Wärmeisolation
nachchloriert PC			Umspinnungen		elektrische Durchschlagfestigkeit 75 kV/mm
			Lackrohstoffe	Vinoflex	
(Pulver, löslich)			Filterpapier	Pe-Ce	

Zahlentafel 2. Polyvinylchlorid, nachbehandelt, **Pe-Ce** (PC); Zusammenstellung einiger Daten.

vinylchlorid („Vinidur", „Decelith-H", „Mipolam-H") und das Schweißen von weichem Polyvinylchlorid („Igelit", „Decelith-W", „Vinnol", „Mipolam-W" „Guttasyn" u. a. m.). Die Anführung der Handelsnamen soll hier nicht mehr als die Erwähnung eines Typenbeispieles sein.

In nachstehendem werden die Bedingungen, unter denen Polyvinylchlorid ohne Zusätze mit ausreichender chemischer Beständigkeit und guten mechanischen Werten geschweißt werden kann, zusammengestellt und erläutert.

B. Heißluftschweißen von Polyvinylchlorid ohne Zusätze (PCU)

1. *Beschreibung der Heißluftschweißung*

Als Wärmeträger wird für die Schweißung Heißluft verwendet. Vinidur beginnt ohne Farbumschlag und ohne flüssig zu werden bei einer Temperatur von rd. 200° C zu fließen. Diese einzuhaltende Schweißtemperatur liegt erheblich unter den üblichen für die Schweißung der Metalle erforderlichen Temperaturen und machte die Entwicklung und Schaffung neuer Schweißverfahren und Schweißgeräte erforderlich. Die Verwendung einer direkten Schweißflamme ist nicht möglich. Für die schnelle Wärmeaufnahme und -abgabe hat sich als *Wärmeträger Preßluft* bewährt.

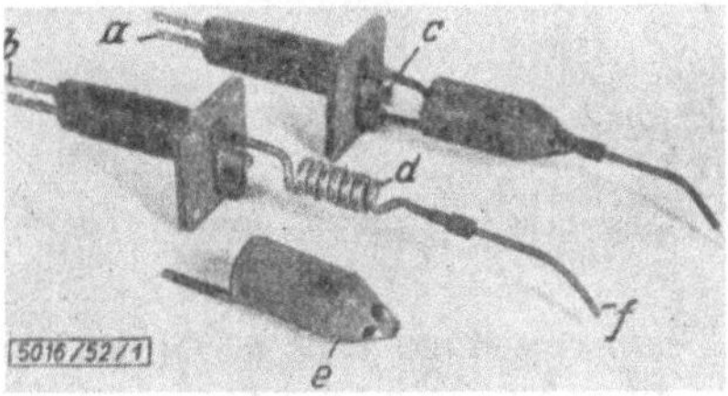

Bild 1. Gasbeheizter Heißluftschweißbrenner.

a = Wasserstoffanschluß
b = Preßluftanschluß
c = Düse für Heizflamme
d = Heizspirale
e = Schutzmantel
f = Brennermundstück

2. *Heißluftschweißbrenner und Schweißgase*

Das Bild 1 zeigt ein Kunststoff-Schweißgerät. Dem Schweißbrenner werden die Preßluft und das Heizgas durch Schlauchanschlüsse zugeführt. Die Beheizung der Heizspirale wird durch eine Heizflamme vorgenommen. Bei Verwendung verschiedener Heizgase (Wasserstoff, Azetylen, Leuchtgas) sind jeweils die entsprechenden Düsen einzusetzen. Für die Schweißung sämtlicher Plattendicken wird ein Brennermundstück von 4 mm lichtem Durchmesser verwendet. Gelöstes Azetylen, Entwickler oder Leuchtgas als Brenngas erfordern das Einschalten einer Mischbatterie, um dem Azetylen den zur rußfreien Verbrennung notwendigen Sauerstoff zuzuführen bzw. mit dem Leuchtgas eine genügend hohe Flammentemperatur zu erzielen.

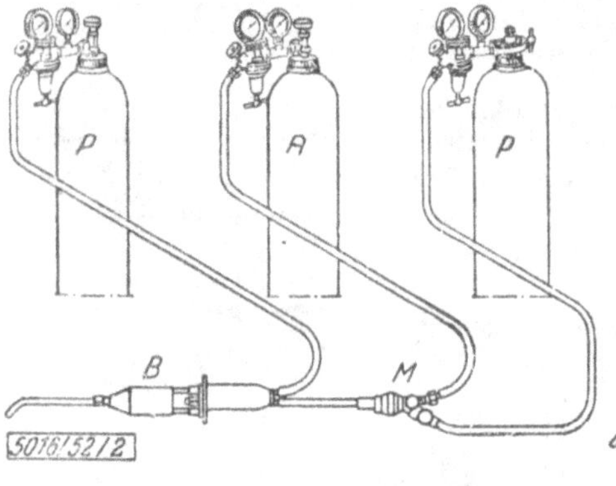

Bild 2. Anschlußschema des mit Azetylen beheizten Schweißbrenners unter Benutzung einer Mischdüse.

A = Azetylen B = Schweißbrenner
P = Preßluft M = Mischdüse

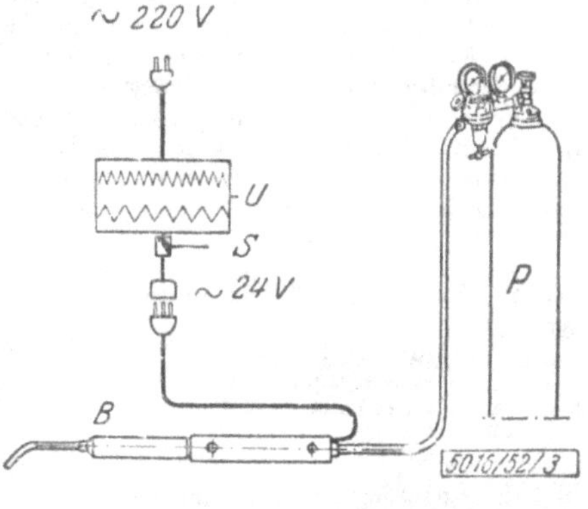

Bild 3. Elektrisch beheiztes Schweißgerät.

U = Umspanner P = Preßluft
S = Sicherung B = Schweißbrenner

Das Bild 2 zeigt das Anschlußschema eines mit Mischgas beheizten Schweißbrenners. Für Schweißarbeiten, besonders in explosionsgefährdeten Räumen, werden elektrisch beheizte Schweißgeräte (Bild 3), die zweckmäßig mit Sicherheitsspannung bis 42 Volt betrieben werden, verwendet. Den Schweißbedingungen entsprechend reguliert der Schweißer einerseits die Brenngasflamme und damit die Temperatur der Schweißluft und andererseits den Druck der Schweißluft und damit die Ausströmgeschwindigkeit. Das Gelingen der Schweißung hängt viel von der richtigen Brennereinstellung ab.

3. *Vorbereitung der Schweißnähte*

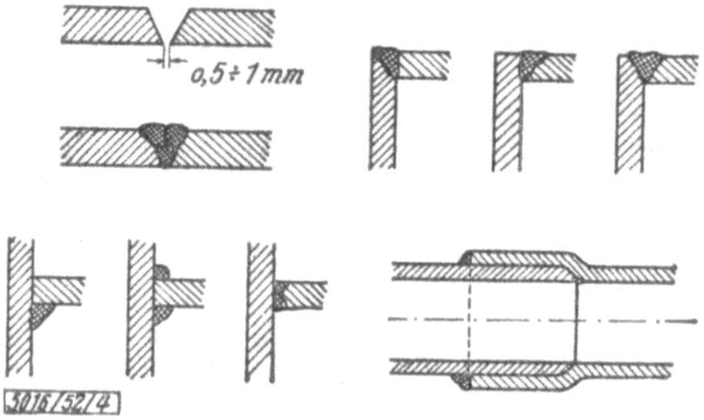

Bild 4. Verbindungsformen von Schweißungen.

Es kommen nach dem Bild 4 zur Anwendung: Stumpf-, Eck-, Kehl- und Überlapptnähte. Da beim Kunststoffschweißen kein dem Metallschweißen vergleichbarer Schmelzfluß entsteht, müssen die Schweißkanten bereits von 1 mm Werkstoffdicke an abgeschrägt werden. Der Öffnungswinkel beträgt bis 5 mm Werkstoffdicke $\alpha = 60°$ und über 5 mm $\alpha = 70°$. Bereits von 6 mm Werkstoffdicke an sollten X-förmig zubereitete Schweißnähte angewendet werden.

Besonderes Augenmerk ist auf die Vermeidung von Kerben innerhalb einer Schweißnaht zu richten. Die den thermoplastischen Kunststoffen arteigene hohe Kerbempfindlichkeit wirkt sich im Zusammenhang mit Schrumpfspannungen stark festigkeitsmindernd aus.

Am häufigsten treten Fehler in der ungenügend gebundenen Wurzel der Naht auf. Um ein gutes Durchschweißen der Wurzel zu erzielen, werden die angeschrägten Werkstoffkanten mit einem Zwischenraum von 1 mm aneinandergelegt. Das Einbinden der ersten Lage erfolgt so, daß der Zusatzstab auf der Unterseite durchtritt und somit eine gute seitliche Bindung erzielt wird. Da das Schweißen mit Spaltlage von dem Schweißer ein besonderes Geschick erfordert, kann man bei beiderseits zugänglichen Schweißnähten das gleiche Ergebnis durch wurzelseitiges Nachschweißen erreichen, nachdem zuvor mit einem „Ziehhaken" die Naht von der Rückseite der Naht her ausgearbeitet wurde. In den Bildern 5 u. 6 sind die einzelnen Arbeitsgänge einander gegenübergestellt.

Schweißungen in *Ecknähten* können, wie in dem Bild 4 angegeben, angewendet werden. Bei *Kehlnähten* ist darauf zu achten, daß die senkrecht aufstoßende Platte gut anliegt.

Überlapptnähte werden nur dort eingesetzt, wo keine Beanspruchungen auftreten. Diese werden nur dann ausgeführt, wenn sie als Dichtschweißungen an Rohrmuffen Verwendung finden, da die zentrische Belastung die Beanspruchung heruntersetzt.

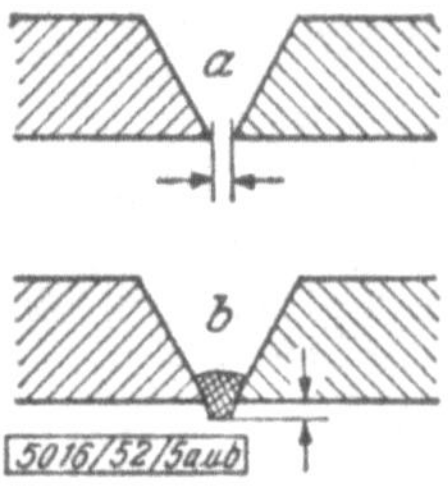

Bild 5. Schweißen der Stumpfnaht mit Spaltlage.

a = Draht für Wurzellage 2 Ø
Zwischenraum 0,5 ÷ 1 mm
b = Draht mit etwa 1 mm hoher Wurzelnaht einbinden

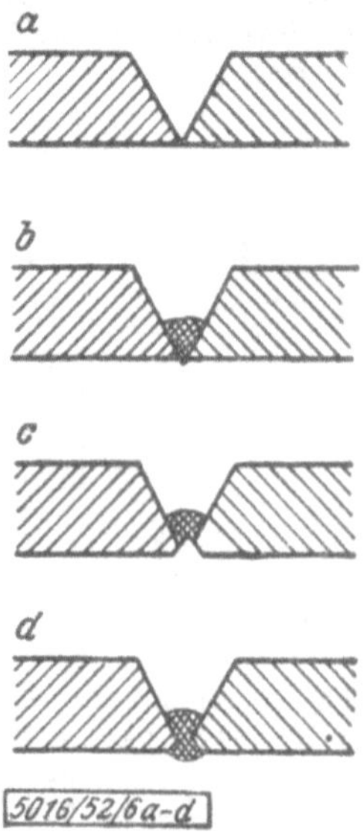

Bild 6. Anleitung für das wurzelseitige Nachschweißen von Stumpfnähten.

a = Vorbereitete Schweißnaht ohne Luftspalt
b = Einbinden der Grundlage
c = Ausfräsen der Wurzel
d = Wurzelseitiges Verschweißen

4. *Zusatzmaterial*

Als Zusatzwerkstoff werden Schweißstäbe aus „PCU" (mit 10 % „Weichmacher") von 2, 3 und 4 mm ø verwendet. Runder Draht hat sich beim Verschweißen als am besten geeignet erwiesen. Die Wurzellage ist stets mit kleinem Stabdurchmesser zu schweißen. Stäbe mit größerem Durchmesser als 4 mm können nicht genügend schnell über den ganzen Querschnitt erhitzt werden. Der Schweißvorgang wird dadurch erschwert. Schweißdrähte mit höherem Weichmachergehalt werden schnell plastisch, kommen dadurch leicht zum Fließen und ziehen unsichere Ergebnisse nach sich. Der Anfänger läßt sich durch das bessere Fließvermögen täuschen und erhitzt dadurch in der Regel den Grundwerkstoff zu wenig.

5. *Ausführung der Schweißung*

Entgegen dem bisherigen bekannten Verhalten der Werkstoffe, beim Erwärmen einen Farbumschlag oder ein flüssiges Schmelzbad zu zeigen, weisen Thermoplasten keines dieser für die Schweißung wichtigen Merkmale auf. Der Kunststoff erweicht, ohne flüssig zu werden, wobei durch leichten Druck beim Einsetzen des Zusatzstabes die Überhitzung erkannt wird. Im Verlauf der Erhitzung nimmt der Grundwerkstoff im plastischen Bereich an der Oberfläche einen glänzenden Zustand an, geht später in eine braune bis schwarze Färbung über und zeigt damit ein Verbrennen bzw. Zersetzen dieser Stellen an. Die richtige Brennerhaltung beim Schweißen ist im Schema des Bildes 7 ersichtlich. Wichtig ist dabei für eine gleich-

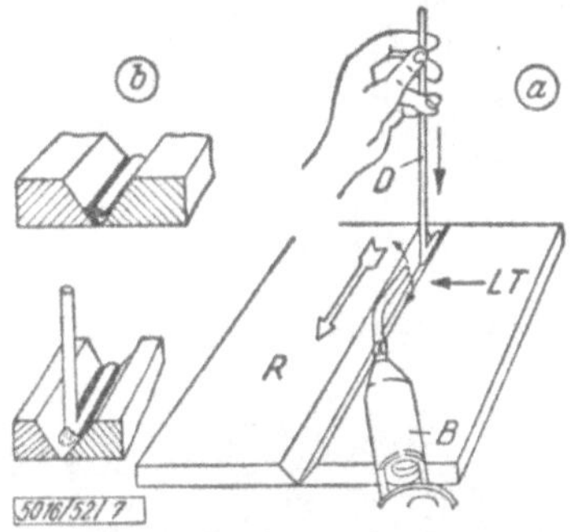

Bild 7. a) Brennerführung beim Schweißen,
b) Seitliche Einbindung.

Es bedeuten: D = Schweißdraht (mit „sanftem" Druck eingeführt)
LT = Schweißluft mit etwa 200° C
B = Schweißbrenner

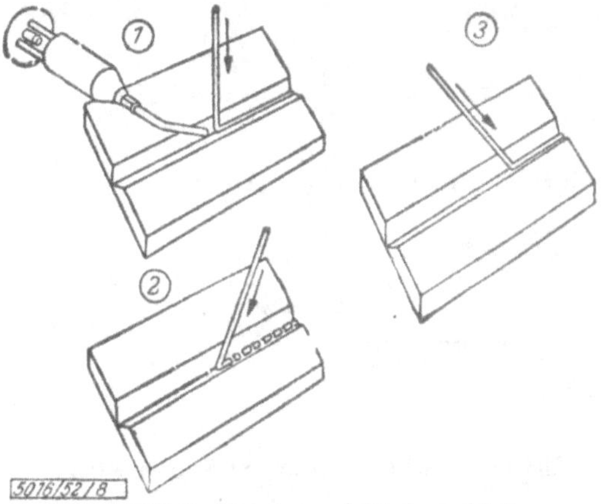

Bild 8. Richtige und falsche Stabhaltung.

1. Normale Drahtführung.
2. Zu steile Drahtführung (Draht reißt infolge Zugspannung ab).
3. Zu flache Drahtführung, ungenügendes Einbinden

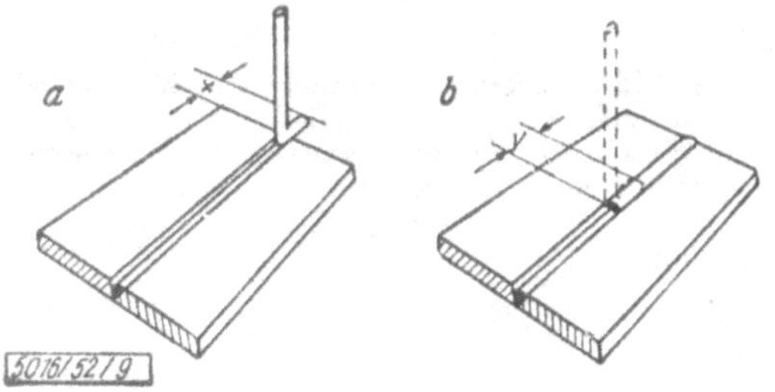

Bild 9. Richtiges Ansetzen und Überschweißen der Zusatzstäbe.

a) Einsetzen des Drahtes am Beginn der Schweißung. x = Überstand
b) Überschweißen einer Absatzstelle mit Überdeckung. y = Übersetzmaß

mäßige Erwärmung des Grundwerkstoffes und Zusatzdrahtes die Brennerführung mit gleichmäßiger Pendelbewegung. Der Anstellwinkel des Brennermundstückes richtet sich nach dem Verhältnis des Querschnittes von Schweißstabdurchmesser und Werkstoffdicke. Auf richtige Stabhaltung und Stabführung, wie Bild 8 darstellt, ist besonders zu achten, damit durch den auszuübenden Einbindungsdruck die auftretenden Spannungen nicht höher als die Warmfestigkeit des Kunststoffes liegen. Das Überschweißen einer Stabansatz- bzw. -absatzstelle innerhalb einer Naht ist mit Überstand auszuführen, wie Bild 9 darstellt.

Die Schweißgeschwindigkeit richtet sich nach der Höhe der Schweißlufttemperatur, die ein geschickter Schweißer bis über 300° C steigern kann.

C. *Preßstumpfschweißen*

Ähnlich etwa dem elektrischen Stumpfschweißen läßt sich PCU ohne Zusatzwerkstoff verschweißen, wenn die zu verschweißenden Stellen auf Fließtemperatur ohne Tiefenwirkung erwärmt und dann durch Druck miteinander vereinigt werden.

1. *Erwärmung durch elektrische Heizgeräte (Bild 10)*

Die zu verschweißenden Werkstücke, in der Regel Serienstücke mit größerem Querschnitt, werden an den zu verschweißenden Stellen von einer erhitzten Metallplatte (über Widerstandsdrähte oder mit direktem Anschluß an Niederspannung) erhitzt und danach unter Druck miteinander vereinigt. Es lassen sich unterschiedliche Querschnitte in der gleichen Weise miteinander verbinden wie Ringquerschnitte von Rohren untereinander oder solche mit flächigen Stücken. Der Vorgang wird in der Regel automatisiert ausgeführt.

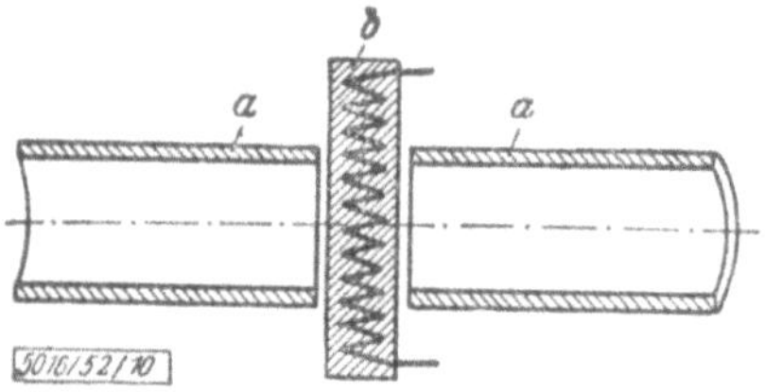

Bild 10. Stumpfschweißen mit elektrisch erhitzter Platte.

a = Vinidurrohre
b = elektrisch beheizte Platte, schwenkbar

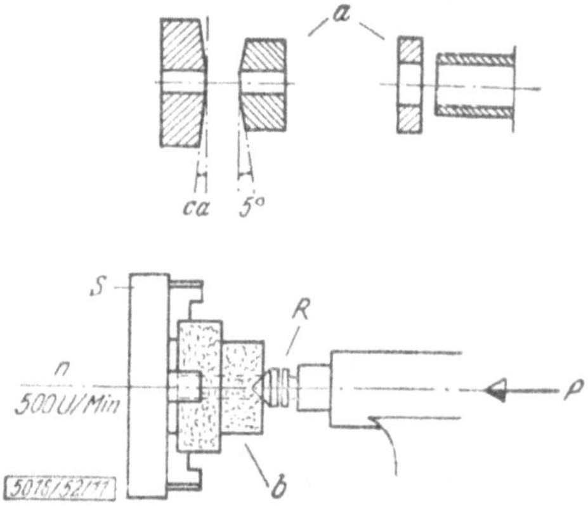

Bild 11. Stumpfschweißen durch Reibungswärme.

a = Vorbereitete Schweißteile
b = Zu verschweißende Vinidurblöcke

R = Mitlaufende Reitstockspitze
P = Reitstockdruck
S = Spannfutter
n = Drehzahl, 500 U/min

2. *Erwärmung durch Reibungswärme (Bild 11)*

Bei der Erwärmung durch Reibung werden die Teile derart gegeneinanderbewegt, z. B. auf einer Drehbank, daß durch die entstehende Reibungswärme die erforderliche Schweiß-(Fließ-)Temperatur erzielt wird. Das eine Teil wird dabei von der Einspannung aus bewegt, während das andere über den Reitstock im Stillstand an das bewegende Stück gepreßt wird und im Auslauf der Drehbank mit dem bewegten Stück unter Druckerhöhung mitläuft.

Das Verfahren ermöglicht sehr saubere Schweißungen.

D. *Wärmeeinwirkung beim Schweißen*

Kennzeichen für das Schweißen von Kunststoffen mit thermoplastischem Charakter ist ihr Verhalten bei Temperaturen, die eine Verbindung mit und ohne artgleichen Zusatzwerkstoff gestatten. Die Beziehung der Festigkeit, Dehnung und des Elastizitätsmaßes einer Schweißverbindung von Kunststoffen ist maßgebend für die Höhe und

Zeitdauer der angewendeten Temperaturen und des Druckes. Die Festigkeit von Kunststoffen sinkt wie bei allen Werkstoffen mit steigenden Temperaturen, wobei der Temperatureinfluß ungleich größer ist als bei Metallen. Der Gebrauchsbereich der Kunststoffe ist damit begrenzt. Ein Beispiel für das Verhalten der Festigkeit und Dehnung in Abhängigkeit von der Temperatur zeigt Bild 12 [Lit. *Buchmann*]. Man erkennt das anfänglich starke lineare Absinken der Festigkeit. Die Dehnung steigt mit der Temperatur erst allmählich, dann stärker an und fällt beim Überschreiten eines Temperaturbereiches von etwa 100° C mit gleicher Tendenz ab. Während nun bis zum Erweichen eines Polyvinylchlorides durch Erwärmen aus dem harten in den Gummizustand die Festigkeit allmählich und stetig abnimmt, tritt beim Übergang in den gummiartigen Zustand eine sprunghafte Verminderung der Festigkeit ein.

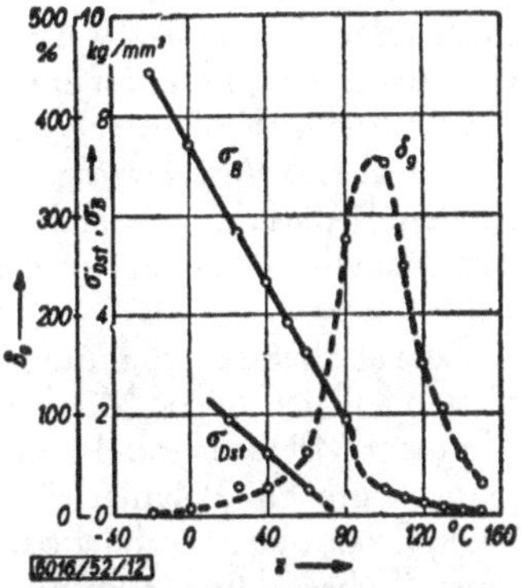

Bild 12. Zugfestigkeit, Dauerstandsfestigkeit und Gesamtdehnung von „Vinidur" in Abhängigkeit der Temperatur

σ_B = Zugfestigkeit in kg/mm²
δ_g = Gesamtdehnung in %
σ_{Dst} = Dauerstandfestigkeit in kg/mm²
x = Temperatur in °C

Ein weiteres Merkmal ist, daß die in diesem Zustand vorgenommenen Verformungen elastischer Natur sind und eingefroren werden müssen, um sie festzuhalten. Ein teilweises oder volles Zurückfedern der eingefrorenen Verformungen tritt nun ein, wenn eine erneute Erwärmung erfolgt, wobei der Grad und die Geschwindigkeit der Rückstellung von dem Verhältnis der Höhe der Verformungstemperatur zur Erwärmungstemperatur abhängen. Volles Erreichen der Verformungstemperatur bei der Wiedererwärmung führt auch zu praktisch vollständiger Rückstellung. Dieser Umstand muß beim Ver-

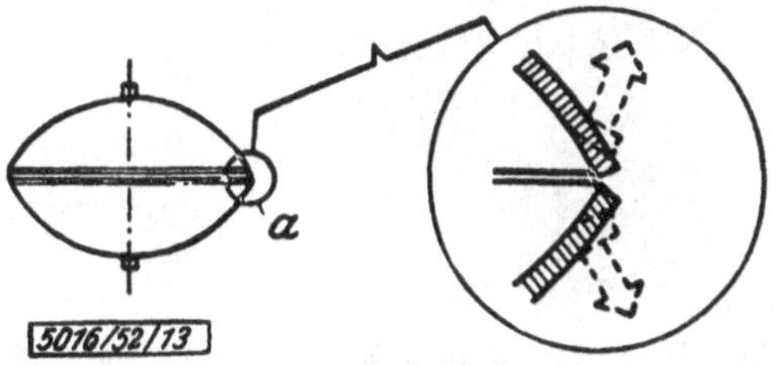

Bild 13. Verschweißen zweier warmverformter Teile.

a = beim Schweißen erhitzte Stelle
b = Rückstellung der verformten Teile in Pfeilrichtung

schweißen verformter Teile berücksichtigt werden durch Einhalten kleinster Erwärmungszonen, verwenden von geringem Schweißstabdurchmesser und eventuelles Kühlen des neben der Schweißnaht liegenden Werkstoffbereiches. Beispiel Bild 13 erläutert diesen Vorgang.

Verformungen, die durch Erwärmung im hochplastischen Bereich (Fließbereich) etwa bei 175° C bei Vinidur vorgenommen werden, z. B. bei der Herstellung von Rohren, Profilen, Spritzteilen usw., zeigen die vorerwähnten rückstellfähigen Federungen nicht.

Man nimmt an, daß die Moleküle bei diesen Temperaturen sehr beweglich werden, so daß beim Verformen keine elastischen Anspannungen mehr möglich und damit alle Verformungen spannungsfrei sind [Lit. *Buchmann*].

Das Ineinanderfließen getrennter Teilchen durch Druckanwendung wird bei der Herstellung von Kunststoffen aus Pulver ausgenutzt.

In gleicher Weise erfolgt beim Schweißen von warmbildsamen Kunststoffhalbfabrikaten ein Ineinanderdiffundieren der Moleküle an den Schweißkanten.

In diesem Zusammenhang wird die Eigenschaft von gereckten Kunststofferzeugnissen vermerkt, bei denen durch Recken in Wärme eine Ausrichtung oder Orientierung des Molekülverbandes erfolgt. Bei PCU-Erzeugnissen sind Reckgrade von mehreren hundert Prozent üblich, um eine Festigkeitssteigerung in Reckrichtung auf Kosten der Dehnung von nicht quer beanspruchten, draht- oder streifenförmig angewandten Erzeugnissen zu erzielen. Eine Wiedererwärmung läßt die Festigkeitssteigerung zurückgehen unter gleichzeitiger Verkürzung in Längsrichtung mit Dickenzunahme. Das Verschweißen dieser Erzeugnisse ist nur dann mit Erfolg möglich, wenn ein dem Bedarfsfall angepaßtes, kurzfristiges Erhitzen der Oberfläche mit anschließendem schnellem Ausschalten des Wärmeträgers unter Zusammendrücken der Schweißstelle erfolgt.

Eine ähnliche Erscheinung, die bei der Wiedererwärmung eines gereckten Thermoplasten auftritt, zeigen Mischpolymerisate, die unter den Bezeichnungen Astralon und Mipolam MP im Handel sind. Es handelt sich hierbei nicht um Polyvinylchlorid, sondern um ein Polymerisationsprodukt aus Vinylchlorid und einem polymerisierbaren Ester, etwa vergleichbar mit einer Zweistofflegierung der metallischen Werkstoffe. Während im spannungsoptischen Licht z. B. „Vinidur" keine oder nur schwach angedeutete Stellen mit Spannungsfeldern zeigt, weist ein Mischpolymerisat der Zusammenstellung Vinylchlorid + Methakrylat als Grundstoffe einen Zustand auf, der sehr hohe, gleichmäßig verteilte Spannungen besitzt (Bilder 14 u. 15). Ein Erwärmen

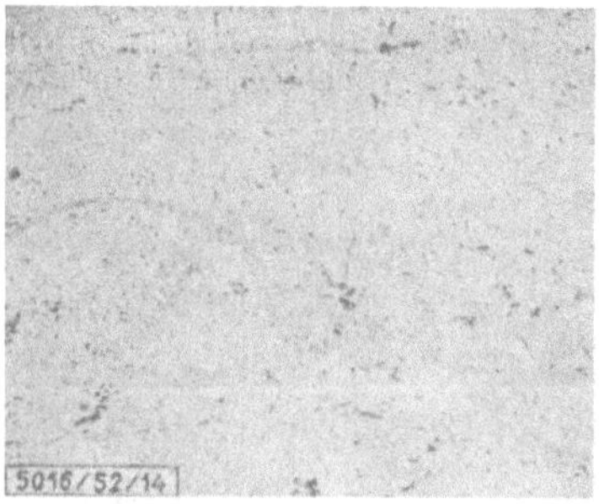

Bild 14. Spannungsoptische Aufnahme einer „Vinidurfolie" von 0,5 mm-Dicke im polarisierten Licht. Die schwarzen Stellen sind kleine Vertiefungen in der Oberfläche. Die Folie ist vollkommen spannungsfrei.

Bild 15. Spannungsoptische Aufnahme einer „Astralonplatte" von 5 mm-Dicke. Die hellen Felder zeigen Stellen mit erhöhten Spannungen.

dieses Kunststoffes oberhalb 100° C läßt als Folge der hierbei ausgelösten Spannungen das Aufgehen der Oberfläche aus einem spiegelglatten in einen narbenartigen Zustand eintreten.

Außerdem schrumpft das üblicherweise zu Platten gepreßte Mischpolymerisat je nach dem Temperaturgrad der Erwärmung um 5 bis 12% in Querrichtung, während die Platten in Längsrichtung um 1 bis 5% größer werden.

Eine Verformung dieses Mischpolymerisates soll deshalb zweckmäßig nicht bei Temperaturen oberhalb 90° C erfolgen. Beim Verschweißen ist auf die Anordnung der Schweißnähte zu achten. Diese dürfen nicht parallel zur Längsrichtung der Kunststoffplatten gelegt werden. Infolge der hohen Erwärmung beim Schweißen bis zum Fließpunkt des Mischpolymerisates tritt ein so starkes Schrumpfen der Schweißnahtkanten ein, das dem Einbinden des Schweißdrahtes vorausgeht, daß eine Verbindung nicht zustande kommt. Beim Schweißen werden Stäbe als Plattenabschnitte verwendet, bei denen das Abtrennen der Stäbe senkrecht zur Längsachse der Platten erfolgt, um ein Schrumpfen beim Schweißen im Querschnitt des Stabes zu vermeiden. Die Arbeitstechnik wird in gleicher Weise, wie beim Verschweißen des Vinidurs angegeben, ausgeübt, mit etwas niedriger Temperatur für die Schweißluft von etwa 200° C entsprechend der geringeren Fließ- bzw. Zersetzungstemperatur des Mischpolymerisates.

Die geringe Wärmeleitfähigkeit von Kunststoffen ist im Durchschnitt 200 mal kleiner als die von Stahl und wirkt hemmend für die Erwärmung beim Schweißen. Es wird dadurch nur eine schmale Zone der zu verbindenden Flächen erhitzt. Da nun der plastische Zustand, der zur Herstellung einwandfreier Verbindungen vorliegen muß, im allgemeinen mit dem Zersetzungspunkt von Kunststoffen übereinstimmt, muß die Erhitzungstemperatur in der Temperaturhöhe und der Einwirkungszeit begrenzt sein, wobei „stabilisierende Anteile" eine kurzfristige Überschreitung der Zersetzungstemperatur gestatten. Diese Erkenntnisse führten zu Verwendung von Schweißluft als Wärmeträger, die sowohl in ihrer Regulierung als auch Wärmeabgabe für die Erwärmung der Schweißstellen günstige Eigenschaften besitzt.

Querschliffe von V-Nähten aus Vinidur geschweißt zeigen die Bilder 16 u. 17.

Bild 16. Durchsichtsaufnahme einer Vinidurschweißung als V-Naht mit Gegenschweißung der Wurzel.

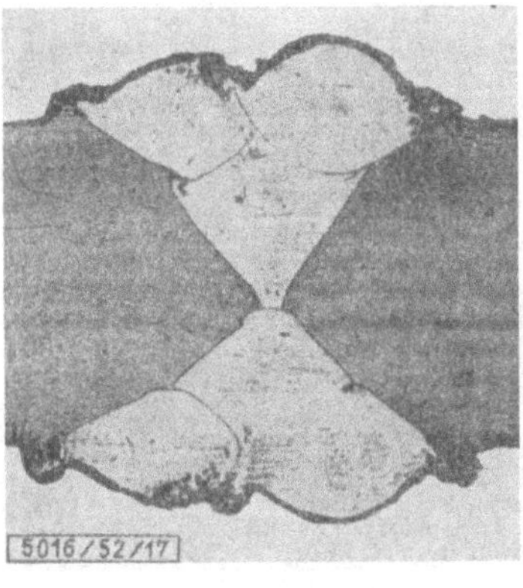

Bild 17. Durchsichtsaufnahme einer Vinidurschweißung als X-Naht, Schweißung fehlerfrei.

Es ist zu erkennen, daß Zonen im Übergang mit Mischungs- und wärmebeeinflußtem Gefüge, wie bei Metallen allgemein auftretend, nicht bestehen oder als solche erkannt werden können. Dem quasi-amorphen Zustand der Kunststoffe entsprechend, zeigt auch bei höherer Vergrößerung die scharf begrenzte Verbindungsstelle Werkstoff/Schweißgut keine weiteren Merkmale. Ein Vergleich kann mit der Diffusion beim Löten oder einer Schweißverbindung: Grundwerkstoff ferritisch/Schweißgut austenitisch, erfolgen. Ungleiches Erhitzen des Grund- oder Zusatzwerkstoffes führt zu fehlerhaften Nähten mit ungenügender Bindung von Kaltschweißstellen oder überhitzten, d. h. verbrannten und zersetzten Bindungsflächen an den vorbereiteten Kanten des Grundwerkstoffes sowie zwischen den einzelnen Lagen. Die Parallele hierzu bildet der Grundwerkstoff, dessen optimale Eigenschaften von der genügenden Wärmeanwendung in Abhängigkeit von der Zeit bei der Herstellung erreicht werden. Ungenügende Wärme-Zeit-Anwendung setzt vor allem die Dehnung und die Schlagfestigkeit herab, während zu hohe bzw. zu lange Wärme-Zeit-Anwendung die Stabilität des Rohstoffes erschöpft und die Schweißbarkeit vermindert. *Eine zu dunkle oder grünstichige Farbe läßt bei PCU-Erzeugnissen ohne Weichmacher, z. B.* „Vinidur", „Decelith-H" oder „Mipolam-H", *auf schlechte Verarbeitungsbedingungen schließen.*

E. Einflüsse auf die Schweißnahtfestigkeit

Von den physikalischen und mechanischen Eigenschaften, der Gestaltfestigkeit und der Korrosionsbeständigkeit eines Werkstoffes interessieren den Schweißfachmann die auf eine Schweißnaht mindernd wirkenden Einflüsse. Aus den gewonnenen Erfahrungen konnten in ähnlicher Höhe wie für Stahlschweißungen Sicherheitswerte für Schweißnähte gegeben werden, wenn gleichzeitig (infolge Fehlens geeigneter zerstörungsfreier Prüfungsverfahren) auf die richtige Ausbildung von Facharbeitern und deren regelmäßige Güteprüfung besondere Rücksicht genommen wird.

1. *Wärmeausdehnung*

Die Wärmedehnzahl ist mit 80^{-10} bei PCU etwa 7mal größer als für Stahl. Insbesondere bei der Gestaltung von Rohrleitungen verlangt diese große Wärmeausdehnung

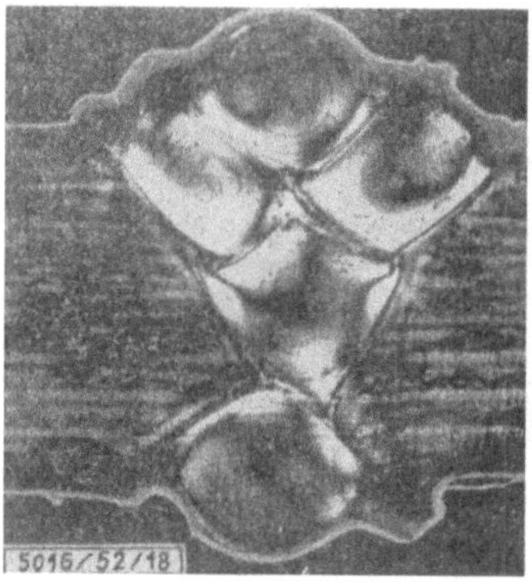

Bild 18. Spannungsoptische Aufnahme der Vinidur-V-Naht nach Bild 16 im polarisierten Licht. Aufbau des Werkstoffes aus neun verschweißten Folien erkennbar. Spannungsanhäufung innerhalb des Schweißgutes besonders an den Bindeflächen, an den hellen Stellen erkennbar.

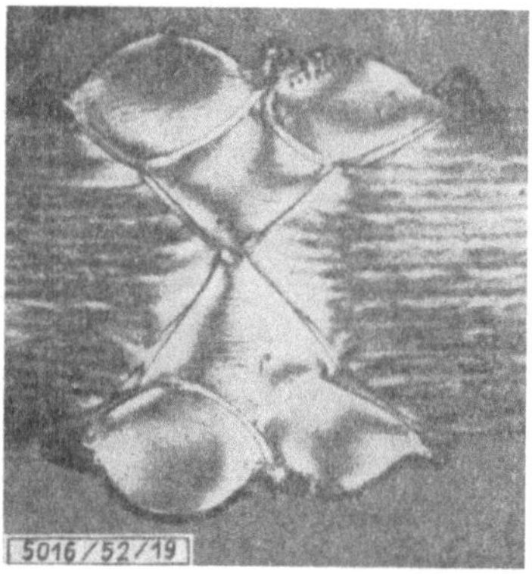

Bild 19. Spannungsoptische Aufnahme der Vinidur-X-Naht nach Bild 17 im polarisierten Licht.

Maßnahmen, wie sie für Stahl bei Temperaturen von 350° C üblich sind, jedoch für Kunststoffe bereits bei Betriebstemperaturen von 50° C angewendet werden müssen. Die große Ausdehnung der Nahtflanken beim Erhitzen zum Einbinden der Zusatzstäbe und das anschließende Abkühlen mit behindertem Zusammenziehen der Schweißverbindung führen zu großen Schrumpfkräften, deren Nachweis in spannungsoptischem Licht an Dünnschliffen verfolgt werden konnte. Die Spannungen mußten, wie durch die Aufnahmen (Bilder 18 u. 19) dargestellt, nur vom Schweiß*gut* aufgenommen werden, *ohne* Mittragen der anschließenden Werkstoffzonen neben der Naht, die frei von Spannungen waren. Schweißungen von V-Nähten an „Plexiglas" zeigen dagegen eine dem Öffnungswinkel einer V-Naht angepaßt verlaufende Spannungszone über das Schweißgut und den anschließenden Werkstoff mit erhöhter Spannungszone an den Nahtflanken im Übergang Schweißstab/Grundwerkstoff (Bilder 20 u. 21). Mit

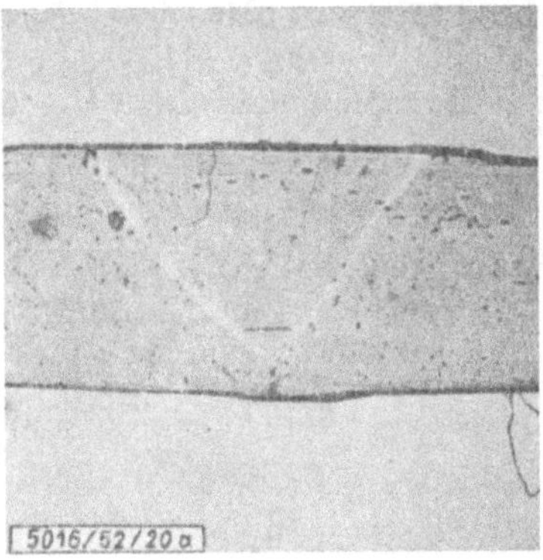

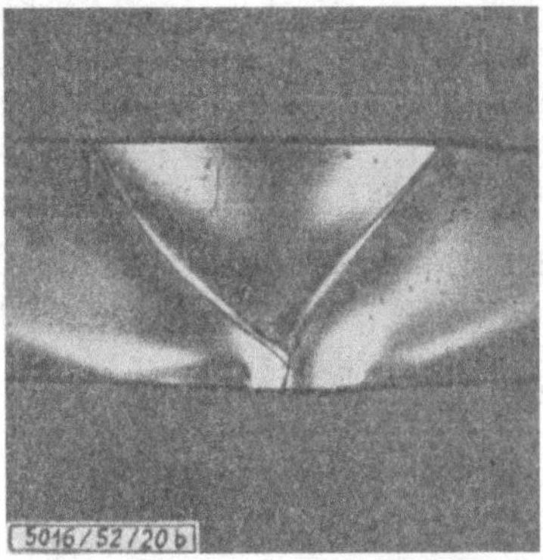

Bild 20. a) Durchsichtsaufnahme einer „Plexiglas"-V-Naht. b) Spannungsoptische Aufnahme im polarisierten Licht.

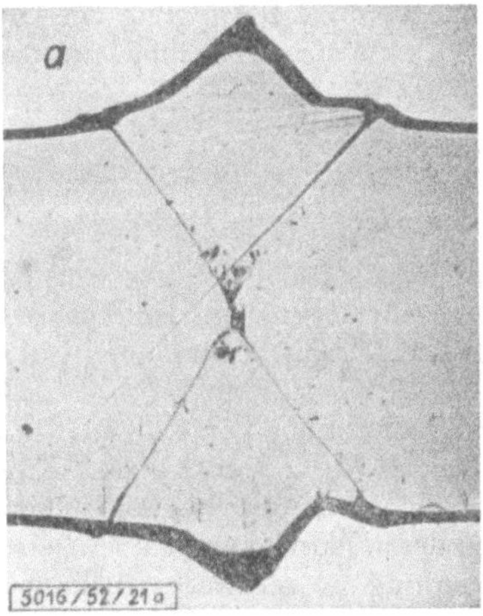

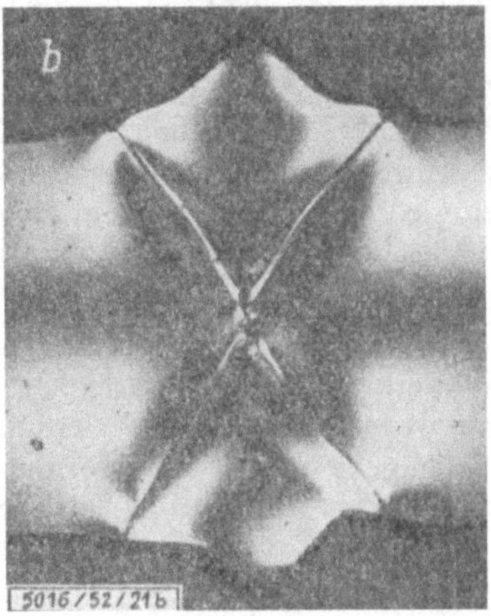

Bild 21. a) Durchsichtsaufnahme einer „Plexiglas"-X-Naht. b) Spannungsoptische Aufnahme im polarisierten Licht.

Spannungsverteilung entsprechend der Schweißnahtbreite im Werkstoff verlaufend mit höheren Spannungsspitzen im Schweißgut an den Rändern.

Änderung der Schweißmethoden, wobei besonders die Schweißstabführung und der auszuübende Druck eine wesentliche Rolle spielen, gelang es, in Vergleichsuntersuchungen unter Heranziehung von Zerreißfestigkeit und spannungsoptischen Betrachtungen die Schrumpfspannungen abzubauen und gleichzeitig die Zugfestigkeit von anfänglich etwa 50% auf etwa 95% der Festigkeit des Grundwerkstoffes bei „PCU" sowie von etwa 30% auf etwa 70% bei „Plexiglas" zu steigern.

2. *Berücksichtigung der Wärmeleitfähigkeit*

Für die Entstehung der großen Querspannungen neben Längsspannungen, die durch das Einbinden des Schweißstabes unter Druck entstehen, trägt die geringe Wärmeleitfähigkeit von Kunststoffen bei. Da der Werkstoff beim Schweißen infolge der geringen Wärmeleitfähigkeit nur in einer schmalen Zone erhitzt wird und andererseits die große Ausdehnung des Schweißstabes beim Erhitzen infolge des großen Ausdehnungskoeffizienten eine Stauchung des Schweißgutes bewirkt, wird bei eintretender Abkühlung des Schweißgutes eine größere Querschrumpfung und damit eine Querspannung erzeugt. Aus dem elastischen Verhalten der Spannungen können diese nach der Gleichung $\sigma = \frac{\delta \cdot E}{l}$ *) errechnet werden, wenn mit Setzdehnungsmessern festgelegte Meßpunkte ausgemessen und nach dem Heraustrennen der Meßstücke der Unterschied gemessen wird. Der geringe Elastizitätsmodul E von Kunststoffen trägt dazu bei, die Spannungen in Grenzen zu halten, so daß sich trotz der fehlenden Verformungsfähigkeit der Schweißnaht diese gegenüber den Betriebsbeanspruchungen bewährt haben.

3. *Festigkeit der Schweißverbindungen*

Die dem Werkstoff zugehörende Dehnung liegt im Schweißgut nicht vor. Es treten grundsätzlich bei Prüfung einer Schweißverbindung verformungslose Brüche *im* Schweißgut auf, deren Aussehen auch eine sichere Beurteilung der Eignung des Schweißers gibt. Glatte Trennbrüche im Schweißgut ohne Beteiligung des Grundwerkstoffes sind in der Regel solche mit parallel aufgetretenen Schweißfehlern, die sich ergeben aus:

zu niedriger oder zu hoher Schweißtemperatur,
zu langer Wärmeeinwirkung,
zu niedrigem oder zu hohem Einbindungsdruck oder
ungleicher Wärmeeinwirkung.

Fehlerfreie Schweißungen zeigen ein Bruchaussehen, bei dem der Ausgang des Bruches *im* Schweißgut liegt und bei dem ein „schiefriges Weiterlaufen" in dem Grundwerkstoff erfolgt.

Ein weiteres ausgeprägtes Merkmal für die Kaltverformung von Kunststoffen und die dabei gemessene Dehnung ist ein *Verfärben der Bruchstelle beim Kurzzeit-Zerreißversuch von Vinidur*, das bisher bei Schweißungen noch nicht beobachtet werden konnte.

Die Großzahl von Schweißnahtprüfungen und deren Auswertung an den verschiedenen Forschungsstellen gibt eine Übereinstimmung in der Beanspruchung von Schweißnähten wie folgt:

Bei ordnungsgemäßer Ausführung der Schweißung: Gütefaktor 0,6.
Bei erhöhter Sorgfalt mit regelmäßigen Schweißerprüfungen: Gütefaktor 0,8.

Der Schweißfachmann erkennt aus diesem Zusammenhang, daß alle die Festigkeit beeinflussenden Faktoren infolge der spezifisch niedrigen Festigkeit von Kunststoffen besonders zu beachten sind. Hierunter fallen:

---

*) Es bedeuten: $\sigma = \frac{P}{F} = \frac{\text{Last}}{\text{tragender Querschnitt}}$ [kg/mm²]
E = Elastizitätsmodul [kg/mm²]
δ = Dehnung [%]
l = Dehnlänge [mm]

Eigenschaft des Grundwerkstoffes, des Zusatzwerkstoffes und seine Schweißbarkeit
Genaue Schweißnahtvorbereitung
Vermeidung von Verunreinigungen jeglicher Art
Genau einregulierte Schweißluftmenge und -temperatur
Richtige Stabführung
Wahl der Nahtform und des Schweißdrahtquerschnittes
Können und Sorgfalt des Schweißers.

Bei Kurzzeitversuchen liegen die Gütezahlen von Schweißungen mit belassener Schweißraupe höher als Proben, bei denen eine Abarbeitung der Schweißnahtüberhöhung erfolgte. Ergebnisse für ruhende oder schwingende Dauerbeanspruchung liegen noch nicht vor. Unter Berücksichtigung, daß durch stark überhöhte Raupen eine erhebliche Kerbwirkung hervorgerufen werden kann, wird angenommen, daß das Abarbeiten der Schweißraupe besonders an den Übergängen durchaus zweckmäßig sein kann.

Der Einfluß der Nahtformen ist nicht eindeutig zu erkennen. Bei gut ausgeführten Nähten tritt die einseitig ausgeführte V-Naht gegenüber der wurzelseitig nachgeschweißten V- und der X-Naht in der Festigkeit etwas zurück.

Durch Art und Lage der Schweißnaht und die vorliegenden Schweißbedingungen liegt die zu verwendende Drahtdicke von vornherein fest. In den weitaus meisten Fällen ergibt der dickere Draht die günstigeren Ergebnisse in bezug auf große Festigkeitseigenschaften und geringe Schweißdauer.

Größere Lagenzahlen, d. h. Verwendung geringer Drahtdicken, summieren die zwischen den einzelnen Lagen unvermeidlichen Kerbstellen und Schweißfehler. Damit ist wohl auch zu begründen, daß selbst bei Verwendung des größten noch verschweißbaren Schweißstabes von 4 mm ⌀ die Festigkeitseigenschaften der Schweißnaht mit zunehmender Plattendicke abnehmen.

Durchgeführte Versuche, die ermitteln sollten, ob durch Wärmebehandlungen, Unterschiede der Zeit und Temperatur, mit anschließenden verschiedenen Abkühlungen, *Vergütungen der Schweiße* erzielt werden können, *ergaben keine Verbesserungen* [Lit. *Henning*].

Bei Bemessung der Schweißnähte ist die starke Abhängigkeit der Festigkeitseigenschaften von der Temperatur, die überdies nicht nur eine Eigenart der warmbildsamen Kunststoffe, sondern allen Kunststoffen eigen ist, zu berücksichtigen. Aus dem Bild 12 geht hervor, daß die mechanische Beanspruchung und der Temperatureinfluß nicht allein nach der Kurzzeitfestigkeit mit der Temperatur und langen Standzeiten in Rechnung zu setzen sind [Lit. *Buchmann*]. Es ist zu erkennen, daß die Dauerstandfestigkeit nur etwa ein Drittel der Kurzzeitfestigkeit beträgt. Weiterhin geht aus dem Diagramm (Bild 12) hervor, daß bei Erreichen der Erweichungstemperatur die Dauerstandfestigkeit Null wird, wogegen jedoch eine beträchtliche Kurzzeitfestigkeit noch vorhanden ist. In diesem Zusammenhang wird auf die Zunahme der Festigkeit und ein Absinken der Dehnung für die Verringerung der Prüftemperatur hingewiesen.

Bei Schweißnähten wurde die vorgenannte Abhängigkeit der Festigkeit von der Temperatur ebenfalls festgestellt. Es findet jedoch unterhalb + 10 bis — 10° C kein Festigkeitsanstieg mehr statt, während die Dehnung der Schweißnähte, die bereits bei Raumtemperatur 0 ist, auf einige Prozente bei Temperaturen oberhalb + 30° C ansteigt [Lit. *Henning*].

Diese Untersuchungen haben ergeben, daß Schweißungen in dem in der Praxis üblichen Temperaturbereich von — 30 bis + 60° C mit nahezu der gleichen Sicherheit eingesetzt werden können wie bei Raumtemperatur. Oberhalb + 35° C bis + 60° C liegen die Zerreißfestigkeiten der Schweißungen mit dem Grundwerkstoff gleich.

Obgleich Kerbeinflüsse in Konstruktionen nie ganz zu vermeiden sind und örtliche Störungen des Kraftflusses an Querschnittsübergängen, z. B. Krafteinleitungsstellen und Verbindungen durch Nieten, Schrauben oder Schweißen, die Festigkeit herabsetzen, haben sich auch komplizierte Schweißkonstruktionen in Vinidur durchaus bewährt, obwohl wir in vorliegendem Fall einen spröden Werkstoff mit voller Kerbempfindlichkeit als Bauwerkstoff verwenden. In gleicher Weise, wie bei Metallen bei Wechselbeanspruchungen im Kerbquerschnitt eine stark herabgesetzte Dauerschwingungsfestigkeit gefunden wird und die Mehrzahl aller Dauerbrüche verursacht, bewährt sich Kunststoff bei Dauerbeanspruchung trotzdem gegenüber Kerbwirkung. In bezug auf gute Schweißnähte ergeben sich bei der Anfertigung von Konstruktionen besondere Maßnahmen durch richtige Anordnung der Schweißung, Reihenfolge der Schweißung, Vermeidung von schroffen Kraftflußänderungen und Querschnittsübergängen, Vermeidung von Überbeanspruchungen bei schlechtem Zusammenpassen von Bauteilen und Begrenzung der Wärmespannungen. In vielen Fällen können die Erfahrungen der Metallschweißung nutzbringend verwertet werden, wenn man die spezifisch niedrigen mechanischen Festigkeiten und besonders die hohe Kerbempfindlichkeit von Kunststoffen berücksichtigt.

Da noch keine eindeutigen Werte vorliegen und ihre Beurteilung auch von Voraussetzungen abhängt, die wahrscheinlich in gleicher Weise nur in einer vieljährigen Erfahrung geschaffen werden können wie bei der entsprechenden Prüfung der Metalle, wird empfohlen, bei jeder Art von Dauerbeanspruchung von Kunststoffen Kerbwirkung soweit wie möglich zu vermeiden, unabhängig davon, bei welchen Temperaturen die Bauteile beansprucht werden. Ergänzend sei erwähnt, daß bei höheren Temperaturen besondere Vorsicht geboten ist und bereits bei ruhender Belastung ein plastisches Nachgeben des Materials in Form viskosen Fließens erfolgt, da örtliche Spannungsspitzen dieses begünstigen.

Die Möglichkeit, daß kurzzeitige Überbeanspruchungen sogar in häufiger Folge ausgehalten werden, liegt im Verhältnis der Kurzzeitfestigkeit zur Dauerstandfestigkeit begründet. Daraus resultiert auch das günstige Verhalten von Schweißkonstruktionen gegenüber Druckstößen mit der geringen Auswirkung von Kerbeinflüssen bei Kurzzeitbeanspruchung.

Bei der Bemessung von Rohrleitungen, deren Verbindungselementen und Armaturen konnten unter Berücksichtigung der Dauerstandfestigkeit, einer vierfachen Sicherheit und einem Zuschlag bei kleineren Rohrnennweiten für Wanddickenabweichung alle an für Vinidur festgelegten Verbindungselementen auftretenden Spannungsspitzen aufgenommen werden.

Die Prüfung auf Berstdruckfestigkeit [Lit. *Buchmann*], z. B. von Rohren nach *DIN 8061* bei der üblichen Kurzzeitprüfung, muß damit entsprechend große Werte erreichen, die in Abhängigkeit von der Versuchsdauer im Bereich von etwa 150 atü bei Rohren 60 NW, Druckreihe ND 6 liegen. Diese Werte werden nur vom ungeschweißten Werkstoff erreicht und liegen bei geschweißten Rohrverbindungen je nach der Ausführung der Schweißverbindung bei 60 bis 90% der Festigkeit des Grundwerkstoffes.

Bei Armaturen, die ausschließlich in geschweißter Ausführung aus Halbfabrikaten genormter Abmessungen oder aus Schlagpreßteilen zusammengesetzt werden, wird die Kerbwirkung bei der Prüfung voll erfaßt, und man kann bei der Kurzzeitprüfung auf ein Viertel der für glatte Rohre erforderlichen Werte zurückgehen, d. h. man verzichtet auf den Sicherheitszuschlag.

Die Erkenntnis, daß in der Anwendung von Kunststoffen geschweißte Bauteile keine so einfache Form oder klaren Kraftfluß aufweisen, daß ihr Festigkeitsverhalten durch die in der Werkstoffprüfung benutzten Proben festgelegt ist, sollte dazu führen, eine Berstdruckprüfung bei allen Teilen des Rohrleitungsbaues, besonders in der Entwicklung, vorzunehmen. Einen Anhalt für die zu erzielenden Kurzzeit-Bestwerte [Lit. *Buchmann*] zeigt das Bild 22, während die dauernd zulässigen Innendrücke von Vinidurrohren der drei genannten Druckreihen nach DIN in der Zahlentafel 3 festgelegt sind.

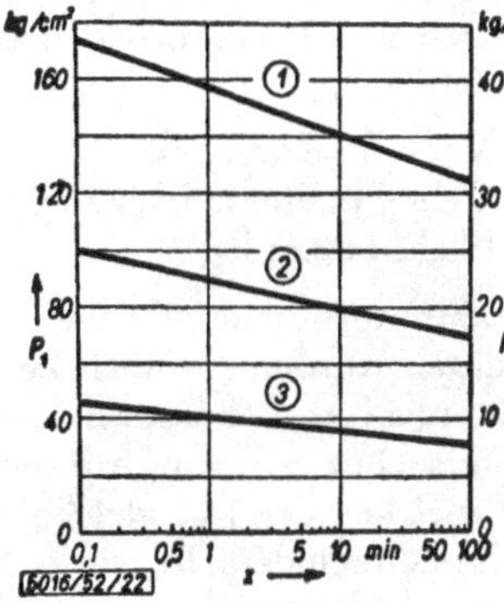

Bild 22. Kurzzeit-Berstdruckwerte von Vinidurrohren und Armaturen, Prüftemperatur 20° C

P_1 = Berstdruck (atü) von Rohren bei 20° C
P_2 = Geforderter Berstdruck (atü) von Armaturen bei 20° C

1. Druckreihe 6 atü (Dauerdruck bei 40° C; z. B. Rohr 60 × 6,5 mm).
2. Druckreihe 2,5 atü (Dauerdruck bei 40° C; z. B. Rohr 60 × 4 mm).
3. Druckreihe 0,5 atü (Dauerdruck bei 40° C; z. B. Rohr 60 × 2 mm).

Wandungs-temperatur °C	Dauerstand-festigkeit kg/mm²	Zulässige Innendrücke in atü		
		Drucklose Reihe	Reihe für 2,5 atü	Reihe für 6 atü
0	(2,6)	(1,0)	(5,5)	(12)
20	1,9	0,9	4,5	10
40	1,1	0,5	2,5	6,0
60	0,4	0,2	1,0	2,5

Zahlentafel 3. Dauernd zulässige Innendrücke von „Vinidurrohr" der drei genormten Druckreihen (siehe Bild 22 oben) nach *Buchmann.*

Die in der Zahlentafel 3 angeführten Dauerstandfestigkeiten können bei anderen Bauteilen als zulässige Beanspruchung der Berechnung des Werkstoffes und mit Berücksichtigung des Gütefaktors der Schweißnähte zugrunde gelegt werden.

4. *Chemische Beständigkeit der Schweißungen*

Ein besonderer Vorzug von Kunststoffen, insbesondere „Polyvinylchlorid" in harter und weich eingesetzter Form, ist ihre sehr große Beständigkeit gegen angreifende Flüssigkeiten und Gase.

Im Gegensatz zu den Metallen und Metallegierungen, bei denen der Angriff als chemische Umwandlung oder gar als elektrochemische Reaktion auf der Oberfläche, in selteneren Fällen als Kornzerfall (interkristalline Korrosion) oder als Lochfraß (siehe *Schikorr*, Teil II) vor sich geht, und in Abhängigkeit von der Dichte der erzeugten Oxydschicht die Angriffsgeschwindigkeit bzw. der Gewichtsverlust nach DIN 4850/4851 in g/m² x Jahr angegeben wird, *spielt sich der Angriffsvorgang bei Kunststoffen im Innern des Kunststoffwerkstückes ab* [Lit. *Buchmann*].

Es beginnt das Angriffsmittel mit längerer Angriffsdauer *in* den Kunststoff schichtweise einzudringen bis zur vollständigen Sättigung auch dickwandiger Werkstücke.

Die eintretende Schädigung ist damit im Gegensatz zu Metallen mit einer Volumenzunahme und schließlich Quellung verbunden. Die Folge derartiger chemischer Angriffe ist der Verlust an Festigkeit und Dehnung sowie eine mehr oder minder starke Erweichung.

Die Werkstoffschädigungen sind abhängig von der Konzentration des angreifenden Mediums und dessen Temperatur. Mit steigender Temperatur steigen die Schädigungen an. Man unterscheidet bei der Einteilung der Anwendungsgebiete die folgende Staffelung:

Volle Beständigkeit
Gebiet bedingter Beständigkeit (beschränkte Lebensdauer)
Nicht beständig.

Zur Ausnutzung der vollen Werkstoffeigenschaft und zur Vermeidung von Fehlschlägen wurden ausführliche Beständigkeitslisten [Lit. *Kranich*] veröffentlicht, denen Prüfungen im Laboratorium oder Betriebserfahrungen zugrunde liegen. Eingehende Untersuchungen von Schweißverbindungen haben ergeben, daß das Schweißgut die gleiche oder fast gleiche Angriffsbeständigkeit wie der Grundwerkstoff aufweist. Diese können deshalb, wie es die Praxis bewiesen hat, mit großer Sicherheit gegenüber chemischen Angriffen praktisch eingesetzt werden [Lit. *Henning*].

F. Prüfung von Schweißverbindungen

Die gewonnenen Erkenntnisse für die sichere Verschweißung von Kunststoffen, die innerhalb eines kurzen Entwicklungszeitabschnittes erzielt wurden, führten im Gesamteinsatz von Kunststoffen zur bevorzugten Verwendung von „PCU-Rohren".

Eine Untersuchung von geschweißten Rohrverbindungen [Lit. *Henning*] bestätigte die an geschweißtem Plattenwerkstoff ermittelten Ergebnisse und führte zur grundlegenden Klärung über die zweckentsprechendste geschweißte Rohrverbindung. Die Ergebnisse der Zerreißversuche von 7 verschiedenen Schweißverbindungen an Rohren mit 26/32 mm ⌀ wurden gemäß den Bildern 23 bis 29 in der Zahlentafel 4 zusammengestellt.

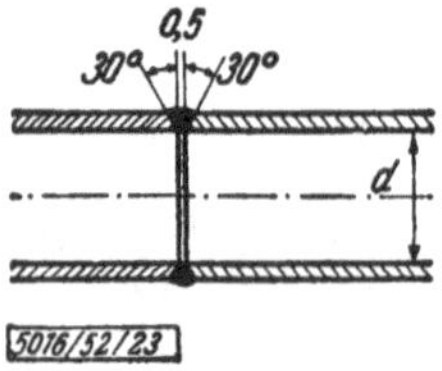

Bild 23. Stumpfstoß eines Vinidurrohres 32/26 mm⌀. Schweiße ist einwandfrei ausführbar, wenn das Rohr während des Schweißens gedreht werden kann.

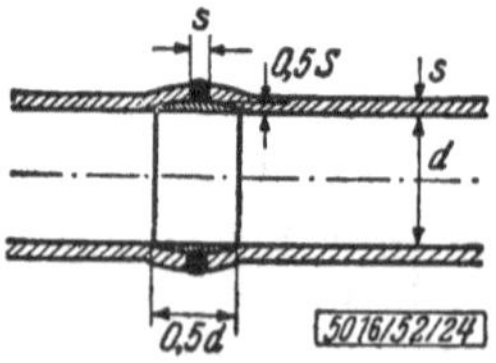

Bild 24. Stumpfverbindung eines Vinidurrohres mit Einlegering aus gleichem Rohr für Ausführung der Schweißung in Zwangslage. Rohrenden aufgeweitet, um gleichen Rohrquerschnitt zu erhalten.

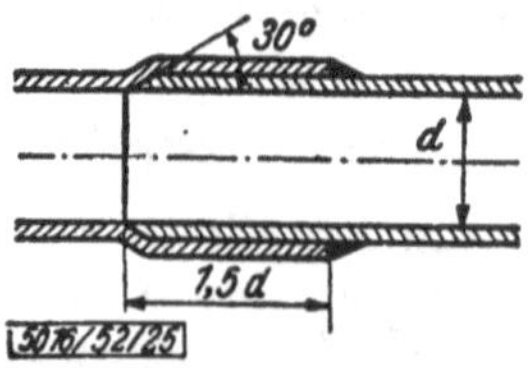

Bild 25. Muffenverbindung an Vinidurrohren. Ausbildung der Muffe durch Aufweiten mit Rohrende. Schweißung ist in Zwangslage möglich. Infolge Kraftflußablenkung Verbindungsform bei höherer Beanspruchung vermeiden.

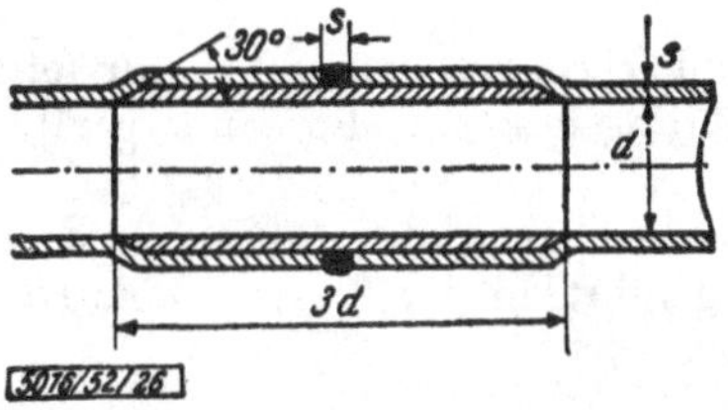

Bild 26. Verbindung eines Vinidurrohres mittels Doppelmuffe. Infolge Kraftflußablenkung Verbindungsform vermeiden.

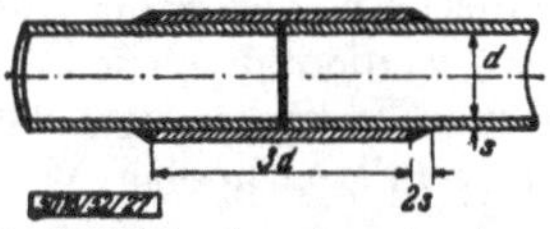

Bild 27. Vinidurrohrverbindung mit übergeschobener und aufgeschrumpfter Muffe mit beiderseitiger Kehlnaht.

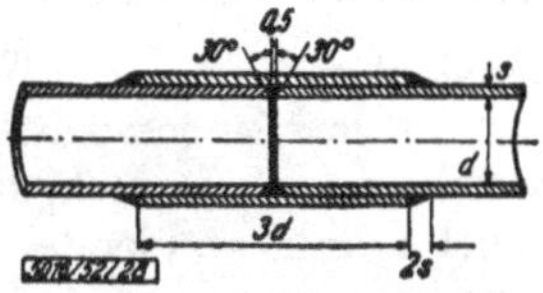

Bild 28. Vinidurrohrverbindung wie Bild 27, jedoch mit Stumpfstoß wie Bild 23. Die Stumpfschweiße muß vor Aufbringen der Muffe abgearbeitet werden. Diese Verbindung hat sich am besten bewährt.

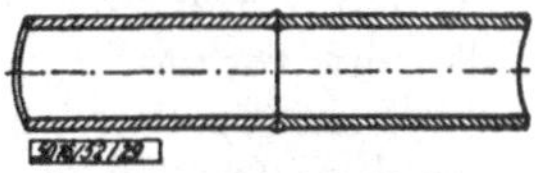

Bild 29. Stumpfstoß einer Vinidurrohrverbindung als Preßschweiße ohne Zusatzdraht ausgeführt.

Nr.	Art und Abmessung	Durchführung der Verbindung	Zerreißfestigkeit kg/mm²
23		3 mm WD Verbindung nur einwandfrei, wenn Rohr unter Drehen geschweißt	3,73
24		Schweißung auch in Zwangslage ausführbar, Ablenkung des Kraftflusses	3,21
25		Von Klebeverbindung übernommene Form, Ablenkung des Kraftflusses	1,89
26		Zwangslage, Kraftflußablenkung	3,00 (22° C)
27	aufgeschrumpft	Zwangslage, doppelte Kehlnaht	1,400
28		Zusätzlich Stumpfstoß (Bild 28)	3,63
29		Stumpf elektrisch	2,90
30	ungeschweißt		4,70

Zahlentafel 4. Mechanische Festigkeit von 7 verschiedenen Schweißverbindungen an Rohren mit 26/32 mm ⌀, Werkstoff „PCU"-Rohr.

Die Ausführungen 25 und 27 sind infolge der Kraftflußablenkung und des Anschlusses durch Kehlnähte zu vermeiden. Bessere Schweißverbindungen stellen die Ausführungen 23 und 28 dar, wovon 28 die sicherere ist und bei der auftretende Fehler überdeckt werden können.

Neben der mechanischen Prüfung von Schweißverbindungen interessiert die Möglichkeit der Anwendung von zerstörungsfreien Prüfverfahren. Die Prüfung mittels Röntgenstrahlen bringt mit den in der Industrie vorhandenen Geräten für Grobstrukturuntersuchung bei Kunststoffschweißungen noch kein befriedigendes Ergebnis.

Genügende Fehlerkennbarkeit läßt sich dabei nur mittels weicher Strahlung erzielen. Entsprechende Prüfungen setzen also Sondergeräte voraus (Beispiel: Weichstrahlröhren*).

Größere Bedeutung hat die Dichtigkeitsprüfung von Schweißnähten, als elektrische Durchschlagsprüfung ausgeführt, in der Praxis gewonnen und sich bis zu Materialdicken von 4 mm bewährt.

G. *Kennzeichnende Merkmale für das Verschweißen von weich eingestellten PCU-Weichkunststoffen*

Durch Verbindung von Vinylpolymerisaten mit Weichmachern, gegebenenfalls Füll- und Farbstoffen in wechselnden Mengenverhältnissen, werden je nach Zusammensetzung hornartige, lederharte oder weichgummiartige Stoffe erzeugt, die unter den verschiedensten Bezeichnungen im Handel sind („Igelit", „Mipolam-W", „Decelith-W", „Vinnol", „Guttasyn" usw.).

Die Handelsformen sind im allgemeinen:

Folien von s = 0,2 bis 2 mm,
Felle von s = 2 bis 5 mm,
Platten von s ≧ 5 mm.

Die Bindung von PCU-Pulver mit Weichmachern, die Gelierung, zu einem Werkstoff neuartiger Prägung erfolgt bei Temperaturen und auf Maschinen in fast der gleichen Weise wie bei der Verarbeitung von PCU ohne Weichmacher. Eine Typisierung der nach Art und Menge des Weichmachergehaltes möglichen Kombinationen erfolgte bisher nur von einigen Herstellerwerken ohne Angleichung untereinander.

Die Unterscheidung erfolgt nach:

der Weichheitszahl nach DIN DVM 53503 und der Shorehärte,
der Temperaturabhängigkeit, besonders der Kältebeständigkeit,
der Korrosionsbeständigkeit und
den mechanischen Festigkeiten.

Zur Erhöhung der Druckfestigkeit werden häufig Füllstoffe, z. B. Schiefermehl, Schwerspat, Ruß, Schlämmkreide oder Kaolin zugesetzt. Farbzusätze überdecken in weitem Spielraum die Naturfarbe des Werkstoffes „PCU weich", die gelblich mit durchscheinendem Aussehen und mit je nach dem Rohstoff unterschiedlichen Schwankungen ist.

Auch weich eingestellte Thermoplaste verlangen bei den einzelnen Arbeitsverfahren eine Lenkung der Temperatur für die Endverformung, um durch optimale Thermoplastizität dem Arbeitsstück maximale mechanische Eigenschaften zu geben, wobei die Verarbeitungstemperatur praktisch unabhängig von der Weichheit der verschiedenen Qualitäten ist. Unnötig langes Verweilen bei der erhöhten Temperatur der Verarbeitung beeinflußt die Stabilität des Werkstoffes.

Entsprechend plastifiziertes Polyvinylchlorid liefert gummiähnliche Werkstoffe, die eine Beständigkeit gegenüber Öl, Ozon (O_3), Säure, Alkali besitzen, alterungsbeständig sind und dank ihrer physikalisch-chemischen Beschaffenheit eine Gleichmäßigkeit gewährleisten, die bei anderen Werkstoffen ähnlicher Art schwer zu finden ist.

Entsprechend ihrer technischen Anwendungsgebiete für Geräteauskleidung oder -umkleidung, für Schlauchleitungen, für Schutzauskleidung, Dichtungen, Verschlußteile, Förderbänder, Kabelmassen wird der Werkstoff „PCU weich" oder ein Vinylmischpolymerisat unter Verwendung einer größeren Auswahl von Weichmachern hergestellt. Einige Daten hierzu sind in der Zahlentafel 5 zusammengestellt.

*) Lieferer: Fa. „Seyfert", Hamburg.

Chemische Grundlage	Chemische Bezeichnung	Handelsname	Lieferform und Werkstoffzustand		Handelsname	Kennzeichen
Kalk CaO / Kohle C	Polyvinylchlorid, unbehandelt, PCU		*mit Weichmachern + ggf. Füllmitteln*			Weichheit nach DIN DVM 53503
Kalziumkarbid CaC_2		Igelit	Folien	weich, naturfarbig	Igelit-W	= 13—27 = zäh lederartig = 42—100 = mittelhart bis weich
		PCU	Platten,	„ „	Mipolam-W mit Ziffernangabe	= 8—34 = gefüllt, sehr steif
Wasser $2H_2O$					Guttasyn	
		(Pulver)	Blöcke,	„ „		
Azetylen C_2H_2			Profile und Schläuche,	„ „	Decelith-W	Zugfestigkeit nach DIN DVM 53504
Salzsäure HCl			Formstücke,	„ „	Vinnol mit Buchstabenangaben	= 60—240 kg/cm² Bruchdehnung nach DIN DVM 53504
			a) gespritzt,	„ „		
Vinylchlorid $CH_2 = CHCl$			b) gepreßt,	„ „		= 110—450% Kältebiegeschlagwert VDE = —57° bis + 5°
Polymerisieren			c) gebacken,	„ „		
			d) getaucht,	„ „		Wichte nach DIN 53530 = 1,14 bis 1,48
Polyvinylchlorid PCU			Deckschichten			Durchschlagfestigkeit E_d = 20 bis 50 kV/mm
			Kabelisolierungen			Formbeständigkeit = bis 60° C

Zahlentafel 5. Polyvinylchlorid „PCU mit Weichmacher" + ggf. Füllmitteln; Zusammenstellung einiger kennzeichnender Daten.

Beim Verschweißen der weich eingestellten Polyvinylchloride und der Mischpolymerisate ist deren verschiedener Weichheitsgrad zu berücksichtigen. Zunehmende Weichheit erleichtert das Herstellen der Bindung. Die Verschweißung von „PCU hart" mit „PCU weich" ist im Heißluftschweißverfahren ohne Schwierigkeiten mit Zusatzstäben aus „PCU hart" möglich, ebenso wie eine Verschweißung von „PCU weich" verschiedenen Weichheitsgrades miteinander möglich ist, wenn die Verteilung der Wärmemenge entsprechend dem unterschiedlichen Verhalten der Stoffe erfolgt.

Zusätze von Füllmitteln zur Erhöhung der Druckfestigkeit oder zur Verbesserung der Korrosionsbeständigkeit, wie z. B. Paraffin, verschlechtern die Eigenschaften bis zum Unmöglichwerden der Verschweißbarkeit.

Entformungen nachträglich verpreßter Teile erfolgen bereits bei geringer Wiedererwärmung. Ein Kühlen der neben den Schweißnähten liegenden Zonen bei verformten PCU-Weichteilen ist deshalb notwendig. Für das Verschweißen von „PCU weich" werden handelsübliche Schweißstäbe nicht zur Verfügung gestellt. Der Schweißfachmann soll deshalb den Einfluß des Weichmachergehaltes auf die Zerreißfestigkeit und Dehnung kennen, um im Schweißgut die gewünschten Eigenschaften erzielen zu können. Unabhängig von den Eigenschaften der verschiedenen Weichmachersorten oder Gemische zeigt das Bild 30, wie in Abhängigkeit vom Weichmachergehalt die Dehnung beeinflußt wird [Lit. *Buchmann*]. Während die Festigkeit mit zunehmendem Weichmachergehalt bei 20° C Prüftemperatur mit geradlinig sinkender Tendenz verläuft, nimmt die Dehnung bis zu Weichmachergehalten von etwa 15% zunächst ab, steigt dann bei Weichmachergehalten von 20% bis zur Ausgangsdehnung wieder an,

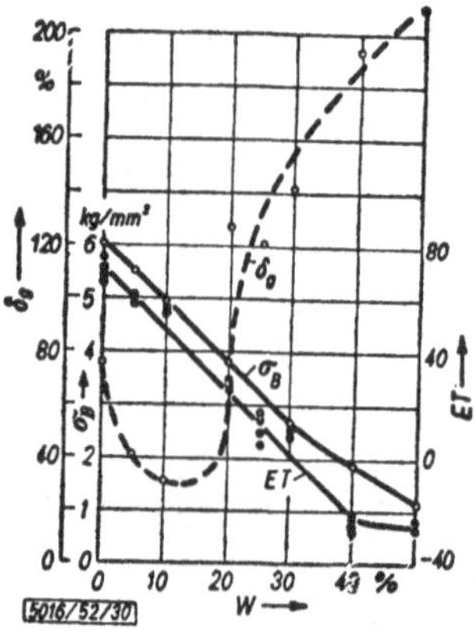

Bild 30. Zugfestigkeit und Gesamtdehnung in Abhängigkeit des Weichmachergehaltes von „PCU weich"

δ_g = Gesamtdehnung in %
σ_B = Zugfestigkeit in kg/mm²
ET = Einfriertemperatur in °C
W = Weichmachergehalt in %

um dann mit geradlinigem Verlauf eine gleichbleibende Dehnung zu erreichen. Das Mischungsverhältnis mit niedrigen Weichmachergehalten ist deshalb zu vermeiden, da hierbei die Dehnung im Gegensatz zur allgemeinen Annahme (!) einen geringeren Wert als ein PCU ohne Weichmachergehalt besitzt.

Weiches Polyvinylchlorid beginnt bei 170° C bis 200° C zu schmelzen, ohne flüssig zu werden, und dabei unter Druck zu verschweißen.

Für technische Zwecke mit größerer Wanddicke kann für das Schweißen Heißluft angewendet werden in gleicher Weise wie für hartes Material. Da die große Wärmeleistung der Heißluftgeräte eine ebenfalls große Wärmezone beim Schweißen ergibt, kann die Heißluftschweißung für Folien geringer Dicke nicht angewendet werden, da diese ihre Formbeständigkeit verlieren würden. Es mußte ein besonderes Verfahren zum Verschweißen von Halbfabrikaten aus „PCU weich" entwickelt werden, das im folgenden beschrieben wird. Es ist anwendbar für größere Werkstoffdicken und für schwache Folien von mindestens 0,2 mm-Dicke.

Die Verbindung von PCU-Weichfolien, wie üblich durchgeführt durch Nähen, führt zu keiner dichten Verbindung und zeigt infolge der Kerbempfindlichkeit von weichgemachten Kunststoffen erhebliche Festigkeitsminderung.

Das Verkleben von PCU-Weichteilen gibt keine ausreichende Sicherheit für technische Teile und ist weitgehend von der Verwendung geeigneter Kleber abhängig.

Durch die PCU-Weichschweißung werden dagegen nahtlose und druckdichte Verbindungen erzielt. Das Verfahren ermöglicht eine homogene Verschweißung mit voller Werkstoffestigkeit, Druckdichtigkeit und ohne Verlust der Eigenschaften des weichgemachten „PCU". Die gute Korrosionsbeständigkeit von „Weich-PCU" bleibt in der Schweißnaht voll erhalten. Die Schweißung ist einfach durchzuführen und erweitert die Anwendungsmöglichkeiten der weichen Kunststoffe.

1. *Beschreibung des Verfahrens*

Bei der Schweißung von „Weich-PCU" wird unterschieden zwischen Werkstoffdicken oberhalb 4 mm und Werkstoffdicken unterhalb 4 mm, bis zu einer Dicke von 0,2 mm herab. Zum Schweißen der größeren Werkstoffdicken benutzt man den Heißluft-Schweißbrenner.

Das Verschweißen von geringeren Werkstoffdicken, besonders Werkstoffdicken von 0,2 mm, erfordert eine an der Schweißstelle sehr gering begrenzte Wärmezone von einem Bruchteil eines Millimeters, um eine Verbindung der Folie ohne Schädigung zu ermöglichen. Für die Schweißung von Folien geringer Dicken, Schläuche, Formkörper und Profile werden elektrisch beheizte Lötkolben mit flachem Kupfermundstück benutzt.

2. *Ausführung des Verfahrens*

Die geringe Wärmeleitfähigkeit von Kunststoffen ermöglicht nicht, die Wärme vom abgebenden Gerät von außen *durch* die Folie hindurch an die Schweißstelle zu bringen. Die Oberfläche würde dabei verbrannt sein, ehe die Schweißstelle genügende Temperatur erhalten hätte. Die verwendeten Schweißgeräte werden deshalb so ausgebildet, daß die Schweißmundstücke die Wärme an die Schweißstelle heranführen, ohne daß der gesamte Querschnitt des Werkstoffes dabei erfaßt wird (Bild 31).

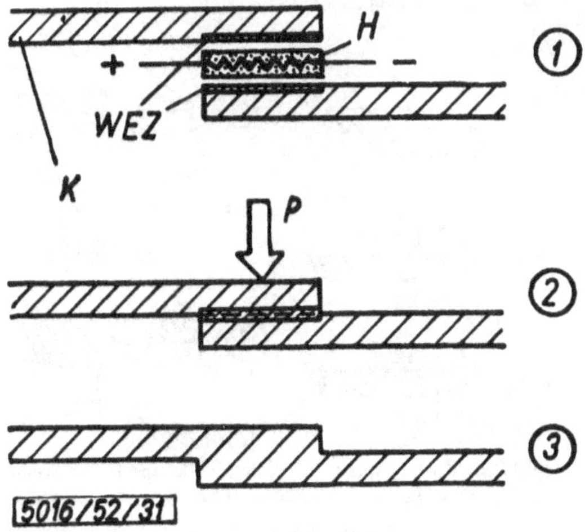

Bild 31. Schema für die Einwirkung der Temperatur bei „Weich-Igelit"-Schweißen.

H = elektrische Heizung
WEZ = Wärme-Einflußzone
K = zu verschweißende Kunststoffteile
P = Anpreßdruck

Vorgang 1 = Anwärmen
Vorgang 2 = Drücken
Vorgang 3 = Verschweißt

Zur Verbindung von Kunststoffen durch Schweißen sind im Anschluß an die Erwärmung die erhitzten Stellen durch Druck miteinander zu verbinden. Der Druck wird entweder von Hand (Daumen) oder durch Andrückrollen ausgeübt.

Vorbereitung und Art der Nahtformen

Die Schweißnähte sind je nach Werkstoffdicke gemäß den Bildern 32 u. 33 vorzubereiten. Sauberes, genaues Zupassen ist erforderlich.

3. *Zusatzstäbe*

Für die Nahtform 5 in dem Bild 33 wird als Zusatzmaterial ein keilförmiges Profil verwendet.

Der Zusatzwerkstoff soll im allgemeinen die gleiche Qualität aufweisen wie der Grundwerkstoff.

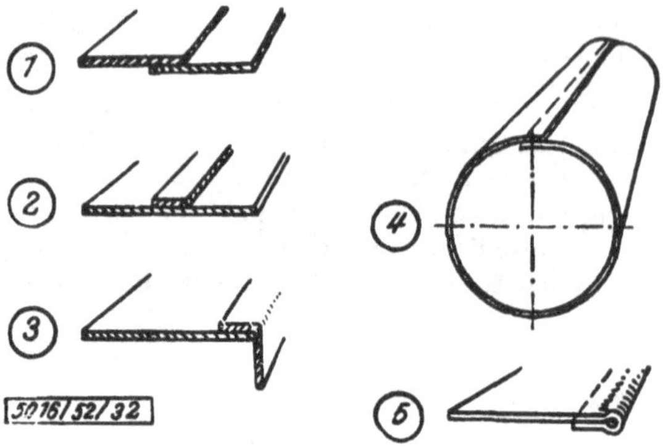

Bild 32. Vorbereitung und Nahtausführung für Schweißungen an Folien bis 0,5 mm-Dicke.

1. Überlapptnaht
2. Naht mit Verstärkung
3. Ecknaht mit Verstärkung
4. Naht für geschlossene Werkstücke, z. B. Behälter
5. Randverstärkung

4. *Schweißbrenner*

Für das Schweißen von dicken Folien kann wahlweise der gasbeheizte Schweißbrenner oder ein elektrisch beheizter Lötkolben mit 250 Watt Heizleistung mit besonders zugerichtetem Einsatzstück verwendet werden. Für das Schweißen von dünnen Folien wird nur ein elektrisch beheizter Lötkolben von 50 bis 150 Watt angewendet.

Das verlängerte kupferne Einsatzstück des elektrisch beheizten Lötkolbens wird, dem Verwendungszweck angepaßt, an seinem Ende keilförmig ausgebildet. Verschieden lange Einsatzstücke aus Kupfer bei konstant bleibender Heizleistung der Patrone ermöglichen verschieden hohe Schweißtemperaturen, wie in dem Bild 34 dargestellt.

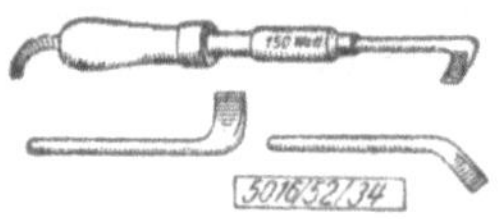

Bild 34. Elektrisch beheizter Lötkolben mit verschiedenen Schweißeinsätzen für das Schweißen von weichen Kunststoffen.

Als Maßstab für die richtige Schweißtemperatur des elektrisch beheizten Kolbens gibt das Aussehen des Rückstandes am Schweißkeil Aufschluß. Bei Unterbrechungen der Schweißung verkohlen nach einiger Zeit die anhaftenden Reste vom Weich-PCU am Auslauf des Einsatzstückes (Schweißkeil) und lassen sich leicht entfernen. Die Zeit bis zum Verkohlen dieses Rückstandes soll nur kurz sein.

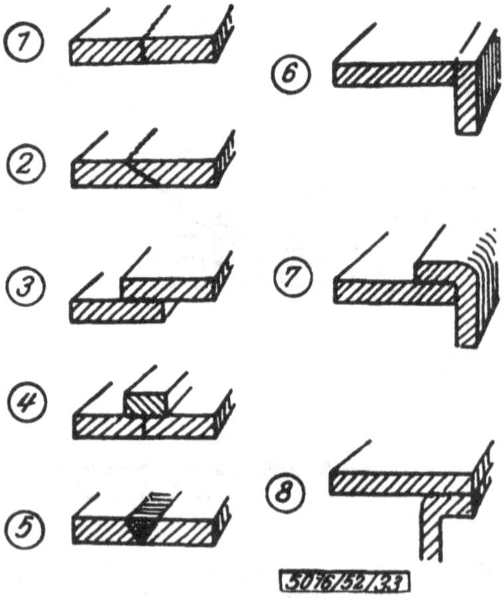

Bild 33. Vorbereitung und Nahtausführung für Schweissungen an Folien und Platten über 0,5 mm-Dicke.

1. Stumpfnaht, gerade
2. Stumpfnaht, angeschrägt
3. Überlapptnaht
4. Naht mit Verstärkung
5. V-Naht mit Zusatz
6. Ecknaht
7. Ecknaht mit Verstärkung
8. Ecknaht, seitlich

5. *Ausführung der Schweißnaht*

Im Schema von Bild 35 wird dargestellt, wie der Schweißkeil am Auslauf des beheizten Kupfereinsatzes zwischen die zu verschweißenden Folien geschoben wird (Bild 36).

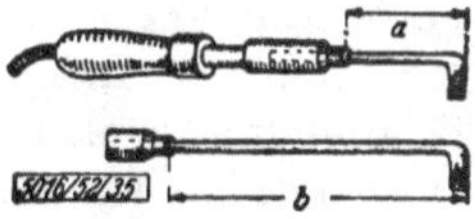

Bild 35. Verschieden lange Einsatzstücke für elektrisch beheizte Lötkolben.

a = kurzhohe entsprechend Temperatur
b = langniedrige entsprechend Temperatur

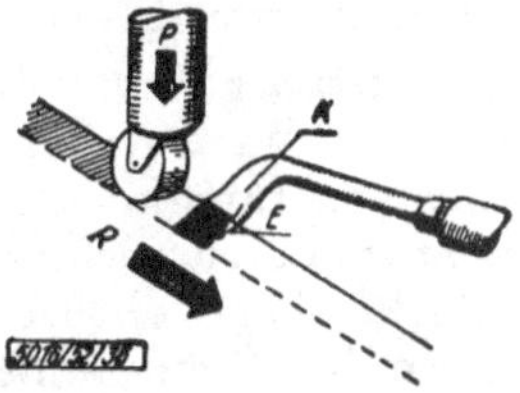

Bild 36. Schema für die Stellung des Heizkeiles und der Antriebrolle beim Schweißen von „Weichigelit".

P = Anpreßdruck auf Rolle wirkend
K = Schweißkeil
E = Erhitzungsgebiet
R = Schweißrichtung

Mit den vorliegenden Ausführungen sollten lediglich die Grundlagen gegeben werden, ohne auf spezielle Abänderungen, der jeweiligen Fertigung angepaßt, einzugehen*). Der Erfolg einer Schweißung in bezug auf Festigkeit, Dichtigkeit und auf gleichmäßig gutes Aussehen hängt neben den richtig eingestellten Schweißgeräten, der guten Vorbereitung, die bei großen Arbeitsstücken durch Heftschweißungen erleichtert wird, der Dauer der Erwärmungs- und Andrückzeit, die je nach Folienstärke $^1/_4$ bis $^1/_2$ Sekunde beträgt, weitgehend von der Geschicklichkeit des Schweißers oder der Schweißerin ab.

In der Regel werden die Schweißstellen vom Anfänger zuwenig erhitzt, so daß nur ein Haften, aber keine Bindung der Teile erfolgt. Ein Verbrennen wird im allgemeinen vermieden, da der anteilige Weichmacher beim Schweißen den hochplastischen Bereich (Fließpunkt) erweitert.

Die Handschweißung von „PCU weich" wurde unter Verwendung eines elektrischen Antriebes für den Transport der Folien bei feststehendem elektrischem Heizkörper und geeigneten Führungen für den Werkstoff so fortentwickelt, daß man auf dieser Maschine Folien von 0,2 mm Dicke aufwärts in einwandfreier Form und mannigfaltigen Verbindungsarten herstellen kann (Bild 37 u. 38).

Bild 37. Verschweißen eines Einfüllschlauches mit einem Beutel mittels elektrisch erhitzten Handkolbens.

Bild 38. Schweißen der Längsnaht einer „Weichigelit"-Folie auf der Folienschweißmaschine (System *Pfaff, Kaiserslautern*).

---

* Es sei auf die Sonderlehrgänge des Zentralinstituts für Schweißtechnik, *Halle* (Saale) hingewiesen.

6. *Werkstoffeinfluß beim Schweißen*

Sowohl in bezug auf die Wärmeeinwirkung, Rückstellung des verformten Werkstoffes, Wärmeleitfähigkeit, Wärmeausdehnung als auch auf die Festigkeit ist der Einfluß auf den Werkstoff beim „PCU weich" leichter zu überblicken, als es das Verhalten des Werkstoffes „PCU hart" zeigt. Die Natur des weich eingestellten Werkstoffes und die damit verbundenen geringeren Beanspruchungsmöglichkeiten schaffen einfache Belastungsfälle mit leicht zu beherrschenden Ausführungsformen der Schweißnähte. Grundsätzlich können die gleichen Erkenntnisse, wie sie bei harten Kunststoffen gewonnen wurden, mit gewissen Abwandlungen auch auf weich eingestellte „PCU"-Sorten übertragen werden.

Von nur geringem Einfluß ist die niedrige Wärmeleitfähigkeit bei Wärmeeinwirkung zur Warmverformung oder zum Verschweißen von Halbfabrikaten oder Bauteilen. Bei Erwärmung im Wärmeschrank ist zu beachten, daß entweder ein Formteil, wenn es durch nachträgliche Warmverformung geschaffen wurde, wie üblich eine „Rückstellung" erfährt oder, wenn die Voraussetzungen zur Rückstellung nicht vorliegen, bei Temperaturen oberhalb 140° C bis zum Erreichen des Fließpunktes von etwa 165° C keine Formbeständigkeit besteht, die mit einem Aufgehen von scharfen Konturen beginnt.

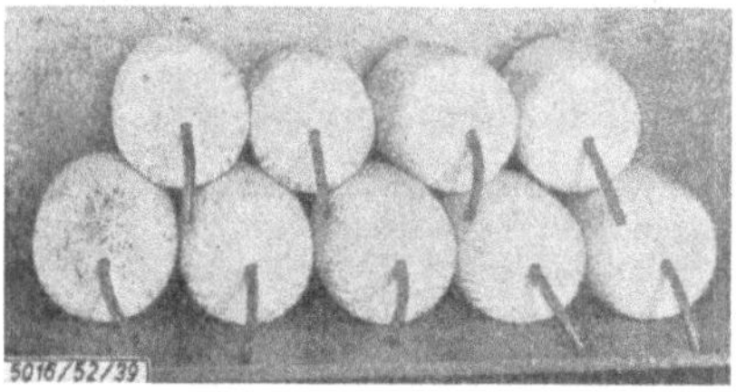

Bild 39. Transportbehälter aus Weichfolien geschweißt.

Bild 40. Prüfung auf Dichtigkeit von geschweißten Sprengbeuteln aus Weichigelit.

Die ebenfalls hohe Wärmeausdehnung von „PCU weich" wird entsprechend dem Mischungsverhältnis durch die Dehnung des Werkstoffes mehr oder weniger stark überdeckt. Auf das vorliegende geringe Elastizitätsmaß, welches im allgemeinen von gummiartigen Werkstoffen in gleicher Höhe wie die Dehnung erwartet wird, sei hingewiesen. Eine Folge der Herstellung in Verbindung mit Wärmeeinwirkung ist der Einfluß des Kalandersinnes*) [Lit. *Simone*]. Hierunter versteht man das unterschiedliche Festigkeitsverhalten in Abhängigkeit von der Prüfrichtung, d. h. in Kalanderrichtung bzw. Querrichtung. Es ergibt sich *in* der Kalanderrichtung eine erhöhte Reiß- und Biegefestigkeit mit entsprechendem Verhalten der Dehnung gegenüber der Querrichtung. Da auch die Verwendung verschiedener Weichmachertypen immer die gleichen Versuchsergebnisse erbrachte, folgert man daraus, daß innerhalb weicher

*) Mit Kalander werden die Walzen zur Herstellung von z. B. Folien, mit Kalandersinn hier die Walzrichtung bezeichnet.

Massen ein verschiedenes physikalisches Verhalten besteht, das in der Praxis zu berücksichtigen ist, z. B. bei der Fertigung von Schuhsohlenmaterial. Ein aufgeprägter oder aufgedruckter Pfeil soll die Richtung der höchsten Biegebeanspruchung = in der Kalanderrichtung anzeigen (Biegekante ⊥ Walzrichtung).

Ein in keinem Falle zu vernachlässigender Faktor ist die Kerbempfindlichkeit, die trotz der Beschaffenheit des Werkstoffes den gleichen hohen Anteil nimmt, wie für „PCU hart" beschrieben. Besonders ist auf Kerbfreiheit bei überlappten Nähten zu achten. Auch bei maschinellen Schweißungen sind diese Kerben nie ganz zu vermeiden. Wechselnde hohe Beanspruchung kann deshalb von Schweißungen nicht übernommen werden, ohne daß vorzeitige Brüche auftreten, wie dies Fahrradschläuche mit Längsschweißung aus „Igelit"-Weichfolie von 0,4 bis 0,8 mm-Dicke zeigen.

Die Wahl der Überlappungsbreite gestattet es in allen Fällen, die volle Zerreißfestigkeit des Werkstoffes in der Schweißnaht zu erzielen, wobei absolute Dichtheit erreicht wird.

Auch für weich eingestellte „PCU"-Sorten ist die chemische Beständigkeit für einen bedeutenden Teil ihrer Anwendungsgebiete maßgebend, z. B. für Be- oder Auskleidungen von Gefäßen und Geräten, Dichtungen, Schläuche, Förderbänder, Antriebe, Schutzkleidungen, Kabelmassen u. a. m. Das Verhalten des chemischen Angriffes wird [Lit. *Buchmann*] wie folgt gekennzeichnet:

Aufnahme von Wasser reversibel, danach keine zurückbleibende Schädigung.

Herauslösen des Weichmachers, damit Verhärtung besonders nach dem Trocknen.

Zersetzung des Weichmachers, damit Versprödung bereits im flüssigen Zustand.

Bild 41. Abzugsleitung für aggressive Gase aus „Vinidur".

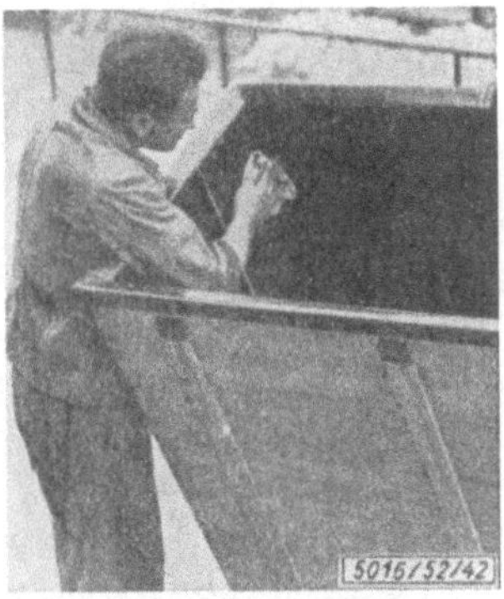

Bild 42. Ausgekleideter Holzbehälter mit „Vinidurfolie".

Die Auswertung der Erfahrungen der Praxis mit den systematischen Untersuchungen [Lit. *Saechtling*] wurde in einer Beständigkeitsliste festgelegt für eine Mischung von 60% „PCU" mit 40% Trikresylphosphat. Für alle Schweißungen von weichen „PCU"-Sorten dieser Zusammensetzung ist diese Beständigkeitsliste voll gültig, wenn fehlerfreie Schweißungen vorliegen.

Eine Reihe von Anwendungsbeispielen zeigen als Abschluß die Bilder 39 bis 42.

Literaturangabe

Buchmann, W., Eigenschaften von PCU-Kunststoffen. Lehmanns Verlag, München.
Henning, A., (1), Kunststoffe *1942*, Juni-Heft, S. 183—189.
— (2), Kunststoffe *1942*, April-Heft, S. 103—109.
Kranich, W., Beständigkeitsliste, zusammengestellt von *W. Kranich* in: Kunststoffe im technischen Korrosionsschutz, Handbuch für Vinidur und Oppanol. Lehmanns Verlag, München.
Saechtling, H. J., Kunststoffe *1946*, H. 2, S. 31—34.
Simone de, Materie Plastique *9* (1943).

Gemeinsame Grundlagen von Preßschweiß- und Sintervorgängen*)

Dr.-Ing. Fritz Thümmler, Dresden

Sowohl die verschiedenen Verfahren des Preßschweißens als auch die des Sinterns metallischer Werkstoffe sind zunächst und in erster Linie auf rein empirischem Wege durchgebildet worden. Die praktische Anwendung ging — wie bei den meisten technischen Verfahren — der Analyse der physikalischen bzw. physikalisch-chemischen Elementarprozesse, die das entsprechende Erscheinungsbild aufbauen, weit voraus. Dies gilt für die Schweißtechnik allgemein noch mehr als für die Sintervorgänge. Erst wesentlich später begann man, zunächst vereinzelt, sich mit der Bildung entsprechender Theorien zu befassen. Wie *Erdmann-Jesnitzer* des öfteren ausführte, befindet man sich innerhalb des Gesamtgebietes der Schweißtechnik z. Z. am Übergang der vorwiegend empirischen zur wissenschaftlich-technischen Entwicklungsphase. Auch *Nikitin* spricht von der „Liquidation des Nachhinkens der Theorie" und fordert den richtungweisenden Aufbau der theoretischen Unterlagen für eine erfolgreiche Weiterentwicklung. Betrachtet man die heute zum Schweißen und Sintern vorliegende Literatur, so findet man, daß die wissenschaftliche Erforschung der elementaren Vorgänge, die einerseits zum Erscheinungsbild des Verschweißens, andererseits zum Sintern (Analogie zur Preßschweißung) führen können, hauptsächlich von seiten der *Pulvermetallurgie* erforscht werden. Besonders die Frage der *Kinetik des Werkstofftransportes* ist in den letzten Jahren vielfach aufgegriffen worden, um den *Mechanismus der Bindung von metallischen Teilen bzw. Teilchen* im festen Zustand bei erhöhten Temperaturen zu klären. Das besagt jedoch nicht, daß diese Fragen vom Standpunkt der Schweißtechnik überhaupt noch nicht betrachtet worden sind, so z. B. schon 1925 von *Sauerwald* und 1930 von *Esser*.

Die an Sinterreaktionen gewonnenen Erkenntnisse, von denen im folgenden einige mitgeteilt werden, sollten deshalb bei der *Bildung einer Theorie der Preßschweißung* mit berücksichtigt werden. Die hier zu behandelnden Erscheinungen beziehen sich nur auf Vorgänge, die ohne Bildung flüssiger Phasen verlaufen, da die Analogie des Schweißens und des Sinterns hier besonders ausgeprägt zu sein scheint. Darüber hinaus kann die Kinetik der Vorgänge mit flüssiger Phase eine weitgehend andere sein, da in diesem Fall nicht mehr von Reaktionen im festen Zustand gesprochen werden kann, sondern z. B. die Gesetze der Löse- und der Kristallisationsgeschwindigkeit, das Verhalten von Flüssigkeit in Kapillaren (z. B. Lötung — Kletterfähigkeit u. a.) an Bedeutung gewinnen. Grundlegende Ansätze zur Beschreibung solcher Sintervorgänge mit flüssiger Phase sind sehr wenige vorhanden.

A. Der Initialvorgang

(Berührung — Adhäsion — Sinterbeginn — Erfassung des Sinterbeginnes — Einfluß von Gitterstörungen — Einfluß von Gasen und Oxyden.)

Für jeden Verbindungsvorgang ist die unmittelbare Berührung der Teile Voraussetzung. Bei der Annäherung zweier Oberflächen muß man im allgemeinen damit rechnen, daß es nicht gelingen wird, größere Flächenteile in einheitlicher Form zur

*) Die Behandlung dieses Themas in vorliegender Form setzt voraus, daß keine flüssigen Phasen auftreten.

Berührung zu bringen, da die Bedingungen für submikroskopisch glatte Oberflächen bei Kristallen bzw. kristallinen Oberflächen sehr selten oder überhaupt nicht gegeben sind. Die freien Oberflächenenergien der verschiedenen Flächen eines Kristalles sind sehr verschieden. Es werden bei Abtrag und Anbau stets solche Oberflächen entstehen, die eine möglichst geringe freie Energie besitzen. Beliebige makroskopische Flächen besitzen deshalb normalerweise eine *Terrassen- oder Facettenstruktur*, wobei die einzelnen Stufen jeweils aus den gittermäßig stabilsten Flächen bestehen. Selbst wenn die makroskopische Fläche mit der kristallenergetisch stabilsten Fläche identisch ist, ist sie nicht frei von atomaren Rauhigkeiten [*Frenkel, Sauerwald*].

Eine Berührung erfolgt somit zunächst meistens punktförmig. Dennoch kann man allgemein annehmen, daß bei den meisten Berührungen metallischer Teilchen im Vergleich zu atomaren Dimensionen verhältnismäßig große Kontaktflächen vorhanden sind. Diese haben sich aus der ursprünglichen punktförmigen Berührung durch die Wirksamkeit von Adhäsionskräften oder des Eigengewichtes ergeben, auf Grund derer ein gewisser Bereich des Materials einer plastischen Deformation unterliegt. Bei verschieden harten Werkstoffen äußert sich dies als ein Mikroeindruck der härteren Komponente in die weichere [*Smekal*].

Nach *Bowden* ist die Größe der Berührungsfläche vor allem abhängig von der Belastung (spez. Preßdruck). Dies ist auf Grund des vorher Gesagten verständlich. Eine mechanische Feinstbearbeitung hat jedoch auf die Größe des einzelnen, aus der atomaren Berührung entstandenen „Fleckens" keinen Einfluß. Die Art der Feinstbearbeitung (mechanische oder chemische Vorbehandlung, z. B. Polieren) kann jedoch die bei einer bestimmten Last entstehende Anzahl der Berührungszonen beeinflussen.

Nach *Smekal* beginnen die Reaktionen zwischen festen Phasen bereits in dem Augenblick, in welchem die punktförmige Berührung in eine flächenhafte übergeht und die Durchdringung der Oberflächenunregelmäßigkeiten beginnt. Die molekularen Bausteine, die an den Durchdringungspunkten aktiviert werden, können hiernach für einen sehr kurzen Zeitraum als quasi-flüssig aufgefaßt werden. Hiernach kann man das allererste Stadium einer jeden Reaktion, die nach den bisherigen Vorstellungen als im festen Zustande verlaufend betrachtet wird, als eine Reaktion zwischen einer festen und wenigstens einer flüssigen Komponente auffassen.

Auch nach *Sauerwald* sind bei tieferen Temperaturen bei der Berührung in erster Linie *Adhäsionskräfte* wirksam. Diese sind von der Temperatur nicht allzu stark abhängig, und sie werden mit steigender Temperatur infolge des Anstiegs der Schwingungsamplituden der Gitterteilchen etwas größer. Die Adhäsionskräfte sind elektrostatischer Natur und können sich nach *Shaler* der Größe der kohäsiven Kräfte zwischen den Atomen innerhalb eines Gitters nähern, sofern die Annäherung zwischen den Partikeln genügend weit geschehen kann. Aneinanderhaftende Metallpartikel bzw. -teile sollen deshalb Aggregate bilden können, die sich von solchen aus kompaktem Metall kaum unterscheiden. Erscheinungen bei der Bindung durch Kaltpreßschweißung können nach *Hofmann* und *Ruge* auch lediglich durch Annahme von Adhäsionskräften gedeutet werden, wobei Platzwechselvorgänge noch keine wesentliche Rolle spielen sollen*). *Erdmann-Jesnitzer* und *May* dagegen geben neuerdings eine Deutung des Bindungsvorganges, wie er im wesentlichen der von *Smekal* entspricht. — Bei Preßversuchen an Wolframpulver stellte *Kingston* fest, daß bei 170° abs. nur geringe oder gar keine Adhäsion auftritt, während bei Zimmertemperatur unter den gleichen Bedingungen beachtliche Festigkeiten der Preßlinge erzielt werden.

*) *Held* u. *Hendus* glauben, auf Grund von Preßschweißversuchen an Eisen selbst bei 400 bis 800 ° C einen Einfluß der Diffusion nicht annehmen zu müssen. Man muß jedoch bedenken, daß in diesem Gebiet die Selbstdiffusion in Eisen bereits gut meßbar ist.

Der merkliche Beginn von Schweiß- und Sintervorgängen geht ohne Zweifel von diesen durch die Adhäsion oder den äußeren Kräften geschaffenen Berührungszonen aus, sofern nicht bereits durch die beschriebenen Vorgänge allein maximale Eigenschaftswerte erzielt worden sind. Nach älteren Ansichten ist es vor allem der Vorgang der Oberflächendiffussion, der zum Sinterbeginn führt. Bereits bei mäßig erhöhter Temperatur sind an der Oberfläche auf Grund der geringen Ablösearbeit der Oberflächenatome eines Kristalles Platzwechselvorgänge möglich. Energetisch besonders ungünstige Atome werden ihre Plätze verlassen und günstigere Lagen einzunehmen suchen. Die engen, keilförmigen Zwischenräume zwischen pulverförmigen Partikelchen nahe der Kontaktflächen sind besonders geeignet, solche leichtbeweglichen Oberflächenatome einzubauen. Hierdurch wird die freie Beweglichkeit wandernder Gitterteilchen aufgehoben, und sie sind energetisch den Teilchen im Gitterinneren annähernd gleichzusetzen. Die Spalten zwischen den Metallteilen bzw. Teilchen wirken somit als „Fallen" (Bild 1) [*Sauerwald*].

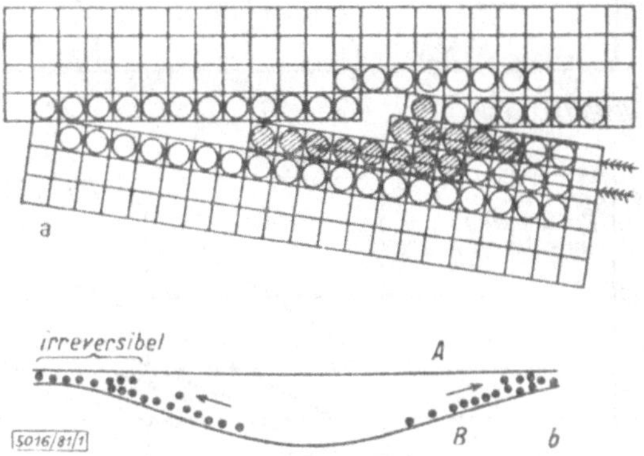

Bild 1. Wanderungen von Oberflächenatomen (nach *Sauerwald*)

● durch Oberflächendiffusion erzielte neue Lagen von Oberflächenatomen. Pfeile geben Diffusionsrichtung an. Stark ausgezogene Treppenkurve gibt die ursprüngliche Oberfläche an.

Für eine Verfestigung durch den geschilderten Vorgang ist es offenbar erforderlich, daß die eingefangenen Oberflächenatome nunmehr b e i d e n zu verbindenden Metallteilen gemeinsam angehören. Je mehr Oberflächenatome diesen Zustand erreichen, um so fester wird eine Verbindung durch die Wirkung der Oberflächendiffusion sein. In der Praxis dürften die hierdurch bedingten Eigenschaftswerte jedoch in den meisten Fällen noch gering ausfallen. Bei Pulveragglomeraten braucht durch diese Vorgänge eine wesentliche Verdichtung noch nicht zu erfolgen.

Durch Untersuchungen von *Kayser*, *Knacke* und *Stranski*, ferner solche von *Gerlach* und *Knacke* wurden andere Ergebnisse zum Beginn der Verschweißvorgänge bzw. Sintervorgänge bei Kupfer und Kadmium gewonnen. Es wurde jeweils eine Kugel des betreffenden Metalls mit einer ebenen Oberfläche des gleichen Werkstoffs in Kontakt gebracht. Unter sonst gleichen Versuchsbedingungen sind die erforderlichen Kontaktzeiten zur Erzielung einer merklichen Verschweißung keineswegs reproduzierbar. Ermittelt wurde die Verteilungsfunktion der notwendigen Verschweißungszeit für verschiedene Temperaturen. Auf Grund der Geradlinigkeit der Summenkurven im logarithmischen Wahrscheinlichkeitsnetz (Bild 2a und b) ergibt sich eine logarithmisch normale Gaußverteilung (Bild 3). Vermutet wird, daß der *Vorgang der „Bindung" in seinem Anfangsstadium die mechanische Erholung der primären lokalen Kontaktstellen* darstellt. Hierbei müssen Diffussionsvorgänge im üblichen Sinne noch nicht auftreten, sie dürften sich dem Erholungsprozeß jedoch anschließen oder überlagern. Es wird angenommen, daß der Erholungsvorgang ebenfalls durch die beobachtete zeitliche Verteilung charakterisiert ist. Die Untersuchungen zeigen, daß unter diesen Bedingungen eindeutige Resultate nur durch eine sehr große Anzahl von Einzelversuchen unter jeweils gleichen Versuchsbedingungen erhalten werden können. So zeigen sich bei den Summenkurven der an Kupfer ermittelten Werte (etwa 20 Einzelversuche für jede Bedingung) noch relativ große Schwankungen, bei Kadmium mit 100 Einzelversuchen jedoch eine gute Annäherung an die Gerade (Bilder 2a und b).

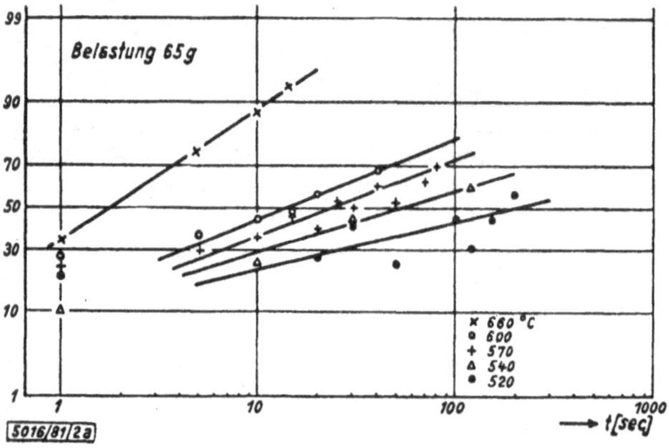

Bild 2. Darstellung des Anteils der verschweißten Stellen im logarithmischen Wahrscheinlichkeitsnetz in Abhängigkeit von der Zeit. Verschiedene Versuchstemperaturen

a) für Kupfer (20 Einzelversuche für jede Bedingung)

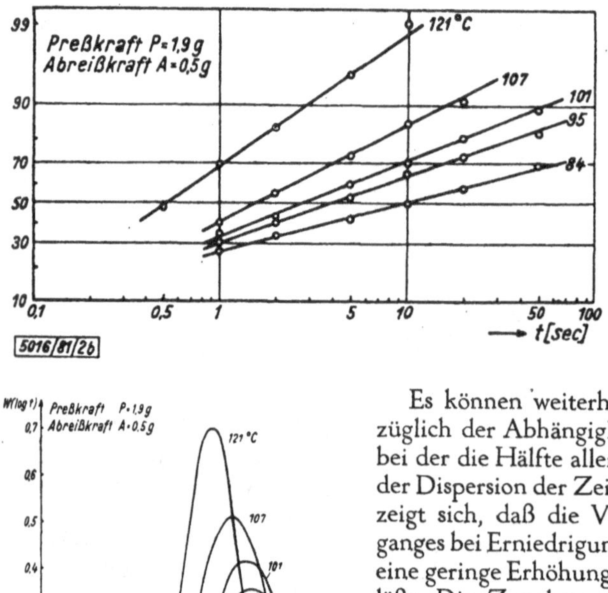

b) für Kadmium (100 Einzelversuche für jede Bedingung)

(nach *Kayser*, *Knacke* und *Stranski* und *Gerlach* und *Knacke*)

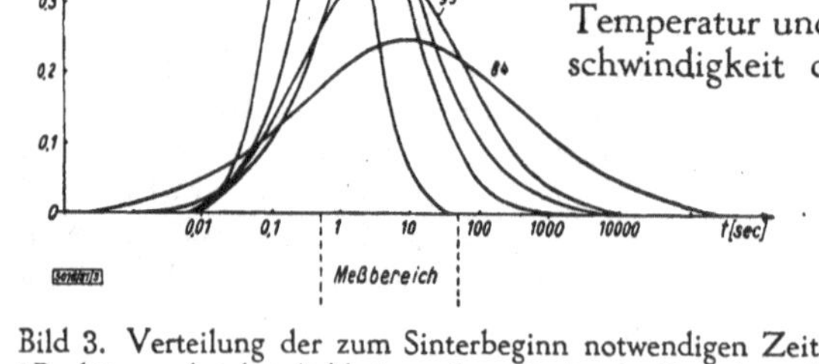

Bild 3. Verteilung der zum Sinterbeginn notwendigen Zeit [Reaktionswahrscheinlichkeit w (log t)] (nach *Gerlach* und *Knacke*)

Es können weiterhin quantitative Aussagen bezüglich der Abhängigkeit der Halbwertszeit (Zeit, bei der die Hälfte aller Schweißstellen kleben) und der Dispersion der Zeiten gemacht werden. Hierbei zeigt sich, daß die Verzögerung des Schweißvorganges bei Erniedrigung der Temperatur sich durch eine geringe Erhöhung des Preßdruckes ausgleichen läßt. Die Zunahme der Dispersion bei fallender Temperatur und damit bei sinkender mittlerer Geschwindigkeit des Schweißvorganges wird durch Erhöhung des Preßdruckes in dem Maße nicht kompensiert.

Es ist nach *Gerlach* und *Knacke* noch nicht sicher, ob die erforderliche endliche Kontaktzeit durch den Vorgang der Erholung bedingt ist, oder ob sie dazu benötigt wird, um aus den anfänglich punktförmigen Kontakten genügend große Berührungsflächen auszubilden. Die *Smekal*'sche Hypothese der kurzzeitigen Verflüssigung lokaler Bezirke an den Kontaktstellen wird von den genannten Autoren nicht berücksichtigt.

Auch neuere Untersuchungen von *May* und *Erdmann-Jesnitzer* belegen, daß der Verschweißvorgang *keineswegs s p o n t a n* erfolgt, sondern durch eine Aktivierungsenergie gekennzeichnet ist. An polykristallinem, ausgeglühtem und gewalztem Kupfer mit ausgeprägter Würfeltextur sowie an Steinsalzeinkristallen wird unter sonst gleichen Bedingungen eine umso niedrigere Klebetemperatur T_k gefunden, je weniger die beiden zur Verklebung kommenden Kristalle gegeneinander verdreht sind (Bild 4).

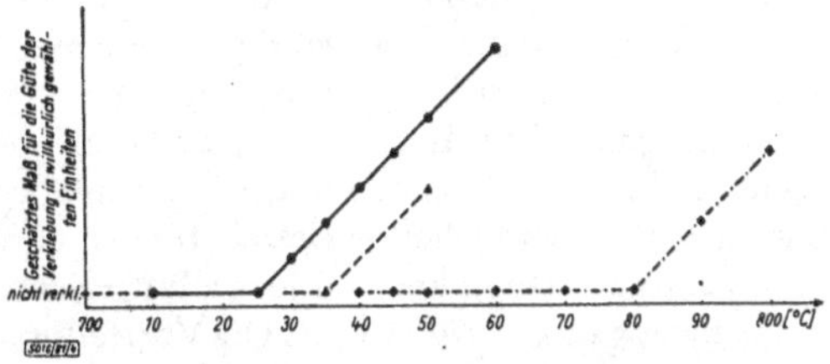

Bild 4. Festigkeit von Kupfer-Schweißverbindungen in Abhängigkeit von der Temperatur und der Lage der Kristallite zueinander (nach *Erdmann-Jesnitzer* und *May*)

——— Würfelfläche auf Würfelfläche
– – – – Würfelflächen 30° zueinander verdreht
— · — · Würfelflächen 45° zueinander verdreht

An Steinsalzeinkristallen wurde gefunden, wie die niedrigste Klebetemperatur bei gleicher Orientierung von der Versuchsdauer abhängt (Bild 5).

Während *Gerlach* und *Knacke* auf Grund ihrer Ergebnisse das Modell eines Keimbildungsvorganges mit variabler Aktivierungsenergie diskutieren, erhalten *Erdmann-Jesnitzer* und *May* an Steinsalz Ergebnisse, die durchaus eine *einheitliche Aktivierungsenergie* des Sinterbeginns nach der *Arrhenius*'schen Gleichung erkennen lassen. Diese ist vor allem abhängig von der gegenseitigen Orientierung der zur Verschweißung kommenden Kristallflächen.

Die Zunahme der Aktivierungswärme für den Sinterbeginn von NaCl mit steigender Orientierungsdifferenz zeigt Bild 6. Die einzelnen Werte sind:

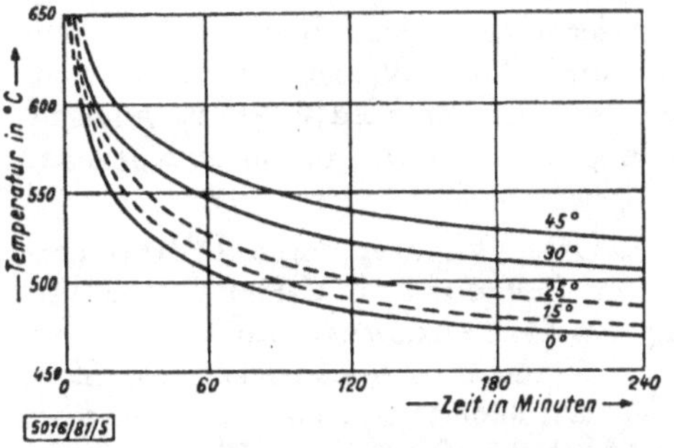

Bild 5. Niedrigste Klebetemperatur von Steinsalz in Abhängigkeit von der Zeit für verschiedene Verdrehungswinkel der aufeinanderliegenden (100-) Flächen. (nach *Erdmann-Jesnitzer* und *May*)

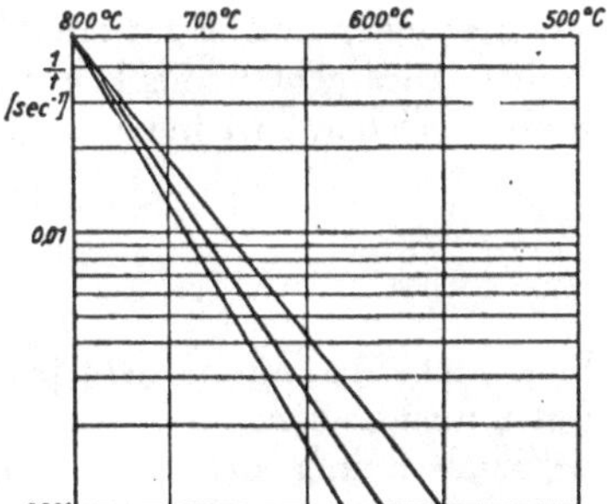

Bild 6. Niedrigste Klebetemperatur von Steinsalz in Abhängigkeit von der Zeit für verschiedene Verdrehungswinkel (Darstellung $1/t^0$ über $1/^0K$) (nach *Erdmann-Jesnitzer* und *May*)

bei $\varphi = 0°$ Verdrehung: $Q = 28\,800$ cal/mol
bei $\varphi = 30°$ Verdrehung: $Q = 34\,800$ cal/mol } Klebeflächen (100) mit (100)
bei $\varphi = 45°$ Verdrehung: $Q = 39\,400$ cal/mol

Zahlentafel 1.
Aktivierungsenergiewerte für NaCl — Einkristall — Klebeversuche nach *Erdmann-Jesnitzer* und *May*.

Aus Zahlentafel 1 geht hervor, daß ein Schweiß- oder Sintervorgang dann den geringsten Energieaufwand benötigt, wenn die Berührung so erfolgt, daß das eine Teilchen gittermäßig die Fortsetzung des anderen darstellt. Wenngleich eine Übertragung solcher an Salzen (NaCl) gewonnenen Ergebnisse auf Metalle zunächst nur mit Vorsicht zu geschehen hat, so ist jedoch die grundsätzliche Bedeutung der Resultate kaum zu bezweifeln, zumal in den letzten Jahren auch von *Smekal* Steinsalz als Modellsubstanz für vergleichende Betrachtungen zu den Metallen, z. B. im Hinblick auf die Temperaturabhängigkeit des kristallin gerichteten und kristallin ungerichteten Wachstums herangezogen worden ist. Die Vorstellung eines Orientierungseinflusses ist jedoch dann mit Schwierigkeiten verbunden, wenn man bei der Berührung bereits plastische Deformationen annimmt, wodurch die ursprüngliche Orientierung an den Kontaktpunkten wieder verändert wird. Aus diesem Grunde sind wohl auch die Untersuchungen von *Gerlach* und *Knacke*, *Kayser*, *Knacke* und *Stranski* ohne Berücksichtigung der Orientierung erfolgt. Auch bedarf es noch einer Klärung, ob und inwieweit die Arbeiten von *Stranski*, *Knacke* und *Mitarbeitern* und die von *Erdmann-Jesnitzer* und *May* miteinander vergleichbar sind.

Bisweilen wird die Frage diskutiert, ob man vom wissenschaftlichen Standpunkt aus überhaupt von einer definierten Temperatur des Sinterbeginns sprechen kann. Nach *Hüttig* ist dies nicht der Fall. Wenn man davon ausgeht, daß in einem beliebigen kristallisierten Festkörper bei allen realen Temperaturen nach der *Boltzmann*'schen Statistik eine Energieverteilung vorliegt, so muß man folgern, daß auch stets ein Bruchteil der Gitterbausteine, und sei er bei tiefen Temperaturen noch so gering, die zur Bewegung und damit zur Herbeiführung des Sinterbeginns notwendige Energie besitzt. Dies geht schließlich auch aus der von der *Boltzmann*statistik hergeleiteten Arrhenius'schen Gleichung, z. B. für den Diffusionskoeffizienten hervor

$$D = D_0 \cdot e^{-\frac{Q}{RT}}$$

Eine solche Auffassung steht jedoch im Widerspruch mit der praktischen Erfahrung, wobei man aber kaum annehmen kann, daß der Widerspruch grundsätzlicher Natur ist, sondern eher, daß die bei normalerweise anwendbaren Versuchszeiten auftretenden Erscheinungen für uns nicht meßbar sind. Zudem wird es selten gelingen, sekundäre Faktoren (Oxydhäute, Gasbeladungen oder auch nur monomolekulare Adsorptionsfilme) auszuschalten.

Zu der vorgenannten Frage führte *Dawihl* Untersuchungen durch. Er bestimmte die Haftfähigkeit eines Eisenläufers auf einem Eisendraht im Vakuum unter verschiedenen Bedingungen. Die Veränderung des Haftvermögens wurde durch Messung des elektrischen Widerstandes am Kontaktpunkt in Abhängigkeit von Zeit, Druck und Temperatur verfolgt. Der Widerstand änderte sich hierbei bis zu einer Temperatur von a*) $\sim 0{,}4$ nur unwesentlich. Auch die Messung der Klebetemperatur auf anderem Wege zeigt, daß bei verschiedenen Metallen erst oberhalb $a = 0{,}43$

*) a = relative Temperatur, beim Schmelzpunkt (in °K) ist $a = 1$

bis 0,5 ein Verkleben stattfindet. Es ist schwer zu entscheiden, ob bei den Untersuchungen die sekundären Einflüsse genügend weitgehend ausgeschaltet worden sind, um eindeutige Aussagen machen zu können. Nach *Dawihl* soll jedenfalls eine Temperaturschwelle bestehen, unterhalb derer grundsätzlich kein Sintern oder keine Verschweißung eintritt. Dies soll jedoch wohl nur bei geringen Drucken gelten und ist, wie oben erwähnt, theoretisch schwer zu begründen.

Zur Erfassung des Beginns der Sinter- und Schweißvorgänge sind mehrere Methoden herangezogen worden, von denen die empfindlichste anscheinend die *Änderung der Leitfähigkeitseigenschaften* darstellt. Dies ist z. B. von *Hausner* und *Dedrick*, *Hausner* und *Zambrow*, *Kingston* und *Hüttig* festgestellt worden. Besonders gut kann man hiernach den Beginn der Sintervorgänge von feinkörnigen Pulvern verfolgen, jedoch dürfte dieses Verfahren auch für Modelluntersuchungen an kompakten Materialien ein sehr empfindliches Kriterium darstellen. Aus Untersuchungen an Pulvern ist bekannt, daß die elektrische Leitfähigkeit bereits *vor* der Änderung anderer physikalischer Eigenschaften stark zunimmt, wie aus Bild 7 ersichtlich wird.

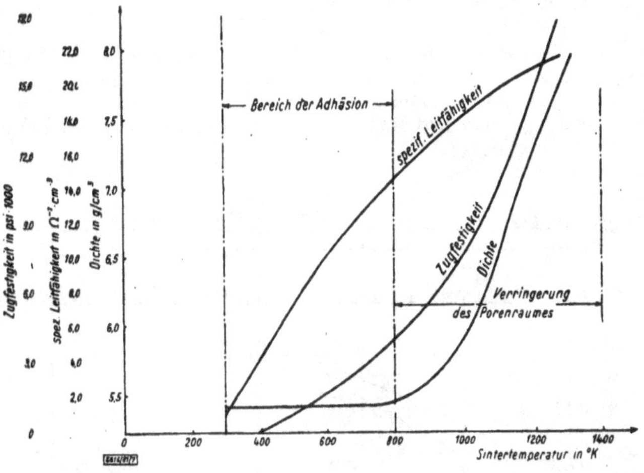

Bild 7. Abhängigkeit verschiedener physikalischer Eigenschaften von der Sintertemperatur (Elektrolytkupferpulver, vorreduziert, Preßdruck 40 kg/mm², Sinterdauer 2 Std. in Wasserstoff) (nach *Kingston* und *Hüttig*)

Daß im allgemeinen der Beginn von Sinter- und Schweißvorgängen durch *Erhöhung der inneren Energie* der Metalle infolge Spannungen, Kaltverfestigungen oder allgemein Gitterfehlordnungen *beeinflußt* werden kann, ist mehrfach erwähnt worden. Kürzlich wurden Ergebnisse von *May* und *Erdmann-Jesnitzer* bekannt, die die Abhängigkeit des Sinterbeginns von Kupfer von der Verformung zeigen. Während unverformtes, polykristallines, kompaktes Kupfer eine beginnende Verschweißung bei 740° C zeigt, tritt diese bei 92% Kaltverformung bereits bei 350° C (!) ein. Als Kriterium dafür galt die Kopfzugfestigkeit. Diese Ergebnisse zeigt Bild 8.

Einen deutlichen *Einfluß der Glühatmosphäre* besonders *auf den Beginn der Reaktionen* haben *Baukloh* und *Henke* festgestellt. Bei Schweißversuchen im Vakuum unter geringem Druck wurde eine Bindung bei niedrigeren Temperaturen erzielt als in Wasserstoff- und Stickstoffatmosphäre, (Bild 9 und 10). Offenbar wirkt bei weitgehend

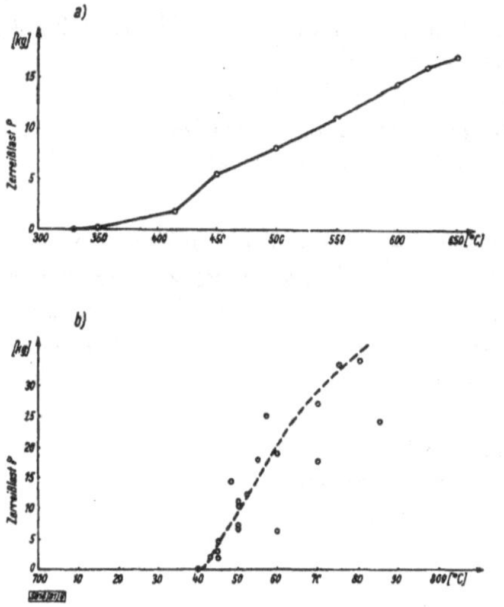

Bild 8. Festigkeit von Kupfer-Schweißverbindungen in Abhängigkeit von der Temperatur bei 92% Verformung (a) und bei unverformtem Material (b) (nach *Erdmann-Jesnitzer* und *May*)

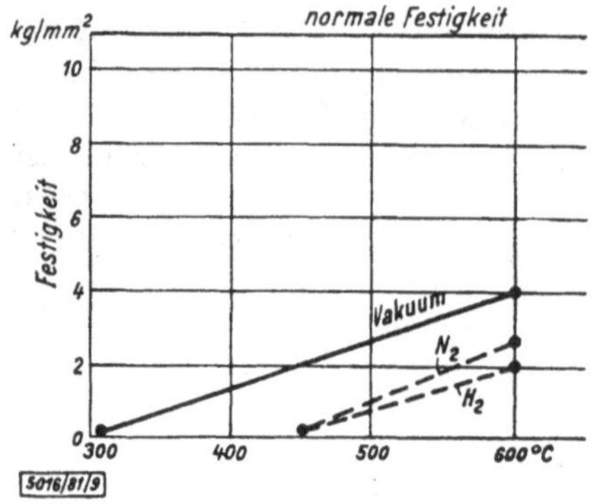

Bild 9. Festigkeit von Aluminium-Schweißverbindungen in Abhängigkeit von der Temperatur im Vakuum und in verschiedenen Atmosphären (nach *Baukloh* und *Henke*)

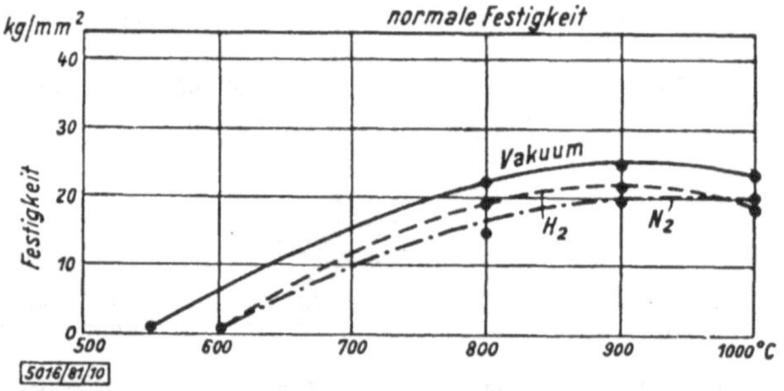

Bild 10. Festigkeit von Nickel-Schweißverbindungen in Abhängigkeit von der Temperatur im Vakuum und in verschiedenen Atmosphären (nach *Baukloh* und *Henke*)

metallisch reinen Oberflächen jedes Fremdgas störend. Bei Sinterversuchen an Pulvern werden jedoch keineswegs immer eindeutige Ergebnisse erzielt, da hier die geringe störende Wirkung des Wasserstoffes durch die Reduktion der stärker störenden, kaum vermeidbaren Oberflächenoxyde überkompensiert werden kann. Einwandfreie Ergebnisse kann man eigentlich nur dann erwarten, wenn die im Vakuum zu sinternden oder zur Verklebung kommenden Teile vorher in Wasserstoffatmosphäre „vorreduziert" werden, so daß für Untersuchungen in Wasserstoff oder unter Vakuum zwecks Vergleichbarkeit gleiche Ausgangsbedingungen vorliegen. Die Anwesenheit von in Metallen schwer diffundierenden Gasen, z. B. Edelgasen, wirkt besonders beim Sintern von Pulvern stets hemmend. Über hemmende und fördernde Einflußfaktoren auf den weiteren Verlauf der Sinterung wird im nächsten Abschnitt berichtet.

B. Die Kinetik von Schweiß- und Sintervorgängen

(Transportmechanismen — Modelluntersuchungen an a) gleichen Metallpaaren, b) verschiedenen Metallpaaren, — sekundäre Einflüsse: äußere Kräfte, Kaltverformung, Korngrenzen, Korngröße, Gase und Oxyde.)

In den letzten Jahren wurden verschiedentlich theoretische Betrachtungen sowie Experimentaluntersuchungen vorgenommen, die auf eine Ermittlung der am Werkstofftransport statthabenden elementaren Grundvorgänge hinauslaufen. Es besteht kein Zweifel, daß sowohl bei Schweiß- als auch bei Sintervorgängen ohne flüssige Phase *Platzwechselerscheinungen* bei entsprechend erhöhten Temperaturen eine wesentliche Rolle spielen. Daß neben den allgemein zur Erklärung herangezogenen Diffusionsprozessen dabei noch andere, vor allem Fließvorgänge, in Erscheinung treten können, ist mehrfach herausgestellt worden. Es lassen sich insgesamt die folgenden grundsätzlich möglichen Transportmechanismen angeben:

Oberflächendiffusion
Gitterdiffusion
Korngrenzendiffusion
Verdampfung und Wiederkondensation
Viskoses Fließen
Plastisches Fließen.

Aus früheren Untersuchungen, insbesondere der *Hüttig*'schen Schule ist bekannt, daß die Oberflächendiffusion vorwiegend bei niedrigen Temperaturen und besonders kleinen Partikeln eine wesentliche Rolle spielen kann. Bei höheren Temperaturen kommt allgemein mehr die Diffusion *im Gitterinneren* zur Wirkung und überflügelt die Bedeutung der Oberflächenvorgänge. Im folgenden soll näheres zur Frage des Teilchentransportes ausgesagt werden.

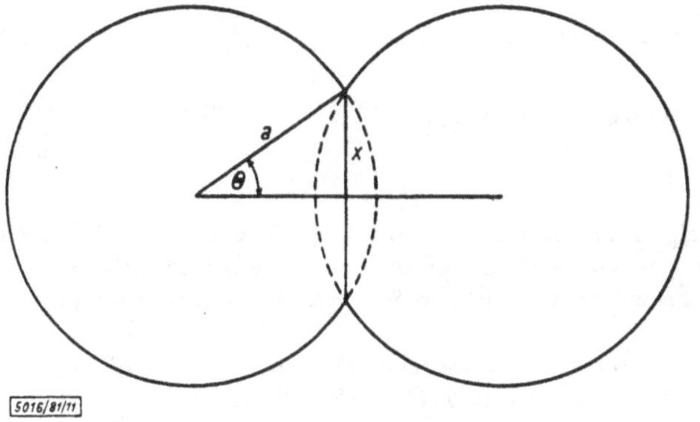

Bild 11. Sintervorgang modellmäßig (nach *Frenkel*)

Frenkel unternahm als erster den Versuch, die Verschweißung zweier sich berührender, gleich großer Kugeln theoretisch abzuleiten (Bild 11). Berechnet wurde der Energiegewinn, der durch die Verkleinerung der Oberfläche erhalten wird. Dieser wird derjenigen Arbeit gleichgesetzt, die bei der Verschiebung der Teilchen aufgewendet werden muß. Als Transportprinzip nimmt *Frenkel* ohne weiteres den Vorgang des viskosen Fließens an, wie er bei amorphen Substanzen, z. B. Glas, zu beobachten ist. Die viskose Verformung wird zurückgeführt auf eine Wanderung von Leerstellen im Kristallgitter. Ein Ausdruck für diese Verschiebung kann auf Grund der Verkleinerung des Abstandes der Körnermittelpunkte beider Partikel erhalten werden. Es ergibt sich dann eine Gleichung, die die Beziehung darstellt zwischen Wachstum des Durchmessers der Kontaktfläche in Abhängigkeit von der Zeit (t) in der Form

$$x^2 \sim t.$$

Kuczynski (1, 2) prüfte für Kupfer und Silber das zeitliche Wachstum der Kontaktstellen zwischen Kugel und ebener Oberfläche, ferner zwischen einem um einen starken Rundstab aufgewickelten Draht und der Mantelfläche dieses Rundstabes. Für das Wachstum der Kontaktstelle wird die folgende Beziehung gefunden:

$$x^5 \sim t$$

(Bild 12a bis c). *Kuczynski* folgert, daß die Ansicht *Frenkels*, mit der Annahme des viskosen Fließens als Transportprinzip nicht zutreffend sei. Dem entgegen postuliert er

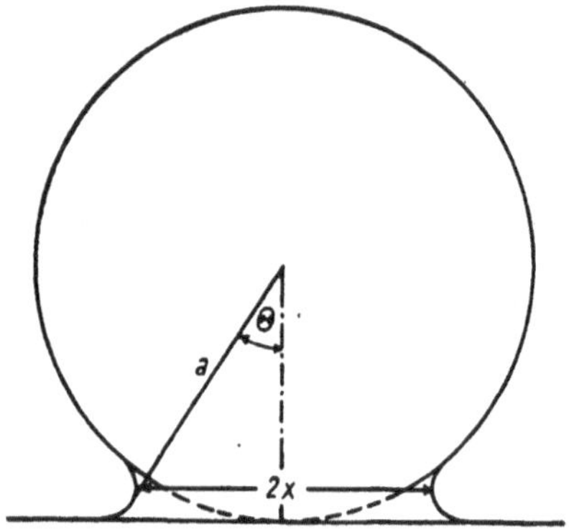

Bild 12. Sintervorgang (nach *Kuczynski*)
a) modellmäßig

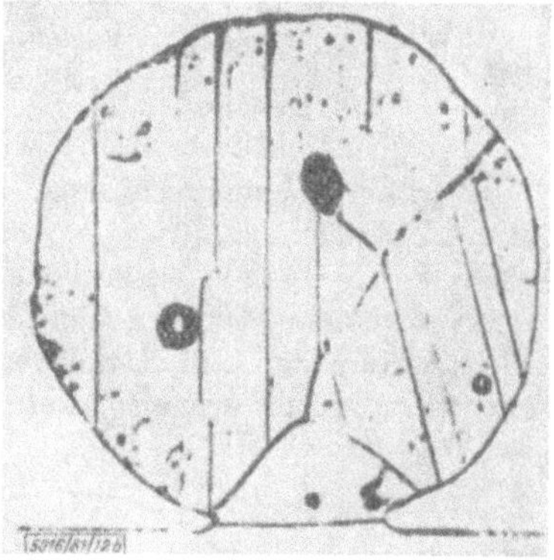

b) Kupferkugel auf plane Kupferfläche gesintert, 1 Std., 900° in Wasserstoff, V = 770 x. (nach *Kuczynski*).

als geschwindigkeitsbestimmenden Vorgang die *Gitterselbstdiffusion über Fehlstellen.* Im einzelnen gibt *Kuczynski* Beziehungen an, die bei der alleinigen Wirksamkeit des betreffenden Prinzipes das zeitliche Wachstum der Schweißstelle wie folgt gestalten würden:

Viskoses oder plastisches Fließen:	$x^2 \sim t$
Verdampfung und Wiederkondensation:	$x^3 \sim t$
Gitterdiffusion über Fehlstellen:	$x^5 \sim t$
Oberflächendiffusion:	$x^7 \sim t.$

Nach *Cabrera* kann die Beziehung für die Oberflächendiffusion nicht zutreffen. Erwähnt sei, daß *Kuczynski* sogar eine Beziehung angab, nach welcher aus Sinteruntersuchungen an Modellen nach der Art des um den Stab gewickelten Drahtes der Selbstdiffusionskoeffizient D des Metalles wie folgt abgeleitet werden kann:

$$D = \frac{3}{80\pi} \cdot \frac{k \cdot T \cdot x^5}{\gamma \cdot \delta^3 \cdot t \cdot a^2}$$

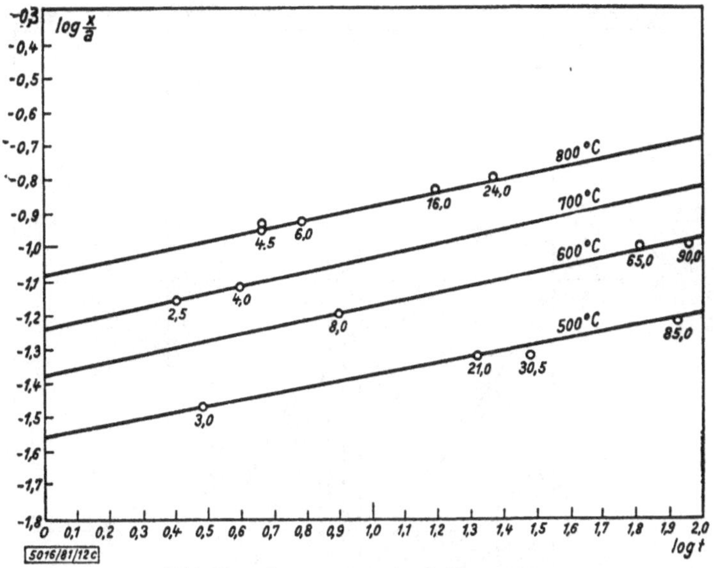

Bild 12c. Sintervorgang (nach *Kuczynski*)

c) $\log \frac{x}{a}$ — log t — Beziehung bei Modellsinterversuchen an Kupfer (meist $x^5 \sim t$, zu entnehmen aus der Neigung der Geraden). Die Zahlen an den Meßpunkten sind die Sinterzeiten (nach Kuczynski).

Es bedeuten: k = *Boltzmann*'sche Konstante
T = abs. Temperatur
γ = Oberflächenspannung des festen Metalles
δ = kleinster zwischenatomarer Abstand
t = Versuchsdauer
x = Radius der gebildeten Schweißstellen
a = Radius des Drahtes.

Daraus ginge hervor, daß man Selbstdiffusionskoeffizienten auch *ohne* Verwendung radioaktiver Indikatoren messen können müßte. Auch Untersuchungen von *Dedrick* und *Gerds* (Verschweißvorgang kugelförmiger Teilchen) führten zu $x^5 \sim t$. *Shaler's* Untersuchungen, bei denen die Auswertung über den Winkel Θ geschah, der aus dem Partikelmittelpunkt und der halben Breite der Verschweißungszone erhalten wird (Bild 11), führten jedoch zu anderen Ergebnissen. Hiernach wächst der Winkel nach längeren Versuchszeiten entsprechend der Funktion

$$\Theta^2 \sim t\,,$$

woraus als Transportprinzip viskoses Fließen angenommen wird. Das noch raschere Wachstum in den ersten Stunden wird als ein Prozeß ähnlich dem Kriechvorgang gedeutet.

Modelluntersuchungen von *Thümmler* (1) an Eisen bei 800° bis 1000° C zeigen, daß die *Kuczynski*'sche Beziehung für reine Selbstdiffusion hier anscheinend nicht erfüllt ist. Als Versuchsmodell wurde die Anordnung Draht-Rundstab verwendet. Die erhaltenen Werte zeigen beträchtliche Streuungen. Aus Bild 13 wird ersichtlich, daß es auf diese Weise nicht möglich ist, Selbstdiffusionswerte von Eisen im angegebenen Temperaturbereich zu messen. Die erhaltenen Werte weichen von denen

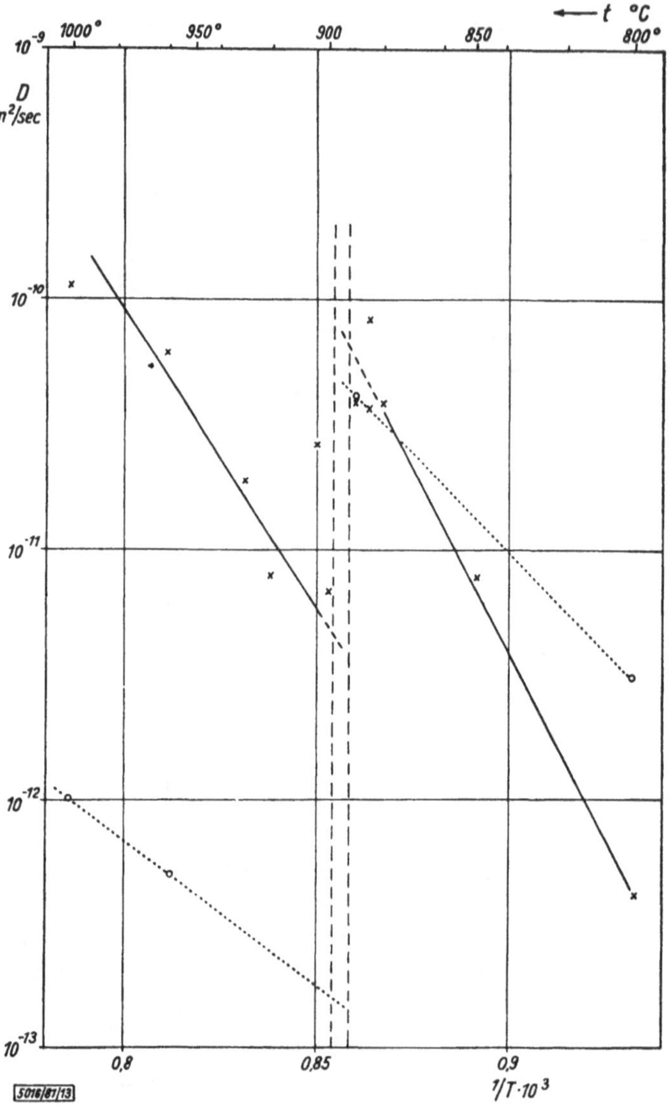

Bild 13. Versuch der Bestimmung von Selbstdiffusionswerten von Eisen aus Modellsinterungen (nach *Thümmler*). Starke Abweichungen von den mittels radioaktiver Indikation erhaltenen Werten .... = wahre Selbstdiffusion (nach *Birchenall* und *Mehl*).

mittels radioaktiver Indikatoren gewonnenen wesentlich ab. Die viel größere Steigung*) der Geraden im log D-1/T-Diagramm und der α - γ - Sprung (s. Fe-C-Diagramm am Buchanfang, Band I) sind weitere unterscheidende Kriterien. Auch die Beziehung $x^5 \sim t$ war nicht erfüllt, sondern es wurde bei 950 ° annähernd $x^3 \sim t$ gefunden. Daraus wurde auf die Überlagerung zweier Vorgänge — Fließvorgang und Gitterselbstdiffusion — geschlossen, da der Transportmechanismus der Verdampfung und Wiederkondensation auf Grund anderer Betrachtungen unwahrscheinlich ist.

*) Oberhalb 1000 ° verflacht sich die Kurve.

Einige Autoren führten auch Modelluntersuchungen zwischen v e r s c h i e d e n e n metallischen Teilen durch [*Kuczynski* (3), *Alexander*]. Die interessanten Ergebnisse sind in Bild 14 wiedergegeben. Die Anordnung bestand z. B. aus einer Kupferkugel mit einem Nickelplättchen und aus Nickelkugel und Kupferplättchen. Es wurden jeweils im Kupfer nach der Wärmebehandlung im Schliffbild ziemlich tiefe Gruben beobachtet. Ihr Entstehen deutet darauf hin, daß eine rasche Oberflächendiffusion des Kupfers über das Nickel, ausgehend von der Berührungsstelle, stattgefunden hat. Die Öffnungen der Gruben laufen z. T. auseinander, sie müssen sich also vom ursprünglichen Berührungspunkt im Verlauf des Sintervorgangs nach außen bewegen. Beachtenswert sind die auftretenden relativ großen Hohlräume innerhalb des Materials, die auf Grund der Verschiedenheit der partiellen Diffusionskoeffizienten eines jeden Metalles im anderen auftreten. Solche Erscheinungen sind z. B. von *da Silva* und *Mehl*, sowie von *Seith* und *Kottmann* untersucht worden (Bild 15). Der entstehende Porenraum ist von der jeweiligen Verschiedenheit der partiellen Diffusionskoeffizienten abhängig.

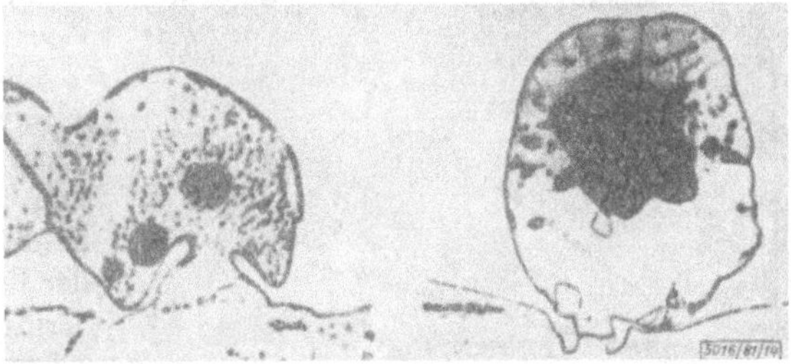

Bild 14. Modellsinterversuch mit verschiedenen Komponenten. Links: Kupferpartikel auf einer Nickelfläche aufgesintert (24 Std. bei 950° C in Wasserstoff) Vergrößerung 770-fach. Rechts: Nickelpartikel auf einer Kupferfläche aufgesintert (48 Stunden bei 1020° C in Wasserstoff) Vergrößerung 220-fach. Die dunklen Flecken sind enstandene Hohlräume (nach *Kuczynski*).

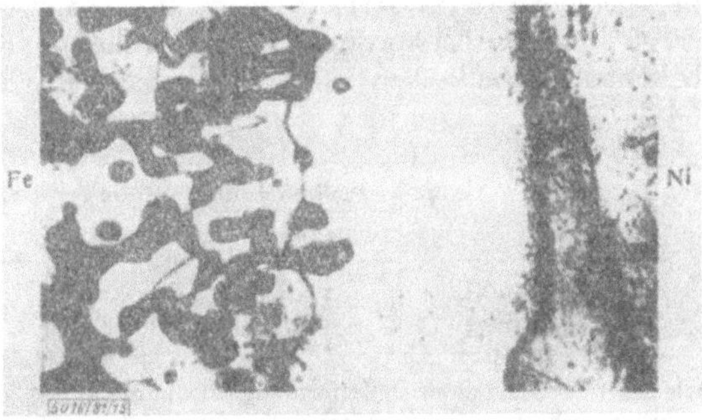

Bild 15. Hohlräume in einem Fe-Ni-Diffusionskörper (485 Std. bei 1310 °C, Ätzung 10%ige HNO_3 V = 120 x) (nach *Seith* und *Kottmann*).

Alexander führte ähnliche Untersuchungen durch, indem feine Drähte verschiedener Metalle in unmittelbaren Kontakt gebracht wurden, wobei die Systeme *Ag/Cu, Cu/Ni, Ag/Au, Cu/Fe, Cu/Zn, Ag/Ni, Cu/W, Ag/Zn, und Au/Ni* untersucht wurden. Eine seitensymmetrische Bindung, wie sie zwischen Drähten desselben Werkstoffes auftritt, kommt nicht zustande. Die Verschweißungszone wird unsymmetrisch. Alle diese Erscheinungen an Paarungen *verschiedener* Metalle, so auch die Volumenzunahme, die Preßlinge aus Pulvermischungen erfahren können, sind darauf zurückzuführen, daß das eine Metall mehr Substanz vom anderen aufnimmt als umgekehrt. Nach *Alexander* vollzieht sich die Geschwindigkeit der Bildung der Verschweißungszone zwischen zwei verschiedenen Metallen ungefähr mit derselben Geschwindigkeit, als wenn der Partner mit dem geringeren Diffusionskoeffizienten durch den des größeren ersetzt werden würde.

Während beim Preßschweißen der *Einfluß der Plastizität* des Werkstoffes wohl unbestritten ist, sind bei Sintervorgängen die Ansichten hierüber noch nicht einheitlich. *Skaupy, Schwarzkopf, Gray, Mackenzie* und *Shuttleworth* glauben, ohne eine Berücksichtigung des plastischen Verhaltens der Metalle Sintervorgänge nicht befriedigend deuten zu können. Auf Grund der niedrigen Streckgrenze vieler Metalle bei den höheren Temperaturen des Sinterns ist eine plastische Verschiebung in gewissen Bereichen besonders in der Nähe starker konkaver Krümmungen, wie z. B. kleiner Poren) auf Grund der Oberflächenspannung immerhin denkbar. Hierauf deutet auch die erhebliche Beeinflussung des Sintervorganges durch kleine zusätzliche Lasten hin, wie es *Laurent* und *Eudier* feststellten.

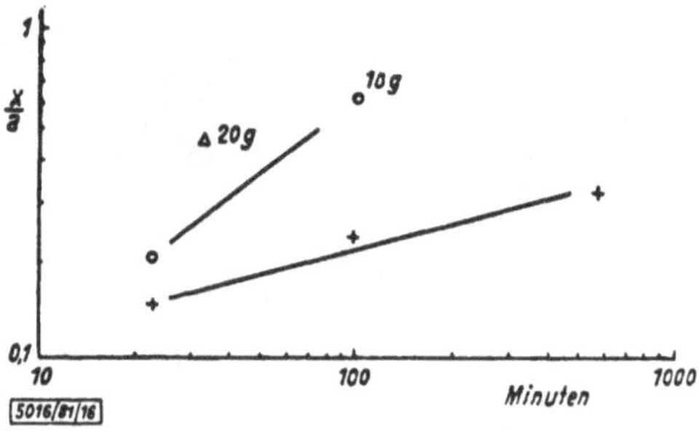

Bild 16. Beeinflussung des Sintervorganges durch eine geringe äußere Last (nach *Laurent* und *Eudier*).

Diese Forscher modifizierten die *Kuczynski*'schen Versuche in verschiedener Weise und fanden, daß bei einer solchen modellmäßigen Sinterung von Kupfer die Wachstumsgeschwindigkeit der Berührungszone schon von relativ geringen äußeren Kräften abhängig ist. Hieraus wird gefolgert, daß einerseits der Vorgang des plastischen Fließens erhebliche Bedeutung besitzen kann, andererseits daß schon geringe Eigenspannungen das Erscheinungsbild des Sinter- bzw. Schweißvorganges wesentlich verändern können. Die von *Laurent* und *Eudier* erhaltenen Werte sind in Bild 16 angegeben.

Von *Thümmler* (2) wurde ein starker Einfluß der Kaltverformung auf die Breite der erhaltenen Schweißstellen z. B. für Kupfer beobachtet. Werte hierzu gibt Zahlentafel 2.

Sinter-Temp. °C	Halbe Breite (= x) die Schweißzone in μ (Mittelwerte)	
	~ 60% Verformung	unverformt
900	10,7; 12,0	7,8
950	16,2; 12,9	10,2

Zahlentafel 2. Einfluß einer Verformung auf die Breite der Schweißstellen bei Modellsinterversuchen an Kupfer nach dem *Kuczynski*'schen Verfahren. ∅ des Cu-Drahtes 0,13 mm, des Stabes 8 mm. Versuchsdauer 1 Std. in Wasserstoff (nach *Thümmler*).

Die Bedeutung der *Korngrenzen* für Sinter- und Schweißvorgänge wurde mehrfach betont. Bei Untersuchungen von *Alexander* und *Baluffi* über Sinterreaktionen an parallelen Kupferdrähten wurde festgestellt, daß vorhandene Korngrenzen, die Schrumpfung der dreieckigen „Poren" (Zwickel zwischen 3 parallel liegenden Drähten) merklich beschleunigen. Man kann deshalb hier auf einen bevorzugten Teilchentransport an Korngrenzen schließen. Nähere Untersuchungen hierzu stammen von *Achter* und *Smoluchowski*. Diese stellten fest, *daß die Diffusionsgeschwindigkeit entlang einer Korngrenze von der gegenseitigen Orientierung der beiden benachbarten Körner abhängig ist.* Die Untersuchungen wurden am System Cu/Ag durchgeführt. Aus Bild 17 ist ersichtlich, daß das Silber (welches durch ein Abdruckverfahren sichtbar gemacht wurde) nicht an allen Korngrenzen mit gleicher Geschwindigkeit vordringt, sondern bevorzugt an denjenigen, die die *größte* Orientierungsdifferenz aufweisen. Man kann dies damit in Zusammenhang bringen, daß die Energie einer Korngrenze von ihrer

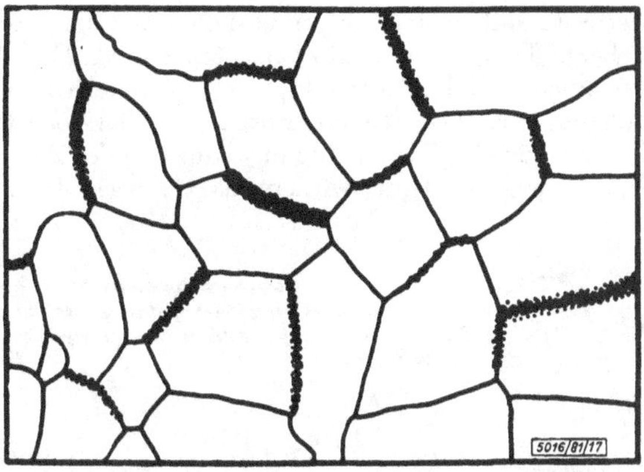

Bild 17. Selektive Korngrenzendiffusion (Ag in Cu) in Abhängigkeit von der gegenseitigen Orientierung der Körner (nach *Achter* und *Smoluchowski*).

Orientierung vom benachbarten Korn abhängt, und daß somit auch für deren Fehlordnungsstruktur eine Abhängigkeit von der Orientierung*) besteht. Die Diffusionsgeschwindigkeit wird aber vom Fehlordnungsgrad stark beeinflußt. Solche eindeutigen Verhältnisse dürfen aber keineswegs immer vorliegen, da die Beschaffenheit der Korngrenzen auch stark von geringfügigen Verunreinigungen bestimmt zu sein scheint. Mosaikblockgrenzen werden kaum als Rinnen für Diffusionsströme fungieren können, da deren Orientierungsunterschied zu gering ist (*Greenough.*)

Der Einfluß der Korngrenzen auf Schweißvorgänge wurde auch bereits von *Esser* in der Weise festgestellt, daß die Festigkeit von Preßschweißungen stabförmiger Eisenproben von der Anzahl der Korngrenzen abhängig ist (Bild 18). Der Effekt wurde jedoch anders gedeutet. Bei geringer Korngröße nimmt nämlich die Anzahl der Kornpaare mit gegenseitig günstiger Kristallorientierung zu. Nach *Erdmann-Jesnitzer* und *May* ist dies gleichbedeutend einer Vergrößerung der effektiv verschweißenden Fläche. Es ist möglich, daß letzterwähnter Orientierungseffekt und der vorher beschriebene reine Korngrenzeneffekt sich bei den Versuchen von *Esser* addieren.

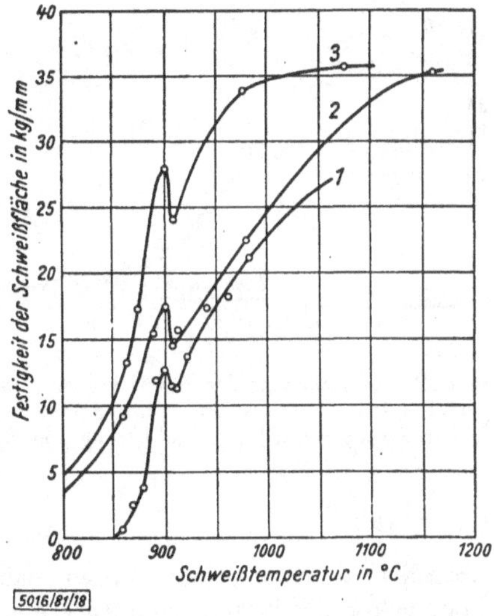

Bild 18. Festigkeit von Elektrolyteisen-Schweißverbindungen in Abhängigkeit von der Temperatur. Kurven 1 und 2 grobes Korn, Kurve 3 feines Korn (nach *Esser*).

Bemerkenswert ist die Diskontinuität der Preßschweißbarkeit im A_3-Umwandlungsgebiet; sie ist auf den starken Rückgang des Selbstdiffusionskoeffizienten beim Übergang α-Eisen in γ-Eisen zurückzuführen. Ähnliche Erscheinungen, jedoch oft in unübersichtlicher Form, treten beim Sintern von Eisenpulvern auf. Hierüber hat zuletzt *Thümmler* berichtet.

Der Einfluß der Glühatmosphäre scheint bei den Modellversuchen von *Kuczynski* nur gering zu sein. Dies gilt dann, wenn keine merklichen Oxydhäute vorhanden waren und steht in gewissem Gegensatz zu den oben zitierten Untersuchungen von *Baukloh* und *Henke* zum Sinterbeginn. Die Anwesenheit von Oxydhäuten übt aber oft noch stärkere Wirkungen aus als die indifferenten Gase, wobei die erzielten Festigkeits-

*) Bekannt ist auch der deutliche Einfluß der Orientierungsdifferenz darauf, ob heterogene oder homogene Ausscheidung einer z. B. übersättigten Phase erfolgt.

werte wesentlich ungünstiger ausfallen und der Reaktionsbeginn meist zu bedeutend höheren Temperaturen hin verschoben wird. Dies ist u. a. auf Grund der Tatsache erklärlich, daß die Platzwechselvorgänge innerhalb oxydischer Phasen bei wesentlich höheren relativen Temperaturen merklich werden als in Metallen. Bisweilen können (dünne) Oxydhäute in reduzierender Atmosphäre und selbst im Vakuum jedoch auch fördernd wirken, da sie nach der Reduktion bei niedrigeren Temperaturen sehr aktive Metallschichten ergeben, welche dann auf Grund der geringen Ablösearbeit der Teilchen eines stark gestörten Gitters sehr leicht sintern. Das geht z. B. aus Untersuchungen von *Clasing* und *Sauerwald* hervor, wobei sich ein Maximum der Festigkeit von gesinterten Eisen- und Kupferpreßlingen bei einer Oxydschichtdicke von 400 bis 600 Å ergibt. Stärkere oxydische Schichten erschweren die Sinterung wieder (Bild 19). Nach *Erdmann-Jesnitzer**) muß man für Eisenoberflächen den Einfluß des Stickstoffes auf die Oxydation beachten. Danach soll Stickstoff besonders an blanken Fe-Oberflächen, leicht adsorbiert werden und dadurch einen Einfluß ausüben auf eine anschließende Oxydation und u. U. auf die Sinterung. Ein solcher Einfluß ist bei stickstoffverunreinigtem Schneidsauerstoff festzustellen, dessen Stickstoffgehalt die Schnittgüte wesentlich herabsetzt.

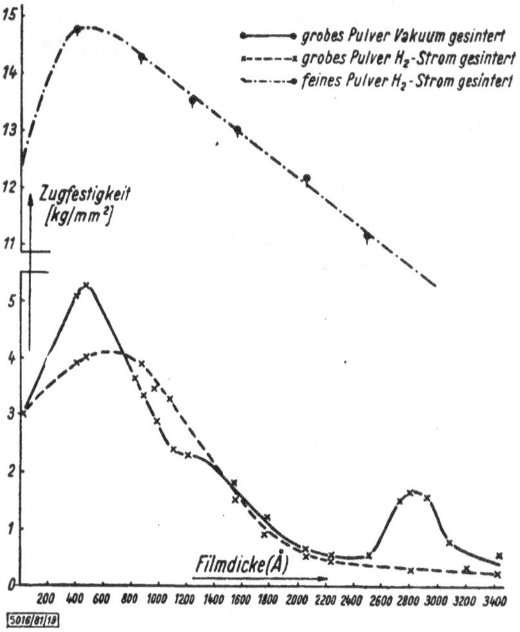

Bild 19. Beeinflussung der Sinterfähigkeit von Kupferpulver durch dünne Oxydschichten. Sinterzeit 30 min., Sintertemperatur 600° C (nach *Clasing* und *Sauerwald*).

C. Ausblick

Abschließend kann gesagt werden, daß von einer allgemeinen und unanfechtbaren Theorie für die betrachteten Vorgänge der Preßschweißung und des Sinterns noch keine Rede sein kann. Die Ergebnisse verschiedener Forscher stehen sich z. T. diametral gegenüber. Dies hat vor allem seine Ursache darin, daß die Vorgänge des Sinterns und die der Preßschweißung auch in einfachen Fällen ausgesprochen komplexen Charakter tragen, und daß es sehr schwer gelingt, alle komplizierenden Einflußgrößen auszuschalten und damit eindeutige, reproduzierbare Verhältnisse zu schaffen. Diese Umstände erschweren auch den Vergleich der Ergebnisse verschiedener Autoren. Aus demselben Grunde ziehen es manche vor, Untersuchungen zunächst an einfachen (nicht oxydierbaren) Salzen, z. B. Natriumchlorid vorzunehmen, bei denen vor allem die Oberflächen- und Orientierungsverhältnisse leichter zu definieren sind [*Smekal*; *Erdmann-Jesnitzer* und *May*].

Dennoch zeigen die bisher durchgeführten Untersuchungen viele beachtenswerte

*) Mündliche Mitteilung.

Ergebnisse. So ist es ersichtlich, daß vor allem die Vorgänge der Erholung und der Oberflächendiffusion beim *Sinterbeginn* eine Bedeutung haben. Die hierzu natürlich notwendige unmittelbare Berührung der Teile bzw. Teilchen wird häufig durch äußere oder adhäsive Kräfte und deren sekundäre Erscheinungen (elastische und plastische Verformung) „verstärkt" und ist somit nur sehr kurze Zeit punktförmig. In den *späteren Stadien* der Sinterprozesse sind es die Diffusionsmechanismen, deren Bedeutung vielfach herausgestellt worden ist. Insbesondere wird das Verhältnis von Oberflächendiffusion zu Gitterdiffusion wesentlich von der Temperatur, Sinterdauer, Partikelgröße und Partikelform bestimmt. Die Prozesse des plastischen und viskosen Fließens kann man auch ohne äußere Last zumindest nicht als unwirksam ablehnen, dagegen scheint der Mechanismus der Verdampfung und Wiederkondensation nur bei leicht verdampfbaren Metallen oder recht hohen Temperaturen oder extrem kleinen Partikeln eine bedeutende Rolle zu spielen.

Es sei noch auf eine Auffassung von *Alexander*, *Kuczynski* und *Dawson* hingewiesen, die auf *Nabarro* zurückgeht und eine Verknüpfung der Vorgänge der Gitterselbstdiffusion und des viskosen Fließens darstellt. Hiernach muß man *beide* Prozesse als eine Bewegung atomarer Gitterbausteine über Leerstellen des Gitters ansehen, wobei nur die Triebkraft des Vorganges noch unterschiedlich definiert wird. Ein ähnlicher Ansatz, jedoch mit quantitativ anderem Ergebnis, wurde schon von *Frenkel* gemacht. Auch *Herring* zeigt entsprechende Gedankengänge. Nach *Dechtjar* und *Kê* kann man auch den Vorgang des plastischen Fließens, des Korngrenzengleitens und den der Selbstdiffusion — wenigstens deren elementare Schritte — von einem gemeinsamen Standpunkt aus betrachten. Solche Anschauungen sind geeignet, die Gegensätze zwischen den Arbeiten verschiedener Autoren abzuschwächen. —

Vorliegender Beitrag ist ein Versuch, verschiedene zwischen Preßschweiß- und Sintervorgängen bestehende Parallelen zusammenzufassen, aber auch ein weiterer Beleg des Strebens, die Grundvorgänge der Sinterung und des Klebens (Preßschweißung) z. B. metallischer Partner auch in ihrem atomaren Geschehen physikalisch-meßtechnisch exakt zu erfassen und eine die Erscheinung beschreibende Theorie dafür zu bilden. Der Praktiker der Preßschweißung kann hieraus zunächst wenig profitieren. Trotzdem muß die Darstellung im Rahmen des Buches „Werkstoff und Schweißung" erfolgen. Der Pulvermetallurge entnimmt derartigen Betrachtungen schon lange Anregungen zur Deutung für herausfallende Betriebserscheinungen. Darüber hinaus wurden durch diese Forschungen der Pulvermetallurgie und allgemein der Metallchemie und Metallphysik zahlreiche Impulse verliehen. Der Schweißtechnik lieferte die „Praxis" z. B. in der „Kalt-Preßschweißung", ein neues Verfahren, stromlos und nur durch Druck Metallverbindungen herzustellen. Eine exakte Deutung der hierbei auftretenden z. T. recht guten Bindung steht noch aus, obgleich sich zahlreiche Fertigungen dieser neuen Methode bedienen. Es ist notwendig, daß die Physiker und Chemiker an der Deutung aller dieser Erscheinungen weiterarbeiten und die Beobachtungen der Praxis sorgfältig verfolgen. So kann auch die Schweißtechnik letztlich trotz ihrer steten Betriebsverbundenheit zum Aufbau der Physik und Chemie der festen Körper nicht unwesentlich beitragen.

Literaturangabe

Achter, M. R. u. *R. Smoluchowski*, in W. E. Kingston, vgl. Kingston u. Hüttig.

Alexander, B. H., J. Metals 3 (1951), S. 95.

Alexander, B. H., u. *R. Baluffi*, Trans. AIME *188* (1950), S. 1219.

Alexander, B. H. G. C. Kuczynski u. *M. H. Dawson*, in W. E. Kingston, vgl. Kingston u. Hüttig.

Baukloh, W. u. *G. Henke*, Metallwirtschaft *18* (1939), S. 59—61.

Bowden, F. P. u. *D. Tabor*, Tagung über Oberflächenvorgänge, Chicago, Sept. 1952.

Birchenall, C. E. u. *R. F. Mehl*, Trans. AIME *188* (1950), S. 144—149.

Cabrera, N., Trans. AIME *188* (1950), S. 667—668.

Clasing, M. u. *F. Sauerwald*, Z. anorg. Chemie *271* (1952), S. 88—92.

Dawihl, W., Schweiz. Arch. Angew. Wiss. Techn. *17* (1951), S. 91—96.

Dechtjar, J. Ja. Doklady Akademii Nauk SSSR *80* (1951), S. 875.

Dedrick, J. H. u. *A. Gerds*, *J.* Appl. phys. *20* (1949), S. 1042—1044.

Erdmann-Jesnitzer, F. u. *M. May*, Bergakademie (1954), demnächst u. Tagung der Gesellschaft f. Metallkunde (1953), Nürnberg, Zeitschrift f. Metallkunde *45* (1954) eingereicht.

Esser, H., Arch. f. Eisenhüttenwes. *4* (1930), S. 196—201.

Frenkel, J., J. phys. USSR *9* (1945), S. 392—398, vgl. Powder Met. Bull. *3* (1948), S. 64—65.

Gerlach, J. u. *O. Knacke*, Tagung der Gesellschaft f. Metallkunde Nürnberg, Sept. 1953.

Greenough, A. P., nach G. A. Geach in B. Chalmers: Progreß in Metal Physics 4, London (1953), S. 174f.

Gray, T. J., nach: Angew. Chemie *5* (1954), S. 153.

Hausner, H. H. u. *J. H. Dedrick*, in W. E. Kingston, vgl. Kingston u. Hüttig.

Hausner, H. H. u. *J. H. Zambrow*, J. Metals *4* (1952), (Trans. AIME), S. 1040.

Held, H. H. Handus, Z. Metallkunde *45* (1954), S. 112—116.

Herring, C., J. appl. phys. *21* (1950), S. 437—445.

Hofmann, W. u. *J. Ruge*, Z. Metallkunde *43* (1952), S. 133—137.

Hüttig, G. F. (1), Arch. Metallkunde *2* (1948), S. 93—99.

Hüttig, G. F. (2), Kolloid-Z. *98* (1942), S. 263—286.

Kayser, O., O. Knacke u. *I. N. Stranski*, Z. Elektrochemie, *57*, (1953), S. 924—927.

Kê, T. S., J. appl. phys. *20* (1949), S. 274—280.

Kingston, W. E. u. *G. F. Hüttig*, in W. E. Kingston: The Physics of Powder Metallurgy, Mc Graw Hill New York (1951).

Kuczynski, G. C. (1), Trans. AIME *185* (1949), S. 169—178.

— (2), J. Appl. phys. *21* (1950), S. 632—635, S. 1339—1340.

— (3), Trans. AIME *185* (1949), S. 813.

Laurent, P. u. *M. Eudier*, Rev. Metallurgie *48* (1951), S. 271—275.

Mackenzie, J. K. u. *R. Shuttleworth*, Proceed. physic, Soc. (Sekt. B) *62* (1949), S. 833—852.

Nabarro, F. R. N., Report on a conference on strength of solids, Physical Soc. London (1948).

Sauerwald, F., Stahl u. Eisen *45* (1925), S. 1274—1276.

Sauerwald, F. in *E. Thilo*, Aktuelle Probleme der physik. Chemie, Akademieverlag Berlin (1953).

Seith, W. u. *A. Kottmann*, Angew. Chemie *64* (1952), S. 379—391.

Schwarzkopf, P., Powder Met. Bull. *4* (1949), S. 74—87.

Shaler, A. J., Trans. AIME *185* (1949), S. 796—813.

Shaler, A. J. u. *J. Wulff*, Ind. Engng. Chem. *40* (1948), S. 838—842.

da Silva, L. C. C. u. *R. F. Mehl*, J. Metals *3* (1951), S. 155.

Skaupy, F., Z. Metallkunde *41* (1950), S. 301—303.

Smekal, A., Powder Met. Bull. *4* (1949), S. 120—126.

Thümmler, F., (1), Freiberger Forschungshefte, demnächst, Die Technik *9* (1954), S. 77—82.

— (2), Unveröffentlichte Ergebnisse.

Werkstofffragen des Brennschneidens mit Brenngas-Sauerstoff-Gemischen

Dozent Dr.-Ing. E. Zorn, Frankfurt-Griesheim

A. Geschichtliches

Im Jahre 1887 begann der englische Ingenieur Thomas *Fletcher* mit Versuchen, Eisenplatten unter Verwendung eines Wasserstoff-Sauerstoff-Brenners durchzutrennen [Lit. *Kautny*] (Bild 1). Im folgenden Jahre wurde das Verfahren zum erstenmal öffentlich vorgeführt und danach wiederholt vor Körperschaften und an Unterrichtsanstalten gezeigt. Nach späteren Feststellungen in Patentprozessen handelte es sich hierbei um ein Durchschmelzen, wobei kein bewußter Wert auf das Verbrennen des Eisens und das Fortschleudern der Oxyde gelegt wurde [Lit. *Hoffmann*].

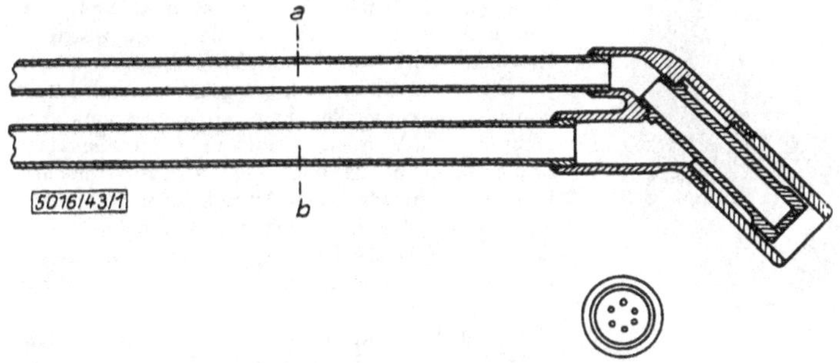

Bild 1. Schweißbrenner der Fa. Thomas Fletcher & Co., Warington (England), etwa 1887.
a = Sauerstoff b = Brenngas

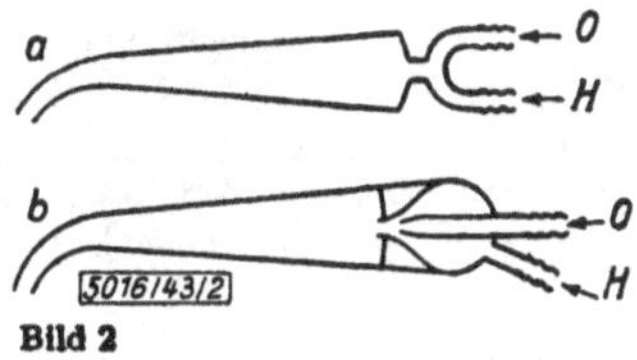

Bild 2. Wasserstoff-Sauerstoff-Brenner des Ing. *Jottrand* (1902).
a = geeignet für Gase gleichen Druckes
b = geeignet für Gase verschiedenen Druckes mit Injektor

Bild 2

Die gleiche Auffassung, daß es dabei hauptsächlich auf die Hitzewirkung, d. h. die Schmelzwirkung der Flamme ankäme, hatte *Jottrand* (Belgien) noch 1902, als er auf die Möglichkeit hinwies, seinen Wasserstoff-Sauerstoff-Brenner neuer Konstruktion (Bild 2) zum Durchbohren und Durchtrennen von Eisen und Stahl zu benutzen.

Ein grundsätzlich neuer Weg wurde 1901 von *Menne* (Kreuztal) gewiesen. Zum Öffnen eingefrorener Abstichlöcher von Hochöfen benutzte er ein aus zwei konzentrischen Rohren bestehendes Wasserstoff-Sauerstoff-Gerät, mit dem er den Abstichpfropfen bis zur Weißglut erhitzte. Dann erhöhte er den Druck und damit die Menge des durch das innere Rohr strömenden Sauerstoffes, wodurch das Eisen unter Abgabe seiner eigenen Verbrennungswärme schnell oxydierte. Die Oxyde wurden durch die lebendige Kraft des Sauerstoffstromes rückwärts herausgeblasen, bis das Abstichloch frei war.

Dasselbe Prinzip wurde von *Wiss* (Frankfurt a. M.-Griesheim) in der Weise benutzt, daß er das Anheizflammengemisch und den Sauerstoffstrahl trennte, indem er letzteren durch eine innere Düse, ersteres durch einen die innere Düse konzentrisch umgebenden Ringraum leitete. Die Heizflamme diente nur zum Anwärmen des Stahles auf Zündtemperatur, der Sauerstoffstrahl zum Oxydieren und Wegschleudern. 1904 konnte ein solcher Brenner in praktischen Gebrauch genommen werden, der jedoch nun nicht mehr — oder nicht allein — zum Durchbohren, sondern zum Zertrennen von Stahlblechen bei kontinuierlichem Brennervorschub benutzt wurde (Bild 3). Für den Vorgang prägte *Wiss* 1905 den Ausdruck „Schneiden" [Lit. *Hoffmann*], der sich seitdem allgemein eingeführt hat. Da die Verbrennungswärme vornehmlich aus dem Eisen selbst entwickelt wurde, fand auch der Ausdruck „autogenes" Schneiden Verwendung. Später traten die Ausdrücke „Brennen" oder „Brennschneiden" für den gleichen Vorgang hinzu. Neben Wasserstoff, auf den sich anfangs das Interesse als Brenngas beschränkt hatte, gewannen Azetylen, Leuchtgas und andere Brenngase Bedeutung.

Den gleichen Weg wie *Wiss* hatte um die gleiche Zeit auch *Jottrand* weiterverfolgt. Auch er trennte Heizflammengemisch und Sauerstoffstrahl, legte aber die Düsen nicht konzentrisch, sondern hintereinander.

Schon bald nach der Entwicklung dieser Brenner zeigte es sich, daß das Aussehen der Schnittfläche verbessert werden konnte, wenn die Ungleichmäßigkeit der Handführung durch eine mechanische Brennerführung ersetzt wurde. Neben den handgeführten Brennern entstanden Schneidmaschinen, anfangs mit Handkurbel-, später mit motorischem Antrieb, teils als transportable, teils als ortsfeste Maschinen. Die berechtigten Anforderungen an Brennschnitte wurden 1940 im DIN-Entwurf 1, E 2310 festgelegt.

Anfang der dreißiger Jahre wurde in USA das Schneidverfahren zur Oberflächenbearbeitung von Stahlblöcken abgewandelt. Der Brenner mit konzentrisch angeordneten Heizflammen wurde mit einer größeren inneren Sauerstoffbohrung versehen und der Sauerstoffdruck erniedrigt, so daß der Sauerstoff mit Unterschallgeschwindigkeit austrat. Der Brenner wurde unter 10 bis 30° gegen die Oberfläche geneigt und so bewegt, daß der Sauerstoffstrahl die Oxyde vor sich herblies. Ein ähnlicher Brenner in verkleinertem Maßstab wurde zum rückseitigen Ausfugen elektrischer Schweißnähte an Stelle des Ausmeißelns ausgebildet. Das Verfahren wurde als Sauerstoff- oder Fugenhobeln bezeichnet.

Bild 3. Autogener Schneidbrenner, Bauart „Griesheim" (1908).

Das Brennschneiden oder besser Durchschmelzen von Nichteisenmetallen kam, abgesehen vom Blei, nicht über das Versuchsstadium hinaus. An Gesteinen und Beton ließen sich mit Hilfe einer Sauerstofflanze ähnlich der für Hochofen-Abstichlöcher, Bohrungen anbringen, wobei die Verbrennungswärme der Lanze zum Schmelzen der feuerfesten Stoffe und die Oxyde zur besseren Verflüssigung der Gesamtschlacke dienten.

Auch die Elektrowärme wurde ausgenutzt, teils mit Kohleelektroden zum Vorwärmen und mit Sauerstoff zum Trennen, teils mit Stahlelektroden unter alleiniger Ausnutzung der Lichtbogenwärme. Neuerdings sind auch umhüllte hohle Elektroden aus Stahl zur Anwendung gekommen, durch welche der Schneidsauerstoff hindurchgeleitet wird. Das Verfahren, mit Stahlelektroden ohne Sauerstoff zu schneiden, hat für Unterwasserarbeiten eine gewisse Bedeutung erlangt [Lit. *Schmidt*].

B. Begriffsbestimmung

Wird der Begriff des Brennschneidens in seinem weitesten technischen Sinne ausgelegt, so erstreckt er sich auf folgende Arbeitsweisen, Werkstoffe und Einwirkungen:

Arbeitsweisen

a) Trennen von Werkstücken,
b) Einarbeiten von Löchern,
c) Abarbeiten der Oberfläche.

Werkstoffe

a) einfache Kohlenstoff- und schwach legierte Stähle,
b) mittel- und hochlegierte Stähle,
c) Gußeisen,
d) Nichteisenmetalle,
e) nichtmetallische Werkstoffe.

Stoffliche Einwirkungen

a) Verbrennen des zu entfernenden Werkstoffes. (Metalloxyde.)
b) Schmelzen des zu entfernenden Werkstoffes.
c) Verschlacken des zu entfernenden Werkstoffes. (Gemisch von Metalloxyden und -salzen.)

Mechanische Einwirkungen

a) Wegblasen des zu entfernenden Werkstoffes und/oder seiner Oxyde bzw. Schlacken,
b) Abtropfen des zu entfernenden Werkstoffes und/oder seiner Oxyde bzw Schlacken.

Die Geräte für das nach obiger Aufstellung weit gefaßte Arbeitsverfahren lassen sich grundsätzlich in zwei Gruppen einteilen:

Geräte,

a) bei denen ein Sauerstoffstrahl das wirksame Gas ist und bei denen in der Regel Heizflammen zur Einleitung und Aufrechterhaltung des Arbeitsvorganges vorhanden sind. Auch diejenigen Geräte sind dazuzurechnen, bei denen die Heizflammen durch andere Wärmequellen ersetzt sind;
b) bei denen eine Schmelzflamme den Arbeitsvorgang verrichtet und bei denen zur Verbesserung des Ergebnisses noch Austrittsöffnungen für andere Gase, wie Luft, Stickstoff u. dgl., vorgesehen sein können. Auch die rein elektrisch wirkenden Geräte, die z. B. nur mit dem Lichtbogen arbeiten, sind dieser Gruppe zuzuzählen.

Die verschiedenen Werkstoffe lassen sich — auch nach Auswahl des für sie geeignetsten Arbeitsverfahrens — verschieden gut schneiden. Soweit *Sauerstoff als wirksames Gas* zur Anwendung kommt, gelten für die Schneidbarkeit folgende Begriffsbestimmungen:

C. Schneidbarkeit

a) Kalt schneidbar sind Werkstoffe, bei denen das Werkstück als Ganzes kalt bleibt und bei denen nur die Auftreffstelle des Sauerstoffstrahles auf eine genügend hohe Temperatur erhitzt wird.
b) Warm schneidbar sind Werkstoffe, bei denen das Werkstück als Ganzes vorgewärmt werden muß. Die üblichen Vorwärmtemperaturen von 300 bis 600° C reichen nicht aus, um den Schneidvorgang einzuleiten und aufrechtzuerhalten, so daß zusätzlich die Auftreffstelle des Sauerstoffstrahles auf eine genügend hohe Temperatur erhitzt werden muß.
c) Bedingt schneidbar sind Werkstoffe, bei denen ein Sauerstoffstrahl auch nach Vorwärmen des ganzen Werkstückes keine Trennfuge herzustellen gestattet, bei denen aber durch Vereinigung des Verbrennungs- und Schmelzvorganges eine praktisch noch brauchbare, in der Regel aber nicht sehr saubere Trennfuge herstellbar ist. Gelingt es, gewisse Werkstoffe durch Zusatz von Metallpulvern oder Flußmitteln zu schneiden, so ist ihre Schneidbarkeit auch als „bedingt" zu bezeichnen.
d) Nicht schneidbar sind Werkstoffe, bei denen ein Sauerstoffstrahl unter allen Umständen ein Kaltblasen der beliebig hoch erhitzten Auftreffstelle verursacht.

Für die Technik hat das Brennschneiden im engeren Sinne, d. h. das *Trennen von Stahlteilen mit einem Sauerstoffstrahl,* die größte praktische Bedeutung erlangt. Es ist daher gerechtfertigt, diese Arbeitsweise in den Vordergrund der Betrachtungen zu rücken und auf die dabei auftretenden Vorgänge besonders einzugehen.

Grundbedingungen für die Schneidbarkeit

Das chemische Element Eisen [Fe] neigt dazu, mit dem Sauerstoff [O_2] Verbindungen einzugehen, die als Oxyde bezeichnet werden. Es sind drei Arten von Eisenoxyden bekannt, die sich durch den Mengenanteil an Eisen und Sauerstoff unterscheiden:

Eisenoxyd	Fe_2O_3	mit 30,06% O_2,
Eisenoxyduloxyd	Fe_3O_4	mit 27,64% O_2,
Eisenoxydul	FeO	mit 22,28% O_2.

Bei der Verbindung der beiden Elemente Fe und O_2 wird Wärme frei, die aber, solange der Oxydationsvorgang langsam bei der Umgebungstemperatur des Raumes erfolgt, nicht sinnfällig zur Geltung kommt. Wird jedoch das Eisen auf eine gewisse Temperatur vorgewärmt und dann mit dem Sauerstoff in Berührung gebracht oder erfolgt die Erhitzung des Eisens auf diese Temperatur in einer Sauerstoffatmosphäre, so tritt eine schnelle Vereinigung der beiden Elemente unter Flammenerscheinung ein, und es wird von einer Verbrennung des Eisens im Sauerstoff gesprochen. Die Temperatur, bei der die Verbrennung des Eisens beginnt, wird als *Zündtemperatur* bezeichnet. Bei der Verbrennung des Eisens werden folgende Wärmemengen frei (Lit. *Hütte)*:

1 kg Eisen [Fe] ergibt bei Verbrennung zu

Eisenoxyd	Fe_2O_3	1720 kcal,
Eisenoxyduloxyd	Fe_3O_4	1580 kcal,
Eisenoxydul	FeO	1150 kcal.

Für die Entzündung des Eisens im Sauerstoff gibt es keine feste Temperatur. Die Zündtemperatur hängt wesentlich vom Querschnitt des Eisenstückes ab und kann bei sehr kleinen Querschnitten sehr niedrige Werte annehmen [Lit. *Tammann* u. *Boehme*].

Pyrophores Eisenpulver entzündet sich in Sauerstoff schon bei rund $-15°$ C.

Versuche an Streifen aus reinen Metallen von 0,02 bis 0,4 mm² Querschnitt, die in einem Durchlaufofen ausgeführt wurden, haben einen hyperbolischen Anstieg der Zündtemperatur mit zunehmendem Querschnitt der Streifen erkennen lassen.

Mit t_1 = Grenzwert der Zündtemperatur,
t = Ofentemperatur,
k = Konstante,
q = Querschnitt des Streifens

besteht die Formel $$t_1 - t = k/q.$$

Für Elektrolyteisen in Sauerstoff ist

$t_1 = 1000°$ C,
$k = 5{,}80$.

Die Formel nimmt damit den Wert an

$$1000° - t° = 5{,}80/q,$$

woraus sich für einen innerhalb der oben angegebenen Grenzen gewählten Querschnitt die Ofentemperatur berechnen läßt, bei welcher die Entzündung eintritt. Es kommt aber bei der Bestimmung der Zündtemperatur darauf an, daß die Temperatur der Teilchen schnell gesteigert wird. Beispielsweise ist bei

$q = 0{,}02$ mm²	$t = 710°$ C,
$q = 0{,}1$ „	$t = 942°$ C,
$q = 0{,}4$ „	$t = 986°$ C.

Andere Versuche unter anderen Versuchsbedingungen haben zu folgenden Ergebnissen über die Zündtemperatur geführt [Lit. *Wüst*]:

„Die Entzündungstemperatur des reinen Eisens wurde zu rund 1050° C ermittelt. Die Ausführung der Versuche geschah in der Weise, daß ein Flußeisenblech im elektrischen Ofen langsam erhitzt wurde. Bei verschiedenen Temperaturen wurde sodann Sauerstoff aus einer feinen Düse auf die Probe geblasen. Bei 900 und 1000° C fand an der Stelle, wo er auftraf, ein rasches Erkalten der

Probe statt, während bei 1050° und weit intensiver bei 1100° C ein energisches Verbrennen verbunden mit lebhaftem Funkensprühen unter Bildung einer äußerst leichtflüssigen Schlacke eintrat."

In der dem genannten Bericht beigegebenen Tabelle ist als Entzündungstemperatur des reinen Eisens im Sauerstoffstrom 1050 bis 1100° C verzeichnet. Aus allen Versuchen geht hervor, daß die Zündtemperatur des reinen Eisens in Sauerstoff erheblich unter seiner Schmelztemperatur von 1530° C liegt.

Für technische Zwecke ist es wichtig, daß das Vorhandensein von Kohlenstoff im Eisen die Zündtemperatur verändert. Die zuletzt genannten Versuche wurden auch auf kohlenstoffhaltiges Eisen ausgedehnt, worüber folgende Angaben gemacht wurden:

„Offenbar wird durch den im Eisen vorhandenen Kohlenstoff die Entzündungstemperatur der Legierung etwas nach oben verschoben.

Bei dem Kohlenstoffstahl mit 2,25% C hatte sich die Entzündungstemperatur der Schmelztemperatur schon genähert, wenn nicht diese überschritten.

Bei einer Platte mit rund 3,4 % C-Gehalt lag die Entzündungstemperatur oberhalb der Schmelztemperatur."

Werden diese spärlichen und nicht genauen Angaben in das Eisen-Kohlenstoff-Diagramm eingezeichnet, so läßt sich ein Anhalt über die zahlenmäßige Größe der Zündtemperatur bei steigendem Kohlenstoffgehalt gewinnen [Lit. *Zorn* (1)].

Der beim Brennschneiden vom Grundmetall entfernte Werkstoff wird nicht restlos verbrannt, ein Teil davon wird vom Sauerstoffstrahl in metallischem Zustand weggeblasen. Der Abfall setzt sich infolgedessen aus metallischen und aus oxydischen Bestandteilen zusammen. Als Grenzen werden angegeben [Lit. *Wolff*]:

Verfahren	Fe %	Fe_3O_4 %
Brennschneiden im engeren Sinne	rd. 20	rd. 80
Sauerstoffhobeln	80 bis 87	20 bis 13

Wie andere Untersuchungen ergeben haben, kann beim Brennschneiden der Anteil an Fe beträchtlich größer und beim Sauerstoffhobeln beträchtlich kleiner sein als obige Grenzwerte. Außer durch das Arbeitsverfahren wird die Zusammensetzung des Abfallwerkstoffes von der Zusammensetzung des Grundwerkstoffes, der Blechdicke, der Temperatur des Bleches und des Sauerstoffes, der Schnittgeschwindigkeit, der Stärke der Heizflamme und anderen Faktoren beeinflußt. Die metallischen Bestandteile sondern sich schon während des Schneidens teilweise von den oxydischen ab, teilweise bleiben sie mit ihnen vermengt und lassen sich nur auf chemischem Wege trennen. Über die genaue Zusammensetzung des Abfallwerkstoffes gibt es wenig Veröffentlichungen.

Wie die Sauerstoffreinheit mittelbar und unmittelbar die Zusammensetzung des Abfallwerkstoffes beeinflußt, geht aus nachstehendem Beispiel (Zahlentafel 1) hervor [Lit. *Plieninger*].

Sauerstoff-reinheit %	Grob abgeschiedenes metallisches Fe %	Fein abgeschiedenes metallisches Fe %	Fe_3O_4 %	FeO %
99,0	15,8	13,3	38,0	32,5
97,0	13,7	10,4	47,0	28,8
94,4	10,5	8,8	53,0	27,3
89,2	5,9	6,5	62,2	24,7
85,0	2,1	3,3	68,3	26,3
81,0	1,6	2,6	71,5	23,8

Zahlentafel 1. Einfluß der Sauerstoffreinheit auf die Zusammensetzung des Abfallwerkstoffes; SM-Stahlblech mit 0,12% C, 40 mm dick, 550 mm lang, Sauerstoffdruck 4,2 atü.

Der Anteil des metallischen Eisens im Abfallwerkstoff ist offenbar um so größer, je schneller der Schneidvorgang auf Grund der gewählten Arbeitsbedingungen durchgeführt werden kann.

Der gesamte aus metallischen und oxydischen Bestandteilen zusammengesetzte Abfallwerkstoff wird in der Schneidpraxis kurz als Schlacke bezeichnet.*) Der Wärmeinhalt der Schlacke wird teilweise zum Vorwärmen des angrenzenden Grundwerkstoffes ausgenutzt, trotzdem muß aber auf schnelles Ablaufen der Schlacke Wert gelegt werden, damit immer wieder frischer metallischer Grundwerkstoff für den

*) Im Sinne der Definition von S. 179 oben, ist diese Bezeichnung nicht genau zutreffend.

weiteren Verbrennungsvorgang freiliegt. Es besteht also die Forderung, daß die Schlacke möglichst dünnflüssig ist.

Für die Schmelzpunkte der reinen Eisenoxyde finden sich folgende Temperaturangaben (Zahlentafel 2):

Eisenoxyde	Schmelzpunkt °C	Literaturangabe
Fe_2O_3	1565	[Lit. *Schenck*]
Fe_3O_4	1527	„
FeO	1370	„
FeO	1420	[Lit. *Hofmann*]

Zahlentafel 2. Schmelzpunkte der verschiedenen Eisenoxyde.

Aus diesen Werten lassen sich keine Schlüsse auf die Dünnflüssigkeit der Schlacke ziehen. Die Schmelzpunkte ändern sich, sobald die verschiedenen Oxyde und Eisen in der Schlacke nebeneinander auftreten; vgl. das Eisen-Sauerstoff-Diagramm [Lit. *Schenck*]. Außerdem werden Schmelzpunkt und Dünnflüssigkeit von den übrigen Legierungsbestandteilen, die neben dem Kohlenstoff im Grundwerkstoff vorhanden sind, beeinflußt. Chrom, Silizium und Mangan oxydieren zum großen Teil, Nickel, Kupfer und Molybdän verbleiben im metallischen Zustand.

Die bei der Verbrennung der Metalle frei werdende Wärme dient dazu, den angrenzenden Werkstoff in Unterstützung der Heizflamme und der ablaufenden Schlacke auf die Zündtemperatur vorzuwärmen. Die Vorwärmung geht um so vollkommener vonstatten, je weniger Wärme von der Schneidstelle aus im Grundwerkstoff verteilt wird. Eine sehr gute Wärmeleitfähigkeit des Grundwerkstoffes ist daher ungünstig für die erwünschte hohe örtliche Erhitzung der Schneidstelle. Ein Vergleich der Wärmeleitzahlen läßt die vorteilhafte Stellung des Eisens unter den technisch wichtigsten Metallen erkennen.

Metall	Wärmeleitzahl
Al	0,505 cal/cm · h · °C
Pb	0,083 „
Zn	0,270 „
Si	0,158 „
Stahl mit 0,2% C	0,110 „
Cu	0,938 „
Ni	0,132 „
Ms 68/32	0,246 „

Die Grundbedingungen für die Schneidbarkeit eines Metalls sind in folgende Form gekleidet worden [Lit. *Wiss* (1)]:

1. Die Entzündungstemperatur des Metalls muß unterhalb seiner Schmelztemperatur liegen.
2. Das Metall muß im Sauerstoff verbrennen, und das Oxyd muß leichtflüssig sein.
3. Der Schmelzpunkt des Oxyds darf nicht oberhalb des Schmelzpunktes des Metalls liegen.

Fehlt eine dieser Grundbedingungen, so läßt sich das Metall nicht autogen schneiden. Außerdem ist für den Erfolg notwendig, daß

4. die Wärmeleitfähigkeit des Metalls möglichst gering und
5. die Verbrennungswärme möglichst groß ist.

D. Schneidbarkeit der Werkstoffe

Über die Schneidbarkeit einiger wichtiger reiner Metalle ist zu sagen [Lit. *Mitteilungen der Fa. Werk Autogen-Griesheim*]:

Eisen . . . . . gut kalt schneidbar,
Mangan . . . gut kalt schneidbar,

Molybdän . . . nur mit geringer Geschwindigkeit schneidbar,
Wolfram . . . nur sehr langsam bei hoher Temperatur schneidbar,
Chrom . . . . nach Erhitzung auf helle Weißglut schneidbar,
Silizium . . . weder kalt noch unter Vorwärmung schneidbar,
Nickel . . . . nicht schneidbar,
Kupfer . . . . nicht schneidbar,
Aluminium . . nicht schneidbar.

In Stählen und anderen technischen Eisenlegierungen sind neben einem Teil der obigen Nichteisenmetalle in der Regel Kohlenstoff, Phosphor und Schwefel enthalten. Durch das Zusammenwirken der Komponenten *verändert sich* nicht nur die Schneidbarkeit des Eisens als solche, sondern auch *die Grenze zwischen der Kalt- und der Warmschneidbarkeit.*

Unter *Kaltschneidbarkeit* wird hier der Bereich verstanden, in dem ohne Erwärmung des ganzen Werkstückes das Schneiden überhaupt möglich ist. Für die praktische Anwendung des Kaltschneidens sind jedoch tiefere Grenzen gesetzt. Das Brennschneiden gleicht durch die schnelle Wärmeabwanderung in das kalte Werkstück einem Oberflächenhärtevorgang. Wie Kohlenstoff- und legierte Stähle auf örtliche Erhitzung und schnelle Wärmeverteilung im Werkstück reagieren, geht aus Aufschweißversuchen hervor, bei denen die maximale Schweißhärte in Abhängigkeit vom Gehalt an Kohlenstoff und Legierungsbestandteilen dargestellt ist (Bild 4). Wenn auch das Schneiden mit dem Auftragschweißen nicht vollkommen in Parallele gesetzt werden kann und im übrigen die Arbeitsbedingungen die maximale Härte beeinflussen, geben die Diagramme doch einen Anhalt, bis zu welcher Grenze die Kaltschneidbarkeit ausgenutzt werden darf, wenn eine gewisse Härte der Schnittfläche nicht überschritten werden soll. Von dieser Einschränkung wird bei der Betrachtung der Schneidbarkeit der Stähle [Lit. *Spraragen* u. *Claussen* (1)] abgesehen.

Kohlenstoff. Kohlenstoffstähle bis 0,3 C können unbedenklich kalt geschnitten werden. Darüber hinaus ist Anwärmen des ganzen Werkstückes auf etwa 300° C zu empfehlen, um unzulässigen Härteanstieg und Härterisse zu vermeiden, die besonders bei Überschreitung der 0,4-C-Grenze zu befürchten sind [Lit. *Wolff*]. Die Kaltschneidbarkeit selbst reicht weiter und wird bis zu 1,85 C bzw. 2,0 C [Lit. Das autog. Schneiden, Lit. *Lavroff*] angegeben. Die Warmschneidbarkeit geht weiter bis etwa 2,5 C, darüber hinaus setzt die bedingte Schneidbarkeit ein. Wir befinden uns hier schon im Gebiete des Gußeisens. Weißes Roheisen läßt sich besser durchtrennen als Grauguß gleicher Zusammensetzung.

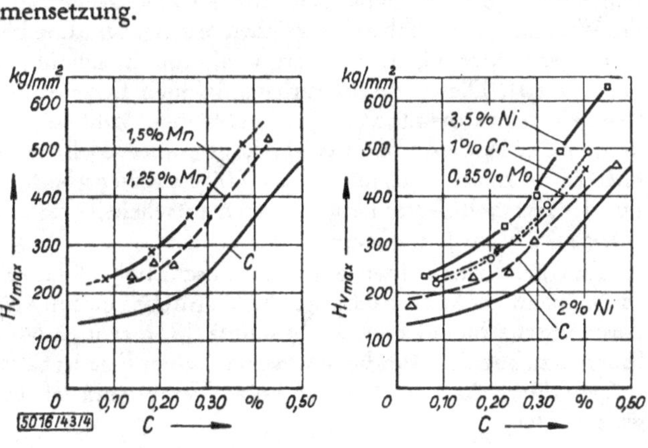

Bild 4. Größte Schweißhärte in 12,7 mm dicken C-Stahlblechen und ternären Stählen mit Mn, Cr, Mo und Ni.
Ordinate = **Größte Schweißhärte in Vickerseinheiten,**
Abszisse = **C-Gehalt in %:**
Kurven gelten von links nach rechts für 1,5% Mn-, 1,25% Mn-, einfache C-, 3,5% Ni-, 1% Cr-, 0,35% Mo-, 2% Ni-Stähle
Ein-Lagen-Auftragschweißung, Schweißgeschwindigkeit 125 mm/min, stark umhüllte Elektrode 4,8 mm Ø (nach *French* u. *Armstrong*).

Phosphor. Phosphor hat in den üblichen Gehalten keinen Einfluß auf die Schneidbarkeit. Ein Phosphoreisen mit 2 P läßt noch einen sauberen Schnitt zu.

Schwefel. Schwefel beeinflußt in den üblichen Grenzen die Schneidbarkeit nicht nachteilig. Ein Schwefeleisen mit 35 S ist bei geringem Vorschub noch kalt schneidbar.

Mangan. Manganstähle sind bis etwa 14 Mn untersucht worden. Die Schneidbarkeit ist sehr gut, sofern nicht — wie bei den reinen Kohlenstoffstählen — der Kohlenstoff als Bremse auftritt. Der bekannte austenitische Manganstahl mit 13 Mn und bis zu 1,3 C ist noch ohne weiteres schneidbar.

Molybdän. Molybdän hemmt die Schneidbarkeit. Ein Stahl mit 8 W, 1,4 Cr, 1 C ohne Mo läßt sich schneiden. Enthält der Stahl bei sonst gleicher Analyse noch 5,5 Mo, so ist er weder kalt noch warm schneidbar.

Wolfram. Stähle mit 5 Cr, 0,2 Ni, bis 0,8 C und bis zu 10 W sind gut schneidbar, bis 17 W muß Warmschnitt erfolgen, über 20 W hört die Schneidbarkeit auf.

Chrom. Stähle mit 1,5 Cr sind kalt schneidbar, auch bis 3,5 Cr sollen keine Schwierigkeiten bestehen. Stähle mit höherem C- und mit Cr-Gehalten bis 10% (lufthärtend) sind schwieriger zu schneiden. Über 10 Cr besteht bedingte Schneidbarkeit [vgl. jedoch Lit. *Air Reduction* u. N. N. 1].

Silizium. Stähle mit 4 Si und sehr niedrigem C-Gehalt sind schneidbar, bei 4 Si und 0,2 C ist jedoch keine Schneidbarkeit mehr vorhanden. Siliziumgußlegierungen (Thermisilid, Duracid) mit über 12 Si und hohem C-Gehalt sind weder kalt noch warm schneidbar.

Nickel. Gewöhnliche Ni-Stähle mit bis zu 7 Ni sind gut schneidbar. Schneidbarkeit liegt auch noch bis etwa 34 Ni vor, wenn der C-Gehalt höchstens 0,5% ist. Bei 35 Ni und 0,7 C liegt schon schlechte Schneidbarkeit vor. Über 35 bis 40% Ni dürfte die Schneidbarkeit erheblich nachlassen.

Kupfer. Kupfer findet sich in normalen Stählen nur in geringen Mengen zur Erhöhung der Rostsicherheit. Noch bei 0,7 Cu ist die Schneidbarkeit wie bei gewöhnlichen Baustählen.

Aluminium. Alitierte Stähle mit dünnen Alitierungsschichten sind leicht schneidbar. Ist Al in Mengen von 10 bis 15% dem Stahl schon beim Erschmelzen zugesetzt, so ist er weder kalt noch warm, noch mit vorgewärmtem Sauerstoff schneidbar.

Wie aus vorstehender Zusammenfassung ersichtlich, sind die Grenzen zwischen Kaltschneidbarkeit, Warmschneidbarkeit, bedingter Schneidbarkeit und Nichtschneidbarkeit noch nicht lückenlos bekannt. Auch bezüglich der Temperatur für das Warmschneiden fehlen ausreichende Angaben. Die bedingte Schneidbarkeit wird meist ganz übergangen, oder sie wird stillschweigend mit der Nichtschneidbarkeit gleichgesetzt. Dies kann zu verhängnisvollen Erkenntnissen führen, wenn beispielsweise ein aus vermeintlich nichtschneidbarem Stahl hergestellter Geldschrank von unberufenen Händen zwar nur „bedingt", aber doch mit Erfolg geöffnet worden ist. Hier nützt keine Berufung auf die obigen wissenschaftlichen Ermittlungen, sondern nur der rechtzeitige vorherige Versuch entscheidet. Höherlegierte Mo- und Cr-Stähle gehören z. B. in diese Gruppe.

Tritt bei Kaltschnitten ein unerwünscht hoher Härteanstieg an der Schnittfläche ein, so kann er durch nachträgliche Wärmebehandlung rückgängig gemacht werden. Austenitische Stähle, wie der bekannte 13prozentige Mn-Stahl, verlieren durch das Sauerstoffschneiden ihre hohen mechanischen Eigenschaften an der Schnittfläche und müssen durch Abschrecken von hoher Temperatur wieder in den alten Zustand versetzt werden.

E. Geräte

1. Schneidbrenner

Schneidbrenner (Bild 5) bestehen aus

dem Brennerkopf mit Heiz- und Schneiddüse,
den Zuleitungsrohren für die Gase,
der Mischvorrichtung für das Heizgasgemisch,
dem Handgriff oder Ventilgehäuse.

Die *Schneiddüse* enthält die Bohrung für den Schneidsauerstoff. Der Bohrungsquerschnitt ist kreisrund; davon abweichende Querschnitte haben sich nicht durchgesetzt. Im Längsschnitt betrachtet, sind die Bohrungswandungen parallel, abgesetzt

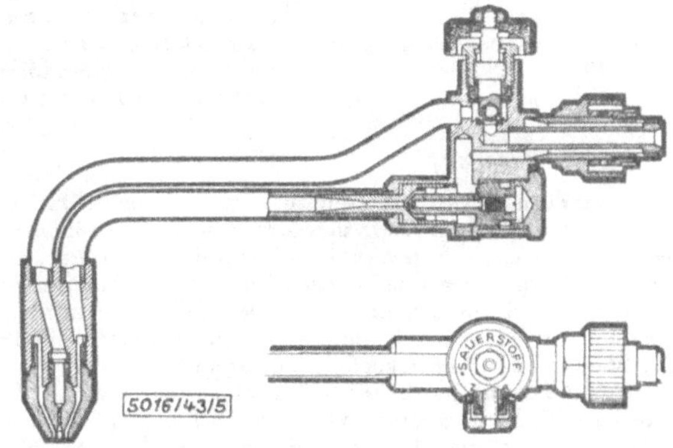

Bild 5. Schneidbrennereinsatz, Einheitsentwurf.

oder mit konischen Übergängen. Als Werkstoff wird Kupfer bevorzugt. Legierungen der Messingbasis sind meist als Ersatz zu betrachten, haben sich aber bewährt, sofern sie mit starken Wandungen — besonders am Austritt — hergestellt werden können. Harte Kupferlegierungen scheiden im allgemeinen aus Preisgründen aus. Schneiddüsen auf der Eisenbasis sind für normal angestrengten Betrieb nicht geeignet, besonders dann nicht, wenn der Brenner auch zum Einstechen von Löchern mit dem Sauerstoffstrahl benutzt wird. Ausbüchsen oder Vorschuhen von Schneiddüsen mit Kupfer oder Kupferlegierungen ist teuer, kommt aber bei Reparaturen gelegentlich zur Anwendung.

2. Die Heizdüse

Diese wird meist konzentrisch über die Schneiddüse geschraubt, so daß sie mit ihrer Wandung die Schneiddüse umgibt und die Stirnflächen beider Düsen in einer Ebene liegen. Geringes Vorstehen der Schneiddüse ist zulässig. Manche Konstruktionen gehen auch bewußt auf eine Zurücksetzung der Schneiddüse aus. Der Außendurchmesser der Schneiddüse wird kleiner gehalten als die Bohrung der Heizdüse, so daß zwischen dem Außendurchmesser der Schneiddüse und dem Innendurchmesser der Heizdüse ein Ringraum als Austrittsquerschnitt für das Heizflammengemisch entsteht. Es gibt auch Ausführungen, bei denen der Außendurchmesser der Schneiddüse gleich dem Innendurchmesser der Heizdüse ist. In diesem Fall trägt die Schneiddüse außen quadratische, dreieckige oder rechteckige Einfräsungen gleichmäßig über den Umfang verteilt. Nach Überschrauben der Heizdüse entsteht ein Kranz von Austrittsöffnungen für das Heizgasgemisch rund um die Schneidsauerstoffbohrung herum. — Die Bohrung der Heizdüse hat fast ausnahmslos kreisrunden Querschnitt. Abweichungen oder exzentrische Anordnung sind seltene Ausführungen für Sonderzwecke, z. B. Gußeisenschneiden (Bild 6). Zusätzliche Bohrungen in der Heizdüse sind ebenfalls Sonderausführungen, die außer für das Gußeisenschneiden auch für das Schneiden dicker Stahlblöcke bis 1000 mm Bedeutung haben.

Konzentrische Heiz- und Schneiddüsen werden auch in kombinierter Form als *Blockdüsen* ausgebildet. Die Heizflammen treten dabei aus einem Kranz kreisrunder Bohrungen aus, die gleichmäßig um die Schneidsauerstoffbohrung verteilt sind. Sie dürften für die Zukunft besondere Bedeutung gewinnen.

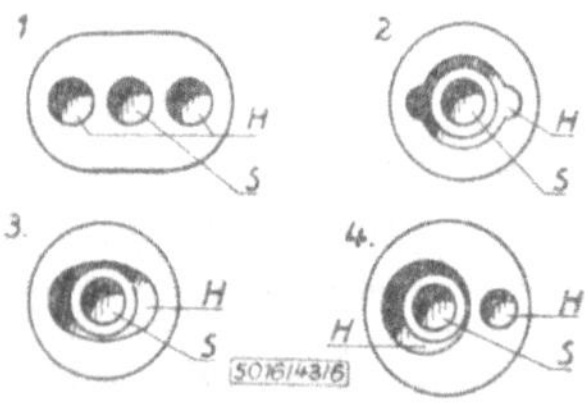

Bild 6. Mundstücke von *Guß-eisen*-Schneidbrennern, von der Gasaustrittsseite gesehen (schematisch).

H = Heizflammen-Austrittsöffnung
S = Schneidsauerstoff-Austrittsöffnung

Hintereinanderliegende statt konzentrischer Anordnung von Heiz- und Schneiddüse wird u. a. bei Dünnblech- und Nietkopf-Schneidbrennern angewandt. Entweder sind beide Düsen ausschraubbar, oder sie sind in einem gemeinsamen Düsenstück untergebracht.

Als Werkstoff für Heizdüsen und kombinierte Heiz- und Schneiddüsen dient Kupfer. Messing und Sondermessinglegierungen werden entweder als Ersatz oder in Sonderfällen — Unterwasserschneidbrenner, vereinzelte Maschinenschneidbrenner — als Normalausführung benutzt. Heizdüsen aus Sondergußeisen können bei mäßiger Schneiddicke, sorgfältiger Behandlung und geringer Wärmebeanspruchung eine betrieblich tragbare Lebensdauer haben. Mit Kupfer od. dgl. vorgeschuhte Heizdüsen aus Eisen sind ein Ersatz bei Mangel an Kupfer. Über Leichtmetalldüsen kann noch kein Urteil gefällt werden. — Die Heiz- und Schneiddüsen sind auswechselbar und nach der zu schneidenden Werkstoffdicke gestuft. Größeren Schneiddicken entsprechen größere Austrittsquerschnitte für Heizflamme und Schneidsauerstoff.

3. *Der Brennerkopf*

Dieser dient auf der einen Seite zum Einschrauben der Heiz- und Schneiddüse, welche metallisch im Sitz abdichten. Blockdüsen erfordern Doppeldichtflächen, müssen hier also besonders sorgfältig bearbeitet sein. Auf der anderen Seite dient er zur Aufnahme der Gaszuleitungsrohre, welche in den Kopf hart eingelötet sind. Am Brennerkopf können Führungsvorrichtungen, wie Brennerwagen, Sporn, Rundschneidführungen u. dgl., angebracht werden, auch wird der Brennerkopf als Einspannstelle bei Befestigung an mechanischen Schneidvorrichtungen benutzt. Wassergekühlte Brennerköpfe sind Sonderausführungen. Der Werkstoff der Brennerköpfe ist im allgemeinen Messing.

Je ein *Gaszuleitungsrohr* ist für den Schneidsauerstoff und das Heizgasgemisch vorhanden; letzteres Rohr wird Mischrohr genannt. Wird — wie bei manchen Unterwasserschneidbrennern — mit Benzin als Heizgas gearbeitet und eine Versprühung erst im Brennerkopf vorgenommen, so wird in drei Rohren jeweils Schneidsauerstoff, Heizsauerstoff und Benzin zugeführt. Die Rohre werden aus Messing, Kupfer oder nichtrostendem Stahl hergestellt, bei einfachen Stahlrohren bietet der Korrosionsschutz gewisse Schwierigkeiten.

4. *Die Mischvorrichtung*

Diese beruht für das Heizgasgemisch häufig auf dem Injektorprinzip, d. h. der unter höherem Druck stehende Heizsauerstoff saugt nach Austritt aus einer Druckdüse das Brenngas an und mischt sich mit ihm in der Mischdüse, welche in das Mischrohr überleitet. Ansaugen von Brenngas in den Schneidsauerstoff zur Aufheizung des letzteren ist ein Ausnahmefall. Flüssige Brennstoffe werden vor der Mischvorrichtung vergast, teils selbsttätig durch Entspannen des Flaschendruckes (Propan, Butan), teils durch Erhitzung mit einer kleinen, am Brenner angebrachten Flamme (Benzin, Ausnahme vgl. vorhergehenden Abschnitt).

Schweißereien, die mit Gleichdruck-Schweißbrennern arbeiten, verwenden für die anfallenden Schneidarbeiten Schneidbrenner ohne Injektormischvorrichtung; an deren Stelle tritt eine Mischkammer, die für Heizsauerstoff und Brenngas gleicher Drücke eingerichtet ist. Im Ausland sind vielfach Schneidbrenner im Gebrauch, bei denen der Sauerstoffdruck höher als der Brenngasdruck liegt, die Mischung für die Heizflamme jedoch ohne Injektor erfolgt. Auch die Mischvorrichtungen der älteren Wasserstoff-Schneidbrenner entsprechen letzterem Prinzip.

Für die Druckdüsen der Mischvorrichtungen wird Messing, für die Mischdüsen Messing oder Al-Legierungen benutzt.

5. *Der Handgriff bzw. das Ventilgehäuse*

Diese beiden dienen zum Anschließen der Schläuche und zum Verteilen der Gase. Das Brenngas strömt von der Schlauchtülle durch ein Absperrventil zur Mischvorrichtung; im Ventil wird es auf die gewünschte Menge eingestellt. Der Heiz- und Schneidsauerstoff kommt gewöhnlich durch einen gemeinsamen Schlauch an. Er wird im Handgriff oder Ventilgehäuse in zwei Ströme zerlegt, den Heiz- und den Schneidsauerstoff. Der Heizsauerstoff strömt durch ein Absperrventil und bisweilen durch ein Feinstellventil durch die Mischvorrichtung zur Heizdüse. Der Schneidsauerstoff strömt durch ein Absperrventil unmittelbar zur Schneiddüse. Brenner dieser Art mit je einem Brenngas- und einem Sauerstoffschlauch heißen Zweischlauchbrenner. — Es gibt auch Brennerausführungen, bei denen Heiz- und Schneidsauerstoff in getrennten Schläuchen zum Handgriff geleitet werden. Sie haben den Vorteil, daß der Heiz- und der Schneidsauerstoffdruck an je einem Druckminderventil eingestellt werden kann und daß der Schneidsauerstoff den Heizsauerstoff beim An- und Abstellen mengenmäßig nicht beeinflußt. Unter Einrechnung des Brenngasschlauches werden diese Brenner Dreischlauchbrenner genannt. — Schließlich sind noch die Vierschlauchbrenner zu erwähnen, welche je zwei Brenngas- und Sauerstoffschläuche haben. Sie sind z. B. für Wasserstoff gebräuchlich; der zweite Brenngasschlauch dient zur Zuleitung zusätzlichen Heizgases für sehr große Werkstoffdicken.

Der äußeren Form nach wird unterschieden zwischen *Handschneidbrennern*, die im wesentlichen von Hand geführt werden, *Maschinenschneidbrennern*, die an der Schneidmaschine befestigt sind, und *Schneideinsätzen* (Bild 5), die nur aus Düsen, Kopf, Zuleitungsrohren und Mischvorrichtung bestehen und in normale Schweißbrenner-Handgriffe eingesteckt und verschraubt werden können. Unter Einbeziehung der Schweißeinsätze wird hier von *kombinierten Schweiß- und Schneidbrennern* gesprochen.

Die äußere Form wird weiterhin durch den *Verwendungszweck* bestimmt, z. B.:

Dünnblech-Schneidbrenner	für 0,5 bis 6 mm,
normale Schneidbrenner	„ 3 „ 100 „
	bzw. „ 3 „ 300 „
Schneidbrenner für große Werkstoffdicken	bis 600 „
	bzw. „ 1000 „ und mehr.

Für größte Werkstoffdicken kommt ein Zusammenarbeiten von Schneidbrenner und Sauerstofflanze in Betracht.

Schneidbrenner für Sonderzwecke, wie Nietkopf-, Siederohr- und andere Sonderbrenner.

6. *Schneidvorrichtungen und Schneidmaschinen*

Der Handschneidbrenner wird bisweilen frei mit der Hand geführt; bei Abwrackarbeiten, beim Schneiden von Profileisen kommt dies vor. In den meisten Fällen wird der Handschneidbrenner mittels eines einfachen Führungswagens oder eines Spornes aufgestützt und über das Werkstück gezogen. Kreise können mit Rundführungen und Zirkelstangen geschnitten werden. Der Vorschub selbst wird von Hand vorgenommen. Ein ruckweises Verschieben des Brenners ist hierbei unvermeidlich, wodurch die Sauberkeit und Glätte der Schnittfläche leidet; durch Bremsvorrichtungen ist ein gleichmäßiger Vorschub erreichbar.

Zur weiteren Abhilfe wurden einfache Schneidmaschinen für Längs-, Kreis-, Wellen- und Profileisenschnitte entwickelt, bei denen ein verhältnismäßig gleichförmiger Brennervorschub durch Handkurbelantrieb mit Übersetzung erreicht wurde und bei denen durch feste Brennereinspannung keine unstetige Veränderung des Düsenabstandes eintreten konnte.

Der nächste Schritt bestand darin, auch den Brennervorschub zu mechanisieren. Sowohl transportable wie ortsfeste Schneidmaschinen mit elektromotorischem Antrieb wurden entwickelt, auch Preßluftantrieb und Turbinenantrieb durch den Schneidsauerstoff kamen gelegentlich zur Anwendung. Während den transportablen Maschinen für Kurven- und Kreisschnitte Grenzen gesetzt waren, wurde die Entwicklung ebener Kurvenschnitte bei den ortsfesten Maschinen zur Vollendung gebracht. Schnitte nach Zeichnung mit Laufrad-, Stift-, Lichtpunkt- und Fotozellen-Steuerungen, Schnitte nach Anriß auf dem Blech mit Lenkradsteuerung und Schnitte nach Band- oder Blechschablonen — letztere mit Magnetrollenantrieb — sind heute in der Lage, allen technischen Ansprüchen nach Genauigkeit und Gleichmäßigkeit zu genügen. Für Schnittlänge und Blechgröße bestehen keine Grenzen mehr. Der letzte Schritt im maschinellen Schneiden ist die Raumkurven-Schneidmaschine, bei der eine automatische Brennerverschiebung nach allen drei Raumkoordinaten möglich ist. Nach dieser Richtung hin kann jedoch noch nicht von einer abgeschlossenen Entwicklung gesprochen werden.

Bild 7. Vorrichtung zum Fugenhobeln von schraubenförmigen Rillen in Fräser-Grundkörper.

Zur Erhöhung des Ausbringens beim maschinellen Schneiden hat sich das Schneiden mit zwei oder mehr Brennern gleichzeitig eingeführt, die entweder nebeneinander am gleichen Maschinenkopf oder an entgegengesetzten Enden des Maschinen-Oberwagens angebracht sind und — da die Steuerung über den Maschinen-Oberwagen erfolgt — Schnitte gleicher Form ergeben. V- und X-Schnitte lassen sich ebenfalls gleichzeitig mit zwei Brennern durchführen, wobei die beiden Brenner nicht in derselben Ebene, sondern etwas versetzt angeordnet sind. Auch Kurven mit V-

und X-Profil einschl. Stoßkante lassen sich maschinell schneiden. Um an langen Blechen — z. B. für Lokomotiv-Barrenrahmen — Stücke verschiedener Form gleichzeitig ausschneiden zu können, werden die Schneidmaschinentische mit mehreren Brennerwagen ausgerüstet, die sich unabhängig voneinander bewegen. Eine Zusammenstellung von Arbeiten mit dem Schneidbrenner ist vom Verein Deutscher Ingenieure herausgegeben worden [Lit. *Wiss* (2)].

Zum *Fugenhobeln* sind, sofern vom Handbetrieb abgesehen wird, Maschinen ähnlich den transportablen Schneidmaschinen in Gebrauch, meist mit erhöhtem Vorschubbereich (Bild 7), auch finden vielfach selbstgebaute Vorrichtungen Verwendung. Das Abhobeln von Blöcken mit dem großen Sauerstoffhobler erfolgt in Deutschland ausschließlich von Hand. In USA gibt es Hobelmaschinen mit zahlreichen Düsen nebeneinander in zwei bis vier wassergekühlten Vielfachbrennerköpfen, die es gestatten, die Blöcke auf zwei gegenüberliegenden Flächen oder auf allen vier Flächen gleichzeitig in rotwarmem Zustand bei hohem Vorschub abzuarbeiten.

7. *Die Heizflamme*

Zum Brennschneiden im engeren Sinne wird als Betriebsgas außer dem reinen Schneidsauerstoff ein aus dem Heizsauerstoff und einem Brenngas bestehendes Heizgasgemisch benötigt. Es sind Versuche und Betrachtungen angestellt worden, welche Werkstücktemperatur für das ganze Blech oder den ganzen Block angewandt werden muß, um auf die Heizflamme zu verzichten. Es ist jedoch nur beim Bohren von Löchern mit der Lanze gelungen, nach Einleiten des Verbrennungsvorganges das Heizgas abzustellen, sofern ein gut schneidbarer Stahl vorlag. In allen anderen Fällen erwies sich die Heizflamme als unentbehrlich, auch bei dem im letzten Abschnitt des vorigen Kapitels genannten maschinellen Abhobeln oder Abflämmen von Stahlblöcken, die mit 1100° C in die Maschine einlaufen.

Die nachstehenden Brennstoffe haben für das Brennschneiden praktische Anwendung gefunden (Zahlentafel 3).

Brennstoff	Chemische Formel	Unterer Heizwert kcal/Nm³	Heizsauerstoff zu Brenngas	Relative Heizsauerstoffmenge
Azetylen	C_2H_2	13470	1 zu 1	100
Wasserstoff	H_2	2560	1 zu 3,6	100
Leuchtgas	—	4000	1 zu 1,7	150
Propan	C_3H_8	21750	1 zu 0,33	150
Benzin	—	—	—	—

Zahlentafel 3. Wärmedaten verschiedener Brennstoffe.

Zur vierten Vertikalspalte ist zu sagen, daß bei einiger Übung das richtige Mischungsverhältnis aus der Form und Farbe des Flammenkegels einigermaßen genau beurteilt werden kann. Am leichtesten ist es bei Azetylen, am schwierigsten bei Wasserstoff. Häufig bevorzugen die Arbeiter einen etwas höheren Sauerstoffanteil, der sich am deutlichsten in einer Verkürzung der Beiflamme äußert. Je dicker das Werkstück, desto mehr Brenngas muß dagegen absolut und relativ zugegeben werden, um der Flamme eine genügende Tiefenwirkung zu verleihen. Auch bei Azetylen kann ein mäßiger Brenngasüberschuß von Vorteil sein. Bei Gußeisen ist ein starker Azetylenüberschuß unerläßlich. Bei Zweischlauchbrennern wird das Mischungsverhältnis der Heizflamme bei geöffnetem Schneidsauerstoff eingestellt. Wird der Schneidsauerstoff für die Dauer der Anheizzeit abgestellt, so steigt der Sauerstoffdruck am Druckminderventil, und die Heizflamme stellt sich von selbst auf Sauerstoffüberschuß ein, der beim Anschneiden — wenn der Schneidsauerstoff von neuem geöffnet wird — wieder verschwindet. Bei Dreischlauchbrennern tritt diese Veränderung nicht ein.

Die Zahlen der fünften Vertikalspalte haben nur Näherungsgeltung. Sie unterscheiden sich bei den verschiedenen Fabrikaten, doch ist die Verschiedenheit nicht ohne Einfluß auf die Anheizzeit und Wärmereserve beim Schneiden.

Die physikalischen Einwirkungen der Heizflammen auf den Werkstoff sind je nach Art des Werkstoffes verschieden.

Die *Azetylenflamme* hat eine sehr hohe Temperatur von etwa 3100° C. Sie ergibt eine kurze Anheizzeit vor dem Anschneiden, ist daher von wirtschaftlichem Vorteil in allen Fällen, wo kurze Schnitte auszuführen sind. Die kräftige Heizwirkung bietet eine Sicherheit gegen das „Abreißen" des Schnittes,

d. h. gegen ungewollte Unterbrechungen beim Schneiden. Für handgeführte Schnitte werden Azetylen-Sauerstoff-Schneidbrenner bevorzugt, weil sie gegen ruckweises Vorwärtsbewegen unempfindlich sind. Die Azetylenflamme schmilzt jedoch die Oberkante der Bleche leicht an, so daß sich ein Schmelzrand oder eine Kette von Schmelzperlen bildet. Durch schwächer eingestellte Heizflammen läßt sich eine schärfere Schnittkante erzielen. Bei Blechen von 3 mm und weniger kann das Anschmelzen so stark werden, daß hinter dem Schneidsauerstoff die Blechränder teilweise ineinanderlaufen und mehr oder weniger fest zusammenhaften. Diese nachteilige Wirkung an dünnen Blechen kann zum Teil dadurch aufgehoben werden, daß statt konzentrischer Düsen hintereinander angeordnete Heiz- und Schneiddüsen verwendet werden, oder es wird ein stärkeres Blech neben der Schnittfuge aufgelegt, welches die Wärme ableitet, das Zusammenschmelzen verhindert und eine schärfere Schnittkante — allerdings bei verminderter Schnittgeschwindigkeit — ergibt. Beim paketweisen Schneiden von Blechen mit Azetylen-Sauerstoff-Brennern läßt sich ein Anschmelzen des obersten Bleches um so weniger vermeiden, je dünner die Einzelbleche sind, weil die Größe der Heiz- und Schneiddüsen sich nach der Dicke des Blechpaketes, nicht des Einzelbleches richten muß. Die erwähnten Schwierigkeiten treten bei Einzelblechen, die mit den zugehörigen Düsen geschnitten werden, schon bei 5 mm Blechdicke und darüber nicht mehr auf. Mit Azetylen als Heizgas läßt sich bis über 1000 mm Dicke schneiden.

Die *Wasserstoffflamme* läßt trotz geringerer Temperatur auch verhältnismäßig kurze Anheizzeiten zu, besonders bei den Brennern älterer Bauart, welche eine axiale Relativverstellung zwischen der Heiz- und Schneiddüse gestatten. Da die Verbrennung nicht — wie bei Azetylen — in zwei scharf getrennten Verbrennungsstufen vor sich geht, ist die Wärme in der unmittelbaren Nähe des Mundstückes weniger konzentriert, die Gefahr des Anschmelzens ist geringer, und die Schnittkante ist schärfer als bei ungedrosselten Azetylenflammen. Die Verbrennung vollzieht sich gleichmäßiger über die Länge der Flamme, dadurch bleiben die Eisenoxyde länger flüssig, und die ganze Schnittfläche wird glatter als bei Azetylen. Mit Wasserstoff ist es möglich, bis zu 1000 mm Dicke zu schneiden, für 600 bis 1000 mm Dicke wird durch eine besondere Bohrung Wasserstoff unvermischt zugeleitet, um bis zur Unterkante hinreichende Erwärmung aufrechtzuerhalten. Während Wasserstoff bei der Einführung des Brennschneidens eine maßgebende Rolle spielte, ist er heute auf dicke Werkstücke beschränkt. Außerdem findet er beim Unterwasserschneiden Verwendung.

Bei der *Leuchtgasflamme* zeigt sich ein ähnlich ausgeprägter Flammenkegel wie bei Azetylen, jedoch von bläulicher Farbe und von geringerer Leuchtkraft. Auch ihre Temperatur ist geringer und die Wärmewirkung weniger konzentriert. Sie greift die Schnittkante daher wenig an und ergibt glatte Schnittflächen. Mit Leuchtgas aus städtischen Leitungen von dem geringen Druck von etwa 80 mm WS sind Schnitte bis etwa 250 mm Dicke möglich. Durch Steigerung des Leuchtgasdruckes auf etwa 0,3 atü und mehr lassen sich auch dicke Stücke schneiden. Für Leuchtgas liegen die Anheizzeiten höher als bei Azetylen und Wasserstoff, ein Umstand, der sich bei kurzen Schnitten besonders auswirkt. Die Schnittgeschwindigkeiten liegen etwa in gleicher Höhe wie bei Azetylen und Wasserstoff. Die Wirtschaftlichkeit gegenüber Azetylen ist vielfach umstritten.

Auch die Wirtschaftlichkeit des *Propan*-Sauerstoff-Schneidens war Gegenstand heftiger Auseinandersetzungen, und in der Literatur finden sich widersprechende Angaben. Tatsache ist, daß das Schneiden mit Propan besonders ausgestaltete Düsen verlangt und daß eine Einarbeitung nötig ist, bis der Arbeiter die richtige Einstellung des ziemlich gut ausgeprägten bläulichen Flammenkegels erlernt hat. Dann lassen sich mit Propan fast gleich kurze Anheizzeiten wie bei Azetylen und Wasserstoff erreichen. Kante und Fläche sind wie bei Leuchtgas, die oberste Schneiddicke entspricht dem Azetylen, wobei Voraussetzung ist, daß das Propan mindestens mit etwa 0,5 atü zur Verfügung steht. Propan-Sauerstoff-Schneidbrenner eignen sich hervorragend zum Einstechen von Anschneidlöchern in die zu schneidenden Bleche, da die Rückschlaggefahr gering ist.

Benzin tritt in seiner Bedeutung gegenüber den anderen Heizgasen zurück. Die Notwendigkeit, den Brenner mit einer Flamme oder elektrisch zu beheizen, bildet einen wesentlichen Einwand gegen seine Verbreitung. Nur bei Unterwasserschneidbrennern hat es sich mit Vorteil behauptet. Hier fällt, da es versprüht und nicht vergast wird, die zusätzliche Brennerbeheizung fort. Die Unterwasserschneidbrenner sind von jeder Gefahr des Rückschlagens frei. Die oberste Grenze für das Schneiden unter Wasser mit diesen Brennern ist 80 bis 100 mm.

Die *Anheizzeiten* sind bisher nur in allgemeinen Ausdrücken genannt. Es ist schwer, einheitliche Zahlen anzugeben, weil die Anheizzeiten wesentlich von der Form und der Oberflächenbeschaffenheit der Anschneidkante abhängen. Scharfe Anschneidkanten gestatten erheblich kürzere Zeiten als abgerundete. Um beim Wellenschneiden zu annehmbaren Zeiten zu kommen, schlagen die Arbeiter Kerben mit dem Meißel in die Anschneidstelle. Die Kurven des Bildes 8 geben die kürzesten Anheizzeiten für günstige Anschneidverhältnisse wieder. Neben abgerundeter Anschneidkante verlängern Rost, Zunder, Farbanstriche usw. die Anheizzeiten. Der Arbeiter im Betrieb wird sich nie an die unterste Grenze der Anheizzeiten halten. Wählt er die Anheizzeit zu kurz, so schlägt der Schnitt nicht durch, und durch das nochmalige Anheizen verliert er mehr Zeit, als wenn er von vornherein die Anheizzeit reichlicher

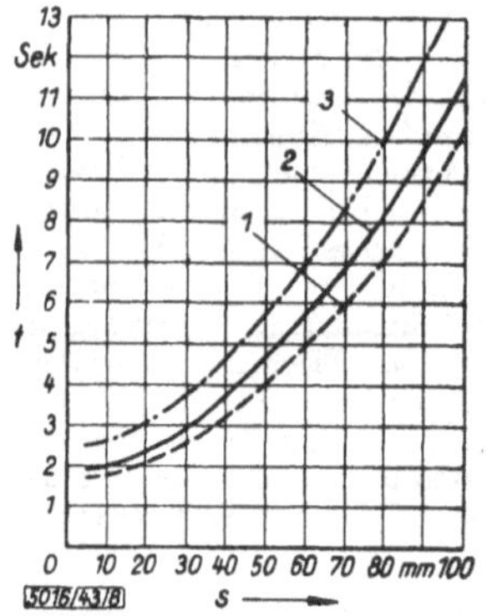

Bild 8

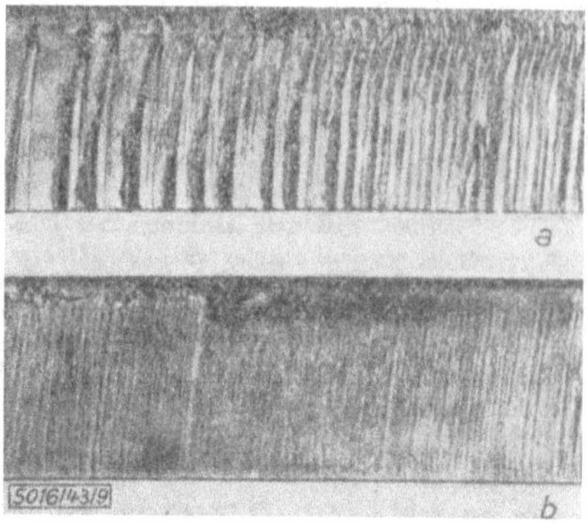

Bild 9

Bild 8. Anwärmzeiten bei Verwendung verschiedener Brenngase.

1. Azetylengas t = Anwärmzeit in Sekunden
2. Wasserstoffgas s = Werkstoffdicke in mm
3. Leuchtgas

Bild 9. Autogenschnitt von 50 mm dickem Stahl mit fehlerhafter Einstellung.

a = zu wenig Azetylen b = zu viel Azetylen

bemessen hätte. Eine zu kurz bemessene Anheizzeit wirkt sich auch bei sofort durchgehendem Schnitt mindestens zu Beginn des Schneidens ungünstig aus. Es ist üblich, den Anschnitt erst zu beginnen, wenn die Anschneidstelle zu „schwitzen" beginnt oder wenn — bei dickeren Werkstücken — ein kurzzeitiges Entfernen der Flamme keine merkliche Änderung der Temperaturfarbe an der Anheizstelle herbeiführt. Beim Sauerstoffhobeln ist es sogar üblich, das Anschmelzen der Oberfläche abzuwarten.

Neben der Art des Brenngases sind die Form der Heizflamme, die Menge des Heizgasgemisches und der Abstand der Düsen von Einfluß auf die Form der Schnittkante. Hintereinander angeordnete Düsen und Heizflammen, die aus einem Lochkreis konzentrisch zum Schneidsauerstoffstrahl austreten, ergeben schärfere Schnittkanten als ringförmige Heizflammen. Je größer bei ringförmigen Heizflammen der Außendurchmesser der Schneiddüse und je dünner die Heizringfläche ist, desto sauberer fällt die Schnittkante aus. Die meisten Schneidbrenner und Schneideinsätze gestatten es, die Heizsauerstoffmenge durch ein Ventil abzudrosseln. Wird die Brenngasmenge dem richtigen Mischungsverhältnis entsprechend eingestellt, so ist die Heizgasgemischmenge kleiner, und die Schnittkante fällt schärfer aus, allerdings auf Kosten der Wärmereserve des Brenners. Auswirkungen einer zu großen bzw. zu kleinen Heizgasgemischmenge zeigt das Bild 9. Einsaugen von Luft in das Brenngas wirkt sich auch in einer schärferen Schnittkante aus, hat jedoch keine praktische Bedeutung erlangt. Manche dünne Kalk- oder Farbanstriche auf der Blechoberfläche schützen ebenfalls die Schnittkante vor zu scharfem Angriff, während verzunderte Oberflächen das Aussehen nachteilig beeinflussen. Bei größerem Abstand der Düsen von der Oberfläche wird die Schnittkante weniger als bei zu geringem Abstand angegriffen.

Der *Schneidsauerstoff* beeinflußt den Schneidvorgang durch Reinheit, Temperatur, Druck, Menge und durch den Abstand der Schneiddüse von der Oberfläche. Für wirtschaftliches Schneiden sollte die Reinheit des Sauerstoffes nicht unter 99,5% liegen. Geringere Schnittgeschwindigkeit und stärkeres Anhaften von Schlacke an der Unterkante sind die Folgen von Verunreinigungen, worunter in der Regel Stickstoff zu verstehen ist. — Die Temperatur des Sauerstoffes kann sich in zweifacher Hinsicht auf den Schnitt auswirken. Bei der Entspannung im Druckminderventil kühlt sich der Sauerstoff ab. Bei Flaschendrücken oberhalb 75 atü ist die Abkühlung so stark, daß ein Einfrieren, d. h. Eiskristallbildung an der Drosselstelle, eintreten kann. Abwechselndes Wachsen und Losreißen der Eiskristalle führt zu stoßweisem Sauerstoffdurchgang, wodurch der Schnitt ungleichmäßig wird oder überhaupt nicht mehr durchschlägt. Anwärmen des Druckminderventils durch heiße Lappen oder elektrische Heizpatronen bzw. Anwärmgeräte sind betriebsmäßige Abhilfe. Die Ursache des Einfrierens liegt, sofern der Sauerstoff nicht selbst feucht in die Flaschen eingefüllt wird, in Flüssigkeitsresten, die die Sauerstoffflaschen von den in fünfjährigen Abständen vorzunehmenden Wasserdruckproben enthalten können, sofern sie nicht mit warmem Stickstoff ausgetrocknet werden. Je häufiger die Sauerstoffüllung einer solchen Flasche verbraucht wird und eine Neufüllung erfolgt, desto „einfriersicherer" wird das Druckminderventil, wenn immer nur trockener Sauerstoff eingefüllt wird. — Die zweite Art des Temperatureinflusses ist das bewußte Anwärmen oder Abkühlen des Sauerstoffes. Es liegt nahe, von einem Vorwärmen des Schneidsauerstoffes besondere Vorteile zu erwarten. Das Vorwärmen verkleinert jedoch bei gleichbleibendem Druck am Druckminderventil die Sauerstoffmenge und verringert die Leistung. Ausgleich der Sauerstoffmengenabnahme durch Druckerhöhung bringt nur bei Sauerstoff geringer Reinheit Vorteile, bei hochprozentigem Sauerstoff jedoch kaum oder gar nicht. Die diesen Feststellungen zugrunde liegenden Versuche erstreckten sich auf Vorwärmtemperaturen bis 200 °C [Lit. *Plieninger*] bzw. 150, 100 und 50 °C [Lit. *Rinskij-Alekseev*]. Über die Stichhaltigkeit eines neueren Vorschlages in einer Patentschrift, den Schneidsauerstoff abzukühlen und durch die damit verbundene größere Dichte eine bessere Wirksamkeit herbeizuführen, hat sich die Schneidpraxis noch kein Urteil bilden können. Bei dünnen und mittleren Blechen ist wegen der Kürze des Weges, auf dem der Sauerstoff in Reaktion treten kann, nicht viel zu erwarten.

Für den *Schneidsauerstoffdruck* können mit einiger Willkür und ohne scharfe Abgrenzung drei verschiedene Bereiche unterschieden werden:

a) Der Schneidsauerstoff tritt mit Unterschallgeschwindigkeit aus der Schneiddüse aus. Diese Arbeitsweise beschränkt sich auf das Sauerstoffhobeln, also die Oberflächenbearbeitung von Stahlblöcken, Brammen u. dgl., wobei es auf sehr glatte Oberflächenrillen ankommt.

b) Der „normale" Schneiddruck, der bei deutschen Brennern – am Druckminderventil gemessen – für

10	mm Schneiddicke	etwa	1,5	atü
100	„	„	4,5	„
300	„	„	7,5	„

beträgt. Abweichungen kommen neuerdings vor, auch ausländische Brenner sind häufig für etwas niedrigere Drücke eingerichtet. Mit 0,3 atü Sauerstoffdruck ist bis 600 mm Dicke geschnitten worden. Die Abhängigkeit des Druckes von der Schneiddicke ist in die Formel gekleidet worden [Lit. *Rivière*]

$$p = A \cdot \sqrt{s},$$

wo p = Schneiddruck am Brenner,
s = Blechdicke,
A = Konstante.

Vergleichende Untersuchungen an Brennern verschiedener Firmen lassen eine Abwandlung der Formel ratsam erscheinen:

$$p = \sqrt{s}\,(A - s \cdot \operatorname{tg}\alpha)$$

(Bild 10), d. h. der Schneidsauerstoffdruck steigt mit zunehmender Schneiddicke schwächer an, als der Quadratwurzel entspricht.

c) *Hochdruck-Schneiddüsen.* Ein bestimmtes Gebiet ist durch die Bezeichnung „Hochdruck" nicht festgelegt. Der Name soll nur bedeuten, daß die Drücke über das Streugebiet hinaus höher liegen, als unter b angegeben. Größenordnungsmäßig liegen die Drücke für c doppelt so hoch wie bei b. Bei der

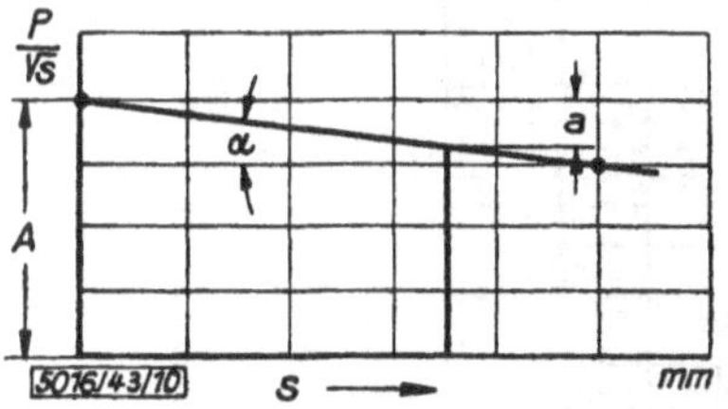

Bild 10. Sauerstoffdruck (P) Druckminderventil, auf verschiedene Blechdicken (s) abgestimmt.

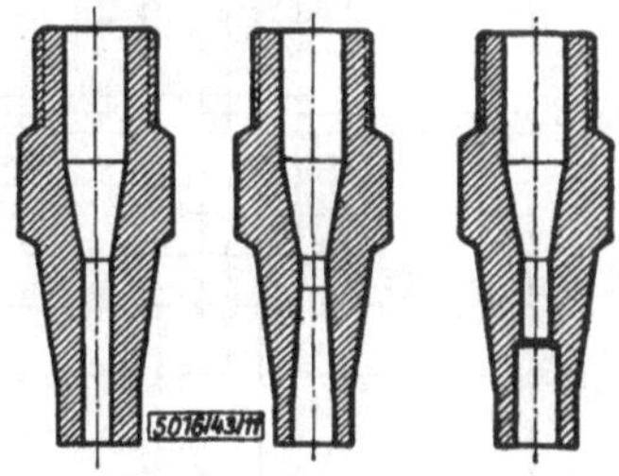

Bild 11. Schneiddüsenformen.

inneren Form der Hochdruck-Schneiddüsen wird Wert darauf gelegt, daß die Expansion des Schneidsauerstoffstrahles sich nach den für überkritische Druckverhältnisse gültigen Gesetzen vollziehen kann. Die mittlere Düse des Bildes 11 stellt eine solche Hochdruckform dar. Den Hochdruckdüsen wird eine höhere Schnittgeschwindigkeit als den normalen nachgerühmt, wobei allerdings mit größeren Resten in den Sauerstoffflaschen und mit stärkeren Druckminderventilen gerechnet werden muß. **Neuerdings wird der Wert der Hochdruckdüsen stark bestritten.**

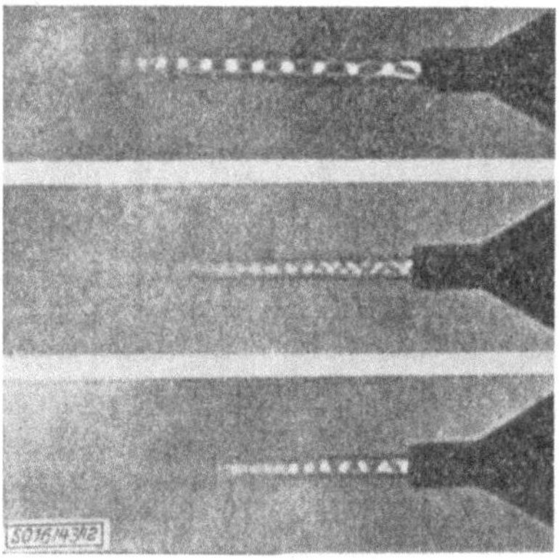

Bild 12. Schlierenbilder von Schneidsauerstoffstrahlen.

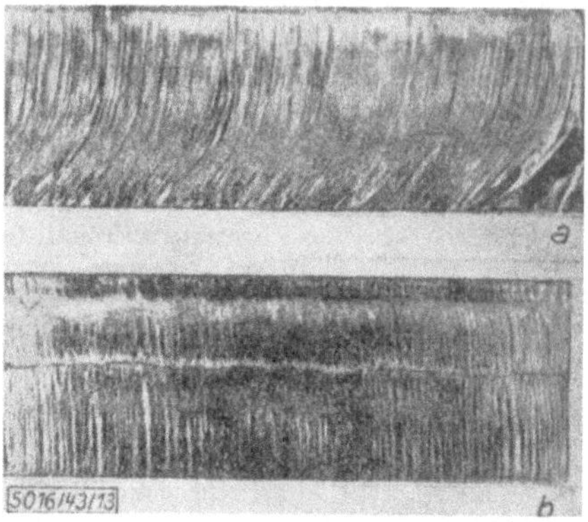

Bild 13. Autogenschnitt von 50 mm dickem Stahl mit fehlerhafter Einstellung (siehe auch Bild 9).
a = zu geringer Sauerstoffdruck
b = zu großer Sauerstoffdruck

Sauerstoffdruck und Querschnitt der Schneiddüsen müssen in angemessenem Verhältnis stehen. Im austretenden Strahl bilden sich stehende Wellen (Bild 12). Zu große Austrittsgeschwindigkeiten treiben den Schneidsauerstoffstrahl auseinander, wodurch die Schnittfläche — in Strahlrichtung gemessen — wellig wird, während zu geringe Austrittsgeschwindigkeit eine Herabsetzung der „Tiefenwirkung" zur Folge hat (Bild 13).

Die *Schneidsauerstoffmenge* läßt sich graphisch einfacher als formelmäßig darstellen [Lit. *Zorn* (2)]. Aus einer Großzahluntersuchung, die sich auf Literaturzusammenstellungen [Lit. *Spraragen* u. *Claussen*], Prospekte und eigene Messungen stützt, ergab sich, daß die praktisch angewandten, auf je 1 mm Schneiddicke umgerechneten l/h-Werte sehr stark streuten (Bild 14). Durch Mittelwertsbildung ließen sich die

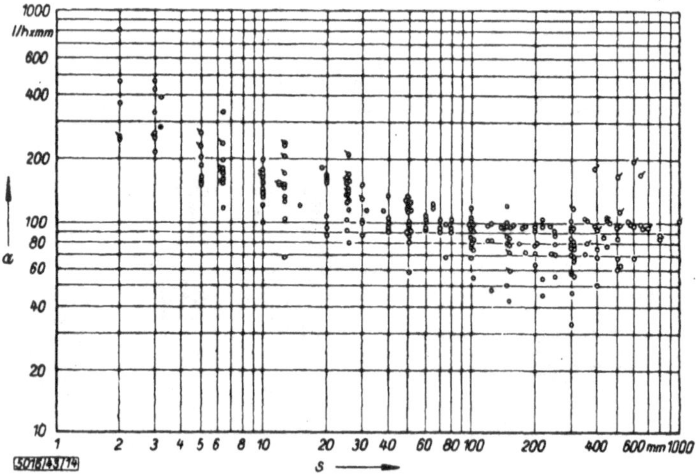

Bild 14. Schneidsauerstoffverbrauch (α) in Liter/Stunde · mm Schneiddicke (s).

● ● nach *Spraragen* u. *Claussen*, Handschnitte an weichem, sauberem Stahl

ծ ծ , wie vorher, jedoch Maschinenschnitte

σ σ , Maschinenschnitte von dickem Werkstoff

○ ○ nach verschiedenen Firmenprospekten und Messungen

Streuwerte in Abhängigkeit von der Schneiddicke zu einer Kurve zusammenfassen, die sich in doppeltlogarithmischen Koordinaten aus drei Geraden zusammensetzte (Bild 15). Die Bestimmungspunkte sind:

Schneiddicke in mm	Spezifische Schneidsauerstoffmenge in l/h · mm
2	360
10	142
60	95
>60	95

Der höhere spezifische Verbrauch bei geringer Schneiddicke ist mit dem kürzeren Reaktionsweg zu erklären.

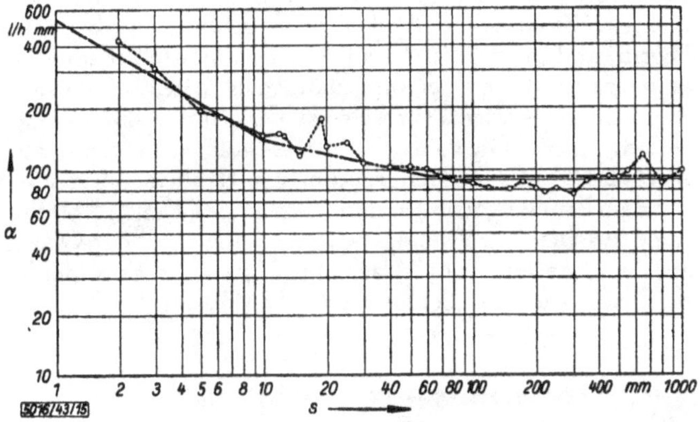

Bild 15. Wie Bild 14, dabei

○- - - -○ Durchschnittswerte nach verschiedenen Messungen

—.—.— ausgleichende Kurve

Beim Beurteilen fehlerhafter Schnitte ist es oft schwierig zu entscheiden, ob Druck oder Menge zu groß oder zu klein waren, weil bei jeweils vorliegendem gegebenem Schneiddüsendurchmesser beide Größen sich gegenseitig beeinflussen. Bei großen Schneiddicken kommt es besonders auf richtige Einstellung an: ein zu geringer Druck schlägt nicht durch; eine zu große Menge wirkt abkühlend, weil ein zu großer Teil davon sich nur erhitzt, ohne seinerseits durch Eisenverbrennung zur Wärmeentwicklung beizutragen.

Der *Abstand der Düsen* von der Oberfläche des Werkstückes hat einen geringeren Einfluß als allgemein angenommen wird. „Saubere" Form des Schneidstrahles vorausgesetzt, werden nach Zahlentafel 4 die folgenden Düsenabstände von der Oberfläche des Werkstückes empfohlen:

Bezeichnung der Schneiddüse in mm	Düsenabstand in mm
3 bis 10	2 bis 3
10 „ 30	2 „ 4
30 „ 80	3 „ 5
100 „ 140	4 „ 6
160 „ 180	5 „ 8
200 „ 220	6 „ 9
240	7 „ 10
300	8 „ 12

Zahlentafel 4. Düsenabstand von der Werkstückoberfläche.
Die neuere Entwicklung geht auf Vergrößerung dieser Abstände aus.

Bei zu geringem Abstand werden Schmelz- und Zundertröpfchen von der Schnittkante aus mit in die Fuge gerissen und setzen die Glätte der Schnittfläche herab.

8. Die Schnittriefen

Die bisherigen Bilder haben erkennen lassen, daß die Schnittfläche nicht glatt ausfällt, wenn irgendwelche fehlerhaften Einstellungen vorgenommen werden. Sie fällt aber auch nicht vollkommen glatt aus, wenn mit der größten Sachlichkeit geschnitten wird. Ein langsam verbrennendes Heizgas und ein in zylindrischer Form austretender Schneidsauerstoffstrahl sind für die Glätte förderlich. Sobald aber ein ungleichmäßiger Vorschub des Schneidbrenners erfolgt, entstehen stärkere Vertiefungen auf der Schnittfläche. Hier zeigt sich besonders die Überlegenheit des gleichmäßig maschinell geführten Brenners. Ist — auch bei maschineller Führung — die Vorschubgeschwindigkeit zu gering, so treten die Vertiefungen stärker auf; ist sie zu groß, so nehmen sie einen nach rückwärts gerichteten Verlauf an. Es wäre aber falsch, eine Schnittfläche mit dem absoluten Urteil „gut" oder „schlecht" zu belegen. Die Güte ist ein relativer Begriff, und beim Schneiden hängt sie unmittelbar mit dem Verwendungszweck zusammen. Es würde einer wirtschaftlichen Arbeitsweise widersprechen, wenn von jeder Schnittfläche — gleich für welchen Verwendungszweck — eine möglichst hohe Glätte verlangt würde. Die vom Schneidsauerstoff verursachten, mehr oder weniger gegen die Blechoberfläche geneigten, regelmäßig sich aneinanderreihenden Vertiefungen werden mit dem Namen „Schnittriefen" bezeichnet. Der in Vorschubrichtung gemessene Abstand zwischen der Anfangsstelle einer Riefe auf der Oberseite und der Auslaufstelle auf der Unterseite wird „Nachlaufen" genannt. Es ist der Vorschlag gemacht worden, das Nachlaufen der Schnittriefen als Maß für den Verwendungszweck zu benutzen

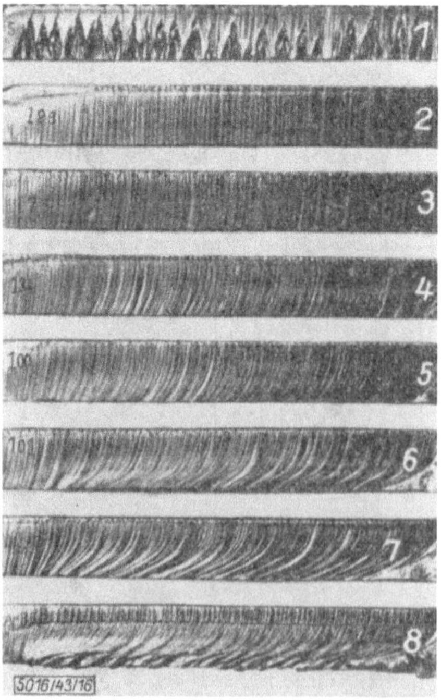

Bild 16. Einteilung der Schnitte auf ihre Verwendbarkeit, erprobt für 20 mm Blechdicke, Schneidsauerstoffverbrauch 3000 l/h, Sauerstoffreinheit 99,0 bis 99,6 % O_2.

1. Schnittgeschwindigkeit zu langsam
   Schnittfläche zerfressen
   Schnitt unbrauchbar
2. Riefennachlaufen: 0 bis 1 mm
   Schnittgeschwindigkeit: 200 bis 250 mm/min
   Verwendbar für saubere und maßhaltige Formschnitte; zum Schneiden scharfer Ecken
3. Riefennachlaufen: 1 bis 3 mm
   Schnittgeschwindigkeit: 250 bis 300 mm/min
   Verwendbar für gröbere Formschnitte, Kreisbögen
4. Riefennachlaufen: 3 bis 5 mm
   Schnittgeschwindigkeit: 300 bis 400 mm/min
   Verwendbar für Geradeausschnitte mit sauberer, maßhaltiger Schnittfläche
5. Riefennachlaufen: 5 bis 8 mm
   Schnittgeschwindigkeit: 400 bis 450 mm/min
   Verwendbar für Geradeausschnitte mit weniger großen Ansprüchen

6 bis 8. Riefennachlaufen: bis 30 mm
Schnittgeschwindigkeit: 450 bis 600 mm/min
Verwendbar für Schnitte, die nachgearbeitet werden müssen, Schnitte ohne Genauigkeit
Abwrack- und Abbrucharbeiten

(Bild 16). Der DIN-Vorschlag E 2310 geht allerdings noch nicht so weit. Er beschränkt sich auf die Dreiteilung Trennschnitt, Glattschnitt und Maßschnitt und gibt Toleranzen nur für maschinell geführte Schnitte an (Bild 17). Beachtenswert ist, daß der Normvorschlag schon Schrägschnitte einbezieht, also Formen, die zum späteren Verschweißen vorgesehen sind.

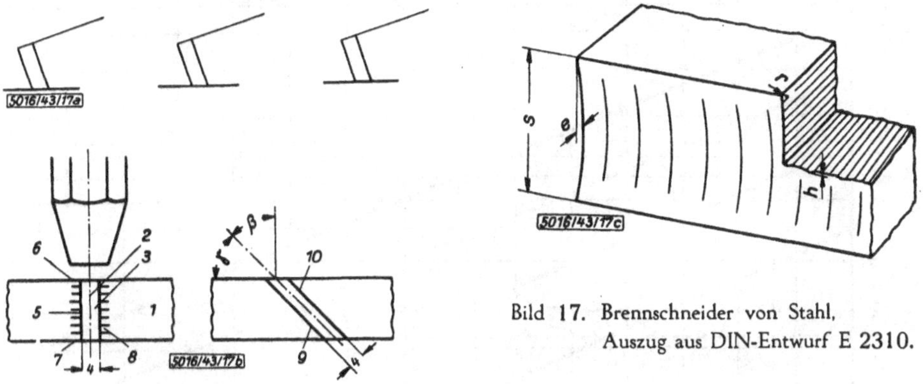

Bild 17. Brennschneider von Stahl, Auszug aus DIN-Entwurf E 2310.

Das unvermeidbare Auftreten der Schnittriefen erfordert ein näheres Eingehen auf diese Erscheinung. Bei Anwendung einer Terminologie, die sich allerdings nicht allgemein durchgesetzt hat, kann unterschieden werden zwischen [Lit. *Malz*]

Schnittgeschwindigkeit (in Vorschubrichtung des Brenners),
Oxydationsgeschwindigkeit (in Sauerstoffstrahlrichtung),
Schneidgeschwindigkeit (in Richtung der Resultierenden).

Vermindert sich durch Expansion beim Austritt und beim Erwärmen die Dichte und durch Auftreten von Verbrennungsprodukten die Reinheit des Schneidsauerstoffes, so läßt die Oxydationsgeschwindigkeit beim Durchgang durch die Schnittfuge nach. Graphisch läßt sich das Entstehen der Schnittriefen nach dem Bild 18 darstellen. Bei Untersuchungen an 20-mm-Blech [Lit. *Pfleiderer*] ergab sich:

Der Abstand des Mundstückes hat auf das Nachlaufen der Schnittriefen keinen Einfluß.
Die Schneidsauerstoffmenge beeinflußt das Nachlaufen stark.
Der Schneidsauerstoffdruck hat — gleichbleibende Sauerstoffmenge vorausgesetzt — keinen Einfluß auf das Nachlaufen.
Die Sauerstoffreinheit beeinflußt das Nachlaufen stark.

Der zahlenmäßige Einfluß der Veränderlichen ist aus dem Bild 19 zu entnehmen.

Um für das Entstehen der Schnittriefen eine Erklärung zu finden, stellte der Verfasser der gleichen Arbeit [Lit. *Pfleiderer*] Schneidversuche an 20-mm-Blechen an, die er mit der Zeitlupen-Filmkamera aufnahm. Die Schnitte wurden als „Besäum-

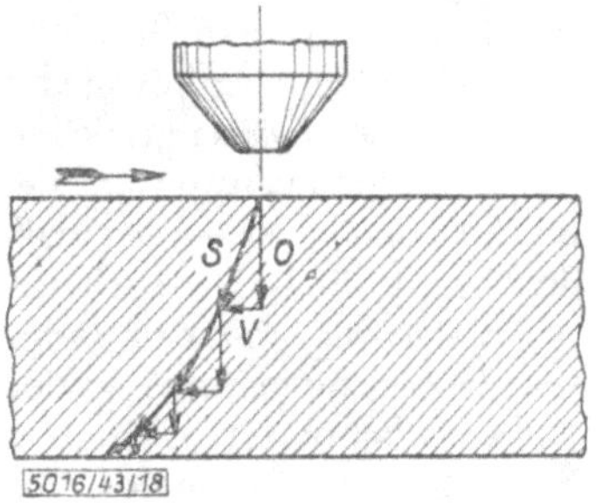

Bild 18. Graphische Darstellung des Entstehens der Schnittriefen.

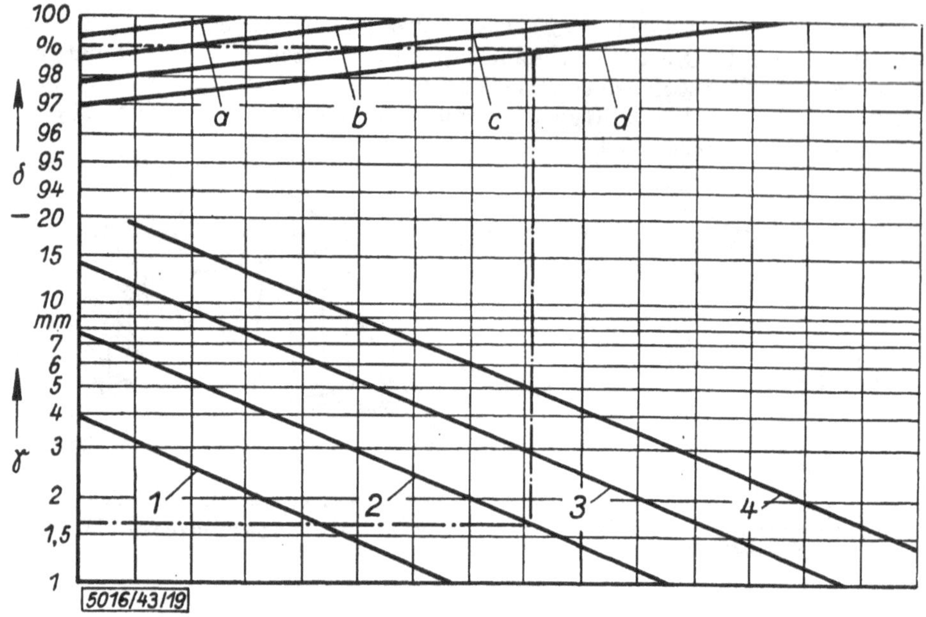

Bild 19. Nomogramm über den Zusammenhang zwischen Schnittriefennachlaufen, Sauerstoffmenge, Schnittgeschwindigkeit und Sauerstoffreinheit, gültig für 20 mm Blechdicke.

Kurven	Schnitt-geschwindigkeit in mm/min	Sauerstoff-menge in l/h
a	500	3500
b	400	3000
c	300	2500
d	200	2000

γ = Schnittriefennachlaufen in mm
δ = Sauerstoffreinheit in %

schnitte" ausgeführt, d. h. der Brenner wurde so geführt, daß die Schneidstrahlachse über einer Kante des Bleches entlanglief. Der Schneidstrahl kam also nur mit der dem Blech zugekehrten Hälfte zur Wirkung, während die dem Blech abgekehrte Hälfte des Sauerstoffstrahles frei abströmte. Das Verfahren hatte den Vorteil, daß der Schneidvorgang von der Seite her beobachtet und aufgenommen werden konnte. Ein Filmausschnitt ist in dem Bild 20 wiedergegeben. Der aus flüssigem Eisen und Schlacke bestehende Schmelzfluß wird nur zum Teil vom Schneidstrahl an der Wandung der Schnittfläche abwärts getrieben und unten abgeschleudert, während sich ein anderer Teil des Schmelzflusses um den Schneidstrahl herum nach hinten herausdrückt. Das Bild 20 läßt auch erkennen, daß der hinter dem Schneidstrahl hervorquellende Schmelzfluß bereits eine kleine Abwärtsbewegung ausgeführt hat, bevor er an der Wandung zur Erstarrung kommen kann. Ein Streifen von der Breite entsprechend dieser Abwärtsbewegung bleibt längs der Oberkante der Schnittfläche riefenfrei und ist eine an sauberen Schnitten bekannte Erscheinung. Der Beginn des Erstarrens des Schmelzflusses scheint also mit der Bildung der Schnittriefen in Zusammenhang zu stehen.

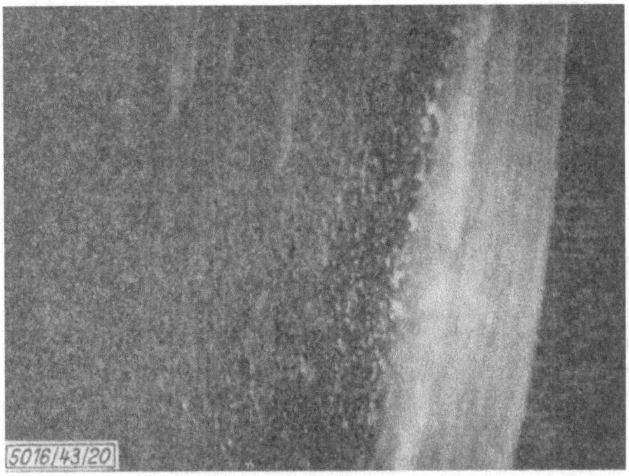

Bild 20. Filmausschnitt zur schematischen Darstellung in Bild 21 (siehe auch Text).

Die Bildung des Schmelzflusses geht kontinuierlich vonstatten. Sobald er aber aus dem Bereich der größten Hitze und der mechanischen Beeinflussung durch den Schneidstrahl heraustritt, sucht er infolge der Oberflächenspannung eine möglichst kleine Oberfläche anzunehmen. Dabei zieht er aus der Zone am Schneidstrahl noch etwas mehr Schmelzfluß an sich, als ohne diese Oberflächenspannung abfließen würde. Infolge der abnehmenden Temperatur tritt eine Erstarrung des Schmelzflusses in Form einer kleinen Erhöhung hinter dem Schneidstrahl ein, etwa äquidistant zu dessen hinterer Begrenzungslinie. Ist der Erstarrungsvorgang beendet, so muß der zu schnell abgezogene Schmelzfluß erst wieder ergänzt werden und sich hinter dem Schneidstrahl ansammeln, bevor sich das-

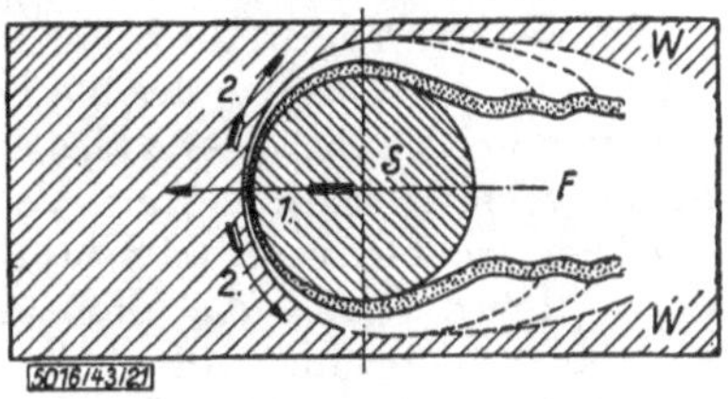

Bild 21. Schematische Darstellung der Entstehung von Schnittriefen.

S = Schneidstrahl mit Vorschubrichtung 1
F = Eisenoxyd (Schlacke) und flüssiges Eisen
W = fester Werkstoff

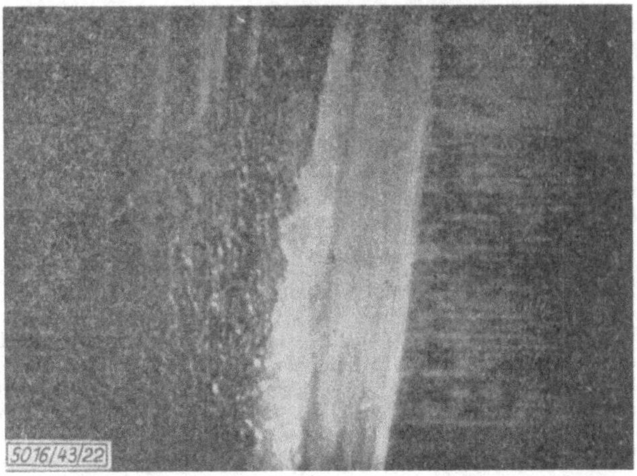

Bild 22. Filmausschnitt zu den Bildern 21 und 20.

selbe Spiel wiederholen kann. Durch das zusätzliche Abziehen von Schmelzfluß und Ansammeln hinter dem Schneidstrahl geht die kontinuierliche Schmelzflußbildung in einen intermittierenden Erstarrungsvorgang über. Zeichnerisch ist dieser Vorgang in dem Bild 21 dargestellt. Der Film hat auch das schnelle Loslösen von Schmelzfluß aus dem Bereich des Schneidstrahles enthüllt (Bild 22).

Mit der Unterdrückung oder Verkleinerung der Oberflächenspannung müßte die Riefenbildung zum Verschwinden gebracht werden können. Es wurden — unabhängig von der oben bezeichneten Arbeit — *Schneidversuche unter Zusatz von Flußmitteln* angestellt. Als solche wurden Bormethylester und ein aus 32 % Bormethylester, 12 % Methanol, 50 % Azeton bestehendes Gemisch [Lit. *franz. Patentschr.*] benutzt. Die Beimischung erfolgte durch Hindurchleiten des Heizgases (wasserfreien Azetylens) durch eine mit der betreffenden Flüssigkeit gefüllte Vorlage. Es gelang jedoch auf diese einfache Weise nicht, das Azetylen angenähert bis zur Sättigung mit dem Flüssigkeitsdampf anzureichern, und ein überzeugender Erfolg blieb aus. Wurde aus einer zusätzlichen Düse Sauerstoff, der in ähnlicher Weise mit dem Flüssigkeitsdampf angereichert war, in die Schnittfuge geblasen (Vorsicht vor explosiblen Rückschlägen!), so ergaben sich unsaubere Schnittflächen und eine Verbreiterung der Schnittfuge. Zusatz des Flußmittels zum Schneidsauerstoff selbst verschlechterte das Aussehen der Flächen erheblich. Die experimentelle Bestätigung der Theorie über die Bildung der Schnittriefen steht also noch aus, doch waren die hier angeführten Versuche noch nicht umfassend genug, um den Fehlschlag als einen Beweis gegen die Theorie zu betrachten.

Ein weiterer Schritt, die Schnittriefen in Richtung und Stärke zu beeinflussen, besteht in der Anwärmung des Bleches. Je wärmer das Blech, desto schneller kann geschnitten werden, bzw. desto kleiner ist das Nachlaufen der Schnittriefen bei nicht erhöhter Schnittgeschwindigkeit. Versuche wurden an 5, 10, 20 und 35 mm dickem weichem Stahlblech mit 0,08 bis 0,20 C bei Blechtemperaturen von 20 bis 900° C durchgeführt. Wurde die Größe des Nachlaufens in Abhängigkeit vom Brennervorschub in doppeltlogarithmischem Papier aufgetragen, so ergaben sich für die verschiedenen Temperaturgrade einander parallele Linien, wie sie das Bild 23 zeigt. Das Profil der Schnittfugen verschlechterte sich auch bei hohen Blechtemperaturen mit zunehmender Schnittgeschwindigkeit. Meist bauchte sich das Profil in der Blechmitte aus. Dieser Umstand sowohl wie das stärkere Nachlaufen führte dazu, für Trennschnitte und Konstruktionsschnitte verschiedene maximale Schnittgeschwindigkeiten vorzuschlagen (Bild 24). Der abweichende Verlauf der Kurve für das 5-mm-Blech hing mit der Schwierigkeit zusammen, das Blech beim Schneiden auf der richtigen Temperatur zu halten. Wurde bei den Temperaturen 800 und 900° C relativ langsam geschnitten, so traten die Schnittriefen weniger ausgeprägt auf, aber die ganze Schnittfläche nahm — vermutlich infolge der stärkeren Oxydation — ein grießiges Aussehen an.

Konstruktionsschnitte, d. h. Schnitte für besondere Verwendungszwecke, sollen ein geringes Nachlaufen der Schnittriefen aufweisen. Stärkeres Nachlaufen macht sich besonders in Kurven durch Verzerrung der Schnittfugenprofile störend bemerkbar. Es hat daher nicht an Versuchen gefehlt, auch bei *kalten Blechen* das Nachlaufen zu verringern. Das einfachste Verfahren ist natürlich, die Schnittgeschwindigkeit so zu verlangsamen, daß die Schnittriefen senkrecht zur Blechoberfläche bzw. ohne merkliches Nachlaufen auf der Schnittfläche liegen. Durch Steigerung des Druckes und damit auch der Sauerstoffmenge läßt sich noch bei gesteigerter Schnittgeschwindigkeit das Nachlaufen in engen Grenzen halten, jedoch nicht beliebig. Es wird eine Grenzgeschwindigkeit erreicht, oberhalb welcher keine Drucksteigerung mehr das Nachlaufen der Schnittriefen beseitigt [Lit. *Malz*]. Diese Grenzgeschwindigkeit liegt um so höher, je wirbelfreier und in sich geschlossener der Schneidsauerstoffstrahl austritt [Lit. *Zobel*]. Es ist versucht worden, das Nachlaufen der Schnittriefen durch zwei hintereinander herlaufende Schneidbrenner zu beseitigen. Bei dem ersten Brenner wurde ein starkes Nachlaufen zugelassen, dem zweiten Brenner fiel die Aufgabe zu, die Fläche zu glätten. Einen Eingang in die Praxis hat das Verfahren nicht gefunden.

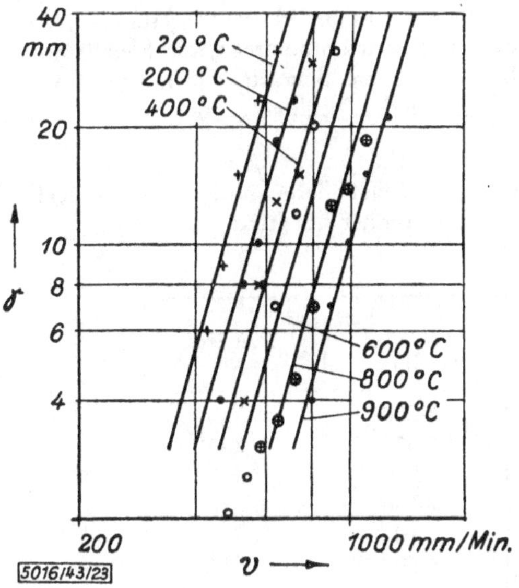

Bild 23

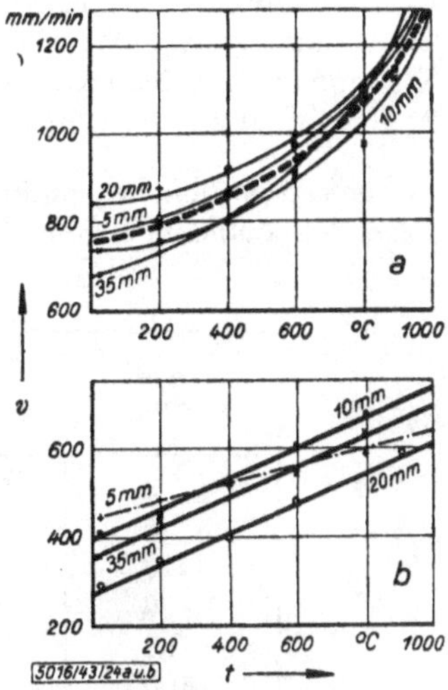

Bild 24a und b

Bild 23. Riefennachlauf in mm für 35 mm Blechdicke und verschiedenen Brennervorschub v sowie unterschiedliche Vorwärmtemperaturen von 20, 200, 400, 600, 800 u. 900° C.

Bild 24 a u. b. Versuchsergebnisse von Schnitten mit angewärmten Flußstahlblechen

v = Schnittgeschwindigkeit in mm/min
t = Blechtemperatur in ° C
s = Blechdicke in mm

a) Gestrichelt = zusammenfassende Kurve für Trennschnitte,
b) Geschwindigkeit für Konstruktionsschnitte (10% Riefennachlaß).

Abgesehen von dem erhöhten Gasverbrauch, zeigten sich Schwierigkeiten beim Kurvenschneiden. Der Vorschlag, den Brenner um 25 bis 35° zur Vertikalen nach hinten zu neigen, so daß der Schneidstrahl um denselben Winkel nach vorn blies, wurde schon 1921 gemacht [Lit. *Spraragen* u. *Claussen* (1)], blieb aber unbeachtet. Neuere Versuche mit 20° Neigung zur Vertikalen ließen bei Gradschnitten Geschwindigkeitssteigerungen zu, die zu folgenden Ersparnissen an Schneidsauerstoff führten (Zahlentafel 5):

Blechdicke .... mm	20	32	50	70	85
Ersparnis .... %	12	27	27	35	13

Zahlentafel 5. Sauerstoffersparnis bei Geradschnitten durch 20° Neigung des Brennstrahles zur Vertikalen.

Die Schnittriefen waren im oberen Teil der Schnittfläche nach vorn gerichtet, um im unteren Teil nach hinten abzubiegen. Den Vorteilen der Geschwindigkeitssteigerung standen Nachteile durch Unebenheit der Flächen, Profilverzerrungen in Kurven und apparative Komplikationen beim Anschneiden gegenüber. Der Brenner mußte zum Anschneiden normal angesetzt und nach dem Anschneiden erst geneigt werden, wobei sich der Abstand des Mundstückes von der Blechoberfläche nicht ändern durfte.

Durch *Abkühlung der Bleche* und des Schneidsauerstoffes auf normale Frostwettertemperaturen scheint das Nachlaufen der Schnittriefen nicht wesentlich beeinflußt zu werden. Bei — 11° C wurde im Freien ein Stahlblock von 500 mm Dicke maschinell geschnitten. Die Sauerstoffflaschen hatten über Nacht im Hofraum gestanden, das Azetylen wurde den Wasservorlagen in der Werkstatt entnommen, die Heizflamme wurde auf Azetylenüberschuß eingestellt. Sowohl die Schnittgeschwindigkeit von 62 mm/min [Lit. *Spraragen* u. *Claussen*] als auch das Nachlaufen der Schnittriefen ist als normal zu bezeichnen.

Für betriebsübliche Schnitte lassen sich wirtschaftliche Berechnungen aus der nachstehenden Zahlentafel 6 für Maschinen-Schneidbrenner ableiten:

Blechdicke mm	Schnitt-geschwindigkeit mm/min	Verbrauch	
		Sauerstoff l/h	Azetylen l/h
3	550—650	1 200	350
5	500—550	1 350	380
10	400—450	1 500	440
30	250—300	2 750	610
60	200—235	5 100	750
100	165—200	8 500	950
200	130—150	15 500	1 150
300	90—110	22 000	1 350

Zahlentafel 6. Leistungsdaten für wirtschaftliche Brennschneidberechnungen.

9. Verschiedene Lage der Bleche

Die Werte der Zahlentafel sind im allgemeinen für horizontal liegende Bleche, senkrecht von oben nach unten durchschlagenden Schneidsauerstoff und frei nach unten abfließende Schlacke aufgestellt. Ändert sich die Lage der Bleche, so können sich die Symmetriebedingungen für das Abströmen der Heizgase und der Schlacke ändern. Der Anteil der Schlacke an der Vorwärmung darf nicht übersehen werden. Ein augenscheinlicher Beweis: Beim Fugenhobeln mit Sauerstoff, d. h. dem oberflächlichen Einarbeiten von Rillen in einen Stahlblock oder ein Blech mit flachgehaltenem Brenner, ist das Vorlaufen der Schlacke leicht zu beobachten. Wird zu schnell gearbeitet, so daß sich wenig Schlacke bildet, und wird der Brennerkopf nicht genau in Richtung der beabsichtigten Rille gehalten, so treibt die Schlacke seitlich nach vorn heraus, der Schlackenfluß wird spärlicher, und der Schnitt reißt ab. Tritt bei schiefliegendem Blech der umgekehrte Fall ein, d. h. fließt die Schlacke nicht frei ab, sondern sammelt sich an einer Seite stärker an, so neigt der Schneidstrahl zum „Fressen" an dieser Seite, die Schnittfläche wird unsauber. Störungen im symmetrischen Abfluß machen sich bei dünnen und mittleren Blechen naturgemäß weniger störend bemerkbar als bei dicken. Wird das Problem der Raumkurven-Schneidmaschine zur Vollendung geführt, so darf dieser Punkt nicht übersehen werden.

Gewisse Erfahrungen in der Hinsicht sind mit einer Rohrschneidmaschine gemacht worden. Der Brennerwagen läuft außen um das zu schneidende Rohr herum, so daß der Schneidstrahl alle möglichen Richtungen einnimmt. Da das Rohr nicht nur senkrecht, sondern bis 13° schräg zur Rohrachse geschnitten werden kann und nicht nur Gerade-, sondern auch Gehrungsschnitte bis etwa 50° Winkel an der stehenbleibenden Fläche möglich sind, wird zweifellos das symmetrische Abfließen von Gasen und Schlacke gestört. Trotzdem lassen sich glatte Schnitte erzielen mit

1 Brenner Gerade- und Gehrungsschnitte bis 50 mm Blechdicke,
2 Brennern V-Schnitte bis 16 mm Blechdicke.

Beim Abwracken dickwandiger Rohre von mäßigem Durchmesser mit einem an der Innenseite mechanisch rundum geführten Brenner ist eine Schneiddicke von 300 mm erreicht worden (dabei Propan als Heizgas).

10. *Schrägschnitte, V- und X-Form*

Auf die Ausführbarkeit dieser Schnitte mit zwei Brennern gleichzeitig wurde bereits früher hingewiesen. Um ein Interferieren der Schneidstrahlen und Schlacken zu vermeiden, werden die beiden Brenner in zwei Ebenen mit geringem Abstand hintereinander angeordnet. Übliche Neigungswinkel der Brenner gegen die Blechoberfläche sind 60 und 45°, der flachste bei einfachen Schrägschnitten erreichte Winkel von 30° kommt hier nicht vor. Während bei einfachen Schrägschnitten eine maximale Dicke von 200 mm erreicht worden ist [Lit. *Spraragen* u. *Claussen* (1)], ist für gleichzeitige V- und X-Schnitte die maximale Dicke noch nicht bestimmt worden. Bei den normalerweise vorkommenden Dicken ergeben sich keine Schwierigkeiten. Düsen und Druck sind entsprechend der wirklich zu durchdringenden Dicke zu wählen, die Schnittgeschwindigkeit muß unter Umständen etwas verringert werden, gegebenenfalls bis um 25%. Die Brenner sind bei V- und einfachen Schrägschnitten stets von der Fertigoberseite her anzusetzen, d. h. das für die Weiterverarbeitung vorgesehene Stück muß besitzen:

stumpfen Winkel an der Brennerseite,

spitzen Winkel an der Schlackenabflußseite.

Neuerdings haben sich 2-Brennerschnitte eingeführt, welche bei x-Schnitten in der Mitte eine Stoßkante stehen lassen; auch bei welligen Blechen wird der Abstand automatisch eingehalten.

F. *Werkstoffeinflüsse*

1. *Seigerungen* sind Entmischungserscheinungen, die beim Erstarren der Blöcke nach dem Gießen entstehen und beim Auswalzen zu Blechen, Profilen usw. erhalten bleiben. Bekannt ist die Randentkohlung. Unter den übrigen Eisenbegleitern, die zum Ausseigern neigen, stehen Schwefel und Phosphor an erster Stelle, doch sind auch die absichtlich zugesetzten Legierungsbestandteile an der Bildung von Seigerungszonen beteiligt. Seigerungen verändern also die chemische Einheitlichkeit des Werkstoffes. Da sich nach den früheren Ausführungen Werkstoffe verschiedener Zusammensetzung beim Brennschneiden unterschiedlich verhalten, ist ein Einfluß der Seigerungen auf die Schneidbarkeit nicht ausgeschlossen. Es hat sich in der Praxis gezeigt, daß die normalen Seigerungen nicht störend wirken und daß nur in besonders kraß gelagerten Fällen, die jedoch selten sind, Fehlstellen entstehen.

2. *Gasblasen* im Stahl sind für das Brennschneiden unerwünscht. Sie unterbrechen den glatten Weg des Schneidestrahles sowie auch die Wärmeleitung. Sind die Blasen vereinzelt und sehr klein, so werden sie überbrückt und stören dann kaum. Mit zunehmender Größe und Anzahl können diese zu Ablenkungen des Schneidstrahles führen und Auskolkungen verursachen, die — von der Gasblase anfangend — als vertiefte Schnittriefen nach unten verlaufen. Liegen die Blasen in Gruppen zusammen, so zeigt die Schnittfläche eine schlechte Stelle, die mindestens so breit wie die poröse Stelle, oft aber noch breiter ist.

3. *Dopplungen* sind verwalzte Hohlräume, die häufig noch Oxydeinschlüsse aufweisen. Hier sind grobe Fehlstellen beim Brennschneiden meist unvermeidlich. Unter dem Einfluß der Heizflamme und der Wärmeleitung erweitern sich diese und verhindern einen glatten Schnitt. Meist tritt ein ungleichmäßiges Verbrennen des Bleches an dieser Stelle auf, so daß die Werkstücke zu Ausschuß werden.

4. *Paketweises Blechschneiden.* Gedanklich ist der Schritt vom gedoppelten Blech zum Blechpaket nicht groß. In beiden Fällen ist eine flächenhafte Unterbrechung des metallischen Werkstoffes senkrecht zur Richtung des Schneidstrahles vorhanden. Während aber eine Dopplung im Blech den Arbeiter unvorbereitet trifft, kann dieser beim paketweisen Schneiden die notwendigen Maßnahmen treffen, welche Fehlschläge verhindern. Das paketweise Schneiden hat den Zweck, Werkstücke gleicher Form in einer größeren Stückzahl in *einem* Arbeitsgang herzustellen, indem die betreffende Zahl Bleche aufeinandergeschichtet und dann geschnitten wird. Die folgenden Arbeitsregeln haben zu gelten [Lit. *Eichenmüller*]:

Geringste Bleckdicke möglichst nicht unter 3 mm.
Paketdicke möglichst nicht über 150 mm.
Bleche vor dem Aufeinanderlegen wenigstens längs der Schneidstelle durch Drahtbürste oder Sandstrahl säubern.
Bleche durch Schraub- oder Spannvorrichtungen in engen Abständen fest zusammenspannen, so daß alle Luftzwischenräume wenigstens längs der Schneidstelle beseitigt sind.
Paket beim Schneiden vor dem Brenner mit einem Handhammer schlagen, um Aufbeulen zu vermeiden.
Heiz- und Schneiddüsen entsprechend der Gesamtdicke des Paketes wählen.
Sauerstoffdruck etwas höher (etwa 1 atü mehr) als für massiven Werkstoff einstellen.

Um für alle Werkstücke die gleiche Form zu gewährleisten, kommt für Pakete nur das maschinelle Schneiden in Betracht. Da die Düsen passend zur Paketdicke zu nehmen sind, sind sie für die Einzelbleche zu stark. Die Schnittkante des obersten Bleches wird also unverhältnismäßig stark angegriffen. Um hier noch zu einer annehmbaren Schnittkante zu kommen, ist ein Heizgas mit nicht zu hoher Flammentemperatur vorzuziehen, z. B. Leuchtgas. Bei Azetylen ist eine schwächer als normal eingestellte Heizflamme und eine längere Anwärmzeit zu wählen. Besondere Sorgfalt erfordert das Anschneiden, wobei die auf dem Bild 25 gezeigten Hilfsmaßnahmen zu empfehlen sind.

25 a) Bei bündig liegenden Blechen Anschnittstelle über die ganze Paketdicke mit Schweißbrenner anwärmen.
25 b) Bei abgerundeten Blechkanten Nut einschleifen oder
25 c) abgerundete Blechkanten durch Schweißnaht ausgleichen.
25 d) Bleche unterschiedlicher Größe und größerer Dicke gestaffelt legen.

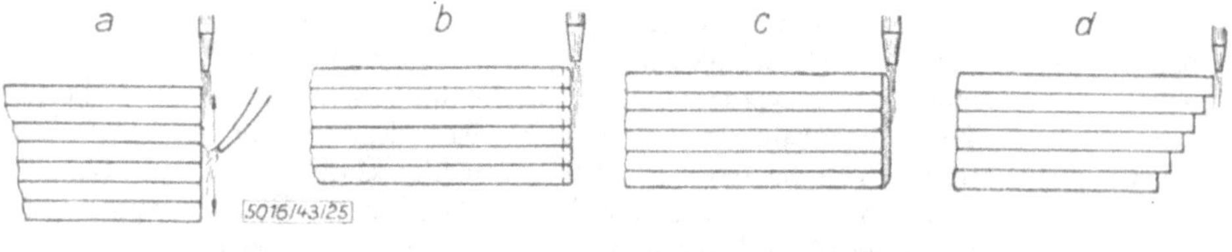

Bild 25 a bis d. Vorbereitung der Anschnittstelle zum paketweisen Schneiden.

a = Vorwärmen bei bündig liegenden Blechen
b = Einschleifen einer Nut bei abgerundeten Blechkanten
c = Ausgleichen der Blechrundungen durch eine Schweißnaht
d = Gestaffelte Schichtung bei Blechen großer Abmessung und Dicke

Sofern Innenteile auszuschneiden sind, werden sie von vorgebohrten Löchern aus angeschnitten. *Je dünner die Einzelbleche sind, desto dünnere Blechpakete sollten geschnitten werden, damit das Mißverhältnis von Heizdüse zu Einzelblech nicht zu kraß wird.* Die Schnittgenauigkeit soll betragen für

Paketdicken bis 50 mm höchstens 0,8 mm Maßabweichung,
Paketdicken bis 100 mm höchstens 1,6 mm Maßabweichung.

Bleche geringer Dicken neigen zum Zusammenkleben an der Schneidkante. Bei nicht härteempfindlichen Stählen schafft ein hinter dem Schneidbrenner herlaufender Wasserstrahl Abhilfe, bei den übrigen Stählen führt ein leichtes Überschleifen zum Ziel.

Bei werkseigenen Versuchen mit Azetylen-Sauerstoff wurden 19 weiche Flußstahlbleche von 3,6 mm Dicke, 250 mm lang, paketweise geschnitten. Unterhalb des 4., 9. und 14. Bleches wurden dünne Blechstreifen eingelegt, die an der Schnittstelle einen entsprechenden Luftspalt verursachten. Die Schnittgeschwindigkeit betrug 150 mm/min. Bei 0,5 mm Dicke der eingelegten Streifen wurden die Luftspalten glatt überschnitten, bei 1 mm Dicke zeigte sich ein noch nicht störender Einfluß, bei 1,5 mm Luftspalt war der verschlechternde Einfluß schon deutlich, wenn auch noch tragbar, während bei 2 mm Luftspalt die Schnittflächen durch starke Riefenbildung unbrauchbar wurden. Ausfüllen der 2 mm weiten Spalten durch Pasten verschiedener Art (z. B. Eisenpulver + Wasserglas, Eisenpulver + Stahlschweißpulver + Öl u. a. m.) führte teils zu einer unerheblichen Verbesserung, teils zu einer Verschlechterung der Schnittflächen.

5. Die wärmebeeinflußte Zone. In der Schnittfuge wird nicht nur die Verbrennungs-, sondern auch die Schmelztemperatur erreicht, wie schon bei der Erläuterung des Auftretens der Schnittriefen dargelegt wurde. Die Verbrennung des Eisens geht also nicht nur vom festen, sondern mindestens teilweise vom flüssigen Zustand aus. Die Verbrennung äußert sich in zwei verschiedenen Formen:

Schlacke, die — vermischt mit Eisenteilchen — abfließt und abgeschleudert wird, und

Oxydhaut, die auf der Schnittfläche verbleibt.

Die Oxydhaut hat keine feste Bindung mit dem Grundwerkstoff, sondern läßt sich mit einer Drahtbürste oder durch Hammerschläge entfernen.

Die Anschneidstelle wird, um einen sicheren Anschnitt zu gewährleisten, in der Regel länger und stärker erhitzt als notwendig. Nach erfolgtem Anschnitt könnte die Heizflamme schwächer eingestellt werden, weil die Eisenverbrennung zusätzliche Wärme entwickelt. Dies Schwächerstellen erfolgt praktisch nie. Die Schnittkante wird, auch bei vorsichtiger Einstellung der Heizflamme, leicht angeschmolzen. Je stärker die Heizflamme und die Anschmelzung, desto deutlicher ausgeprägtes Schmelz- und Überhitzungsgefüge tritt um die Schnittkante herum auf. Sofern die Heizflamme

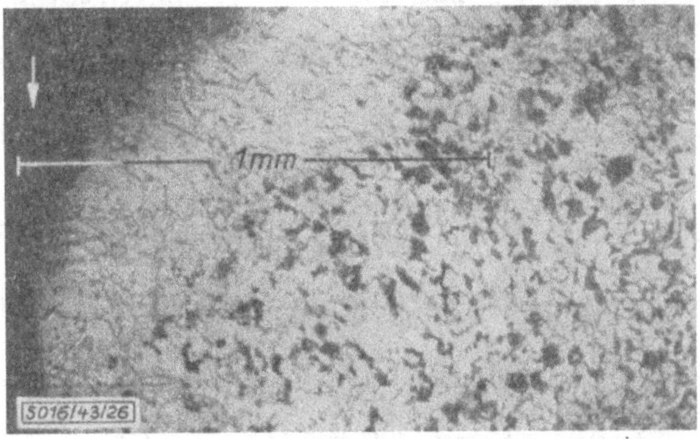

Bild 26. Entkohlung der Schnittkante, am ausgeglühten Werkstück nachgewiesen (15 mm Blech, St. 48) Pfeilmarkierung = Autogenkante

nicht auf einen deutlichen Azetylenüberschuß eingestellt ist, erfährt die Schnittkante eine *Ent*kohlung. Diese läßt sich metallographisch einwandfrei nur am ausgeglühten Werkstück nachweisen (Bild 26). Die Vorgänge, die sich weiter unten auf der Schnittfläche abspielen, sind noch nicht geklärt. Von manchen Seiten wird behauptet, daß auch dort eine Entkohlung einsetzt oder daß der Kohlenstoffgehalt unverändert bleibt, von anderen Seiten sind Aufkohlungen bzw. Anreicherungen von Legierungsbestandteilen nachgewiesen. Werkseigene Versuche lagen meist in Richtung der letzteren Feststellung (Bild 27), z. B. Zementitbildung in nickelreicher Schicht bei der Autogenkante eines 5%-Nickelstahles mit 0,4% C. Soweit Aufkohlungen beobachtet wurden, beschränkten sie sich nicht auf Azetylen-Sauerstoff-Schnitte, sondern traten auch bei Wasserstoff-Sauerstoff-Schnitten auf, ein Zeichen, daß sie nicht oder nicht allein von der Heizflamme herrühren konnten. Eine Erklärung dafür wäre, daß kohlenstofffreies Eisen im Sauerstoffstrom schneller verbrennt als Eisen, das Kohlenstoff oder gewisse Legierungselemente (Ni, Cu) enthält, d. h. daß beim Brennschneiden von technischem Eisen bzw. Stahl eine bevorzugte selektive Verbrennung des Ferrits stattfindet.*) Die Dicke der bis zum ledeburitischen Zustand aufgekohlten Randschichten betrug bei maschinell geschnittenem

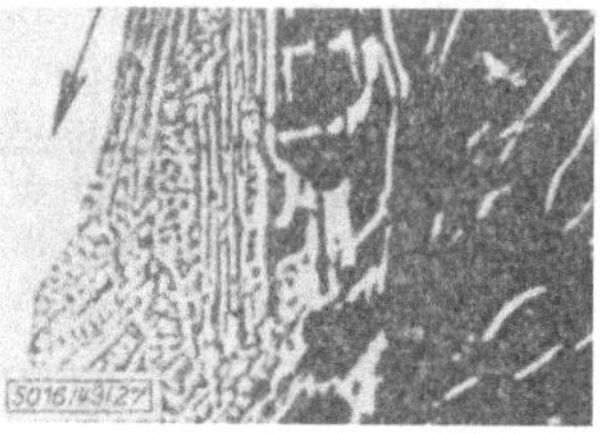

Bild 27. Ledeburitbildung an der Autogenkante (Pfeilmarkierung!) eines 1,2% C-Stahles.

Stahl 37 . . . . rund 0,01 mm,
Stahl mit 1,3% C . . . . . . bis 0,08 mm.

Neben der äußersten Randschicht hören die chemischen Einflüsse des Sauerstoffstrahles auf, es kann nur noch eine Aufkohlung der angrenzenden Schichten durch den Ledeburit erfolgen.

Wärmeeinwirkungen auf das Blech treten durch die Heizflamme, die Eisenverbrennung und die abfließende Schlacke auf. Die Heizflamme wirkt an der Schnittkante am stärksten, also wandert hier die Wärme am weitesten in das Blech. Die Eisenverbrennung erfolgt längs der Schnittfläche entweder gleichmäßig oder nach unten abnehmend, je nach Blechdicke und Arbeitsbedingungen; die Wärme wandert also etwa in Isothermen parallel zur Schnittfläche ein. Die Wärmeübertragung durch die Schlacke geht auch etwa gleichmäßig vor sich; dem größeren Wärmegehalt im oberen Teil der Schnittfuge steht eine geringere Geschwindigkeit im unteren Teil und ein gewisses Anhaften an der Unterkante gegenüber, so daß an der Unterkante eine etwas stärkere Wärmeeinwanderung möglich ist. Außerdem begünstigen die Randbedingungen oben und unten ein längeres Verweilen der Wärme während des Schneidens, wogegen im mittleren Teil der Schnittfläche die Wärme vom angrenzenden Werkstoff schneller abgeleitet wird. Das Zusammenwirken aller Einflüsse führt zu einer anders geformten wärmebeeinflußten Zone, je nachdem ob ein Normal- oder Schräg- oder Hobelschnitt vorliegt. Über die Breite dieser Zone gibt das Bild 28 für ein 25 mm dickes Stahlblech mit 0,085% C Auskunft. Folgende Schlüsse sind daraus zu ziehen [Lit. *de Jessey*]:

a) Zunehmende Schnittgeschwindigkeit verringert die Breite der Wärmeeinflußzone.
b) Abnehmende Sauerstoffreinheit vergrößert die Breite der Wärmeeinflußzone verhältnismäßig stark.
c) Auch durch stärkere Heizflammen wird die Breite der Wärmeeinflußzone merklich vergrößert.
d) Bei Veränderung des Sauerstoffdruckes ergibt sich für einen bestimmten Druck ein Minimum in der Breite der Wärmeeinflußzone, dadurch verursacht, daß bei dieser Druck- und Mengeneinstellung der Sauerstoff kühlend wirkt.

*) Diese Feststellung ist wichtig für die Auswahl der Pulverzusammensetzung beim Pulverbrennschneiden.

Bild 28 a. *Schnittgeschwindigkeit* in m/h.
Azetylen 157 l/h
Sauerstoff 98,8%
C-Gehalt 0,085%
Druck 2,6 atü

Bild 28 b. *C-Gehalt* in %.
Schnittgeschwindigkeit 16,8 m/h
Azetylen 250 l/h
Sauerstoff 98,75%
Druck 2,6 atü

Bild 28 c. *Azetylenmenge* in l/h.
Schnittgeschwindigkeit 14 m/h
Sauerstoff 99 %
C-Gehalt 0,085 %
Druck 2,6 atü

Bild 28 d. *Sauerstoffreinheit* in %.
Schnittgeschwindigkeit 14 m/h
Azetylen 157 l/h
C-Gehalt 0,085%
Druck 2,8 atü

Bild 28 e. *Sauerstoffdruck* in atü.
Schnittgeschwindigkeit 20 m/h und 14 m/h
Azetylen 157 l/h
C-Gehalt 0,085%
Sauerstoff 98,8%

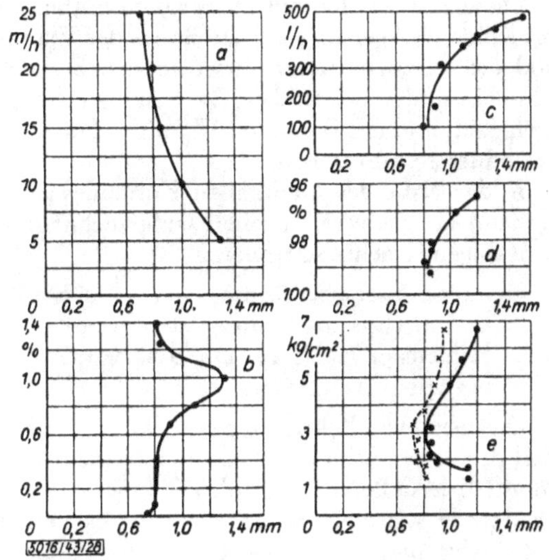

Bild 28 a bis e. Einfluß der Schneidbedingungen auf die Tiefe der Umwandlungszone für 25 mm Blechdicke.

Aus anderen Versuchen [Lit. *Pfleiderer*] an 20-mm-Stahlblechen mit 0,17% C ergibt sich noch eine weitere Folgerung:

e) Zunehmende Austrittsgeschwindigkeit der Heizflamme ergibt bei unveränderter Gasmenge eine größere Breite der Wärmeeinflußzone.

Da mit Veränderung der Werkstückdicke die obengenannten Größen ihren Einfluß geltend machen, folgt:

f) Zunehmende Werkstückdicke vergrößert die Breite der Wärmeeinflußzone.

Hierfür als Nachweis die folgende Zahlentafel 7.

Blechdicke	Art bzw. Kohlenstoffgehalt des Stahles			
mm	weicher Stahl mm	0,22 % C mm	bis 0,3 % C mm	0,3 bis 1,0% C mm
5	—	—	0,1—0,3	0,3—0,5
10	0,3—0,4	1,2	—	—
13	0,8	—	—	—
15	0,5—0,8	1,3	—	—
25	0,5—1,1	1,7	0,5—0,7	0,8—1,5
40	0,7—1,1	1,4	—	—
50	1,0—2,0	—	—	—
100	1,8	—	—	—
250	3,8	—	1,5—3,0	3,0—5,0
550	7,1	—	—	—
800	—	—	3,0—5,0	5,0—8,0

Zahlentafel 7. Breite der Wärmeeinflußzone (mm) in Abhängigkeit von der Blechdicke [Lit. *Spraragen* u. *Claussen* (1).]

Diese Zahlentafel sollte außer dem Einfluß der Werkstückdicke auch den Einfluß des Kohlenstoffgehaltes auf die Breite der Wärmeeinflußzone erkennen lassen, jedoch sind die Versuche unter verschiedenen Bedingungen durchgeführt worden, so daß sich kein eindeutiges Bild ergibt. Klarer ist der Zusammenhang zwischen dem Kohlenstoffgehalt und der Breite der Wärmeeinflußzone aus dem betreffenden Teildiagramm des Bildes 28 zu ersehen.

In der Nähe des eutektoiden Zustandes ist ein ausgeprägtes Maximum der Breite vorhanden. Aus verschiedenen Untersuchungen lassen sich für den Werkstoffeinfluß etwa folgende Schlüsse ziehen:

g) Austenitische Stähle haben die schmalste Wärmeeinflußzone, bei martensitischen und perlitischen nimmt die Breite der Wärmeeinflußzone mit steigendem Kohlenstoffgehalt zu. Durchhärtende Stähle (Ni- und Cr-Ni-Basis) haben die breiteste Einflußzone.

Die Geschwindigkeit, mit der das Brennschneiden vor sich geht, d. h. die kurze Zeit der hohen Erhitzung, läßt im allgemeinen eine Gefügevergröberung — außer im unmittelbaren Bereich der Heizflamme — nicht zu. Die von der Schnittfläche abwandernde Wärme bewirkt daher im Gebiet der oben erörterten Einflußzone eine Gefügeverfeinerung, die — je nach dem C-Gehalt — mit Martensit- oder Hardenitbildung an der Schnittfläche beginnt und über Sorbit und Troostit in das unbeeinflußte Gefüge übergeht. Es ist also berechtigt, von einem „Vergütungsgefüge" der Einflußzone zu sprechen. Die Zeilenstruktur ungeglühter Bleche wird hier zum Verschwinden gebracht. — Aber auch austenitische Stähle, deren Gefüge durch Erhitzen auf rund 1100° C und schroffes Abschrecken hervorgebracht worden ist, erleiden in der wärmebeeinflußten Zone eine Veränderung. Da die Wärmeabfuhr aus der Randzone nicht schnell genug ist, um einer schroffen Abschreckung zu entsprechen, bildet sich eine dünne Schicht von martensitischem Gefüge, an welche sich eine Übergangsschicht schließt, in der sich Martensit bzw. Zementit zwischen den Austenitkörnern einlagert. Ein Wasserstrahl hinter der Heizflamme kann die Martensitbildung in der Randzone, jedoch nicht die Einlagerungen an den Korngrenzen der Übergangsschicht verhindern; hier hilft nur ein nochmaliges Vergüten des ganzen Werkstückes.
Die vorstehenden Ausführungen setzen die Anwendung des *Kaltschneidens* voraus, das jedoch schon bei mittelharten Stählen nicht mehr zu empfehlen ist. Beim *Warmschneiden* solcher Stähle wurden geringere Kohlenstoffanreicherungen in der Randzone, dagegen breitere Umwandlungszonen mit nicht so feinem Korn wie beim Kaltschnitt gefunden. An normalen kalt- wie warmgeschnittenen Stählen läßt sich das feinkörnige Randgefüge durch Erhitzen über den A_{c_3}-Punkt und langsames Abkühlen wieder beseitigen.

6. Die Härte der Schnittfläche. Für die Härte der Schnittfläche können drei Faktoren von Einfluß sein:

1. Die — wie oben ausgeführt, etwas umstrittene — Kohlenstoffanreicherung in sehr dünner Schicht.
2. Die schnelle Abwanderung der Wärme in den angrenzenden mehr oder weniger kalten Werkstoff.
3. Die Art des Brenngases.

Für die exakte Härtemessung erhebt sich eine Schwierigkeit durch die Schnittriefen. Härtemessungen lassen sich um so genauer durchführen, je glatter die Meßfläche ist. Bei der durch die Schnittriefen leicht welligen Oberfläche bietet sich die Möglichkeit einer einigermaßen genauen Messung nur durch die Anwendung einer kleinen Kugel

(Anschleifen der Oberfläche kommt nicht in Betracht). Die Brinellhärtebestimmung mit 2,5/187,5/30 hat sich daher weitgehend eingeführt. Die Ablesungen sind naturgemäß mit Streuungen behaftet.

Die *Kohlenstoffanreicherung*, sofern sie überhaupt stattfindet, erfolgt in einer so dünnen Schicht, daß sie bei 187,5 kg Kugellast mit der 2,5-mm-Kugel nicht mehr genau erfaßt werden kann. Sie kann höchstens den Streubereich der Messungen etwas nach oben rücken.

Die *Wärmeabwanderung* kann je nach der Temperatur des Grundwerkstoffes so schnell erfolgen, daß sie einer Abschreckung gleichkommt. Je mehr ein Stahl an sich zur Härtbarkeit neigt, desto höher liegt die Härte der Schnittfläche. Bei „kalt", d. h. ohne Gesamtanwärmung geschnittenen Werkstücken verschiedener Dicke wurden die auf dem Bild 29 aufgetragenen Härtewerte der Schnittfläche gemessen. Diese Zahlen setzen voraus, daß die beim Schneiden entstehende Wärme nicht ausreicht, um das Werkstück insgesamt wesentlich zu durchwärmen. Beim Schneiden kleiner Werkstücke, welche von der Schneidwärme schneller durchzogen werden, liegen die Härtewerte niedriger. Dies läßt sich an abgeschnittenen Blechstreifen verschiedener Breite nachweisen (Zahlentafel 8).

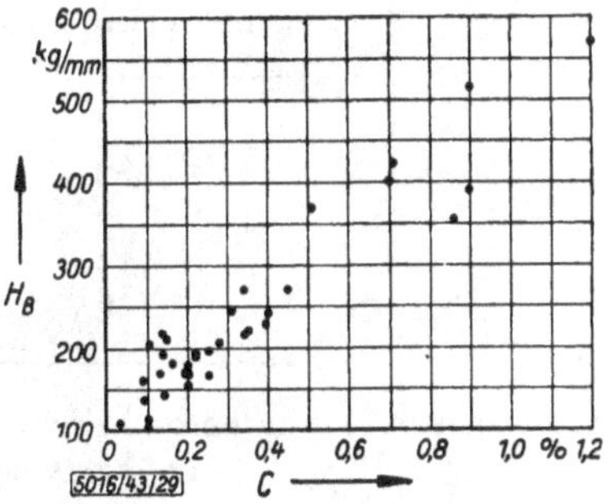

Bild 29. Brinellhärtewerte der Schnittfläche unlegierter Stähle in Abhängigkeit vom Kohlenstoffgehalt.

HB = Brinellhärtewerte in kg/mm²
C = Kohlenstoffgehalt in %

Stahlsorte	Streifenbreite in mm			
	10	15	25	40
St 37	126 kg/mm²	135 kg/mm²	143 kg/mm²	—
St JZ II	162 kg/mm²	165 kg/mm²	172 kg/mm²	178 kg/mm²
St Si	176 kg/mm²	178 kg/mm²	184 kg/mm²	189 kg/mm²
St 48	190 kg/mm²	—	200 kg/mm²	225 kg/mm²

Zahlentafel 8. Brinellhärte auf der Schnittfläche abgeschnittener Streifen von 10 mm dicken Blechen in kg/mm².

Da die Wärmeverteilung bei Blechen verschiedener Dicke verschieden groß ist, ist auch ein Einfluß der Blechdicke auf die Härte der Schnittfläche nachweisbar (Zahlentafel 9).

Stahlsorte	Blechdicke in mm			
	10	15	25	40
St 37	168 kg/mm²	169 kg/mm²	189 kg/mm²	185 kg/mm²
St JZ II	145 kg/mm²	170 kg/mm²	182 kg/mm²	185 kg/mm²
St Si	180 kg/mm²	204 kg/mm²	207 kg/mm²	216 kg/mm²
St 48	204 kg/mm²	—	246 kg/mm²	—

Zahlentafel 9. Brinellhärte auf der Schnittfläche von Blechen verschiedener Dicke.

Die Wärme verteilt sich von der Schnittfläche aus oben, in der Mitte und unten verschieden stark und wandert verschieden schnell ab; folglich ist mit einer unterschiedlichen Härte auf der Schnittfläche zu rechnen. Bei weichen, also nicht zur Härtbarkeit neigenden Stählen kann der Unterschied nicht groß sein. An einem mit Propan-Sauerstoff geschnittenen 30 mm dicken Blech mit 0,07% C ergaben sich 0,5 mm unterhalb der Schnittfläche die nachstehenden Werte der Zahlentafel 10 a:

Einstellung der Heizflamme in % des normalen Heizgasgemisches	Brinellhärte in kg/mm²		
	oben	Mitte	unten
66	122	125	129
80	140	132	128
100	132	144	124
114	120	138	124
132	118	128	148

Bei einem von anderer Seite veröffentlichten Versuch an einem 20 mm dicken Blech mit 0,18% C, mit Azetylen-Sauerstoff geschnitten, wurden die Härten der Zahlentafel 10 b gefunden.

Meßstelle	Brinellhärte in kg/mm²		
	oben	Mitte	unten
auf der Schnittfläche	156 bis 161	180	156 bis 167
nach dem Glattschleifen ...	156	174 bis 180	156 bis 167
1 mm unter der Oberfläche	131	131 bis 135	131 bis 135
5 mm unter der Oberfläche	123 bis 127	131	127 bis 131

Anders liegen die Verhältnisse bei höhergekohlten Stählen. Zwei Kaltschnittproben an einem 25 mm dicken Blech von 0,5% C mit Azetylen bzw. Propan als Heizgas wurden auf der Schnittfläche in Abständen von je 3 mm von oben nach unten gemessen (Zahlentafel 10 c).

Abstand der Meßpunkte von der Schnittkante in mm	Brinellhärte in kg/mm²	
	C_2H_2-O_2-Schnitt	C_3H_8-O_2-Schnitt
3	430	468
6	4C4	385
9	377	360
12	395	366
15	455	445
18	485	473
21	512	507
24	504	501

Zahlentafel 10 a bis c. Härtewerte von Brennschnitten.

In beiden Fällen nahm die Härte von oben nach unten zunächst ab und dann in stärkerem Maße wieder zu.

Über die Breite der „Härteeinflußzone" — dieser Ausdruck wurde in Anlehnung an die vorher beschriebene „Wärmeeinflußzone" geprägt, ohne daß beide Zonen identisch sind — gehen die Versuchsergebnisse auseinander. Es liegt in der Natur der Sache, daß die Härteeinflußzone nur schmaler als die Wärmeeinflußzone sein kann. Der Härteanstieg wird hauptsächlich durch die schnelle Wärmeabwanderung verursacht. Beim Warmschneiden, also bei Erwärmung des ganzen Werkstückes auf z. B. 350° C, wird die kritische Abkühlungsgeschwindigkeit meist nicht erreicht, so daß eine wesentliche Härtung der Schnittfläche ausbleibt. Ist eine Härtesteigerung eingetreten, so läßt sie sich, da sie auf einer Gefügeumwandlung beruht, durch Glühen oberhalb des A_{c3}-Punktes oder durch Anlassen auf 700 bis 750° C wieder beseitigen. Vom Standpunkt der Weiterverarbeitung besteht jedoch ein Unterschied,

1. ob die Härtesteigerung durch Anwendung eines Warmschnittes von vornherein unterdrückt oder wenigstens gemildert oder
2. ob die eingetretene Härtesteigerung durch Glühbehandlung wieder beseitigt ist.

Im ersteren Fall lassen sich härtbare Stähle ohne Rißgefahr schneiden, im letzteren Fall ist schon bei 0,3 % C mit Rissen beim Anschnitt und bei 0,4% C mit Rissen im ganzen Verlauf der Schnittfläche zu rechnen. Es ist also für unlegierte Stähle

das *Gebiet des Kaltschnittes auf einen Kohlenstoffgehalt von weniger als 0,3% C zu beschränken.*

Bei legierten Stählen ist dem Grad der Härtbarkeit entsprechend zu verfahren.

Die wirtschaftliche Ausführung der Warmschnitte erfordert billige Wärmequellen. Am einwandfreiesten ist ein Ofen mit Temperaturkontrolle, in dem das Werkstück langsam damit auf die gewünschte Temperatur gebracht wird. Fehlt eine Transportvorrichtung für die erhitzten Blöcke, so kann ein Holzkohlenfeuer in einer behelfsmäßig um das Werkstück gesetzten Ummauerung benutzt werden. Zur Prüfung der Temperatur haben sich Thermocolor-Farbstriche bewährt.

Als *Ersatz für das Warmschneiden* ist die Kombination eines Schneidbrenners mit einem nachlaufenden Mehrflammenbrenner vorgeschlagen worden, und zwar nach den folgenden drei Arbeitsweisen:

1. Bei mittleren Blechdicken wird ein Nachwärmbrenner auf die Oberfläche des Bleches gerichtet, die Flammen aber nicht auf die Schnittkante, sondern etwas einwärts auf das volle Material, nicht auf den Abfallstreifen. Bei 30 bis 40 mm Blechdicke ist die Grenze der Tiefenwirkung des Nachwärmbrenners erreicht, wenn dessen erste Flamme etwa 80 mm hinter dem Schneidbrenner steht.
   Bei 15-mm-Blech sind mindestens je 700 l/h,
   „ 20- „ - „ „ „ „ 800 „
   „ 30- „ - „ „ „ „ 1000 „
   an Azetylen und Sauerstoff zum Nachwärmen nötig.
2. Bei mehr als 30 bis 40 mm Blechdicke wird ein Doppel-Nachwärmbrenner zangenartig von oben und unten gegen das Blech gerichtet. Die Anwendungsgrenze dürfte bei 60 bis 80 mm Dicke liegen.
3. Bei mehr als 60 bis 80 mm Dicke wird ein Nachwärmbrenner mit flächenhaft angeordneten Mundstücken auf die Schnittfläche selbst gerichtet, nachdem der Abfallstreifen heruntergefallen ist und bevor sich die Schnittfläche wieder abgekühlt hat.

An diesen Arbeitsweisen ist die folgende Kritik zu üben: Sie beschränken sich praktisch auf lange gerade Schnitte. Vor Beginn empfiehlt es sich, die Anschneidstelle mit einem Handschweißbrenner zusätzlich vorzuwärmen. Bei Kurven- und Winkelschnitten tritt Ungleichmäßigkeit der Nachwärmung und Gefahr der Kantenüberhitzung ein. Bei dickeren Blechen ist die Anbringung eines zangenförmigen Brenners umständlich und erfordert eine stabile Brennerführung, um das Kippen des Brenneraggregates zu verhindern; das gleiche gilt für den gegen die Schnittfläche gerichteten Nachwärmbrenner.

Zu Beginn dieses Abschnittes war als dritte Größe, welche die Härte der Schnittfläche beeinflußt, die *Art des Brenngases* genannt. Daß der Kohlenstoffgehalt des Brenngases zu einer Härtesteigerung *nicht* beiträgt, kann als erwiesen gelten. Zwar finden sich vereinzelt Literaturangaben [*Spraragen* u. *Claussen* (1)], nach denen bei Azetylen die Härte höher liegt als bei Wasserstoff und Leuchtgas, doch wurde in einem Falle dazu bemerkt, daß bei Azetylen die Schnittgeschwindigkeit wegen der heißeren Flamme höher gewesen wäre. Bei der größeren Schnittgeschwindigkeit fand eine schnellere Wärmeabwanderung statt, also kann dieser Versuch nicht als Beweis für den unmittelbaren Einfluß des Brenngases gewertet werden. Bei werkseigenen Versuchen konnte die maximale Härte in Zusammenhang mit der Zündgeschwindigkeit des Heizgasgemisches gebracht werden. Die Zündgeschwindigkeit ist eine von den Strömungsbedingungen abhängige Größe, bei laminarer Strömung nimmt sie andere Werte an als bei turbulenter Strömung, die bei Schneidbrennerflammen herrscht. Durch Division des austretenden Gemischvolumens durch die Oberfläche des Flammenkegels ergaben sich die folgenden Werte der Zahlentafel 11:

Brenngasart	Mischungsverhältnis Brenngas/Sauerstoff	Zündgeschwindigkeit in cm/sec bei	
		turbulenter Strömung (Werksversuche)	laminarer Strömung (Lit. *Brückner*)
Propan	0,3 : 1	117	—
Leuchtgas	1,8 : 1	415	600
Azetylen	1,0 : 1	671	—
Wasserstoff	3,5 : 1	940	840

Zahlentafel 11. Zündgeschwindigkeitswerte.

Werden die unter gleichen Bedingungen und mit gleicher Geschwindigkeit durchgeführten Schnitte bezüglich Zündgeschwindigkeit und maximaler Oberflächenhärte miteinander verglichen, so ergeben sich die Meßwerte der nachstehenden Zahlentafel 12:

Brenngasart	Brenngasmenge l/h	Zündgeschwindigkeit cm/sec	30-mm-Stahl 0,07% C	25-mm-Stahl 0,50% C 0,94% Mn
Propan	365	117	139 HB	412 HB
Leuchtgas . .	1790	415	139 „	438 „
Azetylen . . .	590	671	142 „	477 „
Wasserstoff .	2300	940	154 „	531 „

Zahlentafel 12. Maximale Oberflächenhärte in Abhängigkeit von der Zündgeschwindigkeit des Brenngas-Sauerstoff-Gemisches.

Bei dem 25-mm-Stahlblech mit 0,50% C und 0,94% Mn wurde auch die „Härtetiefe HB 300" gemessen, d. h. die Tiefe, in der die Härte bis auf HB = 300 kg/mm² abgenommen hatte (Zahlentafel 13).

Zündgeschwindigkeit in cm/sec	Härtetiefe in mm für HB = 300 kg/mm²
117	2,2
415	2,3
671	2,9
940	4,1

Zahlentafel 13. Härtetiefe und Zündgeschwindigkeit; 25 mm dickes Stahlblech mit 0,50% C und 0,94% Mn.

Bei Wasserstoff drang bei gleicher Schnittgeschwindigkeit die Härte und also primär die Wärme am tiefsten ein. Möglicherweise hängt mit dem tieferen Eindringen der Wärme die Tatsache zusammen, daß sich sehr dicke Stahlblöcke mit Wasserstoff am besten schneiden lassen.

G. Festigkeitswerte

1. Zugfestigkeitswerte brenngeschnittener Proben

Aus den Betrachtungen über die wärmebeeinflußte Zone geht hervor, daß das Brennschneiden das Randgefüge des Werkstückes verändert. In den Angaben über die Härte der Schnittfläche wurde die Veränderung *einer* mechanischen Eigenschaft nachgewiesen. Während aber hier nur die veränderte Schicht zur Messung herangezogen worden war, tritt bei Zerreißversuchen gleichzeitig der Einfluß des Kerngefüges mit in Erscheinung. Hier sind die folgenden Fälle zu unterscheiden:

1. Der abgeschnittene Streifen ist so schmal, daß Wärme und hohe Temperatur den ganzen Querschnitt durchdringt und eine Glühwirkung hervorruft. Das Walzgefüge des Bleches verschwindet, geringe Abnahme von Festigkeit, Streckgrenze und Härte sind bei entsprechender Zunahme von Einschnürung und Dehnung zu erwarten.
2. Der abgeschnittene Streifen ist breit genug, um im Kern die vom Rand abwandernde Wärme ohne Glühwirkung aufzunehmen und um die Härtung der Randschicht zu verursachen, wie es im Abschnitt über die Härte der Schnittfläche besprochen wurde.
   a) Überwiegt der Einfluß der gehärteten bzw. in Vergütungsgefüge umgewandelten Randschicht den Einfluß des unveränderten Kerngefüges, so steigen Festigkeit und Streckgrenze und unter Umständen auch die Dehnung über die Werte des Ausgangswerkstoffes, während die Einschnürung und im allgemeinen auch die Dehnung gegenüber den Werten des Glühzustandes etwas abnehmen.

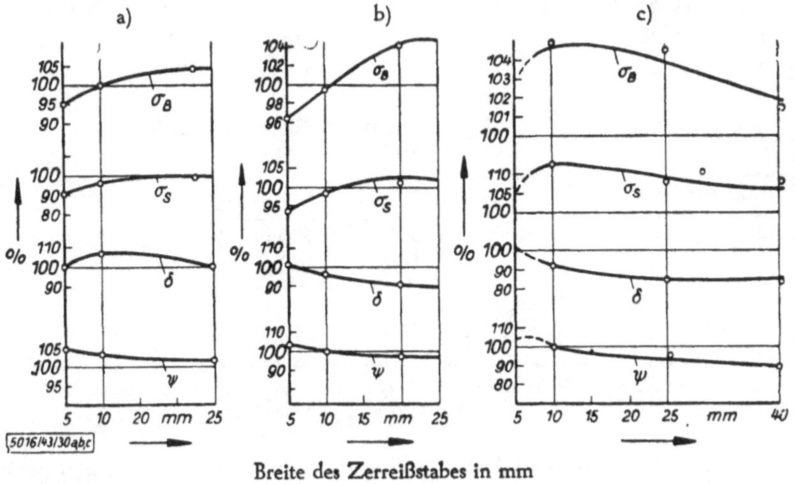

Bild 30 a bis c. Festigkeitsergebnisse von autogen mit der Maschine geschnittenen Zerreißstäben im Vergleich zu gefrästen Probestäben von verschieden dickem (s) Flußeisenblech.

a) s = 5 mm Dicke
b) s = 10 mm Dicke
c) s = 30 mm Dicke

σ_B = Zugfestigkeit
σ_s = Streckgrenze
δ = Dehnung
ψ = Einschnürung

in % der Werte gefräster Probestäbe

b) Überwiegt der Einfluß des unveränderten Kerngefüges, so nähern sich alle Werte denen des Ursprungswerkstoffes.

Zahlenmäßig werden die Überlegungen durch die Bilder 30 a bis c bewiesen, welche die Ergebnisse von Zerreißversuchen an beiderseitig brenngeschnittenen Streifen verschiedener Breite darstellen, und zwar ausgedrückt in Prozent der Werte gefräster Proben. Es folgt hieraus, daß Zerreißversuche an Probestäben nicht auf Bauteile anderer Abmessungen übertragen werden können. Wenn jedoch der Fall schmaler Streifen ausgeschlossen wird, läßt sich leichter ein Überblick über die Festigkeitseigenschaften brenngeschnittener Stäbe bzw. Werkstücke gewinnen. Stillschweigende Bedingung ist, daß die Flächen glatt und sauber geschnitten sind. Unter Heranziehung einer schon mehrfach genannten Veröffentlichung [Lit. *Spraragen* u. *Claussen*] läßt sich die folgende Zahlentafel 14 aufstellen:

C-Gehalt	Stahldicke mm	Breite mm	Brenngas	Festigkeit	Streckgrenze	Meßlänge mm	Dehnung	Einschnürung
0,095	20	29	C_2H_2	101,0	109,0	140	90,0	101,1
						200	89,2	
0,18	20	20 bis 40	C_2H_2	102,3 bis 102,7	120,2 bis 119,8	$5{,}65 \times \sqrt{A}$	110,2 bis 99,0	100,4 bis 101,0
0,18	20	20 bis 40	H_2	103,9 bis 102,3	124,1 bis 118,4	$5{,}65 \times \sqrt{A}$	108,4 bis 99,3	102,2 bis 108,2
—	—	—	—	105,5	—	—	—	—
—	9,5	38	C_2H_2	105,0	107,5	50	115,4	—
—	9,5	38	Lg*	104,5	110,2	50	129,0	—
—	9,5	38	C_2H_2	—	—	200	126,0	—
—	9,5	38	Lg	—	—	200	129,6	—
0,20	Profilstahl		C_2H_2	103,6	96,2	200	88,5	91,2
0,20	Profilstahl		C_2H_2	104,6	116,1	200	87,6 bis 90,4	102,8 bis 107,0
0,22	9,5	—	C_2H_2	99,0 bis 103,7	103,8 bis 109,3	200	98,2 bis 96,7	108,8 bis 104,3
Arithmetisches Mittel				103,2	112,2		103,8	102,7
Ausgeprägter Häufigkeitsbereich . . .				102 bis 104	105 bis 120		85 bis 100	101 bis 103
Arithmetisches Mittel des Häufigkeitsbereiches				103,1	112,9		93,2	101,8

Zahlentafel 14. Mechanische Werte brenngeschnittener Stäbe in Prozent der Werte gefräster bzw. gehobelter Stäbe.

Werden die arithmetischen Mittelwerte des ausgeprägten Häufigkeitsbereiches zur qualitativen Beurteilung herangezogen, so ergibt das Brennschneiden weicher Stähle bis einschließlich des niedriggekohlten Stahles St 52:

Zerreißfestigkeit . . . . geringfügige Zunahme
Streckgrenze . . . . stärkere Zunahme

*) Lg = Leuchtgas

Dehnung . . . . mäßige Abnahme
Einschnürung . . . . geringfügige Zunahme

Bei höhergekohlten und mittellegierten Stählen würde — wie unter Punkt 2 des vorhergehenden Abschnittes gesagt — bei Kaltschnitten die Randwirkung der gehärteten Schicht stärker in Erscheinung treten. Da aber für diese Stähle Warmschnitte angewandt werden müssen, sind Versuchsergebnisse an kaltgeschnittenen Proben ohne praktisches Interesse. Dasselbe gilt für hochgekohlte Stähle, bei denen die Gesamttemperatur unter Umständen bis auf Rotwärme gesteigert werden muß, um Rißbildung zu vermeiden, und die meist einer nachträglichen Wärmebehandlung unterworfen werden, wobei Gefügeeinflüsse als Folge des Brennschneidens verschwinden.

2. *Biegefestigkeit*

Biegeproben an brenngeschnittenen Blechstreifen werden in der Regel so durchgeführt, daß die Brennschnittflächen senkrecht zur Biegeachse stehen, d. h. die obere Schnittkante liegt in der Zone stärksten Zuges, die untere Kante in der Zone stärksten Druckes. Die Dehnungswerte der Zugseite sind formabhängig. Schmelzperlenreihen mit intermittierenden Knoten und Sinkstellen verhindern ein gleichmäßiges Dehnen und sind folglich für Biegedehnung noch ungünstiger als für Zugdehnung, weil die Dehnung beim Biegen noch stärker als beim Ziehen auf eine Stelle konzentriert ist. Zur Erzielung guter Biegewerte empfiehlt es sich, die Heizflamme schwach einzustellen, wodurch bekanntlich Anschmelzungen der Schnittkante verhindert werden. Handschnitte sind wegen ihrer unvermeidlichen Ungleichmäßigkeiten den Maschinenschnitten unterlegen; sie verlangen, wenn biegungsbeansprucht, ein mechanisches Nachglätten.

Biegefähigkeit setzt — auch bei sauberer Schneidarbeit — gute Dehnbarkeit und Einschnürung voraus. Aus den Zugfestigkeitswerten lassen sich also Rückschlüsse auf das Verhalten beim Biegen ziehen. Trotz der bei den Zerreißversuchen festgestellten mäßigen Abnahme der Dehnung entsprechen maschinell brenngeschnittene Proben an weichen Stählen im Biegeverhalten den nur kalt mechanisch bearbeiteten.

Wird mit steigendem Gehalt an Kohlenstoff oder Legierungsbestandteilen die untere Grenze des Gebietes der Härtbarkeit erreicht, bei einfachen C-Stählen also bei etwa 0,3% C, so beginnen auch maschinell brenngeschnittene Proben etwas weniger biegsam als der unbeeinflußte Werkstoff zu werden. Nachträgliches Glühen oder Schneiden bei gesteigerter Temperatur des ganzen Bleches führt zum Ausgleich im Verhalten. Im Bereich der härtbaren Stähle bis 0,9% C kommen neben den anderen schon bekannten Gründen auch zur Erzielung einer dem Werkstoff angemessenen Biegefähigkeit nur Warmschnitte, unter Umständen bei Rotwärme, in Betracht.

3. *Kerbschlagzähigkeit*

Kerbschlagproben werden im allgemeinen so hergestellt, daß die mechanisch bearbeiteten oder brenngeschnittenen Flächen eines Blechstreifens im Pendelschlagwerk oben und unten, also horizontal, liegen. Der Schlag erfolgt gegen eine Walzseite, der Kerb befindet sich auf der gegenüberliegenden Walzseite. Bei brenngeschnittenen Proben kann der Kerb entweder auf der Walzseite angebracht werden, die dem Brenner zugekehrt, oder auf der Walzseite, die dem Brenner abgekehrt war; das letztere ist das gebräuchlichere Verfahren. Versuchsergebnisse enthält die Zahlentafel 15.

Verfasser und Jahr	C-Gehalt oder Stahl-bezeichnung	Mechanisch bearbeitet mkg/cm²	Brenn-geschnitten mkg/cm²	Brenn-geschnitten zu mechanisch bearbeitet	Bemerkungen
Guillet, 1907 .	0,15	21,5	20,3	0,944	Längsprobe
	0,15	12,5	10,0	0,800	Querprobe
Wiß, 1929 ...	0,1 bis 0,2	1,93	2,21	1,145	grobkörniges Blech
Griesheim, 1929	St 37	15,7	15,3	0,975	
	JZ II	13,5	12,5	0,926	
	St Si	11,2	12,6	1,125	
	St 48	6,67	6,5	0,974	
Heßler, 1937	0,095	10,55	8,3	0,787	Kerb auf Unterseite
	0,095		13,1	1,242	Kerb auf Oberseite
Dümpelmann	0,18	6,6	8,8	1,330	C_2H_2, Längsprobe
			14,8	2,240	H_2, Längsprobe
	0,18	8,0	11,2	1,400	C_2H_2, Querprobe
			12,8	1,600	H_2, Querprobe

Zahlentafel 15. Kerbschlagwerte von mechanisch bearbeiteten und brenngeschnittenen Proben.

Eine Ausmittelung der Einzelwerte ist bei den starken Streuungen nicht möglich. Die Kerbzähigkeit hängt weitgehend vom Glüh- und Gefügezustand des Werkstoffes ab. Das beim Brennschneiden entstehende Vergütungsgefüge wirkt sich daher je nach dem Zustand des Ursprungwerkstoffes verschieden stark aus. Im allgemeinen kann gesagt werden, daß brenngeschnittene Proben ohne Nachbearbeitung auch schlagartigen Beanspruchungen gewachsen sind.

4. *Dauerfestigkeit*

Dauerbrüche treten durch ständig wechselnde Beanspruchungen als verformungslose Trennbrüche auf. Sie gehen von den Stellen aus, an denen sich Spannungen anhäufen oder der Kraftfluß umgelenkt wird, und werden demgemäß von Bohrungen, Fehlstellen, Kerben usw. begünstigt. Brenngeschnittene Flächen mit ihren zur Zeit noch unvermeidlichen Schnittriefen müssen also für besonders empfindlich gehalten werden, während umgekehrt die durch das Brennschneiden vergütete Randschicht einen höheren Widerstand erwarten läßt.

Über Dauerversuchsergebnisse von Prof. *Graf* (Stuttgart) berichtet die folgende Zahlentafel, die sich auf Dauer-Zug- und Dauer-Biegeversuche bezieht. In beiden Fällen wurde die Last 200- bis 250mal in der Minute zwischen einer geringen Grundlast σ_u und einer Höchstlast σ_o geändert und als Dauerfestigkeit ($\sigma_o - \sigma_u$) derjenige Wert bezeichnet, der 2 Millionen Mal ohne Bruch ausgehalten wurde. Da bei beiden Versuchsarten die Grundlast relativ niedrig lag, kommt den ermittelten Werten fast der Charakter der reinen Schwell- oder Ursprungsfestigkeit zu.

Bei den Dauer-Biegeversuchen wurde — abweichend von der Gepflogenheit bei statischen Biegeversuchen — die eine brenngeschnittene Fläche ganz in die Zone höchsten Zuges, die andere ganz in die Zone höchsten Druckes gelegt, d. h. die schärfsten Bedingungen wurden angewandt.

Stahl, Bezeichnung, Festigkeit, C-Gehalt	Bohrung im Stab		Brennschnittfläche		Grenzlast	
	Durchmesser mm	Lage zur Schnittfläche	Zustand	Nacharbeit	untere σ_u kg/mm²	obere σ_o kg/mm²
Dauer-Zugstäbe, 40 mm dick, 60 mm breit, 800 mm lang						
St 42 46,5	17	parallel	gut	keine	0,7	20 bis 21
	17	parallel	gut	längs gehobelt	0,7	20 bis 21
	ohne	—	gut	keine	0,7	20
	ohne	—	gut	längs gefräst	0,7	23 bis 24
	ohne	—	gut	längs geschmirgelt	0,7	23
Dauer-Zugstäbe, 80 mm dick, 30 mm breit, 800 mm lang						
St 42 49,2	17	lotrecht	gut	keine	0,7	18 bis 19
	17	lotrecht	gut	längs gehobelt	0,7	18 bis 19
Dauer-Biegestäbe, 40 mm dick, 60 mm breit, 800 mm lang						
St 42 46,5	ohne	—	gut	keine	2	25
	ohne	—	gut	längs gehobelt	2	33
St 42 43	ohne	—	gut	keine	2	22
	ohne	—	schlecht	keine	2	19
	ohne	—	gut	allseitig längs gehobelt	2	35
	ohne	—	gut	allseitig längs geschliffen	2	>41
	ohne	—	gut	geglüht	2	28
	2 × 10	lotrecht	gut	keine	2	22
	2 × 10	lotrecht	gut	allseitig längs gehobelt	2	24
St 52 55,2/50,7 0,13 C	ohne	—	gut	keine	2	28
	ohne	—	gut	3seitig längs gehobelt	2	45
	ohne	—	gut	allseitig längs geschl.	2	48
St 70 70,1	ohne	—	gut	keine	2	30
	ohne	—	gut	allseitig längs geschl.	2	56

Erklärungen:

keine Nacharbeit .... die Stäbe wurden mit brenngeschnittenen Flächen geprüft.

längs gehobelt oder längs gefräst .... die durch das Brennschneiden wärmebeeinflußte Randschicht wurde durch Abhobeln von 4 mm bei 40 mm Blechdicke und von 8 mm bei 80 mm Blechdicke vollständig beseitigt.

längs geschmirgelt oder längs geschliffen ..... die brenngeschnittenen Flächen wurden schwach geschmirgelt oder geschliffen, so daß die Schnittriefen gerade verschwunden waren.

Zahlentafel 16. Dauerversuche an brenngeschnittenen Stäben (nach *Graf*).

Der Dauerbruch entstand:

bei den Stäben mit Bohrung
- mit brenngeschnittenen Flächen . . . . am Lochrand,
- mit längs gehobelten Flächen . . . . am Lochrand;

bei den Stäben ohne Bohrung
- mit brenngeschnittenen Flächen . . . . an der Brennschnittfläche,
- mit längs gehobelten Flächen . . . . an der Walzhaut,
- mit längs geschliffenen oder geschmirgelten Flächen . . . . . an der Walzhaut.

Aus den Messungen und Beobachtungen ist zu folgern, daß bei Dauerbeanspruchung

schlechte Brennschnitte eine etwas geringere Biegewechselfestigkeit ergeben als gute,
der Einfluß der Brennschnittfläche zurücktritt, wenn Bohrungen in der Zugzone vorhanden sind,
durch Glühen — entgegen der eingangs geäußerten Erwartung — eine Steigerung der Biegewechselfestigkeit eintritt,
Glattschleifen oder Abschmirgeln der Schnittriefen ohne Beseitigen der wärmebeeinflußten Schicht mindestens die gleiche oder eine stärkere Verbesserung der Festigkeit herbeiführt als vollständiges Abhobeln dieser Schicht.

Weiterhin folgerte *Graf* aus seinen Versuchen, daß der Einfluß der Brennschnittfläche, der Bohrungen und anderer Querschnittsveränderungen um so geringer ist, je größer der Anteil der ruhenden Belastung an der Gesamtbeanspruchung ist.

5. Bearbeitung und Bearbeitungszugabe brenngeschnittener Flächen

Das „Merkblatt 97407 des RZA Berlin (1939): Maschinenbrennschneiden" schreibt vor:

(3) Die Schnittflächen müssen eben sein und scharfe Kanten haben. Sie sollen frei von Kerben sein und möglichst gleiche Oberflächengüte aufweisen wie Flächen, die mit spanabhebenden Werkzeugen hergestellt sind.

(4) Nacharbeiten der Schnittflächen.
An den unteren Schnittkanten anhaftende Schlacke ist durch leichtes Abklopfen, Abfeilen oder Abschmirgeln zu beseitigen. Grobschnittige Feilen oder grobkörnige Schmirgelscheiben, die Riefen erzeugen, dürfen nicht verwendet werden, da sie die Dauerfestigkeit des Werkstückes herabsetzen.

Bei St 42 und bei niedrig legierten Stählen, z. B. St 47 K und St 52, sind bei größeren Dicken Werkstoffstreifen in folgenden Breiten auf mechanischem Wege, z. B. durch Hobeln, zu entfernen:

von 30 bis 49 mm	mindestens	3 mm
„ 50 „ 79 „	„	5 „
„ 80 „ 99 „	„	8 „
„ 100 mm und mehr	„	10 „ .

Das Abarbeiten der Stoffstreifen bei Dicken über 30 mm kann entfallen, wenn der Werkstoff an der Schnittfläche in einem geeigneten Ofen normalgeglüht wird. Brennschnitte, die zur Herstellung von Schweißflächen dienen, brauchen in keinem Falle mit spanabhebenden Werkzeugen nachbearbeitet werden. Sie müssen jedoch den Anforderungen nach Abschnitt (3) entsprechen.

Unter Beachtung der oben zusammengestellten Ergebnisse über statische und Dauer-Festigkeitsversuche muß die Vorschrift, die ganze wärmebeeinflußte Zone abzuarbeiten, als zu weitgehend bezeichnet werden. Glattschleifen bis zur Beseitigung der Schnittriefen muß nicht nur als ausreichend, sondern sogar als vorteilhafter angesehen werden.

Im Merkblatt zum DIN-Entwurf E 2310 (vgl. Bild 17) ist unterschieden zwischen

Trennschnitt
Glattschnitt
Maßschnitt

Der meist von Hand ausgeführte Trennschnitt ist nicht durch Vorschriften über die Oberflächengüte festgelegt. Er ist daher zum Schneiden kraftübertragender Konstruktionsglieder — mindestens bei wechselnder Beanspruchung — nicht anzuwenden. Bei dem maschinellen Glatt- und Maßschnitt wird folgende Rauhigkeit der Schnittflächen zugelassen, deren Summe die Bearbeitungszugabe darstellt (Zahlentafel 17):

Blechdicke s in mm	Tiefe der Schnittriefen h in mm	Unebenheit der Schnittfläche e in mm	Bearbeitungszugabe in mm
10	0,2	0,3	0,5
20	0,3	0,5	0,8
40	0,5	0,9	1,4
60	0,7	1,3	2,0
80	0,9	1,7	2,6
100	1,1	2,1	3,2

Zahlentafel 17. Blechdicke, Schnittriefentiefe, Schnittflächenunebenheit und Bearbeitungszugabe.

Der *DIN-Entwurf E 2310* sieht außerdem noch zulässige Abweichungen in Abhängigkeit von der Schnittlänge vor, die dann Gültigkeit haben, wenn auf den Maschinen nach Zeichnung geschnitten und das Steuerorgan von Hand geführt wird. Müßten diese in die Bearbeitungszugabe mit einbezogen werden, so würden sich, besonders bei den dünnen Blechen, Werte ergeben, die die des „Merkblattes 97407" noch überschreiten. Für kraft- und schwingungsübertragende Konstruktionselemente des Stahlhoch- und Brückenbaues müssen daher maschinelle Schablonenschnitte verlangt werden, bei denen diese Längenmaßabweichungen nicht auftreten.

Einfacher liegen die Dinge, wenn die brenngeschnittenen Stücke nicht als selbständige Konstruktionsteile kraftübertragend wirken, sondern wenn das Brennschneiden zum Vorbereiten von Schmelzschweißnähten dient. In diesem Falle kann und muß auf eine Bearbeitungszugabe verzichtet werden. (Daß beim Schneiden nach Zeichnung und sinngemäß beim Schneiden nach Schablone in jedem Fall die halbe Breite der Schnittfuge berücksichtigt werden muß, ist selbstverständlich.) Durch das Schmelzschweißbad werden die Rauhigkeiten der Schnittflächen ausgeglichen, es bleibt nur noch zu erörtern, ob metallurgische Gründe zu neuen Maßnahmen zwingen. Über diese Frage liegen Schweißversuche vor, die an Blechen mit brenngeschnittenen und mit gehobelten Seitenflächen angestellt wurden (Zahlentafel 18).

Die Versuche, die auch auf verschiedene Heizgase beim Brennschneiden ausgedehnt wurden, ließen erkennen, daß das Brennschneiden keinen Einfluß auf die nachträglich zu schweißende Verbindung hat. Nach Versuchen von *Wegerhoff* an St 37 und St 52 ist das Brennschneiden der Schweißkanten ohne nachträgliche Bearbeitung auch bei größeren Werkstoffdicken zulässig. Der Ausdruck „ohne nachträgliche Bearbeitung" ist natürlich nicht so auszulegen, daß auf eine Reinigung der Schnittflächen verzichtet werden darf; gründliches Abklopfen und Drahtbürsten ist unbedingt erforderlich.

Nach Behandlung der Frage, ob und wann die Nachbearbeitung brenngeschnittener Flächen notwendig ist, bleibt zu erörtern, ob die Nachbearbeitung Schwierigkeiten bereitet. Maßgebend sind Härte und Härtetiefe. Werden die einfachen Kohlenstoffstähle zugrunde gelegt, für die die meisten Ergebnisse vorliegen, so ist zu sagen: Werden äußerstenfalls die Kaltschnitte bis 0,4% C ausgedehnt, so ergibt sich eine Härte von nicht über 300 HB (Bild 29). Bei Warmschnitten von höhergekohlten Stählen liegt die Härte noch tiefer. Nach der bekannten Division der Brinellhärte durch 0,36 folgt die rechnerische höchste Festigkeit zu 83 kg/mm². Stähle dieser Festigkeit sind ohne besondere Schwierigkeiten spanabhebend bearbeitbar. Die nach dem Innern des Werkstückes schnell abnehmende Härte wirkt sich weiterhin günstig aus. Da die meisten der üblichen Stähle weit unter der genannten Oberflächenhärte liegen, kann die Bearbeitbarkeit nach dem Brennschneiden als gut bezeichnet werden.

Stahl	Schweißränder	Zerreißversuche Flachstäbe 10,5 × 30 × 100 mm		Biegeversuche Flachstäbe 10 × 50 × 100 mm	
		Festigkeit kg/mm²	Bruch	Biegewinkel Grad	Bruch
St 37	brenngeschnitten	41,6	außerhalb der Schweiße	180	kein
		41,5		180	
	gehobelt	41,4		180	
		41,7		180	
St 52	brenngeschnitten	53,2	außerhalb der Schweiße	180	kein
		53,1		68	in der Schweiße
	gehobelt	53,3		180	kein
		53,1		180	kein
St 60	brenngeschnitten	58,4	in der Schweiße	37	in der Schweiße
		62,3		55	
	gehobelt	58,8		49	
		65,0		65	
St 70	brenngeschnitten	64,3	in der Schweiße	36	in der Schweiße
		66,3		37	
	gehobelt	62,4		39	
		67,6		47	

Zahlentafel 18. Zerreiß- und Biegeversuche an geschweißten Blechen. Lichtbogenschweißung mit umhüllten Elektroden [Lit. *Schoenmaker-Bergsma*].

Hand-Schnittflächen greifen die Schneiden der Werkzeugstähle stärker an als Maschinen-Schnittflächen, weil die Unebenheiten den Stählen immer wieder die harte Oberfläche entgegenstellen. Ein tiefer Span, der im ersten Arbeitsgang bis in den gesunden Werkstoff reicht, ist in solchen Fällen zu empfehlen.

H. Spannungen beim Brennschneiden

Wenn über Spannungen beim Brennschneiden gesprochen wird, darf nicht vergessen werden, daß Spannungen nicht eine Eigentümlichkeit des Brennschneidens sind, sondern daß sie auch bei mechanischen Bearbeitungsverfahren auftreten. Niet-, Keil- und Schraubenverbindungen werden ausdrücklich als Spannungsverbindungen bezeichnet. Aber auch beim Scherenschnitt treten durch die Verzerrungen Spannungen auf, die weit in das volle Blech hineinreichen. Selbst beim Schleifen gehärteter Stücke können, wenn die Schleifscheibe zu voll angesetzt wird, Spannungsrisse entstehen.

Die Spannungen beim Brennschneiden sind in erster Linie thermischer Natur. Wird ein spannungsfreies Blech örtlich bis in den plastischen Bereich hinein erhitzt, so tritt wegen der Dehnungsbehinderung durch den umgebenden Werkstoff ein plastisches Ausweichen aus der Blechebene ein, das beim Erkalten nicht wieder ganz zurückgeht. Der herausgedrückte Werkstoff fehlt daher bei dem hauptsächlich zweiachsig erfolgenden Schrumpfen und ist die Ursache der Spannungen.

Spannungen und Dehnungen — oder allgemeiner ausgedrückt: Verformungen — sind Erscheinungen, die miteinander in Zusammenhang stehen. Am sinnfälligsten sind die Dehnungen beim Brennschneiden, weshalb auf sie zunächst eingegangen werden soll.

Werden von einem Blech Streifen verschiedener Breite nur so weit abgeschnitten, daß sie mit dem letzten Rest noch mit dem Blech verbunden bleiben, so läßt sich ein Abkrümmen der Streifen vom Blech beobachten, das um so stärker ist, je schmaler der Streifen ist. Das im warmen Zustand vorhandene Maß der Abkrümmung geht beim Erkalten teilweise zurück. Bei schmalen Streifen läßt sich die weitere Beobachtung machen, daß unter dem Einfluß der an der Oberseite stärkeren Erwärmung sich ein Abkrümmen auch nach unten einstellt, das mit zunehmender Abkühlung ebenfalls wieder nachläßt. Wird von der Volumenzunahme durch Martensitbildung abgesehen, die bei kaltgeschnittenen härtbaren Stählen vorkommt, so beruhen die bleibenden Dehnungen auf der oben beschriebenen Schrumpfungsbehinderung in der Randschicht. Messungen an abgeschnittenen Streifen von 6 bis 40 mm Breite ergaben nach dem Erkalten bleibende Verlängerungen der Schnittfläche zwischen 0,07 und 0,18%. Die Blechdicke und die Art des Baustahles waren von untergeordneter Bedeutung.

Die Ausführungen lassen erkennen, daß die Verformungen während des Schneidens am stärksten sind und daß sie an den Stellen höchster Temperatur und geringster Schneidbreite ganz besonders deutlich werden. Daraus ergibt sich für das Ausführen langer Schnitte und für das Ausführen mehrerer Schnitte an demselben Blech die wichtige Folgerung, die Reihenfolge der Schnitte so festzulegen, daß eine örtliche Wärmeansammlung möglichst vermieden wird. Ausschnitte oder Trennungsschnitte, die die Steifigkeit des Werkstückes vermindern, sind zuletzt durchzuführen. Bei Werkstücken mit mehrfachen Ausschnitten, bei denen Erfahrungswerte noch nicht vorliegen, empfiehlt es sich, den zweiten und die übrigen Ausschnitte nach dem zuerst durchgeführten auszurichten. Daß die Befürchtungen wegen des Verziehens nicht übertrieben zu werden brauchen, beweist das gleichzeitige Schneiden mit mehreren Brennern selbst an Werkstücken geringer Breite.

Die nächste Frage betrifft die Größe der durch das Brennschneiden entstehenden Spannungen. An Stäben aus St 37, deren beide Längsseiten brenngeschnitten waren, wurde die eine Brennschnittfläche abgehobelt und damit die Restspannungen dieser Seite entfernt. Die Spannungen auf der anderen Seite zogen den betreffenden Stab krumm. Aus der Durchbiegung wurden die Spannungen zu zwischen 0,8 und 2,2 kg/mm² liegend, abhängig von den zwischen 10 und 52 mm betragenden Schneiddicken, ermittelt. An quadratischen Rahmen aus St 37 mit einer äußeren Kantenlänge von 400 mm und einer lichten Quadratweite von 310 mm, 10 bis 40 mm dick, wurden auf ähnliche Weise Restspannungen von 0,5 bis 1,0 kg/mm² gefunden. Spannungsätzungen nach *Fry* lassen die Kraftlinien an brenngeschnittenen Flächen nur schwach hervortreten.

Ihrer Art nach sind die Restspannungen einfacher Schnittflächen nach dem Erkalten Zugspannungen, wie sich a) überlegungsmäßig und b) versuchsmäßig beweisen läßt.

a) Während des Schneidens gerät die wärmebeeinflußte Zone in Druckspannungen (soweit die Warmstreckgrenze nicht überschritten ist) und verformt sich plastisch, weil das kalte Blech dem Ausdehnungsbestreben nicht nachgibt. Beim Erkalten setzt das kalte Blech dem Schrumpfungsbestreben in umgekehrter Richtung Widerstand entgegen, wodurch in der plastisch verformten (und angrenzenden) Zone Zug zurückbleibt.

b 1) Die während des Schneidens starke Krümmung einseitig brenngeschnittener schmaler Streifen geht nach dem Erkalten nur teilweise zurück, ein Zeichen, daß die

Dehnungsmöglichkeit während des Schneidens stärker ist als die Schrumpfungsmöglichkeit beim Erkalten.

b 2) Die infolge des Abhobelns einer Brennschnittfläche gekrümmten Stäbe wurden in einem Ofen vorsichtig erhitzt und abgekühlt, wodurch sich die Pfeilhöhe der Krümmung um etwa 30% verminderte, ein Zeichen, daß durch das Erhitzen Zugspannungen auf der Brennschnittseite zum Verschwinden gebracht wurden.

Bei Formschnitten liegen die Verhältnisse verwickelter. Durch einen einzelnen Schnitt entstehen Zugspannungen in der Schnittfläche, Druckspannungen im weiter angrenzenden Blech. Führt ein zweiter Schnitt durch die Druckzone des Bleches, so treten wechselseitige Beeinflussungen der Spannungen auf, die sich verschiedenartig auswirken können. Wurde z. B. beim Herstellen der oben erwähnten 400-mm-Quadratrahmen zuerst der äußere Umfang und dann das innere Quadrat geschnitten, so schoben sich nach dem Durchsägen einer Rahmenseite die frei gewordenen Blechenden gegeneinander. Wurde zuerst das innere, dann das äußere Quadrat geschnitten, so entfernten sich die durchgesägten Blechkanten voneinander.

Beim Brennschneiden insbesondere von Walzprofilen ist zu beachten, daß die Werkstücke im Anlieferungszustand mit Spannungen behaftet sind. Wird z. B. ein Doppel-T-Träger durch Längsschnitt in zwei einfache T-Träger zerlegt, so zeigen beide Hälften Verformungen, die mit Schneidspannungen nichts zu tun haben. Das Gleichgewicht der Walzspannungen wird jedoch durch den Brennschnitt gestört. Der Beweis ergibt sich, wenn der Träger nicht brenngeschnitten, sondern durchgehobelt wird. Werden Brennschneidarbeiten an Altstahlprofilen aus ausgebrannten Gebäuden durchgeführt, so sind Überlegungen über die Wiederverwendbarkeit der Stücke notwendig, weil die während des Brandes aufgetretene Erhitzungstemperatur unbekannt ist und der Erfolg des Richtens von dieser Temperatur abhängt. Es sei hier auf das *DIN-Blatt 1050* verwiesen.

J. Korrosionsbeständigkeit

Es ist bekannt, daß die Gefügearten des Stahles sich gegen korrosiven Angriff verschieden verhalten. Zu den grundlegenden Arbeiten gehören die von *Heyn* u. *Bauer**), die sich mit der Löslichkeit in Schwefelsäure befaßten. Aus einem Diagramm mit mehreren Kurven wurde die nachstehende Zahlentafel 19 abgegriffen.

Probe Nr.	Anlaß-temperatur °C	Gefüge	Gewichts-abnahme in g	Verhältnismäßige Gewichtsabnahme (Martensit = 1)
1	—	Martensit	0,564	1,00
2	100	Troostit	0,492	0,872
3	200	Troostit	1,03	1,83
4	300	Troostit	3,00	5,32
5	410	Osmondit	5,69	10,10
6	500	Sorbit	3,72	6,60
7	600	Sorbit	1,93	3,42
8	700	Perlit, körnig	1,91	3,39
9	900	Perlit, lamellar	1,14	2,02

Zahlentafel 19. Löslichkeit in 1prozentiger Schwefelsäure. Stahl mit 0,95% C, bei 900° C in Wasser abgeschreckt. Proben 1 Stunde lang bei verschiedenen Temperaturen angelassen. Gewichtsabnahme nach 72 Stunden Versuchsdauer.

*) Metallographie II, Samml. Göschen, 1920.

Es ergibt sich hieraus, daß Martensit die größte Korrosionsbeständigkeit aufweist, welche über Troostit bis auf eine geringste Beständigkeit im Osmondit abfällt und über Sorbit und „körnigen Perlit zum lamellaren Perlit" wieder ansteigt, ohne jedoch die hohe Korrosionsbeständigkeit des Martensits wieder zu erreichen. **Martensit ist jedoch empfindlich gegenüber Mischsäure.**

Beim Brennschneiden von Baustählen, deren Hauptsubstanz aus Ferrit besteht, treten die genannten Gefügearten nur in geringen Prozentsätzen auf. Trotzdem wurde bei Korrosionsversuchen in 20prozentiger Schwefelsäure [Lit. *Spraragen* u. *Claussen*] ein Verhalten beobachtet, das sich an obige Zahlentafel anlehnt. Auf der Blechober- und -unterseite wurde eine örtliche Korrosion bemerkt, die sich — von der Schnittkante aus gemessen — in der angegebenen Breite über die Walzflächen erstreckte.

Stahl	C	Mn	Si	Cr	Cu	Abstand des Korrosionsbereiches von der Schnittkante aus	
						Oberseite	Unterseite
1	0,05	0,27	0	—	—	1,0 bis 3,5 mm	1,0 bis 1,5 mm
2	0,33	0,54	0,02	—	—	Korrosion fand im Gebiet eines fein- und grobkörnig gemischten Gefüges statt	
3	0,13	0,49	0	—	0,40	1,0 bis 3,5 mm	1,0 bis 1,5 mm
4	0,20	0,70	0,27	0,52	0,57	1,0 bis 3,5 mm	1,0 bis 1,5 mm

Zahlentafel 20. Korrosionsversuche an Stahlblechen von 12 mm Dicke.

Es bleibt noch die Möglichkeit zu erwägen, ob sich zwischen den Kristallen der Umwandlungszone und denen des ferritischen Grundgefüges in Anwesenheit eines Elektrolyts Lokalelemente bilden können, die den korrosiven Angriff begünstigen. Diese Möglichkeit ist nur dann von praktischem Interesse, wenn dadurch die Korrosion an der Schnittfläche selbst stärker ist als am übrigen Blech. Versuche zeigten das Gegenteil [Lit. *Spraragen* u. *Claussen*] (Zahlentafel 21).

Stahl	Korrosionsmittel	Miteinander verglichene Flächen	Verhalten
weich	fließendes Leitungswasser + 1% NaCl bzw. + 1% H_2SO_4	brenngeschnitten gehobelt	brenngeschnitten besser als gehobelt
weich	Wasser + 1% NaCl	glatter Maschinenschnitt glatter Handschnitt rauher Handschnitt	gleichwertig unterlegen

Zahlentafel 21. Korrosionsvergleichsversuche.

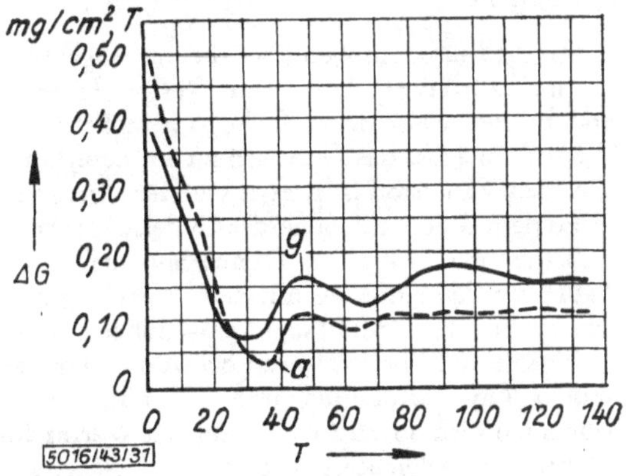

Bild 31. Korrosionsdauerversuch an Probestäben aus St 37, 10 × 25 × 40 mm, gehobelt (h) und autogen geschnitten (a), in 1 Gew. % NaCl-Lösung in Wasser.

ΔG = Gewichtsverlust in mg/cm² · Tag
T = Tage Korrosionsdauer

Zahlenmäßige Ergebnisse brachten werkseigene Versuche [Lit. *Mitt. d. Fa. Werk Autogen-Griesheim*] an Proben in fließendem Leitungswasser (Zahlentafel 22).

Stahl	Ursprüngliche Blechdicke mm	Gewichtsverlust an allseitig gehobelten Proben	Gewichtsverlust an allseitig brenngeschnittenen Proben
St 37	25	0,33	0,17
St 37	40	0,27	0,15
St JZ II	25	0,27	0,15
St JZ II	40	0,32	0,15
St Si	25	0,33	0,13
St Si	40	0,31	0,13
St 48	25	0,27	0,17
im Durchschnitt		0,30	0,15

Zahlentafel 22. Gewichtsverlust in mg/cm^2 · Tag an Proben von 10×10×50 mm in fließendem Leitungswasser.

Über den zeitlichen Verlauf der Korrosion gibt das Bild 31 Aufschluß. Der höhere Gewichtsverlust der brenngeschnittenen Proben zu Beginn der Versuche war durch das Abfallen der äußeren Zunderschicht zu erklären. An anderen, hier nicht gezeigten Versuchen war unter gleichen Bedingungen der Gewichtsverlust der brenngeschnittenen Proben etwa vom 10. bis zum 150. Tag unter dem der gehobelten, anschließend lagen beide auf ungefähr gleicher Höhe. An einem St 48 vergrößerte sich der tägliche Gewichtsverlust der brenngeschnittenen Probe nach etwa 70 Tagen, wahrscheinlich weil die Schicht mit korrosionsanfälligen Gefügebestandteilen erreicht war. Bei allen Versuchen war — in Einklang mit dem Gewichtsverlust — nach gleicher Versuchsdauer das Aussehen der brenngeschnittenen Flächen besser als das der gehobelten.

Im Durchschnitt betrachtet, zeigen die Versuche, daß die Korrosionsbeständigkeit brenngeschnittener Flächen besser ist als die gehobelter Flächen. Im Gebiet der Übergangs- bzw. Anlaßgefüge nimmt die Korrosionsbeständigkeit ab.

K. Das Brennschneiden verschiedener Werkstoffe

1. Gußeisen

An die Betrachtungen über die „im engeren Sinne brennschneidbaren" Werkstoffe ist eine Erörterung derjenigen Werkstoffe anzuschließen, die „bedingt schneidbar" sind, bei denen also der einfache Sauerstoffstrahl nicht mehr zum Zertrennen ausreicht. Hier ist zunächst das Gußeisen zu nennen. Über sein Verhalten als Werkstoff gegenüber dem Sauerstoff ist bereits berichtet worden; hier bleibt zu ergänzen, wie sich die Praxis dem Brennschneiden des Gußeisens gegenüber einstellt. Da ist zu sagen, daß für Gußeisen nur der rohe Trennschnitt zum Verschrotten gebräuchlich ist. Dünne Platten werden einfacher mit dem Vorschlaghammer oder dem Fallbären zerlegt, und erst wo diese Hilfsmittel nicht anwendbar sind, erlangt der Schneidbrenner seine volle Gültigkeit, z. B. bei schweren Schwungradkränzen, -armen und -naben. Das aus teilweisem Durchschmelzen und teilweisem Verbrennen des Gußeisens bestehende Schneiden wird durch Anwendung des Warmschnittes, also Erhitzen des ganzen Werkstückes, sehr erleichtert, z. B. durch Koksfeuer od. dgl. Wo dies nicht benutzbar ist oder nicht ausreicht, muß durch örtliche Wärmekonzentration nachgeholfen werden. Hier sind verschiedene Wege ausprobiert worden.

Es ist versucht worden, zusätzliche Wärme durch Verbrennen von weichem Stahl zu erzeugen, indem ein dicker Draht unterhalb des Heizflammenkegels in den Sauerstoffstrom gehalten oder längs der beabsichtigten Trennlinie eine weiche Stahlraupe elektrisch aufgeschweißt wurde; ob dabei Risse im Gußeisen auftraten, war für die Verschrottungsschnitte belanglos. Es ist auch versucht worden, Weichstahlpulver aus einem am Brenner befestigten Behälter in den Sauerstoffstrom einsaugen zu lassen. Hierbei war es ratsam, die Bedienungsleute mit Schutzkleidung und Schutzhelmen zu versehen, weil bei Anspritzen von Schlacke gegen das Mundstück ein Sauerstoffrücktritt mit Explosion des Pulverbehälters nicht ausgeschlossen war.

Etwas bequemer war das Verfahren, die Heizflammenquerschnitte zu vergrößern, ovale statt kreisrunder Querschnitte für den Flammenaustritt oder zusätzliche Heizbohrungen zu wählen. In jedem Fall waren die Heizflammen auf starken Azetylenüberschuß einzustellen, um den Schneidsauerstoffstrahl auf seiner ganzen wirksamen Länge aufzuheizen. Außerdem wurde als notwendiges Hilfsmittel eine besondere Brennerhaltung und -führung vorgeschrieben, die kreisend vor- und zurückgehend der guten Vorwärmung und starken Wärmekonzentration diente.

Aus Beobachtungen geht hervor, daß sich graues Gußeisen schwieriger als weißes schneiden läßt. Bei der geringen Bedeutung des Gußeisenschneidens sind umfangreiche Untersuchungen darüber nicht angestellt. Möglicherweise trägt die beim Verbrennen des Graphits im grauen Gußeisen entstehende Kohlensäure dazu bei, den Schneidsauerstoff zu verschlechtern und weniger wirksam zu machen. Höherer Siliziumgehalt, der die Graphitausscheidung begünstigt, erschwert das Schneiden, höherer Mangangehalt wirkt im umgekehrten Sinne. Die wärmebeeinflußte Zone ist wegen der geringen Schnittgeschwindigkeit breiter als bei Stahl. Die Randzone weist Zementitbildung auf, die der Schnittfläche eine hohe Härte und Sprödigkeit verleiht.

2. *Brennschneiden plattierter Stahlbleche*

Plattierte Stahlbleche bestehen aus einer zur Kraftaufnahme und Kraftübertragung bestimmten dicken Schicht aus einfachem Kohlenstoffstahl und aus einer dünnen Plattierungsschicht, welche den Oberflächenschutz gegen korrosiven Angriff bildet. Die Dicke der Plattierung ist 10 bis maximal 20% der gesamten Blechdicke. Gebräuchliche Plattierungsmetalle sind Kupfer, Nickel und nichtrostender Stahl.

Kupfer hat einen Schmelzpunkt von 1083° C. Bei den beim Brennschneiden auftretenden Temperaturen muß also mit einem Wegschmelzen des Kupfers gerechnet werden. Kupfer hat aber eine Wärmeleitfähigkeit, die etwa fünfmal größer als die des Stahles ist. Liegt beim Brennschneiden die Kupferschicht unten, so wird die durch die Eisenverbrennung und die abfließenden Oxyde örtlich dem Kupfer zugeführte Wärme so schnell abgeleitet, daß der Schmelzpunkt nicht erreicht wird, und die Energie des Sauerstoffstrahles und die Erosionswirkung der Schlacke genügen nicht zum Durchdringen des Kupfers. Wird beim Brennschneiden die Kupferschicht nach oben gelegt, so schmilzt die Heizflamme die Kupferplattierung längs der Schnittlinie weg, und der Sauerstoffstrahl treibt das flüssige Kupfer durch die Schnittfuge, an deren Rändern es teilweise haften bleibt, ohne sich jedoch fest metallisch zu binden. Die Anschnittkante eines 9-mm-Bleches mit 0,9 mm dicker oben liegender Kupferplattierungsschicht konnte noch als bemerkenswert scharfkantig bezeichnet werden. Meist tritt ein stärkeres Abschmelzen des Kupfers ein.

Stahlbleche mit Nickel- und nichtrostender Stahlplattierung können unter einem einheitlichen Gesichtspunkt betrachtet werden. Schmelzpunkt und Wärmeleitfähigkeit weichen nicht so stark wie die des Kupfers vom Kohlenstoffstahl ab. Es ist üblich, beim Brennschneiden die Plattierungsschicht nach unten zu legen und die Verbrennungsprodukte des Kohlenstoffstahles beim Durchtrennen einwirken zu lassen. Wärme und Strömungsenergie müssen gleicherweise ausgenutzt werden, um die Plattierung zu durchdringen. Besonders wichtig ist ein glatter, sofort durchgehender Anschnitt: die Anschneidstelle ist auf der ganzen Blechdicke auf helle Rotglut zu bringen.

Um die Wärmewirkung zu vergrößern, kann die Schneiddüse um eine Nummer größer genommen werden, als der Blechdicke entspricht, und die Schnittgeschwindigkeit ist etwas herabzusetzen. Dadurch wird die Schnittfuge breiter und mehr Wärme durch die Eisenverbrennung entwickelt. Um die Strömungsenergie besser auszunutzen, kann der Schneiddruck erhöht werden. Außerdem ist es zweckmäßig, den Brenner um 10° bis höchstens 14° zu neigen, so daß der Schneidsauerstoff leicht nach rückwärts gerichtet ist. Auf diese Weise wird vermieden, daß an der Übergangsstelle zwischen Kohlenstoffstahl und Plattierung, wo sich ein leichter Wärmestau bildet, der Schneidsauerstoff den Kohlenstoffstahl stärker angreift und einen Absatz verursacht, der dem weiteren Fortschreiten des Schnittes hinderlich wäre. Es gelingt jedoch auch ohne Schrägstellung des Brenners, plattierte Bleche zu schneiden, wenn Hochdruck-Schneiddüsen verwendet werden.

Nach beiden Verfahren, d. h. normale Düsen, rückwärts gerichtet, und Hochdruckdüsen, nicht geneigt, ist es möglich, Gehrungsschnitte unter 45° und 60° durchzuführen.

Auf der Plattierungsschicht brenngeschnittener Bleche bilden sich Anlauffarben, die durch Überschmirgeln entfernt werden müssen. Das Nachlaufen der Schnittriefen ist in der Plattierungsschicht meist nicht größer als in der Kohlenstoffstahlschicht. An der Unterkante wird sogar bisweilen eine leichte Vorwärtskrümmung bemerkt. Dagegen tritt meist eine konische Verbreiterung der Schnittfuge innerhalb der Plattierungsschicht ein, einem stärkeren Auswaschen vergleichbar. Bei nichtrostender Stahlplattierung haftet die Schlacke am abfallenden dünneren Streifen stärker an als an der stehenbleibenden Seite. Bei Nickelplattierung, wo die Schlackenbildung stärker ist, bleibt nach dem Abklopfen ein Grat an der Unterkante stehen, der abgefeilt oder abgeschmirgelt werden muß. Die metallographischen Veränderungen werden im folgenden Abschnitt kurz gestreift.

3. Brennschneiden nichtrostender und ähnlicher hochlegierter Stähle

Die chemische Zusammensetzung und der metallographische Zustand dieser Stähle bewegen sich zwischen weiten Grenzen. Meist sind sie auf der Chrom-Nickel-Basis aufgebaut, wo der austenitische Stahl mit 18% Cr und 8% Ni eine besondere Rolle spielt. Der metallographische Zustand der Stähle kann auch martensitisch oder ferritisch oder gemischt sein. Wie sich die verschiedenen Stähle in ihrem Gefügeaufbau dem Brennschneiden gegenüber verhalten, kann in einfacher Form ausgedrückt werden:

> Wenn die Stähle ihr korrosionsfestes Gefüge durch langsame Abkühlung aus dem Gebiet der festen Lösung erhalten haben, ist das Brennschneiden ohne nachteilige Folgen für ihre Eigenschaften. Der Abschreckwirkung an der Schnittfläche ist durch die bekannten Maßnahmen, wie Warmschneiden, zu begegnen.

Wenn die Stähle erst durch Abschrecken von hoher Temperatur in den gewünschten Gefügezustand übergeführt wurden, wird durch das Brennschneiden dieser Zustand in der wärmebeeinflußten Zone aufgehoben.

Die für das Brennschneiden von Gußeisen angegebenen Arbeitsregeln können mit folgender Einschränkung auch hier übertragen werden: Kam es beim Gußeisen nur auf Verschrottungsschnitte an, so wird bei nichtrostenden Stählen größerer Wert auf annähernd glatte Schnitte gelegt. Die halbkreisförmig hin und her gehende Brennerbewegung, die zwangläufig unebene Schnittflächen herbeiführt, ist durch eine vor und zurück gehende Bewegung zu ersetzen, wobei das wiederholte Bestreichen der Schnittkante mit der Heizflamme die nötige Wärmeansammlung verursacht. Warmschnitte sind selbstverständlich auch hier von Vorteil: je höher die Menge der Legierungsbestandteile, desto höher muß die Temperatur des Werkstückes insgesamt gesteigert werden. Bei Rotwärme und der beschriebenen Arbeitsweise wird auch die früher angegebene Schneidbarkeitsgrenze für 20 Cr/10 Ni verschoben.

L. *Pulver-Brennschneidverfahren.*

Die Abschnitte A bis J beschränken sich auf das Brennschneiden unter Verwendung von Brenngasen und Sauerstoff, und erst im Abschnitt K. 1 wird angedeutet, daß auch feste Stoffe wie Eisen als Brennstoff herangezogen werden können, um ihre Verbrennungswärme im Sauerstoffstrom zur Unterstützung der Heizflamme abzugeben. Die am Ende des Abschnittes C angegebenen „Grundbedingungen für die Schneidbarkeit" stützen sich auf die klassische Theorie des Brennschneidens, welche keine zusätzlichen Hilfsmittel vorsieht. Durch besondere Maßnahmen ist es gelungen, Verfahren zu entwickeln, mit denen Werkstoffe autogen geschnitten werden können, die nach der klassischen Theorie als nur bedingt oder als nicht schneidbar gelten. Bemerkenswert ist, daß jedes der drei hier zu beschreibenden Verfahren von einem anderen Standpunkt ausgeht.

1. *Das Quarzpulver-Verfahren* (Bild 32)

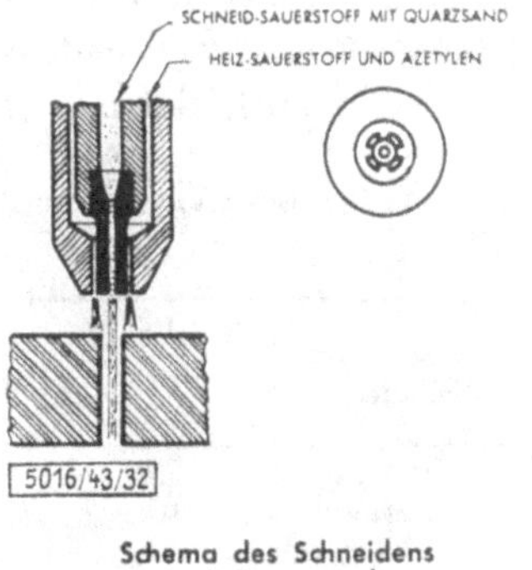

Schema des Schneidens mit Quarzsand (Cinox)

Bild 32.

Das unter der Bezeichnung „Cinox" bekannt gewordene Verfahren wurde von der Oxhydrique Internationale in Brüssel entwickelt. Es beruht auf dem Prinzip, daß

bei hoher Temperatur der Widerstand der Metalle gegen mechanische Beanspruchung gering ist.

Der Name ist von den Begriffen

energie cinétique und oxygene

abgeleitet worden und soll bedeuten, daß die kinetische Energie des Sauerstoffstrahles durch Zusatzstoffe verstärkt worden ist. Als Zusatz wird feines Quarzpulver benutzt, das sorgfältig gewaschen und auf eine bestimmte Feinheit abgesiebt ist. Das Quarzpulver wird vom Sauerstoffstrahl selbst mitgeführt. Damit die Schneiddüse vor zu großem Verschleiß geschützt ist, enthält sie einen Einsatz aus verschleißfestem Stahl. Als Heizflamme wird Azetylen-Sauerstoff bevorzugt.

Der Schneidbrenner ist einem Sandstrahlgebläse zu vergleichen, das die Körner auf eine hocherhitzte Fläche schleudert. Bei einer Kornfeinheit von 0,35 mm ø ergibt sich rechnerisch ein Durchgang bis zu 27 500 Körnchen je Sekunde. Schon an kalten

Materialien, z. B. Glas, lassen sich mit derartigen Strahlen Durchstechwirkungen erzielen; es ist verständlich, daß der erhitzte Werkstoff und die Schlacketeilchen noch viel stärker von dem Strahl angegriffen werden.

Um günstige Anfangsbedingungen zu schaffen, ist besonders bei Gußeisen die Anschnittstelle über die ganze Dicke vorzuwärmen. Als Abstand des Mundstückes vom Werkstück sind 10 bis 25 mm zu wählen. Die Teilchen prallen mit einer gewissen Streuung auf. Bei Blechen und Platten unter 10 mm Dicke wird die obere Kante ziemlich stark angegriffen, so daß das Verfahren erst über 10 mm zu empfehlen ist. Erfahrungen mit Kupfer und Aluminium liegen nicht vor. Bei nichtrostenden Stählen mit ihrer schlechten Wärmeleitfähigkeit sind dagegen die Ergebnisse gut.

Der Schneidbrenner muß als Dreischlauchbrenner ausgebildet sein;
in dem 1. Schlauch wird Azetylen (300 bis 500 mm W.-S.),
in dem 2. Schlauch wird Heizsauerstoff (1,0 bis 3,0 atü),
in dem 3. Schlauch wird Schneidsauerstoff mit Quarzpulver (2,0 bis 10,0 atü) zugeführt. Das Schneidsauerstoff-Ventil besitzt einen großen glatten Durchgangsquerschnitt.

Die Beimischung des Quarzpulvers geschieht folgendermaßen: Das Quarzpulver befindet sich in einem druckfesten Behälter, der
für Fassungen von 7,5 bzw. 50 kg Quarzpulver geliefert wird.

Die Entnahme erfolgt am unteren Ende durch einen Ejektor, der mit dem Druck des Schneidsauerstoffes betrieben wird. Eine Rohrleitung zum Druckausgleich führt den Sauerstoff auch auf die Oberfläche des in den Behälter eingeschütteten Pulvers.

Von dem Pulverbehälter strömt das Sauerstoff-Pulver-Gemisch durch den Schneid-Sauerstoff-Schlauch zum Brenner.

Die Arbeitsweise ist so, daß zunächst die Heizflamme angezündet wird. Bei Werkstoffen von 10 mm aufwärts, also bei Werkstoffdicken, für die das Verfahren vorgeschlagen wird, erfolgt ein Anwärmen wie beim normalen Autogenschneiden; handelt es sich um Gußeisen, so ist — wie gesagt — die Anschnittstelle über die ganze Dicke vorzuwärmen. Die Anwärmzeiten betragen

bei Stahl 18/8 von	10	50	150	250 mm
fast	0	0,5	2,0	4,0 min
bei grauem Gußeisen	20		150	250 mm
	0,5		3,0	5,0 min

Werkstoff und Schnitt	Werkstoffdicke mm	Schnittgeschwindigkeit mm/min	Verbrauch an		Quarz kg/m
			Sauerstoff m^3/m	Azetylen m^3/m	
Stahl 18/8 von Hand	5	217	0,255	0,0925	0,138
	10	192	0,315	0,1045	0,157
	50	125	0,790	0,187	0,280
	150	75	3,770	0,400	0,870
	250	67	7,430	0,625	1,270
Stahl 18/8 maschinell	5	250	0,188	0,080	0,100
	10	250	0,188	0,080	0,100
	50	175	0,506	0,114	0,172
	150	100	2,700	0,267	0,650
	250	67	7,350	0,550	1,275
graues Gußeisen	20	150	0,592	0,133	0,233
	150	58	4,500	0,457	1,110
	250	50	9,925	0,835	1,700

Zahlentafel 23. Leistung und Verbrauch beim Cinox-Verfahren.

Leistung und Verbrauch beim Cinox-Verfahren gehen aus Zahlentafel 23 hervor. Als Anwendungsgebiete bzw. Anwendungsgrenzen werden angegeben:

Gußeisen bis 600 mm Dicke
hochlegierter Stahl bis 250 mm Dicke ausprobiert,
C-Stahl in Paketen, ohne Zusammenpressen der Einzelbleche.

Vorsichtsmaßnahmen:

Es liegt nahe, daß bei Arbeiten mit feinem Quarzsand die Frage nach Gefährdung der Gesundheit auftaucht. Nach Angabe der Erfinderfirma, die sich auf ein Gutachten des Spezialisten Dr. *Clerens* in Brüssel stützt, besteht bei ihrem Verfahren mit einem gut vorbehandelten, aus runden Partikeln bestehenden Quarzsand keine Gefahr einer Staublunge. Es ist selbstverständlich, daß — wie bei den anderen Verfahren auch mit Absaugevorrichtungen gearbeitet werden muß. Unter ungünstigen Arbeitsverhältnissen müssen Atemschutzgeräte getragen werden.

2. *Das Flußmittel-Verfahren* (Bild 33)

Das Flußmittel-Verfahren ist von der Air Reduction Co., New York, entwickelt worden.

Das Prinzip des Verfahrens ist, die beim Schneiden hochlegierter Stähle entstehenden schwerschmelzenden Schlacken durch Flußmittel dünnflüssig zu machen und sie dadurch leichter aus der Schnittfuge herauszutreiben. Die thermische Wirkung des Flußmittels, das — soweit bekannt geworden — aus Natrium-Bicarbonat als einzigem oder mindestens als Hauptbestandteil bestehen soll, ist gleich Null anzusetzen, wenn von der besseren Wärmeübertragung abgesehen wird, die die festen oder geschmolzenen Flußmittelteilchen in bezug auf den zu schneidenden Werkstoff verursachen. Eine geringe mechanische Wirkung kann angenommen werden, ähnlich, jedoch schwächer als beim Cinox-Verfahren.

Die Grenzen des Verfahrens sind durch das Prinzip gegeben. Entweder muß für jedes Metall ein geeignetes Flußmittel gesucht werden; ob es gefunden wird, bleibe dahingestellt. Oder es wird ein bestimmtes Flußmittel festgelegt, das sich für eine bestimmte Größe von Werkstoffen eignet. Bisher scheint nur der letztere Weg beschritten worden zu sein, d. h. das Verfahren ist angewandt worden für

rostfreie Stähle bis 350 mm maschinell,
rostfreie Stähle von Hand,
rostfreie Stahlbleche in Paketen, nicht zusammengespannt.

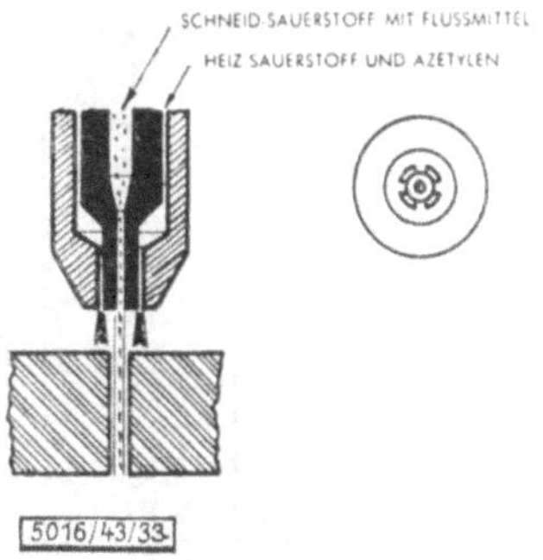

Bild 33. Schema des Schneidens mit einem Flußmittel (Airco)

Das Flußmittel für rostfreie Stähle, das die Cr-Oxyde dünnflüssig machen soll, hat keine Affinität zu Sauerstoff, es kann daher — wie das Quarzpulver des Cinox-Verfahrens — vom Schneidsauerstoff selbst mitgeführt werden. Da es weicher als Quarz ist, können normale Schneiddüsen benutzt werden, ohne daß eine Gefahr zu schneller Abnutzung besteht. Um das Flußmittel in gut vorgewärmten Zustand mit den Cr-Oxyden zur Vereinigung zu bringen, wird der Abstand des Mundstückes vom Werkstück größer als normal gewählt. Je nach Blechdicke zwischen 13 und 25 mm Abstand.

Auf dem Wege vom Mundstück zum Werkstück werden die Flußmittelteilchen in der Heizflamme vorgewärmt.

Die Apparatur zum Ausüben des Flußmittel-Brennschneidens besteht aus einem 3-Schlauchbrenner, der getrennte Schläuche für

das Brenngas,
den Heizsauerstoff,
den Schneidsauerstoff einschl. Flußmittel

besitzt. Das Flußmittel wird dem Schneidsauerstoff aus einem Flußmittelbehälter mit Vibrationskammer beigemischt. Alle Leitungen und Schläuche, welche Sauerstoff mit Flußmittel führen, müssen einen glatten Durchgang besitzen und so kurz wie möglich sein. Normalerweise soll der Schneidsauerstoff-Schlauch einen lichten Durchmesser von 8 mm, für dickere Schnitte von 9,5 mm haben.

Das Vorwärmen erfolgt ähnlich wie beim normalen Schneiden, jedoch ist die Temperatur bis etwa zur Weißglut des Werkstückes zu steigern. Fast gleichzeitig mit dem Schneidsauerstoff wird das Flußmittel zugeführt. Die Flußmitteldosierung muß genau sein.

Überschuß an Flußmittel	starkes Nachlaufen,
Mangel an Flußmittel	erschwerter Anschnitt, sehr rauher Schnitt.

Bei richtiger Einstellung sind oben in der Schnittfuge feine weißglühende Punkte zu sehen. Die Flußmittelmenge liegt

zwischen 15 und 85 g/min.

Am Ende des Schnittes muß das Flußmittel vor dem Schneidsauerstoff abgestellt werden, damit dieser die Zuleitung zum Brenner freibläst.

Genaue Einstell- und Leistungstabellen sind nicht bekannt. Als Anhalt diene:

Blechdicke	Schnittgeschwindigkeit		Flußmittelverbrauch	
mm	mm/min	mm/min	g/min	g/m
3	a) 305	b)	b)	b)
5	280			
6	255	280	50	180
9,5	230	230	60	260
12,7	230	230	70	305
19	205	205	75	365
25,4	180	230	80	350
38	205	230		
50	180	205		
75		150		
100		125		
150		100		
200		75		
250		75		

Als größte Schneiddicke werden 350 mm angegeben.

3. *Das Eisenpulver-Schneidverfahren* (Bild 34)

Nach eigenen Erfahrungen im In- und Ausland ist dieses von der Linde Air Products Co. in ihren Laboratorien in Newark entwickelte Pulver-Schneidverfahren unter den hier zu besprechenden Verfahren am weitesten verbreitet.

Zur Stützung dieser Ansicht sei das Urteil einer französischen Kommission wiedergegeben, die im Herbst 1951 die USA bereiste:

„In USA wird entweder Eisenpulver oder Natriumkarbonat oder Quarzpulver als Flußmittel benutzt. Nach dortiger Meinung zeichnet sich eine sehr klare Tendenz in Richtung auf das Eisenpulver ab, welches ausgedehntere Möglichkeiten als die anderen Flußmittel bietet." (Lit. *Rapp. Prélim.*) Es ist also berechtigt, auf dieses Verfahren näher einzugehen, insbesondere da durch Lizenzverträge der Bau der Geräte auch in Deutschland statthaft geworden ist.

Das Prinzip des Verfahrens besteht darin, durch Zusatz eines im Sauerstoffstrom verbrennenden und Wärme abgebenden Pulvers

die insgesamt entwickelte Wärmemenge zu vergrößern,
die Reaktionstemperaturen in einen höheren Bereich zu verlagern,
die Wärmeübertragung von den hocherhitzten verbrannten Pulverteilchen an den Werkstoff in der Schnittfuge zu vergrößern, mit den zusätzlichen Oxyden und etwa unverbrannt gebliebenen Teilchen eine mechanische Wirkung zu erzielen.

Zur Namensgebung des Verfahrens ist zu sagen, daß

teils von einem Verfahren mit Eisenpulver,
teils von einem Verfahren mit eisenreichem Pulver

gesprochen wird. Die Patentansprüche sind natürlich weit gefaßt und nennen ein eisenreiches Pulver, weil das reine Eisenpulver auch unter diesen Begriff fällt. Zur Zeit sind in Anwendung

reines Eisenpulver für
  nichtrostende Stähle,
  Paketschnitte an nichtrostenden und einfachen Stählen,
  sonstige hochlegierte Stähle,
  Gußeisen, Nickel,
  feuerfeste Steine und Beton;
ein Gemisch aus Eisen- und Aluminiumpulver für
  sehr dickes Gußeisen,
  Monelmetall,
  sonstige Nichteisenmetalle (außer Nickel)
  feuerfeste Steine und Beton;
ein Gemisch aus Eisen- und Ferrosilizium oder Siliziumpulver,
  angeblich zum Gußeisenschneiden,
  jedenfalls für Versuchszwecke.

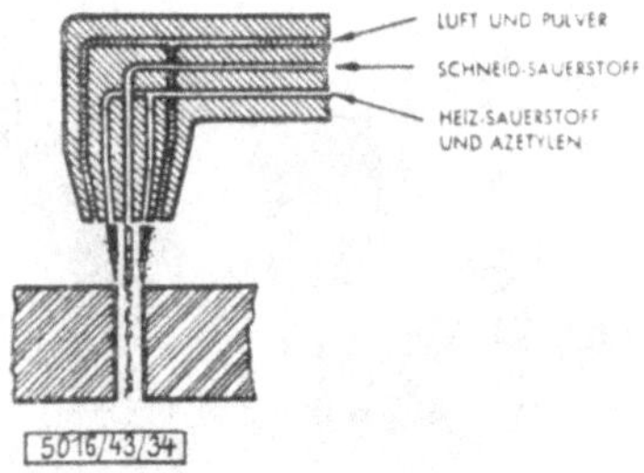

Schema des Schneidens mit eisenreichem Pulver
(Linde Air Prod. Co.)

Bild 34.

Es ist klar, daß auch jeder andere Werkstoff benutzt werden kann, der die oben aufgezählten Bedingungen erfüllt. Die genannten Anwendungsmöglichkeiten zeigen den weiten Bereich des Verfahrens.

Das zugesetzte Pulver ist im Sauerstoff brennbar. Demgemäß ist es nicht statthaft, das Pulver mit dem Sauerstoff zuzuführen, weil die Gefahr einer Rückzündung in den Pulverbehälter mit Explosionswirkung bestände. Als Transportgas für das brennfähige Pulver wird daher Luft benutzt. Ein solcher Schneidbrenner weist folgende Merkmale auf:

eine Brenngas-Sauerstoff-Flamme,
einen Schneid-Sauerstoff-Strahl,
einen Pulver-Luft-Strahl.

Das Luft-Pulver-Gemisch tritt entweder aus einem auf einen normalen Schneidbrennerkopf gesteckten „Pulverkopf“ oder aus einem Sondermundstück, bei welchem die Pulverkanäle die Heizflammen und den Schneidstrahl kranzförmig umgeben, oder aus vor-, neben-, hinter dem Schneidbrennerkopf herlaufenden, meist flachgedrückten Pulverrohren aus.

Wie bei den anderen Verfahren wird ein größerer Abstand des Mundstückes vom Werkstück als normal gewählt, vor allem um den Pulverteilchen Raum zu geben, in die Heizflammen und den Schneidstrahl hineingesaugt zu werden, wenigstens teilweise verbrannt zu werden und den Schneidstrahl aufzuheizen. Der übliche Abstand beträgt 30 bis 35 mm. Unterhalb von 80 mm Schneiddicke braucht nicht mit stillstehendem Brenner vorgewärmt zu werden, der Schnitt kann mit „fliegendem Start“ beginnen.

Zum Pulverschneidbrenner gehört, wie bei den anderen Pulververfahren auch, ein Pulververteiler (Bild 35, Mitte), dem die von Öl und Feuchtigkeit befreite Luft durch einen Druckregler und einen Strömungsmesser zugeleitet wird, um durch Injektorwirkung das Eisen- oder eisenreiche Pulver mitzunehmen. Am besten hat sich bisher ein sehr kohlenstoffarmes Eisenpulver bewährt, dessen einzelne Teilchen aus Hohlkugeln bestehen, also eine dünne Wand besitzen und leicht verbrennen. Die aus massiven Kugeln bestehenden Roheisen- oder Ferrosilizium-Pulver haben bisher für die Praxis noch keine Bedeutung erlangt. Es muß sogar bezweifelt werden, daß Ferrosilizium- oder Siliziumpulver, rein oder mit Eisenpulver gemischt, die in einigen Veröffentlichungen gerühmte Eigenschaft besitzt, beim Schneiden von Gußeisen den Härteanstieg an der Schnittfläche zu unterdrücken. Je höher der Perlitanteil in der Grundmasse des grauen Gußeisens, um so stärker ist die Neigung, durch Erhitzung und schnelle Wärmeabwanderung eine erhöhte Härte anzunehmen, gleichgültig mit welchem Pulver geschnitten wird. Mit der Härte steigt die Anfälligkeit gegen Risse. Härteanstieg und Rißgefahr sind auch beim Pulverschneiden die beiden kritischen Punkte, die mit Sicherheit nur durch Anwärmen des ganzen Werkstückes auf beginnende Rotglut, vor dem Schnitt und langsames Abkühlen nach dem Schnitt überwunden werden können. — Die Beimengung von Aluminiumpulver zum Eisenpulver erfolgt teils zwecks Erhöhung der Verbrennungswärme, teils aus metallurgischen Gründen. Ein gewichtsmäßiger Anteil des Aluminiums am Gemisch von 30% wird selten überschritten.

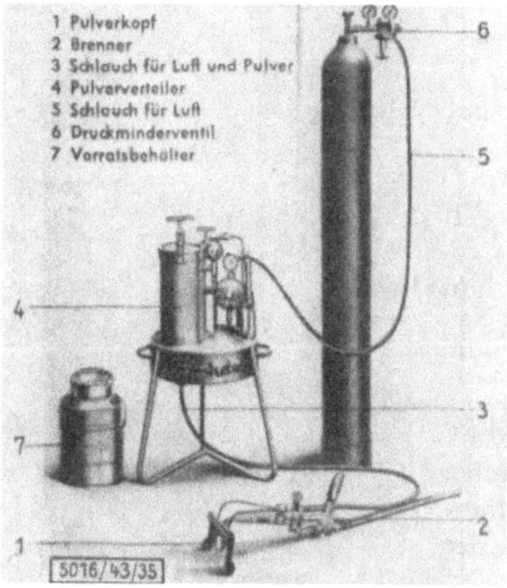

Bild 35. Pulverbrennschneidgerät.

Die Verbrauchs- und Leistungsdaten eines mit Eisenpulver arbeitenden Brenners beim Schneiden von nichtrostenden Stählen gibt die Zahlentafel 24 wieder.

Die Schnittgeschwindigkeiten an nichtrostendem Stahl liegen bei diesem Verfahren der Größenordnung nach bei den Geschwindigkeiten, die nach dem normalen Autogen-Schneidverfahren an einfachem Kohlenstoffstahl erzielt werden. Auch Gußeisen kann mit Pulver bei annähernd gleicher Geschwindigkeit geschnitten werden.

Materialstärke	O_2-Druck	Vorschub		Verbrauch an					
				Sauerstoff		Azetylen		Pulver	
mm	atü	mm/min	m/h	l/h	l/m	l/h	l/m	kg/h	kg/m
1	1,0	700	42	950	22,5	300	7	7,5	0,18
3	1,2	500	30	1050	35	350	11,5	7,5	0,25
5	2,5	500	30	1550	52	550	18,5	7,5	0,25
12	2,5	450	27	2150	80	550	20,5	8,5	0,31
50	5,0	250	15	8 800	580	1000	67	9,0	0,60
90	6,0	175	10,5	12 200	1 160	1200	114	9,5	0,90
200	8,0	90	5,4	24 500	4 500	1500	280	15,0	2,8
300	15,0	75	4,5	65 000	14 400	4000	900	15,0	3,35
GRIESHEIM	Schneidtabelle für das Pulverbrennschneiden nichtrostender Stähle								

Zahlentafel 24.

Was das Gußeisen anbetrifft, so sind die beiden hervorstechenden Einflüsse des Brennschneidens bereits genannt worden. Die größte im Arbeitsbereich geschnittene Dicke betrug 600 mm an Rechteck- und 450 mm an Rundblöcken. Soweit sich aus der bisherigen Praxis erkennen läßt, liegt das Hauptanwendungsgebiet oberhalb von 80 mm. Vom Schneiden von Platten und Rohren im Zuge der Reparatur oder Neufertigung ist wegen der Härtungs- und Rißgefahr abzuraten.

Im Gegensatz dazu liegt das wichtigste Gebiet für nichtrostende Stähle zwischen 5 und 30 mm, also auf dem Gebiet der Neufertigung, obwohl auch nichtrostende Stahlgußblöcke bis 500 mm Dicke geschnitten wurden. Für die Fertigung sind folgende Punkte wichtig: Das Eisenpulver baut sich auf der Schnittseite zu einer festen Kruste auf, die sich jedoch durch Hammerschläge leicht entfernen läßt. Die mit Eisen-Quarz-Pulvergemischen erzielten Erfolge waren nicht so überzeugend, daß eine Einführung in die Praxis beabsichtigt ist. Beim Schneiden bilden sich Anlauffarben, die abzuschmirgeln sind um die Werkstoffeigenschaften gleichzulassen. Das gleiche gilt für die Oxydschicht, die sich auf der Schnittfläche bildet. Ein Abbürsten genügt in der Regel nicht; beispielsweise zeigen 18/8-Bleche nach dem bloßen Abbürsten noch magnetische Eigenschaften, die aber nach dem Abschmirgeln einer dünnen Schicht verschwinden. Ein Schmirgeln, das gerade die Schnittriefen beseitigt, ist meist ausreichend. Allgemein kann für nichtrostende Stähle gesagt werden, daß Werkstoffe, die sich unbedenklich zum Schweißen eignen, auch pulvergeschnitten werden dürfen. Bei Blechen von 4 mm und weniger ist das Schneiden nur aus dem Grund weniger zu empfehlen, weil an den Ecken und Kanten leicht ein Verzug auftritt. Einen Schnitt an einem 65 mm dicken 18/8-Stahlgußstück, links mit anhaftender Schlacke, rechts gebürstet, zeigt Bild 36. Der Schneidstrahl hat starke Lunker anstands-

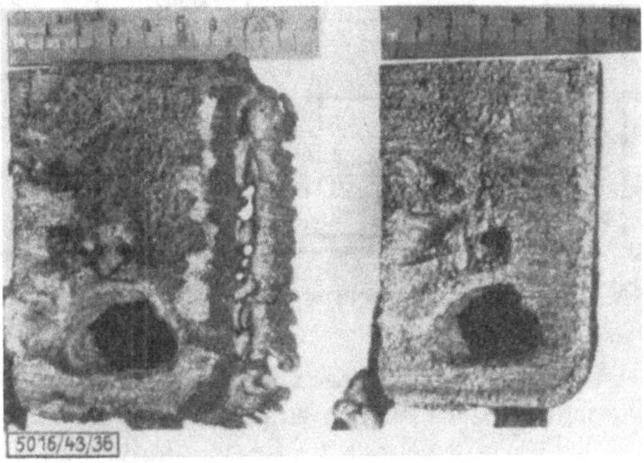

Bild 36. Schnittfläche eines V_2A-Steigers.

los durchschlagen. Einen Anhalt für die Schnittgeschwindigkeiten an nichtrostenden Stählen bietet Bild 37. Plattierte Bleche brauchen erst mit Pulver geschnitten zu werden, wenn die Plattierungsschicht 15% der gesamten Blechdicke überschreitet. Beobachtungen aus der Praxis haben gezeigt, daß bei einseitig plattierten Blechen sowohl von der Kohlenstoffstahlseite wie von der Plattierungsseite her geschnitten werden kann. Für einfache Kohlenstoffstähle gewinnt das Eisenpulververfahren Bedeutung für Paketschnitte, wo selbst Lufträume durch den Schneidstrahl überwunden werden. Bild 38

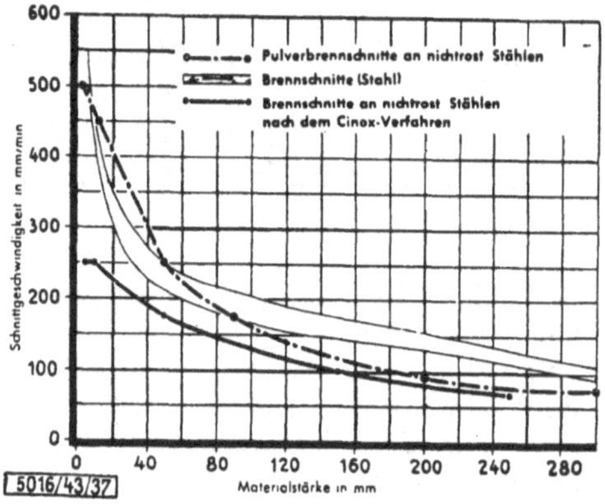

Bild 37. Schnittgeschwindigkeiten bei maschinellem Brennschneiden

Bild 38. Pulverschnitt mit dem Pulverbrenner, 10 Bleche, je 3 mm dick

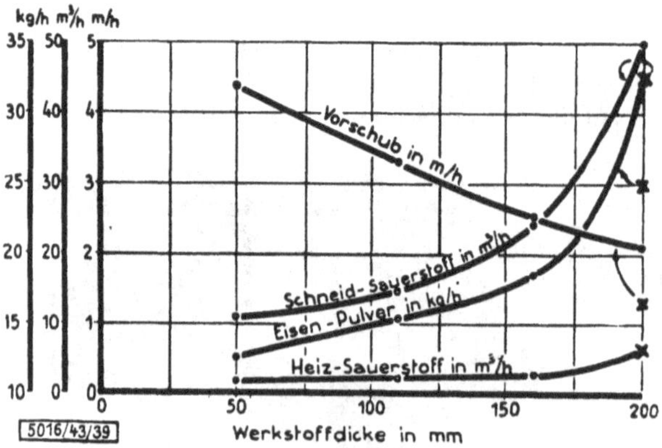

Bild 39. Verbrauchszahlen beim Pulverschneiden von Beton

zeigt ein Beispiel, oben nach dem Schneiden, unten nach dem Verschieben der Bleche. Die schneidbaren Nichteisenmetalle sind bei der Aufzählung der brennbaren Pulversorten bereits genannt; die Reihe könnte durch Messing und Bronze noch ergänzt werden. Bei diesen Metallen läßt die Sauberkeit der Schnitte zu wünschen übrig. Für Aluminium und Kupfer liegen aus der deutschen Praxis noch keine auswertbaren Unterlagen vor.

Feuerfeste Steine und Beton sind dem Eisenpulververfahren ebenfalls zugängig. Versuchsergebnisse zeigt Bild 39. Gewiß wird es Fälle geben, wo diese Möglichkeit ausgenutzt wird. Die größere Bedeutung liegt aber in dem Umstand, daß z. B. Pfannen- und Schmelzofenrückstände, wie sie bei der Stahlerzeugung anfallen, auch geschnitten werden können, wenn sie mit Steinen, Schlacken usw. durchsetzt sind.

M. Pulver-Hobelverfahren

Beim einfachen Sauerstoffhobelverfahren kann die Oberfläche von Kohlenstoffstahlblöcken oder -blechen mit unter 10 bis 30° gegen die Oberfläche geneigtem Brenner von Oberflächenfehlern befreit werden. Wird mit etwas steilerem Winkel ein Pulver-Luft-Strahl in den Flammen- und Sauerstoffbereich gerichtet, so lassen sich auch hochlegierte Stähle mit gleichem Erfolg behandeln. Allerdings hat sich herausgestellt, daß zweckmäßig mit Breitstrahlhoblern, mechanischer Brennerführung und mit angewärmten Blöcken gearbeitet wird. — Als eine Abart des Pulverhobelns kann

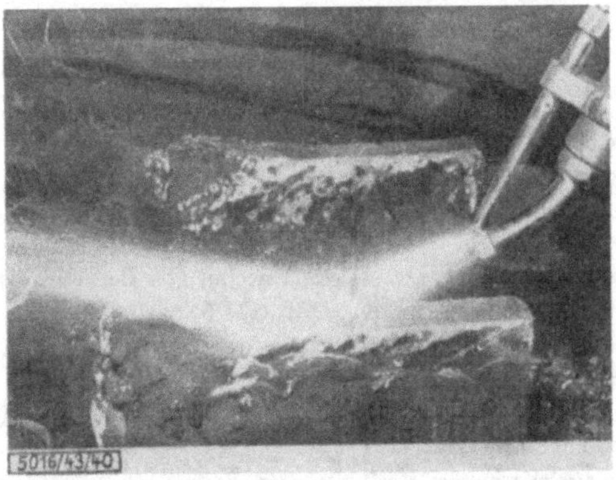

Bild 40. Pulverputzer. Fortschreiten des Arbeitsganges.

a 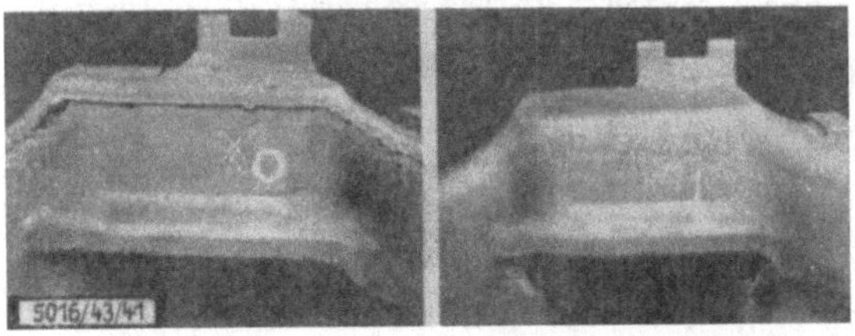 b

Bild 41. Pulverputzen eines Stahlgußstückes.
a = Gußstück mit Grad b = Gußstück nach dem Putzen

das Pulverputzen bezeichnet werden, da bei den normalen handgeführten Rundstrahlbrennern der Luft-Pulverstrom schräg von oben zugeführt wird, so daß der Schnittpunkt der beiden Strahlachsen etwa 60 mm vom Mundstück entfernt liegt. Mit diesem Abstand wird der Brenner pendelnd und langsam vorrückend über die Werkstückoberfläche von Stahlgußstückchen hinwegbewegt (Bild 40), wobei Kernnägel, Kernstützen, Gießgrat, Steiger- und Trichteransätze leicht und schnell entfernt werden. Risse, Schülpen, Sandeinschlüsse lassen sich in gleicher Weise erfolgreich beseitigen. Beachtenswert ist der glatte Übergang zwischen unbehandelter und der behandelten Oberfläche (Bild 41).

N. *Schlußbetrachtung*

Die bis in den Anfang dieses Jahrhunderts zurückreichenden Erfahrungen mit dem Brennschneiden haben sich auf *weiche und schwachlegierte Stähle* erstreckt. Gußeisen wurde als kleines Sondergebiet betrachtet, und *hochlegierte Stähle wurden vereinzelt unter gemeinsamer Ausnutzung von Ofen- und Brennerwärme geschnitten.* Wo Nichteisenmetalle zu zerlegen waren, trat die Schmelzflamme an die Stelle des Sauerstoff-Schneidbrenners. *Die neuen Pulververfahren sind geeignet, die Grenze der Schneidbarkeit im Gebiet der hochlegierten Stähle auszudehnen und selbst die Nichteisenlegierungen der Nickel- und Kupferbasis dem Brennschneiden zugängig zu machen.* Der künftigen Entwicklung ist es vorbehalten, ob die Begriffsbestimmung und die Grenzen des Brennschneidens einer Nachprüfung unterzogen werden müssen.

Literaturangabe

Air Reduction Co., New York, Verfahren der —. Steel *1945*, S. 107 u. 152.

Brückner, Gastafeln. Verlag Oldenbourg, München u. Berlin 1937.

Das autogene Schneiden von Baustählen und von legierten Stählen. Mitteilungen aus dem Forschungslaboratorium des Werkes Autogen, Frankfurt a. M.-Griesheim.

Eichenmüller, Das Brennschneiden im Paket. Werkstattstechn. Der Betrieb *1943*, H. 10, S. 359—362.

Französische Patentschrift 858 136: Flußmittel; DRP 671 535: Im Brenngas enthaltenes Flußmittel.

French u. *Armstrong*, Weld. Journ., Okt. *1939*.

Graf, Autog. Metallbearb. *1936*, S. 49; *1937*, S. 321.

Hoffmann, P., Aus vier Jahrzehnten deutscher Autogentechnik, S. 19 ff. Carl Marhold, Verlagsbuchhandlung, Halle a. d. S. 1942.

Hofmann, K. A., Anorganische Chemie. Verlag Vieweg, Braunschweig 1941.

Hütte, Des Ingenieurs Taschenbuch I, 26. Aufl., S. 576. Verlag Wilhelm Ernst & Sohn, Berlin.

Jessey, L. de, XII. Intern. Azet.-Kongr. Bull. Soc. Ing. Soud., Paris *3* (1932), S. 511—524.

Kautny, Th., Handbuch der autogenen Metallbearbeitung, 3. Aufl. 1927, S. 560. Carl Marhold, Verlagsbuchhandlung, Halle a. d. S.

Lavroff, Wissenschaftliche Betrachtung des Sauerstoff-Schneidverfahrens. Zbl. Hütten- u. Walzwerke *31* (1927), S. 170.

Malz, H., Die Grenzen der Schneidgeschwindigkeit beim Brennschneiden. Diss. T. H. Berlin 1932.

N. N. (1), Steel, Cleveland, Jan. *1947*, S. 96, 120.
— (2), Weld. Eng., Okt. *1947*.

Nienburg AK, Winawtogen „Material- und Wärmebilanz für das Flammenschälen und den Trennschnitt niedriggehobelten Stahls mittels Sauerstoff", Zeitschrift Awtogjennoje Djelo 1952, Nr. 9.

Pfeiffer, Augsburg, „Das Pulverbrennschneiden, Schweißen und Schneiden" 1950 (Sonderheft). „Gußeisen schneidende Flamme", Zeitschrift „Wissenschaft und Fortschritt" 1953, Heft 1.

Pfleiderer, E., Beitrag zu Untersuchungen über das autogene Schneidverfahren. Diss. T. H. Karlsruhe 1944.

Plieninger, R., Untersuchungen über das autogene Schneidverfahren. Z. komprim. u. flüss. Gase, *16*. Jg.

Rinskij-Alekseev, Einfluß der Sauerstofftemperatur auf die Schnittgeschwindigkeit und den Sauerstoffverbrauch. Autog. Delo *10* (1939), H. 6, S. 19—21.

Rivière, Soudeur-Coupeur *14* (8) (1935), S. 1—5.

Schenck, Physikalische Chemie der Eisenhüttenprozesse. Verlag Julius Springer, Berlin 1932.

Schmidt, H., Elektrisches Unterwasserschweißen und -schneiden. Z. VDI *85* (1941), H. 2, S. 45.

Schoenmaker-Bergsma, Autog. Metallbearb. *1941*, S. 195.

Spraragen u. *Claussen* (1), Oxygen Cutting of Steel. Suppl. Journ. Americ. Weld. Soc., Juli *1939*, S. 217 ff.
— — (2), Oxygen Cutting of Steel. Suppl. Journ. Americ. Weld. Soc., Mai *1940*, S. 161 ff.

Tammann-Boehme, Die Entzündungstemperatur in Abhängigkeit von der Größe der Metallteilchen. Z. anorg. u. angew. Chem. *217* (1934), H. 3, S. 225—236.

Wegerhoff, Autog. Metallbearb. *1941*, S. 161.

Wiss, E (1), Das autogene Schneiden von Gußeisen. Gießerei-Ztg, Berlin *1918*, H. 18.

— (2), Arbeiten mit dem Schneidbrenner, hrsg. v. Fachausschuß für Schweißtechnik im VDI. VDI-Verlag GmbH, Berlin 1934.

Wolff, L., Das Sauerstoffhobeln von Stahl u. Eisen *61* (1941) H.5. S. 1126—1134.

Wüst, Gutachten in Sachen Griesheim-Elektron gegen Frankenthal und Genossen. 3. April 1914, S. 26 bzw. 50.

Zobel, Th., Erhöhung der Schneidgeschwindigkeiten beim Brennschneiden durch neue Düsenformen. Diss. T. H. Berlin 1936.

Zorn, E. (1), Das Brennschneiden von Gußeisen. Werkstattstechnik *1933*, H. 1 u. 2, S. 11—13, 31—33.

— (2), Neuere Probleme auf dem Gebiet der Gasschweißgeräte. Techn. Beil. z. Mitteilungsblatt d. DVS *1948*, Nr. 5/6.

Neuere Schneidverfahren mit Einsparung an Acetylen

Prof. Dr.-Ing. habil. F. Erdmann-Jesnitzer, Berlin und Freiberg (Sachs.)

A. *ESA-Kohlelichtbogen-Maschinenschnitt*

Über das Oxyarc-Verfahren wurde bereits berichtet (s. bei *Anders, Bd.* I, S. 739 bis 741). Es zeigt noch Mängel, so daß die Entwicklung weiterer verbesserter Lichtbogen-Sauerstoffschneidverfahren fortschritt. Darüber sei mit Stand 1956/57 anschließend berichtet. Der Oxyarc-Schnitt ist gütemäßig mit O_2—C_2H_2—Brennschnitten nicht vergleichbar, außerdem ist die Schnittfugenbreite relativ groß.

Brünn gelang es 1952 wohl erstmalig (Lit. *Brünn* und *Erdmann-Jesnitzer* [1] [2]) zunächst mit einem primitiven Gerät unter Beweis zu stellen, daß kontinuierliches Brennschneiden (vorwärts, rückwärts, seitlich und schräg) mit Kohlelichtbogen und Sauerstoff möglich ist.

Bild 1 a. Vollautom. ESA-Kohlelichtbogen-Sauerstoff-Schneidaggregat (nach *W. Schierhorn* u. *F. Erdmann-Jesnitzer*) in Arbeitsstellung.

Bild 1b. Gerät nach Bild 1a in Seitenansicht.

B. *ESA-autom. Verfahren für Kohlelichtbogen-Maschinenschnitt*

Das ESA-Verfahren für Maschinenschnitt besteht im wesentlichen aus einer Schneidkohle, einer Kohleführung in einem Halter sowie der Schneiddüse für O_2 aus Kupfer oder Ersatzstoffen, beides gegeneinander elektrisch isoliert. Der Sauerstoff wirkt zeitlich und örtlich *nach* dem vorwandernden Lichtbogen. Als Schneiddüse dienen die üblichen, wie sie für Hand- und Brennschneidmaschinen in Anwendung sind. Als Kohleelektrode dient eine solche von meist 4 mm ⌀ gemäß Abbrand automatisch und mechanisch transportiert (Bild 1a u. b). Man arbeitet bei Gleichstrom 90—110 Amp./20—30 Volt mit Graphit- und bei Wechsel- oder Drehstrom mit Dochtkohle (Stabilisierung des Lichtbogens). Wesentlich ist die richtige Winkellage der Kohleelektrode — zur Schneidachse und der Abstand Kohle—Schneidachse. Der Sauerstoffdruck und die Schnittgeschwindigkeit entsprechen etwa denen des

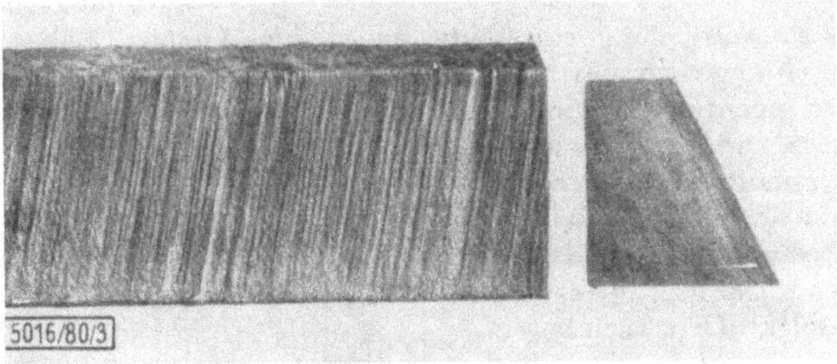

Bild 2 und 3. Schnittgüte für 18 sowie 40 mm Werkstückdicke, geschnitten nach Bild 1 d. h. ESA-Automat mit „Secator"-Schneidwagen.

autogenen Brennschneidens mit C_2H_2—O_2. Im unteren Blechdickenbereich 5 bis 25 mm konnte die Schnittgeschwindigkeit demgegenüber wesentlich gesteigert werden. Die Schnittgüte steht dem des autogenen Brennschneidens nicht wesentlich nach. Bild 2 zeigt eine Schnittprobe, Materialdicke 18 mm mit ausgeprägt scharfen Schnittkanten. Bild 3 einen Schrägschnitt für 40 mm Werkstoffdicke. Besonders hervorzuheben ist die geringe nahtnahe Erwärmung, die eine Verwerfung des Werkstückes fast ausschließt. Selbst 50 mm dicke und 10 mm breite sowie 300 mm lange Streifen zeigen nicht die große Gesamterwärmung wie beim Autogenschnitt und sind nach dem Schnitt nur handwarm. Eine Aufkohlung der Schnittfläche findet gemäß Schliffbildbefund für Gleichstrom bei richtiger Polung nicht statt (Kohle liegt immer am Minuspol, s. auch bei *v. Conrady*, Bd. I, S. 234). Da der Lichtbogen zeitlich und örtlich die Werkstückoberfläche *momentan* erwärmt, bedarf es beim ESA-Verfahren fast keiner *Vorwärmdauer*. Bislang wurden Blechdicken bis 100 mm sauber geschnitten. Durch den Wegfall des Brenngases, wie Acetylen, Wasserstoff oder Leuchtgas und des *Heiz*sauerstoffes, ist das Verfahren sehr wirtschaftlich. Es werden, je nach Blechdicke an Vorwärmenergie bis 85% eingespart.

Die Schnittoberfläche ist recht sauber und die Fugenkante bleibt absolut scharfkantig. Ein „Abknallen" der Flamme erfolgte nicht.

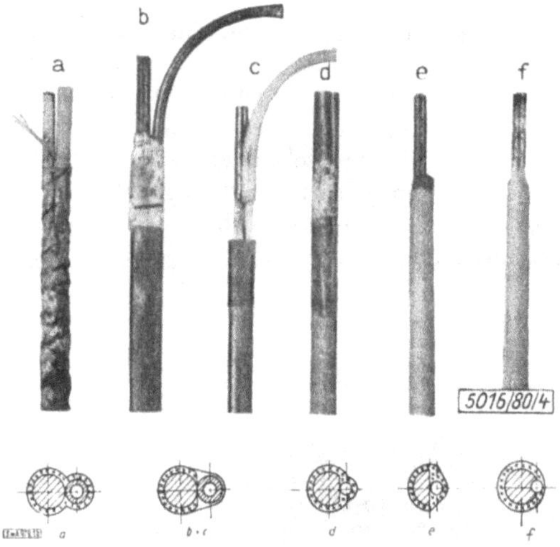

Bild 4. Entwicklungsstadien der Schneidelektrode mit Sauerstoffkanal für ESA-Lichtbogensauerstoff-Handschneidverfahren.

C. ESA-Handschnitt mit Schneidelektrode

Ebenfalls nach dem Prinzip von *Brünn*, den Sauerstoff *nach* dem Lichtbogen einwirken zu lassen, wurde für Handschnitte eine spezielle *Schneidelektrode* entwickelt, Bild 4 (Lit. *Brünn* u. *Erdmann-Jesnitzer* [2]). Der Sauerstoff wird nicht zentral durch den Elektrodenkerndraht der Schneidfuge zugeführt, wie bei der Oxyarc-Röhrchenelektrode (s. Bd. I, S. 740, Bild 49), sondern durch einen rohrförmigen Sauerstoffkanal, der *in* der Umhüllung der Elektrode liegt. Der Sauerstoffdruck wird größer als beim Autogenschnitt gewählt. Die Elektrode wird mit dem Einspannende in die Klemmvorrichtung eingeführt, Bild 5. Eine Gummischeibe dichtet die Sauerstoffzuführung nach außen hin ab. Beim Schneiden wird die Elektrode so geführt, daß der Sauerstoff durch die Elektrodenhülle erst *nach* dem Lichtbogen auf das Werkstück wirkt. Schnittgeschwindigkeit und Schnittgüte sind günstiger als beim Oxyarc-Verfahren, da der Schneidvorgang geregelter erfolgt. Der Lichtbogen brennt ruhiger, er wandert nicht auf der Röhrchen-Stirnwandung, wodurch die Fugenbreite geringer wird.

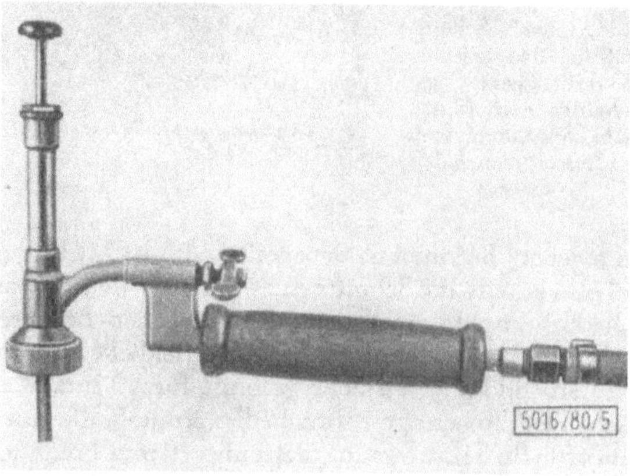

Bild 5. Elektrodenhalter (Typ Nr. 4) mit Elektrodenauswerfer, Stromzuführung im O_2-Schlauch nach *Schierhorn* und *Erdmann-Jesnitzer* (Modell 6, 1956).

Es gelang diese Elektrode im normalen Preßprozeß herzustellen durch Neueinsatz einer veränderten Preßdüse*).

Damit ist das ESA-Verfahren für Handschnitte in bezug auf Wirtschaftlichkeit nicht nur dem Oxyarc-Verfahren, sondern auch dem autogenen Brennschneiden überlegen, zumal billigste Hüllensubstanz in Richtung Tiefbrandprinzip (s. bei *Zeyen*, Bd. I, S. 375 bis 377, s. auch Bild 41 a und b sowie 42 a bis f, daselbst), mit geringer Abschmelzleistung an Kerndrahtvolumen und chemisch und metallurgisch verunreinigter Kerndraht (P, S, N, O_2, Cu u. a.)

*) DWP auf Elektrode, Elektrodenherstellung und Halter angemeldet.

verwandt werden können*). Schnittgüte eines ESA-Handschnittes gibt Bild 6 wieder. Gegenüber dem Oxyarc-Schnitt ist die Schnittgüte heraufgesetzt, dagegen kann das Verfahren die Schnittgüte des Autogenschnittes nicht erreichen, worauf ausdrücklich hingewiesen sei.

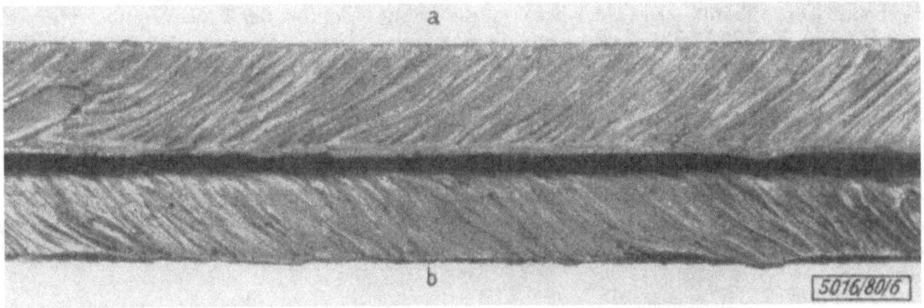

Bild 6. ESA-Brennschnitt von Hand mit Schneidelektrode und Spezialzange, 20 mm Blechdicke nach *Brünn*, *Schierhorn* und *Erdmann-Jesnitzer*.

Die O_2-Verluste sind besonders gering, da der Schneidsauerstoff bis auf wenige mm vor der Schneidfuge zugeführt wird und nicht seitlich mit Verlust abbläst. Zur weiteren O_2-Einsparung dient eine in der Zange nach Bild 5 patentrechtlich geschützte O_2-Vorwärmung durch den elektrischen Schneidstrom, da erkannt wurde, daß noch ein erheblicher O_2-Anteil durch die geschnittene Werkstückfuge als Verlust abströmt. — Beide Verfahren nach A. und B. wurden bereits in der Praxis erprobt und als aussichtsreich befunden.

D. Ausblick zum ESA-Verfahren

Das klassische Autogenbrennschneiden (s. Beitrag *Zorn*, Anhang) mit $C_2H_2—O_2$ oder anderen Heizgasen ist heute um mehrere, mehr oder minder gleichwertige neuere Verfahren erweitert worden. Auf der einen Seite sind dies solche, die sich aus werkstoffbedingten Gesichtspunkten heraus entwickelten, wie das

Pulverbrennschneiden mit und ohne Flußmittelzusätze,

oder solche in Richtung der Heizgaseinsparung, wie das

Oxyarc-Verfahren, der ESA-Maschinenschnitt,

sowie solchen, die Heizgas *und* Sauerstoff einsparen, wie vorstehend beschriebene neuere ESA-Handschneidverfahren. Es sei ferner auf erfolgreiche Versuche hingewiesen, mit Kohlelichtbogen-Preßluft als Fugenhobelprinzip zu arbeiten**).

Die Einführung der Lichtbogenwärme in den Schneidprozeß darf jedenfalls als volkswirtschaftlich wertvoll angesehen werden, und die erzielbaren Schnittgüten sprechen für eine breite Anwendung.

In Angleichung an die in der Industrie vorhandenen Brennschneidmaschinen mit Brenngas-Sauerstoffgemischen wurde bei der Weiterentwicklung der „ESA"-Kohlelichtbogen-Brennschneidapparaturen vor allem Wert auf eine *Vollautomatisierung*

---

*) *E. Brünn, F. Erdmann-Jesnitzer* u. *F. Richter*, z. Z. noch unveröffentlichte Rezeptur.

**) Flach- und Rundkohlelichtbogen-Preßluftverfahren (5 at) des „Zentralen Schweißtechnischen Institutes", Gleiwitz, Entwicklung Prof. *Pilatschek* und Mitarbeiter, 1955/56.

gelegt, d. h. an Stelle des zunächst von Hand betätigten Kohlevorschubs wurde ein von der Lichtbogenspannung gespeister Gleichstrommotor eingesetzt*), siehe Bild 1b.

Ein parallel zur Lichtbogenspannung geschaltetes Voltmeter zeigt im Verlauf des Brennschnittes das Verhalten des Lichtbogens an. Das Einsetzen der Kohle erfolgt mechanisch über Druckknopfschaltung mit Hilfe des Kohlevorschubmotors der in Vor- und Rücklauf über einen Umschalter gesteuert werden kann. Die eingebaute Kontrollampe zeigt dem Brenner die richtige Polung der Feldspannung des Vorschubmotors am Stromnetz 220 V Gleichstrom an. Beim Zünden des Lichtbogens wird über ein Relais die Leerlaufspannung des Schweißumformers von etwa 60 bis 70 V abfallend auf die Lichtbogenspannung von 25 bis 30 V freigegeben und gleichzeitig setzt über dieses der mechanische Kohlevorschub des Motors ein. Der Anbau einer Tastrolle sieht vor, die Unebenheiten in der Blechoberfläche gegenüber dem Gerät zur Aufrechterhaltung einer gleichen Lichtbogenlänge auszusteuern und dient gleichzeitig als Stromabnehmer der Plusspannung für den Vorschubmotor. Das Problem des Anschlusses an Schweißgeneratoren (Gleichstrom) oder Umspanner (Wechselstrom) wurde dadurch gelöst, daß bei Wechselstrom Feld- und Ankerspannung des Kohlevorschubmotors über eingebaute Gleichrichter gespeist werden. Für das Zünden des Lichtbogens, bei Einleitung des Brennschnittes, kann eine *Hochfrequenzzündapparatur* vorgesehen werden.

E. „Sparbrennen“ beim O_2-C_2H_2-Maschinenschnitt mit normalen Aggregaten.

Die anscheinend nicht neue aber sehr selten angewendete Methode wurde von *Schierhorn***) beschrieben. Über die große Bedeutung der damit möglichen *Einsparung von Acetylen* (70 bis 80%) beim Brennschneiden von Stahl sei daher im folgenden ausführlich berichtet:

Innerhalb der schweißtechnischen Literatur des In- und Auslandes sowie aus der eigentlichen Praxis heraus ist seit Jahrzehnten für das Brennschneiden mit Brenngas-Sauerstoffgemischen folgendes bekannt:

> Die Einstellung der Heizflamme erfolgt — normal —.
> Druck des Schneidsauerstoffs, Düsengröße und Vorschub werden auf Grund der Firmentabellen unter Berücksichtigung der jeweils zu schneidenden Werkstückdicke festgelegt.
> Verunreinigungen an Stickstoff müssen im Sauerstoff in zulässigen Grenzen bleiben.

Es ist üblich, mit der normal eingestellten Heizflamme *ohne* Nachregulierung an- und fertig zu schneiden. Die auf Grund des visuellen Befundes des Schneidablaufes, meist feinfühlig von Hand durchgeführte Regulierung der Gaszufuhr stellt keine grundsätzliche Veränderung der Heizflamme dar, deren Ausbildung selbstverständlich nach Erhitzen der Anschnittkante durch den zuströmenden Sauerstoffkanal, der die Verbrennung bewirkt und das Herausschleudern geschmolzenen und verbrannten Eisens bewerkstelligt, verändert wird.

Versuchsdurchführung. Es wurden Sauerstoff-Acetylen- sowie Sauerstoff-Wasserstoff-Brennschnitte an Kohlenstoffstahl verschiedener Werkstoffdicken im Bereich von 10 bis 70 mm und mehr durchgeführt. Entgegen der bisherigen Gepflogenheiten in der Praxis sowie der in der Literatur mitgeteilten Theorie und Anwendung zum Brennschneiden wurde die Heizflamme nach erfolgtem Anschnitt gaseinsparend gedrosselt. *Es war möglich, trotz stark gedrosselten Heizgases unter Beibehaltung des normalen üblichen*

---

*) Ein Funktionsmuster dieser Art fand 1955 auf der Schweißtechnischen Jahrestagung des Fachausschusses Schweißtechnik in Weimar die volle Anerkennung vor in- und ausländischen Fachleuten der Schweißtechnik. Die hiermit geschnittenen Werkstücke betrugen in ihrer Dicke 5 bis 100 mm.

**) Entwicklung Institut für Metallkunde und Materialprüfung, Freiberg (Sachs.).

Schneidsauerstoffdruckes und Verwendung der gemäß Tabellen üblichen Düsen, Brennschnitte zu erzeugen, die an Oberflächengüte diejenigen übertreffen, die ohne Drosselung der Heizflamme und mit gleichbleibender Heizflammeneinstellung hergestellt wurden.

Eine Umfrage in der Praxis sowie das Befragen einer Reihe bekannter Fachleute ließ erkennen, daß diese Arbeitsweise normalerweise nicht üblich ist. Bevor auf die Einzelheiten der Versuchsdurchführung von *Schierhorn*, eingegangen werden soll, wird in den Bildern 7 und 8 ein Vergleich der Schnittgüten im Hinblick auf Riefenbildung für die bisher durchgeführte Methode ohne und für die neue mit gedrosselter Heizflamme gegeben.

Wie erkennbar, ergibt der Vergleich für alle untersuchten Dicken eine eindeutige Überlegenheit in der Oberflächenbeschaffenheit der mit stark gedrosselter Heizflamme brenngeschnittenen Fläche. Deutlich erkennbar ist, daß in Verbindung mit der gedrosselten Heizflamme die *Schnittgüte im Hinblick auf Riefenbildung wesentlich verbessert ist.* Im Hinblick auf die bisherige Theorie der Riefenbildung verblüfft dieses Ergebnis, da anzunehmen war, daß gerade durch Wegnahme eines Anteils der zuströmenden Gasmenge zufolge der oxydierenden Wirkung des Sauerstoffes die Schnittriefenausbildung eher im ungünstigen als etwa im günstigen Sinne beeinflußt wird. *Auf keinen Fall ergab sich also eine Verschlechterung im Hinblick* auf die Güte des Brennschnittes. Auch eingehende metallographische Untersuchungen, die vergleichsweise für beide Verfahren und verschiedene Werkstückdicken durchgeführt wurden, ließen keine ungünstige Wirkung zufolge gedrosselter Heizflamme erkennen. So waren die

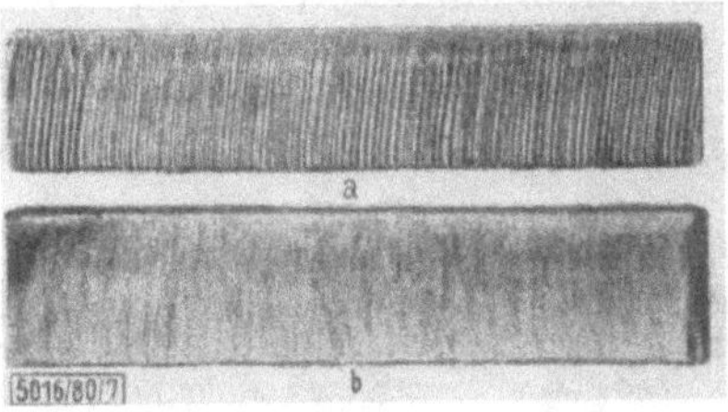

Bild 7. 20 mm Blechdicke St. 37.

Bild 8. 70 mm Blechdicke St. 42.

Bild 7 und 8. Vergleich normaler Sauerstoff-Acetylen-Brennschnitte für Kohlenstoffstahl unterschiedlicher Werkstoffdicke im Vergleich zu Schnitten, die nach dem Sparbrennverfahren hergestellt wurden. Düsen und Vorschub bei Verwendung der Brennschneidmaschine „Secator" (Lizenzbau Messer/DDR) gemäß Firmenangaben auf Brennschneidtabelle und für die Vergleichsmessungen je Werkstückdicke gleich gehalten.

a) normal geschnitten, b) nach Sparbrennverfahren mit gedrosselter Heizflamme, Riefenbildung geringer

Gefügebilder für beide Verfahren gleich und selbst durch Bestimmung der Kleinlasthärtewerte in Schnittkantennähe ergab sich kein unterschiedlicher Befund beim Vergleich beider.

Von fertigungstechnisch wesentlicher Bedeutung ist im allgemeinen das mechanische Entfernen verbliebener Schlackenreste an der Schnittkantenunterfläche. Im allgemeinen wird anhaftende Schlacke zurückgeführt auf verunreinigten Sauerstoff, Nichtbeachtung des zweckmäßigsten Vorschubes oder Verwendung falscher Düsengrößen. *Es war für Brennschnitte mit gedrosselter Flamme nach dem Verfahren des „Sparbrennens" bemerkenswert, daß gegenüber der alten Methode ohne Drosselung kaum und fast in allen Fällen keine Schlacke an der Schnittunterkante haften blieb.* Für die Weiterverarbeitung der geschnittenen Werkstücke bedeutet dies eine erhebliche Einsparung der Nacharbeitungskosten und -zeit.

Auch die Größe der Wärmeeinflußzone ergab keine Unterschiede für beide Arbeitsmethoden, Bild 9. Bilder 10 und 11 geben einen Vergleich beider Verfahren in Mikrobildern. Auch unterschiedliche Entkohlungen waren nicht feststellbar. Ebenso wie durch Mikrohärte konnte auch ein Unterschied in den fugennahen Makrohärtewerten nicht ermittelt werden.

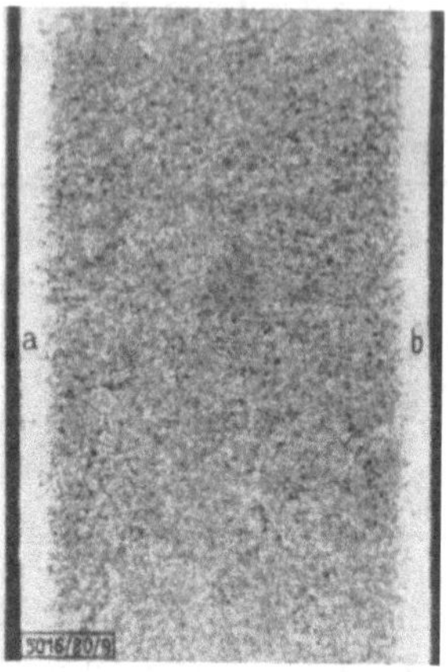

Bild 9. 40 mm Blechdicke St. 42 (Wärmeeinflußzone),
a = normal geschnitten,
b = gedrosselt geschnitten,

Mit einer speziellen Uhr zur Messung von Gasmengen wurde aus dem Vergleich des Verbrauchs an Acetylen für das alte Verfahren mit neutraler gegenüber dem neuen Sparbrennverfahren mit gedrosselter Heizflamme gefunden, daß rund 70—80%*) Acetylen mit der vorgeschlagenen Arbeitsweise des „Sparbrennens" eingespart werden können. Die Kalkulation wurde noch nicht einmal unter Berücksichtigung der optimalen Werte durchgeführt, sie stellt also im Hinblick auf das Heizgas einen prozentualen Einsparungsgrad dar, der mit Wahrscheinlichkeit um 5 bis 8% zu niedrig angegeben wurde und im übrigen vom Düsensystem und der Werkstückdicke gering abhängig ist.

Die Durchführung der umfangreichen Versuche erfolgte mit der Schneidmaschine des Typs „Secator" (Lizenzbau Messer/DDR). Es liegt keine begründete Annahme vor, daß nicht jede sich z. Z. in Betrieb befindliche Brennschneidmaschine zur Durchführung der neuen Arbeitsmethode des „Sparbrennens" eingesetzt werden kann. Analoge Untersuchungen für Handschneidbrenner nach *Weber* und *Schierhorn* bestätigten den gleichen und praktisch möglichen Einspareffekt.

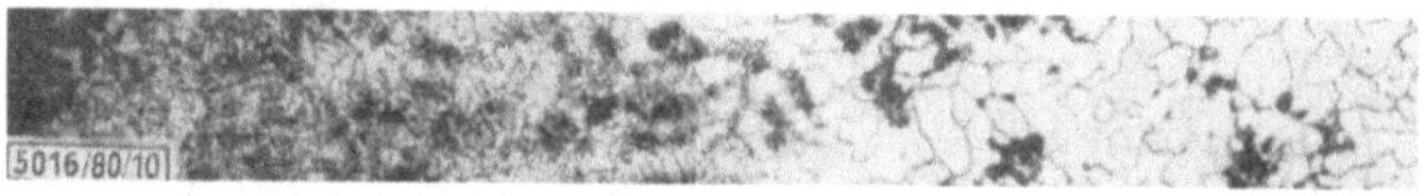

Bild 10. Normal geschnitten.

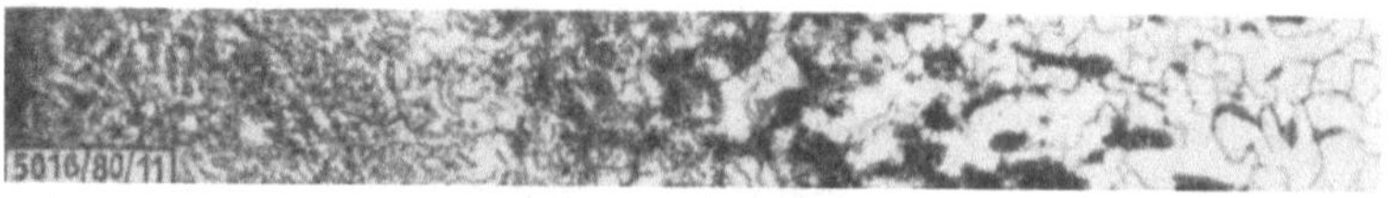

Bild 11. Sparbrenngeschnitten.

Bild 10 und 11. Schnittflächennahes Gefüge mit 40 mm Blechdicke V = 60

*) Gemäß Untersuchungen verschiedenster Stellen, u. a. des Zentralinstitutes für Schweißtechnik, der ČSR, Bratislava; Zentralinstitut der polnischen Industrie, Gleiwitz; Schweißtechnische Lehr- und Versuchsanstalt der Deutschen Reichsbahn, Wittenberge sowie Berichte von 36 Großbetrieben.

Es gilt als wahrscheinlich, daß die ermittelte Möglichkeit des Schneidens mit gedrosselter Gaszufuhr nach erfolgtem Anschnitt dem einen oder anderen Brenner innerhalb der Praxis bekannt ist. Es finden sich hierüber jedoch weder in Literaturangaben der Allgemeinheit zugängliche Berichte, noch sind die bisherigen fabrikatorisch hergestellten Schneidgeräte für Maschinen- und Handschnitt apparateseitig etwa bereits daraufhin schon konstruiert. Falls also in der Diskussion zu vorliegendem Beitrag von anderer Seite auf diese Tatsache hingewiesen würde, so ist festzustellen, daß falls diese ermittelte Erkenntnis bekannt gewesen ist, es zu erwarten gewesen wäre, sie im Hinblick auf die Einsparungsmöglichkeit von Acetylen der breiten Öffentlichkeit bekannt zu geben und die schneidgerätebauenden Firmen in entsprechender Weise zu veranlassen, die für die Methode notwendigen und *mit geringen Kosten* durchführbaren Zusatzvorrichtungen vorab der Auslieferung an den Geräten anzubringen.

Zusatzvorrichtung zur Sparbrennmethode. Um gleiche Verhältnisse für Serienschnitte zu erhalten, wurde eine einfache und verstellbare Drosselvorrichtung an das linke Acetylen-Absperrventil angebracht, die sich als brauchbar erwies, Bild 12. Eine im Scharnier sich befindende und abklappbare Einstellschraube ist erkennbar. Die in Bild 12 in hochgeklappter Stellung erkennbare Einstellschraube mit Flügel- und Kontermutter gestattet die freie Betätigung des Ventils in der üblichen Weise. Beim Zünden der Heizflamme wird zunächst das Gasventil in Linksdrehung so weit geöffnet, wie es zur Einstellung der normalen Heizflamme notwendig ist, die die Brennschnittkante vorzuwärmen hat. Bild 13 zeigt die Einstellschraube im Scharnier nach unten geklappt. Das Ventil rechtsherum zur Drosselung gedreht stößt mit der angelöteten Nase an die Drosselschraube und gibt nur so viel Heizgas frei, wie gerade zum Vorwärmen und der Aufrechterhaltung der notwendigen Entzündungstemperatur an der Schneidfugenoberkante notwendig ist. Diese gedrosselte Gasmenge ist vorher durch die Einstellschraube entsprechend der Düsengröße festlegbar. Diese Zusatzeinrichtung ist die einzig notwendige gerätetechnische Anordnung, um auch innerhalb der Fabrikation von Serienschnitten narrensicher eine Brennschnittunterbrechung durch zu geringe Gaszufuhr von vornherein zu unterbinden. Man schneidet mit neutral eingestellter Flamme an und dreht das Ventil bis zum Anschlag. Das Brennschneiden läuft ab, ohne daß man nachregulieren muß.

Eine entsprechende Neukonstruktion eines Handschneidbrenners bewährte sich ebenfalls (Fabrikat Fa. Morgenstern/Dresden 1956).

Brennschnitte, ausgeführt mit Sauerstoff-Wasserstoffgas, ergaben etwa gleiche Einsparungen und analoge Verbesserungen der Schnittgüten. Aus diesem Grunde wurde auf die Wiedergabe von Brennschnittoberflächen für Sauerstoff-Wasserstoffbrennschnitte verzichtet.

Riefenbildung. In bezug auf Riefenbildung wurden zahlreiche Untersuchungen im Verlauf der letzten Jahrzehnte durchgeführt, von denen besonders die zahlreichen Arbeiten von *E. Zorn*, Frankfurt (Grießheim) (Beitrag: „Brennschneiden" Band III,

Bild 12. Anschlagraste zurückgeklappt, Gasventil ist normal zu betätigen.

Bild 13. Anschlagraste des Gasventils in gedrosselter Stellung.

Bild 12 und 13. Zusatzvorrichtung für Sparbrennen, angebaut an normaler Brennschneidmaschine, Typ „Secator" (Lizenzbau Messer/DDR).

Anhang, s. vorstehend) erwähnt seien. Erwähnt sei, daß gemäß den Ausführungen im Buch von *A. Horn**) noch weitgehendst Unklarheiten in der Deutung der Riefenbildung bestehen. *Aus den Untersuchungen von Schierhorn ging klar hervor, daß die Riefenbildung als unerwünschte Oberflächenbeschaffenheit der Brennschnittflächen in starkem Maße von der Drosselung des Heizgases abhängt und mit dieser verhindert werden kann.*

*) „Brennschneiden" (Verlag Springer/Berlin).

Bemerkungen zum Unfallschutz. Für das neue Verfahren ist es notwendig, daß wie bisher der für die neutrale Heizflamme zum Anschneiden verwandte Heizsauerstoffdruck auf alle Fälle in gleicher Höhe erhalten bleibt und nicht mit dem Gasdruck gekoppelt, gedrosselt werden darf. Die Einsparung bezieht sich daher *nur* auf das verwendete Brenngas (Acetylen oder Wasserstoff o. a.). Die Düsen sind, wie auch für das bisherige Schneiden, sauber und von Spritzern freizuhalten, sonst die gleichen wie die gemäß Tabellen normal notwendigen. Das aber sind Voraussetzungen, die aus unfallschutztechnischen Maßnahmen für jeden normalen Brennschnitt auch bisher gültig waren, um Flammenrückschläge zu vermeiden.

F. Schlußbetrachtung zum „Sparbrennen".

Es wurden von *Schierhorn* mit einer normalen Brennschneidmaschine Typ „Secator" Untersuchungen für Acetylensauerstoff- sowie Wasserstoff-Sauerstoff-Brennschnitte *mit* und *ohne* gedrosselter Heizflamme für normale Kohlenstoffstähle im Dickenbereich von 10 bis 70 mm durchgeführt. Entgegen der Erwartung erwies es sich als günstig, zunächst wie normal, mit neutraler Flamme die Schneidkanten vorzuwärmen und normal mit Sauerstoff anzuschneiden, jedoch anschließend und nach Eintreten des Brennschnittes auf gedrosselte Gaszufuhr überzugehen. Um die Einstellung der gedrosselten Flamme narrensicher zu erzielen, muß eine einschwenkbare Raste mit verstellbarer Schraube vorgesehen werden, die bei Drosselung des Gasventils die vorher eingestellte Gasdosierung garantiert. Entgegen der bisherigen Auffassungen über die Bildung von Schnittriefen, die in Verbindung mit der Wirkung von Eisenoxyden auftreten sollen, ergab sich ein wesentlich verringertes Auftreten von Schnittriefen, die den mit gedrosselter Gasflamme brenngeschnittenen Oberflächen das Aussehen nahezu planer Eisenoberflächen verlieh. Die Schneidfugenkanten waren scharfkantig. Durch Schliffbild- und Härtebefund einschließlich der Mikrohärte in Schnittfugennähe konnte ermittelt werden, daß eine nachteilige Beeinflussung der Werkstückkante für das Schneiden mit gedrosselter Flamme gegenüber dem Schneiden in der bisher gewohnten Weise nicht eintrat und beide fugennahen Werkstoffveränderungen gefügemäßig gleiche sind.

Als Kurzbezeichnung wurde diese Methode mit „Sparbrennen" bezeichnet. Die sich für Serienanfertigungen, d. h. Maschinenschnitt ergebenden Einsparungen an Acetylen liegen im Bereich von 70 bis 80%. Analoge Gaseinsparung tritt für Sauerstoff-Wasserstoff-Brennschnitte ein. Für Brennschneidaggregate wurde eine einfache Zusatzvorrichtung entwickelt, deren Herstellung und Anbau minimale Kosten verursacht. In der Schneidperiode des gedrosselten Gases wird der Heizsauerstoffdruck nicht verändert, so daß sich die Einsparung allein auf das Brenngas bezieht.

Literaturangaben

Brünn, E. u. *F. Erdmann-Jesnitzer* (1): „ESA", Ein neues Lichtbogen-Sauerstoff-Schneidverfahren (Handschnitt), Schweißtechnik, 3. Jahrg., Heft 4 (1953), S. 116—118.

— (2): „ESA", ein neues Lichtbogen-Sauerstoff-Schneidverfahren (Maschinenschnitt), Schweißtechnik 3. Jahrg., Heft 6 (1953), S. 179—181

Schierhorn, W., Beitrag zur Gaseinsparung beim Brennschneiden, Zeitschrift Schweißtechnik (1955), Heft 5.

— (2) u. *F. Erdmann-Jesnitzer*, „Automatisierter ESA-Maschinenschnitt". Zeitschrift Schweißtechnik (1957), demnächst.

N. N. Die Sparbrennmethode, ein Weg zur Einsparung erheblicher Mengen an Acetylen bei Hand- und Maschinenschnitt von Stahl. Zeitschrift Schweißtechnik (1956), demnächst.

Erdmann-Jesnitzer, F. ESA-Sauerstoff-Lichtbogen-Schneidverfahren, Z. Svarany (1955), Organ der ČSR für die Schweißtechnik.

Schulung in der Schweißtechnik

Prof. Dr.-Ing. P. Schimpke, München und Obering. W. Anders, Halle-Trotha

A. Geschichtliche Entwicklung

1. *Schweißlehrgänge*

In richtiger Erkenntnis der außerordentlichen Bedeutung, die eine weitgehende Verbreitung der grundlegenden Kenntnisse über die neueren Schweißverfahren sowohl für gute Schweißungen als auch für die Verbesserung und Weiterausgestaltung der Verfahren hat, sind in Deutschland bereits *von 1908 an Schweißlehrgänge* eingerichtet worden, und zwar zunächst für die Gasschweißung von Ing. *Kautny* an der damaligen Maschinenbauschule in Köln und von Prof. *Richter* an den Technischen Staatslehranstalten in Hamburg. Später und auch noch bis in die Mitte der zwanziger Jahre ging die Weiterentwicklung langsamer vor sich. Vielfach kam eine ,,wilde Schweißerei" auf, bis im Jahre 1924 der Verband *für autogene Metallbearbeitung* (VAM) einen ,,Ausschuß zur Hebung des Schweißerhandwerks" (später Abteilung für Prüfung und Ausbildung des Technischen Ausschusses des VAM) und 1925 der *Fachausschuß für Schweißtechnik im VDI* eine ,,Gruppe für Personalangelegenheiten" gründeten, die unter Leitung des erstgenannten Verfassers die schweißtechnische Schulung systematisch in Angriff nahmen.

Es handelte sich zunächst darum, Facharbeiter aus wesensverwandten Berufen für die Schmelzschweißung umzuschulen. Bereits 1928 konnten auf Grund der Gemeinschaftsarbeit des VAM und des Fachausschusses für Schweißtechnik im VDI die ersten ,,*Richtlinien für Schweißkurse*" einheitlich für ganz Deutschland herausgegeben werden. Sie unterschieden schon zwischen Einführungs-, Fortgeschrittenen- und Sonderlehrgängen, und zwar sowohl für Gas- als auch für Lichtbogenschweißung, und hatten zunächst einen Umfang von 30 bis 80 Stunden.

Da diese Umschulung auf längere Jahre hinaus als die wichtigste schweißtechnische Schulungsarbeit angesehen werden mußte, bildeten die beiden genannten Verbände zusammen mit der *Deutschen Gesellschaft für Elektroschweißung* (DGE) und dem Gesamtverband Deutscher Metallindustrieller im Jahre 1930 eine ,,*Arbeitsgemeinschaft für Schmelzschweißerausbildung*", die 1932 ,,Richtlinien und eine Prüfungsordnung für die Ausbildung von Facharbeitern, die aus wesensverwandten Berufen für die Schmelzschweißung umgeschult werden", herausgab. Diese Richtlinien waren eine wertvolle Grundlage für eine neue Auflage der ,,*Richtlinien für Schweißlehrgänge*", welche die schweißtechnischen Verbände zusammen mit dem Amt für Arbeitsführung und Berufserziehung dann 1936 fertigstellten. Außer dem Grundlehrgang von 44 Stunden wurden erstmalig größere Ausbildungslehrgänge bis zu 220 Stunden (gleich 5 Wochen als Tageslehrgang) eingeführt und eine Prüfungsordnung für den Abschluß des 220-Stunden-Lehrgangs aufgestellt.

Im Jahre 1937 wurde in diese Arbeiten noch das ,,Reichsinstitut für Berufsausbildung in Handel und Gewerbe" eingeschaltet und zur Durchführung der sich aus den Richtlinien ergebenden Prüfungen bei den 220-Stunden-Lehrgängen ein ,,Hauptausschuß für die Prüfung angelernter Schweißer" gegründet, der im Jahre 1939 in eine ,,*Arbeitsgemeinschaft für Schweißerausbildung*" umgewandelt wurde. Ihr gehörten an der Fachausschuß für Schweißtechnik im VDI, der VAM, die DGE und die DAF. Diese Arbeitsgemeinschaft hat im Einvernehmen mit dem Reichsinstitut für Berufsausbildung in Handel und Gewerbe im Jahre 1940 die ,,Richtlinien für Schweißlehrgänge" letztmalig in neubearbeiteter Form herausgegeben. Ein Plan, diese Richtlinien auch als DIN-Vornorm herauszubringen, wurde zurückgestellt und ist nicht mehr weiterverfolgt worden. — Dagegen hat der im Jahre 1947 mit dem Sitz in Düsseldorf gegründete ,,Deutsche Verband für Schweißtechnik E.V." die ,,Richtlinien" in einer Ausgabe vom Jahre 1950 wieder aufgenommen und wird sie Mitte 1954 in einer zweiten und erweiterten Auflage neu herausbringen.

Abgesehen von entsprechenden Einrichtungen der Deutschen Reichsbahn und einzelner Stellen der Industrie wurden die Schweißlehrgänge hauptsächlich vom VAM in Verbindung mit der DGE durchgeführt, und zwar auf Grund einer vorbildlichen Organisation in den Großlehranstalten in Berlin, Duisburg, Halle und Hamburg und in den zahlreichen kleineren Werkstätten der Ortsgruppen. Beispielsweise wurden allein im Jahre 1938 vom VAM in rund 1000 Lehrgängen etwa 22 000 Umschüler ausgebildet. Dazu kamen noch die Ausbildung und Prüfung von Lehrschweißern und Lehrgangsleitern und die Durchführung von Sonderlehrgängen, die sich naturgemäß auf die Großlehranstalten und die entsprechenden Einrichtungen der Reichsbahn beschränkte.

Solche Sonderlehrgänge sind schon frühzeitig sowohl für Umschuler wie für fertig ausgebildete Schweißer eingerichtet worden, weil in der Schweißtechnik bei besonders wichtigen und verantwortlichen Arbeiten eine Prüfung der Schweißer nach bestimmten Sonderrichtlinien verlangt wurde oder anderer Werkstoff als der normale Stahl zu verarbeiten war. Sie seien deshalb hier auch schon, vorbehaltlich einer späteren eingehenderen Würdigung, in ihrer Entwicklung mit behandelt. Erstmalig wurde wohl 1931 in DIN 4100 (Vorschriften für *geschweißte Stahlbauten*), dann 1935 in DIN 2470 (Richtlinien für *Gasrohrleitungen* mit geschweißten Verbindungen usw.) und 1937 in DIN 4101 (*geschweißte Straßenbrücken*) auf gute Schweißerausbildung durch Einfügung besonderer Prüfungsvorschriften hingewiesen. Das Reichsbahn-Zentralamt veröffentlichte 1938 „Vorläufige Vorschriften für die Prüfung und Ausbildung von *Schweißfachingenieuren* und *Schweißern für Privatbahnbetriebe*", und das Reichswirtschaftsministerium erließ am 30. November 1938 „Richtlinien für die Ausbildung und Prüfung von *Kesselschweißern*". Im Jahre 1939 brachte der VAM einen Lehrgang für das Gasschweißen von *Landmaschinenteilen* und einen Sonderlehrgang für *Zinkschweißung* heraus. Ferner wurde die bereits erwähnte DIN 2470 hinsichtlich der in ihr als Anhang bisher verankerten „Richtlinien für die Prüfung von *Rohrschweißern*" neu bearbeitet. Diese Richtlinien wurden als selbständige DIN 2471 im Jahre 1943 veröffentlicht. Hinzu kamen schließlich noch Sonderlehrgänge für *Nichteisenmetalle* und für das Verarbeiten und Schweißen *thermoplastischer Kunststoffe*.

2. *Die Qualifikation der Schweißer*

Die ersten Lehrlinge wurden in großen Industriewerken und bei der Reichsbahn ausgebildet und haben schon 1927 ihre Gesellenprüfung abgelegt. Bei damals vierjähriger Lehrzeit kamen etwa $1^1/_2$ Jahre auf eine allgemeine Schlosserausbildung und $2^1/_2$ Jahre auf die speziellere Ausbildung zum Gas- und Lichtbogen-Schmelzschweißer. Im Jahre 1929 veröffentlichte der Verband Berliner Metallindustrieller erstmalig einen „Ausbildungsgang für Schmelzschweißer". Im Jahre 1936 stellte der Deutsche Ausschuß für Technisches Schulwesen das Berufsbild und die Prüfungsanforderungen für Schmelzschweißer bei Industrie-Facharbeiterprüfungen auf, die neubearbeitet 1939 vom Reichsinstitut für Berufsausbildung herausgegeben wurden. Der Lehrberuf „*Schmelzschweißer*", der am 11. November 1936 als industrieller Lehrberuf anerkannt worden war, sah eine auf 3 Jahre herabgesetzte Lehrzeit vor. Er baute auf der Schlosserlehre auf, um dann sowohl den Gas- als auch den Lichtbogenschweißer heranzubilden. Die Prüfung erfolgte vor entsprechenden Prüfungsausschüssen der Industrie- und Handelskammern.

Das Berufsbild des Schmelzschweißers, der sowohl die Gas- wie auch die Lichtbogenschweißung beherrscht, stellte eine stark umstrittene Lösung dar. Der Vorschlag der schweißtechnischen Verbände, an Stelle des zweiseitigen Schmelzschweißerberufes zwei einseitige Facharbeiterberufe, den Gasschweißer und den Elektroschweißer, zu setzen, wurde von den Wirtschaftsgruppen abgelehnt. Um jedoch dem Bedürfnis nach einseitig ausgebildeten Spezialisten Rechnung zu tragen, wurden *die beiden Anlernberufe „Gasschweißer" und „Lichtbogenschweißer"* geschaffen. Sie bedingten eine planmäßige, eineinhalbjährige Anlernzeit im Betriebe, die aus einer Grundausbildung in der Metallbearbeitung und einer Spezialausbildung im Gas- oder Lichtbogenschweißen bestand. Hierfür wurden die Berufsbilder und die Ausbildungsrichtlinien aufgestellt und die Berufsbildungspläne und Prüfungsanforderungen vom VAM für den Anlernberuf „Gasschweißer" und von der DGE für den Anlernberuf „Lichtbogenschweißer" entworfen. Für eine längere Übergangszeit war vorgesehen, daß derartig angelernte Spezialarbeiter durch eine Zusatzausbildung zum Facharbeiter der Schmelzschweißung aufrücken konnten.

In den „Fachlichen Vorschriften für die Meisterprüfung" sämtlicher metallverarbeitenden Handwerksberufe wurden schon seit längerer Zeit bestimmte schweißtechnische Kenntnisse verlangt. Außerdem entstand aber noch der ausgesprochene „Schweißmeister des Handwerks". Durch den Erlaß des Reichswirtschaftsministers vom 1. Dezember 1941 wurde das Schweißen als selbständiger Handwerksberuf anerkannt und „Fachliche Vorschriften für die Meisterprüfung im Schweißerhandwerk" herausgegeben. Die Einrichtung von Meisterprüfungskommissionen für das Schweißerhandwerk war bei einer begrenzten Zahl von Handwerkskammern vorgesehen. Für die Industrie war eine entsprechende Meisterschulung geplant.

Zur Erreichung eines hohen Ausbildungsstandes in den Schweißlehrgängen wurde schon frühzeitig als Richtlinie festgelegt, daß nur der als Lehrkraft eingesetzt werden kann, der ein weitreichendes schweißtechnisches Können in einer größeren und nicht zu leichten Prüfung unter Beweis gestellt hat. *Für die überbetriebliche Umschulung und Anlernung* nach den Richtlinien der Arbeitsgemeinschaft für Schweißerausbildung wurden bald die vom VAM und der DGE geschaffenen *Lehrschweißerprüfungen* maßgebend, die an den Großlehranstalten (Schweißtechnischen Lehr- und Versuchsanstalten) des VAM schon seit 1928 abgehalten wurden, und zwar getrennt für Gasschweißung und für Lichtbogenschweißung. Eingehende Richtlinien für diese Prüfungen wurden ausgearbeitet und in den Jahren 1937/38 und 1943/44 weiter ausgestaltet.

Für die planmäßige Betriebsausbildung glaubte man, daß die Einsetzung besonderer Fachlehrmeister nötig sei. Dementsprechend wurden das Berufsbild und die Prüfungsanforderungen für *Schmelzschweißer-Lehrmeister* geschaffen. Da nicht in jedem Betrieb für jeden Berufszweig ein geprüfter Lehrmeister vorhanden sein kann, wurde allerdings erwogen, auch hier geprüfte Lehrschweißer einzusetzen etwa in der Weise, daß z. B. einem geprüften Schlossermeister ein Lehrschweißer für die Gas- bzw. Lichtbogenschweißung beigegeben wird. Die Lehrmeisterfrage für Schmelzschweißer hat sich dahin entwickelt, daß nach wie vor eine große Zahl von Lehrschweißern sowohl an den schweißtechnischen Lehr- und Versuchsanstalten wie auch in den Betrieben tätig waren.

Die *technischen Hoch- und Fachschulen* haben sich gegenüber der Schweißtechnik in ihrer Entwicklungszeit zum großen Teil zunächst sehr zurückhaltend verhalten. Nur dort, wo schweißtechnisch geschulte Lehrkräfte in Verbindung mit der Fachindustrie und den schweißtechnischen Verbänden entsprechende Einrichtungen schafften und aus ihrer schweißtechnischen Praxis heraus lehrten, war das Bild günstiger. Es änderte sich allgemein etwa in den Jahren von 1930 bis 1940 erfreulicherweise derart, daß nun die Schweißtechnik nicht nur im technologischen Unterricht, sondern auch in den konstruktiven Fächern Fuß faßte und auch Laboratorien für Schweißtechnik eingerichtet wurden. Praktische Übungen kamen vor allem dort in Frage, wo durch gleichzeitige Abhaltung von Schweißlehrgängen genügend Einrichtungen und praktische Anleitung gegeben waren. Anschauungsunterlagen und Lichtbilder stellten im Laufe der Jahre die schweißtechnischen Verbände, die Technisch-Wissenschaftliche Lehrmittelzentrale und der Deutsche Ausschuß für Technisches Schulwesen zur Verfügung.

Eine besondere Anregung zur Weiterausbildung ergab sich seit etwa 1930 aus der erstmalig in DIN 4100 verankerten Forderung von *Schweißfachingenieuren*. Entsprechende Lehrgänge wurden, abgesehen von der Reichsbahn, vor allem an den schweißtechnischen Lehr- und Versuchsanstalten des VAM eingerichtet, worauf in späteren Ausführungen noch zurückzukommen ist. Andererseits hat sich auch eine ganze Anzahl von Ingenieuren schon eine gründliche praktische Schweißausbildung in den normalen Lehrgängen der erwähnten Großlehranstalten verschafft.

B. Neuzeitliche Ausbildung in der Schweißtechnik in der DDR

Die stetige Weiterentwicklung der Schweißtechnik und das Entstehen schweißtechnischer Großbetriebe erforderten in den letzten Jahren eine wesentliche Umstellung der bisherigen Methoden der Nachwuchsschulung auf dem Gebiet der Schweißtechnik. Es seien im folgenden die zur Zeit für die schweißtechnische Ausbildung gültigen Gesichtspunkte zusammengestellt, wie sie in der DDR gelten.

1. Schweißerausbildung

Betriebe des Waggon-, Schiff-, Kessel-, Stahl- und Behälterbaues, deren Erzeugnisse weitgehend geschweißt werden, verlangen oft kurzfristig eine große Anzahl Schweißer, die meistens nicht dauernd erforderlich sind, da der Auftragsbestand schwankt oder fertigungstechnische Änderungen auftreten.

Es müssen deshalb aus wirtschaftlichen und betrieblichen Gründen der Ablauf der Arbeit und die Ausführung der Schweißungen so geplant werden, daß nach entsprechender Nahtvorbereitung einfache Ausführung der Schweißung in Heft- und Wendevorrichtungen durch Einsatz angelernter Schweißer möglich ist. Durch die Benutzung halb- und vollautomatischer Schweißverfahren können viele Schweißarbeiten, die sonst einen Stamm hochwertiger, erfahrener Schweißer erforderten, von einigen wenigen guten Schweißern ausgeführt werden.

Unter diesen fertigungstechnisch-apparativen Voraussetzungen, die in jedem schweißtechnisch gut geleiteten Großbetrieb gegeben sein müssen, ergibt sich für die Deckung des erforderlichen Schweißernachwuchses das folgende Bild:

a) Die Lehre als Autogen- oder Elektroschweißer

Der aus dieser Gruppe kommende Nachwuchs ist zahlenmäßig meist nicht den Anforderungen entsprechend. Zu beachten ist ferner, daß der so ausgebildete Schweißer zunächst noch Jugendlicher ist. Dieser kann nicht unter den oft schwierigen Verhältnissen der Praxis (z. B. Doppelbodenschweißungen im Schiffbau) eingesetzt werden. Dagegen hat sich im Rohrleitungsbau, im Reparaturbetrieb u. a. eine Heranbildung des Schweißernachwuchses in dieser Art bewährt.

b) Schweißer-Umschüler

Arbeitskräfte, nach Möglichkeit Facharbeiter mit abgeschlossener Lehrlingsausbildung eines anderen Berufes, erhalten in den betriebsgebundenen schweißtechnischen Ausbildungswerkstätten nach den Richtlinien für Schweißerlehrgänge eine schweißtechnische Kurzausbildung. Das in den Richtlinien festgelegte Lehrziel wird in Lehrgängen von 5 bis 12 Wochen Dauer vermittelt. Die Lehrgänge werden mit der üblichen fachkundlichen und praktischen Prüfung abgeschlossen.

Die so ausgebildeten Umschüler werden unter Betreuung eines erfahrenen Lehrschweißers in den praktischen Schweißerbetrieb eingeführt.

c) Schweißer-Anlerner

Die ebenfalls in betriebsgebundenen Schweißlehrwerkstätten herangebildeten Anlerner legen nach einer Ausbildungszeit von $1^1/_2$ Jahren die Prüfung für Anlerner ab. Diese Art der Schweißerausbildung wird vorwiegend von den Reparaturbetrieben der chemischen Großindustrie bevorzugt.

d) Hilfsschweißerausbildung

Diese Form der Ausbildung, die für die Betriebe, in denen weit durchgeführte Arbeitsaufteilung besteht, in Frage kommt und die dann sehr wirtschaftlich sein kann und vor allem geeignet ist, Engpässe zu überwinden, setzt für den Einsatz dieser Hilfsschweißer eine gute Organisation des Arbeitsablaufes sowie eine weitgehende Fertigungsprüfung der vorbereiteten und geschweißten Teile voraus. Es muß ferner im Betrieb die Möglichkeit bestehen, den Einsatz der Schweißer so zu leiten und zu überprüfen, daß die Hilfsschweißer auch tatsächlich ihren Fähigkeiten entsprechend eingesetzt werden. Mit einer auf den Schweißereinsatz abgestimmten Unterteilung der einzelnen Arbeitsgruppen, insbesondere durch weitgehende Aufteilung in maßhaltig zu schweißende Einzelteile, lassen sich auch mit kurzfristig ausgebildeten Schweißern einwandfreie Arbeiten erzielen.

2. Schweißerweiterbildung

Sind im Vorstehenden die grundsätzlichen Ausbildungen zum Schweißer geschildert, so sollen im folgenden die Möglichkeiten der Entwicklungen innerhalb der Schweißerkategorien beschrieben werden.

Der *Hilfsschweißer* muß im Rahmen der Schweißerlehrgänge eine grundlegende allgemeine Ausbildung erfahren haben, so daß er in seinem fest umrissenen Arbeitsgebiet, das einfache Schweißarbeiten in bequemer Schweißlage möglichst unter Verwendung von Schweißvorrichtungen betrifft, einwandfreie Arbeit leisten kann. Er hat die Möglichkeit, sich zum *Fachschweißer* zu qualifizieren. Voraussetzung ist eine weitere Ausbildung im Rahmen der Schweißerlehrgänge sowie ein Hineinwachsen in die praktische Tätigkeit des Fachschweißers. Die Qualifizierung erfolgt durch Ablegen der Schweißerprüfung nach DIN 4100, wonach die Zulassung zur Ausführung von Schweißarbeiten in waagerechter und senkrechter Lage an abnahmepflichtigen Bauteilen gegeben ist.

Aus dieser Gruppe entwickeln sich die fähigeren und besseren Schweißer durch theoretische und praktische Schulung zu den Fachschweißern für schwierige Schweißarbeiten, die einwandfrei Überkopfschweißungen ausführen können, sowie Kenntnisse zur Reduzierung von Schrumpfungen und Verwerfungen haben müssen. Diese Gruppe muß auch in der Lage sein, nach *Schweißplänen* zu arbeiten. Je nach dem Arbeitsgebiet haben diese Schweißer durch Ablegung der Schweißerprüfung nach DIN 4101 oder DIN 2471 ihr Können für die Herstellung hochwertiger Schweißarbeiten unter Beweis zu stellen.

Für die Bedienung von Schweißautomaten wird man zweckmäßig aus dieser Qualifikationsklasse die geeigneten Kräfte herausziehen. Den Fähigsten unter diesen Schweißern steht die Entwicklung zum *Schweißer für hochwertige, abnahmepflichtige Schweißarbeiten* offen. Der Weg zu dieser Entwicklung geht wieder über fachkundliche und praktische Weiterbildung. Von dieser Gruppe auszuführende Arbeiten sind Schweißungen, die besondere Sachkenntnis und Sorgfalt erfordern, wie z. B. Schweißungen an Druckbehältern, Kesseln, Gurtplatten, schwierige Reparaturschweißungen und Dickblechschweißungen.

Für diese Arbeiten muß sich der Schweißer dieser Gruppe durch die Ablegung der *Kesselschweißerprüfung*, die Prüfung für Schweißnähte der Güteklasse I oder durch Sonderprüfungen auf dem in Betracht kommenden Gebiet qualifizieren. Es müssen ferner Erfahrungen vorliegen, um einzelne Baugruppen zu größeren Bauteilen maßhaltig zusammenschweißen zu können. In größeren Schweißbetrieben werden aus dieser Gruppe auch die für die Versuchs- und Entwicklungsarbeiten erforderlichen Fachkräfte herangezogen.

Die bis jetzt immer noch vorherrschende handwerkliche Ausführung der Schweißarbeiten erfordert dringend eine Entwicklung zu weitgehender Vereinfachung der Schweißarbeiten durch schweißgerechte Konstruktion, zu weitgehender Unterteilung der Werkstücke in einfach auszuführende Einzelteile. Sie verlangt die Schaffung und Anwendung einfacher Heft- und Spannvorrichtungen für Einzelteile und große Wende- und Drehvorrichtungen für große Schweißteile, um einen möglichst großen Anteil der Schweißarbeiten von Hilfsschweißern, Fachschweißern der genannten Gruppe 2 oder Schweißautomaten ausführen zu können.

Auf Grund geschätzter (!) Werte soll in der Zahlentafel 1 ein Überblick über den Anfall der verschiedenen Schweißarbeiten gegeben werden.

Schweißergruppe	Maschinenbau		Stahlbau			Schiffbau		Rohrleitungsbau	Kesselbau
	Kleinere Maschinen	Schwermaschinen	Hochbau	Brükkenbau	Waggonbau	Serienbau	Großschiffeinzelbau		
1. Hilfsschweißer.......	60	10	15	15	60	35	30	10	—
2. Fachschweißer DIN 4100	40	60	50	35	30	35	20	30	40
3. Fachschweißer, schwierige Arbeiten DIN 4101, 2471 ...	—	20	20	20	8	20	30	50	20
4. Fachschweißer, hochwertige Schweißarbeiten, Kessel- und Brückenbau	—	10	15	30	2	10	20	10	40

Tafel 1. Prozentualer Anteil der Schweißergruppen in den einzelnen bekannten Fertigungsgebieten.

Ein Betrieb kann die Größe und den Umfang der erforderlichen betriebsgebundenen Schweißlehrwerkstatt unter der Annahme festlegen, daß ein Großbetrieb im Laufe eines Jahres etwa 20 bis 25 % seiner Schweißer wegen Stellenwechsels aus Gesundheitsrücksichten oder infolge des Überwechselns in einen anderen oder ihren alten Beruf verliert und neu aus- bzw. weiterbilden muß, wozu dann noch bei einer Erweiterung der Produktion die Ausbildung der zusätzlich erforderlichen Schweißer hinzukommt.

Als Personalbedarf für die Lehrwerkstatt kann gelten:

1 Lehrgangsleiter, der auch die fachkundlichen Unterweisungen durchführt,

1 Lehrschweißer, für je 15 auszubildende Schweißer,

1 Hilfskraft, für je 15 Schüler zum Vorrichten der Bleche, zur Ausgabe der Zusatzwerkstoffe und zu anderen Hilfsarbeiten.

Der Lehrschweißer muß je nach Art der durchzuführenden Ausbildung Autogen- oder Elektroschweißer sein. Über die Einrichtung dieser Lehrwerkstätten sei in einem späteren Abschnitt berichtet.

3. *Ausbildung und Aufgaben des Schweißfachingenieurs*

Die Entwicklung der Schweißtechnik und die Größe vieler Schweißbetriebe ist über das Aufgabengebiet des Schweißfachingenieurs, wie es in der DIN 4100 bisher festgelegt war, weit hinausgewachsen. *Die in der* bisherigen *DIN 4100 und auch in anderen Schweißvorschriften gemachten Angaben sind nicht erschöpfend genug, um das Aufgabengebiet des Schweißfachingenieurs zu umreißen*, denn es umfaßt das gesamte Gebiet der Schweißtechnik, angefangen von der *Konstruktionsberatung, Überprüfung von Berechnungen geschweißter Konstruktionen, Behandlung werkstofftechnischer Fragen, der Arbeitsvorbereitung* und *fertigungstechnischer Probleme,* der *Qualitätsüberwachung* und *Prüfung der Schweißarbeiten* und deren *Abnahme* bis zu den *Randgebieten der Forschung und Entwicklung neuer Verfahren.*

Es ist verständlich, daß dieses umfangreiche Arbeitspensum von dem Schweißfachingenieur quantitativ nicht selbst erledigt werden kann, sondern daß dessen Tätigkeit im Großbetrieb nur anleitend und beratend sein kann. Er muß auf einen Stab von zuverlässigen Mitarbeitern zurückgreifen können. *Dabei ist zu erwähnen, daß die Gütekontrolle der Schweißarbeiten nicht dem für diese Arbeiten verantwortlichen Schweißfachingenieur unterstehen darf.* Neben den genannten Aufgaben ist der Schweißfachingenieur weiterhin maßgebend auf dem Gebiet der Schweißerausbildung tätig.

Die Ausbildung zum Schweißfachingenieur sollte bereits spätestens und mindestens während seiner praktischen Tätigkeit mit den Grundausbildungen im Gasschmelz- und Elektroschweißen nach den

Richtlinien für Schweißlehrgänge eingeleitet werden. Nach der Absolvierung der Ingenieurausbildung der Fachrichtungen Maschinen- oder Stahlbau sollte sich eine mindestens zweijährige Tätigkeit als Assistent eines erfahrenen und anerkannten Schweißfachingenieurs anschließen. An diese Vorbereitung muß sich dann der Lehrgang für Schweißfachingenieure an einer Großlehranstalt für Schweißtechnik anschließen. Dieser Lehrgang umfaßt eine Ausbildungszeit von 4 bis 5 Wochen und bietet im Lehrplan die Behandlung der Schweißverfahren, der werkstoffkundlichen, metallurgischen sowie physikalischen Fragen, der Konstruktion und Berechnung von Schweißverbindungen und der fertigungstechnischen Belange des Schweißbetriebes. Infolge der kurzen zur Verfügung stehenden Ausbildungszeit kann diese Ausbildung nur als Schaffung einer Grundlage des schweißtechnischen Wissens angesehen werden.

Man muß sich aber mit aller Deutlichkeit darüber klar sein, daß nur durch eine dauernde Weiterbildung in schweißtechnischen Sonderlehrgängen an zuständigen Instituten, durch Studium der schweißtechnischen Literatur, insbesondere der entsprechenden Veröffentlichungen und durch einen ständigen Erfahrungsaustausch der Schweißfachingenieur das technische Rüstzeug bekommt, die vielseitigen Aufgaben mit Erfolg zu lösen.

Ein weiterer Weg, jungen Ingenieuren eine umfassende und gründliche schweißtechnische Ausbildung zu vermitteln, wurde in der DDR beschritten, indem das *Zentralinstitut für Schweißtechnik / Halle* eine 6 Monate dauernde Ausbildung durchführt. Zu diesem Zweck werden schweißtechnisch interessierte und vorgebildete Ingenieure der Betriebe dorthin abgestellt, um neben der eigentlichen Ausbildung im Rahmen des Schweißfachingenieur-Lehrganges für die Bearbeitung schweißtechnischer Sonderaufgaben eingesetzt zu werden, wobei sie auch Schweißbetriebe anderer Fachrichtungen kennenlernen, umfangreiche Erfahrungen sammeln und auswerten sowie fachlich eine gleichmäßige Ausrichtung erfahren.

Neben dieser umfassenden Ausbildung zum Schweißfachingenieur haben die im folgenden genannten Lehrgänge besondere Bedeutung erlangt.

4. Ausbildung und Einsatz des Schweißtechnikers

In einem größeren Schweißbetrieb können die umfangreichen schweißtechnischen Aufgaben nicht ausschließlich von den Fachingenieuren durchgeführt werden. Es müssen zu deren Unterstützung weitere, technisch gut ausgebildete Kräfte hinzugezogen werden. In jedem Betrieb wird man Schweißer finden, die sich durch Selbststudium und durch den Besuch von Lehrgängen bis zum Lehrschweißer qualifizieren. Bei Vorhandensein guter schweißtechnischer Vorbildung können solche Kräfte an einer *Ausbildung zum Schweißtechniker* teilnehmen. Die Ausbildung dauert in der Regel vier Wochen. Diese umfaßt in der Hauptsache die fertigungstechnischen Belange des Schweißbetriebes. Der Schweißtechniker muß die Fertigungsüberwachung wahrnehmen und die Abnahmevorschriften der unter seiner verantwortlichen Aufsicht ausgeführten Bauteile genau kennen.

Der mit Erfolg absolvierte Lehrgang und die bestandene Prüfung berechtigen den Schweißtechniker, abnahmepflichtige Schweißungen verantwortlich zu überwachen.

5. Schweißtechnische Ausbildung der Konstrukteure

Die wirtschaftliche Anwendung der Schweißung setzt die schweißgerechte Konstruktion voraus. Der Konstrukteur muß die Anwendungsmöglichkeiten der einzelnen Schweißverfahren kennen und die dafür erforderlichen Voraussetzungen z. B. hinsichtlich Auswirkung der Wärmeschrumpfung sowie statischer und dynamischer Festigkeit der Schweißverbindungen beherrschen. Der Konstrukteur muß auch über die Berechnungsmethoden einfacher und komplizierter Verbindungen Kenntnisse besitzen und die richtige Nahtvorbereitung und Anordnung der Nähte festlegen können. Für die Ausbildung der Konstrukteure haben sich schweißtechnische Lehrgänge von einer Woche Dauer bewährt. Durch regelmäßige Fortbildungslehrgänge, die 2 bis 3 Tage dauern, werden dem Konstrukteur die Fortschritte der Schweißtechnik und die Auswertung der Forschungs- und Entwicklungsarbeiten näher gebracht. Auch die Vermittlung der neuesten Erfahrungen auf dem *Gebiet des Leichtbaues* in Verbindung mit Bauteilstatik und -dynamik sowie vor allem Gestaltfestigkeit gehört in das Aufgabengebiet eines solchen Lehrganges.

6. Sonderausbildung des Werkstoffprüfers für die Aufgaben des Schweißbetriebes

Der Werkstoffprüfer eines Schweißbetriebes muß über ein umfassendes Wissen auf dem Gebiet der schweißbaren Werk- und Zusatzwerkstoffe verfügen, um ungeeigneten Werkstoff erkennen und ausscheiden zu können. Die *zerstörungsfreie Prüfung* in ihren verschiedenen Ausführungsformen, die richtige Auswertung und Deutung der Ergebnisse sowie die sich daraus ergebenden arbeitstechnischen Richtlinien sind heute eines der wichtigsten Aufgabengebiete der schweißtechnischen Werkstückprüfung.

Die Ausbildung des schweißtechnisch orientierten Werkstoffprüfers wird sich nach den angeführten Aufgabengebieten einmal auf die metallurgisch-metallkundlichen Fragen der Schweißtechnik, zum anderen auf die zerstörungsfreie Prüfung erstrecken. Schweißtechnische Sonderlehrgänge über die Schweißmetallurgie, in denen ebenfalls im Verlauf einer Woche die wichtigsten Fragen dieses Sondergebietes behandelt werden, vermitteln ihm die erforderliche Grundlage.

Für die zerstörungsfreie Prüfung finden Sonderlehrgänge als Einführungslehrgänge für Röntgentechniker (Grobstrukturdurchleuchtung) und Vervollkommnungslehrgänge für Röntgeningenieure statt. Innerhalb dieser, in der Regel zwei Wochen dauernden Lehrgänge wird die Ausführung von Röntgenuntersuchungen unter den erschwerten Bedingungen der Praxis gelehrt und praktisch erprobt. Für die Röntgeningenieure werden Grundkenntnisse in Röntgenkunde vorausgesetzt. Die Ausbildung wird auf die *Auswertung der Röntgenaufnahmen*, Erzielung bester Bildgüte, sowie Anwendung neuer Verfahren usw. ausgerichtet.

7. Sonderausbildung von Fertigungsprüfern

Die Fertigung und die Abnahme muß immer von zwei voneinander unabhängigen Stellen erfolgen. Der Betrieb kann nicht die Abnahme (nach den DIN-Schweißvorschriften) durchführen, da der für die Fertigung verantwortliche Schweißfachingenieur nicht gleichzeitig als eigener Gütekontrolleur auftreten kann. Das ist ein sehr wesentlicher Gesichtspunkt.

Der schweißtechnische Großbetrieb muß deshalb über eine vom Fertigungsbetrieb *unabhängige* Gütekontrolle für die Abnahme der Schweißarbeiten verfügen. Diese Stelle steht im Großbetrieb unter der Leitung eines Schweißfachingenieurs. In mittleren Betrieben wird diese Stelle in der Regel ein Schweißtechniker verantwortlich leiten.

Derartige Führungskräfte benötigen zur richtigen Durchführung ihrer Überwachungs- und Abnahmetätigkeit auf etwa 40 Schweißer gerechnet einen Fertigungsprüfer. Diese Fertigungsprüfer müssen aus dem Stamm der guten Schweißer hervorgehen. Neben den umfassenden praktischen Erfahrungen muß sich der Fertigungsprüfer in einem Lehrgang von 2 bis 3 Wochen Dauer die für die Abnahme erforderlichen, z. B. meßmethodischen Sonderkenntnisse aneignen. Er soll nicht nur offensichtliche Fehler auffinden, sondern er muß den gesamten Arbeitsablauf kennen und beherrschen. Bei falscher Arbeitsausführung und fehlerhafter Werkstoffbehandlung sind die in Frage kommenden Werkstücke sofort von der Weiterverarbeitung auszuschließen, da, falls trotzdem Weiterverwendung stattfindet, später dann Ausschußkosten in wesentlich größerer Höhe entstehen. Auch die Beurteilung der beim Schweißen entstehenden Wärmespannungen und ihre Auswirkung (Schrumpfen und Verwerfen) auf das Bauteil ist eine Aufgabe des Fertigungsprüfers. Diese kann er aber nur lösen, wenn er selbst über umfassende Erfahrungen und Kenntnisse auf diesem Gebiet verfügt.

C. Neuzeitliche Ausbildung in der Schweißtechnik in der Bundesrepublik

Die schweißtechnische Ausbildung in der Bundesrepublik ist zwar im großen und ganzen — schon allein infolge des ständigen Meinungsaustauschs und der Fühlungnahme zwischen den Schweißfachleuten in West- und Ostdeutschland — ähnlich der unter B beschriebenen ausgerichtet. Sie kennt aber z. B. die Ausbildung eines Schweißtechnikers, sowie eines Werkstoff- und Fertigungsprüfers nicht, dafür jedoch einige andere Ausbildungslehrgänge. Daher sei sie in einer Gesamtübersicht im folgenden aufgezeigt.

1. Schweißerausbildung

a) Die Lehre als Autogen- oder Lichtbogenschweißer

Der von der Industrie bereits vor über 25 Jahren geschaffene Lehrberuf „Schmelzschweißer" erfordert eine 3*jährige Lehrzeit*, die durch eine Facharbeiterprüfung abgeschlossen wird. Der Zuwachs an auf diese Weise ausgebildeten Schweißern ist aber so gering, daß damit der Bedarf nur zum kleinsten Teil gedeckt werden kann.

b) Schweißer-Umschüler

Um diese Lücke zu schließen, wurden bereits 1928 Richtlinien für eine Schweißerkurzausbildung aufgestellt, aus denen sich der jetzt allgemein gültige Lehrgang von 220 Stunden Dauer im Stahlschweißen getrennt für Autogen- und Lichtbogenschweißer, entwickelt hat. Er wird durch die „*Richtlinienprüfung*" nach festgelegtem Programm vor einem besonderen Prüfungsausschuß abgeschlossen. Der Lehrgangsteilnehmer findet im allgemeinen sofort als Hilfsschweißer Einstellung in der Industrie, wo er sich unter entsprechender Betreuung nach und nach zum vollwertigen Schweißer entwickeln kann. Diese Ausbildung aus wesensverwandten Berufen hat die überwiegende Zahl der jetzt praktisch tätigen Schweißer durchgemacht.

2. *Schweißerweiterbildung*

a) Sonderlehrgänge

Der im Betrieb bereits längere Zeit tätige Schweißer kann sich einer weiteren, meist etwa 3 Wochen dauernden Sonderausbildung mit anschließender Prüfung unterziehen, wie sie für die Ausführung bestimmter Schweißarbeiten heute verlangt wird. Die wichtigsten dieser Sonderprüfungen sind die *Stahlbau-Schweißerprüfung* nach DIN 4100 und 4101, die *Rohrschweißerprüfung* nach DIN 2471 und die *Kesselschweißerprüfung* nach den „Werkstoff- und Bauvorschriften für Dampfkessel, Ausgabe 1953". Weitere Sonderschulungen betreffen z. B. legierte Stähle und NE-Metalle.

b) Lehrschweißerausbildung

In der Lehrschweißerprüfung sollen die praktischen und fachkundlichen Fähigkeiten geprüft werden, die zur Ausbildung und Beaufsichtigung von Schweißern erforderlich sind. Vorläufig beschränkt sich die Prüfungsordnung auf das Anwendungsgebiet Stahl. Voraussetzungen zur Zulassung sind: Mindestalter 25 Jahre, mindestens 3jährige Praxis als Autogen- bzw. Lichtbogenschweißer, Beherrschung der Nachrechtsschweißung bzw. der Verschweißung nackter Elektroden. Der Prüfung geht im Regelfalle eine 3wöchige Vorschulung voraus.

c) Erfahrungsaustauschlehrgang

Der DVS verlangt für die an seinen Lehranstalten und Kursstätten eingesetzten Lehrschweißer alle 3 Jahre eine Nachschulung. An diesem einwöchigen Lehrgang (Tageslehrgang) können auch Lehrschweißer und Meister der Industrie und des Handwerks, sowie Leiter von Schweißlehrgängen teilnehmen. Das Programm umfaßt alle schweißtechnischen Neuerungen, dazu Diskussion, Kurzvorträge und praktische Kurzübungen der Teilnehmer.

3. *Ausbildung der Schweißfachingenieure*

Voraussetzung für die Zulassung zu dem 4—5wöchigen Tageslehrgang sind: Vollendung des 25. Lebensjahres, bestandene Abschlußprüfung an einer anerkannten Technischen Hochschule, Ingenieur- oder Bauschule (ausnahmsweise Zulassung in Anlehnung an die VDJ-Aufnahmebedingungen), 3jährige Ingenieurpraxis nach vollendetem Studium, erfolgreiche Teilnahme an einem 88-Stunden-Grundlehrgang sowohl für Autogen- wie für Lichtbogenschweißer. Im Lehrgang werden alle für den Schweißfachingenieur wichtigen schweißtechnischen Fragen in Vorträgen, Diskussion und Übungen behandelt. Dazu kommen praktische Vorführungen, eigene Kurzübungen und Werksbesichtigungen. Den Abschluß bildet eine längere schriftliche und mündliche Prüfung.

4. *Ausbildung des Schweißfachmanns für Handwerksbetriebe*

Innerhalb des Neuentwurfs der DIN 4100 soll durch eine begrenzte Zulassung (*kleine Zulassung*) gut eingerichteten Handwerksbetrieben die Herstellung einfacher geschweißter Bauteile gestattet werden, wobei die Aufgaben des Schweißfachingenieurs von einem Schweißfachmann übernommen werden, der geprüfter Handwerksmeister ist. Die in Frage kommenden Handwerksbetriebe müssen von der zuständigen obersten Baubehörde zugelassen sein. Der *Schweißfachmann* muß auf dem Gebiet der Statik und des Stahlbaus einfache und auf dem Gebiet der Schweißtechnik und der Werkstoffkunde gute Kenntnisse besitzen und soll — vor einer formlosen Prüfung — an einem „Schweißfachmann-Lehrgang" mit Erfolg teilgenommen haben. Der Lehrgang wird voraussichtlich 2 Wochen als Tageslehrgang umfassen und in entsprechend vereinfachter Form dem Lehrgang für Schweißfachingenieure angeglichen werden.

5. *Lehrgang für schweißtechnische Information*

Diese 30stündige Vortragsreihe (meist Abendlehrgang) soll in Form von Vorträgen und Vorführungen in der Werkstatt und im Laboratorium dazu dienen, Teilnehmern der verschiedenen Berufe, z. B. Handwerkern, Facharbeitern, Meistern, Kalkulatoren, Kontrolleuren, Konstrukteuren, Betriebsingenieuren und technischen Kaufleuten einen sicheren Begriff aller üblichen Schweißverfahren, ihrer Anwendungsmöglichkeiten und der erreichbaren Gütewerte zu geben.

D. *Der anteilmäßige Einsatz der Fachkräfte in einem Schweißbetrieb*

Mit Hilfe der hier angeführten schweißtechnischen Sonderlehrgänge können die für die Führung eines schweißtechnischen Großbetriebes erforderlichen Fachkräfte qualifiziert werden.

In *Mittel- und Kleinbetrieben* werden diese Aufgaben grundsätzlich die gleichen sein, nur werden sie hier auf eine geringere Anzahl von Kräften, die in der Regel noch vielseitiger sein müssen, umgelegt.

Der folgende Strukturplan zeigt den grundsätzlichen Aufbau eines schweißtechnischen Großbetriebes mit mehr als 400 Schweißern im Beispiel (in der DDR).

Qualifizierter Schweißfachingenieur als Leiter der Abteilung Schweißtechnik

Konstruktion Schweißfachingenieur für die Konstruktionsberatung und Berechnung	*Schweißtechnische Fertigung:* Schweißfachingenieur Schweißtechniker Schweißmeister Schweißergruppe 1—4	*Entwicklung und Forschung* Schweißfachingenieur Schweißtechniker Schweißergruppe 4
Schweißerausbildung Schweißfachingenieur Lehrschweißer Hilfskräfte (je nach Umfang s. Text)	*Werkstoffprüfung* Werkstoffprüfer ausgebildet für die Schweißtechnik	*Innerbetriebliche Gütekontrolle der Abt. Schweißtechnik* (muß verantwortlich direkt der Werksleitung unterstehen): Schweißfachingenieur Schweißtechniker Fertigungsprüfer und Gütekontrolleure (Lehrschweißer und Schweißer der Gruppe 4)

Tafel 2. Grundlage eines Stellenplanes für einen schweißtechnischen Fertigungsbetrieb.

E. Schweißtechnische Sonderlehrgänge

Die im Vorstehenden behandelten Ausbildungslehrgänge vermitteln die zwar neuzeitlichen, aber durchschnittlichen Kenntnisse aus der Schweißtechnik. Um einem größeren, an der Schweißtechnik interessierten Kreis Gelegenheit zur Sammlung von Sonderkenntnissen zu geben, wurden in Deutschland bislang spezielle Lehrgänge abgehalten wie folgt:

Metallurgie und Metallkunde der Schweißung,
Schweißen von Thomasstahl,
Berechnung und Konstruktion geschweißter Bauteile,
Schweißen im Maschinenbau,
Schweißen im Stahlbau,
Schweißen im Kessel- und Behälterbau,
Schweißen von NE-Metallen und Kunststoffen,
Schweißen der rost- und hitzebeständigen Stähle,
Reparaturschweißen hochwertiger Teile,
Widerstandsschweißen,
Leistungssteigerung im Schweißbetrieb,
Unterpulverschweißung,
Brennschneiden,
Oberflächenhärten,
Metallspritzen.

Je nach der Art des Lehrstoffes beträgt die Lehrgangsdauer 3 bis 5 Tage. Die Lehrgänge in Metallurgie und Konstruktion und die für die Berechnung geschweißter Konstruktionen setzen Ingenieurausbildung voraus. Die übrigen Lehrgänge sind auf die Belange der Praxis abgestimmt.

F. Ausbildungsstätten in der Schweißtechnik

Die Entwicklung der schweißtechnischen Ausbildung hat auch in den Nachkriegsjahren, d. h. nach 1945, in Deutschland eine ganz besondere Förderung erfahren.

Im Westen Deutschlands erfolgt die schweißtechnische Ausbildung — abgesehen von Ausbildungsstätten der Bundesbahn und einiger Großbetriebe — nach den Richtlinien des Deutschen Verbands für Schweißtechnik (DVS) an den *Schweißtechnischen Lehr- und Versuchsanstalten* in Duisburg, Hamburg, Hannover, Mannheim, München, Stuttgart und in West-Berlin, sowie in fast 100 *DVS-Kursstätten* und 3 *Schweißlehrzügen*, die zunächst die *Grundlehrgänge* im Autogen- und Lichtbogenschweißen bis zum Abschluß des 220-Stunden-Lehrgangs mit „*Richtlinienprüfung*" durchführen. Die Schweißtechnischen Lehr- und Versuchsanstalten befassen sich darüber hinaus mit den *Sonderlehrgängen* und *Prüfungen* für die Schweißung im Stahlhochbau (DIN 4100 und 4101), für Rohrschweißer (DIN 2471) und für Kesselschweißer (DIN 1851) sowie weiter mit Lehrgängen und Prüfungen für *Lehrschweißer*, nebst Erfahrungsaustauschlehrgang für Lehrschweißer, für den *Schweißfachmann* für Handwerksbetriebe und für *Schweißfachingenieure*. Sie *prüfen* Werkstoffe, Zusatzwerkstoffe, Schweißnähte und Geräte — letztere in Zusammenarbeit mit der Prüfstelle für Schweißtechnik des DVS in Duisburg — und sie *begutachten* schweißtechnische Schadensfälle, *beraten* Firmen und Einzelpersonen in allen Fragen der Schweißtechnik und führen *Forschungsarbeiten* durch, die ihnen Industrie und Handwerk, Berufs-, Fach- und Wirtschaftsverbände übertragen. Die schweißtechnische Ausbildung wird *befruchtet* durch die Arbeiten von 28 Arbeitsgruppen des Technischen Ausschusses des DVS und *überwacht* durch den Hauptprüfungs- und die Landesprüfungs-Ausschüsse.

Im Osten Deutschlands wurden das staatliche Zentralinstitut für Schweißtechnik (ZIS)*) in Halle und die schweißtechnische Versuchs-, Prüf- und Lehranstalt von Groß-Berlin neu gegründet, erstgenanntes Institut auf Initiative des Herausgebers. Das ZIS z. B. gliedert sich in:

1. *Schweißtechnische Schulung und Ausbildung*, mit der Aufgabe, vorwiegend Lehrgänge für die schweißtechnische Qualifizierung der Schweißer und Ingenieure durchzuführen.
Die Grundausbildung der Schweißer ist Aufgabe der vom ZIS lizensierten betriebsgebundenen Schweißlehrwerkstätten.

2. *Fertigungstechnische Beratung*. Diese Abteilung stellt den Betrieben erfahrene Schweißfachingenieure und Schweißtechniker zur Durchführung von Sonderaufgaben zur Verfügung, entwickelt besondere Arbeitsverfahren zur Fabrikationsreife, führt neue Schweißverfahren in der Fertigung ein und übernimmt schweißtechnische Überwachungen.

3. *Prüfung und schweißtechnische Gutachten*. Diese Abteilung untersucht Schadensfälle an und durch Schweißungen, führt Schweißerprüfungen durch und übernimmt die zerstörungsfreie Untersuchung geschweißter Bauteile, Konstruktionen, Fahrzeuge, Schiffe usw.

4. *Forschung und Entwicklung* als eigentlicher Kopf des ZIS. Aus dem Gesamtaufgabengebiet des ZIS und der Industrie ergeben sich schweißtechnische Fragen, die nur im Rahmen einer zweckgebundenen Forschung mit modernsten Methoden gelöst werden können. Im ZIS sowie in ausgesuchten Lehrstätten des DVS muß eine umfangreiche Grundlagenforschung auf dem gesamten Gebiet der Schweißtechnik betrieben werden.

Darüber hinaus verlagert sich die schweißtechnische schulungsmäßige Ausbildung in starken Maße in die Fertigungsbetriebe, besonders innerhalb der Großindustrie. Mit Schulungen befassen sich ebenfalls eine Reihe weiterer Organe.

---

*) Zu dem Zentralinstitut gehören 2 Außenstellen, in denen besonders die Entwicklung der Schweißzusatzwerkstoffe für die Lichtbogenschweißung und Fragen der Schweißmetallurgie zu behandeln und die metallurgischen Fragen der UP-Schweißung, vor allem die Entwicklung des UP-Schweißpulvers und der UP-Zusatzwerkstoffe, durchzuführen sind. Dort finden Spezialkurse statt. Derartige zentrale Anstalten sind in verschiedenen Ländern entstanden, so z. B. in Polen, ČSR, Österreich, UdSSR (getrennt nach Aufgabegebieten) u. a.

FSC
www.fsc.org
MIX
Papier | Fördert gute Waldnutzung
FSC® C083411

Kolibri 360 GmbH
Ferdinand-Jühlke-Straße 7
99095 Erfurt, Deutschland
produktsicherheit@kolibri360.de